JN050615

SUPER STEP

スーパーステップ

中学数学 1〜3年

基礎から受験まで

KUMON

この本の特長と使い方

この本は，中学校３年間で学習する数学の，『数と式』『図形』『関数』『データの活用』の４領域について，解き方や考え方を説明したものです。
階段を一つひとつのぼっていくような，くもん独自のていねいなステップで，中学１～３年生に必要な確かな力を，しっかり身につけていただくことができます。

STEP UP!

1 ステップをふんでむりなく進める

各 **STEP** は，２つのブロックでしめされます。上から下，または左から右へブロックをうつると，内容が少しだけステップアップします。白いブロックは，すでに習った内容が中心です。知っている内容を踏み台にするので，新しい内容でも無理なく理解できます。

2 シンプルな解説で，すっきり理解！

「どのようにステップアップしたのか」「どのように解くのか」をシンプルに説明しているので，読むのが面倒くさい…という人でも，しっかりポイントをつかむことができます。

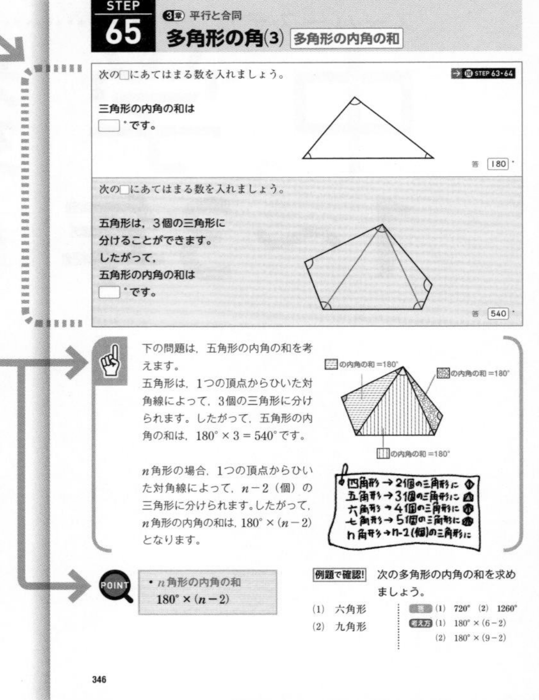

STEP 65 3章 平行と合同

多角形の角(3) 多角形の内角の和

次の□にあてはまる数を入れましょう。 → STEP 63・64

三角形の内角の和は
□°です。

答 180°

次の□にあてはまる数を入れましょう。

五角形は，3個の三角形に分けることができます。
したがって，
五角形の内角の和は
□°です。

答 540°

下の問題は，五角形の内角の和を考えます。
五角形は，1つの頂点からひいた対角線によって，3個の三角形に分けられます。したがって，五角形の内角の和は，$180° \times 3 = 540°$です。

n角形の場合，1つの頂点からひいた対角線によって，$n-2$（個）の三角形に分けられます。したがって，n角形の内角の和は，$180° \times (n-2)$となります。

POINT
・n角形の内角の和
$180° \times (n-2)$

例題で確認！ 次の多角形の内角の和を求めましょう。
(1) 六角形
(2) 九角形

答 (1) 720° (2) 1260°
考え方 (1) $180° \times (6-2)$
(2) $180° \times (9-2)$

346

★各章の扉（最初のページ）で，それぞれの章の内容は何年生で学習するものかを，［3年］のようにしめしています。発展的な内容にあたる **STEP** には，［発展］としめしています。

★巻末の《用語さくいん》で，調べたい用語をさがして，そこだけを学習することもできます。

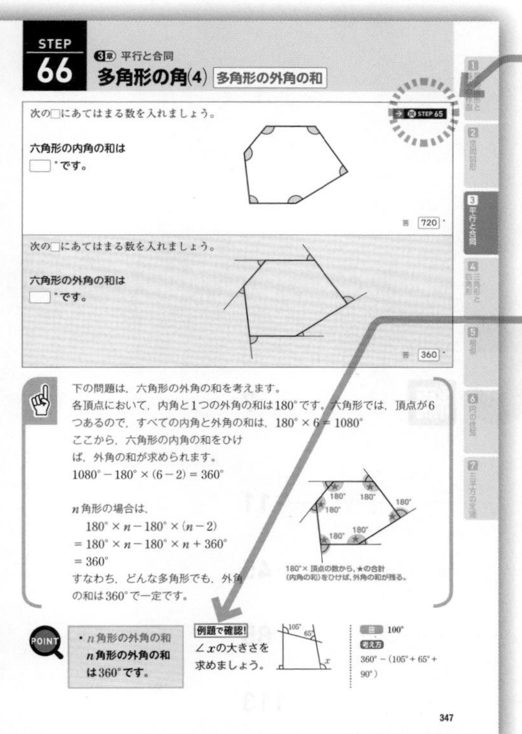

3 ステップバックして基礎がため！

白いブロックの内容がわからない場合は，→ 図 STEP 65 のようにしめされた **STEP** までもどり，基礎に立ち返って，足もとを踏みかためましょう。

4 例題や類題で，力をみがく

ほとんどの **STEP** には，例題や類題があります。解説を読んで頭に入った知識を，例題を解いたり，解き方を読んだりすることで，本当の力へと高めることができます。特に複雑な内容は，見開き２ページを使って，ていねいに説明しているので，解き方がしっかり身につきます。

★この本では，中学数学の４つの領域を，**「式の計算と方程式」**編，**「図形」**編，**「関数・データの活用」**編の３つにわけて構成しています。

★**「式の計算と方程式」**編は **212 ステップ**，**「図形」**編は **140 ステップ**，**「関数・データの活用」**編は **118 ステップ**あり，各編において **STEP** を，

→ 式 STEP 1，→ 式 STEP 2，… → 式 STEP 212

→ 図 STEP 1，→ 図 STEP 2，… → 図 STEP 140

→ 関 STEP 1，→ 関 STEP 2，… → 関 STEP 118　のようにしめしています。

SUPER STEP
スーパーステップ
中学数学

式の計算と方程式編

CONTENTS

関数・データの活用 編

SUPER STEP

スーパーステップ

中学数学

式の計算と方程式編

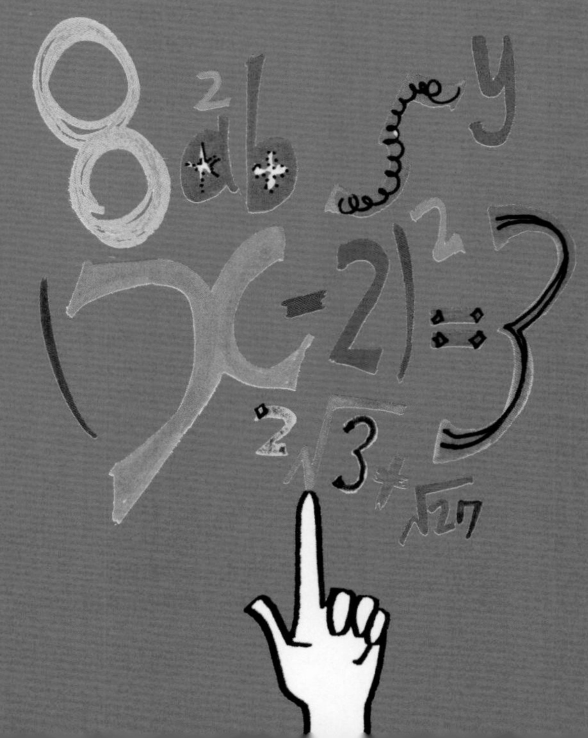

式の計算と
方程式 編

1章 正負の数 1年 …… 11

2章 文字式の計算 1年 …… 45

1 正負の数 1年

STEP 1

1章 正負の数

正の数・負の数 負の数と数直線

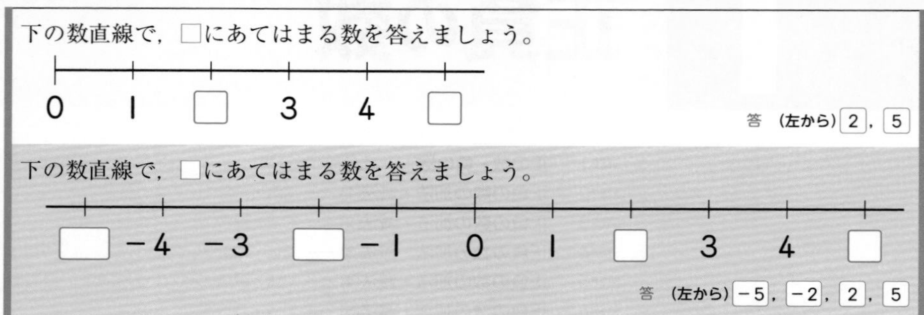

数直線は，右へ行くほど数は大きくなり，左へ行くほど数は小さくなります。上の問題の数直線は，1めもりが1なので，0から右へ，1ずつ大きくなります。下の問題の数直線も1めもりが1ですが，0から左にものびています。この部分は，0より小さい数で，左へ1ずつ行くと，0から1ずつ小さくなります。

−8 −7 −6 −5 −4 −3 −2 −1 0 1 2 3 4 5 6 7 8

0より小さい数

Point **0より小さい数を負の数といい，−（マイナス）の符号（ふごう）をつけて表します。0より大きい数は正の数といい，+（プラス）の符号をつけて表しますが，+ははぶいてもかまいません。**

例題で確認! 下の数直線で，□にあてはまる数を答えましょう。

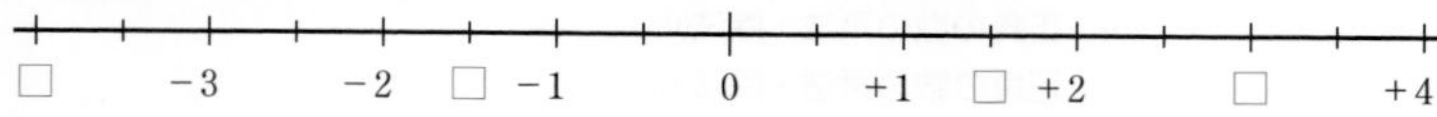

答 (左から) −4，$-1.5\left[-\frac{3}{2}\right]$，$+1.5\left[+\frac{3}{2}\right]$，+3

考え方 +1，+2と，+がついた形で示されているときは，それに合わせて答えましょう。

例題で確認! 次の数はA～Eのどれにあたるか答えましょう。

(1) −3 (2) 3 (3) 2.5 (4) $-\frac{5}{2}$

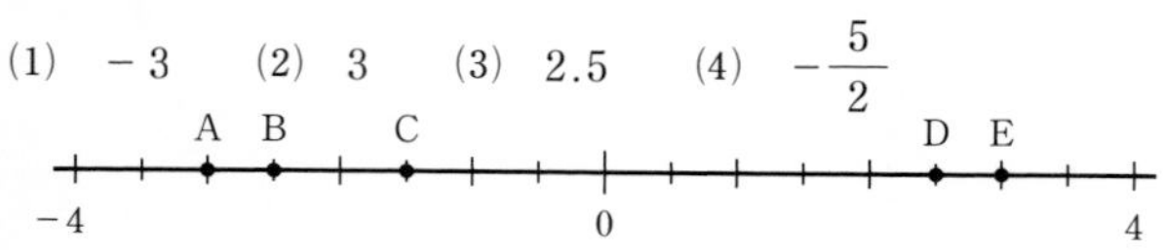

(1) A (2) E
(3) D (4) B

STEP 2

1章 正負の数

正負の数の加法・減法(1) 加法・減法(1)

次の計算をしましょう。

(1) 5 − 3 = □　　(2) 7 − 3 = □

答 (1) 2 (2) 4

次の計算をしましょう。

(1) 3 − 5 = □　　(2) 3 − 7 = □

答 (1) −2 (2) −4

上は，正の数から，その数よりも小さい数をひくひき算です。
下は上の逆で，正の数から，その数よりも大きい数をひくひき算です。中学校の数学では，このようなひき算でも負の数の考え方を用いて計算できます。

(1) 3 − 5 = −2 答

(2) 3 − 7 = −4 答

(1)は，3 − 5の数を入れかえた5 − 3の答2に，−をつけた数と答は同じです。
(2)は，3 − 7の数を入れかえた7 − 3の答4に，−をつけた数と答は同じです。

Point **ひかれる数よりもひく数のほうが大きいひき算でも，負の数を用いて答を導くことができます。**

例題で確認! 次の計算をしましょう。

(1) 5 − 2　　(2) 2 − 5
(3) 9 − 15　　(4) 3 − 17
(5) 10 − 17　　(6) 19 − 30

答

(1) 3　(2) −3
(3) −6　(4) −14
(5) −7　(6) −11

Point **0を含(ふく)んだひき算に注意しましょう。**
5 − 0 = 5　0 − 5 = −5

例題で確認! 次の計算をしましょう。

(1) 3 − 0　　(2) 0 − 3
(3) 8 − 8　　(4) 14 − 0
(5) 0 − 14

答

(1) 3　(2) −3
(3) 0　(4) 14
(5) −14

STEP 3

1章 正負の数

正負の数の加法・減法(2) 加法・減法(2)

次の計算をしましょう。 → 式 STEP 2

(1) 5 − 3 = □　　(2) 3 − 5 = □

答 (1) 2　(2) −2

次の計算をしましょう。

(1) (−3) + 5 = □　　(2) (−5) + 3 = □

答 (1) 2　(2) −2

上は，正の数から数をひくひき算です。（ひき算のことを**減法**といいます。）
下は，負の数に数をたすたし算です。（たし算のことを**加法**といいます。）

(1)　(−3) + 5 = 2 答

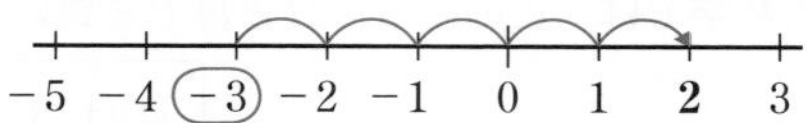

(2)　(−5) + 3 = −2 答

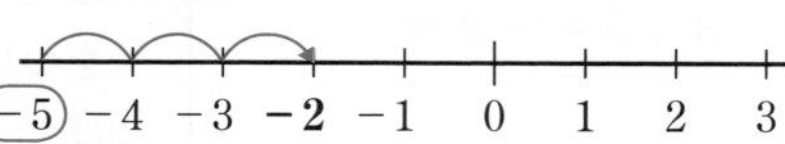

Point　負の数にも数をたすことができます。

◆ (−3) + 3 = 0　　(−5) + 5 = 0 《 答が0になる場合もあります。

例題で確認!　次の計算をしましょう。

(1)　(−2) + 7　　(2)　(−7) + 2
(3)　(−10) + 4　　(4)　(−7) + 12
(5)　(−9) + 9　　(6)　(−7) + 0

答
(1) 5　(2) −5　(3) −6
(4) 5　(5) 0　(6) −7

Point　(−3) + 5と，−3 + 5は同じことです。

例題で確認!　次の計算をしましょう。

(1)　−8 + 5　　(2)　−4 + 10
(3)　−16 + 7　　(4)　−8 + 24
(5)　−16 + 16　　(6)　−8 + 0

答
(1) −3　(2) 6　(3) −9
(4) 16　(5) 0　(6) −8

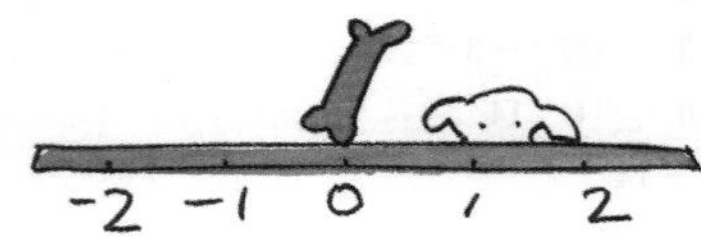

正負の数の加法・減法(3) 加法・減法(3)

次の計算をしましょう。 → 式 STEP 3

(1) (－1)＋3＝□　　(2) (－5)＋3＝□

答 (1) 2 (2) －2

次の計算をしましょう。

(1) (－1)－3＝□　　(2) (－5)－3＝□

答 (1) －4 (2) －8

上は，負の数に数をたす加法です。
下は，負の数から数をひく減法です。

(1) (－1)－3＝－4 答

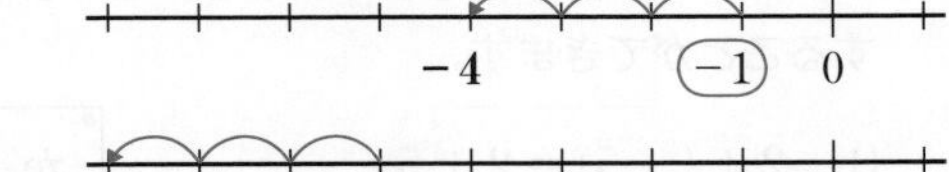

(2) (－5)－3＝－8 答

Point **負の数から数をひくことができます。**

例題で確認! 次の計算をしましょう。

(1) (－2)－3　(2) (－4)－9　(3) (－3)－3
(4) (－3)－0　(5) (－4)－13　(6) (－8)－13

(1) －5　(2) －13　(3) －6
(4) －3　(5) －17　(6) －21

Point **(－1)－3と，－1－3は同じことです。**

例題で確認! 次の計算をしましょう。

(1) －8－5　(2) －7－7　(3) －3－18

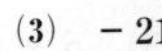

(1) －13　(2) －14　(3) －21

1, 2, 3, …のような正の整数を**自然数**といいます。数直線上で，ある数に対応する点と原点(0)との距離(きょり)を，その数の**絶対値**といいます。3の絶対値も，－3の絶対値も3です。0の絶対値は0です。

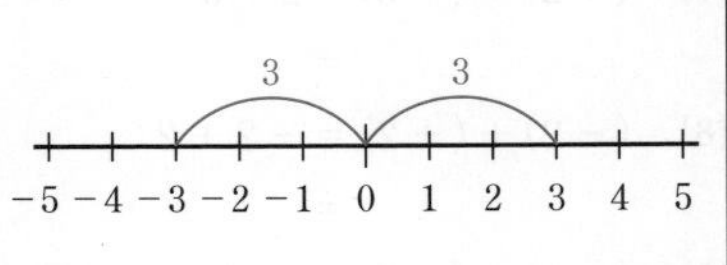

STEP 5

①章 正負の数

正負の数の加法・減法(4)　加法・減法(4)

次の計算をしましょう。　→ 式 STEP 2

(1) $2+5=\square$　　(2) $2-5=\square$

答 (1) 7 (2) −3

次の計算をしましょう。

(1) $2+(+5)=2+5$
$=\square$

(2) $2+(-5)=2-5$
$=\square$

答 (1) 7 (2) −3

上は，かっこを含まない計算ですが，下は，たす数の部分が$(+5)$，(-5)と，かっこのついた形になっています。このような場合は，かっこをはずして計算することができます。

(1) $2+(+5)=2+5$
たす数が$(+5)$　$=7$ 答

(2) $2+(-5)=2-5$
たす数が(-5)　$=-3$ 答

かっこの前が
⊕のときは，
かっこの中の**符号**(ふごう)**は**
変えずに，
かっこをはずします。

Point　**かっこのはずし方①**

$+(+\bigcirc)\rightarrow+\bigcirc$　　$+(-\bigcirc)\rightarrow-\bigcirc$

例題で確認!　次の計算をしましょう。

(1) $7+(-4)=7-4$
$=$

(2) $7+(+4)=7+4$
$=$

(3) $5+(-8)$

(4) $5+(+8)$

(5) $7+(-7)$

(6) $0+(-12)$

(7) $(+2)+(+5)=2+5$
$=$

(8) $(-2)+(+2)=-2+2$
$=$

(9) $(-2)+(-5)$

(10) $(-2)+(+5)$

答

(1) 3　(2) 11
(3) −3　(4) 13
(5) 0　(6) −12
(7) 7　(8) 0
(9) −7　(10) 3

考え方

(7) $(+2)+(+5)$は$2+(+5)$と同じ。

(8) $(-2)+(+2)$は$-2+(+2)$と同じ。

正負の数の加法・減法(5) 加法・減法(5)

次の計算をしましょう。

→ 式 STEP 5

(1) $3+(+5)=3+5$
$=\square$

(2) $3+(-5)=3-5$
$=\square$

答 (1) 8 (2) −2

次の計算をしましょう。

(1) $3-(+5)=3-5$
$=\square$

(2) $3-(-5)=3+5$
$=\square$

答 (1) −2 (2) 8

上は，かっこの前が＋なので，かっこの中の符号は変えずに，かっこをはずします。

下は，かっこの前が−のときの，かっこのはずし方です。

(1) $3-(+5)=3-5$
$=-2$ 答
ひく数が(＋5)

(2) $3-(-5)=3+5$
$=8$ 答
ひく数が(−5)

かっこの前が
⊖のときは，
かっこの中の**符号を**
変えて，
かっこをはずします。

Point **かっこのはずし方②**

$-(+\bigcirc)\rightarrow-\bigcirc$　　$-(-\bigcirc)\rightarrow+\bigcirc$

◆ $0-(+4)=0-4$
$=-4$

◆ $0-(-4)=0+4$
$=4$

《 0からある数をひくと，答は，ひいた数の符号を変えた数と同じになります。

例題で確認! 次の計算をしましょう。

(1) $7-(-4)=7+4$
=

(2) $7-(+4)=7-4$
=

(3) $7-(+12)$

(4) $7-(-12)$

(5) $0-(-7)$

(6) $(-3)-(+5)$

(7) $(-3)-(-5)$

(8) $-3-(-3)$

答

(1) 11 (2) 3 (3) −5
(4) 19 (5) 7 (6) −8
(7) 2 (8) 0

考え方

(8) $-3-(-3)=-3+3$

STEP 7

1章 正負の数

正負の数の加法・減法(6) 分数の加法・減法(1)

次の計算をしましょう。

(1) $\frac{4}{5}-\frac{1}{5}=$ □　　(2) $\frac{5}{7}-\frac{3}{7}=$ □

答 (1) $\frac{3}{5}$ (2) $\frac{2}{7}$

次の計算をしましょう。

(1) $\frac{1}{5}-\frac{4}{5}=$ □　　(2) $\frac{3}{7}-\frac{5}{7}=$ □

答 (1) $-\frac{3}{5}$ (2) $-\frac{2}{7}$

上も下も正の分数から分数をひく減法ですが，下は，ひかれる分数よりもひく分数の絶対値が大きい計算です。分数の場合も，式 STEP 2と同じように負の数の考え方を用いて計算できます。

(1) $\frac{1}{5}-\frac{4}{5}=-\frac{3}{5}$ 答

(2) $\frac{3}{7}-\frac{5}{7}=-\frac{2}{7}$ 答

(1)は，$\frac{1}{5}-\frac{4}{5}$の数を入れかえた$\frac{4}{5}-\frac{1}{5}$の答$\frac{3}{5}$に，－をつけた数と答は同じ。

Point **ひかれる分数よりもひく分数の絶対値が大きい減法でも，負の数を用いて答を導くことができます。**

▶約分

$\frac{3}{8}-\frac{5}{8}=-\frac{2}{8}$

$=-\frac{1}{4}$

答が約分できる場合は，約分します。

▶通分

$\frac{3}{8}-\frac{3}{4}=\frac{3}{8}-\frac{6}{8}$

$=-\frac{3}{8}$

分母が異なる場合でも，通分すれば計算できます。

例題で確認! 次の計算をしましょう。

(1) $\frac{1}{3}-\frac{2}{3}$　(2) $\frac{1}{7}-\frac{6}{7}$　(3) $\frac{2}{10}-\frac{7}{10}$

(4) $\frac{1}{4}-\frac{1}{2}$　(5) $\frac{1}{4}-\frac{1}{3}$　(6) $\frac{1}{6}-\frac{1}{2}$

答

(1) $-\frac{1}{3}$　(2) $-\frac{5}{7}$　(3) $-\frac{1}{2}$

(4) $-\frac{1}{4}$　(5) $-\frac{1}{12}$　(6) $-\frac{1}{3}$

考え方

(3) 答が約分できます。

(6) 答が約分できます。

$\frac{1}{6}-\frac{1}{2}=\frac{1}{6}-\frac{3}{6}=-\frac{2}{6}=-\frac{1}{3}$

正負の数の加法・減法(7) 分数の加法・減法(2)

次の計算をしましょう。 → 式 STEP 7

(1) $\frac{4}{5}-\frac{1}{5}=$ □　(2) $\frac{1}{5}-\frac{4}{5}=$ □

答 (1) $\frac{3}{5}$ (2) $-\frac{3}{5}$

次の計算をしましょう。

(1) $\left(-\frac{1}{5}\right)+\frac{4}{5}=$ □　(2) $\left(-\frac{4}{5}\right)+\frac{1}{5}=$ □

答 (1) $\frac{3}{5}$ (2) $-\frac{3}{5}$

上は，正の分数から分数をひく減法です。
下は，負の分数に分数をたす加法です。

(1) $\left(-\frac{1}{5}\right)+\frac{4}{5}=\frac{3}{5}$ 答

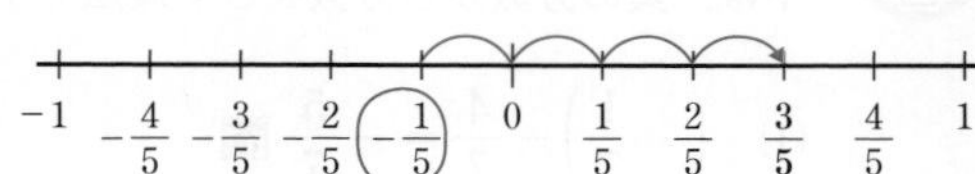

(2) $\left(-\frac{4}{5}\right)+\frac{1}{5}=-\frac{3}{5}$ 答

−1 $-\frac{4}{5}$ $-\frac{3}{5}$ $-\frac{2}{5}$ $-\frac{1}{5}$ 0 $\frac{1}{5}$ $\frac{2}{5}$ $\frac{3}{5}$ $\frac{4}{5}$ 1

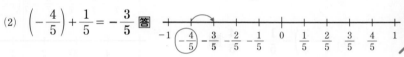

Point **負の分数にも分数をたすことができます。**

◆ $\left(-\frac{1}{5}\right)+\frac{4}{5}$と，$-\frac{1}{5}+\frac{4}{5}$は同じことです。

◆ $\left(-\frac{1}{5}\right)+\frac{1}{5}=0$　◆ $-\frac{4}{5}+\frac{4}{5}=0$　《 答が0になる場合もあります。

例題で確認! 次の計算をしましょう。

(1) $-\frac{2}{9}+\frac{7}{9}$　(2) $-\frac{3}{5}+\frac{2}{5}$

(3) $-\frac{1}{2}+\frac{1}{2}$　(4) $-\frac{4}{9}+\frac{1}{9}$

(5) $-\frac{1}{9}+\frac{4}{9}$　(6) $-\frac{1}{3}+\frac{2}{9}$

(7) $-\frac{5}{12}+\frac{3}{4}$　(8) $-\frac{1}{8}+\frac{5}{6}$

答

(1) $\frac{5}{9}$ (2) $-\frac{1}{5}$ (3) 0 (4) $-\frac{1}{3}$

(5) $\frac{1}{3}$ (6) $-\frac{1}{9}$ (7) $\frac{1}{3}$ (8) $\frac{17}{24}$

考え方

(4)・(5) 最後に約分できます。

(7) 最後に約分できます。

$$-\frac{5}{12}+\frac{3}{4}=-\frac{5}{12}+\frac{9}{12}=\frac{4}{12}=\frac{1}{3}$$

STEP 9

1章 正負の数

正負の数の加法・減法(8) 分数の加法・減法(3)

次の計算をしましょう。 → 式 STEP 8

(1) $\left(-\frac{1}{7}\right)+\frac{4}{7}=$ □　　(2) $\left(-\frac{3}{5}\right)+\frac{1}{5}=$ □

答 (1) $\frac{3}{7}$ (2) $-\frac{2}{5}$

次の計算をしましょう。

(1) $\left(-\frac{1}{7}\right)-\frac{4}{7}=$ □　　(2) $\left(-\frac{3}{5}\right)-\frac{1}{5}=$ □

答 (1) $-\frac{5}{7}$ (2) $-\frac{4}{5}$

上は，負の分数に分数をたす加法です。
下は，負の分数から分数をひく減法です。

(1) $\left(-\frac{1}{7}\right)-\frac{4}{7}=-\frac{5}{7}$ 答

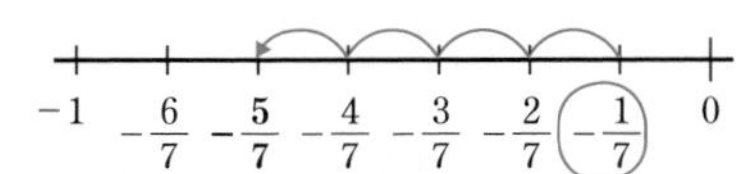

(2) $\left(-\frac{3}{5}\right)-\frac{1}{5}=-\frac{4}{5}$ 答

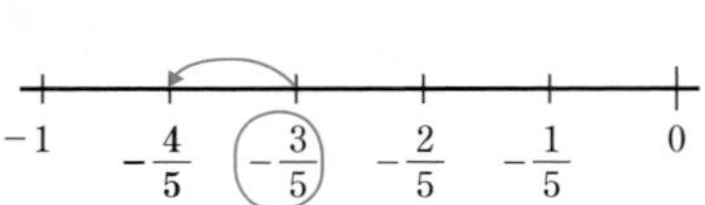

Point 負の分数から分数をひくこともできます。

◆ $\left(-\frac{1}{7}\right)-\frac{4}{7}$と，$-\frac{1}{7}-\frac{4}{7}$は同じことです。

◆ $-\frac{3}{5}-\frac{4}{5}=-\frac{7}{5}=-1\frac{2}{5}$ 《《 仮分数は，帯分数になおしてもいいです。

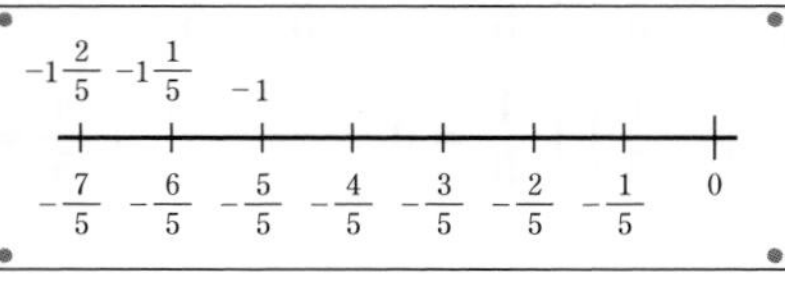

◆ $-\frac{4}{5}-\frac{8}{15}=-\frac{12}{15}-\frac{8}{15}=-\frac{20}{15}=-\frac{4}{3}=-1\frac{1}{3}$ 《《 約分できる場合は，約分します。

例題で確認! 次の計算をしましょう。

(1) $-\frac{2}{7}-\frac{3}{7}$　　(2) $-\frac{3}{7}-\frac{4}{7}$

(3) $-\frac{4}{7}-\frac{5}{7}$　　(4) $-\frac{1}{4}-\frac{3}{8}$

(5) $-\frac{1}{4}-\frac{1}{6}$　　(6) $-\frac{3}{4}-\frac{5}{12}$

答

(1) $-\frac{5}{7}$　(2) -1　(3) $-\frac{9}{7}\left[-1\frac{2}{7}\right]$

(4) $-\frac{5}{8}$　(5) $-\frac{5}{12}$　(6) $-\frac{7}{6}\left[-1\frac{1}{6}\right]$

考え方

(6) $-\frac{3}{4}-\frac{5}{12}=-\frac{9}{12}-\frac{5}{12}=-\frac{14}{12}=-\frac{7}{6}=-1\frac{1}{6}$

正負の数の加法・減法(9)　分数の加法・減法(4)

次の計算をしましょう。 → 式 STEP 5・6

(1) $4+(-3)=4-3$
$=\square$

(2) $4-(-3)=4+3$
$=\square$

答 (1) 1　(2) 7

次の計算をしましょう。

(1) $\frac{4}{11}+\left(-\frac{3}{11}\right)=\frac{4}{11}-\frac{3}{11}$
$=\square$

(2) $\frac{4}{11}-\left(-\frac{3}{11}\right)=\frac{4}{11}+\frac{3}{11}$
$=\square$

答 (1) $\frac{1}{11}$　(2) $\frac{7}{11}$

上は，かっこの前が＋のときは，かっこの中の符号は変えずに，かっこをはずします。かっこの前が－のときは，かっこの中の符号を変えて，かっこをはずします。

下の分数の計算でも，かっこのはずし方は上と同じです。

(1) $\frac{4}{11}+\left(-\frac{3}{11}\right)=\frac{4}{11}-\frac{3}{11}=\frac{1}{11}$ 答

符号は変えない。

(2) $\frac{4}{11}-\left(-\frac{3}{11}\right)=\frac{4}{11}+\frac{3}{11}=\frac{7}{11}$ 答

符号を変える。

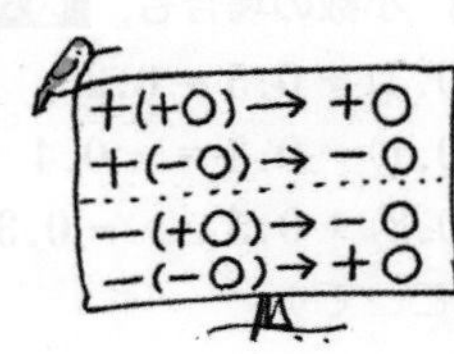

Point **分数の計算でも，かっこのはずし方は同じです。**

＋(＋○) → ＋○　　－(＋○) → －○
＋(－○) → －○　　－(－○) → ＋○

例題で確認! 次の計算をしましょう。

(1) $\frac{3}{7}+\left(+\frac{2}{7}\right)$　(2) $\frac{3}{8}-\left(-\frac{1}{8}\right)$　(3) $-\frac{3}{4}-\left(-\frac{3}{4}\right)$　(4) $-\frac{5}{12}-\left(+\frac{7}{12}\right)$

答 (1) $\frac{5}{7}$　(2) $\frac{1}{2}$　(3) 0　(4) -1

考え方 (3) $-\frac{3}{4}-\left(-\frac{3}{4}\right)=-\frac{3}{4}+\frac{3}{4}=0$　(4) $-\frac{5}{12}-\left(+\frac{7}{12}\right)=-\frac{5}{12}-\frac{7}{12}=-\frac{12}{12}=-1$

1 正負の数　2 文字式の計算　3 1次方程式　4 単項式と多項式　5 連立方程式　6 多項式の計算　7 平方根　8 2次方程式

STEP 11

1章 正負の数

正負の数の加法・減法⑽ 小数の加法・減法

次の計算をしましょう。 → 式 STEP 2

(1) $0.5-0.2=$ □　(2) $0.6-0.2=$ □

答 (1) 0.3 (2) 0.4

次の計算をしましょう。

(1) $0.2-0.5=$ □　(2) $0.2-0.6=$ □

答 (1) −0.3 (2) −0.4

上も下も正の小数から小数をひく減法ですが，下は，ひかれる小数よりも，ひく小数の絶対値が大きい計算です。小数の場合も分数の場合と同じように，式 STEP 2 の負の数の考え方を用いて計算できます。

(1) $0.2-0.5=\mathbf{-0.3}$ 答

(2) $0.2-0.6=\mathbf{-0.4}$ 答

(1)は，$0.2-0.5$の数を入れかえた$0.5-0.2$の答0.3に，−をつけた数と答は同じ。
(2)は，$0.2-0.6$の数を入れかえた$0.6-0.2$の答0.4に，−をつけた数と答は同じ。

Point　小数の場合も，式 STEP 2 ～ 式 STEP 4 の計算のきまりがあてはまります。

◆ $(-0.3)+0.5=0.2$　$(-0.5)+0.3=-0.2$ → 式 STEP 3

◆ $(-0.1)-0.3=-0.4$　$(-0.5)-0.3=-0.8$ → 式 STEP 4

◆ $(-0.3)+0.5$と，$-0.3+0.5$は同じこと，$(-0.3)-0.5$と，$-0.3-0.5$は同じことです。

Point　小数の計算でも，かっこのはずし方は同じです。

+(+○) → +○　−(+○) → −○

+(−○) → −○　−(−○) → +○

◆ $0.8+(+0.4)=0.8+0.4=1.2$　◆ $0.8-(+0.4)=0.8-0.4=0.4$

◆ $0.8+(-0.4)=0.8-0.4=0.4$　◆ $0.8-(-0.4)=0.8+0.4=1.2$

例題で確認!　次の計算をしましょう。

(1) $0.3-0.7$　(2) $-0.8+1.2$

(3) $-0.4-0.8$　(4) $0.2-(+0.9)$

(5) $-0.5-(-0.5)$

答 (1) −0.4　(2) 0.4　(3) −1.2
(4) −0.7　(5) 0

考え方 (5) $-0.5-(-0.5)=-0.5+0.5=0$

STEP 12

1章 正負の数

正負の数の加法・減法(11) 小数と分数の加法・減法

次の小数は分数に，分数は小数になおしましょう。

(1) $0.25=$　(2) $0.75=$　(3) $\frac{1}{2}=$　(4) $\frac{3}{4}=$

答 (1) $\frac{1}{4}$ (2) $\frac{3}{4}$ (3) 0.5 (4) 0.75

次の計算をしましょう。

(1) $0.75-\left(-\frac{1}{4}\right)=\square+\frac{1}{4}$
$=1$

(2) $3.5+\left(-\frac{1}{2}\right)=3.5-\square$
$=3$

答 (1) $\boxed{\frac{3}{4}}+\frac{1}{4}$ (2) $3.5-\boxed{0.5}$

上では，小数→分数，分数→小数のなおし方をおさえましょう。

▶**小数→分数**　小数第2位までの小数は，分母が100の分数で表し約分します。

(1) $0.25=\frac{25}{100}=\frac{1}{4}$ 答　(2) $0.75=\frac{75}{100}=\frac{3}{4}$ 答

▶**分数→小数**　分子÷分母

(3) $\frac{1}{2}=1\div2=\mathbf{0.5}$ 答　(4) $\frac{3}{4}=3\div4=\mathbf{0.75}$ 答

下は，小数と分数が混じった計算です。分数か小数のどちらかにそろえます。

(1) $0.75-\left(-\frac{1}{4}\right)=\frac{3}{4}+\frac{1}{4}$
$=1$ 答

(2) $3.5+\left(-\frac{1}{2}\right)=3.5-0.5$
$=3$ 答

Point **分数と小数が混じった計算では，分数か小数のどちらかにそろえて計算します。**

◆ $\frac{3}{4}+(-1)=\frac{3}{4}-1=\frac{3}{4}-\frac{4}{4}=-\frac{1}{4}$

例題で確認! (1)・(2)は分数に，(3)・(4)は小数にそろえて計算をしましょう。

(1) $0.25-\left(-\frac{1}{3}\right)$　(2) $\left(-\frac{2}{3}\right)-(+0.75)$

(3) $0.37-\left(-\frac{1}{2}\right)$　(4) $-\frac{1}{4}-(-0.25)$

答

(1) $\frac{7}{12}$　(2) $-\frac{17}{12}\left[-1\frac{5}{12}\right]$

(3) 0.87　(4) 0

考え方

(1) $0.25-\left(-\frac{1}{3}\right)=\frac{1}{4}+\frac{1}{3}=\frac{3}{12}+\frac{4}{12}=\frac{7}{12}$

STEP 13

①章 正負の数

正負の数の加法・減法(12) 加法と減法の混じった式

次の計算をしましょう。

$4-7+6=\square+6=\square$

答 $\boxed{-3}+6=\boxed{3}$

次の計算をしましょう。

$4-7+6-5+8=18-\square=\square$

答 $18-\boxed{12}=\boxed{6}$

上は，3つの数の計算です。左から，減法（ひき算），加法（たし算）の順に計算します。

$4-7+6=-3+6=3$ 答

下は，加法と減法がいくつも混じった計算です。上のように左から順に計算しても解けますが，同じ符号を先に計算すると，計算がラクになります。

$4-7+6-5+8=18-12=6$ 答

Point **加法と減法が混じった計算では，同じ符号を先に計算すると，計算がラクになります。**

◆ $\frac{1}{2}+\frac{1}{3}-\frac{1}{4}=\frac{6}{12}+\frac{4}{12}-\frac{3}{12}=\frac{10}{12}-\frac{3}{12}=\frac{7}{12}$ 《《 3つ以上の分数の計算では，先に通分しておくとラク

（12：2，3，4の最小公倍数）

例題で確認! 次の計算をしましょう。

(1) $12-7-8+6$ (2) $-7+5+6-2$

(3) $\frac{1}{2}-\frac{1}{3}+\frac{1}{4}$ (4) $-\frac{1}{6}-\frac{3}{8}+\frac{1}{3}$

答

(1) 3 (2) 2 (3) $\frac{5}{12}$ (4) $-\frac{5}{24}$

考え方

(4) $-\frac{1}{6}-\frac{3}{8}+\frac{1}{3}=-\frac{4}{24}-\frac{9}{24}+\frac{8}{24}$

$=\frac{8}{24}-\frac{13}{24}=-\frac{5}{24}$

STEP **14**

1章 正負の数

正負の数の加法・減法⒀ 項

次の計算をしましょう。

→ 式 STEP 13

12 − 7 − 8 + 6 = 18 − □ = □

答 18 − 15 = 3

次の式の正の項(こう)，負の項をそれぞれ求めましょう。

12 − 7 − 8 + 6　　正の項 … □，□　　負の項 … □，□

答 正の項 … ＋12，＋6　負の項 … −7，−8

上は，加法と減法が混じった式です。この場合は，同じ符号を先に計算すると，ラクに計算できます。

下は，項を求めます。かっこのない式では，＋，−の前で区切り，区切られた一つひとつが項になります。

12/− 7/− 8/＋ 6　　**正の項** … ＋ 12，＋ 6　**負の項** … − 7，− 8 答

最初の＋は省略されています。

Point **かっこのない式では，＋，−の符号の前で区切ると，項を求めることができます。**

例題で確認! 次の式の正の項，負の項をそれぞれ求めましょう。

(1) 12 − 9 − 21 + 24 − 18

(2) − 17 + 25 − 13 + 21 − 18

答

(1) 正の項 … ＋12，＋24　負の項 … −9，−21，−18

(2) 正の項 … ＋25，＋21　負の項 … −17，−13，−18

Point **かっこを使って加法だけの式になっているとき，項は，＋でむすばれた各数のことでもあります。**

◆ (＋ 12) ＋ (− 7) ＋ (− 8) ＋ (＋ 6)　《 すべて＋(　)の形のとき　正の項…＋12，＋6　負の項…−7，−8

（負の項：−7，−8　正の項：＋12，＋6）

◆ (＋ 6) − (＋ 5) ＋ (− 12)

= (＋ 6) ＋ (− 5) ＋ (− 12)　《 −(　)の部分は，かっこの中の符号を変えて＋(　)に。　正の項…＋6　負の項…−5，−12

（正の項：＋6　負の項：−12）　→ −5だから負の項になる。

◆ − (− 7) ＋ (＋ 3) ＋ (− 5)

= ＋ (＋ 7) ＋ (＋ 3) ＋ (− 5)　《 −(−7) ──→ ＋(＋7)　正の項…＋7，＋3　負の項…−5

（正の項：＋7，＋3　負の項：−5）

STEP 15

1章 正負の数

正負の数の乗法・除法(1) 乗法(1)

次の計算をしましょう。

$(+3)\times(+4)=$ □

答 +12

次の計算をしましょう。

$(-3)\times(-4)=$ □

答 +12

上は，正の数と正の数の**乗法**(かけ算)です。
下は，負の数と負の数の乗法です。
上も下も，同じ符号どうしの数の乗法です。このような場合，**積**(乗法の結果)の符号は⊕になります。

上

▶⊕と⊕をかける

$(+3)\times(+4)=$ **+12** 答

下

▶⊖と⊖をかける

$(-3)\times(-4)=$ **+12** 答

同符号の2数の積は，⊕になります。

Point **2つの数の積の符号①**

⊕と⊕をかけると⊕　⊖と⊖をかけると⊕

◆ $(+3)\times(+4)$は，3×4と同じです。

Point **積の＋は省略(しょうりゃく)することができます。**

◆ $(+3)\times(+4)=\underline{12}$
$(-3)\times(-4)=\underline{12}$
＋12の＋を省略

例題で確認! 次の計算をしましょう。

(1) $(+4)\times(+6)$　(2) $(-4)\times(-6)$

(3) $(+2)\times(+0.2)$　(4) $(-2)\times(-0.2)$

(5) $\left(+\frac{5}{6}\right)\times\left(+\frac{1}{4}\right)$　(6) $\left(-\frac{4}{9}\right)\times\left(-\frac{3}{8}\right)$

答 ＋は書かなくてもよい。

(1) +24　(2) +24　(3) +0.4

(4) +0.4　(5) $+\frac{5}{24}$　(6) $+\frac{1}{6}$

考え方

(6) $\left(-\frac{4}{9}\right)\times\left(-\frac{3}{8}\right)=+\left(\frac{\overset{1}{\cancel{4}}}{\underset{3}{\cancel{9}}}\times\frac{\overset{1}{\cancel{3}}}{\underset{2}{\cancel{8}}}\right)=+\frac{1}{6}$

STEP 16

1章 正負の数

正負の数の乗法・除法(2) 乗法(2)

次の計算をしましょう。 → 式 STEP 15

(1) $(+3)\times(+4)=$ □　　(2) $(-3)\times(-4)=$ □

答 (1) $+12$ (2) $+12$（+は書かなくてもよい。）

次の計算をしましょう。

(1) $(+3)\times(-4)=$ □　　(2) $(-3)\times(+4)=$ □

答 (1) -12 (2) -12

上は，同じ符号の2数の乗法なので，積は＋になります。

下は，(1)は㊉×㊀，(2)は㊀×㊉と，符号が異なる2数の乗法です。このような場合，積の符号は㊀になります。

下

▶㊉と㊀をかける

(1) $(+3)\times(-4)=-12$ 答

(2) $(-3)\times(+4)=-12$ 答

異符号の2数の積は，㊀になります。

Point **2つの数の積の符号②**

㊉と㊀をかけると㊀

◆ $(+3)\times(-4)$は，$3\times(-4)$ と同じ。$(-3)\times(+4)$は，$(-3)\times4$と同じです。

◆積の－は省略できません。

$(+3)\times(-4)=\underline{-12}$　　$(-3)\times(+4)=\underline{-12}$ ≪ −12の−は省略できません。

Point **どんな数に0をかけても，積は0になります。また，0にどんな数をかけても，積は0になります。**

◆ $(+3)\times0=0$　　$(-3)\times0=0$　　◆ $0\times(+5)=0$　　$0\times(-5)=0$

例題で確認! 次の計算をしましょう。

(1) $(+4)\times(-6)$　　(2) $(-3.4)\times(+0.1)$

(3) $\left(-\frac{7}{8}\right)\times4$　　(4) $\left(+\frac{3}{7}\right)\times\left(-\frac{1}{6}\right)$

(5) $(+7)\times0$　　(6) $0\times(-2)$

答

(1) -24　(2) -0.34　(3) $-\frac{7}{2}\left[-3\frac{1}{2}\right]$

(4) $-\frac{1}{14}$　(5) 0　(6) 0

考え方

(3) $\left(-\frac{7}{8}\right)\times4=-\left(\frac{7}{\cancel{8}_{2}}\times\cancel{4}^{1}\right)=-\frac{7}{2}$

STEP 17

1章 正負の数

正負の数の乗法・除法(3) 3つ以上の数の乗法(1)

答の符号を先に決めてから，計算しましょう。 → 式 STEP 15・16

(1) $(-7)\times(+9)=-(7\times9)=$ □

(2) $(-9)\times(-7)=+(9\times7)=$ □

答 (1) −63 (2) 63

答の符号を先に決めてから，計算しましょう。

(1) $(-5)\times(-6)\times(+2)=+(5\times6\times2)=$ □

(2) $(-2)\times(-4)\times(-5)=-(2\times4\times5)=$ □

答 (1) 60 (2) −40

上は，答(積)の符号が＋になるか－になるかを，まず考えます。

(1) ㊀×㊉ → ㊀ だから，㊀$(7\times9)=-63$ 答

(2) ㊀×㊀ → ㊉ だから，㊉$(9\times7)=63$ 答

下は，3つの数の乗法です。この場合は，式の中の負の数の個数から，答の符号が＋になるか－になるかを考えます。

(1) $(-5)\times(-6)\times(+2)=$㊉$(5\times6\times2)=60$ 答

負の数が2個

(2) $(-2)\times(-4)\times(-5)=$㊀$(2\times4\times5)=-40$ 答

負の数が3個

Point **乗法の答の符号は，負の数の個数で決まります。**

負の数が 2個，4個，6個，…など偶数(ぐうすう)個のとき → ㊉

負の数が 1個，3個，5個，…など奇数(きすう)個のとき → ㊀

例題で確認! 答の符号を先に決めてから，計算しましょう。

(1) $(-2)\times(+3)\times(-5)=+(2\times3\times5)=$

(2) $(-1)\times(-6)\times5\times(-3)$

(3) $(-2)\times(-3)\times(-4)\times(-5)$

答	考え方
(1) 30	(1) 負の数が2個→㊉
(2) −90	(2) 負の数が3個→㊀
(3) 120	(3) 負の数が4個→㊉

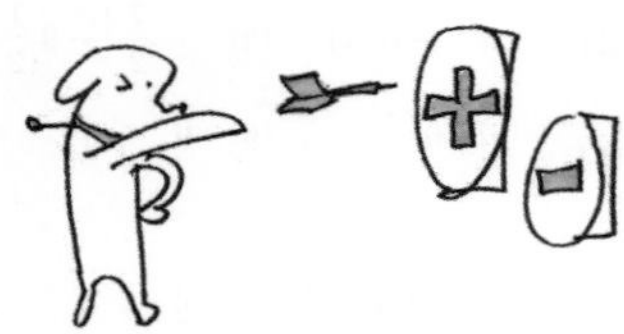

正負の数の乗法・除法(4) 3つ以上の数の乗法(2)

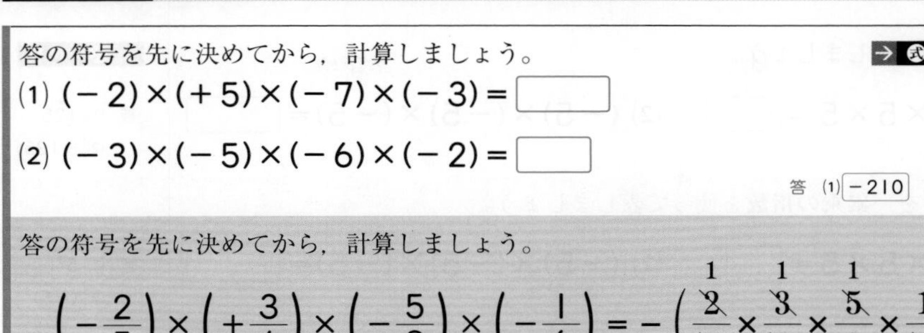

答の符号を先に決めてから，計算しましょう。 → 式 STEP 17

(1) $(-2)\times(+5)\times(-7)\times(-3)=$ □

(2) $(-3)\times(-5)\times(-6)\times(-2)=$ □

答 (1) -210 (2) 180

答の符号を先に決めてから，計算しましょう。

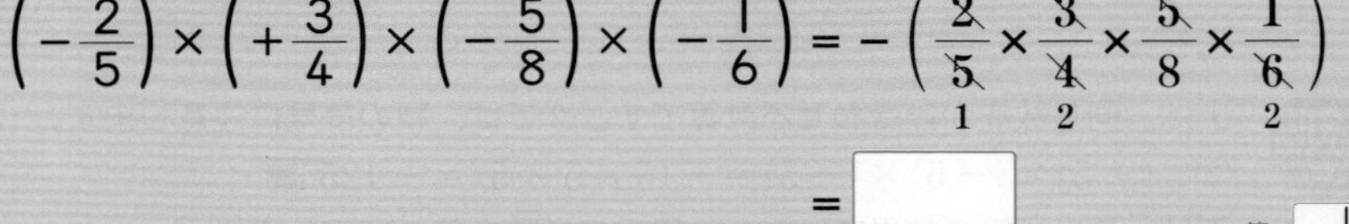

$$\left(-\frac{2}{5}\right)\times\left(+\frac{3}{4}\right)\times\left(-\frac{5}{8}\right)\times\left(-\frac{1}{6}\right)=-\left(\frac{\overset{1}{\cancel{2}}}{\underset{1}{\cancel{5}}}\times\frac{\overset{1}{\cancel{3}}}{\underset{2}{\cancel{4}}}\times\frac{\overset{1}{\cancel{5}}}{8}\times\frac{1}{\underset{2}{\cancel{6}}}\right)$$

$=$ □

答 $-\frac{1}{32}$

上は，式の中の負の数の個数から，答(積)の符号を考えます。

(1) 負の数が3個(奇数個)だから，㊀$(2\times5\times7\times3)=-210$ 答

(2) 負の数が4個(偶数個)だから，㊉$(3\times5\times6\times2)=180$ 答

下のように分数の乗法の場合も，答の符号の決め方は同じです。分数の場合は，約分にも注意しましょう。

$$\left(-\frac{2}{5}\right)\times\left(+\frac{3}{4}\right)\times\left(-\frac{5}{8}\right)\times\left(-\frac{1}{6}\right)=\ominus\left(\frac{\overset{1}{\cancel{2}}}{\underset{1}{\cancel{5}}}\times\frac{\overset{1}{\cancel{3}}}{\underset{2}{\cancel{4}}}\times\frac{\overset{1}{\cancel{5}}}{8}\times\frac{1}{\underset{2}{\cancel{6}}}\right)=-\frac{1}{32}$$ 答

負の数が3個(奇数個)

Point **乗法の答の符号の決め方は，分数の乗法の場合も整数の場合と同じです。また，約分できるものは，忘れずに約分しましょう。**

◆ $\left(+\frac{2}{3}\right)\times\left(-\frac{1}{2}\right)\times\left(-\frac{3}{4}\right)\times\left(+\frac{4}{5}\right)=\oplus\left(\frac{\overset{1}{\cancel{2}}}{\underset{1}{\cancel{3}}}\times\frac{1}{\underset{1}{\cancel{2}}}\times\frac{\overset{1}{\cancel{3}}}{\underset{1}{\cancel{4}}}\times\frac{\overset{1}{\cancel{4}}}{5}\right)=\frac{1}{5}$

負の数が2個(偶数個)

例題で確認! 答の符号を先に決めてから，計算しましょう。

(1) $\left(-\frac{1}{2}\right)\times\left(-\frac{2}{3}\right)\times\left(-\frac{3}{4}\right)=-\left(\frac{1}{2}\times\frac{2}{3}\times\frac{3}{4}\right)=$

(2) $\left(-\frac{3}{8}\right)\times\left(+\frac{8}{9}\right)\times\left(+\frac{6}{7}\right)\times\left(-\frac{7}{12}\right)$

答

(1) $-\frac{1}{4}$

(2) $\frac{1}{6}$

考え方

(1) 負の数が3個→㊀

(2) 負の数が2個→㊉

STEP 19

1章 正負の数

正負の数の乗法・除法(5) 累乗(1)

次の計算をしましょう。

→ 式 STEP 17

(1) $5\times5\times5=$ □　(2) $(-5)\times(-5)\times(-5)=$ □

答 (1) 125 (2) -125

次の積を，累乗(るいじょう)の指数を使って表しましょう。

(1) $5\times5\times5=$ □　(2) $(-5)\times(-5)\times(-5)=$ □

答 (1) 5^3 (2) $(-5)^3$

上は，同じ数をかけ合わせる計算です。(2)では，積の符号に注意します。

(2)　$(-5)\times(-5)\times(-5)=-(5\times5\times5)=\mathbf{-125}$ 答

下は，積を計算の結果ではなく，**累乗の指数**を使って表します。

(1)　$5\times5\times5=\mathbf{5^3}$ 答　(2)　$(-5)\times(-5)\times(-5)=\mathbf{(-5)^3}$ 答

Point **同じ数をいくつかかけ合わせたものを，その数の累乗(るいじょう)といいます。右肩の小さい数は，かけ合わせたときの個数を表し，指数といいます。**

◆5^2を**5の2乗(にじょう)**，5^3を**5の3乗**と読みます。2乗は**平方(へいほう)**，3乗は**立方(りっぽう)**ともいいます。

◆分数の累乗にはかっこをつけます。$\frac{1}{3}\times\frac{1}{3}=\left(\frac{1}{3}\right)^2$　※$\frac{1}{3}\times\frac{1}{3}=\frac{1^2}{3}$はまちがいです。

例題で確認!　次の積を，累乗の指数を使って表しましょう。

(1)　$4\times4\times4$　(2)　$(-1)\times(-1)\times(-1)$

(3)　$\frac{1}{3}\times\frac{1}{3}\times\frac{1}{3}$　(4)　$\left(-\frac{2}{5}\right)\times\left(-\frac{2}{5}\right)$

答

(1)　4^3　(2)　$(-1)^3$

(3)　$\left(\frac{1}{3}\right)^3$　(4)　$\left(-\frac{2}{5}\right)^2$

Point **累乗の計算をするときは，かけ合わせた個数と，積の符号に注意しましょう。**

◆$2^4=2\times2\times2\times2=16$

◆$(-2)^3=(-2)\times(-2)\times(-2)=-(2\times2\times2)=-8$

$(-2)^4=(-2)\times(-2)\times(-2)\times(-2)=+(2\times2\times2\times2)=16$

◆$1.5^2=1.5\times1.5=2.25$　　$-1.5^2=-(1.5\times1.5)=-2.25$

例題で確認!　次の計算をしましょう。

(1)　$2^3+2^4=8+16=$　(2)　2^3-2^4

(3)　$(-2)^4+(-2)^3$　(4)　$(-2)^4-(-2)^3$

答

(1)　24　(2)　-8

(3)　8　(4)　24

STEP 20

1章 正負の数

正負の数の乗法・除法(6) 累乗(2)

→ 式 STEP 19

次の計算をしましょう。

$2^2 + 2^3 = 4 + \square = \square$

答 $4 + \boxed{8} = \boxed{12}$

次の計算をしましょう。

$2^2 \times 2^3 = 2 \times 2 \times 2 \times 2 \times 2 = \square$

答 $\boxed{32}$

上は，2^2に2^3をたす計算です。
下は，2^2に2^3をかける計算です。

$2^2 \times 2^3 = 2 \times 2 \times 2 \times 2 \times 2 = 32$ 答 《 2を5個かけ合わせることと同じです。

Point **累乗×累乗は，すべての数をかけ合わせた形で考えます。**

◆ $(-2)^3 \times 3^2 = (-2) \times (-2) \times (-2) \times 3 \times 3 = (-8) \times 9 = -72$

Point **負の数の累乗の指数と符号**
奇数のとき → ㊀　偶数のとき → ㊉

◆ $(-3)^3 = (-3) \times (-3) \times (-3) = ㊀(3 \times 3 \times 3) = ㊀27$ （奇数）

◆ $(-3)^4 = (-3) \times (-3) \times (-3) \times (-3) = ㊉(3 \times 3 \times 3 \times 3) = 81$ （偶数）

Point **$(-3)^4$と-3^4はちがうので，注意しましょう。**

◆ $(-3)^4 = (-3) \times (-3) \times (-3) \times (-3) = 81$ 《 (−3)を4個かけ合わせたもの

$-3^4 = -(3 \times 3 \times 3 \times 3) = -81$ 《 3^4に−をつけたもの　※$-(-3)^4 = -81$

例題で確認! 次の計算をしましょう。

(1) $-2^2 \times 3^2$　(2) $(-2)^2 \times (-3)^2$

(3) $(-2)^3 \times (-3)^2$　(4) $-(2 \times 3)^2$

答	考え方
(1) −36	(1) $-2^2 \times 3^2 = -4 \times 9$
(2) 36	(2) $(-2)^2 \times (-3)^2 = 4 \times 9$
(3) −72	(3) $(-2)^3 \times (-3)^2 = -8 \times 9$
(4) −36	(4) $-(2 \times 3)^2 = -6^2$

STEP 21

①章 正負の数

正負の数の乗法・除法(7) 除法(1)

次の計算をしましょう。 → 式 STEP 15・16

(1) $(+4)\times(+3)=$ □　　(2) $(-4)\times(-3)=$ □

(3) $(+4)\times(-3)=$ □　　(4) $(-4)\times(+3)=$ □

答 (1) 12　(2) 12　(3) −12　(4) −12

次の計算をしましょう。

(1) $(+8)\div(+2)=$ □　　(2) $(-8)\div(-2)=$ □

(3) $(+8)\div(-2)=$ □　　(4) $(-8)\div(+2)=$ □

答 (1) +4　(2) +4　(3) −4　(4) −4

上は，2数の乗法です。(1)・(2)は2数が同符号なので，積は＋になります。(3)・(4)は2数が異符号なので，積は－になります。

下は，2数の**除法**(わり算)です。2数の**商**(わり算の結果)の符号の決め方は，2数の積の符号の決め方と同じです。

▶ ⊕÷⊕，⊖÷⊖

(1)　$(+8)\div(+2)=+4$ 答
(2)　$(-8)\div(-2)=+4$ 答
《 ＋の符号は書かなくてもよい。

▶ ⊕÷⊖，⊖÷⊕

(3)　$(+8)\div(-2)=-4$ 答
(4)　$(-8)\div(+2)=-4$ 答

・同符号の2数の商は，⊕になります。
・異符号の2数の商は，⊖になります。

Point　2つの数の商の符号

⊕÷⊕，⊖÷⊖ → ⊕　　⊕÷⊖，⊖÷⊕ → ⊖

◆ $(+4)\div(+2)$は，$4\div2$と同じ。
$(+4)\div(-2)$は，$4\div(-2)$と同じ。$(-4)\div(+2)$は，$(-4)\div2$と同じ。

◆ $0\div(+5)=0$　　$0\div(-5)=0$ 《 0を何でわっても商は0

注意　$(+5)\div0$のように，0でわることはできません。

例題で確認!　次の計算をしましょう。

(1)　$(+12)\div(+3)$　　(2)　$(+12)\div(-3)$
(3)　$(-12)\div(+3)$　　(4)　$(-12)\div(-3)$
(5)　$0\div(-3)$　　(6)　$(-5.4)\div0.9$
(7)　$(-3.2)\div(-0.4)$　　(8)　$(+3.2)\div(-1.6)$

答
(1) 4　(2) −4
(3) −4　(4) 4
(5) 0　(6) −6
(7) 8　(8) −2

STEP 22

正負の数の乗法・除法(8) 除法(2)

□にあてはまる数を入れましょう。

(1) $\dfrac{3}{4}\times\square=1$　(2) $\left(-\dfrac{3}{4}\right)\times\left(\square\right)=1$

答 (1) $\dfrac{3}{4}\times\boxed{\dfrac{4}{3}}$　(2) $\left(-\dfrac{3}{4}\right)\times\left(\boxed{-\dfrac{4}{3}}\right)$

□にあてはまる数を入れましょう。

(1) $\dfrac{3}{4}$の逆数は $\square$　(2) $-\dfrac{3}{4}$の逆数は $\square$

答 (1) $\boxed{\dfrac{4}{3}}$　(2) $\boxed{-\dfrac{4}{3}}$

上は，ある数にどんな数をかけると1になるかを考えます。

(1) $\dfrac{3}{4}\times\dfrac{4}{3}=\dfrac{\overset{1}{\cancel{3}}}{\underset{1}{\cancel{4}}}\times\dfrac{\overset{1}{\cancel{4}}}{\underset{1}{\cancel{3}}}=1$　(2) $\left(-\dfrac{3}{4}\right)\times\left(-\dfrac{4}{3}\right)=+\left(\dfrac{\overset{1}{\cancel{3}}}{\underset{1}{\cancel{4}}}\times\dfrac{\overset{1}{\cancel{4}}}{\underset{1}{\cancel{3}}}\right)=1$

下は，それぞれの分数の**逆数**を求めます。2数の積が1のとき，一方の数を他方の数の逆数といいます。上の結果から考えましょう。

Point $\dfrac{2}{5}$**の逆数は**$\dfrac{5}{2}$　**6の逆数は**$\dfrac{1}{6}$$\left(6=\dfrac{6}{1}\right.$**だから**$\left.\right)$

◆1の逆数は1です。0の逆数はありません。

◆小数の逆数は，分数にしてから考えます。 $0.4\rightarrow\dfrac{\overset{2}{\cancel{4}}}{\underset{5}{\cancel{10}}}\rightarrow$ 逆数は$\dfrac{5}{2}$

Point ある数でわるということは，その数の逆数をかけることと同じです。

◆ $(-8)\div\dfrac{1}{2}=-\left(8\times\dfrac{2}{1}\right)=-16$

例題で確認! 次の除法を，乗法になおして計算しましょう。

(1) $(-8)\div\dfrac{2}{3}=-\left(8\times\dfrac{3}{2}\right)=$

(2) $\left(-\dfrac{1}{3}\right)\div\left(-\dfrac{2}{5}\right)$

(3) $\dfrac{3}{5}\div(-0.2)$

答

(1) -12

(2) $\dfrac{5}{6}$

(3) -3

考え方

(2) $=\left(-\dfrac{1}{3}\right)\times\left(-\dfrac{5}{2}\right)$

(3) $=\dfrac{3}{5}\times\left(-\dfrac{5}{1}\right)$

STEP 23

1章 正負の数

正負の数の乗法・除法(9) 除法(3)

答の符号を先に決めてから，計算しましょう。 → 式 STEP 17

$(-2)\times(-5)\times(-3)=-(2\times5\times3)=\square$

答 -30

答の符号を先に決めてから，計算しましょう。

$(-2)\times(-5)\div(-3)=-\left(2\times5\times\square\right)=\square$

答 $-\left(2\times5\times\frac{1}{3}\right)=-\frac{10}{3}$

上は，3つの数の乗法です。式の中の負の数の個数が偶数個ならば，答の符号は＋，奇数個ならば－になります。

下は，乗法と除法の混じった計算です。÷(－3)という除法の部分を，$\times\left(-\frac{1}{3}\right)$と，逆数をかける乗法になおせば，上と同じ考え方で符号を決めることができます。

$(-2)\times(-5)\div(-3)=(-2)\times(-5)\times\left(-\frac{1}{3}\right)$ 《 負の数が3個→㊀

$=㊀\left(2\times5\times\frac{1}{3}\right)=-\frac{10}{3}$ 答

Point 乗法と除法の混じった計算の答の符号

負の数が偶数個のとき →㊉　負の数が奇数個のとき →㊀

◆ $(-2)\times(-5)\div(+3)=(-2)\times(-5)\times\frac{1}{3}=㊉\left(2\times5\times\frac{1}{3}\right)=\frac{10}{3}$

負の数が2個

◆ $16\div(-2)\times0\div(-3)=0$ 《 0をかけても，0をわっても答は0

例題で確認! 答の符号を先に決めてから，計算しましょう。

(1) $(-4)\times(-3)\div(-6)$

(2) $12\div(-4)\div(-6)$

(3) $16\div(-3)\times(-3)\times0$

(4) $(-84)\div(+4)\times(-3)\div(-7)$

答

(1) -2　(2) $\frac{1}{2}$　(3) 0　(4) -9

考え方

(3) ×0に注目。

(4) $(-84)\div(+4)\times(-3)\div(-7)$

$=-\left(84\times\frac{1}{4}\times3\times\frac{1}{7}\right)$

正負の数の乗法・除法⑽ 除法⑷

答の符号を先に決めてから，計算しましょう。 → 式 STEP 18

$$\frac{5}{4}\times\left(-\frac{2}{3}\right)\times\left(-\frac{1}{10}\right)=+\left(\frac{5}{4}\times\frac{2}{3}\times\frac{1}{10}\right)=\square$$

答 $\frac{1}{12}$

答の符号を先に決めてから，計算しましょう。

$$\frac{5}{4}\times\left(-\frac{2}{3}\right)\div\left(-\frac{1}{10}\right)=+\left(\frac{5}{4}\times\frac{2}{3}\times\square\right)=\square$$

答 $+\left(\frac{5}{4}\times\frac{2}{3}\times\boxed{10}\right)=\frac{25}{3}$

上は，3つの分数の乗法です。答の符号が決まったら，約分に注意して計算しましょう。
下は，3つの分数の乗法と除法が混じった計算です。$\div\left(-\frac{1}{10}\right)$の部分を，逆数を使い乗法になおしてから答の符号を決め，約分に注意して計算を進めます。

上

$$+\left(\frac{\overset{1}{\cancel{5}}}{\underset{2}{\cancel{4}}}\times\frac{\overset{1}{\cancel{2}}}{3}\times\frac{1}{\underset{2}{\cancel{10}}}\right)=\frac{1}{12}$$ 答

下

$$+\left(\frac{5}{\underset{1}{\cancel{\underset{2}{\cancel{4}}}}}\times\frac{\overset{1}{\cancel{2}}}{3}\times\overset{5}{\cancel{10}}\right)=\frac{25}{3}$$ 答

Point **乗法と除法が混じった計算で分数を含む場合は，約分にも注意しましょう。**

◆ $9\div\left(-\frac{5}{8}\right)\times\frac{5}{4}=\ominus\left(9\times\frac{8}{5}\times\frac{5}{4}\right)=-\left(9\times\frac{\overset{2}{\cancel{8}}}{\underset{1}{\cancel{5}}}\times\frac{\overset{1}{\cancel{5}}}{\underset{1}{\cancel{4}}}\right)=-18$

◆小数は分数になおしてから計算を進めます。 → 式 STEP 12

$$0.1\div(-0.75)\times\frac{3}{5}=\frac{1}{10}\div\left(-\frac{3}{4}\right)\times\frac{3}{5}=-\left(\frac{1}{\underset{5}{\cancel{10}}}\times\frac{\overset{2}{\cancel{4}}}{\underset{1}{\cancel{3}}}\times\frac{\overset{1}{\cancel{3}}}{5}\right)=-\frac{2}{25}$$

例題で確認! 答の符号を先に決めてから，計算しましょう。

(1) $\left(-\frac{3}{5}\right)\div\frac{8}{15}\div\left(-\frac{2}{9}\right)$

(2) $\left(-\frac{5}{12}\right)\div\left(-\frac{3}{8}\right)\times\left(-\frac{9}{10}\right)$

(3) $0.75\div\frac{5}{6}\times\left(-\frac{2}{3}\right)$

答

(1) $\frac{81}{16}$　(2) -1　(3) $-\frac{3}{5}$

考え方

(3) 0.75は，$\frac{75}{100}=\frac{3}{4}$

STEP 25

1章 正負の数

正負の数の乗法・除法(11) 累乗(3)

次の計算をしましょう。 → 式 STEP 20

$2^3 \times 2^2 = 2 \times 2 \times 2 \times 2 \times 2 = \square$

答 32

次の計算をしましょう。

$2^3 \div 2^2 = \dfrac{2 \times 2 \times 2}{2 \times 2} = \square$

答 2

上は，累乗×累乗の計算です。すべての数をかけ合わせた形で考えます。

下は，累乗÷累乗の計算です。●÷▲＝$\dfrac{●}{▲}$と分数の形になおして計算します。

$2^3 \div 2^2 = \dfrac{\overset{1}{\cancel{2}} \times \overset{1}{\cancel{2}} \times 2}{\underset{1}{\cancel{2}} \times \underset{1}{\cancel{2}}} = 2$ 答

Point **累乗÷累乗は，分数の形になおして計算します。約分できる場合は約分して，答を求めます。**

◆ $2^5 \div 2^3 = \dfrac{\overset{1}{\cancel{2}} \times \overset{1}{\cancel{2}} \times \overset{1}{\cancel{2}} \times 2 \times 2}{\underset{1}{\cancel{2}} \times \underset{1}{\cancel{2}} \times \underset{1}{\cancel{2}}} = 4$

◆ $2^3 \div 2^5 = \dfrac{\overset{1}{\cancel{2}} \times \overset{1}{\cancel{2}} \times \overset{1}{\cancel{2}}}{\underset{1}{\cancel{2}} \times \underset{1}{\cancel{2}} \times \underset{1}{\cancel{2}} \times 2 \times 2} = \dfrac{1}{4}$

◆ $3^2 \times 4^2 \div 6^3 = \dfrac{\overset{1}{\cancel{3}} \times \overset{1}{\cancel{3}} \times \overset{\overset{1}{\cancel{2}}}{\cancel{4}} \times \overset{2}{\cancel{4}}}{\underset{\underset{1}{\cancel{2}}}{\cancel{6}} \times \underset{\underset{1}{\cancel{2}}}{\cancel{6}} \times \underset{3}{\cancel{6}}} = \dfrac{2}{3}$

例題で確認! 次の計算をしましょう。

(1) $2^6 \div 2^2 = \dfrac{\overset{1}{\cancel{2}} \times \overset{1}{\cancel{2}} \times 2 \times 2 \times 2 \times 2}{\underset{1}{\cancel{2}} \times \underset{1}{\cancel{2}}} =$

(2) $2^2 \div 2^6$

(3) $6^3 \div 2^3$

(4) $6^5 \div 3^7 \div 2^2$

答

(1) 16 (2) $\dfrac{1}{16}$ (3) 27 (4) $\dfrac{8}{9}$

考え方

(3) $6^3 \div 2^3 = \dfrac{\overset{3}{\cancel{6}} \times \overset{3}{\cancel{6}} \times \overset{3}{\cancel{6}}}{\underset{1}{\cancel{2}} \times \underset{1}{\cancel{2}} \times \underset{1}{\cancel{2}}}$

(4) $6^5 \div 3^7 \div 2^2 = \dfrac{\overset{\overset{1}{\cancel{2}}}{\cancel{6}} \times \overset{\overset{1}{\cancel{2}}}{\cancel{6}} \times \overset{2}{\cancel{6}} \times \overset{2}{\cancel{6}} \times \overset{2}{\cancel{6}}}{\underset{1}{\cancel{3}} \times \underset{1}{\cancel{3}} \times \underset{1}{\cancel{3}} \times \underset{1}{\cancel{3}} \times \underset{1}{\cancel{3}} \times 3 \times 3 \times \underset{1}{\cancel{2}} \times \underset{1}{\cancel{2}}}$

正負の数の乗法・除法⑿ 累乗⑷

次の計算をしましょう。 → 式 STEP 25

$$2^4 \div 2^2 = \frac{2\times2\times2\times2}{2\times2} = \square$$

答 4

次の計算をしましょう。

$$(-2)^4 \div (-2)^3 = \frac{(-2)\times(-2)\times(-2)\times(-2)}{(-2)\times(-2)\times(-2)} = \square$$

答 −2

上は，累乗÷累乗の計算です。分数の形になおし，約分を利用して計算します。下は，負の数の累乗÷負の数の累乗の計算です。上と同じように，分数の形になおして計算しますが，答の符号に注意しましょう。

$$(-2)^4 \div (-2)^3 = \frac{\overset{1}{\cancel{(-2)}}\times\overset{1}{\cancel{(-2)}}\times\overset{1}{\cancel{(-2)}}\times(-2)}{\underset{1}{\cancel{(-2)}}\times\underset{1}{\cancel{(-2)}}\times\underset{1}{\cancel{(-2)}}} = -2$$ 答

Point **負の数の累乗を含んだ計算では，答の符号が＋になるか－になるか，注意しましょう。**

$$◆ (-2)^4 \div (-2)^2 = \frac{\overset{1}{\cancel{(-2)}}\times\overset{1}{\cancel{(-2)}}\times(-2)\times(-2)}{\underset{1}{\cancel{(-2)}}\times\underset{1}{\cancel{(-2)}}} = \oplus(2\times2) = 4$$

（負の数が２個）

例題で確認! 次の計算をしましょう。

(1) $(-2)^3 \div (-2)$

(2) $(-1)^3 \div (-1)^5$

(3) $(-2)^3 \div (-1)^2$

(4) $(-5)^4 \div 5^3$

答

(1) 4 (2) 1 (3) −8 (4) 5

考え方

(3) $(-2)^3 \div (-1)^2 = \frac{(-2)\times(-2)\times(-2)}{(-1)\times(-1)} = \frac{-(2\times2\times2)}{+(1\times1)}$

Point **$(-3)^2$と-3^2のちがいをしっかりおさえておきましょう。**

◆ $(-3)^2 = +9$　　$-(-3)^2 = -9$　　$-3^2 = -(3\times3) = -9$

◆ $(-3)^3 = -27$　　$-(-3)^3 = +27$　　$-3^3 = -(3\times3\times3) = -27$

◆ $(-3^2) \div 3 = \frac{-(\overset{1}{\cancel{3}}\times3)}{\underset{1}{\cancel{3}}} = -3$　　◆ $(-3)^2 \div 3 = \frac{(-3)\times(-3)}{3} = \frac{+(\overset{1}{\cancel{3}}\times3)}{\underset{1}{\cancel{3}}} = 3$

STEP **27**

①章 正負の数

正負の数の四則(1) 乗法と加法・減法

次の計算をしましょう。

$4\times3-5=\square-5=\square$

答 $\boxed{12}-5=\boxed{7}$

次の計算をしましょう。

$(-4)\times(+3)-(-5)=\square+5=\square$

答 $\boxed{-12}+5=\boxed{-7}$

加法(たし算)・減法(ひき算)・乗法(かけ算)・除法(わり算)を合わせて，**四則**といいます。

上のような乗法と減法の混じった式では，乗法を先に計算します。

$4\times3-5=12-5=7$ 答

下も，乗法と減法の混じった式ですが，負の数の項を含んでいます。このような場合でも，乗法を先に計算します。

$(-4)\times(+3)-(-5)=-12+5=-7$ 答

Point **四則計算の順序①**

乗法と加法・減法の混じった式は，乗法を先に計算します。

◆ $(-3)\times(+2)+5=-6+5=-1$

◆ $7-(-3)\times(-2)=7-(+6)=7-6=1$

◆ $7-(-3)\times(+2)=7-(-6)=7+6=13$

例題で確認! 次の計算をしましょう。

(1) $-12+(-3)\times(-4)=-12+12=$

(2) $7-(-3)\times(-4)$

(3) $9\times(-4)-(-2)\times3=-36-(-6)=$

(4) $(-7)\times4-(-2)\times(-8)$

答

(1) 0 (2) −5 (3) −30 (4) −44

考え方

(4) $(-7)\times4-(-2)\times(-8)=-28-(+16)$

STEP 28

1章 正負の数

正負の数の四則(2) 除法と加法・減法

次の計算をしましょう。

$12 \div 3 - 5 = \square - 5 = \square$

答 4 −5＝ −1

次の計算をしましょう。

$(-12) \div (+3) - 5 = \square - 5 = \square$

答 −4 −5＝ −9

上は，除法と減法が混じった式で，除法から先に計算します。

$12 \div 3 - 5 = 4 - 5 = -1$ 答

下も，除法と減法が混じった式ですが，負の数の項を含んでいます。

式 STEP 27の乗法のときと同じように，このような場合でも，減法よりも先に除法を計算します。

$(-12) \div (+3) - 5 = -4 - 5 = -9$ 答

Point　四則計算の順序②

除法と加法・減法の混じった式は，除法を先に計算します。

◆ $16 \div (-4) + 3 = -4 + 3 = -1$

◆ $-5 - (-14) \div (-7) = -5 - (+2) = -5 - 2 = -7$

◆ $-5 - (+14) \div (-7) = -5 - (-2) = -5 + 2 = -3$

例題で確認!　次の計算をしましょう。

(1)　$16 \div (-4) - 3 = -4 - 3 =$

(2)　$(-15) \div 3 - (-24) \div 2$

(3)　$9 \div (-1) + (-3) \div (-1)$

(4)　$18 \div (-9) - 32 \div (-8)$

答

(1)　−7　(2)　7　(3)　−6　(4)　2

考え方

(2)　$(-15) \div 3 - (-24) \div 2 = -5 - (-12) = -5 + 12$

(3)　$9 \div (-1) + (-3) \div (-1) = -9 + (+3)$

(4)　$18 \div (-9) - 32 \div (-8) = -2 - (-4)$

STEP 29

①章 正負の数

正負の数の四則(3) 四則が混じった式

次の計算をしましょう。

→ 式 STEP 27・28

(1) $(-5)\times(+3)-(-12)=\square+12=\square$

(2) $(-18)\div(+3)+(-4)=\square-4=\square$

答 (1) $\boxed{-15}+12=\boxed{-3}$
(2) $\boxed{-6}-4=\boxed{-10}$

次の計算をしましょう。

$(-5)\times(+3)+(+18)\div(+3)-(+4)$

$=-15+\square-4=\square$

答 $-15+\boxed{6}-4=\boxed{-13}$

上の(1)は，減法よりも乗法を先に，(2)は，加法よりも除法を先に計算します。下のように加法・減法・乗法・除法が混じった式では，加法・減法よりも，乗法・除法を先に計算します。

$\underbrace{(-5)\times(+3)}_{\text{乗法}}+\underbrace{(+18)\div(+3)}_{\text{除法}}-(+4)$

$=-15+6-4=\mathbf{-13}$ 答

Point **四則計算の順序③**

乗法・除法と加法・減法の混じった式は，乗法・除法を先に計算します。

◆ $\left(-\frac{3}{4}\right)\times\frac{5}{6}-\frac{1}{2}\div\left(-\frac{1}{3}\right)=-\left(\frac{\overset{1}{\cancel{3}}}{4}\times\frac{5}{\underset{2}{\cancel{6}}}\right)-\left(-\frac{1}{2}\times\frac{3}{1}\right)$

$=-\frac{5}{8}+\frac{3}{2}=-\frac{5}{8}+\frac{12}{8}=\frac{7}{8}$

例題で確認! 次の計算をしましょう。

(1) $(-15)\div3+(+6)\times2+(-8)\times2$

(2) $\frac{1}{5}\times\frac{3}{4}-\left(-\frac{2}{7}\right)\div\left(-\frac{4}{21}\right)$

答

(1) -9 (2) $-\frac{27}{20}$

考え方

(2) $\frac{1}{5}\times\frac{3}{4}-\left(-\frac{2}{7}\right)\div\left(-\frac{4}{21}\right)=\frac{3}{20}-\left(+\frac{\overset{1}{\cancel{2}}}{\underset{1}{\cancel{7}}}\times\frac{\overset{3}{\cancel{21}}}{\underset{2}{\cancel{4}}}\right)$

$=\frac{3}{20}-\frac{3}{2}$

正負の数の四則(4) 累乗・かっこと分配法則

次の計算をしましょう。

$-9+(15-11)\times 3=-9+\square\times 3=\square$

答 $-9+\boxed{4}\times 3=\boxed{3}$

次の計算をしましょう。

$-2\times(-3+5^2)-(-2)^2=-2\times(-3+\square)-\square$

$=-2\times\square-4$

$=\square$

答 $-2\times(-3+\boxed{25})-\boxed{4}$

$=-2\times\boxed{22}-4$

$=\boxed{-48}$

上のようにかっこのある式は，かっこの中を先に計算します。

$-9+(15-11)\times 3=-9+4\times 3=3$ 答 《 かっこの中→乗法→加法の順

下のように累乗のある式は，まず累乗から計算します。

$-2\times(-3+5^2)-(-2)^2=-2\times(-3+25)-4=-2\times 22-4=-48$ 答

Point **四則計算の順序④**

累乗 → かっこの中 → 乗除 → 加減 の順に計算します。

◆ $(-3)^2-\{2^2\div(-2+4)\}=9-(4\div 2)=9-2=7$ 《 かっこは ( ) 小かっこ → { } 中かっこ の順

例題で確認! 次の計算をしましょう。

(1) $3\times(-1)^2-3^3\div 27$

(2) $\{4-(-4)\times(-2)^2\}\times(-5)$

答

(1) 2

(2) −100

考え方

(2) $\{4-(-4)\times(-2)^2\}\times(-5)$

$=(4+16)\times(-5)$

Point **a，b，cがどんな数であっても**

$(a+b)\times c=a\times c+b\times c$　　$c\times(a+b)=c\times a+c\times b$

が成り立ちます。この計算法則を分配法則といいます。

◆ $\left(\frac{1}{4}-\frac{1}{3}\right)\times(-12)=\frac{1}{4}\times(-12)-\frac{1}{3}\times(-12)=-3+4=1$ 《 ①，②の順に計算します。

◆ $43\times 13+57\times 13=(43+57)\times 13=100\times 13=1300$ 《 分配法則を利用すると，ラクに計算できることがあります。

STEP 31

1章 正負の数

素因数分解

20以下の素数を小さいほうから順に書きましょう。

2, 3, 5, 7, □, □, □, □

答 11, 13, 17, 19

60を素数の積の形で表しましょう。

$$\begin{array}{r|l} 2 & 60 \\ \hline 2 & 30 \\ \hline 3 & 15 \\ \hline & 5 \end{array}$$

$60 = \square^2 \times \square \times 5$

答 $60 = 2^2 \times 3 \times 5$

上は，素数を求める問題です。**素数**とは，2，3，5，7，…のように，1とその数のほかに約数がない数のことで，1は素数ではありません。

下は，60を素数で順にわっていき，その結果を積の形で表します。

$$\begin{array}{r|l} 2 & 60 \\ \hline 2 & 30 \\ \hline 3 & 15 \\ \hline & 5 \end{array}$$

←60÷2
←30÷2
←15÷3 → $60 = 2 \times 2 \times 3 \times 5 = 2^2 \times 3 \times 5$ 答

Point **60が2×30や$2 \times 2 \times 3 \times 5$と表されるとき，その1つ1つの数を，もとの数の因数といい，素数である因数を素因数といいます。そして，自然数を素因数の積に分解することを素因数分解といいます。**

◆素因数分解では，素数の小さいほうから順にかけ算の式で表します。また，同じ数をかけるときは，累乗の指数を使って表します。

- $105 = 3 \times 5 \times 7$ 《小さいほうから順に。
- $72 = 2 \times 2 \times 2 \times 3 \times 3 = 2^3 \times 3^2$ 《累乗の指数を使って。
- $84 = 2 \times 2 \times 3 \times 7 = 2^2 \times 3 \times 7$

◆素因数分解は，どんな順序で求めても結果は同じになります。

$$\begin{array}{r|l} 5 & 60 \\ \hline 2 & 12 \\ \hline 3 & 6 \\ \hline & 2 \end{array}$$

→ $5 \times 2 \times 3 \times 2 = 2^2 \times 3 \times 5$

5からわり始めても結果は同じです。

例題で確認! 次の数を素因数分解しましょう。

(1) 27

(2) 126

答 (1) 3^3 (2) $2 \times 3^2 \times 7$

考え方 素数で順にわっていき，その素因数の積をつくります。

STEP 32

①章 正負の数

素因数分解と約数・倍数

42を素因数分解しましょう。 → 式 STEP 31

$$\begin{array}{r|l} 2 & 42 \\ \hline 3 & 21 \\ \hline & 7 \end{array}$$

$42 = 2 \times 3 \times \square$

答 $42 = 2 \times 3 \times$ 7

42の約数を小さいほうから順に求めましょう。

1, 2, 3, 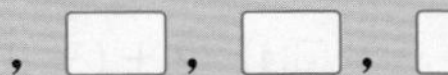

答 6, 7, 14, 21, 42

上は，42を素数で順にわっていきます。そして，素数の小さいほうから順にかけ算の式に表します。

下は，$42 = 2 \times 3 \times 7$ と素因数分解できることから，1と素因数のすべての組み合わせを考えて求めます。

したがって，1，2，3，7，2×3，2×7，3×7，$2 \times 3 \times 7$ より，42の約数は，小さいほうから，**1**，**2**，**3**，**6**，**7**，**14**，**21**，**42** と求められます。

Point **素因数分解を利用すると，自然数の約数を求めることができます。1と素因数の組み合わせを考えると，その数のすべての約数がわかります。**

例題で確認! 28の約数をすべて求めます。次の問題に順に答えましょう。

(1) 28を素因数分解しましょう。

(2) 1と素因数のすべての組み合わせを求めましょう。

(3) 28の約数をすべて求めましょう。

答 (1) $28 = 2^2 \times 7$

(2) 1, 2, 7, 2×2, 2×7, $2 \times 2 \times 7$

(3) 1, 2, 4, 7, 14, 28

Point **素因数分解を利用すると，最大公約数や最小公倍数を求めることができます。最大公約数は共通な素因数をかけ合わせて，最小公倍数は共通な素因数と残りの因数をかけ合わせて求めます。**

◆32と56の最大公約数と最小公倍数

$$\begin{array}{r|rr} 2 & 32 & 56 \\ \hline 2 & 16 & 28 \\ \hline 2 & 8 & 14 \\ \hline & 4 & 7 \end{array}$$

両方を同時にわることができなくなるまで計算します。

→共通な素因数と残りの因数をかけ合わせます。

$2 \times 2 \times 2 \times 4 \times 7 = 224$ … **最小公倍数**

共通な素因数をかけ合わせます。

$2 \times 2 \times 2 = 8$ … **最大公約数**

基本をチェック！(1)　1章　正負の数

答は251ページ。できた問題は，□をぬりつぶしましょう。

1 次の数を，＋，－の符号をつけて表しましょう。　→ 式 STEP 1

□(1) 0より5小さい数　　□(2) 0より0.9大きい数

2 次の計算をしましょう。　→ 式 STEP 2 ～ 13

□(1) $6-11$　　□(2) $-7+8$

□(3) $(-4)-5$　　□(4) $2+(-9)$

□(5) $(-5)-(-7)$　　□(6) $\frac{1}{8}-\frac{7}{8}$

□(7) $-\frac{1}{2}+\frac{5}{6}$　　□(8) $-\frac{5}{9}-\frac{4}{9}$

□(9) $\frac{1}{12}-\left(-\frac{7}{12}\right)$　　□(10) $-0.3-0.4$

□(11) $-0.75+\left(+\frac{1}{2}\right)$　　□(12) $-6+7+8-5$

3 次の計算をしましょう。　→ 式 STEP 15 ～ 30

□(1) $(-3)\times(-7)$　　□(2) $(+5)\times(-4)$

□(3) $(-6)\times(-2)\times(-3)$　　□(4) $\left(+\frac{5}{6}\right)\times\left(-\frac{4}{5}\right)\times\left(-\frac{3}{8}\right)$

□(5) $(-4)^3$　　□(6) -4^3

□(7) $(+28)\div(-7)$　　□(8) $(-4)\div\frac{4}{5}$

□(9) $8\div(-4)\div(-3)$　　□(10) $\left(-\frac{8}{9}\right)\times\frac{5}{6}\div\left(-\frac{2}{3}\right)$

□(11) $3^2\div3^4$　　□(12) $(-2)^4\div2^2$

□(13) $4-(-6)\times2$　　□(14) $-18\div3-(-4)$

□(15) $\left(-\frac{3}{4}\right)\times\frac{2}{9}-\frac{1}{6}$　　□(16) $3\times(-2)^2-3^3\div9$

4 次の数を素因数分解しましょう。　→ 式 STEP 31

□(1) 98　　□(2) 360

2 文字式の計算 1年

STEP 33

②章 文字式の計算

数量を文字式で表す(1)

|個|20円のパンを３個買ったときの代金の求め方を式で表しましょう。

120 × □ (円)

答　120 × 3 (円)

|個|20円のパンをx個買ったときの代金の求め方を式で表しましょう。

120 × □ (円)

答　120 × x (円)

上も下も，ことばの式で考えると，代金の求め方は，(1個の値段) × (個数)です。下のように，「パンをx個」という場合でも，個数を表す数の代わりにxを使えば，代金の求め方を表す式になります。

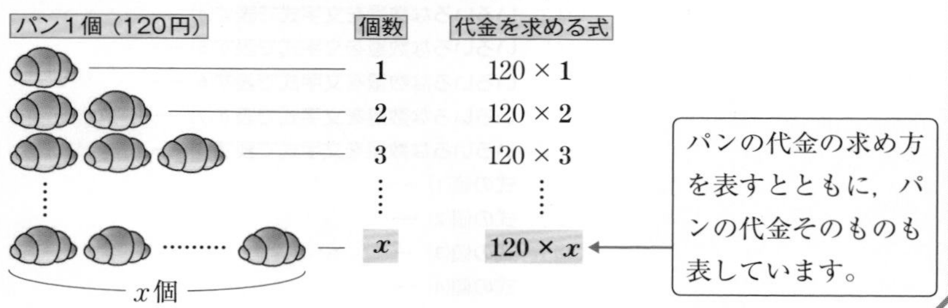

Point **代金や個数などの数量を文字を使って表すときは，次のように考えます。**

① **代金や個数などの求め方を，ことばの式で考えます。**

② **その式に，問題文に示されている数や文字をあてはめます。**

例題で確認! □にあてはまる文字や数を入れて，次の数量を式で表しましょう。

(1) 1冊80円のノートをa冊買ったときの代金　　80 × □ (円)

(2) 1個m円のおかしを5個買ったときの代金　　□ × 5 (円)

(3) 1個250 gのかんづめy個の重さ　　□ × □ (g)

(4) 500円持っていて，x円使ったときの残金　　500 − □ (円)

(5) 長さa mのテープを4等分したときの，1つ分の長さ　　□ ÷ □ (m)

答

(1) 80 × a (円)

(2) m × 5 (円)

(3) 250 × y (g)

(4) 500 − x (円)

(5) a ÷ 4 (m)

考え方

(1) (単価) × (冊数)

(2) (単価) × (個数)

(3) (1個の重さ) × (個数)

(4) (持っていた金額) − (使った金額)

(5) (全部の長さ) ÷ (等分する数)

単位のつけ方には①80 × a (円) と②(80 × a) 円の2通りあります。この本では基本的に，①のつけ方で示しています。

数量を文字式で表す(2)

□にあてはまる文字を入れて，次の数量を式で表しましょう。 → 式 STEP 33

I個80円のみかんx個の代金　　80×□(円)

答　80×x(円)

□にあてはまる文字や数を入れて，次の数量を式で表しましょう。

I個80円のみかんx個と，
I20円のりんごI個の合計の代金　　80×□＋□(円)

答　80×x＋120(円)

下の問題では，合計の代金は，（みかんの代金）＋（りんごの代金）になります。

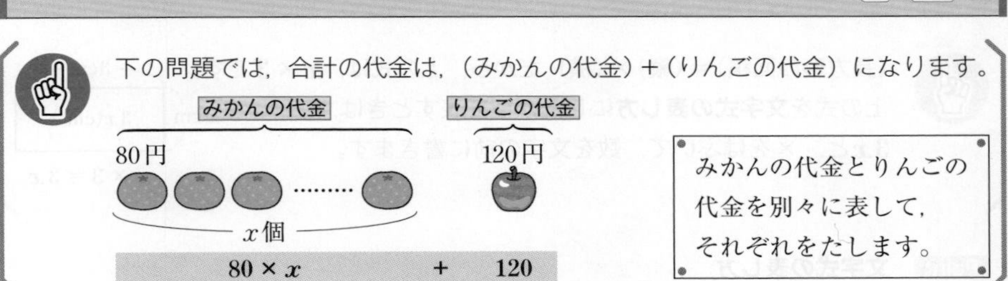

みかんの代金とりんごの代金を別々に表して，それぞれをたします。

Point **合計の代金を文字を使って表すときは，それぞれの代金を別々に表してから，加法の式にします。**

例題で確認! □にあてはまる文字や数を入れて，次の数量を式で表しましょう。

1個150円のケーキn個を100円の箱に入れてもらったときの代金の合計　　150×□＋□(円)

答　150×n＋100(円)

考え方　(ケーキ代)＋(箱代)

Point **数量を文字を使って表すとき，文字は1種類だけとはかぎりません。2種類以上の文字を使って表すこともあります。**

◆100円硬貨(こうか)がa枚，10円硬貨がb枚あるときの金額の合計

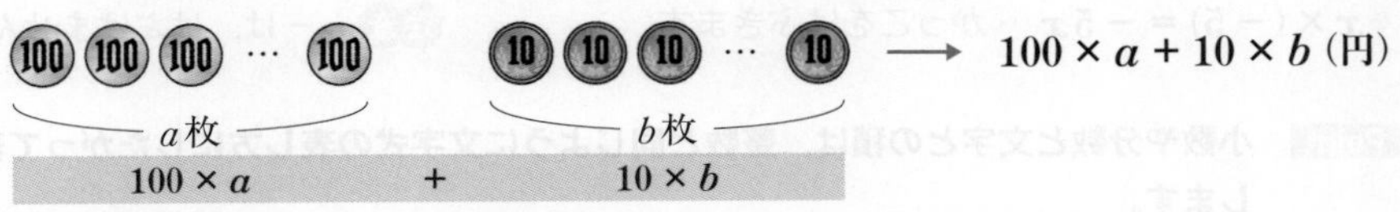

→ $100 \times a + 10 \times b$ (円)

◆百の位の数がa，十の位の数がb，一の位の数がcである自然数

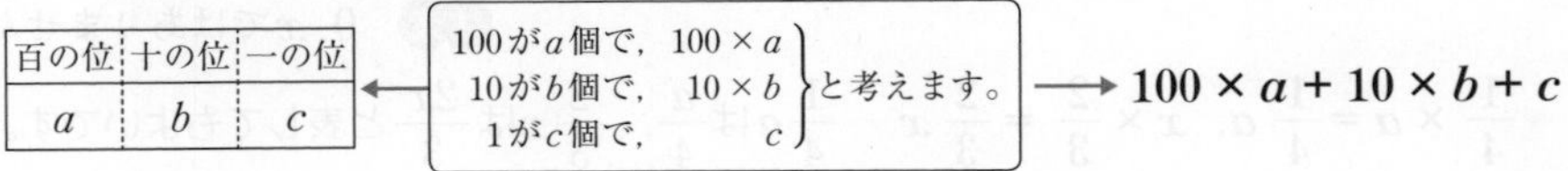

百の位	十の位	一の位
a	b	c

100がa個で，$100 \times a$
10がb個で，$10 \times b$
1がc個で，c
と考えます。

→ $100 \times a + 10 \times b + c$

STEP 35

②章 文字式の計算

文字式の表し方(1) 積の表し方(1)

縦 x cm，横 3 cm の長方形の面積を求める式を表しましょう。 → 式 STEP 33

$x\times$ □

答 $x\times$ 3

縦 x cm，横 3 cm の長方形の面積を，文字式の表し方にしたがって表しましょう。

$x\times 3=$ □ (cm²)

答 $3x$ (cm²)

(長方形の面積)＝(縦)×(横) だから，上の式は，$x\times 3$ です。
上の式を**文字式の表し方**にしたがって表すときは，
$3x$ と，×をはぶいて，数を文字の前に書きます。

3 cm
x cm
$3x$(cm²)
$x\times 3=3x$

Point **文字式の表し方**

1 **かけ算の記号×は，はぶいて書きます。**

2 **文字と数の積(かけ算の結果)では，数を文字の前に書きます。**

例題で確認! 次の式を，文字式の表し方にしたがって表しましょう。

(1) $7\times a$　　(2) $b\times 4$

(3) $0\times x$　　(4) $y\times 0$

答

(1) $7a$　(2) $4b$　(3) 0　(4) 0

考え方

(3)(4) 0にどんな文字をかけても，またどんな文字に0をかけても0になります。

Point **1や負の数と文字との積は，次のように表します。**

◆ $1\times a=a$，$a\times 1=a$ … 1をはぶきます。

◆ $(-1)\times a=-a$，$a\times(-1)=-a$ … かっこと1をはぶきます。

◆ $x\times(-5)=-5x$ … かっこをはぶきます。　　注意 －は，はぶけません。

Point **小数や分数と文字との積は，整数と同じように文字式の表し方にしたがって表します。**

◆ $0.1\times x=0.1x$，$x\times 0.1=0.1x$ … 0.1の1は，はぶけません。

注意 $0.x$ ではありません。

◆ $\frac{1}{4}\times a=\frac{1}{4}a$，$x\times\frac{2}{3}=\frac{2}{3}x$ … $\frac{1}{4}a$ は $\frac{a}{4}$，$\frac{2}{3}x$ は $\frac{2x}{3}$ と表してもよいです。

文字式の表し方(2) 積の表し方(2)

次の式を，文字式の表し方にしたがって表しましょう。 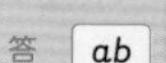

$b \times 3 =$ □

答 $3b$

次の式を，文字式の表し方にしたがって表しましょう。

$b \times a =$ □

答 ab

下では，$b \times a$ は×をはぶくと ba ですが，ふつうはアルファベットの順にして，ab と表します。

Point **2種類以上の文字の積も，表し方はこれまでと同じです。**

1 かけ算の記号×は，はぶいて書きます。

2 文字と数の積では，数を文字の前に書きます。

文字は，ふつうアルファベットの順にします。

アルファベットの順番 … $abcdefghijk\ell mnopqrstuvwxyz$

◆ $a \times b \times c = abc$ … アルファベットの順に表します。

◆ $y \times x \times 7 = 7xy$ … 数を文字の前に書き，文字はアルファベットの順にします。

◆ $a \times (-1) \times x = -ax$ … かっこと1をはぶき，文字はアルファベットの順にします。

例題で確認! 次の式を，文字式の表し方にしたがって表しましょう。

(1) $x \times y \times z$

(2) $m \times (-4) \times n$

(3) $c \times a \times 1$

答

(1) xyz

(2) $-4mn$

(3) ac

考え方

(1) アルファベットの順に表します。

(2) かっこをはぶいて，数を文字の前に書きます。

(3) 1をはぶき，文字はアルファベットの順にします。

Point **かっこのある式は，かっこをひとまとまりとみて，次のように表します。**

◆ $2 \times (a-b) = 2(a-b)$ … ×をはぶきます。

◆ $(b+c) \times 5 = 5(b+c)$ … 数をかっこの前に書きます。

◆ $(a+3) \times (-1) = -(a+3)$ … 1をはぶきます。

例題で確認! 次の式を，文字式の表し方にしたがって表しましょう。

(1) $(x+y) \times 8$

(2) $(c-1) \times (-7)$

(3) $10 \times (4+y)$

答

(1) $8(x+y)$ (2) $-7(c-1)$

(3) $10(4+y)$

STEP 37

②章 文字式の計算

文字式の表し方(3) 累乗の表し方

□にあてはまる数を入れましょう。 → 式 STEP 19

(1) $5\times5=\square^2$　　(2) $5\times5\times5=5^{\square}$

答 (1) $\boxed{5}^2$　(2) $5^{\boxed{3}}$

□にあてはまる文字や数を入れましょう。

(1) $a\times a=\square^2$　　(2) $a\times a\times a=a^{\square}$

答 (1) $\boxed{a}^2$　(2) $a^{\boxed{3}}$

上は，同じ数をいくつかかけ合わせているので，累乗の指数を使って，$5\times5=5^2$，$5\times5\times5=5^3$と表します。
下は，数ではなく，同じ文字をいくつかかけ合わせています。文字の場合も数と同じように，$a\times a=a^2$，$a\times a\times a=a^3$と表します。

Point **同じ文字の積は，累乗の指数を使って表します。**

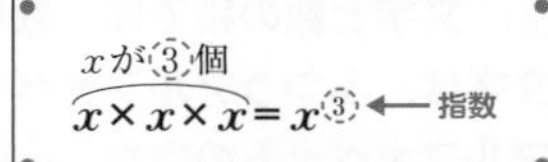

例題で確認! 次の式を，累乗の指数を使って表しましょう。

(1) $b\times b$　　(2) $y\times y\times y\times y$

答 (1) b^2　(2) y^4

Point **同じ文字と数の積では，数を文字の前に書き，文字は累乗の指数を使って表します。**

◆ $a\times a\times5=5a^2$ … 数を文字の前に書き，文字は累乗の指数を使って表します。

◆ $x\times x\times(-4)\times y\times y\times y=-4x^2y^3$ … 文字はアルファベットの順に表します。

◆ $3\times m\times m-7\times n\times n\times n=3m^2㊀7n^3$ … 加法と減法の記号（＋，－）は，はぶけません。

（$3\times m\times m$：かけ算，$7\times n\times n\times n$：かけ算，「－」：ここはひき算）

注意 $-21m^2n^3$にはなりません。

Point **かっこのある式の積も，かっこの中の式が同じときは，累乗の指数を使って表します。**

◆ $(a+b)\times(a+b)=(a+b)^2$ … $a+b$をXと考えると，$X\times X=X^2$と同じです。かっこをひとまとまりとみて表します。

◆ $(x-y)\times(-2)\times(x-y)\times(x-y)=-2(x-y)^3$ … かっこの前に数を書きます。

◆ $(a+1)\times(a+2)\times(a+1)=(a+1)^2(a+2)$ … $a+1$が同じ式です。

STEP 38

②章 文字式の計算

文字式の表し方(4) 商の表し方

□にあてはまる数を入れましょう。

(1) $1 \div 2 = \frac{\square}{2}$　　(2) $4 \div 3 = \frac{\square}{\square}$

答 (1) $\frac{1}{2}$ (2) $\frac{4}{3}$

□にあてはまる文字を入れましょう。

(1) $a \div 2 = \frac{\square}{2}$　　(2) $a \div b = \frac{\square}{\square}$

答 (1) $\frac{a}{2}$ (2) $\frac{a}{b}$

商(わり算の結果)は，上のように分数で表すことができます。
下は，文字の場合も数と同じように考えて，分数の形で表します。

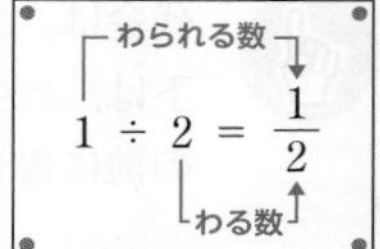

Point **文字の混じった除法では，商は記号 ÷ を使わないで，分数の形で表します。**

◆ $b \div 5 = \frac{b}{5}$ … $b \div 5 = b \times \frac{1}{5} = \frac{1}{5}b$ となるから，$\frac{1}{5}b$ と表すこともできます。

◆ $x \div (-2) = \frac{x}{-2} = -\frac{x}{2}$ … －の符号は，分数の前に置きます。$-\frac{1}{2}x$ とも表せます。

◆ $3y \div 4 = \frac{3y}{4}$ … $\frac{3}{4}y$ とも表せます。

Point **かっこのある式が分子にくるときは，かっこをはぶきます。**

◆ $(x+y) \div a = \frac{x+y}{a}$ … $\frac{(x+y)}{a}$ ではなく，かっこをはずして $\frac{x+y}{a}$ と表します。

◆ $(a+1) \div (-3) = \frac{a+1}{-3} = -\frac{a+1}{3}$ … かっこをはずして，－の符号を分数の前に置きます。

Point **文字の混じった乗法や除法を含む式は，すべて乗法の式になおしてから計算するとよいです。また，加法と減法の記号(＋，－)ははぶけません。**

◆ $4 \div a \times b = 4 \times \frac{1}{a} \times b = \frac{4b}{a}$ … $4 \div ab = \frac{4}{ab}$ とするのは，まちがいです。

逆数の形にしてかける

◆ $3 \times x + y \div 2 = 3x + \frac{y}{2}$，$3 \div a - b \times b \times c = \frac{3}{a} - b^2c$ … ＋，－ははぶけません。

STEP 39

② 章 文字式の計算

いろいろな数量を文字式で表す(1) 代金・おつり・残金

1個380円のケーキを n 個買ったときの代金を，式で表しましょう。

→ 式 STEP 35

380 × □ (円)

(1個の値段) (個数)

答 380 × n (円)

1個380円のケーキを n 個買ったときの代金を，文字式の表し方にしたがって，式で表しましょう。

□ (円)

答 $380n$ (円)

代金は，上のように (1個の値段) × (個数) で表します。
下は，代金を文字式の表し方にしたがって表すので，×をはぶいて数を文字の前に書きます。

Point **(代金) = (1個の値段) × (個数)の式に，数や文字をあてはめます。**

例題で確認! 次の数量を式で表しましょう。

(1) 1本 x 円の鉛筆(えんぴつ)を5本買ったときの代金

(2) 1個380円のケーキ a 個と1個120円のクッキー b 個を買ったときの代金の合計

答

(1) $5x$ (円) (2) $380a + 120b$ (円)

考え方

(2) (ケーキ代) + (クッキー代) になります。

Point **おつりや残金は，次の式にあてはめて表すことができます。**

(おつり) = (払(はら)った金額) − (代金)

◆1個 y 円の消しゴムを3個買って，500円玉を1枚出したときのおつり

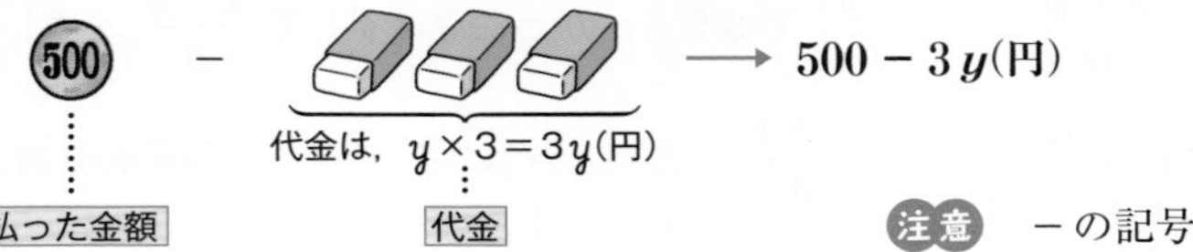

注意 −の記号ははぶけません。

(残金) = (持っていた金額) − (代金)

◆5人が c 円ずつ出し合って，700円のぬいぐるみを買ったときの残金

いろいろな数量を文字式で表す(2) 速さ・道のり・時間

12kmの道のりを3時間かかって歩くときの速さを，式で表しましょう。

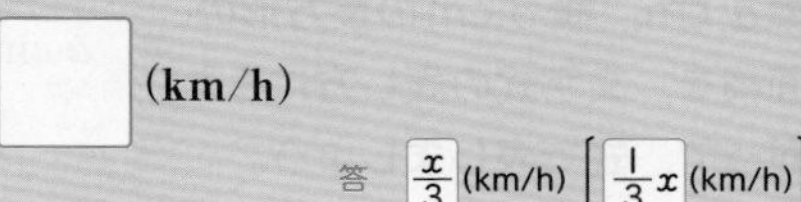

答 12÷3(km/h)

x kmの道のりを3時間かかって歩くときの速さを，文字式の表し方にしたがって，式で表しましょう。

□ (km/h)

答 $\frac{x}{3}$(km/h) $\left[\frac{1}{3}x\text{(km/h)}\right]$

速さは，上のように(道のり)÷(時間)で表します。
下は，速さを文字式の表し方にしたがって表すので，÷を使わないで分数の形で表します。

Point **(速さ)＝(道のり)÷(時間)の式に，数や文字をあてはめます。**
速さを求めるときは，右の図を利用すると便利です。

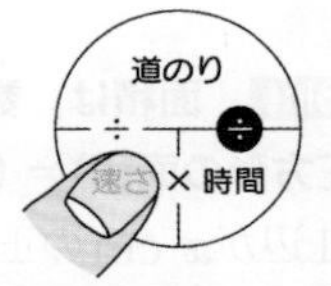

求める「速さ」をかくすと，(道のり)÷(時間)が残ります。

例題で確認! 次の数量を式で表しましょう。

(1) 100mをa秒かかって走るときの速さ
(2) y mの道のりを20分かかって進むときの速さ

答 (1) $\frac{100}{a}$(m/s) (2) $\frac{y}{20}$(m/min)
秒速を表す単位です。 分速を表す単位です。

速さの単位

主に，右の4種類の表し方があります。	毎時5km	時速5km	5km/時	5km/h	h…hour (時)
	毎分7m	分速7m	7m/分	7m/min	min…minute (分)
	毎秒3m	秒速3m	3m/秒	3m/s	s…second (秒)

Point **道のりや時間は，次の式にあてはめて表すことができます。**

(道のり)＝(速さ)×(時間)

◆毎分x mの速さで，y分間歩いたときの道のり

$x\left(\frac{\text{m}}{\text{分}}\right)\times y(\text{分}) \longrightarrow xy(\text{m})$

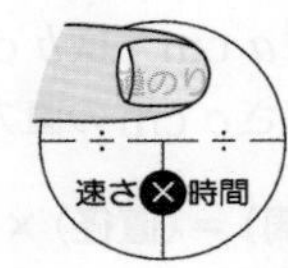

(時間)＝(道のり)÷(速さ)

◆a km離(はな)れた町まで，時速40kmで進んだときにかかった時間

$a(\text{km})\div 40\left(\frac{\text{km}}{\text{時間}}\right)=a(\text{km})\times\frac{1}{40}\left(\frac{\text{時間}}{\text{km}}\right) \longrightarrow \frac{a}{40}(\text{時間})$

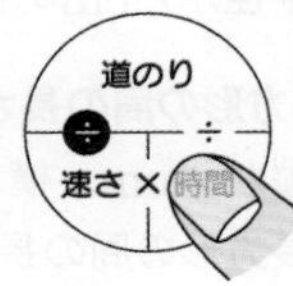

STEP 41

2章 文字式の計算

いろいろな数量を文字式で表す(3) 面積・体積・周の長さ

→ 式 STEP 35

縦3cm，横4cmの長方形の面積を，式で表しましょう。

3 cm / 4 cm

□ × □ (cm^2)
（縦）　（横）

答 3 × 4 (cm^2)

縦a cm，横b cmの長方形の面積を，文字式の表し方にしたがって，式で表しましょう。

a cm / b cm

□ (cm^2)

答 ab (cm^2)

上は，（長方形の面積）=（縦）×（横）の公式に数をあてはめて表します。
下は，文字式の表し方にしたがって表すので，×をはぶいてアルファベットの順に表します。

Point **面積は，数や文字を，面積を求める公式にあてはめて表すことができます。**

（正方形の面積）=（1辺）×（1辺）

◆1辺がx cmの正方形の面積

（三角形の面積）=（底辺）×（高さ）÷ 2

◆底辺がa cm，高さがh cmの三角形の面積

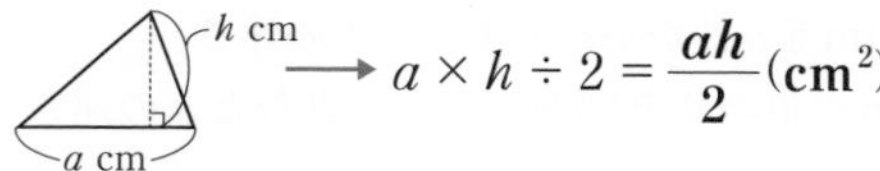

（円の面積）=（半径）×（半径）×（円周率）

◆半径がr cmの円の面積

円周率を表し，「パイ」と読みます。

$\longrightarrow r \times r \times \pi = \pi r^2 (\mathbf{cm}^2)$

πは数のあと，文字の前に置きます。

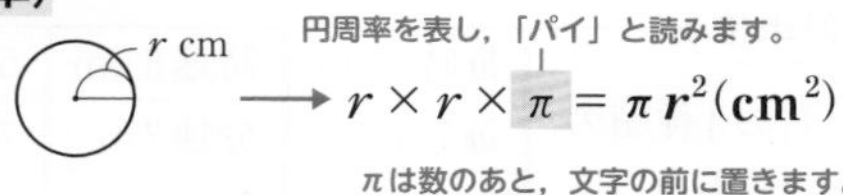

Point **体積や円周も，数や文字を公式にあてはめて，式で表すことができます。**

（直方体の体積）=（縦）×（横）×（高さ）

◆縦a cm，横b cm，高さc cmの直方体の体積

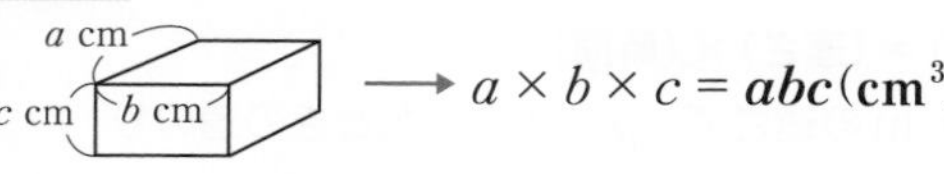

（円周）=（直径）×（円周率）

◆半径がr cmの円の円周

r cm

$\longrightarrow 2r \times \pi = 2\pi r$(cm)

└ 半径の2倍が直径です。

（長方形の周の長さ）= 2 ×（縦 + 横）

◆縦がx cm，横がy cmの長方形の周の長さ

$(x+y)$cmが2組あります。

y cm

x cm

$\longrightarrow 2 \times (x+y) = 2(x+y) (\mathbf{cm})$

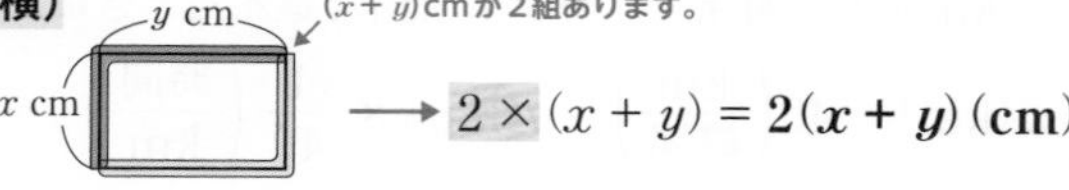

いろいろな数量を文字式で表す(4) 割合

300人の3%の人数を，式で表しましょう。

$\square \times \frac{\square}{100}$(人)

(もとにする量)(割合)

答 $300 \times \frac{3}{100}$(人)

a人の3%の人数を，文字式の表し方にしたがって，式で表しましょう。

$\square$(人)

答 $\frac{3}{100}a$(人)〔$0.03a$(人)〕

比べる量は，上のように(もとにする量)×(割合)で表します。
下は，もとにする量がa人なので，

$a \times \frac{3}{100} \longrightarrow \frac{3}{100}a$(人)となります。

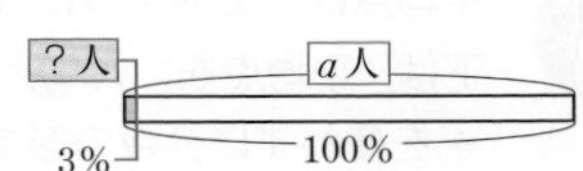

Point 割合が百分率や歩合のときは，分数や小数になおして計算します。

百分率	$1\% \to \frac{1}{100}$〔0.01〕　$a\% \to \frac{a}{100}$〔$0.01a$〕	※百分率は，100を1とみる。→分母が100

◆300円のx%…$300 \times \frac{x}{100} = 3x \longrightarrow 3x$(円)

◆x円の15%…$x \times \frac{15}{100} = \frac{15}{100}x = \frac{3}{20}x \longrightarrow \frac{3}{20}x$(円)

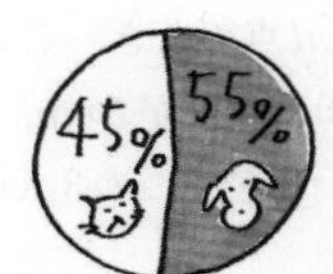

◆a円にa円の15%をたした金額(a円の15%増し)

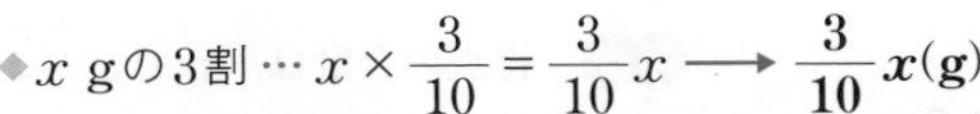

…$a \times \left(1 + \frac{15}{100}\right) = a \times \frac{115}{100} = \frac{115}{100}a = \frac{23}{20}a \longrightarrow \frac{23}{20}a$(円)

└●%たしたあとの割合は，$1 + \frac{●}{100}$

歩　合	1割 → $\frac{1}{10}$〔0.1〕　a割 → $\frac{a}{10}$〔$0.1a$〕	※歩合は，10を1とみる。→分母が10

◆200 gのa割…$200 \times \frac{a}{10} = 20a \longrightarrow 20a$(g)

◆x gの3割…$x \times \frac{3}{10} = \frac{3}{10}x \longrightarrow \frac{3}{10}x$(g)

◆a円からa円の2割を引いた金額(a円の2割引き)

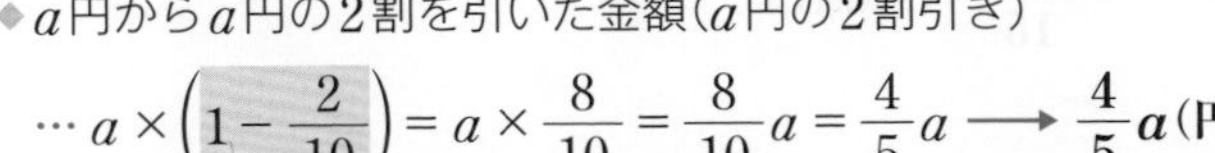

…$a \times \left(1 - \frac{2}{10}\right) = a \times \frac{8}{10} = \frac{8}{10}a = \frac{4}{5}a \longrightarrow \frac{4}{5}a$(円)

└●割引いたあとの割合は，$1 - \frac{●}{10}$

STEP 43

2章 文字式の計算

いろいろな数量を文字式で表す(5) 平均

3回の数学のテストの得点が80点，78点，91点のとき，この3回のテストの平均点の求め方を，式で表しましょう。

$$\underbrace{(\square+\square+\square)}_{\text{(得点の合計)}}\div\underset{\text{(回数)}}{3}\ \text{(点)}$$

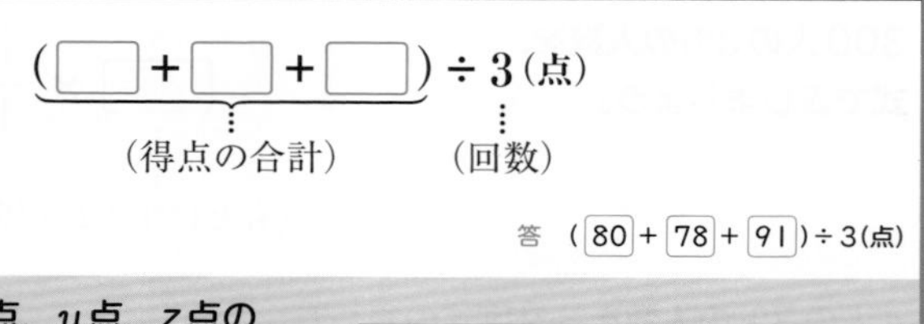

答 (80 + 78 + 91) ÷ 3(点)

3回の数学のテストの得点がx点，y点，z点のとき，この3回のテストの平均点を，文字式の表し方にしたがって，式で表しましょう。

$\square$(点)

答 $\frac{x+y+z}{3}$(点)

平均点は，上のように（得点の合計）÷（回数）で表します。
下は，平均点を，x，y，zを用いて表します。文字式の表し方にしたがうので，÷を使わずに分数の形で表し，分子のかっこははぶきます。

Point **（平均点）＝（得点の合計）÷（回数）**

例題で確認! 次の数量を式で表しましょう。

(1) 4回のテストの得点がa点，b点，c点，d点のとき，この4回のテストの平均点

(2) 身長がℓ cm，m cm，n cmの3人がいるとき，この3人の身長の平均

答 (1) $\frac{a+b+c+d}{4}$ (点)

(2) $\frac{\ell+m+n}{3}$ (cm)

考え方 (2) 身長の平均は，（身長の合計）÷（人数）で求めます。

Point **平均点は，（平均点）＝（得点の合計）÷（人数）で求めることもあります。**

◆x点が5人，y点が3人，z点が7人いるときの平均点

（得点の合計）

$$\left.\begin{array}{l}x\text{点の人の合計点}\ \cdots\ x\times5\text{(点)}\\ y\text{点の人の合計点}\ \cdots\ y\times3\text{(点)}\\ z\text{点の人の合計点}\ \cdots\ z\times7\text{(点)}\end{array}\right\}\text{この合計が得点の合計}$$

（人数） 5 + 3 + 7(人)

$$\frac{\overbrace{x\times5+y\times3+z\times7}^{\text{得点の合計}}}{\underbrace{5+3+7}_{\text{人数}}}=\frac{5x+3y+7z}{15}\text{(点)}$$

注意 得点の合計は，$x+y+z$ではありません。

STEP 44 ②章 文字式の計算
いろいろな数量を文字式で表す(6) 数

□にあてはまる数を入れましょう。

$384 = 100 \times \square + 10 \times \square + \square$

答 $100 \times \boxed{3} + 10 \times \boxed{8} + \boxed{4}$

百の位の数がa，十の位の数がb，一の位の数がcである3けたの正の整数を，文字式の表し方にしたがって，式で表しましょう。

$\square a + \square b + c$

答 $\boxed{100}a + \boxed{10}b + c$

上は，384は100を3個，10を8個，1を4個合わせた数と考えます。
下は，100をa個，10をb個，1をc個合わせた数と考えます。

Point **3けたの正の整数は，**
100×(百の位の数)＋10×(十の位の数)＋1×(一の位の数) で表します。

例題で確認! 次の数量を式で表しましょう。

十の位の数がx，一の位の数が5である2けたの正の整数 答 $10x+5$

Point **整数をnとするとき，nを使って倍数や偶数，奇数を表すことができます。**

◆**倍数**…2の倍数は，2×(整数)だから，$2 \times n = 2n$
3の倍数は，3×(整数)だから，$3 \times n = 3n$
4の倍数は，4×(整数)だから，$4 \times n = 4n$
△の倍数は，△×(整数)だから，$\triangle \times n = \triangle n$

◆**偶数**…偶数は2の倍数といえるから，$2 \times n = 2n$

◆**奇数**…偶数より1大きい数と考えられるから，$2n+1$
または，偶数より1小さい数と考えて，$2n-1$

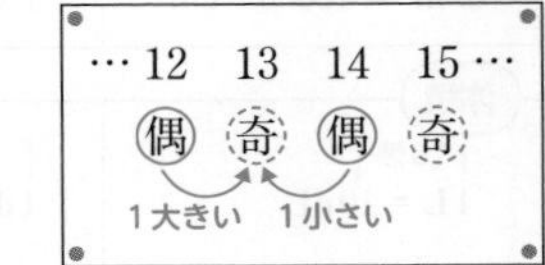

Point **わり算の関係から，わられる数が文字式で表せます。**
(わられる数)＝(わる数)×(商)＋(余り)

◆7でわると商がxで余りが3になる数
…求めるる数がわられる数 ⟶ $7 \times x + 3 = 7x + 3$
(わる数・商・余り)

◆aでわると商がbで余りがcになる数
…求める数がわられる数 ⟶ $a \times b + c = ab + c$

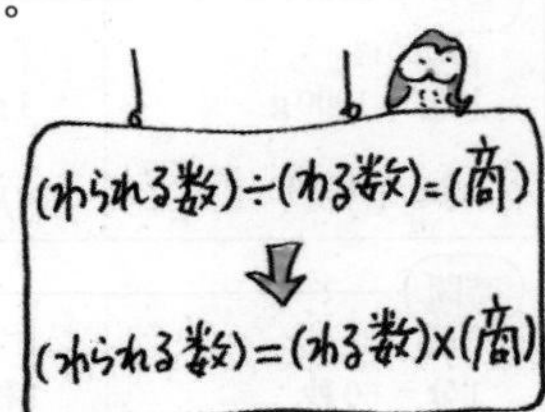

STEP 45

2章 文字式の計算

いろいろな数量を文字式で表す(7) 単位のそろえ方

□にあてはまる数を入れましょう。

(1) 3m = □ cm　　(2) 3cm = $\frac{3}{□}$ m

答 (1) 300 cm (2) $\frac{3}{100}$ m

□にあてはまる数を入れましょう。

(1) x m = □ x (cm)　　(2) x cm = $\frac{x}{□}$ (m)

答 (1) 100 x(cm) (2) $\frac{x}{100}$ (m)

上は，1 m = 100 cm，1 cm = $\frac{1}{100}$ mをもとに考えます。

下は，x m = 100 × x(cm)，x cm = $\frac{1}{100}$ × x(m) と考えて，文字式の表し方にしたがって表します。

Point **単位の異なる数量を式で表すときは，単位の関係を使って文字式に表します。**

長さ

10倍	$\frac{1}{10}$	100倍	$\frac{1}{100}$
1 cm = 10 mm	1 mm = $\frac{1}{10}$ cm	1 m = 100 cm	1 cm = $\frac{1}{100}$ m
x cm = 10x mm	x mm = $\frac{x}{10}$ cm	x m = 100x cm	x cm = $\frac{x}{100}$ m

面積

10000倍	$\frac{1}{10000}$	100倍	$\frac{1}{100}$
1 m^2 = 10000 cm^2	1 cm^2 = $\frac{1}{10000}$ m^2	1 ha = 100 a	1 a = $\frac{1}{100}$ ha
x m^2 = 10000x cm^2	x cm^2 = $\frac{x}{10000}$ m^2	x ha = 100x a	x a = $\frac{x}{100}$ ha

体積

10倍	$\frac{1}{10}$	1000倍	$\frac{1}{1000}$
1 L = 10 dL	1 dL = $\frac{1}{10}$ L	1 L = 1000 cm^3	1 cm^3 = $\frac{1}{1000}$ L
x L = 10x dL	x dL = $\frac{x}{10}$ L	x L = 1000x cm^3	x cm^3 = $\frac{x}{1000}$ L

重さ

1000倍	$\frac{1}{1000}$	1000倍	$\frac{1}{1000}$
1 kg = 1000 g	1 g = $\frac{1}{1000}$ kg	1 t = 1000 kg	1 kg = $\frac{1}{1000}$ t
x kg = 1000x g	x g = $\frac{x}{1000}$ kg	x t = 1000x kg	x kg = $\frac{x}{1000}$ t

時間

60倍	$\frac{1}{60}$	60倍	$\frac{1}{60}$
1分 = 60秒	1秒 = $\frac{1}{60}$ 分	1時間 = 60分	1分 = $\frac{1}{60}$ 時間
x分 = 60x秒	x秒 = $\frac{x}{60}$ 分	x時間 = 60x分	x分 = $\frac{x}{60}$ 時間

STEP 46

②章 文字式の計算

いろいろな数量を文字式で表す(8) 式の意味

ある水族館の入館料は，おとな１人がx円，
中学生１人がy円です。
このとき，おとな２人，中学生３人の入館料の合計を，式で表しましょう。

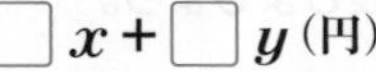

□x＋□y(円)

答 $2x+3y$(円)

上の水族館で，次の式は何を表していますか。

(1) $4x$(円) ＿＿＿＿＿＿

(2) $x+3y$(円) ＿＿＿＿＿＿

(3) $x-y$(円) ＿＿＿＿＿＿

答
(1)おとな４人の入館料の合計
(2)おとな１人と中学生３人の入館料の合計
(3)おとな(１人)と中学生(１人)の入館料の差

上は，おとな２人の入館料が$x \times 2 = 2x$(円)，中学生３人の入館料が$y \times 3 = 3y$(円) その合計を式で表します。
下の(1)では，$4x$は$4 \times x$のことなので，4がおとなの人数を表します。
(2)の$x+3y$では，xは$1 \times x$のことなので，おとなの人数は１人です。
(3)のひき算は，おとなと中学生の入館料のちがいを求めています。

Point **文字式が，どんな数量を表しているかを考えるときは，次のように文字式をとらえます。〔上の水族館の$2x+3y$(円)を例にとります。〕**

① 文字が何を表しているかを確認します。 ⟶ x … おとな１人の入館料
y … 中学生１人の入館料

② ×や÷を式にもどしてその意味を考えます。 ⟶ $2 \times x + 3 \times y$
おとな２人の入館料 中学生３人の入館料

③ たし算やひき算の意味を考えます。 ⟶ $2 \times x + 3 \times y$
おとな２人の入館料と中学生３人の入館料の合計

例題で確認! 下の直方体や立方体で，次の式はどんな数量を表していますか。
また，それぞれの単位を答えましょう。

(1) $2(ab+bc+ac)$

(2) $4(a+b+c)$

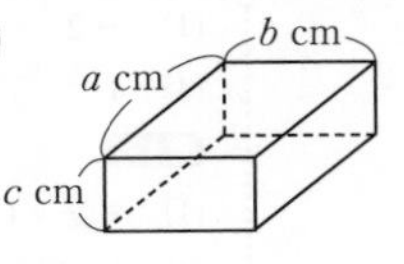

(3) $12x$

(4) x^3

(5) $6x^2$

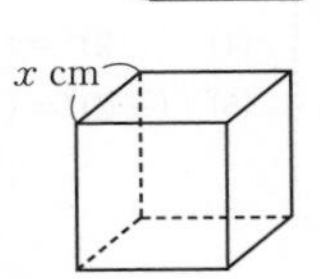

答
(1) 直方体の全部の面の面積(表面積)，cm^2
(2) 直方体の全部の辺の長さ，cm
(3) 立方体の全部の辺の長さ，cm
(4) 立方体の体積，cm^3
(5) 立方体の全部の面の面積(表面積)，cm^2

STEP 47

2章 文字式の計算

式の値(1) 代入するとは

1個120円のりんごをx個買ったときの代金を，式で表しましょう。

□(円)

→ 式 STEP 39

答 $120x$ (円)

1個120円のりんごをx個買ったときの代金は，120x円で表されます。
このりんごを3個買うときの代金はいくらですか。

$120x$のxに□を代入すると，

$120\times□=□$

□円

答 3，$120\times3=360$，360円

上は，(1個の値段)×(個数) で代金を表します。「りんごをx個」とあるので個数に文字xを用います。また，×をはぶいて，数を文字の前に書きます。
下は，上で表した式のxに，個数の3をあてはめてりんごを3個買うときの代金を求めます。

Point **式の中の文字に数をあてはめることを代入するといいます。また，文字に数を代入したとき，その数を文字の値といい，代入して求めた結果を式の値といいます。**

◆「式の値を求めなさい。」ということは，「文字に数を代入して計算しなさい。」ということになります。

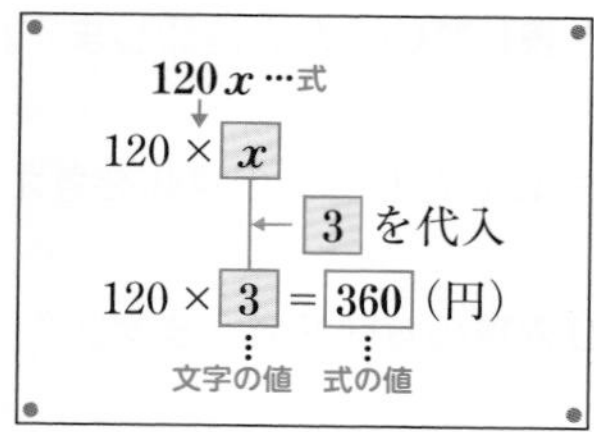

例題で確認! $x=2$のとき，次の式の値を求めましょう。

(1) $-x$　(2) x^2　(3) $-x^2$

(4) $(-x)^2$　(5) $(-x)^3$　(6) $-\dfrac{4}{x}$

答

(1) -2　(2) 4　(3) -4

(4) 4　(5) -8　(6) -2

考え方

(1) $-x=(-1)\times x$

(4) $(-2)^2=(-2)\times(-2)$

(5) $(-2)^3=(-2)\times(-2)\times(-2)$

STEP 48

式の値(2) 負の数を代入する

$x=7$のとき，$10-2x$の値を求めましょう。 → 式 STEP 47

$$10-2x=10-2\times\square=10-14=\square$$

答 $10-2\times\boxed{7}$，$\boxed{-4}$

$x=-7$のとき，$10-2x$の値を求めましょう。

$$10-2x=10-2\times(\square)=10+14=\square$$

答 $10-2\times(\boxed{-7})$，$\boxed{24}$

上は，xに7を代入します。$-2x$は，$-2\times x$になることに注意します。
下は，xに-7を代入します。負の数を代入するときは，かっこをつけて代入します。

$$10-2x=10-2\times x=10-2\times(-7)=10\oplus14=24$$ 答

注意 $10-2\times-7$ではありません。

Point 文字に負の数を代入するときは，かっこをつけます。

〔問題〕$x=-2$のとき，□の式の値を求めましょう。

- $-x=-(-2)=2$ 答　または，$-x=(-1)\times x=(-1)\times(-2)=2$ 答
- $x^2=(-2)^2=(-2)\times(-2)=4$ 答
- $-x^2=-(-2)^2=-\{(-2)\times(-2)\}=-4$ 答　または，
  $-x^2=(-1)\times x^2=(-1)\times(-2)^2=(-1)\times4=-4$ 答
- $(-x)^2=\{-(-2)\}^2=2^2=2\times2=4$ 答
- $x^3=(-2)^3=(-2)\times(-2)\times(-2)=-8$ 答
- $-x^3=-(-2)^3=-\{(-2)\times(-2)\times(-2)\}=-(-8)=8$ 答　または，
  $-x^3=(-1)\times x^3=(-1)\times(-2)^3=(-1)\times(-2)\times(-2)\times(-2)=8$ 答
- $(-x)^3=\{-(-2)\}^3=2^3=2\times2\times2=8$ 答
- $\dfrac{4}{x}=\dfrac{4}{(-2)}=-\dfrac{4}{2}=-2$ 答（負の符号を分数の前に出します。）
- $-\dfrac{4}{x}=-\dfrac{4}{(-2)}=\dfrac{4}{2}=2$ 答（符号に注意します。）

例題で確認! $x=-3$のとき，次の式の値を求めましょう。

(1) $\dfrac{x}{9}$　　(2) $-\dfrac{x}{9}$

答

(1) $-\dfrac{1}{3}$　(2) $\dfrac{1}{3}$

STEP 49

2章 文字式の計算

式の値(3) 分数を代入する

$x=3$のとき，$4x-1$の値を求めましょう。 → 式 STEP 48

$4x-1=4\times\square-1=12-1=\square$

答 $4\times\boxed{3}-1$, $\boxed{11}$

$x=\frac{1}{3}$のとき，$4x-1$の値を求めましょう。

$4x-1=4\times\square-1=\frac{4}{3}-\frac{3}{3}=\square$

答 $4\times\boxed{\frac{1}{3}}-1$, $\boxed{\frac{1}{3}}$

下は，代入する数が分数ですが，整数と同じようにxに代入できます。

$4x-1=4\times x-1=4\times\frac{1}{3}-1=\frac{4}{3}-\frac{3}{3}=\frac{1}{3}$ 答

Point **分数を代入するときは，通分や約分などに注意しましょう。**

〔問題〕$x=\frac{1}{2}$のとき，▭の式の値を求めましょう。

◆$x^2=\left(\frac{1}{2}\right)^2=\frac{1}{2}\times\frac{1}{2}=\frac{1}{4}$ 答 …累乗の式に代入するときは，かっこをつけます。

◆$\frac{x}{3}=\frac{1}{3}x=\frac{1}{3}\times x=\frac{1}{3}\times\frac{1}{2}=\frac{1}{6}$ 答　または，

$\frac{x}{3}=x\div3=x\times\frac{1}{3}=\frac{1}{2}\times\frac{1}{3}=\frac{1}{6}$ 答

〔問題〕$x=-\frac{1}{2}$のとき，▭の式の値を求めましょう。

◆$6x=6\times x=6\times\left(-\frac{1}{2}\right)=-3$ 答 …負の分数は，かっこをつけて代入します。

◆$x^2=\left(-\frac{1}{2}\right)^2=\left(-\frac{1}{2}\right)\times\left(-\frac{1}{2}\right)=\frac{1}{4}$ 答

◆$\frac{x}{3}=\frac{1}{3}x=\frac{1}{3}\times x=\frac{1}{3}\times\left(-\frac{1}{2}\right)=-\frac{1}{6}$ 答　または，

$\frac{x}{3}=x\div3=x\times\frac{1}{3}=\left(-\frac{1}{2}\right)\times\frac{1}{3}=-\frac{1}{6}$ 答

式の値(4) 文字が2つあるとき

$x=2$のとき，$3x+5$の値を求めましょう。 → 式 STEP 48

$3x+5=3\times x+5=3\times\square+5=6+5=\square$

答 $3\times\boxed{2}+5$, $\boxed{11}$

$x=2$，$y=4$のとき，$3x+5y$の値を求めましょう。

$3x+5y=3\times x+5\times y=3\times\square+5\times\square=6+20=\square$

答 $3\times\boxed{2}+5\times\boxed{4}$, $\boxed{26}$

上は，文字が1つの式です。xに2を代入して計算します。

下は，文字が2つの式です。xに2，yに4を代入します。

$3x+5y=3\times x+5\times y=3\times 2+5\times 4=6+20=26$ 答

Point **文字が2つある場合でも，式の値の求め方は同じです。それぞれの文字に数を代入して計算し，式の値を求めます。**

〔問題〕$x=3$，$y=-2$のとき，□の式の値を求めましょう。

◆ $2x-3y=2\times x-3\times y=2\times 3-3\times(-2)=6+6=12$ 答

負の数なので，かっこをつけます。

◆ $-2x+\dfrac{1}{2}y=-2\times x+\dfrac{1}{2}\times y=-2\times 3+\dfrac{1}{2}\times(-2)$

$=-6+(-1)=-7$ 答

◆ $x^2-y^2=3^2-(-2)^2=3\times 3-(-2)\times(-2)=9-(+4)=5$ 答

計算に注意します。

◆ $(x+2y)^2=\{3+2\times(-2)\}^2=\{3+(-4)\}^2=(-1)^2$

中かっこ

$=(-1)\times(-1)=1$ 答

◆ $-\dfrac{1}{6}x+\dfrac{1}{4}y=-\dfrac{1}{6}\times 3+\dfrac{1}{4}\times(-2)=-\dfrac{1}{2}+\left(-\dfrac{1}{2}\right)=-1$ 答

◆ $\dfrac{2}{x}-\dfrac{1}{y}=\dfrac{2}{3}-\dfrac{1}{(-2)}=\dfrac{2}{3}+\dfrac{1}{2}=\dfrac{4}{6}+\dfrac{3}{6}=\dfrac{7}{6}$ 答

STEP 51

②章 文字式の計算

式の計算(1) 項と係数

次の式の正の項，負の項をそれぞれ求めましょう。 → 式 STEP 14

$-15+27+8-13-18$

答 正の項…＋27，＋8 負の項…－15，－13，－18

次の式の項と，文字を含む項の**係数**を求めましょう。

$2x-5y-3$ 項…□，□，□

xの係数…□，yの係数…□

答 項…$2x$，$-5y$，-3
xの係数…2，yの係数…-5

かっこのない式では，＋，－の前で区切り，区切られた一つひとつが**項**になります。

上

$-15/+27/+8/-13/-18$

下

$2x/-5y/-3$ ※$2x$の2をxの係数，$-5y$の-5をyの係数といいます。

Point **かっこのない文字式でも，＋，－の符号の前で区切ると，項を求めることができます。項には，文字を含む項と文字を含まない項があります。**
また，$2x$のように，文字が1個だけの項を1次の項といい，1次の項だけか，1次の項と数の項の和で表すことのできる式を1次式といいます。

◆かっこを使って加法だけの式になっているとき，項は，＋でむすばれた文字式や数のことでもあります。次の□が，それぞれ項です。

- $2x+(-5y)+(-3)$…加法だけの式。
- $6x-(-3y)-(+7) \longrightarrow 6x+(+3y)+(-7)$…－(　)の部分は，かっこの中の符号を変えて＋(　)に。

例題で確認! 次の式の項と，文字を含む項の係数を求めましょう。

(1) $x-y+4$

(2) $-\dfrac{a}{2}+\dfrac{b}{3}$

(3) $\dfrac{7x}{9}-\dfrac{5y}{8}$

答 (1) 項…x，$-y$，4，xの係数…1，yの係数…-1

(2) 項…$-\dfrac{a}{2}$，$\dfrac{b}{3}$，aの係数…$-\dfrac{1}{2}$，bの係数…$\dfrac{1}{3}$

(3) 項…$\dfrac{7x}{9}$，$-\dfrac{5y}{8}$，xの係数…$\dfrac{7}{9}$，yの係数…$-\dfrac{5}{8}$

考え方 係数は，それぞれ次のように考えます。

(1) $1\times x$，$-1\times y$ (2) $-\dfrac{1}{2}a$，$\dfrac{1}{3}b$ (3) $\dfrac{7}{9}x$，$-\dfrac{5}{8}y$

STEP 52

②章 文字式の計算

式の計算(2) 加法・減法(1)

□に＋，－のどちらかを入れましょう。 → 式 STEP 30

(1) $15 \times 16 + 5 \times 16 = (15 \square 5) \times 16 = 20 \times 16 = 320$

(2) $15 \times 16 - 5 \times 16 = (15 \square 5) \times 16 = 10 \times 16 = 160$

答 (1) ＋ (2) －

□に＋，－のどちらかを入れましょう。

(1) $7x + 5x = (7 \square 5)x = 12x$

(2) $7x - 5x = (7 \square 5)x = 2x$

答 (1) ＋ (2) －

上は，16に着目して，分配法則を利用して計算できることを表しています。下は，xに着目して，文字式の場合でも分配法則を利用して計算できることを表しています。

(1) $7x + 5x = (7 + 5)x = 12x$

(2) $7x - 5x = (7 - 5)x = 2x$

- $a \times c + b \times c = (a + b) \times c$
  → $ac + bc = (a + b)c$
- $a \times c - b \times c = (a - b) \times c$
  → $ac - bc = (a - b)c$

Point **文字の部分が同じ項（同類項といいます）は，1つの項にまとめ，簡単にする（計算する）ことができます。**

◆ $4x - x = (4 - 1)x$
$= 3x$

◆ $7x - 7x = (7 - 7)x$
$= 0$ ≪ 答は，0xではありません。

◆ $2x - (-5x) = 2x + 5x$
$= (2 + 5)x$
$= 7x$

◆ $\frac{3}{4}x - \frac{x}{3} = \frac{3}{4}x - \frac{1}{3}x$
$= \left(\frac{3}{4} - \frac{1}{3}\right)x$
$= \left(\frac{9}{12} - \frac{4}{12}\right)x$
$= \frac{5}{12}x$

例題で確認! 次の計算をしましょう。

(1) $-a - 3a$

(2) $8x - 9x$

(3) $0.2x + 0.8x$

答 (1) $-4a$ (2) $-x$ (3) x

考え方 それぞれ，係数の和を求めます。

(1) $(-1 - 3)a$ (2) $(8 - 9)x$ (3) $(0.2 + 0.8)x$

STEP 53

② 章 文字式の計算

式の計算(3) 加法・減法(2)

次の計算をしましょう。 → 式 STEP 52

$2a+7a=\square\, a$

答 $9a$

次の計算をしましょう。

$2a-1+7a+4=\square\, a+\square$

答 $9a+3$

上は，文字の部分が同じ項を分配法則を利用して，1つの項にまとめます。

$2a+7a=(2+7)a=9a$ 答

下は，文字の項（$2a$と$7a$）と，数の項（-1と4）があります。この場合は，文字の項どうし，数の項どうしを計算します。

$2a-1+7a+4=(2+7)a-1+4=9a+3$ 答

注意　文字の項と数の項を，まとめることはできません。

Point　文字式の計算で，文字の項と数の項があるときは，文字の項どうし，数の項どうしを計算します。

◆ $3x+5-4x-7+6x=(3-4+6)x+5-7$ … 項がいくつあっても，文字の項どうし，数の項どうしを計算。

$=5x-2$

◆ $0.2a+4.1-1.3a-2.8=(0.2-1.3)a+4.1-2.8$ … 係数が小数でも同じ。

$=-1.1a+1.3$

◆ $-\frac{5}{6}x+\frac{1}{5}+\frac{2}{3}x-\frac{3}{4}=\left(-\frac{5}{6}+\frac{2}{3}\right)x+\frac{1}{5}-\frac{3}{4}$ … 係数が分数でも同じ。

$=\left(-\frac{5}{6}+\frac{4}{6}\right)x+\frac{4}{20}-\frac{15}{20}$

$=-\frac{1}{6}x-\frac{11}{20}$

STEP 54

②章 文字式の計算

式の計算(4) 加法・減法(3)

□に＋，－のどちらかを入れましょう。 → 式 STEP 5・6・53

(1) $6a+3a+(-4)=9a\square 4$

(2) $5x+2x-(+3)=7x\square 3$

答 (1) $9a\boxed{-}4$ (2) $7x\boxed{-}3$

□に＋，－のどちらかを入れましょう。

(1) $6a+(3a-4)=6a\square 3a\square 4=9a\square 4$

(2) $5x-(2x+3)=5x\square 2x\square 3=3x\square 3$

答 (1) $6a\boxed{+}3a\boxed{-}4=9a\boxed{-}4$ (2) $5x\boxed{-}2x\boxed{-}3=3x\boxed{-}3$

上も下も，かっこをはずしてから，文字の項どうし，数の項どうしを計算します。下は，かっこの中が，$3a-4$や$2x+3$という式の形になっていますが，上と同じように，かっこの前が＋のときは，かっこの中の符号は変えずにかっこをはずし，かっこの前が－のときは，かっこの中のすべての符号を変えてかっこをはずします。

上

(1) $6a+3a+(-4)=\mathbf{9a-4}$ 答　(2) $5x+2x-(+3)=\mathbf{7x-3}$ 答

下

(1) $6a+(3a-4)=6a+3a-4=\mathbf{9a-4}$ 答

(2) $5x-(2x+3)=5x-2x-3=\mathbf{3x-3}$ 答

＋3の符号を変えるのも忘れないように。

Point **かっこのある式は，$a+(b+c)=a+b+c$，$a-(b+c)=a-b-c$のようにして，かっこをはずすことができます。**

例題で確認! 次の計算をしましょう。

(1) $4y+(8y-4)$

(2) $3x+(-9x-4)$

(3) $5y-(9y+6)$

(4) $7a-(2a-3)$

答

(1) $\mathbf{12y-4}$

(2) $\mathbf{-6x-4}$

(3) $\mathbf{-4y-6}$

(4) $\mathbf{5a+3}$

考え方

(1) $=4y+8y-4=(4+8)y-4$

(2) $=3x-9x-4=(3-9)x-4$

(3) $=5y-9y-6=(5-9)y-6$

(4) $=7a-2a+3=(7-2)a+3$

STEP 55

②章 文字式の計算

式の計算(5) 加法・減法(4)

□に＋，－のどちらかを入れましょう。 → 式 STEP 54

$3a+4+(6a-7)=3a+4\square 6a\square 7=9a\square 3$

答 $3a+4\boxed{+}6a\boxed{-}7=9a\boxed{-}3$

$3a+4$に$6a-7$をたします。□に＋，－のどちらかを入れましょう。

$(3a+4)+(6a-7)=3a\square 4\square 6a\square 7=9a\square 3$

答 $3a\boxed{+}4\boxed{+}6a\boxed{-}7=9a\boxed{-}3$

上は，かっこの前が＋なので，かっこの中の符号は変えずにかっこをはずします。そして，文字の項どうし，数の項どうしをまとめます。

$3a+4+(6a-7)=3a+4+6a-7=(3+6)a+4-7$
$=9a-3$ 答

下は，式と式をたします。まず，それぞれの式にかっこをつけて，＋の記号でつなげます。それからかっこをはずして，文字の項どうし，数の項どうしをまとめます。

$(3a+4)+(6a-7)=3a+4+6a-7=(3+6)a+4-7$
$=9a-3$ 答

Point **2つの式をたすには，それぞれの式にかっこをつけ，記号＋でつなげます。つまり，式と式をたすときは，(式)＋(式) のように表します。そして，かっこをはずして簡単にします。**

〔問題〕$2y-5$に$-6y+3$をたしましょう。

〔解答〕$\underline{(2y-5)}+\underline{(-6y+3)}=2y-5-6y+3$

それぞれの式にかっこをつけます。

$=(2-6)y-5+3$
$=-4y-2$ 答

Point **2つの式の加法は，筆算の形で計算することができます。**

◆ $(5a-7)+(3a+4)$ →

$$\begin{array}{r} 5a-7 \\ +)\ 3a+4 \\ \hline 8a-3 \end{array}$$

… 文字の項どうし，数の項どうしを縦にそろえて書き，それぞれの項どうしをたします。

式の計算(6) 加法・減法(5)

□に＋，－のどちらかを入れましょう。 → 式 STEP 54

$3a+4-(6a-7)=3a+4\,\square\,6a\,\square\,7=-3a\,\square\,11$

答 $3a+4\,\boxed{-}\,6a\,\boxed{+}\,7=-3a\,\boxed{+}\,11$

$3a+4$から$6a-7$をひきます。□に＋，－のどちらかを入れましょう。

$(3a+4)-(6a-7)=3a\,\square\,4\,\square\,6a\,\square\,7=-3a\,\square\,11$

答 $3a\,\boxed{+}\,4\,\boxed{-}\,6a\,\boxed{+}\,7=-3a\,\boxed{+}\,11$

下は，式から式をひきます。この場合も，それぞれの式にかっこをつけます。そして，－の記号でつなぎ，それからかっこをはずして，文字の項どうし，数の項どうしをまとめます。

$(3a+4)-(6a-7)=3a+4-6a+7=(3-6)a+4+7$
$=-3a+11$ 答

Point **2つの式をひくには，それぞれの式にかっこをつけ，記号－でつなげます。つまり，式から式をひくときは，(式)－(式)のように表します。そして，ひくほうの式の各項の符号を変えてかっこをはずし，簡単にします。**

〔問題〕$4x-1$から$-3x+8$をひきましょう。

〔解答〕$(4x-1)-(-3x+8)=4x-1+3x-8$

それぞれの式にかっこをつけます。

$=(4+3)x-1-8$
$=7x-9$ 答

Point **2つの式の減法も，筆算の形で計算することができます。**

◆ $(2a+3)-(5a-9)$ →

$$\begin{array}{r} 2a+3 \\ -)\ 5a-9 \\ \hline \end{array} \rightarrow \begin{array}{r} 2a+\ 3 \\ +)\ -5a+\ 9 \\ \hline -3a+12 \end{array}$$

…減法を加法になおし，ひくほうの式の符号に気をつけて計算しましょう。

例題で確認! 次の計算をしましょう。

(1) $(6x+8)-(x+5)$

(2) $(-x+2)-(-4x-3)$

答 (1) $5x+3$ (2) $3x+5$

STEP 57

②章 文字式の計算

式の計算(7) 乗法 文字式×数

次の式を，**文字式の表し方**にしたがって表しましょう。 → 式 STEP 35

(1) $x \times 3 =$ □　　(2) $x \times (-3) =$ □

答 (1) $3x$ (2) $-3x$

次の計算をしましょう。

(1) $5x \times 3 =$ □　　(2) $5x \times (-3) =$ □

答 (1) $15x$ (2) $-15x$

上は，乗法の記号×をはぶき，数を文字の前に書きます。
下は，かける順序を変えて，数どうしの計算をすることができます。

(1) $5x \times 3$
$= 5 \times x \times 3$ 《記号×を使って表します。》
$= 5 \times 3 \times x$ 《かける順序を変えます。》
$= 15 \times x$ 《数どうしの計算をします。》
$= 15x$ 答 《文字式の表し方で×をはぶきます。》

(2) $5x \times (-3)$
$= 5 \times x \times (-3)$
$= 5 \times (-3) \times x$
$= -15 \times x$
$= -15x$ 答

最終的には，**$5x$の係数5に3や(-3)を直接かけるのと同じこと**です。

Point **項が1つの文字式に数をかける計算は，文字式の項の係数に数をかけるのと同じことです。**

◆ $-4a \times (-2) = -4 \times a \times (-2) = -4 \times (-2) \times a = 8 \times a = 8a$ （係数(-4)と(-2)の積）

◆ $-y \times 6 = -1 \times y \times 6 = -1 \times 6 \times y = -6 \times y = -6y$ （係数(-1)と6の積）

◆ $\frac{3}{4}x \times 12 = \frac{3}{4} \times x \times 12 = \frac{3}{\cancel{4}_1} \times \cancel{12}^3 \times x = 9 \times x = 9x$ （係数$\frac{3}{4}$と12の積）

◆ $5 \times 7n = 5 \times 7 \times n = 35 \times n = 35n$ （係数5と7の積）

例題で確認! 次の計算をしましょう。

(1) $-a \times (-1)$

(2) $6x \times \left(-\frac{2}{3}\right)$

答

(1) a

(2) $-4x$

考え方

(1) $= -1 \times a \times (-1) = -1 \times (-1) \times a = 1 \times a$

(2) $= 6 \times x \times \left(-\frac{2}{3}\right) = 6 \times \left(-\frac{2}{3}\right) \times x = -4 \times x$

STEP 58

式の計算(8) 除法　文字式÷数

次の式を，文字式の表し方にしたがって表しましょう。 → 式 STEP 38

(1) $x \div 3 =$ □　　(2) $x \div (-3) =$ □

答 (1) $\frac{x}{3}\left[\frac{1}{3}x\right]$　(2) $-\frac{x}{3}\left[-\frac{1}{3}x\right]$

次の計算をしましょう。

(1) $2x \div 3 =$ □　　(2) $2x \div (-3) =$ □

答 (1) $\frac{2x}{3}\left[\frac{2}{3}x\right]$　(2) $-\frac{2x}{3}\left[-\frac{2}{3}x\right]$

上は，商を文字式で表すので，除法の記号÷をはぶき，分数の形で書きます。
下は，文字式÷数です。上と同じように除法の記号÷をはぶき，分数の形で書きます。

(1) $2x \div 3 = \frac{2x}{3}\left[\frac{2}{3}x\right]$ 答　(2) $2x \div (-3) = \frac{2x}{-3} = -\frac{2x}{3}\left[-\frac{2}{3}x\right]$ 答

－の符号は，分数の前に出します。

Point **項が1つの文字式を数でわる計算は，文字式を分子に，数を分母にした分数の形にします。また，約分できるときは，約分します。**

◆ $15x \div 5 = \frac{\overset{3}{\cancel{15}}x}{\underset{1}{\cancel{5}}} = 3x$　◆ $9x \div 6 = \frac{\overset{3}{\cancel{9}}x}{\underset{2}{\cancel{6}}} = \frac{3x}{2}\left[\frac{3}{2}x\right]$

Point **項が1つの文字式を数でわる計算で，文字式の項の係数が分数のときや，わる数が分数のときは，わる数の逆数をかけます。**

◆ $\frac{2}{3}a \div 4 = \frac{2}{3}a \times \frac{1}{4} = \frac{2}{3} \times a \times \frac{1}{4} = \frac{\overset{1}{\cancel{2}}}{3} \times \frac{1}{\underset{2}{\cancel{4}}} \times a = \frac{1}{6} \times a = \frac{1}{6}a\left[\frac{a}{6}\right]$

◆ $6y \div \left(-\frac{2}{3}\right) = 6y \times \left(-\frac{3}{2}\right) = 6 \times y \times \left(-\frac{3}{2}\right) = \overset{3}{\cancel{6}} \times \left(-\frac{3}{\underset{1}{\cancel{2}}}\right) \times y = -9 \times y$
$= -9y$

◆ $5x \div \frac{1}{2} = 5x \times 2 = 5 \times x \times 2 = 5 \times 2 \times x = 10 \times x = 10x$

STEP 59

②章 文字式の計算

式の計算(9) 乗法　項が2つ以上の式に数をかける

次の計算をしましょう。 → 式 STEP 57

(1) $3x \times 2 =$ □　　(2) $3x \times (-2) =$ □

答 (1) $6x$ (2) $-6x$

次の計算をしましょう。

(1) $2(3x+5)$
$= 2 \times$ □ $+ 2 \times$ □
$= 6x +$ □

(2) $-2(3x+5)$
$= (-2) \times$ □ $+ (-2) \times$ □
$=$ □ $- 10$

答 (1) $2 \times \boxed{3x} + 2 \times \boxed{5}$, $6x + \boxed{10}$ (2) $(-2) \times \boxed{3x} + (-2) \times \boxed{5}$, $\boxed{-6x} - 10$

上は，文字式の項の係数に数をかけるのと同じことです。
下は，かっこの中の各項に2や-2をかけて，かっこをはずします。

(1) $2(3x+5)$
$= 2 \times 3x + 2 \times 5$ （①②）
$= 6x + 10$ 答

(2) $-2(3x+5)$
$= (-2) \times 3x + (-2) \times 5$ （①②）
$= -6x - 10$ 答

Point **項が2つ以上の式に数をかけるときは，$a(b+c) = ab + ac$，$(a+b)c = ac + bc$の分配法則を使って計算することができます。**

◆ $-(7x+1) = (-1) \times (7x+1)$ 《 かっこの前の数は-1です。
$= (-1) \times 7x + (-1) \times 1$ 《 かっこの前の数をかっこの中の各項にかけます。
$= -7x - 1$

◆ $\frac{1}{2}(6y-8) = \frac{1}{2} \times 6y + \frac{1}{2} \times (-8) = 3y - 4$

例題で確認! 次の計算をしましょう。

(1) $-4(-2a+3)$
(2) $(5a+2) \times (-3)$
(3) $\frac{2}{3}(x-18)$
(4) $\left(\frac{3}{4}x - \frac{2}{3}\right) \times 12$

答

(1) $8a - 12$
(2) $-15a - 6$
(3) $\frac{2}{3}x - 12$
(4) $9x - 8$

考え方

(2) 分配法則$(a+b)c = ac + bc$
$(5a+2) \times (-3) = 5a \times (-3) + 2 \times (-3)$

(3) $\frac{2}{3}(x-18) = \frac{2}{3} \times x + \frac{2}{3} \times (-18)$

(4) $\left(\frac{3}{4}x - \frac{2}{3}\right) \times 12 = \frac{3}{4}x \times 12 + \left(-\frac{2}{3}\right) \times 12$

式の計算⑽ 除法　項が２つ以上の式を数でわる

次の計算をしましょう。 → 式 STEP 58

(1) $8x \div 2 =$ □　　(2) $8x \div (-2) =$ □

答 (1) $4x$　(2) $-4x$

次の計算をしましょう。

(1) $(8x+6) \div 2 = \dfrac{8x+6}{\square}$

$= \dfrac{8x}{2} + \dfrac{6}{2}$

$= 4x +$ □

(2) $(8x+6) \div (-2) = \dfrac{8x+6}{\square}$

$= \dfrac{8x}{-2} + \dfrac{6}{-2}$

$=$ □ $x - 3$

答 (1) $\dfrac{8x+6}{2}$, $4x+3$　(2) $\dfrac{8x+6}{-2}$, -4 $x-3$

上は，文字式の項の係数を数でわります。
下は，わられる式を分子に，わる数を分母にした分数の形に表します。そして，分子のそれぞれの項ごとに分数を分けます。

(1)　$(8x+6) \div 2$

$= \dfrac{8x+6}{2}$

《わられる式を分子に，わる数を分母にして，分子のかっこははぶきます。》

$= \dfrac{8x}{2} + \dfrac{6}{2}$

《分子のそれぞれの項を分母でわります。》

$= 4x + 3$ 答

(2)　$(8x+6) \div (-2)$

$= \dfrac{8x+6}{-2}$

$= \dfrac{8x}{-2} + \dfrac{6}{-2}$

$= -4x - 3$ 答

Point **項が２つ以上の式を数でわるときは，分数の形に表して，$\dfrac{a+b}{m} = \dfrac{a}{m} + \dfrac{b}{m}$ を使って計算します。**

例題で確認! 次の計算をしましょう。

(1)　$(14x-21) \div 7$

(2)　$(24x-8) \div (-4)$

(3)　$(12a-24) \div \dfrac{4}{3}$

答

(1)　$2x-3$

(2)　$-6x+2$

(3)　$9a-18$

考え方

(3)　項が２つ以上の式を分数でわるときは，分数の逆数をかけて計算します。

$(12a-24) \div \dfrac{4}{3} = (12a-24) \times \dfrac{3}{4}$

STEP 61

②章 文字式の計算

式の計算⑪ 乗法 分数の形の式に数をかける

次の計算をしましょう。 → 式 STEP 60

$(8x-10)\div\frac{2}{3}$

$=(8x-10)\times\frac{\square}{\square}$

$=8x\times\frac{3}{2}-10\times\frac{3}{2}$

$=\square-15$

答 $(8x-10)\times\frac{3}{2}$

$12x-15$

次の計算をしましょう。

$\frac{8x-10}{3}\times 6$

$=\frac{(8x-10)\times 6}{3}$

$=(8x-10)\times\square$

$=\square-20$

答 $(8x-10)\times 2$

$16x-20$

左は，項が2つの式を分数でわるので，分数の逆数をかけて計算します。
右は，分数の形の式に数をかけます。分子の式は全体で1つのまとまりと考えて，かっこをつけてから数をかけます。また，約分できるときは，計算の途中(とちゅう)で約分します。

$\frac{8x-10}{3}\times 6=\frac{(8x-10)\times 6}{3}$ 《《 分子の式全体に数をかけるので，かっこをつけます。

$=\frac{(8x-10)\times \overset{2}{\cancel{6}}}{\underset{1}{\cancel{3}}}$ 《《 分母とかける数で，約分できるときは約分します。

$=(8x-10)\times 2$

$=16x-20$ 答

Point **分数の形の式に数をかけるときは，分子の式は全体で1つのまとまりと考えて，かっこをつけてから数をかけます。また，分母とかける数で約分できるときは，約分します。**

◆ $\frac{8a-3}{6}\times(-15)=\frac{(8a-3)\times(-15)}{6}$

$=\frac{(8a-3)\times(\overset{-5}{\cancel{-15}})}{\underset{2}{\cancel{6}}}$

$=\frac{-40a+15}{2}$

STEP 62 式の計算⑿ 除法　注意したい約分

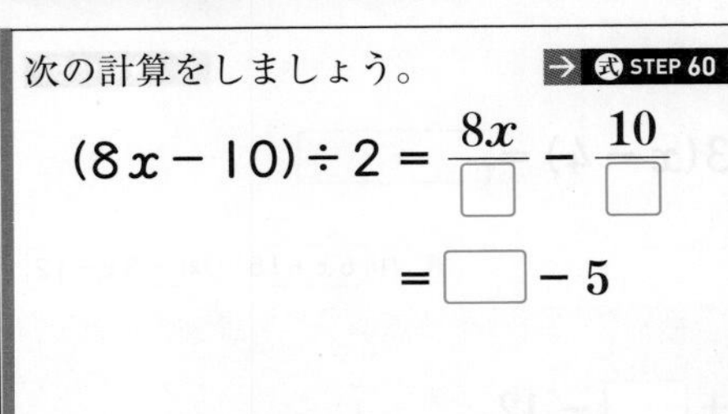

次の計算をしましょう。
→ 式 STEP 60
$(8x-10)\div 2=\dfrac{8x}{\square}-\dfrac{10}{\square}$
$=\square-5$

答　$\dfrac{8x}{\boxed{2}}-\dfrac{10}{\boxed{2}}$，$\boxed{4x}-5$

次の計算をしましょう。

$$(8x-10)\div 2=\frac{\overset{\square}{\cancel{8}}x-\overset{\square}{\cancel{10}}}{\underset{\square}{\cancel{2}}}$$

$$=\square-5$$

答　$\dfrac{\overset{\boxed{4}}{\cancel{8}}x-\overset{\boxed{5}}{\cancel{10}}}{\underset{\boxed{1}}{\cancel{2}}}$，$\boxed{4x}-5$

左は，わられる式の各項$8x$と-10を，それぞれ分けて分数の形にしてから約分します。

右は，わられる式を1つのまとまりとみて1つの分数の形にしてから，一度に約分します。

$(8x-10)\div 2=\dfrac{⑧x-⑩}{②}$　《 8と2の約分，10と2の約分を一度にします。

Point　**項が2つ以上の式を数でわるとき，わられる式を1つのまとまりとみて分数の形にしてから，分子のすべての項と分母が同じ数でわることができれば，一度に約分できます。**

▶約分できる場合

◆ $(6x-15)\div 3$

$$=\frac{6x-15}{3}$$

$$=\frac{\overset{2}{\cancel{6}}x-\overset{5}{\cancel{15}}}{\underset{1}{\cancel{3}}}$$

《 分子の6と15，分母の3が同じ数の3でわれます。

$$=2x-5$$

◆ $(12x-15)\div 6$

$$=\frac{\overset{4}{\cancel{12}}x-\overset{5}{\cancel{15}}}{\underset{2}{\cancel{6}}}$$

$$=\frac{4x-5}{2}$$

《 4と2は約分できますが，5と2は約分できないので，これが答になります。

▶約分できない場合

◆ $(6x-15)\div 2$

$$=\frac{⑥x-15}{②}$$

《 6と2は同じ数でわれますが，15と2はわれません。

これ以上約分できないので，これが答になります。

〔まちがいの例〕

$(6x-15)\div 2$

$$=\frac{\overset{3}{\cancel{6}}x-15}{\underset{1}{\cancel{2}}}$$

$=3x-15$　《 $\dfrac{6x-15}{2}=\dfrac{6x}{2}-\dfrac{15}{2}$ だから，$3x-\dfrac{15}{2}$ となります。

STEP 63

②章 文字式の計算

式の計算⒀ かっこがある式の加法・減法

次の計算をしましょう。 → 式 STEP 59

(1) $3(2x+5)=$ ☐　　(2) $-3(x-4)=$ ☐

答 (1) $6x+15$　(2) $-3x+12$

次の計算をしましょう。

$3(2x+5)+3(x-4)=6x+15+$ ☐ -12

$=6x+3x+15-12$

$=$ ☐ $+3$

答 $6x+15+\boxed{3x}-12$，$\boxed{9x}+3$

上は，それぞれ分配法則を使ってかっこをはずします。文字の項と数の項は計算できないので，かっこをはずした結果が答になります。
下は，2つのかっこをそれぞれ分配法則を使ってはずし，さらに文字の項どうし，数の項どうしをまとめて簡単にします。

$$3(2x+5)+3(x-4)=6x+15+3x-12$$
$$=6x+3x+15-12$$
$$=9x+3$$ 答 《 これ以上は計算できません。

Point **かっこがある式の加法・減法は，まずかっこをはずします。そして，文字の部分が同じ項どうし，数の項どうしをまとめます。**

◆ $$\frac{1}{2}(4x-8)+\frac{2}{3}(3x+6)=2x-4+2x+4$$
$$=2x+2x-4+4$$
$$=4x$$ 《 4x＋0とは書きません。

例題で確認! 次の計算をしましょう。

(1) $3(2x+5)-3(x-4)$

(2) $2(3x+1)-3(2x+3)$

(3) $18\left(\frac{2}{9}x+\frac{2}{3}\right)-12\left(\frac{5}{6}x-\frac{3}{4}\right)$

答

(1) $3x+27$

(2) -7

(3) $-6x+21$

考え方

(1) $-3(x-4) \to -3x+12$
符号に注意。

(2) かっこをはずして整理すると，
$6x-6x+2-9=-7$

(3) かっこをはずすと，
$4x+12-10x+9$

STEP 64

2章 文字式の計算

式の計算⑭ 分数の形の式の加法・減法(1)

次の計算をしましょう。 → 式 STEP 52

(1) $\dfrac{2x}{5}+\dfrac{x}{5}=\dfrac{2}{5}x+\dfrac{1}{5}x$
$=\square x$

(2) $\dfrac{2x}{5}-\dfrac{x}{5}=\dfrac{2}{5}x-\dfrac{1}{5}x$
$=\square x$

答 (1) $\boxed{\dfrac{3}{5}}x$ (2) $\boxed{\dfrac{1}{5}}x$

次の計算をしましょう。

$$\frac{6x-5}{5}+\frac{3x+2}{5}=\frac{(6x-5)+(3x+2)}{5}=\frac{6x-5+3x+2}{5}$$
$$=\frac{\square-3}{5}$$

答 $\dfrac{\boxed{9x}-3}{5}$

上は，係数が分数の文字式の加法･減法です。分配法則を利用して計算します。下は，分数の形の式の加法・減法です。それぞれ分子の式にかっこをつけてから，1つの分数にまとめ，計算を進めます。

$$\frac{6x-5}{5}+\frac{3x+2}{5}=\frac{(6x-5)+(3x+2)}{5}$$

《 分子は(式)＋(式)になるので，かっこをつけて表します。

$$=\frac{6x-5+3x+2}{5}$$
$$=\frac{9x-3}{5}$$ 答

Point **分数の形の式の加法・減法は，分母の数が同じとき，分母はそのままで分子にかっこをつけてから1つにまとめます。次に，分子のかっこをはずし，文字の項どうし，数の項どうしをまとめます。**

◆ $\dfrac{5x+7}{6}-\dfrac{x+5}{6}=\dfrac{(5x+7)-(x+5)}{6}=\dfrac{5x+7-x-5}{6}=\dfrac{4x+2}{6}=\dfrac{2x+1}{3}$

例題で確認! 次の計算をしましょう。

$\dfrac{3x-4}{5}-\dfrac{8x+1}{5}$

答

$-x-1$

考え方

$\dfrac{3x-4}{5}-\dfrac{8x+1}{5}=\dfrac{(3x-4)-(8x+1)}{5}$

$=\dfrac{3x-8x-4-1}{5}=\dfrac{-\overset{1}{\cancel{5}}x-\overset{1}{\cancel{5}}}{\underset{1}{\cancel{5}}}$

STEP 65

②章 文字式の計算

式の計算⒂ 分数の形の式の加法・減法⑵

次の計算をしましょう。 → 式 STEP 64

$$\frac{2x-5}{3}-\frac{x+2}{3}=\frac{(2x-5)-(x+2)}{3}=\frac{2x-5-x-2}{3}$$

$$=\frac{\square-7}{3}$$

答 $\frac{\boxed{x}-7}{3}$

次の計算をしましょう。

$$\frac{2x-5}{3}-\frac{x+2}{4}=\frac{\square(2x-5)-\square(x+2)}{12}=\frac{8x-20-3x-6}{12}$$

$$=\frac{\square-26}{12}$$

答 $\frac{\boxed{4}(2x-5)-\boxed{3}(x+2)}{12}$, $\frac{\boxed{5x}-26}{12}$

上は，分母の数が等しい分数の形の式の減法です。
下は，分母の数が異なる分数の形の式の減法です。通分して分母の数をそろえれば，上と同じように計算できます。

Point **分数の形の式の加法・減法は，分母の数が異なるとき，通分をします。**

▶通分のしかた

$$\frac{2x-5}{3}+\frac{x+2}{4}$$

$$=\frac{④(2x-5)+③(x+2)}{12}$$

①3と4の最小公倍数12で通分することを考えます。
②分母にかけた数と同じ数を，それぞれの分子の式全体にかっこをつけてかけます。
③かっこをはずして，項をまとめます。

例題で確認! 次の計算をしましょう。

(1) $\frac{3x+1}{2}+\frac{x-5}{3}$

(2) $\frac{x-4}{2}-\frac{x+6}{6}$

答

(1) $\frac{11x-7}{6}$

(2) $\frac{x-9}{3}$

考え方

(2) $\frac{x-4}{2}-\frac{x+6}{6}=\frac{3(x-4)-(x+6)}{6}$

$=\frac{3x-12-x-6}{6}=\frac{\overset{1}{\cancel{2}}x-\overset{9}{\cancel{18}}}{\underset{3}{\cancel{6}}}=\frac{x-9}{3}$

STEP 66

②章 文字式の計算

式の計算⒃ 分数の形の式の加法・減法⑶

次の計算をしましょう。

$$\frac{x+1}{2}\times 6$$

$$=\frac{(x+1)\times 6}{2}$$

$$=(x+1)\times\square$$

$$=\square+3$$

答 $(x+1)\times\boxed{3}$，$\boxed{3x}+3$

→ 式 STEP 61

次の計算をしましょう。

$$\left(\frac{x+1}{2}+\frac{x-5}{3}\right)\times 6$$

$$=\frac{(x+1)\times 6}{2}+\frac{(x-5)\times 6}{3}$$

$$=(x+1)\times\square+(x-5)\times\square$$

$$=3x+3+2x-10$$

$$=\square-7$$

答 $(x+1)\times\boxed{3}+(x-5)\times\boxed{2}$，$\boxed{5x}-7$

左は，分数の形の式に整数をかけるので，分数の分子の式全体に6をかけます。分母の数と6で約分できるので，計算の途中で約分します。

右は，分配法則を使って，かっこの中の分数の式それぞれに6をかけます。いずれも分母の数と6とで約分できます。

$$\left(\frac{x+1}{2}+\frac{x-5}{3}\right)\times 6=\frac{(x+1)\times \overset{3}{\cancel{6}}}{\underset{1}{\cancel{2}}}+\frac{(x-5)\times \overset{2}{\cancel{6}}}{\underset{1}{\cancel{3}}}$$

《 それぞれの分子の式全体に6をかけて約分します。

Point **かっこの中が分数の形の式でも，分配法則を使って計算できます。**

$$6\left(\frac{2x+3}{3}-\frac{x+4}{2}\right)=\frac{6\times(2x+3)}{3}-\frac{6\times(x+4)}{2}$$

$$=\frac{\overset{2}{\cancel{6}}\times(2x+3)}{\underset{1}{\cancel{3}}}-\frac{\overset{3}{\cancel{6}}\times(x+4)}{\underset{1}{\cancel{2}}}$$

$$=2(2x+3)-3(x+4)$$

$$=4x+6-3x-12$$

$$=x-6$$

例題で確認! 次の計算をしましょう。

(1) $\left(\frac{5x+2}{6}-\frac{2x+3}{4}\right)\times 12$

(2) $18\left(\frac{5x-4}{6}+\frac{x-1}{9}\right)$

答 (1) $4x-5$ (2) $17x-14$

考え方 (1) $\left(\frac{5x+2}{6}-\frac{2x+3}{4}\right)\times 12=\frac{(5x+2)\times 12}{6}-\frac{(2x+3)\times 12}{4}$

$=(5x+2)\times 2-(2x+3)\times 3$

STEP 67

② 章 文字式の計算

関係を表す式(1) 等式(1)

次の数量を**文字式の表し方**にしたがって表しましょう。 → 式 STEP 39

1個x円のケーキを5個買ったときの代金 □(円)

答 $5x$(円)

次の数量の関係を**等式**で表しましょう。

1個x円のケーキを5個買ったときの代金は1500円でした。 $5x=$ □

答 $5x=1500$

上は，（ケーキの値段）×（個数）を文字式の表し方にしたがって表します。
×の記号をはぶいて，数を文字の前に書きます。
下は，「ケーキの代金は1500円でした。」とあるので，
（ケーキの値段）×（個数）＝（ケーキの代金）
このように，等号＝を使って，2つの数量が等しいことを表します。

Point **等号＝を使って，2つの数量が等しい関係を表した式を等式といいます。等式で，等号の左側の式を左辺，右側の式を右辺，その両方を合わせて両辺といいます。**

等式
$5x = 1500$
左辺　右辺
両辺

注意 数量を表す式には単位をつけます。
（例） $5x$(円)
等式には単位がつきません。
（例） $5x=1500$
また，等式は左辺と右辺を入れかえることができます。
（例） $5x=1500 \leftrightarrow 1500=5x$

例題で確認! □にあてはまる式や数を入れて，次の数量の関係を等式で表しましょう。

(1) 1冊x円のノート4冊と1本y円の鉛筆2本を買ったときの代金の合計は500円でした。 $4x+$ □ $=$ □

(2) 1個a円のりんごを3個買うのに，1000円札を出したら，おつりはb円でした。 □ $-$ □ $=b$

答 (1) $4x+2y=500$
(2) $1000-3a=b$

考え方 (1) （ノート代）＋（鉛筆代）＝（代金の合計）
(2) （出した金額）－（りんご代）＝（おつり）

STEP 68

②章 文字式の計算

関係を表す式(2) 等式(2) 高い・安い

次の数量の関係を等式で表しましょう。 → 式 STEP 67

1個x円のみかん9個の値段と，1個y円のりんご3個の値段は等しい。

□＝□

答 $9x = 3y$

次の数量の関係を等式で表します。□に＋，－のどちらかを入れましょう。

1個x円のみかん9個の値段は，1個z円のもも4個の値段より200円高い。

$9x = 4z$ □ 200

答 $9x = 4z + 200$

上は，（みかん代）＝（りんご代）の関係を文字式を使って表します。
下は，みかん代のほうがもも代より200円高いから，（みかん代）＝（もも代）とはなりません。もも代に200円をたすことで等しくなります。

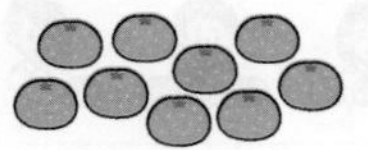 ＝  ＋ 200

みかん代 ($x \times 9 = 9x$)　　もも代 ($z \times 4 = 4z$)

Point **「～より高い」というときは，その代金の差をうめるために，「どちらにどれだけたせばよいのか」（あるいは，「どちらからどれだけひけばよいのか」）を考えて等式をつくります。**

◆1本a円の鉛筆10本の値段は，1冊b円のノート3冊の値段より400円高い。

$10a - 400 = 3b$

「鉛筆代がノート代より400円高い。」は，「鉛筆代より400円安いのがノート代」と同じ。

注意 等式は，式のたて方がかならず1つになるとはかぎりません。

例題で確認! □にあてはまる式を入れて，次の数量の関係を等式で表しましょう。

(1) 1冊x円の絵本3冊の値段は，1冊y円の雑誌5冊の値段より100円安い。　$3x =$ □

(2) 1個x円のパン10個の値段は，1本y円の牛乳3本の値段より200円高い。　$10x =$ □

答 (1) $3x = 5y - 100$
(2) $10x = 3y + 200$

考え方 (1) （絵本代）＝（雑誌代）－100
(2) （パン代）＝（牛乳代）＋200

STEP 69

2章 文字式の計算

関係を表す式(3) 等式(3) 過不足

次の数量の関係を等式で表しましょう。 → 式 STEP 67

みかんが y 個ある。このみかんを1人に3個ずつ x 人に配ったら，ちょうど分けられた。

$y=$ □

答 $y=$ $3x$

次の数量の関係を等式で表します。□に＋，－のどちらかを入れましょう。

みかんが y 個ある。このみかんを1人に3個ずつ x 人に配ったら，2個たりなかった。

$y=3x$ □ 2

答 $y=3x$ $-$ 2

上は，（みかんの個数）＝（配る個数）で等式をつくります。
下は，たりない個数をどのように扱(あつか)うかを考えます。

配る個数は，$3\times x=3x$（個）必要ですが，2個たりません。したがって，実際にある個数は，$3x-2$（個）です。これが，yと等しくなります。

Point **「たりない」というときは，（実際にある数量）＝（必要な数量）－（たりない数量）という関係にあります。**

◆みかんが y 個ある。このみかんを1人に3個ずつ x 人に配ったら，**2個余った。**

$y=3x$ $+$ 2

配る個数は，$3\times x=3x$（個）必要ですが，2個余ります。
つまり，「余る」というときは，
（実際にある数量）＝（必要な数量）**＋（余る数量）** という関係にあります。

例題で確認! 次の数量の関係を等式で表しましょう。

(1) b 枚の画用紙を1人に5枚ずつ a 人に配ると，3枚たりない。

(2) b 枚の画用紙を1人に4枚ずつ a 人に配ると，4枚余る。

答

(1) $b=5a-3$ (2) $b=4a+4$

考え方

(1) （実際にある数量）＝（必要な数量）－（たりない数量）

(2) （実際にある数量）＝（必要な数量）＋（余る数量）

関係を表す式(4) 不等式

次の数量の関係を等式で表しましょう。 → 式 STEP 67

x mのリボンから5m切り取ると，残りは3mである。

$x-\square=3$

答 $x-\boxed{5}=3$

次の数量の関係を不等式で表します。□に>，<のどちらかの不等号を入れましょう。

x mのリボンから5m切り取ると，残りは3mよりも長い。

$x-5\ \square\ 3$

答 $x-5\boxed{>}3$

上は，（全体の長さ）－（切り取る長さ）＝（残りの長さ）から等式になります。

図に表すと，右のようになります。

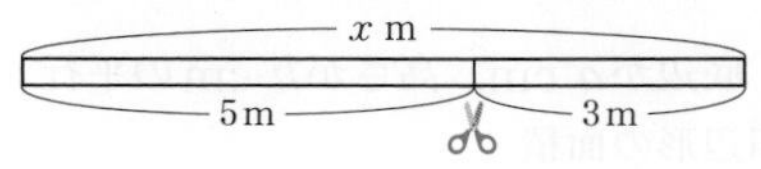

下は，「残りは3mよりも長い」と，等しい関係ではなく，大小関係を表しています。

$(x-5)$mと3mを比べることになるので，>，<の不等号を使います。

$(x-5)$mが3mよりも長いので，$\boldsymbol{x-5>3}$となります。

図に表すと，右のようになります。

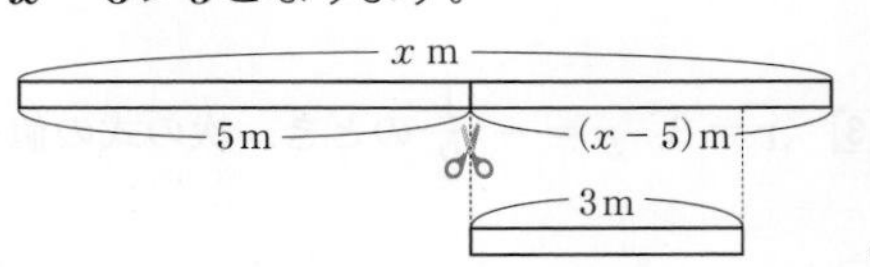

Point **不等号を使って，2つの数量の大小関係を表した式を不等式といいます。不等式で，不等号の左側の式を左辺，右側の式を右辺，その両方を合わせて両辺といいます。**

不等式	
$x-5$	$>$ 3
左辺	右辺
両辺	

$a \geqq b$ … aはb以上（$a>b$か$a=b$）

$a \leqq b$ … aはb以下（$a<b$か$a=b$）

$a>b$ … aはbより大きい

$a<b$ … aはb未満，aはbより小さい

例題で確認! 次の数量の関係を不等式で表しましょう。

(1) xの5倍は10より小さい。

(2) 1本80円の鉛筆をx本買うと，代金は1200円以下になる。

(3) x kmの道のりを，時速6kmで歩くと，2時間以上かかる。

(4) xから3をひいた数は，xの2倍より大きい。

(5) xの4倍から2をひいた数は，10未満。

答

(1) $5x<10$

(2) $80x \leqq 1200$

(3) $\dfrac{x}{6} \geqq 2$

(4) $x-3>2x$

(5) $4x-2<10$

基本をチェック！(2)　2章　文字式の計算

答は251ページ。できた問題は，□をぬりつぶしましょう。

1 次の式を，文字式の表し方にしたがって表しましょう。 → 式 STEP 35 ～ 38

□(1) $x \times 5$

□(2) $y \times x \times (-1)$

□(3) $m \times m \times m$

□(4) $a \div (-4)$

2 次の数量を式で表しましょう。 → 式 STEP 39 ～ 44

□(1) 1本50円のボールペンx本と1本80円のボールペンy本の代金の合計

□(2) 時速a kmで4時間進んだときの道のり

□(3) 底辺がa cm，高さがh cmの平行四辺形の面積

□(4) 50kgのx割

□(5) 体重がa kg，b kg，c kgの3人の体重の平均

□(6) 8でわると商がxで余りがyになる数

3 $x=3$，$y=-\frac{1}{2}$のとき，次の式の値を求めましょう。 → 式 STEP 47 ～ 50

□(1) $-x^2$

□(2) $(-y)^2$

□(3) $\frac{y}{2}$

□(4) $\frac{x}{6}-y$

4 次の計算をしましょう。 → 式 STEP 55・56, 59・60, 63, 65

□(1) $(2x-6)+(-3x+4)$

□(2) $(-4a+2)-(5a-7)$

□(3) $-4\left(-3x+\frac{1}{2}\right)$

□(4) $(18a-24)\div(-3)$

□(5) $2(6x-5)-3(-3x+8)$

□(6) $\frac{x-1}{2}-\frac{3x+1}{4}$

5 次の数量の関係を，等式または不等式で表しましょう。 → 式 STEP 68, 70

□(1) 兄の身長a cmは，弟の身長b cmより9cm高い。

□(2) xの5倍に2を加えた数は，yより小さい。

3 1次方程式 1年

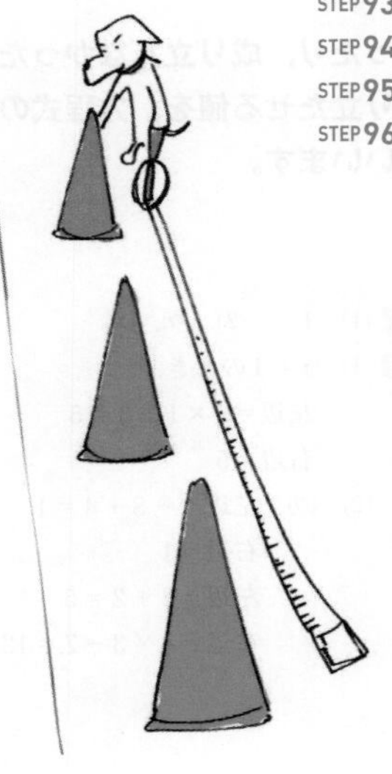

STEP 71

③章 1次方程式

1次方程式(1) 方程式と解

次の数量の関係を等式で表しましょう。 → 式 STEP 67

1本60円の鉛筆x本と120円のノートを1冊買ったときの代金は420円でした。

$60x+\square=\square$

答 $60x+\boxed{120}=\boxed{420}$

上の等式$60x+120=420$が成り立つxの値は，4，5，6のどれですか。

$x=\square$

答 $x=\boxed{5}$

上は，（鉛筆代）＋（ノート代）＝（代金の合計）を等式で表します。

下は，上の等式が成り立つxの値を求めます。等式$60x+120=420$のxに，4，5，6のそれぞれの数を代入し，左辺と右辺の値が等しくなるかを調べます。

- xに4を代入すると，左辺＝$60\times4+120=240+120=360$
  右辺＝420
  左辺と右辺の値が等しくないので，成り立ちません。
- **xに5を代入すると，左辺＝$60\times5+120=300+120=420$**
  右辺＝420
  左辺と右辺の値が等しくなるので，成り立ちます。
- xに6を代入すると，左辺＝$60\times6+120=360+120=480$
  右辺＝420
  左辺と右辺の値が等しくないので，成り立ちません。

したがって，$x=5$のとき，等式が成り立ちます。

Point **式の中の文字に代入する値によって，成り立ったり，成り立たなかったりする等式を方程式といいます。また，方程式を成り立たせる値を，方程式の解といい，その解を求めることを，方程式を解くといいます。**

例題で確認! 次の問題に答えましょう。

(1) 方程式$2x+3=5$の解は，-1，0，1のどれですか。

(2) 次の方程式のうち，3が解であるものはどれですか。

(ア) $x-6=3$　(イ) $3x-1=10$

(ウ) $-x+4=1$　(エ) $x+2=4x-7$

答 (1) 1　(2) (ウ)，(エ)

考え方 (1) $x=1$のとき，
左辺＝$2\times1+3=5$
右辺＝5

(2) (ウ) 左辺＝$-3+4=1$
右辺＝1

(エ) 左辺＝$3+2=5$
右辺＝$4\times3-7=12-7=5$

1次方程式(2) 等式の性質を使って解く(1)

方程式 $x-5=3$ の解は，7，8，9のどれですか。 → 式 STEP 71

$x=\square$

答 $x=8$

次の方程式を等式の性質を使って解きます。□にあてはまる数を入れましょう。

(1) $x-5=3$

$x-5+\square=3+\square$

$x=\square$

(2) $x+7=4$

$x+7-\square=4-\square$

$x=\square$

答

(1) $x-5+5=3+5$

$x=8$

(2) $x+7-7=4-7$

$x=-3$

上は，方程式の x に，7，8，9をそれぞれ代入して，方程式が成り立つ(左辺と右辺が等しくなる)かどうかを調べます。

下は，上のように解の候補が示されていませんが，方程式を解くということは，x にあてはまる数を求めることです。つまり，方程式を $x=$●の形にできれば解が求められます。

(1) $x-5=3$

等式の性質①『A＝Bならば，A＋C＝B＋C(**等式の両辺に同じ数をたしても等式は成り立つ**)』を利用して，$x=$●の形にします。

$x-5+5=3+5$ ← 左辺を x だけにするために両辺に5をたします。

（$-5+5$ は）0になります。

$x=8$ 答

(2) $x+7=4$

等式の性質②『A＝Bならば，A－C＝B－C(**等式の両辺から同じ数をひいても等式は成り立つ**)』を利用して，$x=$●の形にします。

$x+7-7=4-7$ ← 左辺を x だけにするために両辺から7をひきます。

（$+7-7$ は）0になります。

$x=-3$ 答

Point **方程式は『等式の性質①　A＝Bならば，A＋C＝B＋C』や『等式の性質②　A＝Bならば，A－C＝B－C』を利用して解く場合があります。**

例題で確認! 次の方程式を，等式の性質を使って解きましょう。

(1) $x-6=2$

(2) $x-3=-5$

(3) $x+3=-4$

(4) $x+\frac{1}{4}=\frac{3}{4}$

答

(1) $x=8$

(2) $x=-2$

(3) $x=-7$

(4) $x=\frac{1}{2}$

考え方

(1)と(2)は等式の性質①，(3)と(4)は等式の性質②を使います。

(4)の右辺は，$\frac{3}{4}-\frac{1}{4}=\frac{2}{4}=\frac{1}{2}$

STEP 73

③章 1次方程式

1次方程式(3) 等式の性質を使って解く(2)

右の方程式を等式の性質を使って解きます。 $x+8=-3$ → 式 STEP 72

□にあてはまる数を入れましょう。

$$x+8-\square=-3-\square$$

$$x=\square$$

答 $x+8-\boxed{8}=-3-\boxed{8}$, $x=\boxed{-11}$

右の方程式を等式の性質を使って解きます。 $\frac{x}{2}=3$

□にあてはまる数を入れましょう。

$$\frac{x}{2}\times\square=3\times\square$$

$$x=\square$$

答 $\frac{x}{2}\times\boxed{2}=3\times\boxed{2}$ $x=\boxed{6}$

上は，「等式の両辺から同じ数をひいても等式は成り立つ」という等式の性質②を使って，方程式を解きます。

下は，左辺の$\frac{x}{2}$をxにするために，**「等式の両辺に同じ数をかけても等式は成り立つ**」という等式の性質を使って，方程式を解きます。

$$\frac{x}{2}=3$$

$$\frac{x}{2}\times 2=3\times 2$$

$$x=6 \text{ 答}$$

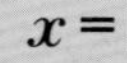

《 左辺をxだけにするために，両辺に2をかけます。

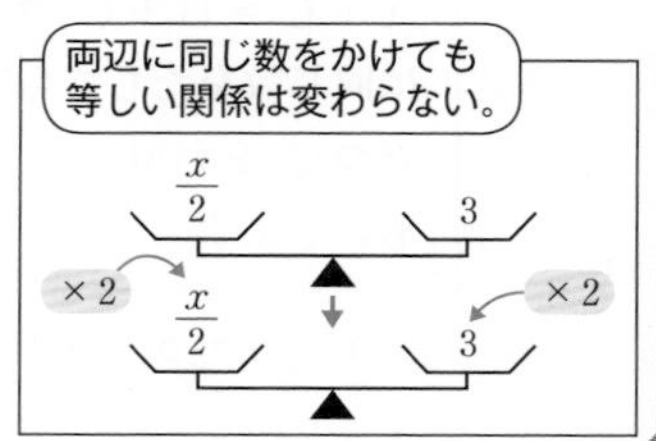

Point **方程式は，左辺をxだけにするために，『等式の性質③ A = Bならば，A × C = B × C』を利用し，両辺に同じ数をかけて解く場合があります。**

例題で確認! 次の方程式を，等式の性質を使って解きましょう。

(1) $\frac{x}{4}=5$

(2) $\frac{x}{7}=-2$

(3) $-\frac{1}{2}x=8$

答 (1) $x=20$ (2) $x=-14$ (3) $x=-16$

考え方 (1) $\frac{x}{4}\times4=5\times4$ $x=20$ (2) $\frac{x}{7}\times7=-2\times7$ $x=-14$ (3) $-\frac{1}{2}x\times(-2)=8\times(-2)$ $x=-16$

1次方程式(4) 等式の性質を使って解く(3)

→ 式 STEP 73

右の方程式を等式の性質を使って解きます。
□にあてはまる数を入れましょう。

$$-\frac{x}{4}=-3$$

$$-\frac{x}{4}\times(\quad)=-3\times(\quad)$$

$$x=\square$$

答 $-\frac{x}{4}\times\boxed{(-4)}=-3\times\boxed{(-4)}$，$x=\boxed{12}$

右の方程式を等式の性質を使って解きます。
□にあてはまる数を入れましょう。

$$2x=8$$

$$2x\div\square=8\div\square$$

$$x=\square$$

答 $2x\div\boxed{2}=8\div\boxed{2}$，$x=\boxed{4}$

上は，「等式の両辺に同じ数をかけても等式は成り立つ」という等式の性質③を使い，両辺に-4をかけて方程式を解きます。
下は，左辺の$2x$をxにするために，「**等式の両辺を同じ数でわっても等式は成り立つ**」という等式の性質を使って，方程式を解きます。

$$2x=8$$
$$2x\div2=8\div2$$
$$x=4 \text{ 答}$$

《 左辺をxだけにするために，両辺を2でわります。

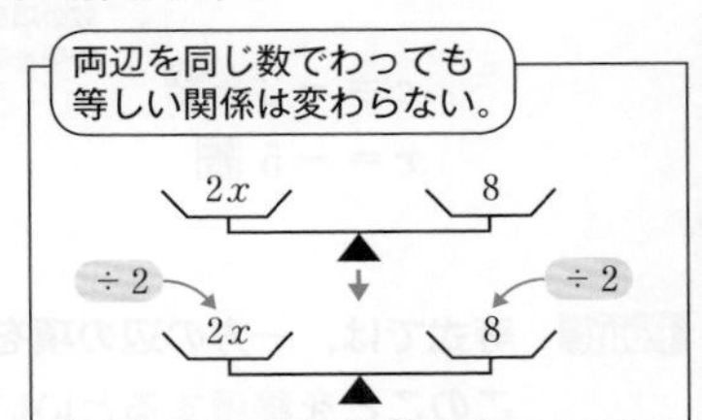

Point **方程式は，左辺をxだけにするために，『等式の性質④　A＝Bならば，A÷C＝B÷C（Cは0ではありません。）』を利用し，両辺を同じ数でわって解く場合があります。**

例題で確認! 次の方程式を，等式の性質を使って解きましょう。

(1)　$3x=-15$

(2)　$6x=4$

答 (1)　$x=-5$　　(2)　$x=\frac{2}{3}$

考え方 (1)　$3x\div3=-15\div3$
$x=-5$

(2)　$6x\div6=4\div6$
$x=\frac{2}{3}$

1次方程式(5) 移項(1)

右の方程式を等式の性質を使って解きます。 $x+2=-3$ → 式 STEP 72

□にあてはまる数を入れましょう。

$x+2-\square=-3-\square$

$x=\square$

答 $x+2-\boxed{2}=-3-\boxed{2}$, $x=\boxed{-5}$

右の方程式を移項(いこう)の考えを使って解きます。 $x+2=-3$

□にあてはまる数を入れましょう。

$x=-3-\square$

$x=\square$

答 $x=-3-\boxed{2}$, $x=\boxed{-5}$

上は,「等式の両辺から同じ数をひいても等式は成り立つ」という等式の性質②を使い,両辺から2をひいて,方程式を解きます。

下は,$x=$●の形にするために,左辺の$+2$を右辺に移す,という考えを使い,方程式を解きます。項を移すときには $+2$ → -2 と符号を変えることに注意しましょう。

$x+2=-3$

$x=-3-2$

$x=-5$ 答

《 数の項を左辺から右辺に符号を変えて移します。

Point **等式では,一方の辺の項を,符号を変えて,他方の辺に移すことができます。このことを移項(いこう)するといいます。移項は,数の項も文字の項もできます。**

$x+2=-3$ (移項)

$x=-3-2$ (符号に注意。)

《 数の項を左辺から右辺に移項します。

$2x=x+5$ (移項)

$2x-x=5$ (符号に注意。)

《 文字の項を右辺から左辺に移項します。

例題で確認! 次の方程式を移項の考えを使って解きます。□にあてはまる数や式を入れましょう。

(1) $x-6=4$

$x=4\ \square$

$x=\square$

(2) $3x=2x+7$

$3x\ \square=7$

$\square=7$

答 (1) $x=4\ \boxed{+6}$

$x=\boxed{10}$

(2) $3x\ \boxed{-2x}=7$

$\boxed{x}=7$

考え方 符号に注意します。

1次方程式(6) 移項(2)

次の方程式を解きましょう。 → 式 STEP 75

$$5x = 3x + 12$$

$5x - \square = 12$

$2x = 12$

$x = \square$

答 $5x - \boxed{3x} = 12$
$x = \boxed{6}$

次の方程式を解きましょう。

$$5x + 1 = 2x + 7$$

$5x - \square = 7 - \square$

$3x = 6$

$x = \square$

答 $5x - \boxed{2x} = 7 - \boxed{1}$
$x = \boxed{2}$

左は，右辺にあるxを含む項$(3x)$を左辺に移項し，文字の項をまとめます。そして，両辺をxの係数2でわります。

右は，右辺にあるxを含む項$(2x)$を左辺に，左辺にある数の項$(+1)$を右辺に移項し，文字の項，数の項をそれぞれまとめます。そして，両辺をxの係数3でわります。

$5x + 1 = 2x + 7$ 《 xを含む項を左辺に，数の項を右辺に移項します。

$5x - 2x = 7 - 1$

$3x = 6$

$x = 2$ 答

Point **方程式は，次のような手順で解きます。**

① **xを含む項を左辺に，数の項を右辺に移項します。**

② **$ax = b$の形にします。**

③ **両辺をxの係数aでわります。**

◆ $4x + 5 = 8x + 17$

$4x - 8x = 17 - 5$ 《①

$-4x = 12$ 《②

$x = -3$ 《③

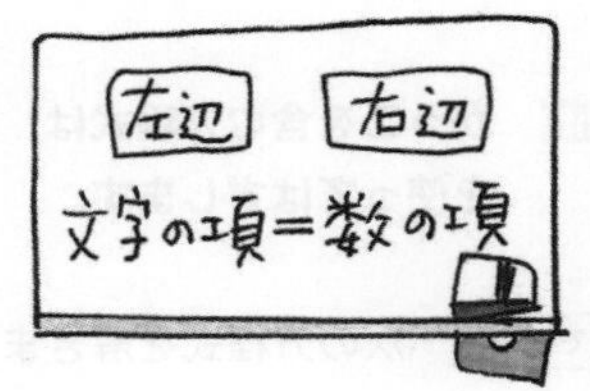

例題で確認! 次の方程式を解きましょう。

(1) $-x - 6 = -6x + 9$

$-x + \square = 9 + \square$

$5x = 15$

$x = \square$

(2) $2x + 8 = 9x - 20$

答 (1) $-x + \boxed{6x} = 9 + \boxed{6}$，$x = \boxed{3}$

(2) $x = 4$

考え方 (2) $2x - 9x = -20 - 8$

$-7x = -28$

$x = 4$

STEP 77

3章 1次方程式

1次方程式(7) かっこを含む方程式

次の計算をしましょう*。 → 式 STEP 59

$3(2x-5)=$ □

＊…式を簡単な形にすることです。

答 $6x-15$

次の方程式を解きましょう*。

$3(2x-5)=-3$

□ $=-3$

$6x=-3+$ □

$6x=12$

$x=$ □

＊…xの値を求めることです。

答 $6x-15=-3$

$6x=-3+15$

$x=2$

左は，$a(b+c)=ab+ac$の分配法則を使って計算します。

$3(2x-5)=6x-15$ 答

右は，かっこを含む方程式です。方程式でもかっこをはずすときは，分配法則を使います。

$$3(2x-5)=-3$$
$$6x-15=-3$$
$$6x=-3+15$$
$$6x=12$$
$$x=2$$ 答

先に両辺を3でわってもかまいません。

$$3(2x-5)=-3$$
$$2x-5=-1$$
$$2x=-1+5$$
$$2x=4,\ x=2$$ 答

Point **かっこを含む方程式は，かっこをはずしてから解きます。かっこは，分配法則を使ってはずします。**

例題で確認! 次の方程式を解きましょう。

(1) $4x-6=2(3x-8)$

$4x-6=$ □ $x-$ □

$4x-6x=-16+6$

□ $x=$ □

$x=$ □

(2) $-2(3x+1)=10-2x$

(3) $7(x-3)=4(3x+6)$

答

(1) $4x-6=6x-16$，$-2x=-10$，$x=5$

(2) $x=-3$ (3) $x=-9$

考え方

(2) $-6x-2=10-2x$

$-6x+2x=10+2$

$-4x=12$

$x=-3$

(3) $7x-21=12x+24$

$7x-12x=24+21$

$-5x=45$

$x=-9$

STEP 78

③章 1次方程式

1次方程式(8) 係数が分数の方程式

次の方程式を解きましょう。

$$\frac{1}{2}x=\frac{1}{3}x+1$$

$$\frac{1}{2}x-\frac{1}{3}x=1$$

$$\frac{\square}{6}x-\frac{\square}{6}x=1$$

$$\frac{1}{6}x=1$$

$$x=\square$$

答 $\frac{3}{6}x-\frac{2}{6}x=1$ $x=6$

次の方程式を解きましょう。

$$\frac{1}{2}x=\frac{1}{3}x+1$$

$$\frac{1}{2}x\times\square=\left(\frac{1}{3}x+1\right)\times\square$$

$$3x=2x+6$$

$$3x-2x=6$$

$$x=\square$$

答 $\frac{1}{2}x\times 6=\left(\frac{1}{3}x+1\right)\times 6$, $x=6$

左右とも同じ方程式ですが，解き方がちがいます。
左は，文字の項をまとめるときに通分しています。
右は，係数を整数にするために，方程式の両辺に分母(2と3)の最小公倍数(6)をかけて，分母をはらっています。

$$\frac{1}{2}x=\frac{1}{3}x+1$$

$$\frac{1}{2}x\times 6=\left(\frac{1}{3}x+1\right)\times 6$$

《 係数を整数にするために，両辺に分母の最小公倍数をかけます。右辺は，全体に6をかけるので，かっこをつけてからかけます。

$$3x=2x+6$$

$$3x-2x=6$$

$$x=6$$ 答

Point **係数に分数を含む方程式は，方程式の両辺に分母の最小公倍数をかけて，係数を整数になおす(分母をはらう)と，手ぎわよく解くことができます。**

例題で確認! 次の方程式を解きましょう。

(1) $\frac{1}{3}x+\frac{1}{6}=\frac{1}{12}x-\frac{1}{2}$

(2) $2-\frac{x}{5}=9+\frac{x}{2}$

(3) $\frac{2x+1}{3}=\frac{3x-2}{5}$

答

(1) $x=-\frac{8}{3}$　(2) $x=-10$　(3) $x=-11$

考え方

(1) 両辺に12をかけます。

$$\left(\frac{1}{3}x+\frac{1}{6}\right)\times 12=\left(\frac{1}{12}x-\frac{1}{2}\right)\times 12$$

$$4x+2=x-6$$

(3) 両辺に15をかけます。

$$\left(\frac{2x+1}{3}\right)\times 15=\left(\frac{3x-2}{5}\right)\times 15$$

$$5(2x+1)=3(3x-2)$$

STEP 79

③章 1次方程式

1次方程式(9) 小数を含む方程式

次の方程式を解きましょう。

$$2.4x+0.7=1.8x+2.5$$

$$2.4x-1.8x=2.5-0.7$$

$$\square\, x=1.8$$

$$x=\square$$

答 $\boxed{0.6}x=1.8$，$x=\boxed{3}$

次の方程式を解きましょう。

$$2.4x+0.7=1.8x+2.5$$

$$(2.4x+0.7)\times 10=(1.8x+2.5)\times\square$$

$$24x+7=\square\, x+\square$$

$$24x-18x=25-7$$

$$6x=18$$

$$x=\square$$

答 $(2.4x+0.7)\times 10=(1.8x+2.5)\times\boxed{10}$
$24x+7=\boxed{18}x+\boxed{25}$，$x=\boxed{3}$

左は，小数を含む方程式を小数のまま解きます。
右は，小数を含む方程式を，方程式の両辺に10をかけて，小数を整数になおして解きます。

Point **係数に小数を含む方程式は，両辺に，10，100などをかけて，係数を整数になおすと，手ぎわよく解くことができます。**

◆
$$0.17x+0.4=2.2-0.13x$$
$$(0.17x+0.4)\times 100=(2.2-0.13x)\times 100$$
$$17x+40=220-13x$$
$$17x+13x=220-40$$
$$30x=180$$
$$x=6$$

《 係数が$\frac{1}{100}$の位までの小数だから，両辺を100倍します。

例題で確認! 次の方程式を解きましょう。

(1) $4.6-0.4x=3$

$(4.6-0.4x)\times\square=3\times\square$

$-4x=30-\square$

$x=\square$

(2) $0.16x+0.3=-0.04x-0.7$

答 (1) $(4.6-0.4x)\times\boxed{10}=3\times\boxed{10}$

$-4x=30-\boxed{46}$

$x=\boxed{4}$

(2) $x=-5$

考え方 (2) 両辺に100をかけて，

$16x+30=-4x-70$

$20x=-100$

$x=-5$

1次方程式⑽ 比例式

□にあてはまる数を入れましょう。

(1) $1:3=2:\square$　(2) $36:24=3:\square$

答 (1) $1:3=2:\boxed{6}$　(2) $36:24=3:\boxed{2}$

次の比例式を解きましょう。

(1) $x:6=10:4$

$4x=\square$

$x=\square$

(2) $10:x=3:2$

$3x=\square$

$x=\square$

答 (1) $4x=\boxed{60}$, $x=\boxed{15}$　(2) $3x=\boxed{20}$, $x=\boxed{\frac{20}{3}}$

上は，$a:b$の両方の数に同じ数をかけたり，両方の数を同じ数でわったりしてできる比は，みんな$a:b$に等しくなることを利用します。

(1) $1:3=2:6$（×2）　(2) $36:24=3:2$（÷12）

比…$a:b$

aとbの割合を表します。

下は，**「比例式では，外側の項(外項)の積と内側の項(内項)の積が等しくなる」**という，比例式の性質を利用して，xの値を求めます。

(1) $x:6=10:4$（$x\times4$，6×10）

$4x=60$

$x=15$ 答

(2) $10:x=3:2$（10×2，$x\times3$）

$3x=20$

$x=\dfrac{20}{3}$ 答

比例式…$a:b=c:d$

比が等しいことを表す式をいいます。

Point **一般に，比例式に含まれる文字の値を求めることを，比例式を解くといい，「$a:b=c:d$ ならば，$ad=bc$」を利用することができます。**

例題で確認! 次の比例式を解きましょう。

(1) $8:6=12:x$

(2) $12:9=(x-6):18$

答 (1) $x=9$　(2) $x=30$

考え方 (2) $(x-6)$をひとまとまりと考えて，$12\times18=9(x-6)$を解きます。

Point **比例式は比の値**$\left(a:b\text{のとき，}a\text{を}b\text{でわった値}\dfrac{a}{b}\right)$**を利用しても解けます。**

◆ $x:6=10:4 \longrightarrow \dfrac{x}{6}=\dfrac{10}{4}$

左辺の比の値　右辺の比の値

《 (左辺の比の値)＝(右辺の比の値)で方程式をつくって解きます。

STEP 81

③章 1次方程式

1次方程式の利用(1) 方程式を使って問題を解く手順

次の数量の関係を等式で表しましょう。 → 式 STEP 67

Ⅰ個80円のみかんをx個買ったときの代金は1040円でした。　□ = 1040

答 $80x$ = 1040

次の問題を，求める数量をxで表して方程式を使って解きます。□にあてはまることばや式，数を入れましょう。

〔問題〕Ⅰ個80円のみかんを何個か買ったときの代金は，1040円でした。みかんを何個買いましたか。

〔解答〕□をx個買ったとすると，

□ = 1040

x = □

答 □個

答 みかん をx個買ったとすると，$80x$ = 1040，x = 13，13個

上は，**(みかん1個の値段)×(個数)=(代金)**の式にあてはめて，等式で表します。

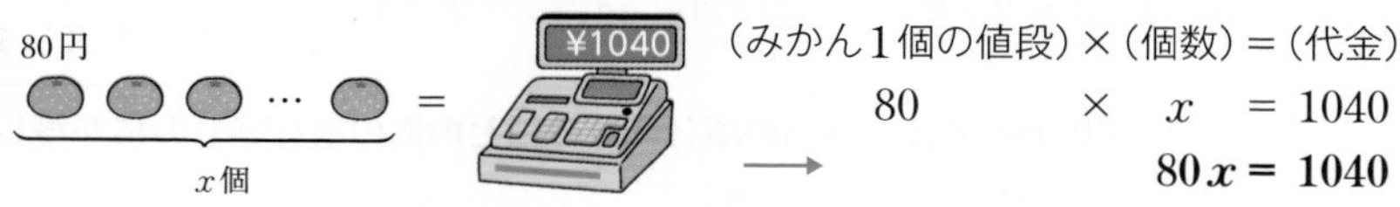

(みかん1個の値段)×(個数)=(代金)

80 × x = 1040

$80x = 1040$

下は，問題文から等式(方程式)をつくり，その方程式を解きます。

みかんをx個買ったとすると，$80x = 1040$

求める数量をxとします。

$x = 13$

答 13個

Point **方程式を使って文章題を解く手順は，次のようになります。**

① **問題文の意味をよく考え，何をxで表すかを決めます。**
(多くの問題は，求める数量をxとして表します。)

② **問題文に含まれている数量を，xを使って表します。**

③ **それらの数量の関係を見つけて，方程式をつくります。**

④ **つくった方程式を解きます。**

⑤ **方程式の解が問題に適していることを確かめて答とします。**
※上の問題では，個数を求めます。したがって，$x = 13$が答ではなく，13個が答になります。また，$80 \times 13 = 1040$(円)と，求めた答が問題に適していることを確かめておくことも大切です。

STEP 82

3章 1次方程式

1次方程式の利用(2) 個数

次の数量を式で表しましょう。 → 式 STEP 39

1本60円の鉛筆をx本と1本70円の鉛筆を1本買ったときの代金

□ + 70(円)

答 $60x$ + 70(円)

次の問題に答えましょう。

〔問題〕 1本60円の鉛筆と1本70円の鉛筆を合わせて12本買ったら，代金は770円でした。60円の鉛筆を何本買いましたか。

〔解答〕 60円の鉛筆をx本買ったとすると，

$$60x + 70(\square - x) = 770$$
$$60x + 840 - 70x = 770$$
$$-10x = -70$$
$$x = \square$$

答 7本

答 $60x + 70(12 - x) = 770$，$x = 7$

上は，(60円の鉛筆代) + (70円の鉛筆代) を式で表します。
下は，求める数量は60円の鉛筆なのでその本数をx本とします。このとき，70円の鉛筆の本数がxを使って表せることに気がつきましょう。「合わせて12本買った」ということばに注目します。

(60円の鉛筆代) + (70円の鉛筆代) = (代金)

$$60x \quad + \quad 70(12 - x) \quad = \quad 770$$

↑ 12本からx本ひくと，70円の鉛筆の本数になります。

Point **問題文に，「合わせて～個」の表現があるときは，一方の数量をx個とするともう一方の数量は，(全体の数 − x)で表すことができます。**

例題で確認! 次の問題に答えましょう。

1個90円のゼリーと1個150円のケーキを，ゼリーのほうが2個多くなるように買ったところ，代金の合計は1140円になりました。それぞれ何個買ったか求めましょう。

答 ケーキをx個買ったとすると，

$$90(x + 2) + 150x = 1140$$
$$90x + 180 + 150x = 1140$$
$$240x = 960$$
$$x = 4$$

$4 + 2 = 6$

答 ゼリー…6個，ケーキ…4個

考え方 ゼリーはケーキより2個多いから，ケーキをx個とすると，ゼリーは$(x + 2)$個と表せます。

1 正負の数 / 2 文字式の計算 / 3 1次方程式 / 4 単項式と多項式 / 5 連立方程式 / 6 多項式の計算 / 7 平方根 / 8 2次方程式

STEP 83

③章 1次方程式

1次方程式の利用(3) 数(1)

次の数量を式で表しましょう。

ある数xに3を加えて4倍した数　　□$(x+$□$)$

答 $4(x+3)$

次の問題に答えましょう。

〔問題〕**ある数に3を加えて4倍した数が，もとの数を6倍して2をひいた数に等しくなります。ある数を求めましょう。**

〔解答〕ある数をxとすると，

$$□(x+□)=□x-□$$

$$4x+12=6x-2$$

$$□x=□$$

$$x=□$$ 答 □

答 $4(x+3)=6x-2$，$-2x=-14$，$x=7$，7

上は，xを使って文字式で表します。

「ある数xに3を加えた数」……………… $x+3$

「ある数xに3を加えて4倍した数」… $(x+3)\times 4$

↓

$4(x+3)$ 答

↑ 文字式の表し方で表します。

下は，**(ある数に3を加えて4倍した数)＝(もとの数を6倍して2をひいた数)** という数量の関係から方程式をつくり，それを解きます。

ある数をxとすると，

ある数に3を加えて4倍した数		もとの数を6倍して2をひいた数
$4(x+3)$	＝	$6x-2$

Point **数の文章題では，「加える，たす，大きい(＋)」，「ひく，小さい(－)」，「～倍，かける(×)」，「わる(÷)」などのことばから，＋，－，×，÷を使いわけて式を導きます。**

例題で確認! 次の問題に答えましょう。

ある数の3倍を7でわったら，商が6で，余りがもとの数より12小さい数になりました。ある数を求めましょう。

答 ある数をxとすると，

$$3x=7\times 6+(x-12)$$

$$2x=42-12$$

$$2x=30$$

$$x=15$$

答 15

考え方 わられる数＝わる数×商＋余り

1次方程式の利用(4) 数(2)

次の数量を式で表しましょう。 → 式 STEP 44

十の位の数がaで，一の位の数がbの2けたの正の整数　　□a＋□

答 10a＋b

次の問題に答えましょう。

〔問題〕一の位の数が3である2けたの正の整数があります。一の位の数字と十の位の数字を入れかえた数は，もとの数より18小さくなります。もとの2けたの正の整数を求めましょう。

〔解答〕もとの2けたの正の整数の□の数字をxとすると，

□$x + 3 = 30 + x +$□

$10x - x = 30 + 18 - 3$

$9x = 45$

$x =$□　　答 □

答 十の位 の数字をxとすると，10x＋3＝30＋x＋18，x＝5，53

上は，(2けたの正の整数)＝10×(十の位の数)＋(一の位の数)を式で表します。
下は，2けたの正の整数のそれぞれの位の数字に着目していることから，もとの数の十の位の数字をxとします。

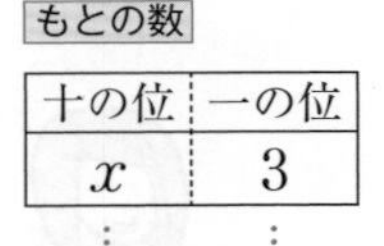

もとの数

十の位	一の位
x	3

一の位と十の位を入れかえた数

十の位	一の位
3	x

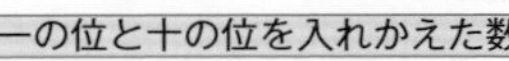

$10x + 3 = 30 + x + 18$

もとの数より18小さいから，18をたすと，もとの数に等しくなります。

この方程式を解くと，$x = 5$の解が求められますが，これが答にはなりません。
答は，もとの2けたの正の整数だから，53になります。

Point **求める数量をかならずxにするとはかぎりません。求める数量以外のものをxとした場合は，方程式の解がそのまま答にはならないので注意しましょう。**

例題で確認! 次の問題に答えましょう。

一の位の数が8である2けたの正の整数があります。一の位の数字と十の位の数字を入れかえた数は，もとの数より45大きくなります。もとの2けたの正の整数を求めましょう。

答 38

考え方 もとの2けたの正の整数の十の位の数字をxとすると，
$10x + 8 = 80 + x - 45$
これを解くと$x = 3$　これは十の位の数字です。

STEP 85

③章 1次方程式

1次方程式の利用(5) 分配

次の数量を式で表します。□に＋，－のどちらかを入れましょう。 → 式 STEP 39

姉は色紙を30枚持っています。色紙を妹へx枚わたしたあとに姉が持っている色紙の数

30 □ x（枚）

答 30 − x（枚）

次の問題に答えましょう。

〔問題〕 **色紙を姉は30枚，妹は22枚持っています。姉が妹に何枚わたすと，2人の持っている色紙の枚数は同じになりますか。**

〔解答〕 姉が妹にx枚わたすとすると，

30 □ x = 22 □ x

$-2x = -8$

x = □　　答 □ 枚

答 30 − x = 22 + x，x = 4，4枚

上は，色紙を妹へx枚わたしたあとの姉の枚数を表すので，
（はじめに持っていた枚数）−（妹へわたした枚数）だから，－が入ります。
下は，姉が妹に色紙をわたして，妹が姉と同じ枚数になることから，
（妹にわたしたあとの姉の枚数）＝（姉からもらったあとの妹の枚数）で方程式をつくります。

Point **一方から他方へ分配されるときは，一方が「－」，他方が「＋」になることに着目して，方程式をつくります。**

例題で確認! 次の問題に答えましょう。

切手を兄は53枚，妹は13枚持っています。兄から妹へ何枚かわたして，兄の枚数が妹の枚数の2倍になるようにします。兄から妹へ何枚わたせばよいですか。

答

兄が妹へx枚わたすとすると，

$53 - x = 2(13 + x)$

$53 - x = 26 + 2x$

$-3x = -27$

$x = 9$　　答 9枚

考え方

兄の枚数は，$(13 + x)$枚の2倍と等しくなります。

STEP 86

③章 1次方程式

1次方程式の利用(6) 過不足

次の数量を式で表します。□に＋，－のどちらかを入れましょう。 → 式 STEP 69

みかんを子ども1人に4個ずつx人に配ると2個たりないときのみかんの個数

$4x$ □ 2（個）

答 $4x$ － 2（個）

次の問題に答えましょう。

〔問題〕 **みかんを子ども1人に4個ずつ配ると2個たりず，3個ずつ配ると10個余ります。子どもは何人いますか。**

〔解答〕 **子どもがx人いるとすると，**

$4x$ □ $2 = 3x$ □ 10

$4x - 3x = 10 + 2$

$x =$ □ 答 □ 人

答 $4x$ － $2 = 3x$ ＋ 10，$x =$ 12，12人

上は，（配る個数）－（不足する個数）で表されます。

下は，全体の個数を表す場面が2つあることに着目します。1つは，「1人に4個ずつ配ると2個たりない」，もう1つは，「1人に3個ずつ配ると10個余る」場面です。どちらも全体の個数を表しているので，この2つの場面を等号＝でむすびます。

全体の個数				全体の個数		
$4x$	$-$	2	$=$	$3x$	$+$	10

（配る個数）－（不足する個数）　（配る個数）＋（余る個数）

Point **過不足の文章題は，**

（全体の個数）＝（配る個数）－（不足する個数）

（全体の個数）＝（配る個数）＋（余る個数）

の2つの場面を利用して，方程式をつくります。

例題で確認! 次の問題に答えましょう。

子ども1人に9個ずつあめを配ると9個たりず，7個ずつ配ると3個余ります。子どもは何人いますか。また，あめは何個ありますか。

答 **子どもがx人いるとすると，**

$9x - 9 = 7x + 3$

$2x = 12$

$x = 6$

$9 \times 6 - 9 = 54 - 9 = 45$ **答 6人，45個**

考え方 子どもの人数を求めてから，あめの個数を求めます。

STEP 87

3章 1次方程式

1次方程式の利用(7) 代金・おつり・残金

次の数量を式で表します。□に＋，－のどちらかを入れましょう。 → 式 STEP 39

１本x円の鉛筆を７本と１個100円の消しゴムを１個買って，500円払ったときのおつり

$500 \square (7x \square 100)$ (円)

答 $500 \boxed{-} (7x \boxed{+} 100)$ (円)

次の問題に答えましょう。

〔問題〕 500円で，鉛筆７本と１個100円の消しゴムを１個買うと，おつりは50円でした。鉛筆１本の値段はいくらですか。

〔解答〕 鉛筆１本の値段をx円とすると，

$500 \square (7x \square 100) = 50$

$500 - 7x - 100 = 50$

$-7x = -350$

$x = \square$

答 □円

答 $500 \boxed{-} (7x \boxed{+} 100) = 50$，$x = \boxed{50}$，$\boxed{50}$円

上は，(払った金額)－(代金) で表されます。(代金)は，(鉛筆代＋消しゴム代) になるので，$500 - (7x + 100)$ です。
下は，**(払った金額)－(代金)＝(おつり)** から方程式をつくります。「おつりは50円でした。」とあるので，(払った金額)－(代金)＝50になります。

Point **代金・おつり・残金に関する文章題は，次の式を利用します。**

(代金)＝(単価)×(個数)

(おつり)＝(払った金額)－(代金)

(残金)＝(持っていた金額)－(使った金額)

例題で確認! 次の問題に答えましょう。

6個入りの和菓子(わがし)1箱の代金は1200円で，そのうち箱代は60円です。このとき，和菓子1個の値段を求めましょう。

答 和菓子1個の値段をx円とすると，

$6x + 60 = 1200$

$6x = 1140$

$x = 190$

答 190円

考え方 (和菓子代)＋(箱代)＝(代金)の関係から方程式をつくります。

1次方程式の利用(8) 速さ・道のり・時間(1)

次の数量を式で表しましょう。 → 式 STEP 40

分速40mでx分歩いたときの道のり

□(m)

答 $40x$ (m)

次の問題に答えましょう。

〔問題〕 弟は家を出発して公園に向かいました。その5分後に兄は家を出発して，弟を追いかけました。弟の歩く速さを分速40m，兄の歩く速さを分速60mとすると，兄は家を出発してから何分後に弟に追いつきますか。

〔解答〕 兄が出発してからx分後に弟に追いつくとすると，

□ $= 40($□$+ x)$

$60x = 200 + 40x$

$20x = 200$

$x =$ □ 答 □ 分後

答 $60x = 40(5 + x)$，$x = 10$，10 分後

上は，（速さ）×（時間）で表されます。

下は，「追いつく」ということばから，2人の進んだ道のりが等しくなります。

(兄の進んだ道のり) = (弟の進んだ道のり) から方程式をつくります。

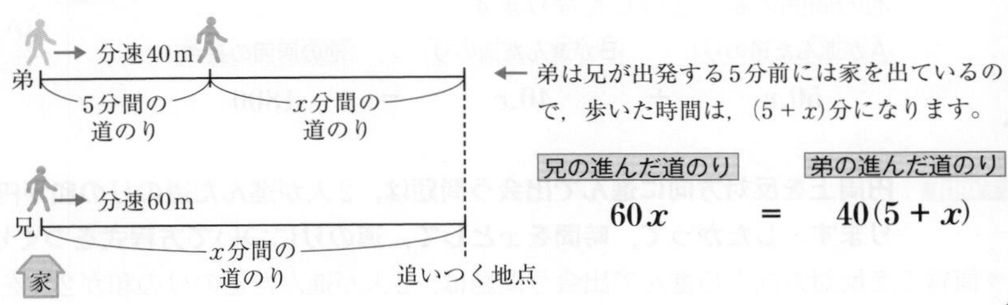

Point **直線上を追いつく問題は，2人の進んだ道のりが等しくなります。したがって，時間をxとして，道のりについて方程式をつくります。**

例題で確認! 次の問題に答えましょう。

妹は分速50mの速さで家を出発して駅に向かいました。12分後に姉が自転車で妹を追いかけました。自転車の速さを分速250mとすると，姉は何分後に妹に追いつきますか。

答 姉が出発してからx分後に妹に追いつくとすると，

$250x = 50(12 + x)$

$250x = 600 + 50x$

$200x = 600$

$x = 3$

答 3分後

考え方 (姉の進んだ道のり) = (妹の進んだ道のり)

STEP 89

3章 1次方程式

1次方程式の利用(9) 速さ・道のり・時間(2)

次の数量を式で表しましょう。 → 式 STEP 40

池のまわりを分速50mでx分歩いたときの道のり □(m)

答 $50x$ (m)

次の問題に答えましょう。

〔問題〕 周囲が1800mの池のまわりを，A，Bが同時に同じ場所から反対方向に歩きます。Aは分速50m，Bは分速40mとすると，2人がはじめて出会うのは，歩きはじめてから何分後ですか。

〔解答〕 歩きはじめてからx分後に2人がはじめて出会うとすると，

$50x +$ □ $= 1800$

$90x = 1800$

$x =$ □

答 □ 分後

答 $50x + 40x = 1800$，$x = 20$，20分後

上は，（速さ）×（時間）で表されます。

下は，「A，Bが同時に同じ場所から反対方向に歩いてはじめて出会う」ということから，2人が進んだ道のりの和が，池の周囲の長さと等しくなります。

Aが進んだ道のり		Bが進んだ道のり		池の周囲の長さ
$50x$	+	$40x$	=	1800

Point **円周上を反対方向に進んで出会う問題は，2人が進んだ道のりの和が円周になります。したがって，時間をxとして，道のりについて方程式をつくります。**

◆直線上を反対方向から進んで出会う問題は，2人が進んだ道のりの和が2人を結ぶ直線間の距離になります。

〔問題〕 AとBが4800m離れた地点にいます。Aが分速180m，Bが分速120mで，同時にお互(たが)いに向き合って走り出すと，2人が出会うのは何分後ですか。

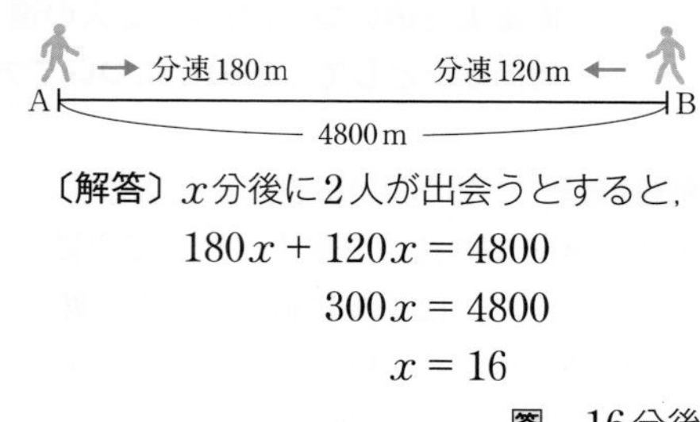

〔解答〕 x分後に2人が出会うとすると，

$180x + 120x = 4800$

$300x = 4800$

$x = 16$

答 16分後

1次方程式の利用⑽ 速さ・道のり・時間⑶

次の数量を式で表しましょう。 → 式 STEP 40

池のまわりを分速150mでx分走ったときの道のり □(m)

答 $150x$ (m)

次の問題に答えましょう。

〔問題〕周囲が1200mの池のまわりを，A，Bが同時に同じ場所から同じ方向に向かって走ります。Aは分速150m，Bは分速70mとすると，AがBにはじめて追いつくのは，2人が走りはじめてから何分後ですか。

〔解答〕走りはじめてからx分後にAがBにはじめて追いつくとすると，

$150x -$ □ $= 1200$

$80x = 1200$

$x =$ □

答 □ 分後

答 $150x - 70x = 1200$，$x = 15$，15分後

上は，(速さ)×(時間) で表されます。

下は，同じ方向に向かって走りはじめてから追いつくということは，AがBに1周分差をつけるので，AはBよりも1周分多く走ったことになります。つまり，2人が進んだ道のりの差が，池の周囲の長さと等しくなります。

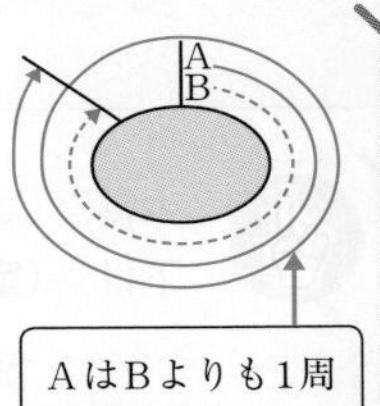

Aが進んだ道のり		Bが進んだ道のり		池の周囲の長さ
$150x$	$-$	$70x$	$=$	1200

Point **円周上を同じ方向に進んで追いつく問題は，2人が進んだ道のりの差が円周になります。したがって，時間をxとして，道のりについて方程式をつくります。**

例題で確認! 次の問題に答えましょう。

1周が400mの陸上競技場のトラックを，AとBがスタート地点から同じ方向に同時に走りはじめました。Aは分速200m，Bは分速160mで走るとすると，AがBにはじめて追いつくのは，2人が走りはじめてから何分後ですか。

答

2人が走りはじめてからx分後に追いつくとすると，

$200x - 160x = 400$

$40x = 400$

$x = 10$

答 10分後

考え方

(Aが走った道のり) − (Bが走った道のり) = 400

STEP 91

③章 1次方程式

1次方程式の利用⑪ 割合(1)

次の数量を式で表しましょう。 → 式 STEP 42

x円の品物の3割引きの値段

$$x-\frac{\square}{10}x\text{(円)}$$

答 $x-\frac{3}{10}x$(円)

次の問題に答えましょう。

〔問題〕 **みかん1箱を定価の3割引きで買ったら1050円でした。みかん1箱の定価を求めましょう。**

〔解答〕 **みかん1箱の定価をx円とすると,**

$$x-\frac{\square}{10}x=1050$$

$$\frac{7}{10}x=1050$$

$$7x=10500$$

$$x=\square$$

答 $\square$ 円

答 $x-\frac{3}{10}x=1050$, $x=$ 1500, 1500円

上は,(定価)−(割引額)で表されます。

下は,**(定価)−(割引額)=(売価)** から方程式をつくります。

定価 割引額 売価

$$x - \frac{3}{10}x = 1050\ [x-0.3x=1050]$$

Point **x円のa割引きは,$x-\frac{a}{10}x$または,$x-0.1ax$で表します。**

割引率は,かならず割合を表す分数や小数で計算するので注意しましょう。

例題で確認! 次の問題に答えましょう。

(1) みかん1箱を定価の10%引きで買ったら1080円でした。みかん1箱の定価を求めましょう。

(2) ある町の今年の人口は,昨年より8%減って59248人でした。この町の昨年の人口を求めましょう。

答

(1) 1200円 (2) 64400人

考え方

百分率は分母が100の分数で考えます。

(1) $x-\frac{10}{100}x=1080$を解きます。

(2) $x-\frac{8}{100}x=59248$を解きます。

1次方程式の利用⑿ 割合⑵

次の数量を式で表しましょう。 → 式 STEP 42

x円の品物に３割の利益を見込(みこ)んでつけた定価

$$x+\frac{\square}{10}x\text{（円）}$$

答　$x+\frac{3}{10}x$（円）

次の問題に答えましょう。

〔問題〕Ｔシャツに，原価の３割の利益を見込んで，１９５０円の定価をつけました。このＴシャツの原価を求めましょう。

〔解答〕Ｔシャツの原価をx円とすると，

$$x+\frac{\square}{10}x=1950$$

$$\frac{13}{10}x=1950$$

$$13x=19500$$

$$x=\square$$

答 □ 円

答　$x+\frac{3}{10}x=1950$，$x=$ 1500 ，1500 円

上は，（原価）＋（利益）で表されます。
下は，**（原価）＋（利益）＝（定価）**です。

原価	利益	定価

$$x\quad+\frac{3}{10}x=1950\ 〔x+0.3x=1950〕$$

Point **（定価）＝（原価）＋（利益）や，（定価）＝（原価）×（１＋利益率），（利益）＝（売価）－（原価）といった基本的な数量関係をおぼえておきましょう。**

◆**原価**…仕入れた値段
◆**定価**…原価に利益を加えた値段
◆**売価**…実際に売った値段

例題で確認! 次の問題に答えましょう。

原価の３割増しの定価をつけた品物を，その定価の１割引きで売ったら，136円の利益があった。この品物の原価を求めましょう。

答 800円

考え方 原価をx円とすると，定価は$x\times\left(1+\frac{3}{10}\right)$ → $\frac{13}{10}x$（円），売価はこれの１割引きだから，$\frac{13}{10}x\times\left(1-\frac{1}{10}\right)$ → $\frac{117}{100}x$（円），したがって，（売価）－（原価）＝（利益）より $\frac{117}{100}x-x=136$

STEP 93

3章 1次方程式

1次方程式の利用(13) 濃度

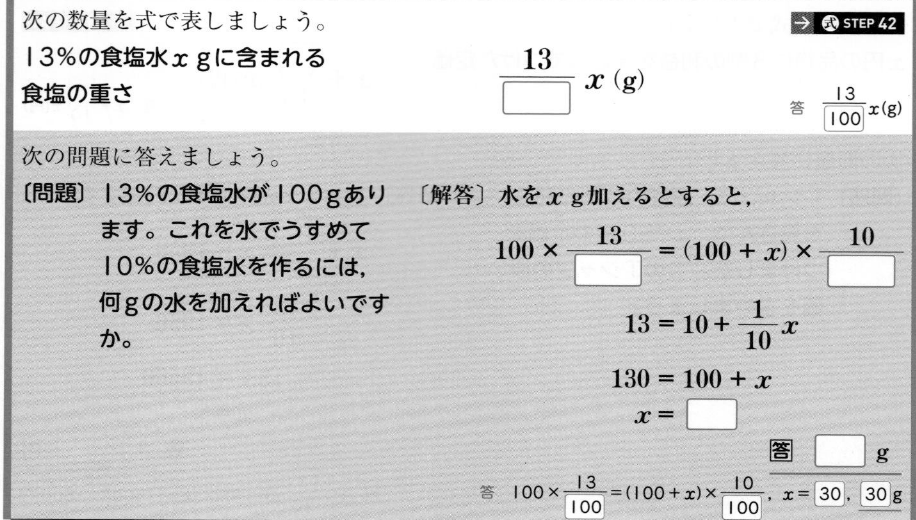

次の数量を式で表しましょう。

→ 式 STEP 42

13%の食塩水 x gに含まれる食塩の重さ

$\dfrac{13}{\square}x$ (g)

答 $\dfrac{13}{100}x$(g)

次の問題に答えましょう。

〔問題〕13%の食塩水が100gあります。これを水でうすめて10%の食塩水を作るには，何gの水を加えればよいですか。

〔解答〕水を x g加えるとすると，

$$100\times\frac{13}{\square}=(100+x)\times\frac{10}{\square}$$

$$13=10+\frac{1}{10}x$$

$$130=100+x$$

$$x=\square$$

答 $\square$ g

答 $100\times\dfrac{13}{100}=(100+x)\times\dfrac{10}{100}$，$x=30$，30 g

上は，(食塩水の量)×$\dfrac{(\text{濃度}\%)}{100}$で表されます。

下は，水を加えて食塩水をうすめますが，うすめる前もうすめたあとも，含まれている食塩の量は変わらないことに着目して，方程式をつくります。気をつけることは，うすめる前の食塩水は100g，うすめたあとの食塩水は$(100+x)$gになることです。

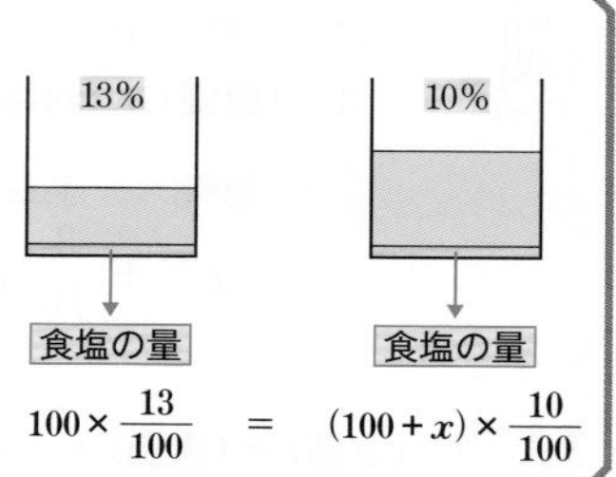

Point **食塩水に水を加える文章題では，食塩水に含まれる食塩の量が変わらないことに着目して，方程式をつくります。**

◆食塩水に食塩を加える問題では，食塩の量の合計に着目して，方程式をつくります。

〔問題〕12%の食塩水が300gあります。これに食塩を何g加えると，20%の食塩水になりますか。

〔解答〕食塩を x g加えると，

12%の食塩水に含まれる食塩の量　加える食塩の量　20%の食塩水に含まれる食塩の量

$$300\times\frac{12}{100}+x=(300+x)\times\frac{20}{100}$$

これを解くと，$x=30$

答 30 g

STEP 94

③章 1次方程式

1次方程式の利用⒁ 年齢

次の数量を式で表しましょう。

現在45歳の父のx年後の年齢

□ ＋ □(歳)

答 45＋x(歳)

次の問題に答えましょう。

〔問題〕現在，父は45歳で子どもは13歳です。父の年齢が子どもの年齢の3倍になるのは，今から何年後ですか。

〔解答〕今からx年後に父の年齢が子どもの年齢の3倍になるとすると，

□ ＋ □ ＝3(13＋□)

$45+x=39+3x$

$-2x=-6$

$x=$ □

答 □ 年後

答 45＋x＝3(13＋x)，x＝3，3年後

上は，x年後の年齢なのでx歳年をとることになります。したがって，(現在の年齢)＋x で表されます。

下は，今からx年後に父の年齢が子どもの年齢の3倍になるとすると，父がx歳年をとると，同じように子どももx歳年をとることに気をつけます。

$45+x=3(13+x)$

父
x歳年をとります。
子
子どももx歳年をとります。
2人ともx歳年をとります。

Point **年齢に関する文章題では，一方がx歳年をとると，もう一方もx歳年をとることに注意します。**

◆x歳年をとることは，「＋x」で表し，x年前の年齢は，(現在の年齢)－xで表します。また，「x年後」で方程式をつくり，解が負の数になるときは，「x年前」を表します。

例題で確認! 次の問題に答えましょう。

現在，父は51歳で子どもは18歳です。父の年齢が子どもの年齢の4倍になるのは，何年後ですか。あるいは，何年前ですか。

答 x年後に4倍になるとすると，

$51+x=4(18+x)$

$51+x=72+4x$

$-3x=21$

$x=-7$　　答 7年前

STEP 95

③章 1次方程式

1次方程式の利用⒂ 平均

次の数量を式で表しましょう。

→ 式 STEP 43

3回の数学のテストの得点が，81点，76点，x点のときの3回のテストの平均点

$$\frac{81+76+x}{\square}\text{（点）}$$

答 $\frac{81+76+x}{\boxed{3}}$（点）

次の問題に答えましょう。

〔問題〕 **Aさんの数学のテストの得点は，今までの2回は，81点，76点でした。次に何点とれば3回の平均点が82点になりますか。**

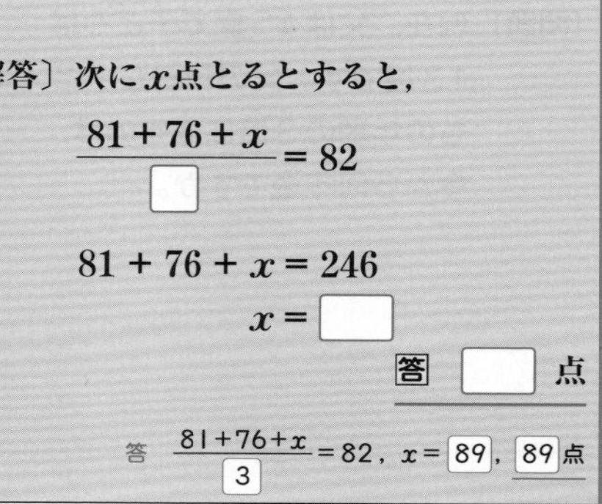

〔解答〕 次にx点とるとすると，

$$\frac{81+76+x}{\square}=82$$

$$81+76+x=246$$

$$x=\square$$

答 $\square$ 点

答 $\frac{81+76+x}{\boxed{3}}=82$，$x=\boxed{89}$，$\boxed{89}$点

上は，（得点の合計）÷（回数）で表されます。
下は，平均点が82点と示されています。求めるのが3回目の得点なので，まず，これをxとして平均点を式で表します。そして，82と＝でむすべば，方程式をつくることができます。

Point **平均についての文章題は，$（平均）=\dfrac{（合計）}{（個数）}$の公式を使って，方程式に表します。**

◆また，**（合計）＝（平均）×（個数）**と表すこともできるので，男女別の平均と全体の平均が関係する問題は，下の式を利用します。

（男子の平均）×（男子の人数）［男子の得点の合計］＋（女子の平均）×（女子の人数）［女子の得点の合計］＝（全体の平均）×（全体の人数）［全体の得点の合計］

例題で確認! 次の問題に答えましょう。

30人のクラスで漢字テストをしたところ，男子だけの平均点は66点，女子だけの平均点は81点，クラス全体の平均点は74点でした。このクラスの男子の人数を求めましょう。

答 男子の人数をx人とすると，女子の人数は$(30-x)$人と表せるから，

$$66x+81(30-x)=74\times30$$
$$66x+2430-81x=2220$$
$$-15x=-210$$
$$x=14$$

答 14人

STEP 96

③章 1次方程式

1次方程式の利用⒃ 比例式

次の比例式を解きましょう。 → 式 STEP 80

$$x:6=10:4$$

$$4x=\square$$

$$x=\square$$

答 $4x=$ 60, $x=$ 15

次の問題に答えましょう。

〔問題〕 100gがx円の肉を800g買うと，代金は960円でした。この肉100gの値段を求めましょう。

〔解答〕 比例式に表すと，

$100:x=\square:\square$

$800x=100\times960$

$800x=96000$

$x=\square$ 答 $\square$円

答 $100:x=$ 800 : 960, $x=$ 120, 120円

上は，比例式の性質を使って解きます。つまり，比例式$a:b=c:d$ならば，$ad=bc$です。(外側の項の積)＝(内側の項の積）になります。

下は，肉の重さが100gでも800gでも，肉の重さと肉の値段の比は変わらないことから，比例式をつくって求めます。

$100:x=800:960$

$800x=100\times960$ 《 比例式の性質から1次方程式を導きます。

なお，2種類の肉の重さの比と，2種類の肉の値段の比が変わらないことから，

$100:800=x:960$ と比例式をつくっても解けます。

Point **2つの数量の比が変わらないときは，比例式をつくったら，(外側の項の積)＝(内側の項の積）を利用して，1次方程式に変形してから解きます。**

例題で確認! 次の問題に答えましょう。

ドレッシングを作るとき，酢50mLとオリーブ油80mLの割合で混ぜます。これと同じドレッシングを作るために，オリーブ油を600mL用意しました。酢は何mL用意すればよいですか。

答 酢をx mL用意するとして，比例式に表すと，

$50:80=x:600$

$80x=50\times600$

$80x=30000$

$x=375$ 答 375mL

考え方 酢とオリーブ油を同じ割合で混ぜるから，比例式をつくることができます。

基本をチェック！(3)　3章　1次方程式

答は251ページ。できた問題は，□をぬりつぶしましょう。

1 次の方程式を解きましょう。　→ 式 STEP 75 ～ 79

□(1) $x+7=3$

□(2) $2x+3=4x-9$

□(3) $-3(x-1)=2(x-1)$

□(4) $\frac{1}{2}x+2=\frac{3}{4}x+1$

□(5) $\frac{3x-2}{4}=\frac{2x+3}{3}$

□(6) $0.2x+0.7=0.5x-1.4$

2 次の比例式を解きましょう。　→ 式 STEP 80

□(1) $4:6=x:9$

□(2) $6:(x+2)=4:14$

3 次の問題に答えましょう。　→ 式 STEP 82, 86

□(1) 1個120円のりんごと1個80円のみかんを合わせて15個買ったら代金は1440円でした。120円のりんごを何個買いましたか。

□(2) 何人かの子どもに鉛筆を配るのに，1人に6本ずつ配ると12本たりないので，5本ずつ配ったところ15本余りました。子どもの人数を求めましょう。

4 単項式と多項式 2年

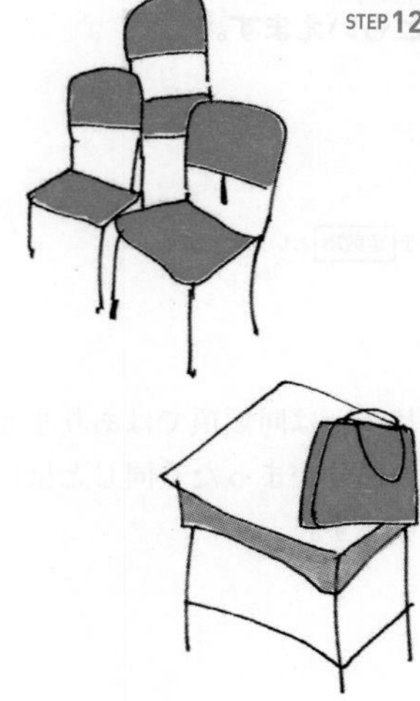

STEP 97

多項式(1) 単項式と多項式

次の式の項を答えましょう。 → 式 STEP 51

$3x^2-\frac{2}{3}y+8$　　項…□，□，□

答 $3x^2$，$-\frac{2}{3}y$，8

次の(ア)〜(オ)を，**単項式**と**多項式**に分けましょう。

(ア) $6x^2$　(イ) -3　(ウ) $2x+3$　(エ) $\frac{1}{3}x-yz$　(オ) $\frac{1}{3}xyz$

単項式…□，□，□　多項式…□，□

答 単項式…(ア)，(イ)，(オ)
多項式…(ウ)，(エ)

下の**単項式**とは，数や文字についての乗法だけでできている式のことです。
また，**多項式**とは，単項式の和の形で表された式です。

(ア)　$6x^2=6\times x\times x$ … 乗法だけでできているから**単項式**

(イ)　-3 … 1つの数も**単項式**

(ウ)　$2x+3$ … 単項式の和の形だから**多項式**

(エ)　$\frac{1}{3}x-yz=\frac{1}{3}x+(-yz)$ … 単項式の和の形だから**多項式**

(オ)　$\frac{1}{3}xyz=\frac{1}{3}\times x\times y\times z$ … 乗法だけでできているから**単項式**

Point　**数や文字についての乗法だけでできている式を単項式といいます。単項式は，項が1つだけの式ともいえます。また，単項式の和の形で表された式を多項式といいます。多項式は，項が2つ以上ある式ともいえます。**

◆単項式 … a^2b，a，-7
　　（a，-7 ← 1つの文字や1つの数も単項式です。）

◆多項式 … $a+b$，$5x^2+y-3$
　　（-3 ← 多項式の項で，数だけの項を 定数項 といいます。）

Point　**文字の部分が同じ項を，同類項といいます。**

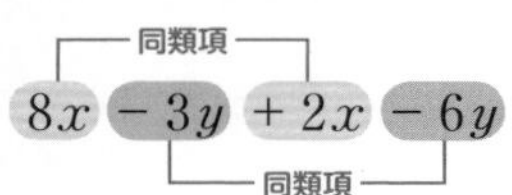

$2x^2$と$-x$は同類項ではありません。文字の部分がまったく同じとはいえないからです。

STEP 98

④章 単項式と多項式

多項式(2) 次数

単項式で，かけ合わされている文字の個数を，その式の**次数**といいます。次の(1)〜(5)の次数を答えましょう。

(1) $2x$　(2) x^2　(3) $2xy$　(4) $2x^2y$　(5) $3xy^2z$

□　□　□　□　□

答 (1) 1　(2) 2　(3) 2　(4) 3　(5) 4

次の式が**何次式**か答えましょう。

$x^2y+x^2+3xy+2$　□次式

答 3次式

上は，次数を答える問題です。単項式では，かけ合わされている文字の個数を答えることになります。

(1) $2x=2\times x$ … 文字は1個だから，**次数は1**

(2) $x^2=x\times x$ … 文字は2個だから，**次数は2**

(3) $2xy=2\times x\times y$ … 文字は2個だから，**次数は2**

(4) $2x^2y=2\times x\times x\times y$ … 文字は3個だから，**次数は3**

(5) $3xy^2z=3\times x\times y\times y\times z$ … 文字は4個だから，**次数は4**

下は，まず，各項の次数を調べます。多項式では，各項の次数のうちでもっとも大きいものが，その式の次数になります。

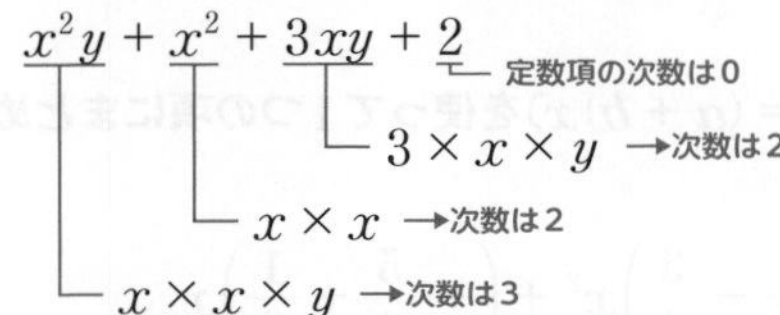

もっとも大きい次数が3だから，この式の次数は3です。

↓

この式は**3次式**となります。

Point 次数 — **単項式では，かけ合わされている文字の個数**
— **多項式では，各項のうちでもっとも大きいもの**

○次式―次数が1の式を1次式，次数が2の式を2次式といいます。

◆次数とは次数の和ではありません。… x^2y+z

次数は3　次数は1 《 この式の次数は3です。4ではありません。

◆次数とは文字の種類ではありません。… x^2yz 《 この式の次数は4です。3ではありません。

STEP 99

4章 単項式と多項式

多項式の計算(1) 同類項をまとめる

次の計算をしましょう。 → 式 STEP 53

$3a + 6 + 5a + 3 = \square a + \square$

答 $\boxed{8}a + \boxed{9}$

次の計算をしましょう。

$x^2 + 3xy + 3x^2 - 2x - 5xy = \square x^2 - \square xy - \square x$

答 $\boxed{4}x^2 - \boxed{2}xy - \boxed{2}x$

上は，文字の項どうし，数の項どうしを計算します。

$3a + 6 + 5a + 3 = (3 + 5)a + 6 + 3 = 8a + 9$ 答

下は，同類項をそれぞれ1つの項にまとめます。

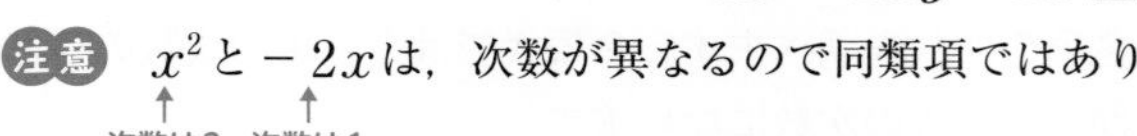

$x^2 + 3xy + 3x^2 - 2x - 5xy = (1 + 3)x^2 + (3 - 5)xy - 2x$

$= 4x^2 - 2xy - 2x$ 答

注意 x^2と$-2x$は，次数が異なるので同類項ではありません。

次数は2　次数は1

Point **同類項は，分配法則〔$ax + bx = (a + b)x$〕を使って1つの項にまとめることができます。**

◆ $\frac{1}{3}x^2 - \frac{5}{2}x - \frac{3}{4}x^2 + \frac{1}{3}x = \left(\frac{1}{3} - \frac{3}{4}\right)x^2 + \left(-\frac{5}{2} + \frac{1}{3}\right)x$

$= \left(\frac{4}{12} - \frac{9}{12}\right)x^2 + \left(-\frac{15}{6} + \frac{2}{6}\right)x = -\frac{5}{12}x^2 - \frac{13}{6}x$

係数が分数のときは，通分してまとめます。

例題で確認! 次の計算をしましょう。

(1) $2a^2 + 7a - 6a^2 - 3a$

(2) $\frac{1}{2}x^2 - \frac{1}{3}x - \frac{3}{4}x + \frac{8}{3}x^2$

答

(1) $-4a^2 + 4a$

(2) $\frac{19}{6}x^2 - \frac{13}{12}x$

考え方

(1) $-4a^2$と$4a$は同類項ではありません。

4章 単項式と多項式

多項式の計算(2) 加法

$2a+3$と$-a-7$の和を求めましょう。 → 式 STEP 55

$$(2a+3)+(-a-7)=2a+3-a-7$$

$$=\square-\square$$

答 $a-4$

$2a+3b$と$-a-7b$の和を求めましょう。

$$(2a+3b)+(-a-7b)=2a+3b-a-7b$$

$$=\square-\square$$

答 $a-4b$

上は，(式)+(式) で表し，加法だからそのままかっこをはずして，文字の項どうし，数の項どうしをまとめます。

$(2a+3)+(-a-7)=2a+3-a-7=a-4$ 答

下は，文字がaとbの2種類ですが，この場合も上と同じように，(式)+(式) で表します。そして，加法だからそのままかっこをはずして，同類項をそれぞれまとめます。

$(2a+3b)+(-a-7b)=2a+3b-a-7b=a-4b$ 答

同類項をまとめます。

Point **文字が2種類以上の場合でも，2つの式をたすには，それぞれの式にかっこをつけ，(式)+(式) のように表します。そして，かっこをはずして簡単にし，同類項をまとめます。**

◆2つの式の加法は，下のように同類項が上下にそろうように並べて，筆算の形で計算することができます。

$(-2a-4b)+(6a+b)$ →

$$\begin{array}{rr} & -2a-4b \\ +) & 6a+\ \ b \\ \hline & 4a-3b \end{array}$$

aの項どうし，bの項どうしを縦にそろえて書き，それぞれの項どうしをたします。

例題で確認! 次の問題に答えましょう。

$3x-6y$と$5x+2y$の和を求めましょう。

答 $8x-4y$

考え方 $(3x-6y)+(5x+2y)=3x-6y+5x+2y$

STEP 101

④章 単項式と多項式

多項式の計算(3) 減法

$6x+9$から$4x+5$をひきます。□に＋，－のどちらかを入れましょう。 → 式 STEP 56

$(6x+9)-(4x+5)=6x+9$ □ $4x$ □ 5

$=2x$ □ 4

答 $6x+9\boxed{-}4x\boxed{-}5$，$2x\boxed{+}4$

$6x+9y$から$4x+5y$をひきます。□に＋，－のどちらかを入れましょう。

$(6x+9y)-(4x+5y)=6x+9y$ □ $4x$ □ $5y$

$=2x$ □ $4y$

答 $6x+9y\boxed{-}4x\boxed{-}5y$，$2x\boxed{+}4y$

上は，（ 式 ）－（ 式 ）で表し，減法だからひくほうの式の各項の符号を変えてかっこをはずし，文字の項どうし，数の項どうしをまとめます。
下は，文字の項が2つの式どうしの減法ですが，同様に，（ 式 ）－（ 式 ）で表します。そして，ひくほうの式の各項の符号を変えてかっこをはずし，同類項をそれぞれまとめます。

$(6x+9y)-(4x+5y)=6x+9y-4x-5y=2x+4y$ 答

ひく式の各項の符号が変わります。

Point **文字の項が2つ以上の場合でも，式をひくには，それぞれの式にかっこをつけ，（ 式 ）－（ 式 ）のように表します。そして，ひくほうの式の各項の符号を変えてかっこをはずして簡単にし，同類項をまとめます。**

◆2つの式の減法は，下のように同類項が上下にそろうように並べて，筆算の形で計算することができます。減法は，加法になおしてから計算します。

$$(3a-5b)-(-a+4b) \rightarrow \begin{array}{r} 3a-5b \\ -)\ -a+4b \\ \hline \end{array} \rightarrow \begin{array}{r} 3a-5b \\ +)\ a-4b \\ \hline 4a-9b \end{array}$$

ひくほうの式の各項の符号を変えて，加法になおします。

例題で確認! 次の問題に答えましょう。

$-2x+5y$から$-7x-3y$をひきましょう。

答

$5x+8y$

考え方

$(-2x+5y)-(-7x-3y)$
$=-2x+5y+7x+3y$

STEP 102

4章 単項式と多項式

多項式の計算(4) 乗法 数×多項式

次の計算をしましょう。 → 式 STEP 59

(1) $3(2x+5)$

$=\square x+\square$

(2) $-3(2x+5)$

$=\square x-\square$

答 (1) $\boxed{6}x+\boxed{15}$ (2) $\boxed{-6}x-\boxed{15}$

次の計算をしましょう。

(1) $3(2x+5y)$

$=\square x+\square$

(2) $-3(2x+5y)$

$=\square x-\square$

答 (1) $\boxed{6}x+\boxed{15y}$ (2) $\boxed{-6}x-\boxed{15y}$

上は，かっこの中の項にそれぞれ3や－3をかけて，かっこをはずします。

(1) $3(2x+5)$

$=\underset{①}{3\times 2x}+\underset{②}{3\times 5}$

$=6x+15$ 答

(2) $-3(2x+5)$

$=\underset{①}{(-3)\times 2x}+\underset{②}{(-3)\times 5}$

$=-6x-15$ 答

下のように，文字の項が2つの多項式と数の乗法も，上と同じように計算できます。

(1) $3(2x+5y)$

$=\underset{①}{3\times 2x}+\underset{②}{3\times 5y}$

$=6x+15y$ 答

(2) $-3(2x+5y)$

$=\underset{①}{(-3)\times 2x}+\underset{②}{(-3)\times 5y}$

$=-6x-15y$ 答

Point **数×多項式，または多項式×数の計算も，$a(b+c)=ab+ac$，$(a+b)c=ac+bc$の分配法則を使って計算します。**

◆ $0.2(10a+5b)$

$=0.2\times 10a+0.2\times 5b$

$=2a+b$ 《 $1b$ではなくbです。

◆ $(3x-4y)\times(-2)$

$=3x\times(-2)+(-4y)\times(-2)$

$=-6x+8y$

◆ $(-4x-8y)\times\left(-\frac{1}{2}\right)$

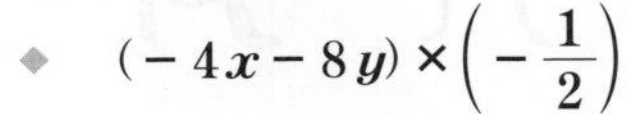

$=(-4x)\times\left(-\frac{1}{2}\right)+(-8y)\times\left(-\frac{1}{2}\right)$

$=2x+4y$

STEP **103** 4章 単項式と多項式

多項式の計算(5) 除法 多項式÷数

次の計算をしましょう。 → 式 STEP 60

(1) $(6x+8)\div 2$

$=\dfrac{6x}{\square}+\dfrac{8}{\square}$

$=\square x+\square$

(2) $(6x+8)\div(-2)$

$=\dfrac{6x}{\square}+\dfrac{8}{\square}$

$=\square x-\square$

答 (1) $\dfrac{6x}{\boxed{2}}+\dfrac{8}{\boxed{2}}$, $\boxed{3}x+\boxed{4}$ (2) $\dfrac{6x}{\boxed{-2}}+\dfrac{8}{\boxed{-2}}$, $\boxed{-3}x-\boxed{4}$

次の計算をしましょう。

(1) $(6x+8y)\div 2$

$=\dfrac{6x}{\square}+\dfrac{8y}{\square}$

$=\square x+\square$

(2) $(6x+8y)\div(-2)$

$=\dfrac{6x}{\square}+\dfrac{8y}{\square}$

$=\square x-\square$

答 (1) $\dfrac{6x}{\boxed{2}}+\dfrac{8y}{\boxed{2}}$, $\boxed{3}x+\boxed{4y}$ (2) $\dfrac{6x}{\boxed{-2}}+\dfrac{8y}{\boxed{-2}}$, $\boxed{-3}x-\boxed{4y}$

上は，わられる式の各項を数でわります。つまり，わられる式の各項を分子に，わる数を分母にした分数の形に表して計算します。
下のように，文字の項が2つの多項式を数でわる計算も，やり方は上と同じです。

(1) $(6x+8y)\div 2=\dfrac{6x}{2}+\dfrac{8y}{2}$

$=3x+4y$ 答

(2) $(6x+8y)\div(-2)=\dfrac{6x}{-2}+\dfrac{8y}{-2}$

$=-3x-4y$ 答

負の数でわるときは，わられる式の各項の符号が変わります。

Point **文字の項が2つ以上の式を数でわるときも，$(a+b)\div m=\dfrac{a}{m}+\dfrac{b}{m}$ のように，分数の形に表して計算します。**

分数でわるときは，逆数をかけます。

◆ $(4x-10y)\div\dfrac{2}{3}=(4x-10y)\times\dfrac{3}{2}$

$=\overset{2}{\cancel{4}}x\times\dfrac{3}{\underset{1}{\cancel{2}}}-\overset{5}{\cancel{10}}y\times\dfrac{3}{\underset{1}{\cancel{2}}}$

$=6x-15y$

例題で確認! 次の計算をしましょう。

(1) $(-8a-24b)\div 4$

(2) $(6x-9y-15)\div(-3)$

答 (1) $-2a-6b$ (2) $-2x+3y+5$

考え方 どちらも，かっこの中の各項を数でわります。

多項式の計算(6) かっこがある式の加法・減法

次の計算をしましょう。 → 式 STEP 63

(1) $3(2x-4)+5(x-3)$

$=6x-\square+5x-\square$

$=6x+5x-12-15$

$=\square x-\square$

(2) $3(2x-4)-5(x-3)$

$=6x-\square-5x+\square$

$=6x-5x-12+15$

$=x+\square$

答 (1) $6x-\boxed{12}+5x-\boxed{15}$, $\boxed{11}x-\boxed{27}$ (2) $6x-\boxed{12}-5x+\boxed{15}$, $x+\boxed{3}$

次の計算をしましょう。

(1) $3(2x-4y)+5(x-3y)$

$=6x-\square+5x-\square$

$=6x+5x-12y-15y$

$=\square x-\square y$

(2) $3(2x-4y)-5(x-3y)$

$=6x-\square-5x+\square$

$=6x-5x-12y+15y$

$=x+\square$

答 (1) $6x-\boxed{12y}+5x-\boxed{15y}$, $\boxed{11}x-\boxed{27}y$ (2) $6x-\boxed{12y}-5x+\boxed{15y}$, $x+\boxed{3y}$

上は，2つのかっこをそれぞれ分配法則を使ってはずし，さらに文字の項どうし，数の項どうしをまとめて簡単にします。
下のように，かっこの中の文字が2つの多項式の場合でも，2つのかっこをそれぞれ分配法則を使ってはずし，さらに同類項をまとめて簡単にします。

(1) $3(2x-4y)+5(x-3y)$

$=6x-12y+5x-15y$

$=6x+5x-12y-15y$

$=11x-27y$ 答

(2) $3(2x-4y)-5(x-3y)$

$=6x-12y-5x+15y$

$=6x-5x-12y+15y$

$=x+3y$ 答

Point **かっこがある式の加法・減法は，分配法則を使ってかっこをはずし，同類項をまとめます。**

例題で確認! 次の計算をしましょう。

(1) $-2(3a-6b)-5(2a+4b)$

(2) $4(5m+9n)+6(8m-2n-3)$

答 (1) $-16a-8b$ (2) $68m+24n-18$

考え方 (2)のように項が増えてもやり方は同じです。

STEP 105

④章 単項式と多項式

多項式の計算(7) 分数の形の式の加法

次の計算をしましょう。 → 式 STEP 65

$$\frac{x-4}{3}+\frac{x+2}{6}$$

$$=\frac{\square(x-4)+(x+2)}{\square}$$

$$=\frac{2x-8+x+2}{6}$$

$$=\frac{3x-6}{6}$$

$$=\frac{\square}{2}$$

答 $\frac{\boxed{2}(x-4)+(x+2)}{\boxed{6}}$, $\frac{\boxed{x-2}}{2}$

次の計算をしましょう。

$$\frac{x-4y}{3}+\frac{x+2y}{6}$$

$$=\frac{\square(x-4y)+(x+2y)}{\square}$$

$$=\frac{2x-8y+x+2y}{6}$$

$$=\frac{3x-6y}{6}$$

$$=\frac{\square}{2}$$

答 $\frac{\boxed{2}(x-4y)+(x+2y)}{\boxed{6}}$, $\frac{\boxed{x-2y}}{2}$

左は，通分して1つの分数にまとめ，分配法則を使って分子のかっこをはずし，文字の項どうし，数の項どうしをまとめます。約分できるときは約分します。
右は，分子が，文字が2つの多項式ですが，通分して1つの分数にしてから計算を進めるやり方です。最後は同類項をそれぞれまとめ，約分できるときは約分します。

$$\frac{x-4y}{3}+\frac{x+2y}{6}$$

$$=\frac{2(x-4y)+(x+2y)}{6}$$

《 分母が3と6だから，最小公倍数の6で通分します。

Point **分数で，分子が文字が2つ以上の多項式の形でも，まず通分し，1つの分数にまとめてから計算を進めます。**

▶約分するときの注意

◆ $\frac{\overset{1}{\cancel{3}}x-\overset{2}{\cancel{6}}y}{\underset{2}{\cancel{6}}}=\frac{x-2y}{2}$ 《 一度に約分。

◆ $\frac{3x-10y}{5}$ 《 yの項はわれても，xの項はわれないので約分できません。

例題で確認! 次の計算をしましょう。

$$\frac{x+2y}{2}+\frac{2x+2y}{3}$$

答 $\frac{7x+10y}{6}$

考え方 $\frac{x+2y}{2}+\frac{2x+2y}{3}=\frac{3(x+2y)+2(2x+2y)}{6}=\frac{7x+10y}{6}$ （約分できない。）

STEP 106

④章 単項式と多項式

多項式の計算(8) 分数の形の式の減法

次の計算をしましょう。 → 式 STEP 65

$$\frac{x-4}{3}-\frac{x+2}{6}$$

$$=\frac{2(x-4)-(x+2)}{6}$$

$$=\frac{2x-8\ \square\ x\ \square\ 2}{6}$$

$$=\frac{\square}{6}$$

答 $\frac{2x-8 - x - 2}{6}$, $\frac{x-10}{6}$

次の計算をしましょう。

$$\frac{x-4y}{3}-\frac{x+2y}{6}$$

$$=\frac{2(x-4y)-(x+2y)}{6}$$

$$=\frac{2x-8y\ \square\ x\ \square\ 2y}{6}$$

$$=\frac{\square}{6}$$

答 $\frac{2x-8y - x - 2y}{6}$, $\frac{x-10y}{6}$

通分して1つの分数にまとめ，分配法則を使って分子のかっこをはずします。
減法のときは，ひく式のかっこの中の符号を変えることに注意しましょう。
右のように，文字が2つの形の式でも同じです。

$$\frac{x-4y}{3}-\frac{x+2y}{6}$$

$$=\frac{2(x-4y)-(x+2y)}{6}$$

《 最小公倍数の6で通分します。

$$=\frac{2x-8y-x-2y}{6}$$

《 分子のかっこをはずします。減法なので符号に注意！

$$=\frac{x-10y}{6}$$ 答

注意

xの項はわれないので約分できません。

（$\frac{x-5y}{3}$ではありません。）

Point **1つの分数にまとめて計算するとき，減法の場合は，ひく式のかっこの中の符号を変えることに注意しましょう。**

例題で確認! 次の計算をしましょう。

(1) $\frac{x-3y}{2}-\frac{x-5y}{6}$

(2) $\frac{3x-y}{5}-\frac{x+3y}{10}$

答

(1) $\frac{x-2y}{3}$

(2) $\frac{x-y}{2}$

考え方

(1) $\frac{x-3y}{2}-\frac{x-5y}{6}=\frac{3(x-3y)-(x-5y)}{6}$

$=\frac{3x-9y-x+5y}{6}$

$=\frac{\overset{1}{\cancel{2}}x-\overset{2}{\cancel{4}}y}{\underset{3}{\cancel{6}}}=\frac{x-2y}{3}$

STEP 107

4章 単項式と多項式

多項式の計算(9) 分数を含む式の加法・減法(1)

次の計算をしましょう。 → 式 STEP 63

$$\frac{1}{3}(2x+1)-\frac{2}{5}(x-2)$$

$$=\frac{2}{3}x+\frac{1}{3}-\frac{2}{5}x+\frac{4}{5}$$

$$=\frac{10}{15}x-\frac{6}{\square}x+\frac{5}{15}+\frac{12}{\square}$$

$$=\square x+\square$$

答 $\frac{10}{15}x-\frac{6}{\boxed{15}}x+\frac{5}{15}+\frac{12}{\boxed{15}}$, $\boxed{\frac{4}{15}}x+\boxed{\frac{17}{15}}$

次の計算をしましょう。

$$\frac{1}{3}(2x+y)-\frac{2}{5}(x-2y)$$

$$=\frac{2}{3}x+\frac{1}{3}y-\frac{2}{5}x+\frac{4}{5}y$$

$$=\frac{10}{15}x-\frac{6}{\square}x+\frac{5}{15}y+\frac{12}{\square}y$$

$$=\square x+\square y$$

答 $\frac{10}{15}x-\frac{6}{\boxed{15}}x+\frac{5}{15}y+\frac{12}{\boxed{15}}y$, $\boxed{\frac{4}{15}}x+\boxed{\frac{17}{15}}y$

左のような分数×(式)の形でも，分配法則を使ってそれぞれかっこをはずし，通分して文字の項どうし，数の項どうしをまとめます。
右は，かっこの中の文字が2つの式ですが，同じように計算して，同類項をまとめます。

$$\frac{1}{3}(2x+y)-\frac{2}{5}(x-2y)=\frac{2}{3}x+\frac{1}{3}y-\frac{2}{5}x+\frac{4}{5}y$$

分配法則を使ってかっこをはずします。

$$=\frac{10}{15}x-\frac{6}{15}x+\frac{5}{15}y+\frac{12}{15}y$$

$$=\frac{4}{15}x+\frac{17}{15}y$$ 答

Point **分数×(式)の形が入っている計算では，分配法則を使ってかっこをはずしてから，計算を進めます。**

例題で確認! 次の計算をしましょう。

(1) $\frac{1}{3}(x+2y)+\frac{1}{4}(x-5y)$

(2) $\frac{3}{4}(x-y)-\frac{1}{5}(2x+y)$

答 (1) $\frac{7}{12}x-\frac{7}{12}y$ (2) $\frac{7}{20}x-\frac{19}{20}y$

考え方 (2) $\frac{3}{4}(x-y)-\frac{1}{5}(2x+y)=\frac{3}{4}x-\frac{3}{4}y-\frac{2}{5}x-\frac{1}{5}y$

$$=\frac{3}{4}x-\frac{2}{5}x-\frac{3}{4}y-\frac{1}{5}y$$

$$=\frac{15}{20}x-\frac{8}{20}x-\frac{15}{20}y-\frac{4}{20}y$$

$$=\frac{7}{20}x-\frac{19}{20}y$$

STEP 108

④章 単項式と多項式

多項式の計算⑽ 分数を含む式の加法・減法⑵

次の計算をしましょう。 → 式 STEP 107

$$\frac{1}{3}(2x+y)+\frac{1}{2}(x+3y)$$
$$=\frac{2}{3}x+\frac{1}{3}y+\frac{1}{2}x+\frac{3}{2}y$$
$$=\frac{4}{6}x+\frac{3}{\square}x+\frac{2}{6}y+\frac{9}{\square}y$$
$$=\square x+\square y$$

答 $\frac{4}{6}x+\frac{3}{\boxed{6}}x+\frac{2}{6}y+\frac{9}{\boxed{6}}y$，$\boxed{\frac{7}{6}}x+\boxed{\frac{11}{6}}y$

次の計算を，先に通分してからしましょう。

$$\frac{1}{3}(2x+y)+\frac{1}{2}(x+3y)$$
$$=\frac{2x+y}{3}+\frac{x+3y}{2}$$
$$=\frac{\square(2x+y)+\square(x+3y)}{\square}$$
$$=\frac{4x+2y+3x+9y}{6}$$
$$=\frac{\square}{6}$$

答 $\frac{\boxed{2}(2x+y)+\boxed{3}(x+3y)}{\boxed{6}}$，$\frac{\boxed{7x+11y}}{6}$

左は，分配法則で先にそれぞれのかっこをはずし，それから通分して同類項をまとめるやり方です。

右は，先に通分して1つの分数にまとめてから計算するやり方です。

$$\frac{1}{3}(2x+y)+\frac{1}{2}(x+3y)$$
$$=\frac{2x+y}{3}+\frac{x+3y}{2}$$
$$=\frac{2(2x+y)+3(x+3y)}{6}$$

《 まず通分してから，1つの分数にまとめます。

Point **分数×（式）の形が入っている計算では，先に通分してから計算してもかまいません。**

例題で確認! 次の計算を，先に通分してからしましょう。

$$\frac{3}{4}(x-y)-\frac{1}{5}(2x+y)$$

答 $\frac{7x-19y}{20}$

考え方

左のページの**例題**⑵と同じ問題です。解き方と答の形を比べてみましょう。

$$\frac{3}{4}(x-y)-\frac{1}{5}(2x+y)=\frac{3x-3y}{4}-\frac{2x+y}{5}$$
$$=\frac{5(3x-3y)-4(2x+y)}{20}$$

STEP 109

4章 単項式と多項式

単項式の乗法(1) 文字式×文字式

次の計算をしましょう。 → 式 STEP 57

(1) $3x \times 5 =$ □　(2) $3x \times (-5) =$ □

答 (1) $15x$ (2) $-15x$

次の計算をしましょう。

(1) $3x \times 5y =$ □　(2) $3x \times (-5y) =$ □

答 (1) $15xy$ (2) $-15xy$

上は，文字式×数の計算なので，文字式の項の係数に数をかけます。

(1) $3x \times 5 = 3 \times x \times 5 = 3 \times 5 \times x = 15 \times x = \mathbf{15x}$ 答

(2) $3x \times (-5) = 3 \times x \times (-5) = 3 \times (-5) \times x = (-15) \times x = \mathbf{-15x}$ 答

下は，文字式×文字式の計算です。係数の積に文字の積をかけます。

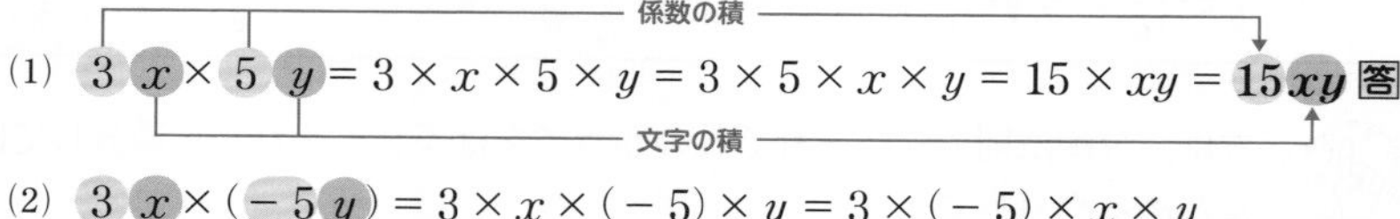

係数の積
(1) 3 x × 5 y = 3 × x × 5 × y = 3 × 5 × x × y = 15 × xy = 15xy 答
文字の積

(2) $3x \times (-5y) = 3 \times x \times (-5) \times y = 3 \times (-5) \times x \times y$

$= (-15) \times xy = \mathbf{-15xy}$ 答

文字の積

係数の積

Point **単項式どうしの乗法は，係数の積に文字の積をかけます。**

◆ $4a \times (-3b) = 4 \times a \times (-3) \times b$

$= 4 \times (-3) \times a \times b$

$= (-12) \times ab$

$= -12ab$

◆ $(-5c) \times (-2ab) = (-5) \times c \times (-2) \times a \times b$

$= (-5) \times (-2) \times c \times a \times b$

$= 10 \times abc$ ← アルファベット順に表します。

$= 10abc$

◆ $\frac{5}{3}x \times 6y = \frac{5}{3} \times x \times 6 \times y$

$= \frac{5}{\cancel{3}_1} \times \cancel{6}^2 \times x \times y = 10 \times xy = 10xy$

← 途中で約分できるときは，約分します。

STEP 110

4章 単項式と多項式

単項式の乗法(2) 指数を含む式の計算

次の計算をしましょう。 → 式 STEP 37

(1) $x \times x =$ □　　(2) $x \times x \times x =$ □

答 (1) x^2 (2) x^3

次の計算をしましょう。

$3x \times 2x =$ □

答 $6x^2$

上は，同じ文字の積なので，累乗の指数を使って表します。
下は，単項式どうしの乗法なので，係数の積に文字の積をかけます。文字の積は同じ文字になるので，累乗の指数を使って表します。

$3x \times 2x = 3 \times x \times 2 \times x = 3 \times 2 \times x \times x = 6 \times x^2 = 6x^2$ 答

同じ文字の積だから，累乗の指数を使って表します。

注意 $x \times x = x^2$　$x \times x \times x = x^3$　※累乗の指数は，かけ合わせた文字の個数を表します。

$x + x = 2x$　$x + x + x = 3x$

Point **単項式どうしの乗法は，係数の積に文字の積をかけます。また，同じ文字の積は，累乗の指数を使って表します。**

◆ $(-3a) \times (-2a) = (-3) \times a \times (-2) \times a$

$= (-3) \times (-2) \times a \times a$

$= 6 \times a^2$　← aを2回かけるので，a^2です。

$= 6a^2$

Point **指数を含む式の計算では，指数の位置に気をつけて計算します。**

▶指数がかっこの中にある場合

$4x \times (-2x^2)$

$= 4 \times x \times (-2) \times x^2$

$= 4 \times (-2) \times x \times x^2$

$= (-8) \times x^3$

$= -8x^3$

▶指数がかっこの外にある場合

$4x \times (-2x)^2$

$= 4x \times (-2x) \times (-2x)$

$= 4 \times x \times (-2) \times x \times (-2) \times x$

$= 4 \times (-2) \times (-2) \times x \times x \times x$

$= 16 \times x^3$

$= 16x^3$

STEP 111

4章 単項式と多項式

単項式の除法(1) 文字式÷文字式

次の計算をしましょう。 → 式 STEP 58

(1) $6x \div 3 = \square$　(2) $6x \div 7 = \square$

答 (1) $2x$ (2) $\frac{6x}{7}$ $\left[\frac{6}{7}x\right]$

次の計算をしましょう。

(1) $6xy \div 3x = \frac{6xy}{\square} = \square$

(2) $6xy \div 7x = \frac{6xy}{\square} = \square$

答 (1) $\frac{6xy}{3x}$, $2y$ (2) $\frac{6xy}{7x}$, $\frac{6y}{7}$ $\left[\frac{6}{7}y\right]$

上は，文字式÷数です。文字式を分子に，数を分母にした分数の形にして，約分できるときは約分します。

下は，文字式÷文字式です。わられる式を分子に，わる式を分母にした分数の形にして，約分できるときは約分します。約分は，同じ文字どうしでもできます。

(1) $6xy \div 3x = \frac{\overset{2}{\cancel{6}} \times \overset{1}{\cancel{x}} \times y}{\underset{1}{\cancel{3}} \times \underset{1}{\cancel{x}}} = 2y$ 答　(2) $6xy \div 7x = \frac{6 \times \overset{1}{\cancel{x}} \times y}{7 \times \underset{1}{\cancel{x}}} = \frac{6y}{7}$ $\left[\frac{6}{7}y\right]$ 答

Point **単項式どうしの除法は，数の除法と同じように分数の形になおして計算します。約分は，数だけでなく同じ文字どうしでも約分できます。**

◆ $15ab \div (-6b) = \frac{\overset{5}{\cancel{15}} \times a \times \overset{1}{\cancel{b}}}{-\underset{2}{\cancel{6}} \times \underset{1}{\cancel{b}}} = -\frac{5a}{2}$ $\left[-\frac{5}{2}a\right]$

－の符号は分数の前に出します。

◆ $x^3 \div x^2 = \frac{x^3}{x^2} = \frac{\overset{1}{\cancel{x}} \times \overset{1}{\cancel{x}} \times x}{\underset{1}{\cancel{x}} \times \underset{1}{\cancel{x}}} = x$

同じ文字の数だけ約分します。

◆ $x^3 \div x^3 = \frac{x^3}{x^3} = \frac{\overset{1}{\cancel{x}} \times \overset{1}{\cancel{x}} \times \overset{1}{\cancel{x}}}{\underset{1}{\cancel{x}} \times \underset{1}{\cancel{x}} \times \underset{1}{\cancel{x}}} = 1$

答は，0ではなく1です。

単項式の除法(2) 分数を含む式の除法

次の計算をしましょう。 → 式 STEP 58

$$14x \div \frac{2}{5} = 14x \times \square$$

$$= \square$$

答 $14x \times \frac{5}{2}$, $35x$

次の計算をしましょう。

$$14xy \div \frac{2}{5}x = 14xy \times \square$$

$$= \square$$

答 $14xy \times \frac{5}{2x}$, $35y$

左は，文字式÷数の計算で，わる数が分数の場合です。こういうときは，わる数の逆数をかけて計算します。つまり，除法を乗法になおして計算します。右は，分数を含む単項式の除法です。この場合も，わる式の逆数をかけることになります。

$$14xy \div \frac{2}{5}x = 14xy \times \frac{5}{2x} = \frac{\overset{7}{\cancel{14}} \times \overset{1}{\cancel{x}} \times y \times 5}{\underset{1}{\cancel{2}} \times \underset{1}{\cancel{x}}} = 35y \text{ 答}$$

$\frac{2}{5}x$ の逆数

$\frac{2}{5}x$ の逆数は $\frac{5}{2x}$ です $\left(\frac{2}{5}x = \frac{2x}{5}\right)$。$\frac{5}{2}x$ や $\frac{5x}{2}$ ではありません。

Point **単項式どうしの除法で，分数を含む式でわるときは，除法を乗法になおして計算します。わる式の逆数をかけて，乗法になおします。**

▶ 文字式÷数の場合 → 式 STEP 58

$$\frac{3}{4}x \div 6 = \frac{3}{4}x \times \frac{1}{6} = \frac{3}{4} \times x \times \frac{1}{6} = \frac{\overset{1}{\cancel{3}}}{4} \times \frac{1}{\underset{2}{\cancel{6}}} \times x = \frac{x}{8} \left[\frac{1}{8}x\right]$$

逆数をかけます。

▶ 文字式÷文字式の場合

$$\frac{3}{4}xy \div 6x = \frac{3}{4}xy \times \frac{1}{6x} = \frac{\overset{1}{\cancel{3}} \times \overset{1}{\cancel{x}} \times y \times 1}{4 \times \underset{2}{\cancel{6}} \times \underset{1}{\cancel{x}}} = \frac{y}{8} \left[\frac{1}{8}y\right]$$

逆数をかけます。

数どうし，同じ文字どうしを約分します。

単項式の乗除(1) 乗除の混じった計算(1)

次の計算をしましょう。 → 式 STEP 110・111

(1) $-4xy\times6y=$ □

(2) $-24xy^2\div(-2x)=\dfrac{24xy^2}{\square}$

$=$ □

答 (1) $-24xy^2$ (2) $\dfrac{24xy^2}{2x}$, $12y^2$

次の計算をしましょう。

$-4xy\times6y\div(-2x)=\dfrac{4xy\times\square}{\square}$

$=$ □

答 $\dfrac{4xy\times6y}{2x}$, $12y^2$

上は，単項式どうしの乗法と除法です。

下は，単項式の乗除の混じった計算です。わる式を分母にした分数の形にして計算します。

$-4xy\times6y\div(-2x)=\dfrac{4xy\times6y}{2x}$ 《 わる式が分母になります。

$=\dfrac{\overset{2}{\cancel{4}}\times\overset{1}{\cancel{x}}\times y\times6\times y}{\underset{1}{\cancel{2}}\times\underset{1}{\cancel{x}}}$ 《 数どうし，同じ文字どうしを約分します。

$=12y^2$ 答

Point **単項式の乗除の混じった計算は，わる式を分母にした分数の形にして計算します。**

◆ $A\times B\div C=\dfrac{A\times B}{C}$　　$A\div B\times C=\dfrac{A\times C}{B}$

◆ $A\div B\div C=\dfrac{A}{B\times C}$ 《 除法だけの計算は，わられる式だけが分子にきます。

例題で確認! 次の計算をしましょう。

(1) $6x^2y\div2x\times(-3y)$

(2) $12ab^2\times(-ab)\div6ab^2$

(3) $12xy^2\div6y\div(-2x)$

答 (1) $-9xy^2$ (2) $-2ab$ (3) $-y$

考え方 分数の形に表して計算します。

単項式の乗除(2) 乗除の混じった計算(2)

次の計算をしましょう。 → 式 STEP 112

(1) $\frac{2}{3}x^2 \times \frac{4}{5}y$

$= \frac{2x^2 \times \square}{3 \times 5}$

$= \frac{\square}{15}$

(2) $\frac{2}{3}x^2 \div \left(-\frac{2}{5}xy\right)$

$= \square\, \frac{2x^2 \times \square}{3 \times \square}$

$= -\frac{\square}{3y}$

答
(1) $\frac{2x^2 \times \boxed{4y}}{3 \times 5}$, $\frac{\boxed{8x^2y}}{15}$ (2) $\boxed{-}\frac{2x^2 \times \boxed{5}}{3 \times \boxed{2xy}}$, $-\frac{\boxed{5x}}{3y}$

次の計算をしましょう。

$\frac{2}{3}x^2 \div \left(-\frac{2}{5}xy\right) \times \frac{3}{5}y = \square\, \frac{2x^2 \times \square \times 3y}{3 \times \square \times 5}$

$= \square$

答
$\boxed{-}\frac{2x^2 \times \boxed{5} \times 3y}{3 \times \boxed{2xy} \times 5}$, $\boxed{-x}$

上の(1)は，分数を含む単項式の乗法，(2)は除法です。約分に注意しましょう。

(2) $\frac{2}{3}x^2 \div \left(-\frac{2}{5}xy\right) = -\frac{2x^2 \times 5}{3 \times 2xy} = -\frac{\overset{1}{\cancel{2}} \times \overset{1}{\cancel{x}} \times x \times 5}{3 \times \underset{1}{\cancel{2}} \times \underset{1}{\cancel{x}} \times y} = -\frac{5x}{3y}$ 答

下は，乗除の混じった，分数を含む計算です。除法の部分は，わる式の逆数をかけます。

逆数にして乗法

$\frac{2}{3}x^2 \div \left(-\frac{2}{5}xy\right) \times \frac{3}{5}y = \frac{2}{3}x^2 \times \left(-\frac{5}{2xy}\right) \times \frac{3}{5}y$

$= -\frac{2x^2 \times 5 \times 3y}{3 \times 2xy \times 5}$

$= -x$ 答

Point **分数を含む単項式の，乗除の混じった計算では，1つの分数にまとめるときに，分子・分母へのふりわけを正しくできるようにしておきましょう。**

例題で確認! 次の計算をしましょう。

(1) $8ab^2 \times \left(-\frac{5}{3}b\right) \div \frac{5}{6}ab$

(2) $\left(-\frac{3}{7}x^5y^2\right) \div \frac{2}{3}xy \div \left(-\frac{7}{6}x^2\right)$

答 (1) $-16b^2$ (2) $\frac{27}{49}x^2y$

考え方 (2) $= \frac{3x^5y^2 \times 3 \times 6}{7 \times 2xy \times 7x^2}$

式の値 文字が2つ以上ある式

$a=2$，$b=4$のとき，次の式の値を求めましょう。

→ 式 STEP 50

(1) $9a-2b$

$=9\times\square-2\times\square$

$=18-8$

$=\square$

(2) $-5a-4b$

$=-5\times\square-4\times\square$

$=-10-16$

$=\square$

答 (1)$9\times\boxed{2}-2\times\boxed{4}$，$\boxed{10}$
(2)$-5\times\boxed{2}-4\times\boxed{4}$，$\boxed{-26}$

$a=2$，$b=4$のとき，次の式の値を求めましょう。

$9a-2b-5a-4b=4a-\square b$

$=4\times\square-\square\times4$

$=8-24$

$=\square$

答 $4a-\boxed{6}b$，
$4\times\boxed{2}-\boxed{6}\times4$，
$\boxed{-16}$

上は，それぞれの文字に数を代入して計算し，式の値を求めます。
下の式は，同類項をまとめることができます。このような場合は，最初に文字に数を代入して計算を進めるよりも，式を簡単にしてから数を代入したほうが，計算がラクになります。

$9a-2b-5a-4b=4a-6b$

$=4\times2-6\times4$ 《 まず，式を簡単にし，それからaに2，bに4を代入します。

$=8-24$

$=-16$ 答

Point **文字が2つ以上ある式で式の値を求めるときは，式を簡単にしてから数を代入すると，式の値がラクに求められます。**

例題で確認! $x=-2$，$y=3$のとき，次の式の値を求めましょう。

(1) $2(3x-y)-(-x-4y)$

(2) $(-x)^2-3(x^2-2y)$

(3) $15x^3y^2\div3x^2y$

(4) $3x^2\times8xy\div6y$

答 (1) -8 (2) 10
(3) -30 (4) -32

考え方 式は，(1)$7x+2y$ (2)$-2x^2+6y$
(3)$5xy$ (4)$4x^3$になります。

STEP 116

④章 単項式と多項式

文字式の利用(1) 等式の変形

次の方程式を解きましょう。 → 式 STEP 75・76

$2x-6=4$

$2x=4+\square$

$2x=10$

$x=\square$

答 $2x=4+\boxed{6}$, $x=\boxed{5}$

次の等式を x について解きましょう。

$2x-6y=4$

$2x=\square+4$

$x=\square+2$

答 $2x=\boxed{6y}+4$, $x=\boxed{3y}+2$

左は，1次方程式を解きます。まず，左辺の数の項を右辺へ移項してから計算を進めます。

右の「**x について解く**」とは，等式を $x=\square$ **の形の式に変形する**ことです。つまり，x を求める式をつくります。

$2x-6y=4$

移項

《① y の項を右辺に移項して，左辺を x の項だけにします。

$2x=6y+4$

《②両辺を x の係数の2でわります。

$x=3y+2$ 答

Point **等式を変形して，ある文字＝□の形にすることを，その文字について解くといいます。**

◆次の等式を〔 〕の中の文字について解きましょう。

$S=\frac{1}{2}ah$ 〔a〕

$S=\frac{1}{2}ah$

《①左辺と右辺を入れかえます。符号は変えなくてよいです。

$\frac{1}{2}ah=S$

《②両辺に2をかけます。

$ah=2S$

《③両辺を h でわります。

$a=\frac{2S}{h}$ 答

$3x+2y=4$ 〔y〕

$3x+2y=4$

《① $3x$ を右辺へ移項。

$2y=-3x+4$

《②両辺を2でわります。

$y=\frac{-3x+4}{2}$ 答

$\left(y=-\frac{3}{2}x+2\right)$

例題で確認! 次の等式を〔 〕の中の文字について解きましょう。

(1) $m=\frac{1}{3}x^2y$ 〔y〕

(2) $c=2(a+b)$ 〔a〕

答

(1) $y=\frac{3m}{x^2}$

(2) $a=\frac{c}{2}-b$

考え方

(1) 両辺を入れかえて3倍。→両辺を x^2 でわる。

(2) 両辺を入れかえて2でわる。→ b を移項。

STEP 117

④章 単項式と多項式

文字式の利用(2) 整数

□にあてはまる式を入れましょう。 → 式 STEP 44

十の位がx，一の位がyの2けたの自然数は，□と表すことができる。
その数の十の位の数と一の位の数を入れかえた数は，□と表せる。

答 $10x+y$，$10y+x$

上のつづきです。□にあてはまる数を入れましょう。

上の2つの，2けたの数の和を求めると，$(10x+y)+(10y+x)=$□$x+$□y
$=$□$(x+y)$
$x+y$は整数だから，□$(x+y)$は□の倍数である。

答 11 $x+$ 11 y，11 $(x+y)$，11 $(x+y)$，11

上は，10がx個と1がy個を合わせて，$10\times x+1\times y=\mathbf{10x+y}$
また，入れかえた数は，$10\times y+1\times x=\mathbf{10y+x}$と表せます。
下は，その和が何の倍数になっているかを明らかにします。
$(10x+y)+(10y+x)=\mathbf{11x+11y=11(x+y)}$と，$11\times$（整数）の形に変形できるので，**11の倍数**であることがわかります。

Point **文字を使って説明する問題で，nの倍数になることを示すには，$n\times$（整数）の形に式が変形できることを示せばよいことになります。**

▶式による説明の手順

〔問題〕2けたの自然数と，その数の十の位の数と一の位の数を入れかえた数の和は，11の倍数になります。このわけを，文字を使って説明しましょう。

〔解答〕

十の位の数をx，一の位の数をyとすると，	← ①	何を文字で表すかを決め，
2けたの自然数は$10x+y$，その数の十の位の数と一の位の数を入れかえた数は，$10y+x$と表せる。	← ②	それぞれの数を文字を使って表します。
その和は，$(10x+y)+(10y+x)=11x+11y$ $=\mathbf{11(x+y)}$ **$x+y$は整数だから，$11(x+y)$は11の倍数である。**	← ③	②で表した数の和を求め，**式を変形して11の倍数になることを示します。**
したがって，2けたの自然数と，その数の十の位の数と一の位の数を入れかえた数の和は11の倍数である。	← ④	はっきりしたことを示して，説明を終えます。

文字式の利用(3) 連続する数

□にあてはまる数を入れましょう。

3つの連続した整数のうち，もっとも小さい整数をnとすると，
3つの連続した整数は，n，$n+$□，$n+$□と表せる。

答 $n+$[1]，$n+$[2]

上のつづきです。□にあてはまる数を入れましょう。

上の3つの数の和を求めると，$n+(n+1)+(n+2)=3n+3=$□$(n+1)$
$n+1$は整数だから，□$(n+1)$は□の倍数である。

答 [3]$(n+1)$，[3]$(n+1)$，[3]の倍数

上は，連続した整数なので，1ずつ大きくなることに目をつけます。

n ，$n+1$ ，$n+2$ （1大きい，1大きい）　（例）3　4　5 （1大きい，1大きい）

下は，3つの連続した整数の和は，3の倍数になることを説明しています。

$$n+(n+1)+(n+2)=3n+3=3(n+1)$$

3×(整数)の形に変形できるので，**3の倍数**になることがわかります。

Point **連続する整数を文字を使って表すときは，文字は1種類で表せます。**
（例） 3つの連続した整数のうち，もっとも小さい整数をnとすると，
n，$n+1$，$n+2$と表せる。

Point **連続する整数を文字を使って表すときは，まん中の整数を文字を使って表すと，式の変形がラクになる場合があります。**

〔問題〕3つの連続した整数の和は3の倍数になることを，文字を使って説明しましょう。

〔解答〕3つの連続した整数のうち，まん中の整数をnとすると，3つの連続した整数は，
$n-1$，n，$n+1$と表せる。（1小さい，1大きい）

その和は，

$(n-1)+n+(n+1)=3n$

nは整数だから，$3n$は3の倍数である。

したがって，3つの連続した整数の和は3の倍数になる。

これは，3×(整数)で表せるから3の倍数になることを説明しています。忘れずに書きましょう。

STEP 119

④章 単項式と多項式

文字式の利用(4) 偶数と奇数

□にあてはまる式を入れましょう。 → 式 STEP 44

mを整数とすると，偶数は□，

また，nを整数とすると，奇数は□＋1と表せる。

答 2m，2n

上のつづきです。□にあてはまる式を入れましょう。

上の偶数と奇数の和は，$2m+(2n+1)=2m+2n+1=2($□$)+1$

□は整数だから，$2($□$)+1$は奇数である。

答 $2(m+n)+1$，$m+n$，$2(m+n)+1$

上は，偶数は2の倍数だから，2×(整数) より$2m$，また，奇数は偶数より1大きい数と考えて，$2n+1$と表せます。

下は，偶数と奇数の和が奇数になることを説明しています。

$$2m+(2n+1)=2m+2n+1$$
$$=2(m+n)+1$$

2×(整数)で2の倍数，つまり偶数を表します。したがって，$2(m+n)+1$は，偶数より1大きいので，奇数を表します。

Point 連続していない偶数と奇数を同時に文字を使って表すときは，文字を2種類使います。

◆文字が1種類で表すと，

mを整数とすると，偶数は$2m$，奇数は$2m+1$と表せる。

連続した偶数，奇数を表しています。

◆文字が1種類では，2と7のように連続していない偶数，奇数を表すことができません。したがって，2種類の文字を使って表します。

連続していない偶数と奇数の関係は，下のようになります。

- 偶数$(2m)$＋偶数$(2n)$ → $2(m+n)$より，偶数
- 奇数$(2m+1)$＋奇数$(2n+1)$ → $2(m+n+1)$より，偶数
- 偶数$(2m)$－偶数$(2n)$ → $2(m-n)$より，偶数
- 偶数$(2m)$－奇数$(2n+1)$ → $2(m-n)-1$より，奇数
- 奇数$(2m+1)$－奇数$(2n+1)$ → $2(m-n)$より，偶数

STEP **120**

④章 単項式と多項式

文字式の利用(5) 図形

底面の半径がr，高さがhの円柱の体積を求めましょう。

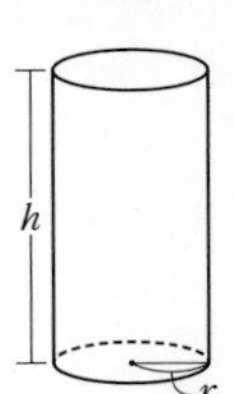

$\pi \times \square \times h$

$= \square$

答　$\pi \times \boxed{r^2} \times h = \boxed{\pi r^2 h}$

左の円柱の底面の半径を3倍，高さを$\frac{1}{3}$にしたときの体積を求めましょう。

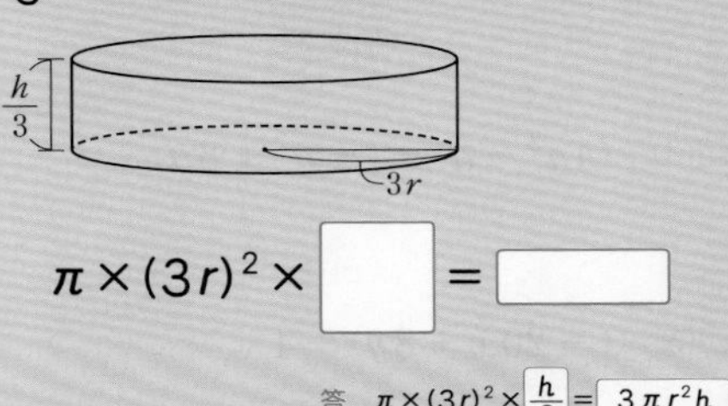

$\pi \times (3r)^2 \times \square = \square$

答　$\pi \times (3r)^2 \times \boxed{\frac{h}{3}} = \boxed{3\pi r^2 h}$

左は，**(円柱の体積)＝(底面積)×(高さ)** の公式にあてはめて求めます。円柱の底面は円なので，底面積は円の面積になります。

したがって，$\underset{\text{底面積}}{\pi \times r^2} \times \underset{\text{高さ}}{h} = \boldsymbol{\pi r^2 h}$ 答 ← 公式に文字をあてはめるときは，アルファベット順でなくてもよいです。

右も，円柱の体積を求める公式にあてはめます。

したがって，$\pi \times (3r)^2 \times \frac{h}{3} = \pi \times \overset{3}{\cancel{9}} r^2 \times \frac{h}{\underset{1}{\cancel{3}}} = \boldsymbol{3\pi r^2 h}$ 答

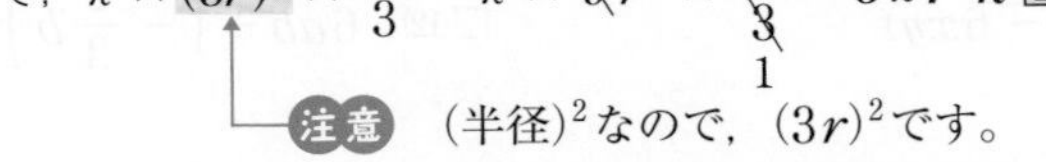

注意　$(\text{半径})^2$なので，$(3r)^2$です。
$3r^2$としないように気をつけましょう。

Point　**文字を使った面積や体積を求める公式になれておきましょう。**

おうぎ形の面積

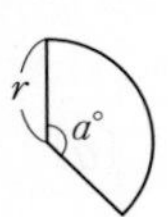

$\pi r^2 \times \frac{a}{360}$

直方体の表面積

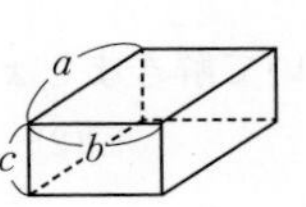

$2(ab + ac + bc)$

円錐(えんすい)の体積

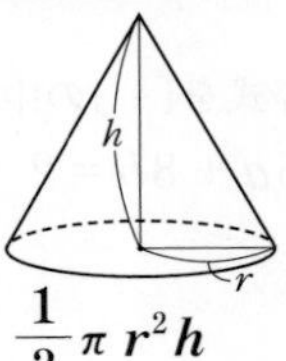

$\frac{1}{3}\pi r^2 h$

球の表面積

$4\pi r^2$

球の体積

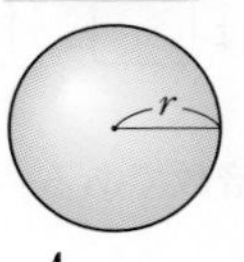

$\frac{4}{3}\pi r^3$

角錐(かくすい)の体積

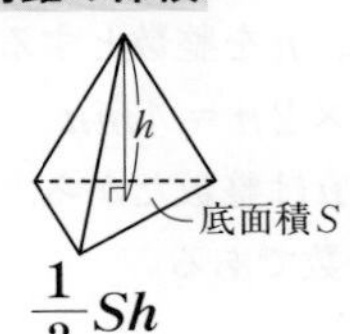

$\frac{1}{3}Sh$

4章 単項式と多項式

答は251ページ。できた問題は，□をぬりつぶしましょう。

1 次の計算をしましょう。 → 式 STEP 99 ～ 106, 109 ～ 114

□(1) $5a-3b-7a+6b$

□(2) $(-x-9y)+(2x+4y)$

□(3) $(4a^2-a)-(-a^2+8a)$

□(4) $(6a-4b)\times(-3)$

□(5) $(-20x+8y)\div 4$

□(6) $2(-3a+b)-3(a-2b)$

□(7) $\dfrac{x-2y}{2}+\dfrac{3x+y}{8}$

□(8) $\dfrac{2x+5y}{6}-\dfrac{x-2y}{3}$

□(9) $\dfrac{4}{5}a\times 20b$

□(10) $(-x)^2\times x$

□(11) $18xy^2\div(-6xy)$

□(12) $6ab\div\left(-\dfrac{2}{3}b\right)$

□(13) $2x^2\times(-9xy^2)\div 3xy$

□(14) $\dfrac{2}{3}a^2b\times\dfrac{1}{4}ab\div\left(-\dfrac{3}{4}b^2\right)$

2 次の等式を〔 〕の中の文字について解きましょう。 → 式 STEP 116

□(1) $-6a+8b=2$ 〔b〕

□(2) $y=3(a-b)$ 〔a〕

3 □にあてはまる式や数を入れましょう。 → 式 STEP 119

□ m，nを整数とすると，2つの偶数は □，□ と表されるから，

$2m\times 2n=4mn$

mnは整数だから，$4mn$は □ の倍数である。よって，偶数と偶数の積は，□ の倍数である。

5 連立方程式 2年

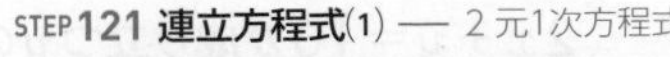

STEP 121

5章 連立方程式

連立方程式(1) 2元1次方程式

1次方程式 $5x = 6 + 2x$ が成り立つ x の値は，2，3，4のどれですか。 → 式 STEP 71

$x =$ □

答 $x =$ 2

$x = 3$ のとき，2元1次方程式 $2x + y = 10$ が成り立つ y の値は，2，3，4のどれですか。

$y =$ 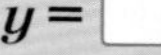

答 $y =$ 4

上は，x に2，3，4をそれぞれ代入し，左辺＝右辺になるかを確かめてみます。

$x = 2$ のとき

左辺 $= 5 \times 2$
$= 10$
右辺 $= 6 + 2 \times 2$
$= 6 + 4$
$= 10$

▶**左辺＝右辺**となるので，**$x = 2$ がこの方程式の解です。**

$x = 3$ のとき

左辺 $= 5 \times 3$
$= 15$
右辺 $= 6 + 2 \times 3$
$= 6 + 6$
$= 12$

▶左辺＝右辺とならないので，$x = 3$ は解ではありません。

$x = 4$ のとき

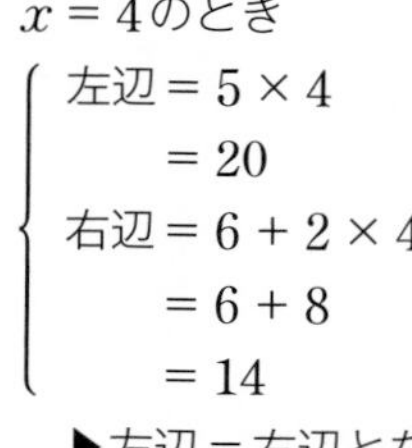

左辺 $= 5 \times 4$
$= 20$
右辺 $= 6 + 2 \times 4$
$= 6 + 8$
$= 14$

▶左辺＝右辺とならないので，$x = 4$ は解ではありません。

下は，x と y の2つの文字を含んだ方程式です。まず，x に3を代入し，$2 \times 3 + y = 10$ より $6 + y = 10$ と，y の1次方程式に変形します。この方程式の y に2，3，4をそれぞれ代入し，左辺＝右辺になるかを確かめてみます。

$y = 2$ のとき

左辺 $= 6 + 2$
$= 8$
右辺 $= 10$

▶左辺＝右辺とならないので，$y = 2$ は解ではありません。

$y = 3$ のとき

左辺 $= 6 + 3$
$= 9$
右辺 $= 10$

▶左辺＝右辺とならないので，$y = 3$ は解ではありません。

$y = 4$ のとき

左辺 $= 6 + 4$
$= 10$
右辺 $= 10$

▶**左辺＝右辺**となるので，**$y = 4$ がこの方程式の解です。**

Point **$2x + y = 10$ のように，2つの文字を含む1次方程式を2元1次方程式といい，その方程式を成り立たせる数の値の組を，2元1次方程式の解といいます。$2x + y = 10$ では，$x = 3$，$y = 4$ のとき式が成り立つので，$x = 3$，$y = 4$ が解になります。**

連立方程式(2)　連立方程式

$2x+y=10$を成り立たせるようなx，yの値の組を求め，下の表の空らんをうめましょう。 → 式 STEP 121

x	0	1	2	3	4	5	6
y							

答

x	0	1	2	3	4	5	6
y	10	8	6	4	2	0	−2

$x+y=6$を成り立たせるようなx，yの値の組を求め，下の表の空らんをうめましょう。さらに，下の表と上の表で，共通なx，yの値の組を求めましょう。

x	0	1	2	3	4	5	6
y							

共通なx，yの値
$x=$□，$y=$□

答

x	0	1	2	3	4	5	6
y	6	5	4	3	2	1	0

，$x=$4，$y=$2

上は，$2x+y=10$のxに，0〜6をそれぞれ代入し，yの値を求めます。
下は，$x+y=6$のxに，0〜6をそれぞれ代入し，yの値を求めます。
上の$2x+y=10$と，下の$x+y=6$の解は，それぞれいくつもあります。

x	0	1	2	3	4	5	6
y	10	8	6	4	2	0	−2

共通

x	0	1	2	3	4	5	6
y	6	5	4	3	2	1	0

ところが，両方の式にあてはまる解は，$x=4$，$y=2$のただ1つに決まります。

Point　**2つ以上の方程式を組にしたものを連立方程式といいます。また，組み合わせたどの方程式にもあてはまる文字の値の組を連立方程式の解といい，その解を求めることを，連立方程式を解くといいます。**

▶連立方程式の表し方

$$\begin{cases} 2x+y=10 \\ x+y=6 \end{cases}$$

▶連立方程式の解の表し方

$$x=4,\ y=2$$

※$\begin{cases} x=4 \\ y=2 \end{cases}$や，$(x,\ y)=(4,\ 2)$という表し方もあります。

例題で確認！　次の問題に答えましょう。

次の(ア)・(イ)のうち，連立方程式

$$\begin{cases} 3x+y=7 \\ 5x+2y=12 \end{cases}$$

の解はどちらですか。

(ア)　$x=1$，$y=4$　　(イ)　$x=2$，$y=1$

答　(イ)

考え方　x, yの値の組を2つの式に代入し，どちらも成り立つかを調べます。(ア)は，上の式では成り立ちますが，下の式では成り立ちません。

STEP 123

5章 連立方程式

連立方程式の解き方(1) 加減法(1)

次の□に'たす'か'ひく'のどちらかのことばを入れましょう。

(1) $2y$と$2y$は，□と0になる。

(2) $2y$と$-2y$は，□と0になる。

(3) $-2y$と$-2y$は，□と0になる。

答 (1) ひく (2) たす (3) ひく

次の連立方程式を解きましょう。

$$\begin{cases} 3x+2y=8 \cdots ① \\ 2x+2y=6 \cdots ② \end{cases}$$

①から②をひくと，

$x=$□ $\cdots$ ③

③を①に代入して，

$3\times$□$+2y=8$

$2y=2$

$y=$□

答 $x=$□，$y=$□

答 $x=$2，$3\times$2$+2y=8$，$y=$1，$x=$2，$y=$1

左は，(1)と(3)のように係数が同じ場合はひけば0になり，(2)のように絶対値が等しくて符号が逆の場合は，たせば0になる（消せる）ことをおさえましょう。

右は，連立方程式です。連立方程式を解くときは，まず，xやyのどちらかの文字を消して，文字を1つだけ含む方程式をつくることから始めます。

$$\begin{cases} 3x+2y=8 \cdots ① \\ 2x+2y=6 \cdots ② \end{cases}$$ → yの項の係数が等しいことに注目。 → ①の式から②の式をひくと，yの項を消すことができます。

①から②をひく。…

$$\begin{array}{rr} ① & 3x+2y=8 \\ ② & -)\ 2x+2y=6 \\ \hline & x\qquad\ =2 \end{array}$$

└→ yの項が消去され，xの値が求められた。

※x，yを含む連立方程式から，yを含まない方程式を導くことを，「**yを消去する**」といいます。

次に，yの値を求めるために，$x=2$を①に代入します。

$3\times 2+2y=8$，$2y=2$，$y=1$

答 $x=2$，$y=1$

Point **連立方程式を解くのに，左辺どうし，右辺どうしを，それぞれたすかひくかして，1つの文字を消去する方法を加減法といいます。**

例題で確認! 次の連立方程式を解きましょう。

$$\begin{cases} 5x-2y=17 \cdots ① \\ 3x-2y=11 \cdots ② \end{cases}$$

答 $x=3$，$y=-1$

考え方

$$\begin{array}{rr} ① & 5x-2y=17 \\ ② & -)\ 3x-2y=11 \\ \hline & 2x\qquad\ =6 \end{array}$$

連立方程式の解き方(2) 加減法(2)

次の連立方程式を解きましょう。→ 式 STEP 123

$$\begin{cases} 3x+2y=7 & \cdots ① \\ 3x+y=5 & \cdots ② \end{cases}$$

①から②をひくと,

$y=\square \cdots ③$

③を②に代入して,

$3x+\square=5$

$3x=3$

$x=\square$

答 $x=\square$, $y=\square$

答 $y=2$, $3x+2=5$, $x=1$, $x=1$, $y=2$

次の連立方程式を解きましょう。

$$\begin{cases} 3x+y=10 & \cdots ① \\ -3x+2y=-7 & \cdots ② \end{cases}$$

①と②を□と,

$3y=\square$

$y=1 \cdots ③$

③を①に代入すると,

$3x+1=10$

$3x=9$

$x=\square$

答 $x=\square$, $y=1$

答 たす, $3y=3$, $x=3$, $x=3$, $y=1$

左の連立方程式は，xの項の係数が等しいので，そのまま左辺どうし，右辺どうしをひくと，xの項を消去することができます。

右の連立方程式は，xの項の係数が，符号は逆でも絶対値は等しいことに注目しましょう。

$$\begin{cases} 3x+y=10 & \cdots ① \\ -3x+2y=-7 & \cdots ② \end{cases}$$ → xの項の係数に注目。→ $3x$と$-3x$は，たすことで消去できます。

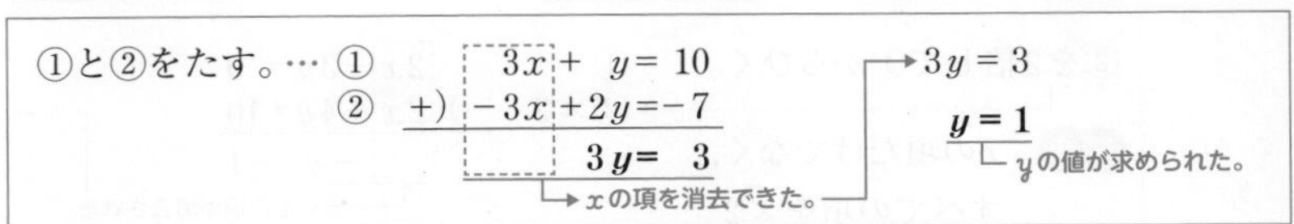

①と②をたす。

$$\begin{array}{rrrl} ① & 3x & +\ y = & 10 \\ ② & +)\ -3x & +2y = & -7 \\ \hline & & 3y = & 3 \end{array}$$

xの項を消去できた。→ $3y=3$

$y=1$ ← yの値が求められた。

次に，xの値を求めるために，$y=1$を①に代入。《 ②より①に代入したほうが計算がラク。

$3x+1=10$, $3x=9$, $x=3$

答 $x=3$, $y=1$

Point **加減法で連立方程式を解くとき，同じ文字の係数が，$3x$と$-3x$のように符号が逆でも絶対値が等しければ，2つの式をたす(加える)ことで，その文字の項を消去することができます。**

例題で確認! 次の連立方程式を解きましょう。

$$\begin{cases} -2x+3y=-1 & \cdots ① \\ 5x-3y=7 & \cdots ② \end{cases}$$

答 $x=2$, $y=1$

考え方

$$\begin{array}{rrl} ① & -2x+3y= & -1 \\ ② & +)\ 5x-3y= & 7 \\ \hline & 3x\ \ \ \ \ \ = & 6 \end{array}$$

連立方程式の解き方(3) 加減法(3)

次の連立方程式を解きましょう。→ 式 STEP 123

$$\begin{cases} 2x+3y=18 \cdots ① \\ 2x+2y=14 \cdots ② \end{cases}$$

① $2x+3y=18$
② $-)\ 2x+2y=14$
$y=\square \cdots ③$

③を②に代入して，

$2x+2\times\square=14$
$2x=6$
$x=\square$

答 $x=\square$，$y=\square$

答 $y=\boxed{4}$，$2x+2\times\boxed{4}=14$，$x=\boxed{3}$，$x=\boxed{3}$，$y=\boxed{4}$

次の連立方程式を解きましょう。

$$\begin{cases} 2x+3y=9 \cdots ① \\ x+2y=5 \cdots ② \end{cases}$$

① $2x+3y=9$
②×□ $-)\ 2x+4y=10$
$-y=-1$
$y=\square \cdots ③$

③を②に代入して，

$x+2\times\square=5$
$x=\square$

答 $x=\square$，$y=\square$

答 ②×$\boxed{2}$，$y=\boxed{1}$，$x+2\times\boxed{1}=5$，$x=\boxed{3}$，$x=\boxed{3}$，$y=\boxed{1}$

左の連立方程式は，xの項の係数の絶対値が等しいので，そのまま左辺どうし，右辺どうしをひくと，xの項を消去することができます。

右の連立方程式は，そのまま左辺どうし，右辺どうしをたしたり，ひいたりしても，文字を消去することはできません。こういうときは，一方の式を整数倍して，どちらかの文字の係数の絶対値をそろえることを考えます。

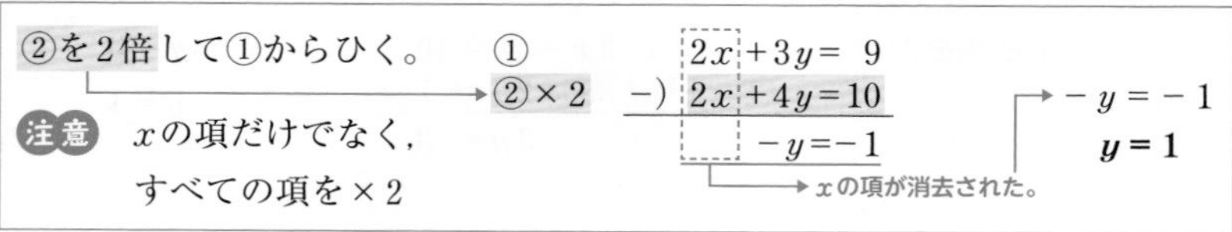

$y=1$を②に代入すると，$x=3$

答 $x=3$，$y=1$

Point **連立方程式で，両方の式をそのまま，たしたり，ひいたりしても，1つの文字を消去できないときは，いずれかの文字の係数の絶対値をそろえるために，方程式の両辺を何倍かします。**

例題で確認! 次の連立方程式を解きましょう。

$$\begin{cases} 2x+y=14 \cdots ① \\ 5x-2y=26 \cdots ② \end{cases}$$

答 $x=6$，$y=2$

考え方 ①×2 $4x+2y=28$
② $+)\ 5x-2y=26$
$9x=54$

連立方程式の解き方(4) 加減法(4)

次の連立方程式を解きましょう。→ 式 STEP 125

$$\begin{cases} 3x+y=7 & \cdots ① \\ 5x-2y=8 & \cdots ② \end{cases}$$

①×□　$6x+2y=14$

②　+）$5x-2y=8$

$11x=22$

$x=$□…③

③を①に代入して，

$3\times$□$+y=7$

$y=$□

答　$x=$□，$y=$□

答　①×2，$x=2$，$3\times2+y=7$，$y=1$，$x=2$，$y=1$

次の連立方程式を解きましょう。

$$\begin{cases} 9x+4y=6 & \cdots ① \\ 5x+3y=1 & \cdots ② \end{cases}$$

①×□　$27x+12y=18$

②×□　−）$20x+12y=4$

$7x=14$

$x=$□…③

③を②に代入して，

$5\times$□$+3y=1$

$3y=-9$

$y=$□

答　$x=$□，$y=$□

答　①×3，②×4，$x=2$，$5\times2+3y=1$，$y=-3$，$x=2$，$y=-3$

左の連立方程式は，xの項もyの項も，係数の絶対値が等しくありませんが，①の方程式の両辺を2倍すれば，yの項の係数の絶対値がそろいます。

右の連立方程式は，両方の式を整数倍しないと，文字の係数の絶対値がそろいません。ここでは，yの項の係数をそろえることを考えます。

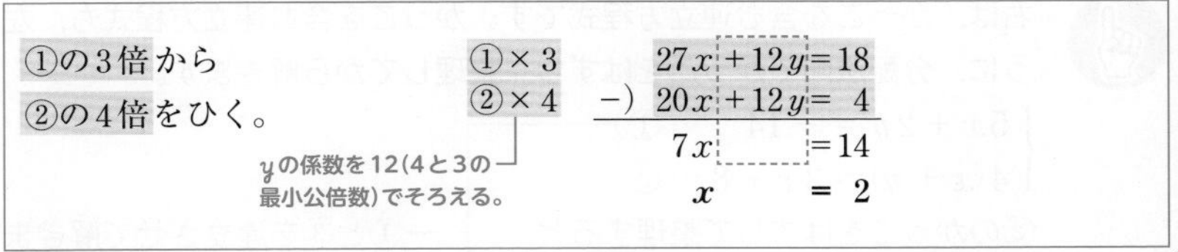

①の3倍から
②の4倍をひく。
①×3　$27x+12y=18$
②×4　−）$20x+12y=4$
$7x=14$
$x=2$
yの係数を12(4と3の最小公倍数)でそろえる。

Point　**連立方程式を解くとき，どちらかの文字の係数の絶対値をそろえるために，両方の方程式の両辺を何倍かする場合もあります。そのとき，最小公倍数にそろえるとよいとともに，最小公倍数がより小さくなる文字のほうを消去すると，計算がラクになります。**

例題で確認!　次の連立方程式を解きましょう。

$$\begin{cases} 5x+3y=7 & \cdots ① \\ 9x-4y=22 & \cdots ② \end{cases}$$

答　$x=2,\ y=-1$

考え方　①×4　$20x+12y=28$

②×3　+）$27x-12y=66$

$47x=94$

STEP 127

⑤章 連立方程式

連立方程式の解き方(5) かっこを含む連立方程式

次の方程式を解きましょう。 → 式 STEP 77

$6x - 24 = 2(x - 4)$

$6x - 24 = \square x - \square$

$4x = 16$

$x = \square$

答 $6x - 24 = \boxed{2}x - \boxed{8}$, $x = \boxed{4}$

次の連立方程式を解きましょう。

$$\begin{cases} 5x + 2y = -14 & \cdots ① \\ 4(x + y) = 3x + 8 & \cdots ② \end{cases}$$

②のかっこをはずして整理すると,

$\square x + \square y = 3x + 8$

$x + 4y = 8 \cdots ③$

①×2 $10x + 4y = -28$

③ $-)\ x + 4y = 8$

$9x = -36$

$x = \square \cdots ④$

④を③に代入して,

$\square + 4y = 8$

$4y = 12$

$y = \square$

答 $x = \square$, $y = \square$

答 $\boxed{4}x + \boxed{4}y = 3x + 8$, $x = \boxed{-4}$, $\boxed{-4} + 4y = 8$, $y = \boxed{3}$, $x = \boxed{-4}$, $y = \boxed{3}$

右は,かっこを含む連立方程式です。かっこを含む連立方程式も,左と同じように,分配法則でかっこをはずし,整理してから解きます。

$$\begin{cases} 5x + 2y = -14 & \cdots ① \\ 4(x + y) = 3x + 8 & \cdots ② \end{cases}$$

②のかっこをはずして整理すると,

$4x + 4y = 3x + 8$

$x + 4y = 8 \cdots ③$

→ ①と③を連立させて解きます。

$$\begin{cases} 5x + 2y = -14 & \cdots ① \\ x + 4y = 8 & \cdots ③ \end{cases}$$

Point **かっこを含む連立方程式は,かっこをはずし,整理してから解きます。**

例題で確認! 次の連立方程式を解きましょう。

$$\begin{cases} 7(x + 5) = 2(y + 3) & \cdots ① \\ 4(x + y) = 13 + 3x & \cdots ② \end{cases}$$

答 $x = -3$, $y = 4$

考え方 ①より $7x + 35 = 2y + 6$

$7x - 2y = -29 \cdots ③$

②より $4x + 4y = 13 + 3x$

$x + 4y = 13 \cdots ④$

③,④を解きます。

連立方程式の解き方(6) 移項して解く

次の連立方程式を解きましょう。→ 式 STEP 124

$$\begin{cases} 4x-3y=5 \cdots ① \\ 2x+3y=7 \cdots ② \end{cases}$$

① $4x-3y=5$
② $+)\ 2x+3y=7$
$6x=12$
$x=\square \cdots ③$

③を②に代入して，
$2\times\square+3y=7$
$3y=3$
$y=\square$

答 $x=\square$，$y=\square$

次の連立方程式を解きましょう。

$$\begin{cases} 3x=-2y+1 \cdots ① \\ 4x-2y=20 \cdots ② \end{cases}$$

①の y の項を移項すると，
$3x+\square=1 \cdots ③$

③ $3x+2y=1$
② $+)\ 4x-2y=20$
$7x=21$
$x=3 \cdots ④$

④を③に代入して，
$3\times\square+2y=1$
$9+2y=1$
$2y=-8$
$y=\square$

答 $x=\square$，$y=\square$

答 $x=\boxed{2}$，$2\times\boxed{2}+3y=7$，$y=\boxed{1}$，$x=\boxed{2}$，$y=\boxed{1}$

答 $3x+\boxed{2y}=1$，$3\times\boxed{3}+2y=1$，$y=\boxed{-4}$，$x=\boxed{3}$，$y=\boxed{-4}$

左の連立方程式は，①も②も，左辺に文字の項が集まっています。
右は，①の式では，x の項は左辺にありますが，y の項は右辺にあります。このような場合は，y の項を左辺に移項して，式の形を②にそろえると，解きやすくなります。

Point **式の形が異なる連立方程式は，移項して式の形をそろえると解きやすくなる場合があります。**

◆ $\begin{cases} 3x+5y-8=0 \cdots ① \\ 2x+3y=6 \cdots ② \end{cases}$ ①を移項すると，$\begin{cases} 3x+5y=8 \\ 2x+3y=6 \end{cases}$

例題で確認! 次の連立方程式を，移項してから解きましょう。

$$\begin{cases} -3x+2y-23=0 \cdots ① \\ 5y=-2x+29 \cdots ② \end{cases}$$

答 $x=-3$，$y=7$

考え方 ①より $-3x+2y=23 \cdots ③$
②より $2x+5y=29 \cdots ④$
③，④を解きます。

連立方程式の解き方(7)　代入法(1)

$x=3$のとき，$4x-7$の値を → 式 STEP 47 求めましょう。

$4x-7=4\times\square-7$

$=12-7$

$=\square$

次の連立方程式を解きましょう。

$$\begin{cases} 5x-y=5 \cdots ① \\ y=3x-1 \cdots ② \end{cases}$$

②を①に代入して，

$5x-(\quad\quad)=5$

$5x-3x+1=5$

$2x=4$

$x=\square \cdots ③$

③を②に代入して，

$y=3\times\square-1$

$=\square$　　答　$x=\square$，$y=\square$

答　$4x-7=4\times\boxed{3}-7$，$\boxed{5}$

答　$5x-(\boxed{3x-1})=5$，$x=\boxed{2}$，$y=3\times\boxed{2}-1=\boxed{5}$，$x=\boxed{2}$，$y=\boxed{5}$

左は，$x=3$のときの式の値を求める問題です。xに3を代入して計算します。右の連立方程式は，②の式からyと$3x-1$が等しいことがわかります。したがって，①の式のyに$3x-1$を代入して，yが消去された式をつくります。

Point　代入によって1つの文字を消去する方法を代入法といいます。

◆文字に式を代入するときには，(　)をつけて代入します。

〔問題〕連立方程式

$$\begin{cases} y=2x+1 \quad \cdots ① \\ 3x+2y=16 \cdots ② \end{cases}$$

を解きましょう。

〔解答〕①を②に代入して，

$3x+2(2x+1)=16$

$3x+4x+2=16$

$7x=14$

$x=2 \cdots ③$

③を①に代入して，$y=5$

答　$x=2$，$y=5$

例題で確認!　次の連立方程式を，代入法で解きましょう。

$$\begin{cases} y=-4x-1 \quad \cdots ① \\ -2x-2y=8 \cdots ② \end{cases}$$

答　$x=1$，$y=-5$　　考え方　①を②に代入して，

$-2x-2(-4x-1)=8$

$-2x+8x+2=8$

$6x=6$

連立方程式の解き方(8) 代入法(2)

次の連立方程式を解きましょう。→ 式 STEP 129

$$\begin{cases} 3x-2y=-1 \cdots ① \\ y=-2x+11 \cdots ② \end{cases}$$

②を①に代入して，

$3x-2(\square)=-1$

$3x+4x-22=-1$

$7x=21$

$x=\square \cdots ③$

③を②に代入して，

$y=-2\times\square+11$

$=\square$

答 $x=\square$，$y=\square$

答 $3x-2(\boxed{-2x+11})=-1$，$x=\boxed{3}$，$y=-2\times\boxed{3}+11=\boxed{5}$，$x=\boxed{3}$，$y=\boxed{5}$

次の連立方程式を解きましょう。

$$\begin{cases} 3x=2y+8 \cdots ① \\ 2y=x-4 \quad \cdots ② \end{cases}$$

②を①に代入して，

$3x=(\square)+8$

$3x=x-4+8$

$2x=4$

$x=\square \cdots ③$

③を②に代入して，

$2y=\square-4$

$2y=-2$

$y=\square$

答 $x=\square$，$y=\square$

答 $3x=(\boxed{x-4})+8$，$x=\boxed{2}$，$2y=\boxed{2}-4$，$y=\boxed{-1}$，$x=\boxed{2}$，$y=\boxed{-1}$

左の連立方程式は，②の式が$y=\square$の形で表されているので，①の式のyに②の式を代入して，代入法で解いていきます。

右の連立方程式は，②の式が$2y=\square$の形で表されていて，①の式にも$2y$があるので，①の式の$2y$に②の式を代入して，代入法で解いていきます。

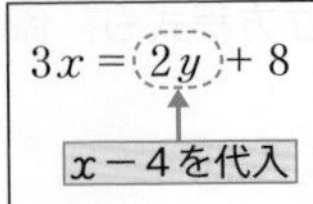

②を①に代入して，

$3x=(x-4)+8$ ← これを解けば，まず，xの値が求められます。

（ ）をつけて代入。

Point **連立方程式で，一方の式がもう一方の式に置きかえることがすぐできるときは，代入法で解くとラクです。**

例題で確認! 次の連立方程式を，代入法で解きましょう。

(1) $\begin{cases} 3x=2y-4 \cdots ① \\ 3x-7y=1 \cdots ② \end{cases}$

(2) $\begin{cases} -3x+2y=-5 \cdots ① \\ 5x-2y=11 \quad \cdots ② \end{cases}$

答 (1) $x=-2$，$y=-1$ (2) $x=3$，$y=2$

考え方 (1) ①を②に代入して，$(2y-4)-7y=1$

(2) まず，①を$2y=3x-5$と変形することがポイント。②に代入すると，$5x-(3x-5)=11$

STEP 131

⑤章 連立方程式

連立方程式の解き方(9) 係数が小数の連立方程式

次の方程式を解きましょう。 → 式 STEP 79

$0.5x+1.6=1.1x+4$

$5x+16=\square x+\square$

$-6x=24$

$x=\square$

答 $5x+16=\boxed{11}x+\boxed{40}$, $x=\boxed{-4}$

次の連立方程式を解きましょう。

$$\begin{cases} 0.3x-0.2y=0.6 \cdots ① \\ 0.4x-0.3y=2.5 \cdots ② \end{cases}$$

①, ②をそれぞれ10倍して,

①×10　$3x-2y=6$ …③

②×10　$4x-3y=25$ …④

③×3　　$9x-6y=18$

④×2　$-)\ 8x-6y=50$

$x\quad=\square$ …⑤

⑤を③に代入して,

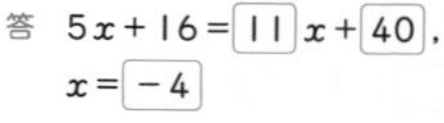

$3\times\square-2y=6$

$-2y=102$

$y=\square$

答 $x=\square$, $y=\square$

答 $x=\boxed{-32}$, $3\times\boxed{(-32)}-2y=6$, $y=\boxed{-51}$, $x=\boxed{-32}$, $y=\boxed{-51}$

左は，係数が小数の1次方程式です。この問題では，係数が$\frac{1}{10}$の位までの小数なので，両辺に10をかけます。

右は，係数が小数の連立方程式です。係数が小数の連立方程式も，係数が全部整数になるように変形してから解きます。

$$\begin{cases} 0.3x-0.2y=0.6 \cdots ① \\ 0.4x-0.3y=2.5 \cdots ② \end{cases} \xrightarrow{\times 10,\ \times 10} \begin{cases} 3x-2y=6 \cdots ③ \\ 4x-3y=25 \cdots ④ \end{cases}$$

数だけの項も10倍することを忘れない！

Point **係数が小数の連立方程式は，両辺に10，100，…をかけて，係数を全部整数にしてから解きます。**

◆ $$\begin{cases} 0.3x+1.2y=3.6 \cdots ① \\ 0.2x-0.18y=0.44 \cdots ② \end{cases}$$ 《《 ②は，係数が$\frac{1}{100}$の位までの小数

①×10　$3x+12y=36$ …③

②×100　$20x-18y=44$ …④

③，④を解くと，$x=4$, $y=2$

STEP 132

5章 連立方程式

連立方程式の解き方⑽ 係数が分数の連立方程式

次の方程式を解きましょう。 → 式 STEP 78

$\frac{1}{3}x-2=\frac{2}{5}x+1$

両辺に15をかける。

$5x-30=\square\, x+\square$

$-x=45$

$x=\square$

答 $5x-30=\boxed{6}x+\boxed{15}$, $x=\boxed{-45}$

次の連立方程式を解きましょう。

$$\begin{cases} x+\frac{3}{5}y=9 & \cdots① \\ \frac{1}{2}x-\frac{2}{5}y=1 & \cdots② \end{cases}$$

①×5　$5x+3y=45$ …③

②×10　$5x-4y=10$ …④

③　　$5x+3y=45$

④ $-)$ $5x-4y=10$

　　$7y=35$

　　$y=\square$ …⑤

⑤を③に代入して,

$5x+3\times\square=45$

$5x=30$

$x=\square$

答 $x=\square$, $y=\square$

答 $y=\boxed{5}$, $5x+3\times\boxed{5}=45$, $x=\boxed{6}$, $x=\boxed{6}$, $y=\boxed{5}$

左は，係数が分数の1次方程式です。両辺に分母の最小公倍数をかけて，係数を整数になおして(分母をはらって)から解きます。
右の連立方程式も，係数を全部整数になるように変形してから解きます。

$$\begin{cases} x+\frac{3}{5}y=9 & \cdots① \\ \frac{1}{2}x-\frac{2}{5}y=1 & \cdots② \end{cases} \xrightarrow[\times 10]{\times 5} \begin{cases} 5x+3y=45 & \cdots③ \\ 5x-4y=10 & \cdots④ \end{cases}$$

└2と5の最小公倍数　└数の項にもかける。

Point **係数が分数の連立方程式は，係数が全部整数になるように変形してから解きます。**

例題で確認! 次の連立方程式を解きましょう。

$$\begin{cases} \frac{x}{3}=y+2 & \cdots① \\ \frac{x+1}{2}=\frac{y}{3} & \cdots② \end{cases}$$

答 $x=-3$, $y=-3$

考え方 ①×3　$x=3y+6$

②×6　$3(x+1)=2y$

それぞれの式の形を整理してから解きます。

STEP **133**

⑤章 連立方程式

連立方程式の解き方⑾ 比の性質と連立方程式

次の方程式を解きましょう。 → 式 STEP 80

(1) $x:14=20:7$

$7x=$ □

$x=$ □

(2) $6:x=2:3$

$2x=$ □

$x=$ □

答 (1) $7x=$ 280，$x=$ 40
(2) $2x=$ 18，$x=$ 9

次の連立方程式を解きましょう。

$$\begin{cases} 3x+2y=120 \cdots ① \\ x:y=2:3 \cdots ② \end{cases}$$

②の式を変形して，

$3x=$ □ …③

③を①に代入して，

□ $+2y=120$

$4y=120$

$y=$ □ …④

④を③に代入して，

$3x=60$

$x=$ □

答 $x=$ □，$y=$ □

答 $3x=$ $2y$，$2y$ $+2y=120$，$y=$ 30，$x=$ 20，$x=$ 20，$y=$ 30

左は，$a:b=c:d$ **ならば，** $ad=bc$ という比例式の性質を利用して解きます。右は，①の2元1次方程式と，②の比例式がセットになった連立方程式です。この場合は，まず，②の式を比例式の性質を利用して，2元1次方程式の形に変形してから，連立させて解きます。

$$\begin{cases} 3x+2y=120 \cdots ① \\ x:y=2:3 \cdots ② \end{cases} \xrightarrow{\text{比例式の性質}} \begin{cases} 3x+2y=120 \cdots ① \\ 3x=2y \cdots ③ \end{cases}$$

Point 比例式のある連立方程式は，比例式を変形してから解きます。

例題で確認! 次の連立方程式を解きましょう。

$$\begin{cases} 3x-3y=6 \cdots ① \\ x:y=1:2 \cdots ② \end{cases}$$

答 $x=-2$，$y=-4$

考え方 ②の式を変形して，

$$\begin{cases} 3x-3y=6 \\ 2x=y \end{cases}$$

連立方程式の解き方⑿ A＝B＝Cの形の連立方程式

次の□にあてはまる数や式を入れましょう。

$$\begin{cases} x+y=8 & \cdots ① \\ -2x+6y=8 & \cdots ② \end{cases}$$

①の右辺は8で，②の右辺も□だから，上の連立方程式は，

$x+y=$□$=8$

のように，A＝B＝Cの形で表すことができます。

答 8，$x+y=-2x+6y=8$

次の□にあてはまる式を入れましょう。

$$x+y=-2x+6y=8$$

上のA＝B＝Cの形の連立方程式は，次のような連立方程式にして解くことができます。

$$\begin{cases} x+y=8 \\ \square=8 \end{cases}$$

答 $-2x+6y=8$

左は，連立方程式$\begin{cases} A=C \\ B=C \end{cases}$の関係から，A＝B＝Cの形に式を変形しています。

右は逆に，A＝B＝Cの形の連立方程式から，$\begin{cases} A=C \\ B=C \end{cases}$の形に変形しています。

Point **A＝B＝Cの形の連立方程式は，次の3つのいずれかの形の連立方程式になおして解きます。** $\begin{cases} A=C \\ B=C \end{cases}$ $\begin{cases} A=B \\ A=C \end{cases}$ $\begin{cases} A=B \\ B=C \end{cases}$

◆A，B，Cが3つとも式のときは，式の組み合わせをくふうすると，計算が簡単になる場合があります。

〔問題〕**$3x+2y-4=2x-y-5=x+y+4$を解きましょう。**

$\begin{cases} 3x+2y-4=x+y+4 \\ 2x-y-5=x+y+4 \end{cases}$ 移項して整理する。→ ㋐ $\begin{cases} 2x+y=8 \\ x-2y=9 \end{cases}$

$\begin{cases} 3x+2y-4=2x-y-5 \\ 3x+2y-4=x+y+4 \end{cases}$ 移項して整理する。→ ㋑ $\begin{cases} x+3y=-1 \\ 2x+y=8 \end{cases}$

$\begin{cases} 3x+2y-4=2x-y-5 \\ 2x-y-5=x+y+4 \end{cases}$ 移項して整理する。→ ㋒ $\begin{cases} x+3y=-1 \\ x-2y=9 \end{cases}$

㋐，㋑，㋒のどの連立方程式を解いてもよいのですが，㋒は，xの係数が等しく，そのまま加減法が使えるので，もっとも簡単に計算できます。 **答 $x=5$，$y=-2$**

例題で確認! 次の連立方程式を解きましょう。

$x-2y=5x+4y=7$

答 $x=3$，$y=-2$ 考え方 $\begin{cases} x-2y=7 \\ 5x+4y=7 \end{cases}$

STEP 135

5章 連立方程式

連立方程式の解き方⒀ 解と係数

次の□にあてはまる数を入れましょう。

xについての方程式$ax=6$の解が$x=3$のとき，aの値を求めます。

$x=3$は方程式の解だから，方程式に$x=3$を代入すると，等式は成り立ちます。

よって，$a\times\square=6$

$a=\square$

答 $a\times\boxed{3}=6$，$a=\boxed{2}$

次の□にあてはまる数を入れましょう。

連立方程式$\begin{cases}ax+2y=1 & \cdots① \\ 2x+by=10 & \cdots②\end{cases}$

の解が，$x=3$，$y=-4$であるとき，a，bの値を求めます。

$x=3$，$y=-4$は連立方程式の解だから，これらの値を2つの方程式のx，yにそれぞれ代入すると，

①は，$a\times\square+2\times(\square)=1$

$3a=9$

$a=\square$

②は，$2\times\square+b\times(\square)=10$

$-4b=4$

$b=\square$

答 $a\times\boxed{3}+2\times(\boxed{-4})=1$，$a=\boxed{3}$，$2\times\boxed{3}+b\times(\boxed{-4})=10$，$b=\boxed{-1}$

左は，他の文字（ここではa）を含むxについての1次方程式です。解（$x=3$）が与えられているときは，解を代入してできる他の文字（a）の方程式を解き，その文字（a）の値を求めます。

$ax=6$の解が$x=3$ ⟶ $a\times3=6$，$3a=6$より，$\boldsymbol{a=2}$ 答

（xにあてはまる数が3）

右は，他の文字（ここではa，b）を含むx，yについての連立方程式です。解（$x=3$，$y=-4$）が与えられているときは，解を代入してできる他の文字（a，b）の方程式を解き，その文字（a，b）の値を求めます。

連立方程式$\begin{cases}ax+2y=1 \\ 2x+by=10\end{cases}$ の解が，$x=3$，$y=-4$ ⟶

（xにあてはまる数が3，yにあてはまる数が-4）

$3a-8=1$

より，$\boldsymbol{a=3}$

$6-4b=10$

より，$\boldsymbol{b=-1}$

答 $a=3$，$b=-1$

Point **他の文字を含む連立方程式で，解が与(あた)えられているときは，解を代入してできる他の文字の方程式を解くと，その文字の値を求めることができます。**

◆2つの連立方程式が同じ解を持つときは，組み合わせを変えて連立することができます。

〔問題〕 連立方程式$\begin{cases}3x+y=5 & \cdots①\\ bx+ay=12 & \cdots②\end{cases}$と，$\begin{cases}ax+by=9 & \cdots③\\ 7x+4y=15 & \cdots④\end{cases}$が，同じ解を持つとき，$a$，$b$の値を求めましょう。

考え方 $\begin{cases}3x+y=5\\ bx+ay=12\end{cases}$ ⟷ $\begin{cases}ax+by=9\\ 7x+4y=15\end{cases}$ 入れかえて，a，bを含まない連立方程式と，a，bを含む連立方程式に分けます。

↓

$\begin{cases}3x+y=5\\ 7x+4y=15\end{cases}$　$\begin{cases}ax+by=9\\ bx+ay=12\end{cases}$

〔解答〕 2つの連立方程式は同じ解を持つから，

$\begin{cases}3x+y=5 & \cdots①\\ 7x+4y=15 & \cdots④\end{cases}$ を解いて，

$$\begin{array}{lrl} ①\times4 & 12x+4y &= 20\\ ④ & -)\ \ 7x+4y &= 15\\ \hline & 5x &= 5\\ & x &= 1\cdots⑤\end{array}$$

⑤を①に代入して，

$3\times1+y=5$，$y=2\cdots⑥$

⑤と⑥を③，②に代入して，

$\begin{cases}a+2b=9 & \cdots⑦\\ 2a+b=12 & \cdots⑧\end{cases}$ を解いて，

$$\begin{array}{lrl} ⑦\times2 & 2a+4b &= 18\\ ⑧ & -)\ 2a+\ \ b &= 12\\ \hline & 3b &= 6\\ & b &= 2\cdots⑨\end{array}$$

⑨を⑦に代入して，

$a+2\times2=9$，$a=5$

答 $a=5$，$b=2$

例題で確認! 次の問題に答えましょう。

連立方程式$\begin{cases}ax+by=5\\ bx+ay=10\end{cases}$の解が$x=4$，$y=-1$のとき，$a$，$b$の値を求めましょう。

答 $a=2$，$b=3$　**考え方** 解を代入すると，$\begin{cases}4a-b=5\\ 4b-a=10\end{cases}$ この連立方程式を解きます。

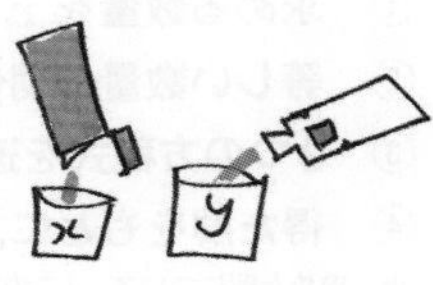

STEP
136

5章 連立方程式

連立方程式の利用(1) 連立方程式を使って問題を解く手順

次の問題を，求める数量をxで表して方程式を使って解きます。 → 式 STEP 81

□にあてはまることばや式，数を入れましょう。

〔問題〕 1個140円のりんごを何個か買ったときの代金は，840円でした。りんごを何個買いましたか。

〔解答〕 □ をx個買ったとすると，

□ $=840$

$x=$ □

答 □ 個

答 りんご，$140x=840$，$x=6$，6個

次の問題を，求める数量をx，yで表して方程式を使って解きましょう。

〔問題〕 1個140円のりんごと1個60円のみかんを，合わせて15個買ったときの代金は1380円でした。それぞれ何個買いましたか。

〔解答〕 りんごをx個，みかんをy個買ったとすると，

$$\begin{cases} x+y=\square & \cdots ① \\ 140x+\square=1380 & \cdots ② \end{cases}$$

$$\begin{array}{lrcr} ①\times 60 & 60x+60y & = & 900 \\ ② & -)\ 140x+60y & = & 1380 \\ \hline & -80x & = & -480 \\ & x & = & \square \cdots ③ \end{array}$$

③を①に代入して，

$\square+y=15$

$y=\square$

答 りんご…□個

みかん…□個

答 $\begin{cases} x+y=15 \\ 140x+60y=1380 \end{cases}$，$x=6$

$6+y=15$，$y=9$，

りんご…6個，みかん…9個

上は，求める数量(りんごの個数)をxで表して，(りんご1個の値段)×(個数)=(代金)の関係から方程式をつくり，それを解きます。

下は，求める数量がりんごの個数とみかんの個数の2つあるので，文字もx，yの2種類を使って，方程式をつくります。個数の関係と代金の関係から，**2つの方程式**をつくり，それを連立させて解きます。

Point **連立方程式を使って文章題を解く手順は，次のようになります。**

① 求める数量をx，yで表します。

② 等しい数量の関係を2つ見つけ，方程式を2つつくります。

③ 2つの方程式を連立させて解きます。

④ 得た解をもとに，答をまとめます。

※ 求めた解について，「この解は問題に適している。」と解の吟味(ぎんみ)をする一文は，この本では省略しています。

連立方程式の利用(2) 代金

次の数量の関係を等式で表しましょう。

→ 式 STEP 67

ある博物館の入館料をおとな1人x円，中学生1人y円としたとき，おとな4人と中学生2人の入館料の合計は，4000円でした。

$4x+\square=\square$

答 $4x+\boxed{2y}=\boxed{4000}$

次の問題を解くための連立方程式をつくりましょう。

〔問題〕**ある水族館の入館料は，おとな3人と中学生1人で5500円，おとな1人と中学生2人で3500円です。おとな1人と中学生1人の入館料は，それぞれ何円ですか。**

〔式〕**おとな1人の入館料をx円，中学生1人の入館料をy円とすると，**

$\begin{cases}\square=5500\\ \square=3500\end{cases}$

答 $\begin{cases}\boxed{3x+y}=5500\\ \boxed{x+2y}=3500\end{cases}$

上は，(おとな4人の入館料)＋(中学生2人の入館料)＝4000円という等しい関係から等式をつくります。

下は，関係① (おとな3人と中学生1人)の入館料＝5500円

関係② (おとな1人と中学生2人)の入館料＝3500円

と，**等しい関係が2つ**あります。求めるものをx，yで表し，それぞれの等しい関係から等式を1つずつつくれば，

$\begin{cases}3x+y=5500 & \leftarrow \text{関係①}\\ x+2y=3500 & \leftarrow \text{関係②}\end{cases}$

と連立方程式をつくることができます。

これを解くと，$x=1500$，$y=1000$

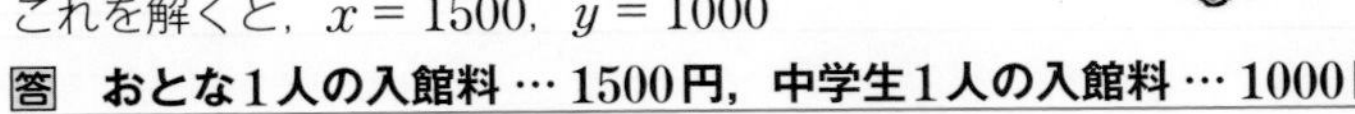

答 **おとな1人の入館料 … 1500円，中学生1人の入館料 … 1000円**

Point **文中に代金が2通り示されているときは，それぞれで等式をつくり，連立方程式をつくることができます。**

例題で確認! 次の問題に答えましょう。

ノート3冊と鉛筆5本の代金の合計は500円，ノート5冊と鉛筆8本の代金の合計は820円です。ノート1冊と鉛筆1本の代金は，それぞれ何円ですか。

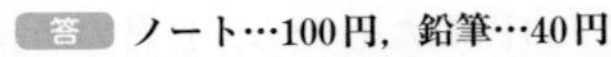

答 **ノート…100円，鉛筆…40円**

考え方 ノート1冊の代金をx円，鉛筆1本の代金をy円とすると，

$\begin{cases}3x+5y=500\\ 5x+8y=820\end{cases}$

STEP 138

5章 連立方程式

連立方程式の利用(3) 分配

次の数量の関係を等式で表しましょう。 → 式 STEP 68

A君がx円，B君がy円持っているとき，A君が持っている金額は，B君が持っている金額より500円多い。

$x=$ [　　]

答 $x=$ $y+500$

次の問題を解くための連立方程式をつくりましょう。

〔問題〕A君はB君より900円多い金額を持っています。もしB君がA君に300円わたすと，A君の所持金はB君の所持金の2倍になります。A君とB君の所持金は，それぞれ何円ですか。

〔式〕A君の所持金をx円，B君の所持金をy円とすると，

$$\begin{cases} x = \boxed{} \\ x + \boxed{} = \boxed{}(y - \boxed{}) \end{cases}$$

答 $\begin{cases} x = y+900 \\ x+300 = 2(y-300) \end{cases}$

上は，差額をB君に補えば2人の所持金は等しくなるので，$x=y+500$です。
下は，問題から等しい関係をさがすと，まず，上と同じ考え方で

関係① （A君の所持金）＝（B君の所持金）＋900円

また，A君の所持金は300円増え，B君の所持金は300円減るので，

関係② （A君の所持金）＋300円＝2×（B君の所持金－300円）

〔解答〕A君の所持金をx円，B君の所持金をy円とすると， $\begin{cases} x = y + 900 & \cdots① \\ x + 300 = 2(y - 300) & \cdots② \end{cases}$	①を②に代入して， $(y+900)+300=2(y-300)$ $y+900+300=2y-600$ $-y=-1800$ $y=1800 \cdots ③$	③を①に代入して， $x=1800+900=2700$ 答 A君…2700円 B君…1800円

Point **BからAに数量がわたるとき，Aは数量が増え，Bはその分数量が減ります。**

例題で確認! 次の問題に答えましょう。

A君はB君より120円少ない金額を持っています。今，A君がB君に750円わたしたら，B君の所持金はA君の所持金の7倍になります。2人のはじめの所持金を，それぞれ求めましょう。

答 **A君…1020円，B君…1140円**

考え方 等しい関係を2つさがすと，

・（A君の所持金）＝（B君の所持金）－120円

・7×（A君の所持金－750円）＝（B君の所持金）＋750円

はじめのA君の所持金をx円，B君の所持金をy円とすると，$\begin{cases} x = y - 120 \\ 7(x-750) = y + 750 \end{cases}$

連立方程式の利用(4) 整数

次の数量の関係を等式で表しましょう。 → 式 STEP 44・68

2けたの自然数があり，十の位の数を x，一の位の数を y とするとき，十の位の数と一の位の数を入れかえてできる数は，もとの自然数より27大きい。

$\square\, y + x = \square\, x + y + \square$

答 $\boxed{10}\,y + x = \boxed{10}\,x + y + \boxed{27}$

次の問題を解くための連立方程式をつくりましょう。

〔問題〕 2けたの自然数があります。十の位の数と一の位の数の和が8で，十の位の数と一の位の数を入れかえてできる数は，もとの数の2倍より17小さくなります。もとの自然数を求めましょう。

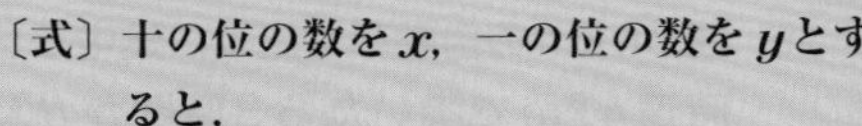

〔式〕 十の位の数を x，一の位の数を y とすると，

$$\begin{cases} x + \square = \square \\ \square\, y + x = 2(10x + y) - \square \end{cases}$$

答 $\begin{cases} x + \boxed{y} = \boxed{8} \\ \boxed{10}\,y + x = 2(10x + y) - \boxed{17} \end{cases}$

上は，もとの自然数が $10x + y$，その十の位の数と一の位の数を入れかえた数が $10y + x$ になることをおさえましょう。

下は，以下の2つの等しい関係から連立方程式をつくります。

関係① (十の位の数)＋(一の位の数)＝8

関係② (十の位と一の位を入れかえた数)＝2×(もとの数)－17　（もとの数＝$10x + y$）

〔解答〕		
十の位の数を x，一の位の数を y とすると， $\begin{cases} x + y = 8 & \cdots① \\ 10y + x = 2(10x + y) - 17 & \cdots② \end{cases}$	②を整理すると， $-19x + 8y = -17 \cdots③$ ①×8 　$8x + 8y = 64$ ③ 　$-)\ -19x + 8y = -17$ 　　$27x = 81$	$x = 3 \cdots④$ ④を①に代入して， $y = 5$ **答** 35

Point **十の位の数を x，一の位の数を y とすると，2けたの数(もとの数)は $10x + y$ であり，$x + y$ ではないことに注意しましょう。**

例題で確認! 次の問題に答えましょう。

2けたの自然数があります。各位の数の和は11で，十の位の数と一の位の数を入れかえてできる数は，もとの数より45大きくなります。もとの自然数を求めましょう。

答 38

考え方 十の位の数を x，一の位の数を y とすると，

$$\begin{cases} x + y = 11 \\ 10y + x = 10x + y + 45 \end{cases}$$

連立方程式の利用(5) 速さ・道のり・時間(1)

次の数量の関係を等式で表しましょう。 → 式 STEP 40

時速40kmの自動車でx km走り，途中から時速5kmでy km歩いたら，合計2時間かかりました。

$$\frac{x}{40}+\frac{\square}{\square}=\square$$

答 $\frac{x}{40}+\frac{y}{5}=2$

次の問題を解くための連立方程式をつくりましょう。

〔問題〕60km離れたところに行くのに，時速36kmの自動車で走り，途中から時速4kmで歩いたら3時間かかりました。自動車で走った道のりと，歩いた道のりをそれぞれ求めましょう。

〔式〕自動車で走った道のりをx km，歩いた道のりをy kmとすると，

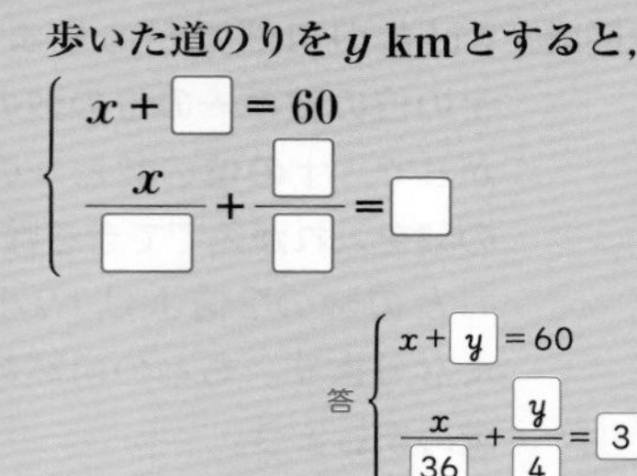

$$\begin{cases} x+\square=60 \\ \frac{x}{\square}+\frac{\square}{\square}=\square \end{cases}$$

答 $\begin{cases} x+y=60 \\ \frac{x}{36}+\frac{y}{4}=3 \end{cases}$

上は，文章を読んで，場面の様子をしっかりイメージできるようにしましょう。

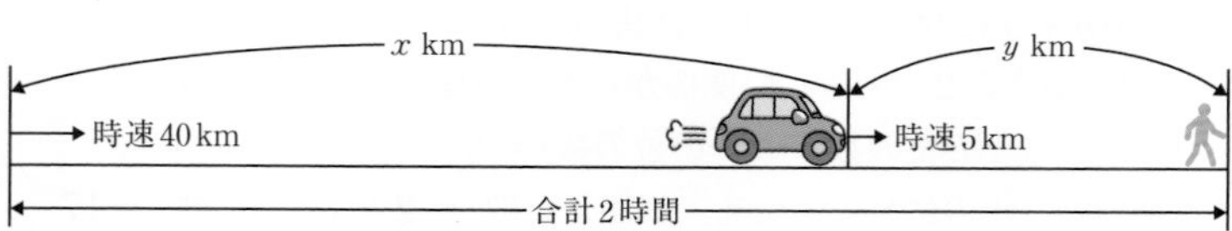

文中には，自動車で走った時間も，歩いた時間も示されていませんが，(時間)＝(道のり)÷(速さ)から，下の図のように考えます。

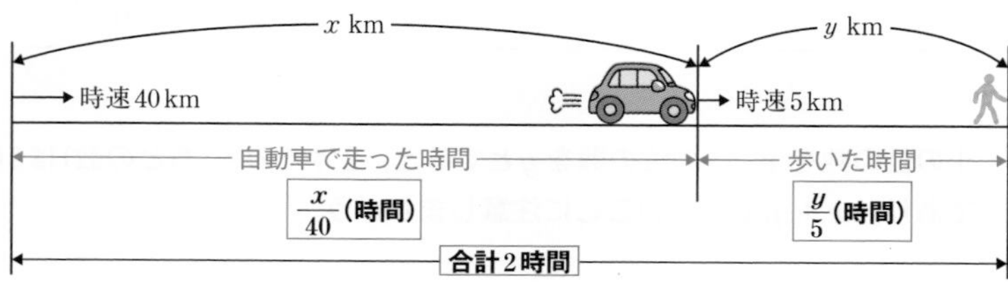

したがって，(自動車で走った時間)＋(歩いた時間)＝(合計2時間)から，

$\frac{x}{40}+\frac{y}{5}=2$ 答 という等式で表されます。

下は，時間の合計とともに，道のりの合計にも着目します。
自動車で走った道のりをx km，歩いた道のりをy kmとすると，

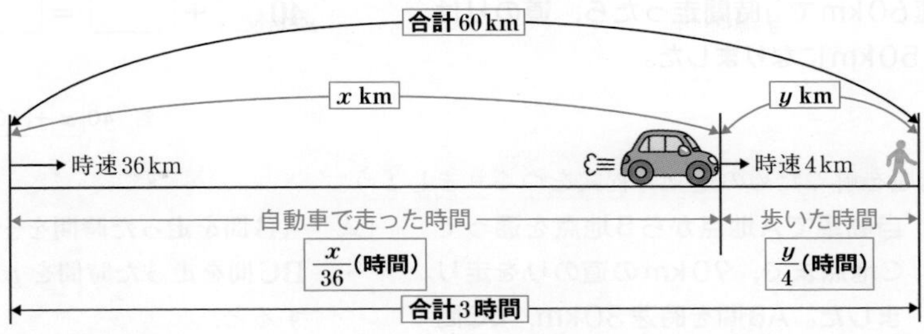

したがって，

関係①　(自動車で走った道のり)＋(歩いた道のり)＝60km

関係②　(自動車で走った時間)＋(歩いた時間)＝3時間

と，等しい関係が2つ見つかるので，連立方程式をつくれます。

〔解答〕自動車で走った道のりをx km，歩いた道のりをy kmとすると，

$$\begin{cases} x+y=60 & \cdots① \\ \dfrac{x}{36}+\dfrac{y}{4}=3 & \cdots② \end{cases}$$

$$\begin{array}{lrl} ① & x+y= & 60 \\ ②\times36 & -)\ x+9y= & 108 \\ \hline & -8y= & -48 \\ & y= & 6\cdots③ \end{array}$$

③を①に代入して，
$x+6=60$，$x=54$

答　自動車で走った道のり…54 km
歩いた道のり…6 km

Point　**道のりを求める問題では，道のりの合計と，時間の合計から，2つの等式を導くことがあります。**

$$(\text{道のり})=(\text{速さ})\times(\text{時間}) \qquad (\text{時間})=\frac{(\text{道のり})}{(\text{速さ})} \qquad (\text{速さ})=\frac{(\text{道のり})}{(\text{時間})}$$

例題で確認!　次の問題に答えましょう。

A地点から，11km離れたC地点まで行くのに，途中のB地点までは時速3km，B地点からC地点までは時速5kmで歩いたら，全体で3時間かかりました。A地点からB地点までの道のりと，B地点からC地点までの道のりを，それぞれ求めましょう。

答　**A地点からB地点までの道のり…6km**
B地点からC地点までの道のり…5km

考え方　A地点からB地点までの道のりをx km，B地点からC地点までの道のりをy kmとすると，

$$\begin{cases} x+y=11 \\ \dfrac{x}{3}+\dfrac{y}{5}=3 \end{cases}$$

連立方程式の利用(6) 速さ・道のり・時間(2)

次の数量の関係を等式で表しましょう。 → 式 STEP 40

時速40kmの自動車でx時間走り，途中から時速60kmでy時間走ったら，道のりは合計150kmになりました。

40□＋□＝□

答　40x＋$60y$＝150

次の問題を解くための連立方程式をつくりましょう。

〔問題〕自動車でA地点からB地点を通ってC地点まで，90kmの道のりを走りました。AB間を時速30km，BC間を時速80kmで走ると，2時間かかりました。AB間，BC間を走った時間は，それぞれ何時間ですか。

〔式〕AB間を走った時間をx時間，BC間を走った時間をy時間とすると，

$$\begin{cases} x+y=\square \\ 30x+\square=\square \end{cases}$$

答 $\begin{cases} x+y=2 \\ 30x+80y=90 \end{cases}$

上は，文章を読んで，場面の様子をしっかりイメージしましょう。

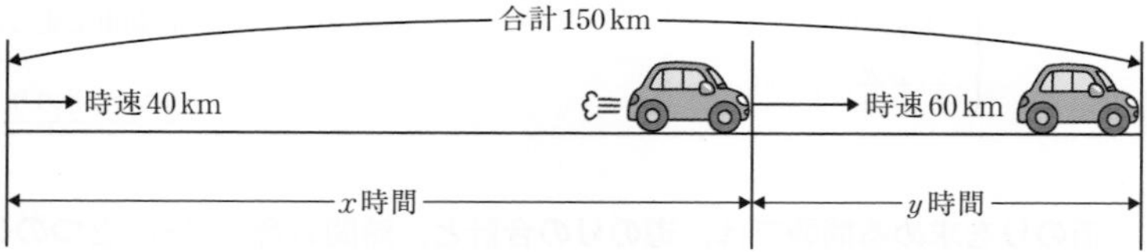

文中には，時速40kmで走った道のりと，時速60kmで走った道のりが示されていませんが，(道のり)＝(速さ)×(時間)から，下の図のように考えます。

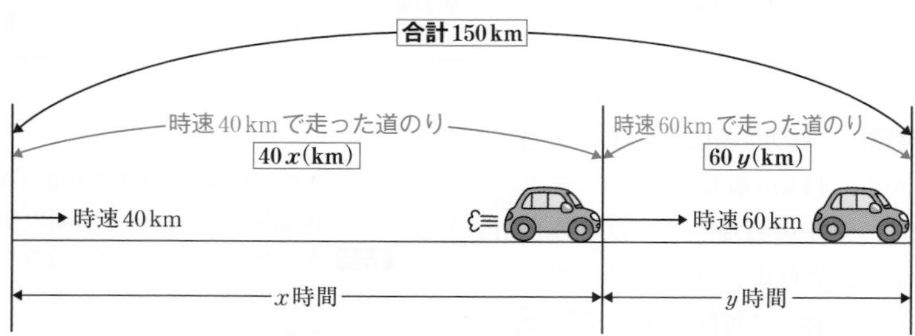

したがって，(時速40kmで走った道のり)＋(時速60kmで走った道のり)＝(合計150km) から，$40x+60y=150$ 答

下は，時間の合計と道のりの合計に着目します。

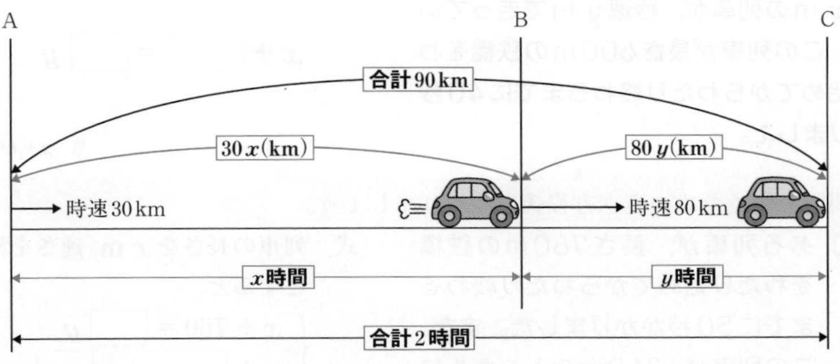

したがって，

関係①　(AB間を走った時間)＋(BC間を走った時間)＝2時間

関係②　(AB間の道のり)＋(BC間の道のり)＝90 km

と，等しい関係が2つ見つかるので，連立方程式をつくれます。

〔解答〕AB間を走った時間をx時間，BC間を走った時間をy時間とすると， $\begin{cases} x+y=2 & \cdots① \\ 30x+80y=90 & \cdots② \end{cases}$	①×30　$30x+30y=60$ ②　$-)\ 30x+80y=90$ $-50y=-30$ $y=\frac{3}{5}\cdots③$	③を①に代入して， $x+\frac{3}{5}=2,\ x=\frac{7}{5}$ 答　AB間…$\frac{7}{5}$時間 BC間…$\frac{3}{5}$時間

Point　**時間を求める問題でも，時間の合計と，道のりの合計から，2つの等式を導くことがあります。**

例題で確認!　次の問題に答えましょう。

自動車でA地点からB地点に行き，再びA地点に帰ってきました。行きは時速40 km，帰りは時速30 kmで走ったら，A地点を出発して再びA地点に帰ってくるまでに7時間かかりました。行きと帰りにかかった時間をそれぞれ求めましょう。

答　行き…3時間，帰り…4時間

考え方　道のりが示されていませんが，AB間を往復しているので，1つの式は，(行きの道のり)＝(帰りの道のり)でつくることができます。
行きにかかった時間をx時間，帰りにかかった時間をy時間とすると，

$$\begin{cases} 40x=30y \\ x+y=7 \end{cases}$$

STEP 142

5章 連立方程式

連立方程式の利用(7) 速さ・道のり・時間(3)

次の数量の関係を等式で表しましょう。

長さ x mの列車が，秒速 y mで走っています。この列車が長さ600mの鉄橋をわたり始めてからわたり終わるまでに40秒かかりました。

$x+\square=\square y$

答 $x+\boxed{600}=\boxed{40}y$

次の問題を解くための連立方程式をつくりましょう。

〔問題〕 **ある列車が，長さ760mの鉄橋をわたり始めてからわたり終わるまでに50秒かかりました。また，この列車が1360mのトンネルに入り始めてから出るまでに80秒かかりました。この列車の長さと速さを求めましょう。**

〔式〕 列車の長さを x m, 速さを秒速 y mとすると,

$$\begin{cases} x+760=\square y \\ x+\square=\square y \end{cases}$$

答 $\begin{cases} x+760=\boxed{50}y \\ x+\boxed{1360}=\boxed{80}y \end{cases}$

上は，列車の道のりを2通りの方法で表し，＝でむすんで等式をつくります。1つは，(速さ)×(時間)から $40y$ です。もう1つは，鉄橋の長さ600mではありません。「わたり終わる」というのは，列車のいちばん後ろが鉄橋をわたり終わることなので，列車の道のりは，(列車の長さ)＋(鉄橋の長さ)になります。

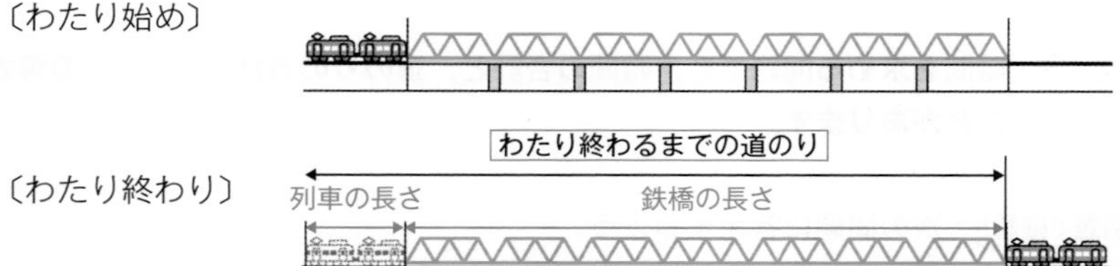

下は，鉄橋とトンネルのそれぞれの場合で，列車の進む道のりの等式をつくります。トンネルの場合も列車の長さを加えることに注意しましょう。

関係① (列車の長さ)＋(鉄橋の長さ)＝(速さ)×(時間)

関係② (列車の長さ)＋(トンネルの長さ)＝(速さ)×(時間)

〔解答〕 列車の長さを x m，速さを秒速 y mとすると，

$$\begin{cases} x+760=50y \cdots① \\ x+1360=80y \cdots② \end{cases}$$

$$\begin{array}{lrl} ①' & x-50y= & -760 \\ ②' \ -) & x-80y= & -1360 \\ \hline & 30y= & 600 \\ & y= & 20 \cdots③ \end{array}$$

③を①′に代入すると，

$x-50\times20=-760$

$x=240$

答 列車の長さ…240m
速さ…秒速20m

Point 鉄橋やトンネルの問題では，列車の長さも道のりに加えなければならない場合が多いので，図にかいて確認しましょう。

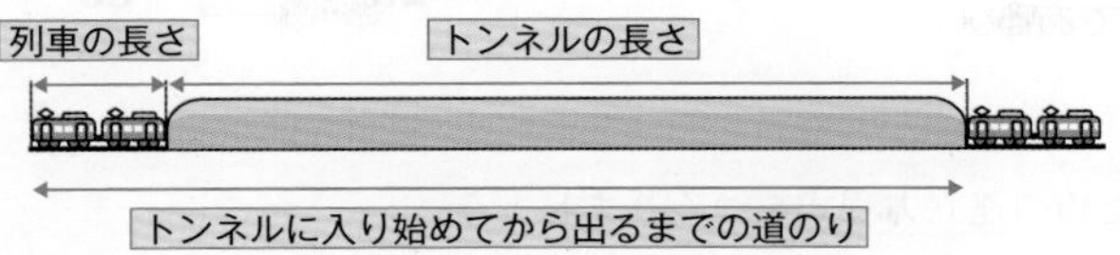

Point 速さには秒速，分速，時速があります。問題で示されている速さと，答として求められている速さとで単位がちがう場合があるので注意が必要です。

〔問題〕ある列車が，長さ**1100 m**の鉄橋をわたり始めてからわたり終わるまでに**65秒**かかりました。また，この列車が**1370 m**のトンネルに入り始めてから出るまでに**80秒**かかりました。この列車の長さと**時速**を求めましょう。

〔解答〕列車の長さをx m，速さを**秒速y m**とすると，

《求められているのは「時速」ですが，時間が秒で示されているので，まず「秒速」を求めます。》

$$\begin{cases} x + 1100 = 65y \cdots ① \\ x + 1370 = 80y \cdots ② \end{cases}$$

$$\begin{array}{rrcr} ①' & x - 65y & = & -1100 \\ ②' \ -) & x - 80y & = & -1370 \\ \hline & 15y & = & 270 \\ & y & = & 18 \end{array} \cdots ③$$

《これは秒速です。最後に「時速」になおします。》

18(m)×60(秒)×60(分)
↓
秒速18 m＝時速64800 m
＝時速64.8 km

③を①に代入すると，

$x + 1100 = 65 \times 18$

$x = 70$

③より，秒速18 mを時速になおすと，時速64.8 kmです。

答 列車の長さ … 70 m，速さ … 時速64.8 km

例題で確認! 次の問題に答えましょう。

ある列車が，長さ870 mの鉄橋をわたり始めてからわたり終わるまでに40秒かかりました。また，この列車が2120 mのトンネルに入り始めてから出るまでに1分30秒かかりました。この列車の長さと時速を求めましょう。

答 列車の長さ … 130 m，速さ … 時速90 km

考え方 時間が秒で示されているので，速さを秒速y mとするとよい。1分30秒は90秒になおします。

列車の長さをx m，速さを秒速y mとすると，

$$\begin{cases} x + 870 = 40y \\ x + 2120 = 90y \end{cases}$$

最後に忘れずに秒速を時速になおしましょう。

STEP 143

⑤章 連立方程式

連立方程式の利用(8) 図形のしきつめ

次の数量の関係を等式で表しましょう。 → 式 STEP 41

縦 x cm，横 y cmの長方形があり，周囲の長さが56 cmである。

$2x + \square = 56$

答 $2x + \boxed{2y} = 56$

次の問題を解くための連立方程式をつくりましょう。

〔問題〕周囲の長さが56 cmの長方形があります。この長方形を縦に4枚，横に3枚しきつめると，正方形ができます。この長方形の縦の長さと横の長さをそれぞれ求めましょう。

〔式〕長方形の縦の長さを x cm，横の長さを y cmとすると，

$$\begin{cases} 2x + \square = 56 \\ \square x = \square y \end{cases}$$

答 $\begin{cases} 2x + \boxed{2y} = 56 \\ \boxed{4}x = \boxed{3}y \end{cases}$

上は，「長方形の向かい合う辺の長さは等しい」という性質から考えます。
下は，さらに「正方形の4つの辺の長さは等しい」という性質も考え，等しい関係を2つ見つけます。

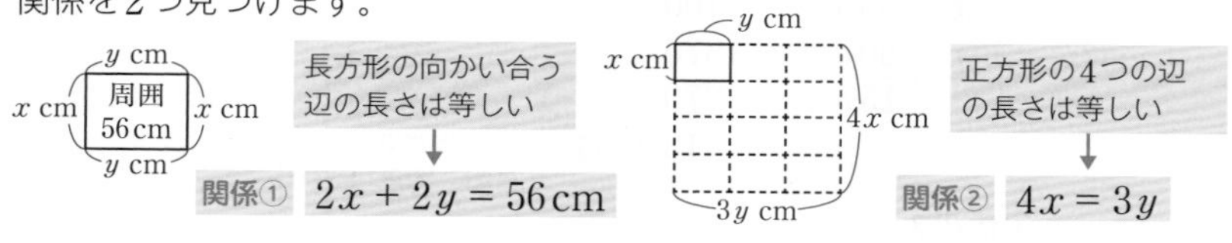

〔解答〕長方形の縦の長さを x cm，横の長さを y cmとすると，$\begin{cases} 2x + 2y = 56 \cdots① \\ 4x = 3y \quad \cdots② \end{cases}$	①より，$x + y = 28$ $y = 28 - x \cdots③$ ③を②に代入して，	$4x = 3(28 - x)$ $x = 12 \cdots④$ ④を③に代入して，$y = 16$ 答 縦…12 cm，横…16 cm

Point **図形のしきつめに関する問題は，イメージの図（略図）をかきます。それから，できあがる図形の性質を手がかりにして連立方程式をつくります。**

例題で確認! 次の問題に答えましょう。

周囲の長さが40 cmの長方形があります。この長方形を縦に3枚，横に7枚しきつめると，正方形ができます。この長方形の縦の長さと横の長さをそれぞれ求めましょう。

答 縦…14 cm，横…6 cm

考え方 長方形の縦の長さを x cm，横の長さを y cmとすると，

$$\begin{cases} 2x + 2y = 40 \\ 3x = 7y \end{cases}$$

連立方程式の利用(9) 割合(1)

→ 式 STEP 42

次の数量の関係を等式で表しましょう。

x人いる男の人の15％と，y人いる女の人の35％がジュースを買ったとき，ジュースを買ったのは全部で65人でした。

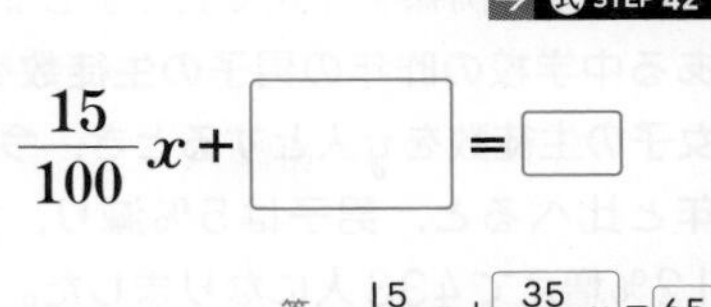

$$\frac{15}{100}x+\square=\square$$

答 $\frac{15}{100}x+\boxed{\frac{35}{100}y}=\boxed{65}$

次の問題を解くための連立方程式をつくりましょう。

〔問題〕映画館に男女が300人います。男の人の40％と，女の人の20％がジュースを買い，ジュースを買った人は全員で84人です。映画館にいる人は，男女それぞれ何人ですか。

〔式〕男の人をx人，女の人をy人とすると，

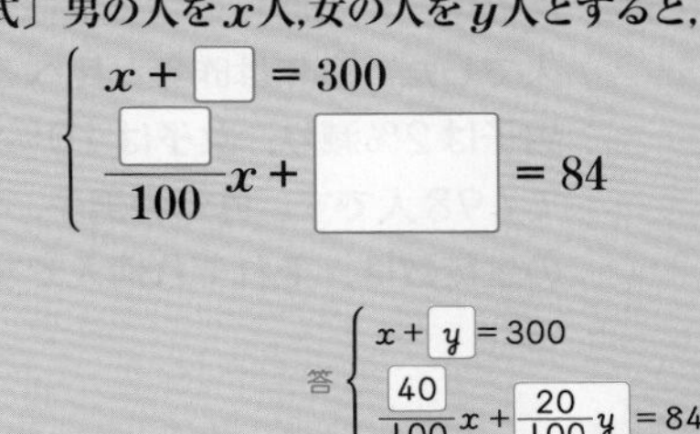

$$\begin{cases} x+\square=300 \\ \dfrac{\square}{100}x+\square=84 \end{cases}$$

答 $\begin{cases} x+\boxed{y}=300 \\ \boxed{\dfrac{40}{100}}x+\boxed{\dfrac{20}{100}y}=84 \end{cases}$

上は，x人の15％とy人の35％を合わせると65人，という内容で等式をつくります。
下は，以下の2つの等しい関係から連立方程式をつくります。

関係① （男の人の人数）＋（女の人の人数）＝300人

関係② （ジュースを買った男の人の人数）＋（ジュースを買った女の人の人数）＝84人

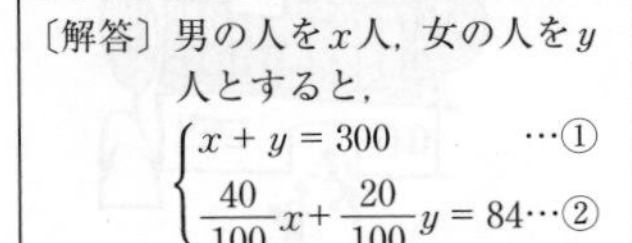

〔解答〕男の人をx人，女の人をy人とすると， $\begin{cases} x+y=300 & \cdots① \\ \dfrac{40}{100}x+\dfrac{20}{100}y=84 & \cdots② \end{cases}$	① $x+y=300$ ②×5 −) $2x+y=420$ $-x=-120$ $x=120$ …③	③を①に代入して， $120+y=300$ $y=180$ 答 男の人…120人 女の人…180人

※②は，$0.4x+0.2y=84$と小数で表してもよい。

Point 百分率は，分母が100の分数で表すことに注意しましょう。

例題で確認! 次の問題に答えましょう。

兄と弟の持っているお金は，合わせて3000円です。兄が持っているお金の8割と，弟が持っているお金の6割を出し合って，2000円の品物を買いました。兄と弟は，はじめにそれぞれいくら持っていましたか。

答 兄…1000円，弟…2000円

考え方 □割は，分母が10の分数で表します。兄が持っていたお金をx円，弟が持っていたお金をy円とすると，

$$\begin{cases} x+y=3000 \\ \dfrac{8}{10}x+\dfrac{6}{10}y=2000 \end{cases}$$

STEP 145

5章 連立方程式

連立方程式の利用⑽ 割合⑵

次の数量の関係を等式で表しましょう。 → 式 STEP 42

ある中学校の昨年の男子の生徒数をx人，女子の生徒数をy人とするとき，今年は昨年と比べると，男子は5％減り，女子は12％増えて433人になりました。

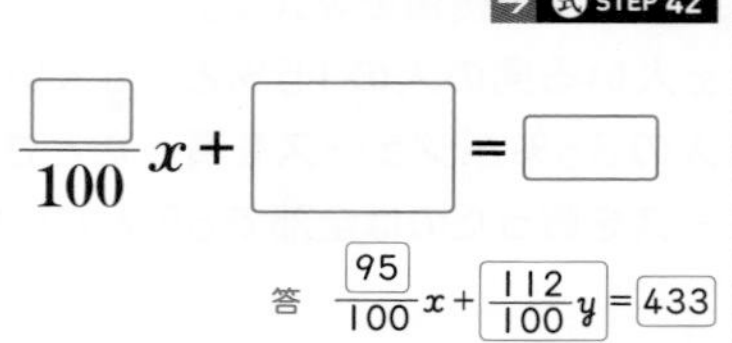

$\frac{\square}{100}x + \square = \square$

答 $\frac{95}{100}x + \frac{112}{100}y = 433$

次の問題を解くための連立方程式をつくりましょう。

〔問題〕 ある中学校の昨年の生徒数は480人でした。今年は昨年と比べると，男子は2％減り，女子は10％増えて498人です。昨年の男子，女子の生徒数は，それぞれ何人ですか。

〔式〕 昨年の男子の生徒数をx人，女子の生徒数をy人とすると，

$\begin{cases} x + \square = 480 \\ \frac{\square}{100}x + \square = \square \end{cases}$

答 $\begin{cases} x + y = 480 \\ \frac{98}{100}x + \frac{110}{100}y = 498 \end{cases}$

上は，（今年の男子の生徒数）＋（今年の女子の生徒数）＝433人と等式をつくります。昨年よりも男子は5％減り，女子は12％増えたので，今年の生徒数は，

（男子） $x - \frac{5}{100}x = \frac{95}{100}x$

5％減った。

（女子） $y + \frac{12}{100}y = \frac{112}{100}y$

12％増えた。

と表されます。

下は，昨年と今年，それぞれの等しい関係から連立方程式をつくります。

関係① （昨年の男子の生徒数）＋（昨年の女子の生徒数）＝480人

関係② （今年の男子の生徒数）＋（今年の女子の生徒数）＝498人

〔解答〕 昨年の男子の生徒数をx人，女子の生徒数をy人とすると，

$\begin{cases} x + y = 480 & \cdots① \\ \frac{98}{100}x + \frac{110}{100}y = 498 & \cdots② \end{cases}$

①×49　　$49x + 49y = 23520$

②×50　$-)\ 49x + 55y = 24900$

$-6y = -1380$

$y = 230 \cdots③$

③を①に代入すると，

$x + 230 = 480$

$x = 250$

答 男子…250人　女子…230人

Point **昨年より2%減ったということは，昨年の98%（100 − 2 = 98），同じく10%増えたということは，昨年の110%（100 + 10 = 110）にあたることに気をつけましょう。**

◆定価のa%引きも，同じように考えます。

定価の20%引きの値段…定価の80%（100 − 20 = 80）

$$（実際に払う金額）=（定価）\times \frac{100-a}{100}$$

〔問題〕ブラウスとセーターをどちらも定価で買うと5700円でしたが，ブラウスは定価の20%引き，セーターは定価の15%引きだったので，代金は4720円になりました。このブラウスとセーターの定価は，それぞれいくらですか。

〔解答〕ブラウスの定価をx円，セーターの定価をy円とすると，

$$\begin{cases} x+y=5700 & \cdots ① \\ \frac{80}{100}x+\frac{85}{100}y=4720 & \cdots ② \end{cases}$$

xの20%引き→xの80%，yの15%引き→yの85%

$$\begin{array}{lrl} ①\times 16 & 16x+16y= & 91200 \\ ②\times 20\ -) & 16x+17y= & 94400 \\ \hline & -y= & -3200 \\ & y= & 3200 \cdots ③ \end{array}$$

③を①に代入して，

$x+3200=5700$

$x=2500$

答 **ブラウス…2500円，セーター…3200円**

Point **問題で求める数量ではなく，別な数量を文字で表したほうが方程式がつくりやすい場合があります。このとき，連立方程式の解がそのまま答にはならないことに注意しましょう。**

〔問題〕ある中学校の水泳部の部員は，**昨年は全員で25人**でした。今年は，男子が20%増え，女子が20%減ったので，全体で1人増えました。**今年の**男子，女子の部員数をそれぞれ求めましょう。《 昨年の合計人数が出ているので，まず，昨年の人数を求めるのがラク。

考え方 **昨年の**男子の部員数をx人，女子の部員数をy人とすると，

$$\begin{cases} x+y=25 & \cdots ① \\ \frac{120}{100}x+\frac{80}{100}y=25+1 & \cdots ② \end{cases}$$

連立方程式を解くと，$x=15$，$y=10$

これは昨年の人数だから，

$\frac{120}{100}\times 15=18$，$\frac{80}{100}\times 10=8$

答 **男子…18人，女子…8人**

STEP 146 5章 連立方程式

連立方程式の利用(11) 割合(3)

次の数量の関係を等式で表しましょう。 → 式 STEP 42・93

10%の食塩水 x gと5%の食塩水 y gを混ぜたら，7%の食塩水200gができました。

$$\frac{\square}{100}x+\square=200\times\square$$

答 $\frac{10}{100}x+\frac{5}{100}y=200\times\frac{7}{100}$

次の問題を解くための連立方程式をつくりましょう。

〔問題〕 **26%の食塩水と10%の食塩水を混ぜて，14%の食塩水を400g作ります。それぞれ何gずつ混ぜればよいですか。**

〔式〕 26%の食塩水を x g，10%の食塩水を y g混ぜるとすると，

$$\begin{cases} x+\square=\square \\ \frac{\square}{100}x+\square=400\times\square \end{cases}$$

答 $\begin{cases} x+y=400 \\ \frac{26}{100}x+\frac{10}{100}y=400\times\frac{14}{100} \end{cases}$

上は，（10%の食塩水 x gに含まれる食塩の重さ）と（5%の食塩水 y gに含まれる食塩の重さ）を合わせた重さが，（7%の食塩水200 gに含まれる食塩の重さ）と等しいということを等式で表します。

下は，問題の内容を表に整理すると以下のようになり，食塩水の重さの関係と，食塩の重さの関係という2つの等しい関係から連立方程式をつくります。

	26%の食塩水		10%の食塩水		14%の食塩水	
食塩水(g)	x	＋	y	＝	400	関係① （食塩水の重さの関係）
食塩の割合	$\frac{26}{100}$		$\frac{10}{100}$		$\frac{14}{100}$	
食塩(g)	$x\times\frac{26}{100}$	＋	$y\times\frac{10}{100}$	＝	$400\times\frac{14}{100}$	関係② （食塩の重さの関係）

〔解答〕
26%の食塩水を x g，10%の食塩水を y g混ぜるとすると，

$$\begin{cases} x+y=400 & \cdots ① \\ \frac{26}{100}x+\frac{10}{100}y=400\times\frac{14}{100} & \cdots ② \end{cases}$$

①×5　$5x+5y=2000$
②×50　$-)\ 13x+5y=2800$
$-8x=-800$
$x=100$ …③

③を①に代入して，
$100+y=400$
$y=300$

答 26%の食塩水…100 g
10%の食塩水…300 g

Point **食塩水の重さに関する文章題では，食塩水の重さの関係と，食塩の重さの関係に着目して連立方程式をつくります。**

例題で確認! 次の問題に答えましょう。

3%の食塩水と8%の食塩水を混ぜて，6%の食塩水を1400g作ります。それぞれ何gずつ混ぜればよいですか。

答 **3%の食塩水 … 560g，8%の食塩水 … 840g**

考え方 3%の食塩水をxg，8%の食塩水をyg混ぜるとすると，

$$\begin{cases} x + y = 1400 \\ \frac{3}{100}x + \frac{8}{100}y = 1400 \times \frac{6}{100} \end{cases}$$

Point **食塩水の文章題には，割合を求めるものもあります。この場合も，関係を表にまとめると考えやすくなります。**

〔問題〕Aの食塩水200gとBの食塩水300gを混ぜると，11%の食塩水ができます。また，Aの食塩水400gとBの食塩水100gを混ぜると，9%の食塩水ができます。A，Bの食塩水の濃度は，それぞれ何%か求めましょう。

考え方 Aの食塩水の濃度をx%，Bの食塩水の濃度をy%とすると，

〔11%の食塩水ができたとき〕

	Aの食塩水		Bの食塩水		11%の食塩水	
食塩水(g)	200	＋	300	＝	(500)	
食塩の割合	$\frac{x}{100}$		$\frac{y}{100}$		$\frac{11}{100}$	
食塩(g)	$200 \times \frac{x}{100}$	＋	$300 \times \frac{y}{100}$	＝	$\left(500 \times \frac{11}{100}\right)$	関係①

〔9%の食塩水ができたとき〕

	Aの食塩水		Bの食塩水		9%の食塩水	
食塩水(g)	400	＋	100	＝	(500)	
食塩の割合	$\frac{x}{100}$		$\frac{y}{100}$		$\frac{9}{100}$	
食塩(g)	$400 \times \frac{x}{100}$	＋	$100 \times \frac{y}{100}$	＝	$\left(500 \times \frac{9}{100}\right)$	関係②

したがって，関係① 11%の食塩水ができたときの，食塩の重さの関係

関係② 9%の食塩水ができたときの，食塩の重さの関係

$$\begin{cases} 200 \times \frac{x}{100} + 300 \times \frac{y}{100} = 500 \times \frac{11}{100} \\ 400 \times \frac{x}{100} + 100 \times \frac{y}{100} = 500 \times \frac{9}{100} \end{cases}$$

と連立方程式がつくれます。これを解くと，$x = 8$，$y = 13$です。

答 **Aの食塩水 … 8%，Bの食塩水 … 13%**

STEP **147**

5章 連立方程式

連立方程式の利用(12) 比

次の数量の関係を比例式で表しましょう。

兄がx円，弟がy円持っていたとするとき，兄の持っていた金額と弟の持っていた金額の比は，2：1です。

$x : y =$ □ : □

答 $x : y =$ 2 : 1

次の問題を解くための連立方程式をつくりましょう。

〔問題〕**最初，兄が持っていた金額と弟が持っていた金額の比は，3：1でした。兄が持っていたお金から弟に200円をわたしたので，兄の金額は弟の金額の2倍より100円少なくなりました。最初，兄と弟が持っていた金額は，それぞれ何円ですか。**

〔式〕**最初，兄がx円，弟がy円持っていたとすると，**

$$\begin{cases} x : y = \square : \square \\ x - 200 = 2(y + \square) - \square \end{cases}$$

答 $\begin{cases} x : y = 3 : 1 \\ x - 200 = 2(y + 200) - 100 \end{cases}$

上は，金額の比から，(兄が持っていた金額)：(弟が持っていた金額) = 2：1の比例式をつくります。

下の問題には，等しい関係が2つあります。そのうちの1つは，最初に持っていた金額の比の3：1から，比例式をつくることに注意します。

関係①

兄　弟

3：1

関係②

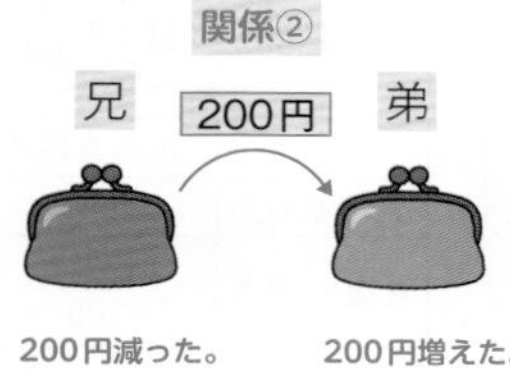

(200円減った)兄の金額は，(200円増えた)弟の金額の2倍より100円少ない。

関係①　(兄が持っていた金額)：(弟が持っていた金額) = 3：1

関係②　(弟に200円わたしたあとの兄の金額)
= 2 ×(兄から200円もらったあとの弟の金額) − 100円（100円少ない。）

〔解答〕 最初，兄がx円，弟がy円持っていたとすると， $\begin{cases} x : y = 3 : 1 & \cdots① \\ x - 200 = 2(y + 200) - 100 & \cdots② \end{cases}$	①の式を変形すると， $x = 3y \cdots ③$ ②の式を整理すると， $x - 2y = 500 \cdots ④$ ③を④に代入して，$y = 500 \cdots ⑤$	⑤を③に代入して， $x = 1500$ **答** 兄…1500円 弟…500円

Point **問題の内容から，比例式を含んだ連立方程式をつくって答を求める場合もあります。**

◆比例式を含んだ連立方程式では，まず，比例式の性質を使って比例式を変形し，それから連立させて解きます。 → 式 STEP 133

比例式の性質

$a:b=c:d$ならば，$ad=bc$

〔問題〕 **連立方程式** $\begin{cases} x-2y=-4 \cdots ① \\ ax+3y=34 \cdots ② \end{cases}$ **の解の比が** $x:y=4:3$ **であるとき，aの値を求めましょう。**

考え方 まず，$x:y=4:3$は，比例式の性質より，$3x=4y$と変形できます。これと①で連立方程式をつくって解を求めます。最後に，その解を②に代入すると，aの値を求めることができます。

〔解答〕 $x:y=4:3$を変形すると，

$3x=4y \cdots ③$

③の式と①で連立方程式をつくると，

$\begin{cases} x-2y=-4 \cdots ① \\ 3x=4y \cdots ③ \end{cases}$

①の式を変形すると，

$x=2y-4 \cdots ④$

④を③に代入して，

$3(2y-4)=4y$

$6y-12=4y$

$y=6 \cdots ⑤$

⑤を④に代入して，

$x=2\times6-4$

$=8 \cdots ⑥$

⑤，⑥を②に代入して，

$a\times8+3\times6=34$

$8a+18=34$

$8a=16$

$a=2$

答 2

例題で確認! **次の問題に答えましょう。**

最初，兄が持っていた金額と弟が持っていた金額の比は，5：2でした。弟が持っていたお金から兄に200円をわたしたので，兄の金額は弟の金額の3倍より400円多くなりました。最初，兄と弟が持っていた金額は，それぞれ何円ですか。

答 兄…2000円，弟…800円

考え方 最初，兄がx円，弟がy円持っていたとすると，

$\begin{cases} x:y=5:2 & \cdots ① \\ x+200=3(y-200)+400 & \cdots ② \end{cases}$

①は，$2x=5y$と変形します。

基本をチェック！(5)　5章　連立方程式

答は251ページ。できた問題は，□をぬりつぶしましょう。

1 次の連立方程式を解きましょう。 → 式 STEP 123, 125, 127, 129, 131・132

□(1) $\begin{cases} x + y = 1 \\ x - 2y = 4 \end{cases}$

□(2) $\begin{cases} 2x + 3y = -1 \\ x - 2y = -11 \end{cases}$

□(3) $\begin{cases} 3(y - 1) = 2(x - 1) \\ 2x - y = 5 \end{cases}$

□(4) $\begin{cases} -3x + 2y = 11 \\ x = -y + 3 \end{cases}$

□(5) $\begin{cases} 0.2x + 0.3y = 0.3 \\ -0.3x - 0.5y = -0.3 \end{cases}$

□(6) $\begin{cases} \dfrac{1}{3}x + \dfrac{1}{2}y = 2 \\ x + \dfrac{1}{5}y = 6 \end{cases}$

2 次の問題に答えましょう。 → 式 STEP 137, 140

□(1) 1冊の値段がx円のノートAと，y円のノートBがあります。A1冊とB2冊では290円，A3冊とB1冊では445円です。ノートA，Bの値段をそれぞれ求めましょう。

□(2) A地から100 km離れたC地まで自動車で行くのに，A地から途中のB地までは時速45 km，B地からC地までは時速60 kmで走って，全体で2時間かかりました。A地からB地までと，B地からC地までの道のりをそれぞれ求めましょう。

6 多項式の計算 3年

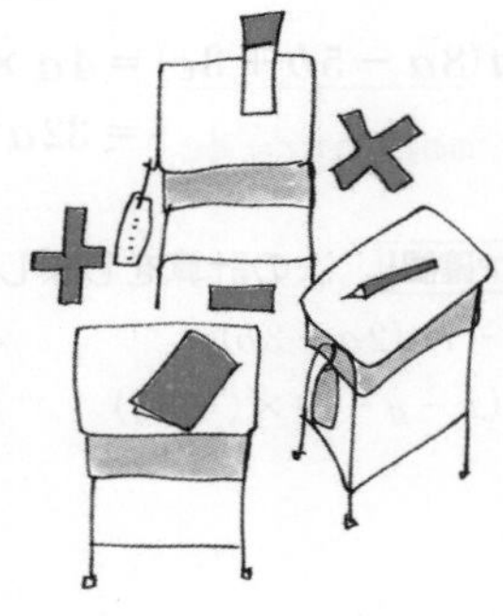

STEP 148

6章 多項式の計算

単項式と多項式の計算(1) 単項式×多項式

次の計算をしましょう。 → 式 STEP 102

$3(2x+7y)=6\square+21\square$

答 $6\boxed{x}+21\boxed{y}$

次の計算をしましょう。

$3x(2x+7y)=6\square+21\square$

答 $6\boxed{x^2}+21\boxed{xy}$

上は，分配法則を使って，かっこをはずします。

$3(2x+7y)=3\times2x+3\times7y$
$=6x+21y$ 答

下は，3の部分が$3x$になっていますが，分配法則を使って，同じようにかっこをはずせます。

$3x(2x+7y)=3x\times2x+3x\times7y$
$=6x^2+21xy$ 答

Point **単項式×多項式，多項式×単項式の計算では，数の乗法と同じように，分配法則$c(a+b)=ca+cb$，$(a+b)c=ac+bc$を使うことができます。**

◆ $-2a(4a-3b)=-2a\times4a+(-2a)\times(-3b)$ ← かっこをつけるのを忘れないように。
$=-8a^2+6ab$

同じ文字をかけ合わせているので，累乗の指数を使って表します。

◆ $(-10x+15y)\times\frac{2}{5}x=-\overset{2}{\cancel{10}}x\times\frac{2}{\underset{1}{\cancel{5}}}x+\overset{3}{\cancel{15}}y\times\frac{2}{\underset{1}{\cancel{5}}}x$ 《 計算の途中で約分できるときは，約分します。
$=-4x^2+6xy$

◆ $4a(8a-5b+3c)=4a\times8a+4a\times(-5b)+4a\times3c$
$=32a^2-20ab+12ac$

項の数が増えても，同じ。

例題で確認! 次の計算をしましょう。

(1) $-7a(2a-3b)$

(2) $(x-y-z)\times(-6y)$

答 (1) $-14a^2+21ab$ (2) $-6xy+6y^2+6yz$

考え方 分配法則を使って，かっこをはずします。

単項式と多項式の計算(2) 多項式÷単項式

次の計算をしましょう。 → 式 STEP 103

$$(9x+6y)\div 3=\frac{9x}{\square}+\frac{6y}{\square}$$

$$=\square x+\square y$$

答 $\frac{9x}{3}+\frac{6y}{3}$, $3x+2y$

次の計算をしましょう。

$$(9ax+6ay)\div 3a=\frac{9ax}{\square}+\frac{6ay}{\square}$$

$$=\square x+\square y$$

答 $\frac{9ax}{3a}+\frac{6ay}{3a}$, $3x+2y$

上は，わられる式の各項を数でわります。つまり，わられる式の各項を分子に，わる数を分母にした分数の形に表して計算します。

下は，（÷数）の部分が（÷単項式）になっていますが，上と同じように，わられる式の各項を単項式でわります。

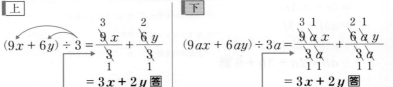

上

$$(9x+6y)\div 3=\frac{\overset{3}{\cancel{9}}x}{\underset{1}{\cancel{3}}}+\frac{\overset{2}{\cancel{6}}y}{\underset{1}{\cancel{3}}}$$

$$=3x+2y \text{ 答}$$

数どうしで約分します。

下

$$(9ax+6ay)\div 3a=\frac{\overset{3}{\cancel{9}}\overset{1}{\cancel{a}}x}{\underset{1}{\cancel{3}}\underset{1}{\cancel{a}}}+\frac{\overset{2}{\cancel{6}}\overset{1}{\cancel{a}}y}{\underset{1}{\cancel{3}}\underset{1}{\cancel{a}}}$$

$$=3x+2y \text{ 答}$$

数どうし，同じ文字どうしで約分します。

Point **多項式÷単項式の計算では，多項式÷数の場合と同じように，$(a+b)\div m=\frac{a}{m}+\frac{b}{m}$ を使って，分数の形に表して計算することができます。**

例題で確認! 次の計算をしましょう。

(1) $(6x^2-10x)\div 2x$

(2) $(-12x^2y+8xy^2)\div(-4xy)$

(3) $(6x^2-8xy)\div\left(-\frac{2}{3}x\right)$

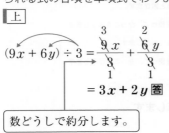

答 (1) $3x-5$ (2) $3x-2y$ (3) $-9x+12y$

考え方 (1) $(6x^2-10x)\div 2x=\frac{\overset{3}{\cancel{6}}\times\overset{1}{\cancel{x}}\times x}{\underset{1}{\cancel{2}}\times\underset{1}{\cancel{x}}}-\frac{\overset{5}{\cancel{10}}\times\overset{1}{\cancel{x}}}{\underset{1}{\cancel{2}}\times\underset{1}{\cancel{x}}}$

(2) わられる式の符号がそれぞれ変わります。

(3) 分数でわる。→分数の逆数をかける。

$(6x^2-8xy)\div\left(-\frac{2}{3}x\right)=(6x^2-8xy)\times\left(-\frac{3}{2x}\right)$

STEP 150

6章 多項式の計算

多項式の乗法(1) 式の展開(1)

次の計算をしましょう。

→ 式 STEP 148

$$(a+3)M = a\square + 3\square$$

答 $a\boxed{M}+3\boxed{M}$

次の計算をしましょう。

$$(a+3)(b+2) = a(\square) + 3(\square)$$
$$= ab + 2a + \square + \square$$

答 $a(\boxed{b+2})+3(\boxed{b+2})$,
$ab+2a+\boxed{3b}+\boxed{6}$

上は，多項式×単項式です。分配法則を使って，かっこをはずします。

$$(a+3)M = a\times M + 3\times M$$
$$= \boldsymbol{aM + 3M}$$ 答

下は，$(a+3)\times(b+2)$の多項式×多項式です。$b+2$を1つのものとみると，多項式×単項式になって，分配法則を使って計算できます。

$(a+3)(b+2)$
$=(a+3)M$ 《 $b+2$をMと置きます。
$=aM+3M$ 《 分配法則を使って，かっこをはずします。
$=a(b+2)+3(b+2)$ 《 Mを$b+2$にもどします。
$=\boldsymbol{ab+2a+3b+6}$ 答 《 分配法則を使って，かっこをはずします。

Point **$(a+b)(c+d)$は，次のように計算します。**

$$(a+b)(c+d) = \underset{①}{ac} + \underset{②}{ad} + \underset{③}{bc} + \underset{④}{bd}$$

◆このように，積の形で書かれた式を計算して，和の形で表すことを，はじめの式を**展開する**といいます。

$(a+b)(c+d)$ ⟶ $ac+ad+bc+bd$

積の形の式　　単項式の和の形

例題で確認! 次の式を展開しましょう。

(1) $(x+2)(y+3)$

(2) $(a+3)(b-2)$

(3) $(x-5)(y-3)$

答 (1) $xy+3x+2y+6$ (2) $ab-2a+3b-6$

(3) $xy-3x-5y+15$

考え方 (2)，(3)は符号に注意しましょう。

多項式の乗法(2) 式の展開(2)

次の式を展開しましょう。 → 式 STEP 150

$(x-2)(y+7)=xy+\square x-2y-\square$

答 $xy+\boxed{7}x-2y-\boxed{14}$

次の式を展開しましょう。

$(x-2)(x+7)=x^2+\square x-\square x-14$

$=x^2+\square x-14$

答 $x^2+\boxed{7}x-\boxed{2}x-14$, $x^2+\boxed{5}x-14$

上は，順にかけ合わせて展開します。
下も，上と同じように順にかけ合わせて展開しますが，$7x$と$-2x$という同類項ができます。このような場合は，同類項をまとめます。

上

$(x-2)(y+7)=xy+7x-2y-14$ 答

下

$(x-2)(x+7)=x^2+7x-2x-14$

$=x^2+5x-14$ 答

Point **展開した式に同類項があるときは，まとめて簡単にします。**

◆ $(3x+2y)(x+6y)=3x^2+18xy+2xy+12y^2$

$=3x^2+20xy+12y^2$

Point **かっこの中の式の項が多い多項式の乗法も，今までと同じように順にかけ合わせて展開できます。**

◆ $(3x-2y)(x-2y+4)$

$=(3x-2y)N$ 《 $x-2y+4=N$と置きます。

$=3xN-2yN$ 《 分配法則を使って，かっこをはずします。

$=3x(x-2y+4)-2y(x-2y+4)$ 《 Nを$x-2y+4$にもどします。

$=3x^2-6xy+12x-2xy+4y^2-8y$ 《 分配法則を使って，かっこをはずします。

《 同類項をまとめます。

$=3x^2-8xy+12x+4y^2-8y$

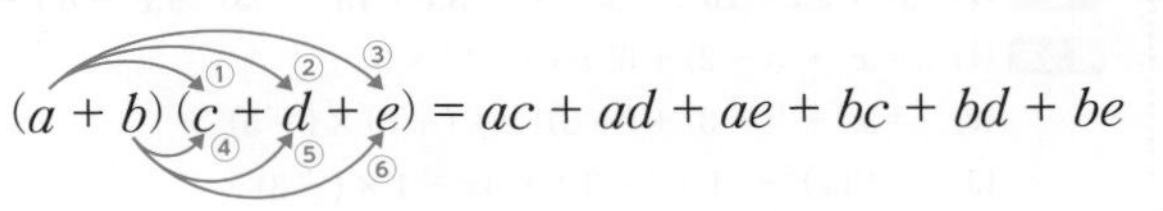

$(a+b)(c+d+e)=ac+ad+ae+bc+bd+be$

STEP 152

⑥章 多項式の計算

乗法公式(1) $(x+a)(x+b)=x^2+(a+b)x+ab$

次の式を展開しましょう。 → 式 STEP 151

$$(x+a)(x+b)=x^2+\square x+\square x+ab$$
$$=x^2+(a+b)x+ab$$

答 $x^2+\boxed{b}x+\boxed{a}x+ab$

次の式を展開しましょう。(上の結果を利用すると，一度でできます。)

$$(x+2)(x+5)=x^2+\square x+\square$$

答 $x^2+\boxed{7}x+\boxed{10}$

上は，展開してxの項をまとめます。

$(x+a)(x+b)=x^2+(a+b)x+ab$を公式としておぼえておくと，下のような$(x+a)(x+b)$の形の式を，手ぎわよく展開することができます。

$(x+a)(x+b)=x^2+(a+b)x+ab$ 公式

$(x+2)(x+5)=x^2+(2+5)x+2\times5$

$=x^2+7x+10$ 答

Point **乗法公式①**

$$(x+a)(x+b)=x^2+(a+b)x+ab$$

◆ $(x+3)(x-6)=x^2+\{3+(-6)\}x+3\times(-6)$

$=x^2-3x-18$

3と−6の和　3と−6の積

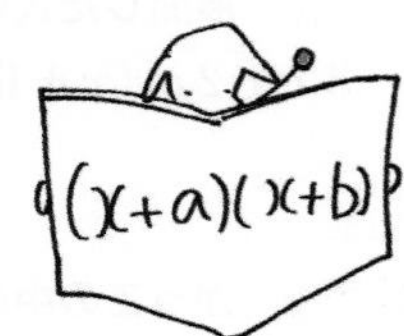

◆ $(x-7)(x-4)=x^2+\{(-7)+(-4)\}x+(-7)\times(-4)$

$=x^2-11x+28$

−7と−4の和　−7と−4の積

◆ 乗法公式①は，$(2x+3)(2x+1)$のように，xにあてはまる項の係数が同じ数ならば，公式が使えます。

$(2x+3)(2x+1)=(2x)^2+(3+1)\times2x+3\times1$

同じ

$=4x^2+8x+3$

例題で確認! 次の式を展開しましょう。

(1) $(x-2)(x+5)$

(2) $(x-3)(x-5)$

(3) $(3x+1)(3x-3)$

答 (1) $x^2+3x-10$　(2) $x^2-8x+15$　(3) $9x^2-6x-3$

考え方 (1) $=x^2+\{(-2)+5\}x+(-2)\times5$

(2) $=x^2+\{(-3)+(-5)\}x+(-3)\times(-5)$

(3) $=(3x)^2+\{1+(-3)\}\times3x+1\times(-3)$

乗法公式(2) $(a+b)^2=a^2+2ab+b^2$

次の式を展開しましょう。 → 式 STEP 151

$$(a+b)^2=(a+b)(a+b)$$
$$=a^2+\square+\square+b^2$$
$$=a^2+2ab+b^2$$

答 $a^2+\boxed{ab}+\boxed{ab}+b^2$

次の式を展開しましょう。

$$(x+3)^2=x^2+\square x+9$$

答 $x^2+\boxed{6}x+9$

上は，$(a+b)^2$を$(a+b)(a+b)$として展開し，同類項abを1つにまとめます。$(a+b)^2=a^2+2ab+b^2$を公式としておぼえておくと，下のような$(a+b)^2$の形の式を，手ぎわよく展開することができます。

$(a+b)^2=a^2+\quad 2ab\quad+b^2$ 公式

$(x+3)^2=x^2+2\times x\times 3+3^2$

$\quad=x^2+6x+9$ 答

Point 乗法公式②

$$(a+b)^2=a^2+2ab+b^2$$

◆ $(2x+3)^2=(2x)^2+2\times 2x\times 3+3^2$ 《《 乗法公式②で$a=2x$，$b=3$として展開。

$\quad=4x^2+12x+9$

◆ $(3a+5b)^2=(3a)^2+2\times 3a\times 5b+(5b)^2$ 《《 乗法公式②で$a=3a$，$b=5b$として展開。

$\quad=9a^2+30ab+25b^2$

◆ $\left(x+\frac{1}{2}y\right)^2=x^2+2\times x\times\frac{1}{2}y+\left(\frac{1}{2}y\right)^2$ 《《 乗法公式②で$a=x$，$b=\frac{1}{2}y$として展開。

$\quad=x^2+xy+\frac{1}{4}y^2$

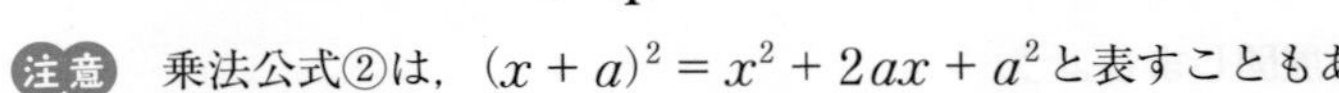

注意 乗法公式②は，$(x+a)^2=x^2+2ax+a^2$と表すこともあります。

例題で確認! 次の式を展開しましょう。

(1) $(a+4b)^2$

(2) $(x+0.1)^2$

答 (1) $a^2+8ab+16b^2$ (2) $x^2+0.2x+0.01$

考え方 (2) 数が小数でも同じように公式にあてはめます。

STEP 154

⑥章 多項式の計算

乗法公式(3) $(a-b)^2=a^2-2ab+b^2$

次の式を展開しましょう。 → 式 STEP 151

$$(a-b)^2=(a-b)(a-b)$$
$$=a^2-\square-\square+b^2$$
$$=a^2-2ab+b^2$$

答 $a^2-\boxed{ab}-\boxed{ab}+b^2$

次の式を展開しましょう。

$$(x-3)^2=x^2-\square x+\square$$

答 $x^2-\boxed{6}x+\boxed{9}$

上は，$(a-b)^2$を$(a-b)(a-b)$として展開し，同類項abを1つにまとめます。$(a-b)^2=a^2-2ab+b^2$を公式としておぼえておくと，下のような$(a-b)^2$の形の式を，手ぎわよく展開することができます。

$(a-b)^2=a^2-\quad 2ab \quad+b^2$ 公式

$(x-3)^2=x^2-2\times x\times 3+3^2$

$=x^2-6x+9$ 答

Point 乗法公式③

$$(a-b)^2=a^2-2ab+b^2$$

◆ $(3x-1)^2=(3x)^2-2\times 3x\times 1+1^2$ 《《 乗法公式③で$a=3x$，$b=1$として展開。

$=9x^2-6x+1$

◆ $(2a-4b)^2=(2a)^2-2\times 2a\times 4b+(4b)^2$ 《《 乗法公式③で$a=2a$，$b=4b$として展開。

$=4a^2-16ab+16b^2$

◆ $(-x-y)^2=(-x)^2-2\times(-x)\times y+y^2$ 《《 乗法公式③で$a=-x$，$b=y$として展開。

$=x^2+2xy+y^2$

注意 乗法公式③は，$(x-a)^2=x^2-2ax+a^2$と表すこともあります。

例題で確認! 次の式を展開しましょう。

(1) $(4-x)^2$

(2) $\left(\frac{1}{2}a-2\right)^2$

(3) $(x-0.5)^2$

答

(1) $16-8x+x^2$

(2) $\frac{1}{4}a^2-2a+4$

(3) $x^2-x+0.25$

考え方

(1) $=4^2-2\times 4\times x+x^2$

(2) $=\left(\frac{1}{2}a\right)^2-2\times\frac{1}{2}a\times 2+2^2$

(3) $=x^2-2\times x\times 0.5+(0.5)^2$

STEP 155

⑥章 多項式の計算

乗法公式(4) $(a+b)(a-b)=a^2-b^2$

次の式を展開しましょう。 → 式 STEP 151

$$(a+b)(a-b)=a^2-\square+\square-b^2$$
$$=a^2-b^2$$

答 $a^2-\boxed{ab}+\boxed{ab}-b^2$

次の式を展開しましょう。

$$(x+6)(x-6)=x^2-\square$$

答 $x^2-\boxed{36}$

上は，$(a+b)(a-b)$を順にかけ合わせて展開し，同類項abをまとめます。$(a+b)(a-b)=a^2-b^2$を公式としておぼえておくと，下のような$(a+b)(a-b)$の形の式を，手ぎわよく展開することができます。

$(a+b)(a-b)=a^2-b^2$ 公式

$(x+6)(x-6)=x^2-6^2$

$=x^2-36$ 答

Point 乗法公式④

$$(a+b)(a-b)=a^2-b^2$$

◆ $(4+x)(4-x)=4^2-x^2$ 《 乗法公式④で$a=4$，$b=x$として展開。

$=16-x^2$

◆ $(2a+1)(2a-1)=(2a)^2-1^2$ 《 乗法公式④で$a=2a$，$b=1$として展開。

$=4a^2-1$

◆ $(3x+2y)(3x-2y)=(3x)^2-(2y)^2$ 《 乗法公式④で$a=3x$，$b=2y$として展開。

$=9x^2-4y^2$

◆ $\left(a+\frac{1}{3}\right)\left(a-\frac{1}{3}\right)=a^2-\left(\frac{1}{3}\right)^2$ 《 乗法公式④で$a=a$，$b=\frac{1}{3}$として展開。

$=a^2-\frac{1}{9}$

注意 乗法公式④は，$(x+a)(x-a)=x^2-a^2$と表すこともあります。

例題で確認! 次の式を展開しましょう。

(1) $(x-5)(x+5)$

(2) $(a+2)(-a+2)$

答 (1) x^2-25 (2) $4-a^2$

考え方 (1) $=(x+5)(x-5)$ (2) $=(2+a)(2-a)$

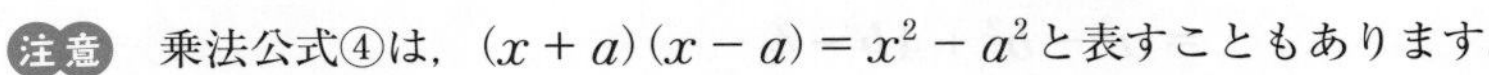

STEP 156

⑥章 多項式の計算

いろいろな式の展開(1) 式を1つの文字に置きかえる

次の式を展開しましょう。 → 式 STEP 152

$(x+3)(x-5)=x^2-\square x-\square$

答 $x^2-\boxed{2}x-\boxed{15}$

次の式を展開しましょう。

$(a+b+3)(a+b-5)$

〔解答〕 $a+b=X$と置くと,

$(a+b+3)(a+b-5)$
$=(X+3)(X-5)$
$=X^2-\square X-\square$
$=(a+b)^2-\square(a+b)-\square$
$=a^2+2ab+b^2-\square a-\square b-\square$

答 $X^2-\boxed{2}X-\boxed{15}$, $(a+b)^2-\boxed{2}(a+b)-\boxed{15}$, $a^2+2ab+b^2-\boxed{2}a-\boxed{2}b-\boxed{15}$

上は, 乗法公式① $(x+a)(x+b)=x^2+(a+b)x+ab$を利用します。
下は, それぞれのかっこの中の式の$a+b$が共通であることに着目して, $a+b$を1つの文字に置きかえると, 乗法公式①を使って展開することができます。

$(a+b+3)(a+b-5)$
$=(X+3)(X-5)$ 《 $a+b=X$と置きます。
$=X^2-2X-15$ 《 乗法公式①を使って展開します。
$=(a+b)^2-2(a+b)-15$ 《 Xを$a+b$にもどします。
$=a^2+2ab+b^2-2a-2b-15$ 答

Point **項の数が多いとき, 共通な部分の式を1つの文字に置きかえると, 乗法公式を利用して展開することができます。**

◆ $(a-b+2)(a+b-2)=\{a-(b-2)\}\{a+(b-2)\}$ 《 $-b+2=-(b-2)$と変形すると, $b-2$が共通の式になります。
$=(a-X)(a+X)$
$=a^2-X^2$
$=a^2-(b-2)^2$
$=a^2-b^2+4b-4$

例題で確認! 次の式を展開しましょう。

(1) $(x+y-2)(x+y-3)$

(2) $(a+b+c)^2$

答 (1) $x^2+2xy+y^2-5x-5y+6$
(2) $a^2+2ab+b^2+2ac+2bc+c^2$

考え方 (2) $a+b=X$と置くと, $(X+c)^2$

いろいろな式の展開(2) 式の展開と加法，減法を組み合わせた式

次の式を展開しましょう。 → 式 STEP 152

$-(x-3)(x-4)=-(x^2-\square x+\square)$

$=-x^2+\square x-\square$

答 $-(x^2-\boxed{7}x+\boxed{12})$，$-x^2+\boxed{7}x-\boxed{12}$

次の計算をしましょう。

$2(x+3)^2-(x-3)(x-4)$

$=2(x^2+\square x+\square)-(x^2-\square x+\square)$

$=2x^2+12x+18-x^2+7x-12$

$=x^2+\square x+\square$

答 $2(x^2+\boxed{6}x+\boxed{9})-(x^2-\boxed{7}x+\boxed{12})$，$x^2+\boxed{19}x+\boxed{6}$

上は，$-(x-3)(x-4)=-1\times(x-3)\times(x-4)=-(x^2-7x+12)$

のように，式の展開を先にして，かっこをつけたままにしておきます。それから，かっこをはずします。

下は，式の展開と減法を組み合わせた計算です。ここでも，まず，式の展開を先にして，かっこをつけたままにしておきます。それからかっこをはずして計算を進めます。

$2(x+3)^2-(x-3)(x-4)=2(x^2+6x+9)-(x^2-7x+12)$

①②③④⑤

$=2x^2+12x+18\ \underline{-x^2+7x-12}$

かっこの中の符号が変わります。

$=x^2+19x+6$ 答

Point **式の展開と加法，減法を組み合わせた計算では，式の展開を先に，その後，加法や減法をします。特に，かっこの前の数や符号に注意して計算します。**

例題で確認! 次の計算をしましょう。

(1) $(x-2)^2+(x+3)(x-1)$

(2) $-3(x-1)^2-(x+2)(x-2)$

(3) $2(x+3)(x-3)-(x-2)^2$

答 (1) $2x^2-2x+1$ (2) $-4x^2+6x+1$ (3) $x^2+4x-22$

考え方 (2) $=-3(x^2-2x+1)-(x^2-4)$

(3) $=2(x^2-9)-(x^2-4x+4)$

STEP 158

⑥章 多項式の計算

因数分解(1) $ma+mb=m(a+b)$

次の多項式の各項に共通な因数を答えましょう。

(1) $ax+ay$ □　　(2) $4x-8$ □

答 (1) a (2) 4

次の式を，共通な因数をくくり出して，因数の積の形にしましょう。

(1) $ax+ay$
$=$ □ $(x+y)$

(2) $4x-8$
$=$ □ $(x-2)$

答 (1) $a(x+y)$ (2) $4(x-2)$

上は，$ax=a\times x$，$ay=a\times y$からa，また，$4x=4\times x$，$8=4\times 2$から4が共通な因数とわかります。

下は，上で求めた共通な因数をかっこの外にくくり出して，積の形にします。

(1) $ax+ay$
$=a\times x+a\times y$
$=a(x+y)$ 答

(2) $4x-8$
$=4\times x-4\times 2$
$=4(x-2)$ 答

Point **$ax+ay=a(x+y)$と表すとき，整数の場合と同じように，a，$x+y$を$ax+ay$の因数といいます。また，多項式をいくつかの因数の積の形に表すことを，その多項式を因数分解するといいます。**

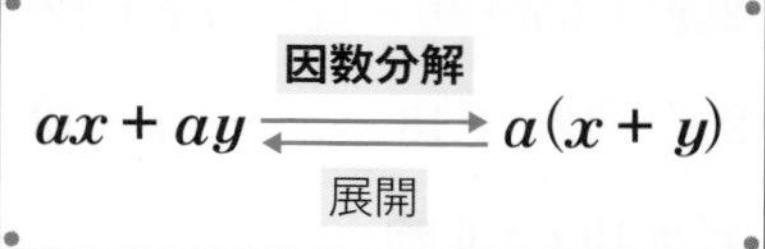

◆多項式では，各項に共通な因数があれば，それをかっこの外にくくり出して，式を因数分解することができます。

例題で確認! 次の式を共通な因数をくくり出して因数分解しましょう。

(1) $9ax+6bx$

(2) $4ax-3ay$

(3) $x^2y^2-x^2y-xy^2$

答 (1) $3x(3a+2b)$　(2) $a(4x-3y)$
(3) $xy(xy-x-y)$

考え方 (1) $x(9a+6b)$としただけでは，まだ( )の中に共通な因数3が残っています。できるかぎり因数分解します。
(3) 項の数が増えても，共通な因数でくくり出します。

STEP 159

因数分解(2) 式を1つの文字に置きかえる

→ 式 STEP 158

次の式を因数分解しましょう。

$ax+ay=\square(x+y)$

答 $a(x+y)$

次の式を因数分解しましょう。

$(a+b)x+(a+b)y=(\square)(x+y)$

答 $(a+b)(x+y)$

上は，aが共通な因数になるので，aをかっこの外にくくり出して，式を因数分解します。

下は，$a+b$を1つのものとみて，これをMと置くと，

$$(a+b)x+(a+b)y=Mx+My$$
$$=M(x+y)$$
$$=(a+b)(x+y)$$ 答

Point **多項式を因数分解するとき，共通な因数は$a+b$のように多項式の場合もあります。**

◆ $(a-b)x-(a-b)y=Mx-My$
$=M(x-y)$
$=(a-b)(x-y)$

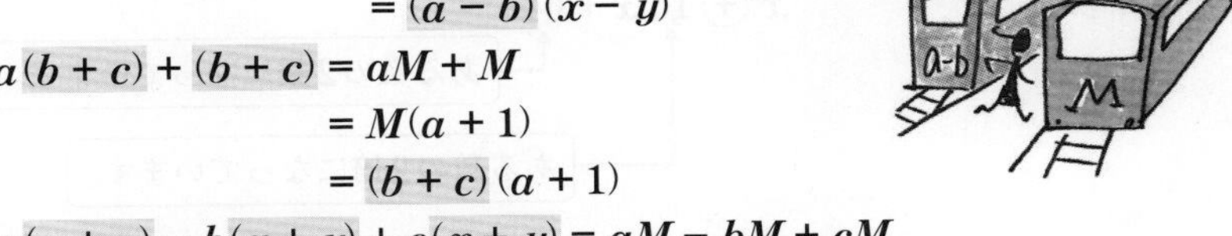

◆ $a(b+c)+(b+c)=aM+M$
$=M(a+1)$
$=(b+c)(a+1)$

◆ $a(x+y)-b(x+y)+c(x+y)=aM-bM+cM$
$=M(a-b+c)$
$=(x+y)(a-b+c)$

上のように，共通な因数が多項式のときは，その多項式を1つのまとまりとみて，文字に置きかえて考えると，因数分解がしやすくなります。

例題で確認! 次の式を因数分解しましょう。

(1) $(x+2)a+(x+2)b$

(2) $x(2a-b)-y(2a-b)$

(3) $5a(x+y)+(x+y)$

(4) $6a(x+y)-3b(x+y)$

答 (1) $(x+2)(a+b)$ (2) $(2a-b)(x-y)$ (3) $(x+y)(5a+1)$ (4) $3(x+y)(2a-b)$

考え方 (4) $(x+y)(6a-3b)$ では，まだ $(6a-3b)$ の中に共通な因数3が残っています。

STEP 160

⑥章 多項式の計算

因数分解(3) $a^2+2ab+b^2=(a+b)^2$

乗法公式を利用して，次の式を因数分解しましょう。 → 式 STEP 153

$a^2+2ab+b^2=(a+\square)^2$

答 $(a+\boxed{b})^2$

次の式を因数分解しましょう。

$x^2+10x+25=(x+\square)^2$

答 $(x+\boxed{5})^2$

上は，乗法公式を逆に考えます。

乗法公式② $(a+b)^2=a^2+2ab+b^2$ ← 展開

これを逆に考えると，$a^2+2ab+b^2=(\boldsymbol{a}+\boldsymbol{b})^2$ 答 ← 因数分解

下も，上の乗法公式②を逆に利用して因数分解します。

$a^2+\quad 2ab\quad +b^2=(a+b)^2$ **乗法公式の逆**

$x^2+10x+25=x^2+2\times x\times 5+5^2=(\boldsymbol{x}+\boldsymbol{5})^2$ 答

Point **乗法公式②を利用して因数分解**

$\boldsymbol{a^2+2ab+b^2=(a+b)^2}$

◆この公式を利用して因数分解できるかは，次の点に注目します。

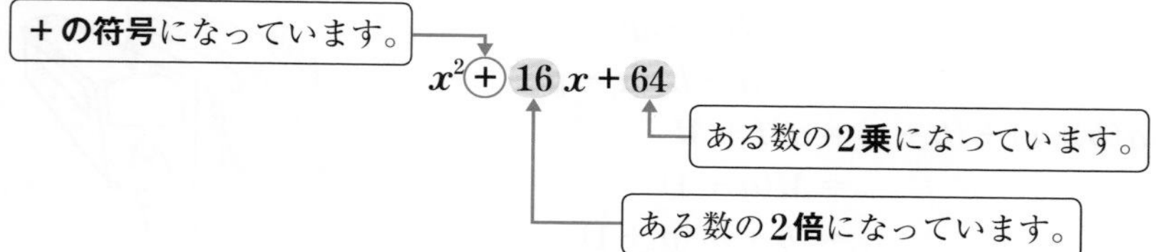
+の符号になっています。
$x^2+16x+64$
ある数の2乗になっています。
ある数の2倍になっています。

ある数には8があてはまるので，$\boldsymbol{x^2+16x+64}$

$=x^2+2\times x\times 8+8^2$

$=(\boldsymbol{x}+\boldsymbol{8})^2$

例題で確認! 次の式を因数分解しましょう。

(1) $x^2+14x+49$

(2) $x^2+20x+100$

(3) $x^2+x+\frac{1}{4}$

答 (1) $(\boldsymbol{x}+\boldsymbol{7})^2$ (2) $(\boldsymbol{x}+\boldsymbol{10})^2$

(3) $\left(\boldsymbol{x}+\frac{\boldsymbol{1}}{\boldsymbol{2}}\right)^2$

考え方 (2) $100=10^2$，$2\times10=20$から考えます。

(3) $\frac{1}{4}=\left(\frac{1}{2}\right)^2$，$2\times\frac{1}{2}=1$から考えます。

因数分解(4) $a^2-2ab+b^2=(a-b)^2$

→式 STEP 154

乗法公式を利用して，次の式を因数分解しましょう。

$a^2-2ab+b^2=(a-\square)^2$

答 $(a-\boxed{b})^2$

次の式を因数分解しましょう。

$x^2-10x+25=(x-\square)^2$

答 $(x-\boxed{5})^2$

上は，乗法公式を逆に考えます。

乗法公式③ $(a-b)^2=a^2-2ab+b^2$ ←展開

これを逆に考えると，$a^2-2ab+b^2=(a-b)^2$ 答 ←因数分解

下も，上の乗法公式③を逆に利用して因数分解します。

$a^2-\quad 2ab\quad +b^2=(a-b)^2$ **乗法公式の逆**

$x^2-10x+25=x^2-2\times x\times 5+5^2=(x-5)^2$ 答

Point **乗法公式③を利用して因数分解**

$a^2-2ab+b^2=(a-b)^2$

◆この公式を利用して因数分解できるかは，次の点に注目します。

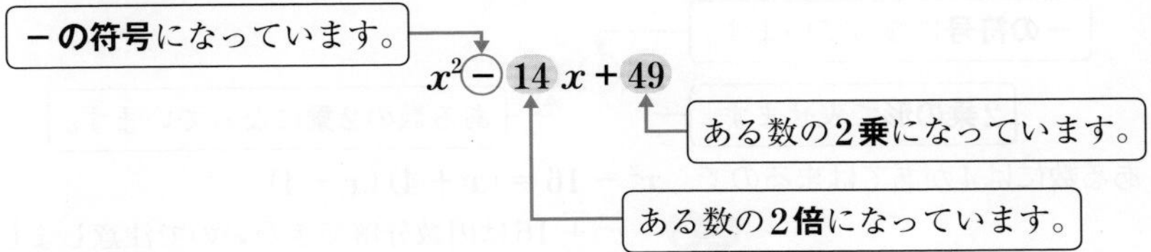

－の符号になっています。
$x^2-14x+49$
ある数の2乗になっています。
ある数の2倍になっています。

ある数には7があてはまるので，$x^2-14x+49$

$=x^2-2\times x\times 7+7^2$

$=(x-7)^2$

例題で確認! 次の式を因数分解しましょう。

(1) $x^2-12x+36$

(2) $x^2-40x+400$

(3) $x^2-\frac{3}{2}x+\frac{9}{16}$

答 (1) $(x-6)^2$ (2) $(x-20)^2$

(3) $\left(x-\frac{3}{4}\right)^2$

考え方 (2) $400=20^2$，$2\times 20=40$から考えます。

(3) $\frac{9}{16}=\left(\frac{3}{4}\right)^2$，$2\times\frac{3}{4}=\frac{3}{2}$から考えます。

STEP 162

6章 多項式の計算

因数分解(5) $a^2-b^2=(a+b)(a-b)$

乗法公式を利用して，次の式を因数分解しましょう。 → 式 STEP 155

$a^2-b^2=(a+b)(\square)$

答 $(a+b)(\boxed{a-b})$

次の式を因数分解しましょう。

$x^2-25=(x+5)(\square)$

答 $(x+5)(\boxed{x-5})$

上は，乗法公式を逆に考えます。

乗法公式④ $(a+b)(a-b)=a^2-b^2$ ←― 展開

これを逆に考えると，$a^2-b^2=(a+b)(a-b)$ 答 ←― 因数分解

下も，上の乗法公式④を逆に利用して因数分解します。

$a^2-b^2=(a+b)(a-b)$ **乗法公式の逆**

$x^2-25=x^2-5^2=(x+5)(x-5)$ 答

Point **乗法公式④を利用して因数分解**

$a^2-b^2=(a+b)(a-b)$

◆この公式を利用して因数分解できるかは，次の点に注目します。

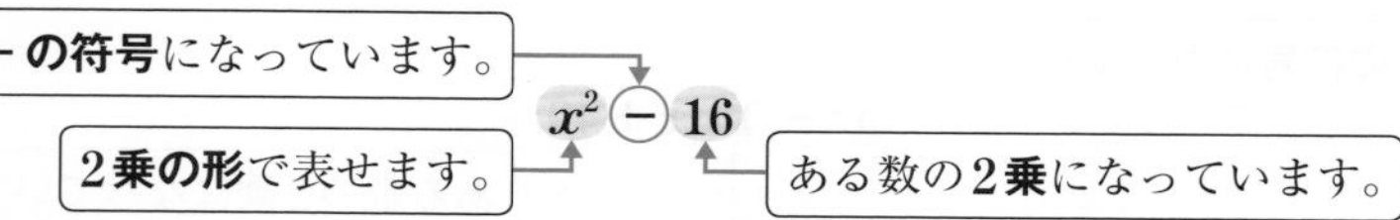

－の符号になっています。
2乗の形で表せます。
$x^2 - 16$
ある数の**2乗**になっています。

ある数には4があてはまるので，$x^2-16=(x+4)(x-4)$

注意 x^2+16は因数分解できないので注意しましょう。

◆$36-x^2$ … $36 - x^2=(6+x)(6-x)$

6^2です。 2乗の形です。

例題で確認! 次の式を因数分解しましょう。

(1) $9x^2-1$

(2) $16-x^2$

(3) x^2-144

(4) x^2-49y^2

(5) $x^2-\frac{y^2}{25}$

答

(1) $(3x+1)(3x-1)$

(2) $(4+x)(4-x)$

(3) $(x+12)(x-12)$

(4) $(x+7y)(x-7y)$

(5) $\left(x+\frac{y}{5}\right)\left(x-\frac{y}{5}\right)$

因数分解できる?
a^2-b^2
a^2+b^2

因数分解(6) $x^2+(a+b)x+ab=(x+a)(x+b)$

乗法公式を利用して，次の式を因数分解しましょう。 → 式 STEP 152

$$x^2+(a+b)x+ab=(x+a)(\square)$$

答 $(x+a)(x+b)$

次の式を因数分解しましょう。

$$x^2+5x+6=(x+2)(\square)$$

答 $(x+2)(x+3)$

上は，乗法公式を逆に考えます。

乗法公式① $(x+a)(x+b)=x^2+(a+b)x+ab$ ← 展開

これを逆に考えると，$x^2+(a+b)x+ab=(\boldsymbol{x+a})(\boldsymbol{x+b})$ 答 ← 因数分解

下も，上の乗法公式①を逆に利用して因数分解します。

$x^2+(a+b)x+\ ab\ =(x+a)(x+b)$ **乗法公式の逆**

$x^2+5x+6=x^2+(2+3)x+2\times3=(\boldsymbol{x+2})(\boldsymbol{x+3})$ 答

Point **乗法公式①を利用して因数分解**

$$\boldsymbol{x^2+(a+b)x+ab=(x+a)(x+b)}$$

◆この公式を利用して因数分解できるかは，次の点に注目します。

$\boldsymbol{x^2+7x+12}$

和が $+7$，積が $+12$ になる2数をさがします。

先に，積が $+12$ になる2数を求め，その中から和が $+7$ になる2数をさがします。

3と4があてはまるので，$\boldsymbol{x^2+7x+12}$

$=x^2+(3+4)x+3\times4$

$=(\boldsymbol{x+3})(\boldsymbol{x+4})$

例題で確認! 次の式を因数分解しましょう。

(1) $x^2+8x+12$

(2) $x^2+8x+15$

(3) $x^2+7x+10$

(4) x^2-5x+6

(5) x^2-5x-6

(6) x^2-x-6

答 (1) $(x+2)(x+6)$ (2) $(x+3)(x+5)$ (3) $(x+2)(x+5)$ (4) $(x-2)(x-3)$ (5) $(x+1)(x-6)$ (6) $(x+2)(x-3)$

考え方 (2) 積が15で和が8→3と5

(4) 積が6で和が-5→-2と-3

(5) 積が-6で和が-5→1と-6

(6) 積が-6で和が-1→2と-3

STEP 164

6章 多項式の計算

因数分解(7) 共通な因数をくくり出して，さらに因数分解する

次の式を因数分解しましょう。 → 式 STEP 158

$3ax-12a=\square(x-4)$

答 $\boxed{3a}(x-4)$

次の式を因数分解しましょう。

$3ax^2-12a=\square(x^2-4)$

$=\square(x+2)(\square)$

答 $\boxed{3a}(x^2-4)$，$\boxed{3a}(x+2)(\boxed{x-2})$

上は，$3ax-12a=3a\times x-3a\times 4$

$=3a(x-4)$ 答

$3a$が共通な因数になるので，$3a$をかっこの外にくくり出して式を因数分解します。

下は，$3ax^2-12a=3a\times x^2-3a\times 4$

$=3a(x^2-4)$

$=3a(x+2)(x-2)$ 答

《 $a^2-b^2=(a+b)(a-b)$の公式を使います。

Point **共通な因数があるときは，まず共通な因数をかっこの外にくくり出します。そして，さらにかっこの中が因数分解できないかを考えます。**

◆ $2x^2-6x+4=2(x^2-3x+2)$
$=2(x-1)(x-2)$

《 共通な因数2をくくり出し，$x^2+(a+b)x+ab=(x+a)(x+b)$の公式

◆ $ax^2+6ax+9a=a(x^2+6x+9)$
$=a(x+3)^2$

《 共通な因数aをくくり出し，$a^2+2ab+b^2=(a+b)^2$の公式

◆ $x^3-12x^2+36x=x(x^2-12x+36)$
$=x(x-6)^2$

《 共通な因数xをくくり出し，$a^2-2ab+b^2=(a-b)^2$の公式

◆ $3cx^2-12cx-15c=3c(x^2-4x-5)$
$=3c(x+1)(x-5)$

《 共通な因数$3c$をくくり出し，$x^2+(a+b)x+ab=(x+a)(x+b)$の公式

例題で確認! 次の式を因数分解しましょう。

(1) $-2x^2+2$

(2) x^3y-2x^2y+xy

答 (1) $-2(x+1)(x-1)$ (2) $xy(x-1)^2$

考え方 (1) まず-2でくくります。 (2) まずxyでくくります。

因数分解(8) 置きかえを使った因数分解

次の式を因数分解しましょう。 → 式 STEP 159

$$(x-1)y-(x-1)=(x-1)(\boxed{})$$

答 $(x-1)(\boxed{y-1})$

次の式を因数分解しましょう。

$$(x-1)^2+5(x-1)+6=\{(x-1)+\boxed{}\}\{(x-1)+\boxed{}\}$$
$$=(x+1)(x+\boxed{})$$

答 $\{(x-1)+\boxed{2}\}\{(x-1)+\boxed{3}\}$, $(x+1)(x+\boxed{2})$

上は, $x-1$を1つのものとみて, これをMと置くと,

$$\begin{aligned}(x-1)y-(x-1)&=My-M\\&=M(y-1)\\&=(x-1)(y-1)\ \text{答}\end{aligned}$$

下も, $x-1$を1つのものとみて, これをMと置くと,

$$\begin{aligned}(x-1)^2+5(x-1)+6&=M^2+5M+6\\&=(M+2)(M+3)\\&=\{(x-1)+2\}\{(x-1)+3\}\\&=(x+1)(x+2)\ \text{答}\end{aligned}$$

《 $x^2+(a+b)x+ab=(x+a)(x+b)$の公式を使います。

Point **共通な因数が多項式のときは, その式を1つのものとみて, 文字に置きかえて因数分解できないかを考えます。**

◆ $$\begin{aligned}a^2+ab\underline{-a-b}&=a(a+b)\underline{-(a+b)}\\&=aM-M\\&=M(a-1)\\&=(a+b)(a-1)\end{aligned}$$

◆ x^2の係数が1以外で, さらにその係数をくくり出せないときは, ●x^2を $(▲x)^2$に変形すると, 因数分解できる場合があります。

$$9x^2+6x+1=(3x)^2+2\times(3x)\times1+1^2$$

《 $3x$を1つのものと考えます。

$$=(3x+1)^2$$

例題で確認! 次の式を因数分解しましょう。

$(x+3)^2-8(x+3)+16$

答 $(x-1)^2$ 考え方 $x+3=M$として$M^2-8M+16=(M-4)^2$
Mを$x+3$にもどすと, $(x+3-4)^2$

1 正負の数 2 文字式の計算 3 1次方程式 4 単項式と多項式 5 連立方程式 6 多項式の計算 7 平方根 8 2次方程式

STEP 166

⑥章 多項式の計算

因数分解(9) たすきがけ

発展

次の式を因数分解しましょう。

→ 式 STEP 164

$3x^2+6x+3=\square\,(x^2+2x+1)$

$=\square\,(x+\square)^2$

答 $\boxed{3}(x^2+2x+1)$，$\boxed{3}(x+\boxed{1})^2$

次の式を因数分解しましょう。

$6x^2+7x+2=(2x+1)(\square+2)$

答 $(2x+1)(\boxed{3x}+2)$

上は，式全体を共通な因数3でくくってから，公式を利用します。
下は，x^2の係数6でくくっても，うまく因数分解できません。このような場合は，次の手順で因数分解できる場合があります。

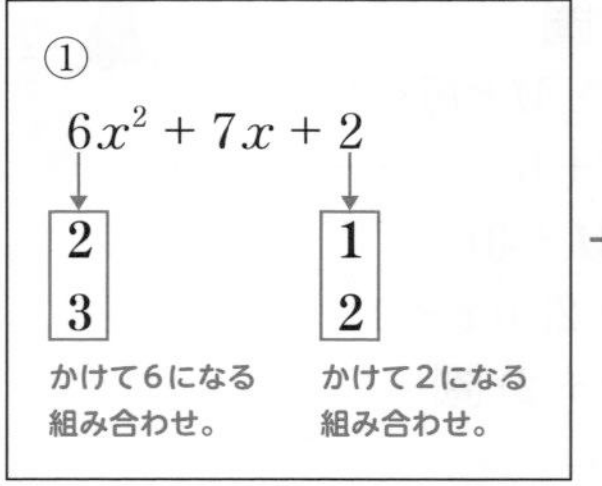

→

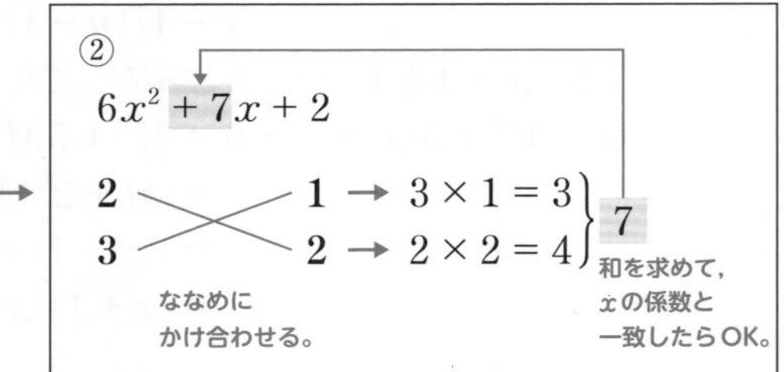

→

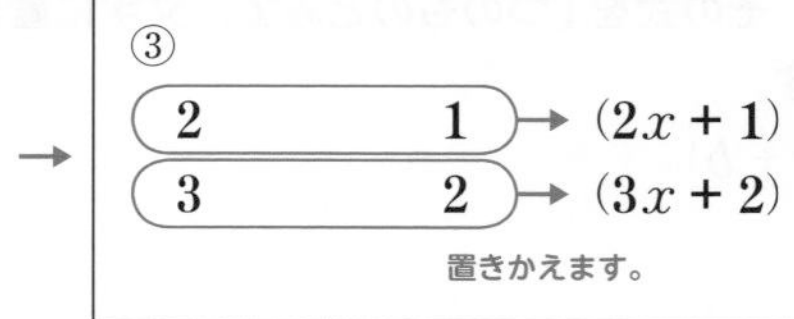

したがって，

$6x^2+7x+2$

$=(2x+1)(3x+2)$ 答

この方法を，たすきがけといいます。

Point **x^2の係数が1以外の場合は，たすきがけ（けさがけともいう）の方法で因数分解できる場合があります。**

◆かけ合わせる組み合わせは，一度で見つかるとはかぎりません。

$2x^2-7x+3$

1 ╳ -1 → -2
2 ╳ -3 → -3
} 和が -7にならない。

→

上下を入れかえる。

1 ╳ $\boxed{-3}$ → -6
2 ╳ $\boxed{-1}$ → -1
} 和が -7になる。

したがって，$2x^2-7x+3=(x-3)(2x-1)$

因数分解⑽　4乗を含む式　発展

次の式を因数分解しましょう。

→ 式 STEP 162

$$x^2 - y^2 = (x+y)(\boxed{})$$

答　$(x+y)(\boxed{x-y})$

次の式を因数分解しましょう。

$$x^4 - y^4 = (x^2+y^2)(x^2-y^2)$$
$$= (x^2+y^2)(x+y)(\boxed{})$$

答　$(x^2+y^2)(x+y)(\boxed{x-y})$

上は，公式$a^2 - b^2 = (a+b)(a-b)$ を利用します。
下は，xもyも4乗になっています。この場合は$x^2 = M$，$y^2 = N$と置きかえて因数分解を進めます。

$x^4 - y^4 = M^2 - N^2$　《 x^2をM，y^2をNに置きかえます。
$= (M+N)(M-N)$
$= (x^2+y^2)\underline{(x^2-y^2)}$　《 M，Nをもとにもどします。x^2-y^2は，さらに因数分解できます。
$= (x^2+y^2)\underline{(x+y)(x-y)}$ 答

Point　**4乗を含む式を因数分解するときは，x^2をMのように，2乗の形を1つの文字に置きかえて考えます。**

◆ $x^4 - 2x^2 - 48 = M^2 - 2M - 48$　《 x^2をMに置きかえます。
$= (M+6)(M-8)$
$= (x^2+6)(x^2-8)$

◆ $x^4 - 2x^2 - 8 = M^2 - 2M - 8$
$= (M+2)(M-4)$
$= (x^2+2)\underline{(x^2-4)}$
$= (x^2+2)\underline{(x+2)(x-2)}$

◆ $x^4 - 4x^2 - 45 = M^2 - 4M - 45$
$= (M+5)(M-9)$
$= (x^2+5)\underline{(x^2-9)}$
$= (x^2+5)\underline{(x+3)(x-3)}$

STEP 168

⑥章 多項式の計算

式の計算の利用(1) 因数分解・展開を利用した計算

次の式を因数分解しましょう。 → 式 STEP 162

$a^2-b^2=(a+b)(\square)$

答 $(a+b)(\boxed{a-b})$

上の因数分解を利用して，次の計算をしましょう。

$45^2-35^2=(45+35)(\square)$

$=80\times10$

$=\square$

答 $(45+35)(\boxed{45-35})$，$\boxed{800}$

上は，乗法公式④を利用した因数分解です。

下は，上の因数分解を利用して計算します。

$a^2-b^2=(a+b)(a-b)$ **乗法公式の逆**

$45^2-35^2=(45+35)(45-35)$

$=80\times10$

$=800$ 答

Point 因数分解を利用すると，数の計算が簡単にできることがあります。

◆ $34\times14+34\times6=34\times(14+6)$

$=34\times20$

$=680$

Point 展開を利用すると，数の計算が簡単にできることがあります。

◆ $39^2=(40-1)^2$

$=40^2-2\times40\times1+1^2$

$=1600-80+1$

$=1521$

《 39を40より1小さい数と考えます。

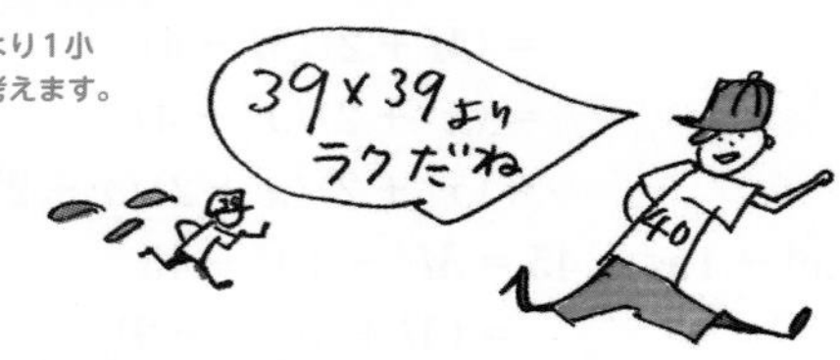

例題で確認! (1)は因数分解を利用して，(2)と(3)は展開を利用して計算しましょう。

(1) 18^2-12^2　　(2) 99^2　　(3) 52×48

答 (1) 180　(2) 9801　(3) 2496

考え方 (1) $=(18+12)(18-12)=30\times6$

(2) $=(100-1)^2=100^2-2\times100\times1+1^2$

(3) $=(50+2)(50-2)=50^2-2^2$

STEP 169

6章 多項式の計算

式の計算の利用(2) 式の値

$x=3$，$y=4$のとき，次の式の値を求めましょう。 → 式 STEP 115

$7x-y+3x-4y=\square x-\square y$

$=\square\times3-\square\times4$

$=30-20$

$=\square$

答 $\boxed{10}x-\boxed{5}y$，$\boxed{10}\times3-\boxed{5}\times4$，$\boxed{10}$

$x=3$，$y=4$のとき，次の式の値を求めましょう。

$(x+3y)(x-y)-x(x-2y)=x^2+2xy-3y^2-x^2+2xy$

$=\square xy-3y^2$

$=\square\times3\times4-3\times4^2$

$=48-48$

$=\square$

答 $\boxed{4}xy-3y^2$，$\boxed{4}\times3\times4-3\times4^2$，$\boxed{0}$

上は，先に同類項をまとめて式を簡単にしてから，文字に数を代入して計算します。
下は，式を展開し，同類項をまとめてから文字に数を代入して計算します。

Point 式の値を求めるとき，与えられた式が展開できるときは，展開して整理してから文字に数を代入すると，簡単に計算できることがあります。

◆式の値を求めるとき，因数分解を利用して簡単に求められることがあります。

〔問題〕$x=16$，$y=5$のとき，次の式の値を求めましょう。

〔解答〕$x^2+xy-12y^2=(x-3y)(x+4y)$

$=(16-3\times5)(16+4\times5)$

$=1\times36=36$ 答

例題で確認! 次の問題に答えましょう。

(1) $x=38$のとき，次の式の値を求めましょう。
$(3-x)(3+x)+(x+4)(x-2)$

(2) $x=98$のとき，次の式の値を求めましょう。
x^2+4x+4

答 (1) 77 (2) 10000

考え方 (1) 展開して整理してから代入します。
(2) 因数分解してから代入します。
$=(x+2)^2=(98+2)^2=100^2$

STEP 170

⑥章 多項式の計算

式の計算の利用(3) 整数

nを整数とするとき，次の数を表しましょう。 → 式 STEP 118

(1) 1，2のように連続する2つの整数 … n, $n+\square$

(2) 2，4のように連続する2つの偶数 … $2n$, $2n+\square$

(3) 1，3のように連続する2つの奇数 … $2n-1$, $2n+\square$

または，$2n+1$, $2n+\square$

答 (1)$n+\boxed{1}$ (2)$2n+\boxed{2}$ (3)$2n+\boxed{1}$，$2n+\boxed{3}$

nを整数とするとき，次の数を式で表しましょう。

(1) 連続する2つの奇数の積 … $(2n-1)(2n+\square)$

(2) 偶数の2乗 … $(\square\, n)^2$

答 (1)$(2n-1)(2n+\boxed{1})$ (2)$(\boxed{2}\,n)^2$

上は，それぞれ連続する数になるので，小さい数に対して大きい数がいくつ大きいかに注意します。

(1) 連続する2つの整数 … n, $n+1$

1大きい。

偶数は2の倍数だから，2×(整数)。

(2) 連続する2つの偶数 … $2n$, $2n+2$

2大きい。

奇数は偶数より1小さい数と考えられます。

(3) 連続する2つの奇数 … $2n-1$, $2n+1$

2大きい。

下は，上で表した奇数や偶数を使って式に表します。

Point **文字を使って整数を表すことは，数の性質を調べるときの基本となります。特に，連続する整数，偶数，奇数を使って式に表せることが重要です。**

〔問題〕nを整数とするとき，連続する3つの整数の中央の数の2乗から1をひいた数を，式で表しましょう。

〔解答〕もっとも小さい数をnとすると，3つの整数はn，$n+1$，$n+2$と表せるから，
$(n+1)^2-1$ 答
または，中央の数をnとすると，3つの整数は$n-1$，n，$n+1$と表せるから，
n^2-1 答

式の計算の利用(4) 数の性質の証明

nを整数とするとき，次の数を式で表しましょう。 → 式 STEP 170

連続する2つの奇数の積に1を加えた数 … $(2n-1)(2n+\square)+\square$

答 $(2n-1)(2n+\boxed{1})+\boxed{1}$

次の問題に答えましょう。

〔問題〕 連続する2つの奇数の積に1を加えた数は，偶数の2乗になる。このことを証明しましょう。

〔証明〕 nを整数とすると，連続する2つの奇数は，$2n-1$，$2n+\square$と表せる。

それらの積に1を加えた数は，

$$(2n-1)(2n+\square)+\square = 4n^2-1+1$$
$$= 4n^2$$
$$= (\square)^2$$

$2n$は$\square$であるから，連続する2つの奇数の積に1を加えた数は，偶数の2乗になる。

答 $2n+\boxed{1}$，$(2n-1)(2n+\boxed{1})+\boxed{1}$，$(\boxed{2n})^2$，偶数

上は，小さいほうの奇数が$2n-1$と表されていることから，大きいほうの奇数は$2n-1+2=2n+1$となります。

下は，上で表した式を計算し，偶数の2乗を表すように式を変形します。

Point 式による証明は，「証明すること」に合わせて式を変形していきます。

〔問題〕 連続する2つの偶数の積に1を加えた数は，奇数の2乗になる。このことを証明しましょう。

〔証明〕 nを整数とすると，連続する2つの偶数は，$2n$，$2n+2$と表せる。 ← ① 何を文字を使って表したかを書きます。

それらの積に1を加えた数は，

$2n(2n+2)+1=4n^2+4n+1$ ← ② 問題文から式を導き，計算します。

$=(2n+1)^2$ ← ③ 問題文に合わせて式を変形します。

$2n+1$は奇数であるから，連続する2つの偶数の積に1を加えた数は，奇数の2乗になる。 ← ④ 結論は，問題文をそのまま書きうつします。

STEP 172

⑥章 多項式の計算

式の計算の利用(5) 道の問題

右の図のように，1辺がpの正方形の土地のまわりに，幅(はば)aの道があります。この道の面積をS，道のまん中を通る線の長さをℓとするとき，□にあてはまる式を入れましょう。

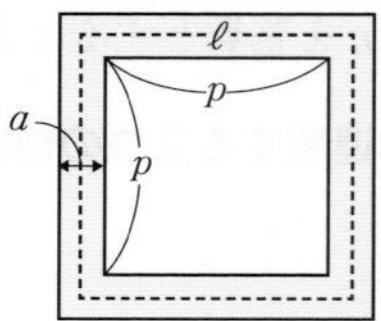

$$S=(p+\square)^2-p^2$$

$$\ell=4(p+\square)$$

答 $S=(p+\boxed{2a})^2-p^2$，$\ell=4(p+\boxed{a})$

上の問題で，$S=a\ell$となることを証明します。□にあてはまる式を入れましょう。

〔証明〕道の面積Sは，$S=(p+2a)^2-p^2=p^2+4\square+4\square-p^2$

$=4ap+4a^2$ …①

$\ell=4(p+a)=4p+4a$

$a\ell=a(4p+4a)=4ap+4a^2$ …②

①，②より，$S=a\ell$

答 $p^2+4\boxed{ap}+4\boxed{a^2}-p^2$

上は，$S=$（大きい正方形の面積）－（小さい正方形の面積）

1辺が$p+2a$（pと，aが2つ分）　1辺がp

$\ell=4\times$（1辺の長さ）で求めます。

1辺が$p+a$（pと，aの半分が2つ分）

下は，S，ℓ，$a\ell$をそれぞれ計算し，$S=a\ell$となることを導きます。

Point　道の問題の証明は，まず，面積と長さを与えられた文字で表します。

〔問題〕右の図のように，半径rの円形の土地のまわりに，幅aの道があります。この道の面積をS，道のまん中を通る円の周の長さをℓとするとき，$S=a\ell$となることを証明しましょう。

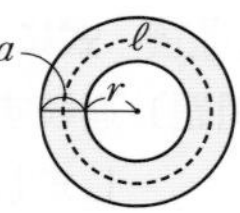

〔証明〕道の面積Sは，

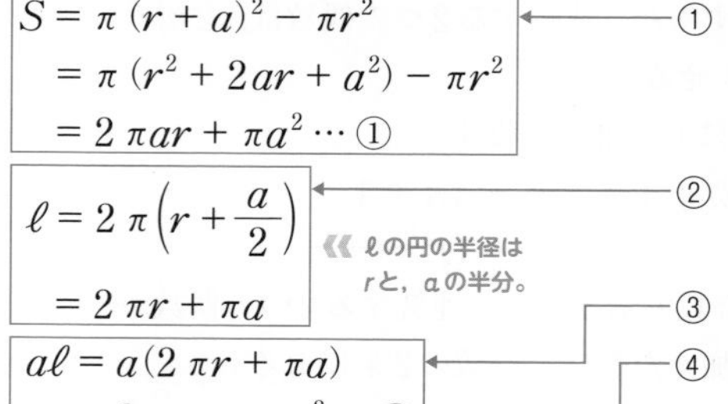

$S=\pi(r+a)^2-\pi r^2$
$=\pi(r^2+2ar+a^2)-\pi r^2$
$=2\pi ar+\pi a^2$ …①

$\ell=2\pi\left(r+\dfrac{a}{2}\right)$
$=2\pi r+\pi a$

《 ℓの円の半径はrと，aの半分。

$a\ell=a(2\pi r+\pi a)$
$=2\pi ar+\pi a^2$ …②

①，②より，$S=a\ell$

① 道の面積（S）を式で表し，計算します。

② ℓを式で表し，計算します。

③ $a\ell$を計算します。

④ $S=a\ell$を示します。

STEP 173

⑥章 多項式の計算

式の計算の利用(6) 2乗になる数

次の数を素因数分解しましょう。 → 式 STEP 31

(1) $225 = \square^2 \times \square^2$　(2) $252 = \square^2 \times \square^2 \times 7$

答 (1) $3^2 \times 5^2$ (2) $2^2 \times 3^2 \times 7$

上の素因数分解を見て，次の問題に答えましょう。

(1) 225は，どんな自然数の2乗になりますか。

(2) 252にできるだけ小さい自然数をかけて，ある自然数の2乗にするには，どのような数をかければよいですか。

答 (1) 15 (2) 7

上は，素因数分解だから，素数の小さいほうから順にかけ算の式で表します。
下は，$225 = 3^2 \times 5^2 = 3 \times 3 \times 5 \times 5 = (3 \times 5) \times (3 \times 5) = (3 \times 5)^2 = 15^2$ だから，225は，15の2乗になることがわかります。
また，$252 = 2^2 \times 3^2 \times 7$ で，7だけが2乗の数の組になっていないので，7をかけます。

Point **素因数分解して2乗の数の組がつくれなかった数をかけると，その数はある自然数の2乗になります。**

(例)

$$\begin{array}{r|r} 2 & 128 \\ 2 & 64 \\ 2 & 32 \\ 2 & 16 \\ 2 & 8 \\ 2 & 4 \\ & 2 \end{array}$$

128×2
$= 2^7 \times 2$
$= 2^2 \times 2^2 \times 2^2 \times 2^2$
$= (2 \times 2 \times 2 \times 2)^2$
$= 16^2$

2をかけると，2乗の数になります。

$$\begin{array}{r|r} 2 & 216 \\ 2 & 108 \\ 2 & 54 \\ 3 & 27 \\ 3 & 9 \\ & 3 \end{array}$$

216×6
$= 2^3 \times 3^3 \times 2 \times 3$
$= 2^2 \times 2^2 \times 3^2 \times 3^2$
$= (2 \times 2 \times 3 \times 3)^2$
$= 36^2$

$2 \times 3 = 6$ をかけると，2乗の数になります。

例題で確認! 次の問題に答えましょう。

96にできるだけ小さい自然数をかけて，ある自然数の2乗にするには，どのような数をかければよいですか。

答 6

考え方 $96 = 2^5 \times 3 = 2^2 \times 2^2 \times 2 \times 3$

基本をチェック！(6)　6章　多項式の計算

答は251ページ。できた問題は，□をぬりつぶしましょう。

1 次の計算をしましょう。 → 式 STEP 148・149

□(1) $(-x+3xy)\times(-2x)$

□(2) $(8a^2b^2-4ab)\div(-4ab)$

2 次の式を展開しましょう。 → 式 STEP 152 ～ 157

□(1) $(x+4)(x-5)$

□(2) $\left(\frac{1}{2}a+3\right)^2$

□(3) $(2a-b)^2$

□(4) $(x+0.1)(x-0.1)$

□(5) $(x-y-5)^2$

□(6) $(x+6)^2-(x-6)^2$

3 次の式を因数分解しましょう。 → 式 STEP 158 ～ 165

□(1) $2ac-6bc+4c^2$

□(2) $(x+y)(a-b)-2(a-b)$

□(3) x^2+2x+1

□(4) x^2-4x+4

□(5) $1-25x^2$

□(6) x^2+6x-7

□(7) $5a^2-45b^2$

□(8) $xy+2y-3x-6$

4 因数分解や展開を利用して，次の計算をしましょう。 → 式 STEP 168

□(1) 102^2

□(2) 45^2-35^2

7 平方根 3年

STEP 174

7章 平方根

平方根(1) 平方根の表し方(1)

次の□にあてはまる数を入れましょう。

→ 式 STEP 19

(1) 3を2乗（平方）すると，□になります。

(2) −3を2乗しても，□になります。

答 (1) 9 (2) 9

次の□にあてはまる数を入れましょう。

(1) 2乗して9になる数は，□と□です。

(2) 2乗して25になる数は，□と□です。

答 (1) 3，−3 (2) 5，−5

上は，$3^2 = 3 \times 3 = 9$，$(-3)^2 = (-3) \times (-3) = 9$です。2乗のことを平方ともいいます。

下は，$3^2 = 9$，$(-3)^2 = 9$だから，2乗して9になる数は，**3**と**−3**です。また，$5^2 = 25$，$(-5)^2 = 25$だから，2乗して25になる数は，**5**と**−5**です。

Point **2乗するとaになる数を，aの平方根といいます。つまり，aの平方根は，$x^2 = a$にあてはまるxの値のことです。**

◆正の数には平方根が2つあって，絶対値が等しく，符号が異なります。3と−3をまとめて，±3と書くこともあります。

◆0の平方根は0だけです。また，どんな数を2乗しても負の数にならないので，負の数には平方根はありません。

例題で確認! 次の数の平方根を求めましょう。

(1) 49　(2) 100

(3) $\frac{4}{9}$　(4) 0.04

答 (1) ±7　(2) ±10　(3) $\pm\frac{2}{3}$　(4) ±0.2

考え方 どれも平方根は正の数と負の数の2つあります。

Point **一般に，正の数aの平方根を，記号$\sqrt{\ }$（ルート）を使って，正のほうは$\sqrt{a}$，負のほうは$-\sqrt{a}$のように表します。記号$\sqrt{\ }$を根号といいます。また，$\sqrt{0} = 0$とします。$\sqrt{a}$と$-\sqrt{a}$をまとめて，$\pm\sqrt{a}$と書くこともあります。**

例題で確認! 次の数の平方根を，$\sqrt{\ }$を使って表しましょう。

(1) 5　(2) 7

(3) $\frac{1}{2}$　(4) 0.3

答 (1) $\pm\sqrt{5}$　(2) $\pm\sqrt{7}$　(3) $\pm\sqrt{\frac{1}{2}}$　(4) $\pm\sqrt{0.3}$

考え方 根号の中は，分数でも小数でもいいです。

平方根(2) 平方根の表し方(2)

次の□にあてはまる数を入れましょう。 → 式 STEP 174

(1) 2乗して81になる数は，± □

(2) 2乗して0.81になる数は，± □

答 (1)± 9 (2)± 0.9

次の数を根号を使わずに表しましょう。

(1) $\sqrt{81}=$ □　(2) $-\sqrt{81}=$ □

(3) $-\sqrt{0.81}=$ □　(4) $\sqrt{0.81}=$ □

答 (1) 9 (2) −9 (3) −0.9 (4) 0.9

上は，(1) $9^2=81$，$(-9)^2=81$ から，2乗して81になる数は，**±9** 答

(2) $0.9^2=0.81$，$(-0.9)^2=0.81$ から，2乗して0.81になる数は，**±0.9** 答

下は，(1) $\sqrt{81}$ は，81の平方根の正のほうだから **9** 答

(2) $-\sqrt{81}$ は負のほうだから **−9** 答

(3) $-\sqrt{0.81}$ は，0.81の平方根の負のほうだから **−0.9** 答

(4) $\sqrt{0.81}$ は正のほうだから **0.9** 答

Point **根号を使って表した数の中には，根号の中の数が，ある数の2乗の数になるとき，根号を使わずに表すことができるものがあります。**

$a>0$ **のとき，** $\sqrt{a^2}=a$，$-\sqrt{a^2}=-a$，$\sqrt{(-a)^2}=a$，$-\sqrt{(-a)^2}=-a$

例題で確認! 次の数を根号を使わずに表しましょう。

(1) $\sqrt{(-4)^2}$　(2) $-\sqrt{(-4)^2}$

(3) $\sqrt{\dfrac{9}{16}}$　(4) $-\sqrt{\dfrac{4}{49}}$

答 (1) 4 (2) −4 (3) $\dfrac{3}{4}$ (4) $-\dfrac{2}{7}$

考え方 (3) $\sqrt{\left(\dfrac{3}{4}\right)^2}=\dfrac{3}{4}$　(4) $-\sqrt{\left(\dfrac{2}{7}\right)^2}=-\dfrac{2}{7}$

Point **根号を使って表した数を2乗すると，根号がはずれて根号の中の数になります。**

$a>0$ **のとき，** $(\sqrt{a})^2=a$，$(-\sqrt{a})^2=a$

例題で確認! 次の数を根号を使わずに表しましょう。

(1) $(\sqrt{11})^2$　(2) $(-\sqrt{7})^2$

(3) $\left(\sqrt{\dfrac{5}{8}}\right)^2$　(4) $-(\sqrt{1.3})^2$

答 (1) 11 (2) 7 (3) $\dfrac{5}{8}$ (4) −1.3

考え方 (4) $(-\sqrt{1.3})^2$ とのちがいに気をつけます。
$(-\sqrt{1.3})^2=1.3$，$-(\sqrt{1.3})^2=-1.3$

STEP 176

7章 平方根

平方根(3) 平方根の大小関係

次の数の大小を，不等号を使って表しましょう。

$\sqrt{3}$，$\sqrt{5}$ → □ < □

答 $\sqrt{3} < \sqrt{5}$

次の数の大小を，不等号を使って表しましょう。

$\sqrt{3}$，$\sqrt{5}$，2 → □ < □ < □

答 $\sqrt{3} < 2 < \sqrt{5}$

根号のついた数の大小関係を調べるときは，それぞれの数を2乗して比べます。
上は，$(\sqrt{3})^2 = 3$，$(\sqrt{5})^2 = 5$ より，$3 < 5$ だから，$\sqrt{3} < \sqrt{5}$ 答
下は，$(\sqrt{3})^2 = 3$，$(\sqrt{5})^2 = 5$，$2^2 = 4$ より，$3 < 4 < 5$ だから，
$\sqrt{3} < 2 < \sqrt{5}$ 答

Point a，b が正の数で，$a < b$ ならば，$\sqrt{a} < \sqrt{b}$ が成り立ちます。

例題で確認! 次の各組の数の大小を，不等号を使って表しましょう。

(1) $\sqrt{11}$，$\sqrt{7}$
(2) $\sqrt{0.2}$，0.2
(3) $\frac{2}{3}$，$\sqrt{\frac{5}{9}}$
(4) 5，$\sqrt{21}$，$\sqrt{26}$

答 (1) $\sqrt{11} > \sqrt{7}$ (2) $\sqrt{0.2} > 0.2$ (3) $\frac{2}{3} < \sqrt{\frac{5}{9}}$
(4) $\sqrt{21} < 5 < \sqrt{26}$

考え方 (2) $(\sqrt{0.2})^2 = 0.2$，$0.2^2 = 0.04$
(3) $\left(\frac{2}{3}\right)^2 = \frac{4}{9}$，$\left(\sqrt{\frac{5}{9}}\right)^2 = \frac{5}{9}$
(4) $5^2 = 25$，$(\sqrt{21})^2 = 21$，$(\sqrt{26})^2 = 26$

Point a，b が正の数で，$a < b$ ならば，$-\sqrt{a} > -\sqrt{b}$ が成り立ちます。

◆ $-\sqrt{63}$ と -8 の大小関係は，
$(\sqrt{63})^2 = 63$，$8^2 = 64$ より，$63 < 64$ だから，$\sqrt{63} < 8$
負の数は，絶対値が大きいほど小さいから，$-\sqrt{63} > -8$

例題で確認! 次の各組の数の大小を，不等号を使って表しましょう。

(1) $-\sqrt{0.08}$，-0.3
(2) -3，$-\sqrt{3}$
(3) 0，$-\sqrt{5}$，-2

答 (1) $-\sqrt{0.08} > -0.3$ (2) $-3 < -\sqrt{3}$ (3) $-\sqrt{5} < -2 < 0$

考え方 (1) $(\sqrt{0.08})^2 = 0.08$，$0.3^2 = 0.09$ から考えます。
(3) 0がいちばん大きい数になります。

平方根(4) 平方根のおよその値

次の数の大小を，不等号を使って表しましょう。 →式 STEP 176

1，2，$\sqrt{2}$ → □＜□＜□

答 1＜$\sqrt{2}$＜2

□にあてはまる数を求めて，下の数の大小を，不等号を使って表しましょう。

1.4^2＝□，1.5^2＝□，$(\sqrt{2})^2 = 2$

1.4，1.5，$\sqrt{2}$ → □＜$\sqrt{2}$＜□

答 1.4^2＝1.96，1.5^2＝2.25
1.4＜$\sqrt{2}$＜1.5

上は，$1^2 = 1$，$2^2 = 4$，$(\sqrt{2})^2 = 2$より，$1 < 2 < 4$だから，$1 < \sqrt{2} < 2$ 答
下は，$1.4^2 = 1.96$，$1.5^2 = 2.25$，$(\sqrt{2})^2 = 2$より，$1.96 < 2 < 2.25$だから，
$1.4 < \sqrt{2} < 1.5$ 答

Point **$\sqrt{a}$の値は，けた数の多い小数の2乗と$\sqrt{a}$を比べることをくり返していくと，$\sqrt{a}$にいくらでも近い値(近似値(きんじち))を求めることができます。**

◆ $\sqrt{2}$の場合

$1.4 < \sqrt{2} < 1.5$から，$\sqrt{2}$の小数第1位の数は，4とわかります。
また，$1.41^2 = 1.9881$，$1.42^2 = 2.0164$，$(\sqrt{2})^2 = 2$より，
$1.9881 < 2 < 2.0164$だから，$1.41 < \sqrt{2} < 1.42$
したがって，$\sqrt{2}$の小数第2位の数は，1とわかります。
これをくり返していくと，$\sqrt{2} = 1.41421356\cdots$と求められます。

例題で確認! □にあてはまる数を入れましょう。

$\sqrt{17}$の値を小数第2位まで求めます。
$4^2 = 16$，$5^2 = 25$だから，□＜$\sqrt{17}$＜□
$4.1^2 = 16.81$，$4.2^2 = 17.64$だから，□＜$\sqrt{17}$＜□
したがって，$\sqrt{17}$の小数第1位の数は，□です。
$4.11^2 = 16.8921$，$4.12^2 = 16.9744$，$4.13^2 = 17.0569$
だから，□＜$\sqrt{17}$＜□
したがって，$\sqrt{17}$の小数第2位の数は，□なので，
$\sqrt{17}$の小数第2位までの値は4.12です。

答
4＜$\sqrt{17}$＜5，
4.1＜$\sqrt{17}$＜4.2，
1，
4.12＜$\sqrt{17}$＜4.13，
2

STEP 178

7章 平方根

平方根(5) 有理数と無理数(1)

次の数を，できるだけ簡単な分数で表しましょう。

(1) $3=\frac{3}{\square}$　　(2) $0.1=\frac{1}{\square}$

答 (1) $\frac{3}{\boxed{1}}$　(2) $\frac{1}{\boxed{10}}$

次の(ア)～(ウ)の数のうち，分数で表せない数を1つ選びましょう。

(ア) 3　(イ) $\sqrt{2}$　(ウ) $\sqrt{9}$

答 (イ)

上は，できるだけ簡単な分数で表すということは，これ以上約分することができない分数で表します。

整数mは，$\frac{m}{1}$と表されるから，$3=\frac{3}{1}$です。また，0.1の1は，$\frac{1}{10}$が1個あることだから，$0.1=\frac{1}{10}$です。

下は，(ア)が$3=\frac{3}{1}$，(ウ)が$\sqrt{9}=\sqrt{3^2}=3=\frac{3}{1}$と分数で表せます。

(イ)は$\sqrt{2}=1.4142135\cdots$で，分数の形では表せません。

Point **分数で表すことができる数を有理数，分数で表すことができない数を無理数といいます。**

◆今まで学んできた数をまとめると，右のようになります。

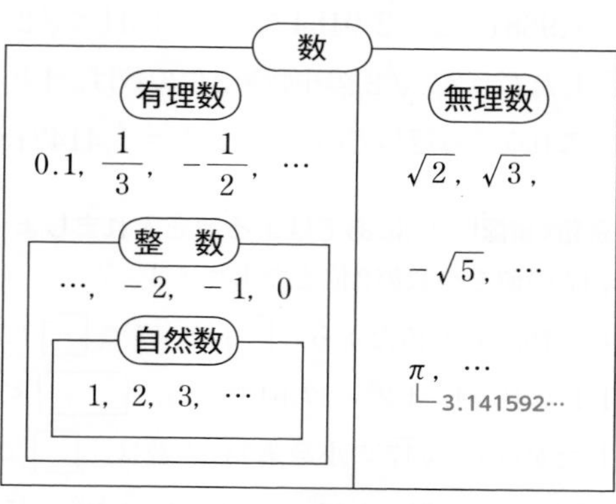

平方根の近似値のおぼえ方

$\sqrt{2}$ … 1.41421356（一夜一夜に人見頃）

$\sqrt{3}$ … 1.7320508（人なみにおごれや）

$\sqrt{5}$ … 2.2360679（富士山ろく おうむ鳴く）

$\sqrt{6}$ … 2.44949（似よ よくよく）

$\sqrt{7}$ … 2.64575（菜に虫いない）

STEP 179

7章 平方根

平方根(6) 有理数と無理数(2)

次の分数を小数で表しましょう。

(1) $\frac{1}{4}=$ □　　(2) $\frac{13}{8}=$ □

答 (1) 0.25　(2) 1.625

次の分数を小数で表すとき，小数がわり切れない分数はどれですか。2つ答えましょう。

(ア) $\frac{2}{3}$　(イ) $\frac{12}{5}$　(ウ) $\frac{5}{7}$　(エ) $\frac{21}{16}$

答 (ア)，(ウ)

上は，分数を小数になおします。分数は，分子÷分母で小数になおせます。下は，上と同じように分子÷分母の計算をして，わり切れるかわり切れないかを調べます。

(ア)は，$\frac{2}{3}=2\div3=0.6666\cdots$　(イ)は，$\frac{12}{5}=12\div5=2.4$

(ウ)は，$\frac{5}{7}=5\div7=0.7142\cdots$　(エ)は，$\frac{21}{16}=1.3125$

したがって，(ア)と(ウ)がわり切れない小数になります。

Point **分数を小数で表すとき，どこまで計算してもわり切れずに，かぎりなく続く小数になることがあります。このような小数を無限小数といいます。これに対して，わり切れる小数を有限小数といいます。**

◆無限小数の中で，ある位より先は決まった数字がくり返される小数を**循環**(じゅんかん)**小数**といいます。

〔循環小数の表し方〕

$1.0909\cdots \rightarrow 1.\dot{0}\dot{9}$

$0.8333\cdots \rightarrow 0.8\dot{3}$

$0.102102102\cdots \rightarrow 0.\dot{1}0\dot{2}$

くり返される小数部分の両端(りょうたん)の数字の上に点(・)をつけて表します。

◆小数を分類すると，下のようになります。

小数	有限小数		有理数
	無限小数	循環小数	有理数
		循環しない小数 …	無理数

1 正負の数　2 文字式の計算　3 1次方程式　4 単項式と多項式　5 連立方程式　6 多項式の計算　7 平方根　8 2次方程式

STEP 180

⑦章 平方根

近似値(1) 近似値と誤差

次の□にあてはまる数を入れましょう。

ある物体の重さを，最小のめもりが10gのはかりを使ってはかりました。最小のめもりの$\frac{1}{10}$を目分量で読み取り，四捨五入すると2380gとなりました。このとき，この物体の重さの真の値は，［(1)］以上［(2)］未満の範囲(はんい)にあります。

答 (1) 2375g 以上 (2) 2385g 未満

次の□にあてはまることばを入れましょう。

上の問題の2380gは，真の値ではありませんが，それに近い［　］です。

答 近似値

長さや重さなど，測定によって得られた値を**測定値**(そくていち)といいます。測定値は真の値ではなく，それに近い**近似値**(きんじち)です。

上の問題は，一の位を四捨五入して2380になる数を考えます。

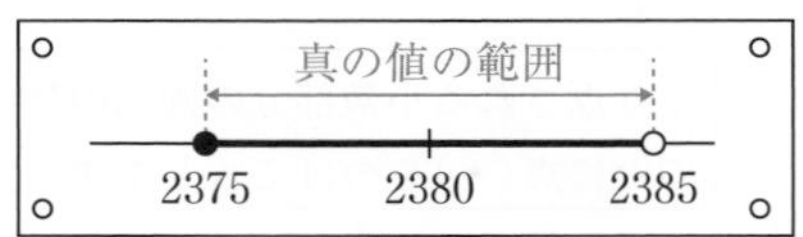

この場合，真の値がいくつであっても，2380との差（**誤差**）の絶対値は，どんなに大きくても5までであることがわかります。

Point

- **測定値…測定によって得られた値**
- **測定値は真の値ではなく，近似値です。**
- **(誤差)＝(近似値)－(真の値)**

近似値(2) 有効数字

次の□に，「信頼(しんらい)できます」か「信頼できません」のどちらかを入れ，正しい内容の文章にしましょう。

ある物体の重さを，最小のめもりが10gのはかりではかったら，450gでした。この測定値の百の位，十の位の4，5は (1) が，一の位の0は (2) 。

答 (1) 信頼できます (2) 信頼できません

上の問題のつづきです。□にあてはまることばを入れましょう。

上の問題の4，5のように，信頼できる数字を □ といいます。

答 有効数字

上の問題は，最小のめもりが10gということに着目しましょう。測定値である450gの4，5までは，測定された意味のある数字です。ただ，一の位の0は，はかりのめもりからは読み取れません。したがって，この0は，位取りを示しているだけで，信頼できる数字ではありません。

近似値を表す数字のうち，信頼できるものを**有効数字**(ゆうこうすうじ)といいます。

Point ・**有効数字をはっきりさせた書き方**
(整数部分が1けたの小数)×(10の累乗)

例題で確認! 次の測定値を〔 〕内の有効数字のけた数で，(整数部分が1けたの小数)×(10の累乗) の形で表しましょう。

(1) 3800km〔有効数字2けた〕
(2) 3000km〔有効数字2けた〕
(3) 8300km〔有効数字3けた〕
(4) 30000km〔有効数字2けた〕
(5) 65300km〔有効数字3けた〕

答 (1) 3.8×10^3km
(2) 3.0×10^3km
(3) 8.30×10^3km
(4) 3.0×10^4km
(5) 6.53×10^4km

STEP 182

7章 平方根

根号を含む式の計算(1) 乗法(1)

□にあてはまる文字を入れましょう。

$(\sqrt{a}\times\sqrt{b})^2$

$=(\sqrt{a}\times\sqrt{b})\times(\sqrt{a}\times\sqrt{b})$

$=\sqrt{a}\times\sqrt{b}\times\sqrt{a}\times\sqrt{b}$

$=(\sqrt{a})^2\times(\sqrt{b})^2$

$=\square\times\square$

したがって，$\sqrt{a}\times\sqrt{b}=\sqrt{\square\times\square}$

答 $\boxed{a}\times\boxed{b}$，$\sqrt{\boxed{a}\times\boxed{b}}$

次の計算をしましょう。

$\sqrt{2}\times\sqrt{5}=\square$

答 $\sqrt{10}$

左は，$(\sqrt{a}\times\sqrt{b})^2=a\times b$となるから，$\sqrt{a}\times\sqrt{b}$は，$a\times b$の平方根のうち，正のほう，つまり，$\sqrt{a\times b}$に等しくなります。

右は，このことを利用して計算します。

$\sqrt{2}\times\sqrt{5}=\sqrt{2\times5}=\sqrt{10}$ 答

Point **a，bを正の数とするとき，$\sqrt{a}\times\sqrt{b}=\sqrt{a\times b}=\sqrt{ab}$**
$\sqrt{a}\times\sqrt{b}$は，記号×をはぶいて，$\sqrt{a}\sqrt{b}$とも書きます。

◆ $\sqrt{3}\times\sqrt{7}=\sqrt{3\times7}=\sqrt{21}$ 《 根号の中の数どうしをかけます。

◆ $(-\sqrt{2})\times\sqrt{3}=-\sqrt{2\times3}=-\sqrt{6}$ 《 異符号の乗法なので，答の符号は－になります。

◆ $(-\sqrt{6})\times(-\sqrt{11})=\sqrt{6\times11}=\sqrt{66}$ 《 同符号の乗法なので，答の符号は＋になります。

◆ $\sqrt{10}\sqrt{40}=\sqrt{10\times40}=\sqrt{400}=\sqrt{20^2}=20$ 《 根号の中の数が2乗の数になるときは，根号をはずします。

例題で確認! 次の計算をしましょう。

(1) $\sqrt{6}\times(-\sqrt{5})$

(2) $\sqrt{32}\times\sqrt{2}$

答 (1) $-\sqrt{30}$ (2) 8

考え方 (2) $\sqrt{64}=\sqrt{8^2}=8$

Point **$a\times\sqrt{b}$，$\sqrt{b}\times a$のような積は，記号×をはぶいて，$a\sqrt{b}$と書きます。**

例題で確認! 次の計算をしましょう。

(1) $3\times\sqrt{14}$

(2) $\sqrt{7}\times(-8)$

答 (1) $3\sqrt{14}$ (2) $-8\sqrt{7}$

考え方 $3\times a$や$b\times(-8)$の文字式の計算と同じです。

根号を含む式の計算(2) 除法(1)

□にあてはまる文字を入れましょう。

$$\left(\frac{\sqrt{a}}{\sqrt{b}}\right)^2=\frac{\sqrt{a}}{\sqrt{b}}\times\frac{\sqrt{a}}{\sqrt{b}}$$

$$=\frac{(\sqrt{a})^2}{(\sqrt{b})^2}$$

$$=\frac{\square}{\square}$$

したがって，$\dfrac{\sqrt{a}}{\sqrt{b}}=\sqrt{\dfrac{a}{b}}$

答 $\dfrac{a}{b}$

次の計算をしましょう。

(1) $\dfrac{\sqrt{24}}{\sqrt{8}}=\square$

(2) $\sqrt{18}\div\sqrt{3}=\dfrac{\sqrt{18}}{\sqrt{3}}$

$=\square$

答 (1) $\sqrt{3}$ (2) $\sqrt{6}$

左は，$\left(\dfrac{\sqrt{a}}{\sqrt{b}}\right)^2=\dfrac{a}{b}$となるから，$\dfrac{\sqrt{a}}{\sqrt{b}}$は，$\dfrac{a}{b}$の平方根のうち，正のほう，つまり，$\sqrt{\dfrac{a}{b}}$に等しくなります。

右は，左の式を利用して計算します。

(1) $\dfrac{\sqrt{24}}{\sqrt{8}}=\sqrt{\dfrac{24}{8}}=\sqrt{3}$ 答　(2) $\sqrt{18}\div\sqrt{3}=\dfrac{\sqrt{18}}{\sqrt{3}}=\sqrt{\dfrac{18}{3}}=\sqrt{6}$ 答

Point a，b**を正の数とするとき，**$\dfrac{\sqrt{a}}{\sqrt{b}}=\sqrt{\dfrac{a}{b}}$

◆ $\dfrac{\sqrt{35}}{\sqrt{5}}=\sqrt{\dfrac{35}{5}}=\sqrt{7}$ 《 根号の中の数どうしでわります。

◆ $\dfrac{\sqrt{21}}{\sqrt{9}}=\sqrt{\dfrac{21}{9}}=\sqrt{\dfrac{7}{3}}$ 《 根号の中の数が分数になります。

◆ $(-\sqrt{48})\div\sqrt{8}=-\dfrac{\sqrt{48}}{\sqrt{8}}=-\sqrt{\dfrac{48}{8}}=-\sqrt{6}$

◆ $(-\sqrt{78})\div(-\sqrt{6})=\dfrac{\sqrt{78}}{\sqrt{6}}=\sqrt{\dfrac{78}{6}}=\sqrt{13}$

◆ $\sqrt{108}\div\sqrt{3}=\dfrac{\sqrt{108}}{\sqrt{3}}=\sqrt{\dfrac{108}{3}}=\sqrt{36}=\sqrt{6^2}=6$

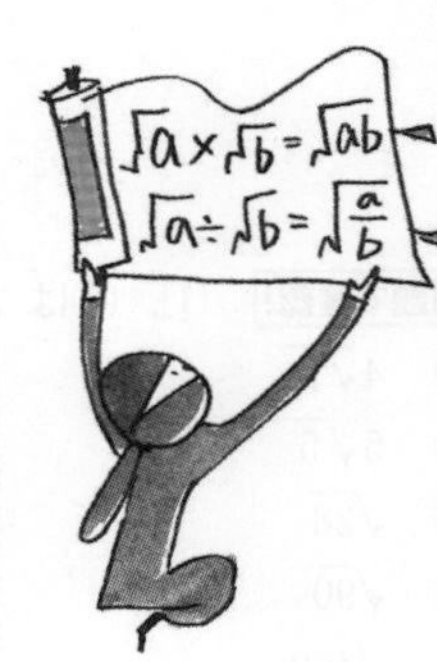

1 正負の数
2 文字式の計算
3 1次方程式
4 単項式と多項式
5 連立方程式
6 多項式の計算
7 平方根
8 2次方程式

STEP 184

7章 平方根

根号を含む式の計算(3) $\sqrt{a}$ や $a\sqrt{b}$ の変形

次の数を変形して，$\sqrt{a}$ の形にしましょう。

$2\sqrt{3}=\sqrt{\square}\times\sqrt{3}$

$=\sqrt{4\times3}$

$=\sqrt{\square}$

答 $\sqrt{4}\times\sqrt{3}$，$\sqrt{12}$

次の数を変形して，$a\sqrt{b}$ の形にしましょう。

$\sqrt{12}=\sqrt{\square\times3}$

$=\sqrt{4}\times\sqrt{3}$

$=\square\sqrt{3}$

答 $\sqrt{4\times3}$，$2\sqrt{3}$

左は，根号の外にある数を根号の中に入れます。そのとき，根号の外にある数は2乗して，根号の中の数にかけます。

$2\sqrt{3}=\sqrt{2^2}\times\sqrt{3}=\sqrt{4}\times\sqrt{3}=\sqrt{12}$ 答

2乗して根号の中に入れます。

右は，根号の中の数が，ある数の2乗との積になっているときは，左と逆の変形ができます。

$\sqrt{12}=\sqrt{4\times3}=\sqrt{4}\times\sqrt{3}=\sqrt{2^2}\times\sqrt{3}=2\times\sqrt{3}=2\sqrt{3}$ 答

2乗の数は，根号がはずせます。

Point **a，b を正の数とするとき，$a\sqrt{b}$ は，$\sqrt{a^2b}$ の形に変形できます。また，その逆に，根号の中の数がある数の2乗との積になっているときは，$\sqrt{a^2b}=a\sqrt{b}$ の形に変形できます。このとき，根号の中の数は，できるだけ小さい自然数にしておきます。**

◆右のように，根号の中の数を素因数分解すると，根号の外に出す数が見つけやすくなることがあります。

$\sqrt{112}$
$=\sqrt{2^2\times2^2\times7}$
$=\sqrt{2^2}\times\sqrt{2^2}\times\sqrt{7}$
$=2\times2\times\sqrt{7}$
$=4\sqrt{7}$

2) 112
2) 56
2) 28
2) 14
7

例題で確認! (1)，(2)は $\sqrt{a}$ の形に，(3)，(4)，(5)は $a\sqrt{b}$ の形にしましょう。

(1) $4\sqrt{3}$

(2) $5\sqrt{5}$

(3) $\sqrt{28}$

(4) $\sqrt{90}$

(5) $\sqrt{162}$

答 (1) $\sqrt{48}$ (2) $\sqrt{125}$ (3) $2\sqrt{7}$ (4) $3\sqrt{10}$ (5) $9\sqrt{2}$

考え方 (1) $=\sqrt{4^2\times3}$

(2) $=\sqrt{5^2\times5}$

(3) $=\sqrt{2^2\times7}$

(4) $=\sqrt{3^2\times10}$

(5) $=\sqrt{9^2\times2}$

(5) 2) 162
3) 81
3) 27
3) 9
3

根号を含む式の計算(4) 乗法(2)

次の計算をしましょう。 → 式 STEP 182

$\sqrt{3}\times\sqrt{2}=$ □

答 $\sqrt{6}$

次の計算をしましょう。

$\sqrt{3}\times\sqrt{8}=\sqrt{3}\times$ □ $\sqrt{2}$

$=$ □

答 $\sqrt{3}\times\boxed{2}\sqrt{2}$，$\boxed{2\sqrt{6}}$

左は，$\sqrt{a}\times\sqrt{b}=\sqrt{a\times b}$ の式を利用して計算します。

$\sqrt{3}\times\sqrt{2}=\sqrt{3\times2}=\sqrt{6}$ 答

右は，$\sqrt{8}$ を先に $2\sqrt{2}$ に変形してから計算します。

$\sqrt{3}\times\sqrt{8}=\sqrt{3}\times\sqrt{2^2\times2}=\sqrt{3}\times2\sqrt{2}=2\times\sqrt{3\times2}=2\sqrt{6}$ 答

Point **根号を含む式の乗法で，根号の中の数が，ある数の2乗との積になっているときは，先に $a\sqrt{b}$ の形に変形してから計算すると便利です。**

◆ $\sqrt{12}\times\sqrt{18}=\sqrt{2^2\times3}\times\sqrt{3^2\times2}$ 《 $a\sqrt{b}$ の形に変形します。

$=2\sqrt{3}\times3\sqrt{2}$ 《 整数どうし，根号を含む数どうしを計算します。

$=2\times3\times\sqrt{3}\times\sqrt{2}$

$=6\sqrt{6}$

◆ $3\sqrt{5}\times2\sqrt{10}=3\sqrt{5}\times2\sqrt{2\times5}$ 《 根号の中の数どうしで2乗の数ができます。

$=3\times2\times(\sqrt{5})^2\times\sqrt{2}$

$=3\times2\times5\times\sqrt{2}$

$=30\sqrt{2}$

◆ $(-\sqrt{6})\times\sqrt{24}=(-\sqrt{6})\times\sqrt{2^2\times6}$

$=(-\sqrt{6})\times2\sqrt{6}$

$=-2\times(\sqrt{6})^2$

$=-2\times6=-12$

例題で確認! 次の計算をしましょう。

(1) $\sqrt{15}\times\sqrt{6}$

(2) $\sqrt{32}\times\sqrt{27}$

(3) $2\sqrt{14}\times3\sqrt{7}$

答 (1) $3\sqrt{10}$ (2) $12\sqrt{6}$ (3) $42\sqrt{2}$

考え方 (1) $\sqrt{3\times5}\times\sqrt{2\times3}=\sqrt{3^2\times5\times2}$

(2) $4\sqrt{2}\times3\sqrt{3}$ (3) $2\times3\times(\sqrt{7})^2\times\sqrt{2}$

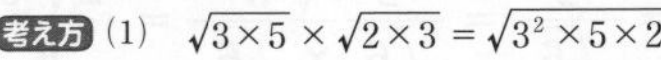

STEP 186

7章 平方根

根号を含む式の計算(5) 分母の有理化と除法(2)

□にあてはまる数を入れましょう。

$$\frac{1}{3}=\frac{1\times\square}{3\times\square}=\frac{2}{6}$$

答 $\frac{1\times\boxed{2}}{3\times\boxed{2}}$

□にあてはまる数を入れましょう。

$$\frac{3}{\sqrt{2}}=\frac{3\times\sqrt{\square}}{\sqrt{2}\times\sqrt{\square}}=\frac{3\sqrt{2}}{2}$$

答 $\frac{3\times\sqrt{\boxed{2}}}{\sqrt{2}\times\sqrt{\boxed{2}}}$

左は，分母と分子に同じ数をかけて，大きさの等しい分数をつくります。
右も，分母と分子に同じ数をかけます。求めた数は，分母に根号がない数になります。

$$\frac{3}{\sqrt{2}}=\frac{3\times\sqrt{2}}{\sqrt{2}\times\sqrt{2}}=\frac{3\sqrt{2}}{2}$$ 《《 分母と分子に$\sqrt{2}$をかけています。

Point **分母と分子に同じ数をかけて，分母に根号がない形に表すことを，分母を有理化するといいます。**

◆ $\frac{10}{\sqrt{5}}=\frac{10\times\sqrt{5}}{\sqrt{5}\times\sqrt{5}}=\frac{10\sqrt{5}}{5}=\frac{\overset{2}{\cancel{10}}\sqrt{5}}{\underset{1}{\cancel{5}}}=2\sqrt{5}$ 《《 整数部分で約分できます。

◆ $\frac{1}{\sqrt{12}}=\frac{1}{2\sqrt{3}}=\frac{1\times\sqrt{3}}{2\sqrt{3}\times\sqrt{3}}=\frac{\sqrt{3}}{6}$ 《《 $\sqrt{12}$を先に$a\sqrt{b}$の形に変形します。

◆ $\sqrt{\frac{2}{5}}=\frac{\sqrt{2}}{\sqrt{5}}=\frac{\sqrt{2}\times\sqrt{5}}{\sqrt{5}\times\sqrt{5}}=\frac{\sqrt{10}}{5}$

例題で確認! 次の数の分母を有理化しましょう。

(1) $\sqrt{\frac{5}{7}}$

(2) $\frac{3}{\sqrt{18}}$

答 (1) $\frac{\sqrt{35}}{7}$ (2) $\frac{\sqrt{2}}{2}$

考え方 (1) $\frac{\sqrt{5}\times\sqrt{7}}{\sqrt{7}\times\sqrt{7}}=\frac{\sqrt{35}}{7}$ (2) $=\frac{3}{3\sqrt{2}}=\frac{1}{\sqrt{2}}=\frac{1\times\sqrt{2}}{\sqrt{2}\times\sqrt{2}}=\frac{\sqrt{2}}{2}$

Point **一般に，根号を含む式の計算では，答は分母を有理化して表します。**

◆ $2\div\sqrt{6}=\frac{2}{\sqrt{6}}=\frac{2\times\sqrt{6}}{\sqrt{6}\times\sqrt{6}}=\frac{\overset{1}{\cancel{2}}\sqrt{6}}{\underset{3}{\cancel{6}}}=\frac{\sqrt{6}}{3}$

STEP 187

7章 平方根

根号を含む式の計算(6) 平方根の近似値

次の数を$a\sqrt{b}$の形にしましょう。 → 式 STEP 184

(1) $\sqrt{8}=\sqrt{2^2}\times\sqrt{2}=\square\sqrt{2}$

(2) $\sqrt{800}=\sqrt{400\times2}=\sqrt{400}\times\sqrt{2}=\sqrt{20^2}\times\sqrt{2}=\square\sqrt{2}$

(3) $\sqrt{0.08}=\sqrt{\dfrac{8}{100}}=\sqrt{\dfrac{2}{25}}=\dfrac{\sqrt{2}}{\sqrt{25}}=\dfrac{\sqrt{2}}{\sqrt{5^2}}=\dfrac{\sqrt{2}}{\square}$

答 (1) $2\sqrt{2}$ (2) $20\sqrt{2}$ (3) $\dfrac{\sqrt{2}}{5}$

$\sqrt{2}=1.414$として，次の値を求めましょう。

(1) $\sqrt{8}=2\sqrt{2}=2\times1.414=\square$

(2) $\sqrt{800}=20\sqrt{2}=20\times1.414=\square$

(3) $\sqrt{0.08}=\sqrt{\dfrac{8}{100}}=\dfrac{\sqrt{2}}{5}=\sqrt{2}\div5=1.414\div5=\square$

答 (1) 2.828 (2) 28.28 (3) 0.2828

上は，根号の中の2乗の数を外に出して，$a\sqrt{b}$の形に変形します。
下は，上で変形して求めた数を使って，平方根の近似値を求めます。

Point **一般に，根号の中の数の小数点の位置が2けたずれるごとに，その数の平方根の小数点の位置は，同じ向きに1けたずつずれます。**
つまり，根号の中の数を100倍すると，その数の平方根は，もとの数の平方根の10倍になります。

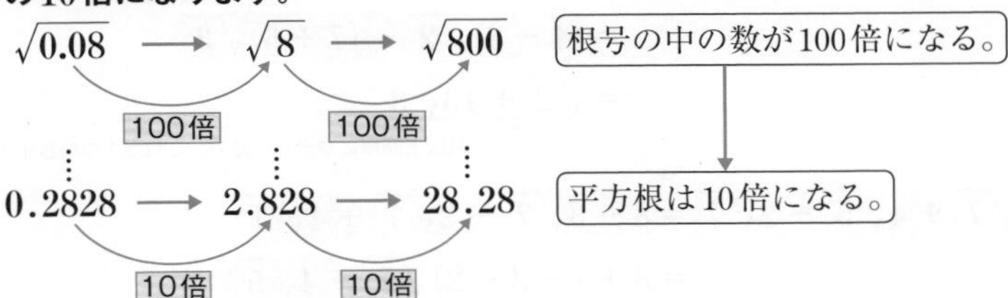

例題で確認! $\sqrt{5}=2.236$として，次の値を求めましょう。

(1) $\sqrt{500}$

(2) $\sqrt{50000}$

(3) $\sqrt{0.05}$

答 (1) 22.36 (2) 223.6 (3) 0.2236

考え方 根号の中の数が(1)は5の100倍，(2)は10000倍，(3)は$\dfrac{1}{100}$倍。
したがって(1)はもとの数の10倍，(2)は100倍，(3)は$\dfrac{1}{10}$倍。

STEP 188

7章 平方根

根号を含む式の計算(7) 加法・減法(1)

次の計算をしましょう。

→ 式 STEP 52

(1) $5a+3a$

$=(\square+\square)a$

$=8a$

(2) $5a-3a$

$=(\square-\square)a$

$=2a$

答 (1) $(\boxed{5}+\boxed{3})a$
(2) $(\boxed{5}-\boxed{3})a$

次の計算をしましょう。

(1) $5\sqrt{2}+3\sqrt{2}$

$=(\square+\square)\sqrt{2}$

$=8\sqrt{2}$

(2) $5\sqrt{2}-3\sqrt{2}$

$=(\square-\square)\sqrt{2}$

$=2\sqrt{2}$

答 (1) $(\boxed{5}+\boxed{3})\sqrt{2}$
(2) $(\boxed{5}-\boxed{3})\sqrt{2}$

上は，同類項を分配法則を利用してまとめます。

下は，文字式の場合と同じように考えて，分配法則を利用してまとめます。

(1) $5\sqrt{2}+3\sqrt{2}=(5+3)\sqrt{2}=8\sqrt{2}$ 答

(2) $5\sqrt{2}-3\sqrt{2}=(5-3)\sqrt{2}=2\sqrt{2}$ 答

Point **同じ数の平方根を含んだ式は，同類項をまとめるのと同じようにして簡単にすることができます。**

◆ $4\sqrt{2}+7\sqrt{3}-3\sqrt{2}+6\sqrt{3}=4\sqrt{2}-3\sqrt{2}+7\sqrt{3}+6\sqrt{3}$

$=(4-3)\sqrt{2}+(7+6)\sqrt{3}$

$=\sqrt{2}+13\sqrt{3}$

└ これ以上簡単にできないので，これが1つの数を表しています。

◆ $8-3\sqrt{7}+4\sqrt{5}-2\sqrt{7}=8-3\sqrt{7}-2\sqrt{7}+4\sqrt{5}$

$=8+(-3-2)\sqrt{7}+4\sqrt{5}$

$=8-5\sqrt{7}+4\sqrt{5}$ ≪ これ以上簡単にできません。

例題で確認! 次の計算をしましょう。

(1) $5\sqrt{6}-9\sqrt{6}$

(2) $2\sqrt{3}+8\sqrt{2}-7\sqrt{3}$

(3) $6\sqrt{10}-5-\sqrt{10}+4$

答 (1) $-4\sqrt{6}$　(2) $-5\sqrt{3}+8\sqrt{2}$　(3) $5\sqrt{10}-1$

考え方 同じ数の平方根どうしをまとめます。
文字式の場合と同じように考えます。

STEP **189** 7章 平方根

根号を含む式の計算(8) 加法・減法(2)

次の数を $a\sqrt{b}$ の形にしましょう。 → 式 STEP 184

(1) $\sqrt{18} = \square\sqrt{2}$　　(2) $\sqrt{50} = \square\sqrt{2}$

答 (1) $\boxed{3}\sqrt{2}$ (2) $\boxed{5}\sqrt{2}$

次の計算をしましょう。

$\sqrt{18} + \sqrt{50} = \square\sqrt{2} + \square\sqrt{2} = \square\sqrt{2}$

答 $\boxed{3}\sqrt{2} + \boxed{5}\sqrt{2} = \boxed{8}\sqrt{2}$

上は，根号の中の2乗の数を外に出して，$a\sqrt{b}$ の形にします。

(1) $\sqrt{18} = \sqrt{9\times 2} = \sqrt{9}\times\sqrt{2} = \sqrt{3^2}\times\sqrt{2} = 3\times\sqrt{2} = 3\sqrt{2}$ 答

(2) $\sqrt{50} = \sqrt{25\times 2} = \sqrt{25}\times\sqrt{2} = \sqrt{5^2}\times\sqrt{2} = 5\times\sqrt{2} = 5\sqrt{2}$ 答

下は，上で変形した数を利用して計算します。

$\sqrt{18} + \sqrt{50} = 3\sqrt{2} + 5\sqrt{2} = (3+5)\sqrt{2} = 8\sqrt{2}$ 答

$a\sqrt{b}$ の形に変形することで計算できます。

Point **根号の中の数が異なる場合でも，$a\sqrt{b}$ の形に変形することによって，加法や減法が計算できるようになるものがあります。**

◆ $\sqrt{48} + \sqrt{28} - \sqrt{300} + \sqrt{63} = 4\sqrt{3} + 2\sqrt{7} - 10\sqrt{3} + 3\sqrt{7}$
$= -6\sqrt{3} + 5\sqrt{7}$

Point **分母を有理化することによって，加法や減法が計算できるようになるものがあります。**

$a\sqrt{b}$ の形に変形します。

◆ $\sqrt{32} - \dfrac{2}{\sqrt{2}} = 4\sqrt{2} - \dfrac{2\times\sqrt{2}}{\sqrt{2}\times\sqrt{2}} = 4\sqrt{2} - \dfrac{2\sqrt{2}}{2} = 4\sqrt{2} - \sqrt{2} = 3\sqrt{2}$

分母を有理化します。

例題で確認! 次の計算をしましょう。

(1) $\sqrt{12} + \sqrt{27}$

(2) $3\sqrt{18} - 4\sqrt{8}$

(3) $\sqrt{32} + 2\sqrt{8} - 3\sqrt{18}$

(4) $\sqrt{48} - \dfrac{2}{\sqrt{3}}$

答 (1) $5\sqrt{3}$　(2) $\sqrt{2}$　(3) $-\sqrt{2}$　(4) $\dfrac{10\sqrt{3}}{3}$ $\left[\dfrac{10}{3}\sqrt{3}\right]$

考え方 (1) $= 2\sqrt{3} + 3\sqrt{3}$

(2) $= 3\times 3\sqrt{2} - 4\times 2\sqrt{2}$

(3) $= 4\sqrt{2} + 2\times 2\sqrt{2} - 3\times 3\sqrt{2}$

(4) $= 4\sqrt{3} - \dfrac{2\times\sqrt{3}}{\sqrt{3}\times\sqrt{3}} = 4\sqrt{3} - \dfrac{2\sqrt{3}}{3} = \dfrac{12\sqrt{3} - 2\sqrt{3}}{3}$

STEP 190

⑦章 平方根

根号を含む式の計算(9) 展開

次の計算をしましょう。

→ 式 STEP 102

$a(b+c)=ab+\square$

答 $ab+\boxed{ac}$

次の計算をしましょう。

$\sqrt{2}(\sqrt{5}+\sqrt{3})=\sqrt{2}\times\sqrt{5}+\square\times\sqrt{3}=\square+\square$

答 $\sqrt{2}\times\sqrt{5}+\boxed{\sqrt{2}}\times\sqrt{3}=\boxed{\sqrt{10}}+\boxed{\sqrt{6}}$

上は，分配法則を使って，かっこをはずします。
下も，上と同じように分配法則を使って，かっこをはずします。

$\sqrt{2}(\sqrt{5}+\sqrt{3})=\sqrt{2}\times\sqrt{5}+\sqrt{2}\times\sqrt{3}=\sqrt{10}+\sqrt{6}$ 答

Point　根号を含む式の計算でも，分配法則 $a(b+c)=ab+ac$ を使って，かっこをはずして展開することができます。

◆ $\sqrt{3}(\sqrt{18}+2\sqrt{6})=\sqrt{3}(3\sqrt{2}+2\sqrt{6})$

$=\sqrt{3}\times3\sqrt{2}+\sqrt{3}\times2\sqrt{6}$

$=3\sqrt{6}+\sqrt{3}\times2\times(\sqrt{3}\times\sqrt{2})$

$=3\sqrt{6}+6\sqrt{2}$

《 根号の中の数は，できるだけ小さい自然数にします。

Point　根号を含む式の計算でも，多項式の乗法と同じように，$(a+b)(c+d)=ac+ad+bc+bd$ を利用して展開することができます。

◆ $(\sqrt{2}+1)(2\sqrt{2}+3)$

$=\sqrt{2}\times2\sqrt{2}+\sqrt{2}\times3+1\times2\sqrt{2}+1\times3$

$=4+3\sqrt{2}+2\sqrt{2}+3$

$=7+5\sqrt{2}$

例題で確認! 次の計算をしましょう。

(1) $\sqrt{3}(\sqrt{15}+\sqrt{18})$

(2) $(\sqrt{5}+1)(\sqrt{3}+\sqrt{2})$

答 (1) $3\sqrt{5}+3\sqrt{6}$　(2) $\sqrt{15}+\sqrt{10}+\sqrt{3}+\sqrt{2}$

考え方 (1) $=\sqrt{3}\times(\sqrt{3}\times\sqrt{5})+\sqrt{3}\times(\sqrt{3}\times\sqrt{6})$

STEP
191

根号を含む式の計算⑽ 乗法公式を使って

次の計算をしましょう。 → 式 STEP 155

$$(x+a)(x-a)=\square-\square$$

答 $\boxed{x^2}-\boxed{a^2}$

次の計算をしましょう。

$$(\sqrt{7}+2)(\sqrt{7}-2)=(\sqrt{7})^2-\square^2=7-\square=\square$$

答 $(\sqrt{7})^2-\boxed{2}^2=7-\boxed{4}=\boxed{3}$

上は，乗法公式④です。
下は，上の乗法公式を利用して計算します。
$(\sqrt{7}+2)(\sqrt{7}-2)=(\sqrt{7})^2-2^2=7-4=3$ 答

Point **根号を含む式の計算でも，乗法公式を利用して展開することができます。**

$(x+a)(x+b)=x^2+(a+b)x+ab$

◆ $(\sqrt{3}+2)(\sqrt{3}+3)=(\sqrt{3})^2+(2+3)\sqrt{3}+2\times3$
$=3+5\sqrt{3}+6=9+5\sqrt{3}$

$(a+b)^2=a^2+2ab+b^2$

◆ $(\sqrt{2}+\sqrt{5})^2=(\sqrt{2})^2+2\times\sqrt{2}\times\sqrt{5}+(\sqrt{5})^2$
$=2+2\sqrt{10}+5=7+2\sqrt{10}$

$(a-b)^2=a^2-2ab+b^2$

◆ $(\sqrt{6}-3)^2=(\sqrt{6})^2-2\times\sqrt{6}\times3+3^2$
$=6-6\sqrt{6}+9=15-6\sqrt{6}$

$(a+b)(a-b)=a^2-b^2$

◆ $(\sqrt{5}+4)(\sqrt{5}-4)=(\sqrt{5})^2-4^2$
$=5-16=-11$

例題で確認! 次の計算をしましょう。

(1) $(2-\sqrt{3})^2$
(2) $(\sqrt{2}-4)(\sqrt{2}+3)$
(3) $(5+\sqrt{5})(5-\sqrt{5})$
(4) $(\sqrt{6}+4)^2$

答 (1) $7-4\sqrt{3}$ (2) $-10-\sqrt{2}$
(3) 20 (4) $22+8\sqrt{6}$

考え方 乗法公式を利用して計算します。
どの公式を使えばよいかを考えます。

STEP 192
7章 平方根
根号を含む式の計算(11) 式の値

$x=4$，$y=-2$のとき，次の式の値を求めましょう。 → 式 STEP 169

$$x^2+2xy+y^2=(x+\square)^2$$
$$=\{4+(-2)\}^2$$
$$=\square^2$$
$$=\square$$

答　$(x+\boxed{y})^2$，$\boxed{2}^2$，$\boxed{4}$

$x=3+\sqrt{3}$，$y=3-\sqrt{3}$ のとき，次の式の値を求めましょう。

$$x^2-y^2=(x+y)(\square-\square)$$
$$=\{(3+\sqrt{3})+(3-\sqrt{3})\}\{(3+\sqrt{3})-(3-\sqrt{3})\}$$
$$=\square\times\square$$
$$=\square$$

答　$(x+y)(\boxed{x}-\boxed{y})$，$\boxed{6}\times\boxed{2\sqrt{3}}$，$\boxed{12\sqrt{3}}$

上は，式を因数分解してから，文字に数を代入して計算します。
下も，式を因数分解してから，式の値を求めます。なお，因数分解せずに，そのまま文字に数を代入して計算すると，以下のようになります。

$$x^2-y^2=(3+\sqrt{3})^2-(3-\sqrt{3})^2$$
$$=9+6\sqrt{3}+3-(9-6\sqrt{3}+3)$$
$$=9+6\sqrt{3}+3-9+6\sqrt{3}-3$$
$$=12\sqrt{3}$$ 答

この計算と比べると，因数分解してから式の値を求めるほうが，計算が簡単になることがわかります。

Point　**因数分解してから文字に数を代入したほうが，式の値を簡単に求められることがあります。**

例題で確認!　$x=\sqrt{3}+\sqrt{5}$，$y=\sqrt{3}-\sqrt{5}$ のとき，次の式の値を求めましょう。

(1)　x^2-y^2

(2)　$x^2-2xy+y^2$

(3)　x^2+y^2

答　(1)　$4\sqrt{15}$　(2)　20　(3)　16

考え方　(2)　$=(x-y)^2$
(3)　因数分解できないので，そのまま代入します。

STEP 193

7章 平方根

平方根の利用

240にできるだけ小さい自然数をかけて，ある自然数の2乗にするには，どのような数をかければよいですか。

→ 式 STEP 173

答 15

$\sqrt{240n}$ の値が自然数となるような自然数nのうち，もっとも小さい数を求めましょう。

$n=$

答 $n=15$

上は，240を素因数分解すると，$240=2^4\times3\times5=2^2\times2^2\times3\times5$だから，$3\times5=15$をかけると，$2^2\times2^2\times3^2\times5^2=(2\times2\times3\times5)^2=60^2$になることがわかります。したがって，求める数は**15**です。

下は，$\sqrt{240n}$ の値が自然数になるためには，$240n$がある数の2乗になる必要があります。上の240の素因数分解からわかるように，

$\sqrt{240n}=\sqrt{2^2\times2^2\times3\times5\times n}=4\sqrt{15n}$ だから，nは$15n$をある整数の2乗とする最小の自然数となるので，$\boldsymbol{n=15}$ 答

Point **$\sqrt{\square n}$ や $\sqrt{\dfrac{\square}{n}}$ の数が自然数となるような自然数nのうち，もっとも小さい数を求めるとき，根号の中が2乗の数になるようなnを考えます。**

〔問題〕$\sqrt{108n}$が自然数となるような自然数nのうち,もっとも小さい数を求めましょう。

〔解答〕108を素因数分解すると，$108=2^2\times3^3=2^2\times3^2\times3$

2乗の数の組がつくれなかった数。

$\sqrt{108n}=\sqrt{2^2\times3^2\times3\times n}=6\sqrt{3n}$

したがって，$\boldsymbol{n=3}$ 答

$$\begin{array}{r|l} 2 & 108 \\ 2 & 54 \\ 3 & 27 \\ 3 & 9 \\ & 3 \end{array}$$

〔問題〕$\sqrt{\dfrac{90}{n}}$が自然数となるような自然数nのうち,もっとも小さい数を求めましょう。

〔解答〕90を素因数分解すると，$90=2\times3^2\times5$

2乗の数の組がつくれなかった数。

$$\sqrt{\frac{90}{n}}=\sqrt{\frac{2\times3^2\times5}{n}}=3\sqrt{\frac{10}{n}}$$

したがって，$\boldsymbol{n=10}$ 答

$$\begin{array}{r|l} 2 & 90 \\ 3 & 45 \\ 3 & 15 \\ & 5 \end{array}$$

基本をチェック！(7)　7章　平方根

答は251ページ。できた問題は，□をぬりつぶしましょう。

1 次の数の平方根を求めましょう。　→ 式 STEP 174

□(1) 64　　□(2) $\dfrac{25}{36}$

2 次の数を根号を使わずに表しましょう。　→ 式 STEP 175

□(1) $-\sqrt{2^2}$　　□(2) $\sqrt{0.01}$

3 次の各組の数の大小を，不等号を使って表しましょう。　→ 式 STEP 176

□(1) $\sqrt{15}$，4　　□(2) -0.2，$-\sqrt{2}$，$-\sqrt{0.2}$

4 次の計算をしましょう。　→ 式 STEP 182・183, 185・186, 188 ～ 191

□(1) $-\sqrt{2}\times\sqrt{15}$　　□(2) $\sqrt{56}\div\sqrt{28}$

□(3) $2\sqrt{3}\times3\sqrt{6}$　　□(4) $\sqrt{7}\div\sqrt{14}$

□(5) $4\sqrt{5}+2\sqrt{5}$　　□(6) $\sqrt{27}-5\sqrt{3}$

□(7) $\sqrt{2}(\sqrt{6}-\sqrt{10})$　　□(8) $(\sqrt{6}+\sqrt{3})^2$

5 $x=\sqrt{2}+\sqrt{5}$，$y=\sqrt{2}-\sqrt{5}$ のとき，次の式の値を求めましょう。　→ 式 STEP 192

□(1) x^2+xy　　□(2) $4xy$

□**6** ある値の小数第１位を四捨五入したら，65になりました。このとき，真の値 a はどんな範囲にありますか。不等号を使って答えましょう。　→ 式 STEP 180

7 次の測定値を〔　〕内の有効数字のけた数で，(整数部分が1けたの小数)×(10の累乗)の形で表しましょう。　→ 式 STEP 181

□(1) 4700 g 〔有効数字2けた〕　　□(2) 90200 m 〔有効数字3けた〕

8 2次方程式 3年

STEP 194

8章 2次方程式

2次方程式(1) 2次方程式と解

1次方程式 $2x-8=0$ の解は，2，3，4のどれですか。 → 式 STEP 71

$x=$ □

答 $x=$ 4

2次方程式 $x^2-6x+9=0$ の解は，2，3，4のどれですか。

$x=$ □

答 $x=$ 3

上は，1次方程式の x に，2，3，4をそれぞれ代入して，1次方程式が成り立つかどうかを調べてみましょう。

$x=2$ のとき，左辺 $=-4$，右辺 $=0$ となり成り立ちません。

$x=3$ のとき，左辺 $=-2$，右辺 $=0$ となり成り立ちません。

$x=4$ のとき，左辺 $=0$，右辺 $=0$ となり，**左辺＝右辺となるので成り立ちます。**

下も，x に，2，3，4をそれぞれ代入して，2次方程式が成り立つかどうかを調べてみましょう。

$x=2$ のとき，左辺 $=2^2-6\times2+9=4-12+9=1$，右辺 $=0$ ＞成り立ちません。

$x=3$ のとき，**左辺** $=3^2-6\times3+9=9-18+9=$ **0**，**右辺 $=0$** ＞**成り立ちます。**

$x=4$ のとき，左辺 $=4^2-6\times4+9=16-24+9=1$，右辺 $=0$ ＞成り立ちません。

Point **$x^2-6x+9=0$ のように，(2次式) $=0$ という形になる方程式を，x についての2次方程式といいます。**

x についての2次方程式は，一般に次の式で表されます。

$$ax^2+bx+c=0 \quad (a \neq 0)$$

この2次方程式にあてはまる文字の値を，その方程式の解といいます。

例題で確認! 次の㋐～㋓の方程式のうち，2次方程式はどれですか。

㋐ $x^2-2x=x^2-4$

㋑ $x^2-9=0$

㋒ $(x+5)(x-2)=0$

㋓ $x(x+3)=0$

答 ㋑，㋒，㋓

考え方 ㋐は，式を整理すると，$-2x+4=0$ となるので1次方程式です。㋒は，$x^2+3x-10=0$，㋓は，$x^2+3x=0$ で2次方程式です。

STEP **195** ⑧章 2次方程式

2次方程式(2) 2次方程式を解く

□にあてはまる数を入れましょう。

$ab=0$ならば，$a=$□　または，$b=$□

答 $a=$ 0 ，$b=$ 0

次の方程式を解きましょう。

$x(x-3)=0$

〔解答〕 $x(x-3)=0$ならば，
$x=$□　または，$x-3=$□
よって，$x=$□，□

答 $x=$ 0 ，$x-3=$ 0 ，$x=$ 0 ， 3

上は，$a\times b=0$だから，$\boldsymbol{a=0}$ または，$\boldsymbol{b=0}$であれば式が成り立ちます。
下は，$x\times(x-3)=0$だから，xまたは$x-3$が0であれば式が成り立ちます。
したがって，$x=0$　または，$x-3=0$より，$x=3$
よって解は，$x=0$と$x=3$の2つで，$\boldsymbol{x=0,\ 3}$とまとめて表します。（まとめずに，$x=0$，$x=3$　と解を示してもかまいません）

Point　2次方程式の解をすべて求めることを，2次方程式を解くといいます。

◆2次方程式の解はふつう2つですが，解が1つのものや，解を持たないものもあります。

▶解が2つになる例

◆$(x+5)(x-2)=0$　→　$x+5=0$　または，$x-2=0$
$x+5=0$のとき，$x=-5$
$x-2=0$のとき，$x=2$
よって，$\boldsymbol{x=-5,\ 2}$

◆$(3x+1)(x+2)=0$　→　$3x+1=0$　または，$x+2=0$
$3x+1=0$のとき，$3x=-1$，$x=-\dfrac{1}{3}$
$x+2=0$のとき，$x=-2$
よって，$\boldsymbol{x=-\dfrac{1}{3},\ -2}$

▶解が1つになる例

◆$(x-3)^2=0$　→　$x-3=0$より，$\boldsymbol{x=3}$

▶解を持たない例

◆$x^2+1=0$　→　$x^2=-1$より，2乗して負の数になる数はないから，**解はありません。**

STEP
196

8章 2次方程式

2次方程式の解き方(1) 因数分解を使う(1)

次の方程式を解きましょう。 → 式 STEP 195

$(x-2)(x+5)=0$

〔解答〕

$x-2=0$ または，$x+5=0$

$x-2=0$ のとき，$x=$ □

$x+5=0$ のとき，$x=$ □

よって，$x=$ □，□

答 $x=$ 2，$x=$ −5，$x=$ 2，−5

次の方程式を解きましょう。

$x^2+3x-10=0$

〔解答〕

左辺を □ すると，

$(x-2)(x+5)=0$

$x-2=0$ または，$x+5=0$

$x-2=0$ のとき，$x=$ □

$x+5=0$ のとき，$x=$ □

よって，$x=$ □，□

答 因数分解，$x=$ 2，$x=$ −5，$x=$ 2，−5

左は，2次方程式の左辺が因数分解してあり，右辺が0だから，左辺の因数の一方を0にするxの値は解になります。つまり，$x-2=0$ または $x+5=0$ になります。よって，それぞれを解いて，$x=2$，-5 答
右は，左辺を因数分解すると，左と同じになります。

Point **2つの数をA，Bとするとき，AB＝0ならば，A＝0 または，B＝0 を利用して，2次方程式を解くことができます。**

◆ (単項式)×(多項式)＝0ならば，単項式＝0 または，多項式＝0になるxの値が解になります。

◆ (多項式)×(多項式)＝0ならば，それぞれの多項式が0になるxの値が解になります。

〔問題〕 **$x^2-5x=0$ を解きましょう。**

〔解答〕 左辺を因数分解すると，$x(x-5)=0$

$x=0$ または，$x-5=0$ より，$x=5$

よって，$x=0$，5 答

〔問題〕 **$x^2-9x+20=0$ を解きましょう。**

〔解答〕 左辺を因数分解すると，$(x-4)(x-5)=0$

$x-4=0$ または，$x-5=0$

$x-4=0$ のとき，$x=4$

$x-5=0$ のとき，$x=5$

よって，$x=4$，5 答

AB=0 ならば A=0 B=0

STEP 197

8章 2次方程式

2次方程式の解き方(2) 因数分解を使う(2)

次の方程式を解きましょう。 → 式 STEP 196

$x^2+5x-6=0$

〔解答〕

左辺を因数分解すると，

$(x-\square)(x+\square)=0$

$x-1=0$ または，$x+6=0$

$x-1=0$のとき，$x=\square$

$x+6=0$のとき，$x=\square$

よって，$x=\square$，$\square$

答 $(x-\boxed{1})(x+\boxed{6})$

$x=\boxed{1}$，$x=\boxed{-6}$，$x=\boxed{1}$，$\boxed{-6}$

次の方程式を解きましょう。

$x^2-10x+25=0$

〔解答〕

左辺を因数分解すると，

$(x-\square)^2=0$

$x-\square=0$より，$x=\square$

答 $(x-\boxed{5})^2=0$，

$x-\boxed{5}=0$，$x=\boxed{5}$

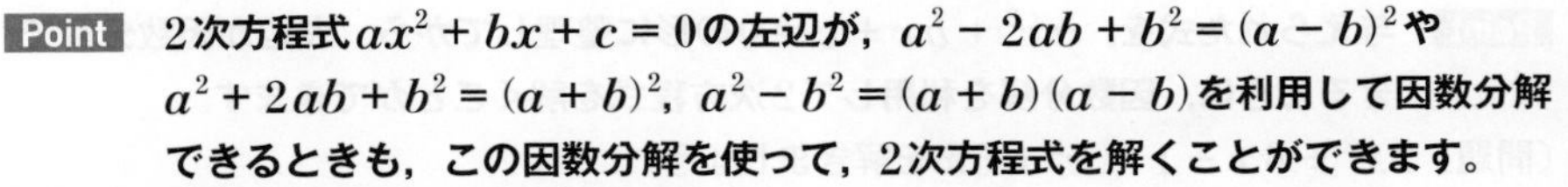

左は，$x^2+(a+b)x+ab=(x+a)(x+b)$を利用して因数分解します。
右は，$a^2-2ab+b^2=(a-b)^2$を利用して因数分解します。
$(x-5)^2=0$のとき，$x-5=0$ならば式が成り立つので，このことを利用して，xを求めます。

Point **2次方程式$ax^2+bx+c=0$の左辺が，$a^2-2ab+b^2=(a-b)^2$や$a^2+2ab+b^2=(a+b)^2$，$a^2-b^2=(a+b)(a-b)$を利用して因数分解できるときも，この因数分解を使って，2次方程式を解くことができます。**

〔問題〕 $x^2+8x+16=0$を解きましょう。

〔解答〕 左辺を因数分解すると，$(x+4)^2=0$

$x+4=0$より，$x=-4$ 答 《 解は1つになります。

〔問題〕 $x^2-64=0$を解きましょう。

〔解答〕 左辺を因数分解すると，$(x+8)(x-8)=0$

$x+8=0$ または，$x-8=0$

よって，$x=\pm 8$ 答

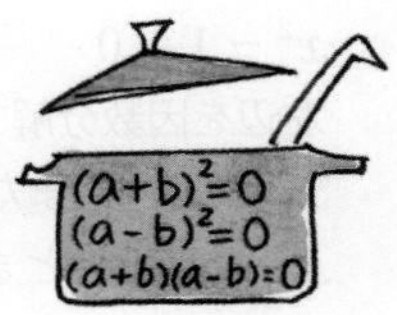

注意 解が$x=8$と$x=-8$のようになるときは，$x=\pm 8$と，まとめて表します。

例題で確認! 次の方程式を解きましょう。

(1) $x^2-14x+49=0$

(2) $x^2-25x=0$

(3) $x^2-25=0$

答 (1) $x=7$ (2) $x=0$，25 (3) $x=\pm 5$

考え方 (1) $(x-7)^2=0$ (2) $x(x-25)=0$ $x=0$または，$x-25=0$

(3) $(x+5)(x-5)=0$

2次方程式の解き方(3) 因数分解を使う(3)

次の方程式を解きましょう。 → 式 STEP 196

$x^2+6x-16=0$

〔解答〕

左辺を因数分解すると，

$(x-\square)(x+\square)=0$

$x-2=0$ または，$x+8=0$

$x-2=0$ のとき，$x=\square$

$x+8=0$ のとき，$x=\square$

よって，$x=\square$，$\square$

答 $(x-\boxed{2})(x+\boxed{8})=0$

$x=\boxed{2}$，$x=\boxed{-8}$，$x=\boxed{2}$，$\boxed{-8}$

次の方程式を解きましょう。

$x^2+6x=16$

〔解答〕

16を左辺に移項して，

$x^2+6x-16=0$

左辺を因数分解すると，

$(x-\square)(x+\square)=0$

$x-2=0$ または，$x+8=0$

$x-2=$ のとき，$x=\square$

$x+8=0$ のとき，$x=\square$

よって，$x=\square$，$\square$

答 $(x-\boxed{2})(x+\boxed{8})=0$

$x=\boxed{2}$，$x=\boxed{-8}$，$x=\boxed{2}$，$\boxed{-8}$

左は，左辺を因数分解してから解きます。
右は，右辺にある16を左辺に移項してから，左辺を因数分解して解きます。

Point **与えられた式を，$ax^2+bx+c=0$ の形に整理してから，左辺が因数分解できるときは，因数分解を利用して2次方程式を解くことができます。**

〔問題〕$2x^2+6x-1=x^2+6x$ を解きましょう。

〔解答〕右辺の各項を左辺に移項して整理すると，

$2x^2+6x-1-x^2-6x=0$

$x^2-1=0$

左辺を因数分解すると，$(x+1)(x-1)=0$

$x+1=0$ または，$x-1=0$

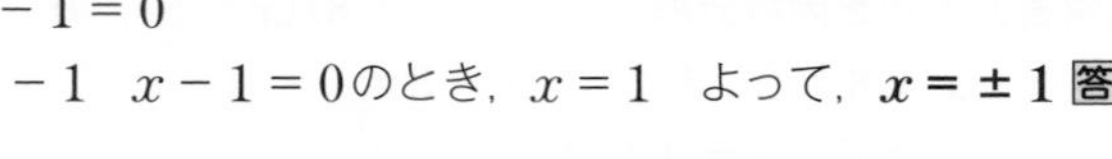

$x+1=0$ のとき，$x=-1$　$x-1=0$ のとき，$x=1$　よって，$x=\pm1$ 答

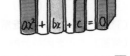

例題で確認! 次の方程式を解きましょう。

(1) $x^2-4x=12$

(2) $x^2+16=8x$

(3) $7x=x^2+12$

(4) $2x^2-4x-9=x^2-4x$

(5) $x^2+(x+1)^2=(x+2)^2$

答 (1) $x=6,\ -2$　(2) $x=4$　(3) $x=3,\ 4$

(4) $x=\pm3$　(5) $x=-1,\ 3$

考え方 (2) 整理すると $x^2-8x+16=0$ 因数分解して $(x-4)^2=0$

(4) 整理すると $x^2-9=0$ 因数分解して $(x+3)(x-3)=0$

(5) 展開すると $x^2+x^2+2x+1=x^2+4x+4$

整理して因数分解すると $(x+1)(x-3)=0$

2次方程式の解き方(4) 因数分解を使う(4)

次の方程式を解きましょう。 → 式 STEP 196

$x^2-5x-6=0$

〔解答〕

左辺を因数分解すると，

$(x+\square)(x-\square)=0$

$x+1=0$　または，$x-6=0$

$x+1=0$のとき，$x=\square$

$x-6=0$のとき，$x=\square$

よって，$x=\square$，$\square$

答　$(x+\boxed{1})(x-\boxed{6})=0$

$x=\boxed{-1}$，$x=\boxed{6}$，$x=\boxed{-1}$，$\boxed{6}$

次の方程式を解きましょう。

$2x^2-10x-12=0$

〔解答〕

両辺を$\square$でわると，

$x^2-5x-6=0$

左辺を因数分解すると，

$(x+\square)(x-\square)=0$

$x+1=0$　または，$x-6=0$

$x+1=0$のとき，$x=\square$

$x-6=0$のとき，$x=\square$

よって，$x=\square$，$\square$

答　$\boxed{2}$，$(x+\boxed{1})(x-\boxed{6})=0$

$x=\boxed{-1}$，$x=\boxed{6}$，$x=\boxed{-1}$，$\boxed{6}$

左は，左辺を因数分解してから解きます。
右は，x^2の係数が1になるように，両辺を2でわってから，左辺を因数分解して解きます。

Point **x^2の係数が1以外のとき，両辺に同じ数をかけたり，両辺を同じ数でわったりして，x^2の係数を1にすると，2次方程式が解きやすくなることがあります。**

〔問題〕 $\frac{1}{6}x^2+\frac{1}{3}x-\frac{1}{2}=0$を解きましょう。

〔解答〕 両辺に6をかけると，$x^2+2x-3=0$ 《 分母(6と3と2)の最小公倍数6を両辺にかけます。

左辺を因数分解すると，$(x-1)(x+3)=0$

$x-1=0$　または，$x+3=0$

$x-1=0$のとき，$x=1$　$x+3=0$のとき，$x=-3$

よって，$x=1$，-3 答

◆因数分解の問題と2次方程式の問題では，x^2の係数に対する扱い方がちがいます。

▶因数分解の問題

・次の式を因数分解しましょう。

$2x^2-6x-20$

$=2(x^2-3x-10)$

$=2(x+2)(x-5)$

《 共通な因数の2でくくります。2でわってはいけません。

答　$2(x+2)(x-5)$

▶2次方程式の問題

・次の2次方程式を解きましょう。

$2x^2-6x-20=0$

$x^2-3x-10=0$

$(x+2)(x-5)=0$

《 方程式だから，両辺を2でわることができます。

答　$x=-2$，5

STEP 200 ⑧章 2次方程式

2次方程式の解き方(5) 平方根の考えを使う(1)

次の方程式を解きましょう。 → 式 STEP 197

$x^2-49=0$

〔解答〕

左辺を因数分解すると，

$(x+\square)(x-\square)=0$

$x+7=0$ または，$x-7=0$

$x+7=0$ のとき，$x=\square$

$x-7=0$ のとき，$x=\square$

よって，$x=\square$

答 $(x+\boxed{7})(x-\boxed{7})=0$

$x=\boxed{-7}$，$x=\boxed{7}$，$x=\boxed{\pm 7}$

次の方程式を解きましょう。

$x^2-49=0$

〔解答〕

-49 を右辺に移項すると，

$x^2=\square$

よって，$x=\square$

答 $x^2=\boxed{49}$，$x=\boxed{\pm 7}$

左は，左辺を因数分解してから解きます。

右は，左と同じ問題を，数の項を右辺へ移項し，平方根の考えを使って解きます。

$x^2-49=0$

$x^2=49$ 《 -49 を右辺に移項します。

$x=\pm 7$ 答 《 $x^2=49$ は，x が49の平方根であることを示しています。

Point $ax^2+c=0$ の形をした2次方程式は，平方根の考えを使って解くこともできます。

〔問題〕 $x^2-7=0$ を解きましょう。

〔解答〕 -7 を右辺に移項すると，$x^2=7$

$x^2=7$ は，x が7の平方根であることを示しているから，$x=\pm\sqrt{7}$ 答

〔問題〕 $x^2-20=0$ を解きましょう。

〔解答〕 -20 を右辺に移項すると，$x^2=20$

$x^2=20$ は，x が20の平方根であることを示しているから，

$x=\pm\sqrt{20}=\pm 2\sqrt{5}$ 答 《 根号の中の数は，できるだけ小さい自然数にします。

〔問題〕 $2x^2-36=0$ を解きましょう。

〔解答〕 -36 を右辺に移項すると，$2x^2=36$

両辺を2でわると，$x^2=18$

$x^2=18$ は，x が18の平方根であることを示しているから，

$x=\pm\sqrt{18}=\pm 3\sqrt{2}$ 答

2次方程式の解き方(6) 平方根の考えを使う(2)

次の方程式を解きましょう。 → 式 STEP 200

$x^2 = 3$

〔解答〕

$x^2 = 3$は，xが3の平方根であることを示しているから，

$x =$ □

答 $x = \boxed{\pm\sqrt{3}}$

次の方程式を解きましょう。

$(x+2)^2 = 3$

〔解答〕

$(x+2)^2 = 3$は，$x+2$が3の平方根であることを示しているから，

$x + 2 = \pm\sqrt{3}$

よって，$x =$ □ $\pm\sqrt{3}$

答 $x = \boxed{-2} \pm\sqrt{3}$

左は，2次方程式を平方根の考えを使って解きます。
右の2次方程式も，$x+2$をひとまとまりのものと見れば，平方根の考えを使って解くことができます。

$(x+2)^2 = 3$
↓
$x + 2 = \pm\sqrt{3}$

考え方…$x+2$をXと置くと，$X^2 = 3$
これから，$X = \pm\sqrt{3}$
Xをもとにもどすと，$x + 2 = \pm\sqrt{3}$

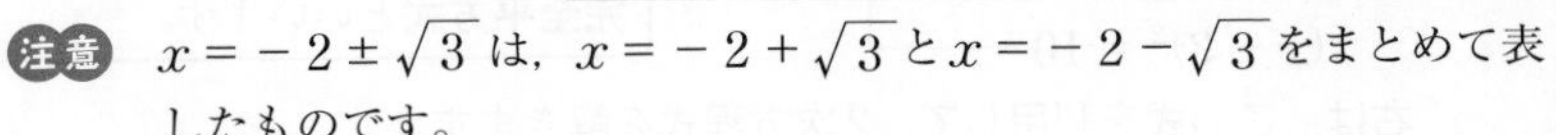

注意 $x = -2 \pm \sqrt{3}$は，$x = -2 + \sqrt{3}$と$x = -2 - \sqrt{3}$をまとめて表したものです。

Point $(x+m)^2 = n$の形をした2次方程式は，$x+m$をひとまとまりのものと見て，平方根の考えを使って解くことができます。

〔問題〕$(x+1)^2 - 7 = 0$を解きましょう。

〔解答〕-7を右辺に移項すると，$(x+1)^2 = 7$

$(x+1)^2 = 7$は，$x+1$が7の平方根であることを示しているから，

$x + 1 = \pm\sqrt{7}$

よって，$x = -1 \pm \sqrt{7}$ 答

例題で確認! 次の方程式を解きましょう。

(1) $(x+3)^2 = 5$

(2) $(x-2)^2 = 49$

(3) $(2x-4)^2 = 36$

(4) $(3x+7)^2 = 4$

(5) $8(x+1)^2 - 10 = 0$

答 (1) $x = -3 \pm \sqrt{5}$ (2) $x = 9,\ -5$ (3) $x = 5,\ -1$

(4) $x = -\frac{5}{3},\ -3$ (5) $x = -1 \pm \frac{\sqrt{5}}{2}$

考え方 (3) $2x - 4 = \pm 6$，$2x = 4 \pm 6$，$2x = 10$，$2x = -2$

(5) まず，-10を右辺に移項。両辺を8でわると，

$(x+1)^2 = \frac{5}{4}$，$x + 1 = \pm\frac{\sqrt{5}}{2}$

STEP 202

8章 2次方程式

2次方程式の解き方(7) 平方根の考えを使う(3)

左辺を平方の形にします。□にあてはまる数を入れましょう。

$x^2-6x=1$

xの係数-6の半分の2乗を両辺にたすと,

$x^2-6x+\square=1+\square$

$(x-\square)^2=\square$

答 $x^2-6x+\boxed{9}=1+\boxed{9}$, $(x-\boxed{3})^2=\boxed{10}$

次の方程式を解きましょう。

$x^2-6x=1$

〔解答〕

$x^2-6x+9=1+9$

$(x-3)^2=10$

$(x-3)^2=10$は, $x-3$が10の平方根であることを示しているから,

$x-3=\pm\square$

よって, $x=3\pm\square$

答 $x-3=\pm\boxed{\sqrt{10}}$, $x=3\pm\boxed{\sqrt{10}}$

左は, 左辺を平方の形にするために, xの係数に着目します。

$x^2-6x=1$

xの係数の半分の2乗, $(-3)^2=9$を両辺にたします。

$x^2-6x+9=1+9$

$(x-3)^2=10$

このように式を変形することを**平方完成する**といい, $(x-3)^2$のような(多項式$)^2$の形の式を**完全平方式**といいます。

右は, この式を利用して, 2次方程式を解きます。

Point **$x^2+px+q=0$の形をした2次方程式は, $(x+m)^2=n$の形に変形すれば, 平方根の考えを使って解くことができます。**
また, 一般に, x^2+pxという式を, $(x+m)^2$のような平方の形にするには, xの係数pの半分の2乗をたせば式を変形することができます。

例題で確認! 次の□にあてはまる数を求めましょう。

(1) $x^2+6x+\square=(x+\square)^2$

(2) $x^2-10x+\square=(x-\square)^2$

答 (1) $x^2+6x+\boxed{9}=(x+\boxed{3})^2$
(2) $x^2-10x+\boxed{25}=(x-\boxed{5})^2$

例題で確認! 次の方程式を平方根の考えを使って解きましょう。

(1) $x^2-6x=3$

(2) $x^2+10x=-15$

(3) $x^2-10x+2=0$

(4) $x^2+8x-9=0$

答 (1) $x=3\pm2\sqrt{3}$ (2) $x=-5\pm\sqrt{10}$
(3) $x=5\pm\sqrt{23}$ (4) $x=1, -9$

考え方 (1) $(x-3)^2=3+9$ (2) $(x+5)^2=-15+25$
(3)・(4) まず, 数の項を右辺に移項。(4)は解が$x=-4\pm5$となりますが, $x=-4+5=1$, $x=-4-5=-9$と分けて計算します。

2次方程式の解き方(8) 平方根の考えを使う(4)

左辺を平方の形にします。 → 式 STEP 202

□にあてはまる数を入れましょう。

$x^2-5x=2$

xの係数-5の半分の2乗を両辺にたすと，

$x^2-5x+\square=2+\square$

$\left(x-\square\right)^2=\square$

答 $x^2-5x+\boxed{\frac{25}{4}}=2+\boxed{\frac{25}{4}}$

$\left(x-\boxed{\frac{5}{2}}\right)^2=\boxed{\frac{33}{4}}$

次の方程式を解きましょう。

$x^2-5x=2$

〔解答〕

$x^2-5x+\frac{25}{4}=2+\frac{25}{4}$

$\left(x-\frac{5}{2}\right)^2=\frac{33}{4}$

$\left(x-\frac{5}{2}\right)^2=\frac{33}{4}$は，$x-\frac{5}{2}$が$\frac{33}{4}$の平方根であることを示しているから，

$x-\frac{5}{2}=\square$

よって，$x=\square$

答 $x-\frac{5}{2}=\boxed{\pm\frac{\sqrt{33}}{2}}$

$x=\boxed{\frac{5\pm\sqrt{33}}{2}}$

左は，左辺を平方の形にするために，xの係数に着目します。

$x^2-5x=2$

xの係数の半分の2乗，$\left(-\frac{5}{2}\right)^2=\frac{25}{4}$を両辺にたします。

$x^2-5x+\frac{25}{4}=2+\frac{25}{4}$

$\left(x-\frac{5}{2}\right)^2=\frac{33}{4}$

右は，この式を利用して，2次方程式を解きます。

Point x^2+pxという式を，$(x+m)^2$のような形にするとき，pが奇数でも，pの半分の2乗，すなわち$\left(\frac{p}{2}\right)^2$をたせば式を変形することができます。

例題で確認! 次の方程式を平方根の考えを使って解きましょう。

(1) $x^2+3x=-1$

(2) $x^2-5x+2=0$

答 (1) $x=\frac{-3\pm\sqrt{5}}{2}$ (2) $x=\frac{5\pm\sqrt{17}}{2}$

考え方 (1) $\left(x+\frac{3}{2}\right)^2=-1+\frac{9}{4}$

(2) まず，数の項を移項。

2次方程式の解き方(9) 解の公式(1)

次の方程式を解きましょう。 → 式 STEP 203

$ax^2+bx+c=0$

〔解答〕

$$x^2+\frac{b}{a}x+\frac{c}{a}=0$$

$$x^2+\frac{b}{a}x=-\frac{c}{a}$$

$$x^2+\frac{b}{a}x+\left(\frac{b}{2a}\right)^2=-\frac{c}{a}+\left(\frac{b}{2a}\right)^2$$

$$\left(x+\frac{b}{2a}\right)^2=\frac{b^2-4ac}{4a^2}$$

$$x+\frac{b}{2a}=\pm\sqrt{\frac{b^2-4ac}{4a^2}}$$

$$x+\frac{b}{2a}=\pm\frac{\sqrt{b^2-4ac}}{2a}$$

$$x=-\frac{b}{2a}\pm\frac{\sqrt{b^2-4ac}}{2a}$$

したがって，$x=$ □

答 $x=\frac{-b\pm\sqrt{b^2-4ac}}{2a}$

左の解(**解の公式**)を利用して，次の方程式を解きましょう。

$3x^2+9x+2=0$

〔解答〕

解の公式に，$a=3$，$b=9$，$c=2$を代入すると，

$$x=\frac{-\square\pm\sqrt{\square^2-4\times\square\times\square}}{2\times\square}$$

$$=\frac{-9\pm\sqrt{81-24}}{6}$$

$$=\frac{-9\pm\sqrt{57}}{6}$$

したがって，$x=\frac{-9\pm\sqrt{57}}{6}$

答 $x=\frac{-\boxed{9}\pm\sqrt{\boxed{9}^2-4\times\boxed{3}\times\boxed{2}}}{2\times\boxed{3}}$

左は，2次方程式$ax^2+bx+c=0$を平方の形になおして解きます。
右は，左で求めた解を，解を求める公式として利用し，2次方程式を解きます。

Point **2次方程式$ax^2+bx+c=0$の解は，解の公式 $x=\frac{-b\pm\sqrt{b^2-4ac}}{2a}$ で求められます。**

例題で確認! 次の方程式を解の公式を使って解きましょう。

(1) $2x^2+7x+2=0$

(2) $x^2-6x+7=0$

答 (1) $x=\frac{-7\pm\sqrt{33}}{4}$ (2) $x=3\pm\sqrt{2}$

考え方 (1) $a=2$，$b=7$，$c=2$を代入。

(2) $a=1$，$b=-6$，$c=7$を代入。計算を進めると，

$x=\frac{6\pm\sqrt{8}}{2}=\frac{6\pm2\sqrt{2}}{2}=3\pm\sqrt{2}$ 最後に約分します。

2次方程式の解き方⑽ 解の公式⑵

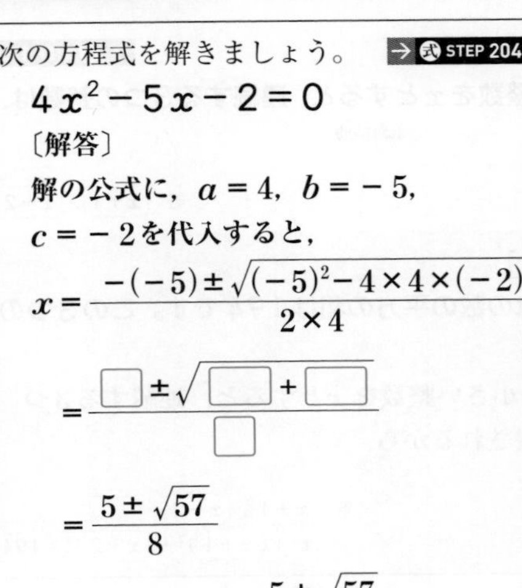

次の方程式を解きましょう。 →式 STEP 204

$$4x^2-5x-2=0$$

〔解答〕

解の公式に，$a=4$，$b=-5$，$c=-2$を代入すると，

$$x=\frac{-(-5)\pm\sqrt{(-5)^2-4\times4\times(-2)}}{2\times4}$$

$$=\frac{\square\pm\sqrt{\square+\square}}{\square}$$

$$=\frac{5\pm\sqrt{57}}{8}$$

したがって，$x=\dfrac{5\pm\sqrt{57}}{8}$

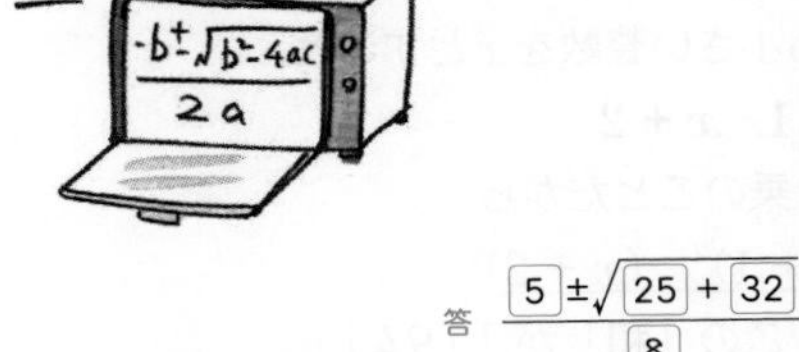

答 $\dfrac{\boxed{5}\pm\sqrt{\boxed{25}+\boxed{32}}}{\boxed{8}}$

次の方程式を解きましょう。

$$\frac{1}{3}x^2-x+\frac{1}{6}=0$$

〔解答〕

両辺に6をかけると，

$$\square x^2-\square x+\square=0$$

解の公式に，$a=2$，$b=-6$，$c=1$を代入すると，

$$x=\frac{-(-6)\pm\sqrt{(-6)^2-4\times2\times1}}{2\times2}$$

$$=\frac{6\pm\sqrt{36-8}}{4}$$

$$=\frac{6\pm\sqrt{28}}{4}$$

$$=\frac{6\pm2\sqrt{7}}{4}$$

$$=\frac{3\pm\sqrt{7}}{2}$$

したがって，$x=\dfrac{3\pm\sqrt{7}}{2}$

答 $\boxed{2}x^2-\boxed{6}x+\boxed{1}=0$

左は，解の公式を利用して2次方程式を解きます。
右は，方程式に分数が含まれているので，両辺に分母の最小公倍数をかけて係数を整数になおしてから，解の公式を利用して2次方程式を解きます。

Point **係数に分数や小数を含む2次方程式は，両辺に整数をかけて係数を整数になおしてから解きます。**

例題で確認! 次の方程式を解の公式を使って解きましょう。

(1) $x^2+\dfrac{5}{3}x+\dfrac{1}{3}=0$

(2) $\dfrac{1}{3}x^2-\dfrac{1}{2}x-\dfrac{1}{6}=0$

答 (1) $x=\dfrac{-5\pm\sqrt{13}}{6}$ (2) $x=\dfrac{3\pm\sqrt{17}}{4}$

考え方 (1) 両辺に3をかけて，$3x^2+5x+1=0$
(2) 両辺に6をかけて，$2x^2-3x-1=0$

STEP 206 8章 2次方程式

2次方程式の利用(1) 整数・自然数

□にあてはまる式を入れましょう。 → 式 STEP 118

連続する3つの整数のうち，もっとも小さい整数をxとすると，連続する3つの整数は，x，□，□と表せます。

答 $x+1$，$x+2$

次の問題を解くための方程式をつくりましょう。

〔問題〕 **連続する3つの整数があり，それぞれの数の平方の和は194です。この3つの整数を求めましょう。**

〔式〕 **連続する3つの整数のうち，もっとも小さい整数をxとすると，連続する3つの整数は，x，□，□と表されるから，**

$x^2+(\square)^2+(\square)^2=194$

答 $x+1$，$x+2$
$x^2+(x+1)^2+(x+2)^2=194$

上は，連続する3つの整数だから，数は1ずつ大きくなることに着目します。下は，上で表した連続する3つの整数を使って，問題文にあわせて方程式をつくります。

「連続する3つの整数」 → もっとも小さい整数をxとすると，

$\boldsymbol{x,\ x+1,\ x+2}$

「それぞれの数の平方」 → 平方は2乗のことだから，

$x^2,\ (x+1)^2,\ (x+2)^2$

→ この「**和**」が「**194**」

つまり，方程式は，$\boldsymbol{x^2+(x+1)^2+(x+2)^2=194}$ になります。

これを解くと，$x^2+x^2+2x+1+x^2+4x+4=194$

$$3x^2+6x-189=0$$
$$x^2+2x-63=0$$
$$(x+9)(x-7)=0$$
$$\boldsymbol{x=-9,\ 7}$$

xは整数だから，どちらも問題に適しています。

注意 整数は，正の整数だけでなく，負の整数もあります。

したがって，**$x=-9$のとき，-9と-8と-7**

$x=7$のとき，7と8と9

答 -9と-8と-7，7と8と9

Point **2次方程式を使って文章題を解くときには，方程式の解がそのまま答になるとはかぎらない場合があるので，求めた解が問題の条件にあっているかどうかをかならず確かめます。**

〔問題〕大小2つの自然数があります。その差は9で，積は36になります。2つの自然数を求めましょう。

〔解答〕小さいほうの数をxとすると，大きいほうの数は$x+9$と表される。

2つの数の積が36だから，

$$x(x+9)=36$$

これを解くと，

$$x^2+9x=36$$

$$x^2+9x-36=0$$

$$(x-3)(x+12)=0$$

$$x=3,\ -12$$

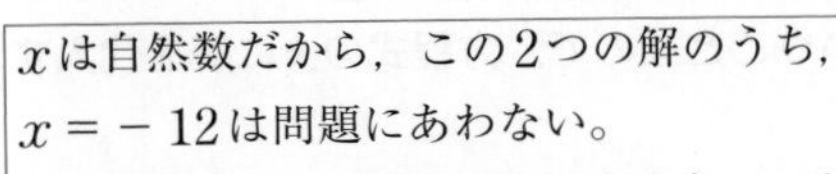

xは自然数だから，この2つの解のうち，$x=-12$は問題にあわない。
$x=3$のとき，2数は3と12となり，これは問題にあっている。

← 求めた解が，問題の条件にあっているかどうかを確かめます。

答 3と12

$x=-12$のように，方程式の解であっても，問題の条件にあわないものがあります。そのときには，問題の条件にあうかどうかを確かめた結果を，このように示しておきましょう。

例題で確認! 次の問題に答えましょう。

(1) 連続する2つの自然数があり，それぞれの平方の和は113になります。この2つの自然数を求めましょう。

(2) 連続する3つの自然数があり，小さいほうの2つの数の積は，3つの数の和より12大きいそうです。この3つの自然数を求めましょう。

答 (1) 7，8 (2) 5，6，7

考え方 (1) 小さいほうの数をxとすると，大きいほうの数は$x+1$と表せるので，

$x^2+(x+1)^2=113$

これを解くと$x=-8$，7となりますがxは自然数だから$x=-8$は問題にあいません。

(2) いちばん小さい数をxとすると，

$x(x+1)=x+(x+1)+(x+2)+12$

これを解くと$x=-3$，5となりますがxは自然数だから$x=-3$は問題にあいません。

STEP 207

8章 2次方程式

2次方程式の利用(2) 解と係数(1)

xについての方程式$-ax+8=0$の解が$x=2$のとき，
aの値を求めましょう。

〔解答〕方程式に解の$x=2$を代入すると，$-a\times\square+8=0$

$-2a=-8$

$a=\square$

答 $-a\times\boxed{2}+8=0$，$a=\boxed{4}$

xについての2次方程式$x^2-ax+8=0$の解の1つが$x=2$のとき，
aの値を求めましょう。

〔解答〕方程式に解の$x=2$を代入すると，$\square^2-a\times\square+8=0$

$-2a=-12$

$a=\square$

答 $\boxed{2}^2-a\times\boxed{2}+8=0$，$a=\boxed{6}$

上は，1次方程式の中のaの値を求めます。解がわかっているということは，xにあてはまる数がわかるということなので，方程式のxに解を代入すればよいのです。
下は，2次方程式の中のaの値を求めます。上と同じように，解がわかっているので，その解を代入します。

Point **解から方程式の中の文字の値を求める問題は，まず，その解を方程式に代入して，求める文字についての方程式をつくります。次に，その方程式を解けば，文字の値が求められます。**

例題で確認! 次の問題に答えましょう。

xについての2次方程式$x^2-ax-28=0$の解の1つが-4のとき，aの値を求めましょう。

答 $a=3$

考え方 xに-4を代入すると，$16+4a-28=0$

Point **解が2つわかっている2次方程式の問題は，因数分解による解き方を利用すると，簡単に文字の値が求められます。**

〔問題〕xについての2次方程式$x^2+ax+b=0$の2つの解が，5と-2のとき，a，bの値をそれぞれ求めましょう。

〔解答〕解が5と-2ということは，その前の式は，$(x-5)(x+2)=0$と考えられます。
この式を展開すると，$x^2-3x-10=0$
よって，$a=-3$，$b=-10$ 答

解の符号を反対にした数が入ります。

STEP **208** 8章 2次方程式

2次方程式の利用(3) 解と係数(2)

→式 STEP 207

xについての2次方程式$x^2+ax-6=0$の解の1つが$x=-3$のとき，aの値を求めましょう。

〔解答〕方程式に解の$x=-3$を代入すると，$(\quad)^2+a\times(\quad)-6=0$

$-3a=-3$

$a=\square$

答 $(-3)^2+a\times(-3)-6=0$, $a=1$

上の問題の，もう1つの解を求めましょう。

〔解答〕$a=1$を，$x^2+ax-6=0$に代入して，$x^2+x-6=0$

左辺を因数分解すると，$(x+\square)(x-\square)=0$

$x=-3,\ \square$

したがって，もう1つの解は，$x=\square$

答 $(x+3)(x-2)=0$

$x=-3,\ 2$, $x=2$

上は，2次方程式に解を代入してaの値を求めます。
下は，上で求めたaの値を2次方程式に代入して，xについての2次方程式をつくります。次に，その方程式を解いて，もう1つの解を求めます。

Point **1つの解がわかっている2次方程式の問題は，その解を方程式に代入して解けば，文字の値が求められます。さらに，その文字の値を方程式に代入して解けば，方程式のもう1つの解も求められます。**

例題で確認! 次の問題に答えましょう。

(1) xについての2次方程式$x^2-ax+5=0$の解の1つが5のとき，aの値と，もう1つの解を求めましょう。

(2) xについての2次方程式$x^2-x-20=0$の小さいほうの解が，2次方程式$x^2+ax+a-1=0$の解の1つになっています。このとき，aの値を求めましょう。

答 (1) $a=6$，もう1つの解は$x=1$

(2) $a=5$

考え方 (1) $x=5$を代入すると，$25-5a+5=0$，これを解いて$a=6$ したがって$x^2-6x+5=0$を解きます。

(2) $x^2-x-20=0$を解くと，$x=5,\ -4$ 小さいほうの解は$x=-4$なので，これを$x^2+ax+a-1=0$に代入してaを求めます。

STEP **209** ⑧章 2次方程式

2次方程式の利用(4) 面積

□にあてはまる数を入れましょう。 → 式 STEP 41

周囲の長さが24 cmの長方形で，縦の長さをx cmとすると，
横の長さは，(□$-x$)cmとなります。

x cm　周囲：24 cm　(□$-x$)cm

答　(12$-x$)cm

上のつづきです。次の問題を解くための方程式をつくりましょう。

〔問題〕 上の問題の，長方形の面積が35 cm²のとき，この長方形の縦と横の長さはそれぞれ何cmになりますか。

〔式〕 縦の長さをx cmとすると，x(□$-x$)＝□

答　x(12$-x$)＝35

上は，周囲の長さが24 cmの長方形だから，
$2\times\{$(縦の長さ)＋(横の長さ)$\}=24$　の関係で表されます。
したがって，両辺を2でわって，

(縦の長さ)＋(横の長さ)＝12
x＋(横の長さ)＝12　《縦の長さにxを代入します。
(横の長さ)＝**12 − x**

下は，(縦の長さ)×(横の長さ)＝(長方形の面積)から式を求めます。
したがって，　$\boldsymbol{x(12-x)=35}$
これを解くと，$12x-x^2=35$

$$-x^2+12x-35=0$$
$$x^2-12x+35=0$$
《両辺に−1をかけて，x^2の係数を1にします。
$$(x-5)(x-7)=0$$
$$\boldsymbol{x=5,\ 7}$$

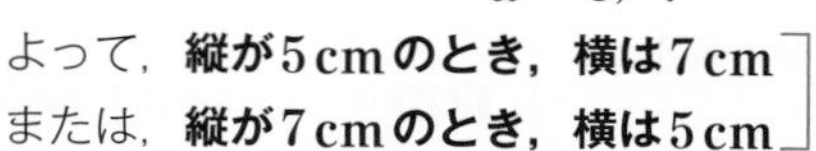

よって，**縦が5 cmのとき，横は7 cm**
または，**縦が7 cmのとき，横は5 cm**　《どちらも問題の条件にあっています。

答　縦が5 cmのとき横は7 cmと，縦が7 cmのとき横は5 cm

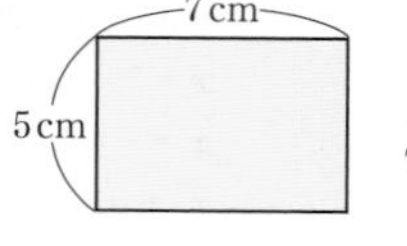

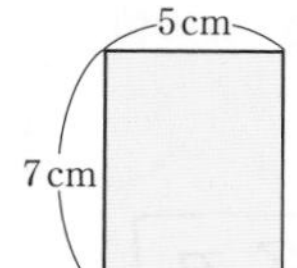

左の図のように，2つの長方形は合同ですが，ここでは縦と横の長さを求める問題で，それぞれの位置関係が異なるので，答は2通りあります。合同とは関係ありません。

Point 2次方程式の文章題では，問題の条件によって，求めた解がすべて答になるとはかぎりません。求めた解が問題の条件にあっているかを確認することが大切です。

〔問題〕横が縦より3 cm長い長方形を作り，その面積が54 cm²になるようにします。縦と横の長さをどれだけにすればよいですか。

〔解答〕長方形の縦の長さをx cmとすると，
横の長さは$(x+3)$cmと表される。
その面積が54 cm²だから，$x(x+3)=54$
これを解くと，

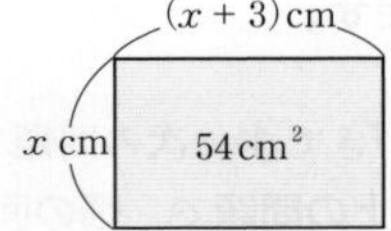

$$x^2+3x=54$$
$$x^2+3x-54=0$$
$$(x-6)(x+9)=0$$
$$x=6,\ -9$$

$x>0$でなければならないから，$x=-9$は問題に適していません。
したがって，$x=6$
よって，**縦は6 cm，横は9 cm**　　答 **縦は6 cm，横は9 cm**

注意　xは縦の長さになるので，かならず正の数になります。

例題で確認! 次の問題に答えましょう。

正方形の土地があります。この土地の縦を3m短くし，横を5m長くして長方形にすると，その面積は425 m²になります。この正方形の土地の1辺の長さを求めましょう。

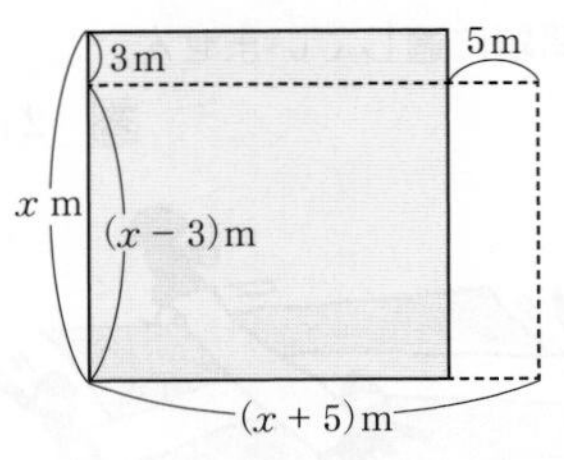

答 20m

考え方 正方形の縦を3m短くするということは，正方形の1辺の長さは，3mより長いことに注意しましょう。

〔解答〕正方形の土地の1辺の長さをx mとすると，
長方形の縦の長さは$(x-3)$m,
横の長さは$(x+5)$mと表される。
この長方形の面積が425 m²だから，
$$(x-3)(x+5)=425$$
これを解くと，
$$x^2+2x-15=425$$
$$x^2+2x-440=0$$
$$(x-20)(x+22)=0$$
$$x=20,\ -22$$
$x>3$でなければならないから，$x=-22$は問題に適していない。
したがって，$x=20$
よって，正方形の1辺の長さは20m

STEP **210**

⑧章 2次方程式

2次方程式の利用(5) 道の幅

□にあてはまる数を入れましょう。

縦が14m，横が17mの長方形の土地に，右の図のように，縦，横に同じ幅の道をつけて，残りを畑にします。
このとき，道の幅をx mとすると，畑の面積は，
縦(□ − x)m，横(□ − x)mの長方形の面積と同じになります。

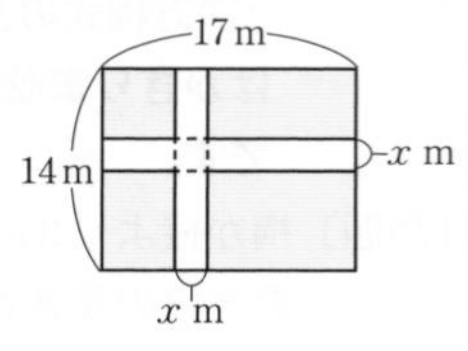

答　縦(14 − x)m，横(17 − x)m

上のつづきです。次の問題を解くための方程式をつくりましょう。

〔問題〕 **上の問題で，畑の面積が180m^2になるようにするには，道の幅を何mにすればよいですか。**

〔式〕 **道の幅をx mとすると，(□ − x)(□ − x) = □**

答　(14 − x)(17 − x) = 180

上は，右の図のように，道を移動して考えます。
道を移動しても，畑の面積は変わらないことに着目します。

よって，**縦は(14 − x)m**，**横は(17 − x)m**と表せます。

下は，(縦の長さ)×(横の長さ)＝(長方形の面積)の公式にあてはめて方程式をつくります。

この方程式を解くと，

$$(14 - x)(17 - x) = 180$$
$$238 - 31x + x^2 = 180$$
$$x^2 - 31x + 58 = 0$$
$$(x - 2)(x - 29) = 0$$
$$x = 2,\ 29$$

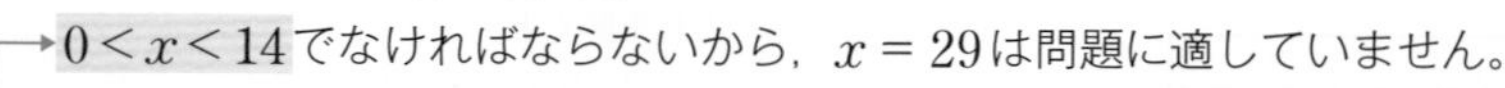

$0 < x < 14$でなければならないから，$x = 29$は問題に適していません。

したがって，$x = 2$

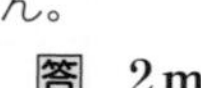

答　2m

注意　縦が14mの長方形の土地だから，道の幅が14mをこえることはありません。求めた解がどちらも正の数だからといって，どちらも答になるわけではありません。

Point **道の幅を求める問題では，道を移動しても面積は変わらないことを利用して方程式をつくります。**

▶道が斜(なな)めの場合　　▶道が縦に2本ある場合

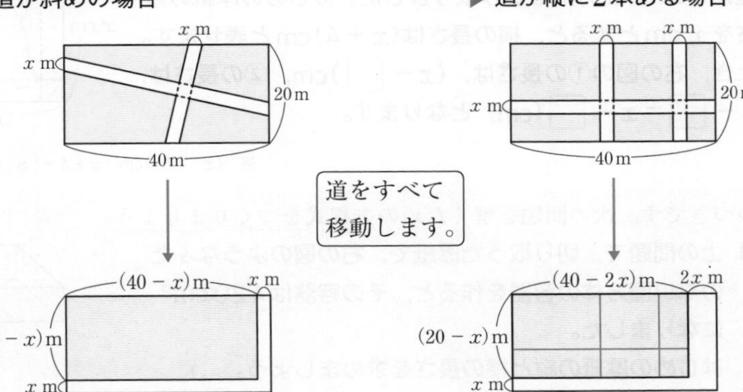

Point **道の幅を求める問題では，求めた解が2つとも正の数であっても，問題の条件にあうかどうかをかならず確かめます。方程式の解がそのまま答になるとはかぎらない場合があります。**

〔問題〕縦の長さが**16 m**，横の長さが**21 m**の長方形の畑があります。これに右の図のように，縦と横に同じ幅の道を作り，残った畑の面積が**300 m²**になるようにします。

道の幅を何**m**にすればよいですか。

21 m
16 m

道を移動して考えます。

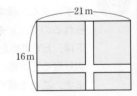

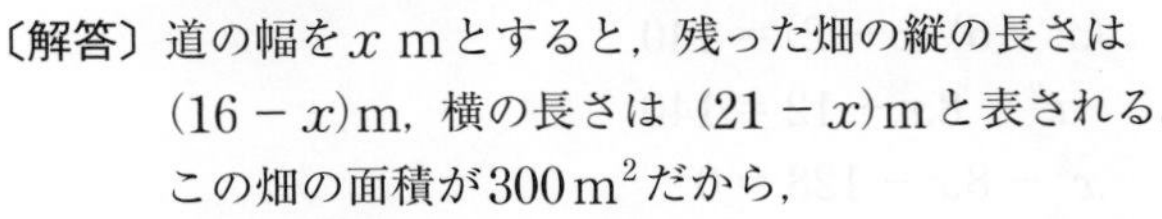

〔解答〕道の幅をx mとすると，残った畑の縦の長さは$(16-x)$m，横の長さは$(21-x)$mと表される。

この畑の面積が300m^2だから，

$$(16-x)(21-x)=300$$

これを解くと，

$$336-37x+x^2=300$$

$$x^2-37x+36=0$$

$$(x-1)(x-36)=0$$

$$x=1,\ 36$$

(21 − x) m
x m
(16 − x) m
300 m²
x m

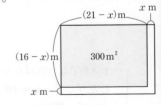

$0<x<16$でなければならないから，$x=36$は問題に適していない。

したがって，$x=1$　　**答　1 m**

注意　縦が16 mの畑だから，道の幅が16 mをこえることはありません。

STEP 211

⑧章 2次方程式

2次方程式の利用(6) 容積

□にあてはまる数を入れましょう。

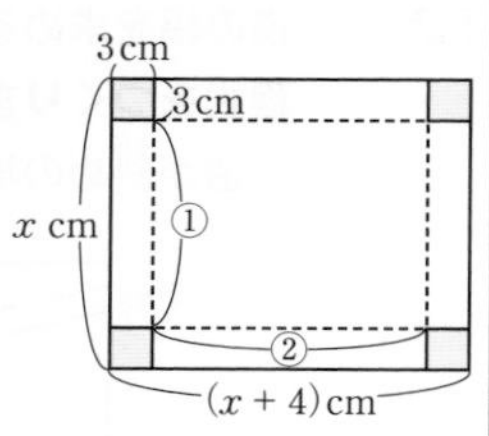

横が縦より4cm長い長方形の厚紙があります。この4すみから1辺が3cmの正方形を切り取りました。はじめの厚紙の縦の長さをx cmとすると，横の長さは$(x+4)$cmと表せます。このとき，右の図の①の長さは，$(x-$□$)$cm，②の長さは，$x+4-$□$=x-$□(cm)となります。

答 $(x-$6$)$cm，$x+4-$6$=x-$2(cm)

上のつづきです。次の問題を解くための方程式をつくりましょう。

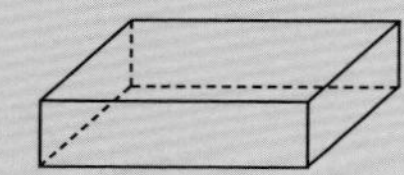

〔問題〕 上の問題で，切り取った厚紙で，右の図のようなふたのない直方体の容器を作ると，その容器は420 cm³になりました。
はじめの厚紙の縦と横の長さを求めましょう。

〔式〕 はじめの厚紙の縦の長さをx cmとすると，
$3(x-$□$)(x-$□$)=$□

答 $3(x-$6$)(x-$2$)=$420

上は，縦も横も3cmの2つ分，つまり6cmずつ切り取られることに気をつけます。また，横の長さは，縦の長さよりも4cm長く，そこから6cm切り取られるので，$x+4-6=x-2$(cm)になります。

下は，上で求めた①の長さが直方体の縦の長さ，②の長さが直方体の横の長さ，切り取る正方形の1辺の長さが直方体の高さになることから，方程式をつくります。これを解くと，$\boldsymbol{3(x-6)(x-2)=420}$

$$(x-6)(x-2)=140$$
$$x^2-8x+12=140$$
$$x^2-8x-128=0$$
$$(x+8)(x-16)=0$$
$$\boldsymbol{x=-8,\ 16}$$

$x>6$でなければならないから，$x=-8$は問題に適していません。

したがって，$\boldsymbol{x=16}$

よって，**縦は16 cm，横は20 cm**　　　答 **縦は16 cm，横は20 cm**

注意 6cm切り取るので，縦はかならず6cmより長くないと直方体は作れません。－8は負の数になるので問題に適さないとしてもよいです。

Point **容積の問題は，公式にあてはめて方程式をつくります。また，求めた解が問題の条件にあうかどうか，かならず確かめましょう。**

〔問題〕 横が縦より4 cm長い長方形の厚紙があります。この4すみから1辺が4 cmの正方形を切り取り，ふたのない直方体の容器を作ると，その容積は**176 cm³**になりました。はじめの厚紙の縦と横の長さを求めましょう。

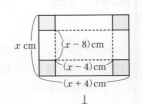

〔解答〕 はじめの厚紙の縦の長さをx cmとすると，横の長さは，$(x+4)$cmと表せる。
よって，ふたのない直方体の容器の縦の長さは，$(x-8)$cm，横の長さは$(x-4)$cm，高さは4 cmとなる。
（$x+4-8=x-4$(cm)）

この容器の容積が176 cm³だから，

$$\boldsymbol{4(x-8)(x-4)=176}$$

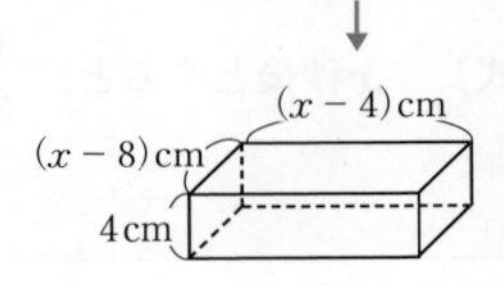

これを解くと，

$$(x-8)(x-4)=44$$
$$x^2-12x+32=44$$
$$x^2-12x-12=0$$

$$\boldsymbol{x}=\frac{-(-12)\pm\sqrt{(-12)^2-4\times1\times(-12)}}{2\times1}$$ 《解の公式

$$=\frac{12\pm\sqrt{144+48}}{2}$$
$$=\frac{12\pm\sqrt{192}}{2}$$
$$=\frac{12\pm8\sqrt{3}}{2}$$
$$=\boldsymbol{6\pm4\sqrt{3}}$$

$x>8$でなければならないから，$x=6-4\sqrt{3}$は問題に適していない。

したがって，$\boldsymbol{x=6+4\sqrt{3}}$

よって，**縦は$(6+4\sqrt{3})$cm，横は$(10+4\sqrt{3})$cm**

答 **縦は$(6+4\sqrt{3})$cm，横は$(10+4\sqrt{3})$cm**

注意 8 cm切り取るので，縦はかならず8 cmより長くないと直方体が作れません。このように，長さが根号を含む数になることもあります。整数でないからといって，とまどうことのないようにしましょう。

STEP 212

⑧章 2次方程式

2次方程式の利用(7) 動く点

□にあてはまる式を入れましょう。

1辺の長さが20 cmの正方形ABCDがあります。点Pは，辺AB上を毎秒2 cmの速さでAからBまで動き，点Qは，辺BC上を毎秒2 cmの速さでBからCまで動きます。点P，Qが同時に出発するとき，x秒後のPBとBQの長さを表します。

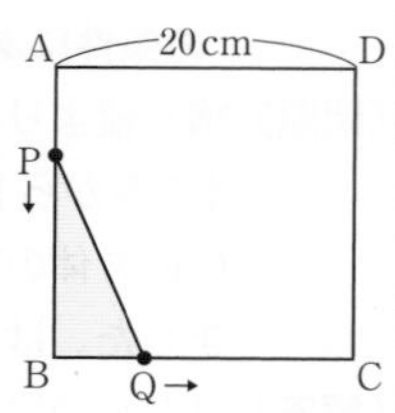

PB＝(20－□)cm

BQ＝□ cm

答 PB＝(20－$2x$)cm，BQ＝$2x$ cm

上のつづきです。次の問題を解くための方程式をつくりましょう。

〔問題〕 上の問題で，△PBQの面積が18 cm²になるのは，点P，Qが出発してから何秒後ですか。

〔式〕 x秒後とすると，$\frac{1}{2}$×□×(20－□)＝□

答 $\frac{1}{2}\times 2x \times (20-2x)=18$

上は，まず，APの長さを考えます。APの長さは点Pが動いた道のりのことなので，x秒後のAPは，(道のり)＝(速さ)×(時間)から，$2\times x=2x$(cm)となります。したがって，PB＝AB－APなので，PB＝$(20-2x)$cmです。BQは，x秒間に点Qが動いた道のりそのものなので，BQ＝$2x$(cm)です。

下は，上で求めたPBとBQを三角形の面積を求める公式にあてはめて，方程式を導きます。

$$\frac{1}{2}\times 2x \times (20-2x)=18$$

(底辺)BQ　(高さ)PB　(面積)△PBQ

これを解くと，

$$20x-2x^2=18$$
$$-2x^2+20x-18=0$$
$$x^2-10x+9=0$$
$$(x-1)(x-9)=0$$
$$x=1,\ 9$$

点PはAからBまで，点QはBからCまで動くので，$0\leqq x\leqq 10$

注意 点Pも点Qも毎秒2 cmで動くので，$20\div 2=10$から10秒後にそれぞれB，Cに着きます。

よって，$x=1$も$x=9$も問題に適しています。

答 1秒後と9秒後

Point **動く点の問題では，点が動ける距離がどれだけかということや，何秒で動けなくなるかということから，求めた解が問題の条件にあうかどうかを確かめます。**

〔問題〕1辺が12 cmの正方形ABCDがあります。点Pは，秒速1 cmで辺AB上をAからBまで動きます。また，点Qは，点Pと同時に出発して，秒速2 cmで辺BC上をBからCまで動きます。
△PBQの面積が27 cm^{2}になるのは，点Pが出発してから何秒後か求めましょう。

〔解答〕x秒後に△PBQの面積が27 cm^{2}になったとすると，
PB = $(12 - x)$cm，BQ = $2x$ cmと表せるから，《《 点Pと点Qの速さがちがいます。

$$\frac{1}{2} \times 2x \times (12 - x) = 27$$

これを解くと，

$$12x - x^2 = 27$$
$$-x^2 + 12x - 27 = 0$$
$$x^2 - 12x + 27 = 0$$
$$(x - 3)(x - 9) = 0$$
$$x = 3,\ 9$$

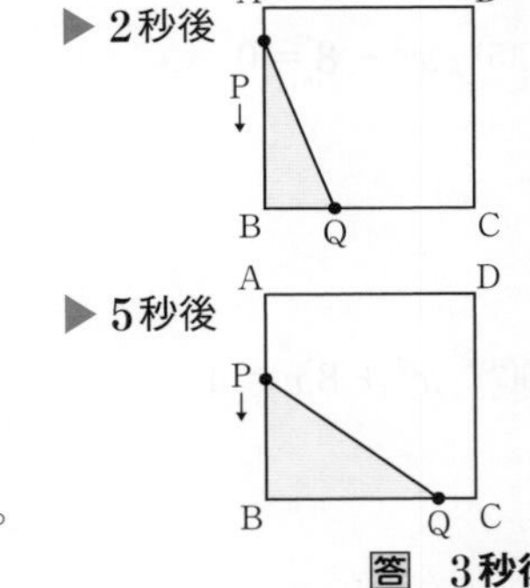

$0 \leqq x \leqq 6$だから，$x = 9$は問題に適していない。
したがって，$x = 3$

答 3秒後

注意 点Pは，秒速1 cmだから，AからBまで動くのに12秒かかります。
したがって，点Pのxの**変域**(取り得る値の範囲)は，$0 \leqq x \leqq 12$
点Qは，秒速2 cmだから，BからCまで動くのに，$12 \div 2 = 6$(秒)かかります。したがって，点Qのxの変域は，$0 \leqq x \leqq 6$
よって，xの変域は，$0 \leqq x \leqq 6$となります。

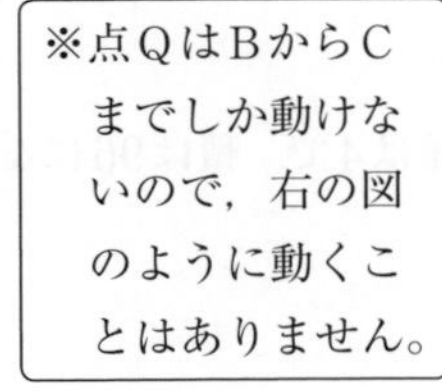

※点QはBからCまでしか動けないので，右の図のように動くことはありません。

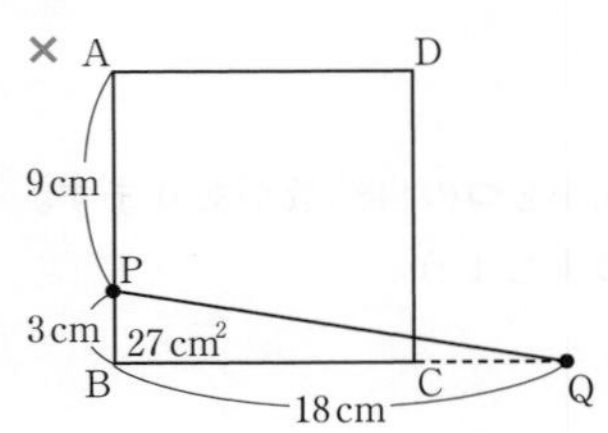

基本をチェック！(8)　8章　2次方程式

答は251ページ。できた問題は，□をぬりつぶしましょう。

1 次の方程式を解きましょう。 → 式 STEP 196 ～ 205

□(1) $x^2-7x=0$

□(2) $x^2-6x+9=0$

□(3) $x^2-5x-7=-8x+3$

□(4) $4x^2+4x-24=0$

□(5) $x^2-8=0$

□(6) $(x-1)^2=5$

□(7) $x^2+8x=4$

□(8) $x^2-3x=-1$

□(9) $2x^2+3x-1=0$

□(10) $\frac{1}{2}x^2+\frac{1}{3}x-1=0$

□2 大小2つの自然数があります。その差は4で，積は96になります。2つの自然数を求めましょう。

→ 式 STEP 206

基本をチェック！(1)〜(8)の解答

基本をチェック！(1)(44ページ)

1 (1) -5 (2) $+0.9$

2 (1) -5 (2) 1 (3) -9 (4) -7 (5) 2
(6) $-\frac{3}{4}$ (7) $\frac{1}{3}$ (8) -1 (9) $\frac{2}{3}$
(10) -0.7 (11) $-0.25\left[-\frac{1}{4}\right]$ (12) 4

3 (1) 21 (2) -20 (3) -36 (4) $\frac{1}{4}$
(5) -64 (6) -64 (7) -4 (8) -5
(9) $\frac{2}{3}$ (10) $\frac{10}{9}\left[1\frac{1}{9}\right]$ (11) $\frac{1}{9}$ (12) 4
(13) 16 (14) -2 (15) $-\frac{1}{3}$ (16) 9

4 (1) 2×7^2 (2) $2^3\times3^2\times5$

基本をチェック！(2)(84ページ)

1 (1) $5x$ (2) $-xy$ (3) m^3 (4) $-\frac{a}{4}\left[-\frac{1}{4}a\right]$

2 (1) $50x+80y$(円) (2) $4a$(km)
(3) ah(cm^2) (4) $5x$(kg)
(5) $\frac{a+b+c}{3}$(kg) (6) $8x+y$

3 (1) -9 (2) $\frac{1}{4}$ (3) $-\frac{1}{4}$ (4) 1

4 (1) $-x-2$ (2) $-9a+9$ (3) $12x-2$
(4) $-6a+8$ (5) $21x-34$ (6) $\frac{-x-3}{4}$

5 (1) $a=b+9$ (2) $5x+2<y$

基本をチェック！(3)(112ページ)

1 (1) $x=-4$ (2) $x=6$ (3) $x=1$
(4) $x=4$ (5) $x=18$ (6) $x=7$

2 (1) $x=6$ (2) $x=19$

3 (1) 6個 (2) 27人

基本をチェック！(4)(138ページ)

1 (1) $-2a+3b$ (2) $x-5y$ (3) $5a^2-9a$
(4) $-18a+12b$ (5) $-5x+2y$
(6) $-9a+8b$ (7) $\frac{7x-7y}{8}$ (8) $\frac{3y}{2}\left[\frac{3}{2}y\right]$
(9) $16ab$ (10) x^3 (11) $-3y$ (12) $-9a$
(13) $-6x^2y$ (14) $-\frac{2a^3}{9}\left[-\frac{2}{9}a^3\right]$

2 (1) $b=\frac{3a+1}{4}\left[b=\frac{3}{4}a+\frac{1}{4}\right]$
(2) $a=\frac{y}{3}+b\left[a=\frac{y+3b}{3}\right]$

3 (順に)$2m$, $2n$, 4, 4

基本をチェック！(5)(174ページ)

1 (1) $x=2$, $y=-1$ (2) $x=-5$, $y=3$
(3) $x=4$, $y=3$ (4) $x=-1$, $y=4$
(5) $x=6$, $y=-3$
(6) $x=6$, $y=0$

2 (1) A…120円, B…85円
(2) A〜B…60km, B〜C…40km

基本をチェック！(6)(202ページ)

1 (1) $2x^2-6x^2y$ (2) $-2ab+1$

2 (1) x^2-x-20 (2) $\frac{1}{4}a^2+3a+9$
(3) $4a^2-4ab+b^2$ (4) $x^2-0.01$
(5) $x^2-2xy+y^2-10x+10y+25$
(6) $24x$

3 (1) $2c(a-3b+2c)$
(2) $(a-b)(x+y-2)$ (3) $(x+1)^2$
(4) $(x-2)^2$ (5) $(1+5x)(1-5x)$
(6) $(x-1)(x+7)$
(7) $5(a+3b)(a-3b)$
(8) $(x+2)(y-3)$

4 (1) 10404 (2) 800

基本をチェック！(7)(224ページ)

1 (1) ±8 (2) $\pm\frac{5}{6}$

2 (1) -2 (2) 0.1

3 (1) $\sqrt{15}<4$ (2) $-\sqrt{2}<-\sqrt{0.2}<-0.2$

4 (1) $-\sqrt{30}$ (2) $\sqrt{2}$ (3) $18\sqrt{2}$
(4) $\frac{\sqrt{2}}{2}$ (5) $6\sqrt{5}$ (6) $-2\sqrt{3}$
(7) $2\sqrt{3}-2\sqrt{5}$ (8) $9+6\sqrt{2}$

5 (1) $4+2\sqrt{10}$ (2) -12

6 $64.5\leqq a<65.5$

7 (1) 4.7×10^3g (2) 9.02×10^4m

基本をチェック！(8)(250ページ)

1 (1) $x=0$, 7 (2) $x=3$
(3) $x=2$, -5 (4) $x=2$, -3
(5) $x=\pm2\sqrt{2}$ (6) $x=1\pm\sqrt{5}$
(7) $x=-4\pm2\sqrt{5}$
(8) $x=\frac{3\pm\sqrt{5}}{2}$
(9) $x=\frac{-3\pm\sqrt{17}}{4}$ (10) $x=\frac{-1\pm\sqrt{19}}{3}$

2 8と12

実力テスト (1) 正負の数・文字式の計算・1次方程式

答は258ページ

1 次の計算をしましょう。〔各3点〕

(1) $4-18$

(2) $(-7)-(-18)$

(3) $-2+(-5)$

(4) $0-(-3)$

(5) $-1.4-(-0.9)$

(6) $-\dfrac{2}{9}-\dfrac{5}{6}$

2 次の計算をしましょう。〔各3点〕

(1) $-1.04-(-0.95)$

(2) $\dfrac{1}{4}-\dfrac{5}{6}+\dfrac{1}{3}$

(3) $(-2)\times0.7\times(-5)$

(4) $(-2^3)\times(-1)^3$

(5) $9-(-3)\div(-6)\times12$

(6) $5^2\times3.14-3^2\times3.14$

3 次の式を，文字式の表し方にしたがって表しましょう。〔各3点〕

(1) $c\times(-0.1)\times a\times b$

(2) $(x+y)\times(-1)\times a$

(3) $x\times y+(x-y)\div3$

(4) $a\times a\div b\times a\div b$

4 次の数量を式で表しましょう。〔各3点〕

(1) x kmの距離を途中まで時速3 kmでy時間歩いたときの残りの距離

(2) 底辺がa cm，高さがh cmの三角形の面積

5 次の問題に答えましょう。〔各4点〕

(1) $2x+3$に$-3x-4$をたしましょう。

(2) ある式から$-3a-4$をひいたら，$4a-7$になりました。ある式を求めましょう。

6 次の計算をしましょう。〔各4点〕

(1) $\dfrac{a}{2}-\dfrac{a}{3}+\dfrac{a}{4}$

(2) $\left(\dfrac{x-2}{3}-\dfrac{3x+4}{6}\right)\times(-12)$

7 次の数量の関係を，等式または不等式で表しましょう。〔各6点〕

(1) 現在3000円貯金している人が，今後毎月a円ずつ貯金すると，1年後の貯金額はb円になります。

(2) 5 mのテープからx cmのテープを3本切り取ると，y cm未満でした。

8 次の問題に答えましょう。〔各6点〕

(1) ある数を4でわって8をひくと，もとの数より40大きくなりました。ある数を求めましょう。

(2) 長さ60 cmの針金で，縦の長さが横の長さの3倍の長方形を作ります。縦，横の長さをそれぞれ何cmにすればいいですか。

(3) ある中学校の生徒の通学方法を調べると，その割合は，徒歩が75%，自転車が10%，その他の人数が30人でした。この中学校の生徒全体の人数は何人ですか。

実力テスト (2)

単項式と多項式・連立方程式

答は258・259ページ

1 A $= 3x + 2y$，B $= -x - 5y$ のとき，次の計算をしましょう。〔各6点〕

(1) $2\mathrm{A} + \mathrm{B}$

(2) $(\mathrm{A} - 3\mathrm{B}) + (-2\mathrm{A} + \mathrm{B})$

2 次の□にあてはまる式を求めましょう。〔各6点〕

(1) $(-6a^2b) \times \square = -24a^3b^2$

(2) $\square \div 8ab = -7c$

3 次の□にあてはまる数を求めましょう。〔各6点〕

(1) $2a \times (-3a^2)^{㋐} = -54a^{㋑}$

(2) $28x^{㋐} \div (-2x)^{㋑} = 7x^3$

4 正の整数xを正の整数yでわると，商が9で余りが4です。このとき，yをxを使った式で表しましょう。〔10点〕

5 $a : b = c : d$ ならば，$a : c = b : d$ が成り立つことを説明します。□にあてはまる式を答えましょう。〔完答10点〕

$a : b = c : d$ だから，$\square = \dfrac{c}{d}$　この式の両辺に$\dfrac{b}{c}$をかけると，

$\square \times \dfrac{b}{c} = \dfrac{c}{d} \times \dfrac{b}{c}$，$\square = \dfrac{b}{d}$　よって，$a : c = b : d$

6 次の連立方程式を解きましょう。〔各6点〕

(1) $\begin{cases} 30x + 20y = 280 \\ 50x - 30y = -40 \end{cases}$

(2) $\begin{cases} \dfrac{1}{5}x - \dfrac{1}{2}y = \dfrac{1}{2} \\ 0.08x - 0.15y = 0.05 \end{cases}$

(3) $\begin{cases} -3x + 2y = 0 \\ (x+8):(y-2) = 3:1 \end{cases}$

(4) $\dfrac{3x-2y}{4} = x - \dfrac{4}{5}y = 2$

7 x, yについての連立方程式$\begin{cases} ax - 3y = 18 \\ -2x - 5y = a \end{cases}$の解が$\begin{cases} x = 3 \\ y = b \end{cases}$です。このとき，$a$，$b$の値を求めましょう。〔10点〕

8 池のまわりに長さ9kmの道があり，この道をAは自転車で，Bは歩いてまわります。スタート地点から同時に同じ方向に進んだところ，50分でAはBに1周差をつけました。また，次に，スタート地点からAがBより10分遅れてBとは反対方向に出発して進んだところ，Bが出発してから38分後に2人は出会いました。このとき，A，Bの速さはそれぞれ分速何mだったか求めましょう。〔10点〕

実力テスト (3)

多項式の計算・平方根・2次方程式

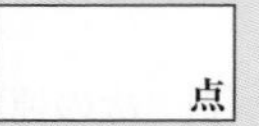

答は259ページ

1 □にあてはまる数を求めましょう。〔各6点〕

(1) $(\boxed{ア}x+3)(x+2)=2x^2+\boxed{イ}x+\boxed{ウ}$

(2) $(3x+\boxed{ア})^2=9x^2+24x+\boxed{イ}$

(3) $x^2+14x+\boxed{ア}=(x+6)(x+\boxed{イ})$

(4) $\boxed{ア}x^2-40x+25=(4x-\boxed{イ})^2$

2 次の問題に答えましょう。〔各6点〕

(1) 90にできるだけ小さい自然数をかけて，ある整数の2乗にしたい。どんな数をかければよいですか。

(2) 192をできるだけ小さい自然数でわって，ある整数の2乗にしたい。どんな数でわればよいですか。

(3) $\sqrt{272x}$が整数となるようなxのうち，もっとも小さい自然数を求めましょう。

3 $x=\sqrt{2}+\sqrt{3}$，$y=\sqrt{2}-\sqrt{3}$のとき，次の式の値を求めましょう。〔各7点〕

(1) x^2-y^2

(2) $2x^2+4xy+2y^2$

4 次の問題に答えましょう。〔各7点〕

(1) -6と4を解とする2次方程式を，$ax^2+bx+c=0$の形で表しましょう。ただし，a，b，cはできるだけ簡単な整数とします。

(2) nを正の整数とするとき，xについての2次方程式$x^2-nx+18=0$の2つの解がどちらも正の整数になりました。このとき，nの値をすべて求めましょう。

5 連続する2つの奇数で，大きいほうの数の2乗から小さいほうの数の2乗をひくと，8の倍数になることを証明しましょう。〔10点〕

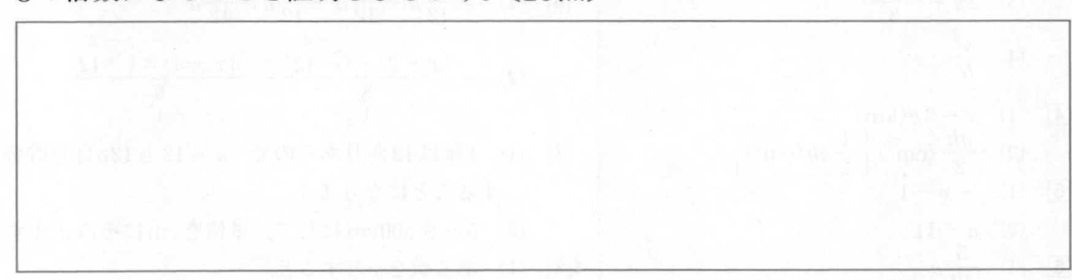

6 ある正方形の1辺の長さを10 cm短くし，他の1辺の長さを3 cm長くして長方形を作ったら，面積が68 cm^2になりました。もとの正方形の1辺の長さを求めましょう。〔10点〕

7 縦36 m，横44 mの長方形の土地があります。右の図のように，同じ幅の道路を縦2本，横1本つけて，面積が等しい6区画の土地に分け，1区画の土地の面積を192 m^2にしました。このとき，道路の幅を求めましょう。〔10点〕

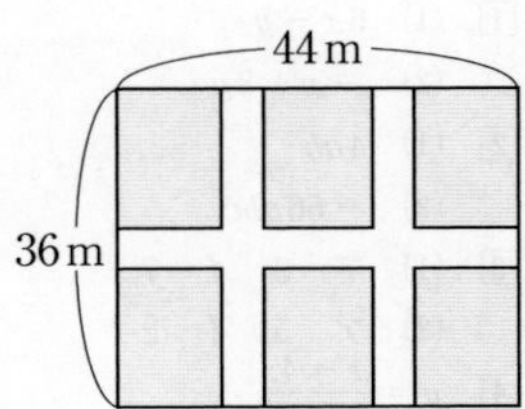

実力テスト(1)～(3)の解答・考え方

実力テスト(1)(252・253ページ)

1 (1) -14 (2) 11
(3) -7 (4) 3
(5) -0.5 (6) $-\frac{19}{18}$ $\left[-1\frac{1}{18}\right]$

2 (1) -0.09
(2) $-\frac{1}{4}$
(3) 7
(4) 8
(5) 3
(6) 50.24

3 (1) $-0.1abc$
(2) $-a(x+y)$
(3) $xy+\frac{x-y}{3}$
(4) $\frac{a^3}{b^2}$

4 (1) $x-3y$(km)
(2) $\frac{ah}{2}(\mathrm{cm}^2)$ $\left[\frac{1}{2}ah(\mathrm{cm}^2)\right]$

5 (1) $-x-1$
(2) $a-11$

6 (1) $\frac{5}{12}a$
(2) $2x+16$

7 (1) $3000+12a=b$
(2) $500-3x<y$

8 (1) -64
(2) 縦…22.5cm $\left[\frac{45}{2}\mathrm{cm}\right]$
横…7.5cm $\left[\frac{15}{2}\mathrm{cm}\right]$
(3) 200人

考え方

2 (4) $=(-8)\times(-1)=8$
(5) $=9-\frac{3\times 12}{6}=9-6=3$
(6) $=(5^2-3^2)\times 3.14=(25-9)\times 3.14$
$=16\times 3.14=50.24$

5 (1) $(2x+3)+(-3x-4)$
$=2x+3-3x-4$
$=-x-1$
(2) $\square-(-3a-4)=4a-7$だから,
$\square=(4a-7)+(-3a-4)$
$=a-11$

6 (1) $=\frac{6}{12}a-\frac{4}{12}a+\frac{3}{12}a=\frac{5}{12}a$
(2) $=\frac{(x-2)\times(\overset{-4}{\cancel{-12}})}{\underset{1}{\cancel{3}}}-\frac{(3x+4)\times(\overset{-2}{\cancel{-12}})}{\underset{1}{\cancel{6}}}$

7 (1) 1年は12か月あるので，$a\times 12=12a$(円)貯金することになります。
(2) 5mを500cmにして，単位をcmにそろえます。

8 (1) ある数をxとすると，
$\frac{x}{4}-8=x+40$
(2) 横の長さを$x$cmとすると，縦の長さは$3x$cmと表せます。
よって，$2(x+3x)=60$
(3) この中学校の生徒全体の人数をx人とすると，
$\frac{75}{100}x+\frac{10}{100}x+30=x$

実力テスト(2)(254・255ページ)

1 (1) $5x-y$
(2) $-x+8y$

2 (1) $4ab$
(2) $-56abc$

3 (1) ア 3 イ 7
(2) ア 5 イ 2

4 $y=\frac{x-4}{9}$

5 (順に)$\frac{a}{b}$, $\frac{a}{b}$, $\frac{a}{c}$

考え方

1 (2) $=\mathrm{A}-3\mathrm{B}-2\mathrm{A}+\mathrm{B}=-\mathrm{A}-2\mathrm{B}$と簡単にしてから式を代入します。

2 (1) $\square=-24a^3b^2\div(-6a^2b)$
(2) $\square=-7c\times 8ab$

3 (1) まず，文字の係数だけに着目すると，
$2\times(-3)^3=-54$から，アは3とわかります。

4 $x=9y+4$をyについて解きます。

5 比の値が等しいことを利用して説明します。

6 (1) $x = 4,\ y = 8$

(2) $x = -5,\ y = -3$

(3) $x = 4,\ y = 6$

(4) $x = 6,\ y = 5$

7 $a = 4,\ b = -2$

8 A…分速240m　B…分速60m

7 連立方程式に$x = 3,\ y = b$を代入して，

$\begin{cases} 3a - 3b = 18 \\ -6 - 5b = a \end{cases}$ を解きます。

8 Aの速さを分速x m，Bの速さを分速y mとすると，

$\begin{cases} 50x - 50y = 9000 \\ (38 - 10)x + 38y = 9000 \end{cases}$

9kmを9000mと，単位をmにそろえることに注意しましょう。

実力テスト(3)(256・257ページ)

1 (1) ア　2　イ　7　ウ　6

(2) ア　4　イ　16

(3) ア　48　イ　8

(4) ア　16　イ　5

2 (1) 10

(2) 3

(3) 17

3 (1) $4\sqrt{6}$

(2) 16

4 (1) $x^2 + 2x - 24 = 0$

(2) $n = 9,\ 11,\ 19$

考え方

2 いずれも素因数分解して考えます。

(1) $90 = 2 \times 3^2 \times 5 \to 2 \times 5 = 10$

(2) $192 = 2^6 \times 3 = 2^2 \times 2^2 \times 2^2 \times 3 \to 3$

(3) $272 = 2^4 \times 17 = 2^2 \times 2^2 \times 17 \to 17$

3 (1) $= (x + y)(x - y)$に代入します。

(2) $= 2(x + y)^2$に代入します。

4 (1) -6と4を解とするので，

$(x + 6)(x - 4) = 0$と表せます。

(2) 18に着目して，2つの解がどちらも正の整数だから，$(x - 3)(x - 6) = 0$

$(x - 2)(x - 9) = 0$

$(x - 1)(x - 18) = 0$と表せます。

5 nを整数とすると，連続する2つの奇数は，$2n - 1,\ 2n + 1$と表せる。

$$\begin{aligned}(2n+1)^2 - (2n-1)^2 &= \{(2n+1) + (2n-1)\}\{(2n+1) - (2n-1)\} \\ &= (2n + 1 + 2n - 1)(2n + 1 - 2n + 1) \\ &= 4n \times 2 \\ &= 8n\end{aligned}$$

nは整数だから，$8n$は8の倍数である。

よって，連続する2つの奇数で，大きいほうの数の2乗から小さいほうの数の2乗をひくと，8の倍数になる。

6 14cm

7 4m

6 もとの正方形の1辺の長さをx cmとすると，

$(x - 10)(x + 3) = 68$

$x^2 - 7x - 30 = 68$

$x^2 - 7x - 98 = 0$

$(x + 7)(x - 14) = 0$より，$x = -7,\ 14$

$x > 10$だから，$x = 14$

7 道路の幅をx mとすると，

$(36 - x)(44 - 2x) = 192 \times 6$

$1584 - 116x + 2x^2 = 1152$

$x^2 - 58x + 216 = 0$

$(x - 4)(x - 54) = 0$より，$x = 4,\ 54$

$0 < 2x < 44$より，$0 < x < 22$だから，$x = 4$

SUPER STEP

スーパーステップ

中学数学

編

図形編

1章 平面図形と基本の作図 1年 ……… 265

2章 空間図形 1年 ……… 307

3章 平行と合同 2年 337

4章 三角形と四角形 2年 363

CONTENTS

1 平面図形と基本の作図 1年

STEP 1

1章 平面図形と基本の作図

直線と角(1) 直線・線分・半直線

次の□にあてはまることばを入れましょう。

2点A，Bを通り，両方にかぎりなくのびたまっすぐな線を，□ABといいます。

A B

答 直線 AB

(1)，(2)は，直線ABの一部分です。それぞれ何というか，次の□にあてはまることばを入れましょう。

(1) □ AB　　(2) □ AB

A B　　A B

答 (1) 線分 AB
(2) 半直線 AB

上の問題のように，両方にかぎりなくのびたまっすぐな線を**直線**とよびます。2点A，Bを通る直線は1つしかなく，**直線AB**と表します。

下の問題の(1)のように，2点A，Bを両端(りょうたん)とするものを，**線分(せんぶん)AB**といいます。(2)のように，線分ABをBの方向にかぎりなく延長したものを，**半直線AB**といいます。

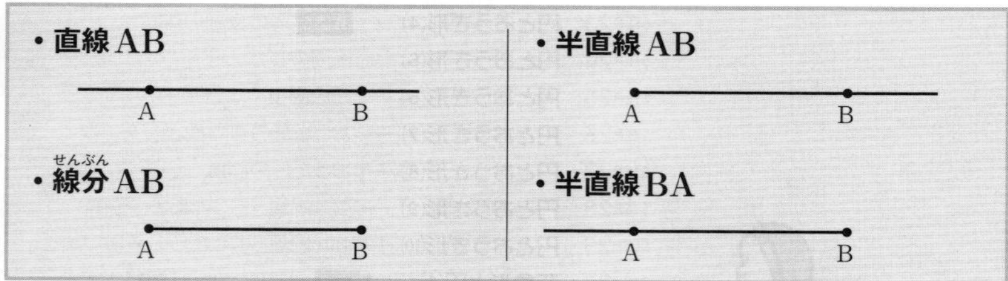

◆線分ABの長さを，**2点A，B間の距離(きょり)**といい，**AB**で表します。
・線分ABの長さは5cmである。……**AB=5cm**
・線分ABと線分CDは長さが等しい。……**AB=CD**
・線分ABの長さは，線分EFの長さの3倍である。……**AB=3EF**
・線分EFの長さは，線分ABの長さの$\frac{1}{3}$である。……**EF=$\frac{1}{3}$AB**

直線と角(2) 角

次の□にあてはまる角を入れましょう。

右の図の∠の角を，記号∠を使って，□と表します。

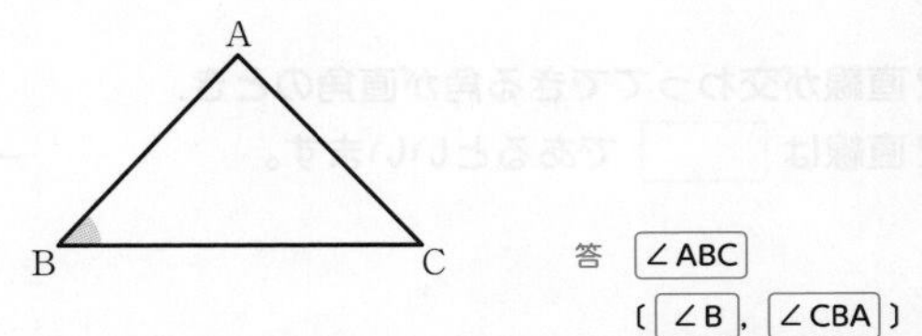

次の□にあてはまる数や角を入れましょう。

(1) ∠ABD=□°

(2) ∠BAD=□°

(3) ∠BAD=□

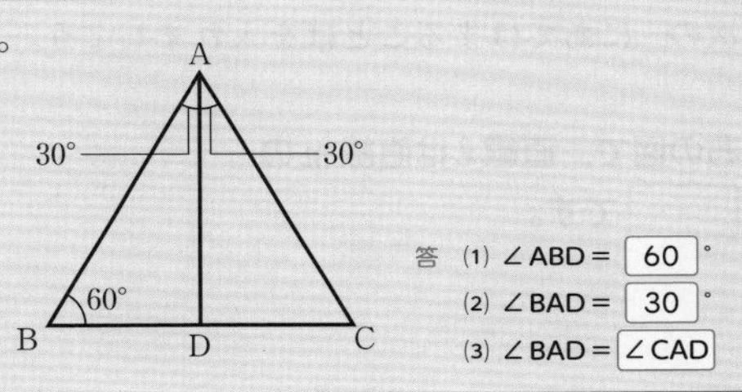

右の図のように，半直線BA，BCによってできる角を，記号∠を使って，∠ABCと表し，「かくABC」と読みます。∠Bもしくは∠CBAと表してもよいです。

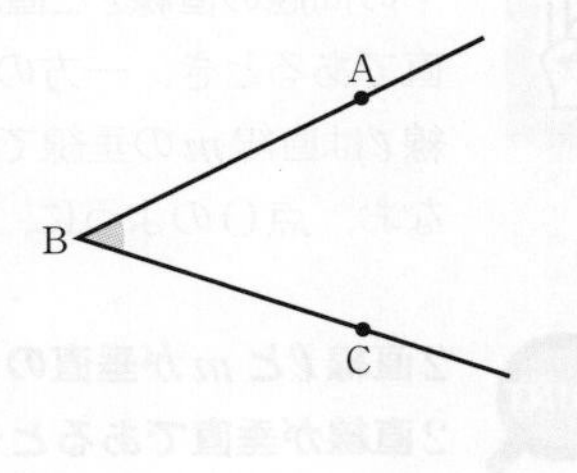

下の問題の(1)，(2)のように，角の大きさも∠ABDのような形で表します。

角を示したり，角の大きさを表したりするときには，記号∠を使います。

◆アルファベットの小文字を使って，∠aのように表すこともあります。

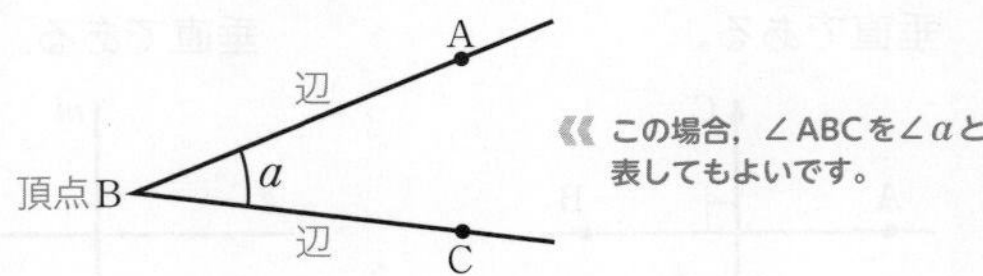

◆三角形ABCは，記号△を使い，△ABCと表します。

◆角に関する，いろいろな表し方をおさえておきましょう。

・∠ABCの大きさは45°である。……**∠ABC=45°**

・∠ABCと∠DEFの大きさは等しい。……**∠ABC=∠DEF**

・∠BADの大きさは，∠BACの大きさの2倍である。……**∠BAD=2∠BAC**

・∠BACの大きさは，∠BADの大きさの$\frac{1}{2}$である。……**∠BAC=$\frac{1}{2}$∠BAD**

直線と角(3) 垂直と垂線

次の□にあてはまることばを入れましょう。

2直線が交わってできる角が直角のとき，
2直線は □ であるといいます。

答 垂直

次の□にあてはまることばを入れましょう。

右の図で，直線ℓは直線mの
□ です。

ℓ　m　O

答 垂線

下の問題の直線ℓと直線mは，上の問題と同じように**垂直**（すいちょく）です。2直線が垂直であるとき，一方の直線を他方の直線の**垂線**（すいせん）といいます。したがって，直線ℓは直線mの垂線であり，逆に，直線mは直線ℓの垂線です。
なお，点Oのように，線と線が交わった点を**交点**（こうてん）といいます。

2直線ℓとmが垂直のとき，記号⊥を使って，$\ell \perp m$と表します。
2直線が垂直であるとき，一方の直線を他方の直線の垂線（すいせん）といいます。

◆垂直に関する，いろいろな表し方をおさえておきましょう。

・直線ABと直線CDが垂直である。

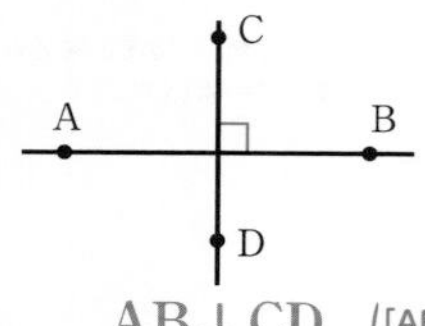

AB⊥CD （「ABすいちょくCD」と読む。）

・直線ℓと直線mが垂直である。

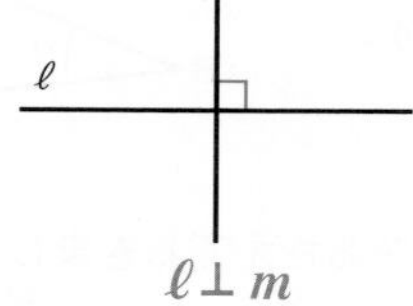

$\ell \perp m$

・線分ABと線分CDが垂直である。

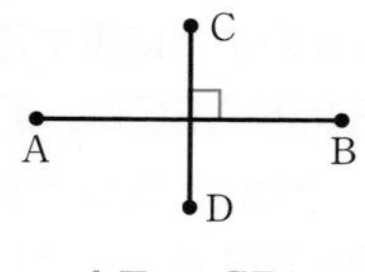

AB⊥CD

例題で確認! 右の図の直角三角形の辺ABと辺BCの関係を，記号⊥を使って表しましょう。

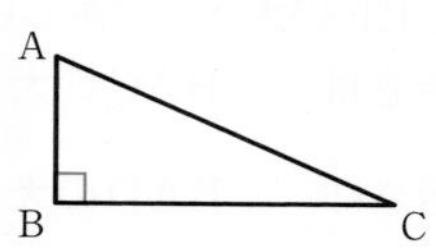

答
AB⊥BC

直線と角(4) 平行と平行線

次の□にあてはまることばを入れましょう。

1本の直線に垂直な2本の直線は，□であるといいます。

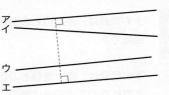

□である。

答 平行

次の□に‘交わる’か‘交わらない’のどちらかを入れましょう。

2直線ℓとmが平行のとき，ℓとmは□。

答 交わらない

右の図の4本の直線のうち，アとエが平行になっています。
平行(へいこう)な2本の直線のはばは，どこも等しくなっているので，どこまでいっても交わることはありません。

ア
イ
ウ
エ

POINT

2直線ℓとmが交わらないとき，直線ℓとmは平行(へいこう)であるといいます。
2直線ℓとmが平行のとき，記号//を使って，ℓ//mと表します。

◆平行に関する，いろいろな表し方をおさえておきましょう。

・直線ABと直線CDが平行である。

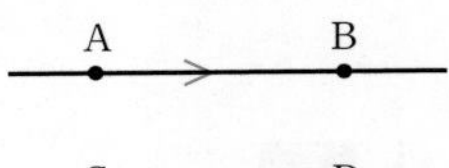

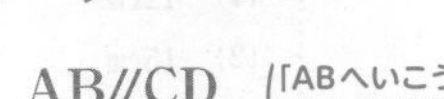

（「ABへいこうCD」と読む。）

・直線ℓと直線mが平行である。

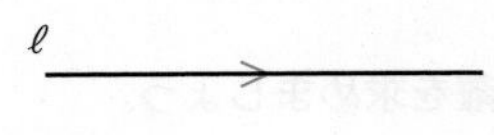

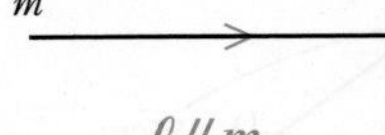

・線分ABと線分CDが平行である。

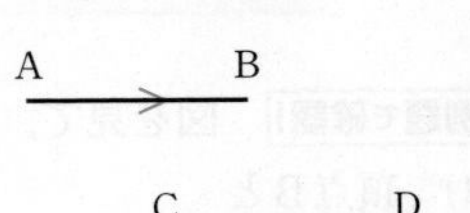

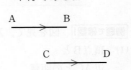

例題で確認! 右の図の台形ABCDの辺ADとBCの関係を，記号//を使って表しましょう。

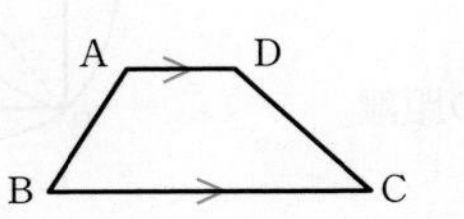

答 AD//BC

STEP 5

1章 平面図形と基本の作図

直線と角(5) 距離(1) 点と直線との距離

ア～エのうち，次の□にあてはまる記号を入れましょう。 → 図 STEP 1

右の図で，□の長さが，2点A，B間の距離です。

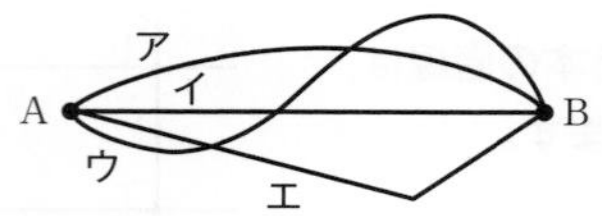

答 イ

PA，PB，PC，PDのうち，次の□にあてはまるものを入れましょう。

右の図で，線分□の長さが，点Pと直線ℓとの距離です。

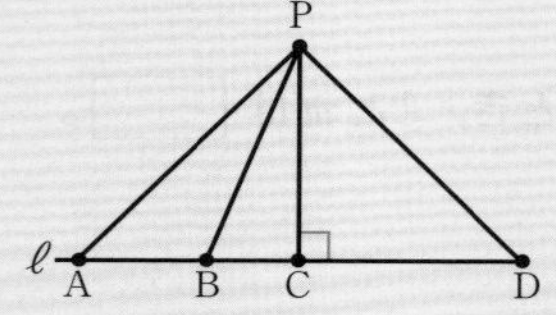

答 線分 PC

上の問題は，点と点との距離です。線分ABの長さが，2点A，B間の距離です。

下の問題は，点と直線との距離です。点と直線をむすぶ線分は無限にありますが，もっとも短い線分に着目します。

・点Pから直線ℓにひいた垂線と，ℓとの交点をHとするとき，線分PHの長さを，点Pと直線ℓとの距離といいます。

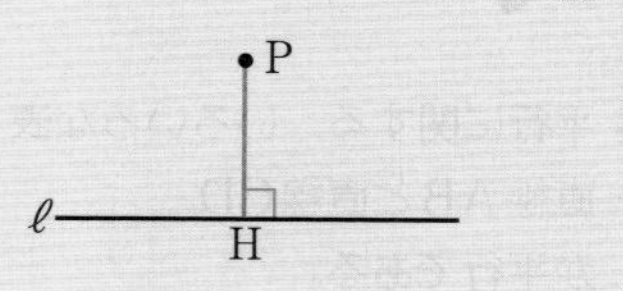

例題で確認! 図を見て，次の距離を求めましょう。

(1) 頂点Bと辺ACとの距離

(2) 頂点Aと辺BCとの距離

(3) 頂点Cと辺ABとの距離

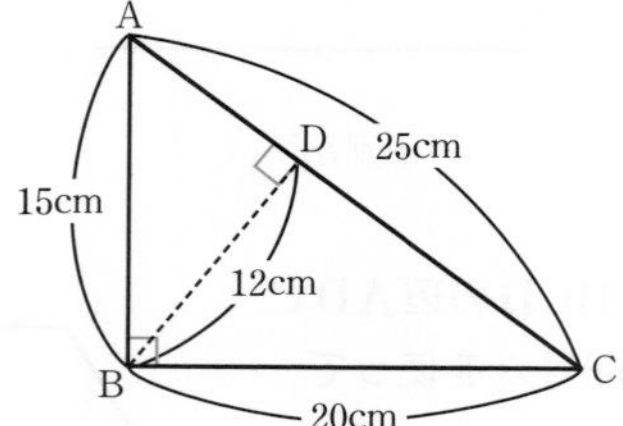

答

(1) 12cm

(2) 15cm

(3) 20cm

考え方

(1) 線分BDに着目。

(2) 線分ABに着目。

(3) 線分BCに着目。

直線と角(6) 距離(2) 直線と直線との距離

次の□にあてはまる線分を入れましょう。

→ 図 STEP 5

右の図で，線分 □ の長さが，点Pと直線ℓとの距離です。

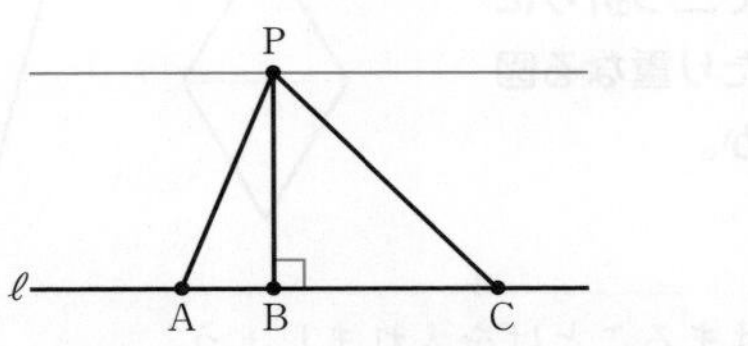

答 線分 PB

次の□に‘等しい’か‘等しくない’のどちらかのことばを入れましょう。

直線ℓ，mが平行であるとき，点Pと直線mの距離と，点Qと直線mの距離は □ 。

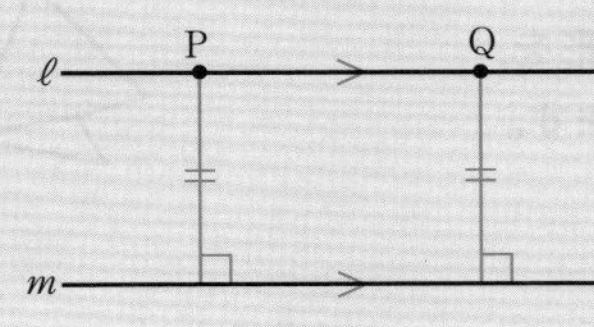

答 等しい

上の問題は，点と直線との距離です。点Pから直線ℓにひいた垂線と直線ℓとの交点が，点Bであることに着目しましょう。

下の問題は，直線と直線との距離について考えます。2直線ℓ，mが平行なので，ℓとmのはばは，どこも等しくなります。ということは，点がℓ上のどこにあっても，点と直線mとの距離は等しく一定です。

POINT

- **平行な2直線ℓ，mで，ℓ上のどの点からも直線mとの距離は等しく，これらの距離を平行な2直線ℓ，mの距離といいます。**

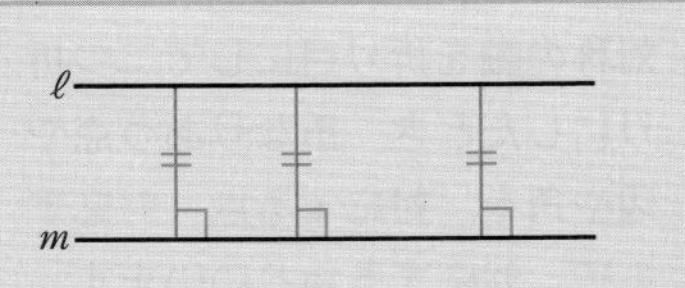

例題で確認! 次の問題に答えましょう。

直線ℓがあります。ℓとの距離が4cmの直線は，全部で何本ひけますか。

答
2本

考え方

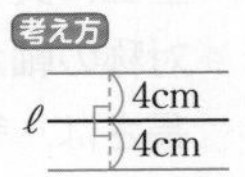

STEP 7

1章 平面図形と基本の作図

対称な図形(1) 線対称な図形

小学校の復習

右のア〜エのうち，１つの直線を軸として二つ折りにすると，ぴったり重なる図形はどれですか。

ア

イ

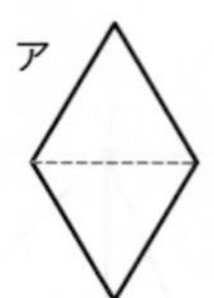

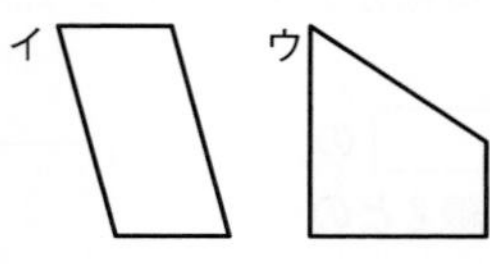

ウ

エ

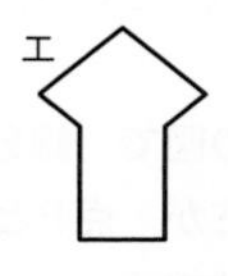

答 ア，エ

次の□にあてはまることばを入れましょう。

１つの直線を軸として二つに折るとぴったり重なる平面図形を，□な図形といいます。

答 線対称

ここでは，小学校で学んだ対称な図形のうち，**線対称な図形**について，おさらいをしておきましょう。

線対称な図形には，折り目にあたる**対称の軸**があることに着目しましょう。

二つに折るとぴったり重なる図形を線対称な図形といいます。

- 線対称な図形で，折り目にあたる直線を，**対称の軸**といいます。対称の軸は，1本だけとはかぎりません。
- 対称の軸を折り目にして二つ折りにしたとき，重なりあう点や辺や角を，**対応する点**，**対応する辺**，**対応する角**といいます。
- 線対称な図形では，対応する点をむすんだ直線と対称の軸は，垂直に交わります。
- 対称の軸から対応する点までの長さは，等しくなっています。

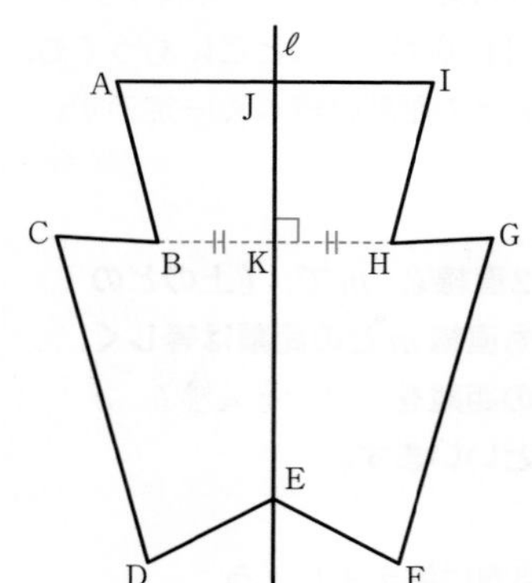

・対称の軸は直線ℓ

・点Bに対応する点は点H

・∠Aに対応する角は∠I

・辺BCに対応する辺は辺HG

・$BH \perp JE$

・$BK = HK$

・対称の軸が2本ある場合。

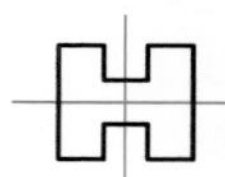

対称な図形(2) 点対称な図形

小学校の復習

右のア〜ウのうち，点O を中心にして180°回転させたとき，もとの図形とぴったり重なる図形はどれですか。

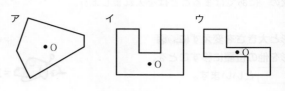

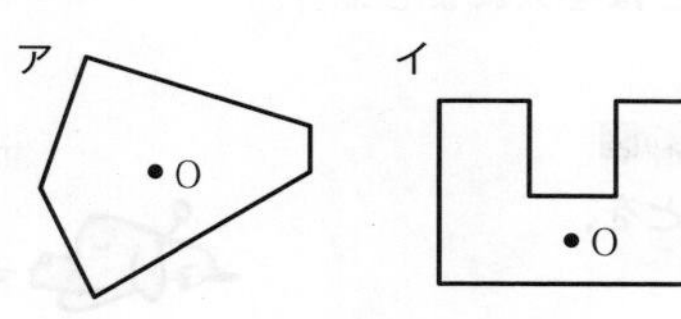

答 ウ

次の□にあてはまることばを入れましょう。

点Oを中心に180°回転させると，もとの図形とぴったり重なる図形を，□な図形といいます。

答 点対称

上のアとイは，180°回転させたときと，もとの形とぴったり重なりませんが，ウはぴったり重なります。ウのような図形を**点対称**(てんたいしょう)**な図形**といいます。

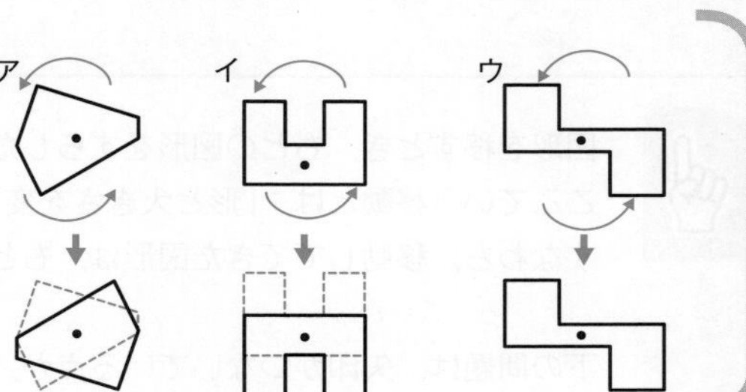

点Oを中心に180°回転させるとぴったり重なる平面図形を，点対称(てんたいしょう)**な図形といいます。**

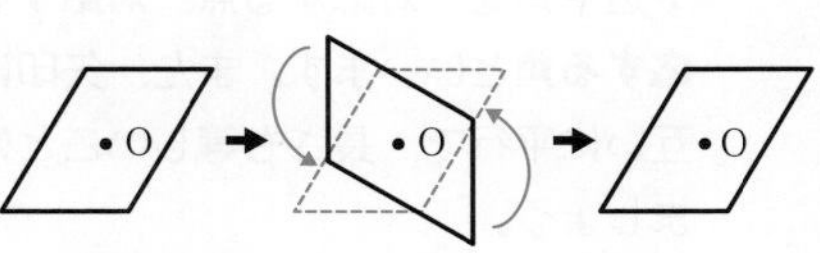

- 点対称な図形では，回転の中心となる点を**対称の中心**といいます。
- 180°回転させたときに，重なりあう点や辺や角を，**対応する点**，**対応する辺**，**対応する角**といいます。
- 点対称な図形では，対応する点をむすんだ直線は対称の中心を通ります。
- 対称の中心から対応する点までの長さは，等しくなっています。

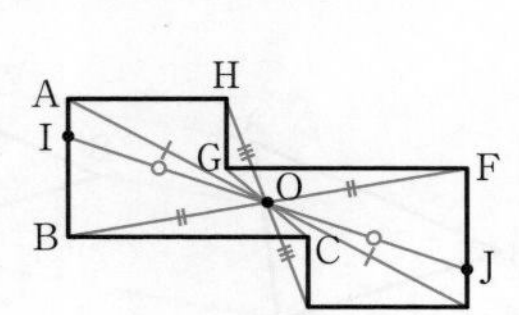

・OA = OE
・OB = OF
・OC = OG
・OD = OH
・OI = OJ

STEP 9

図形の移動(1) 平行移動

次の□にあてはまることばを入れましょう。

形と大きさを変えずに，図形を他の位置に移すことを，□といいます。

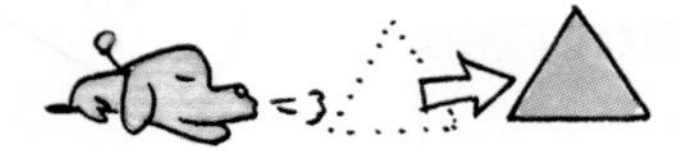

答 移動

右の図の△DEFは，△ABCを矢印の方向に，矢印の長さだけ移動させたものです。点Bに対応する点と，辺ACに対応する辺を答えましょう。

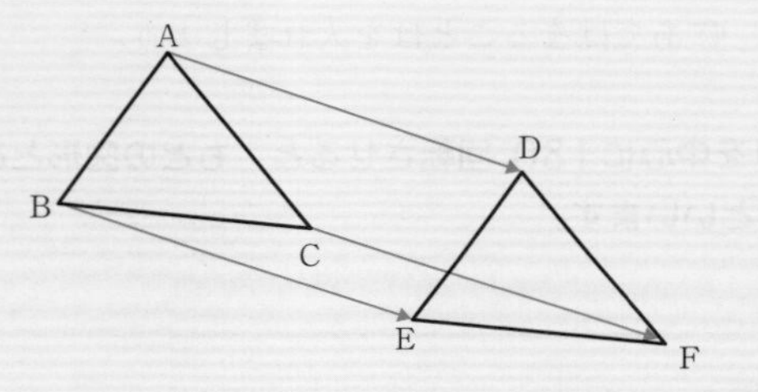

答 点Bに対応する点…点E，辺ACに対応する辺…辺DF

図形を移すとき，もとの図形をずらしたり，回転させたりしますが，ここでいう**移動**とは，「形と大きさを変えずに」移すことに注意しましょう。すなわち，移動してできた図形は，もとの図形と合同です。

下の問題は，矢印がつないでいる点が，**対応する点**です。移動によって重なりあう点や辺や角を，対応する点，**対応する辺**，**対応する角**といいます。また，矢印はどれも互いに平行で，長さも等しいことに注意しましょう。

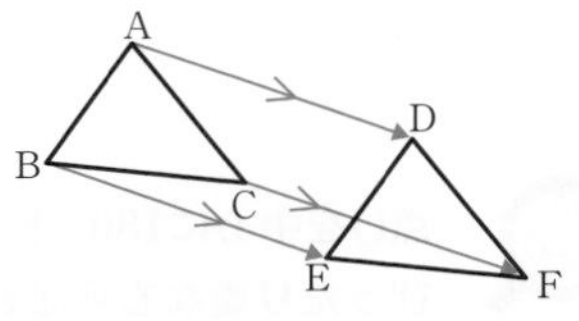

• 平行移動

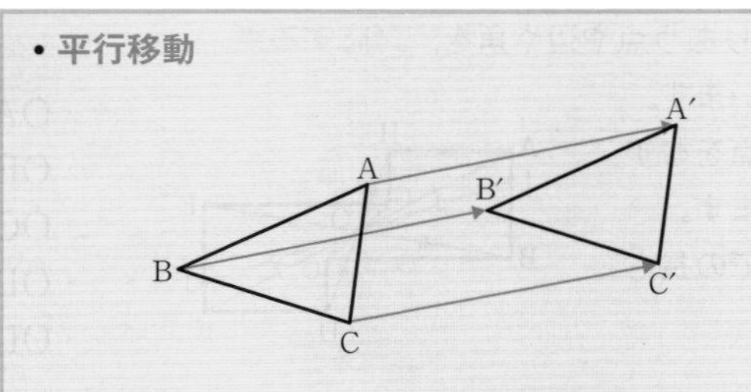

平面上で，図形を一定の方向に，一定の長さだけ動かす移動を，平行移動といいます。

例題で確認! 下の図で，△ABCを矢印GHの方向に，その長さだけ平行移動した，△DEFをかきましょう。

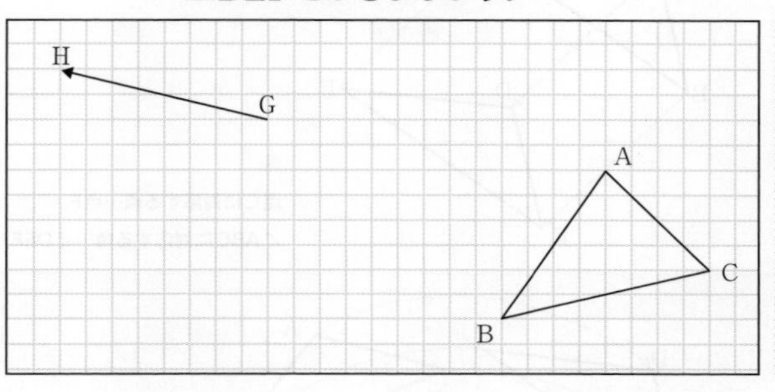

考え方 A，B，Cの各点を，矢印GHのように左へ8マス，上へ2マス移します。

答

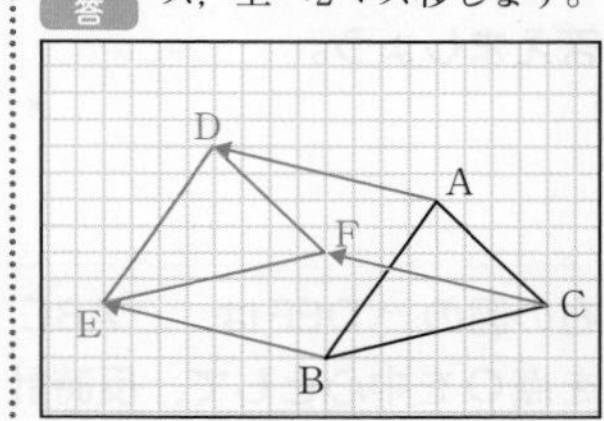

平行移動では，対応する点をむすぶ線分は，すべて平行で，その長さは等しくなります。

例題で確認! 下の図の△ABCを，点Aが点Pに移るように平行移動してできる△PQRをかきましょう。

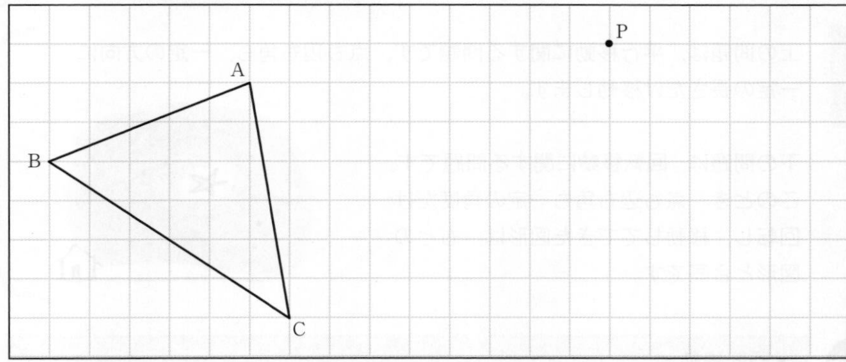

答

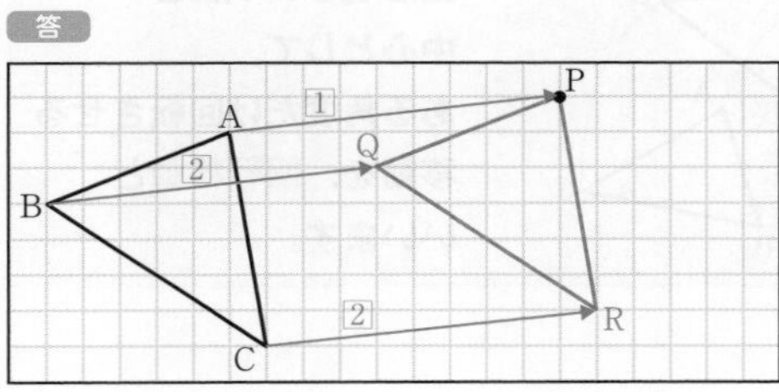

考え方

1点Pは，点Aが右へ9マス，上へ1マス移っていることをつかみましょう。

2次に，点B，点Cも同じように点Q，点Rに移し，線分でむすびます。

※方眼がない問題の場合は，1の矢印と平行で，長さが等しい矢印を点B，点Cそれぞれからひいて考えましょう。

図形の移動(2) 回転移動

右の図の△DEFは，△ABCを平行移動したものです。
点Cに対応する点と，∠ABCに対応する角を答えましょう。

→ 図 STEP 9

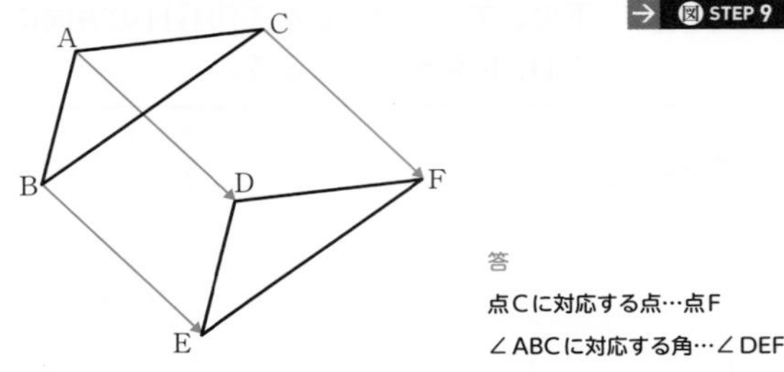

答
点Cに対応する点…点F
∠ABCに対応する角…∠DEF

右の図の△DEFは，△ABCを点Oを中心として，反時計回りに60°回転させて，移動したものです。
点Bに対応する点と，∠ABCに対応する角を答えましょう。

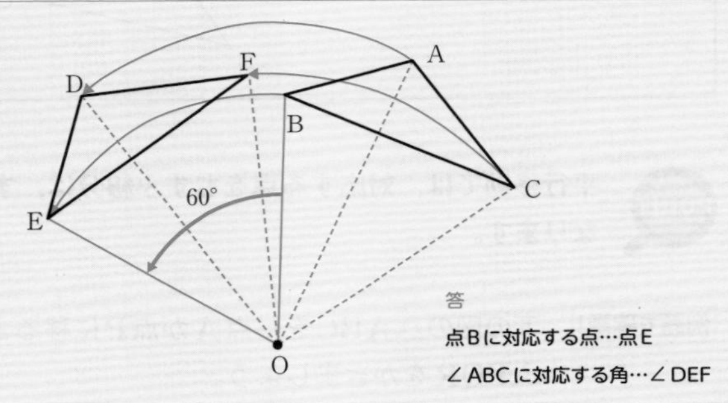

答
点Bに対応する点…点E
∠ABCに対応する角…∠DEF

上の問題は，平行移動に関する問題です。点も辺も角も，一定の方向に一定の長さだけ移動します。

下の問題は，**回転移動**に関する問題です。
このとき，点も辺も角も一定の角度だけ回転し，移動してできた図形は，もとの図形と合同です。

• **回転移動**

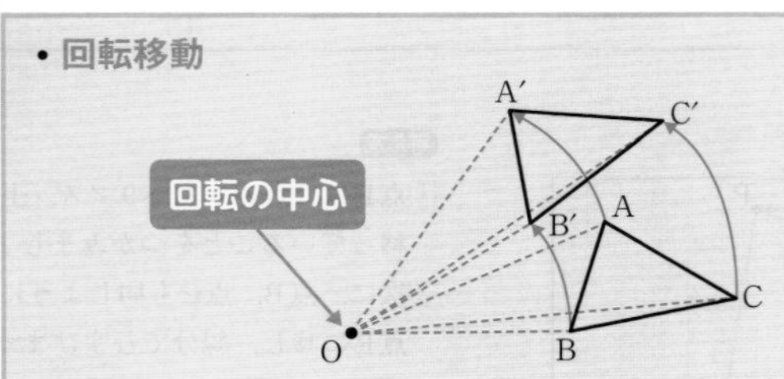

図形を1つの点を中心として，ある角度だけ回転させる移動を，回転移動といいます。

◆回転の中心は，もとの図形の外部にあるとはかぎりません。

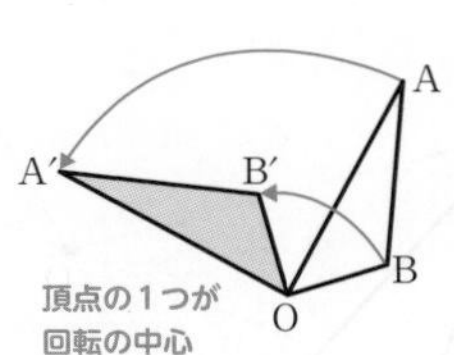

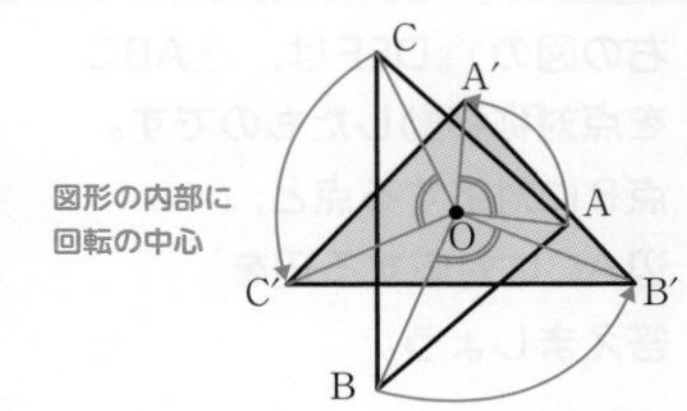

回転移動では，対応する点は，回転の中心からの距離が等しく，回転の中心とむすんでできた角の大きさは，すべて等しくなります。

例題で確認! 次の図の△DEFは，△ABCを点Oを中心として，反時計回りに65°回転したものです。次の問題に答えましょう。

(1) 線分OAと長さの等しい線分はどれですか。
(2) ∠COFは何度ですか。
(3) ∠COFと大きさの等しい角を2つ答えましょう。
(4) △ABCを点Oを中心として，時計回りに90°回転移動した△GHIをかきましょう。

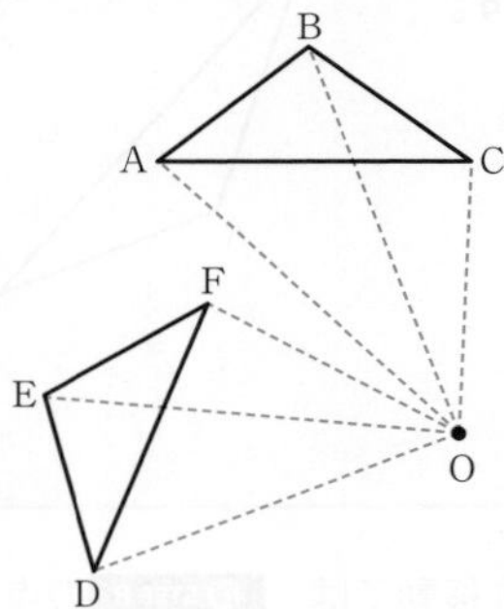

考え方

(4) 点Oを中心として，線分OAを半径とする円をかく。 円周上に∠AOG = 90°となる点Gをかく。

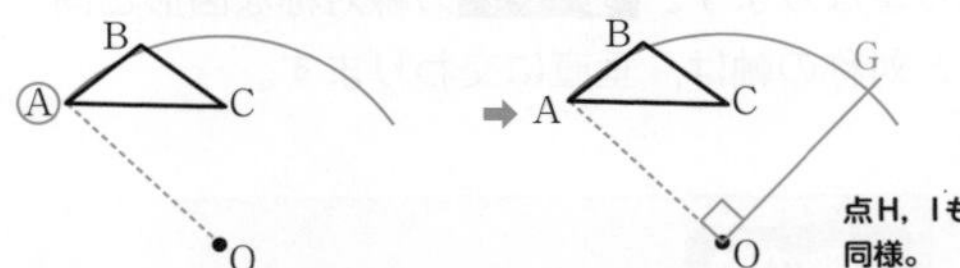

答

(1) 線分OD　(2) 65°
(3) ∠BOEと∠AOD
(4)

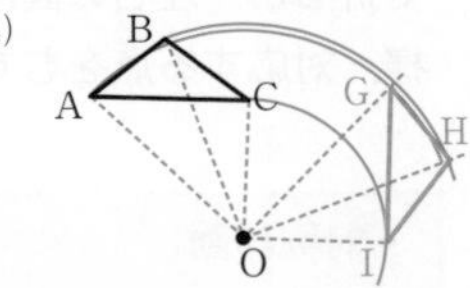

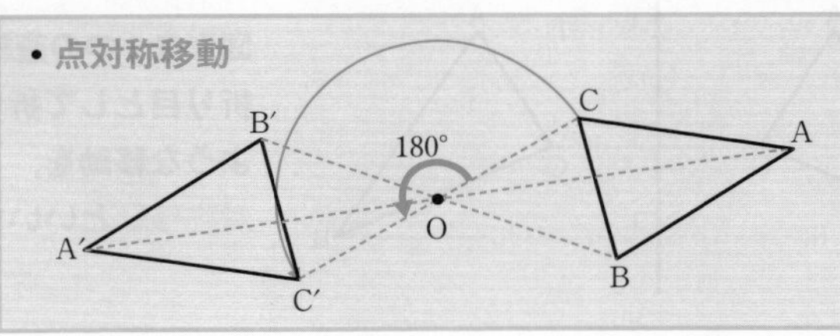

回転移動のなかで，180°の回転移動を点対称移動といいます。

図形の移動(3) 対称移動

右の図の△DEFは，△ABCを点対称移動したものです。点Bに対応する点と，辺ACに対応する辺を答えましょう。

→ 図 STEP 10

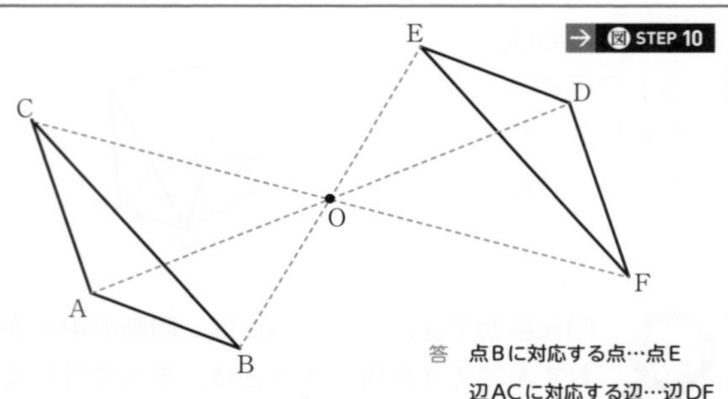

答　点Bに対応する点…点E
辺ACに対応する辺…辺DF

右の図の△DEFは，△ABCを直線ℓを折り目として折り返すように移動したものです。点Bに対応する点と，辺ACに対応する辺を答えましょう。

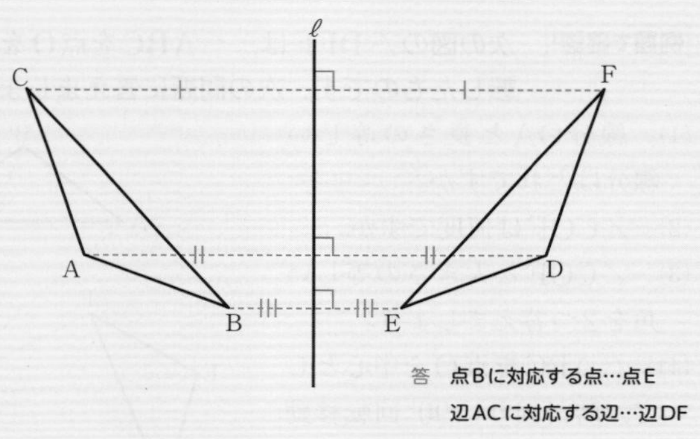

答　点Bに対応する点…点E
辺ACに対応する辺…辺DF

上の問題の点対称移動では，図 STEP 8の点対称な図形と同様，対応する点をむすんだ線分は，対称の中心を通ります。

下の問題のような移動を，**対称移動**といいます。折り目(**対称の軸**といいます)で折ると，左右の図形がぴったり重なります。図 STEP 7の線対称な図形と同様，対応する点をむすんだ線分と対称の軸は，垂直に交わります。

・対称移動

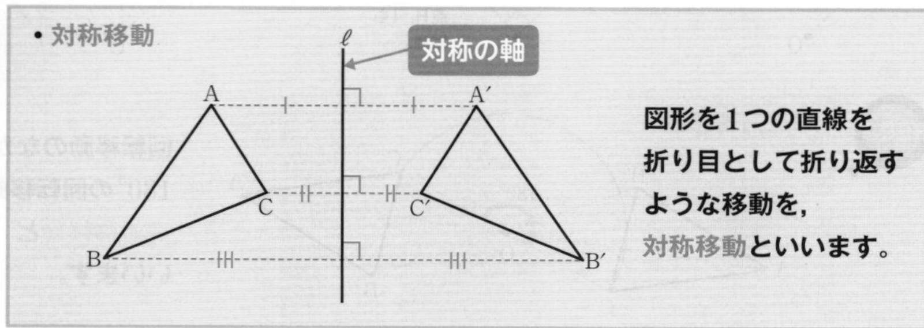

図形を1つの直線を折り目として折り返すような移動を，対称移動といいます。

例題で確認! 下の図の△ABCを，直線ℓを対称の軸として対称移動した図をかきましょう。対応する点には，もとの図形の頂点の記号に ′ をつけて表しましょう。

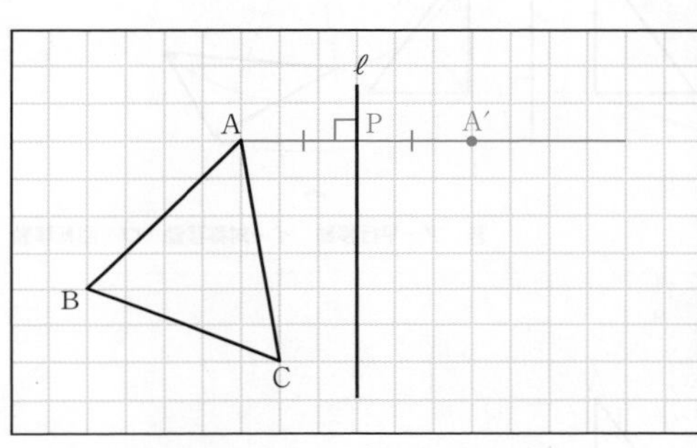

答

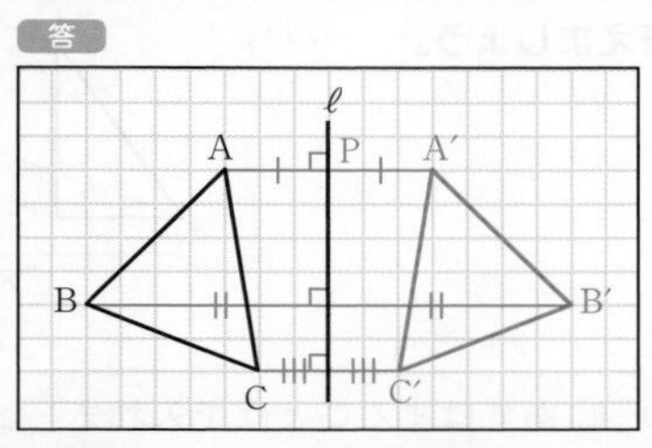

考え方 点Aから直線ℓに垂線をひき，ℓとの交点をPとする。この垂線上にAP = A′Pとなる点A′をとる。点B′，C′も同様。

対称移動で移った図形は，もとの図形と，対称の軸について線対称です。また，対応する点をむすんだ線分は，対称の軸と垂直に交わり，その交点で二等分されます。

例題で確認! 下の図を，それぞれ直線ℓを対称の軸として対称移動した図をかきましょう。対応する点には，もとの図形の頂点の記号に ′ をつけて表しましょう。

(1)

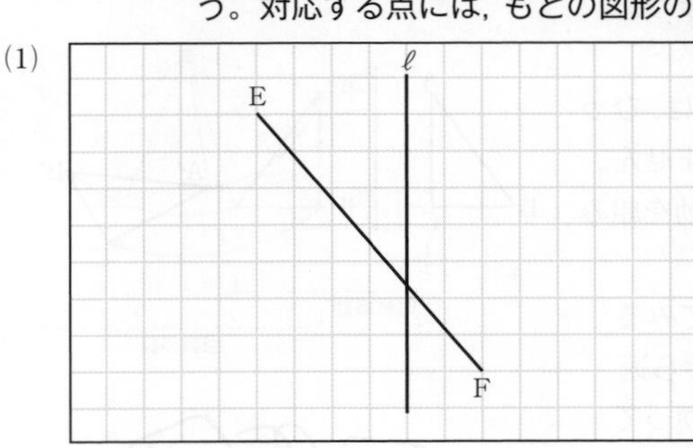

答 (1)

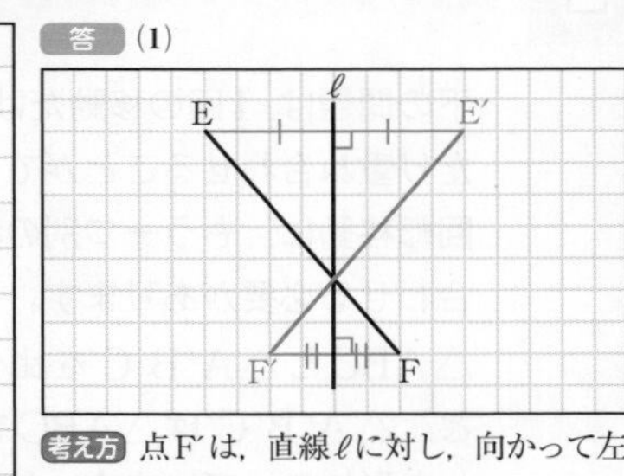

考え方 点F′は，直線ℓに対し，向かって左側にとることに注意しましょう。

(2)

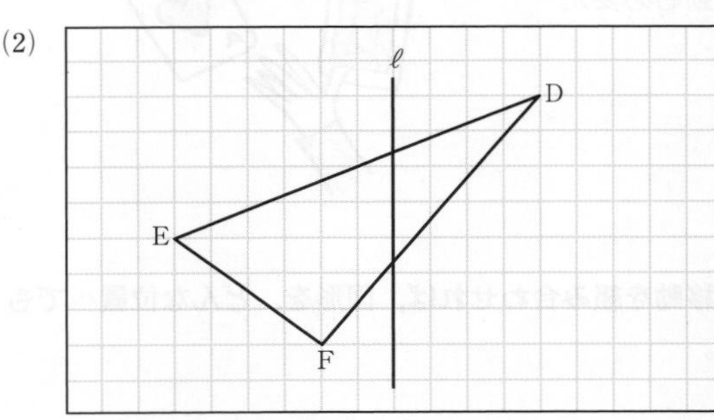

答 (2)

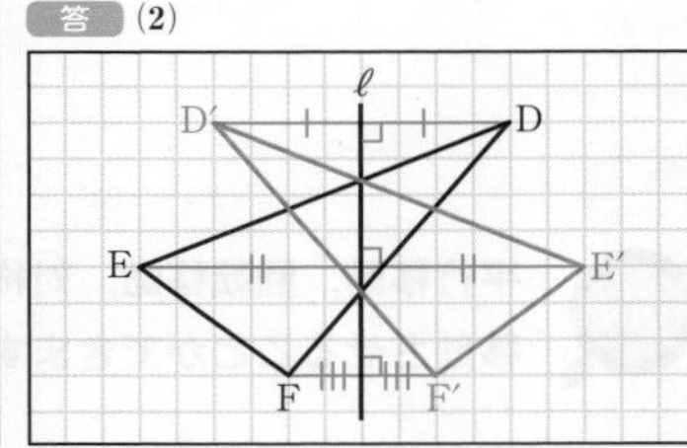

STEP 12

図形の移動(4) いろいろな移動

右の図の，ア～ウは，それぞれ何という移動か答えましょう。

→ 図 STEP 9 ～ 11

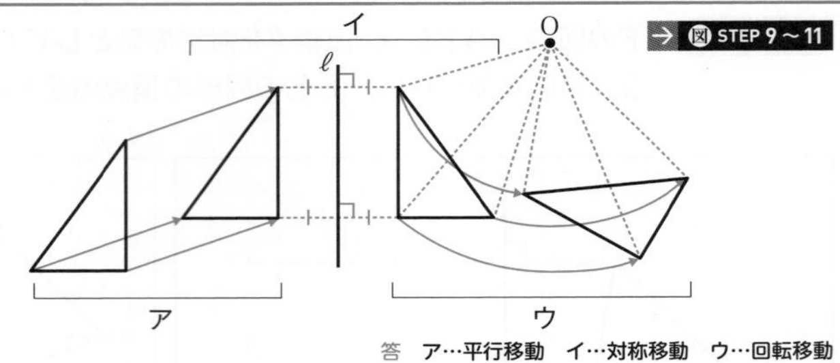

答　ア…平行移動　イ…対称移動　ウ…回転移動

次の□にあてはまることばを入れましょう。

右の図の△ABC を移動して，△A′B′C′ にぴったり重ね合わせるには，□移動と回転移動を組み合わせればよい。

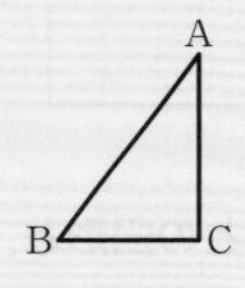

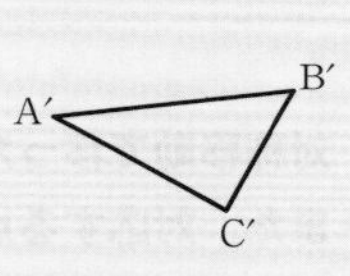

答　対称移動

上の問題では，平行移動，対称移動，回転移動の3つの移動をしっかり区別できるか，確認しておきましょう。

下の問題は，1回の移動だけでは，ぴったり重ね合わせることができません。回転移動に，もう一つ別の移動を組み合わせる必要があります。

△ABCと△A′B′C′を比べてみると，△A′B′C′は△ABCをうら返した形になっています。したがって，回転移動のほかに，対称移動も必要だということがわかります。

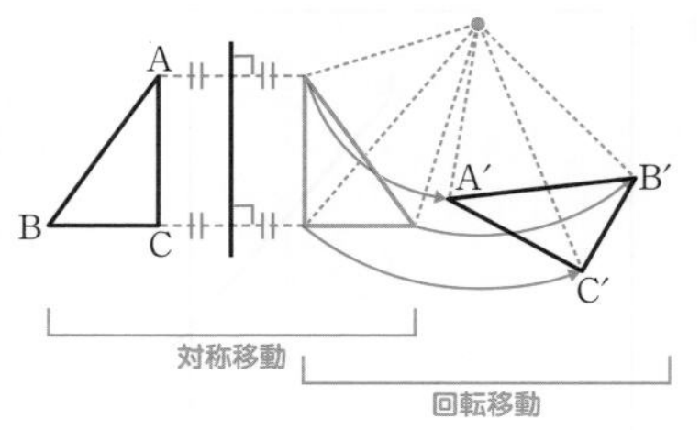

平行移動，回転移動，対称移動を組み合わせれば，図形を，どんな位置へでも移動させることができます。

◆2回の移動の例（㋐→㋒への移動）

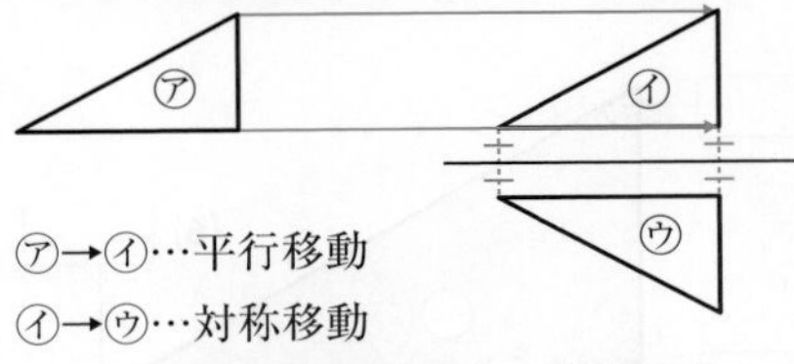

㋐→㋑…平行移動
㋑→㋒…対称移動
㋐→㋒…**平行移動のあと，対称移動**

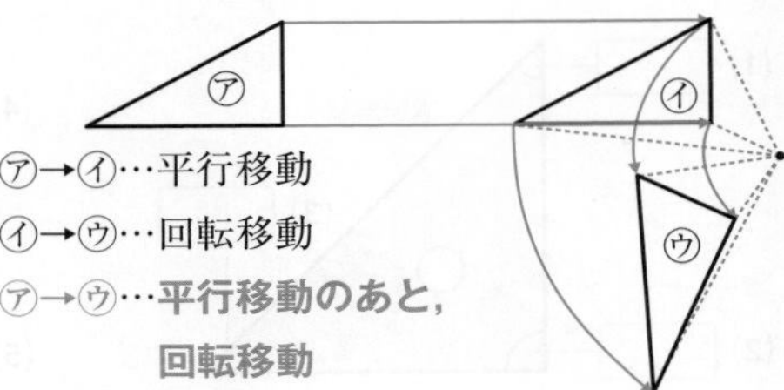

㋐→㋑…平行移動
㋑→㋒…回転移動
㋐→㋒…**平行移動のあと，回転移動**

◆**移動の順番は1通りとはかぎりません。上の例は，次のように移動することもできます。**

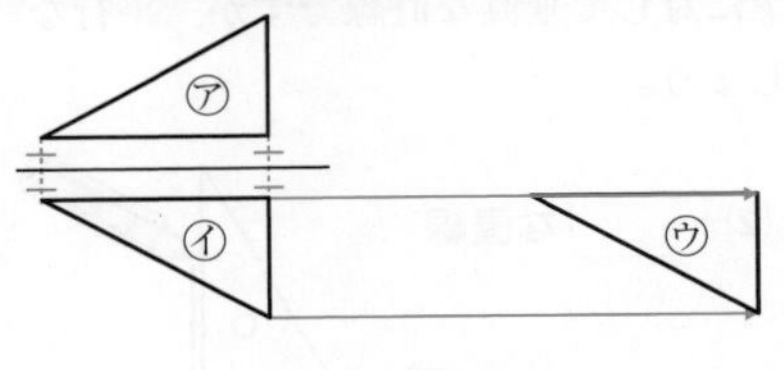

㋐→㋒…**対称移動のあと，平行移動**

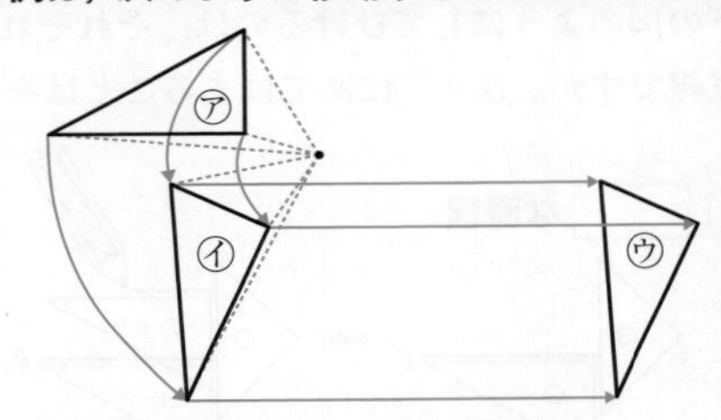

㋐→㋒…**回転移動のあと，平行移動**

例題で確認!　右の図のように，合同な三角形ア～カがあります。次の問題に答えましょう。

(1)　アを1回の移動でぴったり重ね合わせることができる図形を，すべて答えましょう。

(2)　アをカにぴったり重ね合わせるには，どの移動とどの移動を組み合わせればよいですか。

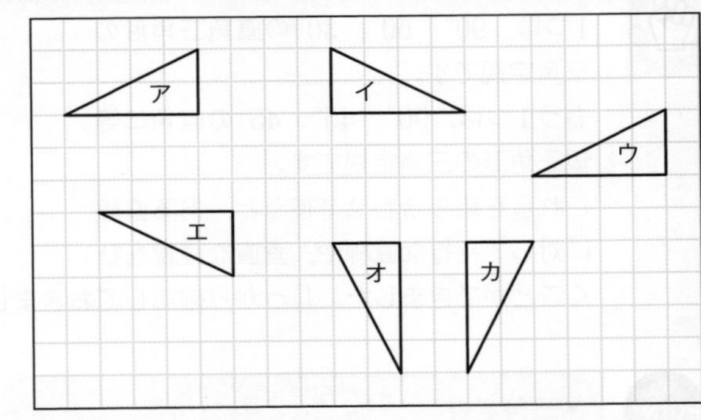

答

(1)　**イ，ウ，オ**
(2)　**対称移動と回転移動。または平行移動と対称移動**

考え方

(1)　ア→イ…対称移動
ア→ウ…平行移動
ア→オ…回転移動

(2)　平行移動と対称移動の場合。

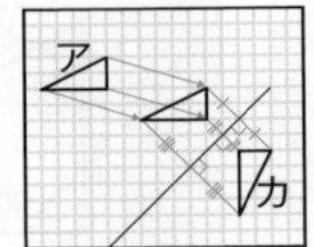

STEP 13

1章 平面図形と基本の作図

三角定規でひく垂線・平行線

小学校の復習

下の図は，1組の三角定規を表したものです。次の□にあてはまる角度を入れましょう。

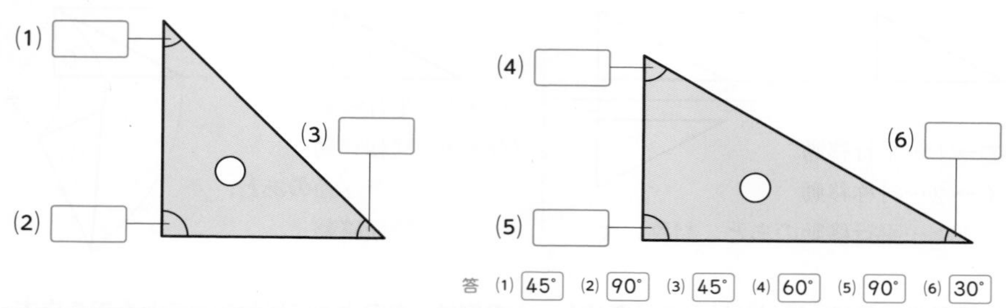

答 (1) 45° (2) 90° (3) 45° (4) 60° (5) 90° (6) 30°

下の図のようにしてひけるのは，それぞれ，直線ℓに対して垂直な直線ですか，平行な直線ですか。次の□にあてはまることばを入れましょう。

(1) □な直線　(2) □な直線

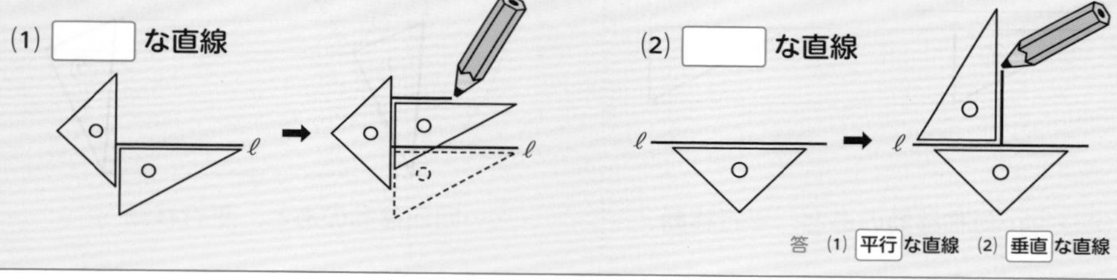

答 (1) 平行な直線 (2) 垂直な直線

小学校の算数では，1組の三角定規を使いました。
1つは，90°，60°，30°の直角三角形の三角定規です。
もう1つは，90°，45°，45°の直角二等辺三角形の三角定規です。
これらを組み合わせて使うと，ある直線に対して平行な直線や，垂直な直線をひくことができました。しっかり確認しておきましょう。

・三角定規

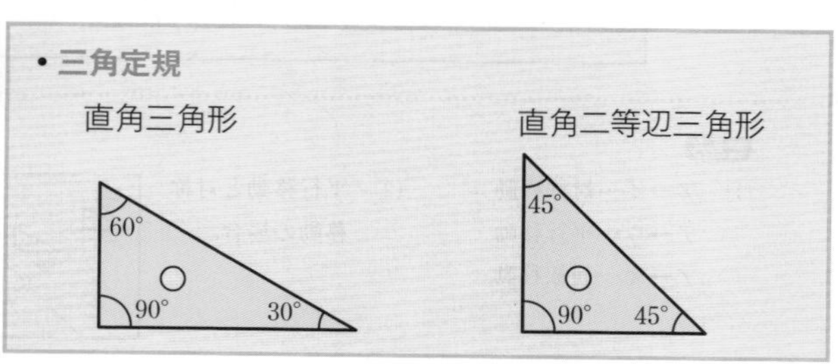

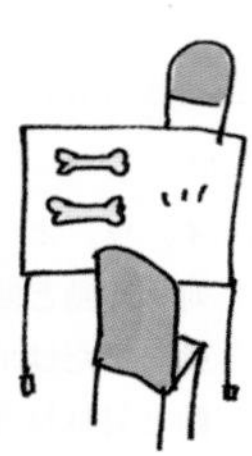

作図とは コンパスと定規

右の線分ＡＢのまん中の点を通り，線分ＡＢに垂直な直線を，三角定規を使ってひきましょう。

→ 図 STEP 13

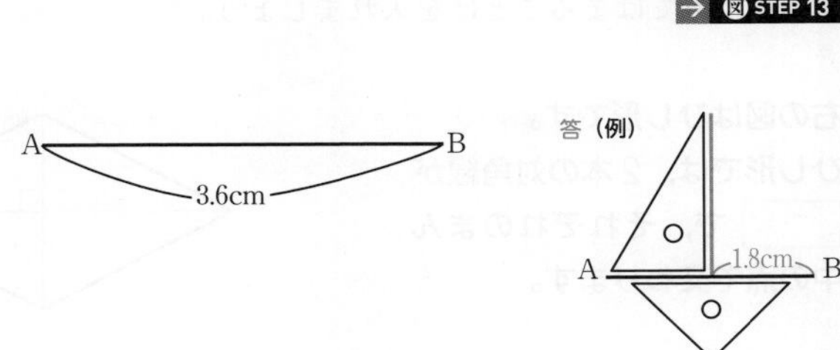

右の線分ＡＢのまん中の点を通り，線分ＡＢに垂直な直線を，コンパスと定規を使って作図しましょう。（1，2，3の順に，うすい線をなぞりましょう。）

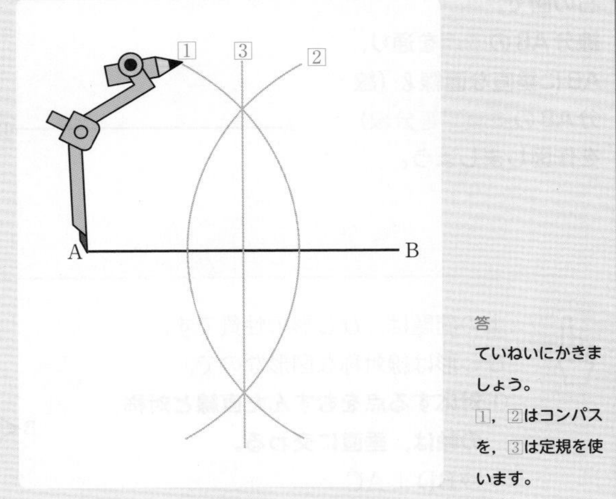

答
ていねいにかきましょう。
1，2はコンパスを，3は定規を使います。

どちらの問題も，1つの線分を垂直に二等分する直線をひきますが，下の問題は，三角定規を使わずに，**コンパス**と**定規**だけを使います。
このように，コンパスと定規だけで図をかくことを，**作図**といいます。

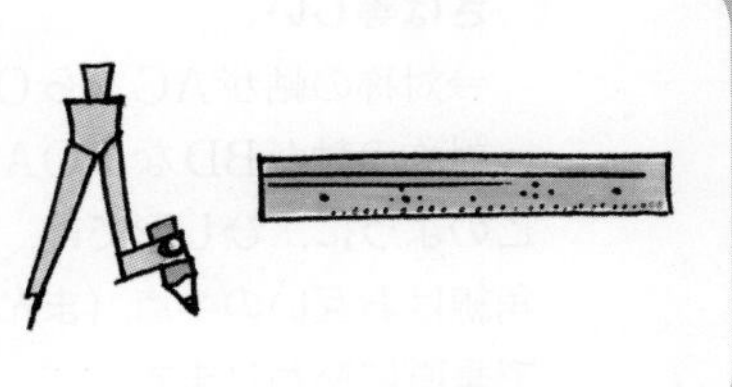

コンパスと定規だけで図をかくことを，作図といいます。
コンパス…円をかいたり，等しい長さをうつしとったりするためだけに，使います。
定規………直線をひくためだけに使います。

STEP 15

①章 平面図形と基本の作図

作図の基本(1) 作図1 垂直二等分線の作図

次の□にあてはまることばを入れましょう。 → 図 STEP 7

右の図はひし形です。
ひし形では，２本の対角線が□で，それぞれのまん中の点で交わります。

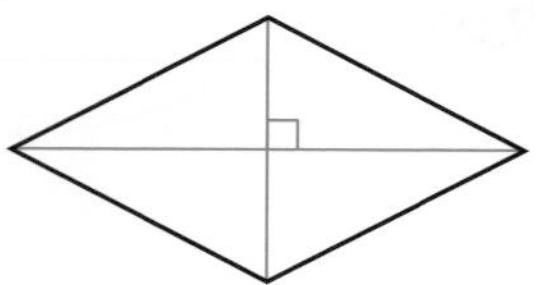

答 垂直

右の図で，線分ABの中点(ちゅうてん)を通り，ABに垂直な直線ℓ（線分ABの垂直二等分線(すいちょくにとうぶんせん)）を作図しましょう。

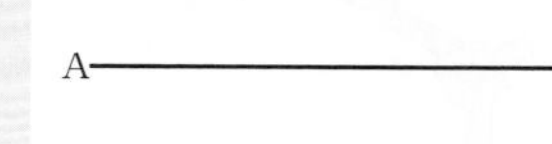

答

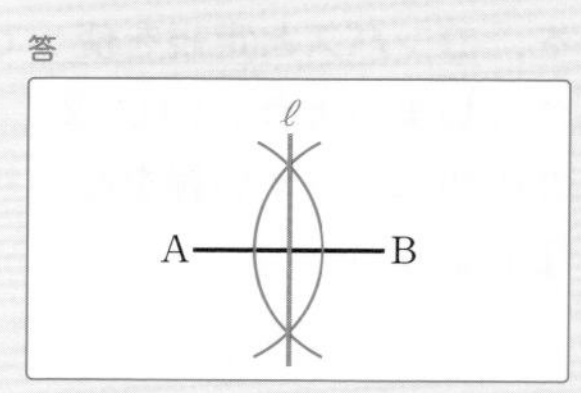

上の問題は，ひし形の性質です。
ひし形は線対称な図形なので，

①対応する点をむすんだ直線と対称の軸は，垂直に交わる。
⇒BD⊥AC

②交わる点から対応する点までの長さは等しい。
⇒対称の軸がACならOB=OD，
対称の軸がBDならOA=OC

このように，ひし形では，２本の対角線はお互いの中点(ちゅうてん)（まん中の点）で垂直に交わります。

下の問題は，線分ABを対角線の１つに持つひし形を考え，もう１つの対角線が線分ABを垂直に二等分することを利用して作図します。

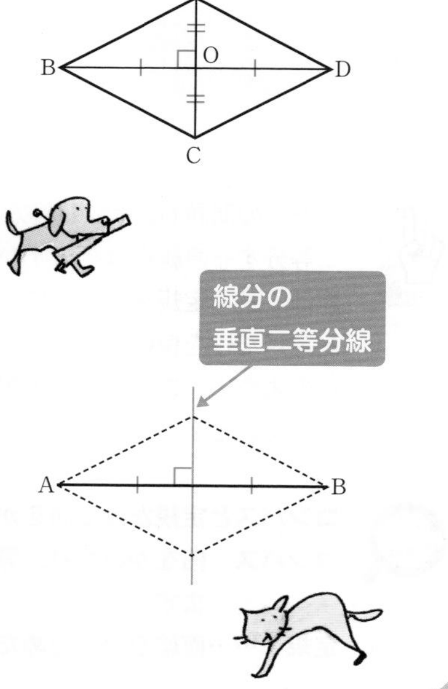

線分の中点を通り，垂直な直線を，その線分の垂直二等分線（すいちょくにとうぶんせん）といいます。線分の垂直二等分線は，ひし形の性質を利用して作図することができます。

線分の垂直二等分線の作図

1

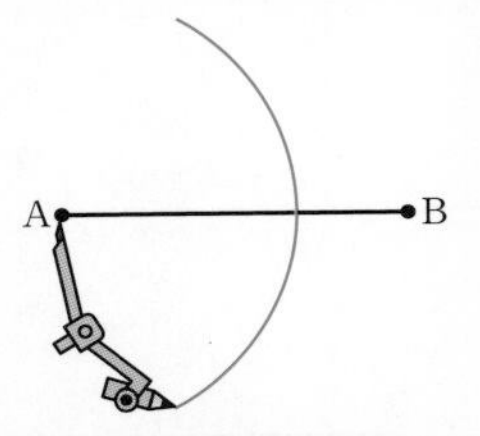

点Aを中心とする円をかきます。

2

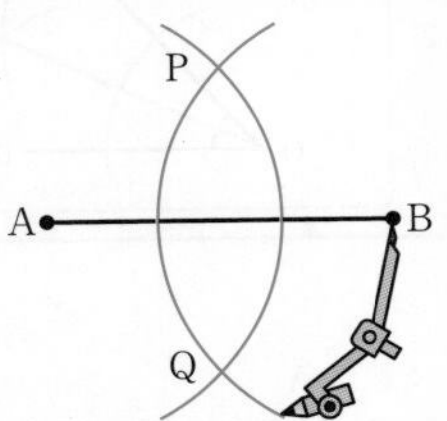

1 と等しい半径で，点Bを中心とする円をかき，その交点をP，Qとします。

3

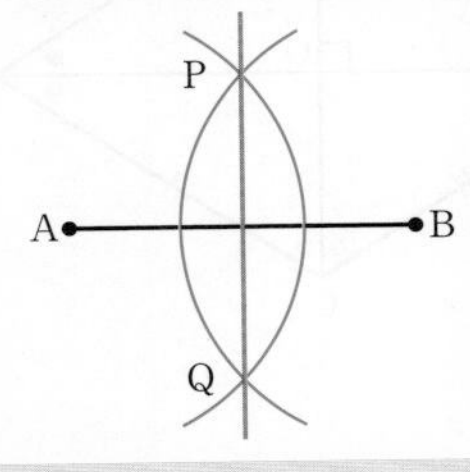

直線PQをひきます。

覚えておこう！

■コンパスと円周

円をかいている間，コンパスの足のはばは変わらないので，円周上の点と中心との距離は，どこでも等しく一定です。

■垂直二等分線の性質

線分ABの垂直二等分線上の点は，2点A，Bから等しい距離にあります。また，逆に，2点A，Bから等しい距離にある点は，かならず線分ABの垂直二等分線上にあります。

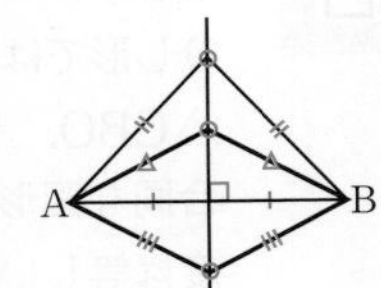

例題で確認！ 次の作図をしましょう。

右の図は，直線ℓについて対称な△ABCと△A′B′C′です。対称の軸となる直線ℓを作図しましょう。

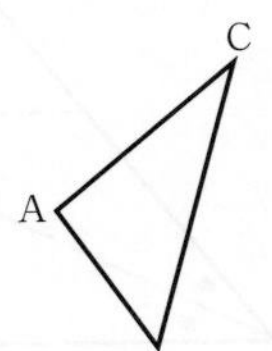

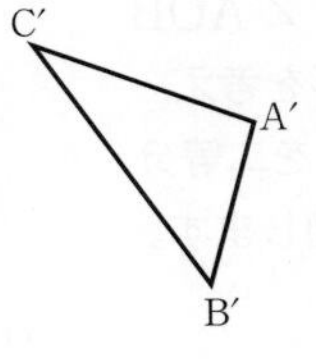

対応する点をむすぶ線分の，垂直二等分線を作図すればよい。

答

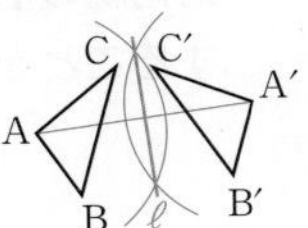

作図の基本(2) 作図2 角の二等分線の作図

次の□にあてはまることばを入れましょう。

右の図はひし形です。
ひし形では，対角線は，
頂点の角を □ します。

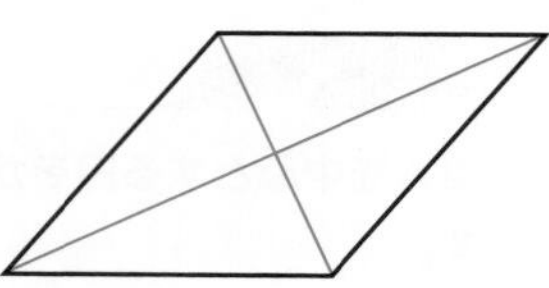

答 二等分

右の図で，
∠AOBの二等分線を
作図しましょう。

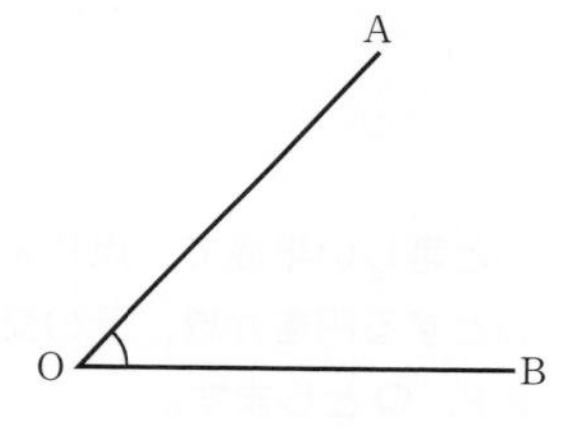

答

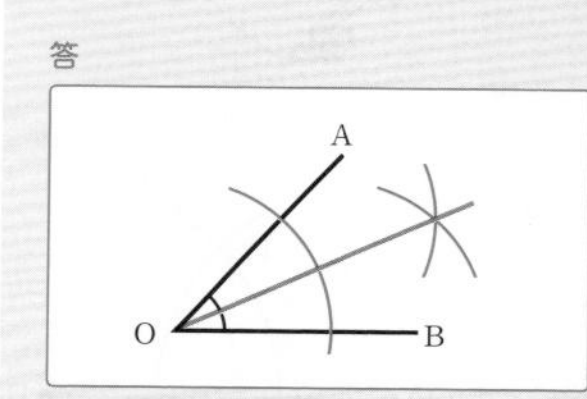

上の問題では，ひし形の対角線と頂点の角の関係をおさえましょう。ひし形では，△ABO，△ADO，△CBO，△CDOは合同です。合同な図形では，対応する角の角度は等しいので，右の図のように，対角線はそれぞれの頂点の角を二等分していると考えることができます。

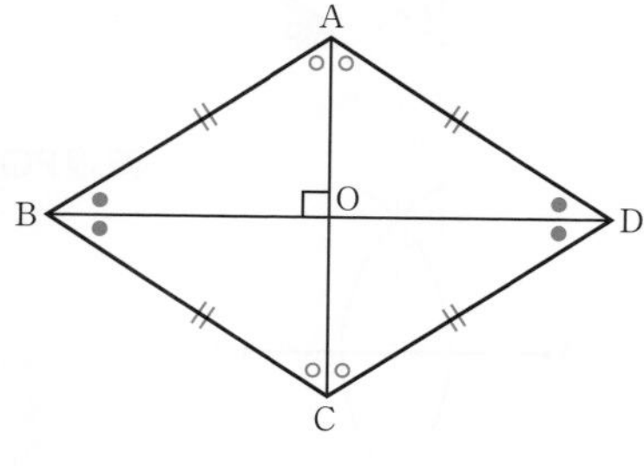

下の問題の，「角の二等分線」とは，1つの角を二等分する半直線のことです。ここでは，∠AOBを角の1つに持つひし形を考え，対角線の1本が∠AOBを二等分することを利用して作図します。

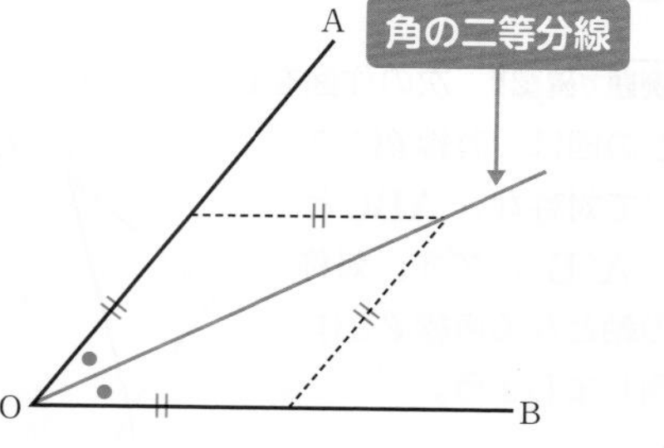

角を二等分する直線を，その角の二等分線といいます。角の二等分線は，ひし形の性質を利用して作図することができます。

角の二等分線の作図

1

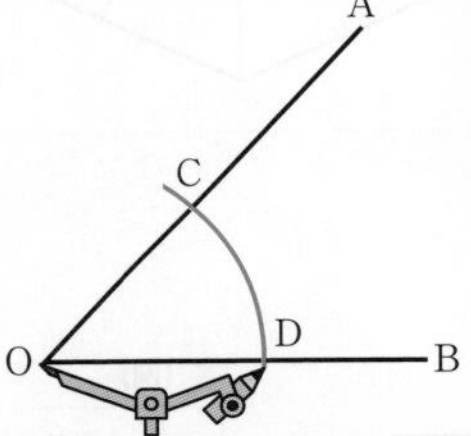

頂点Oを中心とする円をかき，辺OA，辺OBとの交点をそれぞれC，Dとします。

2

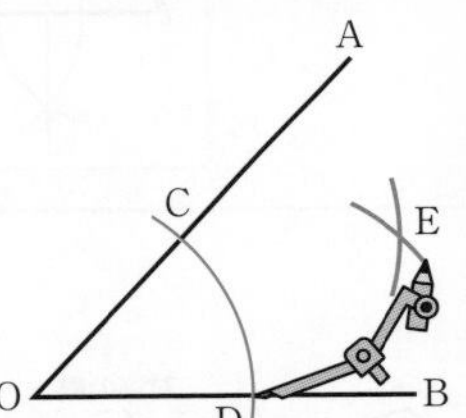

2点C，Dを中心とし，OCに等しい半径の円をかき，その交点の一方をEとします。

3

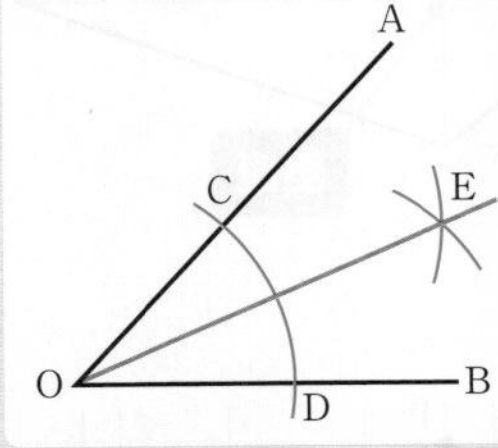

半直線OEをひきます。

覚えておこう！

■たこ形（図 STEP 17）

CE＝DEならば，「たこ形」を利用した，下のような作図でもかまいません。

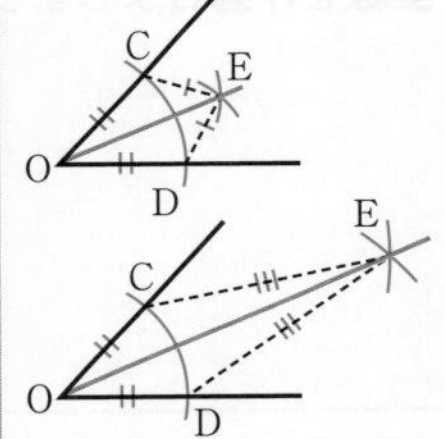

■角の二等分線の性質

角の二等分線上の点は，角をつくる2辺から等しい距離にあります。

また，逆に，角をつくる2辺から等しい距離にある点は，その角の二等分線上にあります。

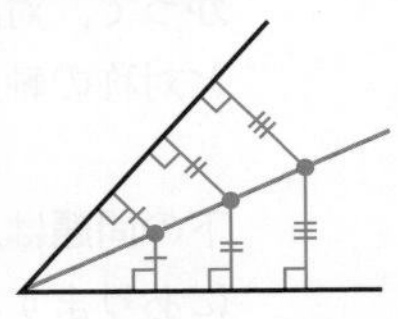

例題で確認! 次の図で，∠AOBの二等分線を作図しましょう。

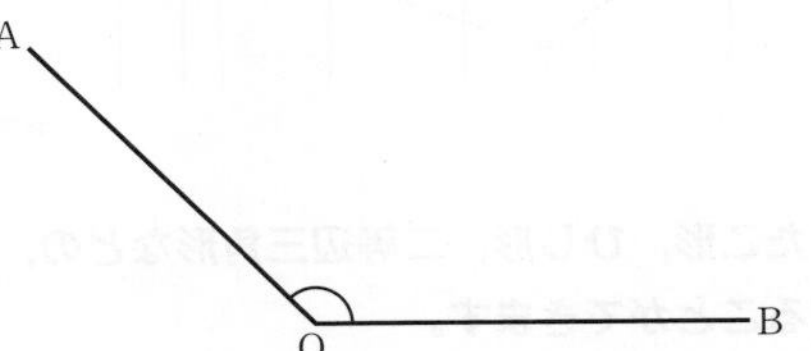

答

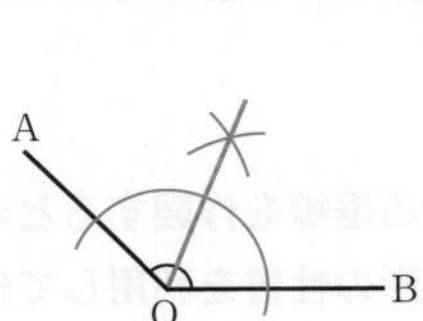

考え方

覚えておこう! のたこ形を利用すると作図しやすくなります。

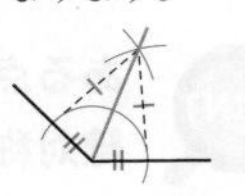

STEP 17

1章 平面図形と基本の作図

作図の基本(3) 作図3 点を通る垂線の作図

次の□にあてはまることばを入れましょう。

右の図はたこ形です。
たこ形では，2本の対角線は □ に交わります。

答 垂直

右の図で，
点Pを通る，直線ℓの
垂線を作図しましょう。

P

ℓ

答（例）

上の問題のたこ形とは，となりあった2本の辺の長さが等しい組が，2組ある四角形です。また，2本の対角線のうちの1本で二つ折りにすると，ぴったり重なる，線対称な図形でもあります。したがって，対応する点をむすぶ線分と対称の軸は，垂直に交わります。

下の問題は，直線ℓの垂線(無限にあります。)のうち，点Pを通る垂線を作図します。このとき，たこ形やひし形など，線対称な図形の性質を利用して作図することができます。

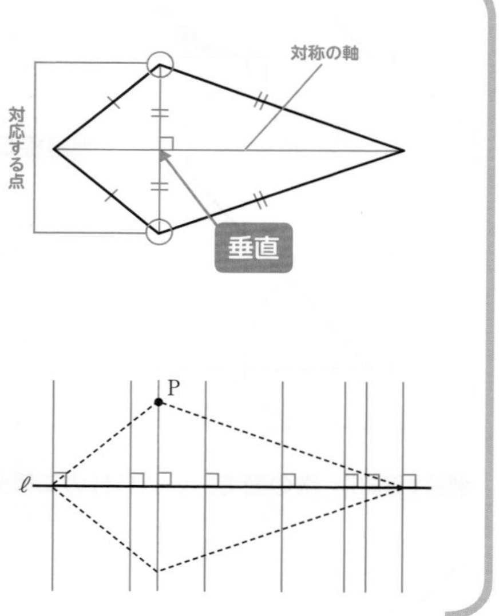

ある点を通る垂線を作図するときは，たこ形，ひし形，二等辺三角形などの，線対称な図形の性質を利用して作図することができます。

直線ℓ上にない1点から，直線ℓへおろした垂線の作図

1 たこ形を利用する場合

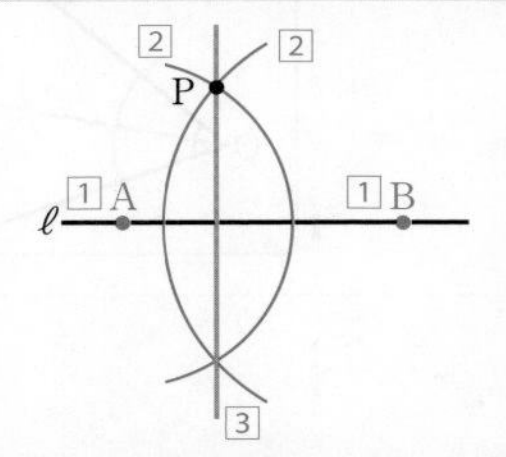

1 直線ℓ上に，適当に2点A，Bをとる。
2 A，Bを中心に，それぞれ点Pを通る円をかく。
3 2つの円の交点をむすぶ直線をひく。

2 ひし形を利用する場合

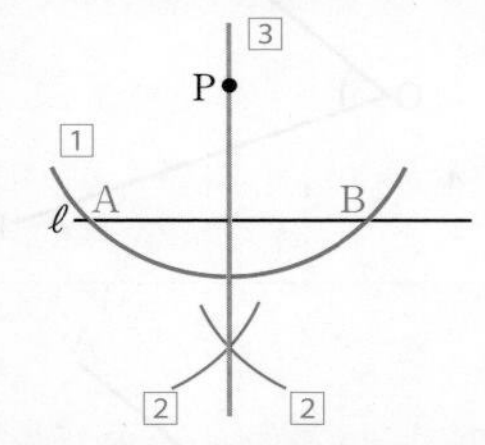

1 点Pを中心にして，直線ℓと交わる円をかき，交点をA，Bとする。
2 1と等しい半径の円を，A，Bを中心にそれぞれかく。
3 2つの円の交点とPをむすぶ直線をひく。

《 1

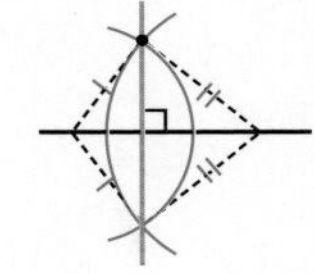

《 2

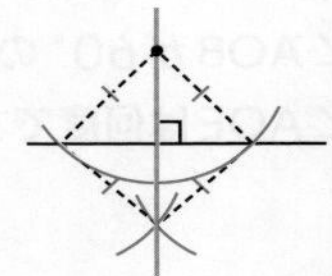

直線ℓ上にある1点を通る，直線ℓの垂線の作図

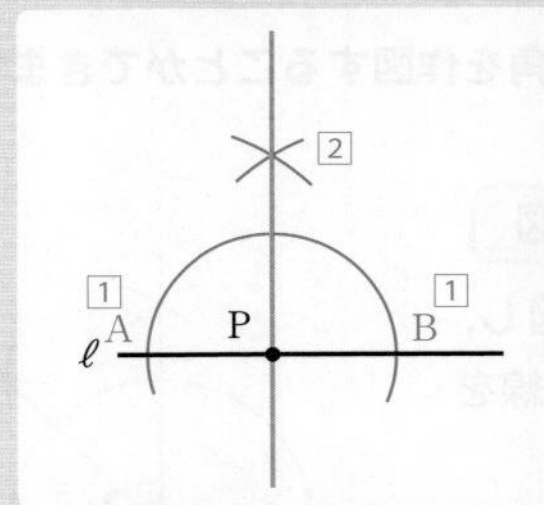

1 点Pを中心にして，適当な半径の円をかき，直線ℓとの交点をA，Bとする。
2 線分ABの垂直二等分線をひく。（図 STEP 15）

《 垂線は180°の角の二等分線ともいえるので，∠APB（180°）の二等分線を考える。（図 STEP 16）

例題で確認!

右の図の△ABCで，辺BCを底辺とみたときの高さを作図しましょう。

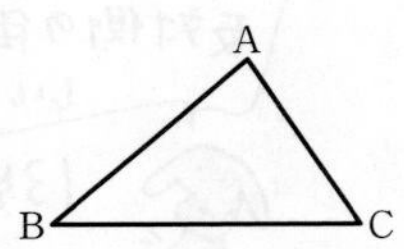

考え方

点Aを通り，辺BCに垂直な直線を考える。点B, Cを中心にした，半径BA，半径CAの円をかく。

答 （例）

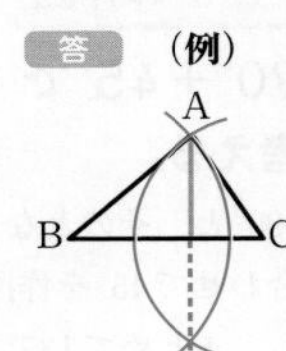

STEP 18

1章 平面図形と基本の作図

作図の応用(1) 作図4 いろいろな角の作図

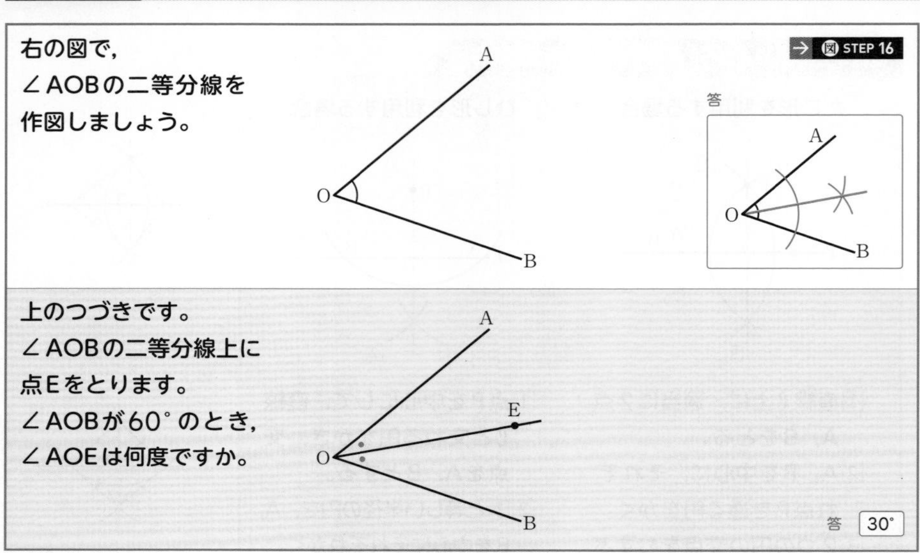

→ 図 STEP 16

右の図で，
∠AOBの二等分線を
作図しましょう。

上のつづきです。
∠AOBの二等分線上に
点Eをとります。
∠AOBが60°のとき，
∠AOEは何度ですか。

答 30°

角を二等分するということは，角の大きさも等しく2分割(ぶんかつ)されます。
したがって，下の問題では，∠AOBが60°ならば，角の二等分線で区切られた1つの角は，半分の30°になります。もう1つの∠BOEも30°です。

角の二等分線を利用すると，いろいろな大きさの角を作図することができます。

90°の作図

180°の二等分線
を作図する。

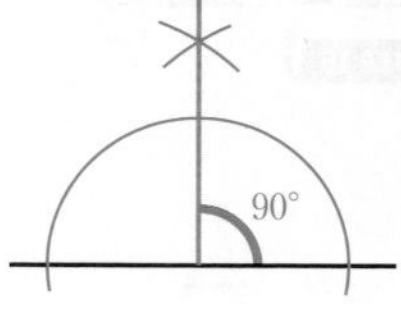

45°の作図

90°を作図し，
その二等分線を
作図する。

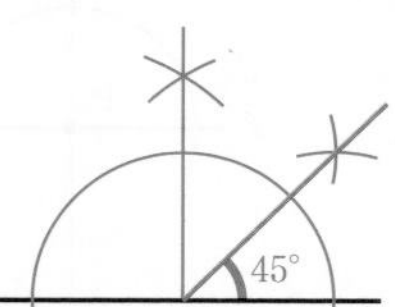

135°の作図

90°＋45°で
考える。
(90°と，そのとなり合わせで45°を作図し，まとめて135°。)

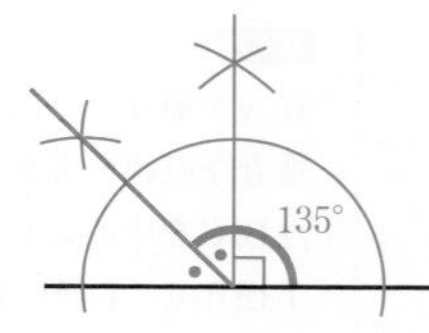

60°は，正三角形を利用して作図することができます。

60°の作図

1

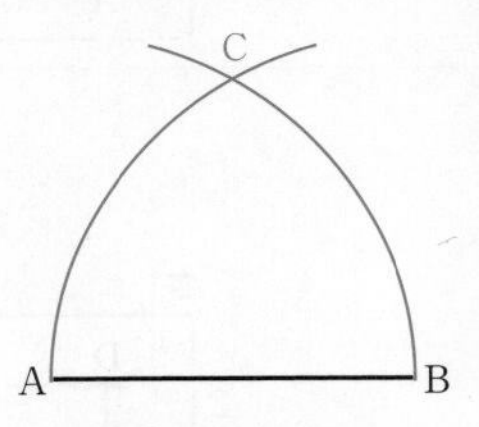

線分ABと等しい長さの半径の円を，点A，Bを中心にかき，その交点をCとする。

《 かいた円の半径は，それぞれABの長さと等しいので，正三角形を考えることになる。

2

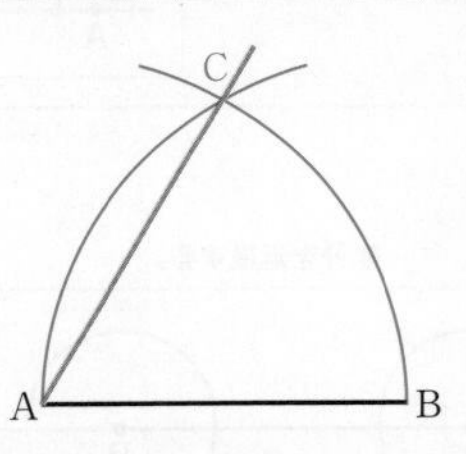

点Aと点Cを半直線でむすぶ。

覚えておこう！

■**正三角形の角**

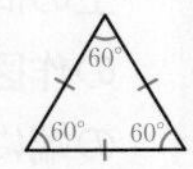

正三角形の角の大きさはすべて60°。

30°の作図

60°の二等分線を作図する。

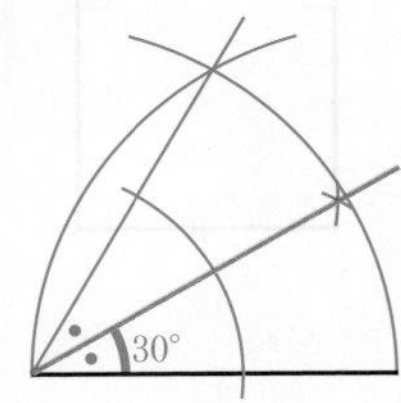

15°の作図

60°→30°の順に作図し，さらに30°の二等分線を作図する。

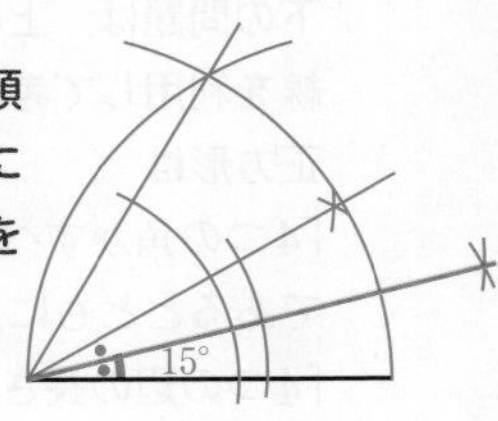

75°の作図

90°→60°の順に作図し，さらに，90°と60°の角の間の30°を二等分し，60°の角と合わせる。

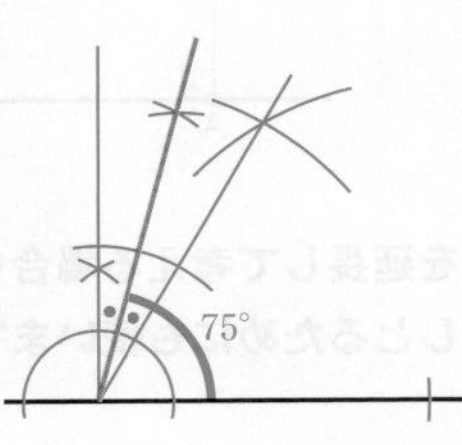

105°の作図

75°の反対側の角と考える。

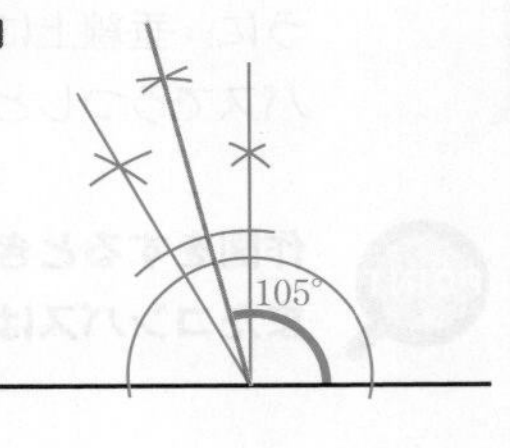

STEP 19

1章 平面図形と基本の作図

作図の応用(2) 作図5 いろいろな図形の作図

右の図で，点A，Bを通る線分ABの垂線を作図しましょう。

→ 図 STEP 17

A B

答

A B

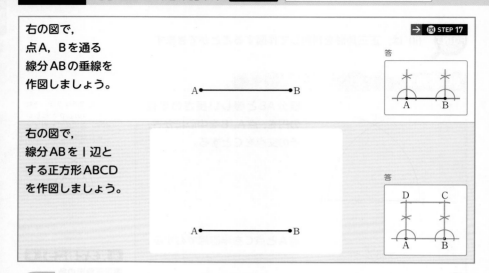

右の図で，線分ABを1辺とする正方形ABCDを作図しましょう。

A B

答

D C A B

上の問題は，線分上の点を通る垂線の作図ですが，点A，Bともに線分の端にあります。このような場合は，まず線分ABを延長することから始めます。

下の問題は，上の問題で作図した垂線を利用して考えます。

正方形は

「4つの角がすべて90°」

であるとともに，

「4つの辺の長さがすべて等しい」

四角形です。したがって，それぞれの垂線の長さがABと等しくなるように，垂線上にABの長さを，コンパスでうつしとる必要があります。

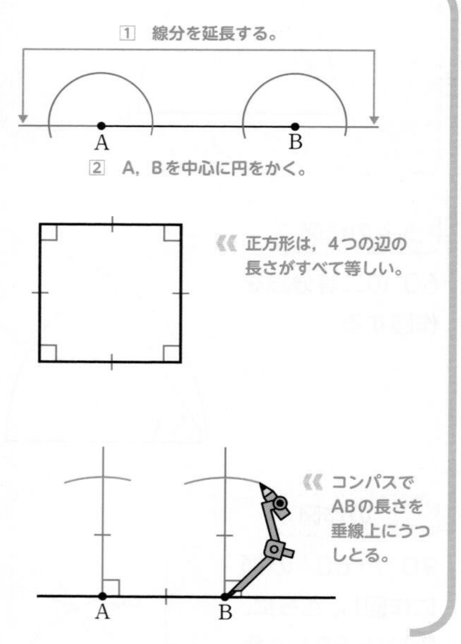

1 線分を延長する。
A
B
2 A，Bを中心に円をかく。
正方形は，4つの辺の長さがすべて等しい。
コンパスでABの長さを垂線上にうつしとる。
A
B

作図をするときに，与えられた線分を延長して考える場合もあります。またコンパスは，線分の長さをうつしとるためにも使います。

正方形の作図

1

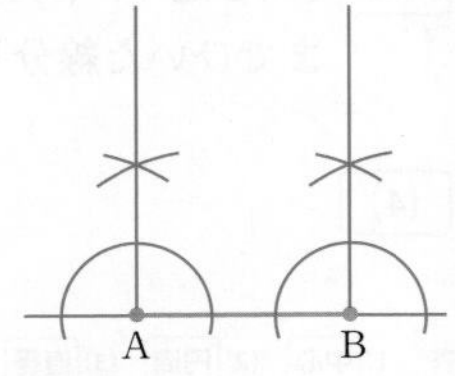

直線上に，正方形の１辺となる線分ABをとる。
次に，点A，Bを通る垂線をひく。

2

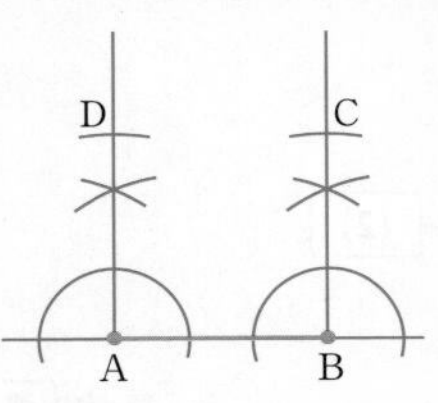

それぞれの垂線上に
BC＝AB
AD＝AB
となるように，点C，Dをとる。

3

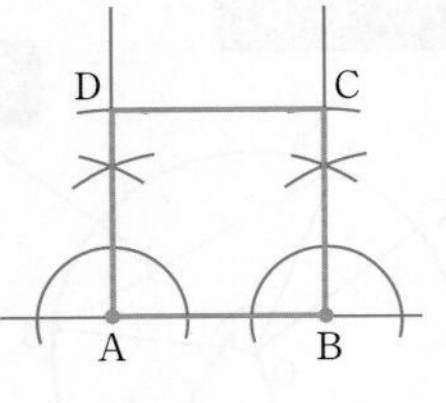

C，Dを直線でむすぶ。

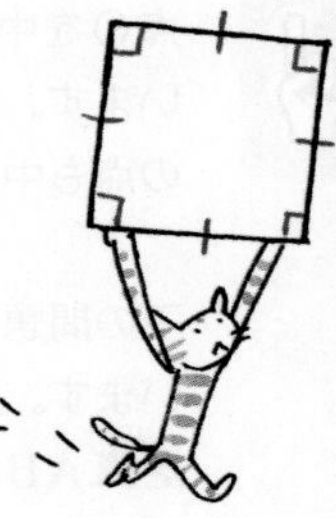

正六角形の作図

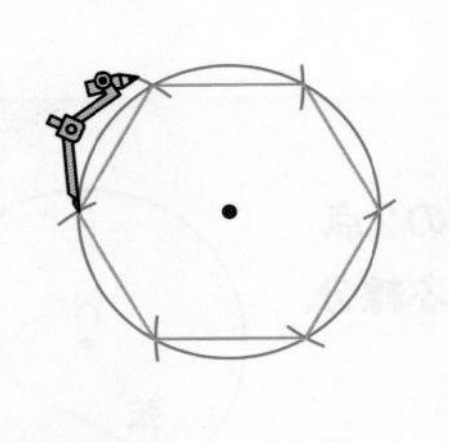

円をかき，その円周を，円の半径と同じ長さで区切る。区切った点を順に直線でむすぶ。

覚えておこう！

■正六角形

正六角形の１辺の長さと，円Oの半径の長さは等しい。

STEP 20

1章 平面図形と基本の作図

円とおうぎ形(1) 弧と弦

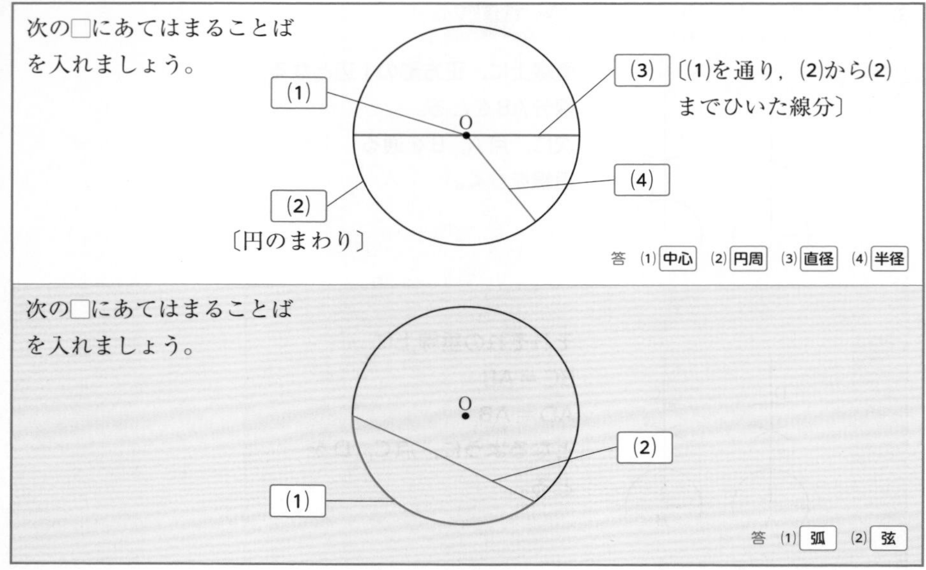

点Oを中心とする円を，円Oといいます。右の図の通り，**円周**上のどの点も中心からの距離は等しいです。

下の問題で，円周の一部分を**弧**(こ)といいます。2点A，Bを両端とする弧を**弧AB**といい，$\overset{\frown}{AB}$と書きます。(2)のような，円周上の2点をむすぶ線分を**弦**(げん)といいます。両端がA，Bである弦を，**弦AB**といいます。

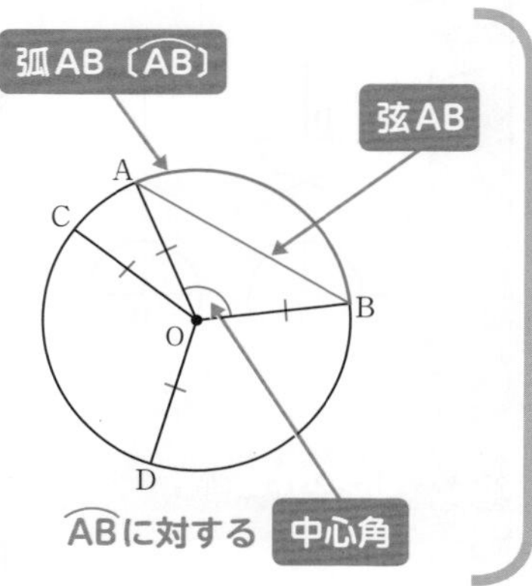

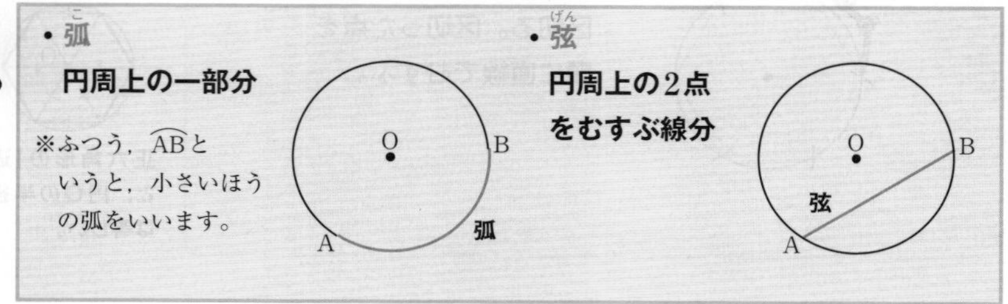

円とおうぎ形(2) おうぎ形

次の□にあてはまることばを入れましょう。

→ 図 STEP 20

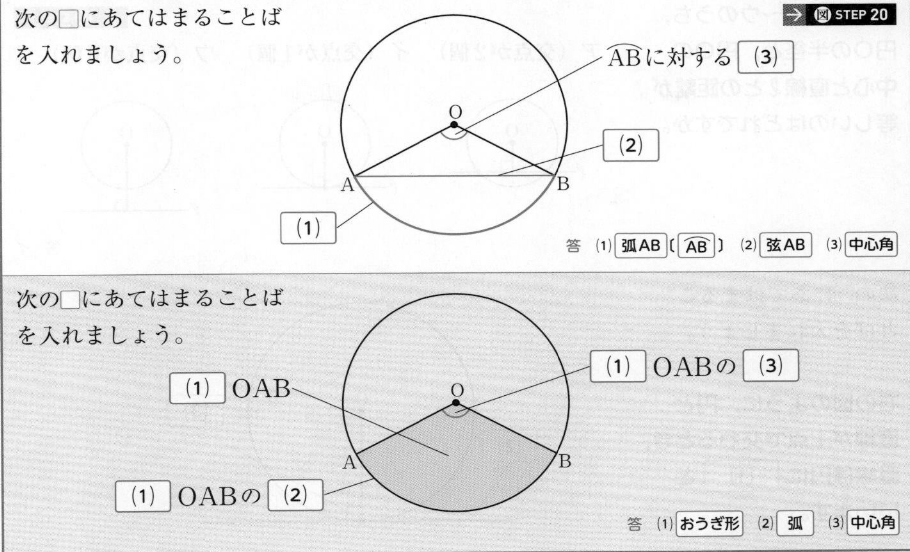

答 (1) 弧AB〔$\overset{\frown}{AB}$〕 (2) 弦AB (3) 中心角

次の□にあてはまることばを入れましょう。

答 (1) おうぎ形 (2) 弧 (3) 中心角

上の問題で，$\overset{\frown}{AB}$というと，ふつう，小さいほうの弧をいいますが，大きいほうの弧をいいたいときは，Cなどの別の点をとって，$\overset{\frown}{ACB}$と表します。

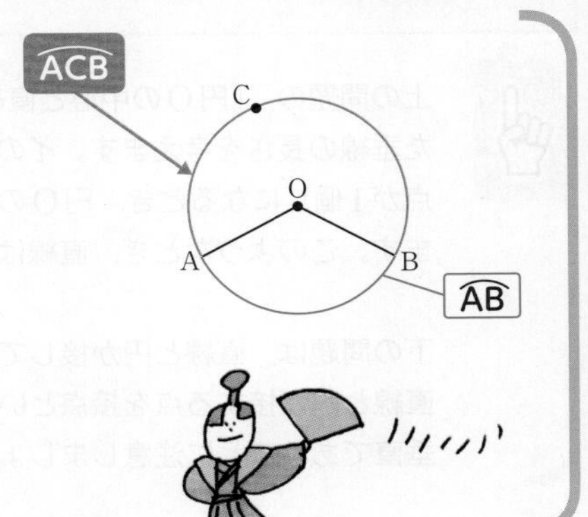

下の問題は，**おうぎ形**に関する用語です。半径OA，OB，$\overset{\frown}{AB}$で囲まれた図形をおうぎ形といい，**おうぎ形OAB**と表します。

2つの半径と弧で囲まれた図形をおうぎ形といいます。

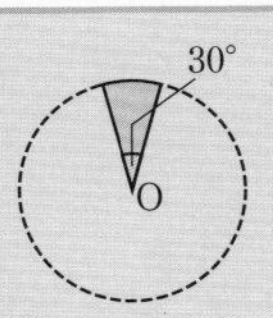

中心角30°のおうぎ形

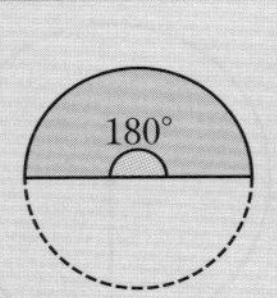

中心角180°のおうぎ形

中心角330°のおうぎ形

円とおうぎ形(3) 接線

右の図のア～ウのうち，円Oの半径と，円Oの中心と直線ℓとの距離が等しいのはどれですか。

→ 図 STEP 5

ア（交点が2個）　イ（交点が1個）　ウ（交点が0個）

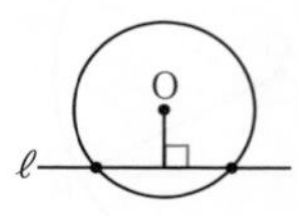

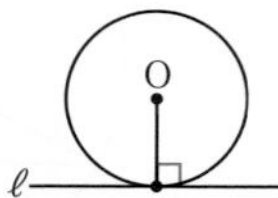

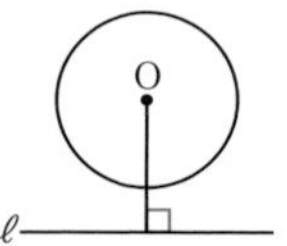

答　イ

次の□にあてはまることばを入れましょう。

右の図のように，円と直線が1点で交わるとき，直線は円に (1) といいます。

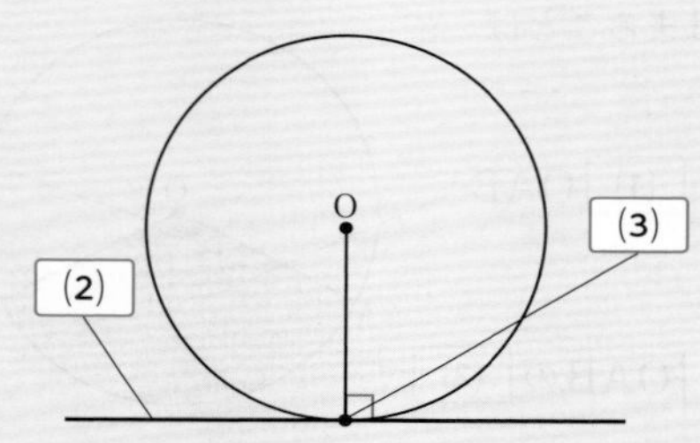

答　(1) 接する　(2) 接線　(3) 接点

上の問題の，「円Oの中心と直線ℓとの距離」とは，点Oから直線ℓにひいた垂線の長さを考えます。イのように，円と直線との交点が1個（共有する点が1個）になるとき，円Oの半径と，円Oと直線ℓとの距離が等しくなります。このようなとき，直線は円に**接する**（せっ）といいます。

下の問題は，直線と円が接している状態です。このとき，この直線を**接線**（せっせん），直線と円が接する点を**接点**（せってん）といいます。また，接点を通る円の半径と接線は垂直であることに注意しましょう。

・**円の接線**（せっせん）

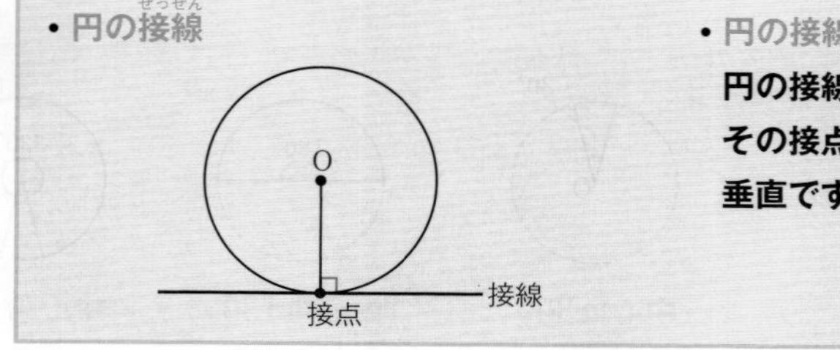

・**円の接線の性質**

円の接線は，その接点を通る半径に垂直です。

円とおうぎ形(4) 作図6 円の接線の作図

→ 図 STEP 15・17

右の図で，
点Bを通る，
線分ABの垂線を
作図しましょう。

答（例）

右の図で，
円Oの円周上の
点Pを通る接線を
作図しましょう。

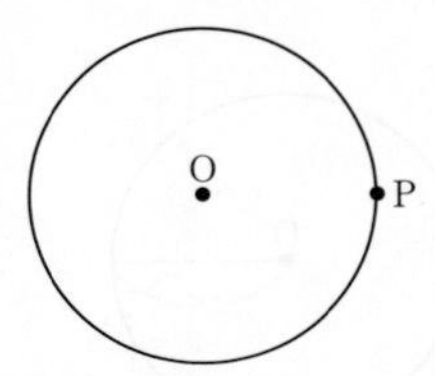

答（例）

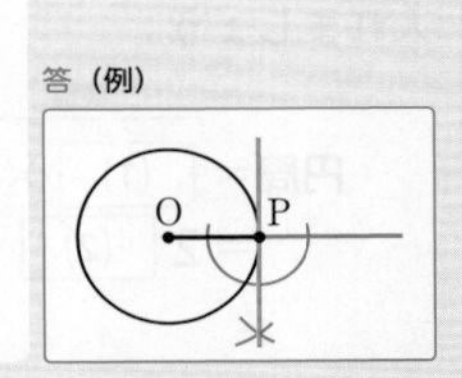

円の接線は，接点でその円の半径に垂直なので，上の問題のような，点を通る垂線の作図（点が直線上にある場合 図 STEP 17）や，垂直二等分線の作図（図 STEP 15）を利用することで作図できます。

円の接線の作図は，垂線や垂直二等分線の作図を利用します。

円の接線の作図

・点を通る垂線の作図を利用

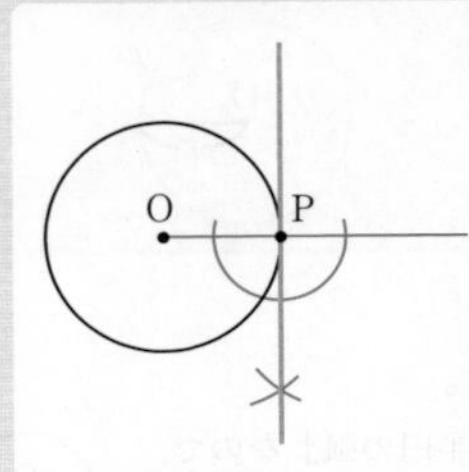

OPを延長し，点Pを中心に適当な半径の円をかく。つづきは 図 STEP 17と同様。

・垂直二等分線の作図を利用

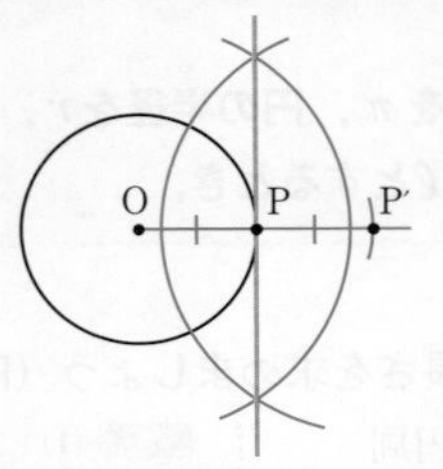

OPを延長し，OP＝PP′となる点P′をとる。そして，OP′の垂直二等分線を作図する。

STEP 24

❶章 平面図形と基本の作図

円とおうぎ形(5) 円周の長さ

次の□にあてはまる数を入れましょう。

円周＝直径× (1)

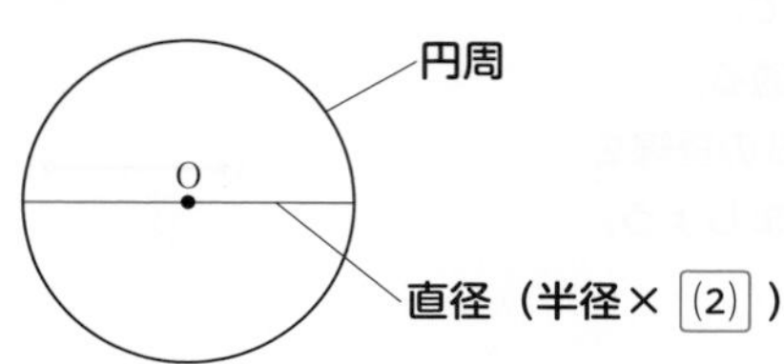

答 (1)直径× 3.14 (2)半径× 2

円周率を π(パイ)，円の半径を r とするとき，次の□にあてはまる文字(文字式)を入れましょう。

直径
円周＝ (1) ×2×π
＝2 (2)

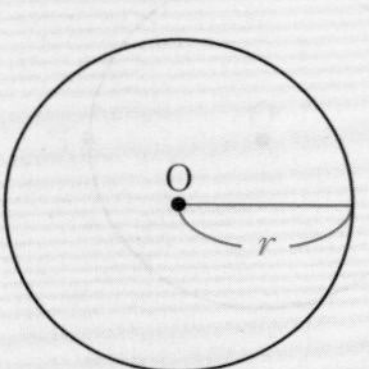

答 (1) r ×2×π
(2)2 πr

上の問題では，円周の長さを求める式を思い出しましょう。**円周＝直径×円周率**ですが，「数を入れましょう」とあるので，**直径×3.14**とします。直径の長さは半径の長さの2倍なので，**直径＝半径×2**となります。

下の問題では，円周の長さを求める式を，**文字式**で表します。円周率には π(パイ) を使います。また，**文字式の表し方**にしたがうので，×（乗法の記号）ははぶき，数は文字の前に置きます。π は数のあと，文字の前に置きます。

・円周

円周率を π，円の半径を r，円周を ℓ とするとき，

$\ell=2\pi r$

例題で確認! 次の長さを求めましょう（円周率を π とします）。

(1) 半径が5cmの円周

(2) 半径が5cmの半円の弧

答 (1) 10π cm
(2) 5π cm

考え方 (2)「半円の弧」なので，円周の半分の長さ。

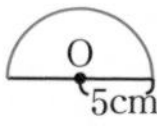

円とおうぎ形(6) 円の面積

次の□にあてはまることばを入れましょう。

円の面積＝□×半径×3.14

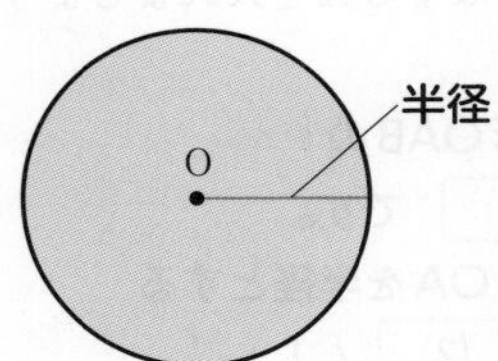

答 半径×半径×3.14

円周率をπ，円の半径をrとするとき，
次の□にあてはまる文字(文字式)を
入れましょう。

円の面積＝(1)$\times r\times\pi$
＝(2)

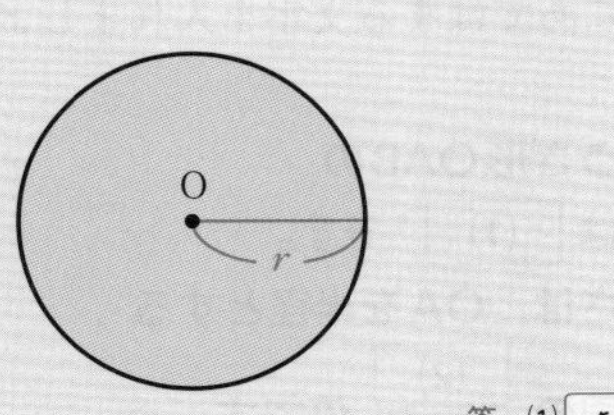

答 (1) r $\times r\times\pi$
(2) πr^2

上の問題では，円の面積を求める式を思い出しましょう。

下の問題では，円の面積を求める式を，文字式で表します。

円の面積$=r\times r\times\pi$
$=\quad r^2\quad\times\pi$　《 $r\times r$を，指数を使って表します。
$=\pi r^2$　《 πは文字の前

POINT

- **円の面積**
円周率をπ，円の半径をr，円の面積をSとするとき，　$S=\pi r^2$

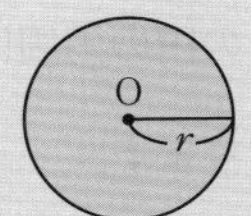

例題で確認! 次の面積を求めましょう（円周率をπとします）。

(1) 半径が5cmの円
(2) 半径が5cmの半円

答 (1) 25π cm^2
(2) $\frac{25}{2}\pi$ cm^2

考え方 (2) $\pi\times5^2\times\frac{1}{2}$

円とおうぎ形(7) おうぎ形の弧の長さ

次の□にあてはまる数を入れましょう。

→ 図 STEP 21

右のおうぎ形OABの
中心角は (1) °です。
弧の長さは，OAを半径とする
円の円周の $\frac{(2)}{360}\left(\frac{1}{6}\right)$ 倍です。

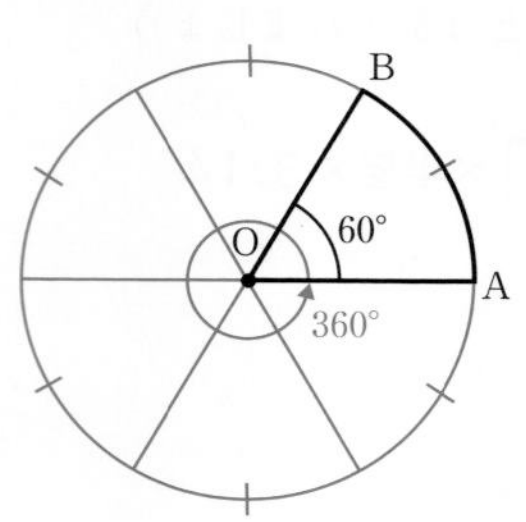

答 (1) 60 ° (2) $\frac{60}{360}$ 倍

次の□にあてはまる文字を入れましょう。

右のおうぎ形OABの
中心角は (1) °です。
弧の長さは，OAを半径とする
円の円周の $\frac{(2)}{360}$ 倍です。

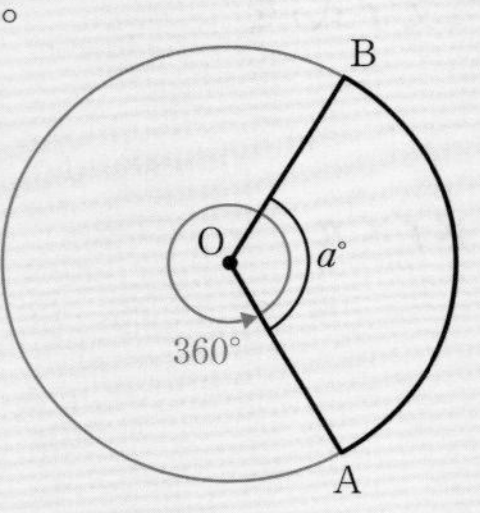

答 (1) a ° (2) $\frac{a}{360}$ 倍

右の図のように，おうぎ形の中心角を2倍，3倍，…にすると，弧の長さも2倍，3倍，…と，ともなって変わります。
このことから，「**1つの円で，おうぎ形の弧の長さは，中心角に比例する**」ということがいえます。したがって，おうぎ形の弧の長さは，同じ半径の円の円周に対し，中心角が60°なら $\frac{60}{360}\left(\frac{1}{6}\right)$ 倍，a°なら $\frac{a}{360}$ 倍となります。

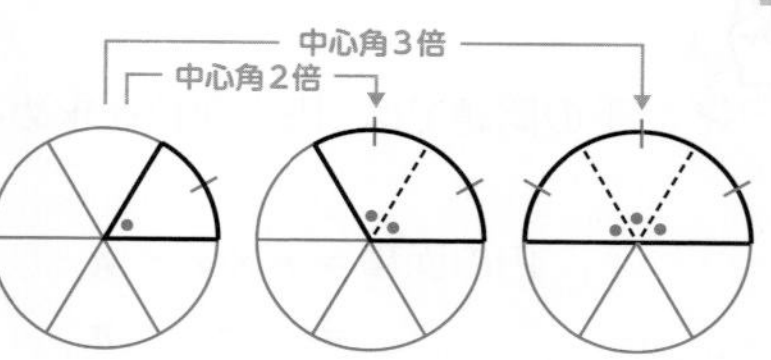

弧の長さも2倍，3倍。

・おうぎ形の弧の長さ

円周率をπ，半径をr，中心角をa°，弧の長さをℓとすると，

$$\ell = 2\pi r \times \frac{a}{360}$$

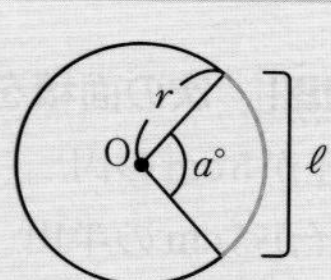

円とおうぎ形(8) おうぎ形の面積

次の□にあてはまることばを入れましょう。 → 図 STEP 26

1つの円で，
おうぎ形の弧の長さは
□に比例します。

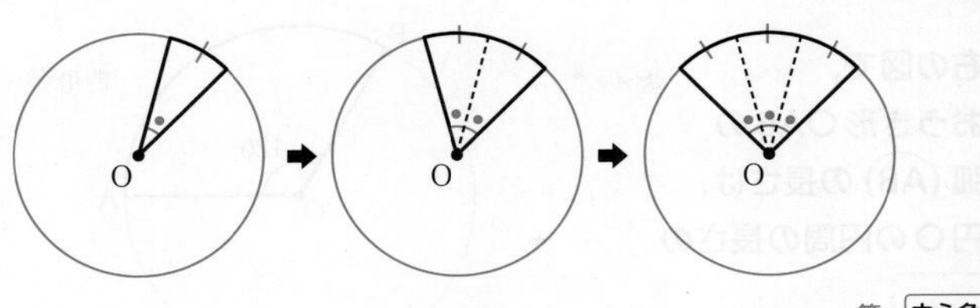

答 中心角

次の□にあてはまることばを入れましょう。

1つの円で，
おうぎ形の面積は
□に比例します。

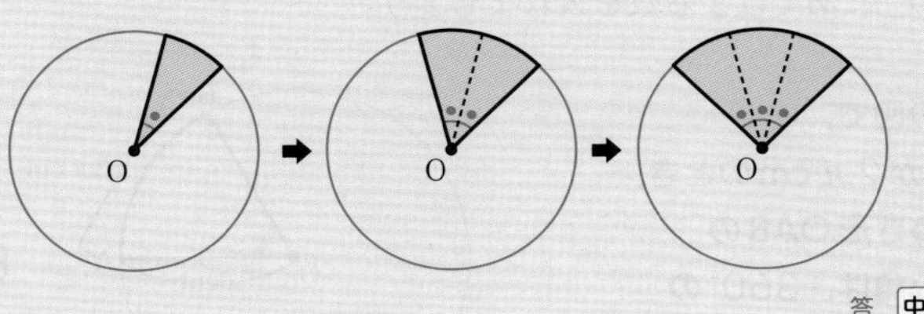

答 中心角

おうぎ形の弧の長さと同様に，おうぎ形の面積も，中心角を2倍，3倍，…にすると，面積も2倍，3倍，…と，ともなって変わります。
このことから，「**1つの円で，おうぎ形の面積は，中心角に比例する**」ということがいえます。

- **おうぎ形の面積**

円周率をπ，半径をr，中心角を$a°$，面積をSとすると，

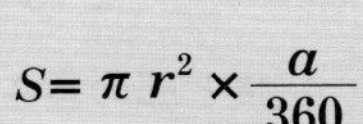

$$S=\pi r^2\times\frac{a}{360}$$

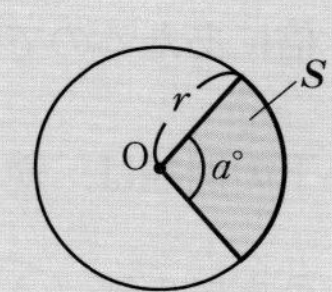

例題で確認! 次のおうぎ形の弧の長さ，面積，まわりの長さを求めましょう。

(1) 弧の長さ
(2) 面積
(3) まわりの長さ

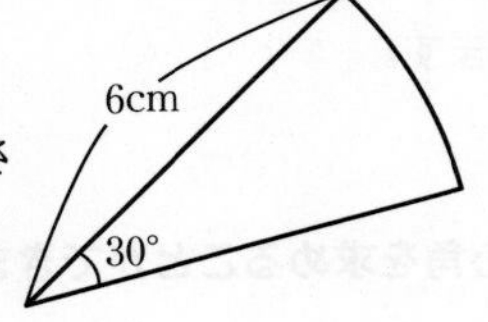

答
(1) π cm
(2) 3π cm^2
(3) $(\pi+12)$cm

考え方
(1) $2\times\pi\times6\times\frac{30}{360}$
(2) $\pi\times6^2\times\frac{30}{360}$
(3) まわりの長さだから，弧の長さに，2つの半径の長さを加える。

円とおうぎ形(9) 弧・円周とおうぎ形の中心角

次の□にあてはまる数を入れましょう。 → 図 STEP 21・26

右の図で，おうぎ形OABの弧（$\overset{\frown}{AB}$）の長さは，円Oの円周の長さの□倍です。

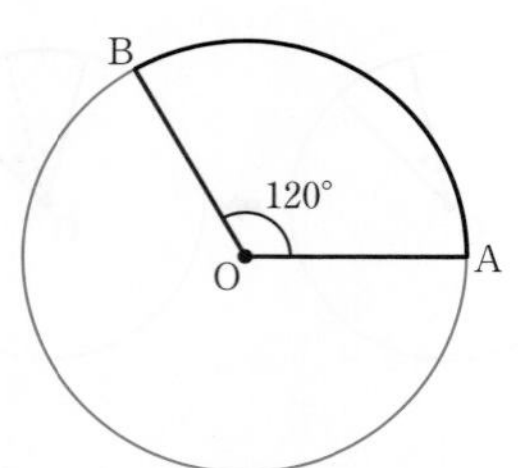

答 $\frac{1}{3}$ 倍

次の□にあてはまる数を入れましょう。

右の図で，$\overset{\frown}{AB}$が2πcmのとき，おうぎ形OABの中心角は，360°の□倍です。

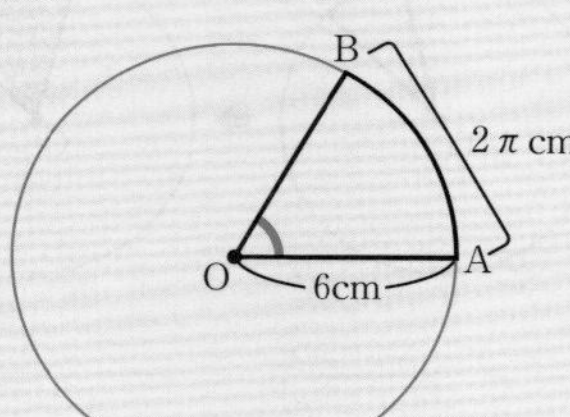

円周の長さ＝2×π×6
＝12π(cm)

答 $\frac{1}{6}$ 倍

上の問題は，「1つの円で，おうぎ形の弧の長さは，中心角に比例する」ことから考えます。このおうぎ形の中心角は120°で，360°全体の $\frac{1}{3}\left(\frac{120}{360}\right)$ 倍にあたるので，$\overset{\frown}{AB}$の長さも，円周全体の $\frac{1}{3}\left(\frac{120}{360}\right)$ 倍になります。

下の問題は，逆に，円周と弧の長さの関係から，中心角を考えます。このおうぎ形の弧（$\overset{\frown}{AB}$）の長さは2πcmで，円周全体の $\frac{1}{6}\left(\frac{2}{12}\right)$ 倍にあたるので，中心角も，360°全体の $\frac{1}{6}\left(\frac{2}{12}\right)$ 倍になります。したがって，∠AOBは，$360° \times \frac{2}{12} = 60°$ で，60°となります。

弧と円周の関係から，おうぎ形の中心角を求めることができます。

円とおうぎ形⑽ 弧・円周とおうぎ形の面積

右の図で，
$\overset{\frown}{AB}$が4π cmのとき，
おうぎ形OABの
中心角を求めましょう。

→ 図 STEP 28

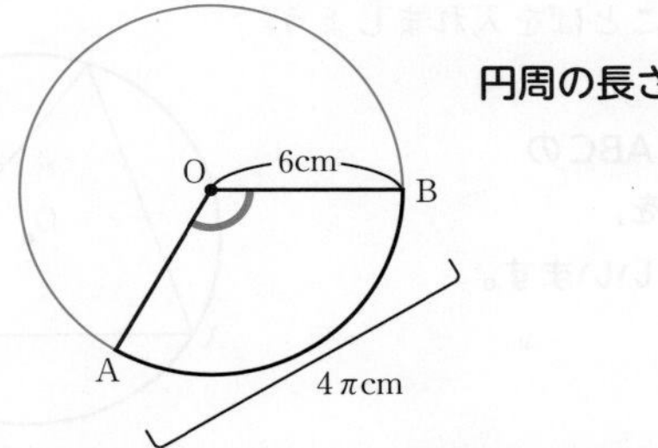

円周の長さ$=2\times\pi\times6$
$=12\pi$ (cm)

答 120°

右の図で，
$\overset{\frown}{AB}$がπ cmのとき，
おうぎ形OABの
面積を求めましょう。

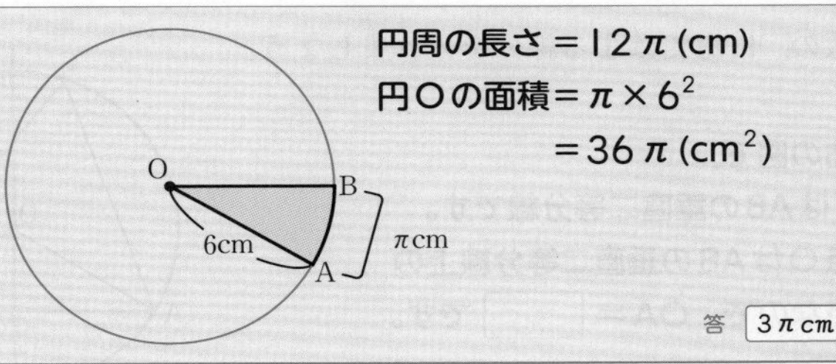

円周の長さ$=12\pi$ (cm)
円Oの面積$=\pi\times6^2$
$=36\pi$ (cm²)

答 3π cm²

上の問題は，おうぎ形の弧の長さは，円周全体の$\frac{1}{3}\left(\frac{4}{12}\right)$倍なので，中心角も360°の$\frac{1}{3}\left(\frac{4}{12}\right)$倍になります。したがって，$360^\circ\times\frac{1}{3}=120^\circ$で，120°となります。

下の問題の面積の場合も同様で，おうぎ形の弧の長さが円周全体の$\frac{1}{12}$倍なので，面積も円全体の$\frac{1}{12}$倍になります。したがって，$\pi\times6^2\times\frac{1}{12}=3\pi$で，$3\pi$ cm²です。

中心角が示されていなくても，弧と円周の関係から，おうぎ形の面積を求めることができます。

例題で確認! 次のおうぎ形の面積を求めましょう。

(1)

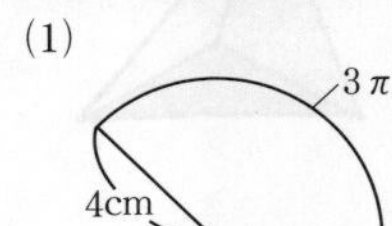

(2)

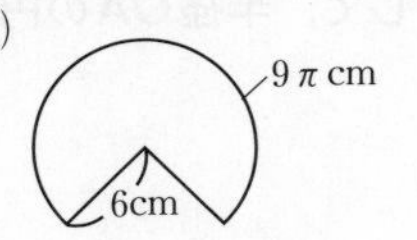

答

(1) 6π cm²
(2) 27π cm²

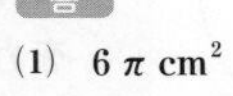
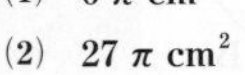

考え方

(1) $\pi\times4^2\times\frac{3}{8}$
(2) $\pi\times6^2\times\frac{3}{4}$

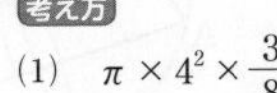

STEP 30

1章 平面図形と基本の作図

三角形と円(1) 作図7 外接円と外心 発展

次の□にあてはまることばを入れましょう。

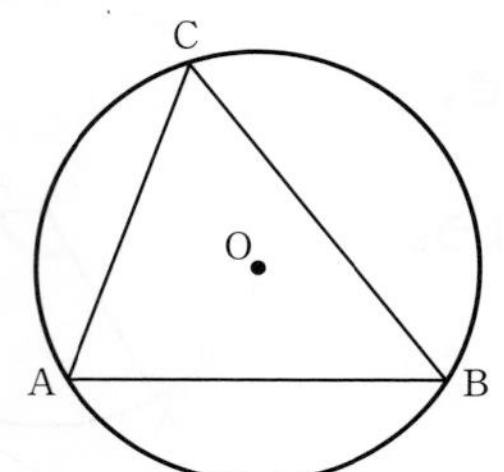

右の図のように，△ABCの3つの頂点を通る円を，△ABCの □ といいます。

答 外接円

次の□にあてはまる線分を入れましょう。

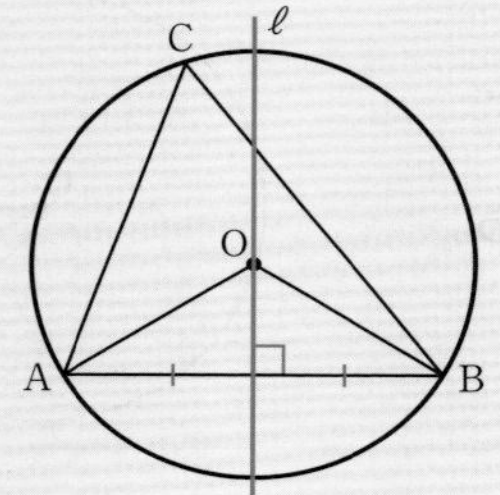

右の図で，ℓはABの垂直二等分線です。点OはABの垂直二等分線上の点なので，OA＝ □ です。

答 OA＝ OB

上の問題のような円を，△ABCの**外接円**（がいせつえん）といい，中心Oを，△ABCの**外心**（がいしん）といいます。下の問題では，中心Oと点A，B，Cの関係を考えます。まず，垂直二等分線の性質（図 STEP 15）より，OA＝OB。同様にACの垂直二等分線を考えると，OA＝OC。したがって，OA＝OB＝OCとなり，円Oは点A，B，Cを通ることになります。

△ABCの3つの頂点を通る円を，△ABCの外接円といいます。外接円の中心Oを，△ABCの外心といいます。

外接円の作図 → 図 STEP 15

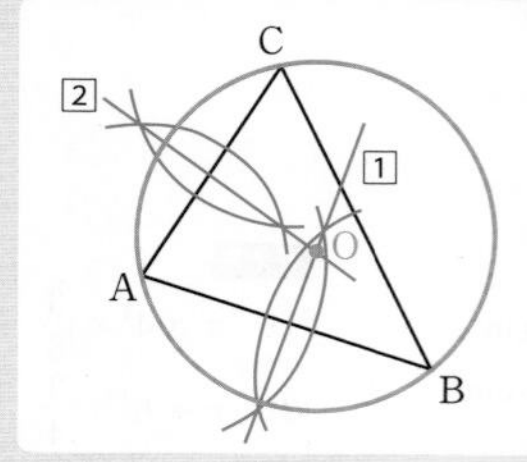

1 ABの垂直二等分線をひく。
2 ACの垂直二等分線をひく。
3 1と2の交点をOとし，点Oを中心として，半径OAの円をかく。

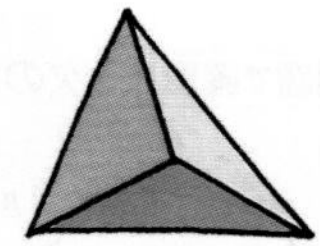

三角形と円(2) 作図8 内接円と内心

発展

次の□にあてはまることばを入れましょう。

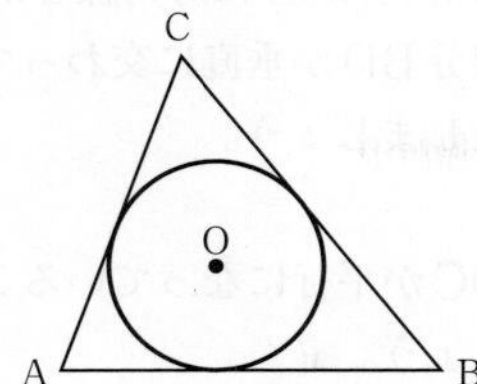

右の図のように，△ABCの3つの辺に接する円を△ABCの□といいます。

答 内接円

次の□にあてはまる線分を入れましょう。

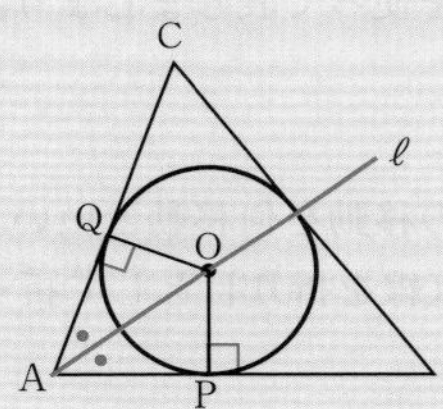

右の図で，ℓは∠CABの二等分線です。点Oは∠CABの二等分線上の点なので，OP＝□です。

答 OP＝OQ

上の問題のような円を，△ABCの**内接円**(ないせつえん)といい，中心Oを，△ABCの**内心**(ないしん)といいます。下の問題は，角の二等分線の性質(図 STEP 16)から考えます。

△ABCの3つの辺に接する円を，△ABCの内接円といいます。内接円の中心Oを，△ABCの内心といいます。

1

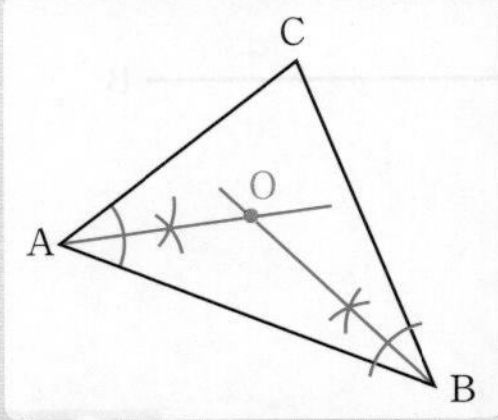

1 ∠ABC，∠CABの二等分線をひき，交点をOとする。

2

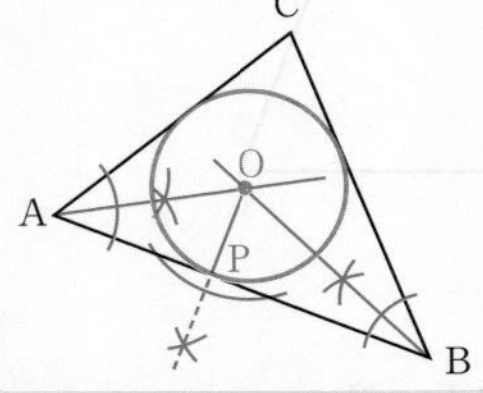

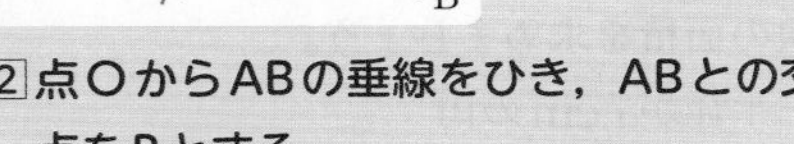

2 点OからABの垂線をひき，ABとの交点をPとする。

3 OPを半径とした円をかく。

基本をチェック！(1)　1章　平面図形と基本の作図

答は495ページ。できた問題は，□をぬりつぶしましょう。

1　右の図は，ひし形ABCDに対角線をかき入れ，その交点をOとしたものです。

→ 図 STEP 2～4

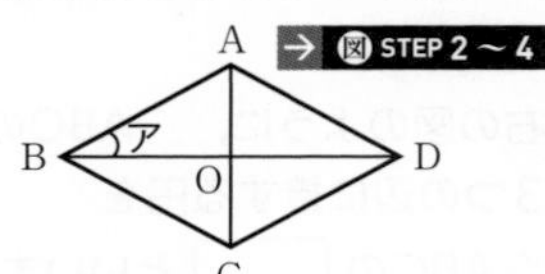

□(1)　線分ACと線分BDが垂直に交わっていることを，記号を使って表しましょう。

□(2)　辺ABと辺DCが平行になっていることを，記号を使って表しましょう。

□(3)　アの角を記号を使って表しましょう。

2　次のような図形の移動を何移動といいますか。

→ 図 STEP 9～11

□(1)　図形を1つの直線を折り目として折り返す移動

□(2)　図形を1つの点を中心として，ある角度だけ回転させる移動

□(3)　図形を一定の方向に一定の長さだけ動かす移動

3　次の作図をしましょう。

→ 図 STEP 15・17

□(1)　△ABCで，辺ABを底辺とみたときの高さ

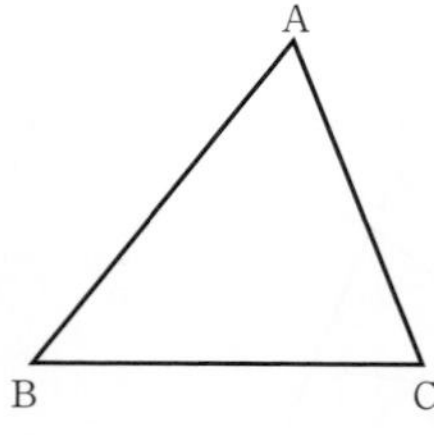

□(2)　線分ABを直径とする円O

4　次の面積を求めましょう。

→ 図 STEP 25・27

□(1)　半径が7cmの円

□(2)　半径が8cm，中心角が45°のおうぎ形

2 空間図形 1年

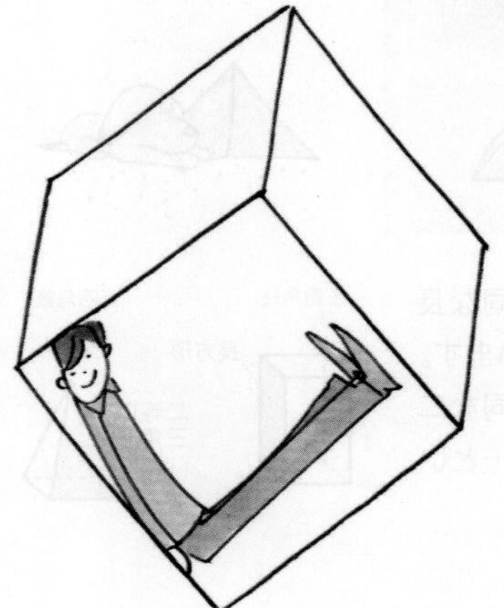

STEP 32

2章 空間図形

いろいろな立体(1) 角錐

次の□にあてはまることばを入れましょう。

右のような立体を
□ といいます。

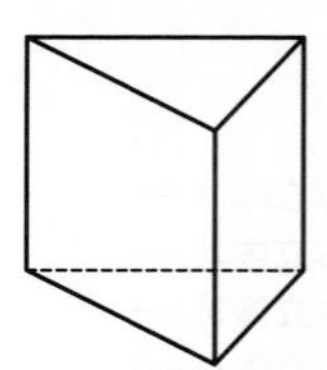

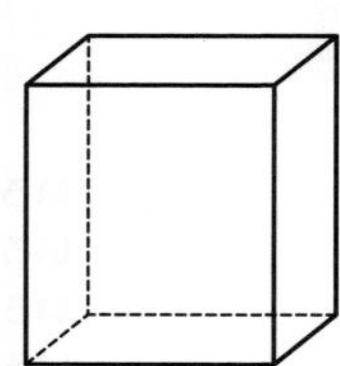

答 角柱

次の□にあてはまることばを入れましょう。

右のような立体を
□ といいます。

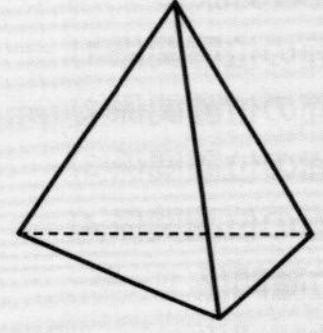

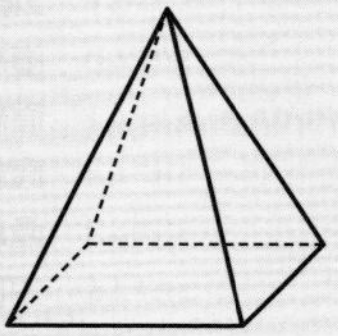

答 角錐

上の問題は，小学校で学んだ**角柱**です。
底面の形によって，三角柱，四角柱，…
などがあります。

下の問題の，角柱の先をけずってとがらせたような立体を**角錐**(かくすい)といいます。

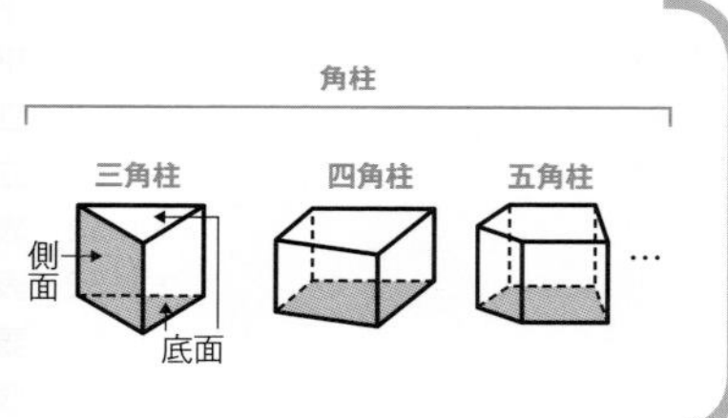

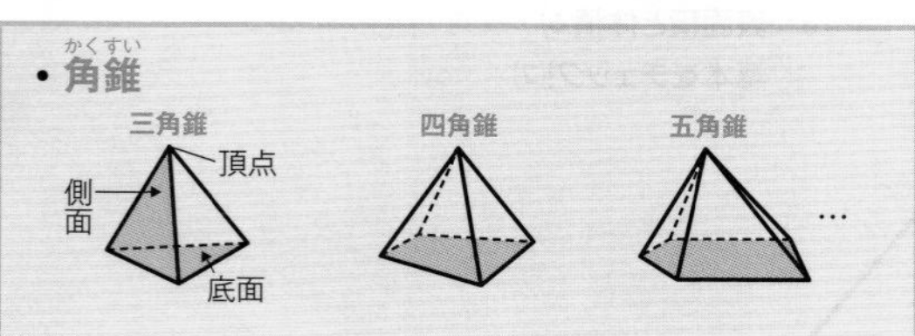

◆底面が正三角形，正方形，…で，側面がすべて合同な長方形である角柱を，**正三角柱**，**正四角柱**，…といいます。

◆底面が正三角形，正方形，…で，側面がすべて合同な二等辺三角形である角錐を，**正三角錐**，**正四角錐**，…といいます。

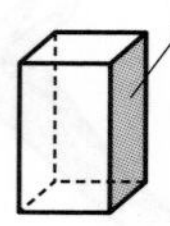

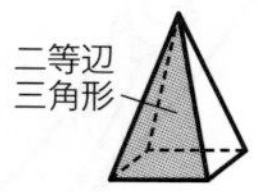

いろいろな立体(2) 円錐

次の□にあてはまることばを入れましょう。

右のような立体を
□といいます。

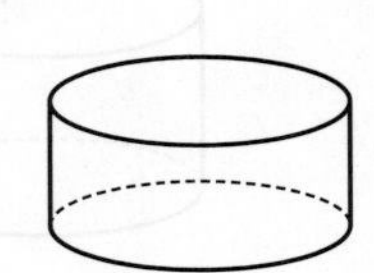

答 円柱

次の□にあてはまることばを入れましょう。

右のような立体を
□といいます。

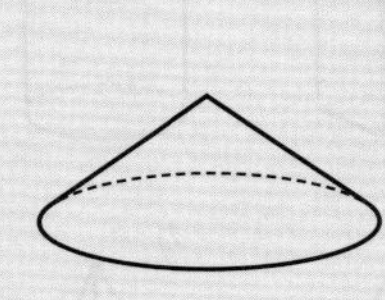
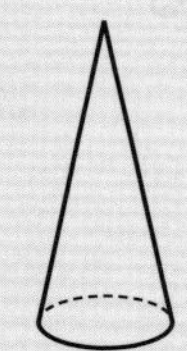

答 円錐

上の問題は，小学校で学んだ**円柱**です。角柱や円柱の2つの底面は合同です。また，2つの底面は平行になっています。

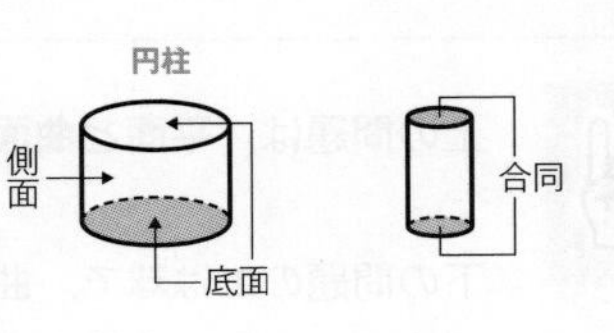

下の問題の，円柱の先をけずってとがらせたような立体を**円錐**（えんすい）といいます。

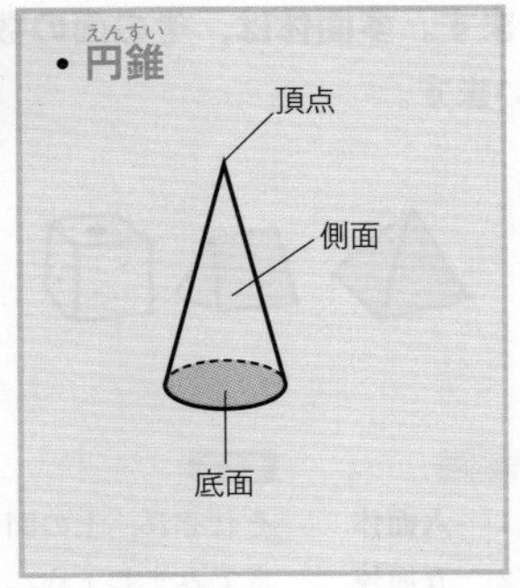

STEP 34 ②章 空間図形
いろいろな立体(3) 多面体

次の□にあてはまることばを入れましょう。

右の円柱で，アのように，平らな面を (1) といいます。イのように，平らでない面を (2) といいます。

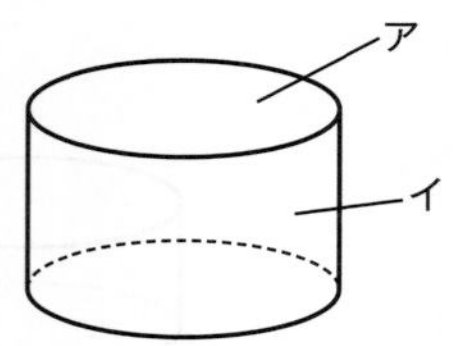

答 (1) 平面 (2) 曲面

右のア〜キの立体のうち，平面だけで囲まれている立体を選びましょう。

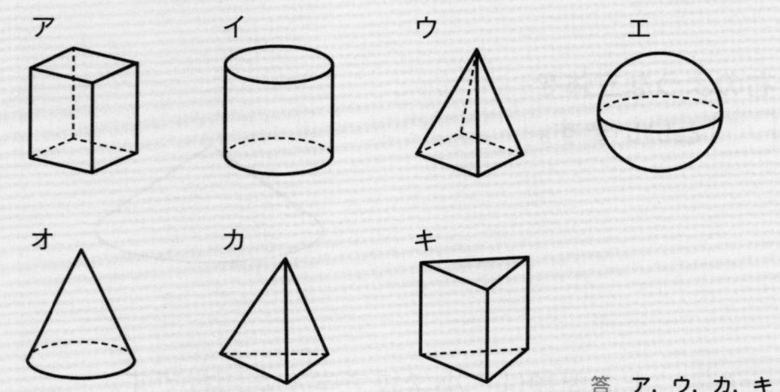

答 ア，ウ，カ，キ

上の問題は，**平面**と**曲面**のちがいをおさえておきましょう。

下の問題の**エ**は**球**(きゅう)で，曲面だけでできた立体です。**オ**の円錐(えんすい)は，底面は平面ですが，側面は曲面の立体です。

平面だけで囲まれた立体を，多面体(ためんたい)といいます。多面体は，その面の数によって，四面体，五面体，六面体，… などといいます。

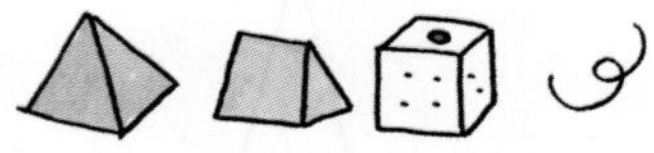

例題で確認! 次の問題に答えましょう。

(1) 四角柱は何面体ですか。
(2) 三角柱は何面体ですか。
(3) 四角錐は何面体ですか。
(4) 三角錐は何面体ですか。

答

(1) **六面体**
(2) **五面体**
(3) **五面体**
(4) **四面体**

考え方

それぞれ，上の図を見て考えてみましょう。

(1) ⇒ア　(2) ⇒キ
(3) ⇒ウ　(4) ⇒カ

いろいろな立体(4) 正多面体

右の図のア～エのうち，多面体を選びましょう。

→ 図 STEP 34

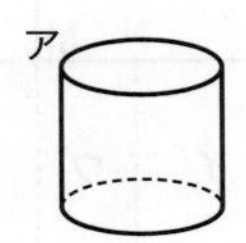

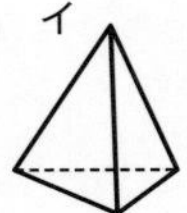

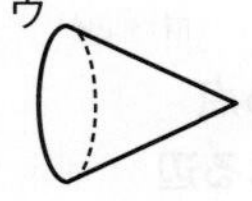

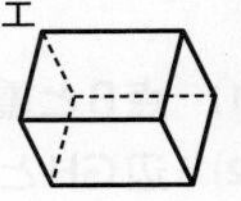

答 イ，エ

右の図のア，イのうち，すべての面が合同なのはどちらですか。

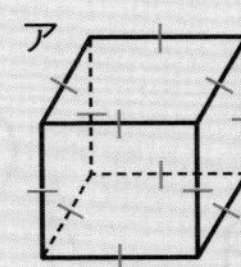

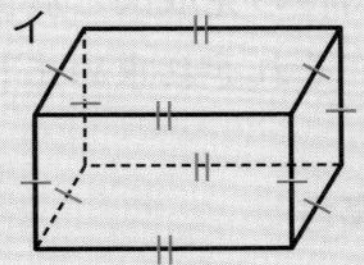

答 ア

上の問題は，平面だけで囲まれている立体を選びます。

下の問題のアは立方体で，すべての面が合同な正方形です。イは直方体で，正方形と長方形の面があるので，すべての面が合同とはいえません。

すべての面が合同な正多角形で，どの頂点に集まる面の数も等しく，へこみのない多面体を，正多面体（せいためんたい）といいます。

◆ 正多面体には，**正四面体**，**正六面体**（立方体），**正八面体**，**正十二面体**，**正二十面体**の5種類しかありません。

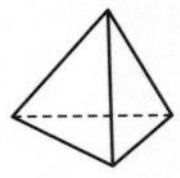

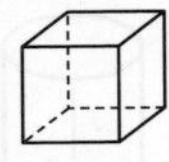

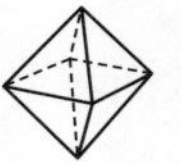

	1つの面の形	頂点の数	辺の数	面の数	1つの頂点に集まる面の数
正四面体	正三角形	4	6	4	3
正六面体	正方形	8	12	6	3
正八面体	正三角形	6	12	8	4
正十二面体	正五角形	20	30	12	3
正二十面体	正三角形	12	30	20	5

STEP 36

②章 空間図形

展開図(1) 角柱・円柱

右の展開図を組み立ててできる直方体について，
次の点，辺，面をそれぞれ答えましょう。

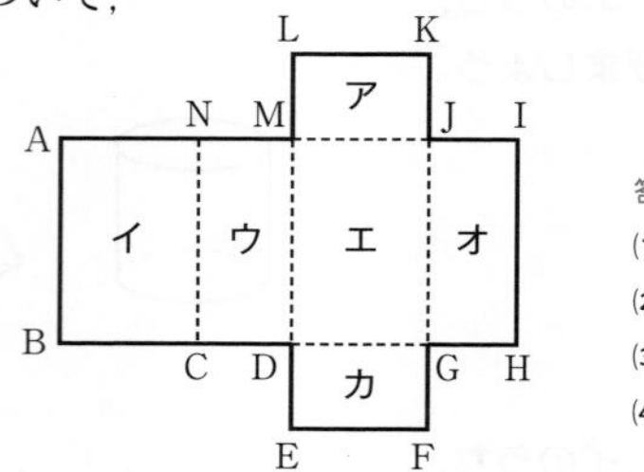

(1) **点Bと重なる点**
(2) **辺GHと重なる辺**
(3) **アの面と平行になる面**
(4) **イの面と垂直になる面**

答
(1) 点F，点H
(2) 辺GF
(3) カの面
(4) アの面，ウの面，
オの面，カの面

右の図は，円柱の見取図と展開図です。
次の長さを，それぞれ求めましょう。

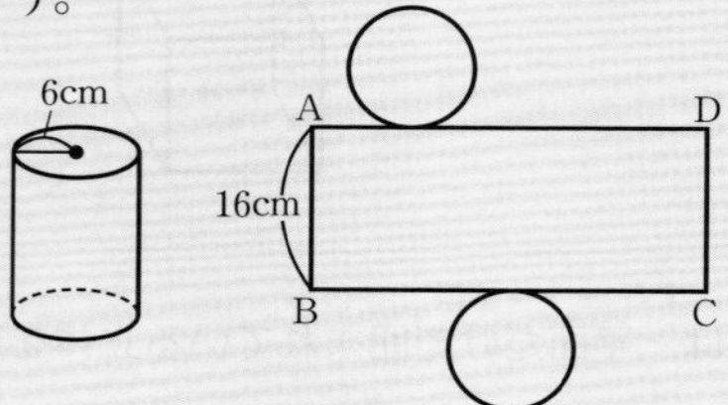

(1) **円柱の高さ**
(2) **展開図のADの長さ**

答
(1) 16cm
(2) 12πcm

上の問題は，組み立てたようすを，右の図を見て考えてみましょう。(1)，(4)のように，答が複数ある場合に注意しましょう。

下の問題の(2)では，ADの長さは，底面の円の円周の長さと等しいことに注意しましょう。
$2\times\pi\times6$ (cm)

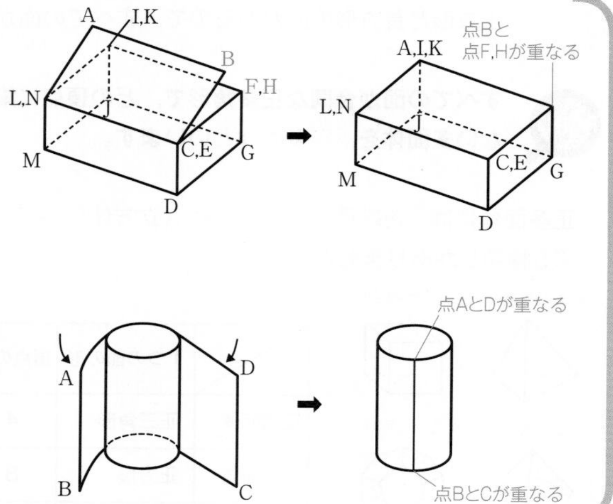

展開図の点や辺や面が，見取図のどの点や辺や面と対応するかをつかめるようにしておきましょう。

STEP 37

②章 空間図形

展開図(2) 角錐・円錐

→ 図 STEP 32・33・36

右の図は，いろいろな立体の展開図です。次の立体の展開図を，それぞれア～オから選びましょう。

ア

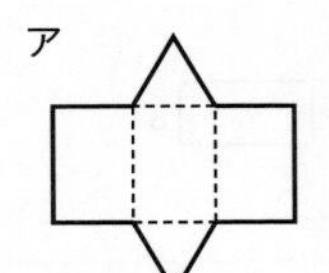

イ

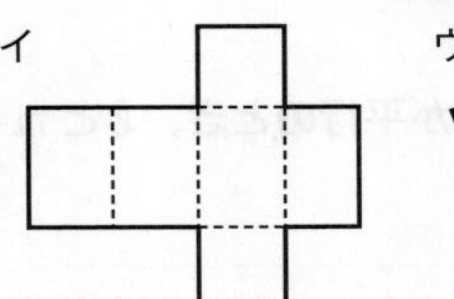

ウ

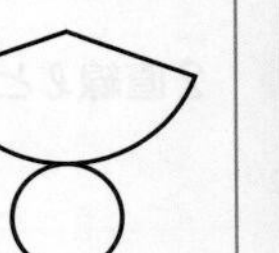

エ

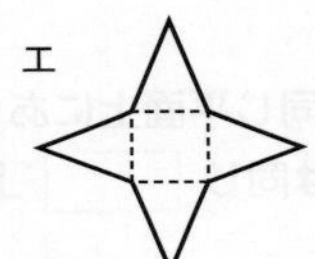

オ

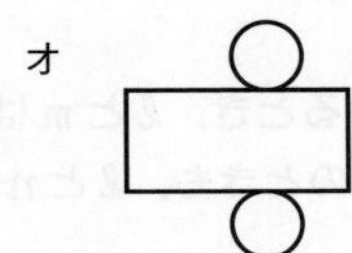

(1) 三角柱
(2) 四角柱
(3) 円柱

答 (1)ア (2)イ (3)オ

次の立体の展開図を，それぞれ上のア～オから選びましょう。

(1) 四角錐（すい）

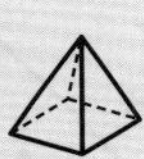

(2) 円錐

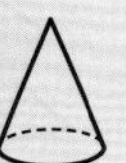

答 (1)エ (2)ウ

上の問題は，角柱や円柱には，合同な2つの底面があることから考えます。

下の問題は，角錐や円錐には，底面が1つしかないことが手がかりになります。
また，角錐の側面は三角形で，円錐の側面はおうぎ形です。

POINT

角柱と角錐，円柱と円錐の展開図は，底面の数や側面の形に着目すると，区別しやすくなります。

◆四角錐の展開図は，上の問題のエ以外の形でも考えられます。

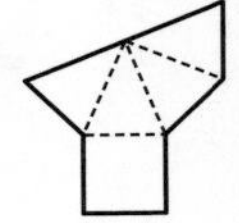

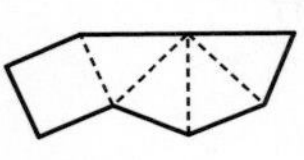

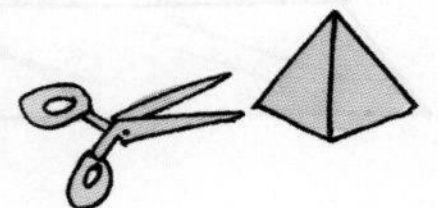

◆角錐や円錐の高さに注意しましょう。

高さ
この長さは
高さではない！

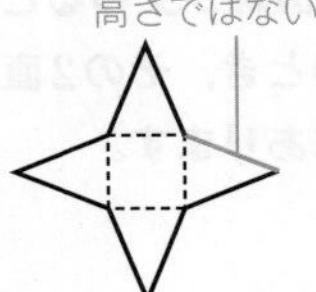

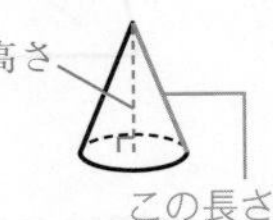
高さ
この長さは
高さではない！

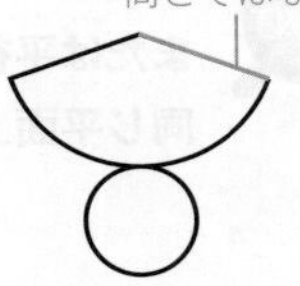

STEP 38

②章 空間図形

2直線の位置関係(1) 交わる・平行

次の□に‘交わる’か‘交わらない’のどちらかを入れましょう。 → 図 STEP 4

2直線ℓとmが平行のとき，ℓとmは□。

答 交わらない

次の□にあてはまることばを入れましょう。

2直線ℓとmが交わるとき，ℓとmは同じ平面上にあります。
2直線ℓとnが平行のときも，ℓとnは同じ□上にあります。

答 平面

下の問題の**平面**とは，どの方向にもかぎりなく広がっている平らな面と考えます。平面は，**平面P**のように，1つの文字を使って表すことがあります。

右のように，2点を含む平面はかぎりなくありますが，1直線上にない3点を含む平面は1つだけです。

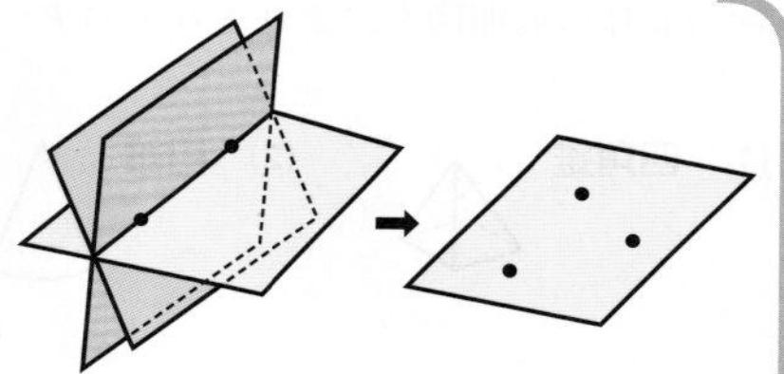

また，2直線が交わっているとき，その2直線は，かならず同じ平面上にあります。2直線が平行のときも，その2直線は，かならず同じ平面上にあります。

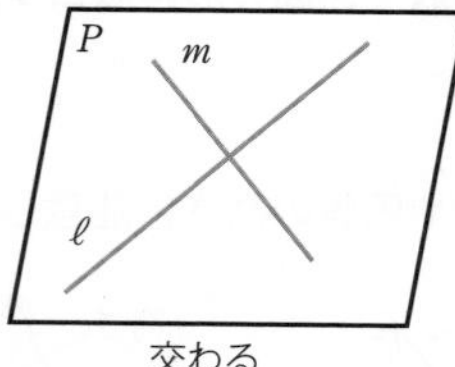

交わる

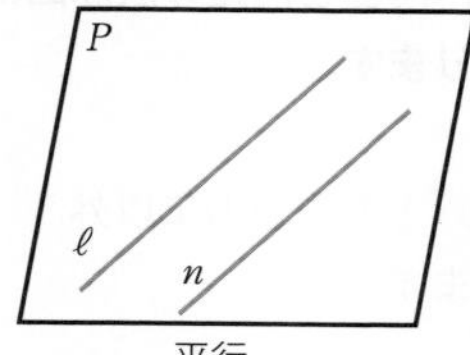

平行

空間にある2直線が交わるとき，または平行のとき，その2直線は同じ平面上にあります。

2直線の位置関係(2) ねじれの位置

右の直方体で，辺を直線とみて，次の□にあてはまることばを入れましょう。→ 図 STEP 38

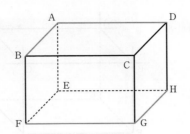

(1) **直線ABとADは交わるので，同じ□上にあります。**

(2) **直線ABとGHは平行なので，同じ□上にあります。**

答
(1) 平面
(2) 平面

上の問題のつづきです。直線ABと直線FGについて，次の問題に答えましょう。

(1) **2つの直線は交わりますか。**

(2) **2つの直線は平行ですか。**

(3) **2つの直線は同じ平面上にありますか。**

答
(1) 交わらない。
(2) 平行ではない。
(3) 同じ平面上にない。

上の問題(2)の直線ABとGHは，右の図のように，同じ平面上にあります。

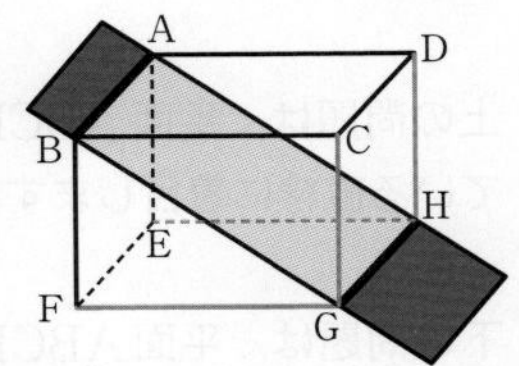

下の問題の直線ABと直線FGは，交わらず，平行でもないので，同じ平面上にありません。このように，同じ平面上にない2直線を，**ねじれの位置**にあるといいます。直線EH，CG，DHも，直線ABとねじれの位置にあります。

空間にある2直線ℓ，mの位置関係は，次の3つのどれかになります。

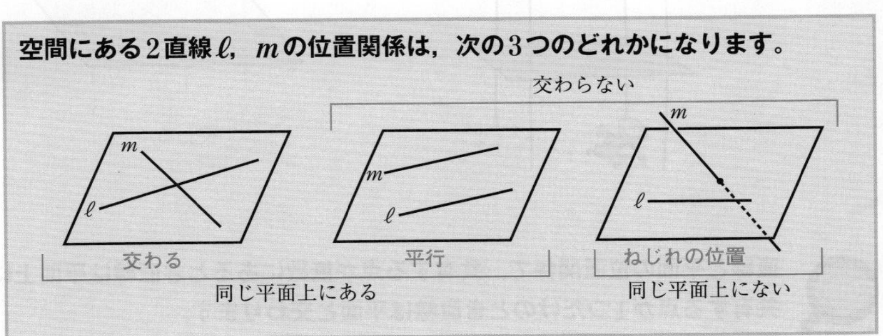

STEP 40

2章 空間図形

直線と平面の位置関係(1) 平面上にある，交わる

右の直方体で，辺を直線とみて，面を平面とみたとき，次の問題に答えましょう。

→ 図 STEP 39

平面ABCD上にある直線を，すべて答えましょう。

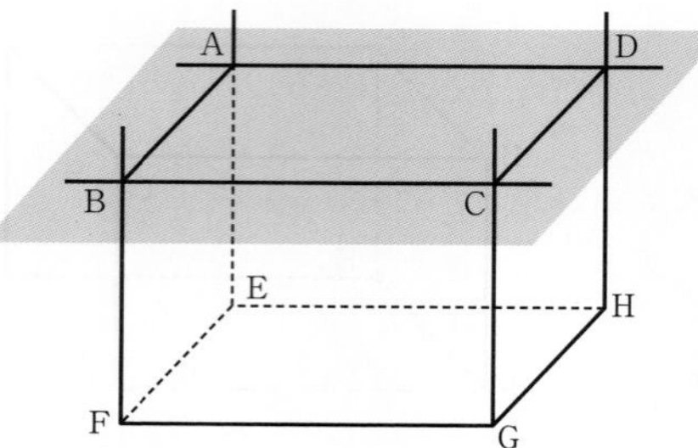

答
直線AB，直線BC，
直線CD，直線DA

上の問題のつづきです。次の問題に答えましょう。

平面ABCDと交わる直線を，すべて答えましょう。

答
直線AE，直線BF，
直線CG，直線DH

図 STEP 39 では，直線と直線の位置関係について考えました。ここでは，直線と平面の位置関係について考えます。

上の問題は，平面ABCDに含まれている直線に着目します。

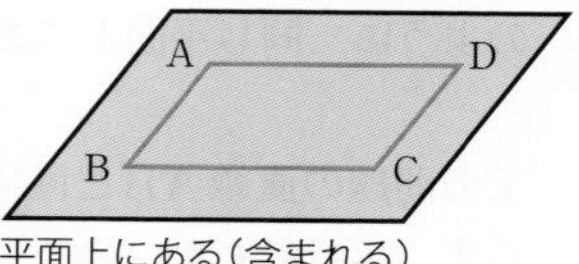

平面上にある（含まれる）

下の問題は，平面ABCDと共有する点を1つだけ持つ直線に着目します。

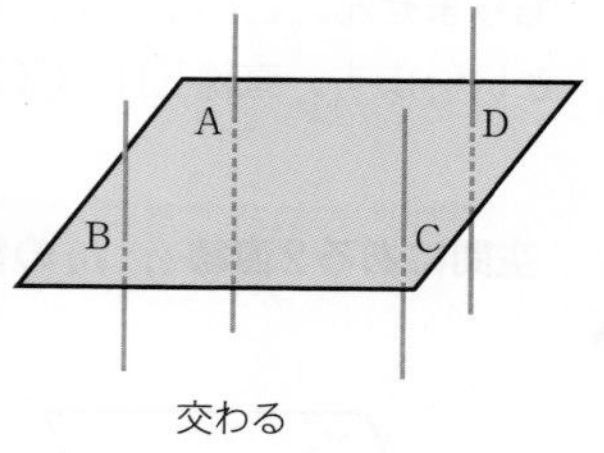

交わる

直線と平面の位置関係で，共有する点が無数にあるとき直線は平面上にあり，共有する点が1つだけのとき直線は平面と交わります。

直線と平面の位置関係(2) 平行

右の直方体で，辺を直線とみて，面を平面とみたとき，次の直線をすべて答えましょう。 → 図 STEP 40

(1) 平面BFGC上にある直線
(2) 平面BFGCと交わる直線

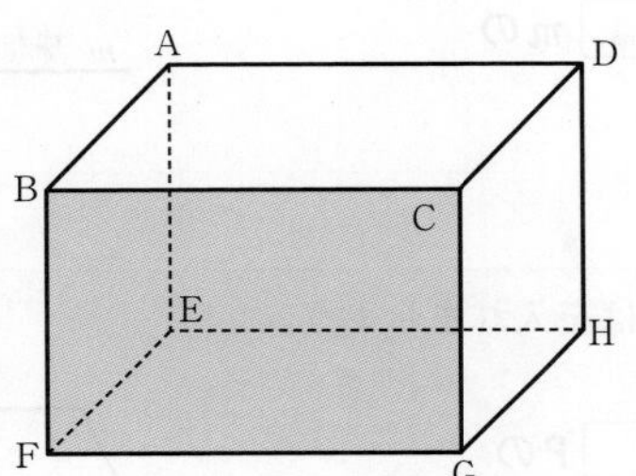

答
(1) 直線BF，直線FG，直線GC，直線CB
(2) 直線BA，直線FE，直線GH，直線CD

上の問題のつづきです。平面BFGCと直線ADについて，次の問題に答えましょう。

(1) 平面BFGCと直線ADは交わりますか。
(2) 直線ADは平面BFGC上にありますか。
(3) 平面BFGCと直線ADは平行ですか。

答
(1) 交わらない。
(2) 平面BFGC上にない。
(3) 平行である。

下の問題は，直線がその平面と交わらず，また，その平面上にないとき，直線と平面は平行の位置関係にあります。右の図の直線AE，EH，HD，DAは，すべて平面BFGCと平行です。

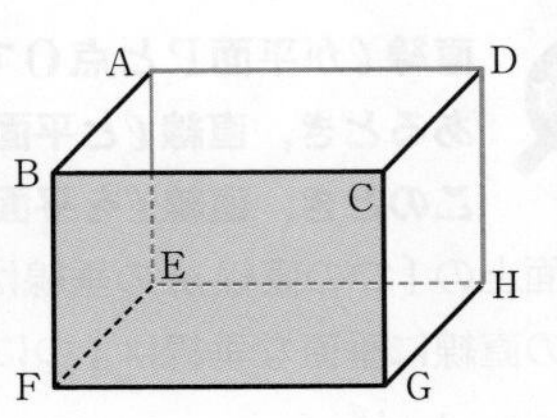

空間にある直線ℓと平面Pの位置関係は，次の3つのどれかになります。

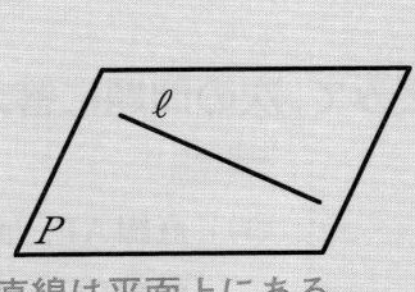

直線は平面上にある

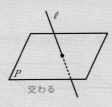

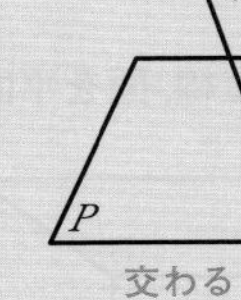

交わる

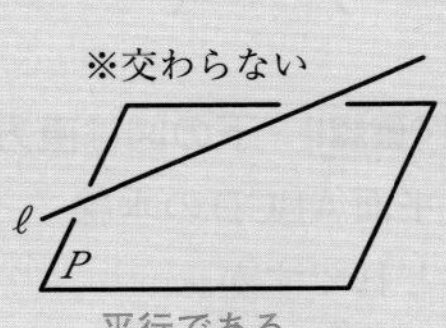

平行である

(ℓ // Pと表します。)

STEP 42

②章 空間図形

直線と平面の位置関係(3) 垂直・垂線

次の□にあてはまることばを入れましょう。

→ 図 STEP 3

右の図で，直線ℓは □ mの垂線です。

答 直線

次の□にあてはまることばを入れましょう。

右の図で，直線ℓは □ Pの垂線です。

答 平面

上の問題は，直線と直線の位置関係ですが，下の問題では，垂直に交わっているのが，直線と平面であることに着目しましょう。2直線が垂直であるとき，一方の直線を他方の直線の垂線といいましたが，直線と平面の場合も同じで，**直線ℓと平面Pが垂直**であるとき，直線ℓを平面Pの**垂線**といいます。

POINT

直線ℓが平面Pと点Oで交わり，点Oを通る平面上のすべての直線に垂直であるとき，直線ℓと平面Pは垂直であるといいます。
このとき，直線ℓを平面Pの垂線といいます。

◆平面上の1つの直線mの垂線は無数にあります。ただし，点Oを通る平面上のすべての直線に垂直な垂線は1つにかぎられます。

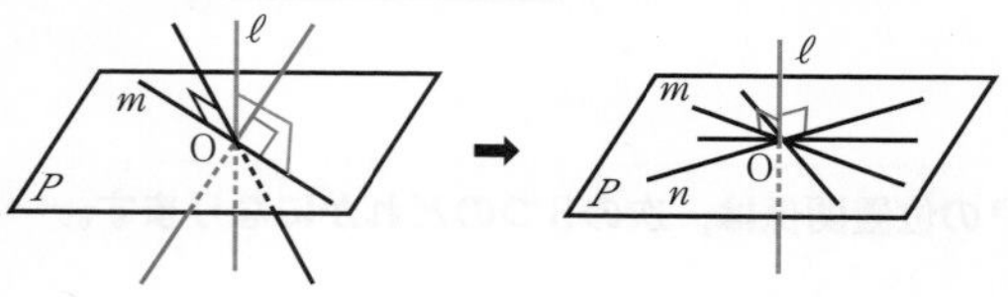

例題で確認! 下の図は直方体です。辺を直線，面を平面とみて，次の問題に答えましょう。

(1) 平面ABCDの垂線はどれですか。

(2) 直線ABに垂直な平面はどれですか。

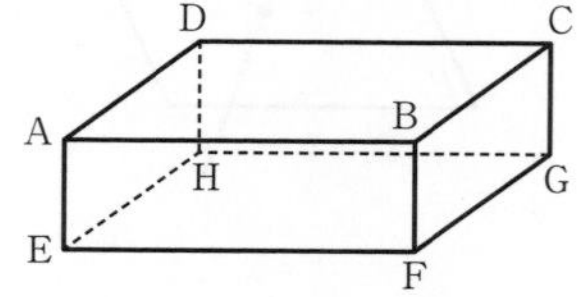

答

(1) 直線AE，直線BF，直線CG，直線DH

(2) 平面AEHD，平面BFGC

STEP 43

②章 空間図形

直線と平面の位置関係(4) 点と平面との距離

次の□にあてはまることばを入れましょう。 → 図 STEP 5

右の図で，線分AHの長さは，
点Aと［　　］ℓとの距離です。

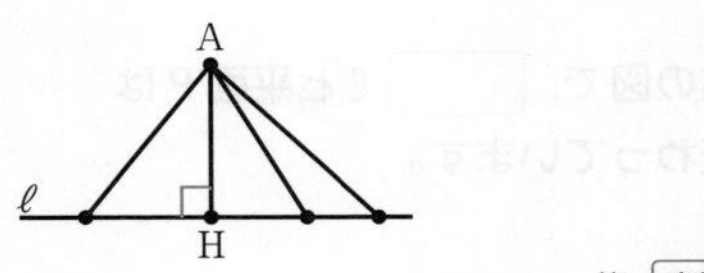

答 直線

次の□にあてはまることばを入れましょう。

右の図で，線分AHの長さは，
点Aと［　　］Pとの距離です。

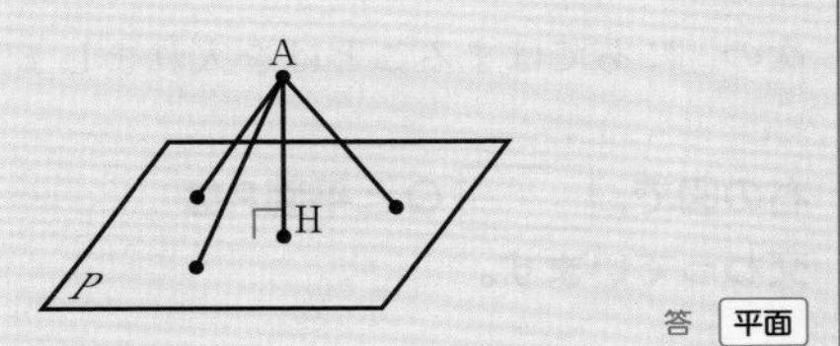

答 平面

上の問題の線分AHは，直線ℓの垂線です。したがって，線分AHの長さは，点Aと直線ℓとの距離になります。

下の問題の線分AHは，平面Pの垂線です。点Aと平面Pをむすぶ線分は無数にありますが，線分AHの長さがもっとも短くなります。

点Aから平面Pにひいた垂線と平面Pとの交点をHとするとき，線分AHの長さを，点Aと平面Pとの距離といいます。

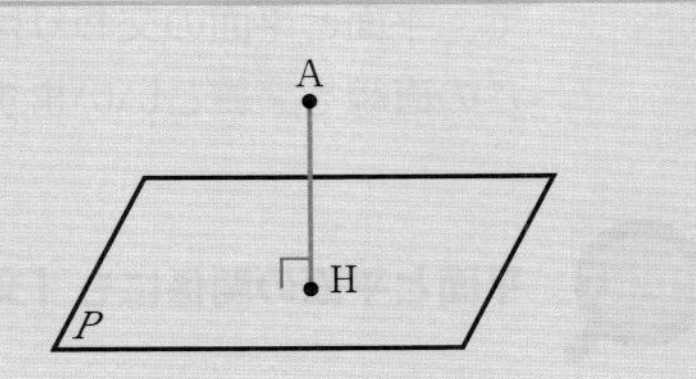

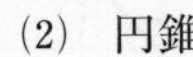

次の立体の高さを答えましょう。

(1) 角錐（すい）

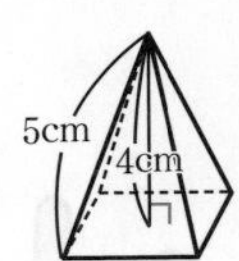

(2) 円錐

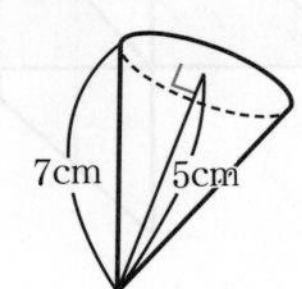

答 (1) 4cm (2) 5cm

考え方 角錐や円錐では，底面とそれに対する頂点との距離が，その立体の高さになります。

STEP 44

2章 空間図形

2平面の位置関係(1) 交わる・垂直

次の□にあてはまることばを入れましょう。 → 図 STEP 40・41

右の図で，□ℓと平面Pは交わっています。

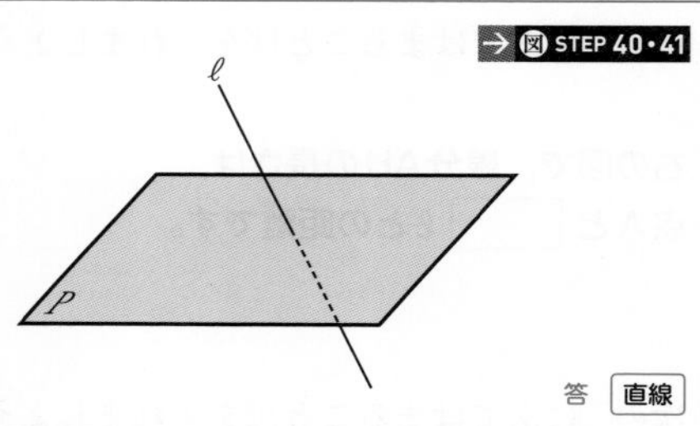

答 直線

次の□にあてはまることばを入れましょう。

右の図で，□Qと平面Pは交わっています。

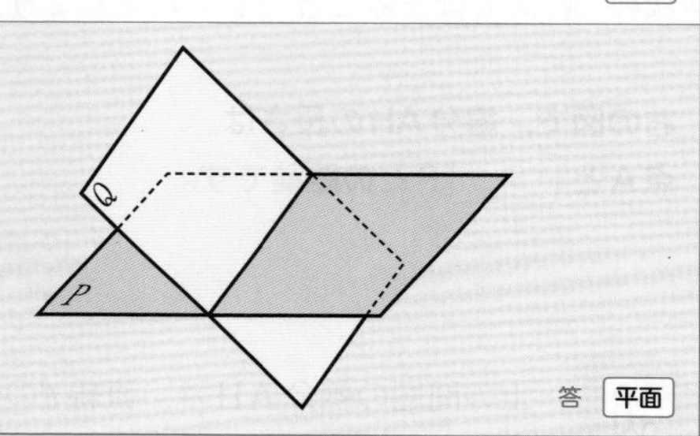

答 平面

上の問題は，直線と平面の位置関係ですが，下の問題は，平面と平面の位置関係です。2つの平面においても「交わる」関係があります。そして，平面と平面の交わりは直線で，この直線を**交線**（こうせん）といいます。

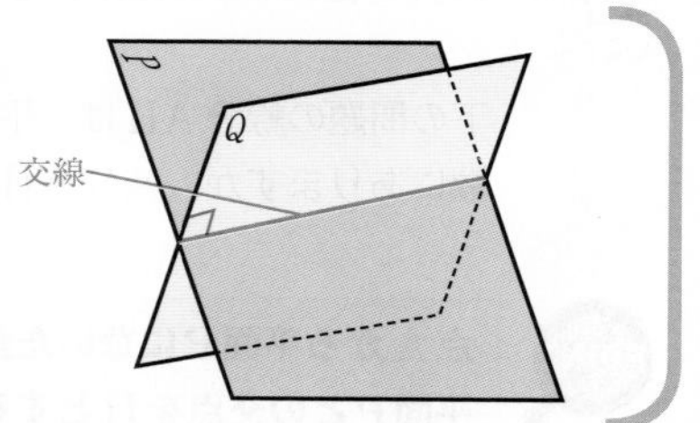

平面と平面の関係にも「交わる」関係があります。

◆右の図で，直線ℓとmが垂直で，直線ℓが平面Pに，直線mが平面Qに含まれるとき，平面Pと平面Qは**垂直**であるといいます。このことを，記号⊥（図 STEP 3）を使って，P⊥Qと表します。

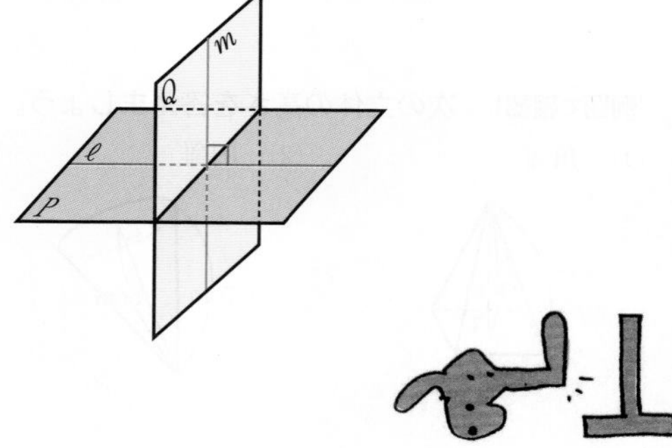

2平面の位置関係(2) 平行

次の□にあてはまることばを入れましょう。 → 図 STEP 41

右の図で，□ ℓと平面Pは平行です。(ℓ//P)

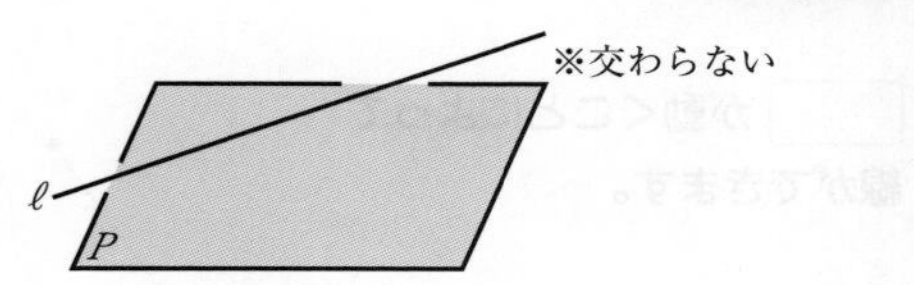

答 直線

次の□にあてはまることばを入れましょう。

右の図で，□ Qと平面Pは平行です。(Q//P)

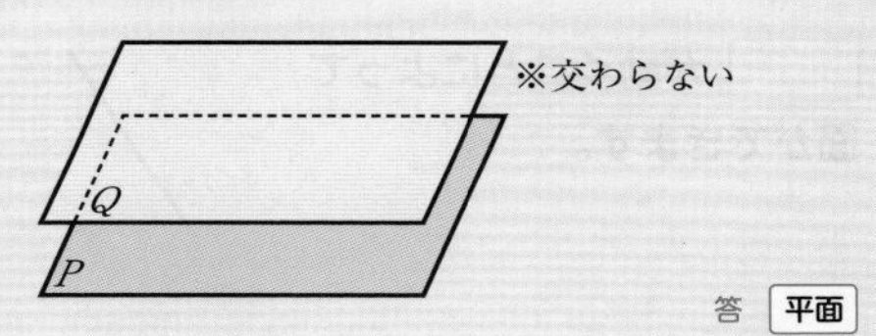

答 平面

上の問題は，直線と平面の位置関係ですが，
下の問題は，平面と平面の位置関係です。
2つの平面が交わらないとき，その2つの平面を**平行**な平面といいます。

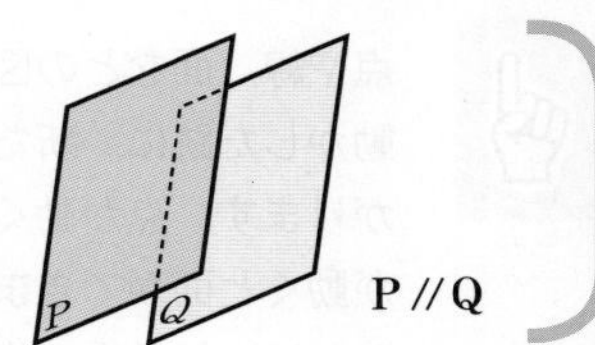

空間にある平面Pと平面Qの位置関係は，次のいずれかになります。

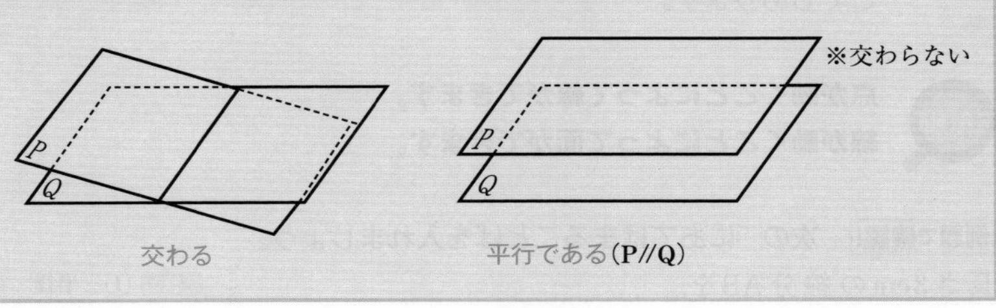

交わる　　平行である(P//Q)

例題で確認! 下の図は直方体です。次の問題に答えましょう。

(1) 面ABCDと垂直な面はどれですか。

(2) 面ABCDと平行な面はどれですか。

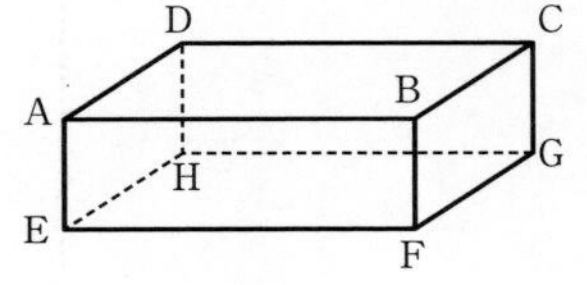

答

(1) 面AEFB，面BFGC，面CGHD，面DHEA

(2) 面EFGH

STEP 46

②章 空間図形

平面図形と立体(1) 線を動かしてできる立体

右の図を見て，□に‘点’か‘面’のどちらかのことばを入れましょう。

□が動くことによって線ができます。

答 点

右の図を見て，□に‘点’か‘線’のどちらかのことばを入れましょう。

□が動くことによって面ができます。

答 線

点や線，面などの図形を動かすと，動かした跡に，新たな図形ができあがります。点が動くと線ができ，線が動くと面ができます。
これは，線は点の集まりであり，面は線(線分)の集まりであるということでもあります。

点が動くことによって線ができます。
線が動くことによって面ができます。

例題で確認! 次の□にあてはまることばを入れましょう。

長さ3cmの線分ABを，点Aを中心として1回転させてできる図形は，点Aを中心とする (1) 3cmの (2) です。

答 (1) 半径　(2) 円

考え方

3cm
A
B

平面図形と立体(2) 面を動かしてできる立体

右の図を見て，□に‘点’か‘線’のどちらかのことばを入れましょう。 → 図 STEP 46

□が動くことによって面ができます。

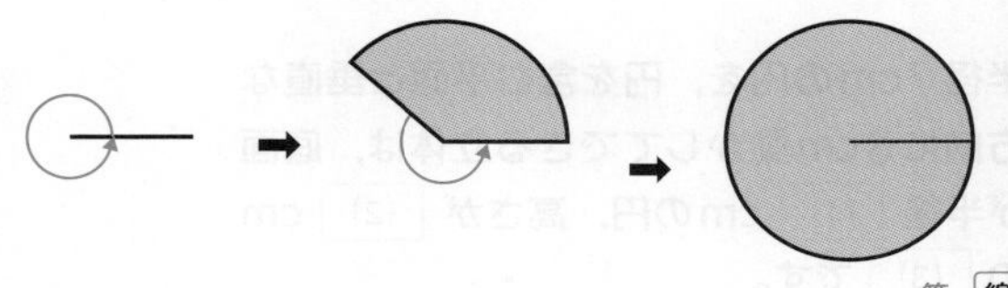

答 線

右の図を見て，□に‘線’か‘面’のどちらかのことばを入れましょう。

□が動くことによって立体ができます。

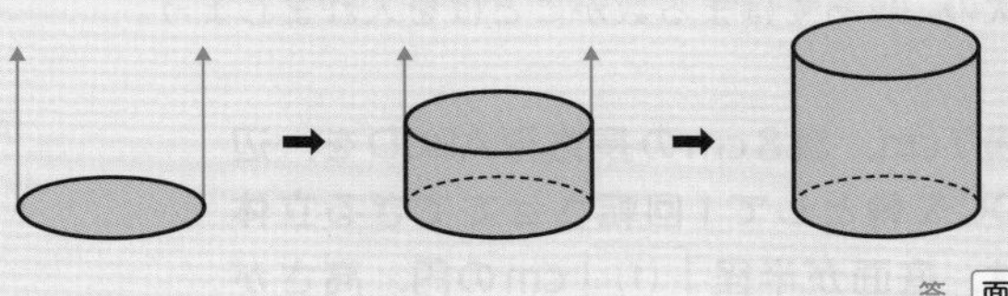

答 面

線が動くことによって面ができます。そして，面を動かすと立体ができます。
下の問題のように，円を垂直な方向に動かすと，円柱ができます。このとき，円が動いた距離が，円柱の高さと等しいことに注意しましょう。

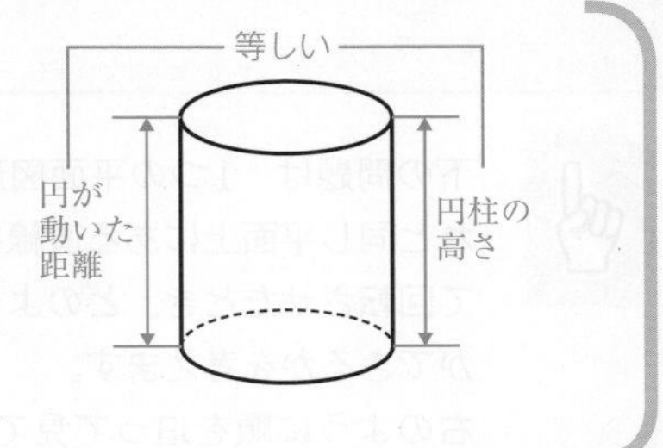

面が動くことによって，立体ができます。

例題で確認! 次の(1)，(2)でできる図形を，それぞれア～ウから選びましょう。

(1)

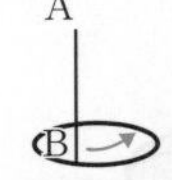

線分ABを円に垂直に立てたまま，円の周にそって1まわりさせたとき，線分ABが動くことでできた図形。

(2)

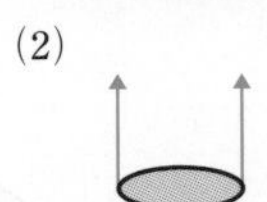

円を垂直な方向に，矢印の長さだけ動かしたとき，円が動くことでできた図形。

ア 
円錐(すい)

イ 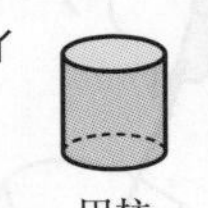
円柱

ウ 
円柱の側面

答
(1) ウ
(2) イ

考え方
(1) 線が動くと，面ができます。

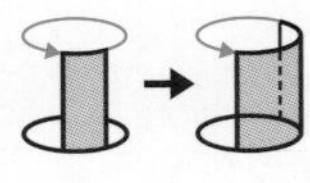

STEP 48

2章 空間図形

平面図形と立体(3) 回転体

次の□にあてはまる数かことばを入れましょう。 → 図 STEP 47

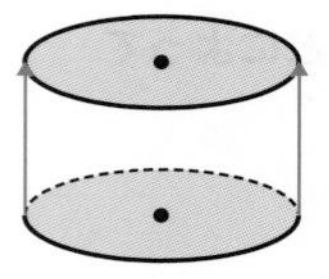

半径7cmの円を，円を含む平面と垂直な方向に8cm動かしてできる立体は，底面が半径 (1) cmの円，高さが (2) cmの (3) です。

答
(1) 7 cm
(2) 8 cm
(3) 円柱

次の□にあてはまる数かことばを入れましょう。

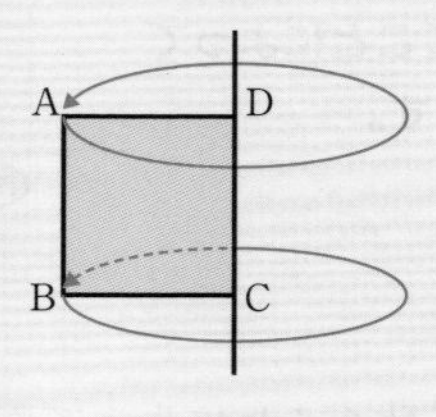

横7cm，縦8cmの長方形ABCDを，辺DCを軸として1回転させてできる立体は，底面が半径 (1) cmの円，高さが (2) cmの (3) です。

答
(1) 7 cm
(2) 8 cm
(3) 円柱

下の問題は，1つの平面図形を，それと同じ平面上にある直線を軸として回転させたとき，どのような立体ができるかを考えます。
右のように順を追って見ていくと，円柱ができることがわかります。

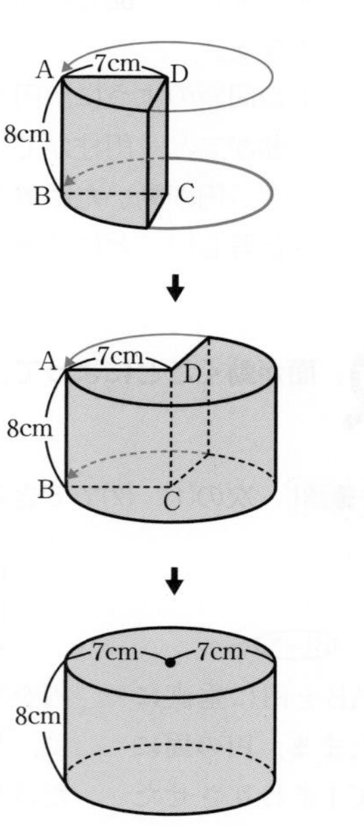

1つの直線を軸として平面図形を1回転させてできる立体を回転体(かいてんたい)といいます。

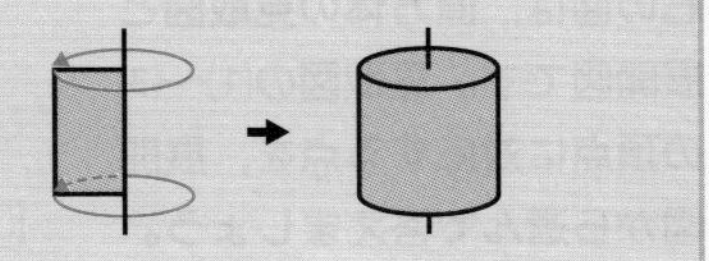

◆回転させる軸となる直線を**回転の軸**といいます。

◆回転体の側面をつくる線分を**母線**(ぼせん)といいます。

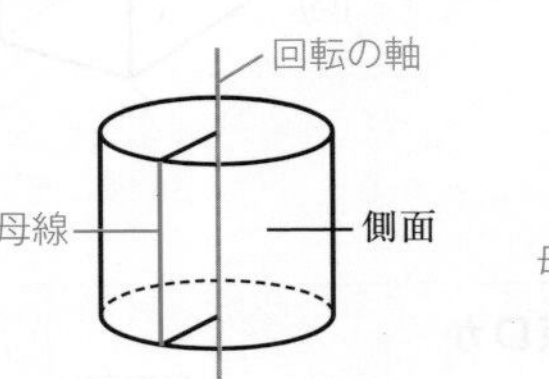

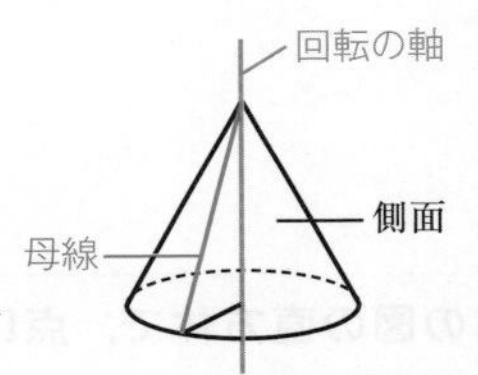

例題で確認! 下の図を，それぞれ直線ℓを軸として1回転させると，どんな立体ができますか。それぞれア～オから選びましょう。

(1)

(2)
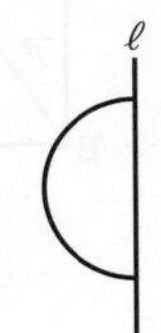

(3)
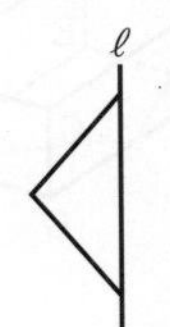

(4)
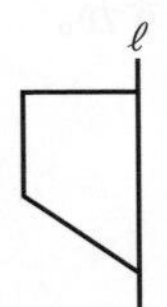

(5)

ア

イ

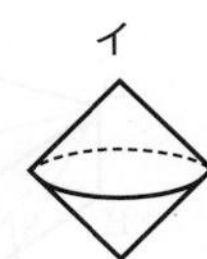

ウ

エ

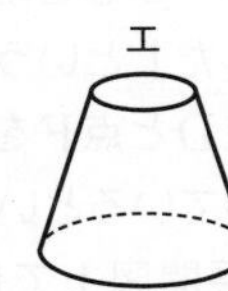

オ

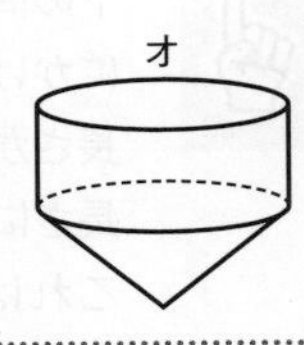

答 (1) ウ (2) ア (3) イ (4) オ (5) エ

例題で確認! 次の立体のなかから，回転体であるものをすべて答えましょう。

［球，立方体，円錐(すい)，正四角錐，円柱，三角柱，三角錐］

答 球，円錐，円柱

STEP 49

②章 空間図形

立体と図(1) 見取図と展開図

右の図は，直方体の見取図と展開図です。見取図の(1)～(3)の頂点に対応する点を，展開図から選んで答えましょう。

→ 図 STEP 36

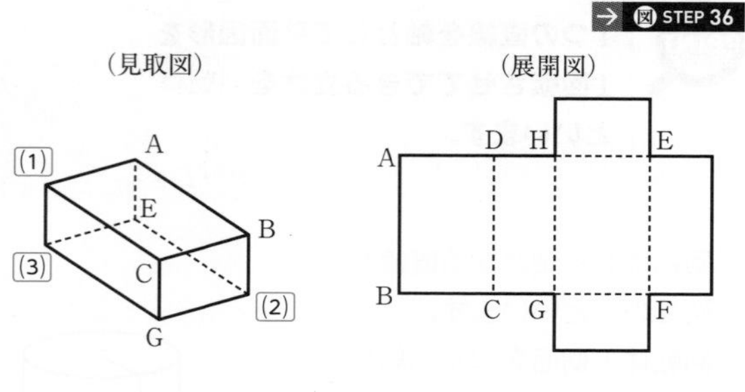

答 (1) D (2) F (3) H

右の図の直方体で，点Dから点Fまで，ひもをたるまないようにかけました。このひもを展開図にかき入れたものは，ア～ウのどれですか。

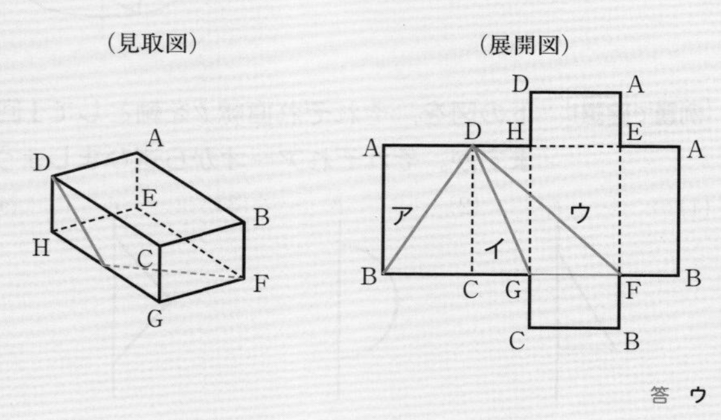

答 ウ

下の問題の「ひもをたるまないようにかけました」というのは，ひもの長さが，点Dと点Fをむすぶ最短の長さになっているということです。これは，展開図上では，点Dと点Fをむすぶ直線で表されます。

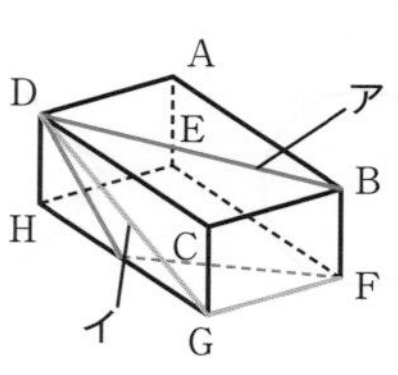

見取図と展開図，それぞれの特徴をおさえておきましょう。

見取図

立体を平面上に表すとき，およその形を知るのに便利ですが，長さなどを正確に表すことはできません。

展開図

長さなどを正確に表せますが，立体の形はわかりにくくなります。

立体と図(2) 投影図

右の見取図で示した円錐(すい)を正面から見た図を，ア～ウから選びましょう。

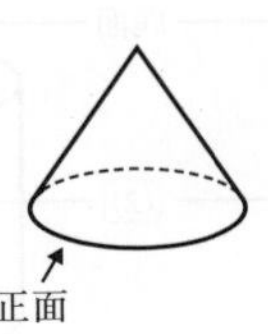

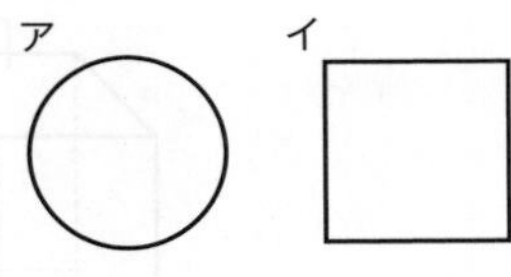

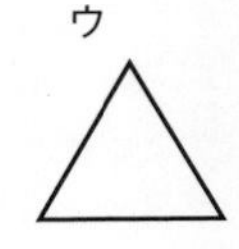

答 ウ

右の見取図で示した円錐を真上から見た図を，ア～ウから選びましょう。

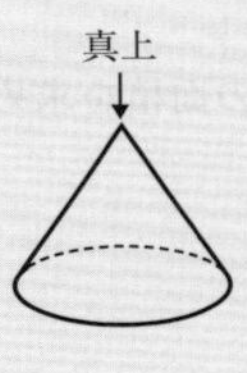

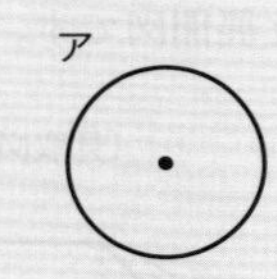

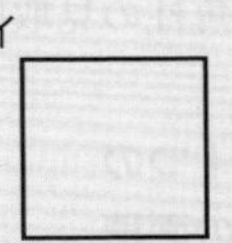

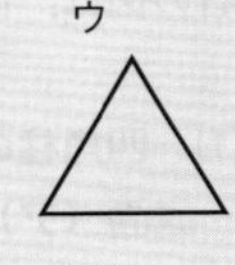

答 ア

1つの立体でも，正面から見た場合と，真上から見た場合とで，見える形がちがうときがあります。
立体を表すとき，このように，正面から見た図と，真上から見た図を組み合わせて示すことがあります。

立体を正面から見た形や，真上から見た形で示す図を投影図(とうえいず)といいます。
このとき，正面から見た図を立面図(りつめんず)，真上から見た図を平面図(へいめんず)といいます。

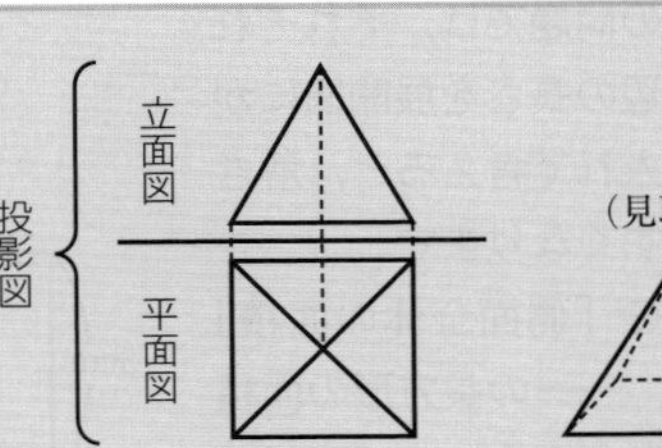

◆投影図をかくとき，実際に見える辺は──(実線)で，見えない辺などは----(破線)で示します。

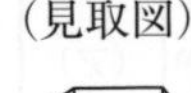

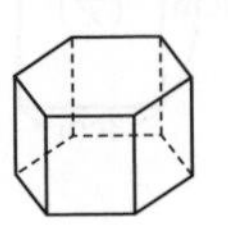

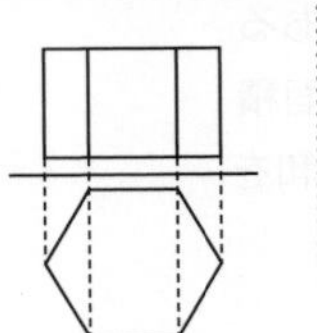

(見取図)

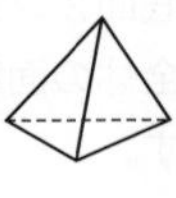

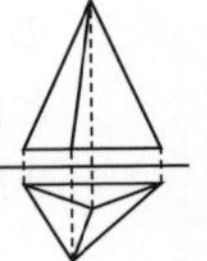

STEP 51

②章 空間図形

表面積と体積(1) 角柱・円柱の表面積

次の□にあてはまることばを入れましょう。 → 図 STEP 32・33

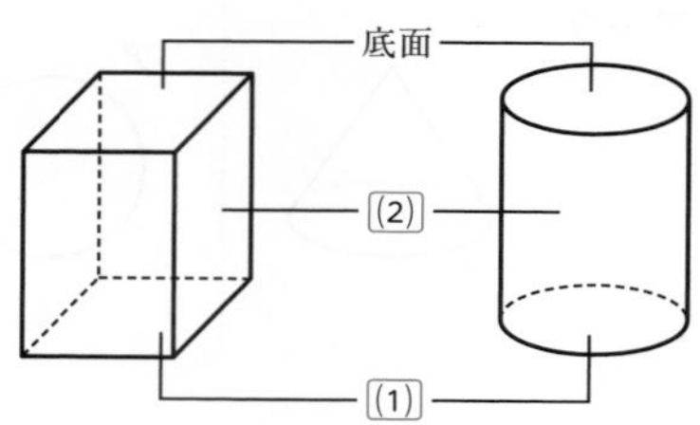

答 (1) 底面
(2) 側面

右の図は，四角柱の見取図と展開図です。次の面積を求めましょう。

(1) 四角柱の１つの底面（ア）の面積

(2) 四角柱の側面全体の面積

(3) 四角柱の表面全体の面積

（見取図）

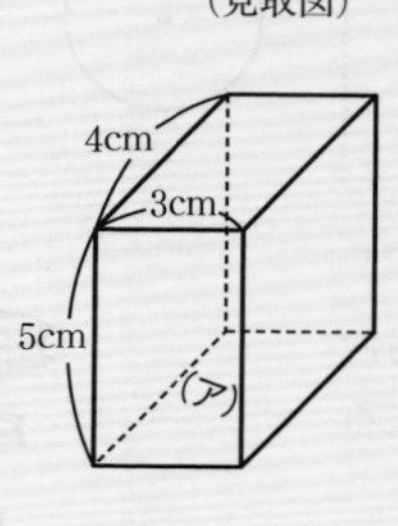

（展開図）

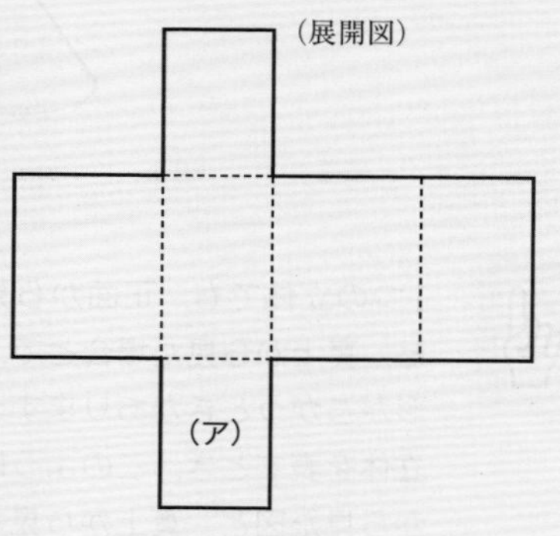

答 (1) $12\,cm^2$ (2) $70\,cm^2$ (3) $94\,cm^2$

下の問題では，それぞれの辺の長さを展開図にかき入れて考えると，解きやすくなります。
(2)の「側面全体の面積」は，──の長方形の面積を考えます。
(3)では，底面が２つあるので，底面２つ分の面積と側面全体の面積の和を求めます。

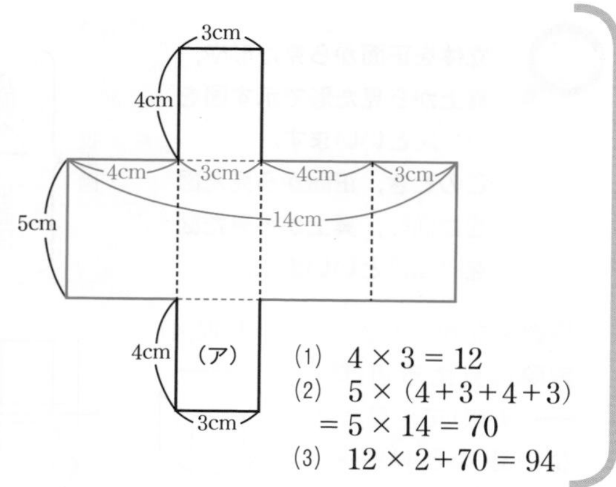

(1) $4 \times 3 = 12$

(2) $5 \times (4+3+4+3)$
$= 5 \times 14 = 70$

(3) $12 \times 2 + 70 = 94$

立体の，側面全体の面積を側面積，
1つの底面の面積を底面積，
すべての面の面積の和を表面積といいます。

類題トレーニング 次の図は，円柱の見取図と展開図です。次の面積を求めましょう。

(1)　円柱の底面積
(2)　円柱の側面積
(3)　円柱の表面積

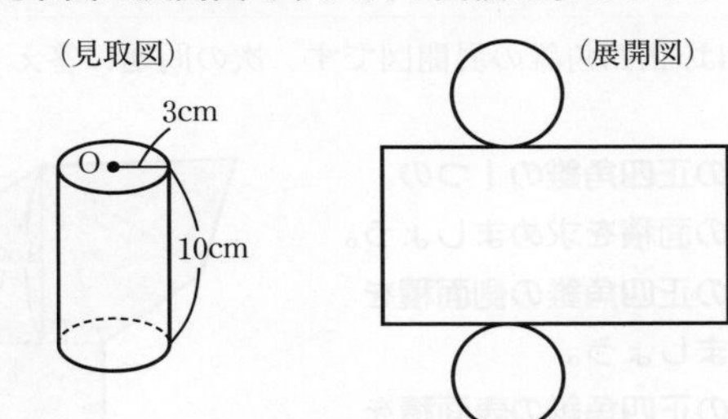

答 (1)　$9\pi cm^2$　(2)　$60\pi cm^2$
(3)　$78\pi cm^2$

考え方 (1)　$\pi \times 3^2 = 9\pi$
(2)　円柱の側面は，展開図のような長方形を考えます。
縦は円柱の高さ，横は，底面の円の円周になります。
$10 \times (2 \times \pi \times 3) = 60\pi$
(3)　底面が2つあることに注意。
$9\pi \times 2 + 60\pi = 78\pi$

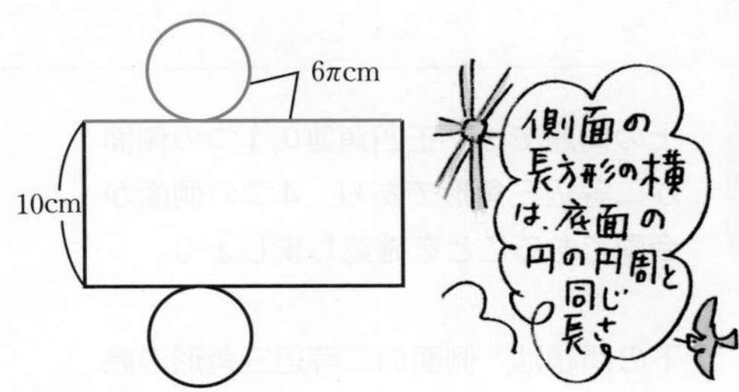

例題で確認! 次の立体の表面積を求めましょう。

(1)

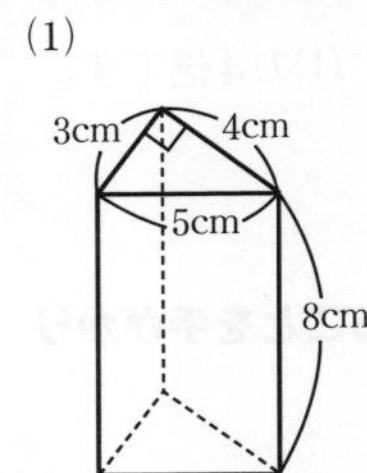

(2)

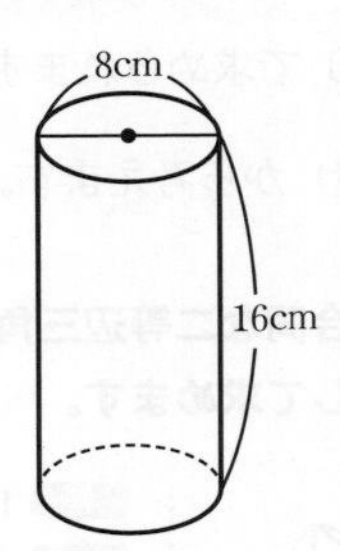

答 (1)　$108 cm^2$　(2)　$160\pi cm^2$

考え方 (1)　三角柱なので側面は3つ。

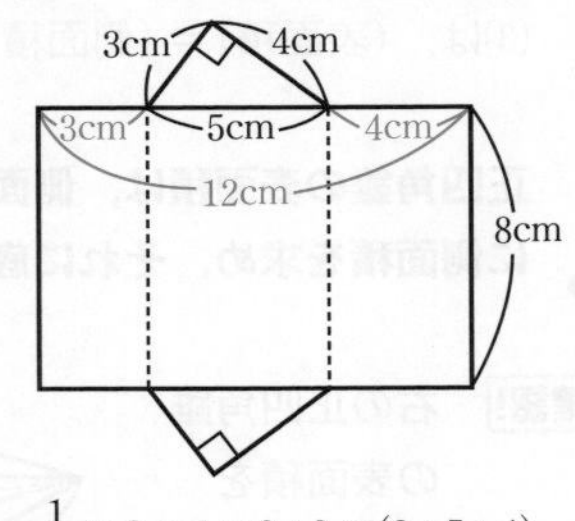

$\frac{1}{2} \times 3 \times 4 \times 2 + 8 \times (3+5+4)$
$= 12 + 96$

STEP 52

②章 空間図形

表面積と体積(2) 角錐の表面積

右の正四角錐の１つの側面は，どんな形か答えましょう。

→ 図 STEP 32

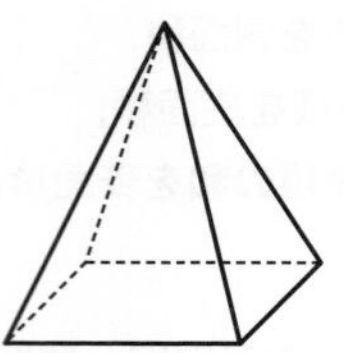

答　二等辺三角形

右の図は，正四角錐の展開図です。次の問題に答えましょう。

(1)　この正四角錐の１つの側面の面積を求めましょう。

(2)　この正四角錐の側面積を求めましょう。

(3)　この正四角錐の表面積を求めましょう。

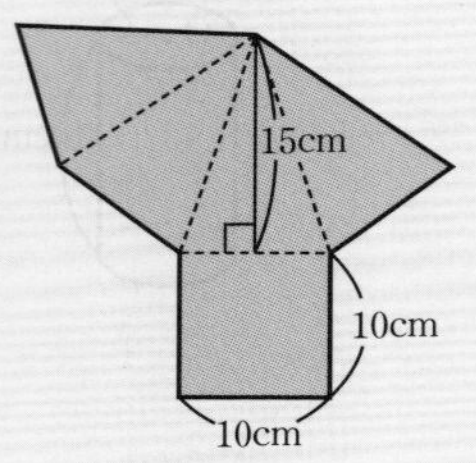

答

(1) 75 cm^2

(2) 300 cm^2

(3) 400 cm^2

上の問題では，正四角錐の1つの側面が二等辺三角形であり，4つの側面が合同であることを確認しましょう。

下の問題は，側面の二等辺三角形の底辺は，それぞれ10cmであることに着目しましょう。

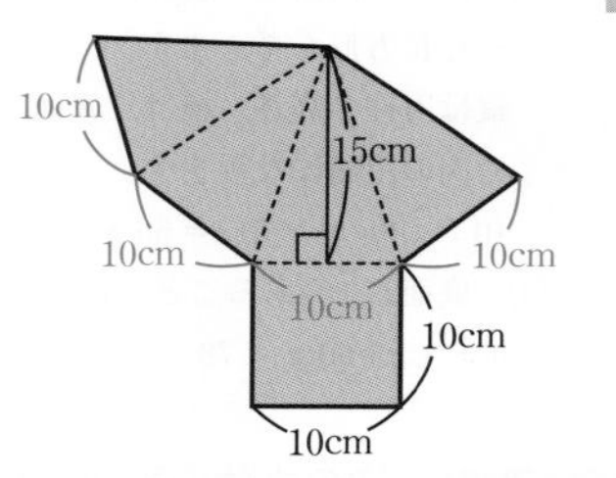

(1)は，$\frac{1}{2}\times 10$〔底辺〕$\times 15$〔高さ〕で求められます。(2)は，(1)の4倍です。

(3)は，（表面積）=（側面積）+（底面積）から考えます。

正四角錐の表面積は，側面がすべて合同な二等辺三角形であることを手がかりに側面積を求め，それに底面積をたして求めます。

例題で確認!　右の正四角錐の表面積を求めましょう。

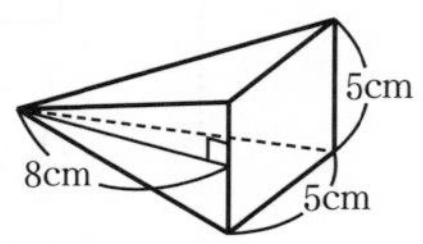

答　105 cm^2

考え方

底面が1辺5cmの正方形の，正四角錐と考える。

$\left(\frac{1}{2}\times 5\times 8\right)\times 4+5^2=80+25$

表面積と体積(3) 円錐の表面積

右のおうぎ形OABの面積を求めましょう。

→ 図 STEP 29

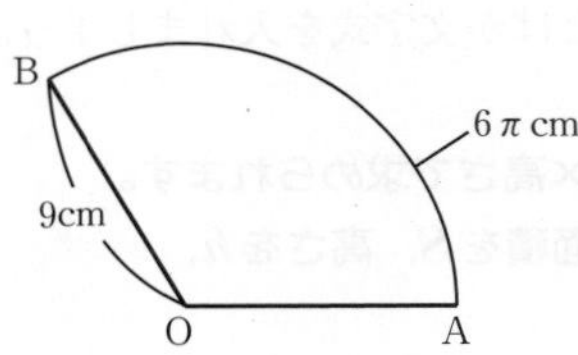

答　$27\pi\text{cm}^2$

右の円錐の表面積を求めます。次の問題に答えましょう。

(1)　$\overset{\frown}{AB}$の長さを求めましょう。
(2)　側面積を求めましょう。
(3)　表面積を求めましょう。

(見取図)

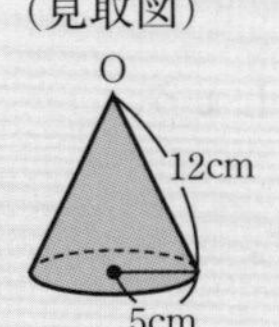

(展開図)

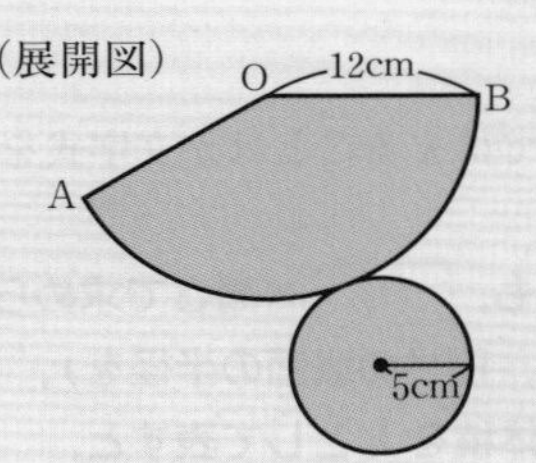

答
(1) $10\pi\text{cm}$
(2) $60\pi\text{cm}^2$
(3) $85\pi\text{cm}^2$

上の問題では，おうぎ形の弧と円周の関係から，おうぎ形の面積を求めます。

$\pi \times 9^2 \times \dfrac{1}{3} = 27\pi\ (\text{cm}^2)$ (図 STEP 29)

下の問題では，円錐の側面の$\overset{\frown}{AB}$は，底面の円の円周と長さが等しいことに着目しましょう。

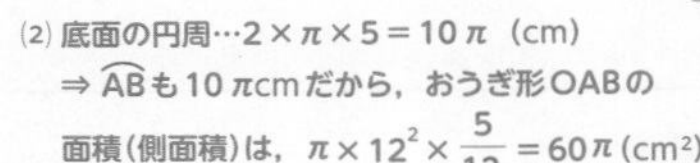

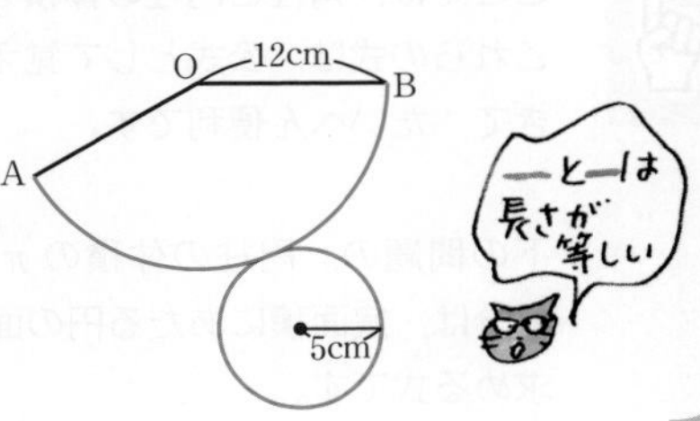

円錐の表面積は，側面のおうぎ形の弧の長さと，底面の円周の長さは等しくなることを手がかりに側面積を求め，それに底面積をたして求めます。

◆**円錐の側面積**は，

$\pi \times (\textbf{母線の長さ})^2 \times \dfrac{(\textbf{底面の半径})}{(\textbf{母線の長さ})}$

で求めることもできます。

例題で確認!　次の円錐の表面積を求めましょう。

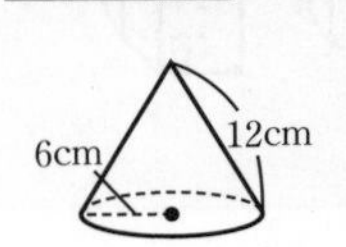

答　$108\pi\text{cm}^2$

考え方

側面積は，　$\pi \times 12^2 \times \dfrac{6}{12} = 72\pi$

底面積は，　$\pi \times 6^2 = 36\pi$

STEP 54

② 章 空間図形

表面積と体積(4) 角柱・円柱の体積

次の□にあてはまることばか文字式を入れましょう。

角柱の体積は，(1) ×高さで求められます。
このことを，角柱の底面積をS，高さをh，
体積をVとして表すと，
$V=$ (2)
となります。

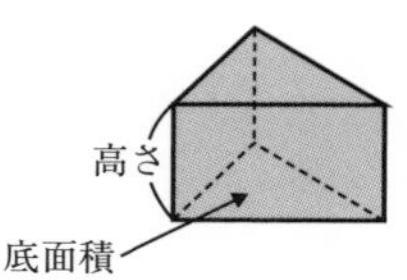

答 (1) 底面積 ×高さ (2) $V=$ Sh

次の□にあてはまることばか文字式を入れましょう。

円柱の体積も，(1) ×高さで求められます。
このことを，円柱の底面の半径をr，
高さをh，体積をVとして表すと，
$V=$ (2)
となります。

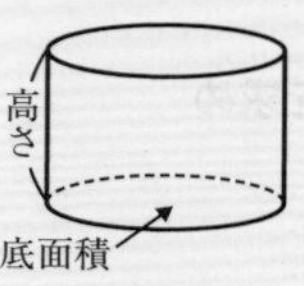

答 (1) 底面積 ×高さ (2) $V=$ $\pi r^2 h$

ここでは，角柱と円柱の体積を，文字を使って表します。
これらの式は，公式として覚えておくと，体積を手ぎわよく求めることができて，たいへん便利です。

下の問題の，円柱の体積の πr^2 の部分は，底面積にあたる円の面積を求める式です。

・角柱の体積

$V=Sh$

（底面積S，高さh，体積V）

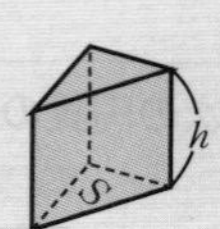

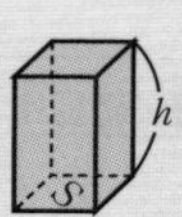

・円柱の体積

$V=\pi r^2 h$

（底面の半径r）

表面積と体積(5) 角錐・円錐の体積

次の□にあてはまる文字式を入れましょう。 → 図 STEP 54

(1) 角柱の体積
$V=$ □
(底面積 S,
高さ h,
体積 V)

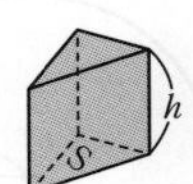

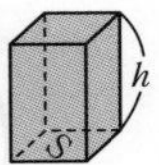

(2) 円柱の体積
$V=$ □
(底面の半径 r,
高さ h,
体積 V)

答 (1) $V=$ Sh (2) $V=$ $\pi r^2 h$

次の□にあてはまる分数を入れましょう。

(1) 角錐(すい)の体積
$V=$ □ Sh
(底面積 S, 高さ h,
体積 V)

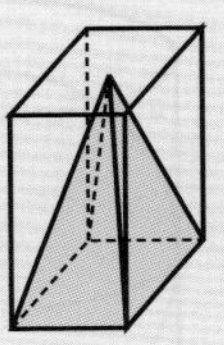

(2) 円錐の体積
$V=$ □ $\pi r^2 h$
(底面の半径 r, 高さ h,
体積 V)

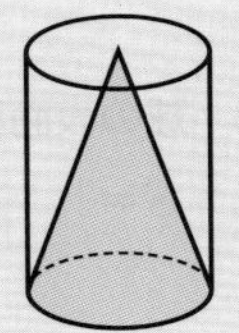

答 (1) $V=\frac{1}{3}Sh$ (2) $V=\frac{1}{3}\pi r^2 h$

底面が合同で, 高さが等しい角柱と角錐では, 角錐の体積は, 角柱の体積の $\frac{1}{3}$ になります。
円柱と円錐の体積でも同じです。

• 角錐の体積

$$V=\frac{1}{3}Sh$$

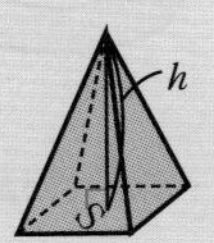

• 円錐の体積

$$V=\frac{1}{3}\pi r^2 h$$

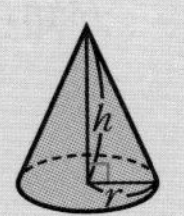

例題で確認! 次の立体の体積を求めましょう。

(1)
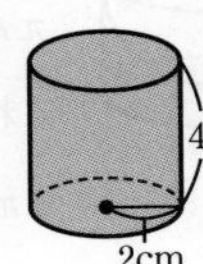

(2)
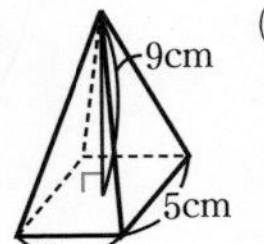

(3)
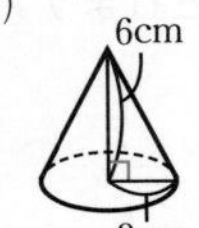

(4)

3cm

答
(1) $112\,cm^3$ (2) $16\pi\,cm^3$
(3) $75\,cm^3$ (4) $18\pi\,cm^3$

STEP 56

②章 空間図形

表面積と体積(6) 球の表面積と体積

円周率をπ，円の半径をr，円周をℓ，円の面積をSとしたとき，□にあてはまる式を入れましょう。

→ 図 STEP 24・25

(1) 円周

$\ell=$ □

(2) 円の面積

$S=$ □

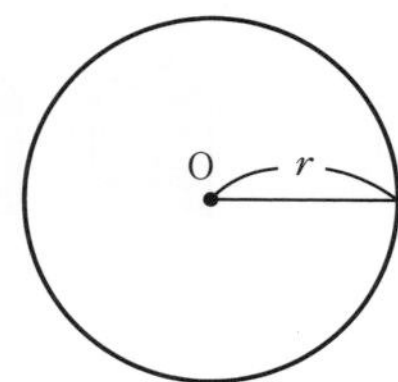

答

(1) $\ell=$ $2\pi r$

(2) $S=$ πr^2

円周率をπ，球の半径をr，球の表面積をS，球の体積をVとしたとき，□にあてはまる数を入れましょう。

(1) 球の表面積

$S=$ □ πr^2

(2) 球の体積

$V=$ □ $\pi r^{□}$

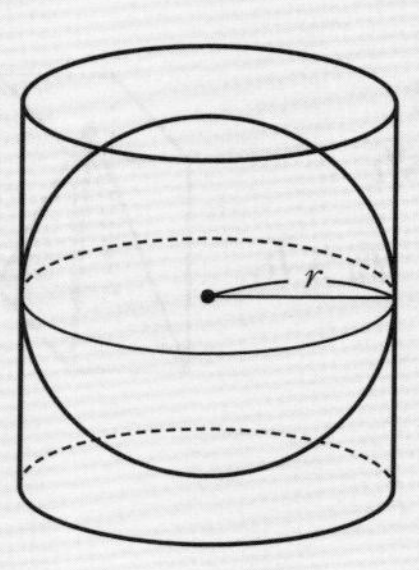

答

(1) $S=$ 4 πr^2

(2) $V=$ $\frac{4}{3}$ πr^{3}

下の問題の球とは，ボールのように，曲面だけでできた立体です。

まず，球の表面積は，その球がぴったり入る円柱の側面積と等しいことが知られています。

また，球の体積は，その円柱の体積の$\frac{2}{3}$になることが知られています。

これらから，球の表面積と体積を求める公式が導き出されます。

・球の表面積＝円柱の側面積

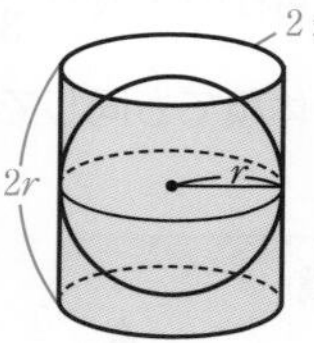

円柱の側面の縦は$2r$，横は底面の円周が$2\pi r$なので，

$2r\times 2\pi r=4\pi r^2$

・球の体積＝円柱の体積の$\frac{2}{3}$

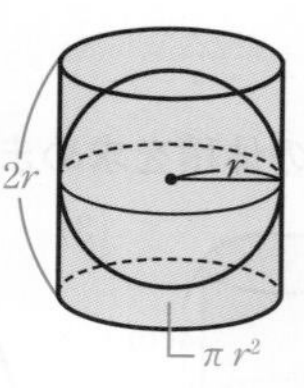

円柱の底面積はπr^2なので，

円柱の体積は，

$\pi r^2\times 2r=2\pi r^3$

これの$\frac{2}{3}$だから，

$2\pi r^3\times\frac{2}{3}=\frac{4}{3}\pi r^3$

- **球の表面積**
  $S = 4\pi r^2$
- **球の体積**
  $V = \frac{4}{3}\pi r^3$

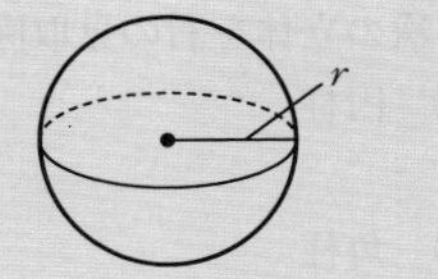

例題で確認! 次の投影図（図 STEP 50）で表される立体の表面積と体積を求めましょう。

(1)

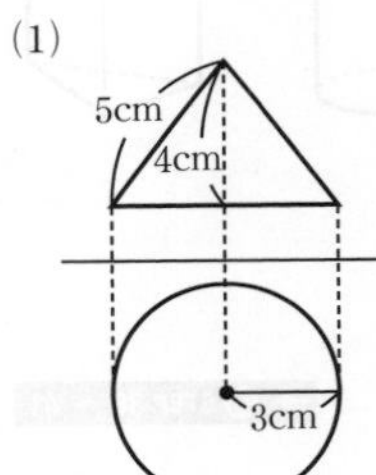

(2)

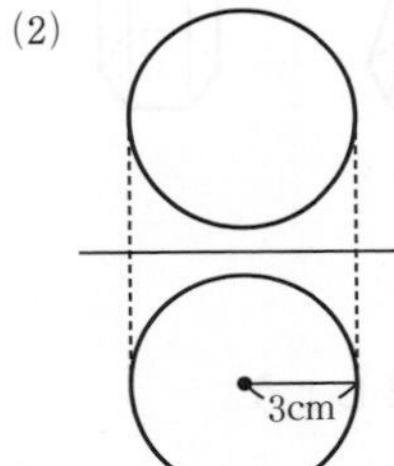

答

(1) 表面積…$24\pi cm^2$
体積……$12\pi cm^3$

(2) 表面積…$36\pi cm^2$
体積……$36\pi cm^3$

考え方

(1) 円錐（すい）で，5cmは母線の長さ，4cmは高さであることに注意。（図 STEP 55）

例題で確認! 次の図形を直線ℓを軸として1回転させてできる立体（図 STEP 48）の表面積と体積を求めましょう。

(1)

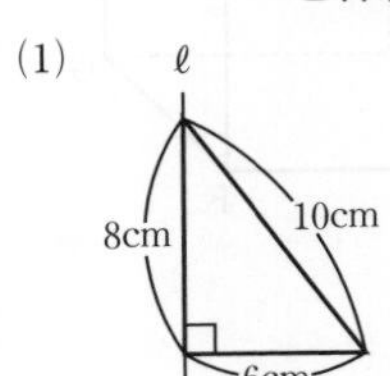

(2)

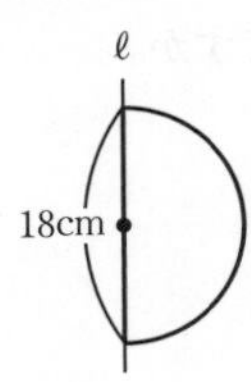

答

(1) 表面積…$96\pi cm^2$
体積……$96\pi cm^3$

(2) 表面積…$324\pi cm^2$
体積……$972\pi cm^3$

考え方

(2) 半径9cmの球。

球を，その中心を通る平面で二等分したものの一方を，半球といいます。
半球の表面積を求めるときには，断面の部分の面積を忘れないようにしましょう。

例題で確認! 次の半球の表面積を求めましょう。

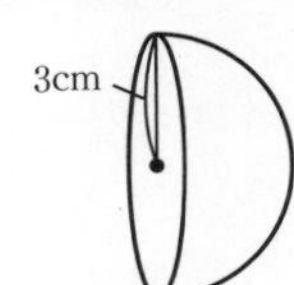

答 $27\pi cm^2$

考え方

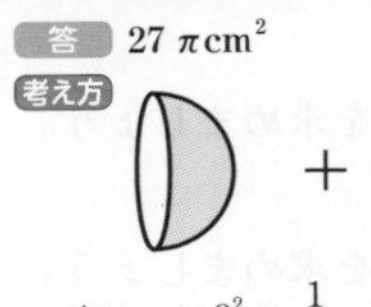

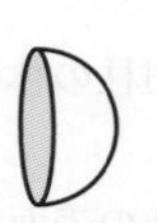

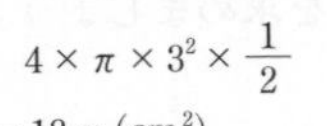

$4 \times \pi \times 3^2 \times \frac{1}{2}$
$= 18\pi\ (cm^2)$

$\pi \times 3^2 = 9\pi\ (cm^2)$

答は495ページ。できた問題は，□をぬりつぶしましょう。

1 次の立体を右の見取図のなかからすべて選び，記号で答えましょう。→ 図 STEP 32 ～ 34

□(1) 円柱

□(2) 角柱

□(3) 円錐（えんすい）

□(4) 角錐

□(5) 多面体ではない立体

ア
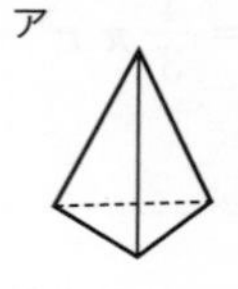
イ
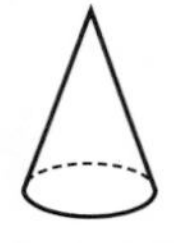
ウ

エ
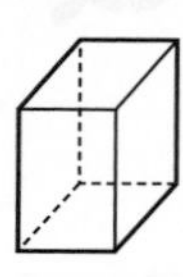
オ　カ
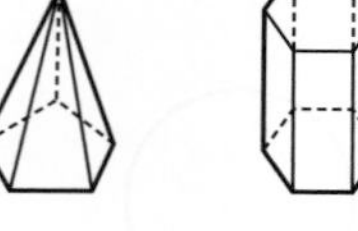
キ
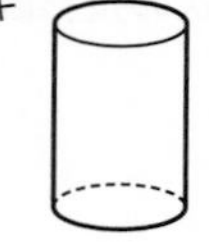
ク
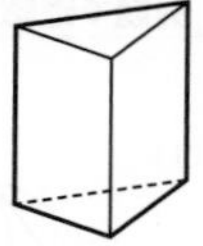

2 右の立方体について，次の問題に答えましょう。→ 図 STEP 38 ～ 41

□(1) 辺AEと平行な辺はどれですか。

□(2) 辺BCと垂直な辺はどれですか。

□(3) 辺HGとねじれの位置にある辺はどれですか。

□(4) 面DHGCと垂直な面はどれですか。

□(5) 面AEHDと平行な面はどれですか。

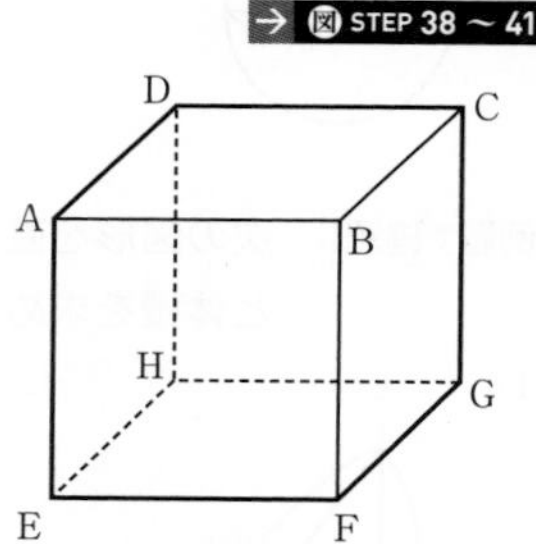

3 下の円柱と球について，次の問題に答えましょう。→ 図 STEP 51, 54, 56

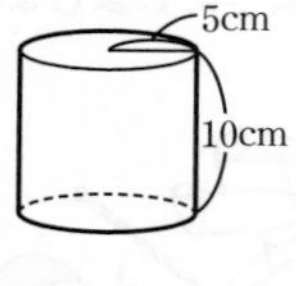

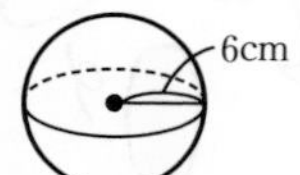

□(1) 円柱の側面積を求めましょう。

□(2) 円柱の表面積を求めましょう。

□(3) 円柱の体積を求めましょう。

□(4) 球の表面積を求めましょう。

□(5) 球の体積を求めましょう。

3 平行と合同 2年

STEP 57

③章 平行と合同

平行線と角(1) 対頂角

次の□にあてはまることばを入れましょう。

2直線が交わった点で，向かいあう角を □ といいます。

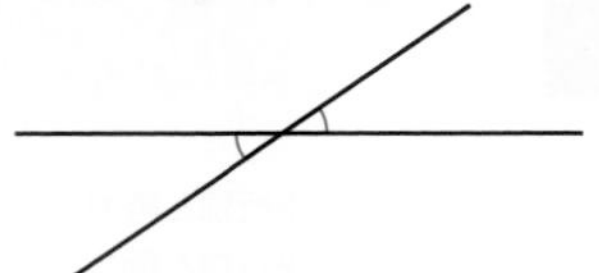

答 対頂角

次の□にあてはまる角度と角を入れましょう。

右の図で，
∠a＝ □ −∠b
∠c＝ □ −∠b
したがって，∠a＝ □

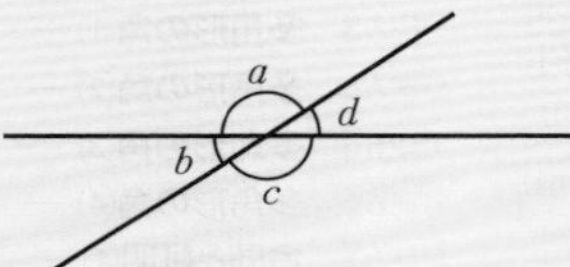

答 ∠a＝180°−∠b
∠c＝180°−∠b
∠a＝∠c

2つの直線が交わると，交わった点(交点)のまわりに角ができます。そのうち，向かいあう角を**対頂角**(たいちょうかく)といいます。

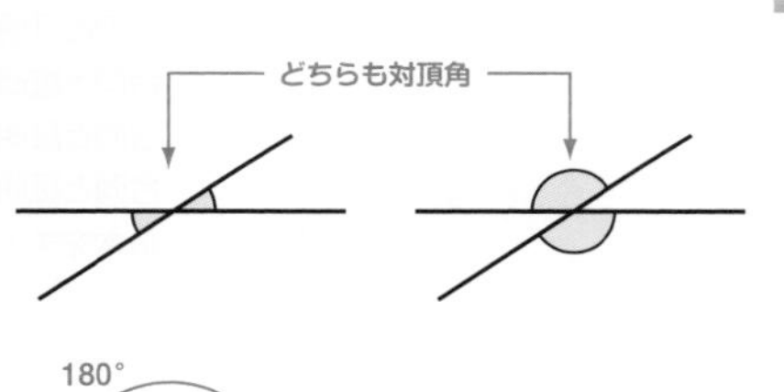

下の問題は，∠aも∠cも180°−∠bと表せるので，∠bがどんな大きさであっても，∠a＝∠c，すなわち対頂角は等しいということがいえます。

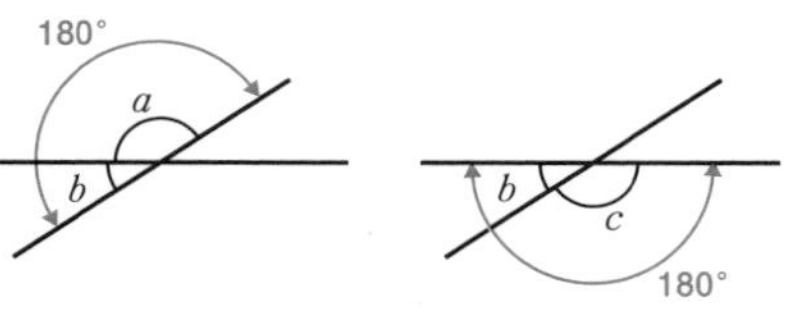

- **対頂角(たいちょうかく)の性質**
  対頂角は等しい。

例題で確認！ 次の角の大きさを求めましょう。

(1) ∠a
(2) ∠b

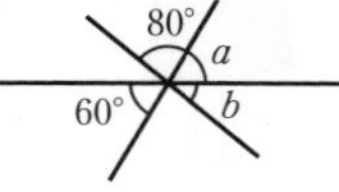

答
(1) 60°
(2) 40°

考え方
(1) ∠aの対頂角を考えます。
(2) 80°＋60°＋∠b＝180°

③章 平行と合同

平行線と角(2) 同位角・錯角

次の□にあてはまる角を入れましょう。

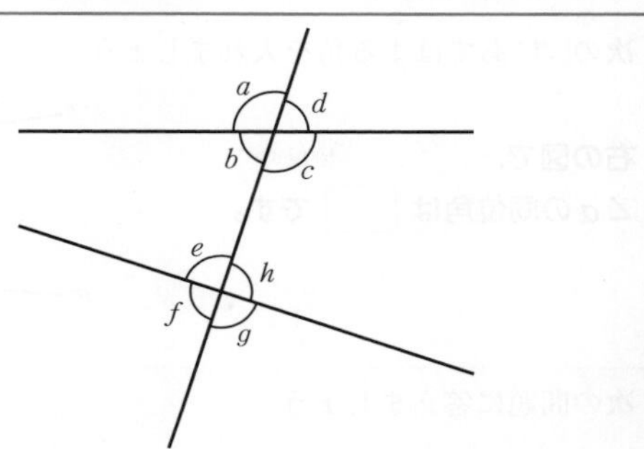

(1) ∠aと∠e，∠bと∠fのような位置にある角は，ほかに

∠cと□，∠dと□

があります。

(2) ∠cと∠eのような位置にある角は，ほかに

∠bと□

があります。

答 (1)∠cと∠g，∠dと∠h (2)∠bと∠h

次の□にあてはまることばを入れましょう。

(1) 右の図のような位置にある角を□といいます。

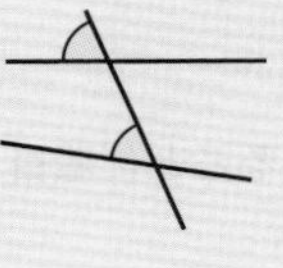

(2) 右の図のような位置にある角を□といいます。

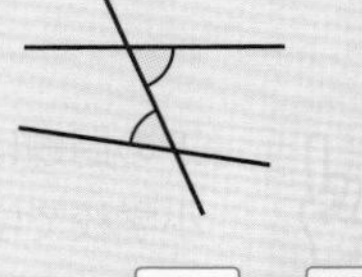

答 (1)同位角 (2)錯角

上の問題の(1)は，交点に対して同じ位置にある角をさがします。

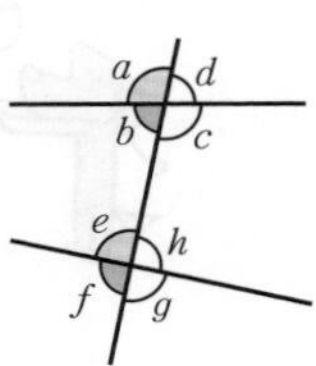

(2)は，∠cと∠eのように，2直線の内側で，たがいちがいにある角をさがします。

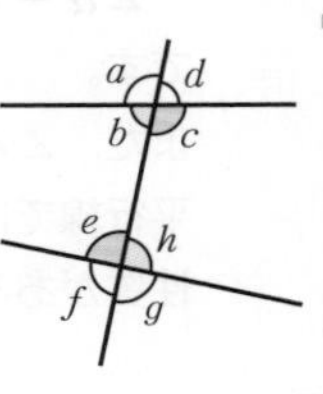

(1)のような位置にある角を**同位角**（どういかく），(2)のような位置にある角を**錯角**（さっかく）といいます。

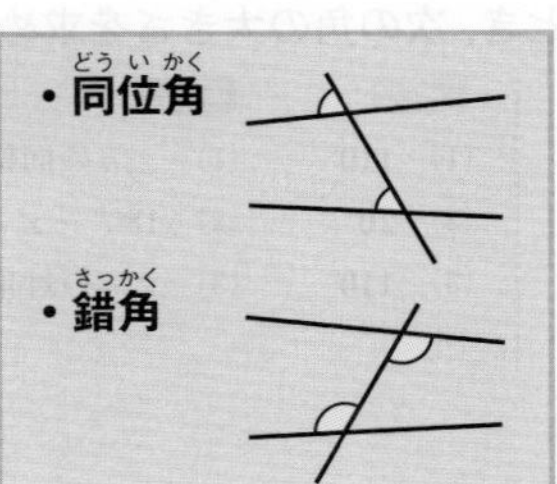

例題で確認! 次の角を答えましょう。

(1) ∠aの同位角

(2) ∠bの錯角

(3) ∠bの同位角

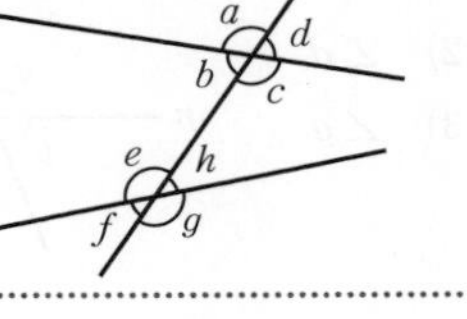

答 (1) ∠e (2) ∠h (3) ∠f

STEP 59

③章 平行と合同

平行線と角(3) 平行線と同位角

次の□にあてはまる角を入れましょう。 → 図 STEP 58

右の図で,
∠aの同位角は □ です。

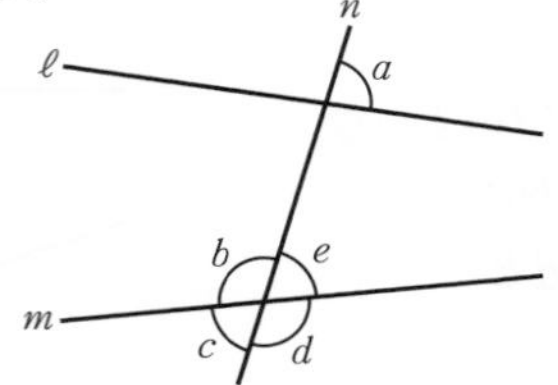

答 ∠e

次の問題に答えましょう。

右の図で, ∠b = 55°で,
ℓ//mのとき, ∠aの大き
さを求めましょう。

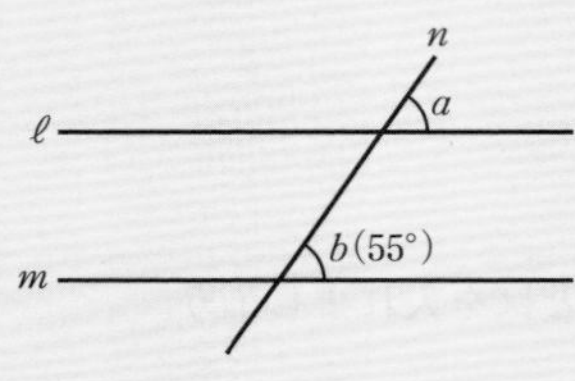

答 ∠a = 55°

下の問題は, 2つの直線ℓ, mが平行であることに着目しましょう。
小学校で学習したとおり, 平行な直線は,
ほかの直線と等しい角度で交わるので,

∠a = 55° 答

です。
また, ∠aと∠bは同位角なので,
平行線では, 同位角が等しいという
性質があるといえます。

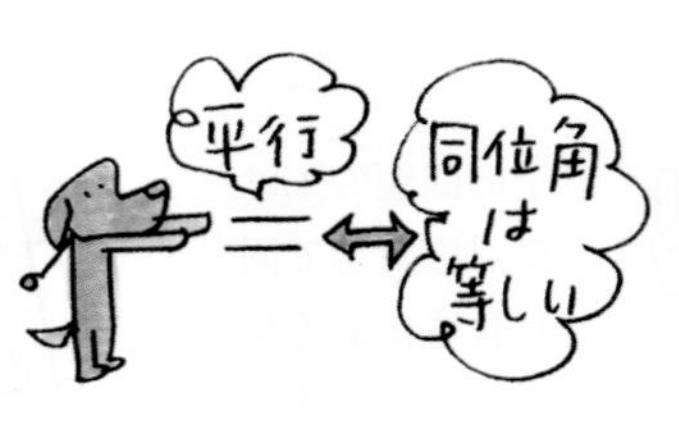

- **平行線の性質(1)**

2直線に1つの直線が交わるとき, 2直線が平行ならば, 同位角は等しい。

例題で確認! 下の図で, ℓ// mです。∠a = 110°のとき, 次の角の大きさを求めましょう。

(1) ∠e
(2) ∠d
(3) ∠g

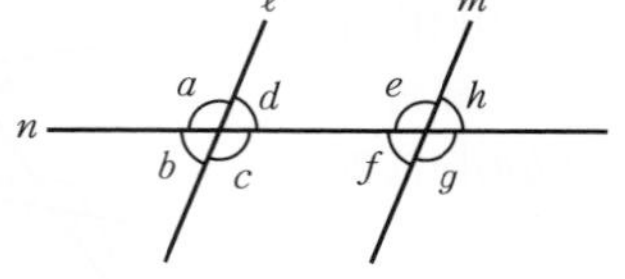

答	考え方
(1) 110°	(1) ∠aの同位角
(2) 70°	(2) 180° − ∠a
(3) 110°	(3) ∠eの対頂角

STEP 60 平行線と角(4) 平行線と錯角

次の□にあてはまる角を入れましょう。 → 図 STEP 58

右の図で，
∠aの錯角は □ です。

答 ∠e

次の問題に答えましょう。

右の図で，∠b＝60°で，
ℓ//mのとき，∠aの大き
さを求めましょう。

答 ∠a＝60°

下の問題は，2つの直線ℓ，mが平行であることに着目しましょう。右の図のとおり，図 STEP 57の対頂角の性質と，図 STEP 59の平行線の性質(1)より，

∠a＝60° 答

また，∠aと∠bは錯角なので，
平行線では，錯角が等しいという性質があるといえます。

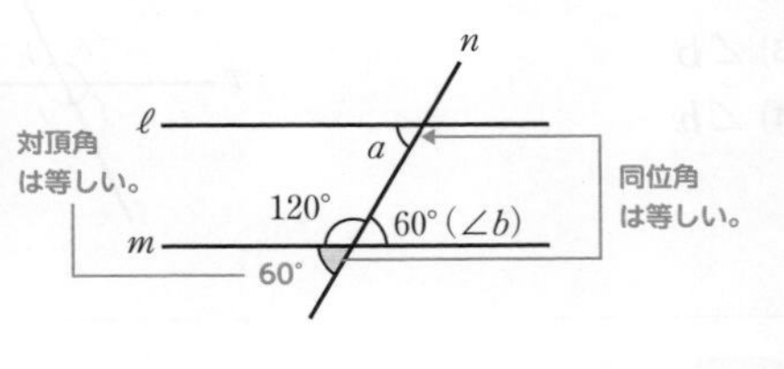

- **平行線の性質(2)**

2直線に1つの直線が交わるとき，2直線が平行ならば，錯角は等しい。

例題で確認! 下の図で，ℓ//mです。次の角の大きさを求めましょう。

(1) ∠a
(2) ∠b
(3) ∠c

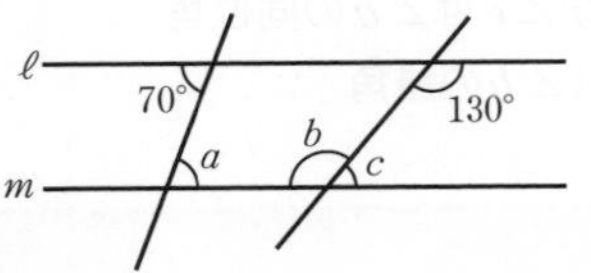

答
(1) 70°
(2) 130°
(3) 50°

考え方
(1)(2) 錯角を考えます。
(3) 180° − ∠b

1 平面図形と基本の作図
2 空間図形
3 平行と合同
4 三角形と四角形
5 相似
6 円の性質
7 三平方の定理

STEP 61

③章 平行と合同

平行線と角(5) 平行線の性質（まとめ）

次の角を答えましょう。

→ 図 STEP 57・58

(1) ∠aの同位角
(2つあります。)

(2) ∠cの同位角
(2つあります。)

(3) ∠cの錯角
(2つあります。)

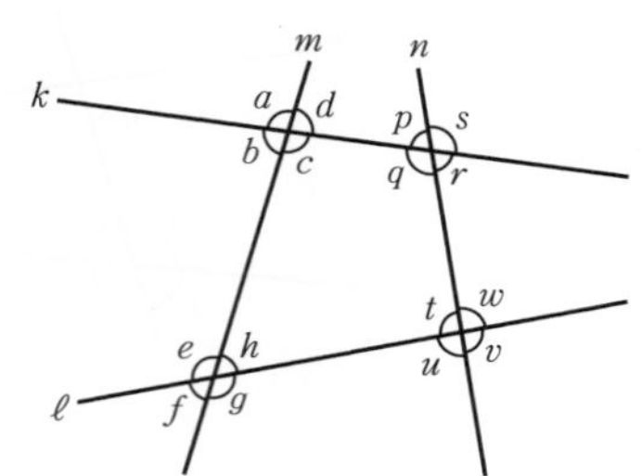

※直線kと直線ℓは平行ではない。
※直線mと直線nは平行ではない。

答
(1) ∠e，∠p
(2) ∠g，∠r
(3) ∠e，∠p

$k /\!/ \ell$，$m /\!/ n$のとき，次の角の大きさを求めましょう。

(1) ∠a
(2) ∠e
(3) ∠b
(4) ∠h

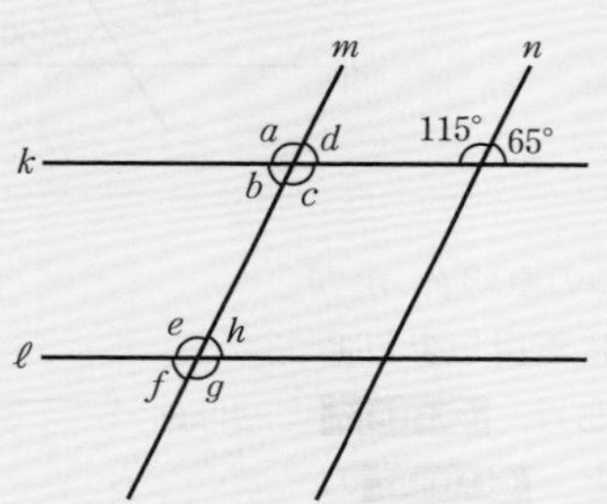

答
(1) 115°
(2) 115°
(3) 65°
(4) 65°

上の問題では，同位角と錯角の関係を，それぞれしっかり確認しておきましょう。

下の問題では，$k /\!/ \ell$，$m /\!/ n$ならば，図 STEP 59・60 の平行線の性質が成り立つことから考えます。

・上の問題(1)

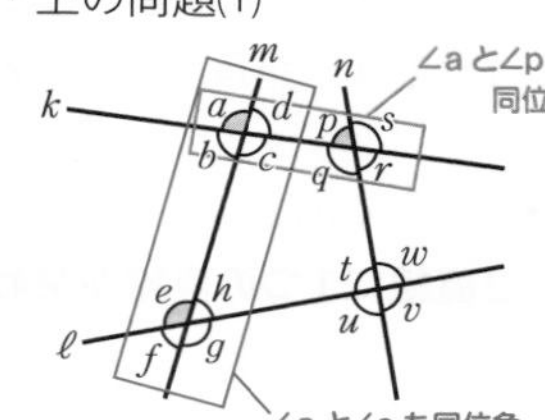

※∠aと∠tは共有する直線がないので，同位角ではない。

(1) ∠aは115°の角の同位角　　(2) ∠eは∠aの同位角

(3) ∠b = 180° − ∠a　　(4) ∠hは∠bの錯角

• 平行線の性質（まとめ）

平行な2直線に1つの直線が交わるとき，次の❶，❷が成り立ちます。

❶同位角は等しい。　　❷錯角は等しい。

平行線と角(6) 平行線になる条件

$\ell /\!/ m$のとき，次の角の大きさを求めましょう。

(1) $\angle x$，$\angle y$
(2) $\angle z$

(1)

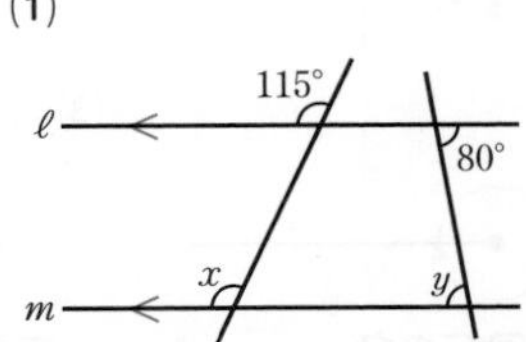

(2)

→ 図 STEP 61

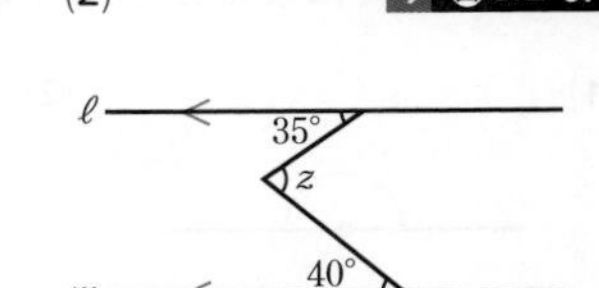

答 (1) $\angle x = 115°$，$\angle y = 80°$ (2) $\angle z = 75°$

右の図の直線のうち，平行であるものを2組選んで，記号//を使って表しましょう。

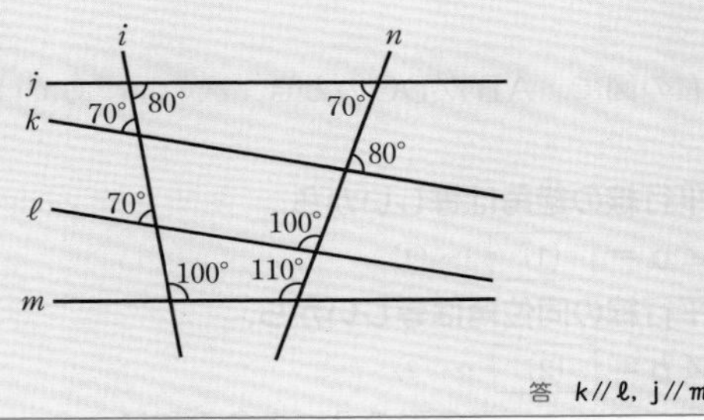

答 $k /\!/ \ell$，$j /\!/ m$

上の問題の(2)では，右の図1のように，点Aを通り直線ℓに平行な直線をひき，平行線の錯角の性質を利用して考えます。このように，考える手がかりのためにひく線を**補助線**（ほじょせん）といいます。

図1

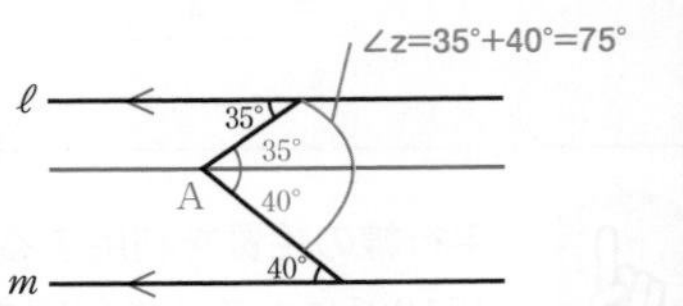

下の問題は，2直線が平行ならば，錯角または同位角が等しいことを利用して考えます。
図2のように，同位角が等しいので$k /\!/ \ell$，錯角が等しいので$j /\!/ m$がいえます。

図2

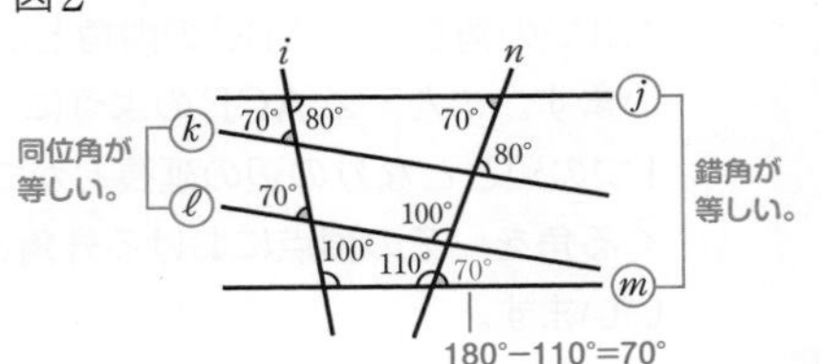

- **平行線になる条件**

2直線に1つの直線が交わるとき，次の❶，❷のどちらかが成り立てば，その2直線は平行です。
❶同位角が等しい。　❷錯角が等しい。

STEP 63 ③章 平行と合同

多角形の角(1) 三角形の内角・外角

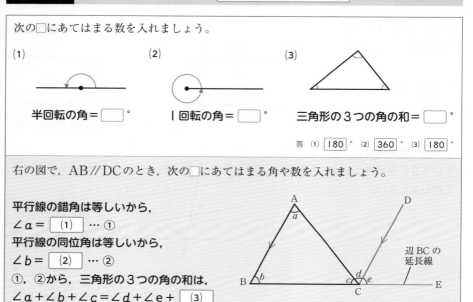

次の□にあてはまる数を入れましょう。

(1)

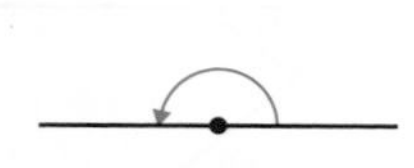

半回転の角＝□°

(2)

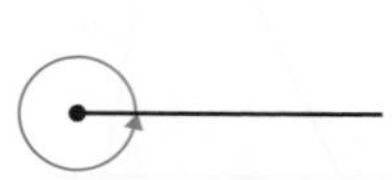

1回転の角＝□°

(3)

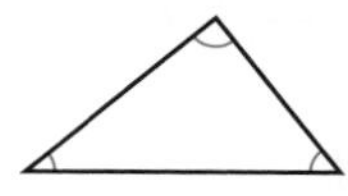

三角形の３つの角の和＝□°

答 (1) 180° (2) 360° (3) 180°

右の図で，AB//DCのとき，次の□にあてはまる角や数を入れましょう。

平行線の錯角は等しいから，

$\angle a$＝ (1) …①

平行線の同位角は等しいから，

$\angle b$＝ (2) …②

①，②から，三角形の３つの角の和は，

$\angle a+\angle b+\angle c=\angle d+\angle e+$ (3)

＝ (4) °

答 (1) $\angle a$＝$\angle d$ (2) $\angle b$＝$\angle e$

(3) $\angle d+\angle e+$$\angle c$

(4) 180°

平行線の性質を利用すると，下の問題のように，三角形の3つの角の和がなぜ180°になるかを説明することができます。

下の問題の$\angle a$，$\angle b$，$\angle c$のような3つの角を，△ABCの**内角**(ないかく)といいます。また，∠ACEのように，1つの辺ととなりの辺の延長とがつくる角を，その頂点における**外角**(がいかく)といいます。

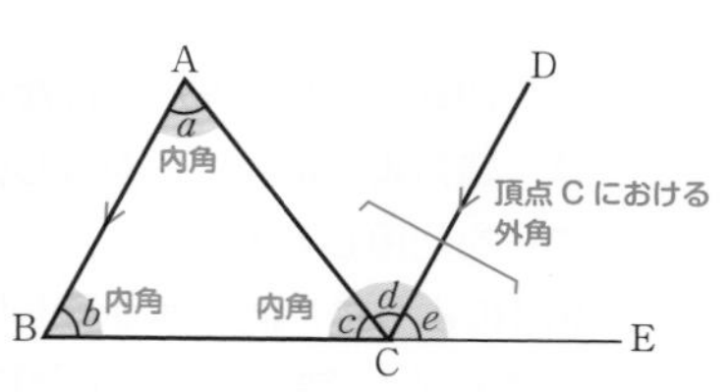

POINT

・**三角形の内角**(ないかく)**と外角**(がいかく)

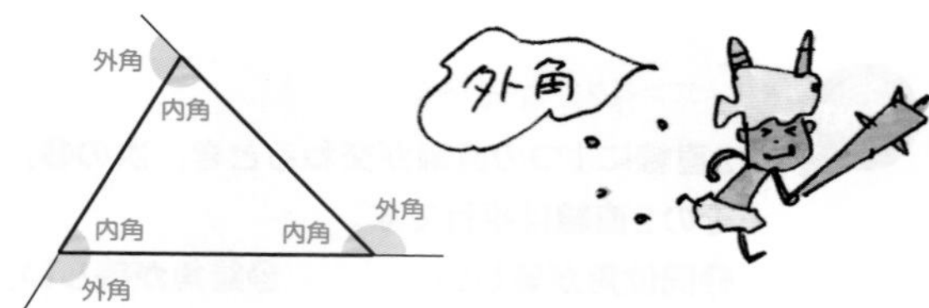

多角形の角(2) 三角形の内角・外角の性質

右の図で，AB // DC，△ABCの辺BCを延長してCEとしたとき，次の問題に答えましょう。 → 図 STEP 63

(1) ∠aと等しい大きさの角のところに●をかき入れましょう。

(2) ∠bと等しい大きさの角のところに○をかき入れましょう。

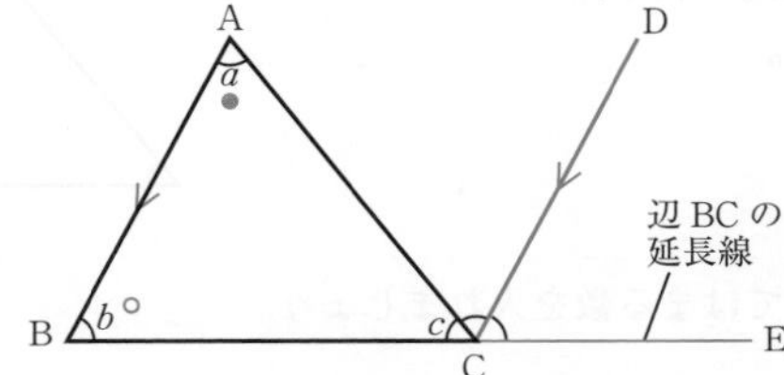

答

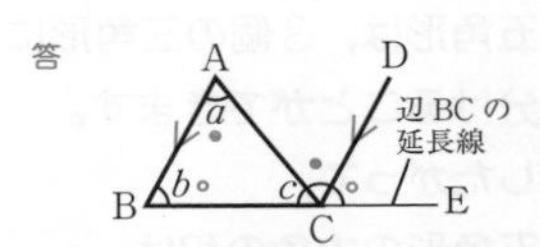

上の問題のつづきです。次の□に'和'か'差'のどちらかのことばを入れましょう。

頂点Cにおける外角（∠ACE）は，∠aと∠bの□に等しい。

答 和

∠a，∠b，∠cは，それぞれ，△ABCの内角です。

上の問題で確認したとおり，∠cととなりあう外角（∠ACE）は，●(∠a)と○(∠b)を合わせた角度になります。

逆に考えると，∠ACEは，∠c以外の2つの内角の和と等しくなることがいえます。

・三角形の内角・外角の性質

❶三角形の3つの内角の和は180°である。

❷三角形の1つの外角は，それととなりあわない2つの内角の和に等しい。

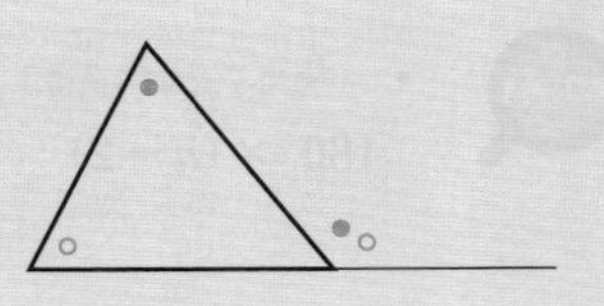

STEP 65

③章 平行と合同

多角形の角(3) 多角形の内角の和

次の□にあてはまる数を入れましょう。

→ 図 STEP 63・64

三角形の内角の和は
□°です。

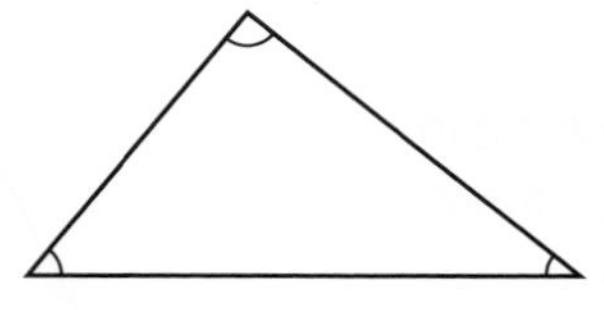

答 180 °

次の□にあてはまる数を入れましょう。

五角形は，3個の三角形に
分けることができます。
したがって，
五角形の内角の和は
□°です。

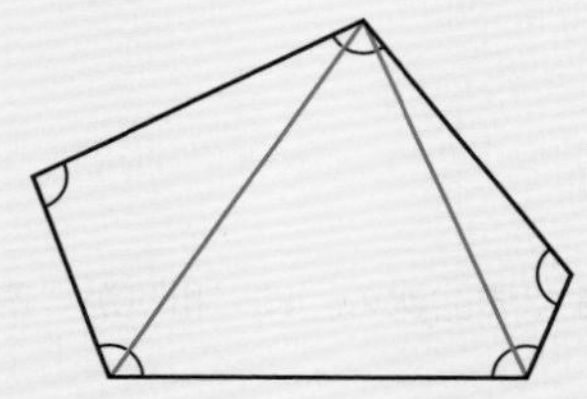

答 540 °

下の問題は，五角形の内角の和を考えます。
五角形は，1つの頂点からひいた対角線によって，3個の三角形に分けられます。したがって，五角形の内角の和は，$180° \times 3 = 540°$です。

n角形の場合，1つの頂点からひいた対角線によって，$n-2$（個）の三角形に分けられます。したがって，n角形の内角の和は，$180° \times (n-2)$となります。

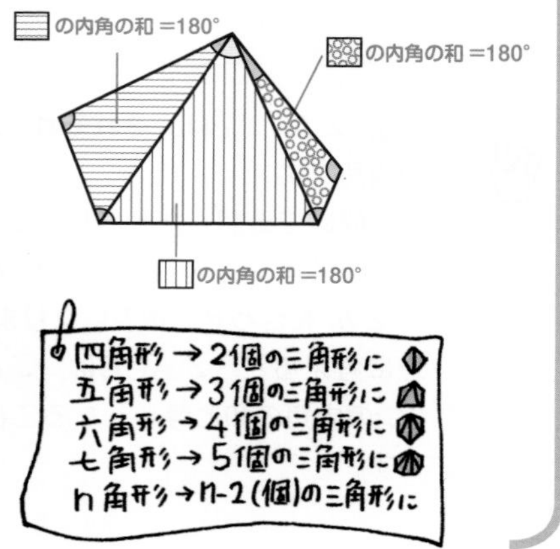

・n角形の内角の和
$180° \times (n-2)$

例題で確認！ 次の多角形の内角の和を求めましょう。

(1) 六角形
(2) 九角形

答 (1) 720° (2) 1260°
考え方 (1) $180° \times (6-2)$
(2) $180° \times (9-2)$

多角形の角(4) 多角形の外角の和

→ 図 STEP 65

次の□にあてはまる数を入れましょう。

六角形の内角の和は

□°です。

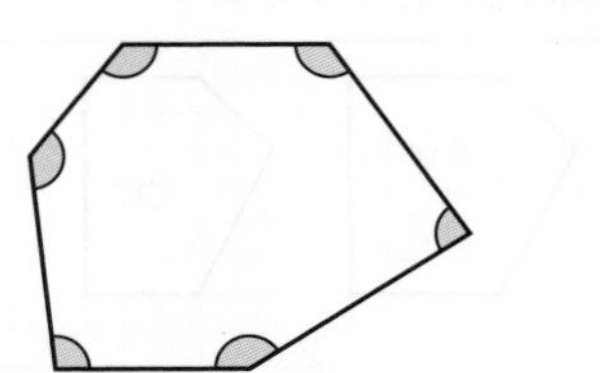

答 720°

次の□にあてはまる数を入れましょう。

六角形の外角の和は

□°です。

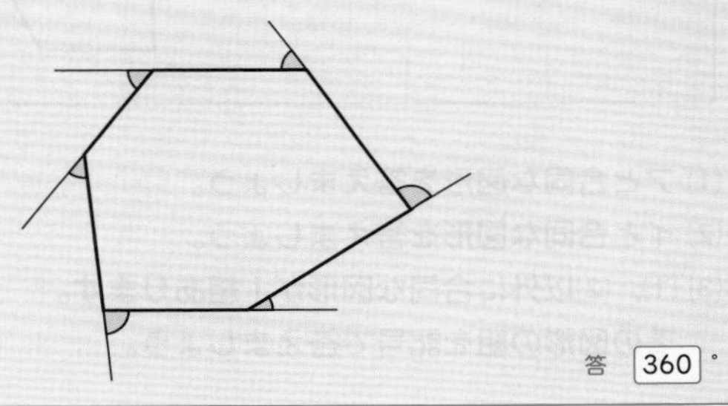

答 360°

下の問題は，六角形の外角の和を考えます。

各頂点において，内角と1つの外角の和は180°です。六角形では，頂点が6つあるので，すべての内角と外角の和は，$180° \times 6 = 1080°$

ここから，六角形の内角の和をひけば，外角の和が求められます。

$1080° - 180° \times (6-2) = 360°$

n角形の場合は，

$180° \times n - 180° \times (n-2)$

$= 180° \times n - 180° \times n + 360°$

$= 360°$

すなわち，どんな多角形でも，外角の和は360°で一定です。

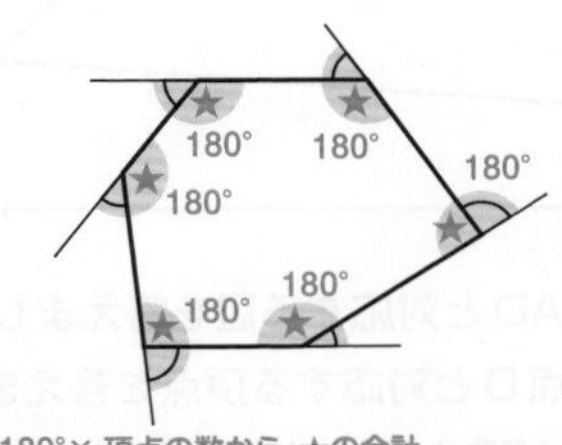

180°× 頂点の数から，★の合計(内角の和)をひけば，外角の和が残る。

- **n角形の外角の和**

n角形の外角の和は360°です。

例題で確認!

∠xの大きさを求めましょう。

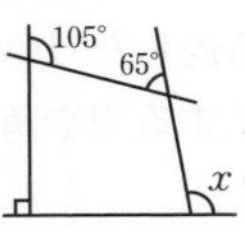

答 100°

考え方

$360° - (105° + 65° + 90°)$

合同と証明(1) 合同な図形の性質

図を見て，次の問題に答えましょう。

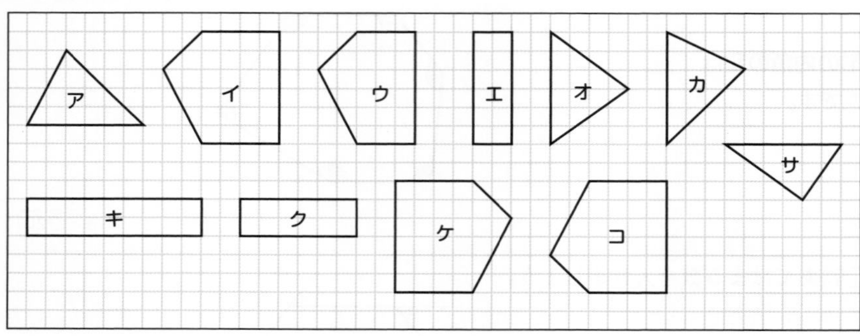

(1) アと合同な図形を答えましょう。

(2) イと合同な図形を答えましょう。

(3) (1)，(2)以外に合同な図形が１組あります。
その図形の組を記号で答えましょう。

答 (1) カ
(2) ケ，コ
(3) エとク

図の四角形ABCDと四角形EHGFは合同です。次の問題に答えましょう。

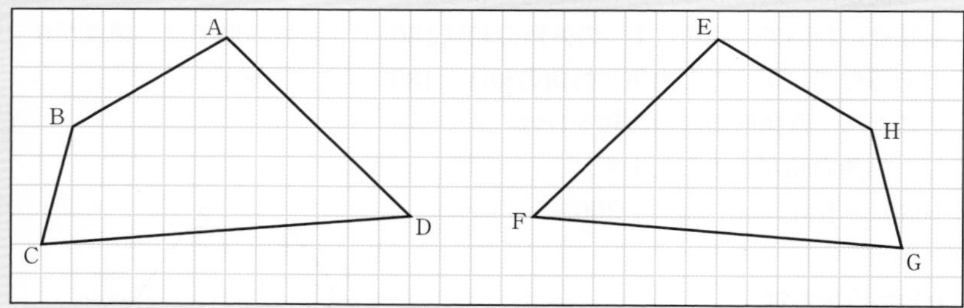

(1) 辺ADと対応する辺を答えましょう。

(2) 頂点Dと対応する頂点を答えましょう。

(3) ∠BCDと対応する角を答えましょう。

答 (1) 辺EF (2) 頂点F (3) ∠HGF

合同な図形とは，移動させると，ぴったり重なる図形のことです。上の問題の(2)では，うら返したり，うら返して回転したりしてぴったり重なる図形も合同です。対応する辺や角を示すときには，対応する頂点が同じ順番になるように示します。

・合同な図形の性質

❶合同な図形では，対応する線分の長さは，それぞれ等しい。

❷合同な図形では，対応する角の大きさは，それぞれ等しい。

例題で確認! 右の図で，四角形ABCDと四角形EHGFは合同です。次の辺の長さや，角の大きさを求めましょう。

(1) 辺ABの長さ
(2) 辺FGの長さ
(3) ∠Aの大きさ
(4) ∠Hの大きさ
(5) ∠Gの大きさ

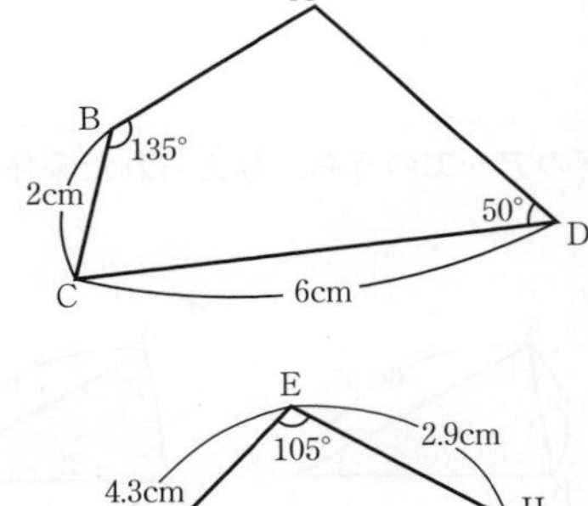

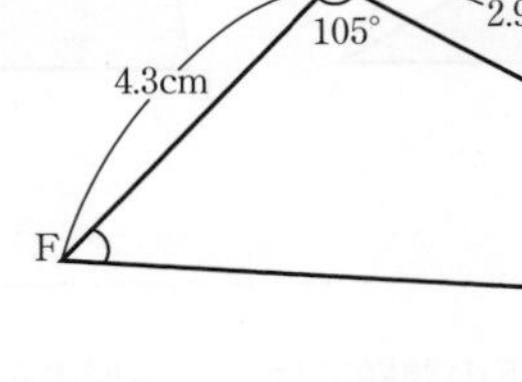

答 (1) **2.9cm** (2) **6cm** (3) **105°** (4) **135°** (5) **70°**

考え方 (1) 辺EHと対応 (2) 辺DCと対応 (3) ∠Eと対応
(4) ∠Bと対応 (5) 360°－(105°＋135°＋50°)

2つの図形が合同であることを，記号≡を使って表すことができます。
△ABCと△DEFが合同→△ABC≡△DEF
四角形ABCDと四角形EFGHが合同→四角形ABCD≡四角形EFGH

STEP 68

③章 平行と合同

合同と証明(2) 三角形の合同条件

下の図で，△ABC≡△DEFです。次の辺や角に対応する辺や角を答えましょう。

→ 図 STEP 67

(1) 辺AC
(2) ∠C
(3) ∠ABC

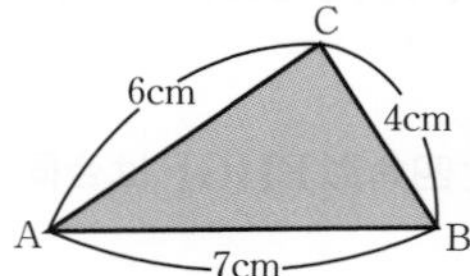

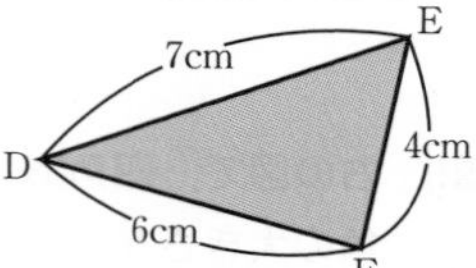

答 (1) 辺DF (2) ∠F (3) ∠DEF

下の**ア**～**エ**のうち，与えられた条件を満たす三角形が1つに定まるものを選びましょう。

ア

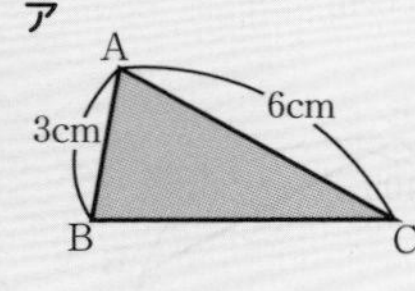

イ

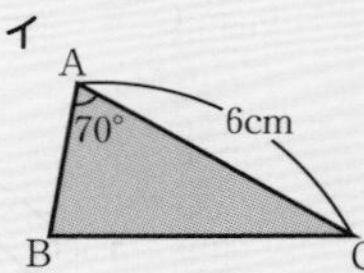

ウ

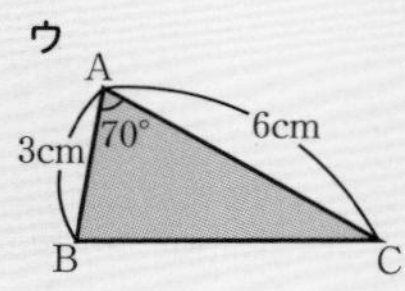

エ

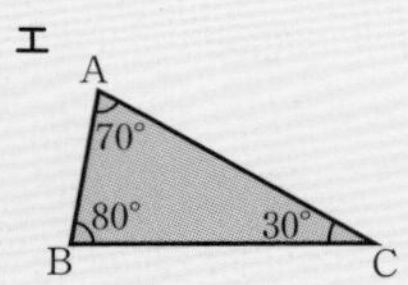

答 **ウ**

下の問題では，三角形の辺の長さと角の大きさのうち，何が決まれば三角形が1つに定まるのかを考えます。右の図のとおり，**ア**，**イ**，**エ**は，与えられた条件を満たす三角形は無数にありますが，**ウ**は，三角形を1つに定めることができます。

三角形の辺の長さと角の大きさのうち，ある条件が満たされると，2つの三角形が合同であると定まります。

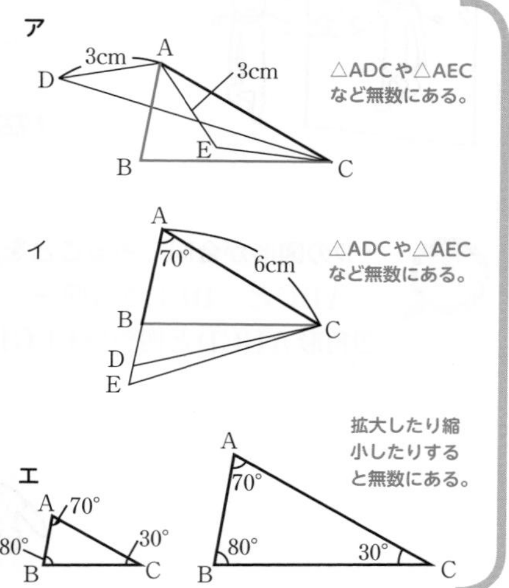

・**三角形の合同条件**

2つの三角形が合同であることをいうためには，2つの三角形の辺と角について，次の3つの条件のうち，どれか1つが成り立つことをいえばよい。

❶3組の辺が，それぞれ等しい。

- AB = A′B′
- BC = B′C′
- CA = C′A′

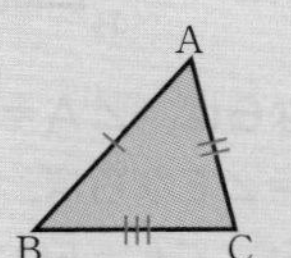
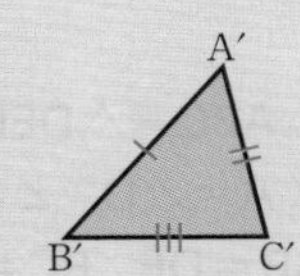

❷2組の辺とその間の角が，それぞれ等しい。

- AB = A′B′
- BC = B′C′
- ∠B = ∠B′

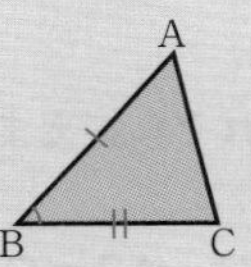
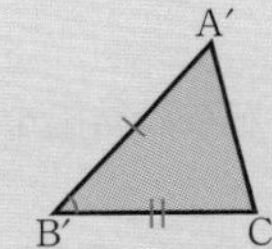

❸1組の辺とその両端（りょうたん）の角が，それぞれ等しい。

- BC = B′C′
- ∠B = ∠B′
- ∠C = ∠C′

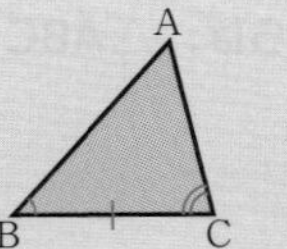
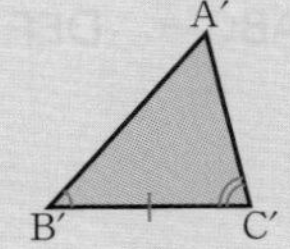

◆三角形の合同条件は，次のように表現することもあります。

❶　3辺がそれぞれ等しい。
❷　2辺とその間の角がそれぞれ等しい。
❸　1辺とその両端の角がそれぞれ等しい。

例題で確認!　**図の△ABCと△DEFにおいて，△ABC≡△DEFとなるためには，あと1つどんな条件をつけ加えればよいですか。それぞれ2通りずつ答えましょう。**

(1)

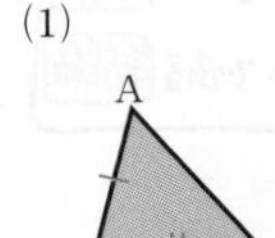
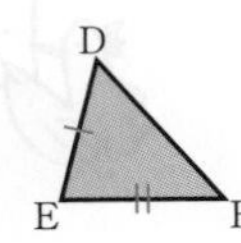

・AB = DE
・BC = EF
・(　　　)

(2)

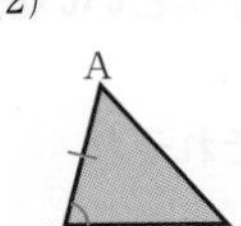
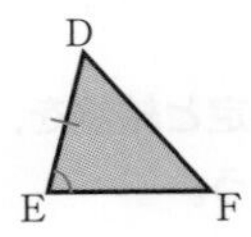

・AB = DE
・∠B = ∠E
・(　　　)

答

(1)　**AC = DF，∠B = ∠E**
(2)　**BC = EF，∠A = ∠D**

考え方

(1)　AC = DF で合同条件❶
　　∠B = ∠Eで合同条件❷
(2)　BC = EF で合同条件❷
　　∠A = ∠Dで合同条件❸

STEP 69

❸章 平行と合同

合同と証明(3) 仮定と結論

右の図について述べている**ア～ウ**のうち，正しいといいきれないものを1つ選びましょう。

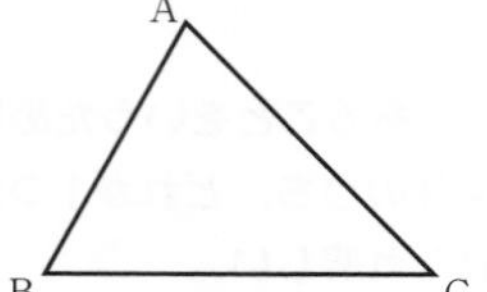

→ 図 STEP 68

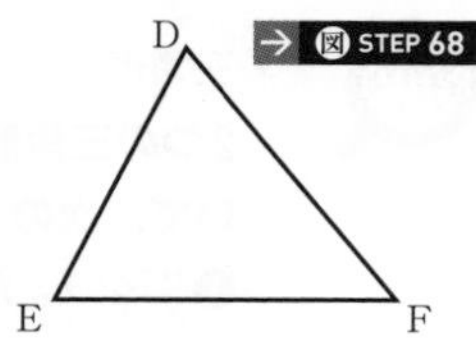

ア △ABC≡△DEFならば，∠A＝∠Dである。
イ ∠A＝∠D，∠B＝∠Eならば，△ABC≡△DEFである。
ウ AB＝DE，BC＝EF，CA＝FDならば，△ABC≡△DEFである。

答 **イ**

次のことがらの結論を，それぞれ答えましょう。（上の問題の図を見て考えましょう。）

(1) △ABC≡△DEFならば，AB＝DEである。
(2) AB＝DE，BC＝EF，∠B＝∠Eならば，△ABC≡△DEFである。
(3) △ABC≡△DEFならば，△ABCと△DEFの面積は等しい。

答 (1) AB＝DE (2) △ABC≡△DEF
(3) △ABCと△DEFの面積は等しい。

上の問題の**イ**は，△ABC≡△DEFならば，∠A＝∠D，∠B＝∠Eはいえますが，△ABCと△DEFが合同であることをいうには，AB＝DEが必要です。（合同条件❸）

下の問題では，どの文も「～ならば，…である。」という形の文になっていることに着目しましょう。

「～ならば，…である。」という形の文において，「～」の部分を仮定（かてい），「…」の部分を結論（けつろん）といいます。

例題で確認! 次のことがらの仮定と結論を，それぞれ記号で答えましょう。

(1) △ABCと△DEFが合同ならば，∠Aと∠Bの大きさは等しい。
(2) △ABCと△DEFで，3辺の長さがそれぞれ等しいとき，△ABCと△DEFは合同である。

答
(1) 仮定…△ABC≡△DEF
結論…∠A＝∠B
(2) 仮定…AB＝DE, BC＝EF, CA＝FD
結論…△ABC≡△DEF

合同と証明(4) 根拠となることがら

次のことがらについて，仮定と結論を記号で答えましょう。 → 図 STEP 69

△ABCと△DEFにおいて，辺ABと辺DEの長さが等しく，∠Aと∠D，∠Bと∠Eの大きさが等しければ，△ABCと△DEFは合同である。

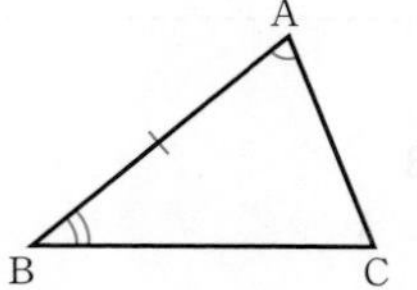

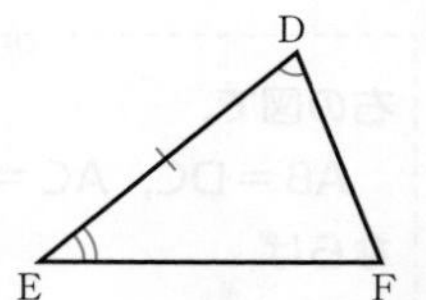

答　仮定…AB＝DE，∠A＝∠D，∠B＝∠E
結論…△ABC≡△DEF

上の問題で，結論の「△ABC≡△DEF」を導き出すための根拠(こんきょ)は，三角形の合同条件のどれになりますか。1つ選びましょう。

・三角形の合同条件

❶ 3組の辺が，それぞれ等しい。

❷ 2組の辺とその間の角が，それぞれ等しい。

❸ 1組の辺とその両端の角が，それぞれ等しい。

答　❸

仮定から結論を導き出すためには，その間に，**根拠(こんきょ)となることがら**が必要です。
上の問題の場合，仮定として
　AB＝DE，∠A＝∠D，
　∠B＝∠E
が示されています。
ここから，
「1組の辺とその両端の角が，それぞれ等しい三角形は合同である。」
を根拠として，△ABC≡△DEF
という結論が導かれます。

仮定	AB＝DE，∠A＝∠D，∠B＝∠E
根拠となることがら	1組の辺とその両端の角が，それぞれ等しい三角形は合同である。
結論	△ABC≡△DEF

新しいことがらを説明するときには，「すでに正しいと認められたことがら」を根拠(こんきょ)として示す必要があります。

STEP 71

3章 平行と合同

合同と証明(5) 証明のすじ道

→ 図 STEP 69・70

[ ]は，あることがらを証明する問題です。よく読んで，次の(1)と(2)の問題に答えましょう。

右の図で，
AB＝DC，AC＝DB
ならば，
△ABC≡△DCB
であることを証明しましょう。

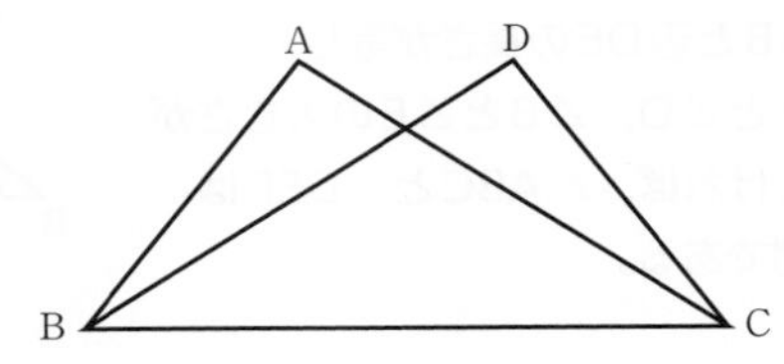

(1) この問題の仮定を答えましょう。
(2) この問題の結論を答えましょう。

答 (1) AB＝DC，AC＝DB
(2) △ABC≡△DCB

[ ]は，上の問題の証明です。よく読んで，次の問題に答えましょう。

〔証明〕△ABCと△DCBにおいて，
仮定より，
AB＝DC ……①
AC＝DB ……②
また，BCは共通だから，
BC＝CB ……③
①，②，③より，
3組の辺が，それぞれ等しいから，
△ABC≡△DCB

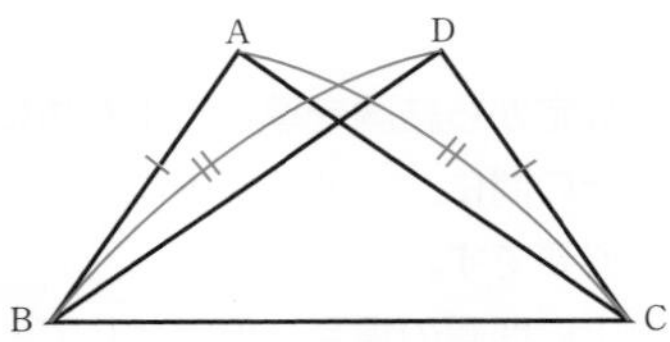

この証明で，根拠となることがらの部分を答えましょう。

答 (①，②，③より，) 3組の辺が，それぞれ等しい (から)

ここでは，証明のしくみやすじ道をおさえましょう。
上の問題のとおり，証明の問題には，「与えられてわかっていること（仮定）」と「導こうとしていること（結論）」が含まれます。
そして証明では，**仮定→根拠となることがら→結論** というすじ道にそって組み立てていきます。

あることがらが成り立つことを，すでに正しいと認められたことがらを根拠にし，すじ道をたてて説明することを，証明といいます。

◆ 証明のすじ道

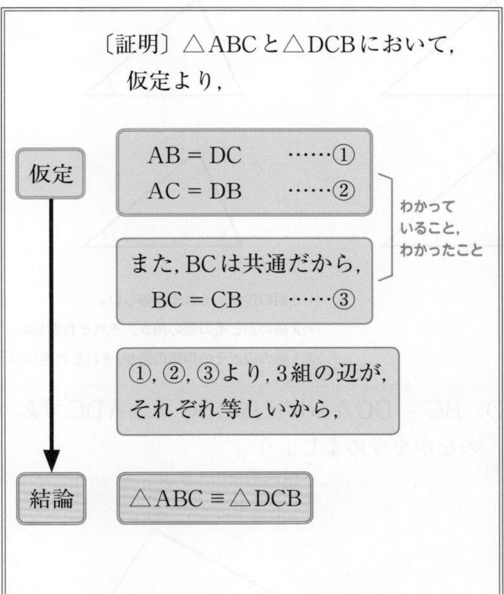

〔証明〕△ABCと△DCBにおいて，
仮定より，
仮定
AB = DC ……①
AC = DB ……②
わかっていること，わかったこと
また，BCは共通だから，
BC = CB ……③
①，②，③より，3組の辺が，
それぞれ等しいから，
結論
△ABC ≡ △DCB

《 仮定に入っていることがらは，わかっていることがらとして，①，②，…の番号をつける。

《 問題文に書かれていないことでも，図などから明らかなことがらにも，番号をつける。

《 根拠となることがら

覚えておこう！

・図へのかきこみは大切・
わかっていることや，わかったことは，印や記号を図にかきこんでいくとよい。

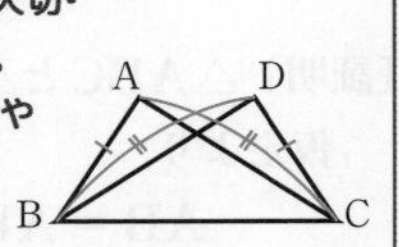

例題で確認! ［点線枠］の問題を［実線枠］のように証明しました。□をうめて，証明を完成しましょう。

下の図で，
OA = OB，OD = OC
ならば，
△OAD ≡ △OBC
であることを証明しましょう。

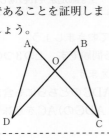

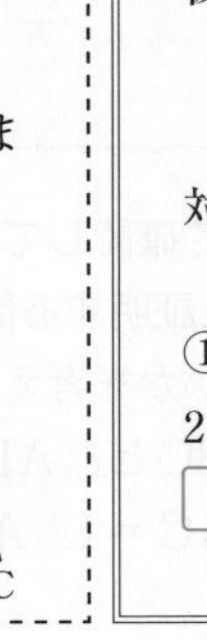

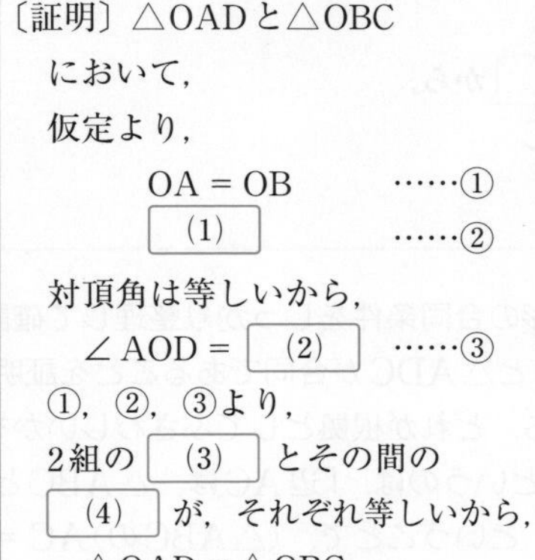

〔証明〕△OADと△OBC
において，
仮定より，
OA = OB ……①
(1) ……②
対頂角は等しいから，
∠AOD = (2) ……③
①，②，③より，
2組の (3) とその間の
(4) が，それぞれ等しいから，
△OAD ≡ △OBC

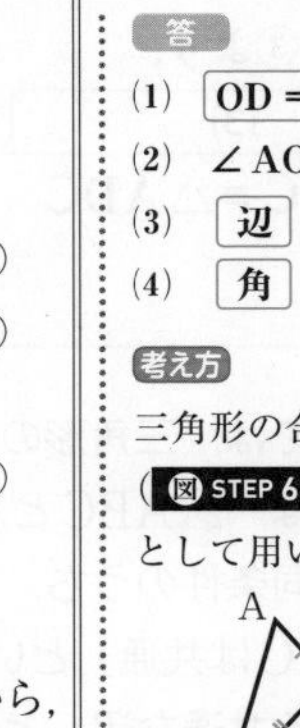

答

(1) OD = OC
(2) ∠AOD = ∠BOC
(3) 辺
(4) 角

考え方

三角形の合同条件❷（図 STEP 68）を根拠として用いた証明。

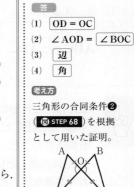

STEP 72

合同と証明(6) 三角形の合同の証明(1)

次の(1)〜(3)の2つの三角形は合同です。それぞれの合同条件を答えましょう。→ 図 STEP 68

(1)

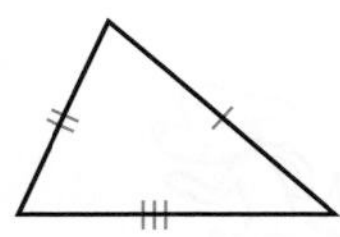

(2)

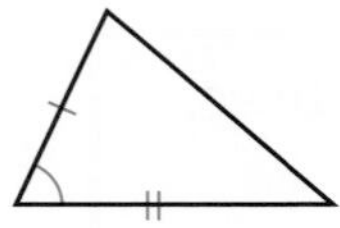

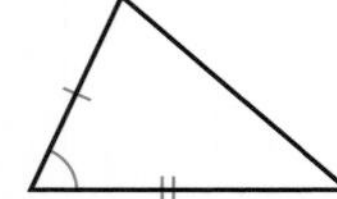

(3)

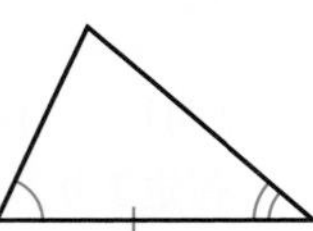

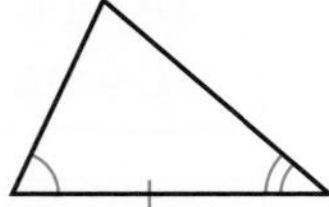

答　(1) 3組の辺が，それぞれ等しい。
(2) 2組の辺とその間の角が，それぞれ等しい。
(3) 1組の辺とその両端の角が，それぞれ等しい。

右の図の四角形ABCDで，AB = AD，BC = DCならば，△ABC ≡ △ADCであることを，次のように証明しました。□のなかをうめましょう。

〔証明〕△ABCと△ADCにおいて，
仮定より，
AB = AD　……①
BC = [(1)]　……②
また，[(2)] は共通だから，
AC = AC　……③
①，②，③より，
[(3)] から，
△ABC ≡ △ADC

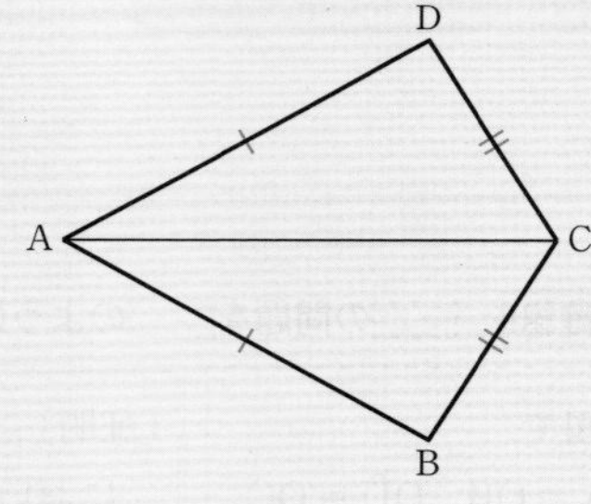

答　(1) BC = DC　(2) AC は共通
(3) 3組の辺が，それぞれ等しい

上では，三角形の合同条件をしっかり整理して確認しておきましょう。
下は，△ABCと△ADCが合同であることを証明する問題です。上の3つの合同条件のうち，どれが根拠としてふさわしいかを考えます。
「ACは共通」というのは，「辺ACは，△ABCと△ADCのどちらにも含まれる共通な辺」ということで，(△ABCの)AC = (△ADCの)ACを意味します。

三角形の合同を証明するときは，三角形の合同条件のいずれか1つを，根拠として示します。

右の図で，線分AB，CDが点Oで交わり，OA＝OB，OC＝ODならば，△AOD≡△BOCであることを証明しましょう。

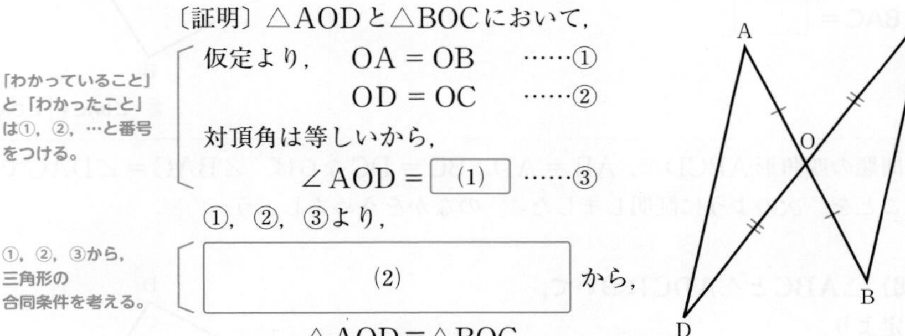

〔証明〕△AODと△BOCにおいて，

仮定より，　OA＝OB　……①

　　　　　　OD＝OC　……②

対頂角は等しいから，

∠AOD＝［(1)］……③

①，②，③より，

［(2)］から，

△AOD≡△BOC

「わかっていること」と「わかったこと」は①，②，…と番号をつける。

①，②，③から，三角形の合同条件を考える。

答　(1)∠AOD＝［∠BOC］
(2)［2組の辺とその間の角が，それぞれ等しい］

例題で確認！

右の図で，AD//BC，EがBDの中点ならば△DAE≡△BCEであることを証明しましょう。

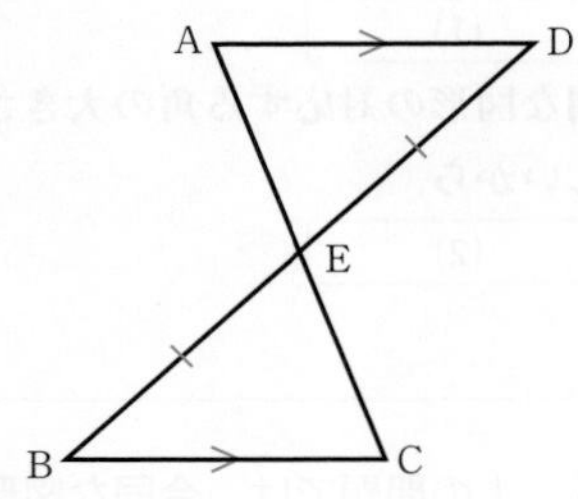

〔証明〕△DAEと△BCEにおいて，

仮定より，

DE＝BE　……①

AD//BCより，錯角は等しいから，

∠ADE＝［(1)］……②

対頂角は等しいから，

∠AED＝∠CEB　……③

①，②，③より，

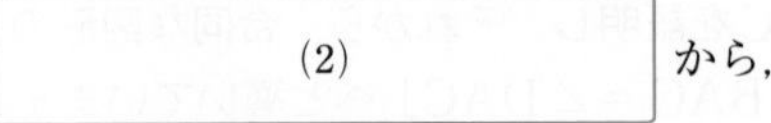

［(2)］から，

△DAE≡△BCE

答　(1)∠ADE＝［∠CBE］
(2)［1組の辺とその両端の角が，それぞれ等しい］

考え方　平行線の性質(2)(図STEP 60)から「AD//BCより，錯角は等しい」が根拠として利用できます。

合同と証明(7) 三角形の合同の証明(2)

次の□にあてはまる角を入れましょう。 → 図 STEP 67・72

右の図の四角形ABCDで，
△ABC≡△ADCならば，
合同な図形の対応する角の
大きさは等しいから，
∠BAC＝□

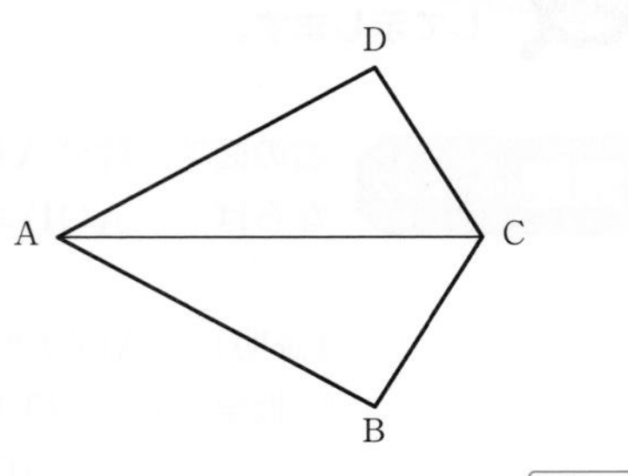

答 ∠BAC＝∠DAC

上の問題の四角形ABCDで，AB＝AD，BC＝DCならば，∠BAC＝∠DACであることを，次のように証明しました。□のなかをうめましょう。

〔証明〕△ABCと△ADCにおいて，
仮定より，
AB＝AD ……①
BC＝DC ……②
また，ACは共通だから，
AC＝AC ……③
①，②，③より，
3組の辺が，それぞれ等しいから，
(1)
合同な図形の対応する角の大きさは
等しいから，
(2)

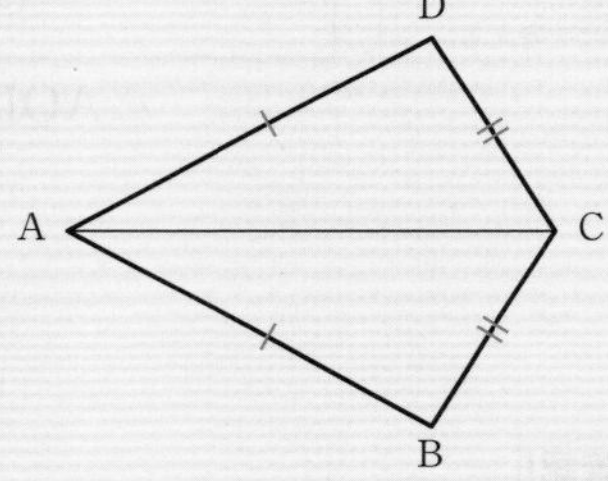

答
(1) △ABC≡△ADC
(2) ∠BAC＝∠DAC

上の問題では，合同な図形の対応する角の大きさは等しいことを，確認しておきましょう。このことは，「すでに正しいと認められたことがら」の1つで，証明の根拠として利用できます。

下の問題では，まず△ABC≡△ADCを証明し，それから，合同な図形の性質を根拠として用いて，結論の「∠BAC＝∠DAC」へと導いています。

角の大きさが等しいことを証明するときは，まず，それぞれの角を含む三角形が合同であることを示し，それから結論を導くやり方があります。

◆左のページの証明のすじ道を確認してみましょう。まず，∠BAC＝∠DACを導くためには，△ABC≡△ADCがいえればよいことに着目しましょう。

〔証明〕△ABCと△ADCにおいて，
仮定より，

仮定
AB＝AD ……①
BC＝DC ……②

また，ACは共通だから，
AC＝AC ……③
①，②，③より，
3組の辺が，それぞれ等しいから，
△ABC≡△ADC

STEP72（356ページ）と同じ。
ただし，この問題の結論は△ABC≡△ADCではなく，∠BAC＝∠DAC

合同な図形の対応する角の大きさは等しいから，

《△ABC≡△ADCから，∠BAC＝∠DACを導く根拠となることがら

結論
∠BAC＝∠DAC

例題で確認! 次の図で，線分AB，CDが点Oで交わり，OA＝OB，OC＝ODならば，∠ADO＝∠BCOであることを証明しましょう。

〔証明〕△AODと (1) において，
仮定より，
OA＝OB ……①
OD＝OC ……②
対頂角は等しいから，
∠AOD＝∠BOC ……③
①，②，③より， (2) から，
△AOD≡△BOC
(3) から，
∠ADO＝∠BCO

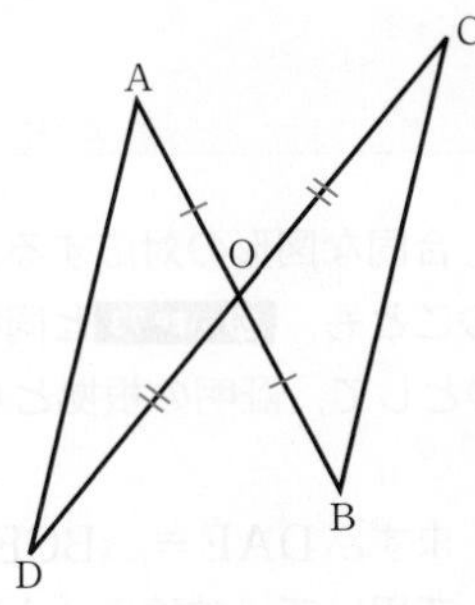

答
(1) △BOC
(2) 2組の辺とその間の角が，それぞれ等しい
(3) 合同な図形の対応する角の大きさは等しい

考え方
△AOD≡△BOCを証明し，対応する角が等しいことから結論を導く。

STEP 74

③章 平行と合同

合同と証明(8) 三角形の合同の証明(3)

次の□にあてはまる辺を入れましょう。

→ 図 STEP 67・72

右の図で,
△DAE≡△BCEならば,
合同な図形の対応する辺の長さは等しいので,
AD = □

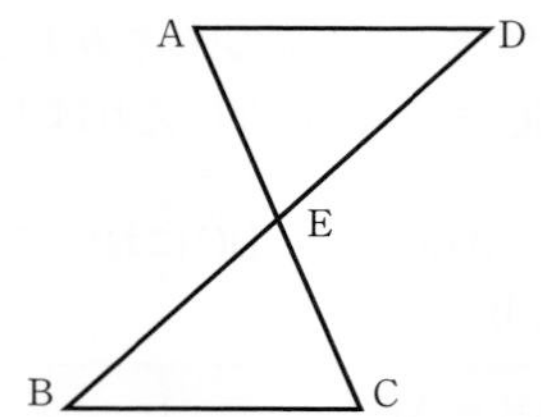

答 AD = CB

上の問題で, AD//BC, EがBDの中点ならば, AD = CBであることを, 次のように証明しました。□のなかをうめましょう。

〔証明〕△DAEと△BCEにおいて,
仮定より,
DE = BE ……①
AD//BCより, 錯角は等しいから,
∠ADE = ∠CBE ……②
対頂角は等しいから,
∠AED = ∠CEB ……③
①, ②, ③より,
1組の辺とその両端の角が, それぞれ等しいから,
(1)
合同な図形の対応する辺の長さは等しいから,
(2)

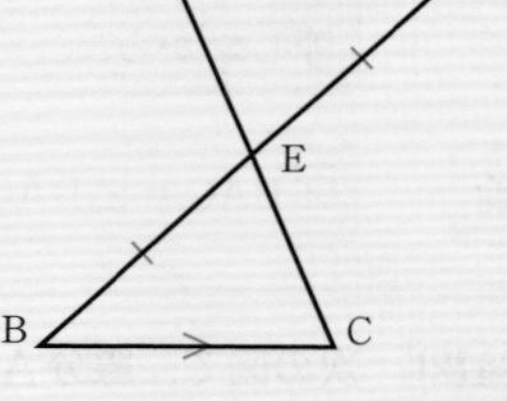

答 (1) △DAE≡△BCE
(2) AD = CB

上の問題では, 合同な図形の対応する辺は長さが等しいことを確認しておきましょう。このことも, 図 STEP 73と同様に, 「すでに正しいと認められたことがら」の1つとして, 証明の根拠として利用できます。

下の問題では, まず△DAE≡△BCEを証明し, それから, 合同な図形の性質を根拠として用いて, 結論の「AD = CB」へと導いています。

線分の長さが等しいことを証明するときは，まず，それぞれの線分を辺として持つ三角形が合同であることを示し，それから結論を導くやり方があります。

◆左のページの証明のすじ道を確認してみましょう。

〔証明〕△DAEと△BCEにおいて，

仮定より，

仮定

DE = BE　　……①

AD//BCより，錯角は等しいから，

∠ADE = ∠CBE　……②

対頂角は等しいから，

∠AED = ∠CEB　……③

①，②，③より，

1組の辺とその両端の角が，それぞれ等しいから，

△DAE ≡ △BCE

合同な図形の対応する辺の長さは等しいから，

結論

AD = CB

《 まず，△DAE ≡ △BCEの証明をめざす。

《 仮定と，仮定からわかること

STEP72の例題（357ページ）と同じ。ただし，この問題の結論は，△DAE ≡ △BCEではなく，AD = CB

《 △DAE ≡ △BCEからAD = CBを導く根拠となることがら

例題で確認!　次の図で，円Oの半径をOA，OB，OC，ODとするとき，AC = BDとなることを証明しましょう。

〔証明〕△AOCと［　(1)　］において，

仮定より，

半径は等しいから，

OA = OB　　……①

OC = ［　(2)　］　……②

対頂角は等しいから，

∠AOC = ∠BOD　……③

①，②，③より，［　(3)　］から，

△AOC ≡ △BOD

［　(4)　］から，

AC = BD

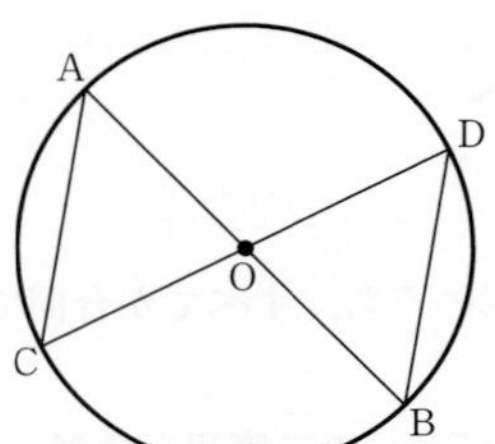

答

(1) △BOD

(2) OC = OD

(3) 2組の辺とその間の角が，それぞれ等しい

(4) 合同な図形の対応する辺の長さは等しい

考え方

AC = BDは結論なので，証明の条件として使えません。

基本をチェック！(3)　3章　平行と合同

答は495・496ページ。できた問題は，□をぬりつぶしましょう。

1 右の図のように，3直線が1点で交わっているとき，次の対頂角をそれぞれ答えましょう。 → 図 STEP 57

□(1) $\angle b$　　□(2) $\angle d$

□(3) $\angle f$

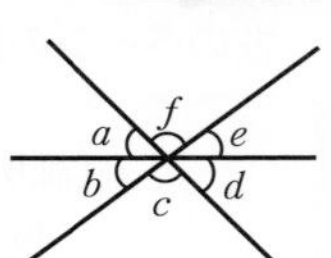

2 右の図で，次の角を答えましょう。 → 図 STEP 58

□(1) $\angle a$の同位角　　□(2) $\angle j$の錯角

□(3) $\angle p$の同位角　　□(4) $\angle h$の錯角

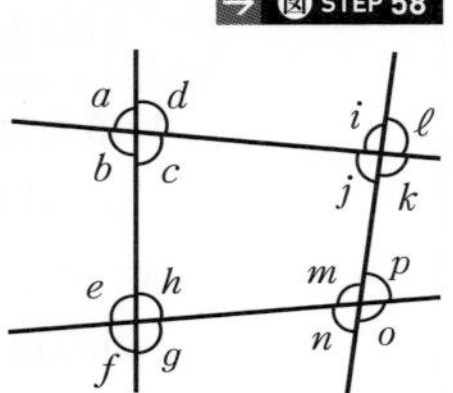

3 次の図で，$\ell /\!/ m$のとき，$\angle x$，$\angle y$の大きさを求めましょう。 → 図 STEP 59 ～ 62

□(1)

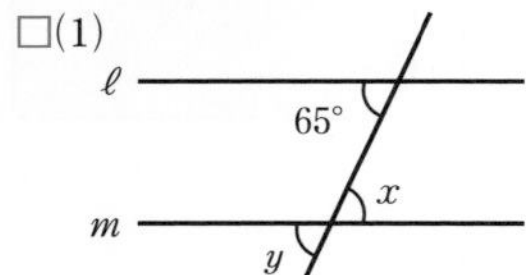

□(2)

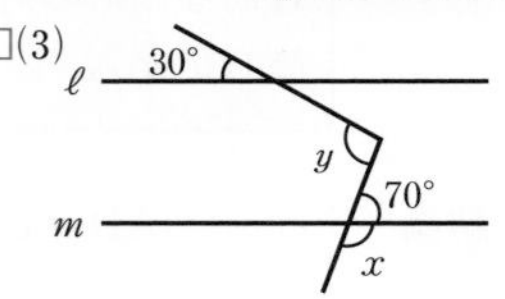

□(3)

30°
ℓ
y
70°
m
x

4 次の図で，$\angle x$の大きさを求めましょう。 → 図 STEP 63 ～ 66

□(1)

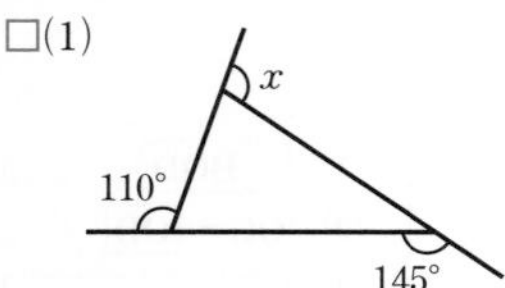

□(2)

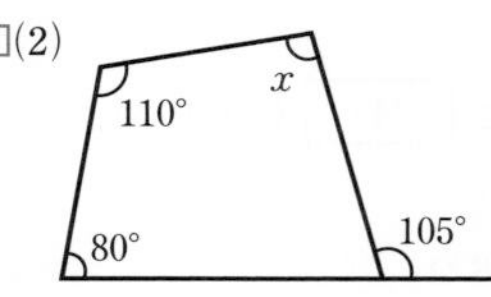

□**5** 次の(ア)～(エ)の三角形のうち，すべてが合同であるといえるのはどれですか。記号で答えましょう。 → 図 STEP 67・68

(ア) 等しい辺の長さが5cmの二等辺三角形

(イ) 1辺が3cmの正三角形

(ウ) 直角をはさむ2辺の長さが4cmと5cmの直角三角形

(エ) 3つの角が40°，60°，80°の三角形

4 三角形と四角形 2年

STEP 75

4章 三角形と四角形

いろいろな三角形の定義

次のア～オのうち，「性質」にあてはまるものを２つ選びましょう。

ア　２辺が等しい三角形を，二等辺三角形という。
イ　向かいあった２組の辺がどちらも平行な四角形を，平行四辺形という。
ウ　三角形の内角の和は180°である。
エ　移動させると，ぴったり重なる図形を，合同な図形という。
オ　合同な図形では，対応する線分の長さは，それぞれ等しい。

答　**ウ，オ**

次のア～オのうち，「**定義**（ていぎ）」にあてはまるものを２つ選びましょう。

ア　３辺が等しい三角形を，正三角形という。
イ　正三角形の３つの角は等しい。
ウ　同じ辺上にない２つの頂点をつないだ直線を，対角線という。
エ　ひし形では，対角線は，頂点の角を二等分する。
オ　２直線に１つの直線が交わるとき，２直線が平行ならば，同位角は等しい。

答　**ア，ウ**

ここでは，「**定義**」という用語について，おさえておきましょう。
上と下の問題にある選択肢（せんたくし）のうち，「～を…という」の形の文で，ことばの意味をはっきり述べているものを，「定義」といいます。上の問題の**ウ**，**オ**と，下の問題の**イ**，**エ**，**オ**は，「性質」にあたるものです。

（上の問題）
ア　２辺が等しい三角形を，二等辺三角形という。
イ　向かいあった２組の辺がどちらも平行な四角形を，平行四辺形という。
エ　移動させると，ぴったり重なる図形を，合同な図形という。

（下の問題）
ア　３辺が等しい三角形を，正三角形という。
ウ　同じ辺上にない２つの頂点をつないだ直線を，対角線という。

→ 定義

・定義

ことばの意味をはっきり述べたもの。

・二等辺三角形の定義

2辺が等しい三角形を，二等辺三角形という。

◆二等辺三角形の辺や角の名前を覚えましょう。

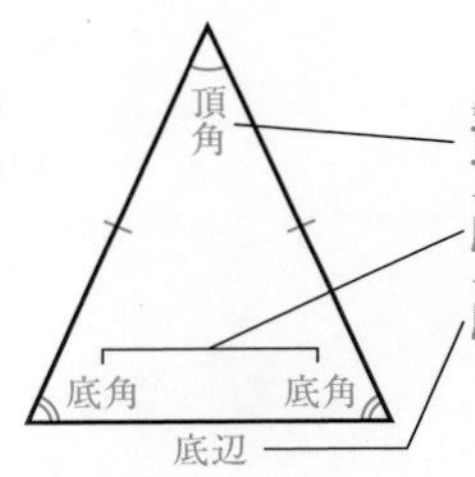

頂角……等しい2辺にはさまれた角

底角……底辺の両端の角

底辺……頂角と向かいあう辺

・正三角形の定義

3辺がすべて等しい三角形を，正三角形という。

◆正三角形は，二等辺三角形の特別なものです。

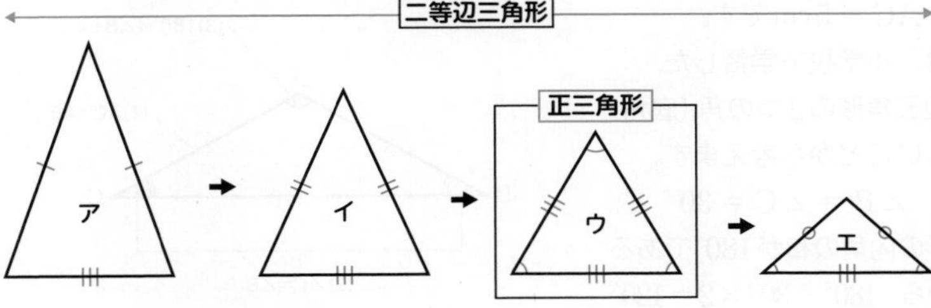

二等辺三角形と正三角形には，深い関係があります。
二等辺三角形の定義は，「2辺が等しい三角形」なので，3辺が等しい正三角形も二等辺三角形の特別な形といえます。つまり，底辺もほかの2辺に等しい二等辺三角形と考えられます。したがって，正三角形は二等辺三角形の性質を持っていることになります。

二等辺三角形(1) 二等辺三角形の性質(1)

→ 図 STEP 75

下の図は，AB = ACの二等辺三角形です。
次の□にあてはまることばを入れましょう。

A (1)
B C
底辺
(2)

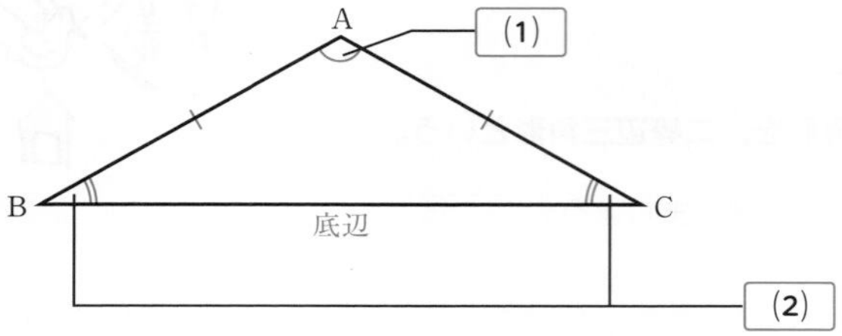

答
(1) 頂角
(2) 底角

上の問題で，次の辺の長さや角の大きさを求めましょう。

(1) AB = 5 cmのとき，辺ACの長さ
(2) ∠B = 30° のとき，∠Cの大きさ
(3) ∠B = 30° のとき，∠Aの大きさ

答
(1) 5 cm
(2) 30°
(3) 120°

下の問題の(1)では，AB = AC より，AC = 5 cmです。
(2)では，小学校で学習した，二等辺三角形の2つの角（底角）は等しいことから考えます。
(3)は，∠B = ∠C = 30° と，三角形の内角の和が180°であることから，180° − 30° × 2 = 120° です。

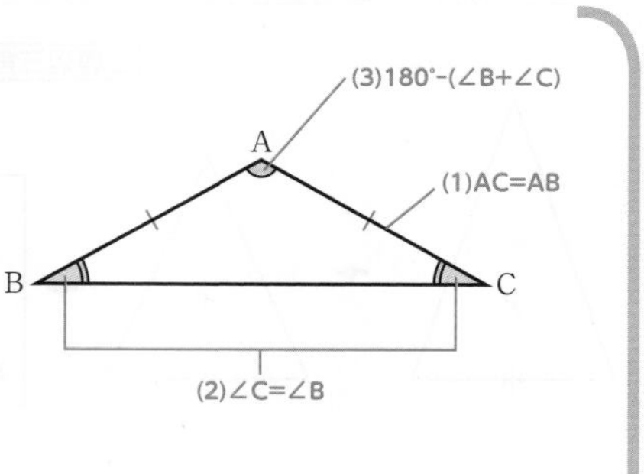

- **二等辺三角形の性質❶**
  二等辺三角形の2つの底角は等しい。

◆「二等辺三角形の2つの底角は等しい」ということは，すでに証明されていることがらの1つです。このように，すでに証明されたことがらのうち，よく使われるものを**定理**（ていり）といいます。

二等辺三角形(2) 二等辺三角形の性質(2)

右の図の△ABCで，AB = AC，ADが∠Aの二等分線であるとき，△ABD ≡ △ACDであることを証明しましょう。 → 図 STEP 16・68

〔証明〕△ABDと△ACDにおいて，
仮定より，
AB = AC ……①
∠BAD = (1) ……②
また，ADは共通だから，
AD = AD ……③
①，②，③より，(2) から，
△ABD ≡ △ACD

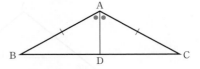

答
(1) ∠BAD = ∠CAD
(2) 2組の辺とその間の角が，それぞれ等しい

上の問題の△ABD ≡ △ACDから，次のような，二等辺三角形の性質を導くことができます。次の□にあてはまることばを入れましょう。

△ABD ≡ △ACDより，
BD = CD ……①
∠ADB = ∠ADC ……②
また，∠ADB + ∠ADC = 180° ……③
②，③より，∠ADB = 90° だから，
AD ⊥ BC ……④
したがって，①，④より，
∠A(頂角)の (1) は，BC(底辺)の (2) である。

答
(1) 二等分線
(2) 垂直二等分線

下の問題では，二等辺三角形の頂角の二等分線が，底辺とどのように交わるのかに着目しましょう。この二等辺三角形の性質も定理の1つとして，証明のときに，根拠として用いることができます。

・二等辺三角形の性質❷
二等辺三角形の頂角の二等分線は，底辺を垂直に二等分する。

二等辺三角形(3) 二等辺三角形の性質を利用した問題

下の図の△ABCで，AB＝ACのとき，
$\angle x$の大きさを求めましょう。

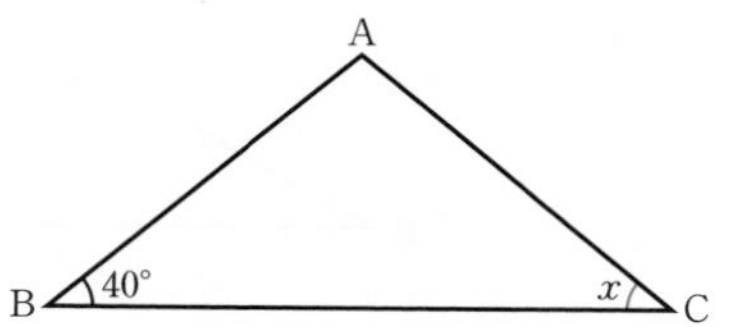

答　40°

下の図の△ABCで，AB＝AC，
辺BAを延長してBDとしたとき，
$\angle x$の大きさを求めましょう。

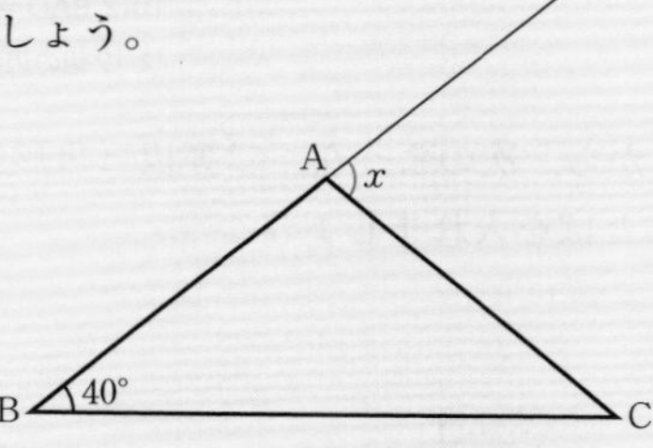

答　80°

上の問題は，AB＝ACより，△ABCは二等辺三角形だとわかります。
そして，∠Bと∠Cが底角にあたるので，
∠B＝∠Cとなることをおさえましょう。

下の問題も，AB＝ACより，△ABCは二等辺三角形なので，
∠B＝∠C＝40°です。
また，$\angle x$は，△ABCの頂点Aにおける外角であることに着目しましょう。
図 STEP 64で学んだとおり，「三角形の1つの外角は，それととなりあわない2つの内角の和に等しい」ので，
$\angle x = 40° + 40° = 80°$です。

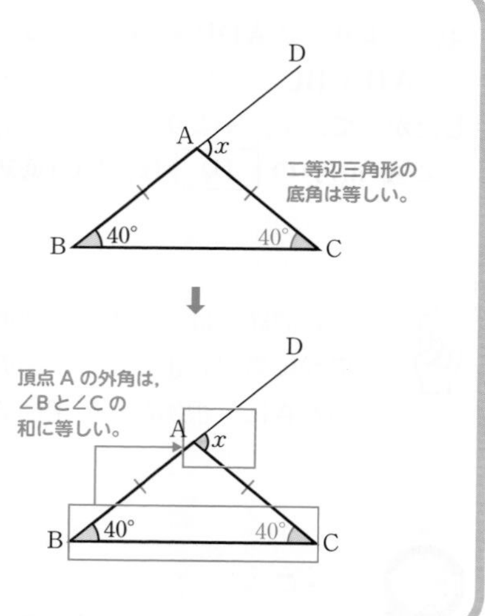

二等辺三角形の性質と三角形の内角・外角の性質を組み合わせて考え，角の大きさを求める問題に，慣れておきましょう。

例題で確認! 下の図で，△ABCはAB = ACの二等辺三角形です。∠xの大きさを求めましょう。

(1)

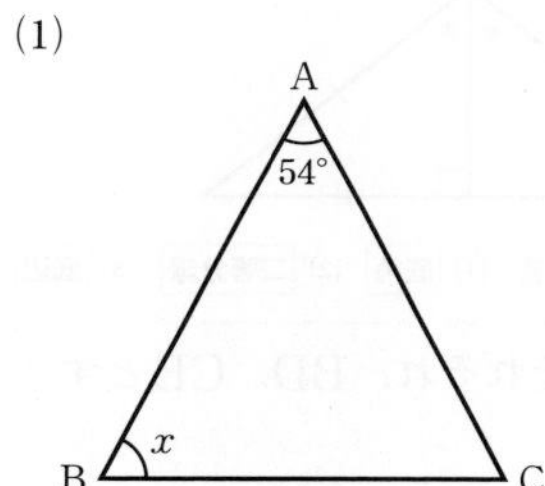

(2)

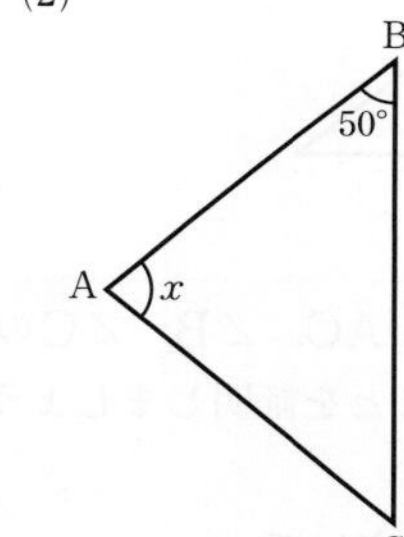

(3)

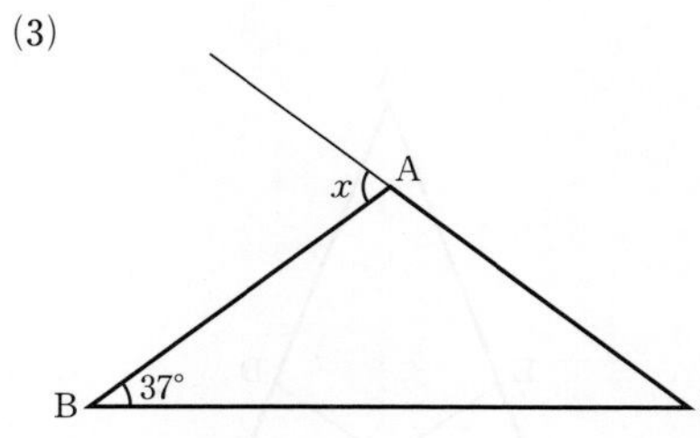

(4)

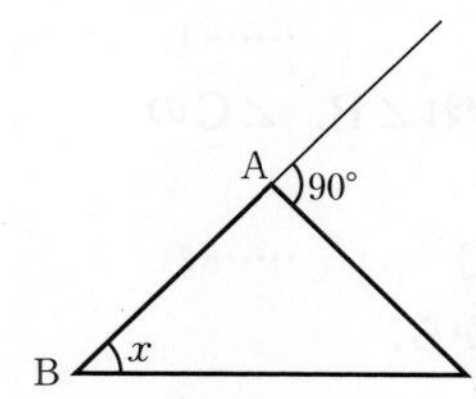

(1) 63°　(2) 80°
(3) 74°　(4) 45°

考え方

(1) (180° − 54°) ÷ 2
(2) 180° − 50° × 2
(3) 37° × 2
(4) 90° ÷ 2

文字を使って角を表す考え方に，慣れておきましょう。

◆下の図の△ABCで，AB = ACのとき，∠xと∠yの大きさを，それぞれa°を使って表しましょう。

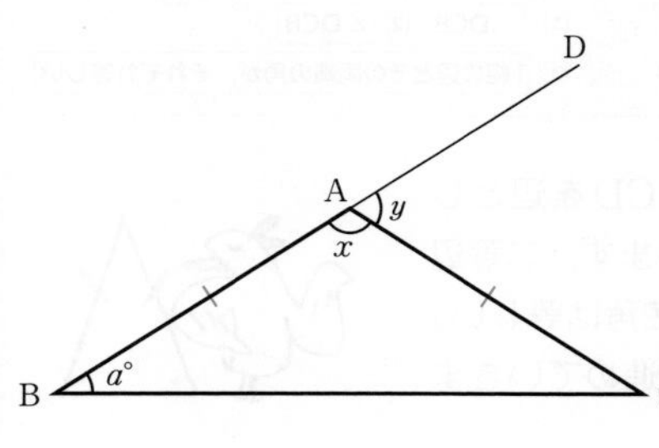

△ABCはAB = ACの二等辺三角形だから，
∠B = ∠C　よって，∠C = a°

∠x = 180° − a° × 2
　 = **180° − 2a°**

∠y = a° × 2
　 = **2a°**

STEP 79

④章 三角形と四角形

二等辺三角形(4) 二等辺三角形の性質を利用した証明

次の文は，それぞれ，二等辺三角形の性質について述べたものです。 → 図 STEP 76・77
□にあてはまることばを入れましょう。

・二等辺三角形の2つの (1) は等しい。

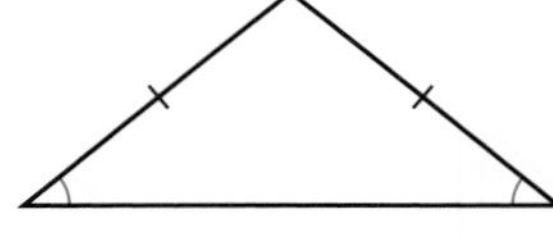

・二等辺三角形の頂角の (2) は，(3) を垂直に二等分する。

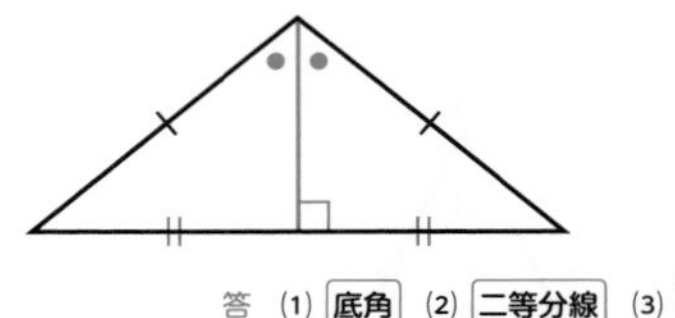

答 (1) 底角 (2) 二等分線 (3) 底辺

右の図の△ABCで，AB = AC，∠B，∠Cの二等分線をそれぞれ，BD，CEとするとき，BE = CDであることを証明しましょう。

〔証明〕△EBCと (1) において，
仮定より，
∠EBC = (2) ……①
BD，CEは，それぞれ∠B，∠Cの二等分線だから，
∠ECB = ∠DBC ……②
また，BCは共通だから，
BC = CB ……③
①，②，③より
(3) から，
△EBC ≡ △DCB
合同な図形の対応する辺の長さは等しいから，
BE = CD

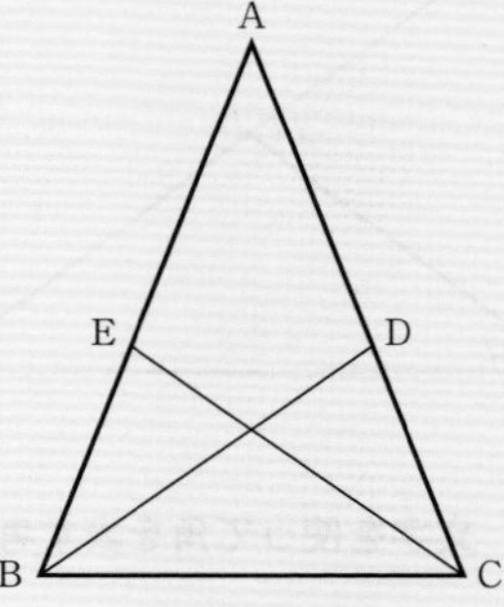

答
(1) △DCB (2) ∠DCB
(3) 1組の辺とその両端の角が，それぞれ等しい

下の問題は，結論BE = CDの，BE，CDを辺として含む三角形に着目します。それから，まず，二等辺三角形の性質「二等辺三角形の2つの底角は等しい」より∠EBC = ∠DCBをいい，証明を進めていきます。

仮定から二等辺三角形が見つかったら，二等辺三角形の性質を根拠として用いて証明を進めることを考えましょう。

類題トレーニング

右の図において，AD // BC，AB = AD，ACが∠Aを二等分していて，BDと交わる点をPとしたとき，△APD ≡ △CPBであることを証明しましょう。

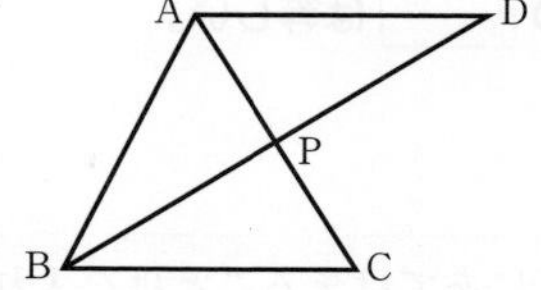

〔証明〕△APDと△CPBにおいて，

仮定より，対頂角は等しいから，

∠APD = ∠CPB ……①

AD // BCより，平行線の錯角は等しいから，

∠ADP = ∠CBP ……②

また△ABDは，AB = ADの二等辺三角形で，ACは頂角∠Aの二等分線だから，ACは底辺BDを垂直に二等分する。

二等辺三角形の性質「二等辺三角形の頂角の二等分線は，底辺を垂直に二等分する」を根拠として利用。

したがって，

DP = BP ……③

①，②，③より，

1組の辺とその両端の角が，それぞれ等しいから，

△APD ≡ △CPB

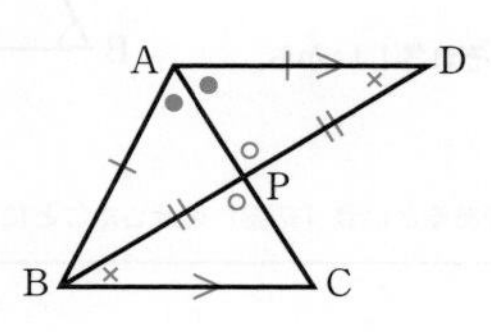

同じ長さの辺に | や || などのしるし，同じ大きさの角には・や○，×などのしるしを図にかきこみながら考えるとラク！

STEP 80

④章 三角形と四角形

二等辺三角形(5) 二等辺三角形になるための条件

次の□にあてはまることばを入れましょう。 → 図 STEP 76

△ABCが二等辺三角形ならば，
2つの□は等しい。

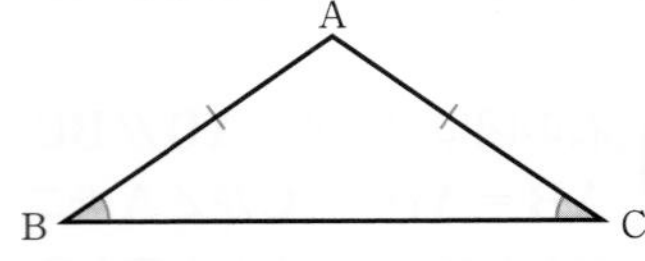

答 底角

次の□にあてはまることばを入れましょう。

△ABCの2つの角が等しければ，
△ABCは，等しい2つの角を底角とする□である。

答 二等辺三角形

上の問題文は，二等辺三角形の性質の1つですが，証明によって明らかになっていることがらなので，定理として，証明の根拠に使うことができます。

下の問題文は，上の問題文の，仮定と結論を入れかえたものです。このことは，以下のように証明できるので，二等辺三角形となる条件として成り立ちます。

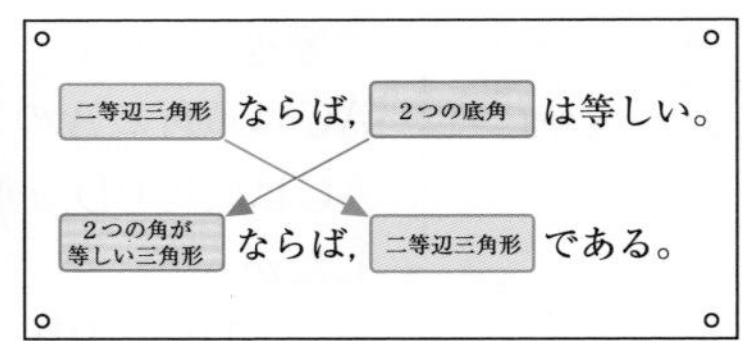

二等辺三角形 ならば，2つの底角 は等しい。
2つの角が等しい三角形 ならば，二等辺三角形 である。

〔証明〕右の図のような，∠B＝∠Cの△ABCで，∠Aの二等分線をひき，辺BCとの交点をDとする。△ABDと△ACDにおいて，
仮定より，∠B＝∠C ……①　　「2つの角が等しい」ならばという「仮定」
　∠BAD＝∠CAD ……②
①，②より，三角形の内角の和は180°だから，残りの角も等しいので，
　∠ADB＝∠ADC ……③
また，ADは共通だから，AD＝AD ……④
②，③，④より，1組の辺とその両端の角が，それぞれ等しいから，
　△ABD≡△ACD
合同な図形の対応する辺は等しいから，
　AB＝AC　《 △ABCが二等辺三角形であるという「結論」を示したことになる。

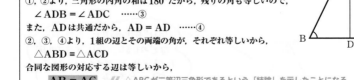

- 二等辺三角形になるための条件
2つの角が等しい三角形は，二等辺三角形である。

二等辺三角形(6) 二等辺三角形になることの証明

次の□にあてはまることばを入れましょう。 → 図 STEP 80

・二等辺三角形になるための条件
□ の角が等しい三角形は，
二等辺三角形である。

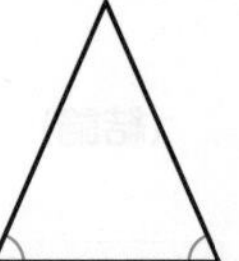
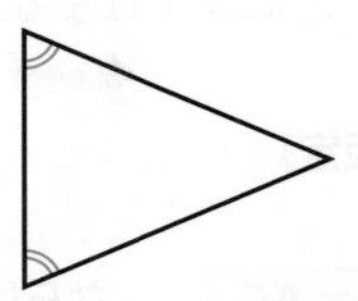

答 2つ

右の図で，四角形ABCDは正方形です。CD上に点Pをとり，$\angle a=\angle b$であるとき，△ABPは二等辺三角形であることを証明しましょう。

〔証明〕
仮定より，正方形の向かいあう辺は平行で，
平行線の錯角は等しいから，

$\angle a=\angle PAB$ ……①
$\angle b=\angle PBA$ ……②

また，仮定より，$\angle a=\angle b$ ……③
①，②，③より，$\angle PAB=\angle PBA$
□ から，△ABPは二等辺三角形である。

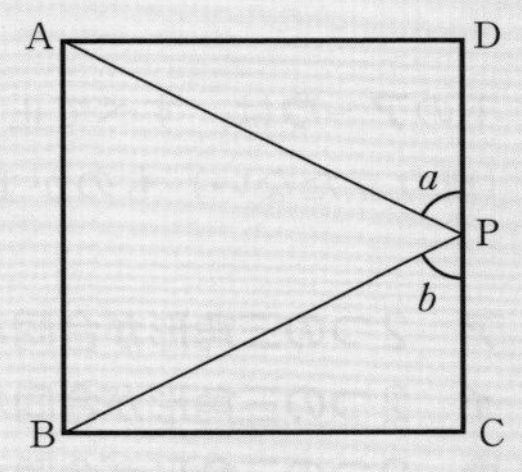

答 2つの角が等しい から

下の問題は，上の問題で確認した二等辺三角形になるための条件を根拠に，結論を導く証明です。

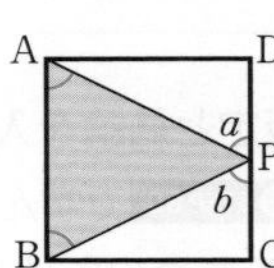

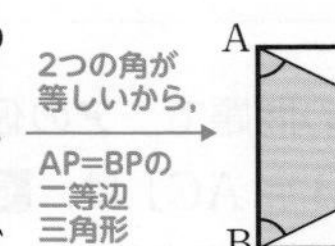

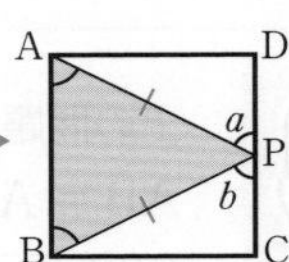

POINT **二等辺三角形になるための条件を利用して，三角形が二等辺三角形であることを証明することができます。**

例題で確認! 二等辺三角形ABCで，底角∠B，∠Cの二等分線をそれぞれひき，その交点をPとする。このとき，△PBCは二等辺三角形になることを証明しましょう。

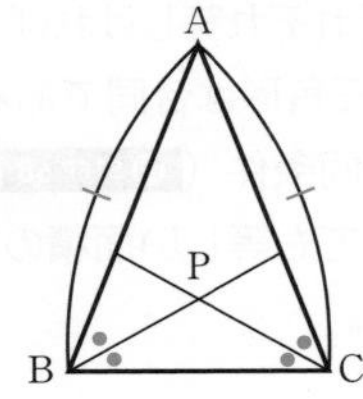

答

〔証明〕仮定より，

$\angle PBC=\frac{1}{2}\angle ABC$ ……①

$\angle PCB=\frac{1}{2}\angle ACB$ ……②

△ABCはAB = ACの二等辺三角形だから，

$\angle ABC=\angle ACB$ ……③

①，②，③より，$\angle PBC=\angle PCB$
2つの角が等しいから，
△PBCは二等辺三角形である。

STEP 82

4章 三角形と四角形

定理の逆

次のア（二等辺三角形の性質）の仮定と結論を入れかえます。 → 図 STEP 80
図を見て，□にあてはまる辺を入れましょう。

（仮定）　　（結論）

ア AB＝AC ならば，∠B＝∠C

∠B＝∠C ならば，□

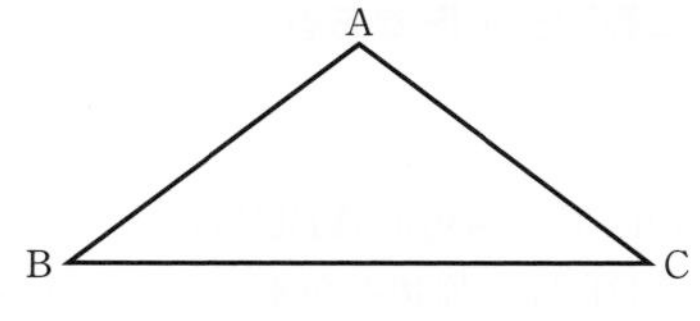

答 AB＝AC

下のア～ウは，すべて正しい文です。ただし，仮定と結論を入れかえると正しくない（成り立たない）ものが1つあります。その記号を答えましょう。

ア　2つの三角形が合同ならば，3組の辺が，それぞれ等しい。
イ　2つの三角形が合同ならば，1組の辺とその両端の角が，それぞれ等しい。
ウ　2つの三角形が合同ならば，その面積は等しい。

答 ウ

上の問題で，アの仮定と結論を入れかえてできた「∠B＝∠Cならば，AB＝AC」は，図 STEP 80で学んだとおり，正しいことが証明されています（二等辺三角形になるための条件）。このように，ある定理の仮定と結論を入れかえたものを，その**定理の逆**（ぎゃく）といいます。

下の問題のア～ウの逆は，それぞれ次のようになります。
ア→3組の辺がそれぞれ等しければ，2つの三角形は合同である。
イ→1組の辺とその両端の角がそれぞれ等しければ，2つの三角形は合同である。
ウ→面積が等しければ，2つの三角形は合同である。
アの逆と**イ**の逆は，三角形の合同条件（図 STEP 68）ですが，**ウ**の逆は，合同でなくても等しい面積の三角形はあるので成り立ちません。

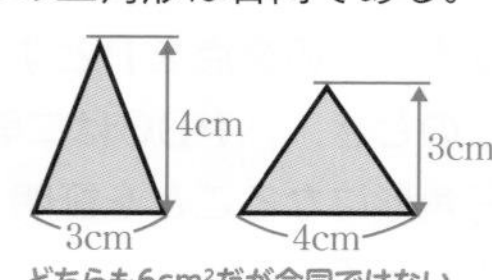

どちらも6cm²だが合同ではない。

ある定理の仮定と結論を入れかえたものを，その定理の逆(ぎゃく)といいます。

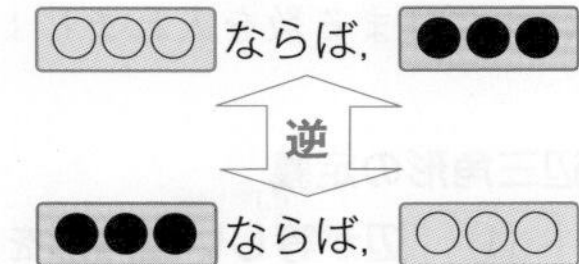

例題で確認! 次の逆を，それぞれ答えましょう。

(1) 正の数x，yで，$x<y$ならば，$y-x>0$である。

(2) △ABCで，∠A＝90°ならば，∠B＋∠C＝90°である。

(3) 2直線ℓ，mで，$\ell /\!/ m$ならば，錯角は等しい。

(4) △ABCと△DEFで，△ABC≡△DEFならば，AB＝DE，BC＝EF，CA＝FDである。

答 (1) 正の数x，yで，$y-x>0$ならば，$x<y$である。
(2) △ABCで，∠B＋∠C＝90°ならば，∠A＝90°である。
(3) 2直線ℓ，mで，錯角が等しければ，$\ell /\!/ m$である。
(4) △ABCと△DEFで，AB＝DE，BC＝EF，CA＝FDならば，△ABC≡△DEFである。

正しいことがらの逆が，いつでも正しいとはかぎりません。あることがらが成り立たない例（反例(はんれい)）を1つでもあげられれば，そのことがらが正しくないことを示したことになります。

◆

$x=4$，$y=3$ ならば，$x+y=7$ である。←**正しい。**

$x+y=7$ ならば，$x=4$，$y=3$ である。←**正しくない。**

反例 $x=2$，$y=5$

例題で確認! 次のことがらの逆を答えましょう。また，それが正しくない場合には，反例をあげましょう。

(1) $a>0$，$b>0$ならば，$ab>0$である。

(2) △ABCで，∠A＝∠B＝∠Cならば，△ABCは正三角形である。

答 (1) $ab>0$ならば，$a>0$，$b>0$である。
反例 $ab>0$ならば，$a<0$，$b<0$である。
(2) △ABCが正三角形ならば，∠A＝∠B＝∠Cである。

考え方 (1) 負の数×負の数も積は正の数になる。
(2) 正しい。

STEP 83

④章 三角形と四角形

正三角形(1) 正三角形の性質

次の□にあてはまる数を入れましょう。 → 図 STEP 75

・二等辺三角形の定義

……[(1)]辺が等しい三角形を，二等辺三角形という。

・正三角形の定義

……[(2)]辺がすべて等しい三角形を，正三角形という。

答 (1) [2] 辺 (2) [3] 辺

次の□にあてはまる数を入れましょう。

・二等辺三角形の性質

……❶ 二等辺三角形の[(1)]つの底角は等しい。

❷ 二等辺三角形の頂角の二等分線は，底辺を垂直に二等分する。

・正三角形の性質

……正三角形の[(2)]つの角は等しい。

答 (1) [2] つ (2) [3] つ

正三角形は3辺が等しいので，特別な二等辺三角形とみることができます。下の問題のとおり，二等辺三角形には2つの底角が等しいという性質があり，正三角形には3つの角は等しいという性質があります。また，三角形の内角の和は180°なので，正三角形の1つの内角は60°です。

・正三角形の性質

正三角形の3つの角は等しい。

◆正三角形の性質の逆「三角形で，3つの角が等しければ，正三角形である。」の証明

〔証明〕△ABCにおいて，仮定より，

$\angle B = \angle C$

2つの角が等しい三角形は二等辺三角形なので，

AB = AC ……①

同様に，$\angle C = \angle A$ より，

BC = BA ……②

①，②より，AB = AC = BC

3辺がすべて等しいから，△ABCは正三角形である。

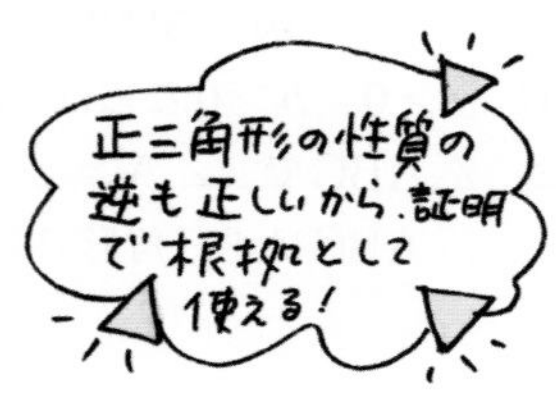
正三角形の性質の
逆も正しいから，証明
で根拠として
使える！

正三角形(2) 正三角形の性質を利用した証明

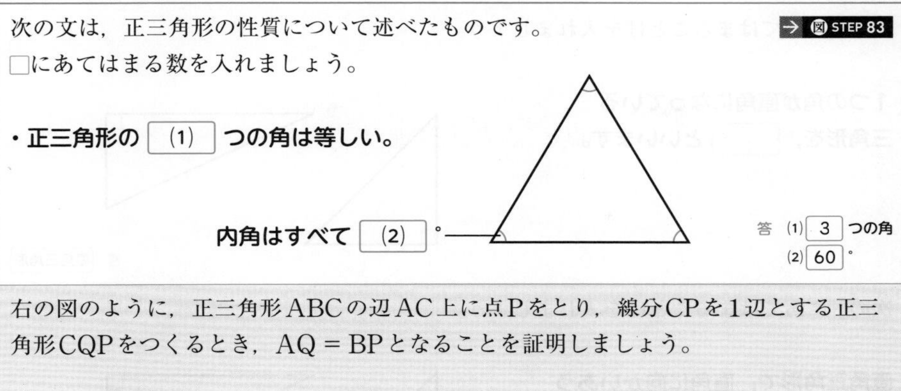

次の文は，正三角形の性質について述べたものです。 → 図 STEP 83
□にあてはまる数を入れましょう。

・正三角形の (1) つの角は等しい。

内角はすべて (2) °

答 (1) 3 つの角
(2) 60 °

右の図のように，正三角形ABCの辺AC上に点Pをとり，線分CPを1辺とする正三角形CQPをつくるとき，AQ＝BPとなることを証明しましょう。

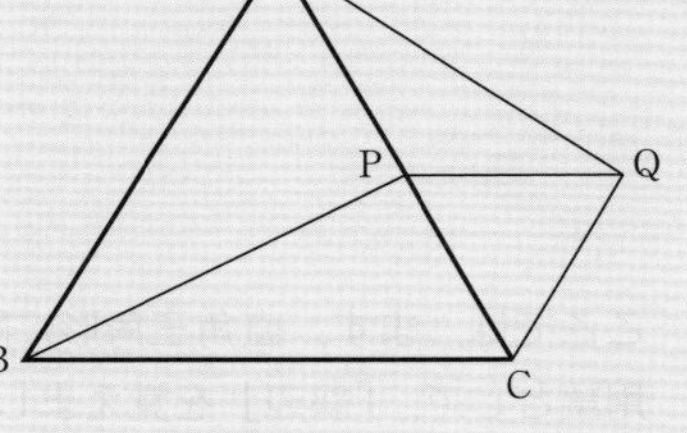

〔証明〕△CQAと△CPBにおいて，
△ABCは正三角形だから，
AC＝BC ……①
△CQPは正三角形だから，
CQ＝CP ……②
∠ACQ＝ (1) ＝60° ……③
①，②，③より，
(2) から，
△CQA≡ (3)
合同な図形の対応する辺の長さは等しいから，
AQ＝BP

答
(1) ∠ACQ＝ ∠BCP
(2) 2組の辺とその間の角が，それぞれ等しい
(3) △CQA≡ △CPB

下の問題では，AQとBPを含む三角形として，△CQAと△CPBに着目し，△CQA≡△CPBから，AQ＝BPを導くことに気づきましょう。∠ACQ＝∠BCP＝60°は，正三角形の性質から導かれます。

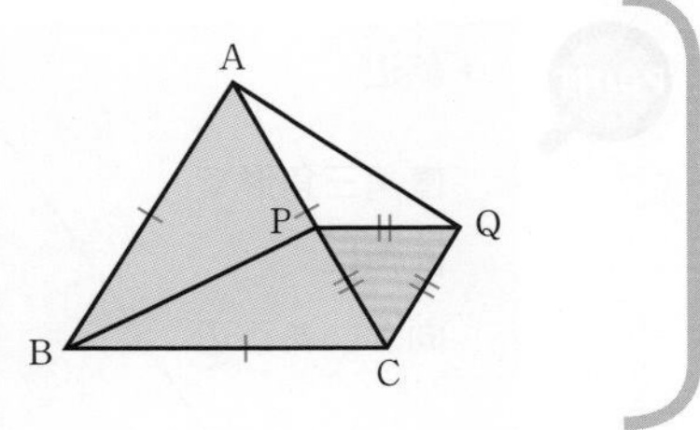

仮定から正三角形が見つかったら，正三角形の性質を用いて証明を進めることを考えましょう。

直角三角形(1) 直角三角形の合同条件

次の□にあてはまることばを入れましょう。

1つの角が直角になっている三角形を，□といいます。

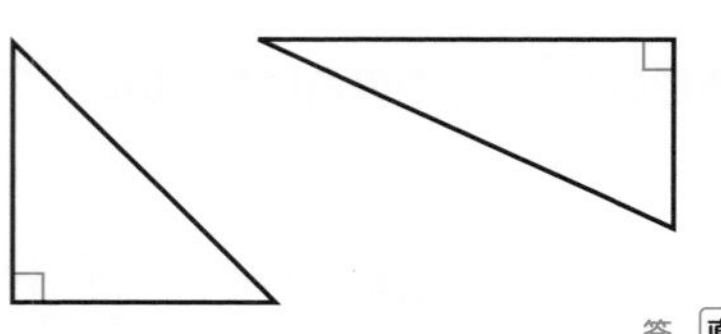

答 直角三角形

次の□にあてはまることばを入れましょう。

直角三角形で，直角に向かいあう（対する）辺を，□といいます。

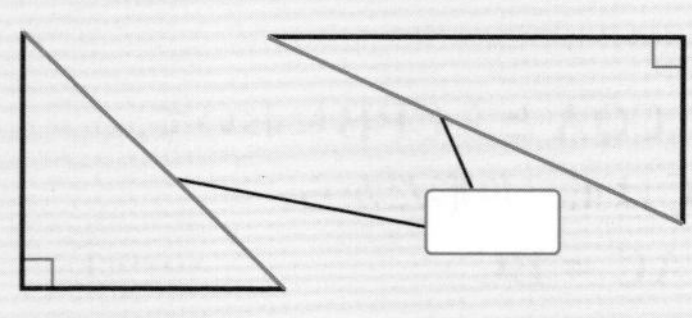

答 斜辺

ここでは，まず，直角三角形に関する用語として，「斜辺（しゃへん）」を覚えましょう。

また，角に関する用語として，「鋭角（えいかく）」，「鈍角（どんかく）」も覚えておきましょう。

鋭角とは，90°より小さい角のことをいいます。

鈍角とは，90°より大きく180°より小さい角のことをいいます。

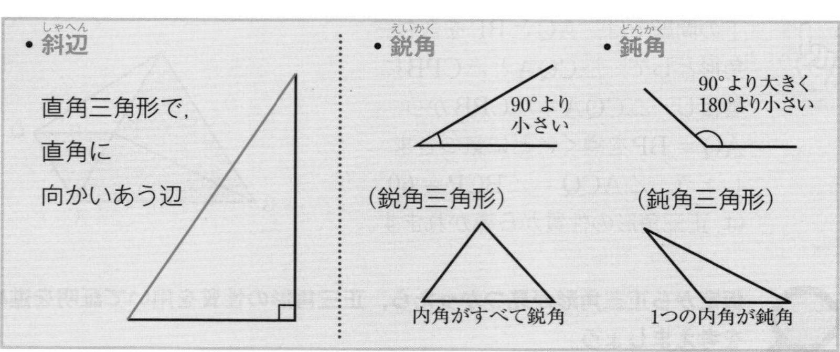

POINT
・斜辺（しゃへん）
直角三角形で，
直角に
向かいあう辺
・鋭角（えいかく）
90°より
小さい
（鋭角三角形）
内角がすべて鋭角
・鈍角（どんかく）
90°より大きく
180°より小さい
（鈍角三角形）
1つの内角が鈍角

・直角三角形の合同条件

2つの直角三角形が合同であることをいうためには，次の条件のうち，どちらかが成り立つことをいえばよい。

❶斜辺と1つの鋭角が，それぞれ等しい。

・AB = A′B′
・∠B = ∠B′
（または，∠A = ∠A′）

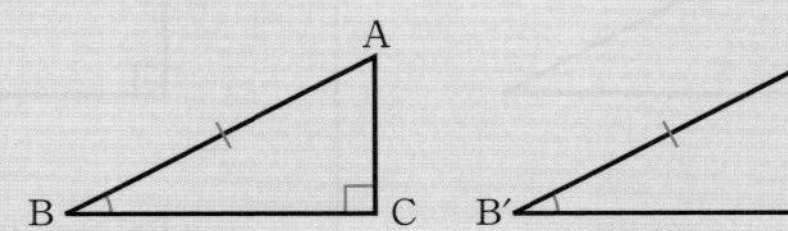

❷斜辺と他の1辺が，それぞれ等しい。

・AB = A′B′
・BC = B′C′
（または，AC = A′C′）

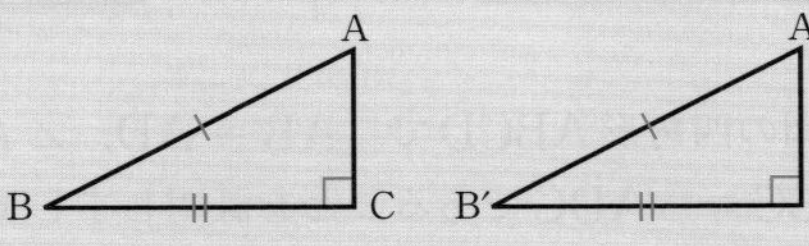

例題で確認! 下の図で，△ABC，△DEF，△GHIと合同な図形をそれぞれ見つけて，記号≡を使って表しましょう。また，そのときに使った合同条件も答えましょう。

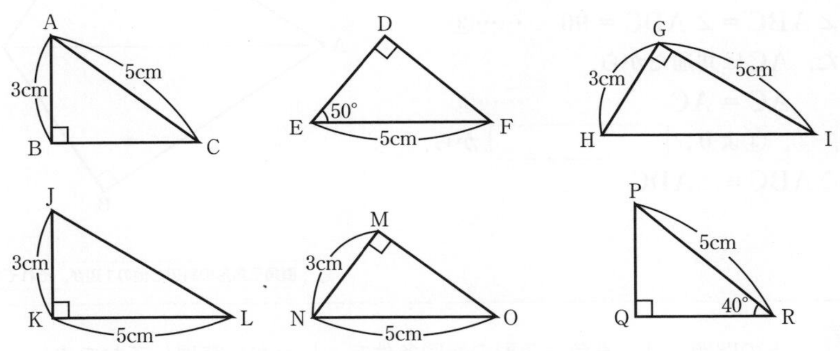

答

・△ABC ≡ △NMO（斜辺と他の1辺が，それぞれ等しい。）
・△DEF ≡ △QPR（斜辺と1つの鋭角が，それぞれ等しい。）
・△GHI ≡ △KJL（2組の辺とその間の角が，それぞれ等しい。）

考え方

・△DEFの∠Fは，180°−(90° + 50°) = 40°で，∠Rと等しい。
・△GHIと△KJLの斜辺の長さはわからないが，直角三角形でも三角形の合同条件（STEP 68）を利用できる。

STEP 86

4章 三角形と四角形

直角三角形(2) 直角三角形の合同を利用した証明(1)

次の(1)，(2)の2つの直角三角形は合同です。
それぞれの合同条件を答えましょう。

→ 図 STEP 85

(1)

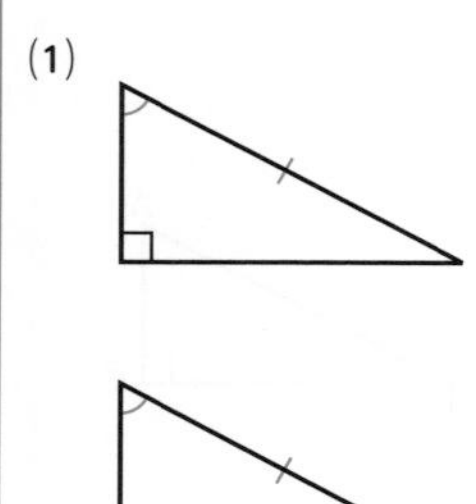

(2)

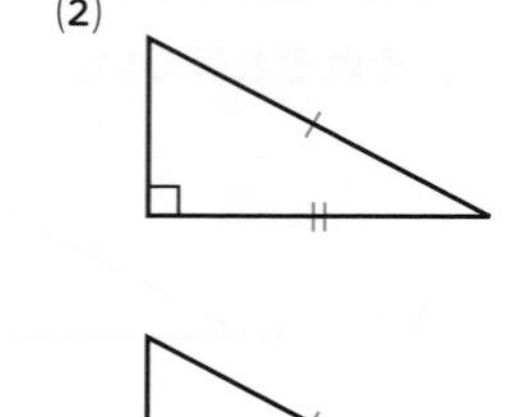

答
(1) 斜辺と1つの鋭角が，それぞれ等しい。
(2) 斜辺と他の1辺が，それぞれ等しい。

右の図の四角形ABCDで，AB = AD，∠ABC = ∠ADC = 90°のとき，△ABC ≡ △ADCであることを証明しましょう。

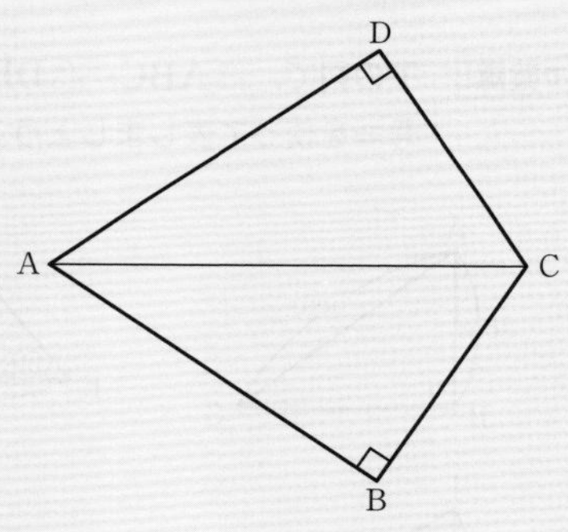

〔証明〕△ABCと△ADCにおいて，
仮定より，
AB = AD ……①
∠ABC = ∠ADC = 90° ……②
また，ACは共通だから，
AC = AC ……③
①，②，③より，［　　　　］から，
△ABC ≡ △ADC

答 直角三角形の斜辺と他の1辺が，それぞれ等しい

上の問題では，直角三角形の合同条件を，しっかり整理しておきましょう。

下の問題では，仮定の「∠ABC = ∠ADC = 90°」から，△ABCと△ADCが直角三角形であることに気づきましょう。
2つの直角三角形の斜辺ACは共通なので，
あとは，等しいのが「1つの鋭角」なのか，
「他の1辺」なのかを考えます。

直角三角形の合同を証明するときは，直角三角形の合同条件のどちらか1つ，または，三角形の合同条件のいずれか1つを根拠として示します。

右の図で，直線ℓと線分ABは，線分ABの中点Mで交わっています。A，Bから，それぞれ直線ℓに垂線をひき，交点をC，Dとしたとき，AC＝BDであることを証明しましょう。

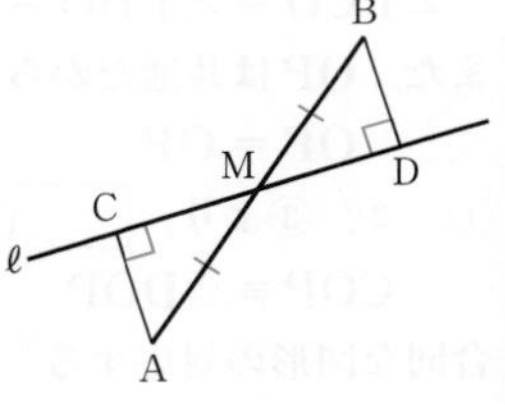

ACとBDを辺として持つ直角三角形に着目

「合同な図形では対応する辺は等しい」ことから，AC＝BDを導くために，△ACM≡△BDMを証明する。

〔証明〕△ACMと△BDMにおいて，

仮定より，

AM＝BM ……①

∠ACM＝∠BDM＝90° ……②

対頂角は等しいから，

∠AMC＝ (1) ……③

①，②，③より，

(2) から，

△ACM≡△BDM

合同な図形の対応する (3) は等しいから，

AC＝BD

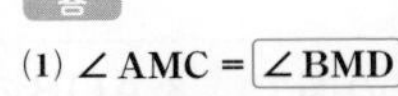

答

(1) ∠AMC＝∠BMD

(2) 直角三角形の斜辺と1つの鋭角が，それぞれ等しい

(3) 対応する辺の長さ

線分の長さが等しいことを証明するときは，それぞれの線分を辺として持つ直角三角形の合同を示し，それから結論を導くやり方があります。

例題で確認! 右の図で，△ABCはAB＝ACの二等辺三角形です。頂点B，Cから辺AC，ABに垂線をひき，その交点をそれぞれD，Eとしたとき，BD＝CEであることを証明しましょう。

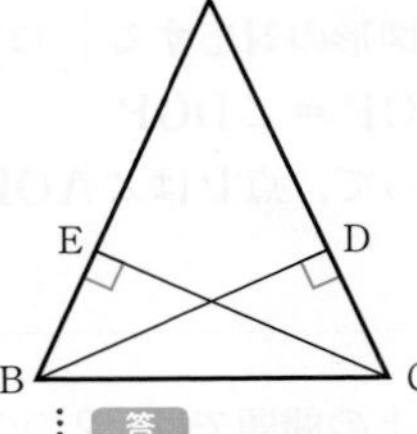

〔証明〕△BDCと△CEBにおいて，

仮定より，∠BDC＝∠CEB＝90° ……①

△ABCは二等辺三角形だから，

∠DCB＝∠EBC ……②

また，BCは共通だから

BC＝CB ……③

①，②，③より， (1) から，△BDC≡△CEB

(2) から，BD＝CE

答

(1) 直角三角形の斜辺と1つの鋭角が，それぞれ等しい

(2) 合同な図形の対応する辺の長さは等しい

STEP 87

4章 三角形と四角形

直角三角形(3) 直角三角形の合同を利用した証明(2)

右の図で，∠AOBの二等分線上の点Pから，半直線OA，OBにひいた垂線をそれぞれPC，PDとするとき，PC＝PDを証明しましょう。

→ 図 STEP 86

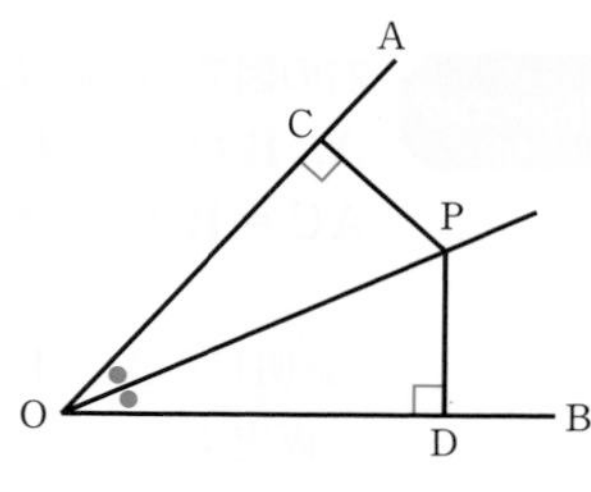

〔証明〕△COPと△DOPにおいて，

仮定より，

∠COP＝ (1) ……①

∠PCO＝∠PDO＝90° ……②

また，OPは共通だから，

OP＝OP ……③

①，②，③より， (2) から，

△COP≡△DOP

合同な図形の対応する (3) は等しいから，

PC＝PD

答

(1) ∠COP＝∠DOP

(2) 直角三角形の斜辺と1つの鋭角が，それぞれ等しい

(3) 辺の長さ

右の図で，∠AOBの内部の点Pから，半直線OA，OBにそれぞれひいた垂線PC，PDの長さが等しいとき，点Pは∠AOBの二等分線上にあることを証明しましょう。

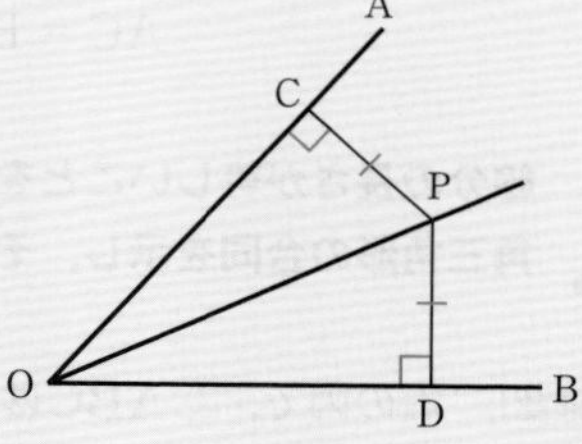

〔証明〕△COPと△DOPにおいて，

仮定より，

∠PCO＝∠PDO＝90° ……①

PC＝ (1) ……②

また，OPは共通だから

OP＝OP ……③

①，②，③より， (2) から，

△COP≡△DOP

合同な図形の対応する (3) は等しいから，

∠COP＝∠DOP

したがって，点Pは∠AOBの二等分線上にある。

答

(1) PC＝PD

(2) 直角三角形の斜辺と他の1辺が，それぞれ等しい

(3) 角の大きさ

上の問題では，2つの直角三角形が合同であることから，対応する辺にあたるPC＝PDを証明します。

下の問題では，「点Pが∠AOBの二等分線上にある」⇒「∠COP＝∠DOPを証明すればよい」ことから，△COP≡△DOPの証明をめざします。

角の大きさが等しいことを証明するときは，それぞれの角を頂点として持つ直角三角形の合同を示し，それから結論を導くやり方があります。

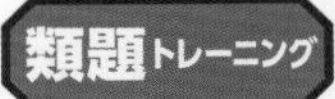

右の図で，BE = CD，∠BDC = ∠CEB = 90°のとき，AB = ACであることを証明しましょう。

AB = ACを証明するということは，△ABCが二等辺三角形になるための条件（図 STEP 80）を満たしていることを導けばよい。∠ABC = ∠ACBを導くために，△BDCと△CEBに着目する。

〔証明〕△BDCと△CEBにおいて，
仮定より，
CD = BE ……①
∠BDC = ∠CEB = 90° ……②
また，BCは共通だから，
BC = CB ……③
①，②，③より，
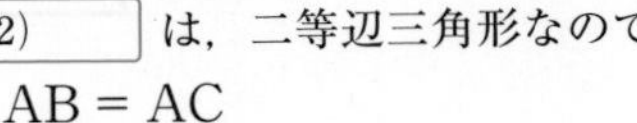
（1） から，
△BDC ≡ △CEB
合同な図形の対応する角の大きさは等しいから，
∠ABC = ∠ACB
（2） は，二等辺三角形なので，
AB = AC

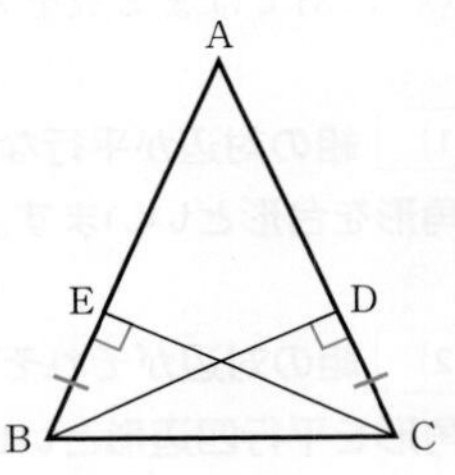

381ページの例題と図が同じなので，解き比べてみる。

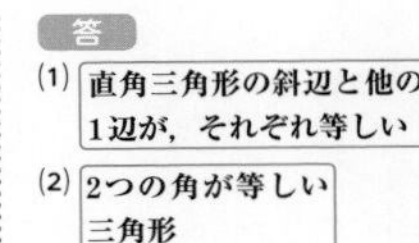
答
(1) 直角三角形の斜辺と他の1辺が，それぞれ等しい
(2) 2つの角が等しい三角形

例題で確認! 右の図で，BD = CE，∠BDC = ∠CEB = 90°のとき，△ABCが二等辺三角形であることを証明しましょう。

〔証明〕△DBCと△ECBにおいて，
仮定より， BD = CE ……①
∠BDC = ∠CEB = 90° ……②
また，BCは共通だから，
BC = CB ……③
①，②，③より， （1） から，
△DBC ≡ △ECB
合同な図形の対応する （2） は等しいから，
∠DCB = （3）
（4） が等しいから，△ABCは二等辺三角形である。

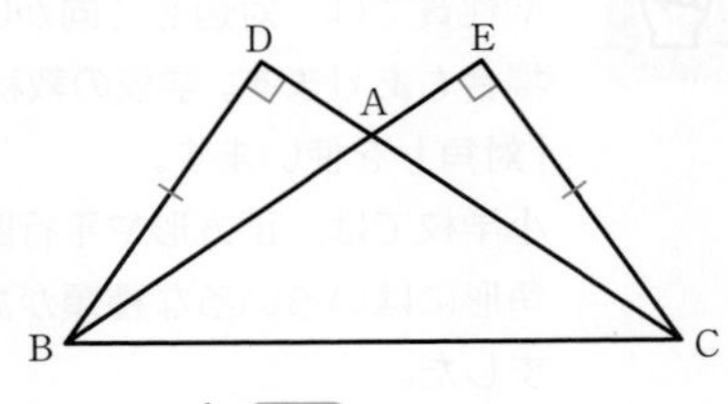

答
(1) 直角三角形の斜辺と他の1辺が，それぞれ等しい
(2) 対応する 角の大きさ
(3) ∠DCB = ∠EBC
(4) 2つの角 が等しい

STEP 88

④章 三角形と四角形

いろいろな四角形の定義

次の□にあてはまることばを入れましょう。

四角形の向かいあう辺を (1) ，向かいあう角を (2) といいます。

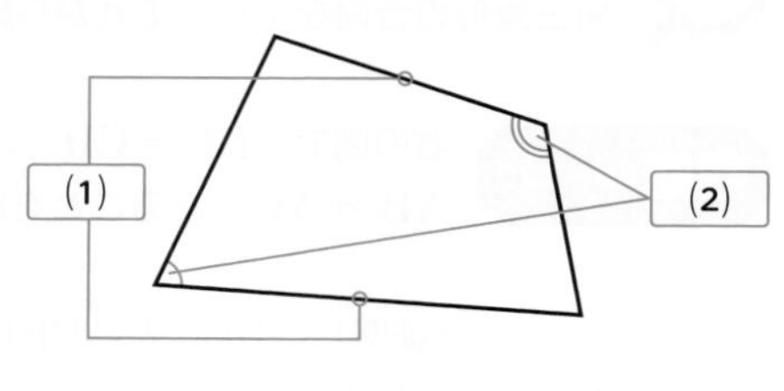

答 (1) 対辺 (2) 対角

次の□にあてはまる数を入れましょう。

(1) 組の対辺が平行な四角形を台形といいます。

(2) 組の対辺がそれぞれ平行な四角形を平行四辺形といいます。

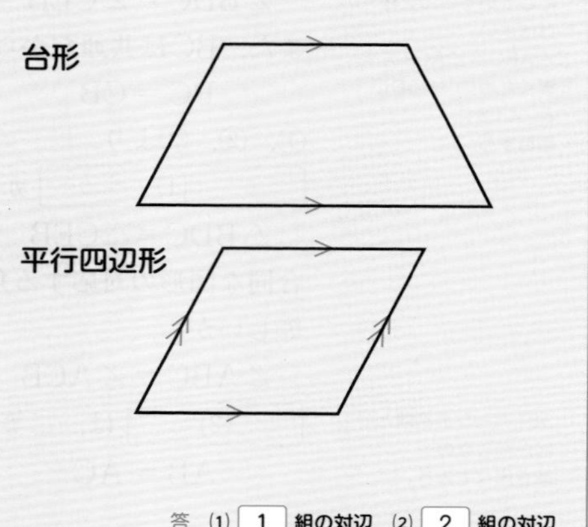

答 (1) 1 組の対辺 (2) 2 組の対辺

上の問題では，**対辺**（たいへん），**対角**（たいかく）という用語をおさえておきましょう。なお，定義や性質では，対辺を「向かいあう辺」，対角を「向かいあう角」と表現する場合もあります。学校の教科書で確認しておきましょう。この本では，「対辺」「対角」を使います。

小学校では，正方形や平行四辺形など，四角形にはいろいろな種類があることを習いました。

下の問題では，台形と平行四辺形について，思い出しましょう。台形と平行四辺形を区別するカギは，平行になっている対辺の組が，1組か2組かということです。

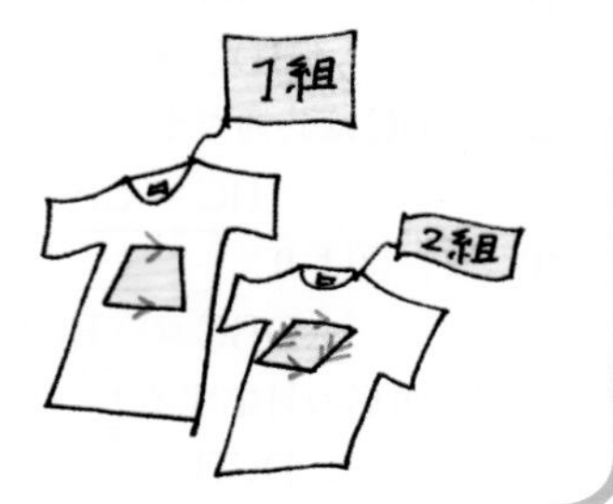

・台形の定義

1組の対辺が平行な四角形を台形という。

・平行四辺形の定義

2組の対辺がそれぞれ平行な四角形を平行四辺形という。

・長方形の定義

4つの角がすべて等しい四角形を長方形という。

・ひし形の定義

4つの辺がすべて等しい四角形をひし形という。

◆長方形もひし形も，平行四辺形の特別なものです。

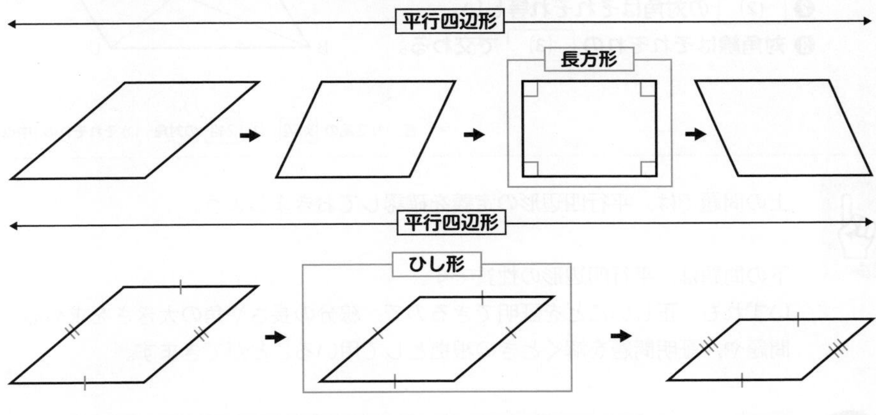

・正方形の定義

4つの角がすべて等しく，4つの辺がすべて等しい四角形を正方形という。

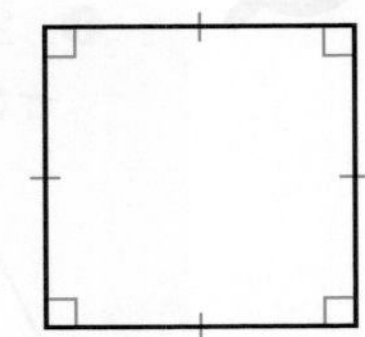

◆正方形は，4つの角がすべて等しいという長方形の性質と，4つの辺がすべて等しいというひし形の性質を持っています。したがって，正方形も，平行四辺形の特別なものです。

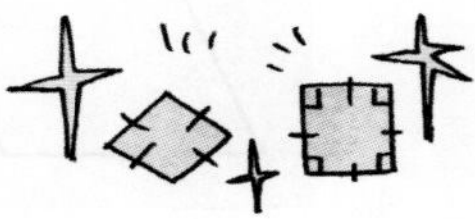

STEP 89

④章 三角形と四角形

平行四辺形(1) 平行四辺形の性質

次の□にあてはまることばを入れましょう。 → 図 STEP 88

・平行四辺形の定義

……2組の対辺がそれぞれ □ な四角形を，平行四辺形という。

答 平行

次の□にあてはまることばを入れましょう。

・平行四辺形の性質

……❶ 2組の (1) はそれぞれ等しい。

❷ (2) の対角はそれぞれ等しい。

❸ 対角線はそれぞれの (3) で交わる。

A D O B C

答 (1) 2組の 対辺 (2) 2組 の対角 (3) それぞれの 中点

上の問題では，平行四辺形の定義を確認しておきましょう。

下の問題は，平行四辺形の性質です。
いずれも，正しいことを証明できるので，線分の長さや角の大きさを求める問題や，証明問題を解くときの根拠として用いることができます。

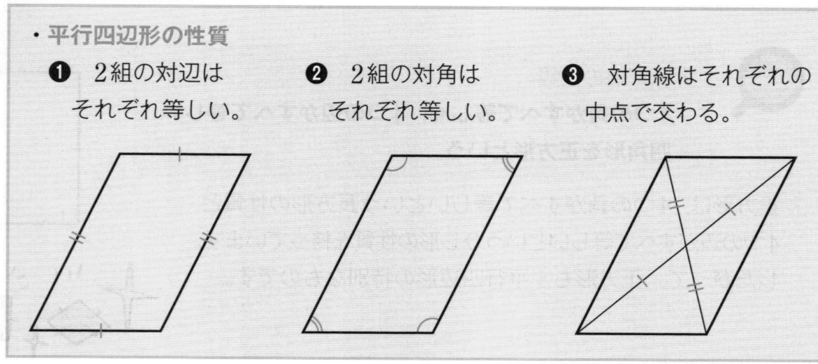

例題で確認! 下の図の平行四辺形ABCDで，x，yの値を求めましょう。

(1)

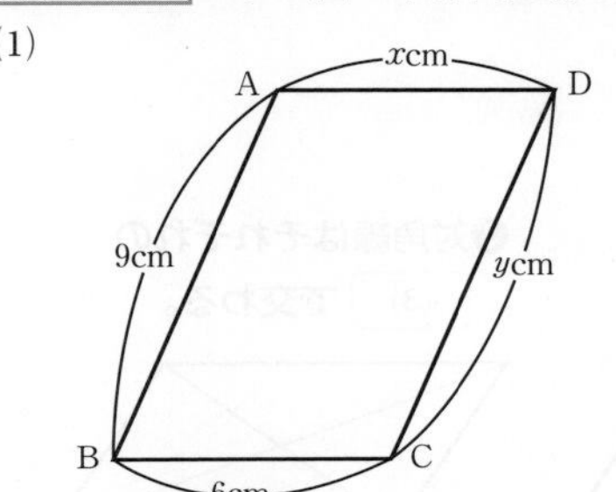

(2)

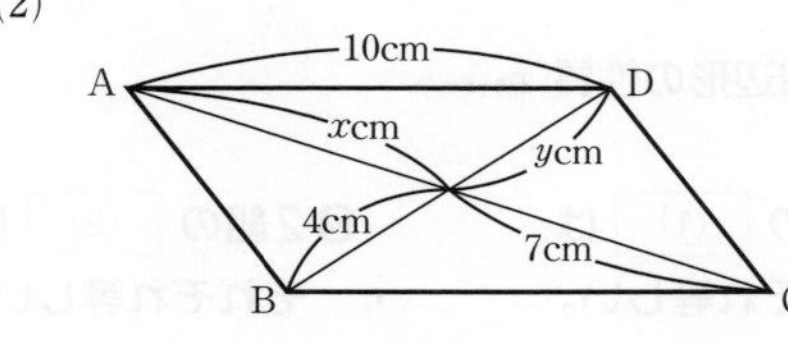

答 (1) x…6，y…9　(2) x…7，y…4

考え方 (1) 2組の対辺はそれぞれ等しいことを使う。（平行四辺形の性質❶）

(2) 対角線はそれぞれの中点で交わることを使う。（平行四辺形の性質❸）

例題で確認! 下の図の平行四辺形ABCDで，∠x，∠yの大きさを求めましょう。

(1)

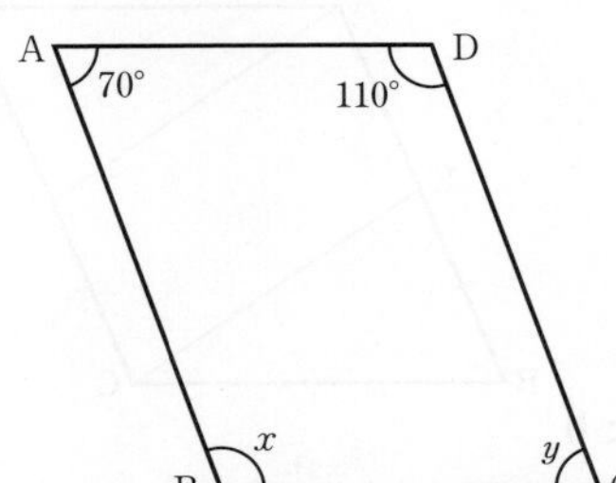

(2)

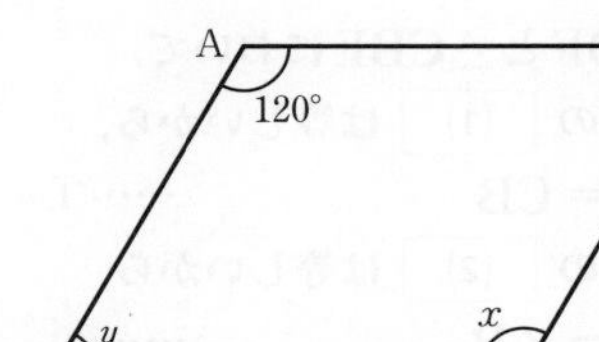

(3)

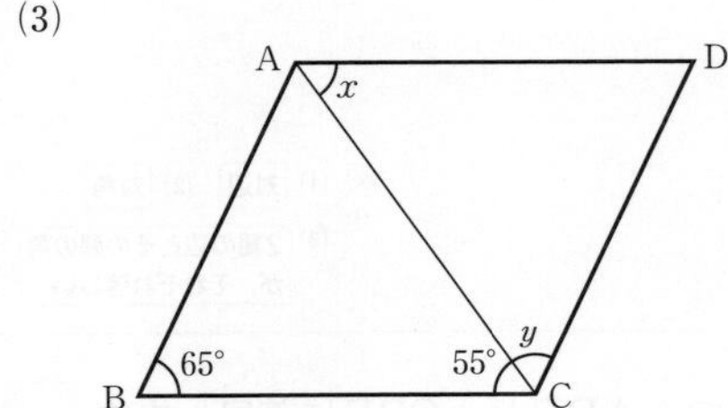

答 (1) ∠x…110°，∠y…70°
(2) ∠x…120°，∠y…60°
(3) ∠x…55°，∠y…60°

考え方 (1) 2組の対角はそれぞれ等しいことを使う。（平行四辺形の性質❷）

(2) ∠x = ∠A = 120°
∠y = （360° − 120° × 2） ÷ 2

(3) AD // BCより，錯角は等しいから，
∠x = 55°
∠BAC = 180° − （65° + 55°） = 60°
AB // DCより，錯角は等しいから，
∠y = ∠BAC = 60°

平行四辺形ABCDは，記号▱を使い，▱ABCDと表すことができます。

平行四辺形(2) 平行四辺形の性質を使った証明(1)

図を見て，次の□にあてはまることばを入れましょう。 → 図 STEP 89

・平行四辺形の性質

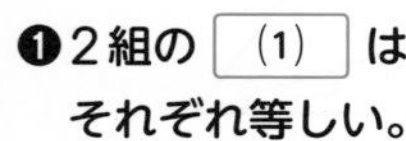

❶2組の (1) は それぞれ等しい。

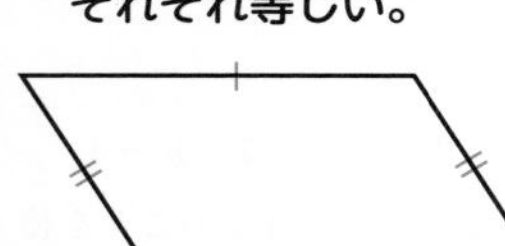

❷2組の (2) は それぞれ等しい。

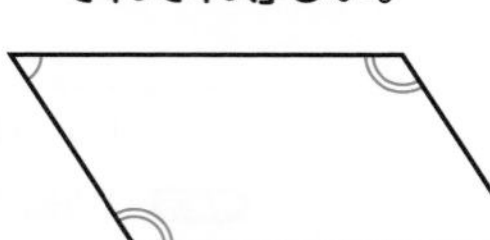

❸対角線はそれぞれの (3) で交わる。

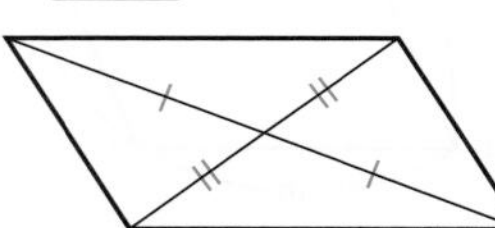

答 (1) 2組の 対辺 (2) 2組の 対角 (3) それぞれの 中点

右の図の▱ABCDで，辺AB，DCの中点をそれぞれE，Fとするとき，AF = CE となることを証明しましょう。

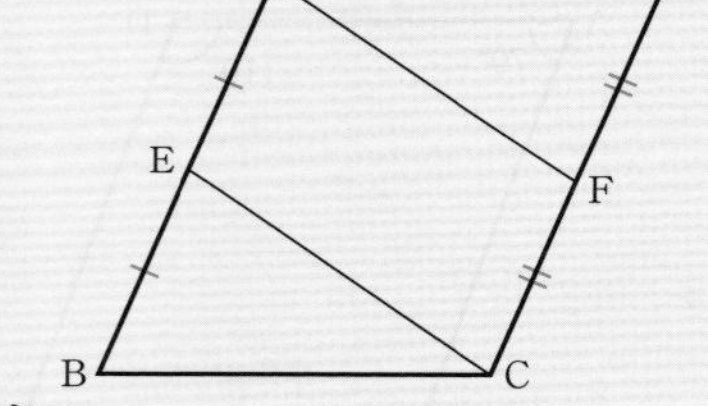

〔証明〕△ADFと△CBEにおいて，

平行四辺形の (1) は等しいから，

AD = CB ……①

平行四辺形の (2) は等しいから，

∠D = ∠B ……②

また，$DF = \frac{1}{2}DC$，$BE = \frac{1}{2}AB$，AB = DCより，

DF = BE ……③

①，②，③より，(3) から，

△ADF ≡ △CBE

合同な図形の対応する辺の長さは等しいから，

AF = CE

答 (1) 対辺 (2) 対角 (3) 2組の辺とその間の角が，それぞれ等しい

下の問題では，AFとCEを辺として持つ△ADFと△CBEに着目します。そして，△ADF≡△CBEから，AF = CEを導くことを考えます。そのために，平行四辺形の性質から，等しい辺や等しい角を1つずつ明らかにしながら，証明を進めます。

平行四辺形の対辺や対角に関する性質から，等しい辺や角を導き出し，そこから三角形の合同を証明する場合があります。

右の図の▱ABCDで，対角線BD上に，BE = DFとなるような点E，Fをとったとき，AE = CFとなることを証明しましょう。

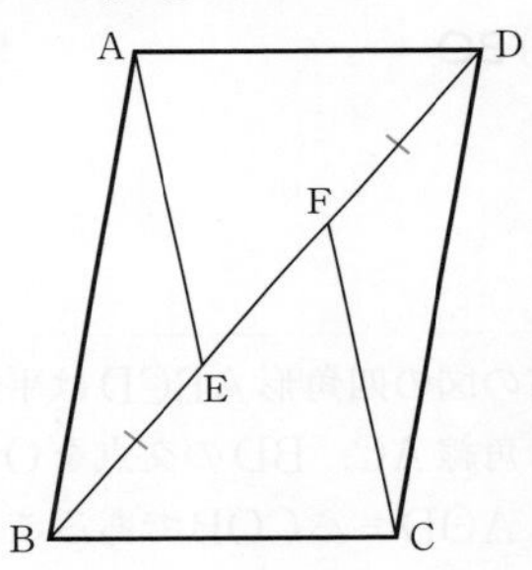

〔証明〕△ABEと△CDFにおいて，
平行四辺形の [(1)] は等しいから，
AB = CD ……①
AB // DCより，
平行線の [(2)] は等しいから，
∠ABE = ∠CDF ……②
仮定より，BE = DF ……③
①，②，③より，
[(3)] から，
△ABE ≡ △CDF
したがって，AE = CF

▱ABCDは，AB // DCなので，平行線の性質（図 STEP 59・60）を利用することができます。

「合同な図形の対応する辺の長さは等しいので」という表現は，このように省略してもかまいません。

答 (1) 対辺 (2) 錯角
(3) 2組の辺とその間の角が，それぞれ等しい

平行四辺形は，2組の対辺がそれぞれ平行なので，錯角など，平行線の性質に着目して証明する問題が多くあります。

例題で確認! 右の図の▱ABCDで，対角線BD上に，A，Cからそれぞれ垂線AE，CFをひいたとき，AE = CFとなることを証明しましょう。

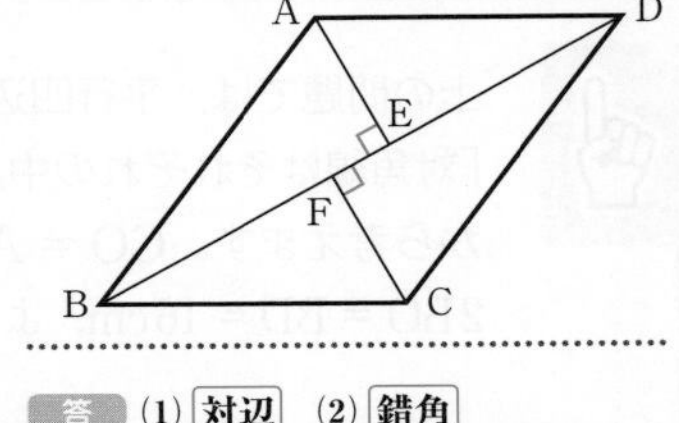

〔証明〕△ABEと△CDFにおいて，
平行四辺形の [(1)] は等しいから，
AB = CD ……①
AB // DCより，平行線の [(2)] は等しいから，
∠ABE = ∠CDF ……②
仮定より，
∠AEB = ∠CFD = 90° ……③
①，②，③より，[(3)] から，
△ABE ≡ △CDF
したがって，AE = CF

答 (1) 対辺 (2) 錯角
(3) 直角三角形の斜辺と1つの鋭角が，それぞれ等しい

STEP **91**

④章 三角形と四角形

平行四辺形(3) 平行四辺形の性質を使った証明(2)

→ 図 STEP 89

右の図の四角形ABCDは平行四辺形です。
対角線AC，BDの交点をOとしたとき，
次の(1)，(2)の線分の長さを求めましょう。

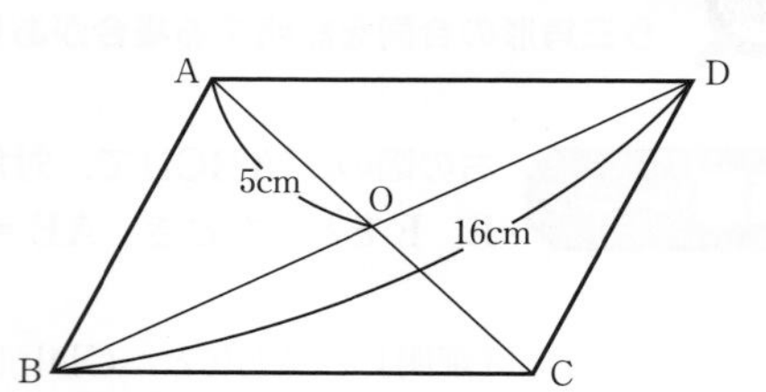

(1) CO
(2) BO

答 (1) 5cm (2) 8cm

右の図の四角形ABCDは平行四辺形です。
対角線AC，BDの交点をOとしたとき，
△AOD≡△COBであることを証明しましょう。

〔証明〕△AODと△COBにおいて，
平行四辺形の (1) は等しいから，
AD＝CB ……①
平行四辺形の対角線はそれぞれの (2) で交わるから，
AO＝CO ……②
DO＝BO ……③
①，②，③より， (3) から，
△AOD≡△COB

答 (1) 対辺 (2) 中点
(3) 3組の辺が，それぞれ等しい

上の問題では，平行四辺形の性質❸
「対角線はそれぞれの中点で交わる。」
から考えます。CO＝AO＝5cm，
2BO＝BD＝16cm，よってBO＝8cm

下の問題では，平行四辺形の性質のうち，「2組の対辺はそれぞれ等しい。」「対角線はそれぞれの中点で交わる。」の2つの性質から，△AOD≡△COBの根拠となる「3組の辺がそれぞれ等しい。」を導きます。

平行四辺形の対角線に関する性質から，等しい辺を導き出し，そこから三角形の合同を証明する場合があります。

右の図の▱ABCDで，対角線の交点Oを通る直線と辺AD，BCとの交点をそれぞれE，Fとしたとき，EO＝FOとなることを証明しましょう。

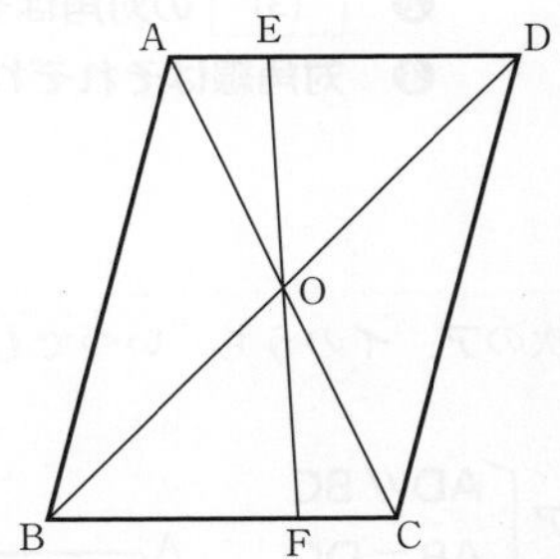

〔証明〕△AOEと△COFにおいて，

対角線に着目し，点OはACの中点だから，AO＝CO

平行四辺形の対角線はそれぞれの中点で交わるから，

AO＝ (1) ……①

AD//BCより，

平行線の錯角は等しいから，

∠OAE＝ (2) ……②

対頂角は等しいから，

∠AOE＝∠COF ……③

①，②，③より，

(3) から，

△AOE≡△COF

したがって，EO＝FO

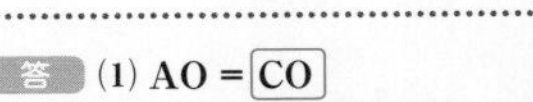

答 (1) AO＝CO

(2) ∠OAE＝∠OCF

(3) 1組の辺とその両端の角が，それぞれ等しい

例題で確認！ 右の図の▱ABCDで，対角線の交点をOとします。OE＝OFとなるように，点E，Fをそれぞれ線分BO，OD上にとったとき，AE＝CFとなることを証明しましょう。

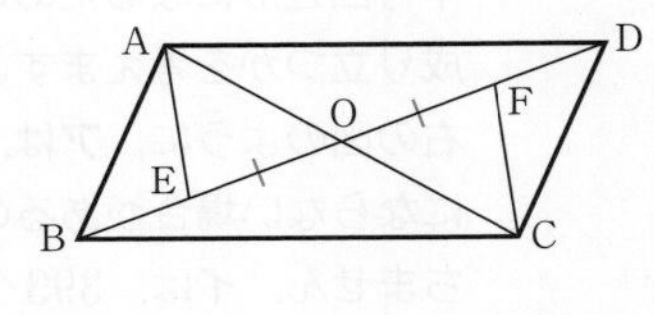

〔証明〕△AOEと△COFにおいて，

仮定より， OE＝OF ……①

平行四辺形の対角線はそれぞれの中点で

交わるから， AO＝ (1) ……②

対頂角は等しいから，∠AOE＝ (2) ……③

①，②，③より， (3) から，

△AOE≡△COF

したがって，AE＝CF

答 (1) AO＝CO

(2) ∠AOE＝∠COF

(3) 2組の辺とその間の角が，それぞれ等しい

STEP 92

④章 三角形と四角形

平行四辺形(4) 平行四辺形になるための条件

次の□にあてはまることばを入れましょう。 → 図 STEP 88・89

・平行四辺形の定義

……2組の対辺がそれぞれ (1) な四角形を平行四辺形という。

・平行四辺形の性質

……❶ 2組の (2) はそれぞれ等しい。

❷ (3) の対角はそれぞれ等しい。

❸ 対角線はそれぞれの (4) で交わる。

答

(1) 平行

(2) 2組の 対辺

(3) 2組 の対角

(4) それぞれの 中点

次のア，イのうち，いつでも平行四辺形になるものを選びましょう。

ア AD // BC, AB = DC

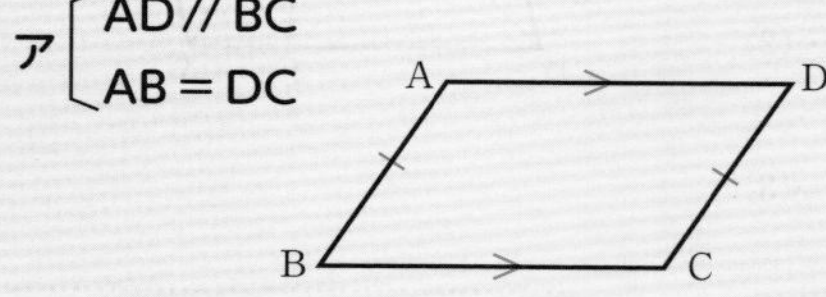

イ AD // BC, AD = BC

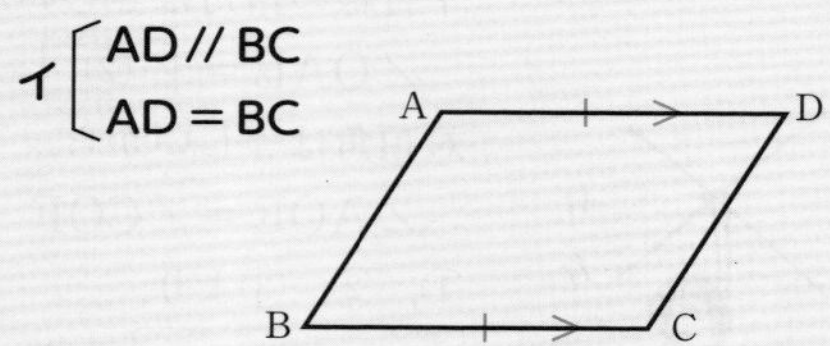

答 イ

上の問題では，平行四辺形の定義と性質を確認しておきましょう。

下の問題では，それぞれで示されていることがらが，四角形ABCDが平行四辺形になるための条件として成り立つかを考えます。
右の図のように，アは，平行四辺形にならない場合があるので，成り立ちません。イは，393ページで示すとおり，かならず平行四辺形になることを証明できます。

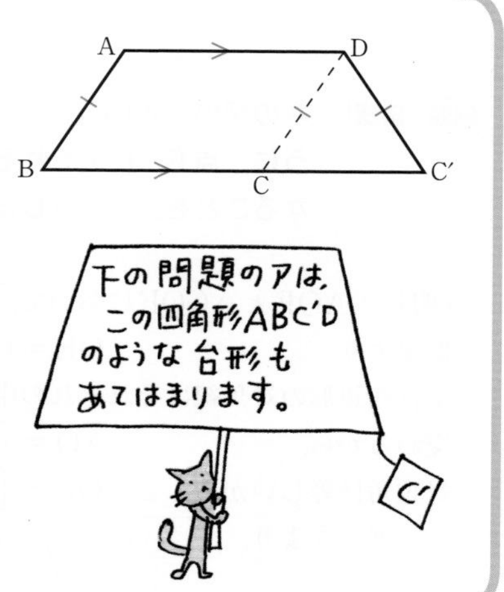

・平行四辺形になるための条件

四角形は，次の❶～❺のうちのどれかが成り立つとき，平行四辺形である。

❶　2組の対辺がそれぞれ平行である。　（定義）
❷　2組の対辺がそれぞれ等しい。
❸　2組の対角がそれぞれ等しい。　（性質）
❹　対角線がそれぞれの中点で交わる。
❺　1組の対辺が平行でその長さが等しい。

◆❶は平行四辺形の定義で，❷～❹は平行四辺形の性質です。
これらが正しいことは，すでに証明で明らかになっていることがらなので，ほかの新しいことがらを証明するときの根拠として利用できます。

◆❺は，❶と❷をミックスし，1組の対辺だけに着目したような内容です。この「1組の対辺が平行でその長さが等しい」ならば，「その四角形は，かならず平行四辺形である」ということは，次のように証明できます。

〔証明〕右の図の△ABCと△CDAにおいて，
仮定より，
　BC = DA　……①
AD // BCより，平行線の錯角は等しいから，
　∠ACB = ∠CAD　……②
ACは共通だから，
　AC = CA　……③
①，②，③より，2組の辺とその間の角が，それぞれ等しいから，
　△ABC ≡ △CDA
したがって，
　AB = CD　……④
①，④より，2組の対辺がそれぞれ等しい四角形は平行四辺形だから，
四角形ABCDは平行四辺形である。

例題で確認!　次の四角形ABCDで，いつでも平行四辺形になるといえるものを答えましょう。

ア　AB = 4cm，BC = 9cm，CD = 9cm，DA = 4cm
イ　∠A = 60°，∠B = 120°，∠C = 60°，∠D = 120°
ウ　BA = AD，BC = CD
エ　AB = DC，AB // DC

答　イ，エ

考え方　イは条件❸，エは条件❺。アとウは，等しい辺が対辺ではないので，条件を満たさない。

STEP 93

④章 三角形と四角形

平行四辺形(5) 平行四辺形になることの証明

次の□にあてはまることばを入れましょう。

→ 図 STEP 92

・平行四辺形になるための条件

四角形は，次の❶～❺のうちのどれかが成り立つとき，平行四辺形である。

❶　２組の [(1)] がそれぞれ平行である。

❷　２組の対辺がそれぞれ [(2)] 。

❸　２組の [(3)] がそれぞれ等しい。

❹　対角線がそれぞれの [(4)] で交わる。

❺　[(5)] の対辺が平行でその長さが等しい。

答
(1) ２組の [対辺]
(2) それぞれ [等しい]
(3) ２組の [対角]
(4) それぞれの [中点]
(5) [１組] の対辺

右の図の▱ABCDの１組の対辺AD，BCの中点をそれぞれM，Nとしたとき，四角形ANCMは平行四辺形であることを証明しましょう。

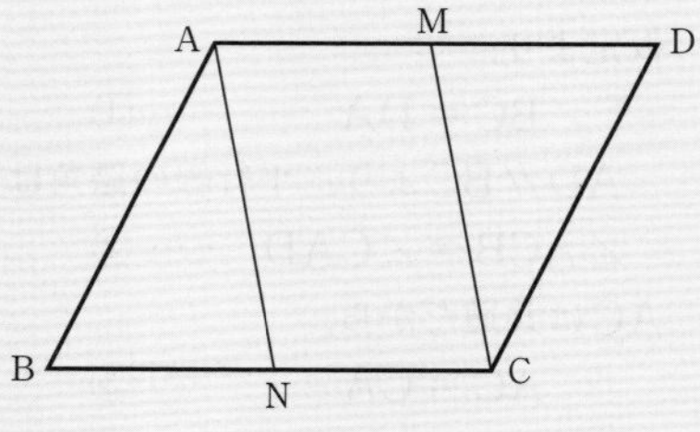

〔証明〕四角形ANCMにおいて，

四角形ABCDは平行四辺形だから，

AM// [(1)] ……①

平行四辺形の対辺は等しいから，

AD＝BC ……②

仮定より，

$AM = \frac{1}{2}AD$ ……③

$NC = \frac{1}{2}BC$ ……④

②，③，④より，

AM＝ [(2)] ……⑤

①，⑤より， [(3)] から，

四角形ANCMは平行四辺形である。

答
(1) AM// [NC]　(2) AM＝ [NC]
(3) [１組の対辺が平行でその長さが等しい]

上の問題では，平行四辺形になるための条件を，しっかり確認しましょう。

下の問題は，四角形が平行四辺形であることを証明する問題です。平行四辺形になるための５つの条件のうち，１つを根拠として利用します。

平行四辺形になるための条件を利用して，四角形が平行四辺形であることを証明することができます。

下の図の▱ABCDで，対角線BD上に，A，Cからそれぞれ垂線AE，CFをひいたとき，四角形AFCEが平行四辺形であることを証明しましょう。

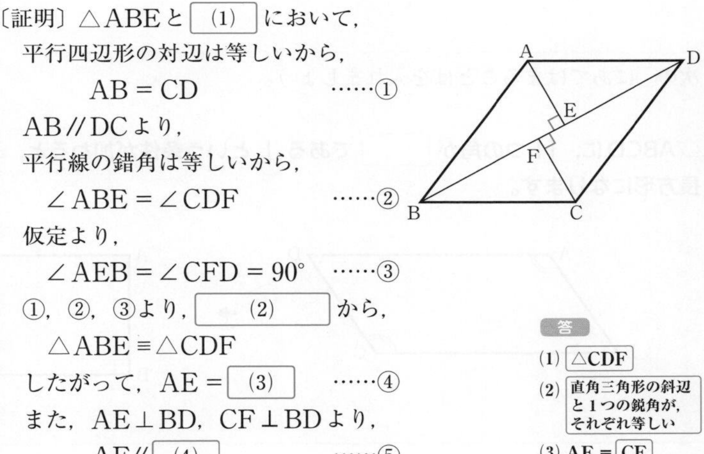

〔証明〕△ABEと (1) において，
平行四辺形の対辺は等しいから，
AB = CD ……①
AB // DCより，
平行線の錯角は等しいから，
∠ABE = ∠CDF ……②
仮定より，
∠AEB = ∠CFD = 90° ……③
①，②，③より， (2) から，
△ABE ≡ △CDF
したがって，AE = (3) ……④
また，AE ⊥ BD，CF ⊥ BDより，
AE // (4) ……⑤
④，⑤より， (5) から，
四角形AFCEは平行四辺形である。

ここまでは389ページの例題と同じ。ここから先を，解き比べてみましょう。

1本の直線に垂直な2本の直線は平行（図 STEP 4）

答
(1) △CDF
(2) 直角三角形の斜辺と1つの鋭角が，それぞれ等しい
(3) AE = CF
(4) AE // CF
(5) 1組の対辺が平行でその長さが等しい

例題で確認! 下の図の▱ABCDで，対角線BD上にEO = FOとなるように2点E，Fをとったとき，四角形AECFが平行四辺形であることを証明しましょう。

〔証明〕平行四辺形の対角線は
それぞれの中点で交わるから，
AO = (1) ……①
仮定より，
EO = (2) ……②
①，②より， (3) から，
四角形AECFは平行四辺形である。

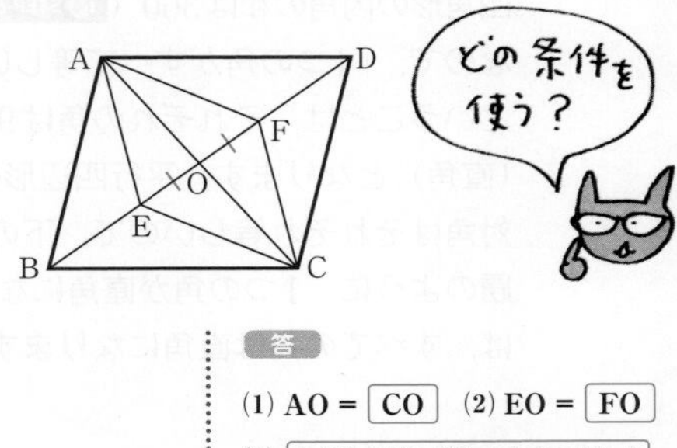

答
(1) AO = CO　(2) EO = FO
(3) 対角線がそれぞれの中点で交わる

特別な平行四辺形(1) 長方形の性質と証明

次の□にあてはまることばを入れましょう。 → 図 STEP 88

・長方形の定義
4つの □ がすべて等しい四角形を長方形という。

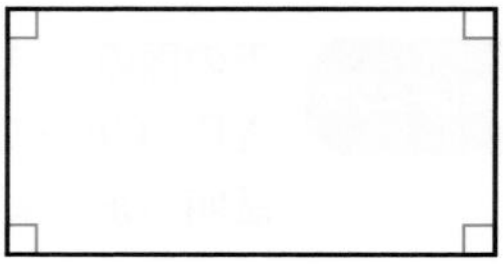

答 角

次の□にあてはまることばを入れましょう。

▱ABCDに，「1つの角が □ である。」という条件が加わると，▱ABCDは，長方形になります。

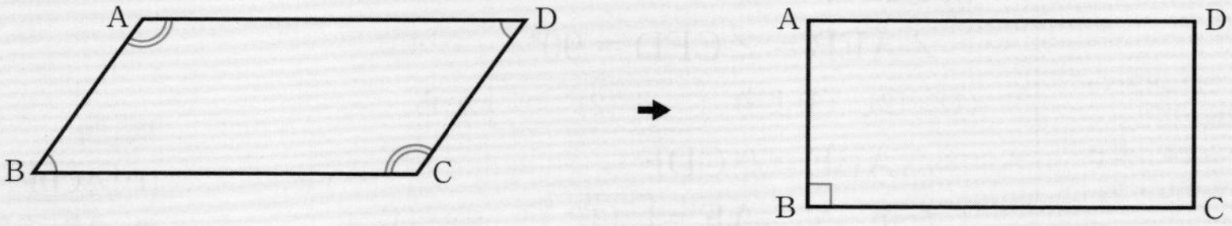

答 直角（90°）

図 STEP 88で学んだように，長方形は，平行四辺形の特別なもので，定義は，「4つの角がすべて等しい四角形」です。

四角形の内角の和は360°（図 STEP 65）なので，「4つの角がすべて等しい」ということは，それぞれの角は90°（直角）となります。平行四辺形の対角はそれぞれ等しいので，下の問題のように，1つの角が直角になれば，すべての角は直角になります。

- **長方形の定義**

4つの角がすべて等しい四角形を長方形という。

- **長方形の性質**

長方形の対角線の長さは等しい。

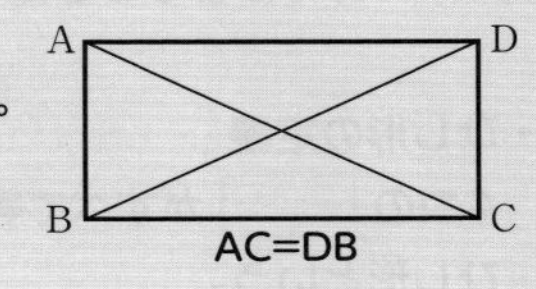

◆長方形の性質は，次のように証明できます。

〔証明〕右の図の△ABCと△DCBにおいて，
四角形ABCDは長方形だから，

AB＝DC ……①

∠ABC＝∠DCB＝90° ……②

BCは共通だから，BC＝CB ……③

①，②，③より，

2組の辺とその間の角が，それぞれ等しいから，

△ABC≡△DCB

したがって，AC＝DB

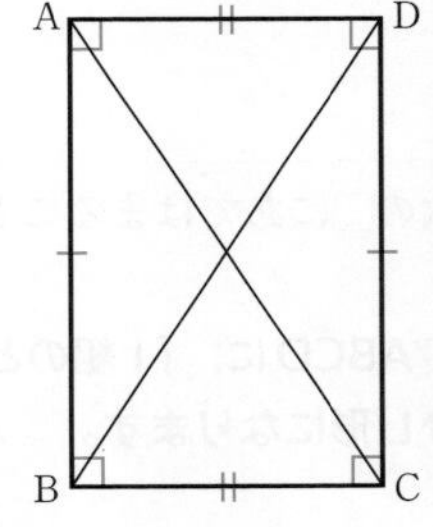

対角線の長さが等しい四角形には，台形など，長方形以外もあてはまりますが，対角線の長さが等しい平行四辺形は，かならず長方形になります。

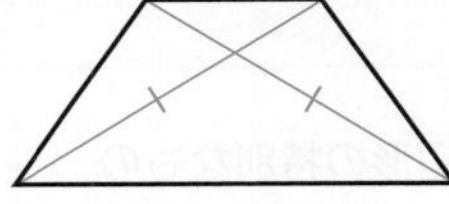

例題で確認! **右の図の▱ABCDで，対角線の長さが等しいとき，▱ABCDは長方形であることを証明しましょう。**

〔証明〕△ABCと△DCBにおいて，平行四辺形の対辺は等しいから，

AB＝DC ……①

仮定より，　AC＝DB ……②

BCは共通だから，BC＝CB ……③

①，②，③より，（1）から，

△ABC≡△DCB

したがって，∠ABC＝∠DCB ……④

四角形ABCDは平行四辺形だから，

∠ABC＝∠ADC，∠DCB＝∠DAB ……⑤

④，⑤より，4つの（2）が等しいから，

▱ABCDは長方形である。

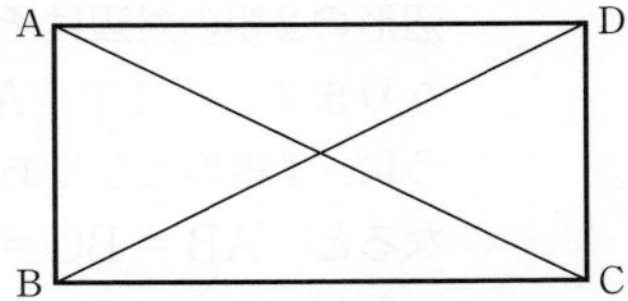

答 (1) 3組の辺が，それぞれ等しい

(2) 角

考え方 ①，⑤は平行四辺形の性質から導き出す。

STEP 95

4章 三角形と四角形

特別な平行四辺形(2) ひし形の性質と証明

次の□にあてはまることばを入れましょう。

→ 図 STEP 88

・ひし形の定義

4つの □ がすべて等しい四角形をひし形という。

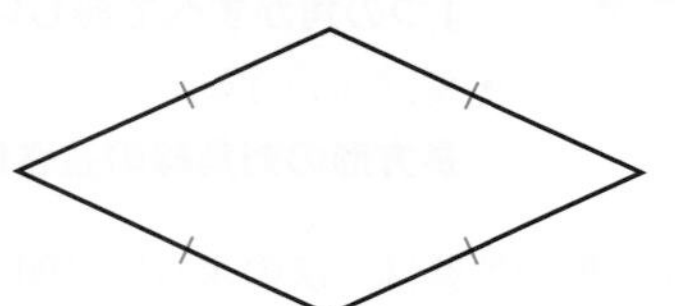

答 辺

次の□にあてはまることばを入れましょう。

▱ABCDに,「1組のとなりあう辺が □ 。」という条件が加わると,▱ABCDは,ひし形になります。

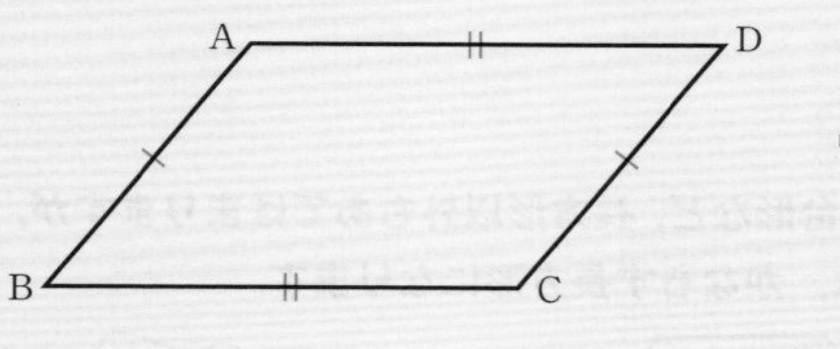

➡

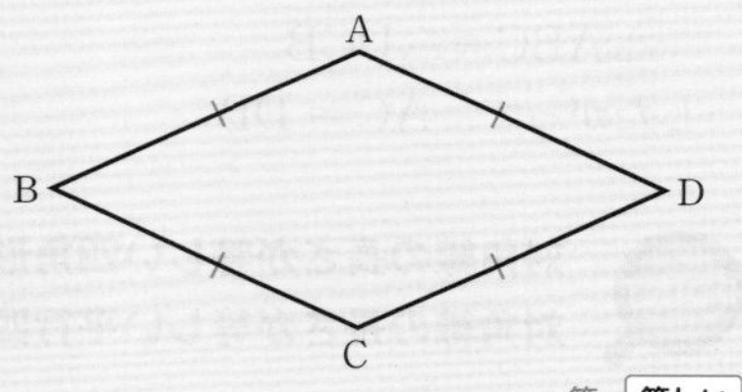

答 等しい

ひし形は,平行四辺形の特別なもので,定義は,「4つの辺がすべて等しい四角形」です。

下の問題の左の図のように,平行四辺形の2組の対辺はそれぞれ等しくなります。ここで,ABとBCのように,1組のとなりあう辺が等しくなると,AB = BC = CD = DA となり,4つの辺がすべて等しいひし形になります。

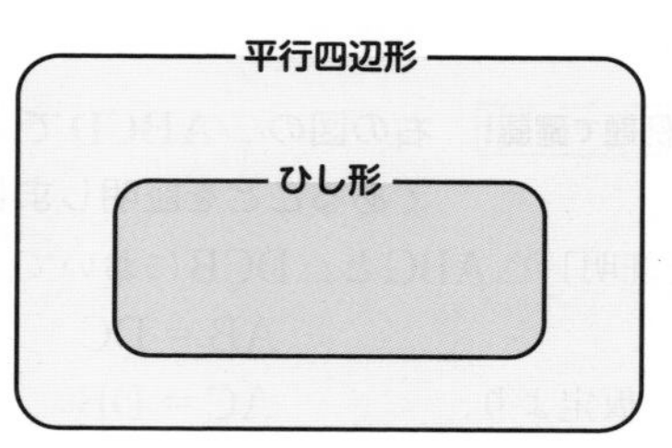

- **ひし形の定義**
  4つの辺がすべて等しい四角形をひし形という。
- **ひし形の性質**
  ひし形の対角線は垂直に交わる。

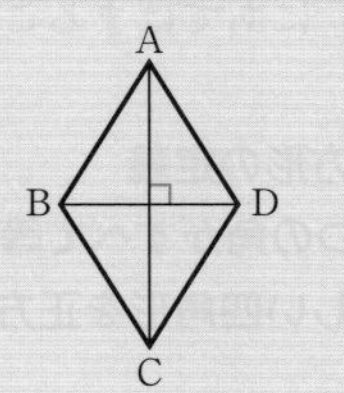

◆ひし形の性質は，次のように証明できます。

〔証明〕△AOBと△AODにおいて，
四角形ABCDはひし形だから，
AB = AD ……①
また，ひし形は平行四辺形ともいえるので，
対角線はそれぞれの中点で交わるから，
BO = DO ……②
AOは共通だから，
AO = AO ……③
①，②，③より，3組の辺がそれぞれ等しいから，
△AOB ≡ △AOD
したがって，∠AOB = ∠AOD = 90° だから，AO ⊥ BD

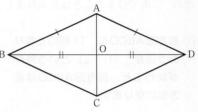

対角線が垂直に交わる四角形は，かならずひし形になるとはかぎりませんが，対角線が垂直に交わる平行四辺形は，かならずひし形になります。

例題で確認! 右の図の▱ABCDで，対角線が垂直に交わるとき，▱ABCDはひし形であることを証明しましょう。

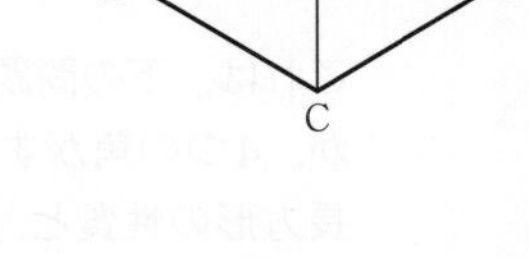

〔証明〕対角線の交点をOとし，△AOBと△AODにおいて，
平行四辺形の対角線はそれぞれの中点で交わるから，
BO = DO ……①
仮定より， ∠AOB = ∠AOD = 90° ……②
AOは共通だから，AO = AO ……③
①，②，③より，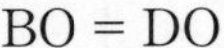 (1) から，△AOB ≡ △AOD
したがって， AB = AD
平行四辺形の対辺は等しいから，AB = AD = CD = BC
したがって，4つの (2) が等しいから，
▱ABCDはひし形である。

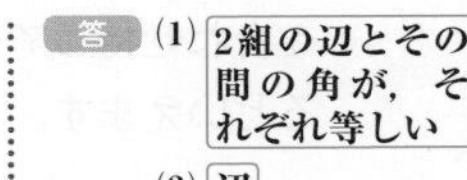
答 (1) 2組の辺とその間の角が，それぞれ等しい

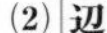
(2) 辺

STEP 96

4章 三角形と四角形

特別な平行四辺形(3) 正方形の性質と証明

次の□にあてはまることばを入れましょう。

→ 図 STEP 88

・**正方形の定義**
4つの角がすべて等しく，4つの □ がすべて等しい四角形を正方形という。

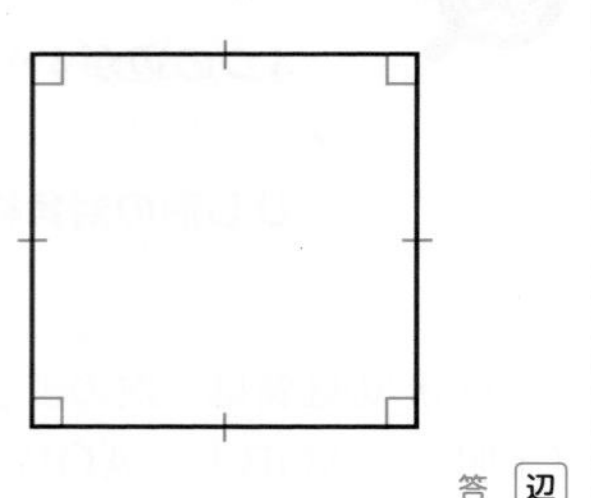

答 辺

次の□にあてはまることばを入れましょう。

(1) 長方形ABCDに，「1組のとなりあう辺が (1) 。」という条件が加わると，長方形ABCDは正方形になります。

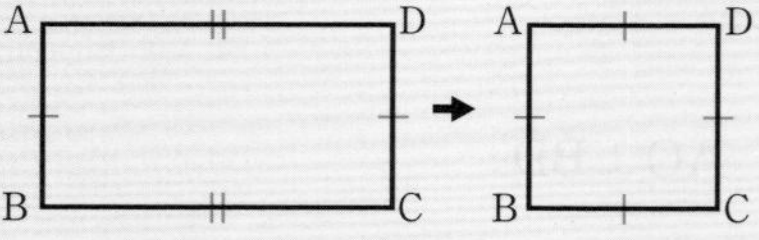

(2) ひし形ABCDに，「1つの角が (2) である。」という条件が加わると，ひし形ABCDは正方形になります。

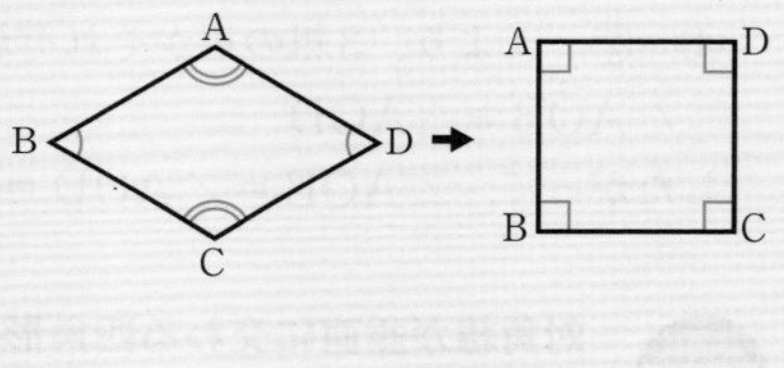

答 (1) 等しい (2) 直角〔90°〕

正方形は，平行四辺形の特別なもので，定義は，「4つの角がすべて等しく，4つの辺がすべて等しい四角形」です。

これは，下の問題のように，正方形が，4つの角がすべて等しいという長方形の性質と，4つの辺がすべて等しいというひし形の性質の，両方を合わせ持っていることを表しているといえます。

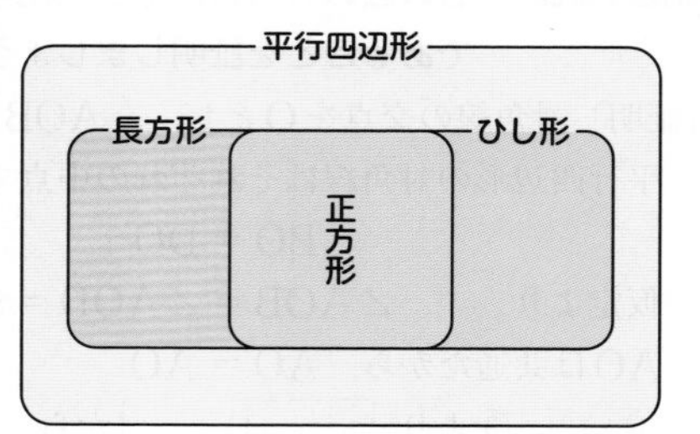

- **正方形の定義**

4つの角がすべて等しく，4つの辺がすべて等しい四角形を正方形という。

- **正方形の性質**

対角線の長さが等しく，垂直に交わる。

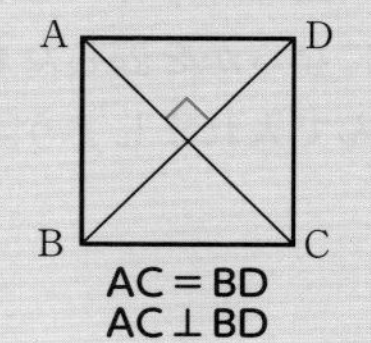

◆正方形は，長方形でもあり，ひし形でもあるので，正方形の対角線は長さが等しく，垂直に交わるといえます。

例題で確認! 右の図のア～エの四角形について，次の問題に答えましょう。

(1) 4つの辺がすべて等しい四角形を，すべて答えましょう。

(2) 対角線が垂直に交わる四角形を，すべて答えましょう。

(3) 対角線の長さが等しい四角形を，すべて答えましょう。

(4) **エ**の角と辺に関する性質を答えましょう。

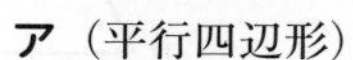

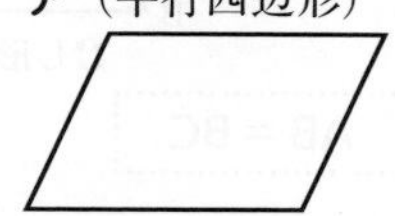

イ（長方形）

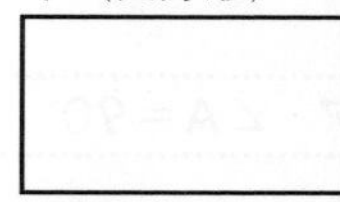

ウ（ひし形）

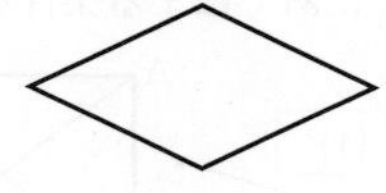

エ（正方形）

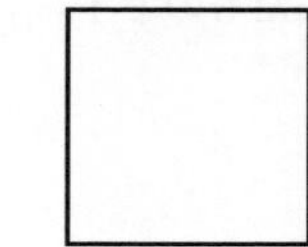

答

(1) **ウ，エ** (2) **ウ，エ** (3) **イ，エ**

(4) **4つの角がすべて等しく，4つの辺がすべて等しい。**

例題で確認! 下の図のひし形ABCDと正方形EFGHで，点O，Pはそれぞれ，対角線の交点です。次の角の大きさや，線分の長さを求めましょう。

(1) ∠AOD

(2) ∠EPH

(3) ∠BAD

(4) ∠EHG

(5) BO

(6) FP

(7) EP

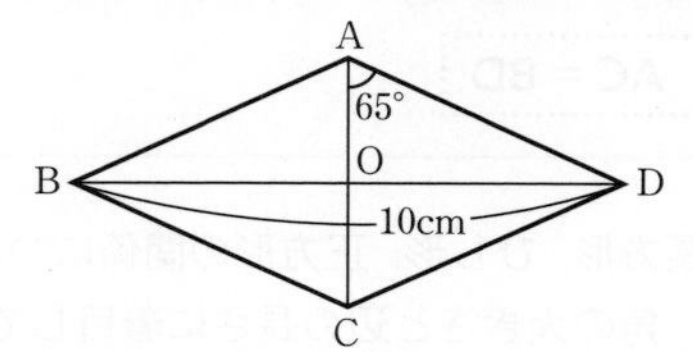

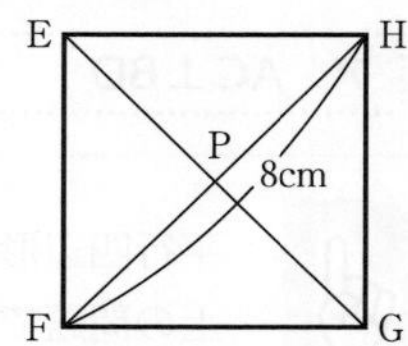

答 (1) **90°** (2) **90°** (3) **130°** (4) **90°** (5) **5 cm** (6) **4 cm** (7) **4 cm**

考え方 (3) AB = AD，BO = DO，AOは共通だから，△AOB ≡ △AOD

したがって，∠BAO = 65° (7) EG = FH，EP = $\frac{1}{2}$EG

STEP 97

④章 三角形と四角形

特別な平行四辺形(4) 長方形・ひし形・正方形の関係

下の図は，平行四辺形にどのような条件を加えれば長方形，ひし形，正方形になるかを表したものです。[　] にあてはまる条件を，**ア**，**イ**から選んで入れましょう。 → 図 STEP 94～96

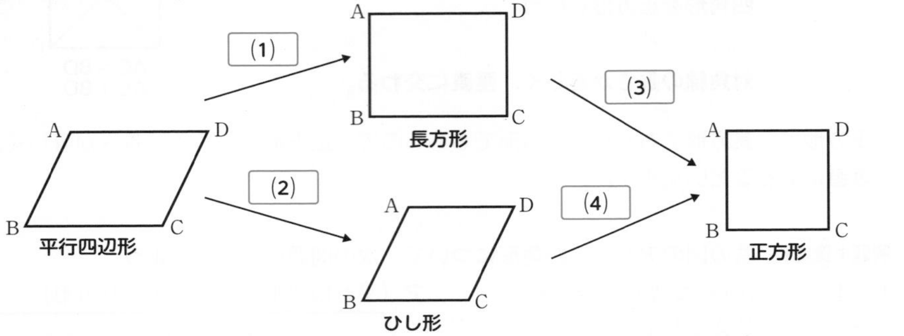

ア ∠A＝90°　イ AB＝BC

答 (1) ア (2) イ (3) イ (4) ア

下の図は，平行四辺形にどのような条件を加えれば長方形，ひし形，正方形になるかを表したものです。[　] にあてはまる条件を，**ア**，**イ**から選んで入れましょう。

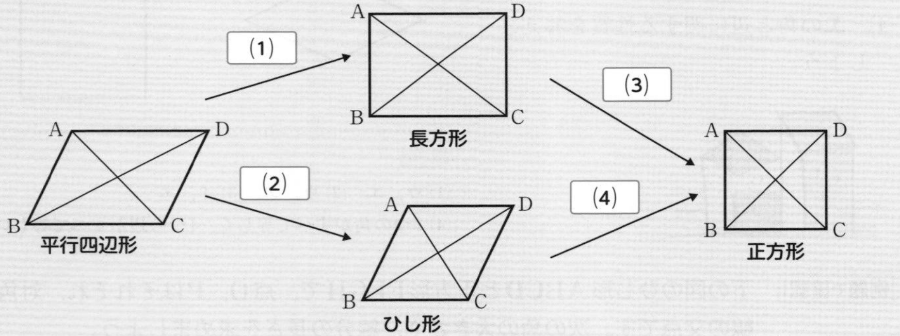

ア AC⊥BD　イ AC＝BD

答 (1) イ (2) ア (3) ア (4) イ

平行四辺形と長方形，ひし形，正方形の関係について，上の問題では，角の大きさと辺の長さに着目して整理しましょう。
下の問題では，対角線の長さと交わり方に着目して考えましょう。

・平行四辺形と長方形，ひし形，正方形の関係

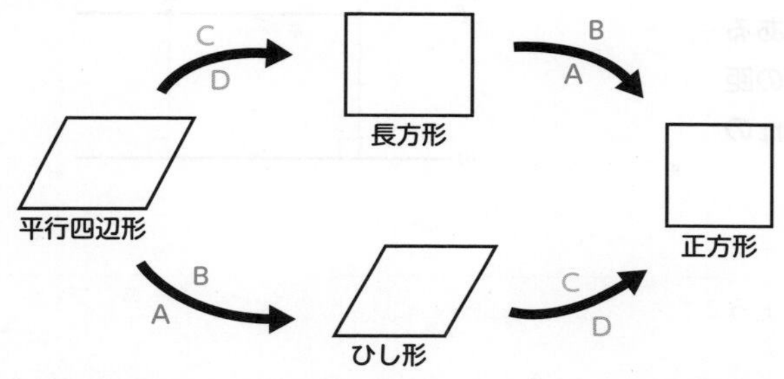

A　１組のとなりあう辺を等しくする。
B　対角線が垂直に交わるようにする。
C　１つの角を直角〔90°〕にする。
D　対角線の長さを等しくする。

例題で確認!　次の四角形に関することがらのうち，正しいものの記号を答えましょう。

ア　長方形は平行四辺形である。
イ　長方形は正方形である。
ウ　正方形は長方形である。
エ　長方形もひし形も，平行四辺形である。
オ　正方形は，長方形であり，ひし形であり，平行四辺形でもある。
カ　ひし形は，長方形であり，正方形であり，平行四辺形でもある。

答
ア，ウ，エ，オ
考え方
イ　長方形に辺と対角線の条件が加わらないと，正方形にはならない。
カ　ひし形は長方形でも正方形でもない。

例題で確認!　次の表は，四角形の対角線についてまとめたものです。あてはまるところには○を，あてはまらないところには×を入れましょう。

	平行四辺形	ひし形	長方形	正方形
対角線がそれぞれの中点で交わる	○	(1)	(2)	(3)
対角線が垂直に交わる	×	(4)	×	(5)
対角線の長さが等しい	(6)	×	(7)	(8)

答　(1) ○　(2) ○　(3) ○　(4) ○　(5) ○　(6) ×　(7) ○　(8) ○

STEP 98

④章 三角形と四角形

平行線と面積(1) 面積の等しい三角形

次の□に‘等しい’か‘等しくない’のどちらかを入れましょう。 → 図 STEP 6

直線ℓ，mが平行であるとき，点Pと直線mの距離と，点Qと直線mの距離は［　　］。

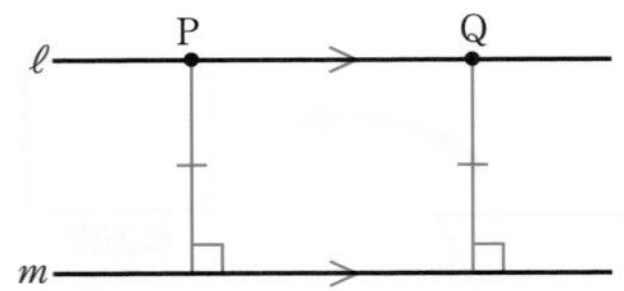

答 等しい

次の問題に答えましょう。

直線ℓ，mは平行です。ア～ウのうち，△ABCと面積が等しい三角形を選びましょう。

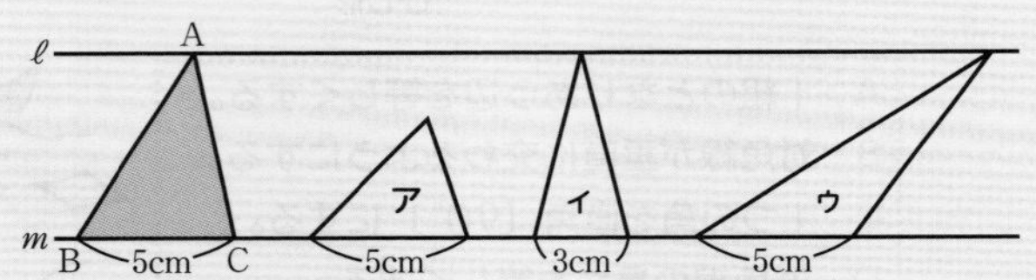

答 ウ

上の問題では，$\ell // m$のとき，ℓ, mの距離はどこも等しいことを確認しておきましょう。

下の問題の△ABCは，底辺が5cm，高さがℓ，mの距離にあたる垂線の長さの三角形です。右の図のように，**ウ**も底辺が5cm，高さが同じ垂線の長さの三角形なので，△ABCと**ウ**の三角形の面積は等しくなります。

アは，底辺の長さは同じですが，高さが異なるので，面積は等しくなりません。

イは，高さは同じですが，底辺の長さが異なるので，面積は等しくなりません。

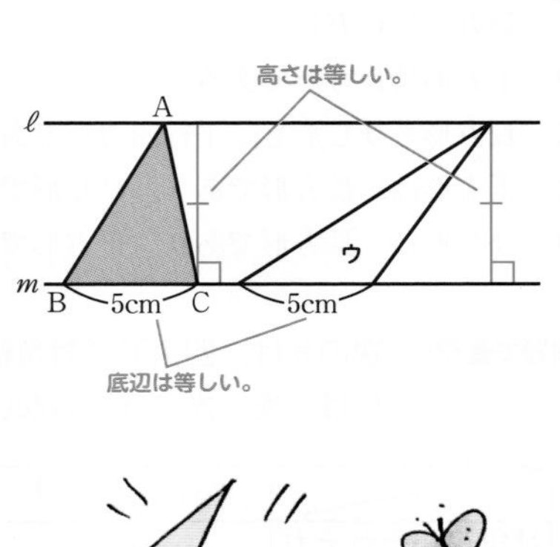

・平行線と面積

辺BCを共通の底辺とする△ABCと△DBCにおいて，AD // BCならば，△ABC = △DBCである。

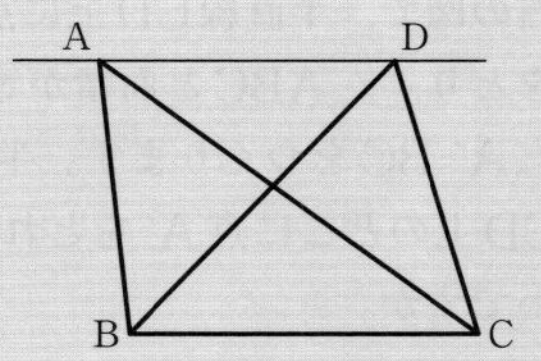

◆△ABC = △DBCは，△ABCと△DBCの**面積が等しい**ことを表しています。△ABC≡△DEFは，△ABCと△DEFが合同であることの表し方です。正しく使い分けましょう。

例題で確認! 下の図の四角形ABCDは，AD // BCの台形です。(1)〜(3)の三角形と面積の等しい三角形をそれぞれ見つけ，式の形で表しましょう。

(1) △ABC

(2) △ACD

(3) △DOC

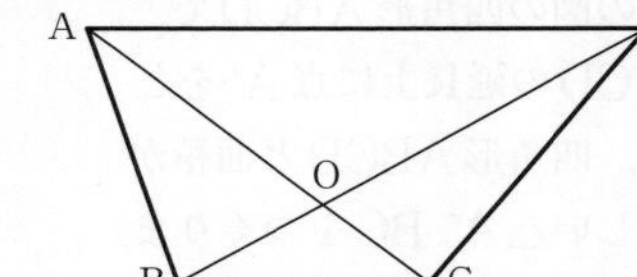

答 (1) **△ABC = △DBC**

(2) **△ACD = △ABD**

(3) **△DOC = △AOB**

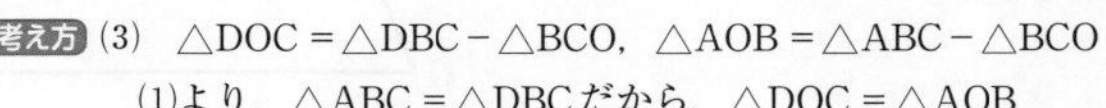
考え方 (3) △DOC = △DBC − △BCO，△AOB = △ABC − △BCO
(1)より，△ABC = △DBCだから，△DOC = △AOB

例題で確認! 右の図は，AD // BCの台形ABCDです。△ABCの面積が$8\,\mathrm{cm}^2$，△ABDの面積が$6\,\mathrm{cm}^2$のとき，台形ABCDの面積を求めましょう。

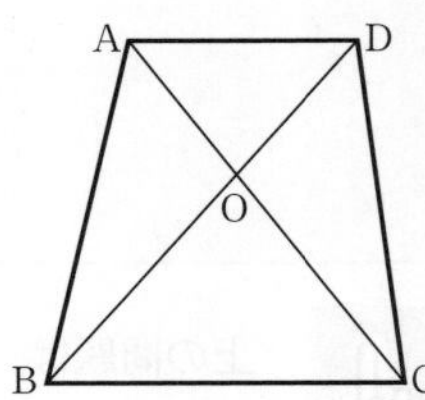

台形ABCDの面積は，
△ABCの面積と△ACDの面積の和に等しい。
△ABC = $8\,\mathrm{cm}^2$
△ACD = (1) = (2) cm^2
したがって，台形ABCDの面積は，
8 + (2) = (3) (cm^2)

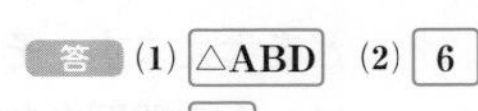
答 (1) **△ABD** (2) **6**
(3) **14**

STEP

99

④章 三角形と四角形

平行線と面積(2) 面積を変えずに形を変える

右の図で，半直線CD上に点A′をとり，△ABCと面積が等しい△A′BCをつくります。半直線CD上のどこに点A′をとればよいですか。

→ 図 STEP 98

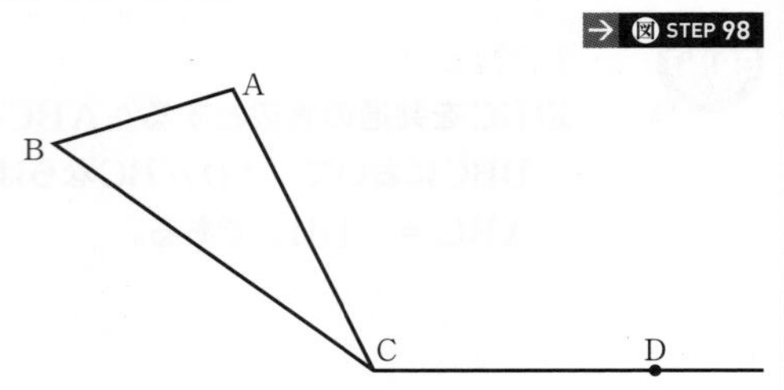

答 点Aを通り，BCに平行な直線をひき，半直線CDと交わったところに点A′をとる。

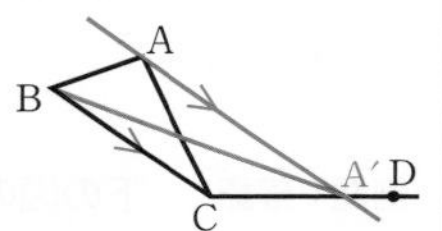

右の図の四角形ABCDで，辺CDの延長上に点A′をとり，四角形ABCDと面積が等しい△A′BCをつくります。どこに点A′をとればよいですか。

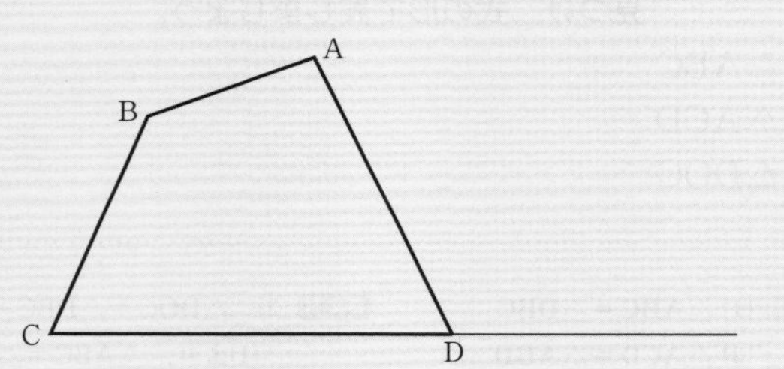

答 点Aを通り，対角線BDと平行な直線をひき，半直線CDと交わったところに点A′をとる。

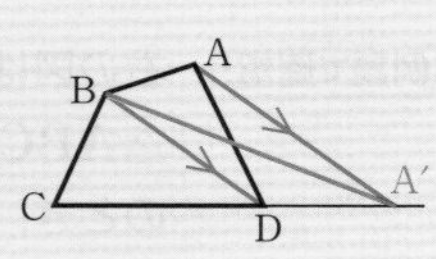

上の問題は，図 STEP 98 の，平行線と面積の関係を利用して考えます。

下の問題は，四角形ABCDを2つの三角形に分け，△ABDの部分だけ面積を変えずに変形させることを考えます。その変形のさせ方は，上の問題を参考にしましょう。

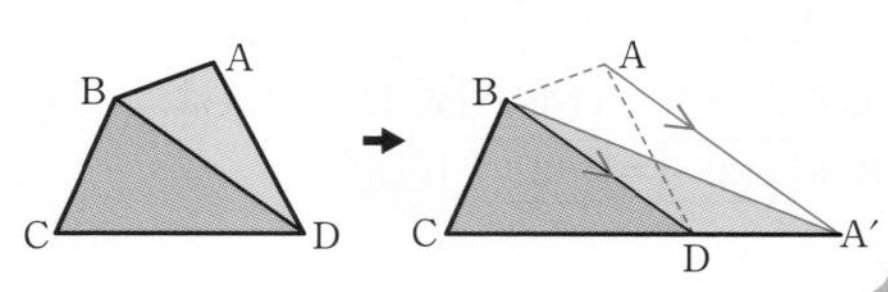

平行線と面積の関係を利用すると，面積を変えずに，多角形の形を変えることができます。

◆このようにして面積を変えずに多角形の形を変えることを，**等積変形**（とうせきへんけい）という場合があります。

例題で確認! 右の図のように，折れ線ABCで2つの部分に分かれている四角形PQRSがあります。点Aを通り，2つの部分の面積を変えないような直線を作図しましょう。

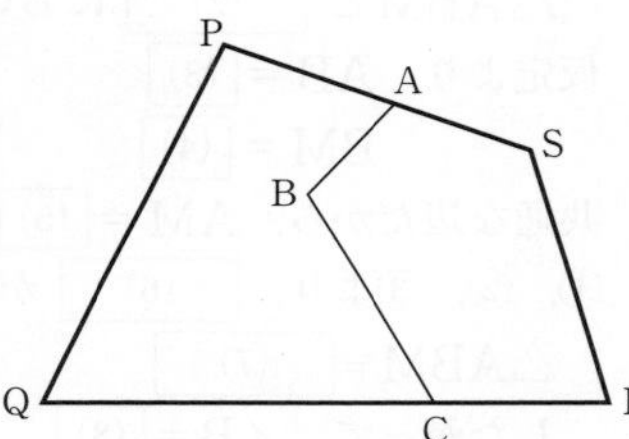

答

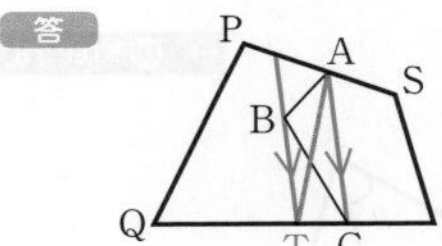

考え方

△ABCと面積が等しい三角形を考える。

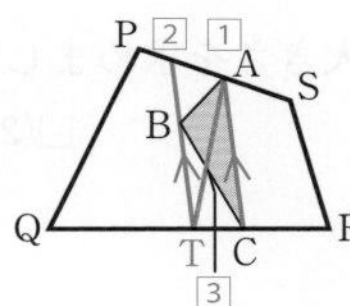

1 ACを直線でむすぶ。

2 点Bを通りACと平行な直線をひき，QRとの交点をTとする。

3 AとTを直線でむすぶ。

例題で確認! 右の図の▱ABCDで，点P，Qは，それぞれの辺の中点です。色のついた部分の面積は，▱ABCDの面積の何分の1か求めましょう。

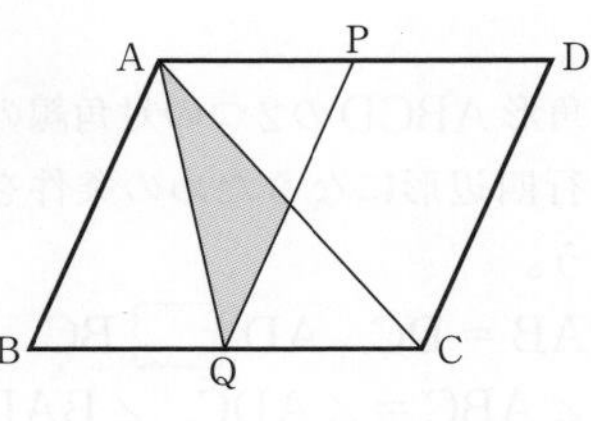

$\frac{1}{8}$

考え方 線分ACとPQの交点をOとすると，PO＝QOとなり，

△AOQ＝$\frac{1}{2}$×△APQ

△APQ＝$\frac{1}{4}$×▱ABCD

したがって，

△AOQ＝$\frac{1}{8}$×▱ABCD

高さが等しい2つの
三角形では面積の比は
底辺の比に等しいよ。
まず色の部分の面積は
△APQの面積の
何分の1かな？

基本をチェック！(4)　4章　三角形と四角形

答は496ページ。できた問題は，□をぬりつぶしましょう。

□**1**　二等辺三角形の2つの底角が等しいことを，次のように証明しました。□にあてはまるものを入れて，証明を完成させましょう。

〔証明〕　AB＝ACの二等辺三角形ABCで，底辺BCの (1) をMとして，AとMをむすぶ。

△ABMと (2) において，

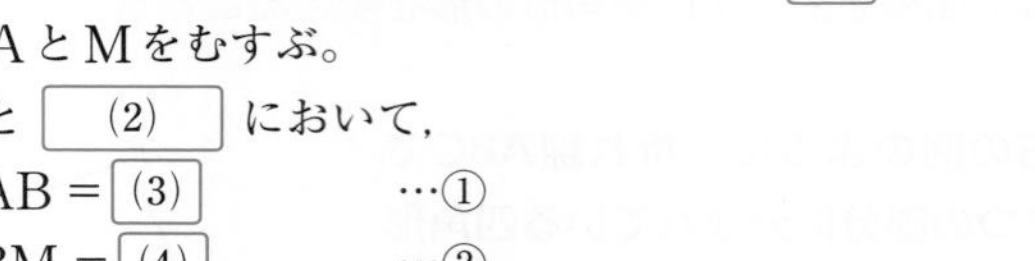

仮定より，AB＝ (3) 　…①

BM＝ (4) 　…②

共通な辺だから，AM＝ (5) 　…③

①，②，③より， (6) がそれぞれ等しいから，

△ABM≡ (7)

したがって，∠B＝ (8)

2　下の図で，$\angle x$，$\angle y$の大きさを求めましょう。　→ STEP 78

□(1)　AC＝BC

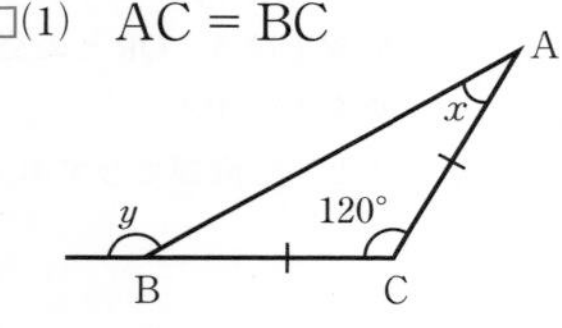

□(2)　AB＝CB
AD＝AC

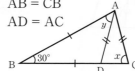

3　四角形ABCDの2つの対角線の交点をOとします。次の(1)～(4)は，四角形ABCDが平行四辺形になるための条件を示したものです。□にあてはまる記号を入れましょう。　→ STEP 92

□(1)　AB＝DC，AD □ BC

□(2)　∠ABC＝∠ADC，∠BAD □ ∠BCD

□(3)　AO＝CO，BO □ DO

□(4)　AD＝BC，AD □ BC

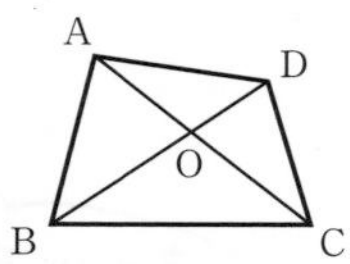

4　右の図の▱ABCDで，点Mは辺ADの中点です。次の三角形と面積が等しい三角形をすべて求めましょう。　→ STEP 98

□(1)　△DCM　　□(2)　△DBC

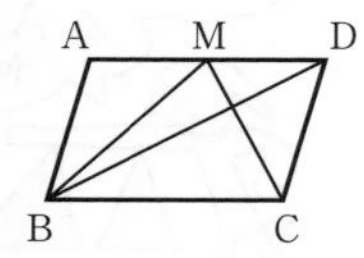

5 相似 3年

STEP 100

⑤章 相似

相似な図形(1) 相似

下の図の**ア〜オ**から，Ⓐの拡大図，縮図を，それぞれ選びましょう。

Ⓐ 2cm 1cm　ア 3cm 2cm　イ 4cm 2cm　ウ 1.5cm 3cm　エ 1cm 0.5cm　オ 2cm 0.5cm

答　拡大図…イ，ウ　縮図…エ

次の□にあてはまることばを入れましょう。

(1)　もとの図形と形（角の大きさ）が同じで，対応する辺の長さがどれも２倍になっている図形を，２倍の□といいます。

(2)　もとの図形と形（角の大きさ）が同じで，対応する辺の長さがどれも$\frac{1}{2}$になっている図形を，$\frac{1}{2}$の□といいます。

(3)　１つの図形を形を変えずに，一定の割合で拡大または縮小した図形ともとの図形は，□であるといいます。

答　(1) 拡大図　(2) 縮図　(3) 相似

上の問題と，下の問題の(1)，(2)は，小学校で学んだ「拡大図と縮図」の確かめです。
(3)のように，拡大，縮小をもとにした関係を，**相似**(そうじ)といいます。

１つの図形を形を変えずに，一定の割合で拡大または縮小した図形ともとの図形は，相似(そうじ)であるといいます。

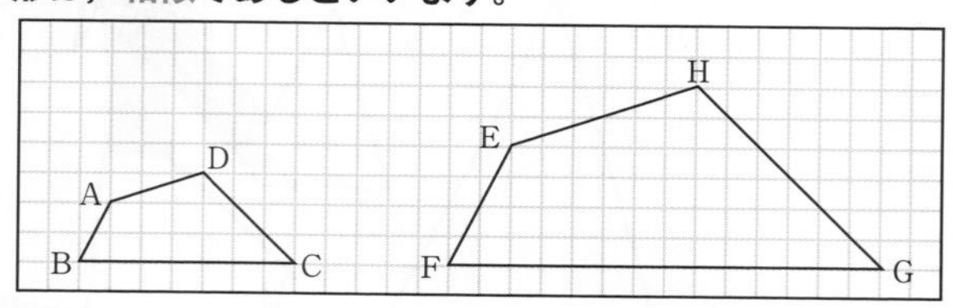

相似な図形(2) 相似の表し方

次の□にあてはまる記号を入れましょう。 → 図 STEP 100

右の図の２つの三角形は相似です。
このことを，記号∽を使って
△ABC □ △DEF
と表します。

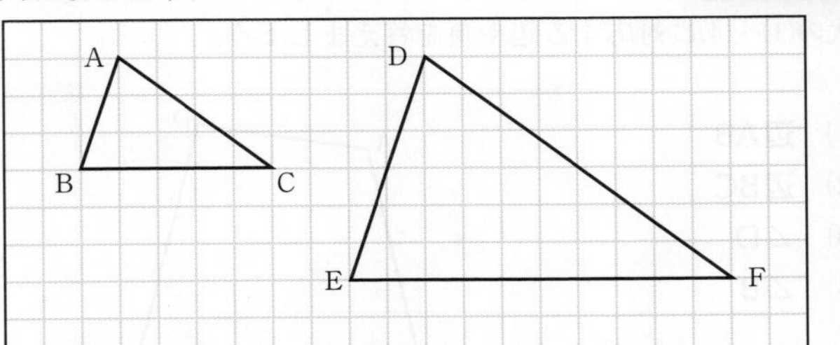

答 △ABC ∽ △DEF

次の□をうめましょう。

右の図の２つの三角形は相似です。
このことを，記号∽を使って
△ABC∽ □
と表します。

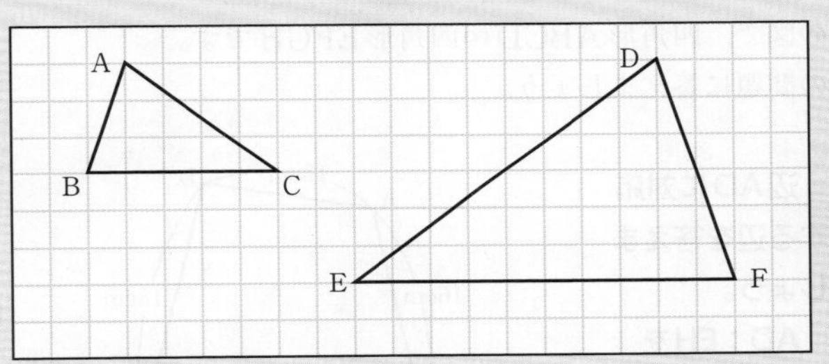

答 △ABC∽ △DFE

２つの図形が相似であることを，記号∽を使って表すことができます。
上の問題の点Aと点Dなどを**対応する頂点**，辺ABと辺DEなどを**対応する辺**，∠Aと∠Dなどを**対応する角**といいます。

下の問題のように，相似は，うら返した関係でもあてはまります。このとき，２つの図形の対応する頂点は同じ順序で書くので，△DEFではなく，△DFEとすることに注意しましょう。

- **相似の表し方**
相似な図形は，記号∽を使って表します。また，図形を示すときには，２つの図形の対応する頂点を同じ順序で書きます。

STEP 102

5章 相似

相似な図形の性質

下の図で，四角形ABCD∽四角形EFGHです。
次の(1)〜(4)に対応する辺や角を答えましょう。

→ 図 STEP 101

(1) 辺AB
(2) 辺BC
(3) ∠D
(4) ∠B

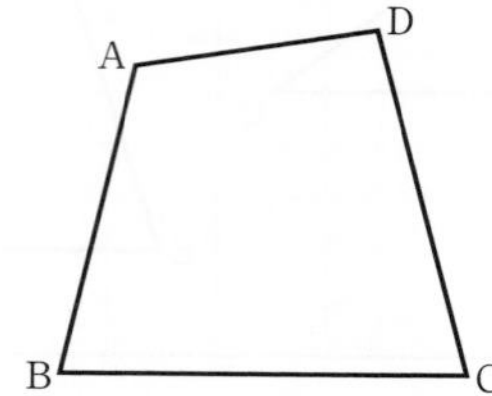

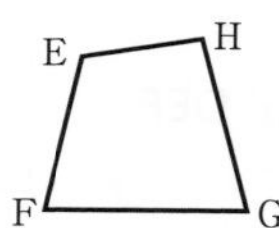

答
(1) 辺EF
(2) 辺FG
(3) ∠H
(4) ∠F

下の図で，四角形ABCD∽四角形EFGHです。
次の問題に答えましょう。

(1) 辺ADに対応する辺を答えましょう。
(2) AD：EHを求めましょう。
(3) 辺FGの長さを求めましょう。

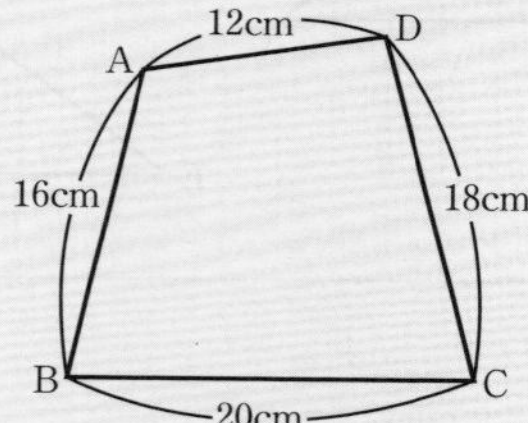

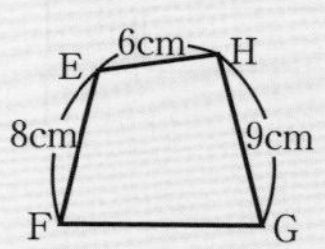

答
(1) 辺EH
(2) 2：1
(3) 10cm

下の問題の(2)は，対応する辺の比を求めます。

・$AD : EH = 12 : 6$
$= 2 : 1$

ほかの対応する辺の比を確かめてみると，

・$AB : EF = 16 : 8$
$= 2 : 1$

・$CD : GH = 18 : 9$
$= 2 : 1$

このように，相似な図形では，対応する辺の比はすべて等しくなります。

(3)は，このことを利用して考えます。FG $= x$cmとすると，

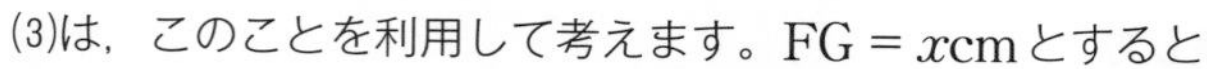

$2 : 1 = 20 : x$　　$2x = 20$　　$x = 10$

・相似な図形の性質

相似な図形では，対応する線分の長さの比はすべて等しく，対応する角の大きさはそれぞれ等しい。

例題で確認! 下の図で，△ABC∽△DEFです。次の問題に答えましょう。

(1) 辺DEに対応する辺を答えましょう。

(2) AB：DEを求めましょう。

(3) 辺EFの長さを求めましょう。

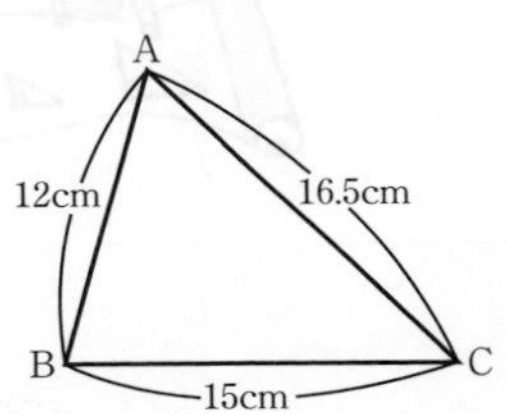

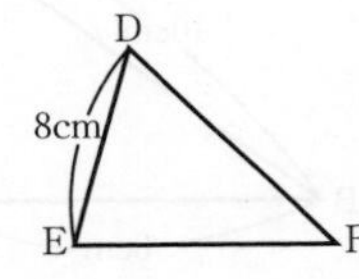

答

(1) 辺AB　(2) 3：2

(3) 10cm

考え方

(2) AB＝12cm，DE＝8cm だから，

AB：DE＝12：8
＝3：2

(3) EFの長さを$x$cmとすると，

$3:2=15:x$

$3x=30$

$x=10$

例題で確認! 下の2つの三角形は相似です。次の問題に答えましょう。

(1) 辺DFに対応する辺を答えましょう。

(2) 辺DEの長さを求めましょう。

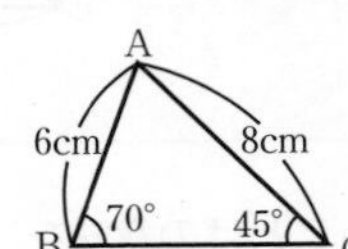

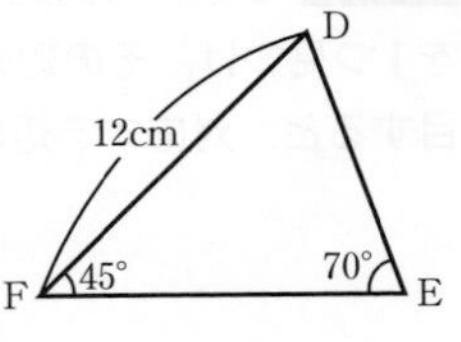

答

(1) 辺AC

(2) 9cm

考え方

(2) AC：DF＝8：12
＝2：3

AB：DEも2：3だから，

DEの長さを$x$cmとすると，

$2:3=6:x$

$2x=18$

$x=9$

相似な2つの図形で，対応する辺の長さの比を，相似比といいます。

相似比(1) 相似比を求める

次の□にあてはまることばを入れましょう。

→ 図 STEP 102

相似な２つの図形で,
対応する辺の長さの比を,
□ といいます。

答 相似比

右の図で,
△ABC∽△DEFです。
△ABCと△DEFの
相似比を求めましょう。

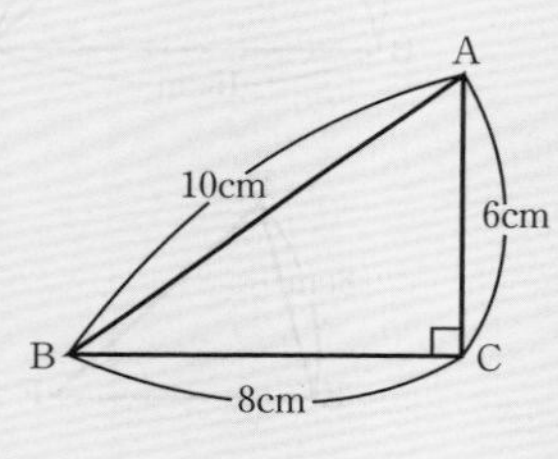

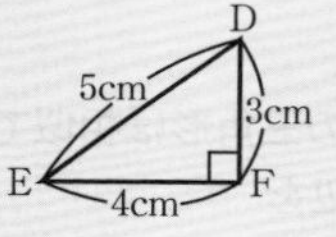

答 2：1

上の問題では, 相似比ということばの意味を, しっかりおさえておきましょう。

下の問題は, 相似比(図 STEP 102)を求める問題です。
まず, 対応する辺の組を1つ見つけ, その辺の比を求めます。
たとえば, 辺ABに着目すると, 対応する辺は辺DEです。
したがって,

$$AB : DE = 10 : 5$$
$$= 2 : 1$$

この2：1が, 相似比になります。

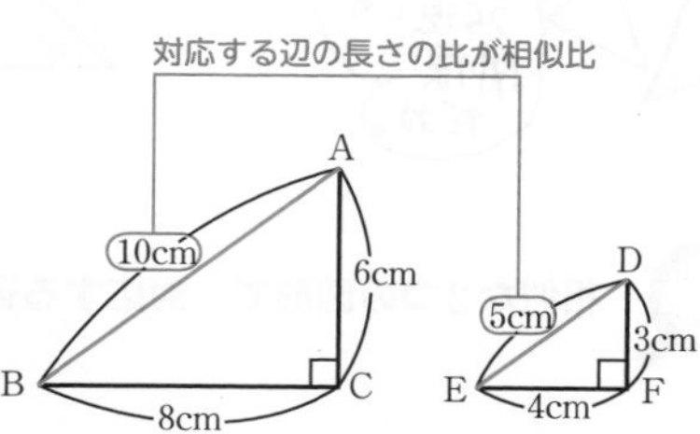

相似比を求めるときは，対応する辺の組を正しくつかみましょう。

例題で確認! 下の図で，四角形ABCD∽四角形EFGHです。四角形ABCDと四角形EFGHの相似比を求めましょう。

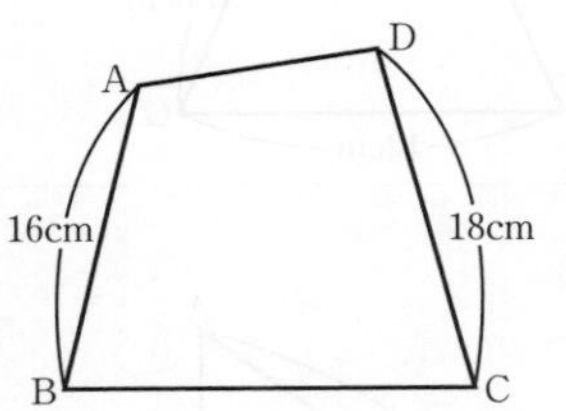

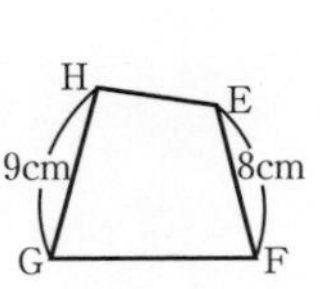

答

2：1

考え方

うら返しの関係になっていることに注意。
ABと対応する辺はHGではなくEF。

相似比を，比の値で表す場合もあります。

◆△ABC∽△A′B′C′で相似比が3：2のとき，
△ABCの△A′B′C′に対する相似比を，
比の値で表すと$\frac{3}{2}$です。
逆に，△A′B′C′の△ABCに対する相似比(2：3)
を，比の値で表すと$\frac{2}{3}$です。

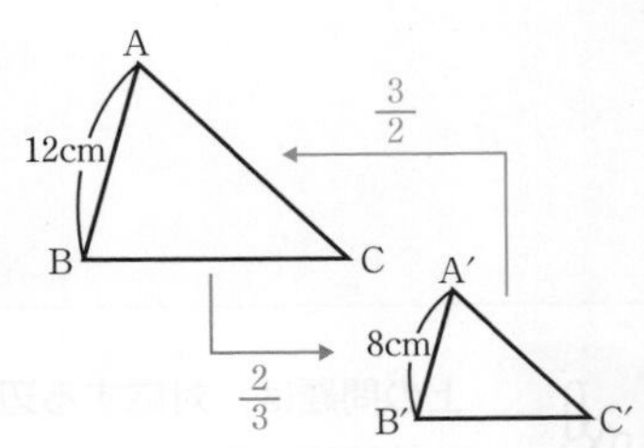

2つの円は，いつでも相似で，その相似比は半径の長さの比と等しくなります。

例題で確認! 下の図の円Oと円O′の相似比を求めましょう。

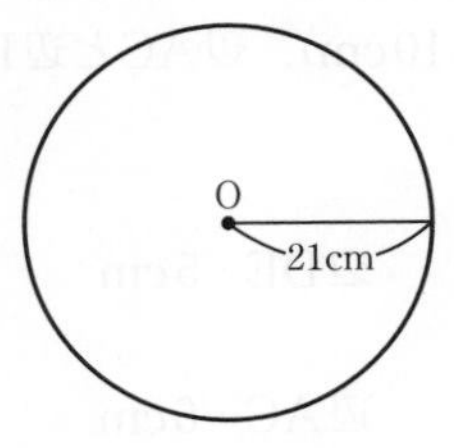

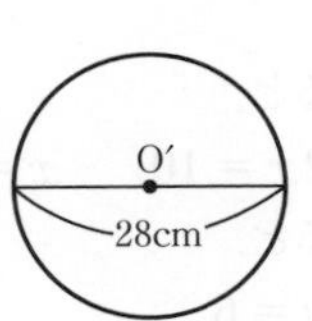

答

3：2

考え方

円O′の半径は，
$28 \div 2 = 14$(cm)
$21 : 14 = 3 : 2$

相似比(2) 相似比から辺の長さを求める

右の図で，
四角形ABCD∽四角形EFGHです。
四角形ABCDと四角形EFGHの
相似比を求めましょう。

→ 図 STEP 103

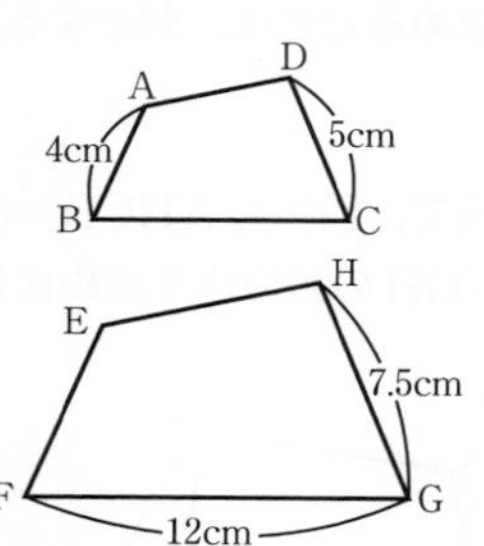

答　2：3

右の図で，
△ABC∽△DEFで，
相似比は2：1です。
辺DEと辺ACの長さを
求めましょう。

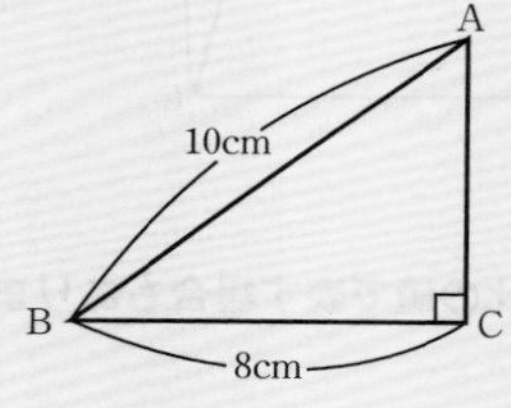

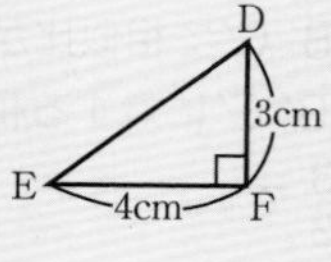

答　辺DE…5 cm
辺AC…6 cm

上の問題は，対応する辺の長さの比から，相似な2つの四角形の相似比を求める問題です。

$$\mathrm{CD}:\mathrm{GH}=5:7.5$$
$$=2:3$$

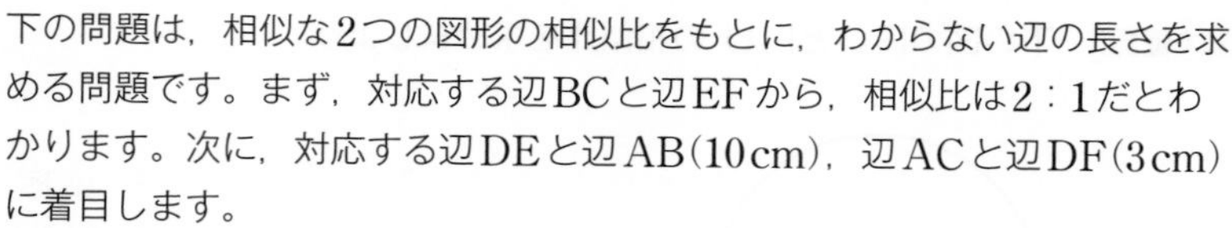

下の問題は，相似な2つの図形の相似比をもとに，わからない辺の長さを求める問題です。まず，対応する辺BCと辺EFから，相似比は2：1だとわかります。次に，対応する辺DEと辺AB(10 cm)，辺ACと辺DF(3 cm)に着目します。

・辺DEを$x$cmとすると，

$10:x=2:1$　　$2x=10$　　$x=5$　　　辺DE…5 cm

・辺ACを$y$cmとすると，

$y:3=2:1$　　$y=6$　　　辺AC…6 cm

2つの図形が相似のとき，長さがわからない辺があっても，対応する辺の長さと相似比から，その長さを求めることができます。

例題で確認! 下の図で，四角形ABCD∽四角形EFGHで，相似比が2:3であるとき，次の辺の長さを求めましょう。

(1) 辺EH

(2) 辺CD

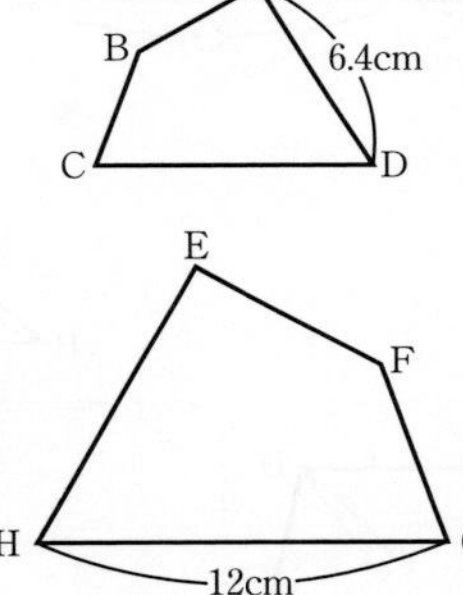

答

(1) 9.6cm

(2) 8cm

考え方

(1) 辺EHを$x$cmとすると，

$6.4 : x = 2 : 3$

$2x = 19.2$

(2) 辺CDを$y$cmとすると，

$y : 12 = 2 : 3$

$3y = 24$

右の図で，△ABC∽△DEFです。
一般に，$a : c = b : d$ ならば，
$a : b = c : d$ が成り立ちます。

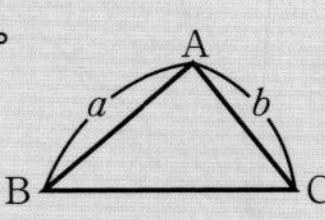

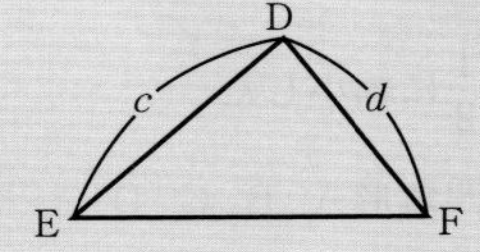

例題で確認! 右の図で，△ABC∽△DEFのとき，辺DFの長さを求めます。次の(1)，(2)の2通りの方法を，解き比べてみましょう。

(1) 相似比を求めて解く。

(2) BC : AC = EF : DFから解く。

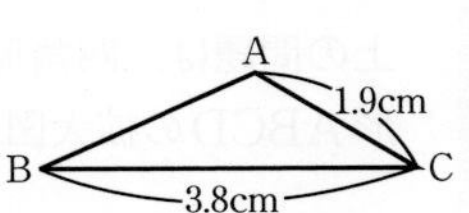

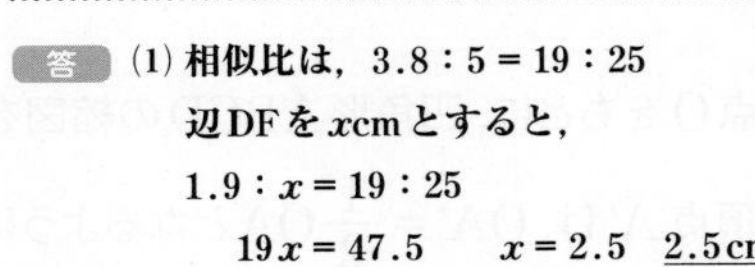

答 (1) **相似比は，3.8 : 5 = 19 : 25**

辺DFを$x$cmとすると，

$1.9 : x = 19 : 25$

$19x = 47.5$　　$x = 2.5$　　2.5cm

(2) **BC : AC = 3.8 : 1.9 = 2 : 1**

辺DFを$y$cmとすると，

$2 : 1 = 5 : y$　　$2y = 5$

$y = 2.5$　　2.5cm

考え方 ACがBCの半分ということに気づけば，(2)の方法のほうが計算はラク。

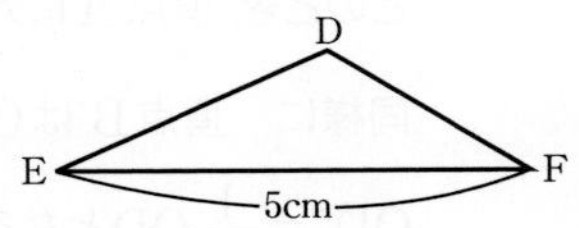

STEP 105

5章 相似

相似な図形の作図

右の図で，四角形ABCDの2倍の拡大図と$\frac{1}{2}$の縮図をかきましょう。

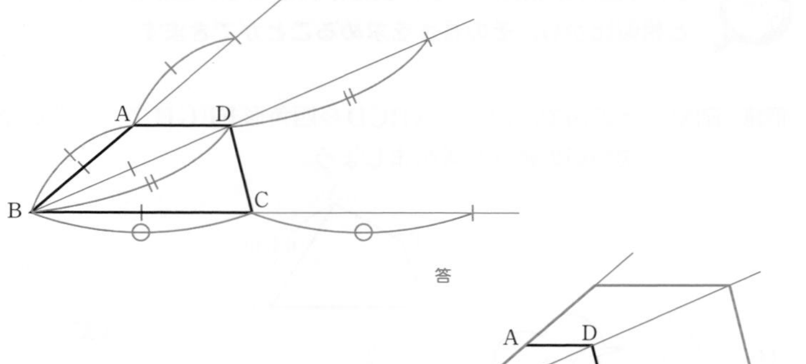

右の図で，点Oを相似の中心として，四角形ABCDを$\frac{1}{2}$に縮小した四角形A′ B′ C′ D′をかきましょう。

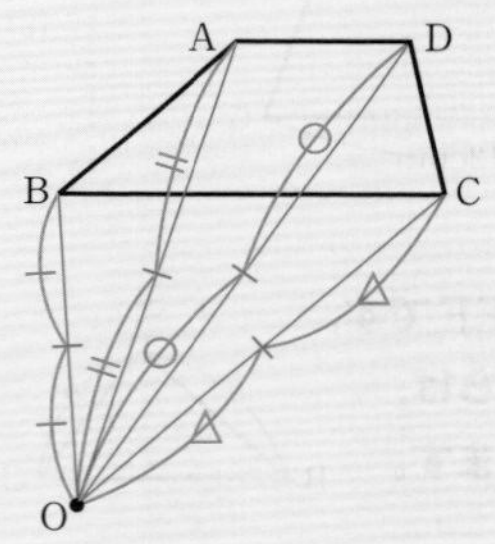

答

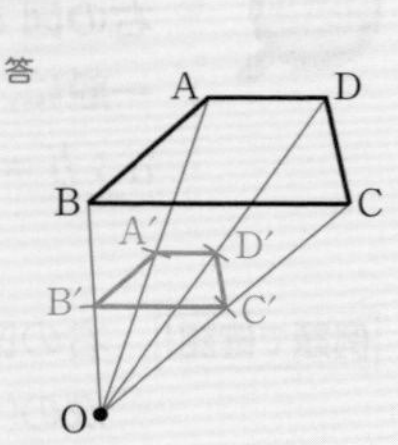

上の問題は，四角形ABCDの1つの頂点からひいた直線を利用して，四角形ABCDの拡大図と縮図をかきます。

下の問題は，適当にとられた点Oをもとに，四角形ABCDの縮図をかきます。

このとき，頂点Aに対応する頂点A′は，$OA' = \frac{1}{2}OA$となるようにとります。

同様に，頂点B′は$OB' = \frac{1}{2}OB$，頂点C′は$OC' = \frac{1}{2}OC$，頂点D′は$OD' = \frac{1}{2}OD$となるようにとります。

2倍，3倍，…と，拡大する場合も，考え方は同じです。

相似な図形の対応する２点を通る直線が，すべて１点Ｏに集まり，点Ｏから対応する点までの距離の比がすべて等しいとき，それらの図形は，点Ｏを相似の中心として相似の位置にあるといいます。

例題で確認! 下の(1)，(2)において，図の点Ｏを相似の中心とし，四角形ABCDと相似で，相似比が２：３である四角形A′B′C′D′を，それぞれかきましょう。

(1)

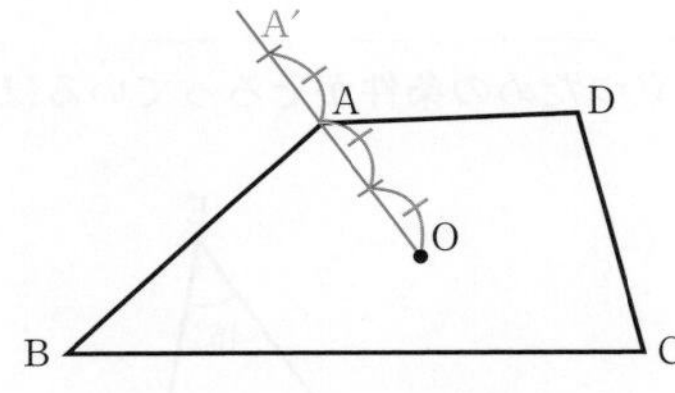

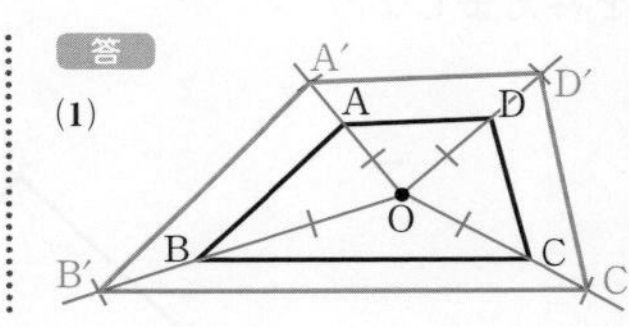

(2)

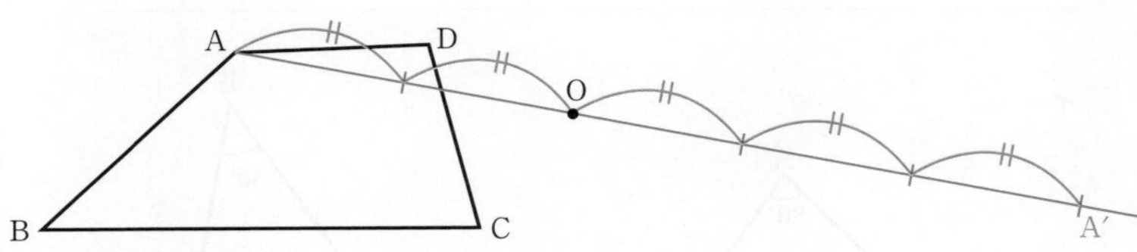

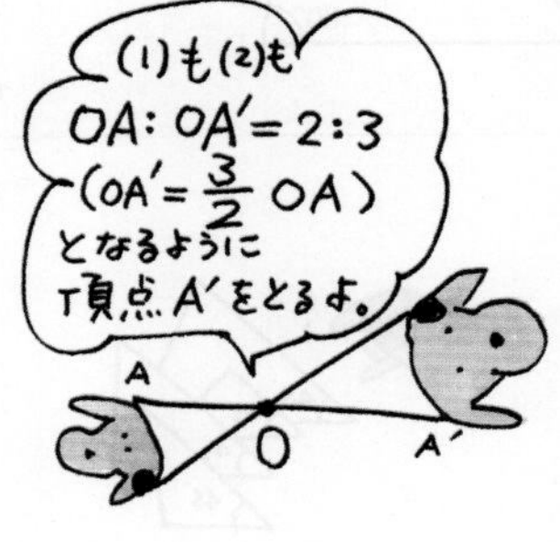

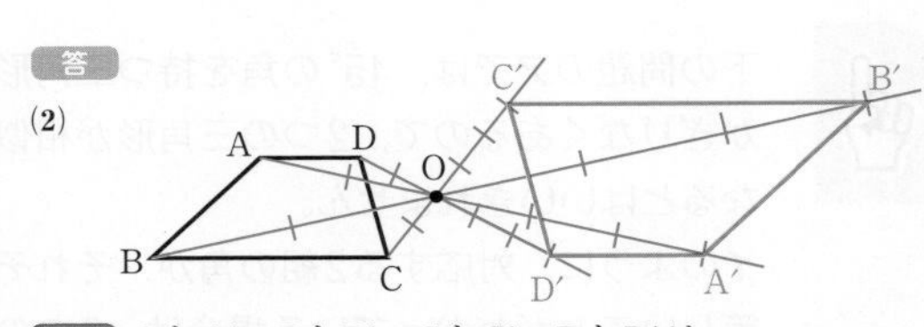

考え方 AとA′，BとB′，CとC′，DとD′は，それぞれ一直線上にある。対応する点のアルファベットを正しく書きそえよう。

STEP 106

5章 相似

三角形の相似条件(1) 三角形の相似条件

右の図で，△ABC∽△DEFです。(1)〜(3)に対応する辺や角を答えましょう。

→ 図 STEP 101

(1) 辺AB
(2) 辺AC
(3) ∠C

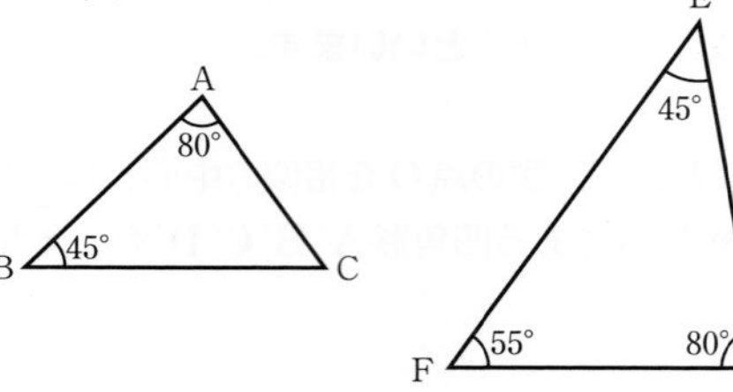

答 (1) 辺DE
(2) 辺DF
(3) ∠F

次のア，イのうち，△ABC∽△DEFが成り立つための条件がそろっているほうの記号を答えましょう。

ア

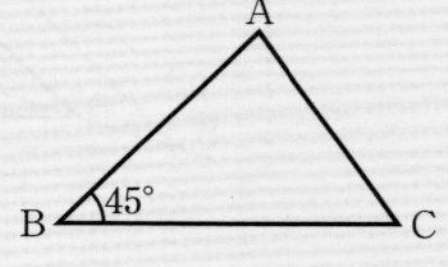

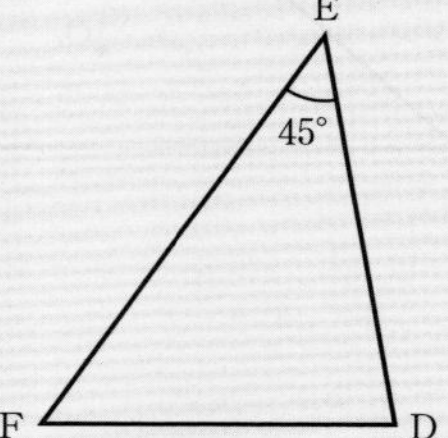

イ

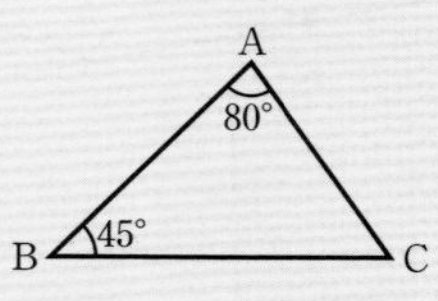

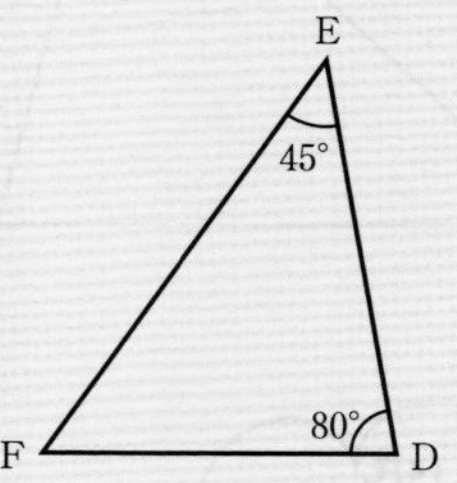

答 イ

下の問題のアでは，45°の角を持つ三角形はかぎりなくあるので，2つの三角形が相似になるとはいいきれません。
イのように，対応する2組の角が，それぞれ等しいことがわかっている場合は，2つの三角形が相似であるといいきることができます。

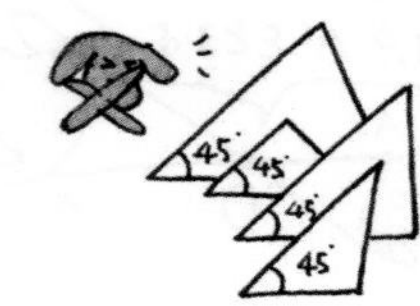

・**三角形の相似条件**

2つの三角形が相似であることをいうためには，2つの三角形の辺と角について，次の3つの条件のうち，どれか1つが成り立つことをいえばよい。

❶3組の辺の比が，すべて等しい。

・$a : a' = b : b' = c : c'$

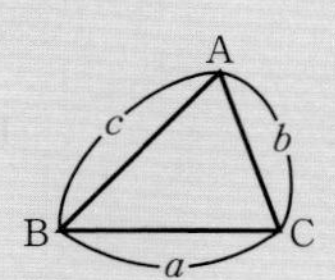

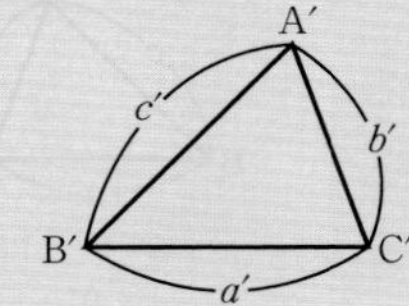

❷2組の辺の比とその間の角が，それぞれ等しい。

・$a : a' = c : c'$

・$\angle B = \angle B'$

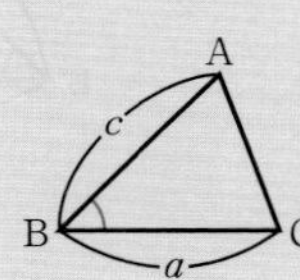

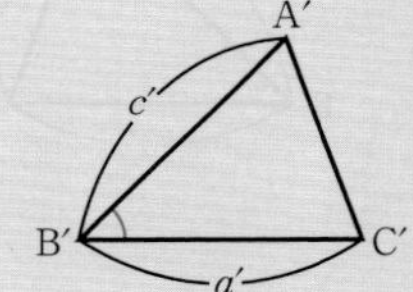

❸2組の角が，それぞれ等しい。

・$\angle B = \angle B'$

・$\angle C = \angle C'$

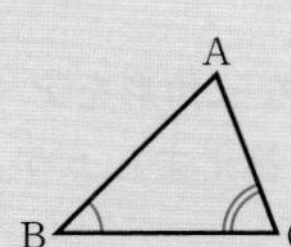

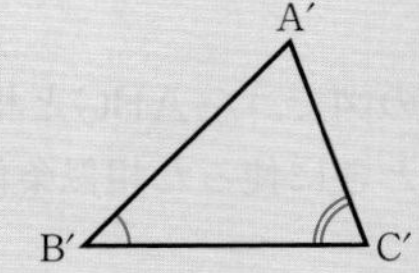

例題で確認! 次の図の△ABCと△A′B′C′において，△ABC∽△A′B′C′となるためには，(1)，(2)のそれぞれに，あと1つどんな条件をつけ加えればよいですか。あてはまる条件をすべて答えましょう。

(1) AB：A′B′＝AC：A′C′

(2) ∠A＝∠A′

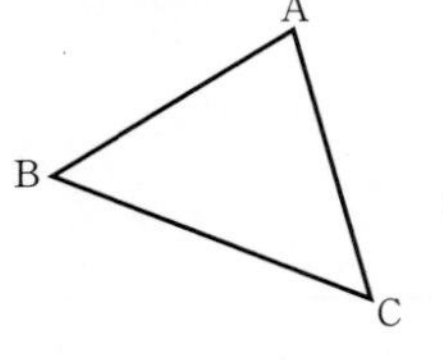

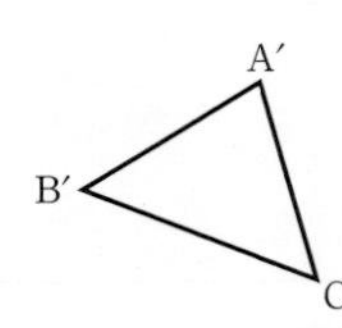

答

(1) (AB：A′B′＝AC：A′C′＝) BC：B′C′，または，∠A＝∠A′

(2) ∠B＝∠B′，または，∠C＝∠C′ または，AB：A′B′＝AC：A′C′

STEP 107

⑤章 相似

三角形の相似条件(2) 相似な三角形を見つける

次の(1)～(3)の2つの三角形は相似です。それぞれの相似条件を答えましょう。→ 図 STEP 106

(1)

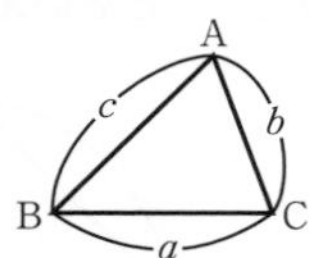

(2)

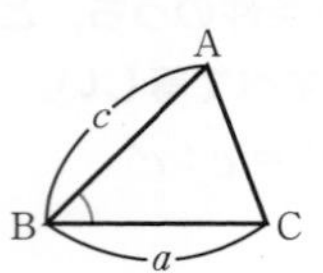

(3)

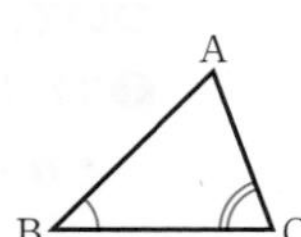

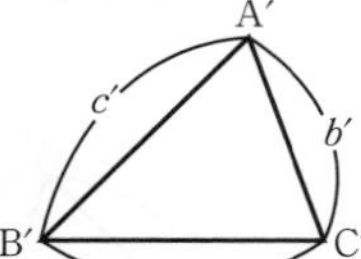

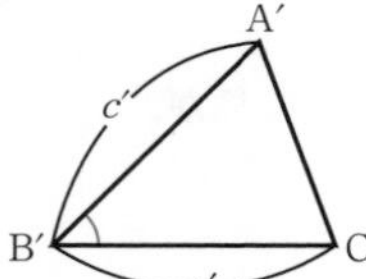

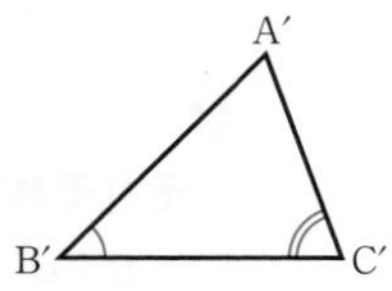

答　(1) 3組の辺の比が，すべて等しい。

(2) 2組の辺の比とその間の角が，それぞれ等しい。

(3) 2組の角が，それぞれ等しい。

下の図で，△ABCと相似な三角形を**ア**～**ウ**から選び，記号で答えましょう。また，そのときに使った相似条件を答えましょう。

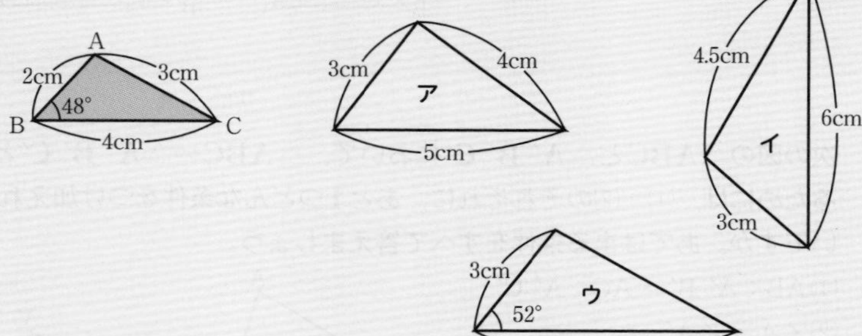

答　**イ**（条件）3組の辺の比が，すべて等しい。

下の問題の**ア**は，3組の辺の比がちがっています。**ウ**は，2組の辺の比は等しいですが，その間の角が等しくありません。**イ**は，対応する辺の比が，すべて2：3になっています。

したがって，**イ**が，△ABCと相似な三角形です。

相似な三角形を見つけるときには，対応する辺や角をきちんとつかむことが大切です。また，対応する辺の比は，簡単な比になおして考えましょう。

例題で確認! 下の図の三角形を，相似な三角形の組に分けましょう。また，そのときに使った相似条件を答えましょう。

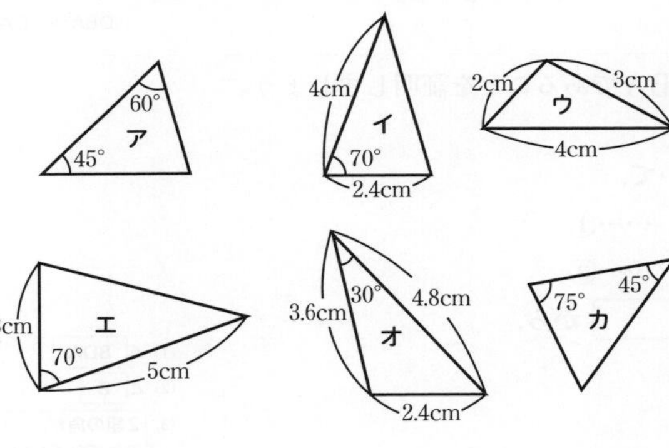

答

アとカ（条件）2組の角が，それぞれ等しい。

イとエ（条件）2組の辺の比とその間の角が，それぞれ等しい。

ウとオ（条件）3組の辺の比が，すべて等しい。

考え方

アもカも，45°，60°，75°の三角形。

イとエは，辺の比が2.4：3＝4：5

オの辺は，ウの辺の長さのすべて1.2倍。

1つの三角形に見えても，相似な三角形が重なっているような場合が多いので注意しましょう。

例題で確認! 下のそれぞれの図で，相似な三角形を記号∽を使って表しましょう。

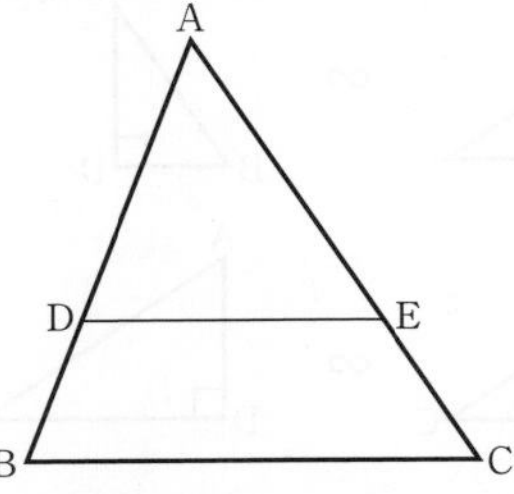

AB：AD＝AC：AE＝3：2

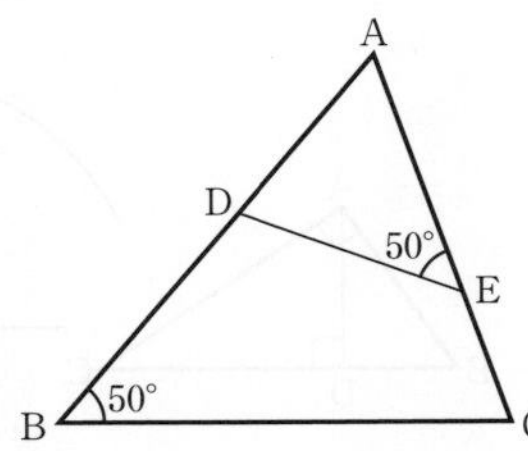

答 **(1) △ABC∽△ADE　(2) △ABC∽△AED**

考え方 (1) △ABCと△ADEにおいて，AB：AD＝AC：AE，∠Aは共通だから，2組の辺の比とその間の角が，それぞれ等しい。

(2) △ABCと△AEDにおいて，∠ABC＝∠AED＝50°
∠Aは共通だから，2組の角が，それぞれ等しい。

STEP 108

⑤章 相似

相似と証明(1) 相似になることの証明

右の図で，相似な2つの三角形を記号∽を使って表しましょう。
(3通りあります。)

→ 図 STEP 107

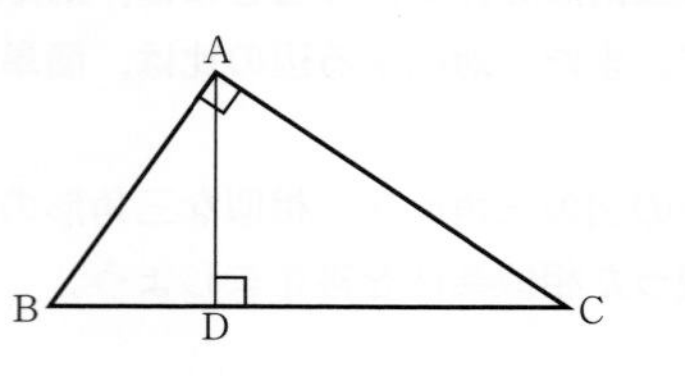

答 △ABC∽△DBA
△ABC∽△DAC
△DBA∽△DAC

上の問題の図で，△ABC∽△DBAであることを証明しましょう。

〔証明〕△ABCと△DBAにおいて，
∠BAC＝∠ (1) ＝90° ……①
∠ (2) は共通 ……②
①，②より， (3) から，
△ABC∽△DBA

答 (1) ∠ BDA
(2) ∠ B
(3) 2組の角が，それぞれ等しい

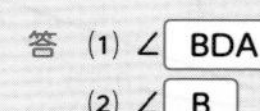

上の問題の図は，∠A＝90°の直角三角形ABCの頂点Aから辺BCに垂線ADをひいたものです。この図には，相似な2つの三角形が3組あります。

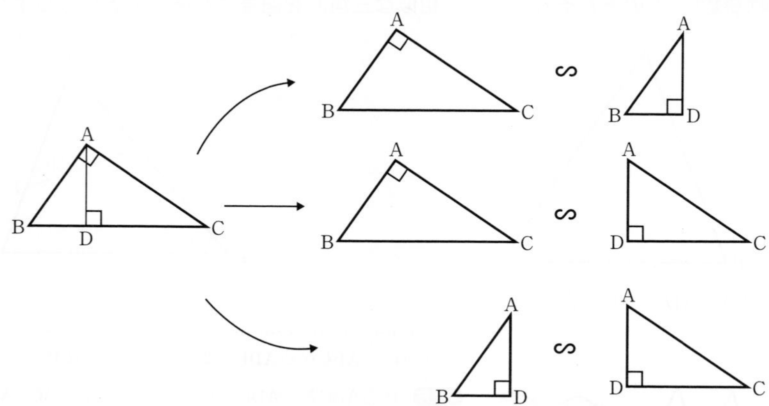

下の問題は，この3組のうち，△ABC∽△DBAを証明します。3つの相似条件のうち，どれを根拠として使うかに注意しましょう。

三角形の相似を証明するときには，三角形の相似条件のいずれか1つを根拠として示し，結論を導きます。

例題で確認!

(1) 右の図で，AO = 2BO，DO = 2CO のとき，△AOD∽△BOCであることを証明しましょう。

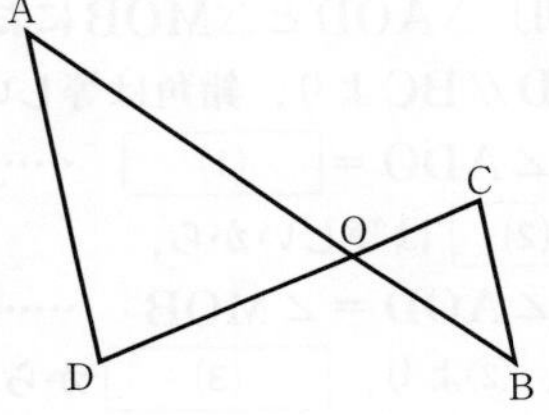

〔証明〕△AODと△BOCにおいて，

AO：BO = 2：1

DO：CO = (1)

よって，AO：BO = DO：(2) ……①

対頂角は等しいから，

∠AOD = ∠BOC ……②

①，②より，(3) から，

△AOD∽△BOC

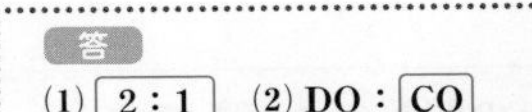

答 (1) 2：1 (2) DO：CO

(3) 2組の辺の比とその間の角が，それぞれ等しい

(2) 右の図の△ABCで，頂点B，Cから辺AC，ABにそれぞれ垂線BD，CEをひきます。このとき，△ABD∽△ACEを証明しましょう。

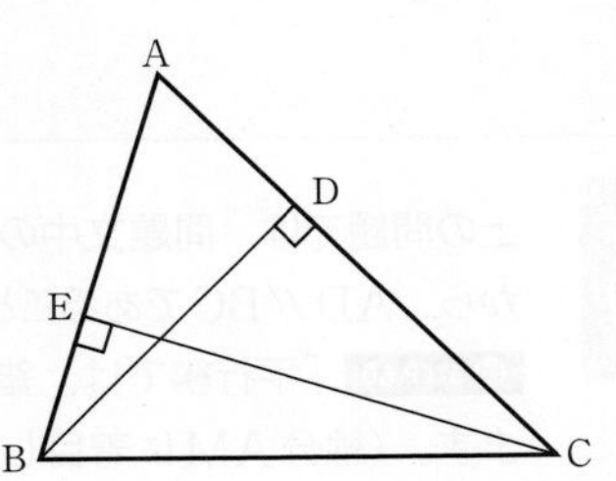

〔証明〕△ABDと△ACEにおいて，

∠ADB = ∠ (4) = 90° ……①

∠Aは共通 ……②

①，②より，(5) から，

△ABD∽△ACE

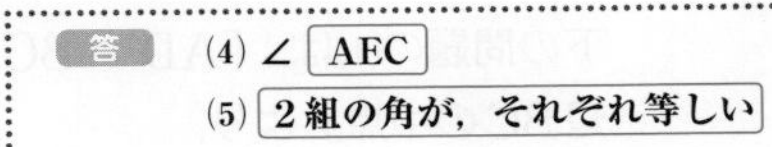

答 (4) ∠ AEC

(5) 2組の角が，それぞれ等しい

三角形の相似条件

❶ 3組の辺の比が，すべて等しい。

❷ 2組の辺の比とその間の角が，それぞれ等しい。

❸ 2組の角が，それぞれ等しい。

相似と証明(2) 相似から辺や線分の比を求める

右の図の▱ABCDで，点Mは辺BCの中点，
点Oは対角線BDとAMの交点のとき，
△AOD∽△MOBであることを証明しましょう。

→ 図 STEP 108

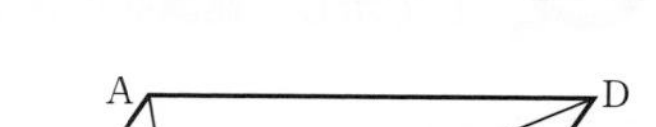

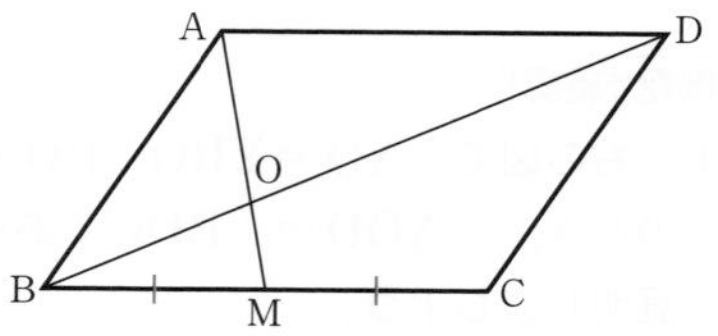

〔証明〕**△AODと△MOBにおいて，**
AD//BCより，錯角は等しいから，
∠ADO＝ (1) ……①
(2) は等しいから，
∠AOD＝∠MOB ……②
①，②より， (3) から，
△AOD∽△MOB

答 (1) ∠ADO＝∠MBO
(2) 対頂角
(3) 2組の角が，それぞれ等しい

上の問題のつづきです。

(1) △AODと△MOBの，相似比を求めましょう。
(2) OD：OBを求めましょう。

答 (1) 2：1
(2) 2：1

上の問題では，問題文中の「▱（平行四辺形を表す記号。図 STEP 89）ABCD」から，AD//BCであることに，まず着目しましょう。そして，平行線の性質(2) 図 STEP 60「平行線では，錯角は等しい。」より，∠ADO＝∠MBOを導きます。（線分AMに着目し，∠DAO＝∠BMOを導いてもかまいません。）

下の問題の(1)は，「AD＝BC（平行四辺形の性質 図 STEP 89）」と，「点Mは辺BCの中点」より，

AD＝BC＝2MB　したがって，対応する辺ADと辺MBの比を考えるとAD：MB＝2：1なので，相似比も2：1です。

(2) ODとOBは，対応する辺なので，
長さの比は相似比と等しくなります。

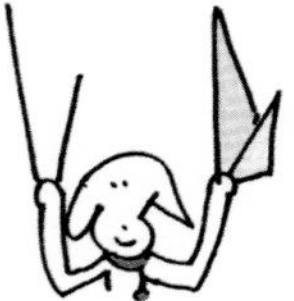

辺や線分の長さの比を求める問題では，それらを含む三角形の相似が証明できれば，相似比を利用して答えを求められる場合があります。

例題で確認! 右の図を見て，次の問題に答えましょう。

(1) △ABC∽△ADEであることを証明しましょう。

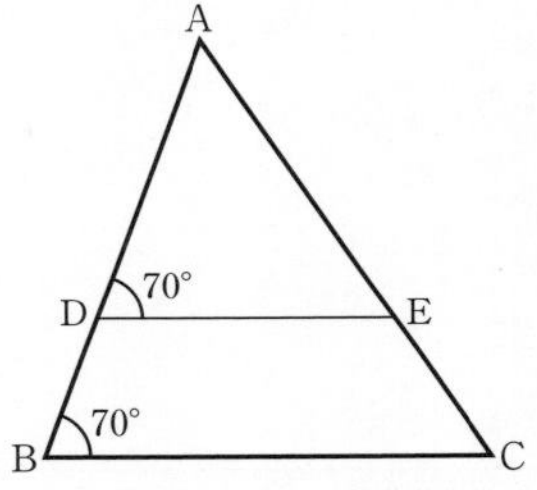

〔証明〕△ABCと△ADEにおいて，

仮定より，∠ABC＝∠ADE＝70° ……①

∠Aは共通だから，

∠BAC＝∠DAE ……②

①，②より，［　　　　］から，

△ABC∽△ADE

(2) AD＝2DBのとき，BC：DEを求めましょう。

答 (1) 2組の角が，それぞれ等しい
(2) 3：2

考え方 (2) AD＝2DBより，AB：AD＝3：2
△ABCと△ADEの相似比は3：2
対応する辺BCとDEの比も3：2

例題で確認! 右の図を見て，次の問題に答えましょう。

(1) △ABC∽△AEDであることを証明しましょう。

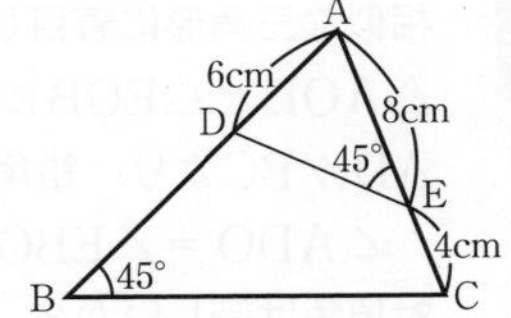

〔証明〕△ABCと△AEDにおいて，

仮定より，∠ABC＝∠AED＝45° ……①

∠Aは共通だから，

∠CAB＝∠DAE ……②

①，②より，［　　　　］から，

△ABC∽△AED

(2) △ABCと△AEDの相似比を求めましょう。

(3) AB：AEを求めましょう。

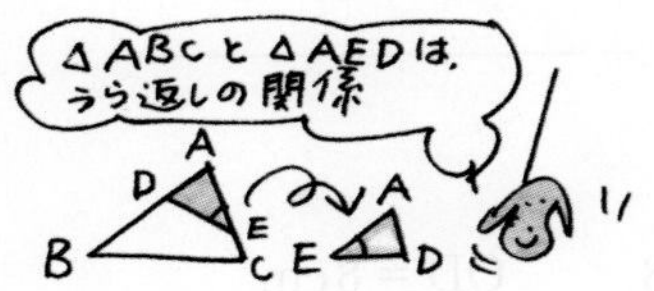

答 (1) 2組の角が，それぞれ等しい
(2) 2：1 (3) 2：1

考え方 (2) ACとADが対応する辺。
AC＝8＋4＝12(cm)
AC：AD＝12：6
＝2：1
(3) ABとAEは対応する辺なので，長さの比は相似比と等しい。

相似と証明(3) 相似から辺や線分の長さを求める

右の図の▱ABCDで，
BC = 4BE，
点Oは対角線BDとAEの交点のとき，
OD：OBを求めましょう。

→ 図 STEP 109

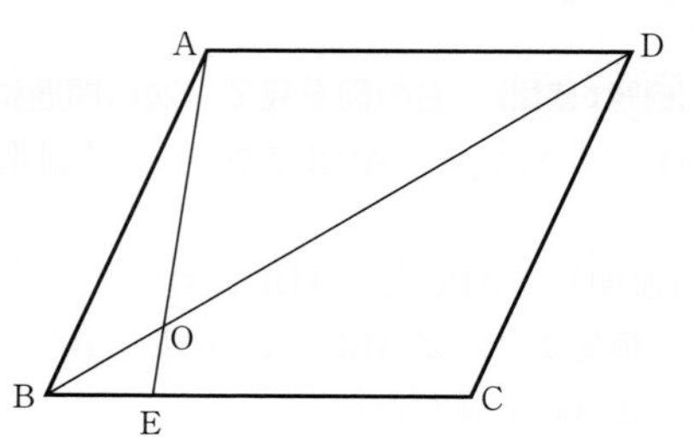

答　4：1

上の問題のつづきです。

BD = 10cmのとき，ODの長さを求めましょう。

答　8cm

上の問題では，ODとOBをそれぞれ辺として含む，
相似な三角形に着目します。

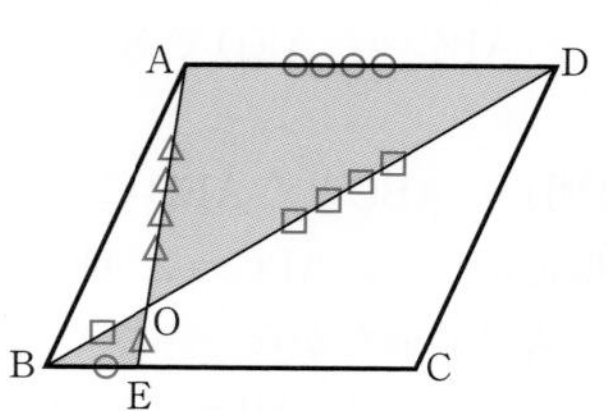

△AODと△EOBにおいて，
AD // BCより，錯角は等しいから，
　∠ADO = ∠EBO　……①
対頂角は等しいから，
　∠AOD = ∠EOB　……②

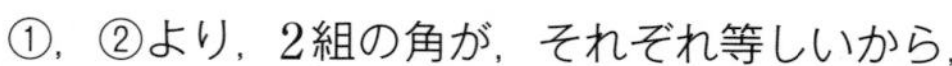
①，②より，2組の角が，それぞれ等しいから，
　△AOD ∽ △EOB
　AD = BC = 4BEより，AD = 4BE
したがって，相似比は4：1だから，OD：OB = 4：1

辺の比を利用

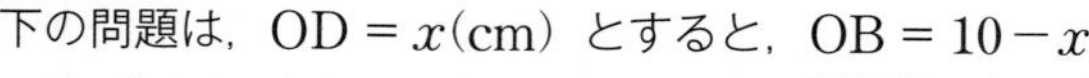
下の問題は，OD = x(cm) とすると，OB = 10 − x

x：(10 − x) = 4：1
　x = 4(10 − x)
　x = 40 − 4x
　5x = 40　　x = 8　　OD = 8cm

辺や線分の長さを求める問題でも，相似な三角形が見つかれば，相似比をもとにして答えが求められる場合があります。

例題で確認! 右の図で，∠ACB＝∠ADEのとき，ACの長さを求めましょう。

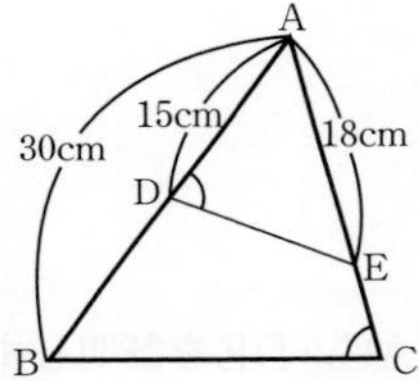

△ABCと△AEDにおいて，
仮定より，∠ACB＝∠ADE　……①
∠Aは共通だから，
∠BAC＝∠EAD　……②
①，②より，2組の角が，それぞれ等しいから，
△ABC∽△AED
AB：AE＝30：18＝5：3より，相似比は5：3
ACの長さを$x$cmとすると，
［(1)］＝5：3
$3x=75$
$x=$［(2)］

答　25cm
(1) ［x：15］＝5：3　(2) $x=$［25］

例題で確認! 右の図で，DCの長さを求めましょう。

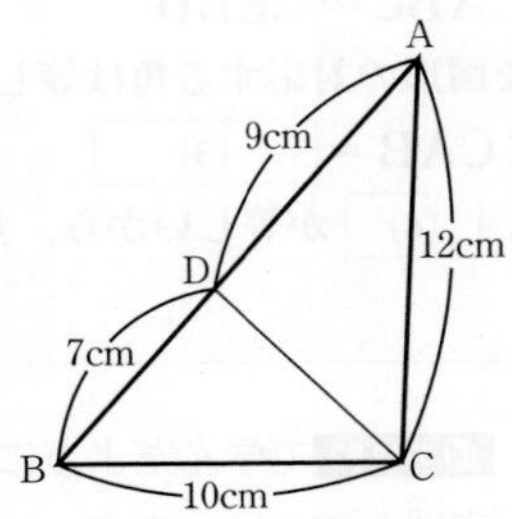

△ABCと△ACDにおいて，
AB：AC＝16：12＝4：3　……①
AC：AD＝12：9＝4：3　……②
∠Aは共通だから，
∠BAC＝∠CAD　……③
①，②，③より，［(1)］から，
△ABC∽△ACD
相似比は4：3だから，
DCの長さを$x$cmとすると，
［(2)］＝4：3
$4x=30$
$x=$［(3)］

答　7.5cm
(1) ［2組の辺の比とその間の角が，それぞれ等しい］
(2) ［10：x］＝4：3　(3) $x=$［7.5］

STEP 111 5章 相似

相似と証明(4) 相似から平行であることを証明する

次の逆を答えましょう。

→ 図 STEP 60・82

2直線ℓ，mで，$\ell // m$ならば，錯角は等しい。

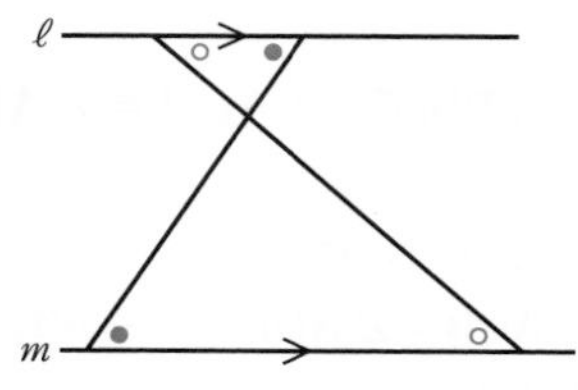

答　2直線ℓ，mで，錯角が等しければ，$\ell // m$である。

右の図で，AC//DEを証明しましょう。

〔証明〕△ABCと△EBDにおいて，

AB：EB＝1：3

CB：[(1)]＝1：3

AC：ED＝1：3

したがって，

AB：EB＝CB：DB＝AC：ED

[(2)]から，

△ABC∽△EBD

相似な図形の対応する角は等しいから，

∠CAB＝[(3)]

よって，[(4)]が等しいから，AC//DE

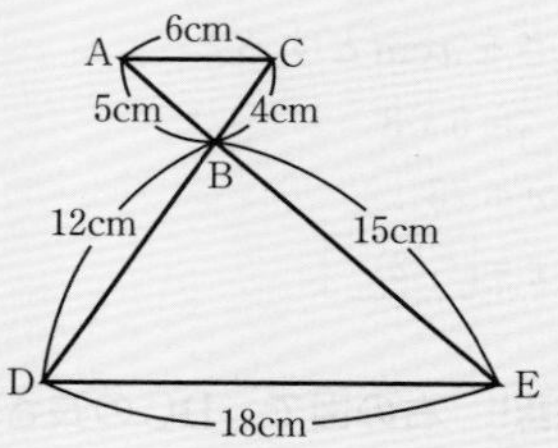

答

(1) CB：[DB]＝1：3

(2) [3組の辺の比が，すべて等しい]

(3) ∠CAB＝[∠DEB]

(4) [錯角]が等しいから

図 STEP 82で学んだように，ある定理の仮定と結論を入れかえたものを，その定理の逆といいます。

上の問題の答の「2直線ℓ，mで，錯角が等しければ，$\ell // m$である。」は，正しいことがすでに証明されているので，証明の根拠として利用できます。

下の問題は，AC//DEという結論を，

△ABC∽△EBD→対応する角は等しい→（その対応する角はACとDEの錯角にあたるので）錯角が等しい→AC//DE

という流れで導きます。

錯角が等しいことから，線分や直線の平行をいうことができます。そして，錯角や同位角が等しいことをいうために，2つの三角形が相似であることを証明する場合があります。

例題で確認! 右の図で，DE//BCを証明しましょう。

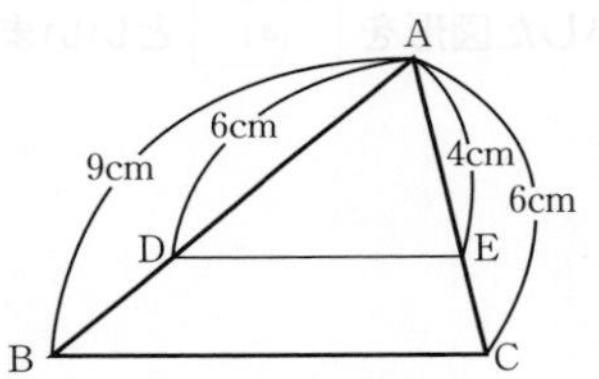

〔証明〕△ABCと△ADEにおいて，

AB：AD＝3：2 ……①

AC：[(1)]＝3：2 ……②

∠Aは共通だから，

∠BAC＝∠DAE ……③

①，②，③より，[(2)]から，

△ABC∽△ADE

相似な図形の対応する角は等しいから，

∠ABC＝[(3)]

よって，[(4)]が等しいから，DE//BC

答
(1) AC：[AE]
(2) [2組の辺の比とその間の角が，それぞれ等しい]
(3) ∠ABC＝[∠ADE]
(4) [同位角] が等しいから

例題で確認! 右の図で，DE//BCを証明しましょう。

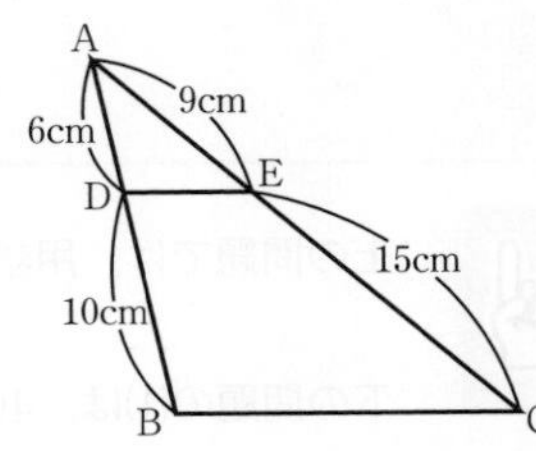

〔証明〕△ABCと△ADEにおいて，

AB：AD＝[(1)]：3 ……①

AC：AE＝[(2)]：3 ……②

∠Aは共通だから，

∠BAC＝∠DAE ……③

①，②，③より，[(3)]から，

△ABC∽△ADE

したがって，∠ABC＝[(4)]

よって，[(5)]が等しいから，DE//BC

答
(1) [8]：3 (2) [8]：3

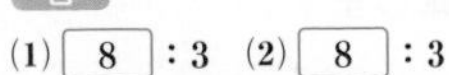

(3) [2組の辺の比とその間の角が，それぞれ等しい]
(4) ∠ABC＝[∠ADE] (5) [同位角] が等しいから

考え方
(1) AB＝6＋10＝16(cm)
AB：AD＝16：6＝8：3

STEP 112

5章 相似

相似の利用(1) 拡大図・縮図

小学校の復習

次の□にあてはまることばを入れましょう。

一般に，1つの図形を形を変えずに，
一定の割合で大きくすることを (1) する，
小さくすることを (2) するといいます。
また，拡大した図形を (3) ，
縮小した図形を (4) といいます。

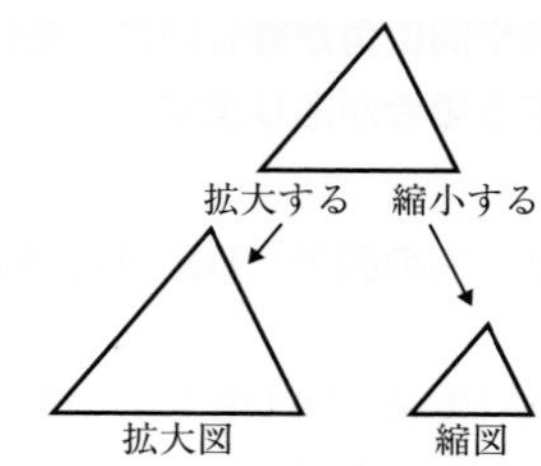

答 (1) 拡大 する (2) 縮小 する
(3) 拡大図 (4) 縮図

右の図のような，台形の形の畑があります。
次の問題に答えましょう。

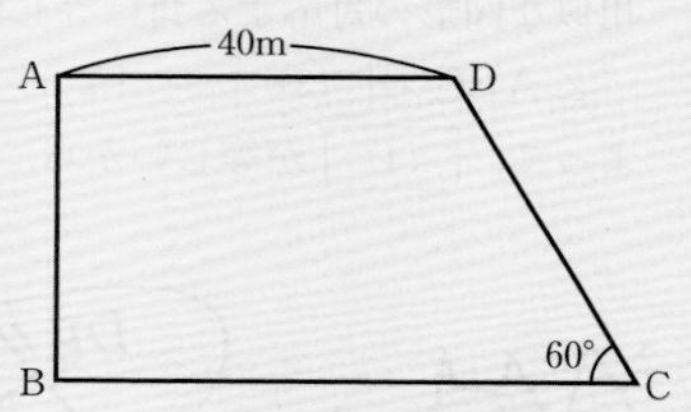

(1) $\frac{1}{2000}$の縮図をかいたとき，ADの長さは何cmになりますか。

(2) $\frac{1}{2000}$の縮図をかいたとき，∠BCDは何度になりますか。

答 (1) 2cm (2) 60°

上の問題では，用語をしっかりおさえておきましょう。

下の問題の(1)は，40mを4000cmになおしてから計算します。

$$4000(\text{cm}) \times \frac{1}{2000} = 2(\text{cm})$$

(2)は，拡大図も縮図も，形は変わらないので，角度は変わりません。

・$\frac{1}{2000}$の縮図

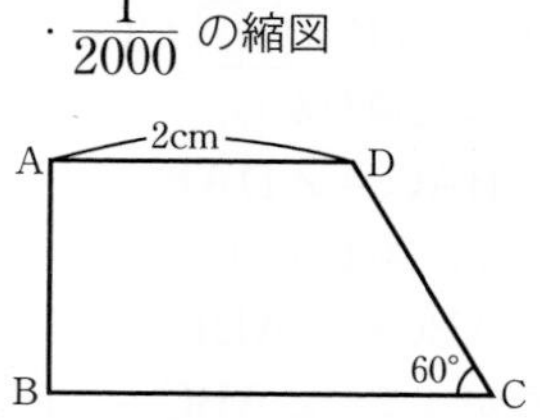

**ある図形を拡大した図形を拡大図といい，
縮小した図形を縮図といいます。**

例題で確認! 次の問題に答えましょう。

(1) △ABCの3倍の拡大図をかいたとき，線分BCの長さは何cmになりますか。

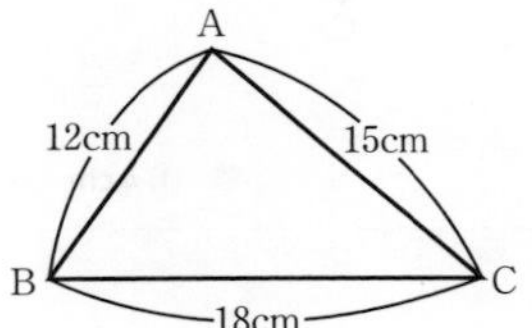

(2) 四角形ABCDの$\frac{1}{5}$の縮図をかいたとき，線分ABの長さは何cmになりますか。

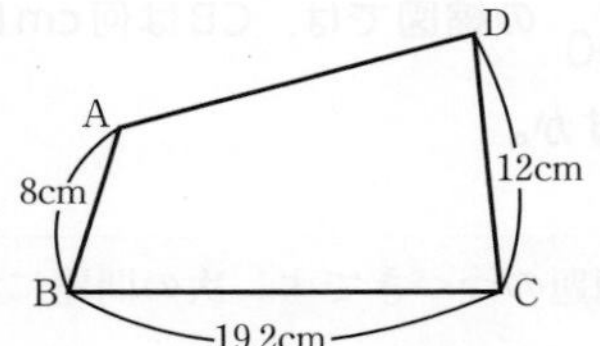

(3) 右の図は，ある建物を真横から見たようすです。

この建物の$\frac{1}{200}$の縮図をかいたとき，高さは何cmになりますか。

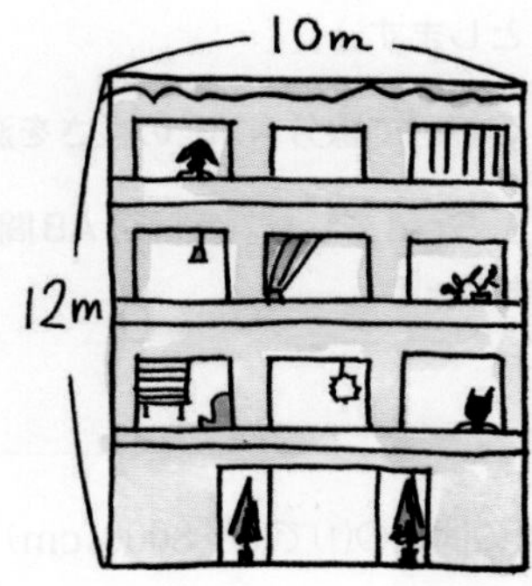

答 (1) 54cm (2) 1.6cm (3) 6cm

考え方

(1) 18(cm) × 3 = 54(cm)

(2) 8(cm) × $\frac{1}{5}$ = 1.6(cm)

(3) 1200(cm) × $\frac{1}{200}$ = 6(cm)

STEP
113
5章 相似

相似の利用(2) 距離を求める

→ 図 STEP 112

右の図のように，池をはさむ2地点A，Bと，適当に決めた地点Cがあります。実際の距離を測ったら，CA = 80m，CB = 86m，∠C = 50°でした。次の問題に答えましょう。

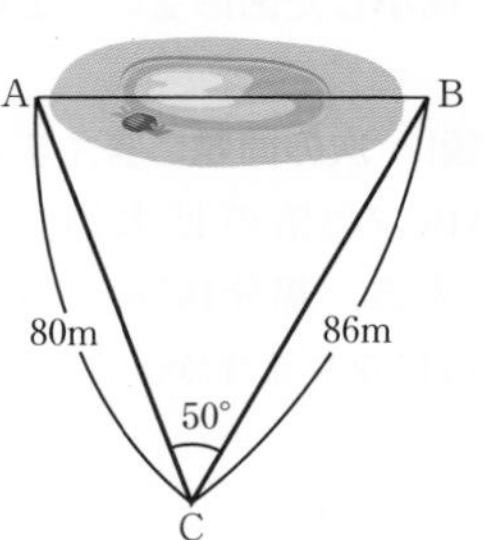

(1) $\frac{1}{2000}$ の縮図では，CAは何cmになりますか。

(2) $\frac{1}{100}$ の縮図では，CBは何cmになりますか。

答 (1) 4cm (2) 86cm

上の問題のつづきです。次の問題に答えましょう。

(1) △ABCの $\frac{1}{2000}$ の縮図をかきましょう。
(点Aと対応する点をA′，同様にBはB′，CはC′とします。)

(2) $\frac{1}{2000}$ の縮図で線分A′ B′の長さを測ったら，約3.5cmでした。実際のAB間の距離を求めましょう。

答 (1)（答は下の図） (2) 約70m

上の問題の(1)では，$8000(\text{cm}) \times \frac{1}{2000}$，

(2)では，$8600(\text{cm}) \times \frac{1}{100}$ を計算します。

下の問題の(1)の答は，右のとおりです。
A′ B′が約3.5cmなので，実際の距離は，

$$3.5(\text{cm}) \times 2000 = 7000(\text{cm}) = 70(\text{m})$$

したがって，約70m。

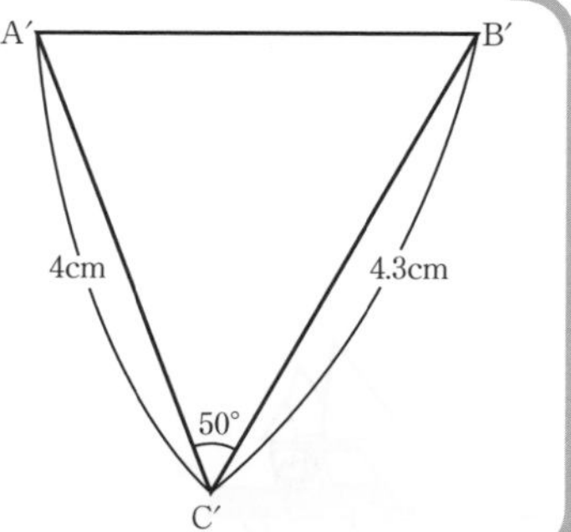

直接には測ることのできないような2地点間の距離でも，縮図を利用して求めることができます。

例題で確認! 次の問題に答えましょう。

(1) 川をはさむ2地点A，P間の距離を求めるために，右の図のように，Aから50m離れたところに地点Bを定めたところ，∠PAB = 73°，∠PBA = 45°でした。

AP間の距離を，△PABの $\frac{1}{1000}$ の縮図をかいて，求めましょう。

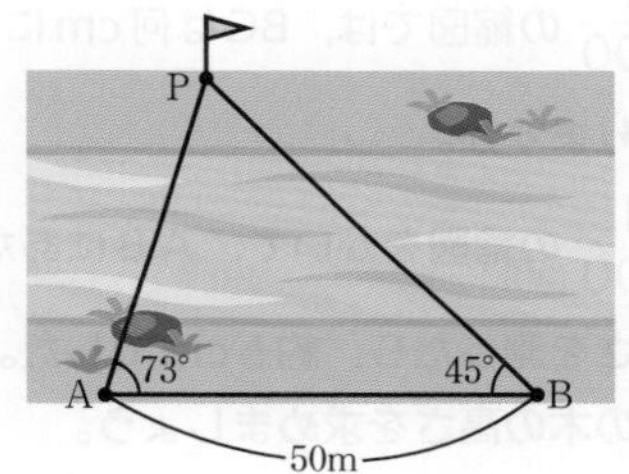

(2) 上の問題のつづきです。右の図のように，川の向こう側に点Qがあったとき，∠QAB = 54°，∠QBA = 66°でした。

(1)でかいた縮図にかきたして，PQ間の距離を求めましょう。

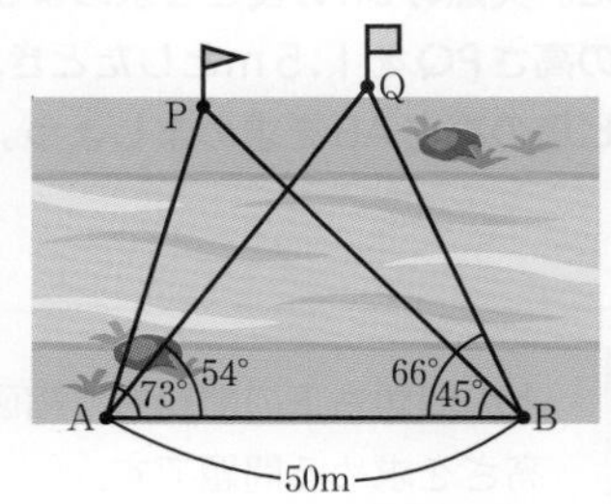

答 (1) 約40m

(2) 約20m

考え方

縮図をかいて測ると，

A′P′は約4cmなので，

4 × 1000 = 4000(cm) = 40(m)

P′Q′は約2cmなので，

2 × 1000 = 2000(cm) = 20(m)

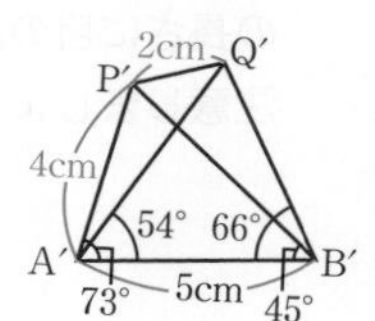

STEP 114 ⑤章 相似

相似の利用(3) 高さを求める

右の図のように，木の影BCの長さを測ったら3.5mで，∠ACB＝60°でした。次の問題に答えましょう。

→ 図 STEP 112

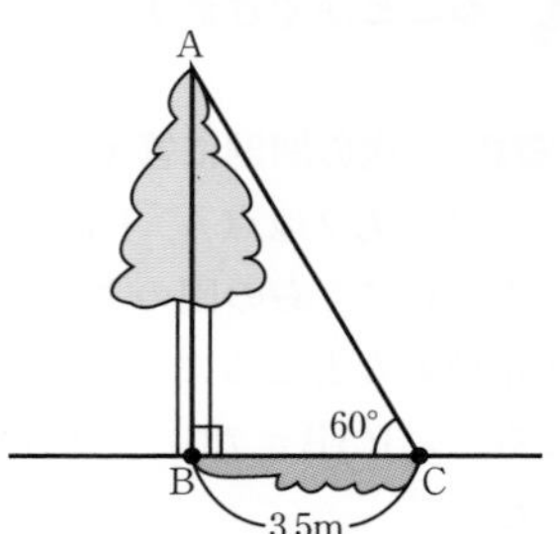

(1) $\frac{1}{100}$の縮図では，BCは何cmになりますか。

(2) $\frac{1}{100}$の縮図をかいて，ABにあたる長さを測ったら，約6cmでした。実際の木の高さを求めましょう。

答 (1) 3.5cm (2) 約6m

テレビ塔の真下の地点Aから40m離れた地点Pに立って，テレビ塔の先端Bを見上げる角∠BQRを測ったら，50°でした。次の問題に答えましょう。

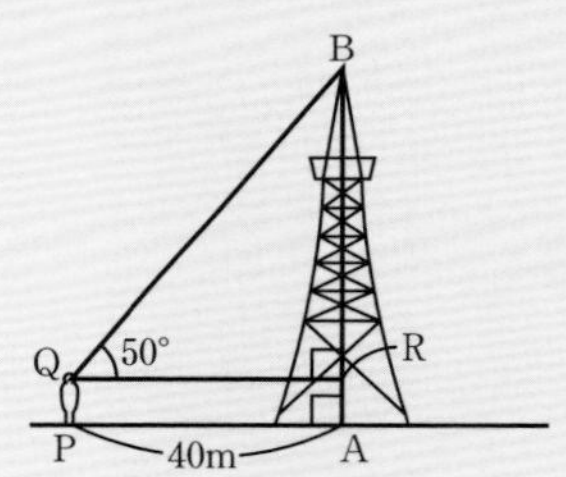

(1) △BQRの$\frac{1}{1000}$の縮図をかいて，BRにあたる長さを測ったら，約4.8cmでした。実際のBRの長さを求めましょう。

(2) 目の高さPQを1.5mとしたとき，テレビ塔の高さABを求めましょう。

答 (1) 約48m (2) 約49.5m

上の問題も下の問題も，縮図を利用して高さを求める問題です。
下の問題では，テレビ塔の高さは，BRの長さに目の高さを加えて求めることに注意しましょう。

物の高さも，縮図を利用して求めることができます。人が見上げているような問題では，目の高さも考えて高さを求めることに注意しましょう。

例題で確認! 次の問題に答えましょう。

(1) 右の図のように，木の真下の地点Aから30 m離れた地点Pに立って，木の先端Bを見上げる角∠BQRを測ったら，40°でした。
△BQRの縮図をかき，目の高さPQを1.5 mとして，木の高さABを求めましょう。

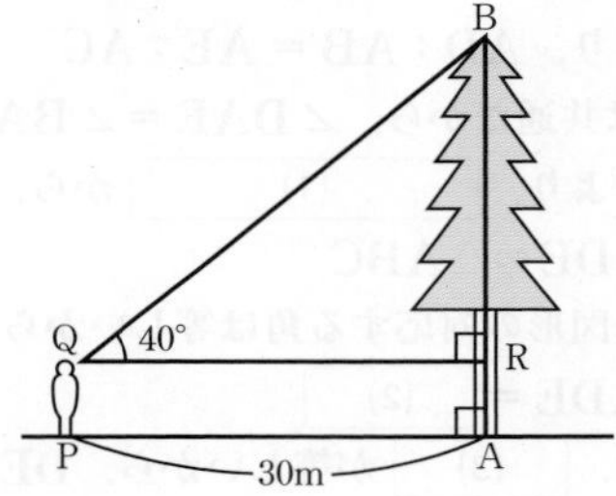

(2) 右の図のように，台の端から2.5 m離れた地点Bを，台の上の地点Pに立って見下ろしたとき，見下ろす角∠BQRを測ったら45°でした。目の高さPQを1.5 mとしたとき，台の高さAPを求めましょう。

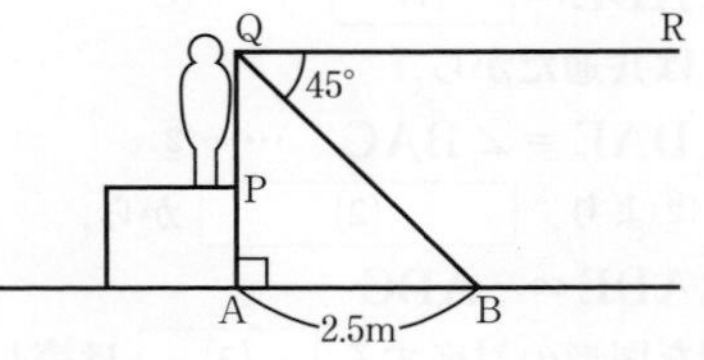

答 (1) 約26.7 m (2) 1 m

考え方

(1) $\frac{1}{600}$ の縮図をかくと，Q′R′ = 5 cm
B′R′を測ると，約4.2 cm
4.2 × 600 = 2520 (cm)
2520 + 150 = 2670 (cm)

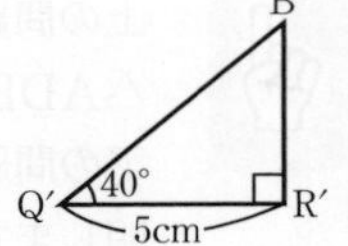

(2) △ABQは，∠ABQ = ∠AQB = 45°の直角二等辺三角形なので，AB = AQ
縮図をかかなくても求められる。

STEP 115

5章 相似

平行線と線分の比(1) 三角形と比(1)

右の図で，AD：AB = AE：ACのとき，
DE∥BCを証明しましょう。

→ 図 STEP 111

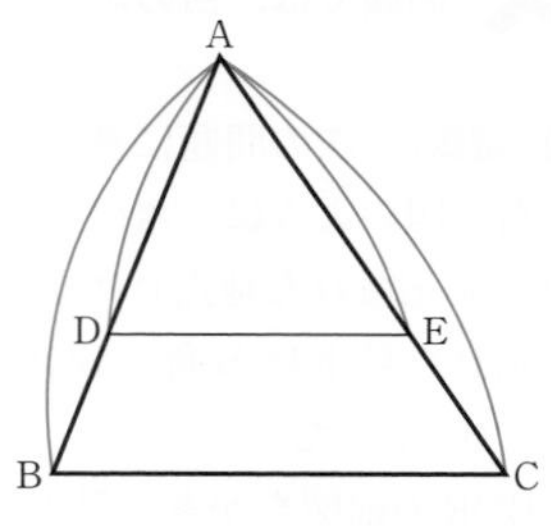

〔証明〕△ADEと△ABCにおいて，
仮定より，AD：AB = AE：AC ……①
∠Aは共通だから，∠DAE = ∠BAC ……②
①，②より，［(1)］から，
△ADE∽△ABC
相似な図形の対応する角は等しいから，
∠ADE =［(2)］
よって，［(3)］が等しいから，DE∥BC

答
(1) 2組の辺の比とその間の角が，それぞれ等しい
(2) ∠ADE = ∠ABC
(3) 同位角 が等しいから

右の図で，DE∥BCのとき，
AD：AB = AE：AC = DE：BCを証明しましょう。

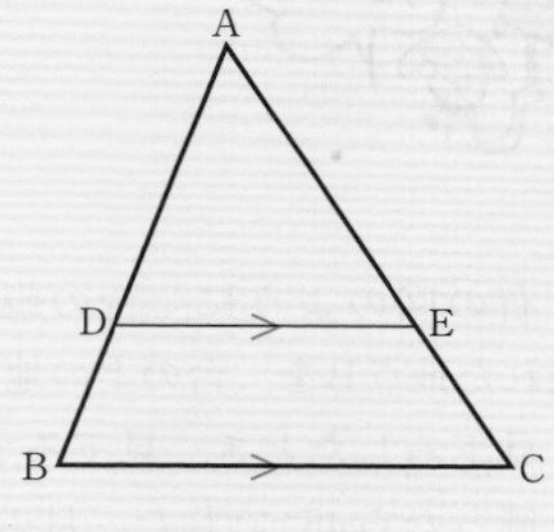

〔証明〕△ADEと△ABCにおいて，
DE∥BCより，同位角は等しいから，
∠ADE =［(1)］ ……①
∠Aは共通だから，
∠DAE = ∠BAC ……②
①，②より，［(2)］から，
△ADE∽△ABC
相似な図形の対応する［(3)］は等しいから，
AD：AB = AE：AC = DE：BC

答
(1) ∠ADE = ∠ABC
(2) 2組の角が，それぞれ等しい
(3) 辺の比 は等しいから

上の問題は，対応する辺の比とその間の角が等しいことから，
△ADE∽△ABCをいい，それからDE∥BCを証明します。
下の問題では逆に，DE∥BCから対応する3組の辺の比が等しいことを証明します。
どちらも定理として利用することができます。

・三角形と比(1)

△ABCの辺AB，AC上の点をそれぞれD，Eとするとき，

❶DE // BCならば，
AD：AB = AE：AC = DE：BC

❷AD：AB = AE：ACならば，
DE // BC

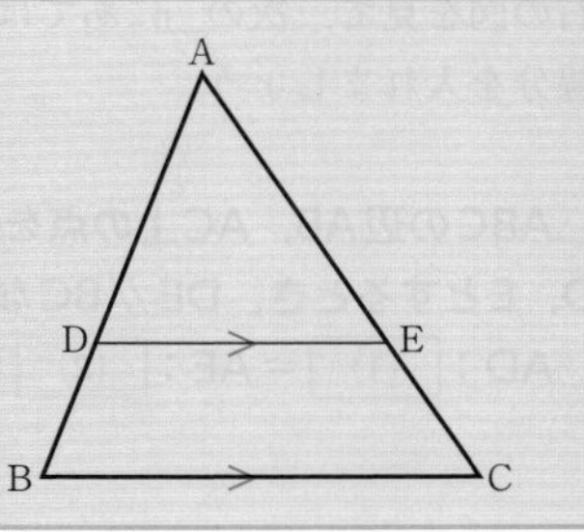

◆この定理は，右の図のように，点D，Eが，△ABCの辺BA，CAをそれぞれ延長した直線上にある場合でも成り立ちます。

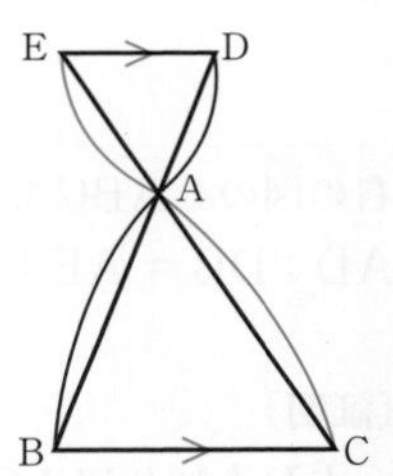

◆わからない線分の長さを，この定理を利用して求めることができます。

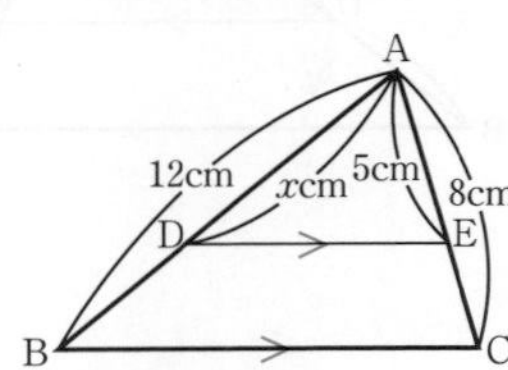

左の図のxの値を求めてみましょう。

DE // BCより，AB：AD = AC：AEだから，

$12 : x = 8 : 5$

$8x = 60$

$x = \frac{15}{2} = 7.5$

下の図で，**DE // BC**です。xの値を求めましょう。

(1)

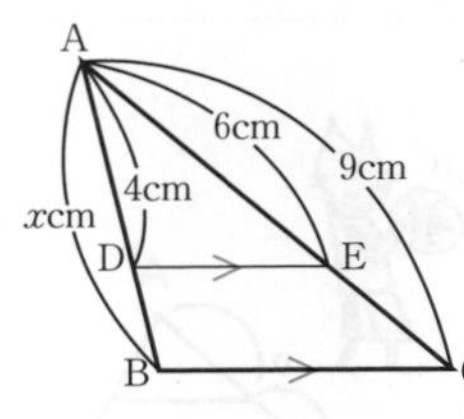

(2)

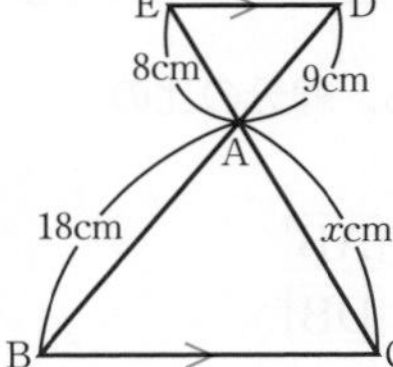

答 (1) 6 (2) 16

考え方

(1) $4 : x = 6 : 9$

$6x = 36$

(2) $9 : 18 = 8 : x$

$9x = 144$

STEP 116

5章 相似

平行線と線分の比(2) 三角形と比(2)

右の図を見て，次の□にあてはまる線分を入れましょう。

→ 図 STEP 115

△ABCの辺AB，AC上の点をそれぞれD，Eとするとき，DE∥BCならば，

AD：(1)＝AE：(2)＝DE：BC

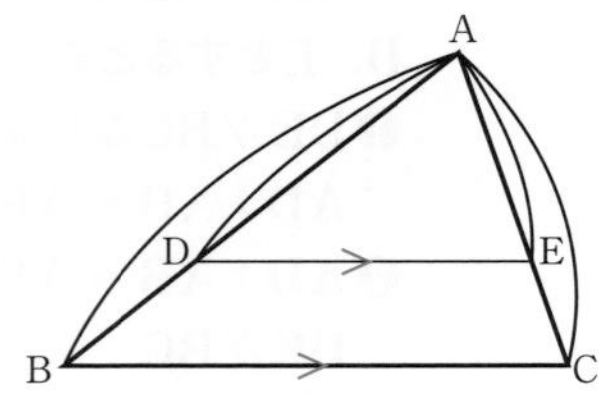

答 (1) AB (2) AC

右の図の△ABCで，DE∥BCのとき，AD：DB＝AE：ECとなることを証明しましょう。

〔証明〕

点Dを通り辺ACに平行な直線をひき，辺BCとの交点をFとする。

△ADEと△DBFにおいて，同位角は等しいから，

DE∥BCより，∠ADE＝(1)　……①

AC∥DFより，∠DAE＝(2)　……②

①，②より，(3)から，

△ADE∽△DBF

よって，AD：(4)＝AE：(5)

四角形DFCEは平行四辺形だから，DF＝EC

よって，AD：DB＝AE：EC

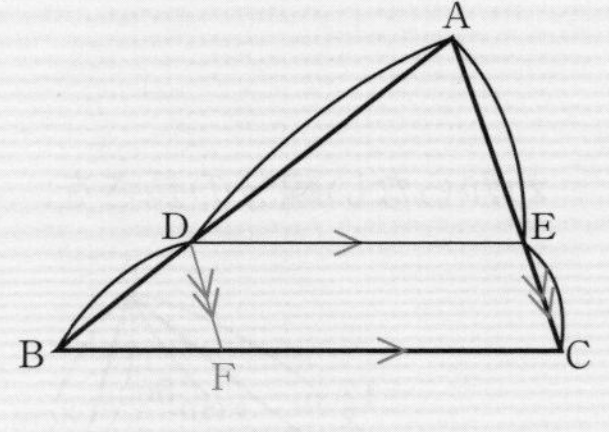

答 (1) ∠ADE＝∠DBF
(2) ∠DAE＝∠BDF
(3) 2組の角が，それぞれ等しい
(4) DB (5) DF

上の問題も下の問題も，線分の比の関係を考えます。

上の問題ではAD：AB

下の問題ではAD：DB

と，線分のとらえ方がちがうことに，注意しましょう。

・三角形と比(2)

△ABCの辺AB，AC上の点をそれぞれD，Eとするとき，

❶DE∥BCならば，
AD：DB＝AE：EC

❷AD：DB＝AE：ECならば，
DE∥BC

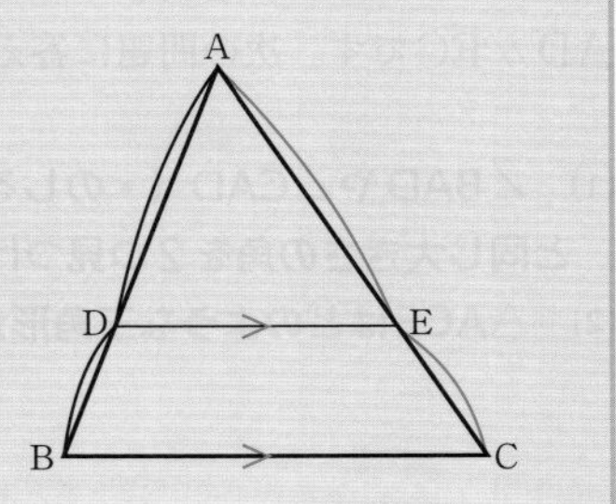

◆AD：DB＝DE：BCとはならないことに注意しましょう。

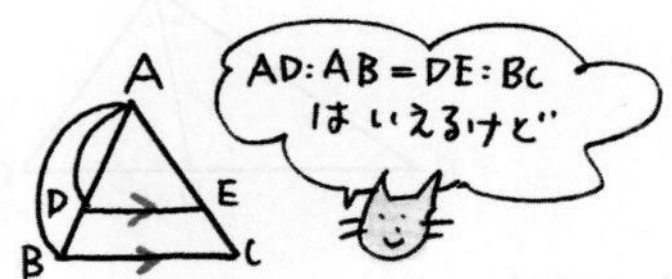

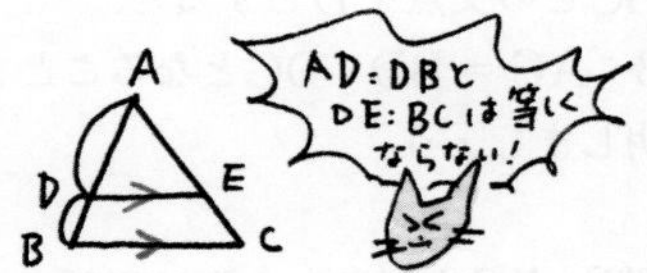

例題で確認!　下の図で，DE∥BCです。xの値を求めましょう。

(1)

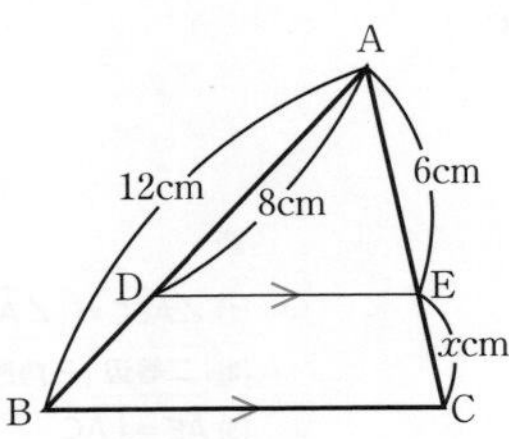

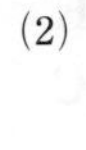

(2)

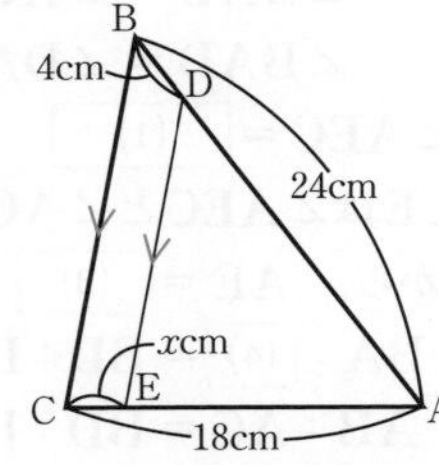

(3)

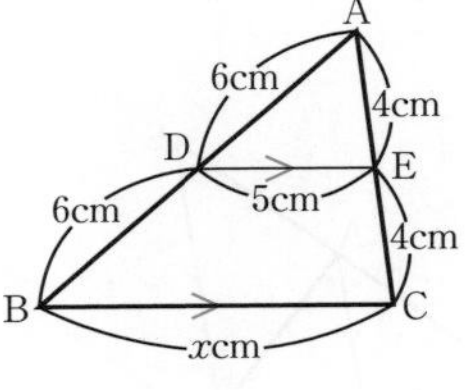

AD：DBで考えるか
AB：ADで考えるか…？

答　(1) 3　(2) 3　(3) 10

考え方

(1) DBは$12-8=4$(cm)
$8:4=6:x$　$8x=24$

(2) ADは$24-4=20$(cm)
AEは$18-x$(cm)
$20:4=(18-x):x$
$20x=4(18-x)$　$24x=72$

(3) ABは$6+6=12$(cm)
AB：AD＝BC：DEだから，
$12:6=x:5$

平行線と線分の比(3) 三角形の角の二等分線と比

→ 図 STEP 59・60・80

右の図で，ADは∠BACの二等分線で，AD//ECです。次の問題に答えましょう。

(1) ∠BADや∠CAD（・のしるしの角）と同じ大きさの角を2つ見つけましょう。

(2) △ACEはどのような三角形か答えましょう。

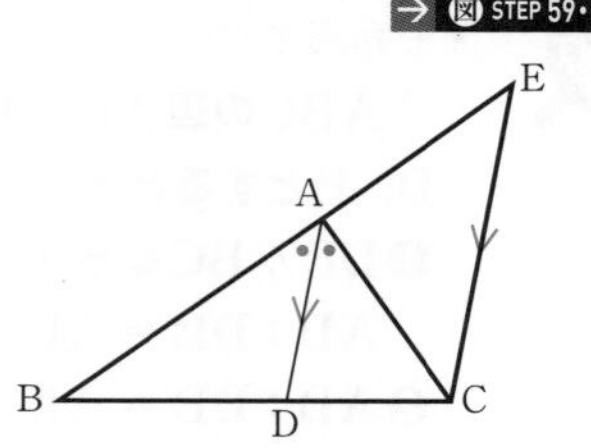

答 (1) ∠ACE〔∠CADの錯角〕と ∠AEC〔∠BADの同位角〕
(2) AC＝AEの二等辺三角形

右の図で，△ABCの∠Aの二等分線と辺BCとの交点をDとすると，AB：AC＝BD：DCとなることを証明しましょう。

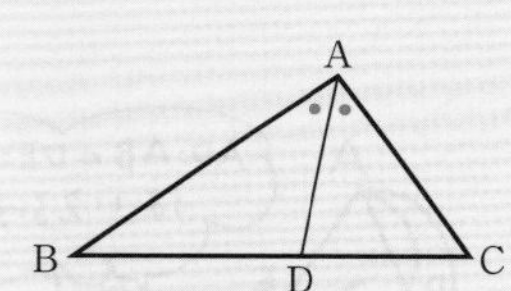

〔証明〕点Cを通り，ADに平行な直線をひき，BAの延長との交点をEとする。AD//ECより，

同位角は等しいから，　∠BAD＝∠AEC　……①

錯角は等しいから，　∠DAC＝∠ACE　……②

仮定より，　∠BAD＝∠DAC　……③

①，②，③より，∠AEC＝ (1)

したがって，△ACEは∠AECと∠ACEが等しい (2) 三角形だから，　AE＝ (3)　……④

また，△BCEで，BA： (4) ＝BD：DC　……⑤

④，⑤より，　AB：AC＝BD：DC

答
(1) ∠AEC＝ ∠ACE
(2) 二等辺 三角形
(3) AE＝ AC
(4) BA： AE

下の問題では，点Cを通り，ADに平行な補助線をひき，上の問題と同じ考え方で，AE＝ACを導きます。
そして，

BA：AE＝BD：DC
↓ AE＝ACより
AB：AC＝BD：DC　を導きます。

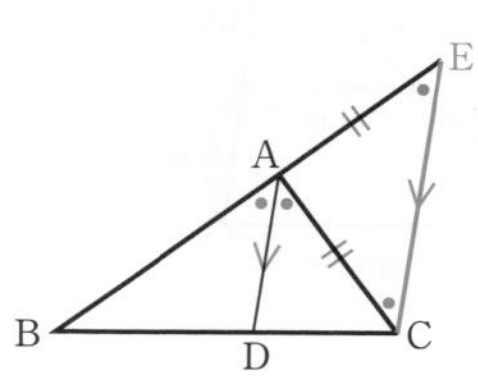

・三角形の角の二等分線と比

△ABCで，∠Aの二等分線と辺BCとの交点をDとするとき，

AB：AC＝BD：CD

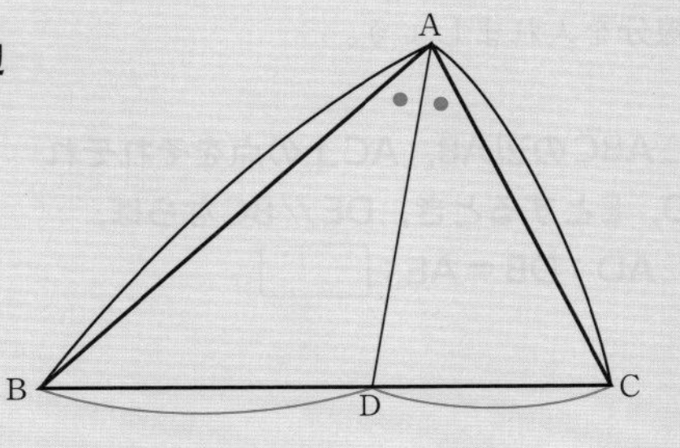

◆この定理を証明するときにひく補助線は，ほかにも考えられます。

・例・点CからADへ，点BからADの延長線へ，それぞれ垂線をひく。

〔証明〕△ABHと△ACIにおいて，

仮定より，∠BAH＝∠CAI　……①

∠AHB＝∠AIC＝90°　……②

①，②より，2組の角が，それぞれ等しいから，

△ABH∽△ACI

したがって，AB：AC＝BH：CI　……③

また，△BDHと△CDIにおいて，

∠BDH＝∠CDI（対頂角）……④

∠BHD＝∠CID＝90°　……⑤

④，⑤より，2組の角が，それぞれ等しいから，

△BDH∽△CDI

したがって，　BH：CI＝BD：CD　……⑥

③，⑥より，AB：AC＝BD：DC

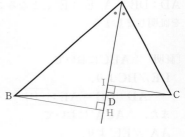

例題で確認!　下の図で，**AD**は∠**A**の二等分線です。xの値を求めましょう。

(1)

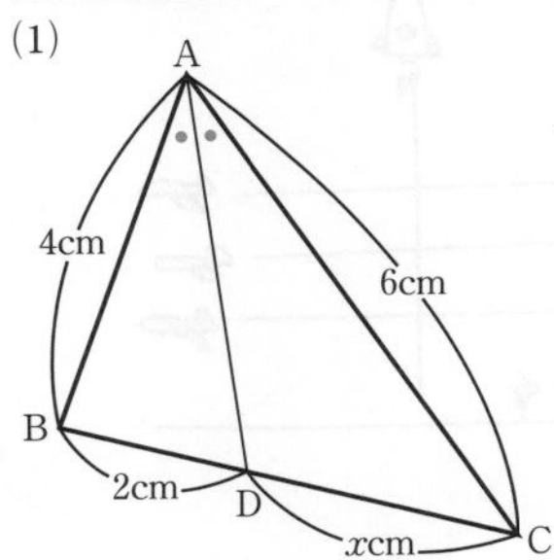

(2)

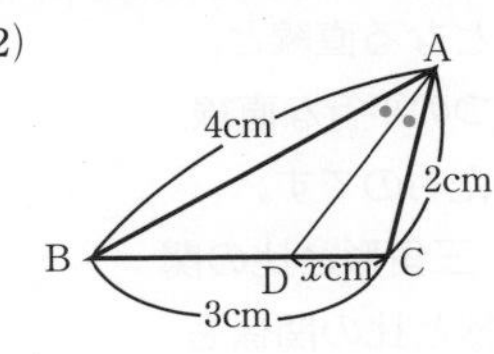

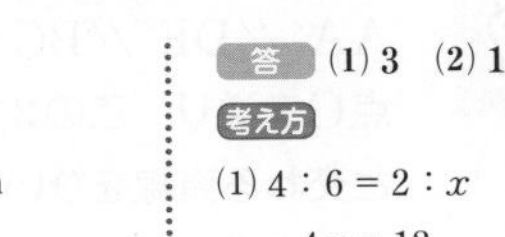

答　(1) 3　(2) 1

考え方

(1) $4:6=2:x$

$4x=12$

$x=3$

(2)　$BD=3-x$

$4:2=(3-x):x$

$4x=2(3-x)$

$6x=6$

STEP 118

⑤章 相似

平行線と線分の比(4) 平行線と比

右の図を見て，次の□にあてはまる線分を入れましょう。

→ 図 STEP 116

△ABCの辺AB，AC上の点をそれぞれD，Eとするとき，DE//BCならば，

AD：DB＝AE：□

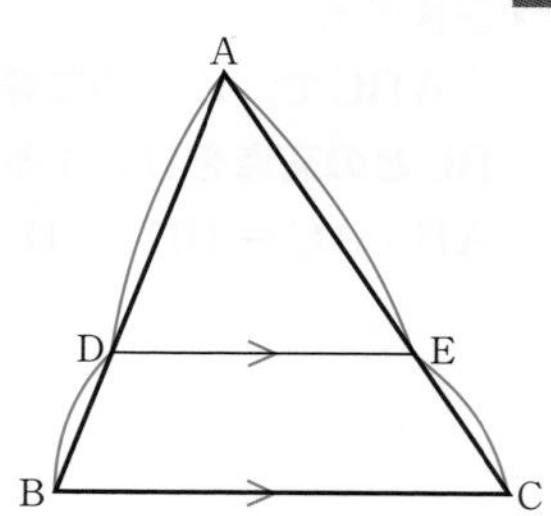

答 AE：EC

右の図で，AA′//DE′//BCのとき，AD：DB＝A′E′：E′Cとなることを証明しましょう。

〔証明〕△ABCにおいて，

DE//BCより，

AD：DB＝AE：(1) ……①

また，△ACA′において，

AA′//EE′より，

AE：(2) ＝A′E′：E′C ……②

①，②より，

AD：DB＝A′E′：E′C

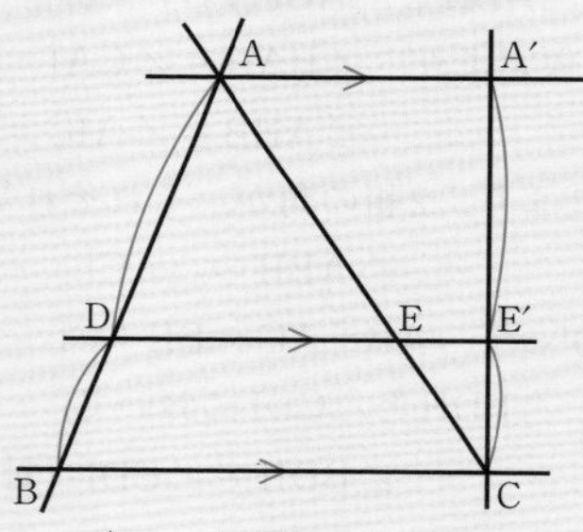

答

(1) AE：EC

(2) AE：EC

下の問題の図は，上の問題の図に，AA′//DE′//BCとなる直線と，点Cを通り，この3つの平行な直線と交わる直線をひいたものです。
下の問題のように，三角形と比の関係を利用して，平行線と比の関係も，証明することができます。

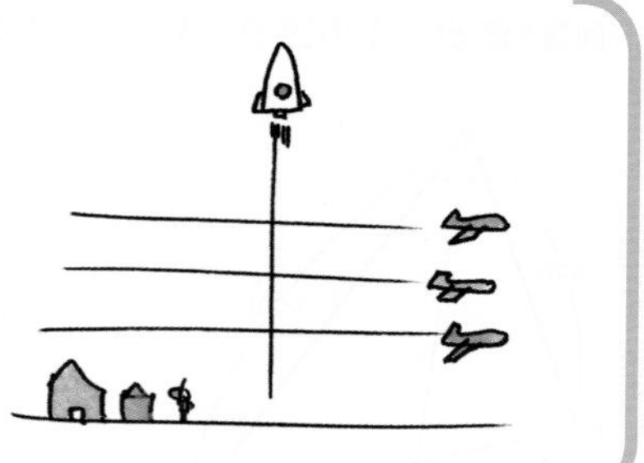

• **平行線と比**（平行線にはさまれた線分の比）

2つの直線が，3つの直線ℓ，m，nと右の図のように交わっているとき，

❶$a : b = a' : b'$

❷$a : a' = b : b'$

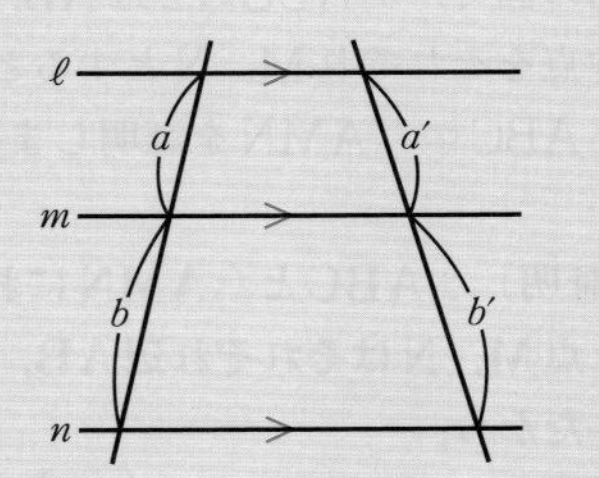

◆上の定理❷は，次のように導くことができます。

$a : b = a' : b'$

$ab' = a'b$ 《《 両辺を$a'b'$でわる。

$\dfrac{a}{a'} = \dfrac{b}{b'}$ 《《 $\dfrac{a}{a'}$は$a : a'$の比の値，$\dfrac{b}{b'}$は$b : b'$の比の値である。

$a : a' = b : b'$

◆平行線の数を4つ，5つ，…と増やしても，この定理は成り立ちます。

例題で確認! 下の図で，直線ℓ，m，n，または直線p，q，r，sが平行のとき，x，yの値を求めましょう。

(1)

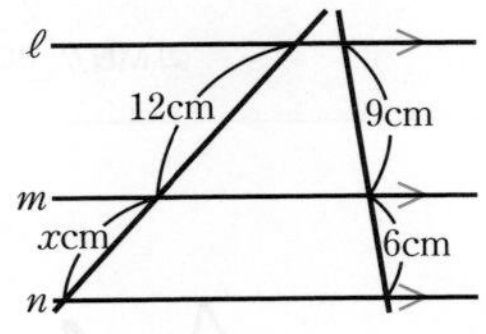

(2)

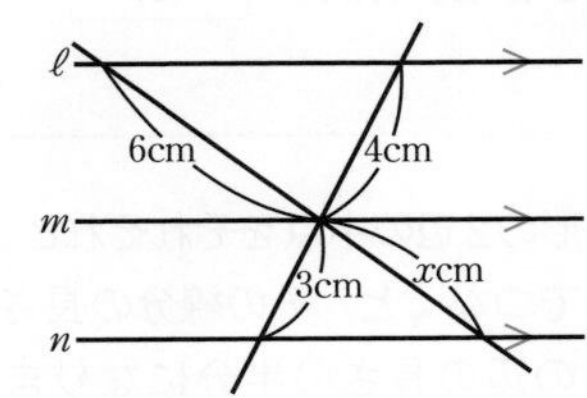

(3)

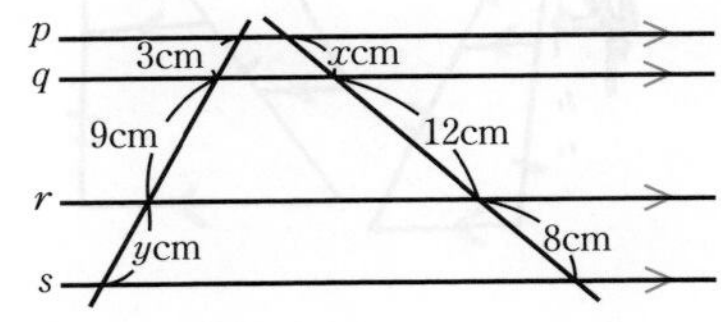

答 (1) 8　(2) 4.5　(3) $x = 4$，$y = 6$

考え方 (1) $12 : x = 9 : 6$　$9x = 72$

(2) $6 : x = 4 : 3$　$4x = 18$

相似な三角形の対応する辺で考える。

$6 : 3 = 4 : x$ではないので注意！

(3) $3 : 9 = x : 12$,　$9x = 36$

$9 : y = 12 : 8$,　$12y = 72$

平行線と線分の比(5) 中点連結定理(1)

右の図で，△ABCの2辺AB，ACの中点をそれぞれM，Nとするとき，△ABC∽△AMNを証明しましょう。

→ 図 STEP 115

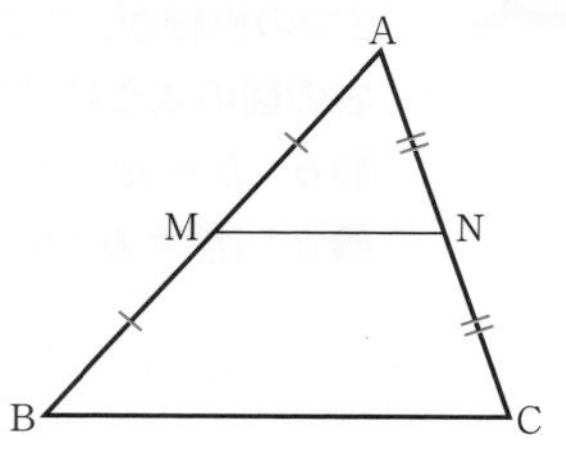

〔証明〕△ABCと△AMNにおいて，
点M，Nはそれぞれ辺AB，ACの中点だから，
AB：AM＝AC：(1)＝2：1 ……①
∠Aは共通だから，
∠BAC＝(2) ……②
①，②より，(3)から，
△ABC∽△AMN

答
(1) AC：AN
(2) ∠BAC＝∠MAN
(3) 2組の辺の比とその間の角が，それぞれ等しい

上の問題のつづきです。次の□にあてはまる線分を入れましょう。

△ABCと△AMNの相似比は2：1だから，
$MN = \frac{1}{2}$ (1)
相似な図形の対応する角は等しいから，
∠ABC＝∠AMN
同位角が等しいから，MN // (2)

答
(1) $MN = \frac{1}{2}$ BC
(2) MN // BC

三角形の2辺の中点をそれぞれとって線分でつなぐと，その線分の長さは，残りの辺の長さの半分になります。また，その線分と残りの辺は平行になります。
このことを**中点連結定理**(ちゅうてんれんけつていり)といい，どのような三角形の場合でも成り立ちます。

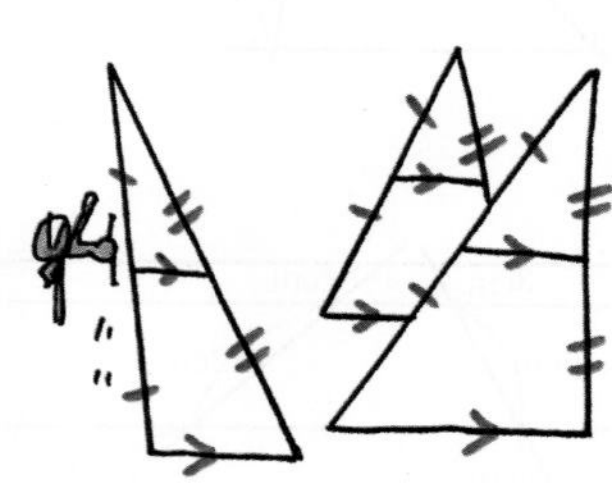

・**中点連結定理**（ちゅうてんれんけつていり）

△ABCの2辺AB，ACの中点をそれぞれM，Nとすると，

MN // BC

$\mathrm{MN} = \dfrac{1}{2}\mathrm{BC}$

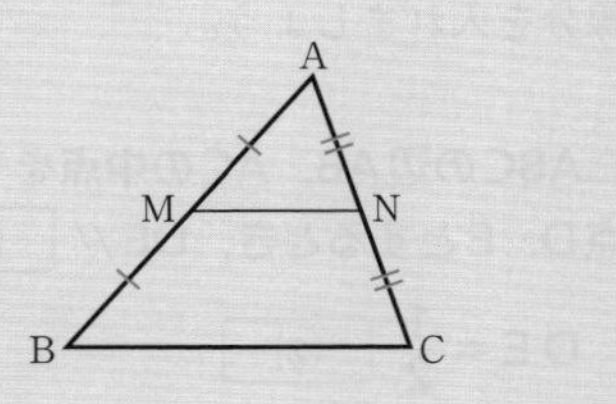

例題で確認! 下の図の△ABCで，点D，Eはそれぞれ辺AB，ACの中点です。次の(1)～(3)の線分の長さや角の大きさを求めましょう。

(1) AD

(2) DE

(3) ∠B

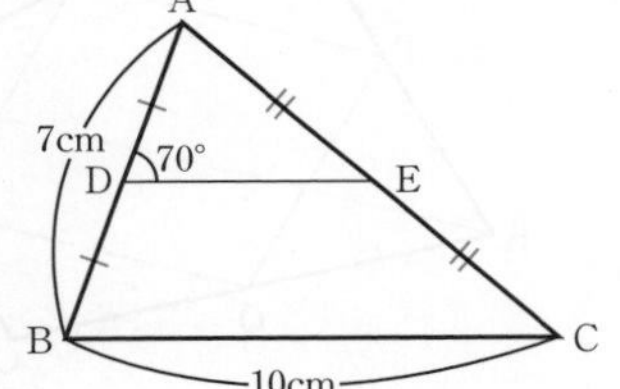

答 (1) 3.5cm　(2) 5cm　(3) 70°

考え方 (2) $\mathrm{DE} = \dfrac{1}{2}\mathrm{BC}$

例題で確認! 右の図の△ABCで，点D，Eは辺ABを3等分する点で，点Fは辺ACの中点です。また，点GはDFを延長した直線とBCを延長した直線の交点です。次の(1)，(2)の線分の長さを求めましょう。

(1) DF

(2) FG

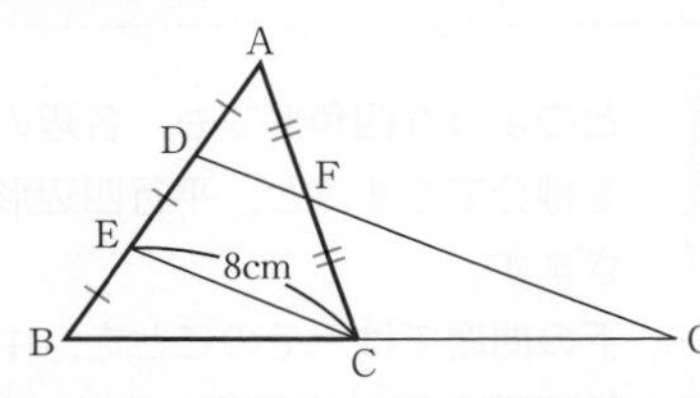

答 (1) 4cm
(2) 12cm

考え方 (1) △AECにおいて，中点連結定理より，$\mathrm{DF} = \dfrac{1}{2}\mathrm{EC}$

(2) △BGDと△BCEにおいて，DF // ECより，DG // EC

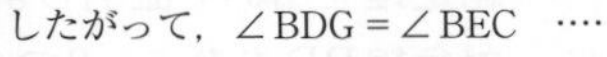

したがって，∠BDG = ∠BEC　……①

∠Bは共通　……②

①，②より△BGD∽△BCE

BD = 2BEなので，DG = 2EC = 16(cm)

FG = DG − DF = 16 − 4 = 12(cm)

STEP 120

⑤章 相似

平行線と線分の比(6) 中点連結定理(2)

右の図を見て，次の□にあてはまる線分を入れましょう。

→ 図 STEP 119

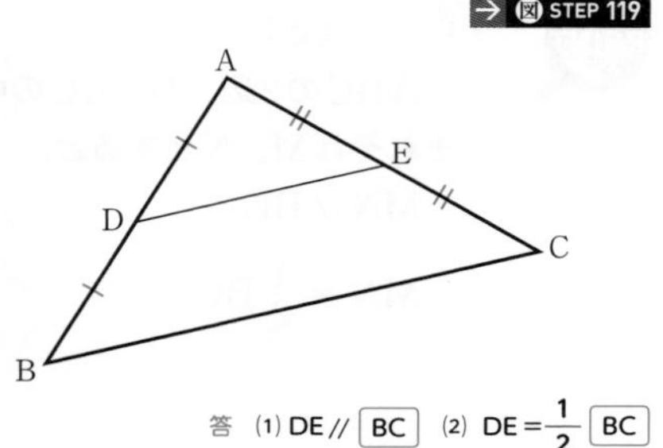

△ABCの辺AB，ACの中点をそれぞれ点D，Eとするとき，DE// (1) で，

DE＝$\frac{1}{2}$ (2)

答 (1) DE// BC (2) DE＝$\frac{1}{2}$ BC

右の図で，四角形ABCDの辺AB，BC，CD，DAの中点をそれぞれP，Q，R，Sとするとき，四角形PQRSが平行四辺形になることを証明しましょう。

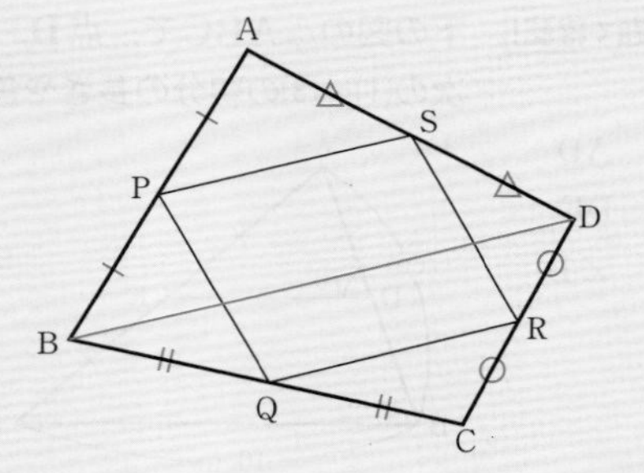

〔証明〕四角形ABCDに対角線BDをひく。△ABDにおいて，点P，Sは辺AB，ADの中点だから，

(1) より， PS//BD， PS＝$\frac{1}{2}$BD ……① 同様にして，

△BCDで， QR//BD， QR＝$\frac{1}{2}$BD ……②

①，②より， PS// (2) ，PS＝ (3)

したがって，四角形PQRSは， (4) から，平行四辺形である。

答
(1) 中点連結定理
(2) PS// QR
(3) PS＝ QR
(4) 1組の対辺が平行でその長さが等しい

どのような四角形でも，各辺の中点を線分でむすぶと，平行四辺形ができます。
下の問題では，そのことを，中点連結定理を用いて証明します。まず，対角線BDをひき，2つの三角形に分けて考えることに着目しましょう。

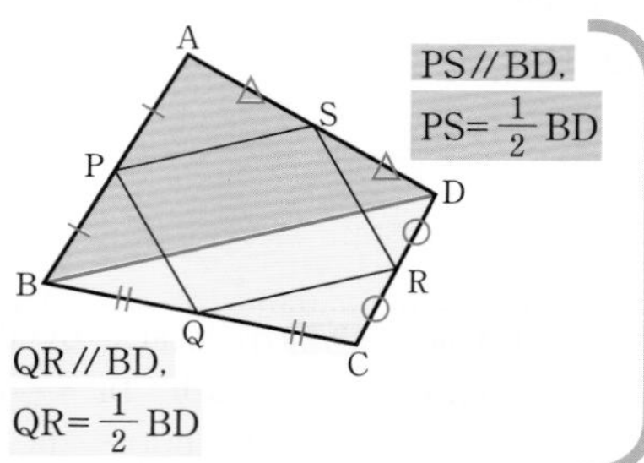

ある図形の辺や対角線の中点をむすんでできる線分や図形を考えるときは，補助線をひいて，中点連結定理が用いられないか考えてみましょう。

例題で確認! 右の図の四角形ABCDにおいて，AD∥BCです。辺ABの中点をEとし，EF∥BCのとき，線分EFの長さを求めましょう。

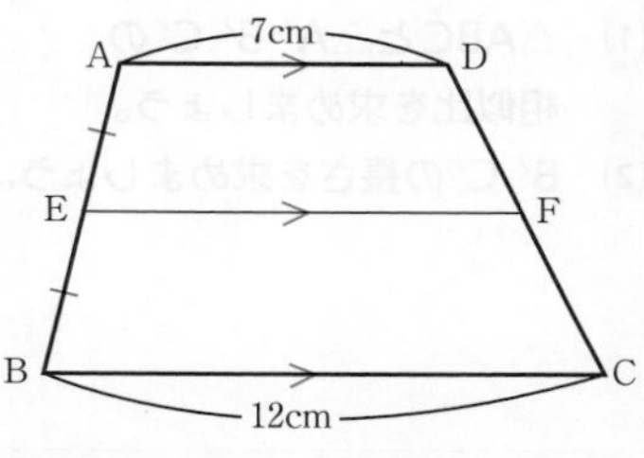

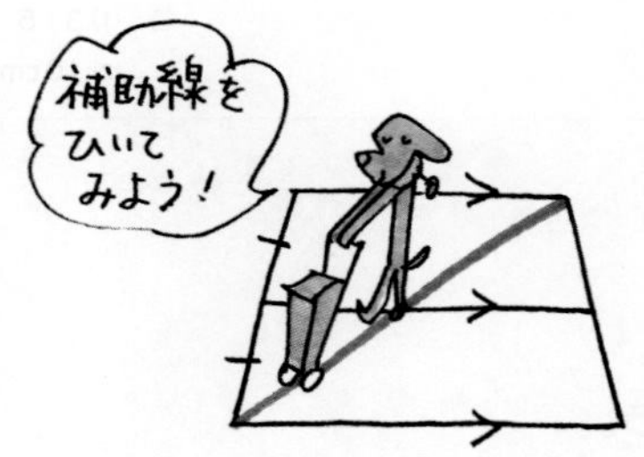

答 9.5cm

考え方 対角線BDをひき，EFとの交点をGとする。
△BDAにおいて，$EG=\frac{1}{2}AD$
△DBCにおいて，$GF=\frac{1}{2}BC$

・中点連結定理の逆

△ABCの辺ABの中点Pを通り，辺BCに平行な直線が辺ACと交わる点をQとすれば，点Qは辺ACの中点である。

例題で確認! △ABCの辺ABの中点Pを通り，辺BCに平行な直線が辺ACと交わる点をQとすれば，点Qは辺ACの中点であることを証明しましょう。

〔証明〕△ABCと△APQにおいて，
PQ∥BCより，同位角は等しいから，
∠ABC＝ (1) ……①
∠Aは共通だから，
∠BAC＝∠PAQ ……②
①，②より， (2) から，
△ABC∽△APQ
2つの三角形の相似比は2：1だから，
$AQ=\frac{1}{2}$ (3)
よって，点Qは辺ACの中点である。

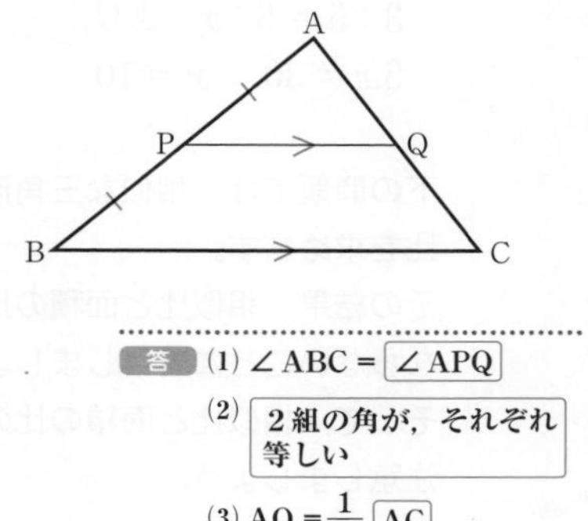

答 (1) ∠ABC＝ ∠APQ
(2) 2組の角が，それぞれ等しい
(3) $AQ=\frac{1}{2}$ AC

STEP
121
⑤章 相似
相似な図形の面積の比

右の図で，△ABC∽△A′ B′ C′です。
次の問題に答えましょう。

→ 図 STEP 103・104

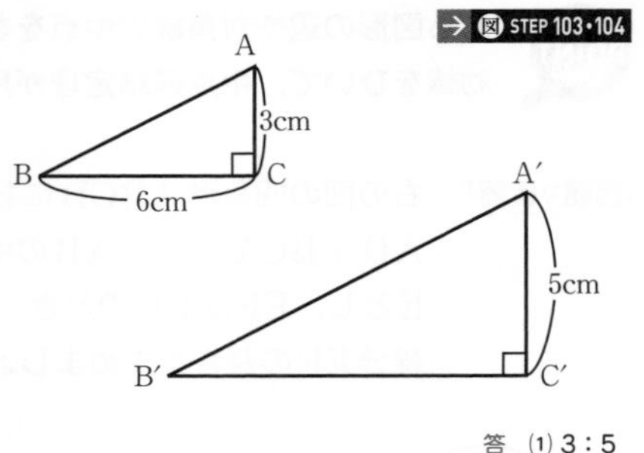

(1) △ABCと△A′ B′ C′の相似比を求めましょう。
(2) B′ C′の長さを求めましょう。

答 (1) 3：5
(2) 10 cm

上の問題のつづきです。次の問題に答えましょう。

(1) △ABCの面積を求めましょう。
(2) △A′ B′ C′の面積を求めましょう。
(3) △ABCと△A′ B′ C′の面積の比を求めましょう。

答 (1) 9 cm²
(2) 25 cm²
(3) 9：25

上の問題の(1)は，相似な2つの三角形の相似比を求めます。
対応する辺の長さの比が相似比なので，辺ACと辺A′ C′に着目します。
相似比が3：5なので，
(2)は，B′ C′を$x$cmとすると，
$3:5=6:x$ より，
$3x=30,\quad x=10$

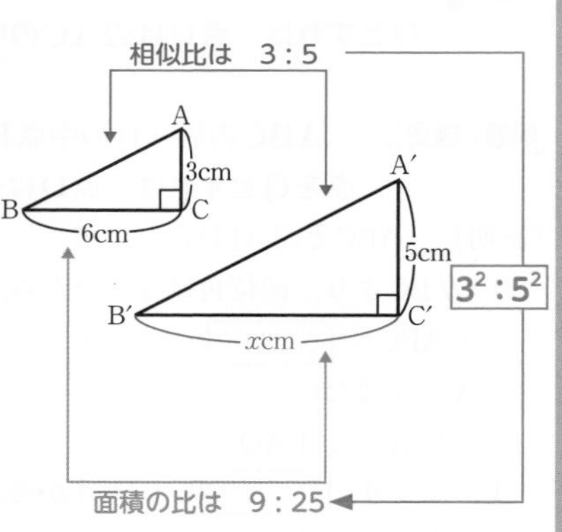

下の問題では，相似な三角形の面積の比を求めます。
その結果，相似比と面積の比が等しくならないことに着目しましょう。
そして，相似比と面積の比のちがいに注意しましょう。

・相似な図形の面積の比

相似な図形の面積の比は，相似比の2乗に等しい。すなわち，
相似比が$a:b$のとき，面積の比は$a^2:b^2$

◆この定理は，三角形にかぎらず，円や四角形，五角形など，どのような平面図形でも成り立ちます。

例題で確認! 次の相似な図形の，相似比と面積の比を求めましょう。

(1) △ABC∽△A′B′C′　　(2) 四角形ABCD∽四角形A′B′C′D′

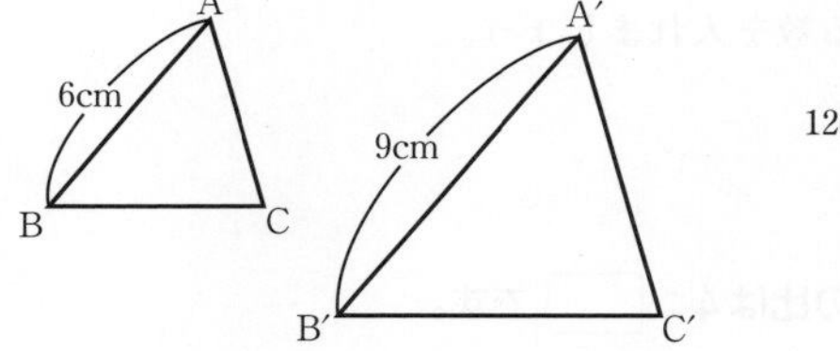

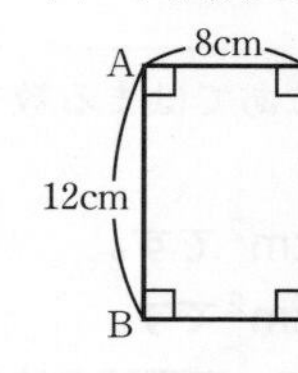

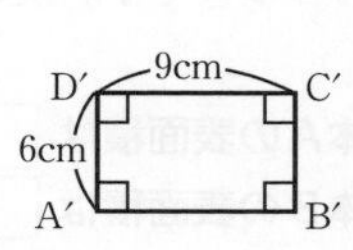

(3) 円O∽円O′

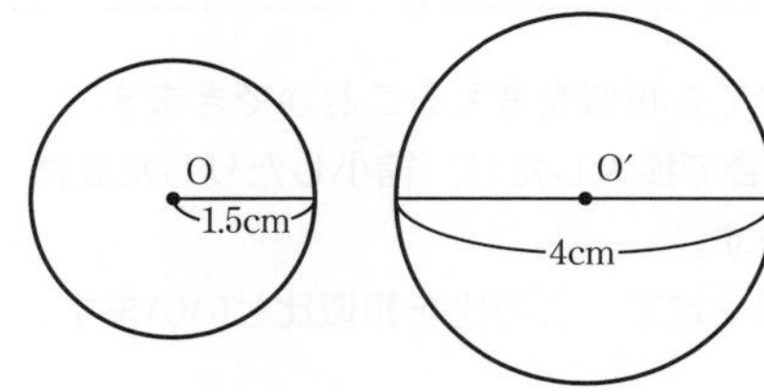

答 **(1) 相似比…2：3　面積の比…4：9**
(2) 相似比…4：3　面積の比…16：9
(3) 相似比…3：4　面積の比…9：16

考え方 (1) 相似比は簡単な比になおす。
6：9＝2：3
(2) 対応する辺に注意。
(3) 円O′の半径は，4÷2＝2（cm）
1.5：2＝3：4

例題で確認! **四角形ABCDと四角形A′B′C′D′は相似で，相似比は3：5です。四角形ABCDの面積が27 cm²のとき，四角形A′B′C′D′の面積を求めましょう。**

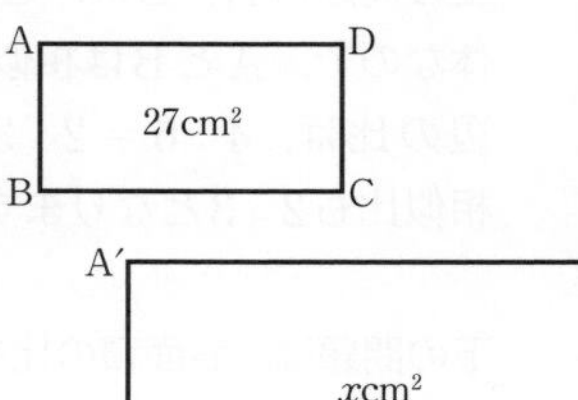

答 **75 cm²**

考え方 四角形A′B′C′D′の面積を$x$cm²とすると，面積の比は$3^2:5^2=9:25$なので，$27:x=9:25$　$9x=675$

STEP **122** 5章 相似

相似な立体の相似比と表面積の比

1辺が4cmの立方体Aと，1辺が6cmの立方体Bがあります。
次の□にあてはまる数を入れましょう。

(1) 立方体Aの各辺は □ cmです。
(2) 立方体Bの各辺は □ cmです。
(3) 立方体Aと立方体Bは相似で，
相似比は2： □ です。

答 (1) 4 cm (2) 6 cm (3) 2：3

上の問題のつづきです。次の□にあてはまる数を入れましょう。

(1) 立方体Aの表面積は □ cm^2です。
(2) 立方体Bの表面積は □ cm^2です。
(3) 立方体Aと立方体Bは相似で，表面積の比は4： □ です。

答 (1) 96 cm^2 (2) 216 cm^2 (3) 4：9

平面図形の場合と同様に，立体についても相似を考えることができます。
1つの立体を形を変えずに，一定の割合で拡大したり，縮小したりした立体は，もとの立体と**相似**であるといいます。
相似な立体では，対応する線分の比は一定で，この比を**相似比**といいます。

上の問題のA，Bは，どちらも立方体なので，AとBは相似です。
辺の比は，4：6＝2：3　なので，
相似比も2：3となります。

下の問題は，表面積の比を考えます。
AとBの表面積をそれぞれ求めて，
比の形にすると，96：216＝4：9
となります。立体の相似比と表面積の比のちがいに注意しましょう。

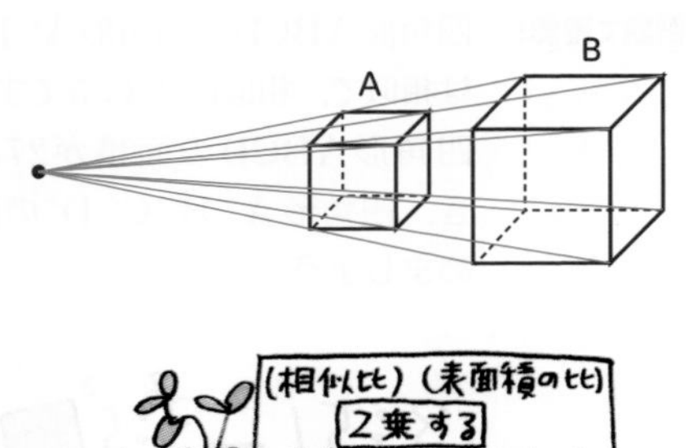

・相似な立体の表面積の比

相似な立体の表面積の比は，相似比の2乗に等しい。

すなわち，相似比が$a:b$のとき，

表面積の比は$a^2:b^2$

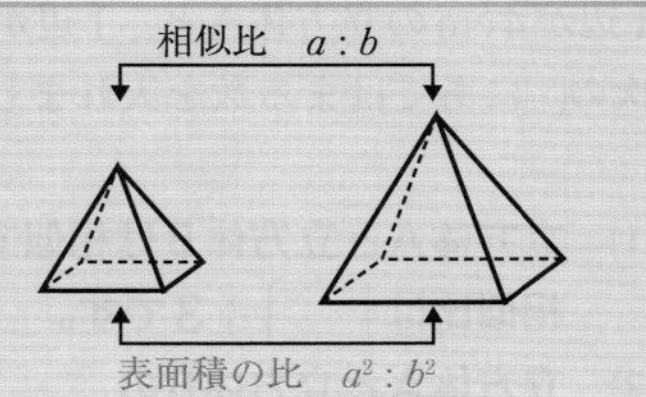

例題で確認!　半径6cmの球Aと半径8cmの球Bがあります。次の問題に答えましょう。

(1)　球Aの表面積を求めましょう。

(2)　球Aと球Bの相似比を求めましょう。

(3)　球Aの表面積と，球Aと球Bの相似比から，球Bの表面積を求めましょう。

答　(1) 144π cm²　(2) 3：4

(3) 256π cm²

考え方　半径rの球の表面積Sは，

$S=4\pi r^2$

(2) 6：8＝3：4

(3) 表面積の比は$3^2:4^2=9:16$

球Bの表面積を$x$cm²とすると，

$9:16=144\pi:x$　$9x=2304\pi$

例題で確認!　相似な2つの円錐（えんすい）A，Bがあり，円錐Aの高さは6cm，円錐Bの高さは8cmです。次の問題に答えましょう。

(1)　AとBの相似比を求めましょう。

(2)　AとBの底面の円周の長さの比を求めましょう。

(3)　AとBの表面積の比を求めましょう。

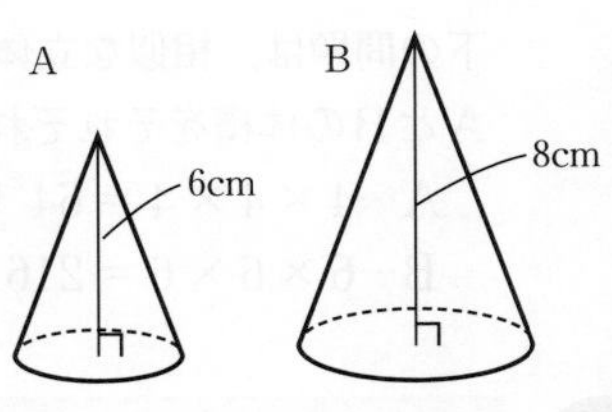

答　(1) 3：4　(2) 3：4　(3) 9：16

考え方　(1) 高さの比が相似比になる。

6：8＝3：4

(2) 相似比と等しい。

(3) $3^2:4^2=9:16$

STEP 123

⑤章 相似

相似な立体の体積の比

1辺が4cmの立方体Aと，1辺が6cmの立方体Bがあります。 → 図 STEP 122

次の□にあてはまる数を入れましょう。

(1) **立方体Aと立方体Bは相似で，相似比は□：3です。**

(2) **立方体Aと立方体Bの表面積の比は□：□です。**

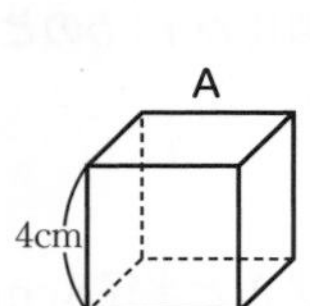

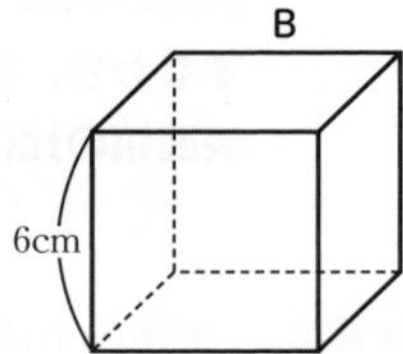

答 (1) 2：3 (2) 4：9

上の問題のつづきです。次の□にあてはまる数を入れましょう。

(1) **立方体Aの体積は□ cm^3 です。**

(2) **立方体Bの体積は□ cm^3 です。**

(3) **立方体Aと立方体Bは相似で，体積の比は8：□です。**

答 (1) 64 cm^3 (2) 216 cm^3 (3) 8：27

上の問題では，相似な立体の表面積の比は，相似比の2乗に等しいことをおさえておきましょう。

下の問題は，相似な立体の体積に着目します。

AとBの体積をそれぞれ求めると，

A…$4 \times 4 \times 4 = 64$ (cm^3)

B…$6 \times 6 \times 6 = 216$ (cm^3)

$64 : 216 = \underline{8 : 27}$ └相似比の3乗

- **相似な立体の体積の比**

相似な立体の体積の比は，相似比の3乗に等しい。

すなわち，相似比が $a : b$ のとき，

体積の比は $a^3 : b^3$

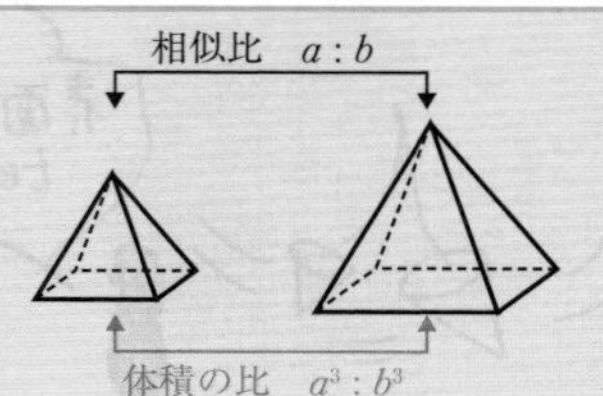

例題で確認! 次の相似な2つの立体Aと立体Bの，相似比と体積の比を求めましょう。

(1) 立体A　3辺の長さが2cm，3cm，5cmの直方体
　　立体B　3辺の長さが6cm，9cm，15cmの直方体

・相似比…［　　］　体積の比…［　　］

(2) 立体A　3辺の長さが8cm，8cm，12cmの直方体
　　立体B　3辺の長さが6cm，6cm，9cmの直方体

・相似比…［　　］　体積の比…［　　］

(3) 立体A　底面の半径が3cm，高さが6cmの円錐(えんすい)
　　立体B　底面の直径が8cm，高さが8cmの円錐

・相似比…［　　］　体積の比…［　　］

答 (1) 相似比…1：3　体積の比…1：27
(2) 相似比…4：3　体積の比…64：27
(3) 相似比…3：4　体積の比…27：64

考え方 (3) 立体Bの底面の半径は4cm

相似比が $a：b$ のとき，相似な立体の
表面積の比は，$a^2：b^2$
体積の比は，$a^3：b^3$

例題で確認! 右の図のように，円錐の底面に平行な平面Lが，円錐の高さを2：3の比に分けています。平面Lによって分けられた円錐の上の部分をP，下の部分をQとするとき，次の問題に答えましょう。

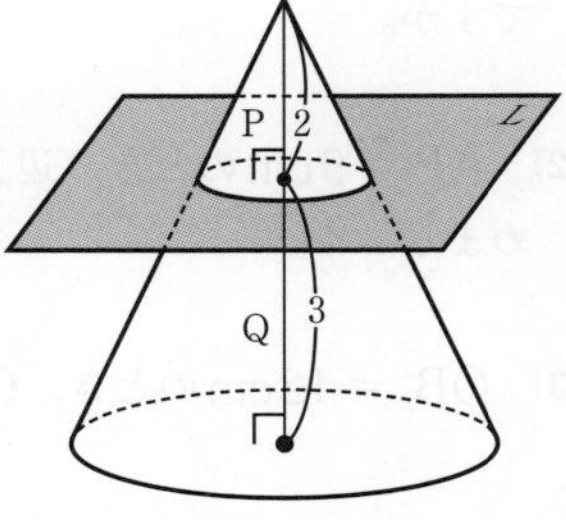

(1) Pともとの円錐の相似比を求めましょう。
(2) Pともとの円錐の体積の比を求めましょう。
(3) PとQの体積の比を求めましょう。

答 (1) 2：5　(2) 8：125　(3) 8：117

考え方 (1) 2：3ではない。もとの円錐の高さは，Pの高さも含めた5となる。
(2) $2^3：5^3$
(3) Qの体積は，もとの円錐の体積からPの体積を除いた残り。
(2)より，125 − 8 = 117

答は496・497ページ。できた問題は，□をぬりつぶしましょう。

1 右の図を見て，次の問題に答えましょう。 → 図 STEP 101

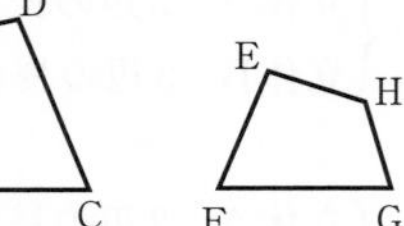

□(1) 2つの四角形は相似です。このことを，記号∽を使って表しましょう。

□(2) ∠Bに対応する角はどれですか。

□(3) 辺EFに対応する辺はどれですか。

2 右の図で，△ABC∽△DEFのとき，次の問題に答えましょう。 → 図 STEP 103・104

□(1) △ABCと△DEFの相似比を求めましょう。

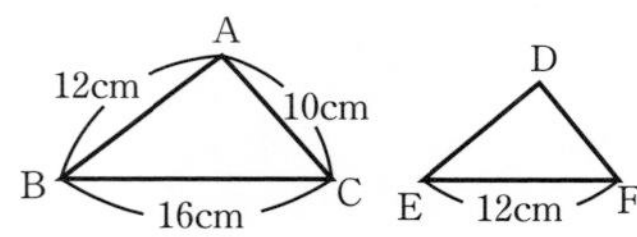

□(2) 辺DEの長さを求めましょう。

□(3) 辺DFの長さを求めましょう。

3 右の図は，点Oを相似の中心として，△ABCを$\frac{5}{3}$倍に拡大して，△A′B′C′としたものです。次の問題に答えましょう。 → 図 STEP 104・105

□(1) ∠ACB＝60°のとき，∠A′C′B′は何度ですか。

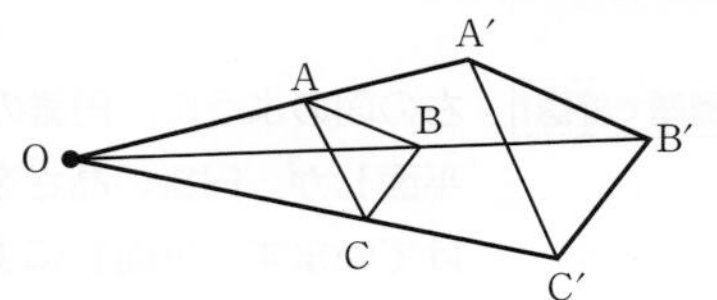

□(2) AB＝9cmのとき，辺A′B′の長さを求めましょう。

□(3) OB′＝12cmのとき，OBの長さを求めましょう。

4 次の図は，相似の位置にある2つの図形を示しています。それぞれの図に，相似の中心Oをかき入れましょう。 → 図 STEP 105

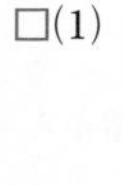
□(1)

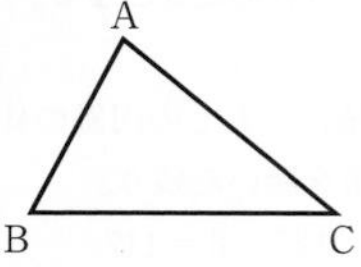

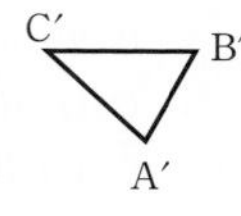

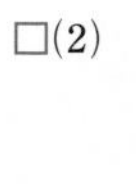
□(2)

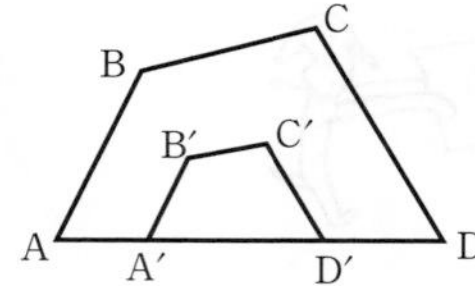

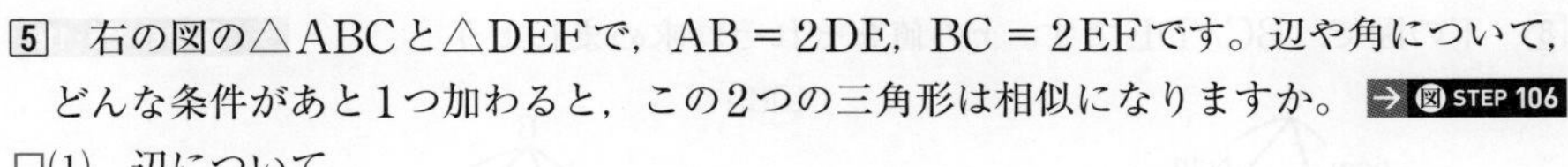

5 右の図の△ABCと△DEFで，AB＝2DE，BC＝2EFです。辺や角について，どんな条件があと1つ加わると，この2つの三角形は相似になりますか。 → 図 STEP 106

□(1) 辺について

□(2) 角について

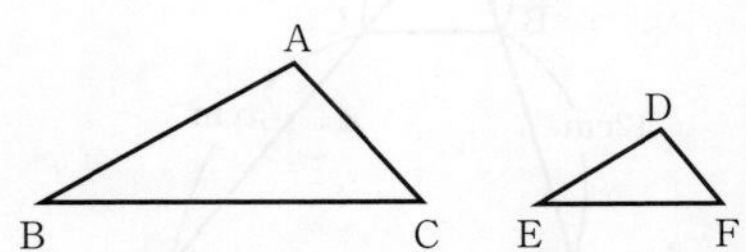

6 下のそれぞれの図で，相似な三角形を記号∽を使って表し，そのときに使った相似条件をいいましょう。 → 図 STEP 107

□(1)

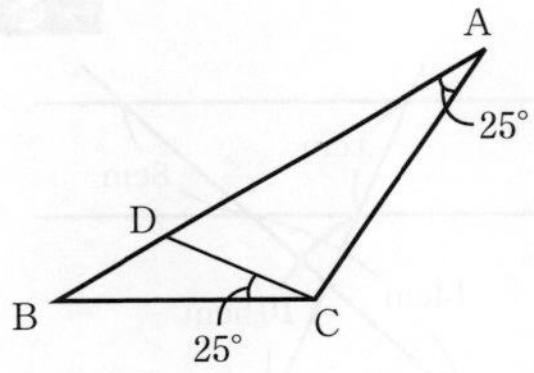

□(2)

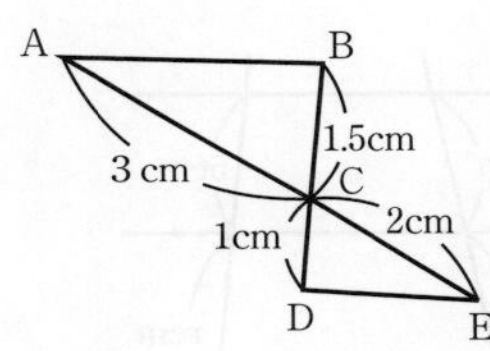

7 右の図を見て，次の問題に答えましょう。 → 図 STEP 108・109

□(1) △ABCと相似な三角形を見つけましょう。

□(2) (1)で見つけた三角形が，△ABCと相似であることを次のように証明しました。□にあてはまるものを入れて，証明を完成させましょう。

〔証明〕 △ABCと [ア] において，
仮定から，BC：[イ]＝(10＋8)：[ウ]
＝18：[ウ]
＝3：[エ] …①
AC：[オ]＝12：[カ]
＝3：[エ] …②
①，②より，BC：[イ]＝AC：[オ] …③
共通な角だから，∠ACB＝[キ] …④
③，④より，[ク] が，それぞれ等しいから，
△ABC∽[ア]

□(3) ADの長さを求めましょう。

8 下の図で，BC//DEです。xの値をそれぞれ求めましょう。 → 図 STEP 115・116

□(1)

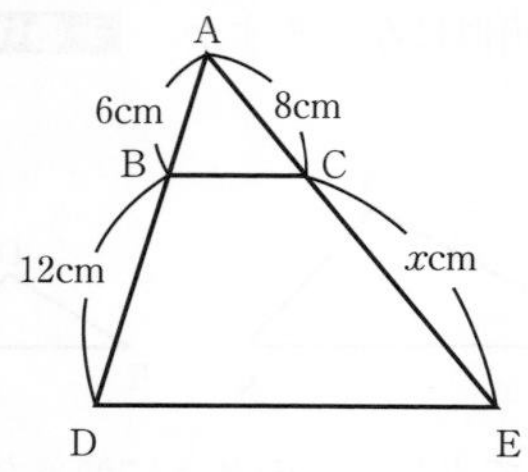

□(2)

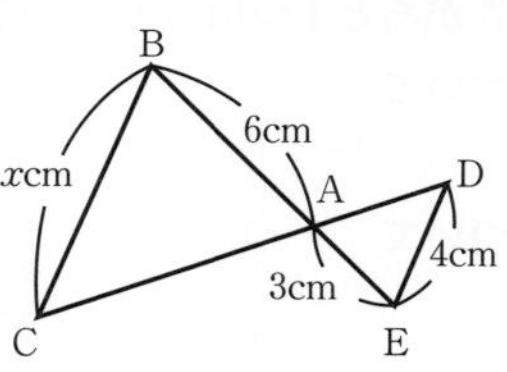

9 下の図で，ℓ，m，nがいずれも平行であるとき，xの値をそれぞれ求めましょう。

→ 図 STEP 118

□(1)

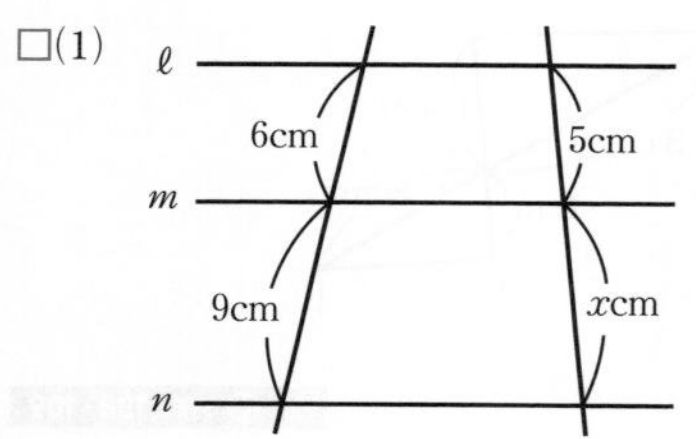

□(2)

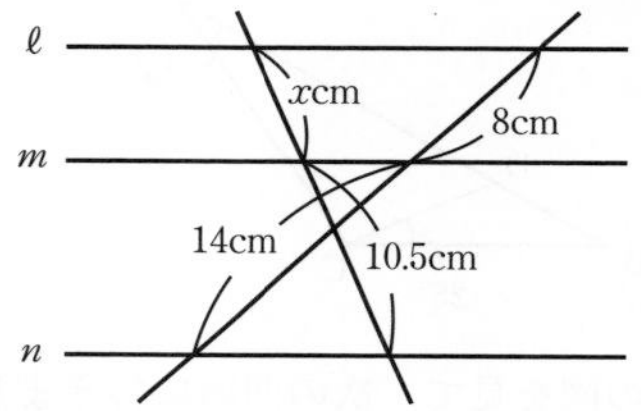

10 右の図で，点M，Nは，それぞれ線分AB，ACの中点，また，点Cは線分NDの中点です。BC＝16cmのとき，次の問題に答えましょう。 → 図 STEP 119

□(1) MNの長さを求めましょう。

□(2) ECの長さを求めましょう。

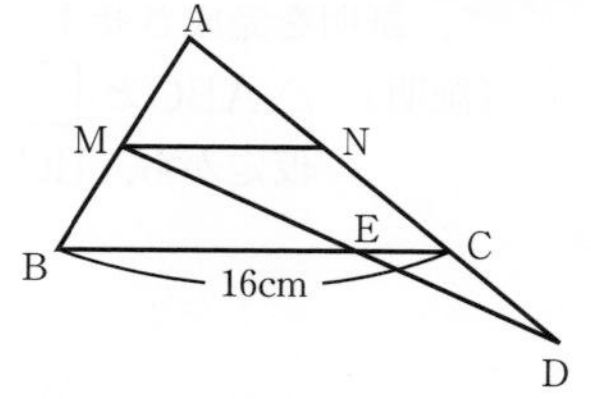

11 底面の半径が4cm，5cmの相似な円柱A，Bがあります。このとき，次の問題に答えましょう。 → 図 STEP 122・123

□(1) AとBの表面積の比を求めましょう。

□(2) Aの表面積が80π cm^{2}のとき，Bの表面積を求めましょう。

□(3) AとBの体積の比を求めましょう。

□(4) Bの体積が500π cm^{3}のとき，Aの体積を求めましょう。

6 円の性質 3年

STEP 124

6章 円の性質

円周角と中心角(1) 円周角の定理

次の□にあてはまる
ことばを入れましょう。

→ 図 STEP 20

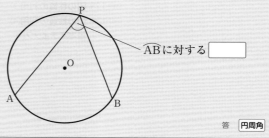

O

$\overset{\frown}{\mathrm{AB}}$に対する □

A

B

答 中心角

次の□にあてはまる
ことばを入れましょう。

P

$\overset{\frown}{\mathrm{AB}}$に対する □

O

A

B

答 円周角

上の問題では，図 STEP 20で学習した，
弧と弦に関する用語のうち，「中心角」
について確認しましょう。

下の問題の点Pは，円Oで，$\overset{\frown}{\mathrm{AB}}$を
除いた円周上にある点です。
このとき，∠APBを，$\overset{\frown}{\mathrm{AB}}$に対する
円周角(えんしゅうかく)といいます。
また，$\overset{\frown}{\mathrm{AB}}$は，円周角∠APBに対する弧といいます。

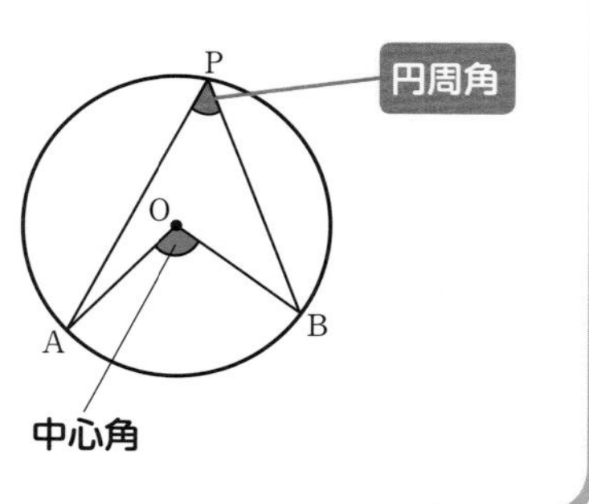

- **円周角と中心角**

右の図の円Oで，
∠APBを，$\overset{\frown}{\mathrm{AB}}$に対する円周角(えんしゅうかく)といいます。
∠AOBを，$\overset{\frown}{\mathrm{AB}}$に対する中心角といいます。

・円周角の定理

1つの弧に対する円周角の大きさは一定であり，その弧に対する中心角の大きさの半分である。
また，同じ弧に対する円周角の大きさは等しい。

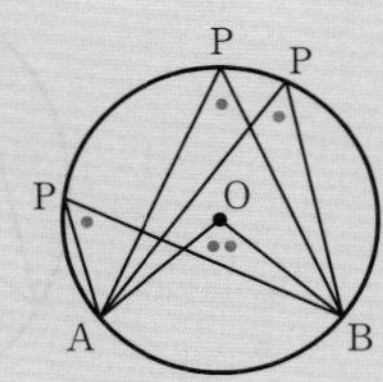

・$\angle \mathrm{APB} = \frac{1}{2} \angle \mathrm{AOB}$

・∠APBの大きさは，どれも等しい。

例題で確認! 下の図の円Oで，$\angle x$の大きさを求めましょう。

(1)

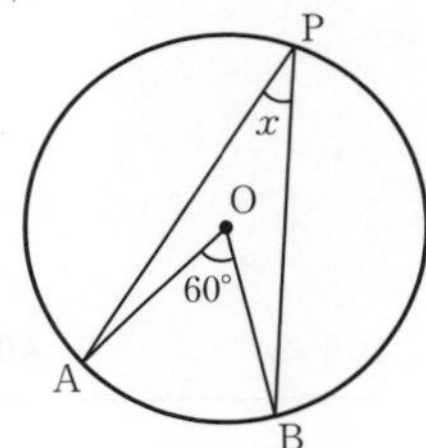

(2)

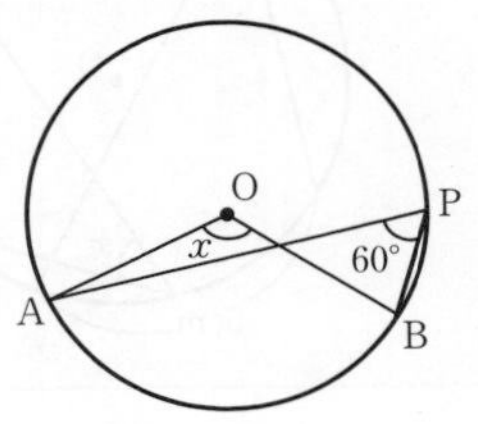

(3)

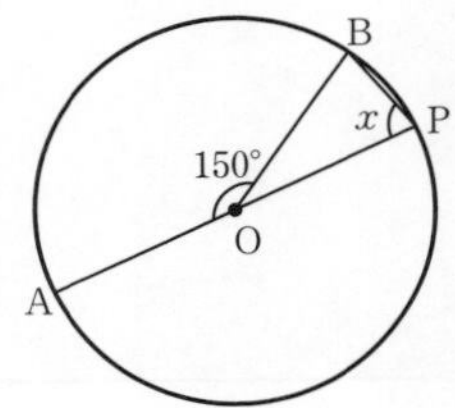

(4)

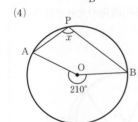

P
x
A
O
B
210°

(5)

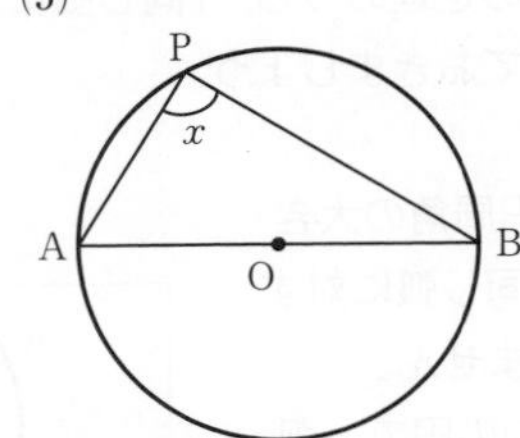

(6)

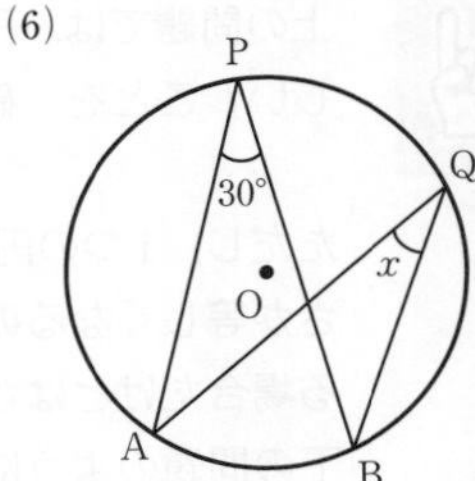

(7)

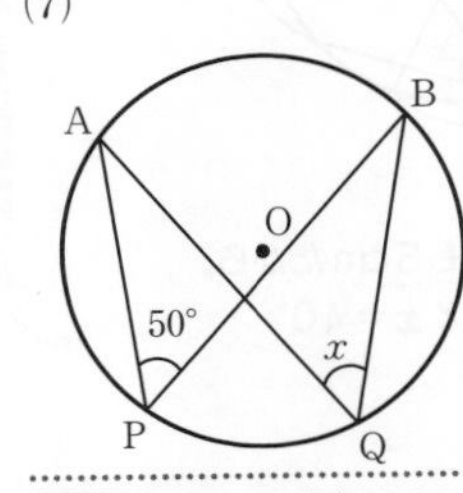

(8)

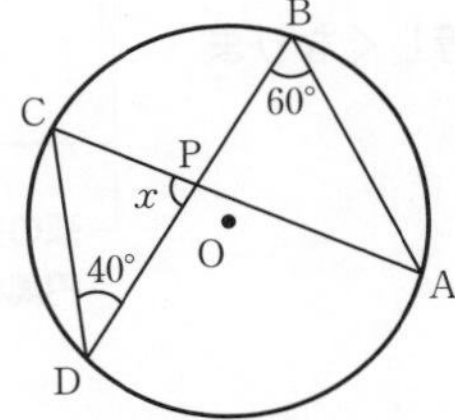

(9)

P
100°
A
x
B
O

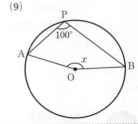

答 (1) 30°　(2) 120°　(3) 75°
(4) 105°　(5) 90°　(6) 30°
(7) 50°　(8) 80°　(9) 160°

考え方 (1)〜(3) $\angle \mathrm{APB} = \frac{1}{2} \angle \mathrm{AOB}$　(4) $\angle x$は$\overset{\frown}{\mathrm{AB}}$の円周角。210°が中心角。
(5) 中心角は180°　したがって，半円の弧に対する円周角はいつも90°
(6)，(7) 同じ弧に対する円周角。
(8) ∠DCA = 60°　△CDPにおいて，$\angle x = 180° - (60° + 40°)$
(9) 円Oで，$\overset{\frown}{\mathrm{APB}}$を除いた$\overset{\frown}{\mathrm{AB}}$の円周角が100°だから，中心角は200°
$\angle x = 360° - 200°$

円周角と中心角(2) 弧と円周角

右の図で，$\angle x$の大きさを求めましょう。

→ 図 STEP 124

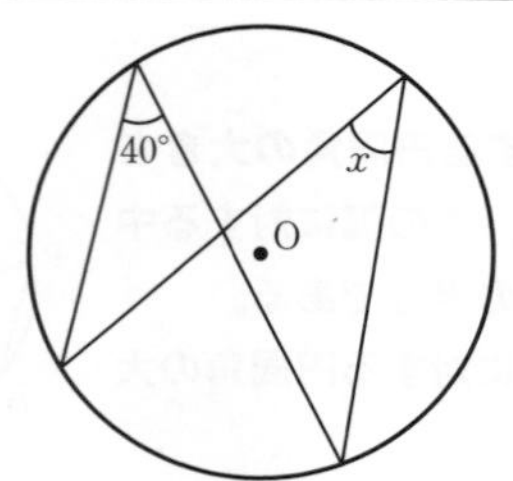

答　40°

右の図で，$\angle x$の大きさを求めましょう。

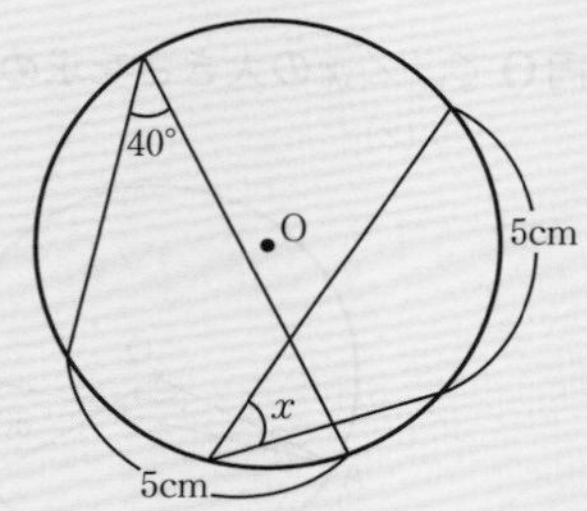

答　40°

上の問題では，円周角の定理のうち，「同じ弧に対する円周角の大きさは等しい」ことを，確認しておきましょう。

ただし，1つの円で，円周角の大きさが等しくなるのは，同じ弧に対する場合だけとはかぎりません。
下の問題のように，1つの円で，弧の長さが等しければ，それぞれに対する円周角の大きさは等しくなります。

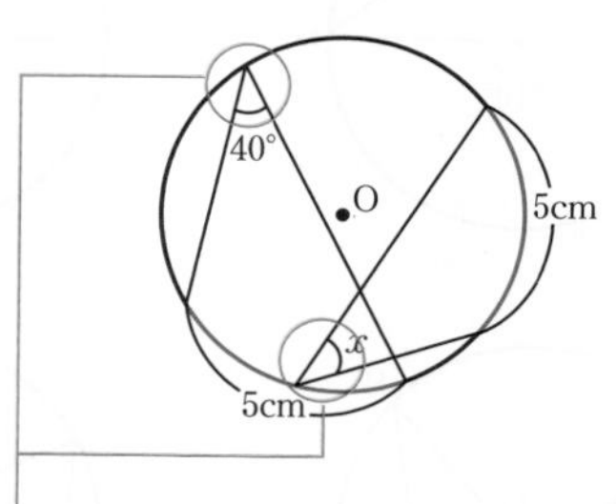

弧の長さがどちらも5cmだから，円周角も等しい。$\angle x=40°$

・弧と円周角

❶1つの円で，長さが等しい弧に対する円周角は等しい。

❷1つの円で，大きさが等しい円周角に対する弧の長さは等しい。

◆中心角の場合でも，同じことがいえます。

❶1つの円で，長さが等しい弧に対する中心角は等しい。

❷1つの円で，大きさが等しい中心角に対する弧の長さは等しい。

円周角

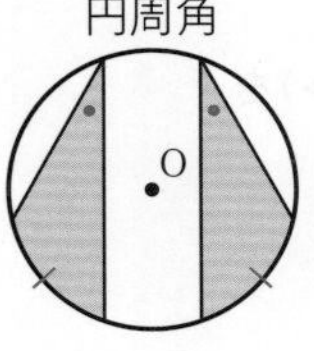

中心角

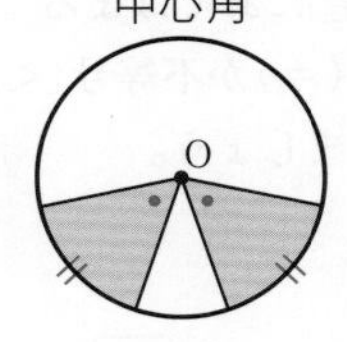

◆弧と円周角(中心角)の関係は，半径が等しい2つの円においても成り立ちます。

1つの円で，弧の長さは，その弧に対する円周角の大きさに比例します。

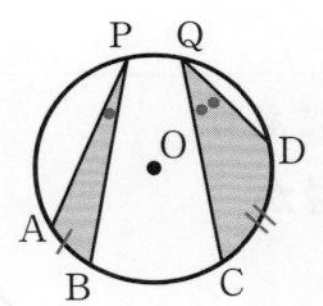

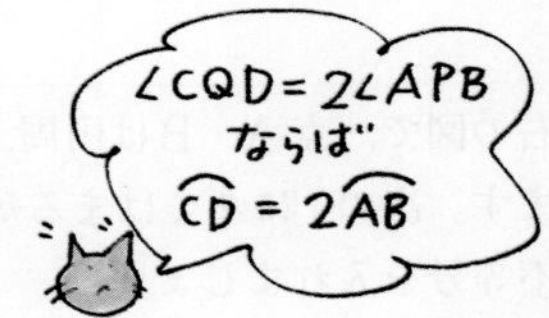

例題で確認! 下の図で，$\angle x$の大きさや，xの弧の長さを求めましょう。

(1)

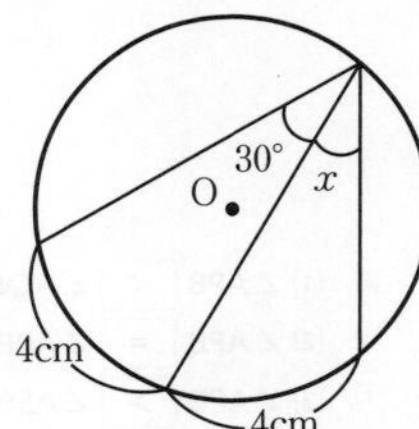

(2)

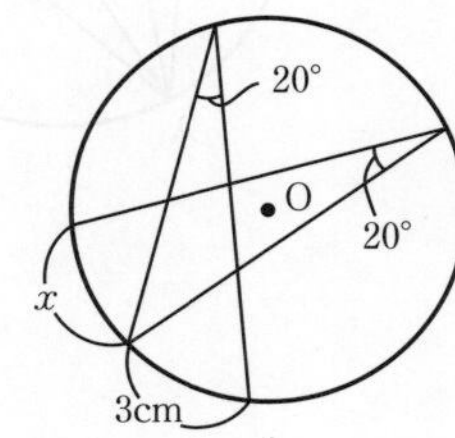

(3)

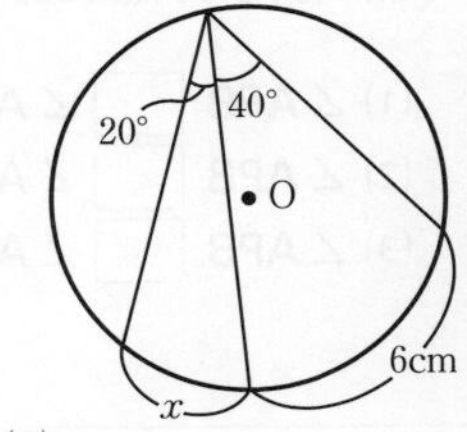
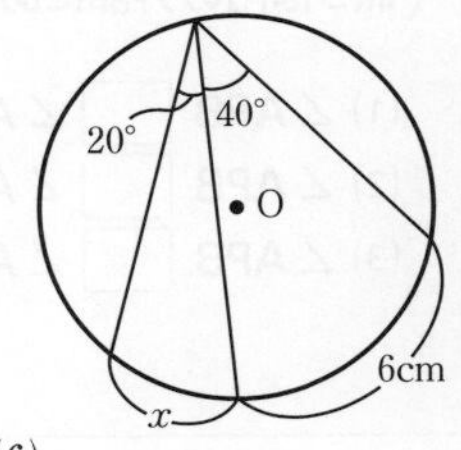

(4)

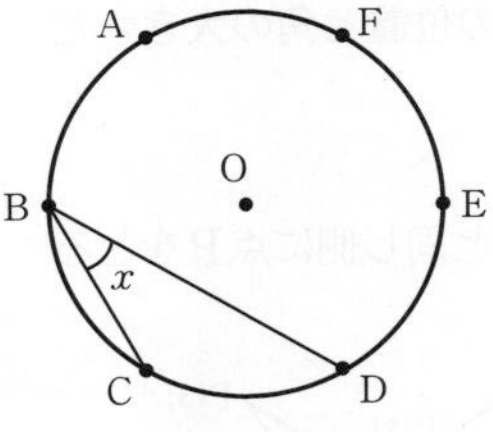

点A，B，C，D，E，Fは，円周を6等分する点である。

(5)

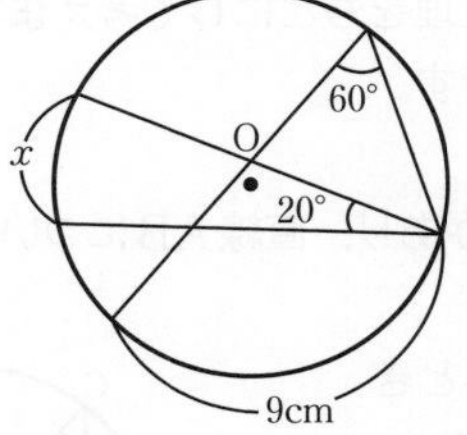

(6)

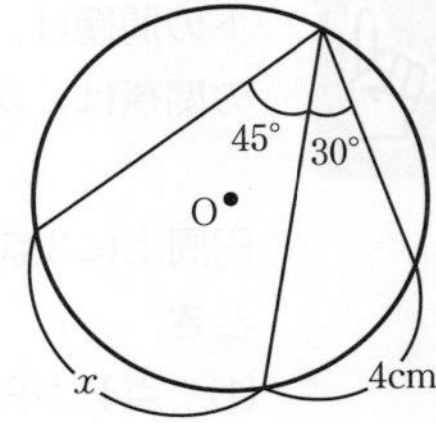

答

(1) 30°　(2) 3 cm　(3) 3 cm

(4) 30°　(5) 3 cm　(6) 6 cm

考え方

(3) 20°：40°＝1：2

　1：2＝x：6　$2x=6$

(4) 中心角∠COD＝360°÷6＝60°

(6) 45°：30°＝3：2

　3：2＝x：4　$2x=12$

STEP 126

6章 円の性質

円周角と中心角(3) 円周角の定理の逆

次の□にあてはまる
等号(＝)か不等号(<，>)を
入れましょう。

→ 図 STEP 124

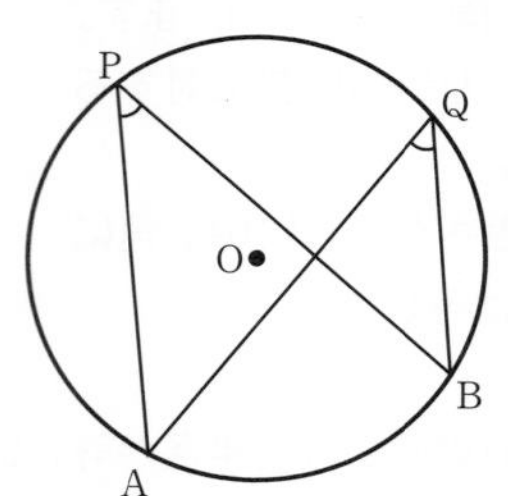

∠APB □ ∠AQB

答　∠APB = ∠AQB

右の図で，点A，Bは円周上にあります。次の□にあてはまる等号か不等号を入れましょう。

（点P，Rは円周上にある。
点Qは円の内部にある。
点Sは円の外部にある。）

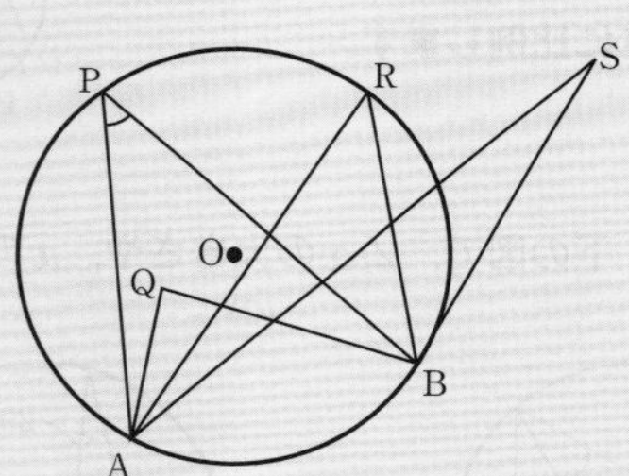

(1) ∠APB □ ∠AQB
(2) ∠APB □ ∠ARB
(3) ∠APB □ ∠ASB

答　(1) ∠APB < ∠AQB
(2) ∠APB = ∠ARB
(3) ∠APB > ∠ASB

下の問題は，円周角の定理をもとにして考えます。点の位置と角の大きさとの関係は，次のとおりです。

円周上に3点A，B，Cがあり，直線ABについて点Cと同じ側に点Pをとるとき，

(1) 点Pが円周上にあるとき
⇒∠ACB＝∠APB

(2) 点Pが円の内部にあるとき
⇒∠ACB＜∠APB

(3) 点Pが円の外部にあるとき
⇒∠ACB＞∠APB

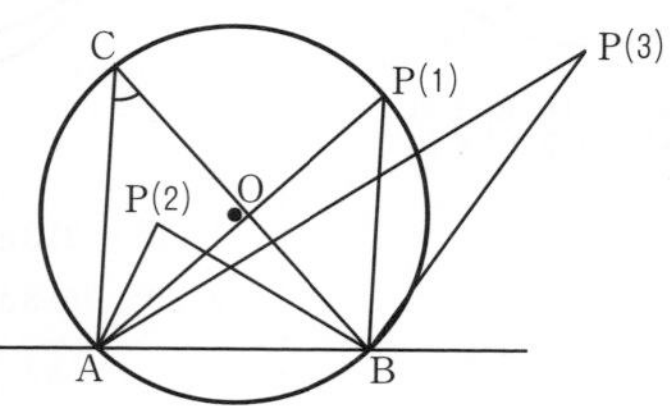

- **円周角の定理の逆**

2点P，Qが直線ABについて同じ側にあるとき，∠APB＝∠AQBならば，4点A，B，P，Qは，同一円周上にある。

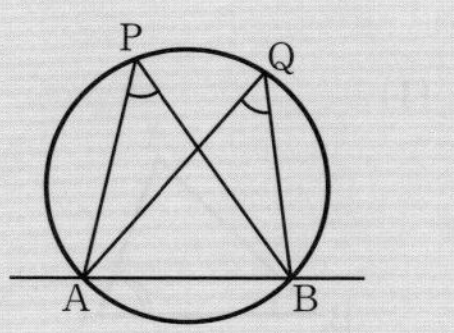

例題で確認! 下の図のア～ウのうち，4点A，B，C，Dが1つの円周上にあるものを答えましょう。

ア
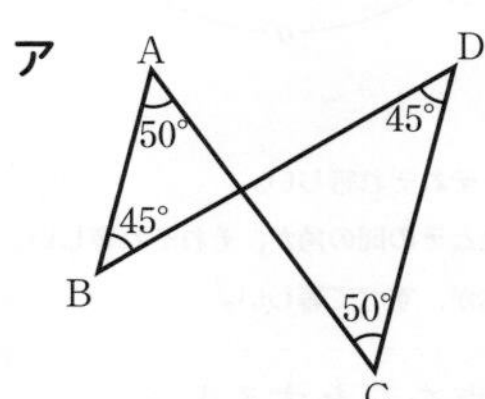

イ
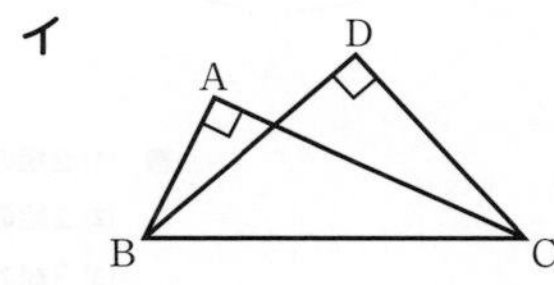

ウ
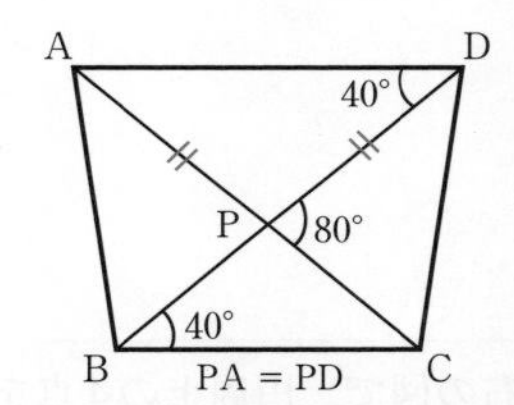

答 イ，ウ　考え方 ア…∠BAC＞∠BDCより，1つの円周上にない。
イ…∠BAC＝∠BDCより，1つの円周上にある。
ウ…△APDにおいて，PA＝PDだから，
∠PAD＝∠PDA＝40°
∠CBD＝∠CADより，1つの円周上にある。

半円の弧に対する円周角は90°です。また，∠APB＝90°のとき，点PはABを直径とする円周上にあります。

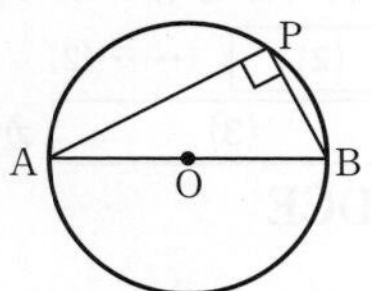

例題で確認! 右の図で，4点A，B，C，Dは1つの円周上にあります。この4点を通る円Oをかくとき，円の中心Oは，どのような場所にとればよいか答えましょう。

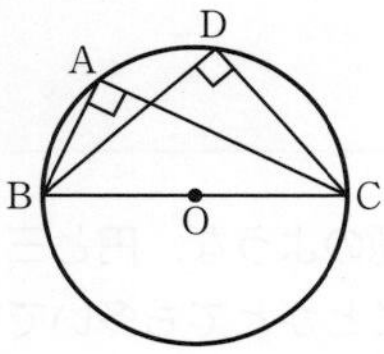

答 BCの中点
考え方
BCを直径とする円の中心を求める。

STEP 127

円の性質の利用(1) 円周角と相似の証明

次の(1)〜(3)の2つの三角形は相似です。それぞれの相似条件を答えましょう。→ 図 STEP 106

(1)

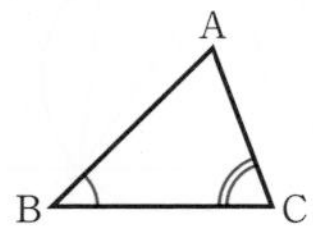

A′ B′ C′

(2)

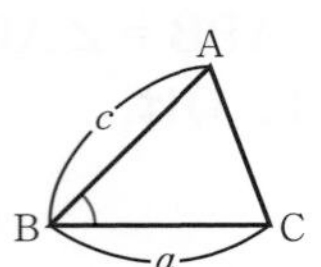

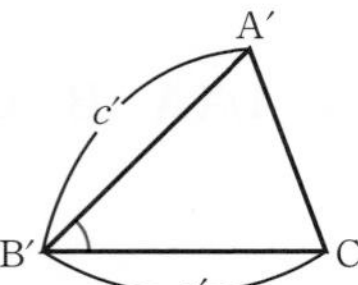

(3)

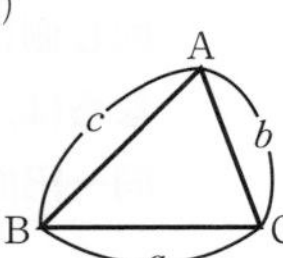

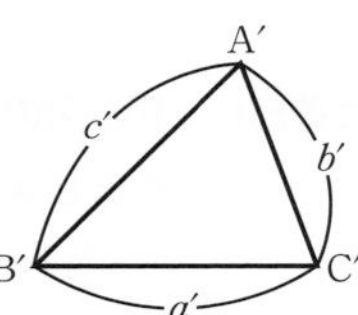

答 (1) 2組の角が，それぞれ等しい。
(2) 2組の辺の比とその間の角が，それぞれ等しい。
(3) 3組の辺の比が，すべて等しい。

右の図で，円周上の4点をA，B，C，Dとし，ACとBDの交点をEとするとき，△ABE∽△DCEであることを証明しましょう。

〔証明〕△ABEと△DCEにおいて，
$\overset{\frown}{BC}$に対する円周角は等しいから，
∠BAE = (1) ……①
$\overset{\frown}{AD}$に対する円周角は等しいから，
∠ABE = (2) ……②
①，②より，(3) から，
△ABE∽△DCE

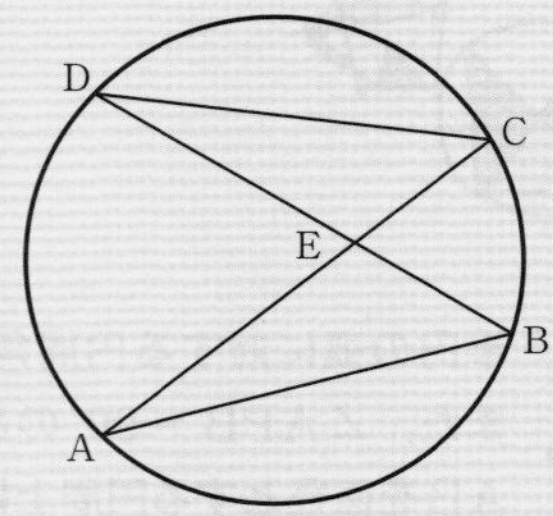

答 (1) ∠BAE = ∠CDE (2) ∠ABE = ∠DCE
(3) 2組の角が，それぞれ等しい

下の問題のような，円と三角形の相似に関する問題では，円周角の性質を利用することがとても多いです。2つの三角形の対応する角が，それぞれ，同じ弧の円周角になっていないか，まず，図を注意深くチェックしましょう。

三角形の相似を証明する問題では，円周角の性質を根拠として使う場合があります。

◆466ページの下の問題では，1組の角については，対頂角が等しいことから導いてもかまいません。

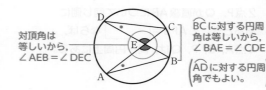

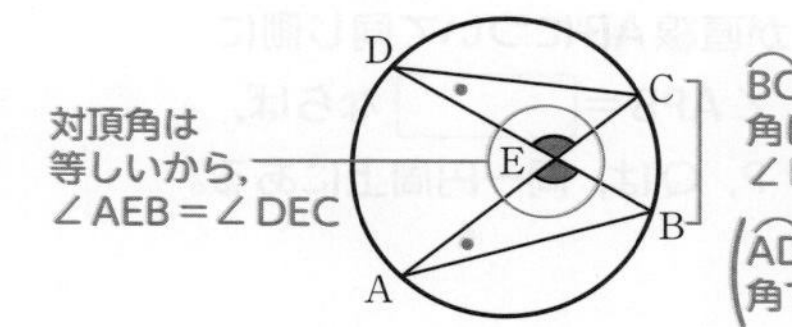

$\overset{\frown}{BC}$に対する円周角は等しいから，
∠BAE＝∠CDE
（$\overset{\frown}{AD}$に対する円周角でもよい。）

◆弧の長さに着目し，1つの円で，長さが等しい弧に対する円周角は等しい（図 STEP 125）ことから，等しい角の組を見つける場合も多いです。

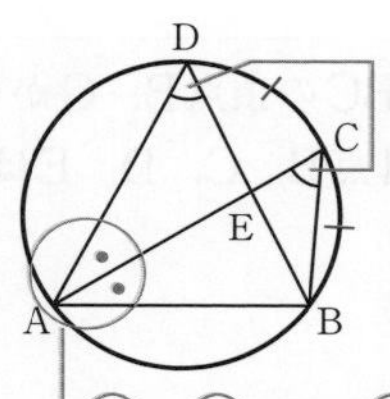

$\overset{\frown}{AB}$に対する円周角は等しい。

$\overset{\frown}{BC}=\overset{\frown}{CD}$のとき，
△ABC∽△AED

$\overset{\frown}{BC}=\overset{\frown}{CD}$より，$\overset{\frown}{BC}$に対する円周角と，$\overset{\frown}{CD}$に対する円周角は等しい。

例題で確認!　右の図のように，円周上に4点A，B，C，Dがあり，$\overset{\frown}{BC}=\overset{\frown}{CD}$です。ACとBDとの交点をEとするとき，△ABC∽△BECを証明しましょう。

〔証明〕△ABCと△BECにおいて，
$\overset{\frown}{BC}=\overset{\frown}{CD}$より，
　∠BAC＝［　(1)　］
よって，∠BAC＝∠EBC　……①
∠Cは共通だから，
　　∠ACB＝∠BCE　……②
①，②より，［　(2)　］から，
　　△ABC∽△BEC

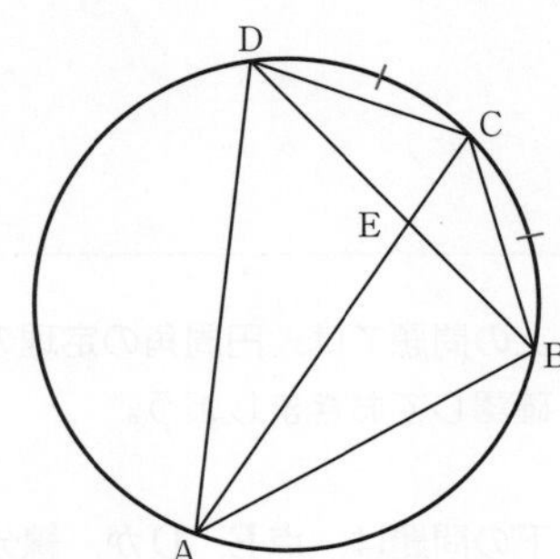

答　(1) ∠BAC＝∠**DBC**
　　(2) **2組の角が，それぞれ等しい**

考え方　$\overset{\frown}{BC}=\overset{\frown}{CD}$より，∠BAC＝∠DBCを導く。

円の性質の利用(2) 点が同一円周上にあることの証明

次の□にあてはまる角を入れましょう。 → 図 STEP 126

2点P，Qが直線ABについて同じ側にあるとき，∠APB＝□ならば，4点A，B，P，Qは，同一円周上にある。

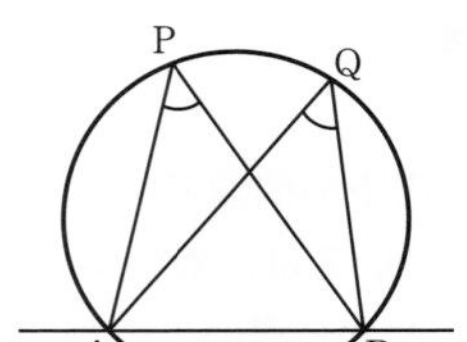

答 ∠APB＝∠AQB

右の図で，△ABCの頂点B，Cから辺AC，ABに垂線をひき，交点をそれぞれD，Eとするとき，4点B，C，D，Eは1つの円周上にあることを証明しましょう。

〔証明〕

仮定より，

∠BEC = 90°　……①

(1) = 90°　……②

①，②より，

∠BEC = (2)

したがって，4点B，C，D，Eは1つの円周上にある。

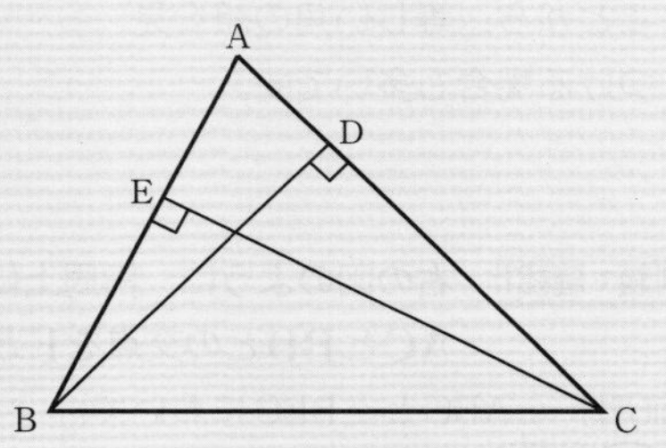

答 (1) ∠BDC = 90°

(2) ∠BEC = ∠BDC

上の問題では，円周角の定理の逆を確認しておきましょう。

下の問題は，点E，Dが，線分BCについて同じ側にあることから，円周角の定理の逆を根拠として利用できます。

なお，∠BEC＝∠BDC＝90°なので，BCの中点が，4点を通る円の中心になります。（図 STEP 126）

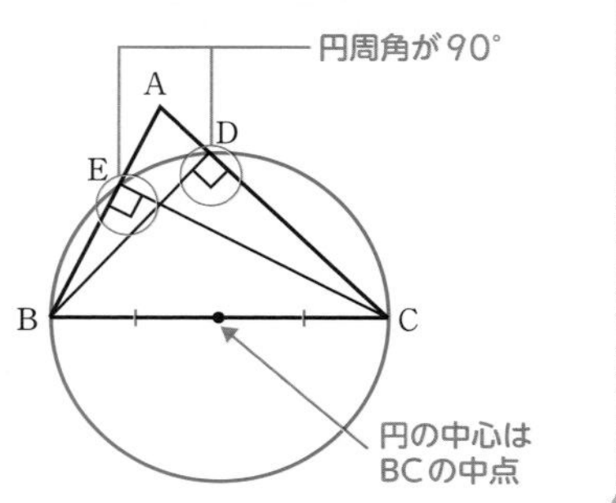

4点が1つの円周上にあることを証明する問題では，等しい大きさの角を見つけ，円周角の定理の逆を根拠として利用する場合があります。

例題で確認! 右の図の▱ABCDを対角線ACで折り，点Bの移った点をB′とするとき，4点A，C，D，B′は1つの円周上にあることを証明しましょう。

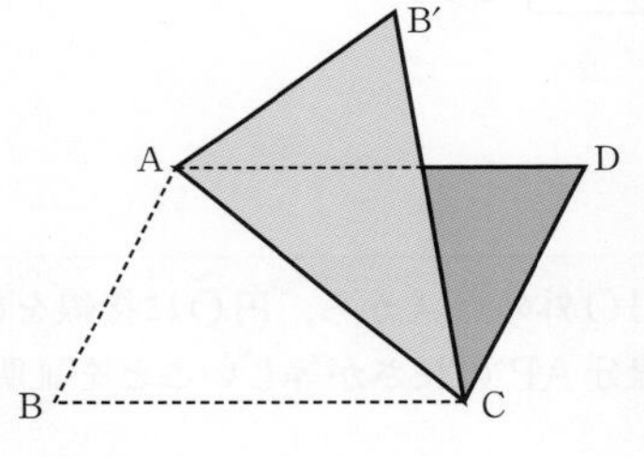

〔証明〕

仮定より，

∠ABC＝∠AB′C　……①

平行四辺形の対角は等しいから，

∠ABC＝ (1) 　……②

①，②より，

∠AB′C＝ (2)

したがって，4点A，C，D，B′は1つの円周上にある。

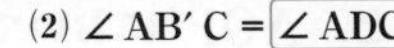

答 (1) ∠ABC＝∠ADC
(2) ∠AB′C＝∠ADC

円周角の定理の逆を利用するために，まず，三角形の合同や相似を証明し，そこから等しい大きさの角の組を示す場合があります。

類題トレーニング 右の図で，△ABCはAB＝ACの二等辺三角形です。辺AB，AC上にBD＝CEとなるように点D，Eをとるとき，4点D，B，C，Eが1つの円周上にあることを証明しましょう。

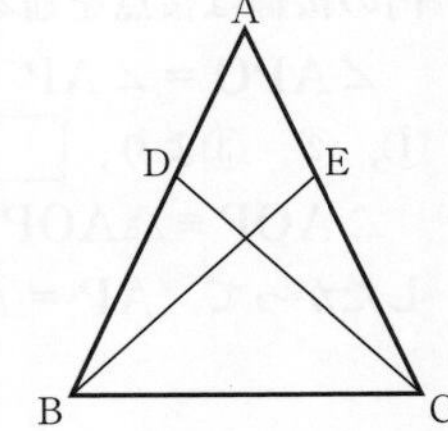

〔証明〕△DBCと△ECBにおいて，

仮定より，　BD＝CE　……①

二等辺三角形の底角は等しいから，

∠DBC＝∠ECB　……②

BCは共通だから，BC＝CB　……③

①，②，③より，2組の辺とその間の角が，それぞれ等しいから，

△DBC≡△ECB

合同な図形の対応する角は等しいから，∠BDC＝∠CEB

したがって，4点D，B，C，Eは1つの円周上にある。

∠BDC＝∠CEBをいうために，まず，△DBCと△ECBの合同を証明する。

STEP 129

⑥章 円の性質

円の性質の利用(3) 円の接線の証明

次の□にあてはまることばを入れましょう。

→ 図 STEP 22

円の接線は，その接点を通る半径に□です。

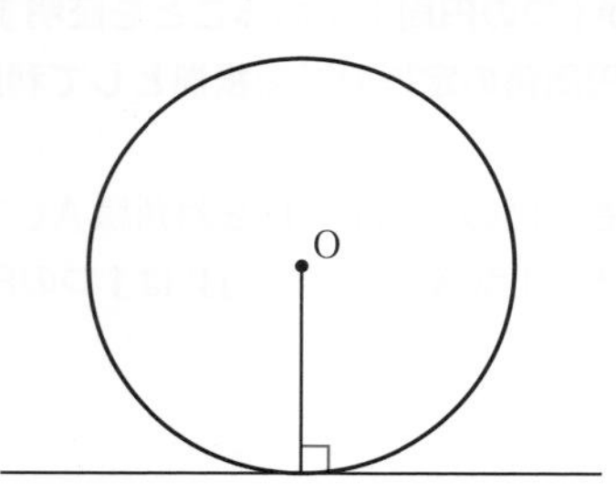

答 垂直

円O外の点Aから，円Oに接線をひき，円との接点をP，P′とするとき，線分APと線分AP′の長さが等しいことを証明しましょう。

〔証明〕点AとO，PとO，P′とOをそれぞれむすぶ。
△AOPと△AOP′において，
円Oの半径だから，
OP = (1) ……①
AOは共通だから，
AO = AO ……②
円の接線は接点を通る半径に (2) だから，
∠APO = ∠AP′O = 90° ……③
①，②，③より，(3) から，
△AOP ≡ △AOP′
したがって，AP = AP′

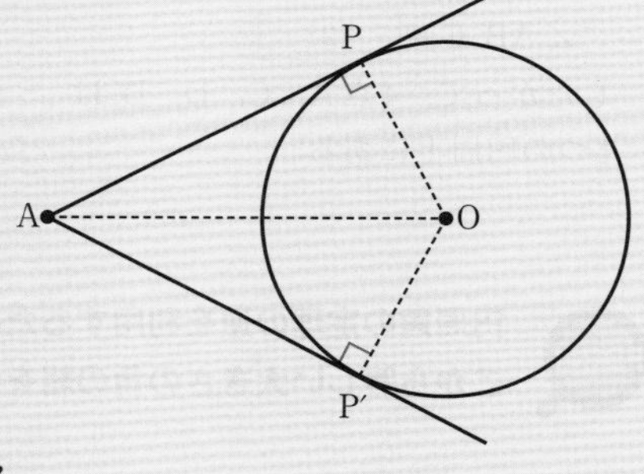

答 (1) OP = OP′
(2) 半径に 垂直
(3) 直角三角形の斜辺と他の1辺が，それぞれ等しい

直線と円が接しているとき，この直線を接線，接する点を接点といいます。そして接線と，接点を通る半径は垂直になります。
下の問題は，円外の点Aから円Oにひいた2本の接線について考えます。接線と，接点を通る半径の関係から，△AOPと△AOP′がそれぞれ直角三角形であることに，まず着目します。

・**円外の1点からの円の接線**

円外の1点から，その円にひいた2つの接線の長さは等しい。

AP = AP′

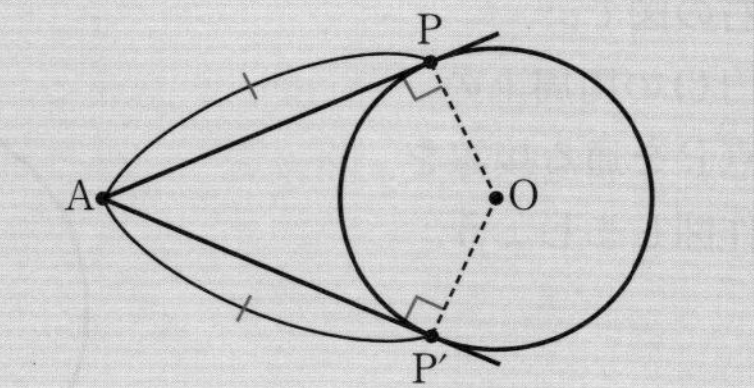

◆ 図 STEP 31 で学習した三角形の内接円について，もう一度考えてみましょう。

右の図で，△ABCの各辺は，それぞれ円Oの接線です。

したがって，線分の長さに着目すると，

AR = AQ

BP = BR

CP = CQ

となります。

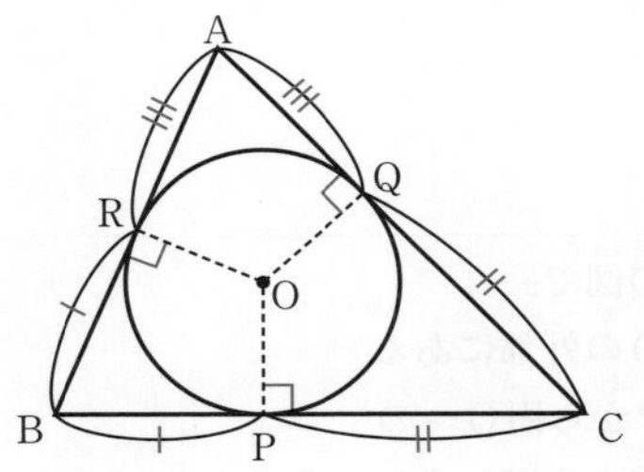

例題で確認! **右の図で，点P，Q，Rは，直角三角形ABCの内接円Oとの接点です。このとき，BRとABの長さを，それぞれ求めましょう。**

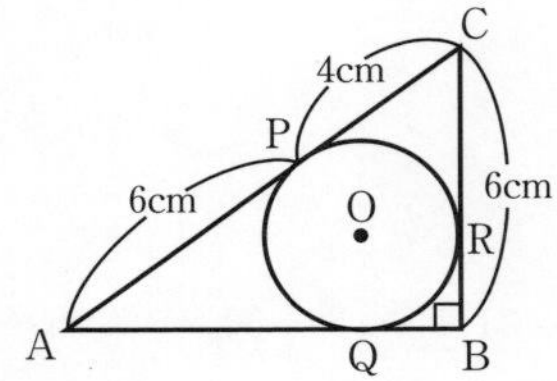

答 BR…2cm，　AB…8cm

考え方 CR = CP = 4cm，BR = BC − CRだから，BR = 6 − 4 = 2 (cm)

AQ = AP = 6cm，BQ = BR = 2cm，AB = AQ + BQだから，AB = 6 + 2 = 8 (cm)

◆一般に，円の弦と接線とがはさむ角と，その角内にある弧に対する円周角は等しくなります。

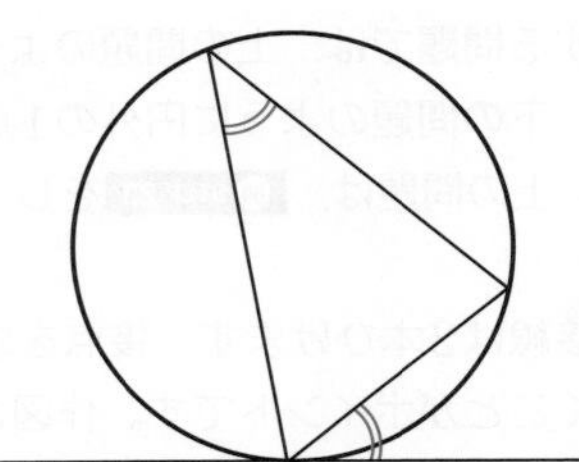

これを
せつげんていり
接弦定理という
ことがあるよ。

STEP 130

⑥章 円の性質

円の性質の利用(4) 作図9 円外の点からの円の接線

→ 図 STEP 23

右の図で，
円Oの円周上の
点Pを通る接線を
作図しましょう。

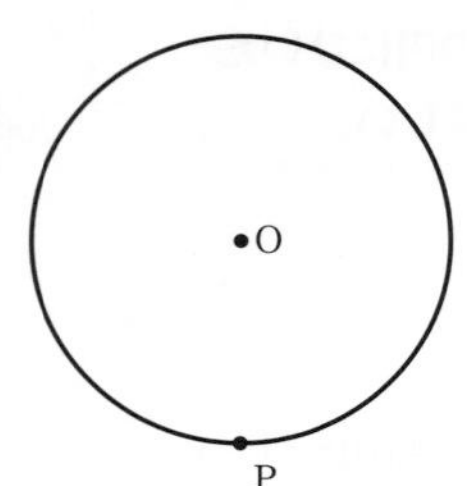

答（例）

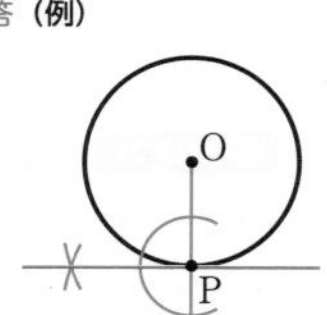

右の図で，
円Oの外部にある
点Pから円Oへの
接線を作図しましょう。
（接線は2本ひきます。）

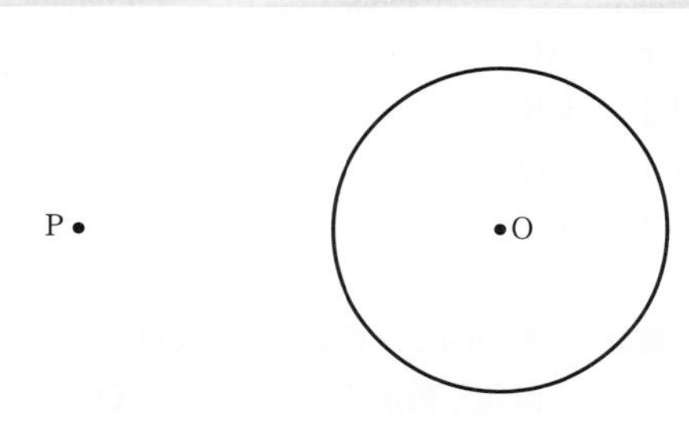

答

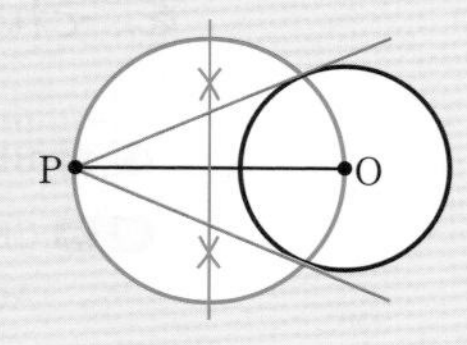

円の接線を作図する問題では，上の問題のように円周上の1点を通る接線を作図するものと，下の問題のように円外の1点から接線を作図するものの2とおりあります。上の問題は，図 STEP 23 をしっかり確認しておきましょう。

下の問題では，接線は2本ひけます。接点を求めるために，まず，POを直径とする円をかくことがポイントです。作図の手順は，右の473ページで確認しましょう。

円外の1点から，その円の接線をひくときは，基本的に，接線は2本ひけることに注意しましょう。

円外の点からの円の接線の作図

1

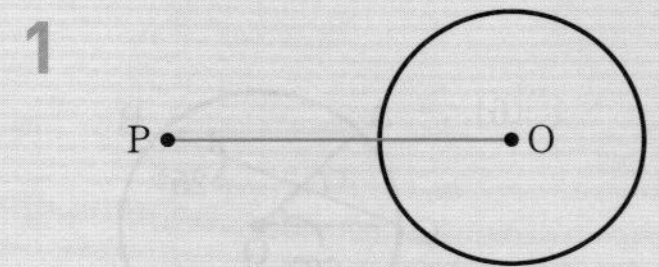

円外の点Pと，円Oの中心Oを直線でむすぶ。

2

線分POの垂直二等分線をひき，POの中点をMとする。
（図 STEP 15）

3

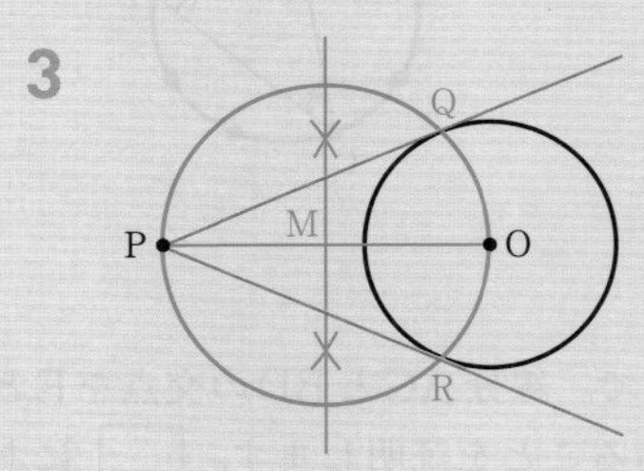

Mを中心とする半径MPの円をかき，円Oとの交点をQ，Rとする。
PとQ，PとRを直線でむすぶ。

覚えておこう！

■なぜ，POを直径とする円をかくのか。

半円の弧に対する円周角は90°です。（図 STEP 126）
したがって，POを直径とする円と円Oとの交点を求めれば，それが，円Oの周上でPQ⊥OQとなる点，すなわち，接点となります。

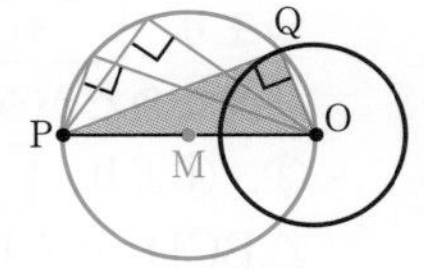

基本をチェック!(6)　6章　円の性質

答は497ページ。できた問題は，□をぬりつぶしましょう。

1　下の図で，$\angle x$の大きさを求めましょう。　→ 図 STEP 124

□(1)

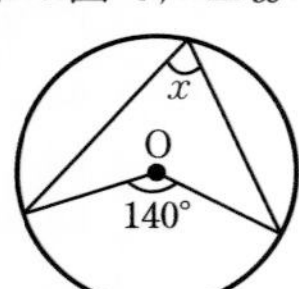

□(2)

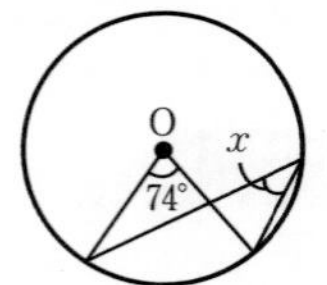

□(3)

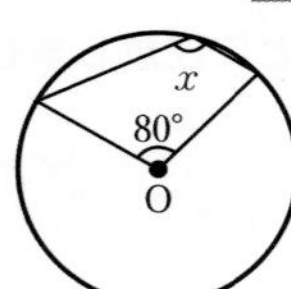

□(4)

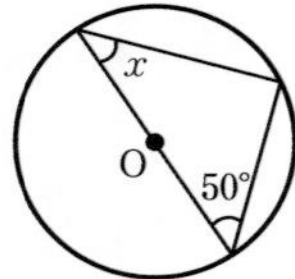

□(5)

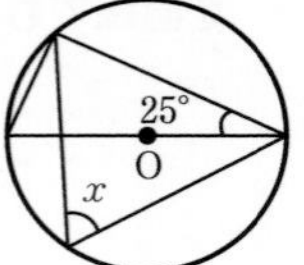

□(6)

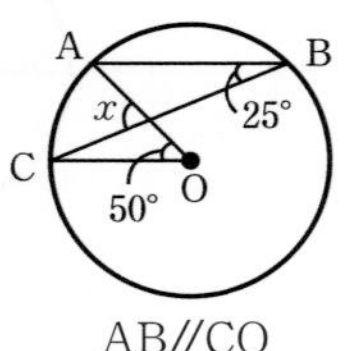

AB//CO

2　右の図で，3点A，B，Cは円周上の点で，$\overset{\frown}{AB}:\overset{\frown}{BC}:\overset{\frown}{CA}=2:3:4$です。このとき，次の角の大きさを求めましょう。　→ 図 STEP 125

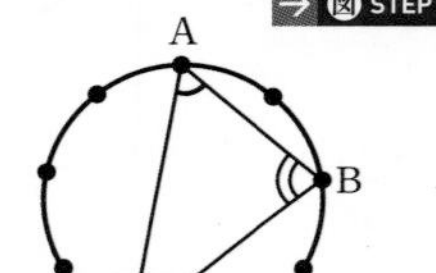

□(1)　∠BAC

□(2)　∠ABC

□(3)　∠ACB

□**3**　右の図で，4点A，B，C，Dは円Oの周上の点で，線分ACとBDの交点をEとします。DA＝DCのとき，△BCD∽△CEDであることを証明します。□にあてはまるものを入れて，証明を完成させましょう。　→ 図 STEP 127

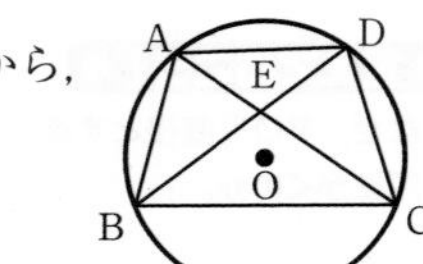

〔証明〕　△BCDと△CEDにおいて，

仮定より，△DACはDA＝DCの［(1)］だから，

∠DAC＝［(2)］…①

$\overset{\frown}{DC}$の［(3)］だから，∠DAC＝［(4)］…②

①，②より，［(4)］＝［(2)］

つまり，［(4)］＝∠DCE…③

共通な角だから，∠BDC＝［(5)］…④

③，④より，［(6)］から，

△BCD∽△CED

7 三平方の定理 3年

STEP 131

三平方の定理

∠C＝90°の直角三角形ABCがあり，BC＝a，AC＝b，AB＝cとします。また，PはABを1辺とする正方形で，Pのまわりに△ABCと合同な直角三角形をかき加え，できた正方形をEFCDとします。このとき，次の問題に答えましょう。

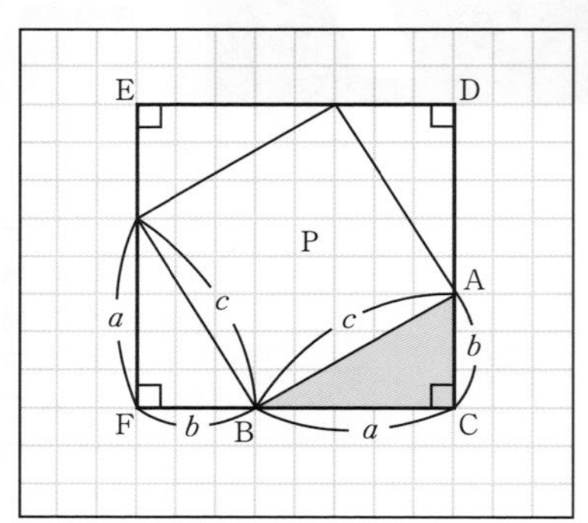

(1)　正方形EFCDの1辺の長さを，a，bを使って表しましょう。

(2)　正方形EFCDの面積を，a，bを使って表しましょう。

答　(1) $a+b$　(2) $(a+b)^2$

上の問題のつづきです。$a^2+b^2=c^2$であることを証明しましょう。

〔証明〕

四角形EFCDは，1辺の長さが$a+b$の正方形だから，面積は (1) ……①

また，Pは，1辺の長さがcの正方形だから，面積はc^2 ……②

四角形EFCDの面積は，

(Pの面積)＋((2) の面積)×4　でも表せるので，

①，②より，

$$(a+b)^2=c^2+\frac{1}{2}ab\times4$$

$$(a+b)^2=c^2+2ab$$

$$a^2+2ab+b^2=c^2+2ab$$

したがって，$a^2+b^2=c^2$

答　(1) $(a+b)^2$

(2) △ABC

〔直角三角形ABC〕

下の問題で証明した

$a^2+b^2=c^2$（cは斜辺）

は，**三平方の定理**（さんへいほうのていり）といい，直角三角形の3つの辺の長さの関係を考えるうえで，とても大切な定理です。

・三平方の定理

直角三角形で，斜辺をc，他の2辺をa，bとするとき，次の関係が成り立つ。

$a^2+b^2=c^2$

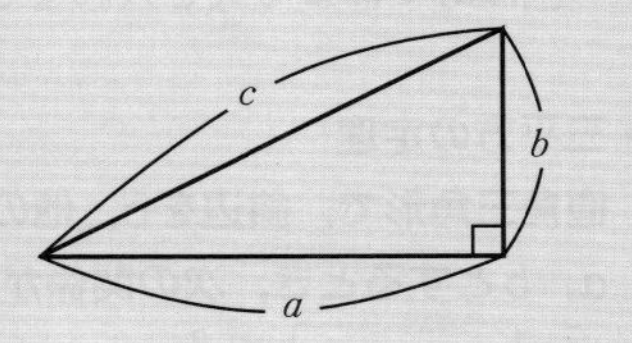

◆三平方の定理を使って，直角三角形の辺の長さを求めることができます。

類題トレーニング 次の図の直角三角形で，x，yの値を求めましょう。

(1)

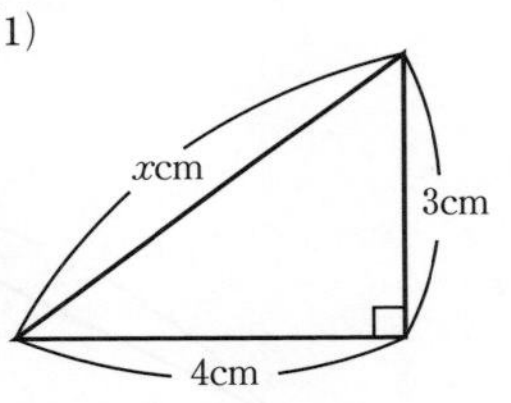

$3^2+4^2=x^2$ ── 三平方の定理にあてはめる。

$x^2=25$

$x>0$だから ── $x=\pm5$だが，長さはかならず正の数なので$x>0$

$x=5$

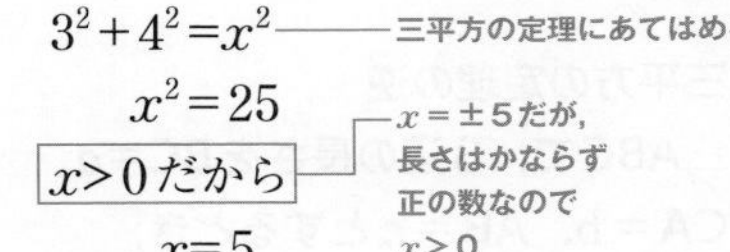

(2)

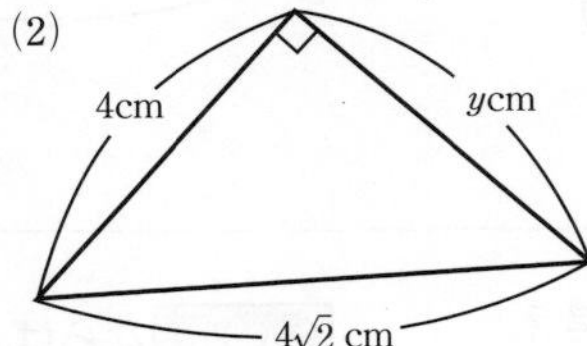

$4^2+y^2=(4\sqrt{2})^2$ ── 三平方の定理にあてはめる。

$y^2=32-16$

$=16$

$y>0$だから

$y=4$

例題で確認! 下の図で，x，yの値を求めましょう。

(1)

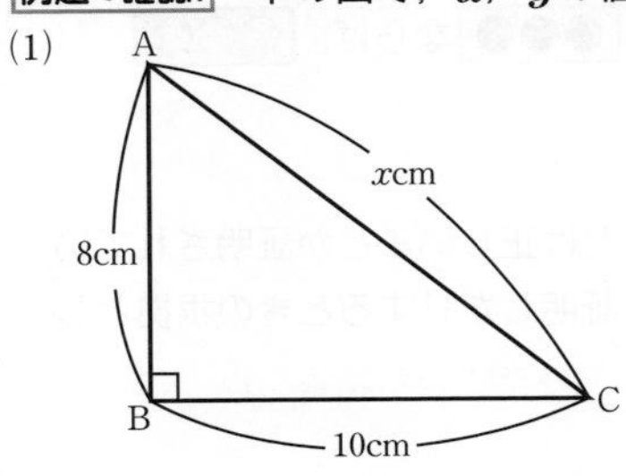

(2)

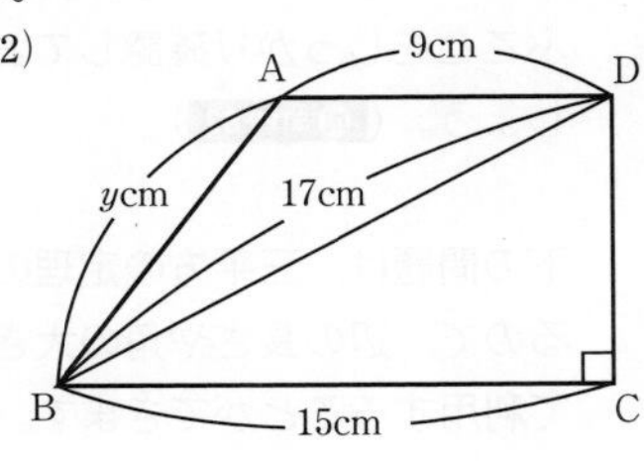

答 (1) $2\sqrt{41}$

(2) 10

考え方 (1) $8^2+10^2=x^2$

$x^2=164$

$x>0$だから

$x=\sqrt{164}$

$=2\sqrt{41}$

(2) まず，△BCDに着目し，三平方の定理からCDを求める。次にAからBCに垂線をひき，交点をEとする。AE＝CD，EC＝ADより，△ABEの2辺を求め，三平方の定理を使う。

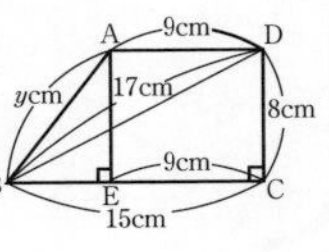

STEP 132

7章 三平方の定理

三平方の定理の逆

次の□にあてはまる式を入れましょう。 → 図 STEP 131

・**三平方の定理**

直角三角形で，斜辺をc，他の２辺をa，bとするとき，次の関係が成り立つ。

□$=c^2$

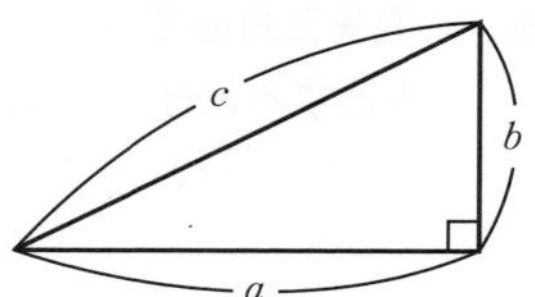

答 $a^2+b^2=c^2$

次の□にあてはまる角を入れましょう。

・**三平方の定理の逆**

△ABCで，３辺の長さをBC$=a$，CA$=b$，AB$=c$とするとき，長さa，b，cの間に，$a^2+b^2=c^2$という関係が成り立てば，□$=90°$

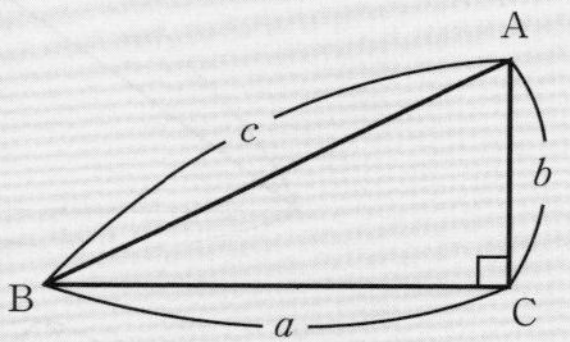

答 ∠C$=90°$

ここでは，三平方の定理を逆に考えます。まず，定理の仮定と結論を入れかえたものを，その定理の逆と呼ぶことをしっかり確認しておきましょう。（図 STEP 82）

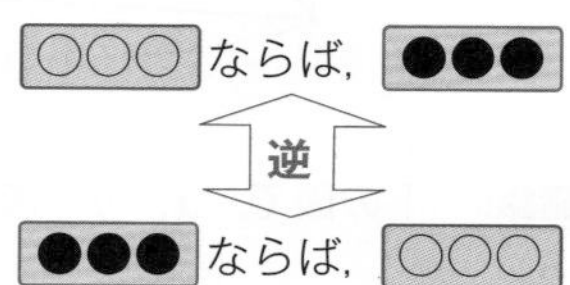

下の問題は，三平方の定理の逆です。このことは正しいことが証明されているので，辺の長さや角の大きさを求めたり，証明したりするときの根拠として利用することができます。

・三平方の定理の逆

△ABCで，3辺の長さをBC＝a，CA＝b，AB＝cとするとき，長さa，b，cの間に，$a^2+b^2=c^2$という関係が成り立てば，∠C＝90°

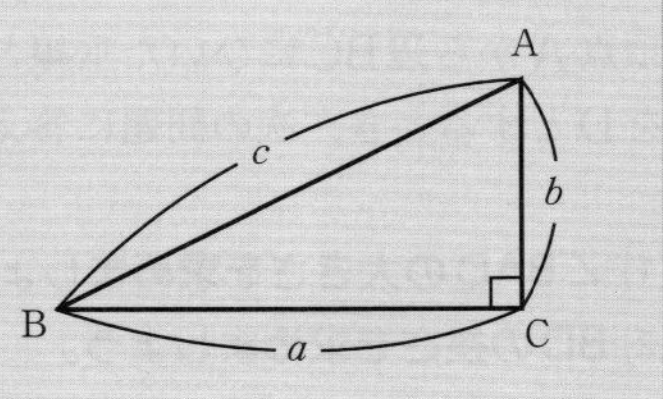

A
B
C
a
b
c

◆3つの辺と90°になる角との関係をしっかりおさえておきましょう。
三平方の定理の「$a^2+b^2=c^2$」のcは斜辺です。斜辺とは，直角三角形で直角と向かいあう辺をいうので，90°になるのは∠Aでも∠Bでもなく，辺ABと向かいあう∠Cということになります。

◆$a^2+b^2=c^2$では，a，b，cのうち，いちばん長い辺はcです。3辺の長さが示されている場合，いちばん長い辺をcと考えれば，その三角形が直角三角形かどうかを調べることができます。

例題で確認! 次の長さを3辺とする直角三角形ABCで，直角となるのはどの角か答えましょう。

(1)　AB＝4cm，BC＝5cm，CA＝3cm

(2)　AB＝$\sqrt{17}$cm，BC＝3cm，CA＝$2\sqrt{2}$cm

答 (1) ∠A　(2) ∠C

考え方 (1) 最長の辺はBC。辺BCと向かいあう（BCに含まれない）角は∠A
(2) すべて2乗して大小を比べる。
$(\sqrt{17})^2=17$，$3^2=9$，$(2\sqrt{2})^2=8$

例題で確認! 次の長さを3辺とする三角形のうち，直角三角形はどれですか。記号で答えましょう。

ア　6cm，8cm，10cm

イ　5cm，12cm，14cm

ウ　$\sqrt{2}$cm，$\sqrt{5}$cm，$\sqrt{3}$cm

エ　2cm，2cm，$2\sqrt{3}$cm

オ　$2\sqrt{2}$cm，$2\sqrt{2}$cm，4cm

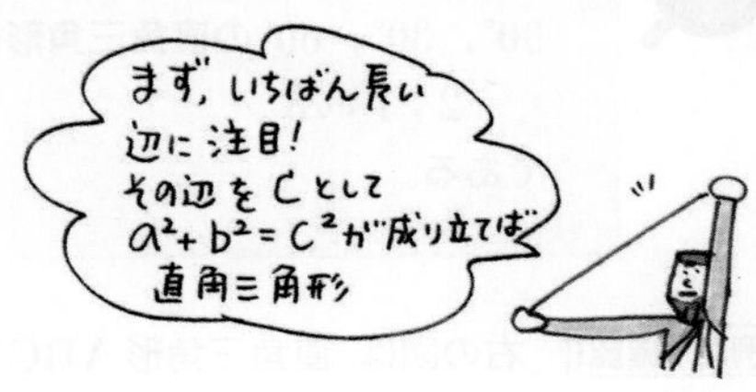

まず，いちばん長い
辺に注目！
その辺をCとして
$a^2+b^2=c^2$が成り立てば
直角三角形

答 ア，ウ，オ

考え方 ア…$6^2+8^2=10^2$
ウ…$(\sqrt{2})^2+(\sqrt{3})^2=(\sqrt{5})^2$
オ…$(2\sqrt{2})^2+(2\sqrt{2})^2=4^2$
イとエは$a^2+b^2=c^2$が成り立たない。

STEP 133

⑦章 三平方の定理

特別な辺の比の直角三角形(1)

右の図は，1辺が4cmの正三角形ABCです。頂点Aから辺BCにひいた垂線とBCとの交点をDとするとき，次の問題に答えましょう。

→ 図 STEP 83・131

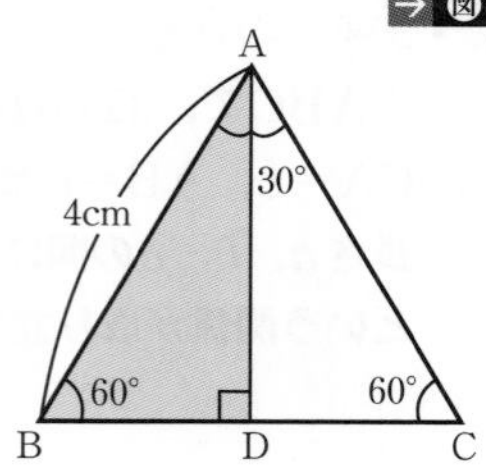

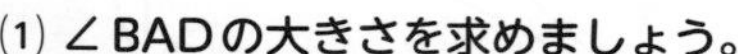

(1) ∠BADの大きさを求めましょう。

(2) BDの長さを求めましょう。

(3) ADの長さを求めましょう。

答 (1) 30° (2) 2cm (3) $2\sqrt{3}$cm

上の問題の図の直角三角形ABDでは，次の関係が成り立ちます。次の□にあてはまる数を入れましょう。

AB：BD：DA＝□：1：□

答 2：1：$\sqrt{3}$

上の問題の(2)は，ADはBCを二等分するので，$4 \div 2 = 2$(cm)

(3)は，ADを$x$cmとすると，三平方の定理より，$x^2 + 2^2 = 4^2$，$x = 2\sqrt{3}$

下の問題では，辺の比をもっとも簡単な数の比で表します。

$\mathrm{AB} : \mathrm{BD} : \mathrm{DA} = 4 : 2 : 2\sqrt{3}$

$= \boxed{2} : 1 : \boxed{\sqrt{3}}$

- **60°の角を持つ直角三角形の3辺の長さの比**

90°，30°，60°の直角三角形の辺の比は，

$2 : 1 : \sqrt{3}$

である。

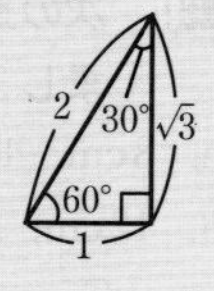

例題で確認! 右の図は，直角三角形ABCです。次の問題に答えましょう。

(1) xの値を求めましょう。

(2) yの値を求めましょう。

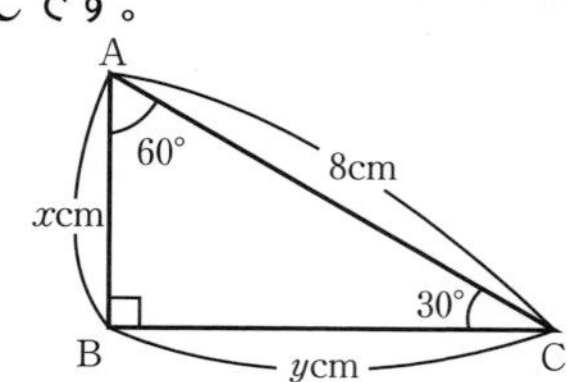

答 (1) 4

(2) $4\sqrt{3}$

考え方

(1) $x : 8 = 1 : 2$

$2x = 8$

(2) $8 : y = 2 : \sqrt{3}$

$2y = 8\sqrt{3}$

特別な辺の比の直角三角形(2)

→ 図 STEP 96・131

右の図は，1辺が4cmの正方形ABCDに，対角線ACをかき入れたものです。次の問題に答えましょう。

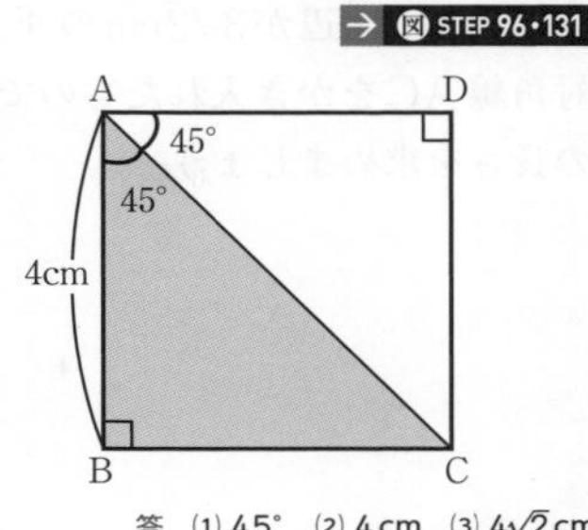

(1) ∠BCAの大きさを求めましょう。
(2) BCの長さを求めましょう。
(3) ACの長さを求めましょう。

答 (1) 45° (2) 4cm (3) $4\sqrt{2}$cm

上の問題の図の直角二等辺三角形ABCでは，次の関係が成り立ちます。次の□にあてはまる数を入れましょう。

AB：BC：CA＝□：1：□

答 1：1：$\sqrt{2}$

上の問題の△ABCのように，直角がある二等辺三角形を，直角二等辺三角形といい，90°の角を1つと，45°の角を2つ持ちます。
(3)は，ACを$x$cmとすると，三平方の定理より，$4^2+4^2=x^2$，$x=4\sqrt{2}$

下の問題では，辺の比をもっとも簡単な数の比で表します。

$$AB:BC:CA=4:4:4\sqrt{2}$$
$$=1:1:\sqrt{2}$$

・直角二等辺三角形の3辺の長さの比

45°，45°，90°の直角二等辺三角形の辺の比は，

$1:1:\sqrt{2}$

である。

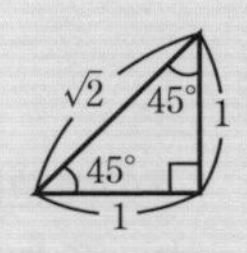

例題で確認! 右の図は，直角三角形ABCです。次の問題に答えましょう。

(1) xの値を求めましょう。
(2) yの値を求めましょう。

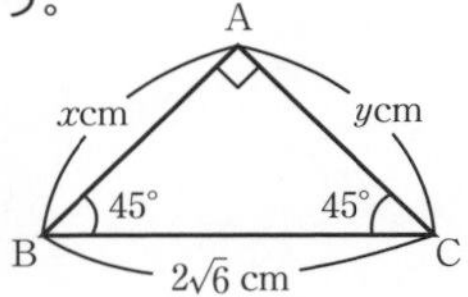

答 (1) $2\sqrt{3}$ (2) $2\sqrt{3}$

考え方

(1) $x:2\sqrt{6}=1:\sqrt{2}$
$\sqrt{2}x=2\sqrt{6}$
$x=2\sqrt{3}$

(2) $y=x$

STEP 135

三平方の定理の利用(1) 対角線の長さを求める

右の図は，1辺が$3\sqrt{2}$cmの正方形ABCDに，対角線ACをかき入れたものです。対角線ACの長さを求めましょう。

→ 図 STEP 134

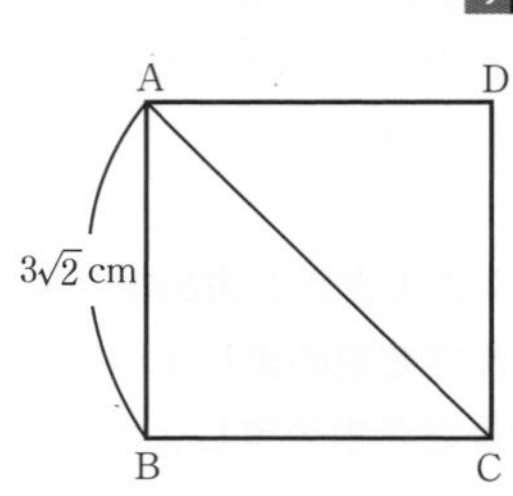

答 6cm

上の問題のつづきです。正方形ABCDの1辺の長さをaとするとき，対角線ACの長さをaを使って表しましょう。

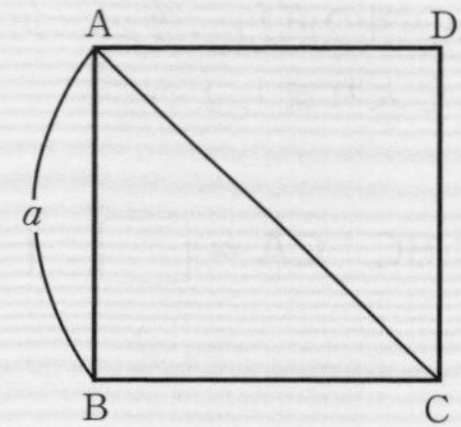

答 $\sqrt{2}a$

上の問題の△ABCは直角二等辺三角形で，
辺の比は，AB：BC：CA＝1：1：$\sqrt{2}$です。
したがって，AB：CA＝1：$\sqrt{2}$より，ACを$x$cmとすると，

$$3\sqrt{2} : x = 1 : \sqrt{2}$$
$$x = 3\sqrt{2} \times \sqrt{2}$$
$$x = 6$$

下の問題は，aという文字でABの長さが示され，それをもとにACの長さを表します。
ACを$x$cmとすると，　$a : x = 1 : \sqrt{2}$
$$x = \sqrt{2}a$$

1辺の長さがaの正方形の対角線の長さ…… $\sqrt{2}a$

◆ 長方形の場合は，縦と横の長さと対角線との間に，どのような関係があるか，確認してみましょう。

右の図の長方形で，縦の長さをa，横の長さをb，対角線の長さをcとすると，三平方の定理より，

$a^2+b^2=c^2$

$c>0$だから，

$c=\sqrt{a^2+b^2}$

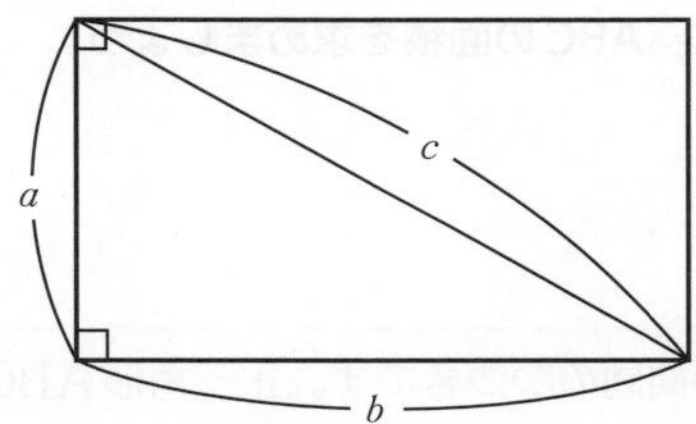

縦の長さがa，横の長さがbの長方形の対角線の長さ…… $\sqrt{a^2+b^2}$

例題で確認! 次の長さを求めましょう。

(1) 1辺が7cmの正方形の対角線
(2) 1辺が$5\sqrt{2}$cmの正方形の対角線
(3) 1辺が$5\sqrt{3}$cmの正方形の対角線
(4) 縦が6cm，横が8cmの長方形の対角線
(5) 縦が5cm，横が12cmの長方形の対角線
(6) 縦が9cm，横が11cmの長方形の対角線
(7) 対角線の長さが$3\sqrt{2}$cmの正方形の1辺
(8) 対角線の長さが$\sqrt{41}$cm，縦が4cmの長方形の横

答

(1) $7\sqrt{2}$cm
(2) 10cm
(3) $5\sqrt{6}$cm
(4) 10cm
(5) 13cm
(6) $\sqrt{202}$cm
(7) 3cm
(8) 5cm

考え方

(1)～(3) $\sqrt{2}a$のaに代入。
(4)～(6) $\sqrt{a^2+b^2}$のa，bに代入。
(7) $\sqrt{2}a=3\sqrt{2}$，$a=3$
(8) $\sqrt{4^2+b^2}=\sqrt{41}$
両辺を2乗して$4^2+b^2=41$

例題で確認! 直径30cmの丸太があり，右の図のように，切り口が正方形の角材を切り出します。この角材の切り口の1辺の長さを求めましょう。

答 $15\sqrt{2}$cm

考え方

1辺の長さを$x$cmとすると，

$1:\sqrt{2}=x:30$　$\sqrt{2}x=30$

$x=\dfrac{30}{\sqrt{2}}=\dfrac{30\times\sqrt{2}}{\sqrt{2}\times\sqrt{2}}=\dfrac{30\sqrt{2}}{2}=15\sqrt{2}$

STEP 136

7章 三平方の定理

三平方の定理の利用(2) 正三角形の高さや面積を求める

右の図は，1辺の長さが2cmの正三角形ABCに，頂点Aから辺BCへの垂線AHをかき入れたものです。次の問題に答えましょう。

→ 図 STEP 133

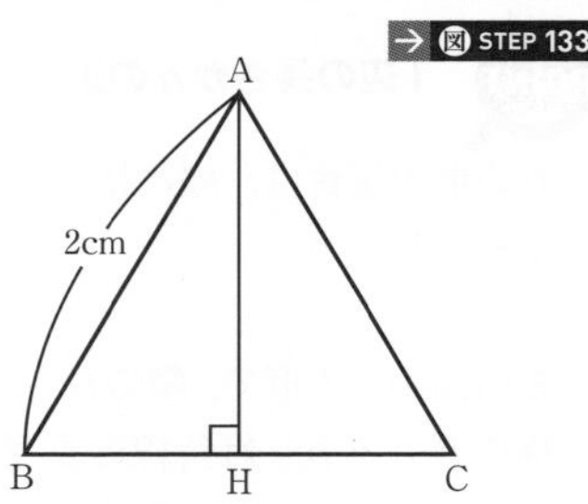

(1) **AHの長さを求めましょう。**

(2) **△ABCの面積を求めましょう。**

答 (1) $\sqrt{3}$cm (2) $\sqrt{3}$cm^2

上の問題のつづきです。正三角形ABCの1辺の長さをaとするとき，次の問題に答えましょう。

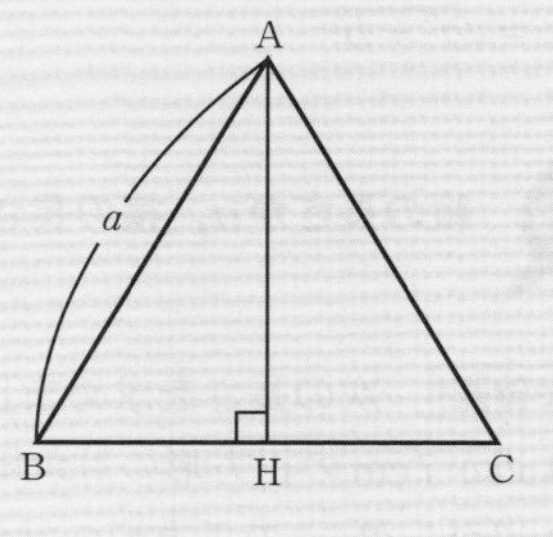

(1) **△ABCの高さを，aを使って表しましょう。**

(2) **△ABCの面積を，aを使って表しましょう。**

答 (1) $\frac{\sqrt{3}}{2}a$ (2) $\frac{\sqrt{3}}{4}a^2$

△ABCは正三角形なので，内角はそれぞれ60°です。したがって，△ABHは60°の角を持つ直角三角形なので，AB：BH：AH＝2：1：$\sqrt{3}$です。

上の問題の(2)は，△ABCの底辺が1辺の長さ(2cm)，高さは，(1)で求めた垂線AHの長さ($\sqrt{3}$cm)であることから求めます。

下の問題の(1)は，垂線AHの長さをaで表します。AB：AH＝2：$\sqrt{3}$だから，

$$a : \mathrm{AH} = 2 : \sqrt{3}$$

$$2\,\mathrm{AH} = \sqrt{3}a \quad \mathrm{AH} = \frac{\sqrt{3}}{2}a$$

(2)は，$a \times \frac{\sqrt{3}}{2}a \div 2 = a \times \frac{\sqrt{3}}{2}a \times \frac{1}{2} = \frac{\sqrt{3}}{2\times 2} \times a \times a$

$$= \frac{\sqrt{3}}{4}a^2$$

1辺がaの正三角形の高さと面積

高さ……$\dfrac{\sqrt{3}}{2}a$　　面積……$\dfrac{\sqrt{3}}{4}a^2$

公式として利用
してもいいけど
辺の比をもとに計算
してもいいよ。

例題で確認!　次の長さを求めましょう。

(1)　1辺が3cmの正三角形の高さ

(2)　1辺が$\sqrt{2}$cmの正三角形の高さ

(3)　1辺が$2\sqrt{3}$cmの正三角形の高さ

答　(1) $\dfrac{3\sqrt{3}}{2}$cm　(2) $\dfrac{\sqrt{6}}{2}$cm　(3) 3cm

考え方　(1) $\dfrac{\sqrt{3}}{2}a$のaに3を代入して$\dfrac{3\sqrt{3}}{2}$　もしくは，1辺の長さと高さの比は$2:\sqrt{3}$だから，高さを$x$cmとすると，$3:x=2:\sqrt{3}$

$2x=3\sqrt{3}$　　$x=\dfrac{3\sqrt{3}}{2}$

例題で確認!　次の正三角形の面積を求めましょう。

(1)　1辺が2cmの正三角形

(2)　1辺が4cmの正三角形

(3)　1辺が$2\sqrt{3}$cmの正三角形

答　(1) $\sqrt{3}$cm^2　(2) $4\sqrt{3}$cm^2　(3) $3\sqrt{3}$cm^2

考え方　$\dfrac{\sqrt{3}}{4}a^2$のaに1辺の長さを代入する。

例題で確認!　次の正六角形の面積を求めましょう。

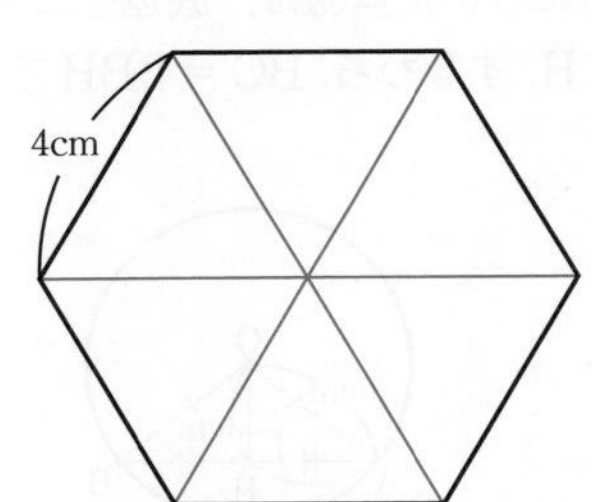

答　$24\sqrt{3}$cm^2

考え方

円を利用して正六角形を作図すると，円の半径と1辺は同じ長さになります。

したがって，1辺がaの正六角形は，1辺がaの正三角形が6つ合わさったものと考えられるので，

(正六角形の面積)＝(正三角形の面積)×6

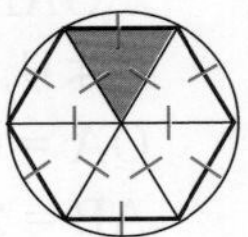
1辺が4cmの正三角形の面積は，$4\sqrt{3}$cm^{2}になる。

STEP 137

7章 三平方の定理

三平方の定理の利用(3) 弦や接線の長さを求める

右の図で，AB＝ACの二等辺三角形の頂点Aから底辺BCに垂線をひき，その交点をHとするとき，BH＝CHを証明しましょう。

→ 図 STEP 85

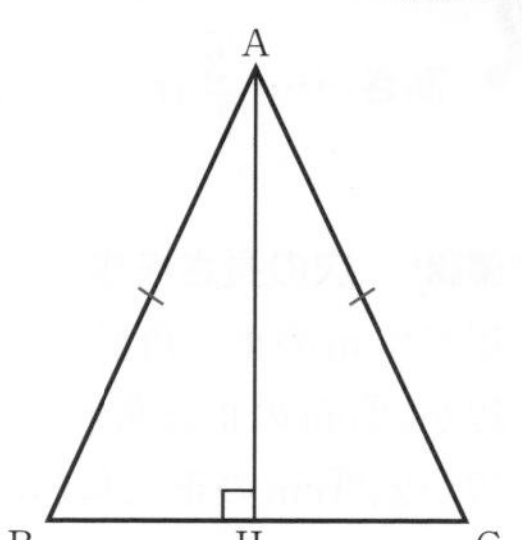

〔証明〕△ABHと (1) において，

仮定より，∠AHB＝∠AHC＝90° ……①

AB＝AC ……②

AHは共通だから，AH＝AH ……③

①，②，③より， (2) から，

△ABH≡△ACH

したがって， BH＝CH

答 (1) △ACH

(2) 直角三角形の斜辺と他の1辺が，それぞれ等しい

右の図で，半径5cmの円Oの中心からの距離が3cmである，弦ABの長さを求めましょう。

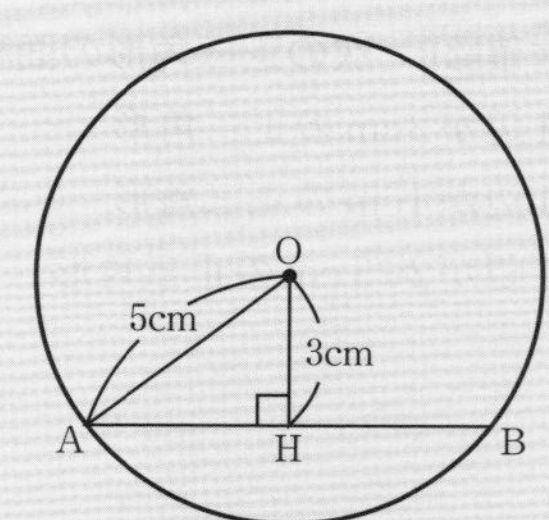

答 8cm

上の問題では，二等辺三角形の頂点から底辺にひいた垂線は，底辺を二等分することを確かめておきましょう。BH＝CH，すなわち，BC＝2BHです。

下の問題では，図のAHの長さではなく，ABの長さを求めます。
△OAHは直角三角形なので，三平方の定理より，AH＝4cm　また，△OABはOA＝OBの二等辺三角形で，
AB＝2AHより，AB＝2×4＝8(cm)

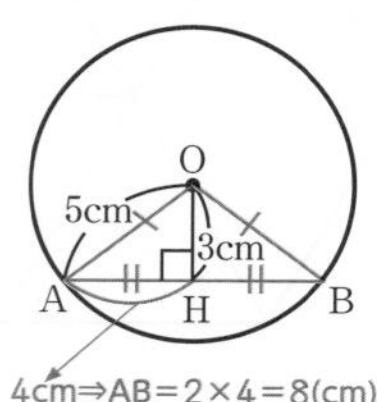

半径rの円Oの中心からの距離がdである弦の長さをℓとすると，
$$\ell = 2\sqrt{r^2 - d^2}$$

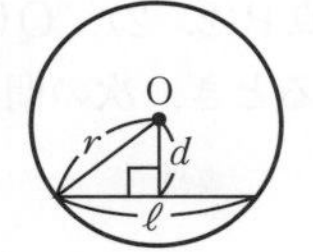

例題で確認! 次の問題に答えましょう。

(1) 半径10cmの円で，中心からの距離が6cmである弦の長さを求めましょう。

(2) 半径$\sqrt{5}$cmの円で，中心からの距離が$\sqrt{2}$cmである弦の長さを求めましょう。

(3) 半径5cmの円に長さ6cmの弦をひいたとき，この弦から円の中心までの距離を求めましょう。

答 (1) 16cm (2) $2\sqrt{3}$cm (3) 4cm

考え方 (3)求める距離を$d$cmとすると，$6 \div 2 = 3$(cm)だから，$d = \sqrt{5^2 - 3^2}$

円の接線は，その接点を通る半径に垂直なので，三平方の定理を利用して，接線の長さを求める場合があります。

◆円の接線については，図 STEP 22 を確認しましょう。

例題で確認! 右の図のように，半径5cmの円Oに，中心からの距離が13cmである点Pから円Oに接線をひき，接点をAとします。接線PAの長さを求めましょう。

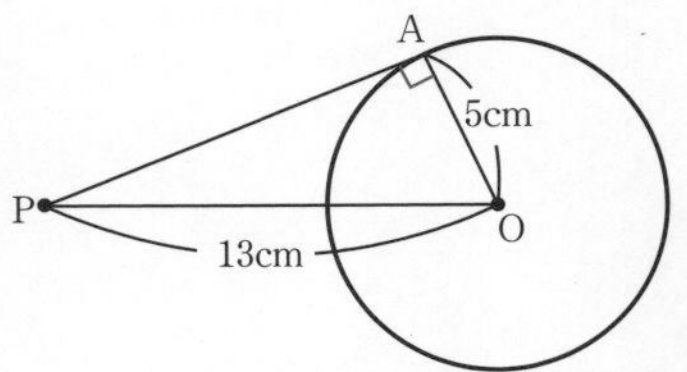

答 12cm

考え方 接点を通る円の半径と円の接線は垂直なので，△APOは直角三角形。三平方の定理より，PA = 12cm

例題で確認! 右の図で，PAは円Oの接線です。このとき，点Pと点Oとの距離を求めましょう。

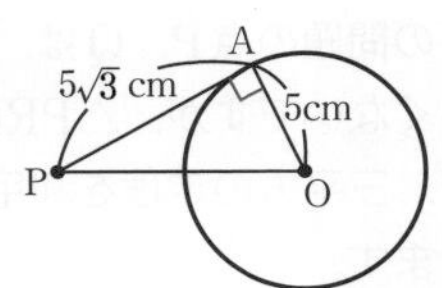

答 10cm

STEP 138

7章 三平方の定理

三平方の定理の利用(4) 座標間の距離を求める

座標平面上に3点P(2, 2), Q(10, 8), R(10, 2) があるとき，次の問題に答えましょう。

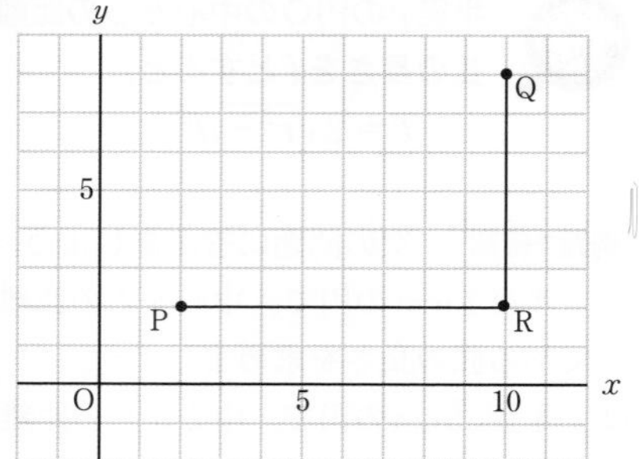

(1) **P，R間の距離を求めましょう。**

(2) **Q，R間の距離を求めましょう。**

答 (1) 8 (2) 6

上の問題のつづきです。P，Q間の距離を求めましょう。

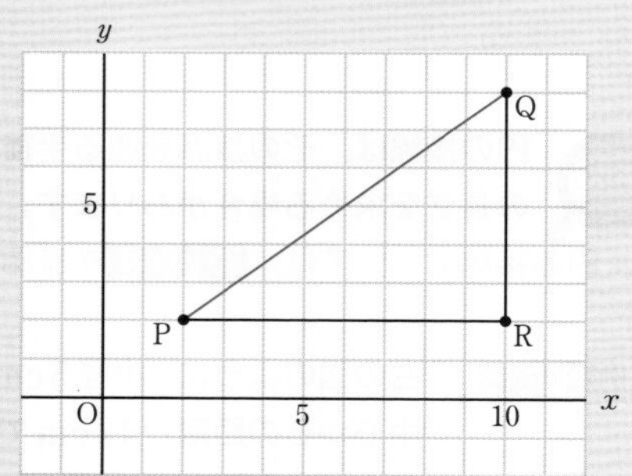

答 10

上の問題の(1)は，点P，Rはy座標が等しいので，x座標の差が2点間の距離になります。したがって，$10-2=8$

(2)は，点Q，Rはx座標が等しいので，y座標の差が2点間の距離になります。したがって，$8-2=6$

下の問題の点P，Qは，x座標もy座標も等しくないですが，△PRQは直角三角形なので，三平方の定理を利用して求めることができます。

$PQ=\sqrt{8^2+6^2}=\sqrt{100}$ よって，$PQ=10$

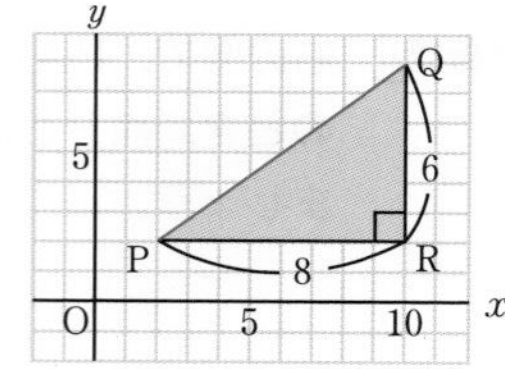

2点P $(x_1,\ y_1)$，Q $(x_2,\ y_2)$ があるとき，2点間の距離をdとすると，
$$d=\sqrt{(x_2-x_1)^2+(y_2-y_1)^2}$$

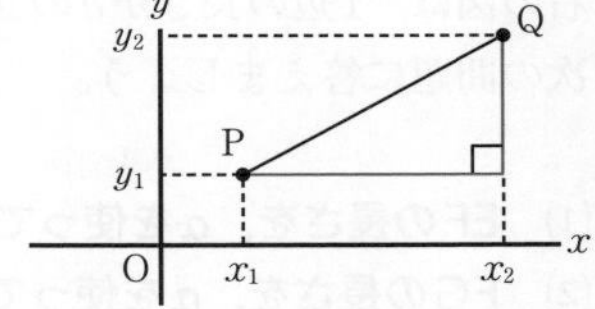

例題で確認! 右の座標平面を見て，次の問題に答えましょう。

(1) A，B間の距離を求めましょう。
(2) A，C間の距離を求めましょう。
(3) C，E間の距離を求めましょう。
(4) D，E間の距離を求めましょう。
(5) B，D間の距離を求めましょう。

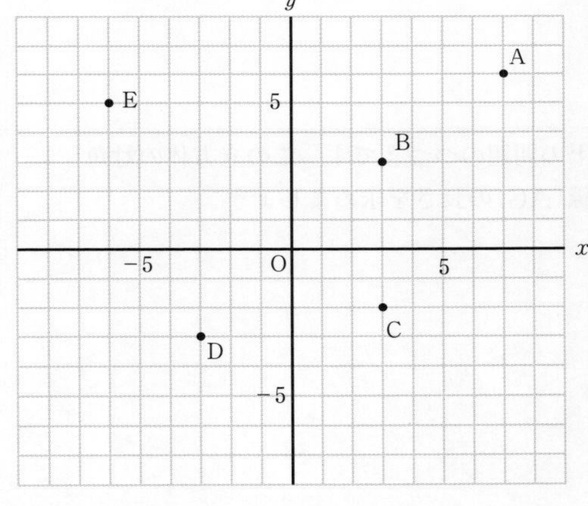

答 (1) 5 (2) $4\sqrt{5}$ (3) $\sqrt{130}$
(4) $\sqrt{73}$ (5) $6\sqrt{2}$

考え方 各点の座標は，A(7, 6)，B(3, 3)，C(3, −2)，D(−3, −3)，E(−6, 5)

(1) $\sqrt{(7-3)^2+(6-3)^2}=\sqrt{4^2+3^2}$

(2) $\sqrt{(7-3)^2+\{6-(-2)\}^2}=\sqrt{4^2+8^2}$ (3) $\sqrt{\{3-(-6)\}^2+(-2-5)^2}=\sqrt{9^2+(-7)^2}$

(4) $\sqrt{\{(-3)-(-6)\}^2+(-3-5)^2}=\sqrt{3^2+(-8)^2}$ (5) $\sqrt{\{3-(-3)\}^2+\{3-(-3)\}^2}=\sqrt{6^2+6^2}$

例題で確認! **座標平面上の3点A(3, 6)，B(−1, −2)，C(3, −4) をむすんでできる△ABCは，どのような三角形か答えましょう。**

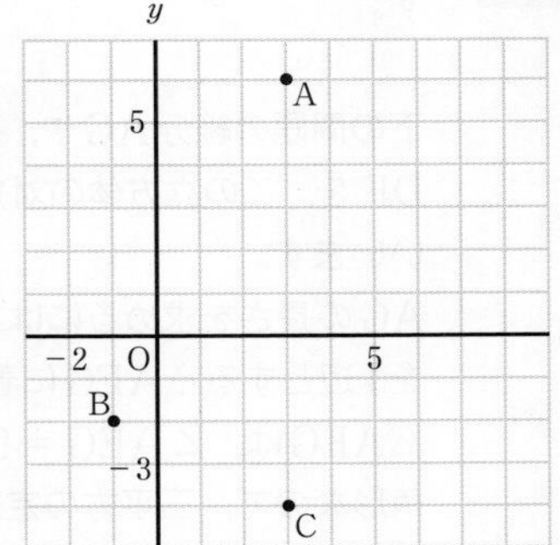

答 **∠Bが90°の直角三角形**

考え方 $AB=4\sqrt{5}$，$BC=2\sqrt{5}$，$AC=10$
$(4\sqrt{5})^2+(2\sqrt{5})^2=10^2$で，$AB^2+BC^2=AC^2$が成り立つので，△ABCはACが斜辺の直角三角形。すなわち，∠B = 90°の直角三角形。

STEP 139

7章 三平方の定理

三平方の定理の利用(5) 立体の対角線の長さを求める

右の図は，1辺の長さがaの立方体です。
次の問題に答えましょう。

→ 図 STEP 135

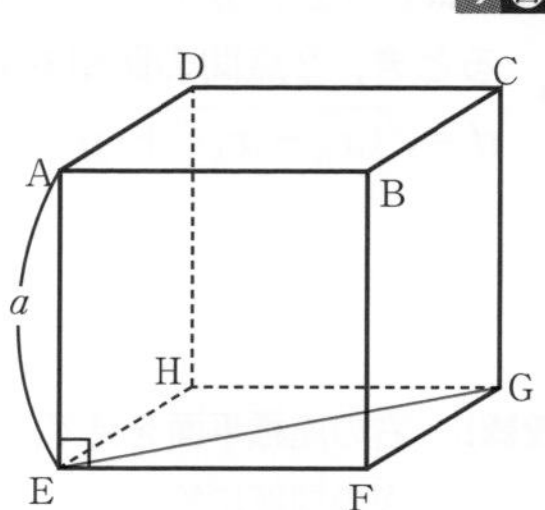

(1) **EFの長さを，aを使って表しましょう。**
(2) **FGの長さを，aを使って表しましょう。**
(3) **EGの長さを，aを使って表しましょう。**

答 (1) a (2) a (3) $\sqrt{2}a$

上の問題のつづきです。この立方体の対角線(AG)の長さを求めましょう。

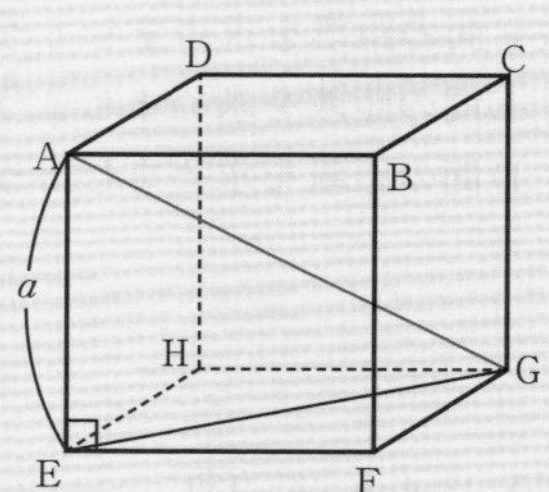

答 $\sqrt{3}a$

上の問題の図は立方体なので，各辺の長さは，それぞれaとなります。
(3)は，面EFGHが1辺aの正方形で，EGはその対角線であることから考えます。

下の問題の線分AGや，BH，CE，DFを，この立方体の対角線といいます。
AGの長さを求めるには，まず，AGを1辺とする△AEGに着目します。
△AEGは，∠AEG = 90°の直角三角形なので，三平方の定理から，AGの長さを求めることができます。

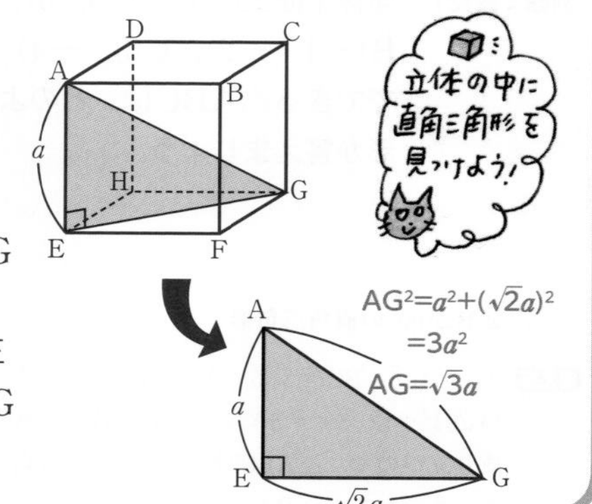

1辺の長さがaである立方体の対角線の長さ……$\sqrt{3}a$

◆直方体の対角線についても考えてみましょう。

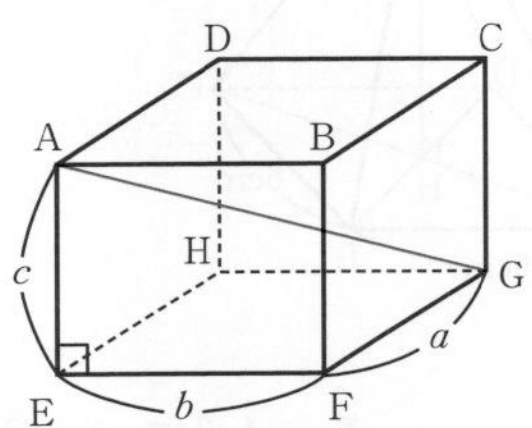

左の図は，FG $= a$，EF $= b$，AE $= c$の直方体です。この直方体の対角線（AG）の長さを，a，b，cで表してみましょう。

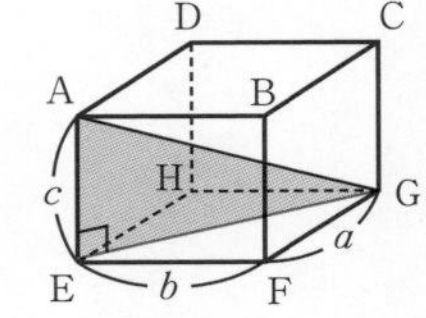

△AEGは∠AEG $= 90°$の直角三角形です。

また，線分EGは長方形EFGHの対角線なので，

三平方の定理より，EG $= \sqrt{a^2 + b^2}$

したがって，$AG^2 = c^2 + (\sqrt{a^2 + b^2})^2 = a^2 + b^2 + c^2$

AG > 0より，AG $= \sqrt{a^2 + b^2 + c^2}$

3辺の長さが，a，b，cの直方体の対角線の長さ……$\sqrt{a^2+b^2+c^2}$

例題で確認! 次の問題に答えましょう。

(1) 1辺が3 cmの立方体の対角線の長さを求めましょう。

(2) 1辺が$2\sqrt{6}$ cmの立方体の対角線の長さを求めましょう。

答 (1) $3\sqrt{3}$ cm (2) $6\sqrt{2}$ cm

考え方 (1) $\sqrt{3}a$に$a = 3$を代入する。

(2) $\sqrt{3}a$に$a = 2\sqrt{6}$を代入すると，

$\sqrt{3} \times 2\sqrt{6} = 2\sqrt{18} = 6\sqrt{2}$

例題で確認! 次の問題に答えましょう。

(1) 縦5 cm，横3 cm，高さ4 cmの直方体の対角線の長さを求めましょう。

(2) 縦2 cm，横$2\sqrt{5}$ cm，高さ$2\sqrt{3}$ cmの直方体の対角線の長さを求めましょう。

答 (1) $5\sqrt{2}$ cm (2) 6 cm

考え方 (1) $\sqrt{5^2 + 3^2 + 4^2} = \sqrt{50} = 5\sqrt{2}$

(2) $\sqrt{a^2 + b^2 + c^2}$より，

$\sqrt{4 + 20 + 12} = \sqrt{36} = 6$

STEP 140

7章 三平方の定理

三平方の定理の利用(6) 立体の高さを求める

右の図は，正四角錐(すい)O − ABCDです。
次の問題に答えましょう。

→ 図 STEP 32・135

(1) **ACの長さを求めましょう。**
(2) **AHの長さを求めましょう。**

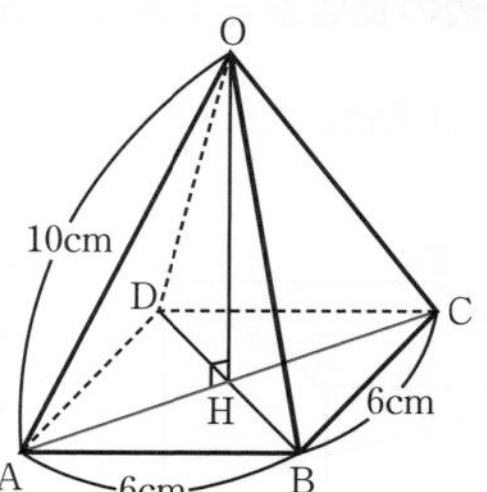

答 (1) $6\sqrt{2}$cm (2) $3\sqrt{2}$cm

上の問題のつづきです。この正四角錐の
高さ（OH）を求めましょう。

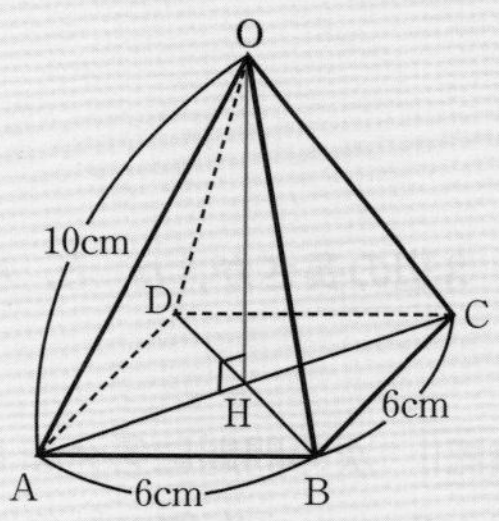

答 $\sqrt{82}$cm

上の問題で，底面ABCDは正方形です。正方形ABCDの対角線AC，BDは，それぞれの中点で交わることから，AC，AHの長さを求めます。

下の問題のOHは，頂点Oから底面にひいた垂線で，底面の対角線の交点(H)を通ります。
したがって，△OAHは，∠OHA = 90°の直角三角形なので，$AH^2 + OH^2 = 10^2$
上の問題で求めたAHの長さを代入して，

$(3\sqrt{2})^2 + OH^2 = 10^2$

$OH^2 = 100 - 18$

$OH > 0$より，$OH = \sqrt{82}$

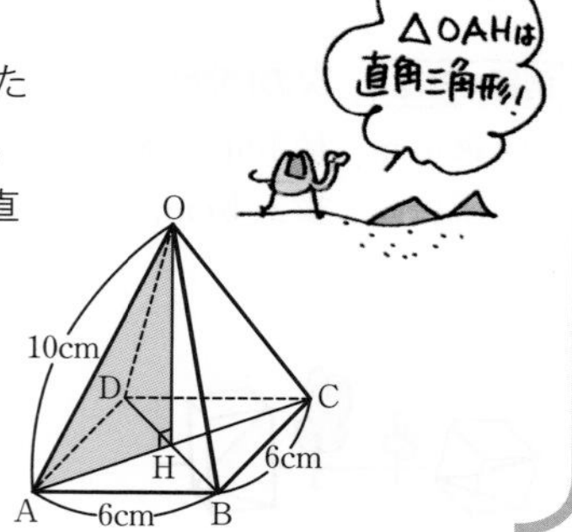

三平方の定理を利用して，正四角錐や円錐の高さを求める場合があります。

右の図のような円錐の高さ(AO)を求めましょう。

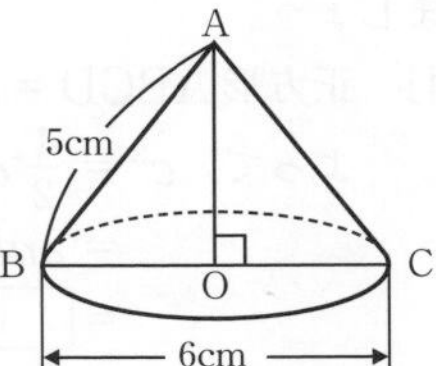

まず，BOの長さを求める。

$BO = \frac{1}{2}BC$ だから，

$BO = 3\,(cm)$

△ABOは，∠AOB = 90° の直角三角形だから，

三平方の定理より，

$AO^2 + 3^2 = 5^2$

$AO^2 = 25 - 9$　$AO > 0$ より，

$AO = 4$

答　4cm

四角錐や円錐の体積を求めるとき，まず，三平方の定理を利用して高さを求め，それから体積を計算して求める場合があります。

例題で確認!　次の立体の体積を求めましょう。

(1)

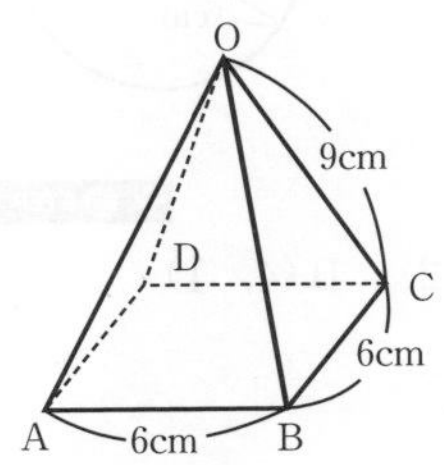

(2)

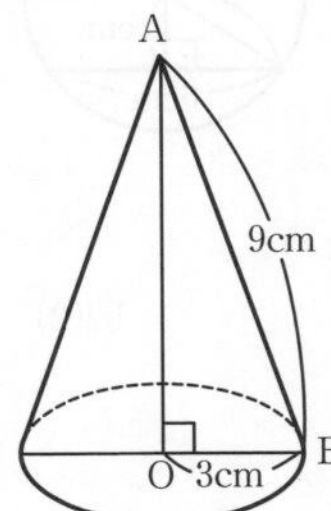

答　(1) $36\sqrt{7}\,cm^3$

(2) $18\sqrt{2}\pi\,cm^3$

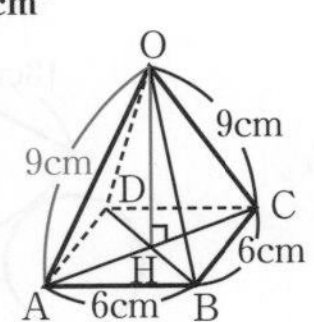

考え方　(1) 点Oから底面に垂線OHをひき，直角三角形OAHを考える。

$AC = \sqrt{6^2 + 6^2} = 6\sqrt{2}\,(cm)$

したがって，$AH = 3\sqrt{2}\,(cm)$

$OH^2 + AH^2 = 9^2$　だから，

$OH^2 + (3\sqrt{2})^2 = 9^2$　$OH > 0$ より，　$OH = 3\sqrt{7}\,(cm)$

(2) △AOBは，∠AOB = 90° の直角三角形なので，三平方の定理より，AO(高さ) $= 6\sqrt{2}\,(cm)$

基本をチェック！(7)　7章　三平方の定理

答は497ページ。できた問題は，□をぬりつぶしましょう。

□**1**　直角をはさむ2辺の長さがa, b, 斜辺の長さがcである直角三角形を4つ並べて，右の図のような正方形ABCDを作りました。この図の面積の関係を利用して，$a^2+b^2=c^2$であることを証明します。□ にあてはまるものを入れて，証明を完成させましょう。

→ 図 STEP 131

〔証明〕　正方形ABCD＝△ABE×4＋正方形 (1)

よって，$c^2 = \frac{1}{2}ab \times 4 +$ (2)

$= 2ab +$ (3)

$=$ (4)

したがって，$a^2+b^2=c^2$

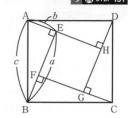

2　下の図で，xの値を求めましょう。

→ 図 STEP 131, 133・134, 137

□(1)

4cm, $x$cm, 8cm

□(2)

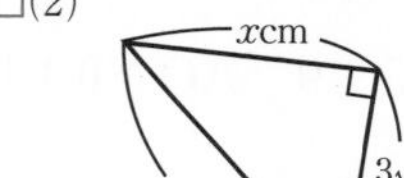
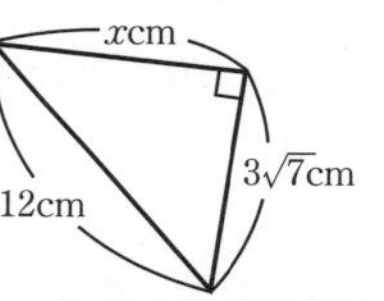

□(3)

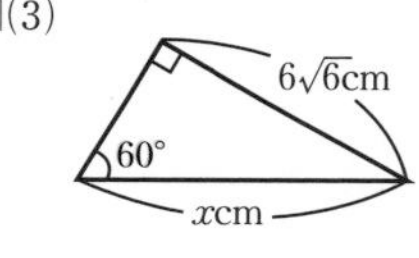

□(4)

$x$cm, 5cm, 45°

□(5)

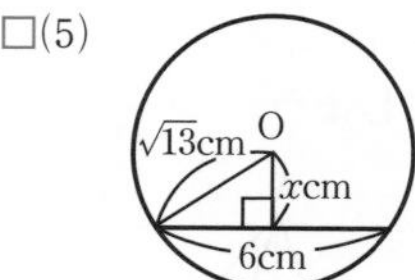

□(6)

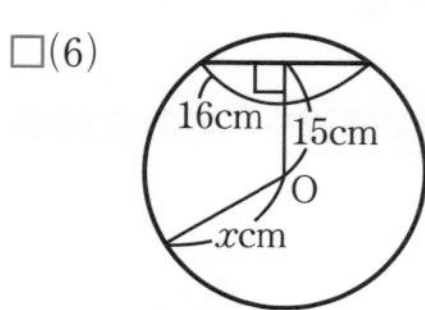

3　次の2点間の距離を求めましょう。

→ 図 STEP 138

□(1)　A(3, 2), B(7, 5)　　□(2)　A(−2, −2), B(4, 1)

4　右の図は，円錐(えんすい)の展開図で，側面の部分は，半径18cm，中心角120°のおうぎ形です。次の問題に答えましょう。

→ 図 STEP 140

□(1)　底面の円の半径を求めましょう。

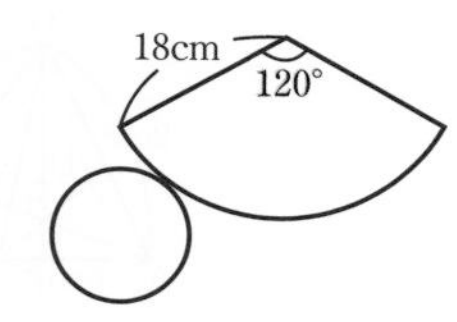

□(2)　これを組み立ててできる円錐の高さを求めましょう。

□(3)　この円錐の体積を求めましょう。

基本をチェック！(1)〜(7)の解答・考え方

基本をチェック！(1)(306ページ)

1 (1) AC⊥BD (2) AB//DC

(3) ∠ABO〔∠OBA〕

2 (1) 対称移動 (2) 回転移動

(3) 平行移動

3 (1)

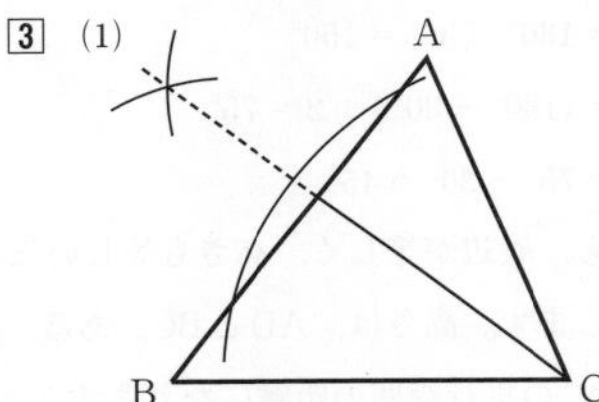

(2)の解答は右の図です。

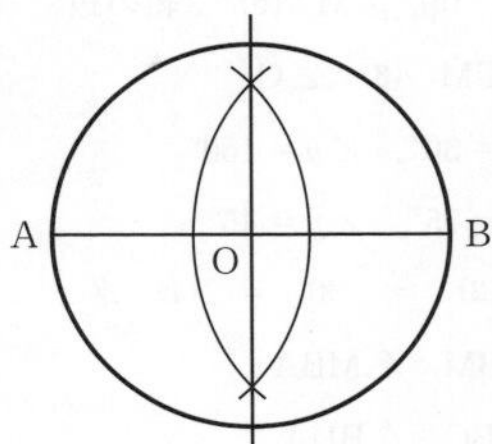

4 (1) $49\pi \mathrm{cm}^2$

(2) $8\pi \mathrm{cm}^2$

考え方

3 (1) 頂点Cから辺ABに垂線をひきます。

(2) 線分ABの中点が円の中心Oです。

4 (1) $\pi \times 7^2 = 49\pi$

(2) $\pi \times 8^2 \times \frac{45}{360} = \pi \times 64 \times \frac{1}{8} = 8\pi$

基本をチェック！(2)(336ページ)

1 (1) キ (2) エ，カ，ク

(3) イ (4) ア，オ

(5) イ，ウ，キ

2 (1) 辺BF，辺CG，辺DH

(2) 辺AB，辺BF，辺DC，辺CG

(3) 辺AD，辺AE，辺BC，辺BF

(4) 面DAEH，面HEFG，

面CBFG，面DABC

(5) 面BFGC

3 (1) $100\pi \mathrm{cm}^2$ (2) $150\pi \mathrm{cm}^2$

(3) $250\pi \mathrm{cm}^3$ (4) $144\pi \mathrm{cm}^2$

(5) $288\pi \mathrm{cm}^3$

考え方

3 (1) $10 \times (2 \times \pi \times 5) = 10 \times 10\pi$

$= 100\pi$

(2) $\pi \times 5^2 \times 2 + 100\pi$

$= 50\pi + 100\pi = 150\pi$

(3) $\pi \times 5^2 \times 10 = \pi \times 25 \times 10 = 250\pi$

(4) $4 \times \pi \times 6^2 = 4 \times \pi \times 36 = 144\pi$

(5) $\frac{4}{3} \times \pi \times 6^3 = \frac{4}{3} \times \pi \times 216$

$= 288\pi$

基本をチェック！(3)(362ページ)

1 (1) $\angle e$ (2) $\angle a$ (3) $\angle c$

2 (1) $\angle e$，$\angle i$ (2) $\angle d$，$\angle p$

(3) $\angle h$，$\angle \ell$ (4) $\angle b$，$\angle n$

3 (1) $\angle x = 65^\circ$，$\angle y = 65^\circ$

(2) $\angle x = 105^\circ$，$\angle y = 120^\circ$

(3) $\angle x = 110^\circ$，$\angle y = 100^\circ$

考え方

3 (3)

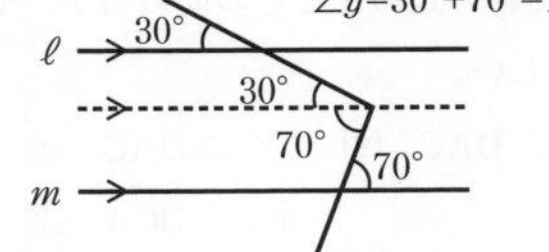

平行線の同位角と錯角を利用します。

4 (1) 105°　　(2) 95°

5 (イ), (ウ)

5 三角形が1つにきまれば合同です。

(ア) 頂角(等しい2辺にはさまれた角)の大きさがわからないので1つにきまりません。

(エ) 辺の長さがわからないので1つにきまりません。

基本をチェック！(4)(408ページ)

1 (1) 中点 (2) △ACM (3) AC
(4) CM (5) AM (6) 3組の辺
(7) △ACM (8) ∠C

2 (1) $\angle x = 30°$, $\angle y = 150°$
(2) $\angle x = 75°$, $\angle y = 45°$

3 (1) = (2) = (3) = (4) //

4 (1) △DBM, △MBA
(2) △MBC, △BDA

考え方

2 (1) $\angle x = (180° - 120°) \div 2 = 30°$
$\angle y = 180° - 30° = 150°$
(2) $\angle x = (180° - 30°) \div 2 = 75°$
$\angle y = 75° - 30° = 45°$

4 (1), (2)とも，底辺が等しく，高さも等しい三角形をさがします。高さは，ADとBC，あるいはABとDCの平行線間の距離になります。

基本をチェック！(5)(456～458ページ)

1 (1) 四角形ABCD∽四角形HGFE
(2) ∠G　　(3) 辺DC

2 (1) 4：3 (2) 9 cm (3) 7.5 cm

3 (1) 60° (2) 15 cm (3) 7.2 cm

4 (1)

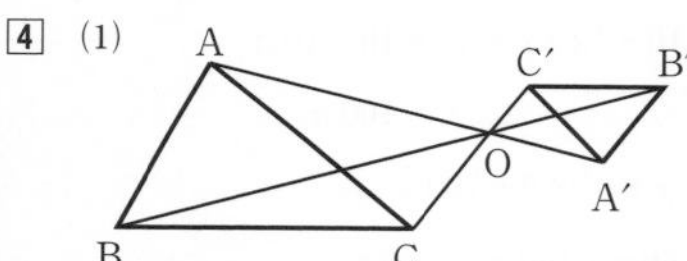

(2)

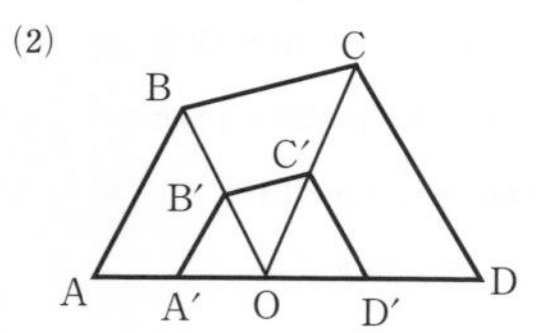

5 (1) AC = 2DF　(2) ∠B = ∠E

6 (1) △ABC∽△CBD
2組の角が，それぞれ等しい。
(2) △ABC∽△EDC
2組の辺の比とその間の角が，それぞれ等しい。

考え方

2 (1) 16：12 = 4：3
(2) DE = $x$cmとすると，
4：3 = 12：x, $4x = 36$より，
$x = 9$
(3) DF = $y$cmとすると，
4：3 = 10：y, $4y = 30$より，
$y = 7.5$

3 (2) $9 \times \frac{5}{3} = 15$
(3) $12 \div \frac{5}{3} = 7.2$

4 対応する頂点をむすぶ線分の交点が，相似の中心Oになります。

6 (1) ∠BAC = ∠BCD = 25°
∠ABC = ∠CBD(共通)
(2) AC：EC = 3：2
BC：DC = 1.5：1 = 3：2
よって，AC：EC = BC：DC
∠ACB = ∠ECD(対頂角)

7 (1) △DAC (2) ㋐ △DAC ㋑ AC ㋒ 12 ㋓ 2 ㋔ DC ㋕ 8
㋖ ∠DCA ㋗ 2組の辺の比とその間の角

(3)　10 cm

8 (1)　16

(2)　8

9 (1)　7.5

(2)　6

10 (1)　8 cm

(2)　4 cm

11 (1)　16：25

(2)　125π cm^2

(3)　64：125

(4)　256π cm^3

(3)　(2)より，AB：DA = 3：2

8 (1)　$6:12=8:x$

(2)　$x:4=6:3$

9 (1)　$6:9=5:x$

(2)　$x:10.5=8:14$

10 (1)　$\mathrm{MN}=\frac{1}{2}\mathrm{BC}$

(2)　$\mathrm{EC}=\frac{1}{2}\mathrm{MN}$

11 (2)　Bの表面積を$x$cm^{2}とすると，

$16:25=80\pi:x$

(4)　Aの体積を$y$cm^{3}とすると，

$64:125=y:500\pi$

基本をチェック！(6)(474ページ)

1 (1)　70°　(2)　37°　(3)　140°

(4)　40°　(5)　65°　(6)　75°

2 (1)　60°

(2)　80°

(3)　40°

3 (1)　二等辺三角形　(2)　∠DCA

(3)　円周角　(4)　∠DBC

(5)　∠CDE

(6)　2組の角が，それぞれ等しい

考え方

1 (3)　$(360°-80°)\times\frac{1}{2}=140°$

(4)　$180°-(90°+50°)=40°$

(6)　$50°+25°=75°$

2　円の中心をOとすると，

$\angle\mathrm{BOC}=360°\times\frac{3}{2+3+4}=120°$

よって，$\angle\mathrm{BAC}=120°\times\frac{1}{2}=60°$

同様に，$\angle\mathrm{ABC}=360°\times\frac{4}{9}\times\frac{1}{2}=80°$

$\angle\mathrm{ACB}=360°\times\frac{2}{9}\times\frac{1}{2}=40°$

基本をチェック！(7)(494ページ)

1 (1)　EFGH

(2)　$(a-b)^2$

(3)　$a^2-2ab+b^2$

(4)　a^2+b^2

2 (1)　$4\sqrt{5}$

(2)　9

(3)　$12\sqrt{2}$

(4)　$5\sqrt{2}$

(5)　2

(6)　17

3 (1)　5

(2)　$3\sqrt{5}$

4 (1)　6 cm

(2)　$12\sqrt{2}$ cm

(3)　$144\sqrt{2}\pi$ cm^3

考え方

2 (1)　$x^2=4^2+8^2$

(2)　$x^2=12^2-(3\sqrt{7})^2$

(3)　$x:6\sqrt{6}=2:\sqrt{3}$

(4)　$x:5=\sqrt{2}:1$

(5)　$x^2=(\sqrt{13})^2-(6\div2)^2$

(6)　$x^2=15^2+(16\div2)^2$

3 (1)　$\sqrt{(7-3)^2+(5-2)^2}$

(2)　$\sqrt{\{4-(-2)\}^2+\{(1-(-2)\}^2}$

4 (1)　$18\times\frac{120°}{360°}=18\times\frac{1}{3}=6$

(2)　高さを$x$cmとすると，

$x^2=18^2-6^2=324-36=288$

$x>0$より，$x=12\sqrt{2}$

(3)　$\frac{1}{3}\times\pi\times6^2\times12\sqrt{2}=144\sqrt{2}\pi$

実力テスト (1)

平面図形と基本の作図・空間図形

答は504・505ページ

1 右の図で，四角形ABCDは長方形で，点E，F，G，Hはそれぞれの辺の中点，点Oは線分EGとHFの交点です。次の問題に答えましょう。〔各6点〕

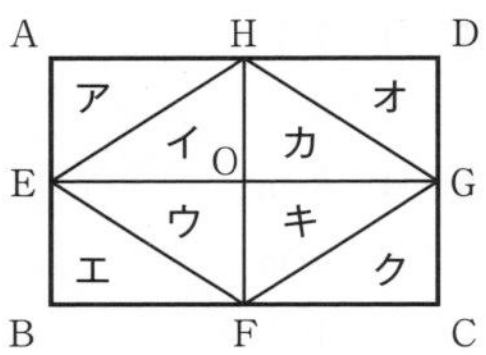

(1) 平行移動によって，**イ**の三角形に重なる三角形はどれですか。

(2) 点Oを回転の中心とする回転移動によって，**キ**の三角形に重なる三角形はどれですか。

(3) 点Oを回転の中心とする点対称移動によって，**ア**の三角形に重なる三角形はどれですか。

(4) 対称移動によって，**ク**の三角形に重なる三角形はどれですか。

2 次の作図をしましょう。〔各6点〕

(1) △ABCの3つの頂点A，B，Cを通る円

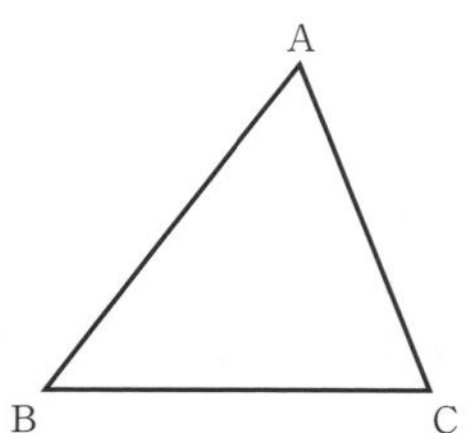

(2) 円Oの周上にあって，2点A，Bから距離が等しい点P

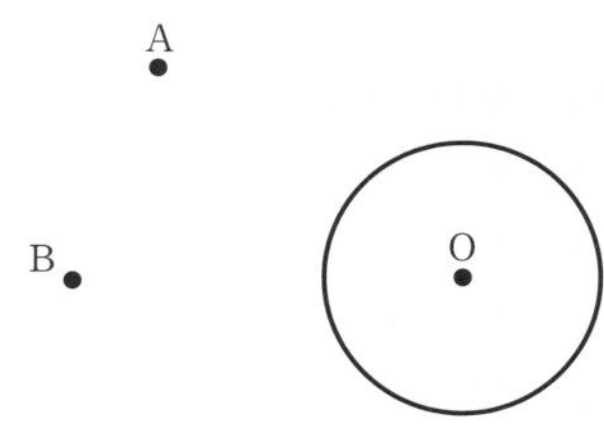

3 下の図は，大きさの異なる2つのおうぎ形を重ねたものです。〔各6点〕

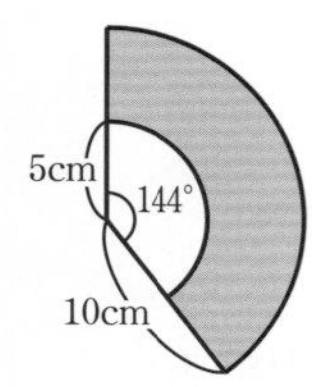

(1) 色のついた部分の面積を求めましょう。

(2) 色のついた部分のまわりの長さを求めましょう。

4 次のア～カは，空間内の直線や平面について述べたものです。このなかから正しいものをすべて選び，記号で答えましょう。〔4点〕

ア　1つの直線に平行な2つの直線は平行です。
イ　1つの直線に垂直な2つの直線は平行です。
ウ　1つの直線に平行な2つの平面は平行です。
エ　1つの直線に垂直な2つの平面は平行です。
オ　1つの平面に垂直な2つの直線は平行です。
カ　1つの平面に垂直な2つの平面は平行です。

5 円錐（えんすい）について，次の問題に答えましょう。〔各6点〕

(1)　円錐を，回転の軸に垂直な平面で切ると，その切り口はどんな図形になりますか。

(2)　円錐を，回転の軸を含む平面で切ると，その切り口はどんな図形になりますか。

6 次の立体を右のア～クのなかからすべて選び，記号で答えましょう。〔各6点〕

(1)　平面図が円になることがある立体

(2)　立面図が三角形になることがある立体

ア　直方体	イ　四角錐	ウ　円柱
エ　三角柱	オ　立方体	カ　球
キ　三角錐	ク　円錐	

7 右の図の直角三角形を，直線ℓを軸として1回転させたときにできる立体について，次の問題に答えましょう。〔各6点〕

(1)　見取図をかきましょう。

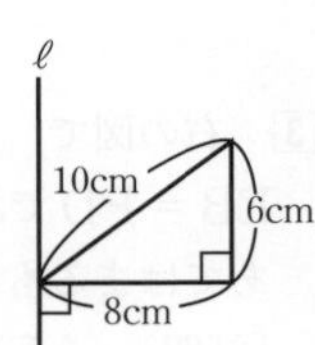

(2)　どのような立体ができるかを説明しましょう。

(3)　表面積を求めましょう。

(4)　体積を求めましょう。

実力テスト (2) 平行と合同・三角形と四角形

□点

答は505・506ページ

1 右の図で，次の問題に答えましょう。〔各4点〕

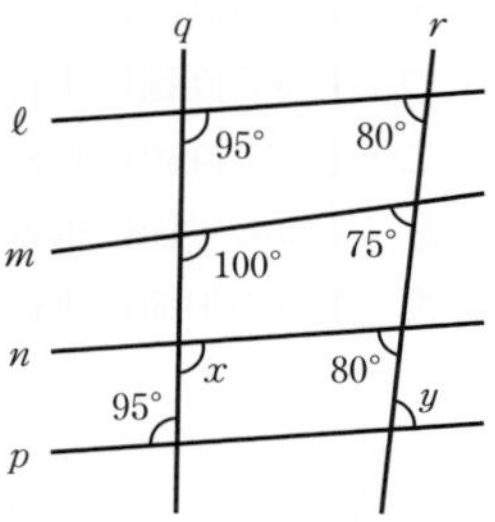

(1) 直線ℓと平行な直線を，記号//を使って表しましょう。

(2) $\angle x$の大きさを求めましょう。

(3) $\angle y$の大きさを求めましょう。

2 次の問題に答えましょう。〔各4点〕

(1) 十角形の内角の和は何度ですか。

(2) 正十二角形の1つの内角の大きさは何度ですか。

(3) 八角形の外角の和は何度ですか。

(4) 正九角形の1つの外角の大きさは何度ですか。

(5) 内角の和が2340°の多角形は何角形ですか。

(6) 1つの内角が135°の正多角形は正何角形ですか。

3 右の図で，四角形ABCD，ECFGが正方形ならば，EB＝FDであることを次のように証明しました。□にあてはまるものを入れて，証明を完成させましょう。〔各4点〕

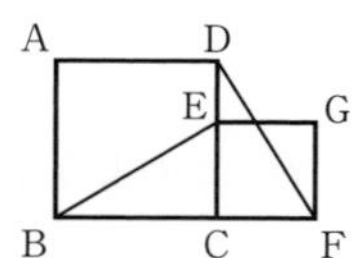

〔証明〕 △EBCと［(1)］で，

仮定より，BC＝［(2)］ …①

EC＝［(3)］ …②

また，∠ECB＝［(4)］＝90° …③

①，②，③より［(5)］が，それぞれ等しいから，

△EBC≡［(6)］

合同な図形の［(7)］は等しいから，

EB＝FD

4 次の定理の仮定と結論を，右の図の記号を使って表しましょう。〔各4点〕

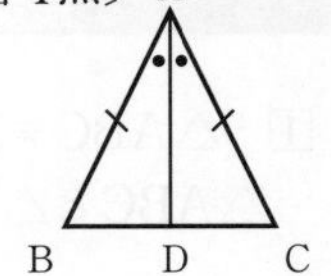

(1) 二等辺三角形の2つの底角は等しい。

(2) 二等辺三角形の頂角の二等分線は，底辺を垂直に二等分する。

5 ∠A＝90°の直角三角形ABCの辺AB上に点Dをとり，DからBCに垂線をひいて，BCとの交点をEとします。また，点CとDをむすびます。

次の問題に答えましょう。〔各4点〕

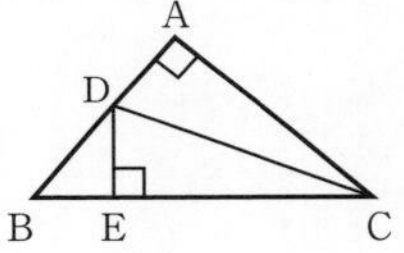

(1) AC＝ECのとき，△ACD≡△ECDとなります。これを証明するときに使う合同条件を答えましょう。

(2) CDが∠ACEの二等分線であるとき，△ACD≡△ECDとなります。これを証明するときに使う合同条件を答えましょう。

6 次の(1)，(2)は，平行四辺形を作図したものです。四角形ABCDが平行四辺形であることは，どの平行四辺形になるための条件でいえますか。〔各5点〕

(1)

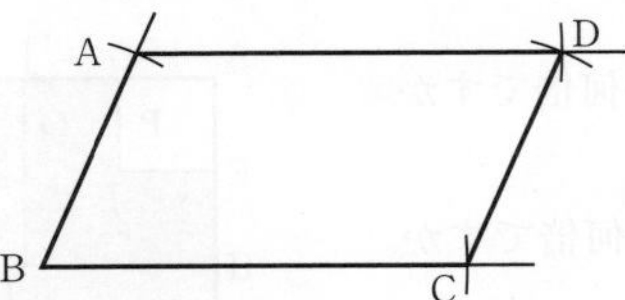

(2)

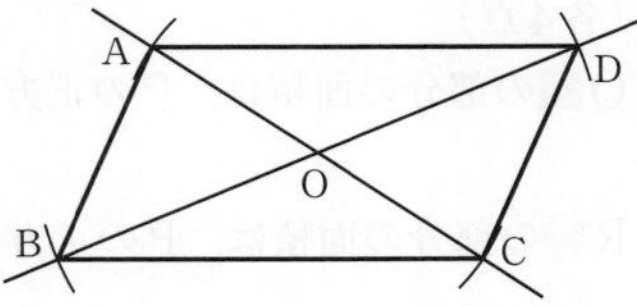

7 右の図で，▱ABCDの辺DCの延長上の点をEとし，線分EAと辺BCとの交点をFとします。このとき，△DFCと面積が等しい三角形を2つ見つけましょう。〔5点〕

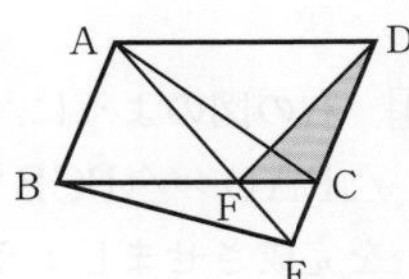

8 四角形ABCDと四角形BEFCがともに平行四辺形であるとき，四角形AEFDが平行四辺形であることを証明しましょう。〔5点〕

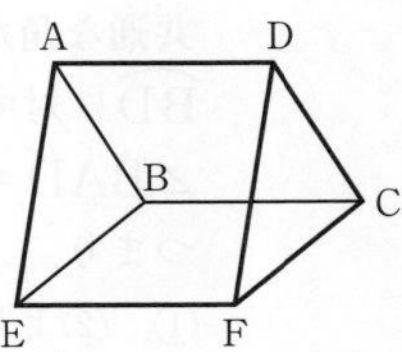

実力テスト(3)　相似・円の性質・三平方の定理

答は506・507ページ

1　△ABC≡△DEFのとき，△ABC∽△DEFでもあります。このとき，△ABCと△DEFの相似比を答えましょう。〔8点〕

2　右の図のような△ABCがあります。∠A＝∠D，∠B＝∠Eで，1つの辺の長さが6cmの△DEFをかきます。このとき，残りの2辺の長さを何cmにすればよいですか。すべての場合を答えましょう。〔完答12点〕

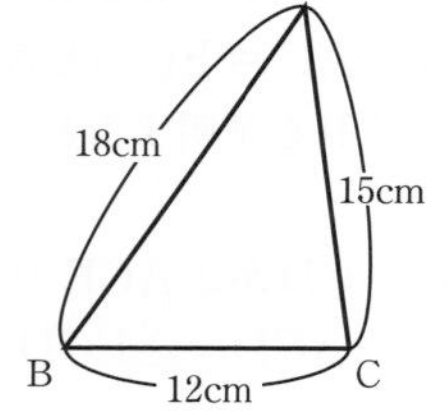

3　右の図の正方形ABCDで，点E，Hは辺AB上の点，点G，Jは辺AD上の点で，四角形AEFG, AHIJは正方形です。AE＝EH＝HBのとき，次の問題に答えましょう。〔各4点〕

(1)　Qの部分の面積は，Pの正方形の面積の何倍ですか。

(2)　Rの部分の面積は，Pの正方形の面積の何倍ですか。

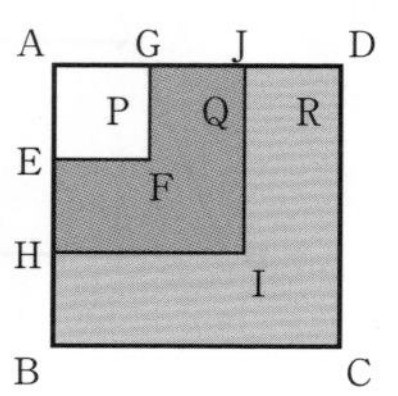

4　右の図のように，弦AB，CDを延長した交点をPとします。このとき，△PAD∽△PCBであることを証明します。［　］にあてはまるものを入れて，証明を完成させましょう。〔各4点〕

〔証明〕　△PADと△PCBにおいて，
共通な角だから，∠APD＝［(1)］…①
$\overset{\frown}{BD}$に対する［(2)］だから，
∠BAD＝［(3)］
つまり，∠PAD＝［(4)］…②
①，②より，［(5)］から，
△PAD∽△PCB

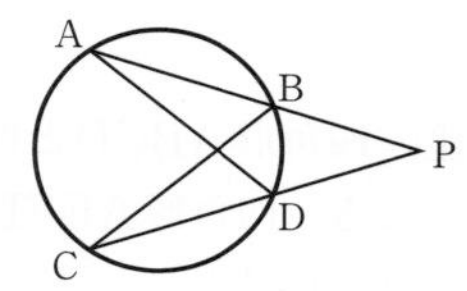

5 右の図で，△ABCは円Oと点D，E，Fで接しています。AD＝3cm，BC＝11cmのとき，△ABCの周の長さを求めましょう。〔8点〕

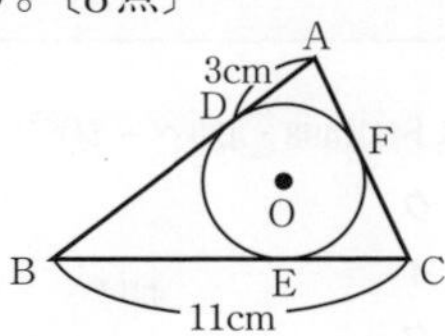

6 下の図の図形の面積を求めましょう。〔各6点〕

(1)

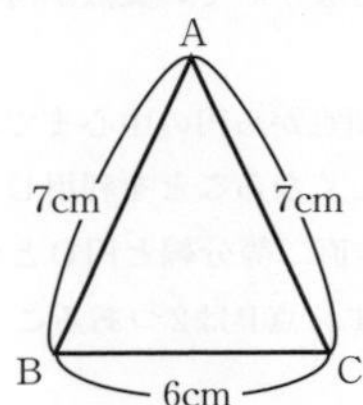

(2)

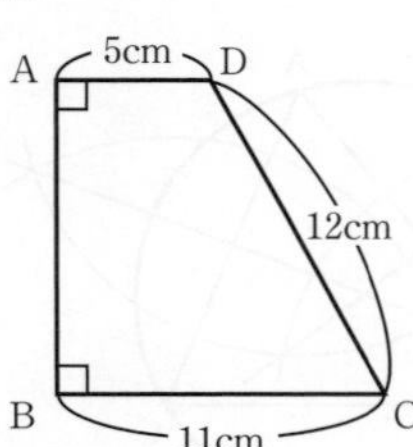

7 右の図で，PGの長さを求めましょう。〔8点〕

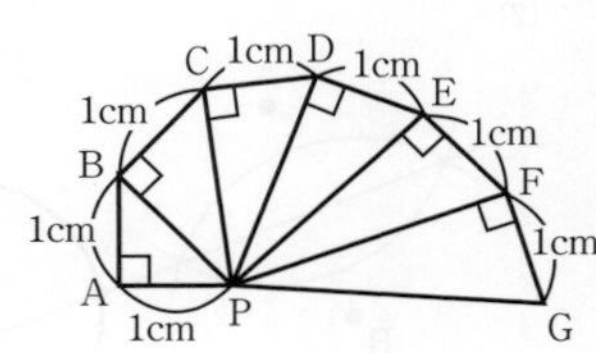

8 右の図の立体は正四角錐(すい)で，OMは頂点Oから辺ABにひいた垂線です。OA＝9cm，OM＝$6\sqrt{2}$cmのとき，次の問題に答えましょう。〔各6点〕

(1) 底面の正方形の1辺の長さを求めましょう。

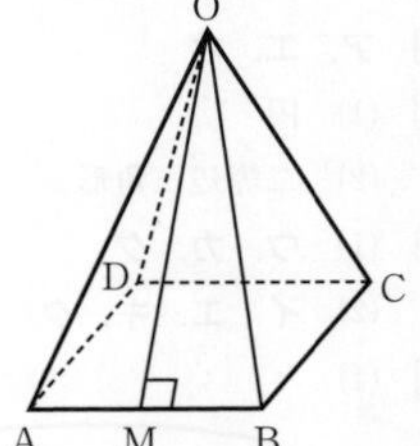

(2) この正四角錐の表面積を求めましょう。

(3) この正四角錐の高さを求めましょう。

(4) この正四角錐の体積を求めましょう。

実力テスト(1)〜(3)の解答・考え方

実力テスト(1)(498・499ページ)

1 (1) ク
(2) イ
(3) ク
(4) エ，オ

2 (1)

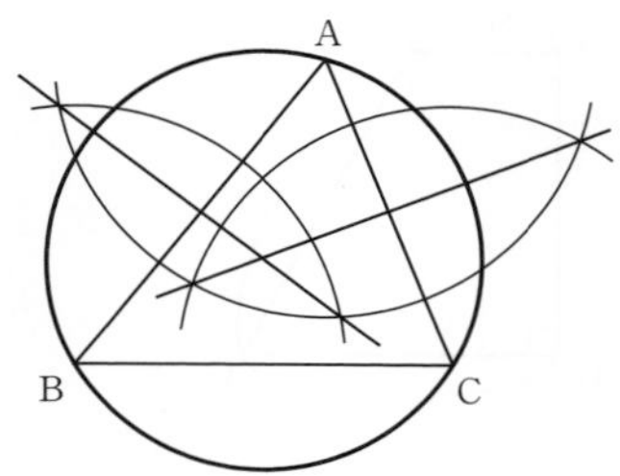

(2)

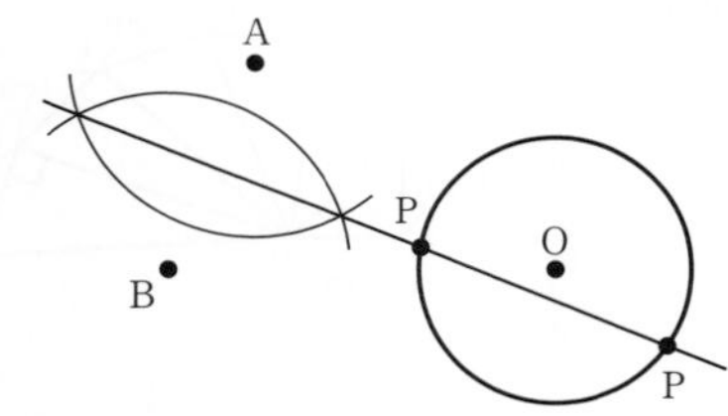

3 (1) $30\pi\,\text{cm}^2$
(2) $(12\pi+10)$cm

4 ア，エ，オ

5 (1) 円
(2) 二等辺三角形

6 (1) ウ，カ，ク
(2) イ，エ，キ，ク

7 (1)

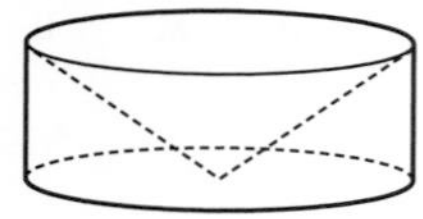

(2) 円柱から円錐をくりぬいたような立体

考え方

1 (4) 線分HFを対称の軸とするとエの三角形，線分EGを対称の軸とするとオの三角形が，クの三角形に重なります。

2 (1) 3つの辺のうち，どれか2つの辺の垂直二等分線をひきます。その交点が円の中心になります。

三角形の各頂点から円の中心までの距離が，どれも等しくなることを利用します。

(2) 線分ABの垂直二等分線と円Oとの交点がPになります。点Pは2つあることに注意しましょう。

3 (1) $\pi\times10^2\times\dfrac{144}{360}=\pi\times100\times\dfrac{2}{5}$
$=40\pi$
$\pi\times5^2\times\dfrac{144}{360}=\pi\times25\times\dfrac{2}{5}$
$=10\pi$
$40\pi-10\pi=30\pi$

(2) $2\times\pi\times10\times\dfrac{144}{360}=8\pi$
$2\times\pi\times5\times\dfrac{144}{360}=4\pi$
$8\pi+4\pi+(10-5)\times2$
$=12\pi+10$

4 右の直方体で考えてみます。

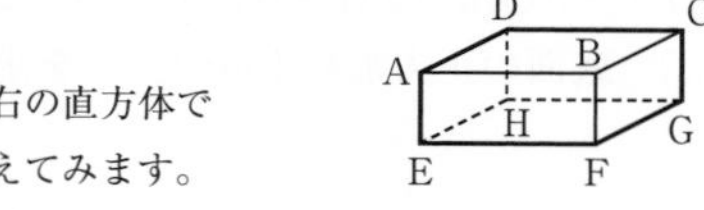

イ 辺ADも辺BFも辺ABに垂直ですが，2つの辺は平行ではないです。

ウ 面ABCDも面BFGCも辺EHに平行ですが，2つの面は平行ではないです。

カ 面AEHDも面AEFBも面HEFGに垂直ですが，2つの面は平行ではないです。

(3)　$240\pi\,\mathrm{cm}^2$

(4)　$256\pi\,\mathrm{cm}^3$

6　(2)エの三角柱は右の図のような場合も考えられます。

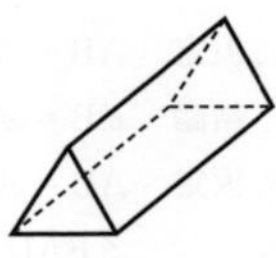

7　(3)　$\pi\times10^2\times\frac{8}{10}=\pi\times100\times\frac{4}{5}$

$=80\pi$

$6\times(2\times\pi\times8)=6\times16\pi$

$=96\pi$

$\pi\times8^2=64\pi$

$80\pi+96\pi+64\pi=240\pi$

(4)　$\frac{1}{3}\times\pi\times8^2\times6=128\pi$

$\pi\times8^2\times6=384\pi$

$384\pi-128\pi=256\pi$

実力テスト(2)(500・501ページ)

1　(1)　$\ell /\!/ n$, $\ell /\!/ p$

(2)　95°

(3)　80°

2　(1)　1440°

(2)　150°

(3)　360°

(4)　40°

(5)　十五角形

(6)　正八角形

3　(1)　△FDC　　(2)　DC

(3)　FC

(4)　∠FCD

(5)　2組の辺とその間の角

(6)　△FDC

(7)　対応する辺の長さ

考え方

1　(1)　80°の同位角が等しいので，$\ell /\!/ n$

95°の錯角が等しいので，$\ell /\!/ p$

(2)　$\ell /\!/ n$より，同位角が等しいので95°

(3)　$\ell /\!/ p$より，錯角が等しいので80°

2　(1)　$180^\circ\times(10-2)=1440^\circ$

(2)　$180^\circ\times(12-2)=1800^\circ$

$1800^\circ\div12=150^\circ$

(3)　どんな多角形でも，外角の和は360°です。

(4)　$360^\circ\div9=40^\circ$

(5)　n角形とすると，

$180^\circ\times(n-2)=2340^\circ$ だから，

$n-2=2340^\circ\div180^\circ$

$n-2=13$

$n=15$

(6)　1つの内角が135°だから，1つの外角は，$180^\circ-135^\circ=45^\circ$

よって，$360^\circ\div45^\circ=8$

3　EBとFDを含む2つの三角形，△EBCと△FDCに着目します。

四角形ABCD，ECFGが正方形なので，4つの辺の長さ，4つの角の大きさが等しくなることを利用して証明を進めます。

4 (1) 仮定　AB = AC
結論　∠B = ∠C
(2) 仮定　AB = AC,
∠BAD = ∠CAD
結論　AD ⊥ BC，BD = DC

5 (1) 斜辺と他の1辺が，それぞれ等しい。
(2) 斜辺と1つの鋭角が，それぞれ等しい。

6 (1) 2組の対辺がそれぞれ等しい。
(2) 対角線がそれぞれの中点で交わる。

7 △AFCと△BEF

8 〔証明〕 四角形ABCDは平行四辺形
だから，AD//BC　…①
AD = BC　…②
四角形BEFCは平行四辺形
だから，BC//EF　…③
BC = EF　…④
①，③より，AD//EF …⑤
②，④より，AD = EF …⑥
⑤，⑥より，1組の対辺が平行でその長さが等しいから，四角形AEFDは平行四辺形である。

4 (2) 仮定のAB = ACを忘れないようにします。また結論は，底辺に対して垂直であることと，底辺を二等分することを分けて表します。

5 (1) AC = EC(仮定)
∠CAD = ∠CED = 90°
CDは共通(斜辺)
(2) ∠ACD = ∠ECD(仮定)
∠CAD = ∠CED = 90°
CDは共通(斜辺)

6 (1) AB = DC，AD = BC
(2) AO = CO，BO = DO

7 △AFCは△DFCと，底辺がFCで等しく，高さも等しくなっています。
△AEC = △BECで，△FECをひくと，
△AFC = △BEF
よって，△BEF = △DFC

8 平行四辺形になるための条件のうち，どの条件を使えばよいか考えます。
四角形AEFDでは，AEとDF，角に関する情報が何もないことから，ADとEFに着目します。ADとEFに関する情報は，▱ABCDと▱BEFCから導きます。

実力テスト(3)(502・503ページ)

1 1：1

2 4cmと5cm
9cmと7.5cm
7.2cmと4.8cm

3 (1) 3倍
(2) 5倍

4 (1) ∠CPB
(2) 円周角
(3) ∠DCB
(4) ∠PCB
(5) 2組の角が，それぞれ等しい

考え方

1 △ABC ≡ △DEFだから，相似比は1:1です。合同な図形は，相似な図形でもあります。

2 △ABCと△DEFで，
DE = 6cmのとき，相似比は3：1
EF = $12\times\frac{1}{3}$，DF = $15\times\frac{1}{3}$
EF = 6cmのとき，相似比は2：1
DE = $18\times\frac{1}{2}$，DF = $15\times\frac{1}{2}$
DF = 6cmのとき，相似比は5：2
DE = $18\times\frac{2}{5}$，EF = $12\times\frac{2}{5}$

3 (1) PとP+Qの面積の比は，1：4
よって，P：Q = 1：(4 − 1)
(2) PとP+Q+Rの面積の比は，
1：9
よって，P：R = 1：(9 − 4)

5 28cm

6 (1) $6\sqrt{10}\text{cm}^2$

(2) $48\sqrt{3}\text{cm}^2$

7 $\sqrt{7}$cm

8 (1) 6cm

(2) $(36+72\sqrt{2})\text{cm}^2$

(3) $3\sqrt{7}$cm

(4) $36\sqrt{7}\text{cm}^3$

5 AD = AF = 3(cm)

BD = BE，CF = CEより，

BD + CF = BE + CE = 11(cm)

したがって，△ABCの周の長さは，

3 + 3 + 11 + 11 = 28(cm)

6 (1) 右の図で，高さAHを$x$cmとすると，

$x^2=7^2-3^2$より，

$x=2\sqrt{10}$(cm)

したがって，

$\frac{1}{2}\times 6\times 2\sqrt{10}=6\sqrt{10}(\text{cm}^2)$

A, B, C, H, 7cm, 7cm, 3cm, 3cm

(2) 右の図で，高さDHを$y$cmとすると，

$y^2=12^2-6^2$より，

$y=6\sqrt{3}$(cm)

したがって，

$(5+11)\times 6\sqrt{3}\times\frac{1}{2}=48\sqrt{3}(\text{cm}^2)$

A, D, B, H, C, 5cm, 12cm, 5cm, 6cm

7 $PB^2=1^2+1^2=2$

$PC^2=PB^2+1^2=3$

$PD^2=PC^2+1^2=4$

$PE^2=PD^2+1^2=5$

$PF^2=PE^2+1^2=6$

$PG^2=PF^2+1^2=7$

したがって，$PG=\sqrt{7}$(cm)

8 (1) $AM^2=9^2-(6\sqrt{2})^2=81-72=9$

よって，AM = 3

したがって，正方形の1辺の長さは，

AB = 2AM = 2 × 3 = 6(cm)

(2) 表面積＝底面積＋側面積だから，

$6^2+\left(\frac{1}{2}\times 6\times 6\sqrt{2}\right)\times 4$

$=36+72\sqrt{2}\,(\text{cm}^2)$

(3) 高さをOHとすると，△OMHで，

$OH^2=(6\sqrt{2})^2-3^2=72-9=63$より，

$OH=3\sqrt{7}$(cm)

(4) $\frac{1}{3}\times 6^2\times 3\sqrt{7}=36\sqrt{7}(\text{cm}^3)$

ここがPOINT 定理・公式・要点のまとめ

1章 平面図形と基本の作図

平行移動・回転移動・対称移動

・平行移動 図 STEP 9

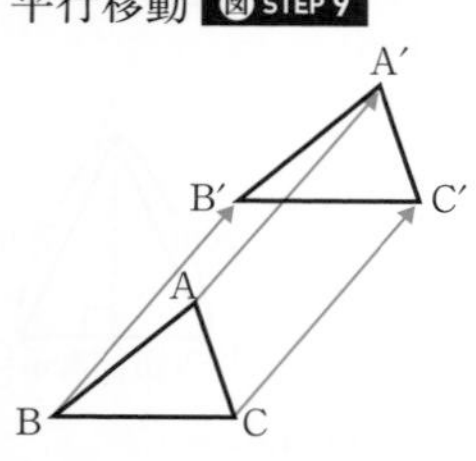

AA′ // BB′ // CC′

AA′ = BB′ = CC′

・回転移動 図 STEP 10

OA = OA′，OB = OB′

OC = OC′

∠AOA′ = ∠BOB′ = ∠COC′

・対称移動 図 STEP 11

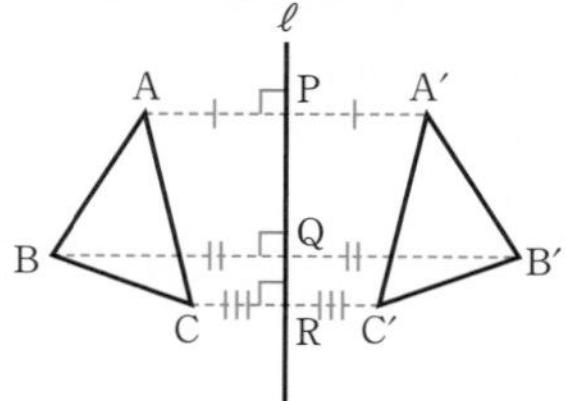

ℓ⊥AA′，ℓ⊥BB′

ℓ⊥CC′

AP = A′P，BQ = B′Q

CR = C′R

作図

・垂直二等分線 図 STEP 15

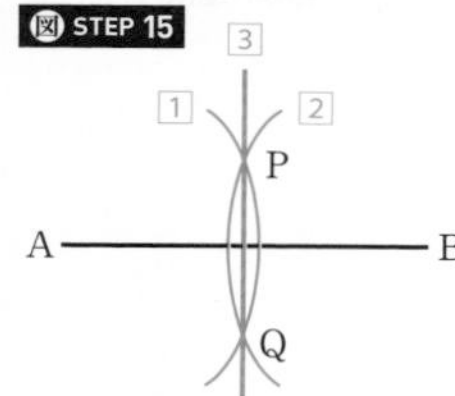

・角の二等分線 図 STEP 16

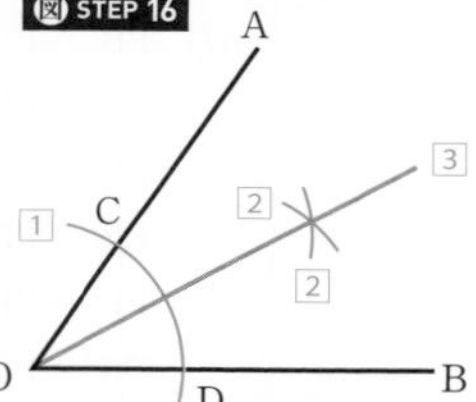

・垂線 図 STEP 17

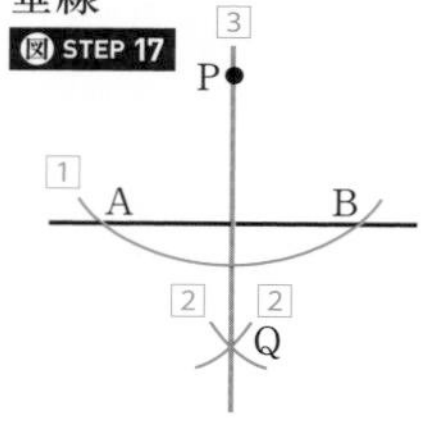

円の接線 図 STEP 22

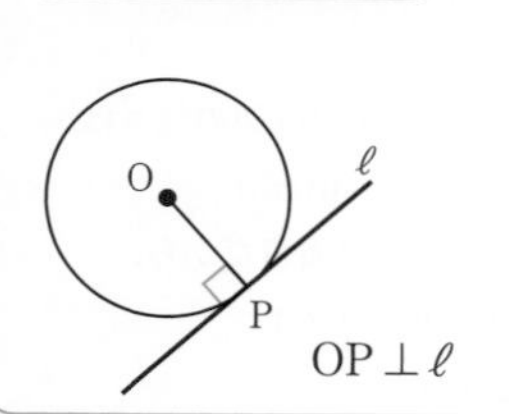

OP⊥ℓ

おうぎ形の弧の長さと面積 図 STEP 26・27

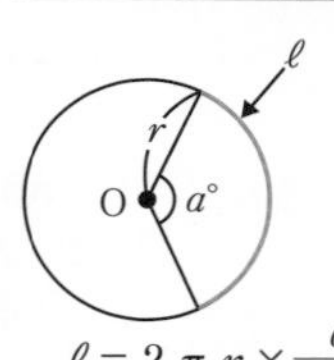

$\ell = 2\pi r \times \dfrac{a}{360}$

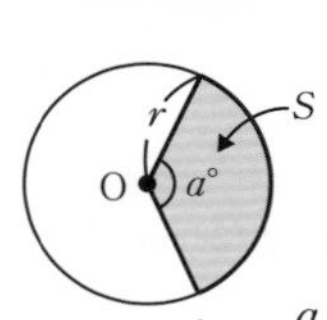

$S = \pi r^2 \times \dfrac{a}{360}$

2章 空間図形

角柱・円柱の表面積 図 STEP 51

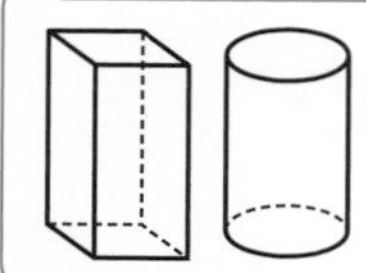

角柱・円柱の表面積

＝側面積＋底面積×2

角錐・円錐の表面積 図 STEP 52・53

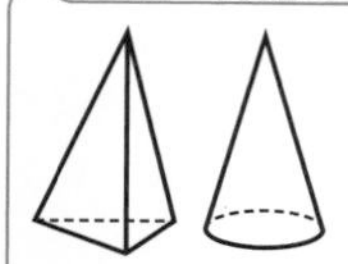

角錐・円錐の表面積

＝側面積＋底面積

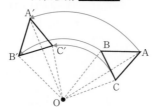

角柱・円柱の体積 図 STEP 54

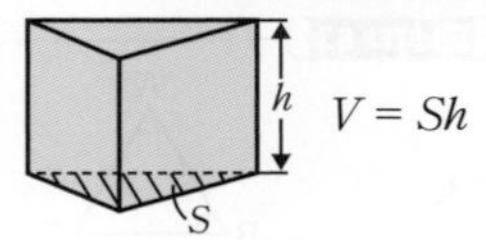

$V = Sh$

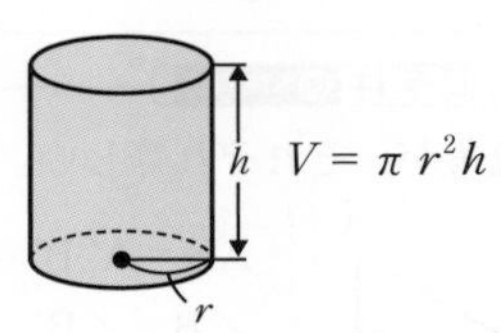

$V = \pi r^2 h$

角錐・円錐の体積 図 STEP 55

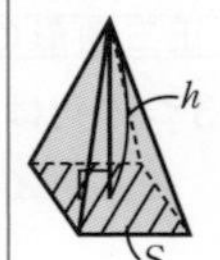

$V = \dfrac{1}{3}Sh$

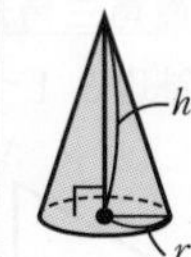

$V = \dfrac{1}{3}\pi r^2 h$

球の表面積・体積 図 STEP 56

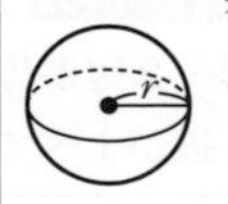

表面積

$S = 4\pi r^2$

体積

$V = \dfrac{4}{3}\pi r^3$

3章 平行と合同

対頂角の性質 図 STEP 57

・対頂角は等しい。

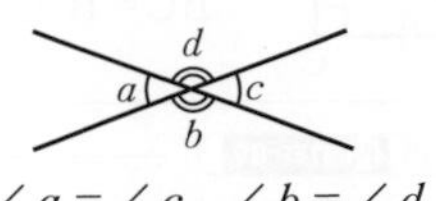

$\angle a = \angle c$, $\angle b = \angle d$

平行線の性質 図 STEP 59・60・61

❶同位角は等しい。

❷錯角は等しい。

$\ell /\!/ m$ ならば,

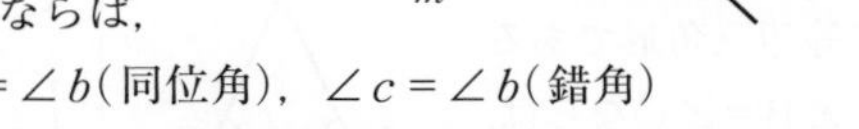

$\angle a = \angle b$(同位角), $\angle c = \angle b$(錯角)

平行線になる条件 図 STEP 62

・2直線に1つの直線が交わるとき,次の❶,❷のどちらかが成り立てば,その2直線は平行。

❶同位角が等しい。

❷錯角が等しい。

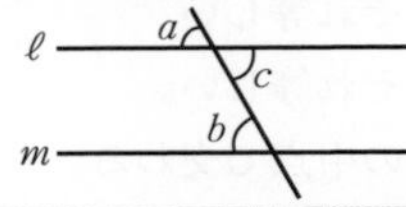

$\angle a = \angle b$ ならば $\ell /\!/ m$

$\angle c = \angle b$ ならば $\ell /\!/ m$

三角形の内角・外角 図 STEP 64

❶三角形の内角の和は180°

❷三角形の1つの外角は,それととなりあわない2つの内角の和に等しい。

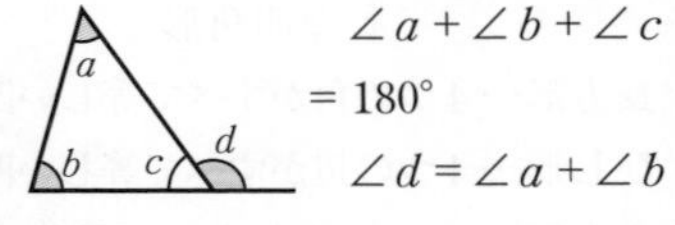

$\angle a + \angle b + \angle c = 180°$

$\angle d = \angle a + \angle b$

多角形の内角・外角 図 STEP 65・66

・n角形の内角の和は,$180° \times (n-2)$

・n角形の外角の和は,360°

合同な図形の性質 図 STEP 67

❶対応する線分の長さは,それぞれ等しい。

❷対応する角の大きさは,それぞれ等しい。

三角形の合同条件 図 STEP 68

❶3組の辺が,それぞれ等しい。

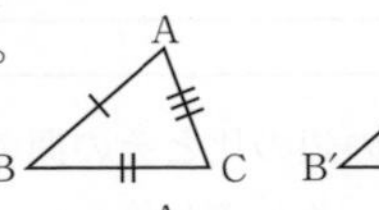

AB = A′B′, BC = B′C′

AC = A′C′

❷2組の辺とその間の角が,それぞれ等しい。

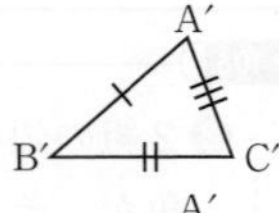

AB = A′B′, BC = B′C′

∠B = ∠B′

❸1組の辺とその両端の角が,それぞれ等しい。

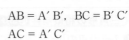

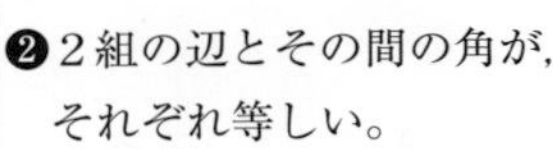

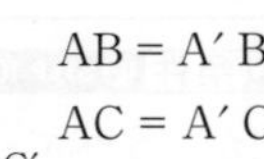

BC = B′C′, ∠B = ∠B′

∠C = ∠C′

4章 三角形と四角形

三角形の定義 図 STEP 75

・二等辺三角形…2辺が等しい三角形
・正三角形…3辺がすべて等しい三角形

二等辺三角形の性質 図 STEP 76・77

❶2つの底角は等しい。
∠B＝∠C

❷頂角の二等分線は，底辺を垂直に二等分する。
AD⊥BC
BD＝CD

二等辺三角形になるための条件 図 STEP 80

・2つの角が等しい三角形は，二等辺三角形である。
∠B＝∠Cならば，
AB＝AC

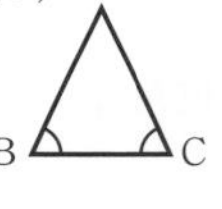

四角形の定義 図 STEP 88

・台形…1組の対辺が平行な四角形
・平行四辺形…2組の対辺がそれぞれ平行な四角形
・長方形…4つの角がすべて等しい四角形
・ひし形…4つの辺がすべて等しい四角形
・正方形…4つの角がすべて等しく，4つの辺がすべて等しい四角形

正三角形の性質 図 STEP 83

・3つの角は等しい。
∠A＝∠B＝∠C

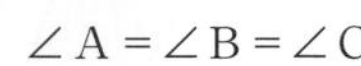

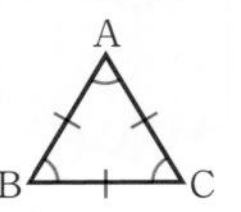

直角三角形の合同条件 図 STEP 85

❶斜辺と1つの鋭角が，それぞれ等しい。

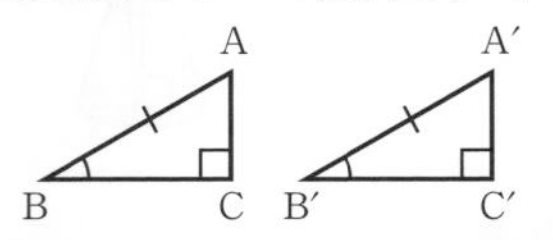

AB＝A′B′
∠B＝∠B′

❷斜辺と他の1辺が，それぞれ等しい。

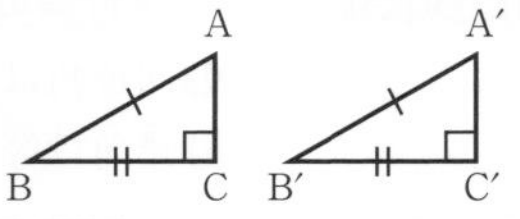

AB＝A′B′
BC＝B′C′

平行四辺形の性質 図 STEP 89

❶2組の対辺はそれぞれ等しい。
❷2組の対角はそれぞれ等しい。
❸対角線はそれぞれの中点で交わる。

平行四辺形になるための条件 図 STEP 92

❶2組の対辺がそれぞれ平行である。
❷2組の対辺がそれぞれ等しい。
❸2組の対角がそれぞれ等しい。
❹対角線がそれぞれの中点で交わる。
❺1組の対辺が平行でその長さが等しい。

5章 相似

相似な図形の性質 図 STEP 102

・対応する線分の長さの比はすべて等しく，対応する角の大きさはそれぞれ等しい。

三角形の相似条件 図 STEP 106

❶3組の辺の比が，すべて等しい。

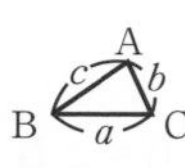

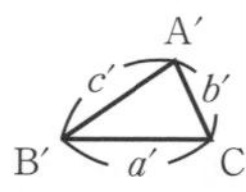

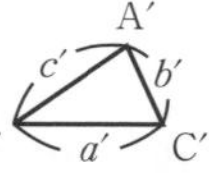

$a : a' = b : b' = c : c'$

❷2組の辺の比とその間の角が，それぞれ等しい。

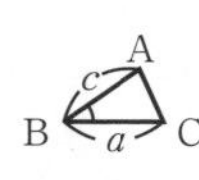

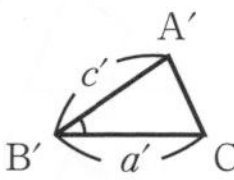

$a : a' = c : c'$，∠B＝∠B′

❸2組の角が，それぞれ等しい。

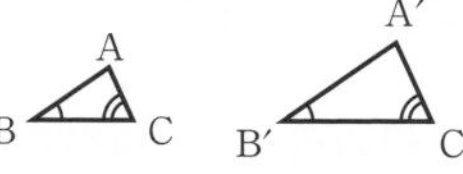

∠B＝∠B′，∠C＝∠C′

三角形と比(1) 図 STEP 115

❶ DE // BCならば，

$AD : AB = AE : AC = DE : BC$

❷ $AD : AB = AE : AC$

ならば，DE // BC

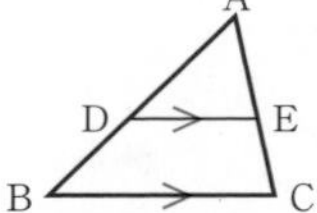

三角形と比(2) 図 STEP 116

❶ DE // BCならば，

$AD : DB = AE : EC$

❷ $AD : DB = AE : EC$

ならば，DE // BC

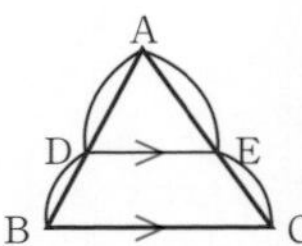

平行線と線分の比 図 STEP 118

・3つ以上の平行線に2直線が交わるとき，

❶ $a : b = a' : b'$

❷ $a : a' = b : b'$

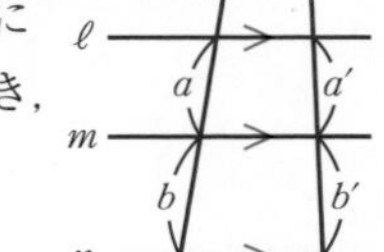

中点連結定理 図 STEP 119

・△ABCの2辺AB，ACの中点をM，Nとすると，

MN // BC

$MN = \frac{1}{2}BC$

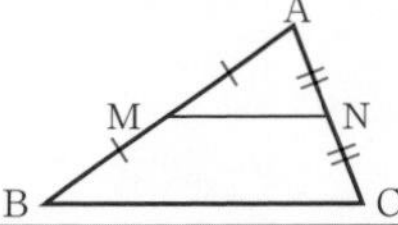

相似な図形の面積の比 図 STEP 121

・相似な図形の面積の比は，相似比が$a : b$のとき，$a^2 : b^2$

相似な立体の表面積の比と体積の比 図 STEP 122・123

・相似な立体の表面積の比は，相似比が$a : b$のとき，$a^2 : b^2$

・相似な立体の体積の比は，相似比が$a : b$のとき，$a^3 : b^3$

6章 円の性質

円周角の定理 図 STEP 124

・1つの弧に対する円周角の大きさは一定であり，その弧に対する中心角の大きさの半分である。

・同じ弧に対する円周角の大きさは等しい。

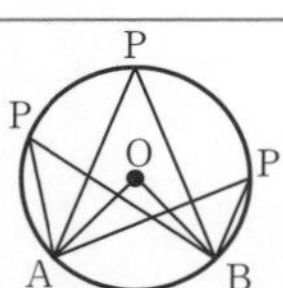

$\angle APB = \frac{1}{2}\angle AOB$

$\angle APB$は，どれも等しい。

弧と円周角 図 STEP 125

❶ 1つの円で，長さが等しい弧に対する円周角は等しい。

❷ 1つの円で，大きさが等しい円周角に対する弧の長さは等しい。

円周角の定理の逆 図 STEP 126

・2点P，Qが直線ABについて，同じ側にあるとき，

$\angle APB = \angle AQB$ならば，4点A，B，P，Qは同一円周上にある。

7章 三平方の定理

三平方の定理 図 STEP 131

・直角三角形で，斜辺をc，他の2辺をa，bとするとき，

$a^2 + b^2 = c^2$が成り立つ。

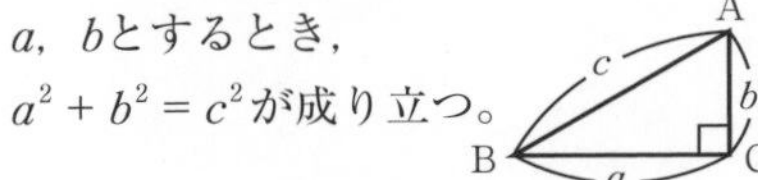

三平方の定理の逆 図 STEP 132

・△ABCの3辺の長さa，b，cの間に，

$a^2 + b^2 = c^2$という関係が成り立てば，$\angle C = 90°$

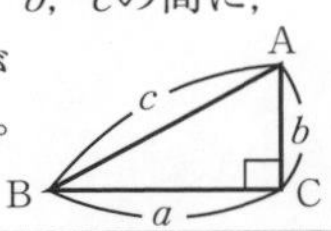

三角形と比の定理

❶ DE // BC ならば、

AD：AB＝AE：AC＝DE：BC

❷ AD：AB＝AE：AC

ならば、DE // BC

三角形と比の定理の逆

❶ DE // BC ならば、

AD：DB＝AE：EC

❷ AD：DB＝AE：EC

ならば、DE // BC

平行線と線分の比の定理

・3つ以上の平行線に

2直線が交わるとき、

❶ $a：b＝a'：b'$

❷ $a：a'＝b：b'$

中点連結定理

・△ABCの2辺AB、ACの中点をM、Nとすると

MN // BC

$MN=\frac{1}{2}BC$

相似な図形の面積の比

・相似な図形の面積の比は、相似比が $a：b$ のとき、$a^2：b^2$

相似な立体の表面積の比と体積の比

・相似な立体の表面積の比は、相似比が $a：b$ のとき、$a^2：b^2$

・相似な立体の体積の比は、相似比が $a：b$ のとき、$a^3：b^3$

6章 円の性質

円周角の定理

・1つの弧に対する円周角の大きさは一定であり、その弧に対する中心角の大きさの半分である。

・同じ弧に対する円周角の大きさは等しい。

$\angle APB=\frac{1}{2}\angle AOB$

∠APBは一定

弧と円周角

❶ 1つの円で、長さが等しい弧に対する円周角は等しい。

❷ 1つの円で、大きさが等しい円周角に対する弧の長さは等しい。

円周角の定理の逆

・2点P、Qが直線ABについて同じ側にあるとき、∠APB＝∠AQBならば、4点A、B、P、Qは1つの円周上にある。

7章 三平方の定理

三平方の定理

・直角三角形で、斜辺を c、他の2辺を a、b とすると、

$a^2+b^2=c^2$ が成り立つ。

三平方の定理の逆

・△ABCの3辺の長さ a、b、c の間に

$a^2+b^2=c^2$ の関係が

成り立てば、∠C＝90°

SUPER STEP

スーパーステップ

中学数学

関数・データの活用 編

関数・データの活用 編

1章 比例と反比例 1年 … 517

2章 比例と反比例の利用 1年 …… 553

3章 1次関数 2年 …… 569

CONTENTS

CONTENTS

1 比例と反比例 1年

関数(1) ともなって変わる数量

次の問題に答えましょう。

右の表は，水そうに１分間に３Lずつ水を入れるときの，入れる時間とたまる水の量の関係をまとめたものです。表のあいている欄（らん）に数を入れて，表を完成させましょう。

時間(分)	1	2	3	4	5	…
水の量(L)	3					…

答

時間(分)	1	2	3	4	5	…
水の量(L)	3	6	9	12	15	…

上の問題のつづきです。次の□にあてはまる数を入れましょう。

時間が２倍，３倍，４倍，…になると，それにともなって，たまる水の量も，２倍，(1)倍，(2)倍，…と変わります。

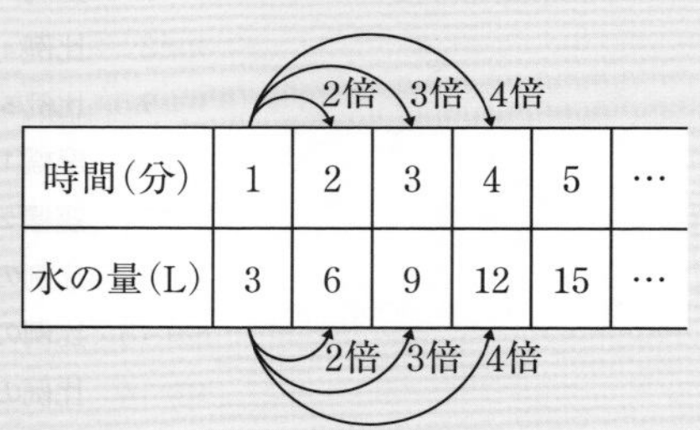

時間(分)	1	2	3	4	5	…
水の量(L)	3	6	9	12	15	…

答　(1) 3 倍　(2) 4 倍

身のまわりには，2つの数量の関係がともなって変わる場面がたくさんあります。この問題のような，水そうに一定の割合で水を入れる場面もその1つです。ここでは，水を入れる時間が変われば，それにともなって，たまる水の量も変わります。したがって，「(水を入れる)時間」と「(たまる)水の量」は，**ともなって変わる2つの数量**ということになります。

POINT

2つの数量の間には，1つの数量が変わるともう1つの数量も変わるような，ともなって変わる関係のものがあります。

例題で確認! 次の問題に答えましょう。

(1) 右の表は，時速80kmで走る電車の，走る時間と道のりをまとめたものです。表のあいている欄に数を入れ，□にあてはまることばを入れましょう。

時間(時間)	1	2	3	4	5	…
道のり(km)	80					…

走る時間にともなって，□も変わります。

(2) 右の表は，60Lの水そうをいっぱいにするときの，1分間に入れる水の量とかかる時間の関係をまとめたものです。表のあいている欄に数を入れ，□にあてはまることばを入れましょう。

1分間に入れる水の量(L)	1	2	3	4	5	…
かかる時間(分)	60					…

1分間に入れる水の量にともなって，□も変わります。

答

(1)

時間(時間)	1	2	3	4	5	…
道のり(km)	80	160	240	320	400	…

道のり

(2)

1分間に入れる水の量(L)	1	2	3	4	5	…
かかる時間(分)	60	30	20	15	12	…

かかる時間

考え方

(2) 「1分間に入れる水の量」と「かかる時間」は，対応する数をかけると常に60になる関係。

POINT

ともなって変わる2つの数量の関係には，1つを決めるともう1つが「1つだけ決まる」場合と，「1つに決まらない」場合があります。

例題で確認! 次のア～オのうち，正しいものをすべて選んで記号で答えましょう。

ア 円の直径の長さが決まれば，その円の面積は1つに決まる。

イ 正方形の1辺の長さが決まれば，その正方形の面積は1つに決まる。

ウ 長方形の縦の長さが決まれば，その長方形の面積は1つに決まる。

エ 正方形の周の長さが決まれば，その正方形の面積は1つに決まる。

オ 長方形の周の長さが決まれば，その長方形の面積は1つに決まる。

答 ア，イ，エ

考え方 ウ 長方形の縦の長さが決まっても，横の長さは，限りなく考えられる。

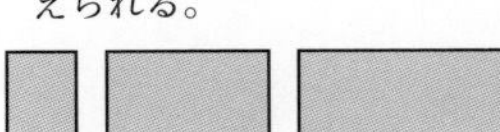

オ たとえば，周の長さが36cmの長方形には，次のようなさまざまな形が考えられる。

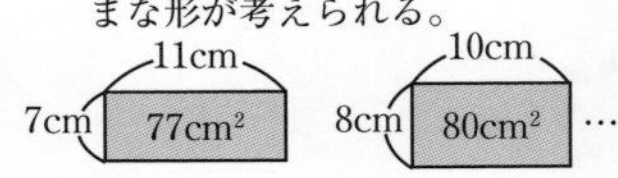

関数(2) 関数とは

次のア～オのうち，正しいものをすべて選んで記号で答えましょう。 → 関 STEP 1

ア　円の半径が決まれば，その円の面積は1つに決まる。
イ　長方形の周の長さが決まれば，その長方形の面積は1つに決まる。
ウ　進む速さと時間が決まれば，道のりは1つに決まる。
エ　鉛筆1本の値段と買った本数が決まれば，鉛筆の代金は1つに決まる。
オ　年齢が決まれば，その年齢の人の身長は1つに決まる。

答　ア，ウ，エ

次のカ～コのxとyの関係のうち，yがxの関数（かんすう）になっているものをすべて選んで記号で答えましょう。

カ　半径$x$cmの円の面積を$y$cm^{2}とする。
キ　周の長さが$x$cmの長方形の面積を$y$cm^{2}とする。
ク　時速40kmでx時間進んだときの道のりを$y$kmとする。
ケ　1本50円の鉛筆をx本買ったときの代金をy円とする。
コ　年齢がx歳の人の身長を$y$cmとする。

答　カ，ク，ケ

上の問題のイは，仮に周の長さを20cmとした場合，縦2cm・横8cm（→面積16cm^2），縦3cm・横7cm（→面積21cm^2），…など，縦と横の長さの組み合わせは1つに決まらず，面積も1つに決まりません。
オは，同じ年齢でもさまざまな身長の人がいるので誤りです。

下の問題のカ～コは，上の問題のア～オの2つの数量を，xとyを使って表しなおしたものです。
カ，ク，ケのように，xの値を決めると対応するyの値が1つに決まるとき，**yはxの関数である**といいます。

POINT

xの値を決めると，それに対応してyの値がただ1つに決まるとき，
yはxの関数である
といいます。
xの値を決めても，yの値がただ1つに決まらなければ，yはxの関数であるとはいいません。

例題で確認! 次のア～キのxとyの関係のうち，yがxの関数であるものには○を，yがxの関数でないものには×を，それぞれ(　)に入れましょう。

ア(　　) 周の長さが36cmの長方形の縦の長さ$x$cmと横の長さ$y$cm
イ(　　) 面積が20cm^{2}の平行四辺形の底辺$x$cmと高さ$y$cm
ウ(　　) 面積が$x$cm^{2}の平行四辺形の底辺$y$cm
エ(　　) 1辺が$x$cmの正三角形の周の長さ$y$cm
オ(　　) yは自然数（正の整数）xの約数である。
カ(　　) x円の品物を買って，1万円を出したときのおつりをy円とする。
キ(　　) 150km離れた地点へ，時速$x$kmの速さの電車で行くと，y時間かかる。

答 ア○　イ○　ウ×　エ○　オ×　カ○　キ○

考え方 xに適当な値をあてはめたとき，yの値がただ1つに決まるかどうかを確かめましょう。

ア　縦の長さを10cmとすると，横の長さは8cmに決まる。
イ　底辺を10cmとすると，高さは2cmに決まる。
ウ　面積を100cm^{2}としたとき，底辺10cm・高さ10cm，底辺20cm・高さ5cm，…など底辺yの値は1つに決まらない。
エ　1辺を10cmとすると，周の長さは30cmに決まる。
オ　自然数を10とすると，その約数は1，2，5，10の4つあるので，yの値は1つに決まらない。
カ　品物を1000円とすると，おつりは9000円である。
キ　時速50kmとすると，時間＝道のり÷速さなので，yの値は3に決まる。

POINT

上の例題ア～キに出てくるすべてのx，yは，いろいろな値をとることができます。これらのx，yのように，いろいろな値をとる文字を変数（へんすう）といいます。

関数(3) 変域

次の数量の関係で，yはxの関数です。表のあいている欄に数を入れ，xとyの対応表を完成させましょう。 →関 STEP 1・2

時速4kmでx時間歩いたときの，歩いた道のり$y$km

x	0	1	2	3	4	5	6	7	…
y									…

答 （左から）0，4，8，12，16，20，24，28

次の数量の関係で，yはxの関数です。表のあいている欄に数を入れ，xとyの対応表を完成させましょう。また，問いに答えましょう。

A地点から20km離れたB地点まで時速4kmでx時間歩いたときの，歩いた道のり$y$km

x	0	1	2	3	4	5
y						

（問い）対応表はなぜxが5までの欄しかないのか答えましょう。

答 （左から）0，4，8，12，16，20

（問い）5時間でB地点に着くから。

上の問題は，道のり（$y$km）＝速さ（時速4km）×時間（x時間）から考えます。xの値が7までしか表されていませんが，xが10ならばyは40，xが100ならばyは400，…のように，つづきを考えることができます。

下の問題は，「A地点から20km離れたB地点まで」とあることに着目しましょう。時速4kmならば，5時間で20km進み，B地点に着いてしまいます。したがって，時間にあたる変数xは5まで，道のりにあたる変数yは20までと，それぞれとりうる値にかぎりがあることに注意しましょう。

変数には，とりうる値の範囲がかぎられる場合があります。変数のとりうる値の範囲を，変域（へんいき）といいます。

関数(4) 変域の表し方

次の数量の関係で，yはxの関数です。表のあいている欄に数を入れ，xとyの対応表を完成させましょう。また，問いに答えましょう。

→ 関 STEP 3

48Lの水が入る空の水そうに，毎分8Lずつ，水そうがいっぱいになるまで水を入れるとき，水を入れはじめてからx分後の，水そうの中の水の量yL

x	0	1	2	3	4	5	6
y							

(問い) 対応表はなぜxが6までの欄しかないのか答えましょう。

答 (左から) 0，8，16，24，32，40，48
(問い) 6分で水そうがいっぱいになるから。

上の問題のつづきです。x，yの変域をそれぞれ求めましょう。

□≦x≦□，□≦y≦□

答 0≦x≦6，0≦y≦48

上の問題は，「(48Lの) 水そうがいっぱいになるまで」とあることに着目しましょう。6分で水そうはいっぱいになるので，時間にあたる変数xは0以上6以下の範囲にかぎられます。また，水そうには48Lまでしか入らないので，水の量にあたる変数yは0以上48以下の範囲にかぎられます。

変数のとりうる値のことを変域といいます。下の問題の通り，変域は不等号を使って書き表します。

$0 \leqq x \leqq 6$
(xは0以上，6以下)
※xは0と6を含む。

POINT

変域は，$0 \leqq x \leqq 6$，$3 \leqq x \leqq 8$，…のように，不等号を使って書き表します。「以上」，「以下」のときは，≧，≦のような不等号を使います。「未満（ある数そのものは含まず，それより小さい数であること）」のときや，「より大きい」，「より小さい」のときは，>，<のような不等号を使います。数直線では，●はその数を含み，○はその数を含まないことを表します。

$2 \leqq x < 5$
0 1 2 3 4 5 6

STEP 5

1章 比例と反比例

比例(1) 比例

次の□にあてはまる数を入れましょう。 → 関 STEP 1

右の表は，水そうに1分間に2Lずつ水を入れるときの，入れる時間とたまる水の量の関係をまとめたものです。時間が2倍，3倍，4倍，…になると，それにともなって，たまる水の量も，2倍，(1)倍，(2)倍，…と変わります。

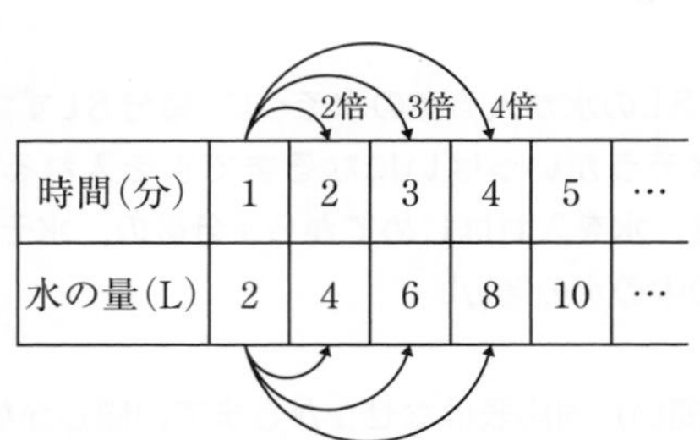

時間(分)	1	2	3	4	5	…
水の量(L)	2	4	6	8	10	…

答 (1) 3 倍 (2) 4 倍

上の問題のつづきです。次の□にあてはまることばを入れましょう。

このとき，水の量は時間に□するといいます。

答 比例 する

上の問題では，時間が変わるのにともなって，水の量がどのように変わっているのかを，表をよく見て考えましょう。
ここでは，時間が2倍，3倍，4倍，…になると，水の量も2倍，3倍，4倍，…と増えていきます。このような関係を「水の量は時間に**比例する**」といいます。

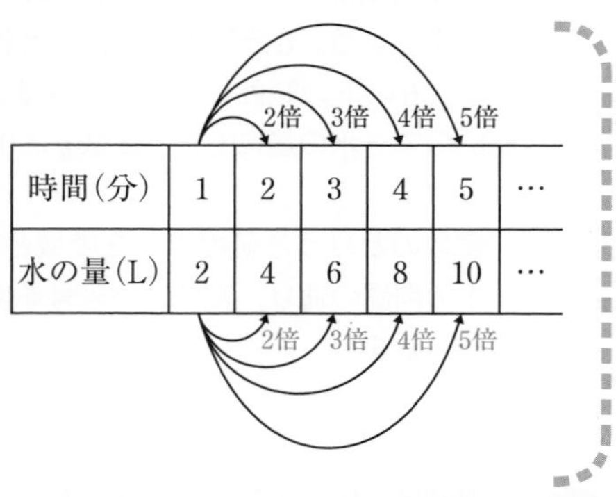

時間(分)	1	2	3	4	5	…
水の量(L)	2	4	6	8	10	…

POINT

ともなって変わる2つの数量x，yについて，xが2倍，3倍，4倍，…になると，それにともなってyも2倍，3倍，4倍，…になる関係を，「yはxに比例する」といいます。ただし，xが増えればyも増えるという関係だけでは，必ずしも比例の関係とはいえないので注意しましょう。

例題で確認! 下の表の2つの数量は，どのように変化していきますか。表のあいている欄に，数を入れて表を完成させましょう。また，2つの量が比例するものには○，比例しないものには×を（　）に入れましょう。

(1) 1本50円の鉛筆を買ったときの，鉛筆の本数と代金の関係

本数(本)	1	2	3	4	5	6	7	…
代金(円)	50							…

（　　）

(2) 誕生日が同じ子と母の年齢の関係

子の年齢(歳)	1	2	3	4	5	6	7	…
母の年齢(歳)	28	29						…

（　　）

(3) 正方形の1辺の長さが$x$cmのときの，周の長さ$y$cm

x	1	2	3	4	5	6	7	…
y	4	8						…

（　　）

(4) 正方形の1辺の長さが$x$cmのときの，面積$y$cm^2

x	1	2	3	4	5	6	7	…
y	1	4						…

（　　）

答 (1)

本数(本)	1	2	3	4	5	6	7	…
代金(円)	50	100	150	200	250	300	350	…

(○)

(2)

子の年齢(歳)	1	2	3	4	5	6	7	…
母の年齢(歳)	28	29	30	31	32	33	34	…

(×)

(3)

x	1	2	3	4	5	6	7	…
y	4	8	12	16	20	24	28	…

(○)

(4)

x	1	2	3	4	5	6	7	…
y	1	4	9	16	25	36	49	…

(×)

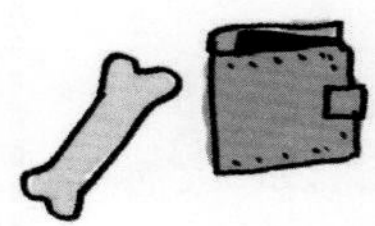

考え方 (1)(3)　一方の数量が2倍，3倍，4倍，…と変わると，もう一方の数量も2倍，3倍，4倍，…と変わるので比例の関係。

(2)(4)　一方が増えるともう一方も増えるが，一方の数量が2倍，3倍，4倍，…と変わっても，もう一方の数量は2倍，3倍，4倍，…とは変わらない。

STEP 6

1章 比例と反比例

比例(2) 比例の式

次の変数xとそれにともなって変わる変数yについて，xとyの対応表を完成させましょう。また，問いに答えましょう。 →関 STEP 2・5

時速3kmでx時間歩いたときの，歩いた道のり$y$km

x	0	1	2	3	4	5	6	7	…
y									…

(問い)　yはxの関数といえますか，いえませんか。

答 (左から) 0，3，6，9，12，15，18，21
(問い) yはxの関数といえる。

上の問題のつづきです。次の問題に答えましょう。

(1) **yの値は，常に，xの値の何倍になっていますか。**
(2) **yをxの式で表しましょう。**

答 (1) 3倍
(2) $y=3x$

上の問題は，xの値を決めると，それに対応してyの値もただ1つに決まるので，yはxの関数です。また，この問題の場合，xが2倍，3倍，…になると，yも2倍，3倍，…になっているので，yはxに比例しています。

下の問題は，xとyの値の関係に着目します。
時速3kmで歩いているので，yの値は，常に，xの値の3倍になります。
したがって，yをxの式で表すと，$y=3x$となります。$y=3x$の3は，xの値がいくつであっても変化しません。

x	0	1	2	3	4	5	6	7
y	0	3	6	9	12	15	18	21

3倍

$y=3\times x$

↓かけ算の記号×は，はぶいて書く。

$y=3x$

POINT

$y=3x$ の3や，$y=\frac{1}{2}x$ の $\frac{1}{2}$ のように，
変化しない一定の数を定数（ていすう）といいます。

POINT

y が x の関数で，x と y の関係が
$y=ax$（a は0ではない定数）
の形の式で表されるとき，y は x に比例するといいます。
このとき，文字 a を比例定数といいます。

例題で確認! 次の変数 x とそれにともなって変わる変数 y について，x と y の対応表を完成させ，y を x の式で表しましょう。

(1) 正方形の1辺の長さが x cmのときの，周の長さ y cm

x	1	2	3	4	5	6
y						

$y=$ □

(2) 時速40kmで走る自動車が，x 時間に進む道のり y km

x	0	1	2	3	4	5
y						

$y=$ □

答 (1)（左から）4，8，12，16，20，24　$y=$ $4x$
(2)（左から）0，40，80，120，160，200　$y=$ $40x$

考え方 (1)(2)　いずれも $y=ax$ の形の式で表せるので，y は x に比例している。

例題で確認! 次の式で，x と y は変数，ほかの文字は定数です。比例定数を答えましょう。

(1) $y=\frac{1}{2}x$　(2) $y=-\frac{1}{4}x$
(3) $y=x$　(4) $y=-x$
(5) $y=\frac{x}{2}$　(6) $y=\frac{3x}{4}$
(7) $y=cx$　(8) $y=\pi x$

答 (1) $\frac{1}{2}$　(2) $-\frac{1}{4}$　(3) 1　(4) -1
(5) $\frac{1}{2}$　(6) $\frac{3}{4}$　(7) c　(8) π

考え方 (5)(6)　$\frac{x}{2}$ と $\frac{1}{2}x$，$\frac{3x}{4}$ と $\frac{3}{4}x$ は同じ。
(7)(8)　問題文に x と y 以外の文字は定数とあります。π（パイ）は円周率のこと。

STEP 7

比例(3) 変数が負の値をとるとき

比例 $y=3x$ について，次の問題に答えましょう。

→ 関 STEP 6

(1) **比例定数を答えましょう。**

(2) **x と y の対応表を完成させましょう。**

x	0	1	2	3	4	5
y						

答 (1) 3

(2)

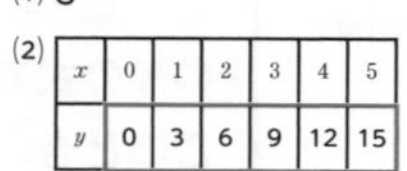

x	0	1	2	3	4	5
y	0	3	6	9	12	15

比例 $y=5x$ について，次の問題に答えましょう。

(1) **比例定数を答えましょう。**

(2) **x と y の対応表を完成させましょう。**

x	−5	−4	−3	−2	−1	0	1	2	3	4	5
y											

答 (1) 5

(2)

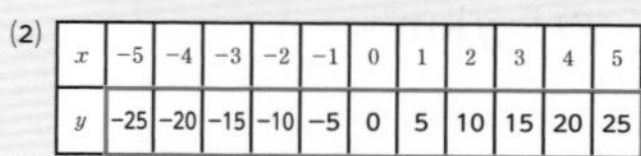

x	−5	−4	−3	−2	−1	0	1	2	3	4	5
y	−25	−20	−15	−10	−5	0	5	10	15	20	25

上の問題では，$y=3x$ より，比例定数は3なので，y の値は，常に，x の値の3倍になります。

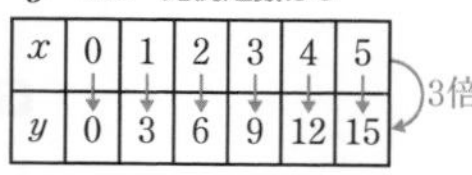

$y=3x$ →比例定数は3

x	0	1	2	3	4	5
y	0	3	6	9	12	15

下の問題では，対応表の x の値が，負の数をとっていることに着目しましょう。$y=5x$ より，比例定数は5なので，y の値は，常に，x の値の5倍になります。これは，x の値が負の数のときにもあてはまります。

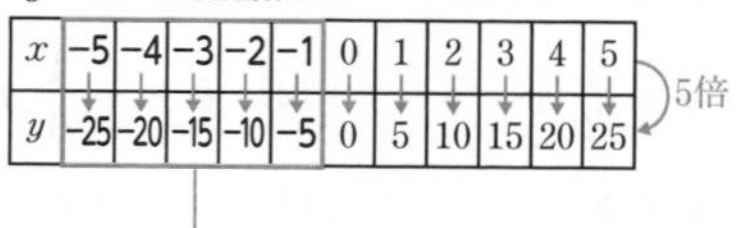

$y=5x$ →比例定数は5

x	−5	−4	−3	−2	−1	0	1	2	3	4	5
y	−25	−20	−15	−10	−5	0	5	10	15	20	25

POINT

y が x に比例するとき，x が負の値をとるときでも，$y=ax$ の関係が成り立ちます。

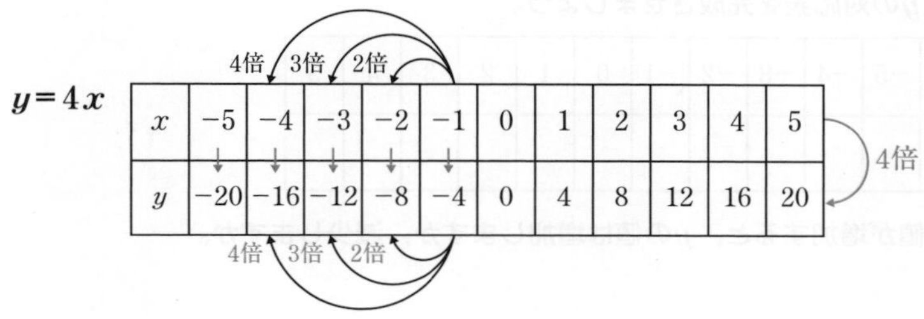

$y=4x$

x	−5	−4	−3	−2	−1	0	1	2	3	4	5
y	−20	−16	−12	−8	−4	0	4	8	12	16	20

例題で確認! 次の問題に答えましょう。

(1) 比例 $y=x$ の比例定数を答えましょう。
また，x と y の対応表を完成させましょう。

比例定数 ☐

x	−5	−4	−3	−2	−1	0	1	2	3	4	5
y											

(2) 比例 $y=\frac{1}{2}x$ の比例定数を答えましょう。
また，x と y の対応表を完成させましょう。

比例定数 ☐

x	−4	−3	−2	−1	0	1	2	3	4
y						$\frac{1}{2}$			

答 (1) **比例定数** $\boxed{1}$ （左から）−5，−4，−3，−2，−1，0，1，2，3，4，5

(2) **比例定数** $\boxed{\frac{1}{2}}$ （左から）−2，$-\frac{3}{2}$，−1，$-\frac{1}{2}$，0，$\left(\frac{1}{2}\right)$，1，$\frac{3}{2}$，2

STEP 8

比例(4) 比例定数が負の数のとき

比例 $y=2x$ について，次の問題に答えましょう。

→ 関 STEP 7

(1) **比例定数を答えましょう。**

(2) **x と y の対応表を完成させましょう。**

x	-5	-4	-3	-2	-1	0	1	2	3	4	5
y											

(3) **x の値が増加すると，y の値は増加しますか，減少しますか。**

答 (1) 2

(2)
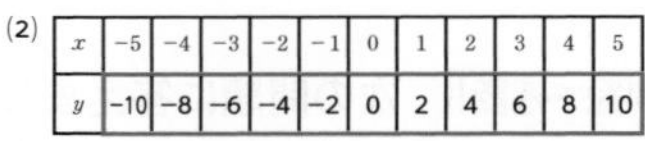

x	-5	-4	-3	-2	-1	0	1	2	3	4	5
y	−10	−8	−6	−4	−2	0	2	4	6	8	10

(3) 増加する。

比例 $y=-2x$ について，次の問題に答えましょう。

(1) **比例定数を答えましょう。**

(2) **x と y の対応表を完成させましょう。**

x	-5	-4	-3	-2	-1	0	1	2	3	4	5
y											

(3) **x の値が増加すると，y の値は増加しますか，減少しますか。**

答 (1) −2

(2)

x	-5	-4	-3	-2	-1	0	1	2	3	4	5
y	10	8	6	4	2	0	−2	−4	−6	−8	−10

(3) 減少する。

下の問題では，比例定数は負の数ですが，$y=ax$ の式の形なので，y は x に比例します。
また，x の値が -5，-4，-3，…と増加したとき，y の値は 10，8，6，…と，減少することに着目しましょう。

POINT

比例で，比例定数が負の数の場合，
xの値が増加すると，yの値は減少します。

〈比例定数が正の数のとき〉

(例) $y=3x$

x	−2	−1	0	1	2	3
y	−6	−3	0	3	6	9

xの値が 増加 すると，
yの値も 増加 する。

〈比例定数が負の数のとき〉

(例) $y=-3x$

x	−2	−1	0	1	2	3
y	6	3	0	−3	−6	−9

xの値が 増加 すると，
yの値は 減少 する。

例題で確認! 次の式について，xとyの対応表を完成させましょう。
また，□に，「増加する」か「減少する」のうち，あてはまることばを入れましょう。

(1) $y=-2x$

x	−3	−2	−1	0	1	2	3	4
y								

xの値が増加すると，
yの値は□。

(2) $y+x=0$

x	−3	−2	−1	0	1	2	3	4
y								

xの値が増加すると，
yの値は□。

答 (1) (左から) 6，4，2，0，−2，−4，−6，−8　減少する
(2) (左から) 3，2，1，0，−1，−2，−3，−4　減少する

考え方 (2) xを移項すると，$y=-x$になる。

「$y=ax$」の形になっていない式は，「$y=ax$」の形に変形して考えます。

$x+y=0$ ⟶ (xを移項して) $y=-x$

$3y=5x$ ⟶ (両辺を3でわって) $y=\frac{5}{3}x$

POINT

STEP 9

① 章 比例と反比例

比例(5) 比例の式を求める

比例 $y=3x$ について，次の問題に答えましょう。 → 関 STEP 7

(1) 比例定数を答えましょう。

(2) x と y の対応表を完成させましょう。

x	-5	-4	-3	-2	-1	0	1	2	3	4	5
y											

答 (1) 3

(2)

x	-5	-4	-3	-2	-1	0	1	2	3	4	5
y	-15	-12	-9	-6	-3	0	3	6	9	12	15

次の x と y の対応表を見て，問題に答えましょう。

x	-5	-4	-3	-2	-1	0	1	2	3	4	5
y	-10	-8	-6	-4	-2	0	2	4	6	8	10

(1) y の値は，常に，対応する x の値の何倍になっていますか。

(2) この場合，y は x に比例しています。
比例定数を求めましょう。

(3) y を x の式で表しましょう。

答 (1) 2倍

(2) 2

(3) $y=2x$

下の問題は，y が x に比例するときの対応表から比例定数を求め，そこから比例の式を求めます。

$\frac{y}{x}$ の値が比例定数になることに着目しましょう。

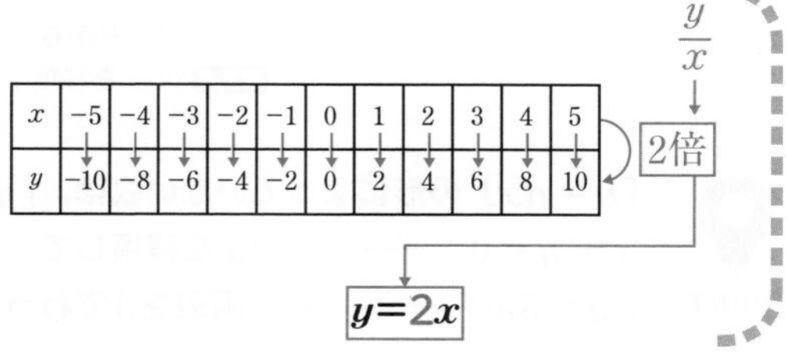

$\frac{y}{x}$
| x | -5 | -4 | -3 | -2 | -1 | 0 | 1 | 2 | 3 | 4 | 5 |
| y | -10 | -8 | -6 | -4 | -2 | 0 | 2 | 4 | 6 | 8 | 10 |
2倍
$y=2x$

POINT

比例 $y=ax$ では，
対応する x と y の値の商 $\dfrac{y}{x}$ は一定で，
比例定数 a に等しくなります。

例題で確認! 次の問題に答えましょう。

(1) y は x に比例し，$x=3$ のとき $y=15$ です。
① 比例定数を求めましょう。　② y を x の式で表しましょう。

(2) y は x に比例し，$x=2$ のとき $y=-6$ です。
① 比例定数を求めましょう。　② y を x の式で表しましょう。

(3) y は x に比例し，$x=3$ のとき $y=5$ です。
① 比例定数を求めましょう。　② y を x の式で表しましょう。

答 (1) ① 5　② $y=5x$　(2) ① -3　② $y=-3x$
(3) ① $\dfrac{5}{3}$　② $y=\dfrac{5}{3}x$

考え方 (1) ① $\dfrac{y}{x}=\dfrac{15}{3}=5$　(3) ① $\dfrac{y}{x}=\dfrac{5}{3}$

POINT

比例の式を求めるときには，求める式を $y=ax$ とおいてから，
次のように求めてもかまいません。

(例) y は x に比例し，$x=4$ のとき $y=12$ です。
このとき，y を x の式で表しましょう。

解答 y は x に比例するので，比例定数を a とすると，$y=ax$
$x=4$ のとき $y=12$ だから，

$$12=a\times 4$$
$$4a=12$$
$$a=3$$

したがって，$y=3x$

y=axとおき
対応するx，yの値を
それぞれ代入するよ。

STEP 10

1章 比例と反比例

座標(1) 座標を読み取る

右の図は，2つの数直線が点O（オー）で交わったものです。
次の□にあてはまることばを入れましょう。

横の数直線を （1） （横軸）といいます。

縦の数直線を （2） （縦軸）といいます。

（1） と （2） を合わせて，（3） といいます。

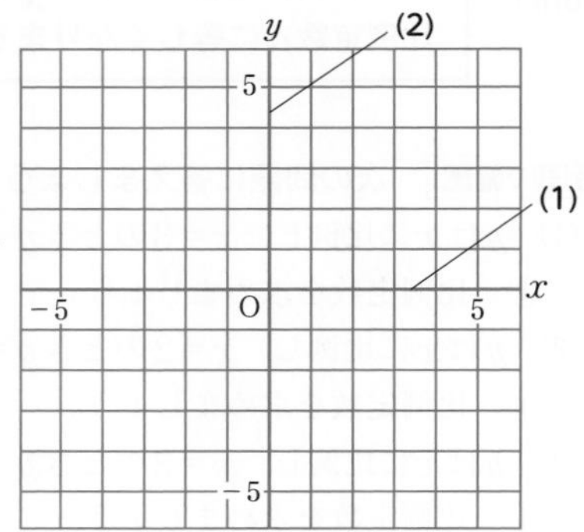

答 (1) x軸 (2) y軸 (3) 座標軸

右の図で，**点Pの位置**は，P（3，4）と表されます。
次の□にあてはまることばを入れましょう。

3を点Pの （1） といいます。

4を点Pの （2） といいます。

（3，4）を点Pの （3） といいます。

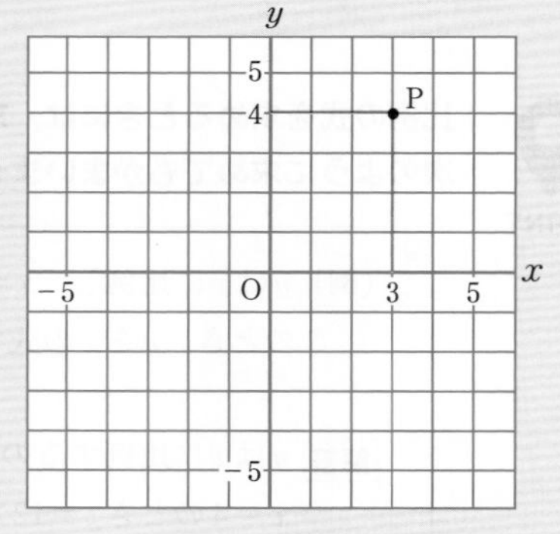

答 (1) x座標 (2) y座標 (3) 座標

小学校の算数では，グラフは，0以上の正の数の範囲にかぎられていましたが，中学校の数学では，数を負の数の範囲までひろげて考えます。ここでは，そのときに必要な，平面上の点の位置の表し方を学びます。

POINT

●右のような図で，

・横の数直線をx軸または横軸，縦の数直線をy軸または縦軸といいます。

・x軸とy軸を合わせて**座標軸**といいます。

・座標軸の交わる点Oを**原点**といいます。

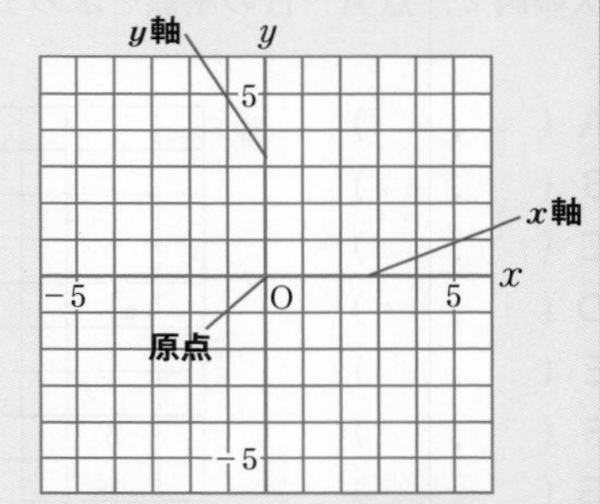

POINT

●右の図の点Pについて，

・(3，5）を点Pの**座標**といいます。

・3を点Pの**x座標**，5を点Pの**y座標**といいます。

・点Pの座標は，次のように表します。

P（3，5）

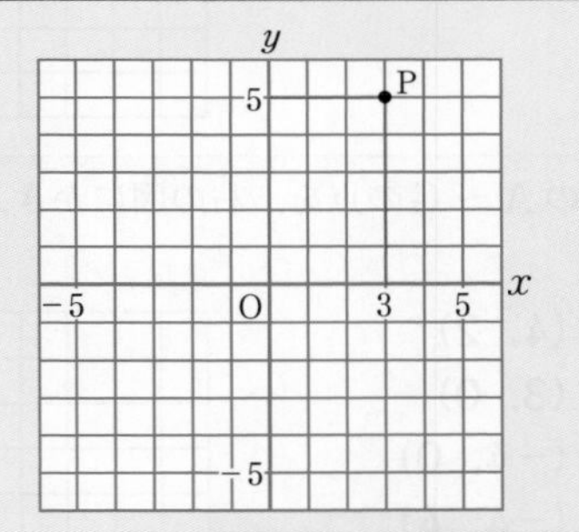

例題で確認! 下の図で，点A～Gの座標を求めましょう。

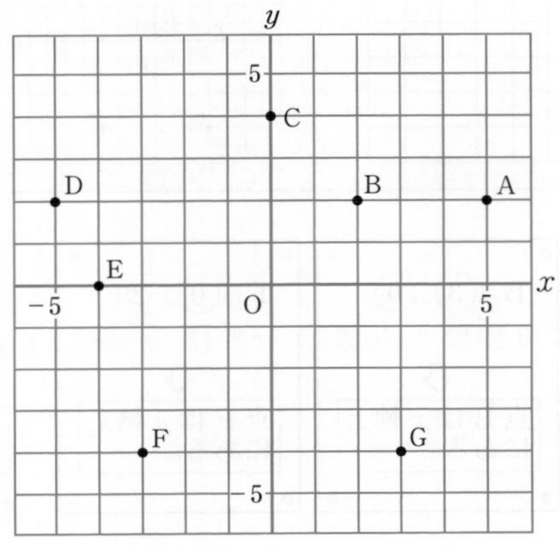

答 A（5，2），B（2，2），C（0，4），D（−5，2），E（−4，0），F（−3，−4），G（3，−4）

考え方 ・点Cはy軸上にあり，x座標は0。
・点Eはx軸上にあり，y座標は0。
なお，原点Oの座標は（0，0）です。

座標(2) 点を座標平面上にとる

次の図で，点A～Hの座標を求めましょう。 → 関 STEP 10

A（　，　）
B（　，　）
C（　，　）
D（　，　）
E（　，　）
F（　，　）
G（　，　）
H（　，　）

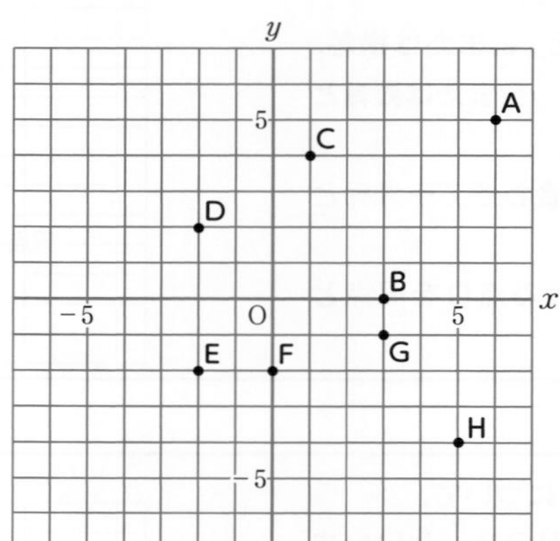

答
A (6, 5), B (3, 0),
C (1, 4), D (−2, 2),
E (−2, −2), F (0, −2),
G (3, −1), H (5, −4)

次のA～Gの点を，右の図にかき入れましょう。

A (4, 2)
B (3, 0)
C (−4, 0)
D (−4, 4)
E (3, −5)
F (0, −2)
G (−3, −5)

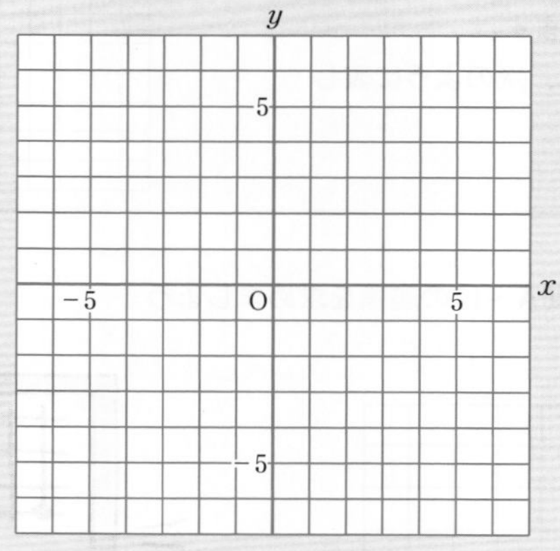

答

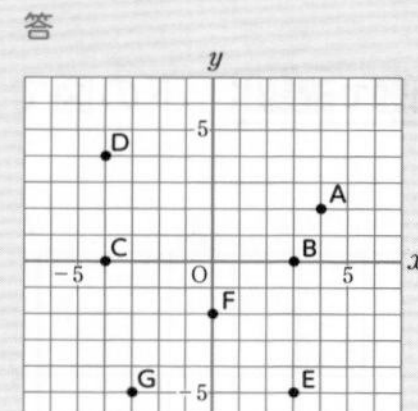

座標軸を用いて，点の位置を座標で表すようにした平面を**座標平面**（ざひょうへいめん）といいます。
x軸上にある点はy座標が0，y軸上にある点はx座標が0であることに注意しましょう。

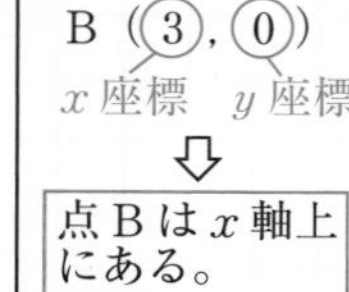

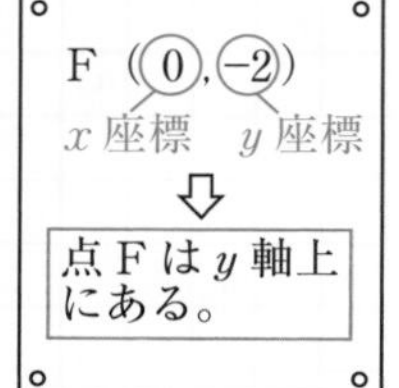

POINT

座標平面上の点の座標を読み取ることと，座標から座標平面上に点をとることの両方に，しっかり慣れておきましょう。

例題で確認! 次のA～Hの点を下の座標平面上にとり，□にあてはまる点の記号を入れましょう。

A（5，3）
B（5，0）
C（−8，0）
D（−7，−3）
E（0，8）
F（−4，9）
G（0，−3）
H（3，−10）

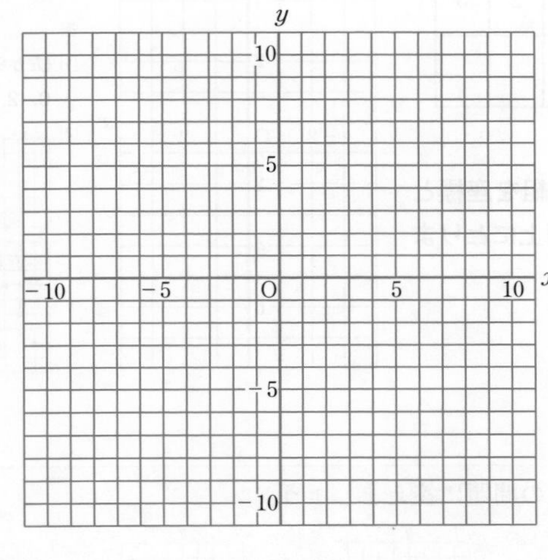

(1)　点A～Hのうち，x軸上にあるのは点□と点□です。
(2)　点A～Hのうち，y軸上にあるのは点□と点□です。

答

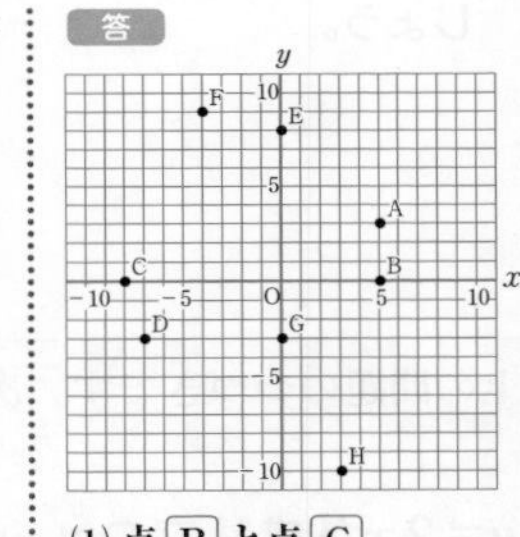

(1) 点 B と点 C
(2) 点 E と点 G

例題で確認! 座標平面上に2点A(2，3)，B(−4，5) があります。次の問題に答えましょう。

(1)　点Aを右へ3だけ移動した点Cを座標平面上にとりましょう。また，その座標を答えましょう。
(2)　点Bを下へ7だけ移動した点Dを座標平面上にとりましょう。また，その座標を答えましょう。
(3)　点Bを左へ2，上へ2だけ移動した点の座標を答えましょう。

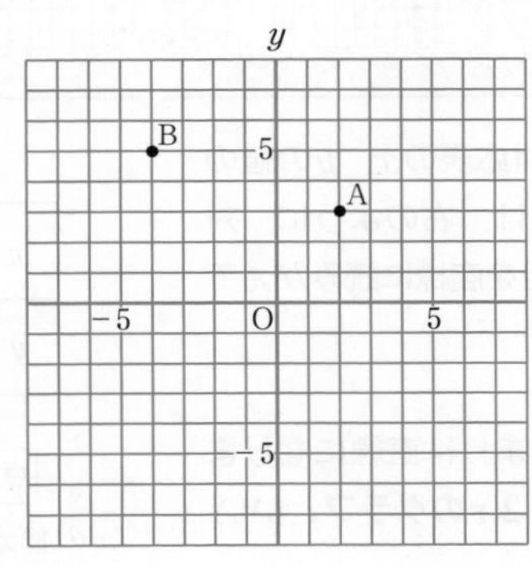

答

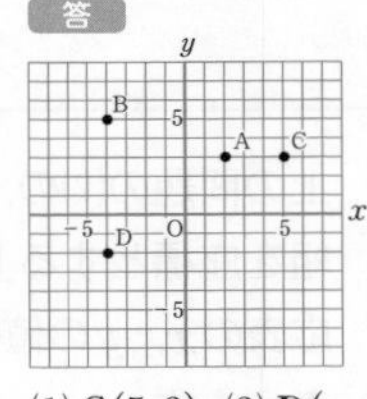

(1) C(5, 3)　(2) D(−4, −2)
(3) (−6, 7)

考え方

(1)　左右の移動だけならば，y座標は変わりません。
(2)　上下の移動だけならば，x座標は変わりません。

STEP 12

1章 比例と反比例

比例のグラフ(1) 対応表からグラフをかく

比例 $y=2x$ について，次の問題に答えましょう。 → 関 STEP 7・8・11

(1) x と y の対応表を完成させましょう。

x	−3	−2	−1	0	1	2	3
y							

(2) 対応表の x，y の値の組を座標とする点を，右の座標平面上にとりましょう。

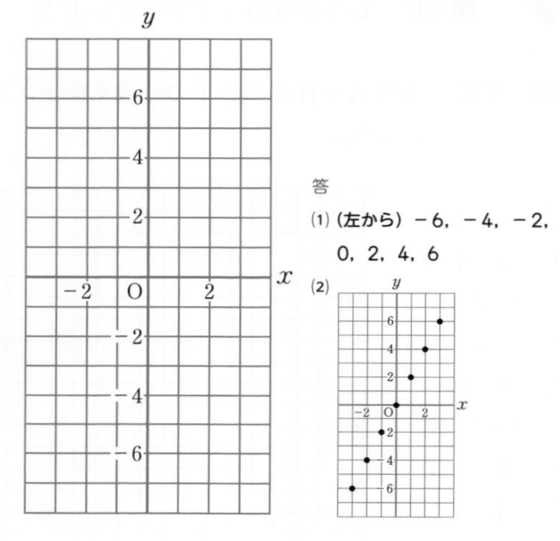

答

(1) (左から) −6，−4，−2，0，2，4，6

(2)

上の問題のつづきです。次の問題に答えましょう。

$y=2x$ が成り立つ x，y の値の組を座標とする点を，さらにたくさんとっていくと，点の集まりは何になりますか。

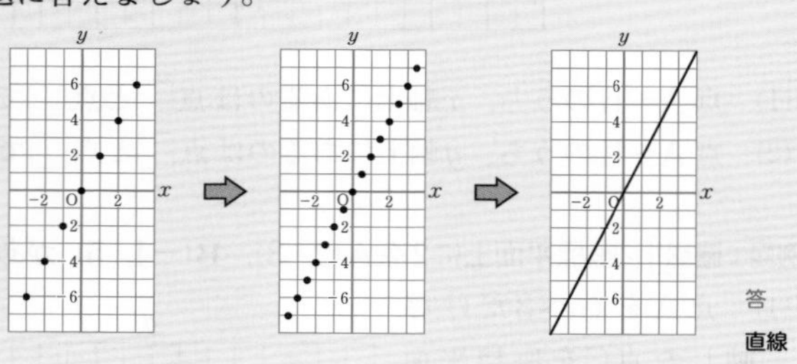

答

直線

上の問題の(2)の，「対応表の x，y の値の組を座標とする」とは，右のように，対応表の x，y の値の組を座標に読みかえて考えます。

下の問題で，点の集まりは直線になります。この直線を **$y=2x$ のグラフ**といいます。

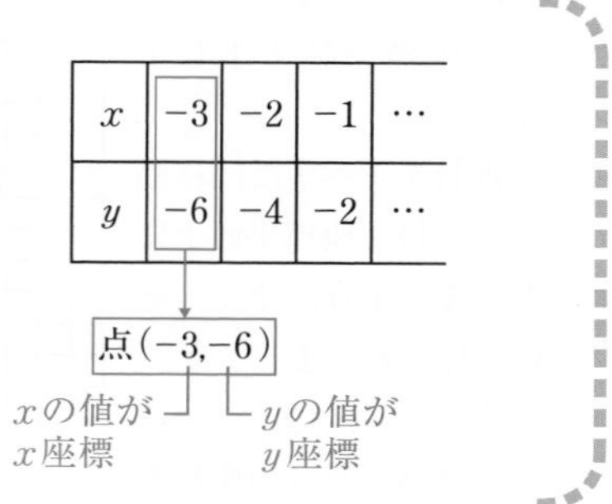

x	−3	−2	−1	…
y	−6	−4	−2	…

●比例のグラフ

比例 $y = ax$ のグラフは，原点を通る直線です。

POINT

例題で確認! 比例 $y = -2x$ について，x と y の対応表を完成させ，グラフをかきましょう。

x	−3	−2	−1	0	1	2	3
y							

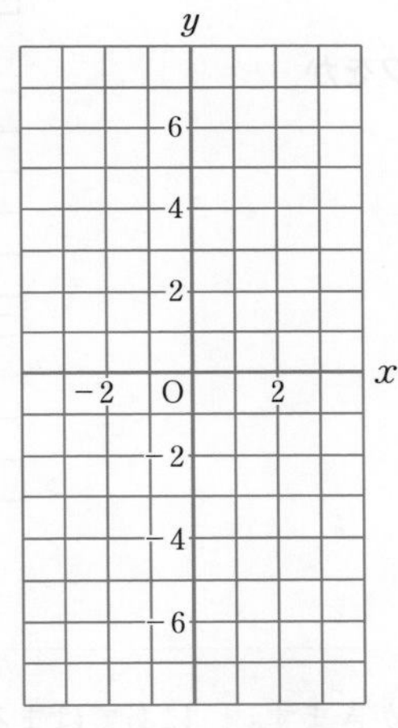

比例定数が負の数だから
xの値が増加すると
yの値は減少するね。

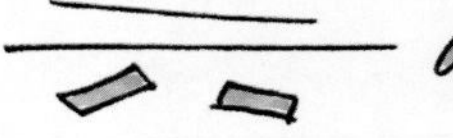

答

(左から) 6，4，2，0，−2，−4，−6

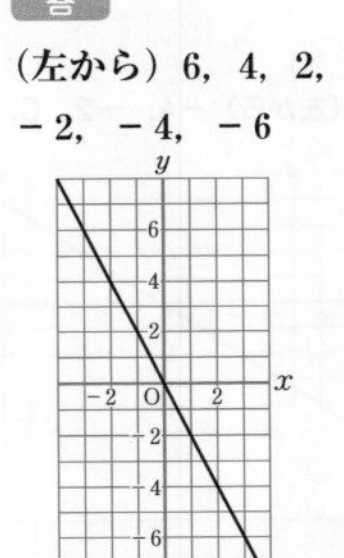

POINT

●比例のグラフ

比例 $y = ax$ のグラフは，a の値によって次のようになります。

・$a > 0$ のとき，
グラフは右上がりの直線

・$a < 0$ のとき，
グラフは右下がりの直線

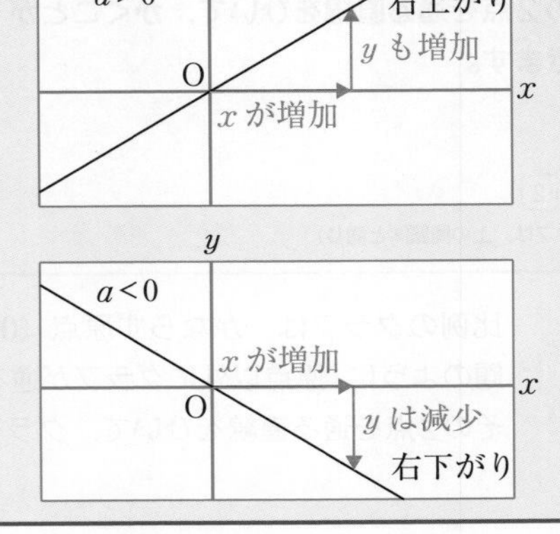

STEP 13

1章 比例と反比例

比例のグラフ(2) 原点以外の1点の座標からグラフをかく

→ 関 STEP 12

比例 $y=\frac{2}{3}x$ について，次の問題に答えましょう。

(1) x と y の対応表を完成させましょう。

x	−6	−3	0	3	6
y					

(2) 座標平面上に，グラフをかきましょう。

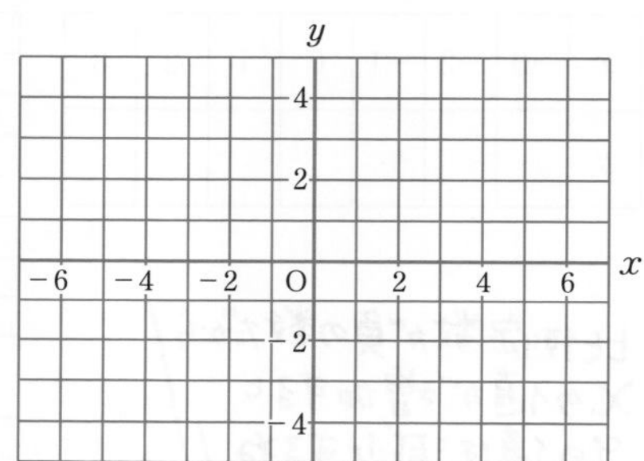

答

(1)（左から）−4，−2，0，2，4

(2)

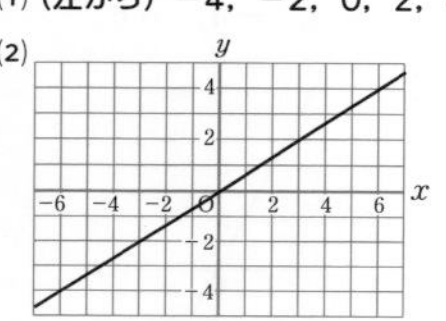

比例 $y=\frac{2}{3}x$ のグラフをかきます。□にあてはまる数を入れ，座標平面上にグラフをかきましょう。

$y=\frac{2}{3}x$ のグラフは，
原点（0, 0）と点（3, □）を通るので，
この2点を通る直線をひいて，かくことができます。

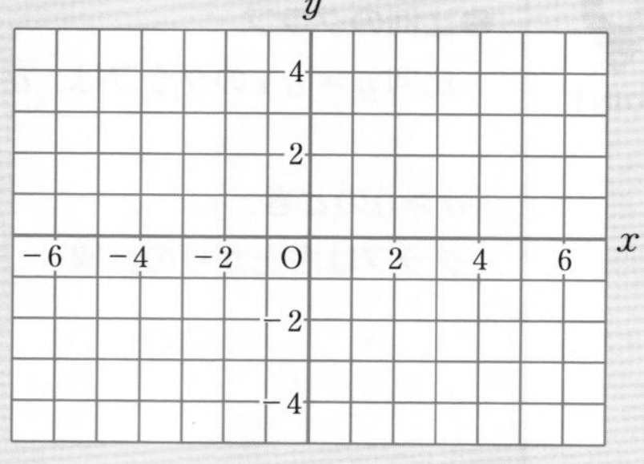

答

（3, 2）

（グラフは，上の問題(2)と同じ）

比例のグラフは，かならず原点（0, 0）を通ります。したがって，下の問題のように，原点以外にグラフが通る点をもう1つ見つけることができれば，その2点を通る直線をひいて，グラフをかくことができます。

POINT

> **比例 $y=\dfrac{\triangle}{\bigcirc}x$ のグラフは，**
> **原点（0，0）と点（○，△）を通る直線です。**

◆ **$y=\boxed{\dfrac{3}{2}}x$ のグラフは，原点と点 $\boxed{(2,\ 3)}$ を通る直線です。**

◆ **$y=\boxed{-\dfrac{3}{2}}x$ のグラフは，原点と点 $\boxed{(2,\ -3)}$ を通る直線です。**

$y=\dfrac{-3}{2}x$ と考える。

◆ **$y=\boxed{3}\,x$ のグラフは，原点と点 $\boxed{(1,\ 3)}$ を通る直線です。**

$y=\dfrac{3}{1}x$ と考える。

例題で確認! 次のグラフをかきましょう。

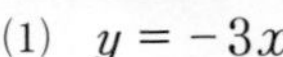

(1) $y=-3x$

(2) $y=\dfrac{3}{5}x$

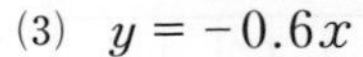

(3) $y=-0.6x$

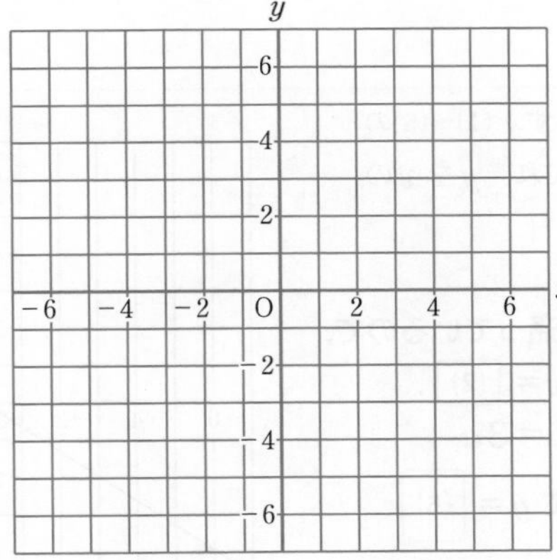

答

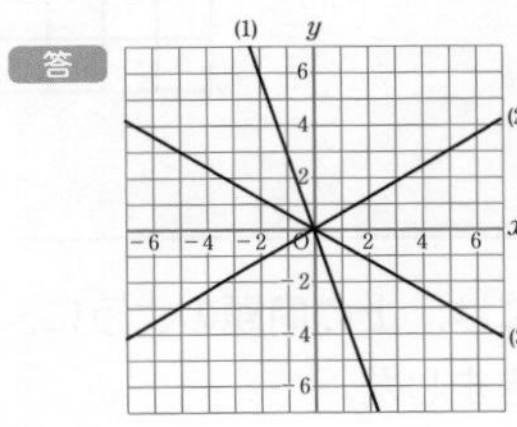

考え方

(1) 原点と点（1, −3）を通る直線

(2) 原点と点（5, 3）を通る直線

(3) $y=-0.6x=-\dfrac{3}{5}x$ より，
原点と点（5, −3）を通る直線

STEP 14

1章 比例と反比例

比例のグラフ(3) グラフから式を求める

→ 関 STEP 13

比例 $y=\dfrac{3}{2}x$ のグラフをかきます。□にあてはまる数を入れ，座標平面上にグラフをかきましょう。

$y=\dfrac{3}{2}x$ のグラフは，
原点（0，0）と点（2，□）を通るので，この2点を通る直線をひいて，かくことができます。

答（2，3）

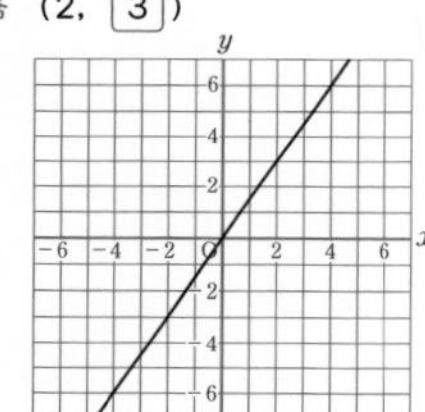

右の図は，比例のグラフです。(1)〜(5)の□にあてはまる数や式を入れ，y を x の式で表しましょう。

グラフは点（3，(1)）を通っているので，
$y=ax$ とおき，この式に $x=$ (2)，
$y=$ (3) を代入すると，$2=3a$
これより $a=$ (4)　よって $y=$ (5)

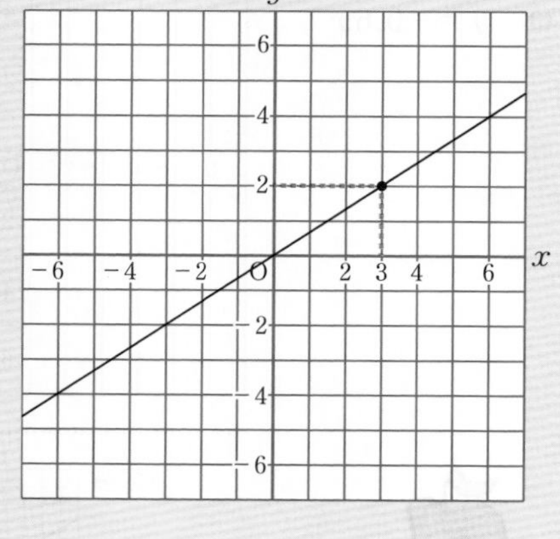

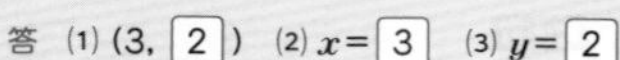

(4) $a=\dfrac{2}{3}$　(5) $y=\dfrac{2}{3}x$

比例のグラフをかくときには，上の問題のように，グラフが通る点の座標を手がかりにすることができました。
グラフの式（y を x の式で表したもの）を求めるときも，グラフが通る点の座標から比例定数を求めることができます。

比例のグラフからxとyの関係を表す式を求めるときは，直線が通る原点以外の1つの点に着目し，その座標から$y=ax$のa(比例定数)を求めることができます。

(例) 下の直線のxとyの関係を表す式を求めましょう。

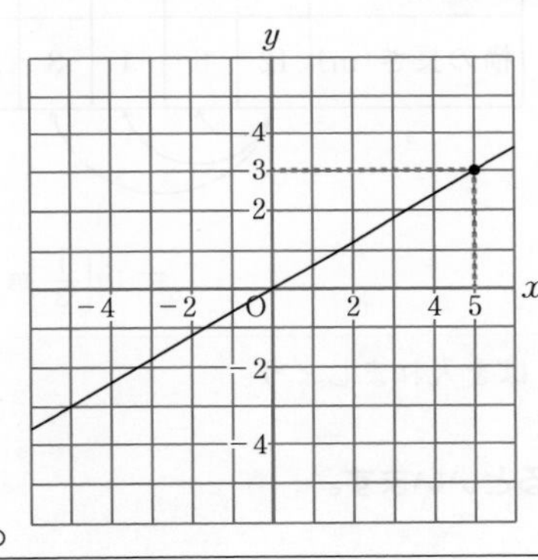

整数の組の座標を見つける。

グラフは(5, 3)を通っているので，

比例定数を求める。

$y=ax$とおき，
この式に$x=5$，$y=3$を代入すると，$3=5a$
これより$a=\dfrac{3}{5}$

よって $y=\dfrac{3}{5}x$ ―求める式

例題で確認! 下の図を見て，次の問題に答えましょう。

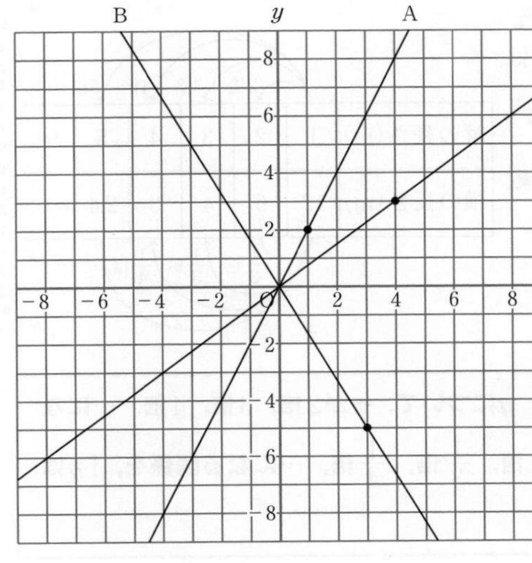

(1) Aのグラフは，点(1, 2)を通ります。Aのグラフの式（xとyの関係を表す式）を求めましょう。

(2) Bのグラフは，点(3, −5)を通ります。Bのグラフの式を求めましょう。

(3) Cのグラフの式を求めましょう。

答

(1) $y=2x$　(2) $y=-\dfrac{5}{3}x$　(3) $y=\dfrac{3}{4}x$

考え方

(2) $y=ax$とおき，$x=3$，$y=-5$を代入すると，$-5=3a$　$a=-\dfrac{5}{3}$

(3) Cのグラフは，点(4, 3)を通っている。

反比例(1) 反比例と式

次の□にあてはまる数を入れましょう。

右の表は，面積が12m²の長方形の花だんを作るときの，縦と横の長さの関係をまとめたものです。縦の長さが2倍，3倍，4倍，…になると，それにともなって，横の長さは$\frac{1}{2}$倍，(1)倍，(2)倍，…と変わります。

縦の長さ(m)	1	2	3	4	5	…
横の長さ(m)	12	6	4	3	2.4	…

(2倍，3倍，4倍)

答 (1) $\frac{1}{3}$倍 (2) $\frac{1}{4}$倍

上の問題のつづきです。□にあてはまることばを入れましょう。

このとき，横の長さは縦の長さに□するといいます。

答 反比例する

ここでは，縦の長さが2倍，3倍，4倍，…になると，横の長さは$\frac{1}{2}$倍，$\frac{1}{3}$倍，$\frac{1}{4}$倍，…になります。

このような関係を，「横の長さは縦の長さに**反比例する**」といいます。

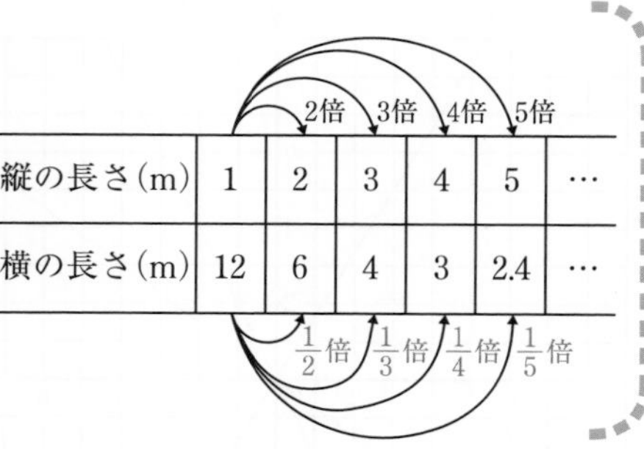

縦の長さ(m)	1	2	3	4	5	…
横の長さ(m)	12	6	4	3	2.4	…

POINT

ともなって変わる2つの数量x，yについて，xが2倍，3倍，4倍，…になると，それにともなってyは$\frac{1}{2}$倍，$\frac{1}{3}$倍，$\frac{1}{4}$倍，…になる関係を，「yはxに反比例する」といいます。

例題で確認! 次の数量の関係で，yはxに反比例しています。xとyの対応表を完成させ，yをxの式で表しましょう。

(1) 60 cmのテープをx等分すると，1本分の長さは$y$cmになります。

x	1	2	3	4	5	6
y	60					

$y=\dfrac{\square}{x}$

(2) 24 kmの道のりを時速$x$kmで移動すると，かかる時間はy時間です。

x	1	2	3	4	5	6
y						

$y=\square$

答

(1) (左から) 30，20，15，12，10

$y=\dfrac{60}{x}$

(2) (左から) 24，12，8，6，4.8，4

$y=\dfrac{24}{x}$

POINT

yがxの関数で，xとyの関係が

$$y=\frac{a}{x}\quad (a\text{は}0\text{ではない定数})$$

の形の式で表されるとき，yはxに反比例するといいます。
このとき，文字aを比例定数といいます。

反比例
だからといって，
反比例定数
とは
いわないよ。

例題で確認! 次の問題に答えましょう。

(1) 反比例$y=\dfrac{12}{x}$について，xとyの対応表を完成させましょう。

xとyをかけると常に比例定数の12になるね。

x	−6	−5	−4	−3	−2	−1	0	1	2	3	4	5	6
y							×						

※どんな数も0ではわれないので，$x=0$のときのyの値はありません。

(2) 反比例$y=-\dfrac{12}{x}$について，
xとyの対応表を完成させましょう。

x	−6	−5	−4	−3	−2	−1	0	1	2	3	4	5	6
y							×						

答

(1) (左から) −2，−2.4，−3，−4，−6，−12，(×)，12，6，4，3，2.4，2

(2) (左から) 2，2.4，3，4，6，12，(×)，−12，−6，−4，−3，−2.4，−2

反比例(2) 反比例の式を求める

→ 関 STEP 15

反比例 $y=\dfrac{24}{x}$ について，次の問題に答えましょう。

(1) 比例定数を求めましょう。

(2) x と y の対応表を完成させましょう。

x	-24	-12	-8	-6	-4	-3	-2	-1	0	1	2	3	4	6	8	12	24
y									╳								

答 (1) 24 (2)

x	-24	-12	-8	-6	-4	-3	-2	-1	0	1	2	3	4	6	8	12	24
y	-1	-2	-3	-4	-6	-8	-12	-24	╳	24	12	8	6	4	3	2	1

次の反比例の関係の比例定数を求め，y を x の式で表しましょう。

y は x に反比例し，$x=3$ のとき $y=4$ です。

答 比例定数…12，式…$y=\dfrac{12}{x}$

上の問題は，反比例の対応表では，対応する x と y をかけると，常に比例定数である24になることをおさえておきましょう。

下の問題は，x と y の値をかけて，まず比例定数を求めます。

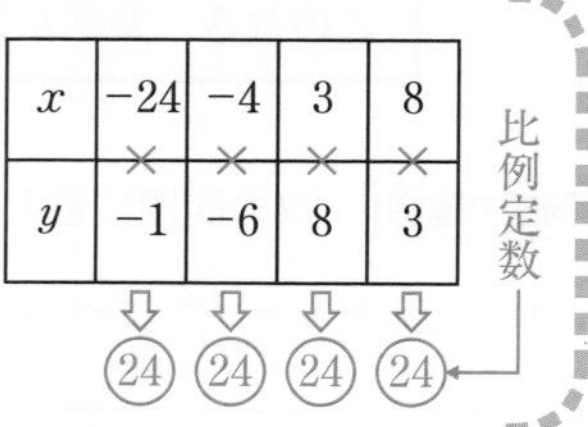

POINT

y が x に反比例するとき，対応する x，y の値について，積 xy の値は一定で，比例定数 a に等しくなります。

例題で確認! 次の反比例の関係の比例定数を求め，y を x の式で表しましょう。

(1) y は x に反比例し，$x=3$ のとき $y=-4$ です。

(2) y は x に反比例し，$x=-2$ のとき $y=-5$ です。

(3) y は x に反比例し，$x=12$ のとき $y=\dfrac{1}{4}$ です。

答

(1) 比例定数は -12，$y=-\dfrac{12}{x}$

(2) 比例定数は10，$y=\dfrac{10}{x}$

(3) 比例定数は3，$y=\dfrac{3}{x}$

反比例(3) 比例と反比例

次の問題に答えましょう。

→ 関 STEP 9・16

(1) yはxに比例し，$x=3$のとき$y=-12$です。yをxの式で表しましょう。

(2) yはxに反比例し，$x=3$のとき$y=-12$です。yをxの式で表しましょう。

答 (1) $y=-4x$ (2) $y=-\frac{36}{x}$

次の式で，yがxに比例しているものには○，反比例しているものには△を，(　)に入れましょう。

(1) $y=\frac{5}{x}$ (　)　(2) $y=\frac{x}{5}$ (　)　(3) $xy=5$ (　)

答 (1) △ (2) ○ (3) △

ここでは，比例と反比例のちがいを，しっかりおさえておきましょう。
下の問題の(2)は，$y=\frac{x}{5}=\frac{1}{5}x$となり，$y=ax$の形になおせるので比例しています。
(3)は，式を変形すると，$y=\frac{5}{x}$となおせるので，反比例しています。

POINT

・比例の式

$y=ax$ (aは比例定数)
　a：$\frac{y}{x}$の値に等しい。

・反比例の式

$y=\frac{a}{x}$ (aは比例定数)
　a：xyの値に等しい。

例題で確認! 次の場合について，yをxの式で表し，yがxに比例しているものには○，反比例しているものには△を，(　)に入れましょう。

なお，道のり＝速さ×時間，時間＝$\frac{道のり}{速さ}$です。

(1) 時速10kmの自転車でx時間走ったときの道のり$y$km (　)

(2) 100kmの道のりを時速$x$kmの自転車で走ったときにかかる時間y時間 (　)

答
(1) $y=10x$ (○)
(2) $y=\frac{100}{x}$ (△)

反比例のグラフ(1) グラフをかく

→ 関 STEP 15

反比例 $y=\dfrac{6}{x}$ について，x と y の対応表を完成させましょう。

x	−6	−4	−3	−2	−1	0	1	2	3	4	6
y						×					

答 （左から）−1，−1.5，−2，−3，−6，(×)，6，3，2，1.5，1

上の問題のつづきです。次の問題に答えましょう。

反比例 $y=\dfrac{6}{x}$ が成り立つ x，y の値の組を座標とする点をたくさんとっていくと，点の集まりは何になりますか。

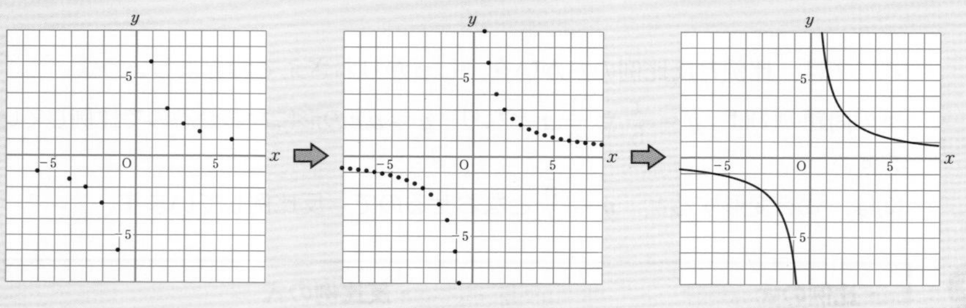

答 2つのなめらかな曲線

反比例 $y=\dfrac{6}{x}$ が成り立つ x，y の値の組を座標とする点をたくさんとっていくと，2つのなめらかな曲線になります。

この曲線を **$y=\dfrac{6}{x}$ のグラフ**といいます。また，このような1組の曲線を**双曲線**（そうきょくせん）といいます。

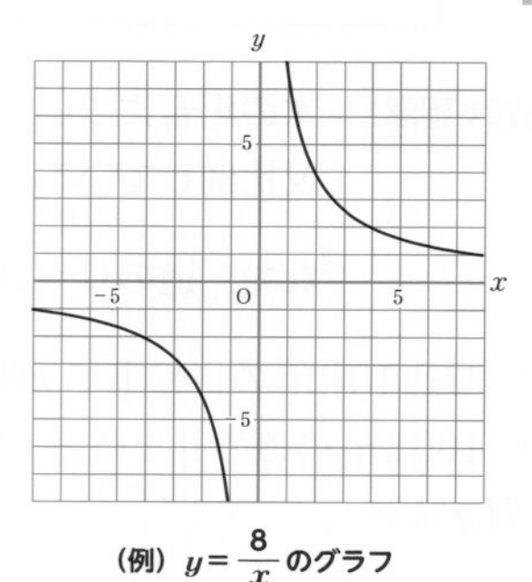

（例） $y=\dfrac{8}{x}$ のグラフ

POINT

●反比例のグラフ

・反比例 $y = \dfrac{a}{x}$ のグラフは，双曲線です。

・$a > 0$のとき

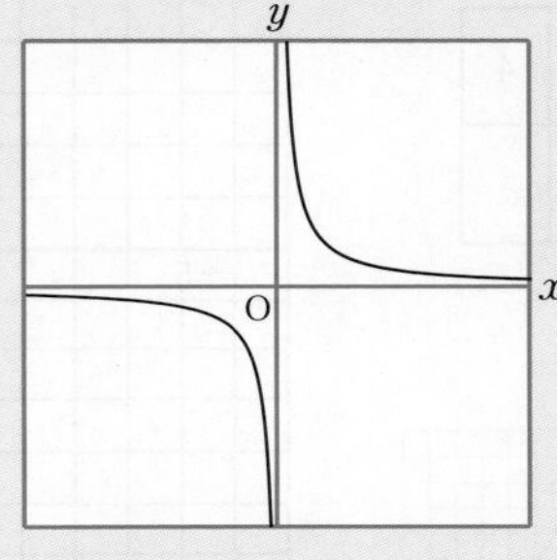

$x > 0$のときも，
$x < 0$のときも，
xの値が増加すると
yの値は減少します。

・$a < 0$のとき

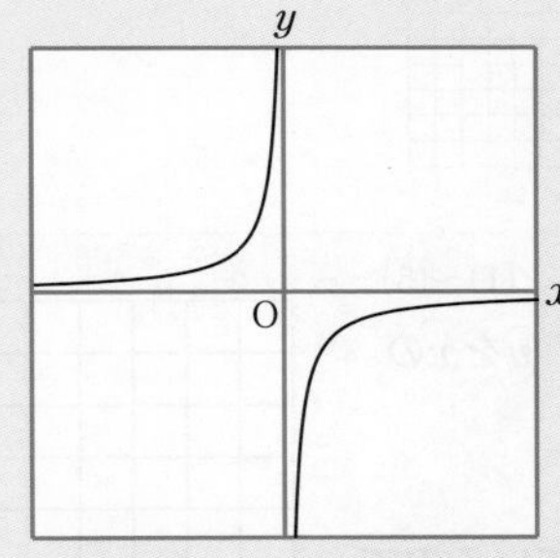

$x > 0$のときも，
$x < 0$のときも，
xの値が増加すると
yの値も増加します。

例題で確認! 次の反比例のグラフをかきましょう。

(1) $y = \dfrac{9}{x}$

(2) $y = -\dfrac{6}{x}$

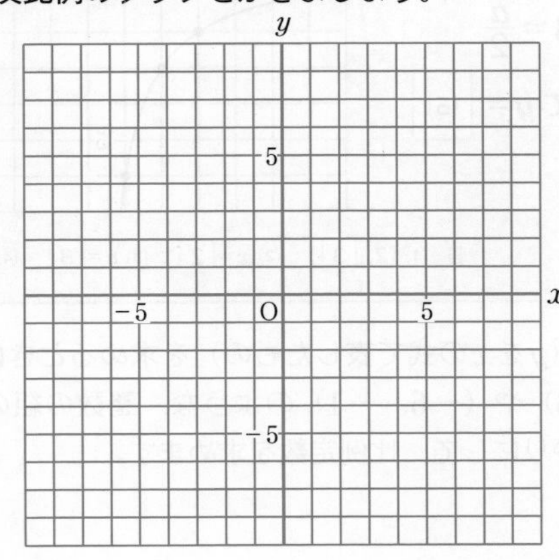

答

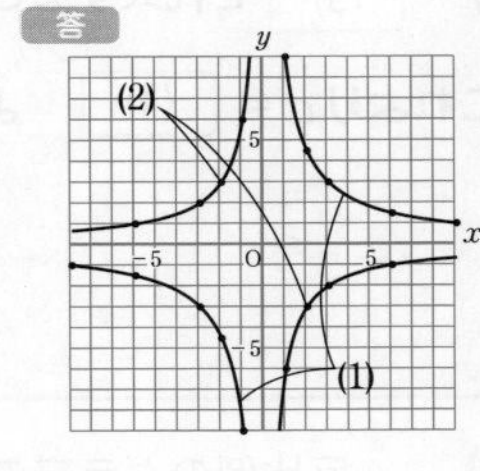

考え方

反比例のグラフは，x軸やy軸に近づいていきますが，接したり交わったりすることはありません。

STEP 19

1章 比例と反比例

反比例のグラフ(2) グラフから式を求める

→ 関 STEP 18

反比例 $y=\frac{4}{x}$ のグラフをかきます。x と y の対応表を完成させ，座標平面上にグラフをかきましょう。

x	-4	-2	-1	0	1	2	4
y				×			

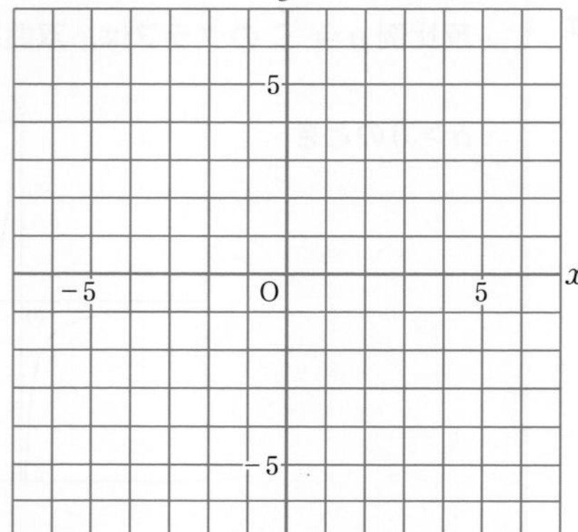

答
(左から)
−1，−2，−4，
(×)，4，2，1

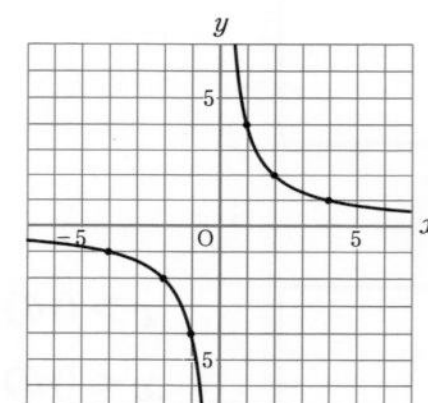

右の図は，反比例のグラフです。(1)〜(5)の□にあてはまる数や式を入れ，yをxの式で表しましょう。

グラフは点（2，(1)）を通っているので，

$y=\frac{a}{x}$ とおき，この式に $x=$ (2)，

$y=$ (3) を代入すると，$3=\frac{a}{2}$

これより $a=$ (4)　よって $y=$ (5)

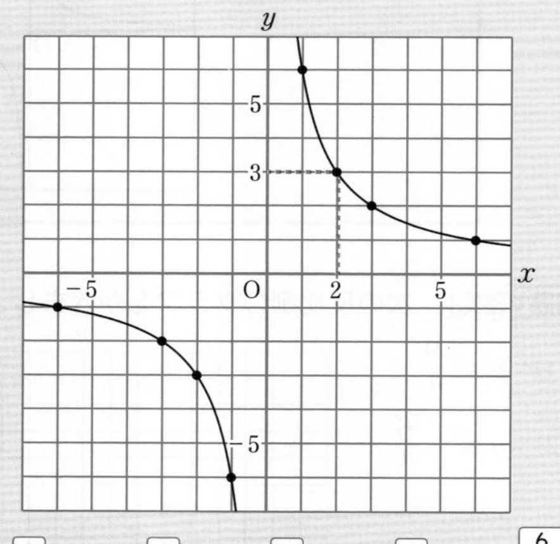

答 (1) (2，3) (2) $x=2$ (3) $y=3$ (4) $a=6$ (5) $y=\frac{6}{x}$

反比例のグラフの式（yをxの式で表したもの）を求めるときは，グラフが通る点のうち，(2，3) や (−6，−1) のような，整数の組の座標を見つけます。それを手がかりにして，比例定数を求めます。

POINT

反比例のグラフからxとyの関係を表す式を求めるときは，グラフ上の1つの点(整数の組の座標)に着目し，その座標から$y=\dfrac{a}{x}$のa(比例定数)を求めることができます。

（例）次の反比例のグラフの，xとyの関係を表す式を求めましょう。

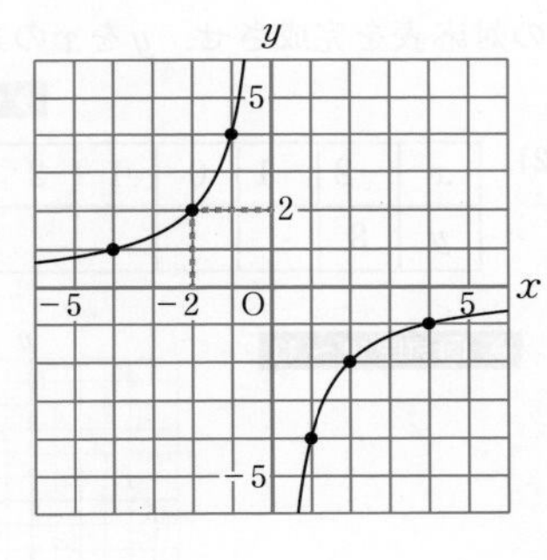

グラフは（−2，2）を通っているので，

整数の組の座標を見つける。

$y=\dfrac{a}{x}$とおき，

この式に$x=-2$，$y=2$を代入すると，$2=\dfrac{a}{-2}$

これより$a=-4$

比例定数を求める。

よって $y=-\dfrac{4}{x}$ ― 求める式

例題で確認! 下の図の反比例のグラフについて，次の問題に答えましょう。

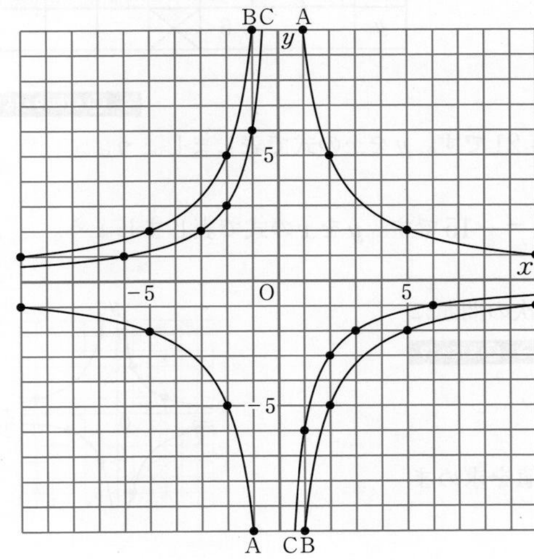

(1) Aのグラフは，点(1，10)を通ります。Aのグラフの式（xとyの関係を表す式）を求めましょう。

(2) Bのグラフは，点(−1，10)を通ります。Bのグラフの式を求めましょう。

(3) Cのグラフの式を求めましょう。

答

(1) $y=\dfrac{10}{x}$　(2) $y=-\dfrac{10}{x}$　(3) $y=-\dfrac{6}{x}$

考え方

(3) グラフは，点(−1，6)を通っている。

基本をチェック！(1)　1章　比例と反比例

答は747ページ。できた問題は，□をぬりつぶしましょう。

□**1**　次のア～エのうち，yがxの関数であるものをすべて選んで記号で答えましょう。

→関 STEP 1・2

ア　1辺が$x$cmの正方形の周の長さは$y$cmである。

イ　年齢がx歳の人の体重は$y$kgである。

ウ　時速60kmでx時間進んだときの道のりは$y$kmである。

エ　自然数xの倍数はyである。

2　下の表で，yはxに比例しています。xとyの対応表を完成させ，yをxの式で表しましょう。

→関 STEP 6・9

□(1)

x	0	1	2	3	4	5
y	0	9	18			

□(2)

x	−2	−1	0	1	2	3
y	8					−12

3　右の図について，次の問題に答えましょう。→関 STEP 10 ～ 13

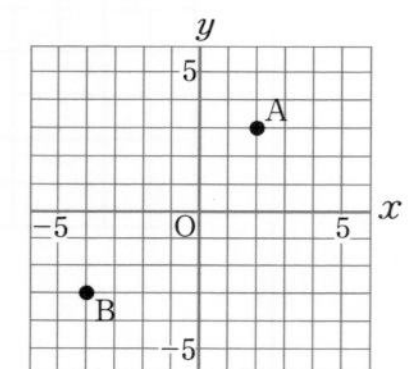

□(1)　点A，Bの座標を求めましょう。

□(2)　次のC，Dの点をかき入れましょう。

C(0,　2)　　D(3,　−1)

□(3)　$y=\dfrac{3}{4}x$のグラフをかきましょう。

4　下の表で，yはxに反比例しています。xとyの対応表を完成させ，yをxの式で表しましょう。

→関 STEP 15・16

□(1)

x	1	2	3	4	5	6
y	30			7.5		

□(2)

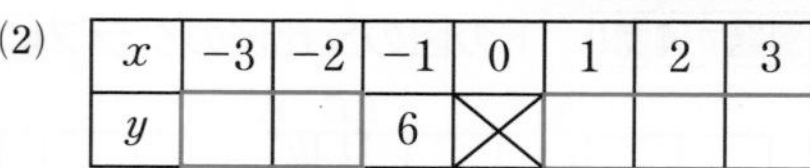

x	−3	−2	−1	0	1	2	3
y			6	╳			

5　次の問題に答えましょう。

→関 STEP 9・16

□(1)　yはxに比例し，$x=7$のとき$y=21$です。yをxの式で表しましょう。

□(2)　yはxに反比例し，$x=3$のとき$y=-15$です。yをxの式で表しましょう。

6　右の図の反比例のグラフについて，次の問題に答えましょう。

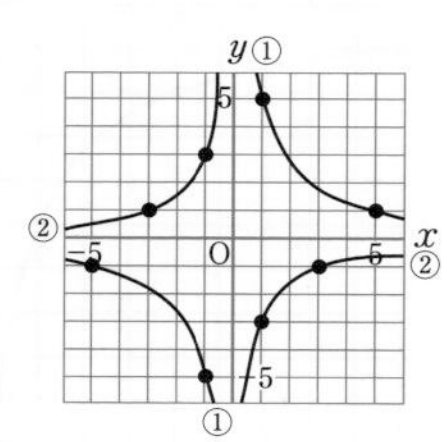

□(1)　①のグラフの式を求めましょう。

□(2)　②のグラフの式を求めましょう。

□(3)　②のグラフで，$x=9$のときyの値を求めましょう。

2 比例と反比例の利用 1年

STEP 20

比例と反比例の利用(1) 枚数と重さの問題

次の問題に答えましょう。

→ 関 STEP 6・9

同じ種類のハガキがたくさんあります。このとき，ハガキの重さは，枚数に比例しますか，反比例しますか。

答 比例する

次の問題に答えましょう。

同じ種類のハガキがたくさんあり，全部の重さは625gです。これと同じハガキ10枚の重さをはかると50gでした。

(1) ハガキx枚のときの重さをygとしたとき，yをxの式で表しましょう。

(2) ハガキ全部の枚数を求めましょう。

答 (1) $y=5x$
(2) 125枚

上の問題は，ハガキ1枚の重さはどれも同じなので，ハガキの枚数が2倍，3倍，4倍，…になると，重さも2倍，3倍，4倍，…になります。したがって，ハガキの重さは，枚数に比例します。

下の問題は，比例の関係をもとに考えます。

(1)は，yはxに比例することから，まず，$y=ax$とおきます。

$x=10$のとき$y=50$だから，$y=ax$にそれぞれ代入して，

$$50=10a$$
$$a=5$$

したがって，$y=5x$

(2)は，(1)の式に$y=625$を代入します。

$$625=5x$$
$$x=125$$

したがって，ハガキ全部の枚数は125枚です。

ハガキの枚数(枚)	10	?
ハガキの重さ(g)	50	625

POINT

●紙の枚数と重さの問題（紙の枚数を求める）

同じ種類の紙がたくさんあるとき，全部の枚数をいちいち数えなくても，重さを手がかりにして全部の枚数を求めることができます。

■全部の紙の重さは，紙の枚数に比例する。

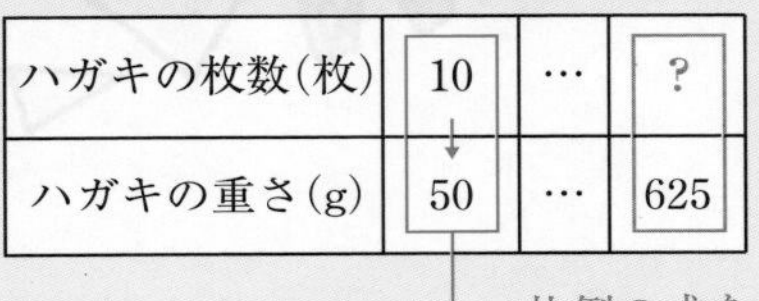

ハガキの枚数(枚)	10	…	?
ハガキの重さ(g)	50	…	625

比例の式を
求めることができる。
比例の式にあてはめて，
?の値を求めることができる。

例題で確認! 次の問題に答えましょう。

(1) 同じ種類の折り紙の束があり，重さをはかると560gでした。また，これと同じ折り紙10枚の重さをはかると8gでした。束になっている折り紙の枚数を求めましょう。

10枚
8g

(2) 同じ種類のコピー用紙の束があり，高さをはかると，ちょうど18mmでした。これと同じコピー用紙500枚の高さをはかると，ちょうど45mmでした。束になっているコピー用紙の枚数を求めましょう。

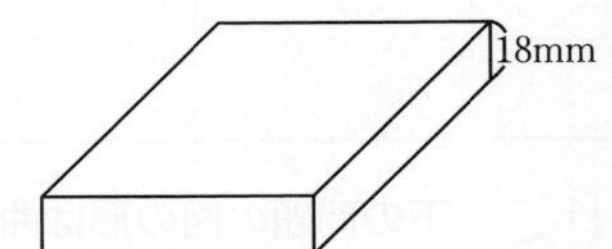
18mm

(3) はり金の束があり，重さをはかると120gでした。また，これと同じはり金2mの重さをはかったら20gでした。束になっているはり金の長さを求めましょう。

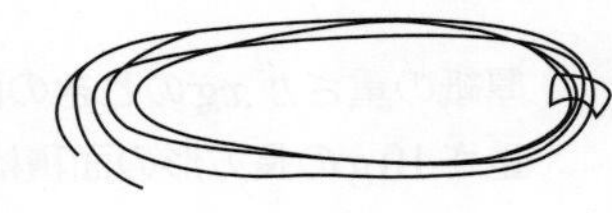

※はり金の重さは長さに比例する。

答 (1) 700枚 (2) 200枚 (3) 12m

考え方 (1) 枚数をx枚，重さをygとして，$y=ax$に$x=10$，$y=8$を代入すると，$a=\frac{4}{5}$
$y=\frac{4}{5}x$に$y=560$を代入。

(2) 枚数をx枚，高さを$y$mmとして，$y=ax$に$x=500$，$y=45$を代入すると，$a=\frac{9}{100}$
$y=\frac{9}{100}x$に$y=18$を代入。

(3) 長さをxm，重さをygとして，$y=ax$に$x=2$，$y=20$を代入すると，$a=10$
$y=10x$に$y=120$を代入。

比例と反比例の利用(2) 面積と重さの問題

次の問題に答えましょう。

→ 関 STEP 6・9

1枚の厚紙を切って，いろいろな大きさのカードをたくさん作りました。このとき，カードの面積は，重さに比例しますか，反比例しますか。

答　**比例する**

次の問題に答えましょう。

厚紙を切りぬいて，右の図のような形を作りました。同じ厚紙で，縦15cm，横20cmの長方形を作って重さをはかったら10gでした。右の図のような形の重さが75gであるとき，その面積は何cm^2か求めましょう。

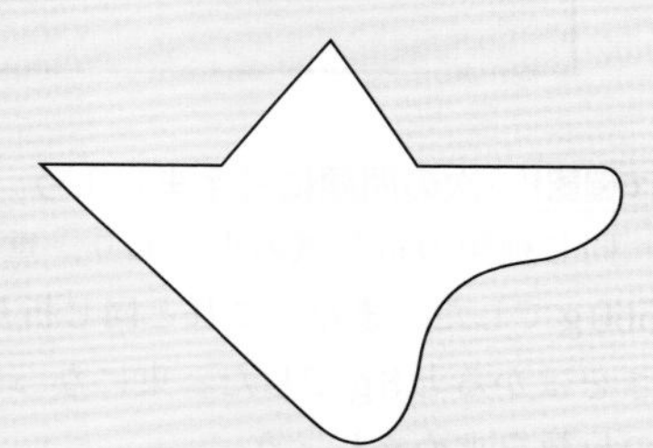

答　2250cm^2

下の問題の図の形は曲線の部分もあり，長さをはかって面積を求めることはできません。ただ，上の問題で確認した通り，厚紙の面積は重さに比例するので，このことをもとに面積を求めることができます。

厚紙の重さがxgのときの面積を$y$cm^{2}とすると，$y = ax$とおけます。
重さ10gの長方形の面積は$15 \times 20 = 300$（cm^2）だから，

$300 = 10a$，$a = 30$　　したがって，$y = 30x$

$x = 75$を代入して

$y = 30 \times 75 = 2250$

よって，面積は2250cm^{2}です。

厚紙の重さ(g)	10	75
厚紙の面積(cm^2)	300	?

POINT

●紙の面積と重さの問題（紙の面積を求める）

面積が求めにくい複雑な形をした紙でも，紙の重さを手がかりにして，面積を求めることができます。

■紙の面積は，重さに比例する。

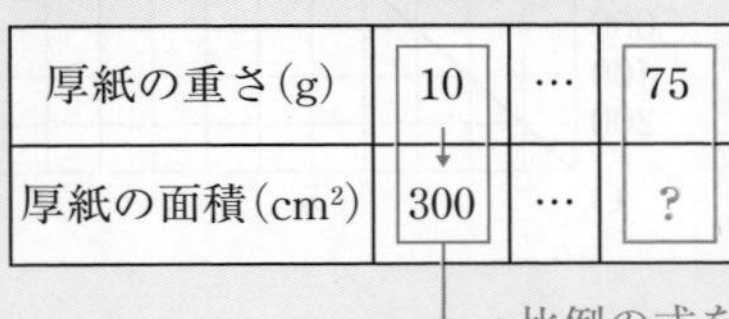

厚紙の重さ(g)	10	…	75
厚紙の面積(cm^2)	300	…	?

比例の式を求めることができる。

比例の式にあてはめて，?の値を求めることができる。

例題で確認! 次の問題に答えましょう。

(1) 厚さが一定のアルミの板を切りぬいて，右の図のような形を作りました。同じアルミの板で，縦30cm，横10cmの長方形を作って重さをはかったら48gでした。右の図のような形の重さが120gであるとき，その面積は何cm^2か求めましょう。

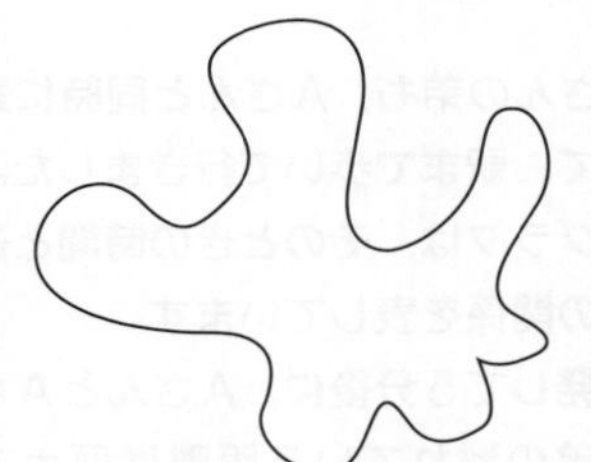

(2) 厚紙を切りぬいて，右の図のような形を作りました。この形の面積を調べるのに，同じ厚紙で，縦30cm，横20cmの長方形を作って重さをはかったら24gでした。右の図のような形の重さが4gであるとき，その面積は何cm^2か求めましょう。

答 (1) 750cm^2
(2) 100cm^2

考え方 (1) アルミの板の重さがxgのときの面積を$y\mathrm{cm}^2$とすると，$y=ax$とおける。
重さ48gの長方形の面積は
$30\times10=300$ (cm^2) だから，
$300=48a$，$a=\frac{25}{4}$
$y=\frac{25}{4}x$に$x=120$を代入する。

(2) 厚紙の重さがxgのときの面積を$y\mathrm{cm}^2$とすると，$y=ax$とおける。
重さ24gの長方形の面積は
$30\times20=600$ (cm^2) だから，
$600=24a$，$a=25$
$y=25x$に$x=4$を代入する。

STEP 22

比例と反比例の利用(3) 道のり・速さ・時間の問題

次の問題に答えましょう。

→ 関 STEP 3・6・12

家から1200m離れた駅まで，Aさんは自転車で行きました。右のグラフは，そのときの時間と道のりの関係を表しています。
グラフから，Aさんの自転車の速さを求めましょう。

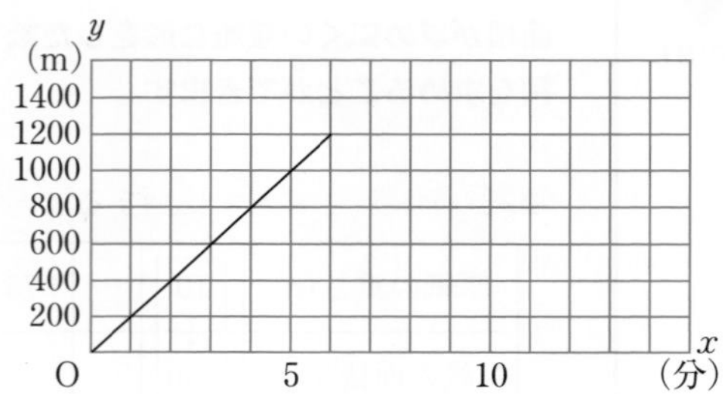

答 **分速200m**

上の問題のつづきです。次の問題に答えましょう。

Aさんの弟も，Aさんと同時に家を出て，駅まで歩いて行きました。右のグラフは，そのときの時間と道のりの関係を表しています。
出発して5分後に，AさんとAさんの弟の離れている距離は何mですか。グラフから読み取りましょう。

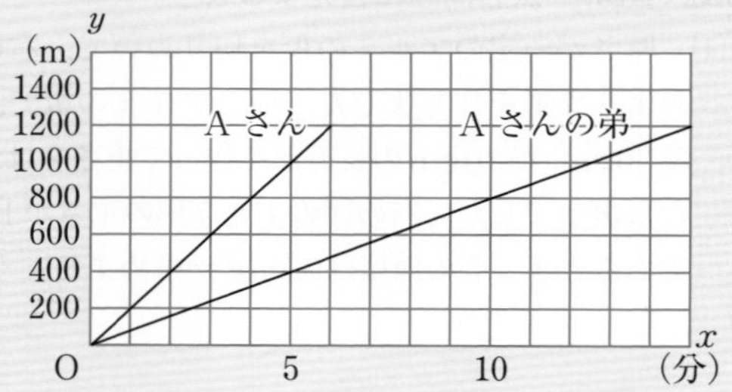

答 **600m**

上の問題は，グラフより，6分間で1200m進んでいるので，
(速さ)＝(道のり)÷(時間)より，$1200 \div 6 = 200$
なお，分速200mは「毎分200m」や「200m/min」と書いてもかまいません。

下の問題は，2本の直線の5分のところに着目します。このときの2直線のy座標の差が，2人の離れている距離です。

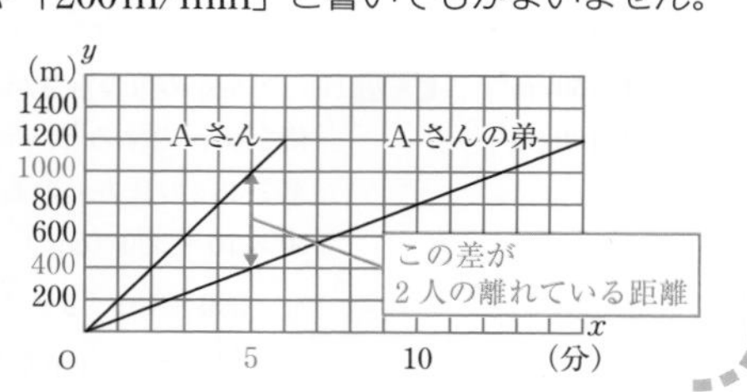

●道のり・速さ・時間の問題（グラフから読み取る）

ある場所へ向かって一定の速さで移動するとき，時間と道のりの関係は，比例のグラフで表すことができます。

■グラフから速さを求める。

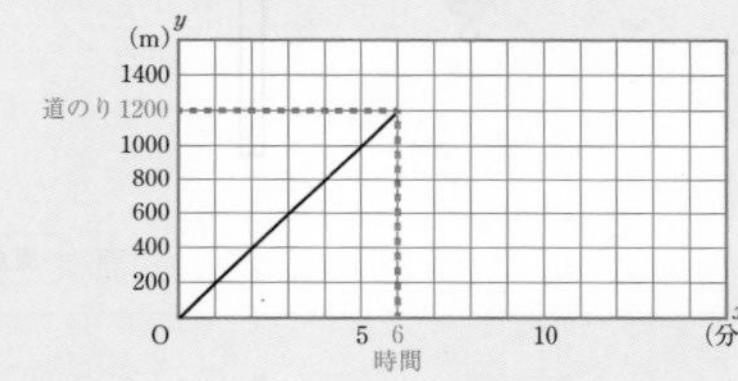

速さ＝道のり÷時間

1200(m)÷6(分)
＝200

分速200 m

■グラフから読み取れること（2人が同時に同じ場所へ向かったとき）

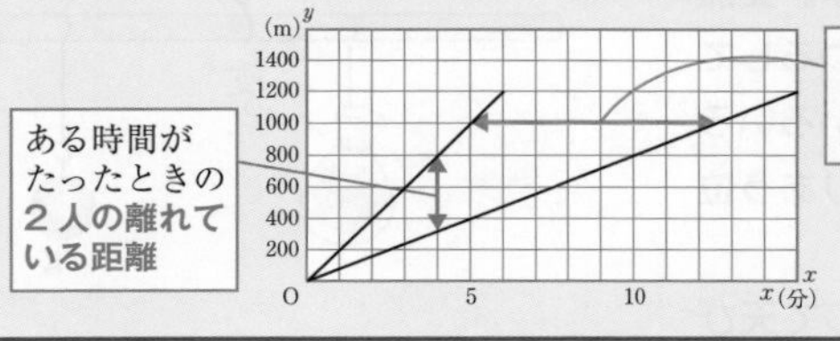

例題で確認! 次の問題に答えましょう。

AさんとBさんは，学校から1800 m離れた公園まで行きました。2人は同時に出発し，Aさんは自転車で，Bさんは走って行きました。右のグラフは，そのときの時間と道のりの関係を表しています。このとき，学校から1200 mの地点を，Aさんが通過してから何分後にBさんは通過しましたか。

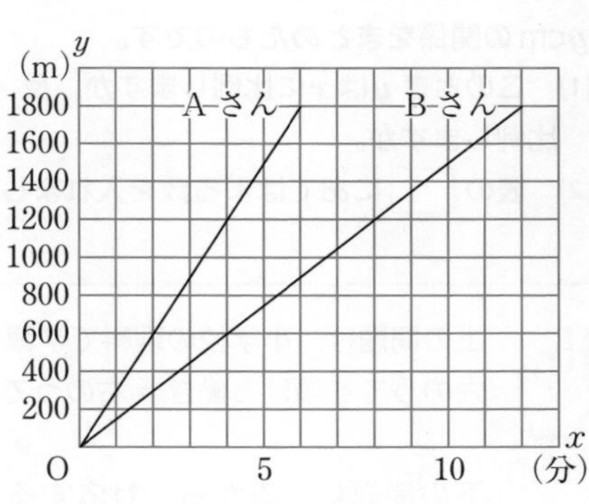

答 4分後

考え方 グラフから，Aさんは出発してから4分後に1200 mの地点を通過している。Bさんは8分後に通過している。したがって，8－4＝4，4分後

STEP 23

比例と反比例の利用(4) 天びんの問題

右の図は，実験用てこです。図を見て，□にあてはまることばを入れましょう。

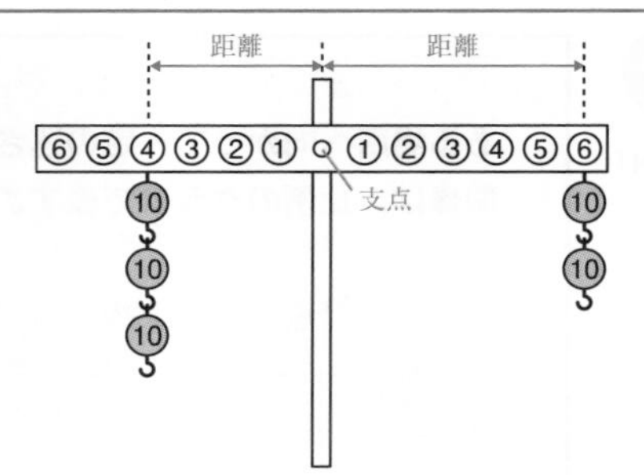

てこのうでを傾(かたむ)ける働きは，
おもりの重さ×［　　］からの距離
で表すことができます。

答 支点 からの距離

次の問題に答えましょう。

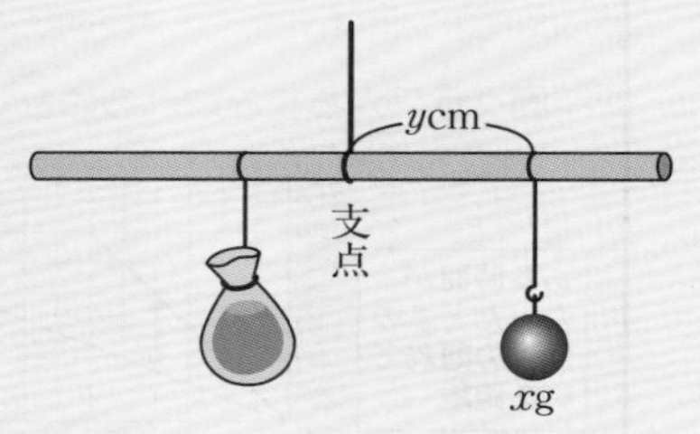

右の図のような天びんがあります。支点の左側には砂が入ったふくろをつるして固定します。支点の右側には，いろいろな重さのおもりを，天びんがつりあう位置を探してつるします。
右の表は，xgのおもりをつるして天びんがつりあったときの，支点からの距離$y$cmの関係をまとめたものです。

x(g)	10	20	30	40	50
y(cm)	24	12	8		4.8

(1) **このときyはxに比例しますか，反比例しますか。**

(2) **表の［　　］にあてはまる数を入れましょう。**

答 (1) 反比例する (2) 6

上の問題は，小学校の理科で学習した内容です。てこがつりあうのは，
左のうでを傾ける働き＝右のうでを傾ける働き　のときです。

下の問題は，表から，対応するxとyの積(xとyをかけて得られる数)が常に240になっているので，yはxに反比例し，比例定数は240です。

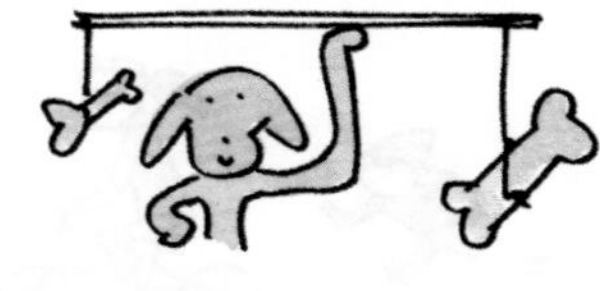

(2)は，$y=\dfrac{240}{x}$に$x=40$を代入して求めます。

POINT

● 天びんの問題

天びん(てこ)は，次のときにつりあいます。

左のうでを傾ける働き		右のうでを傾ける働き
おもりの重さ × 支点からの距離	=	おもりの重さ × 支点からの距離

■一方のうでのおもりが固定されていて，天びんがつりあっているとき，もう一方のうでのおもりの，支点からの距離は，おもりの重さに反比例する。

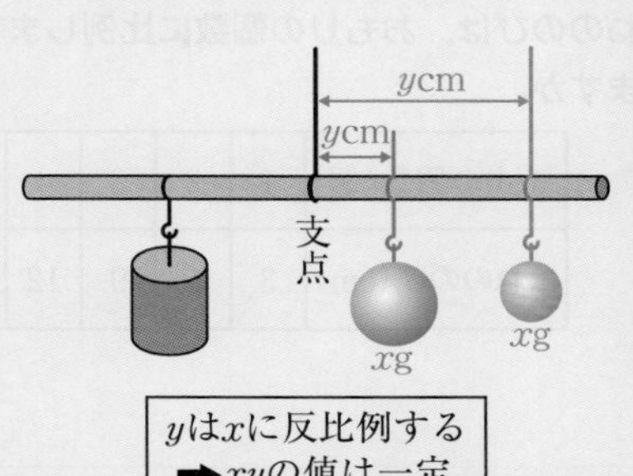

yはxに反比例する
➡xyの値は一定

例題で確認! 次の問題に答えましょう。

右の図のような天びんがあります。支点の左側には砂が入ったふくろをつるして固定します。支点の右側には，いろいろな重さのおもりを，天びんがつりあう位置を探してつるします。

右の表は，xgのおもりをつるして天びんがつりあったときの，支点からの距離$y$cmの関係をまとめたものです。

(1) yをxの式で表しましょう。

(2) 支点から40cmの距離でつりあうのは，何gのおもりですか。

(3) 60gのおもりをつるすとき，支点から何cmの距離でつりあいますか。

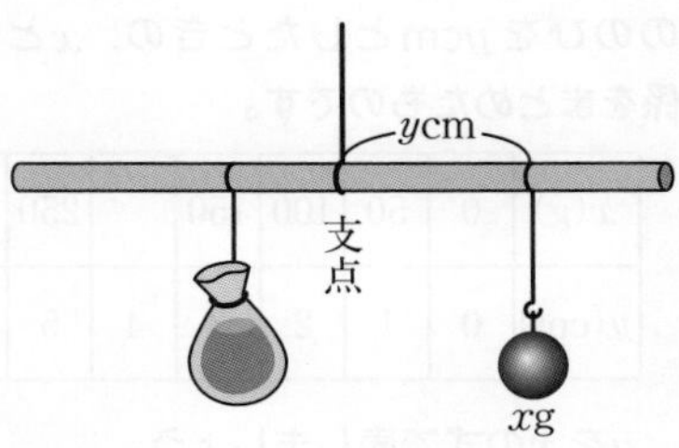

x(g)	10	20	30	40	50
y(cm)	60	30	20	15	12

答
(1) $y=\dfrac{600}{x}$
(2) 15g
(3) 10cm

考え方
(1) xyは常に600なので，yはxに反比例し，比例定数は600
(2)(3) $y=\dfrac{600}{x}$に，(2)は$y=40$，(3)は$x=60$を代入する。

STEP 24

②章 比例と反比例の利用

比例と反比例の利用(5) ばねののびの問題

次の問題に答えましょう。

右の図のように，ばねに1個100gのおもりを，1個，2個，3個，…とつるしていったときのばねののびを調べると，下の表のようになりました。このとき，ばねののびは，おもりの個数に比例しますか，反比例しますか。

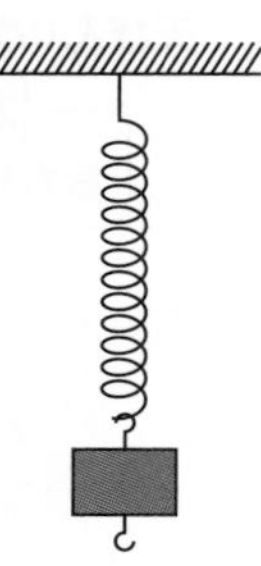

おもりの個数(個)	1	2	3	4	5
ばねののび(cm)	3	6	9	12	15

答 比例する

次の問題に答えましょう。

下の表と右のグラフは，上の問題とは別のばねに，xgのおもりをつるしたときのばねののびを$y$cmとしたときの，xとyの関係をまとめたものです。

x(g)	0	50	100	150		250	300
y(cm)	0	1	2	3	4	5	6

(1) yをxの式で表しましょう。

(2) 表の［　］にあてはまる数を入れましょう。

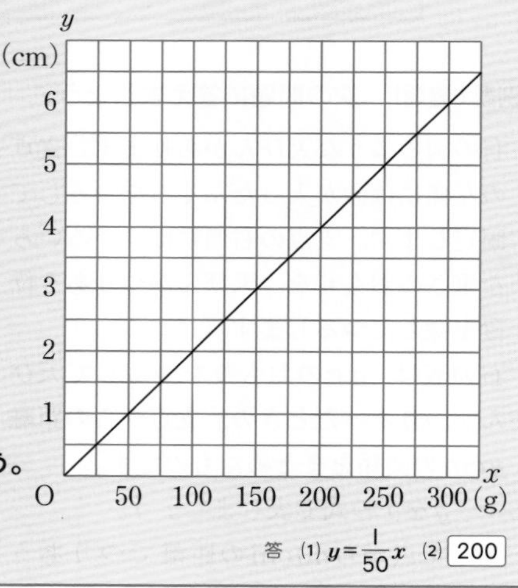

答 (1) $y=\frac{1}{50}x$ (2) 200

ばねにおもりをつるすとき，ばねののびは，おもりの重さに比例します。

下の問題の(1)は，$y=ax$とおき，表から$x=50$のとき$y=1$なので，

$1=50a$，$a=\frac{1}{50}$ したがって，$y=\frac{1}{50}x$

(2)は，(1)の式に$y=4$を代入しても解けますが，グラフからも読み取れます。

POINT

● ばねののびの問題

■ばねののびは，おもりの重さに比例する。

(例) 下のグラフは，xgのおもりをつるしたときに$y$cmのびるばねの，xとyの関係を表しています。

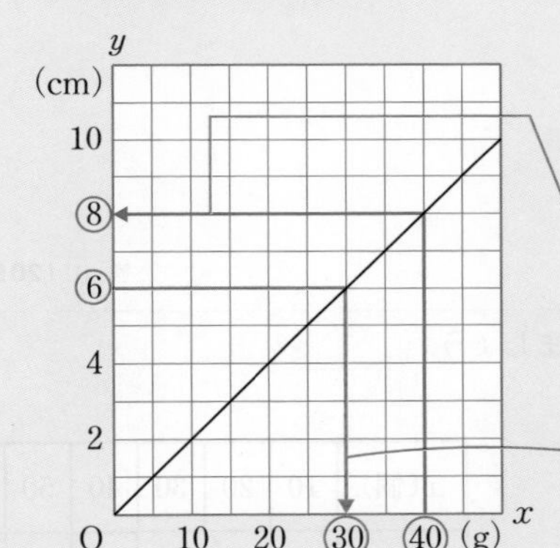

ばねののび

対応するxとyの値の組は，グラフから読み取って求めることができます。

●40g のおもりをつるしたときのばねののび→8cm

●ばねを 6cm のばすのに必要なおもりの重さ→30g

例題で確認! 次の問題に答えましょう。

下の表は，ばねにxgのおもりをつるしたときのばねののびを$y$cmとしたときの，xとyの関係をまとめたものです。

x(g)	20	40	…	100	120	140
y(cm)	0.1	0.2	…	0.5	0.6	0.7

(1) 右の図にxとyの関係を表すグラフをかきましょう。

(2) 80gのおもりをつるすとき，ばねののびる長さを，グラフから読み取って求めましょう。

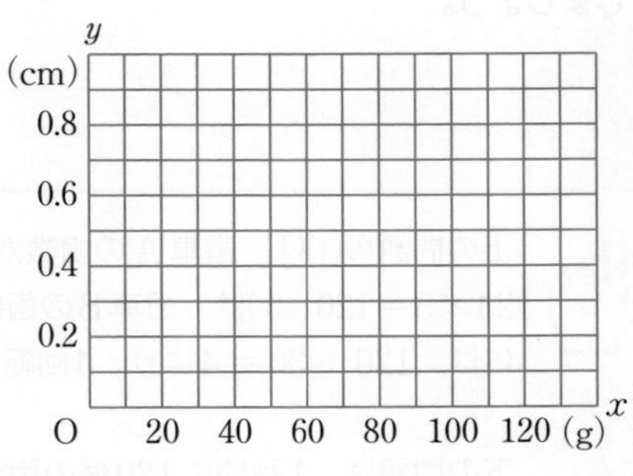

答 (1)

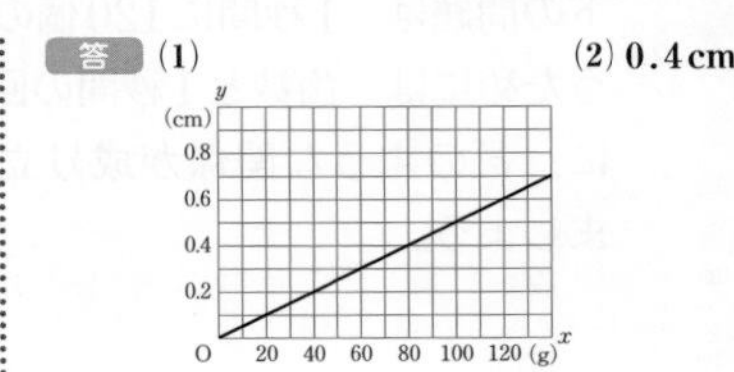

(2) 0.4cm

1 比例と反比例
2 比例と反比例の利用
3 1次関数
4 1次関数と方程式
5 1次関数の利用
6 関数 $y=ax^2$
7 関数$y=ax^2$の利用
8 データの活用
9 確率
10 標本調査

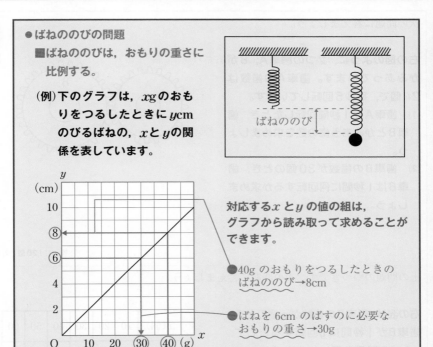

STEP 25

②章 比例と反比例の利用

比例と反比例の利用(6) 歯車の問題

次の問題に答えましょう。

右の図のように，2つの歯車A，Bがかみあっています。歯車Aの歯数は24個で，毎秒5回転しています。

(1) 歯車Aが1秒間回転したとき，歯車Bとかみあう歯の数を求めましょう。

(2) 歯車Bの歯数が30個のとき，歯車Bは1秒間に何回転するか求めましょう。

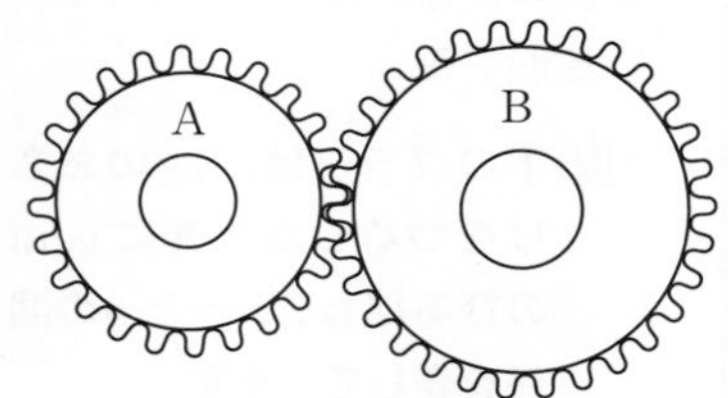

答 (1) 120個 (2) 4回転

上の問題のつづきです。次の問題に答えましょう。

右の表は，歯車Bの歯数がx個のとき，歯車Bが1秒間にy回転するとして，xとyの関係を表したものです。□にあてはまる数を入れ，yをxの式で表しましょう。

x(個)	10	20	30	40	50	60
y(回転)	12	6	4			

答 (左から) 3，2.4，2，$y=\frac{120}{x}$

上の問題の(1)は，歯車Aの歯数が24個で1秒間に5回転するので，$24\times5=120$ (2)は，歯車Bの歯数は30個なので，歯が120個かみあうためには，$120\div30=4$より，4回転となります。

下の問題は，1秒間に120個の歯がかみあうためには，歯数と1秒間の回転数との間に，どのような関係が成り立つかを考えましょう。

POINT

● **歯車の問題**

いくつかの歯車がかみあって回転しているとき，かみあう歯の数はどの歯車も等しくなります。

（例）歯数24個の歯車Aが1秒間に5回転しているとき

かみあう歯の数は120個
└→（歯数×回転数）

歯車Bの歯数をx個，
回転数をy回転とすると

$xy=120$より　$y=\frac{120}{x}$

例題で確認!　次の問題に答えましょう。

(1)　右の図のように，2つの歯車A，Bがかみあっています。歯車Aの歯数は24個で，毎秒5回転しています。歯車Bの歯数が6個のとき，歯車Bは1秒間に何回転するか求めましょう。

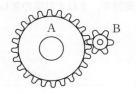

(2)　右の図のように，3つの歯車A，B，Cがかみあっています。それぞれの歯数は，Aが24個，Bが30個，Cが8個です。歯車Aが20回転するとき，歯車Cは何回転するか求めましょう。

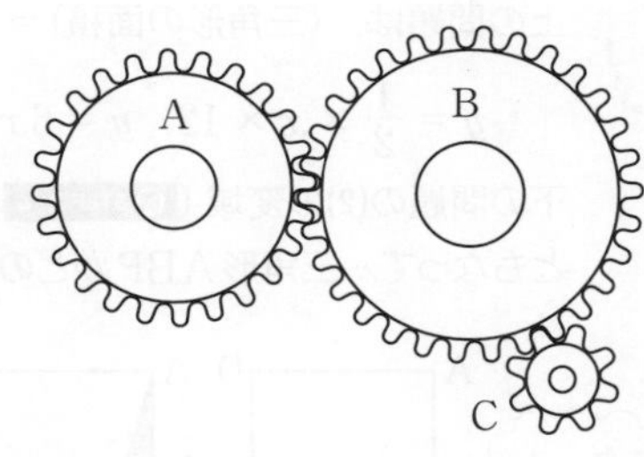

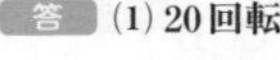

答　**(1) 20回転**
(2) 60回転

考え方 (1)　かみあう歯の数は
$24\times5=120$(個)
歯車Bの歯数をx，
回転数をyとすると，
$y=\frac{120}{x}$　これに$x=6$
を代入する。

(2)　かみあう歯の数は，
BもCも$24\times20=480$(個)
歯車Cの歯数をx，
回転数をyとすると
$y=\frac{480}{x}$　これに$x=8$
を代入する。

比例と反比例の利用(7) 動く点と面積の問題

次の問題に答えましょう。

右の図のような正方形ABCDがあります。点Pは辺BC上を，BからCまで動きます。BPが$x$cmのときの三角形ABPの面積を$y$cm^{2}としたとき，yをxの式で表しましょう。

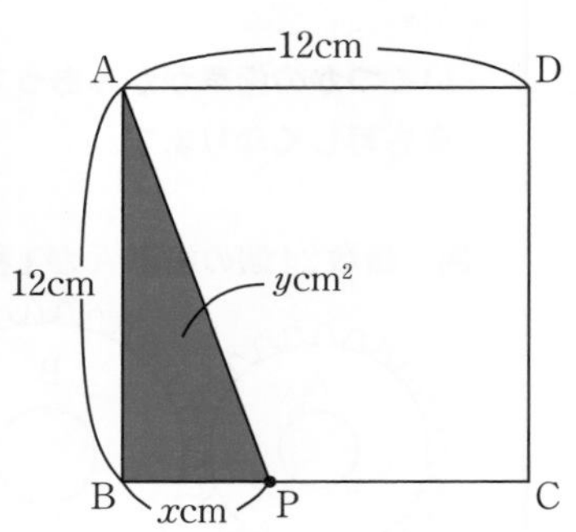

答　$y=6x$

上の問題のつづきです。次の問題に答えましょう。

(1)　yはxに比例しますか，反比例しますか。

(2)　xとyの変域を，それぞれ求めましょう。

答　(1) 比例する

(2) $0 \leqq x \leqq 12$

$0 \leqq y \leqq 72$

上の問題は，(三角形の面積) $= \frac{1}{2} \times$(底辺)$\times$(高さ)

$$y = \frac{1}{2} \times x \times 12,\ y = 6x$$

下の問題の(2)の変域（関 STEP 3・4）は，点Pがどこからどこまで動き，それにともなって，三角形ABPがどのように変化していくかに着目しましょう。

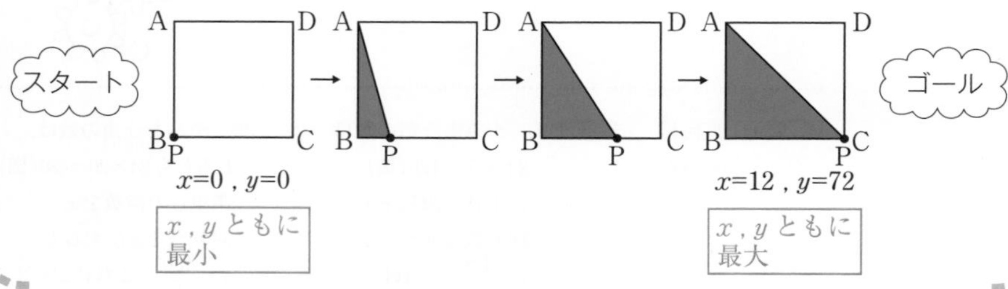

POINT

●動く点と面積の問題

問題の条件によって，比例するか反比例するかが変わるので，注意しましょう。

例題で確認! 次の問題に答えましょう。

右の図のような長方形ABCDがあります。点Pは辺BC上を，点Qは辺AB上を，三角形PQBの面積が8cm^2であるように動きます。BPが$x$cmのときのBQを$y$cmとします。

(1) xyの値は，常にいくつになりますか。

(2) 下の表は，xとyの関係をまとめたものです。□にあてはまる数を入れましょう。

x(cm)	2	4	8	12
y(cm)	8			$\frac{4}{3}$

(3) yをxの式で表しましょう。

(4) xとyの変域を，それぞれ求めましょう。

答 (1) 16 (2) (左から) 4，2 (3) $y=\frac{16}{x}$

(4) $2\leqq x\leqq 12$，$\frac{4}{3}\leqq y\leqq 8$

考え方 (1) $\frac{1}{2}\times x\times y$が常に8なので，$\frac{1}{2}xy=8$，$xy=16$

(2)(3) $xy=16$より，$y=\frac{16}{x}$ したがって，反比例の関係。

(4)

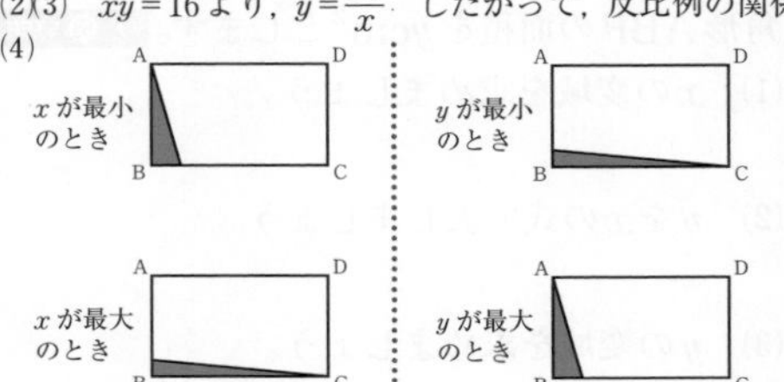

xが2cm未満のとき，面積は8cm^2にはならない。

基本をチェック！(2)　2章　比例と反比例の利用

答は747・748ページ。できた問題は，□をぬりつぶしましょう。

□1　A4の大きさのコピー用紙の束があり，重さをはかると1kgでした。また，これと同じコピー用紙150枚の重さをはかると600gでした。束になっているA4の大きさのコピー用紙の枚数を求めましょう。

→ 関 STEP 20

2　右の図のように，天びんがつりあっています。下の表は，xgのおもりをつるして天びんがつりあったときの，支点からの距離$y$cmの関係をまとめたものです。

→ 関 STEP 23

x(g)	10	20	40	50	70
y(cm)	70	35	17.5	14	10

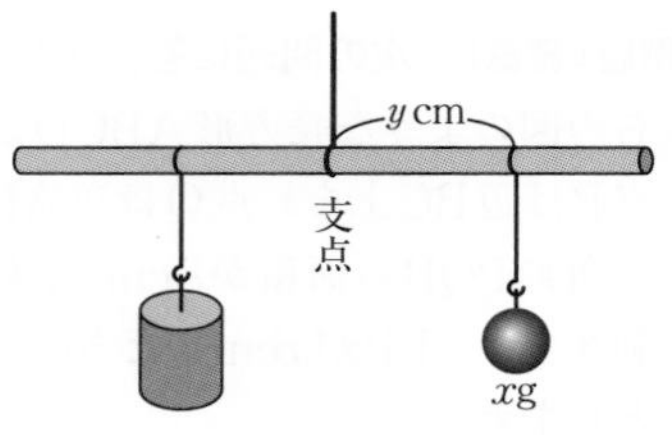

□(1)　yをxの式で表しましょう。

□(2)　支点から28cmの距離でつりあうのは，何gのおもりですか。

3　2つの歯車A，Bがかみあっています。歯車Aの歯数は52個で，毎分4回転しています。

→ 関 STEP 25

□(1)　歯車Bの歯数が13個のとき，歯車Bは1分間に何回転しますか。

□(2)　歯車Bは6分間に何回転しますか。

4　右の図のような長方形ABCDがあります。点Pは辺BC上を，BからCまで秒速2cmで動きます。点PがBを出発してからx秒後の三角形ABPの面積を$y$cm^{2}とします。

→ 関 STEP 26

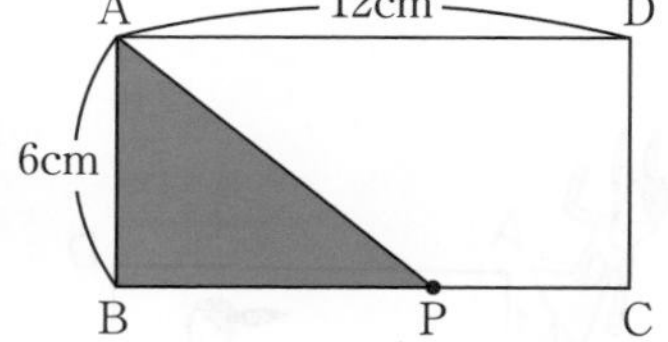

□(1)　xの変域を求めましょう。

□(2)　yをxの式で表しましょう。

□(3)　yの変域を求めましょう。

3 1次関数 2年

1次関数(1) 1次関数とは

次の問題に答えましょう。

→ 関 STEP 6

空(から)の水そうに，毎分8Lずつ水を入れていきます。水を入れはじめてからx分後の，水そうの中の水の量をyLとするとき，

(1) 右の表の空欄をうめ，表を完成させましょう。

(2) yをxの式で表しましょう。

x	0	1	2	3	4	5
y	0					

答 (1)(左から) 8，16，24，32，40 (2) $y=8x$

次の問題に答えましょう。

水が3L入っている水そうに，毎分8Lずつ水を入れていきます。水を入れはじめてからx分後の，水そうの中の水の量をyLとするとき，

(1) 右の表の空欄をうめ，表を完成させましょう。

(2) yをxの式で表しましょう。

x	0	1	2	3	4	5
y	3					

答 (1)(左から) 11，19，27，35，43 (2) $y=8x+3$

上の問題では，yの値は，対応するxの値の常に8倍になるので，式は$y=8x$と表すことができます。

下の問題は，毎分8Lずつ水を入れる点では上の問題と同じですが，最初から水が3L入っていることがポイントです。

入る水の量は$8x$と表せますが，水そうの中の水の総量を考えるので，最初に入っていた3Lを加えなければなりません。

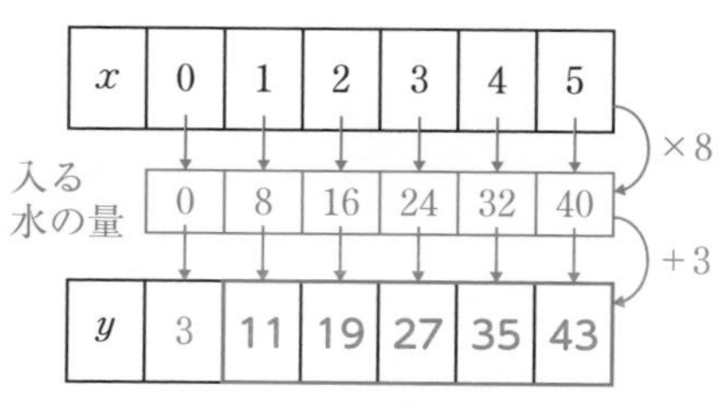

x	0	1	2	3	4	5
入る水の量	0	8	16	24	32	40
y	3	11	19	27	35	43

$$y = \boxed{8x} + \boxed{3}$$

入る水の量（$8x$）

最初に入っていた水の量(一定)（3）

POINT

● **1次関数**

yがxの関数で，yがxの1次式で表されるとき，yはxの1次関数であるといいます。

● **1次関数の式**

一般に，1次関数は，次のように表されます。

$y=ax+b$（a，bは定数，ただし$a \neq 0$）

$y=\boxed{ax}+\boxed{b}$

xに比例する部分　定数の部分

※$a \neq 0$は，aは0ではないことを表す。

◆ $y=3x$や$y=-2x$のような比例の関係は，$b=0$の場合と考えるので，**比例は1次関数の特別な場合**といえます。

ただし，$y=3x+2$や$y=-2x-5$のような関係では，xの値が2倍，3倍，4倍，…になっても，yの値は2倍，3倍，4倍，…にならないので，1次関数であっても比例ではありません。

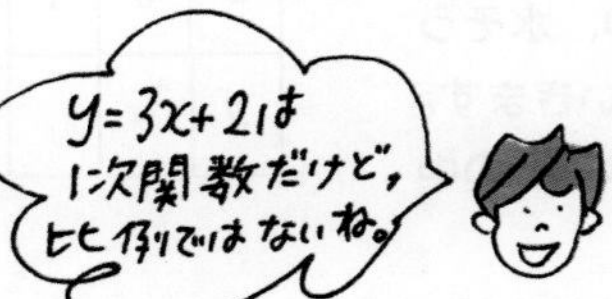

y=3x+2は
1次関数だけど，
比例ではないね。

（例）　$y=3x+2$

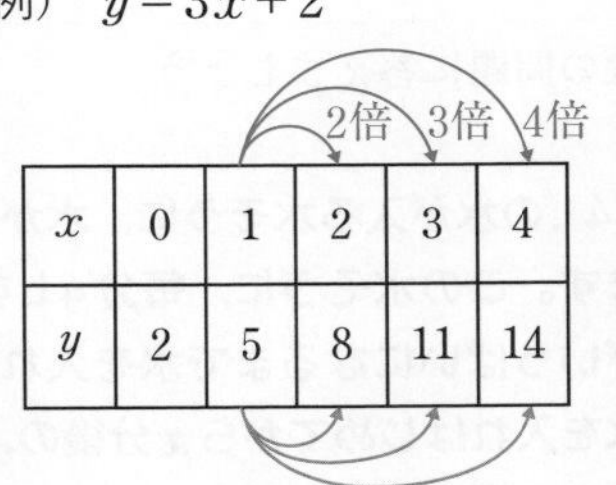

x	0	1	2	3	4
y	2	5	8	11	14

2倍, 3倍, 4倍にならない

例題で確認！　次の問題に答えましょう。

(1)　円柱の形をした水そうがあり，2cmの高さまで水が入っています。この水そうに，1分間に3cmずつ水の高さが増すように，水を入れていきます。水を入れはじめてからx分後の水面の高さを$y$cmとしたとき，yはxの1次関数といえますか，いえませんか。

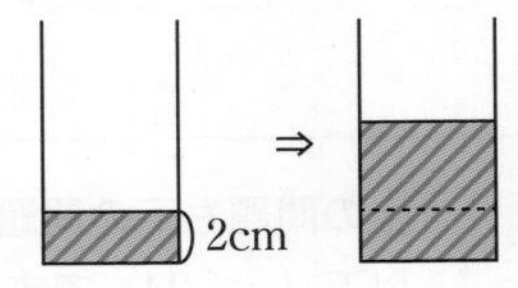

(2)　円柱の形をした水そうがあり，少し水が入っています。この水そうに，1分間に2cmずつ水の深さが増すように，水を入れていきます。水を入れはじめてからx分後の水の深さを$y$cmとしたとき，yをxの式で表すと，$y=2x+5$と表せるそうです。このとき，最初に入っていた水の深さは何cmですか。

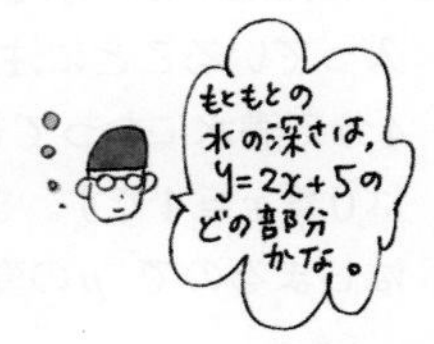

もともとの
水の深さは，
y=2x+5の
どの部分
かな。

答　(1) **1次関数といえる**
(2) **5cm**

考え方 (1)　式は$y=3x+2$で，$y=ax+b$の形。
(2)　$y=2x+5$の，$2x$は増えていく水の深さで，5はもともとの水の深さ。

STEP 28

③章 1次関数

1次関数(2) 1次関数と変域

次の問題に答えましょう。

→ 関 STEP 4

24Lの水が入る空(から)の水そうに，毎分4Lずつ，水そうがいっぱいになるまで水を入れていきます。水を入れはじめてからx分後の，水そうの中の水の量をyLとするとき，

x	0	1	2	3	4	5	6
y							

(1) 右の表の空欄をうめ，表を完成させましょう。

(2) xとyの変域を求めましょう。

□ $\leqq x \leqq$ □， □ $\leqq y \leqq$ □

答 (1)（左から）0，4，8，12，16，20，24

(2) $\boxed{0} \leqq x \leqq \boxed{6}$， $\boxed{0} \leqq y \leqq \boxed{24}$

次の問題に答えましょう。

24Lの水が入る水そうに，水が8L入っています。この水そうに，毎分4Lずつ，水そうがいっぱいになるまで水を入れていきます。水を入れはじめてからx分後の，水そうの中の水の量をyLとするとき，

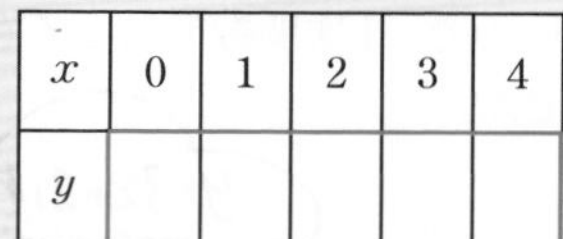

x	0	1	2	3	4
y					

(1) 右の表の空欄をうめ，表を完成させましょう。

(2) xとyの変域を求めましょう。

□ $\leqq x \leqq$ □， □ $\leqq y \leqq$ □

答 (1)（左から）8，12，16，20，24

(2) $\boxed{0} \leqq x \leqq \boxed{4}$， $\boxed{8} \leqq y \leqq \boxed{24}$

上の問題も下の問題も，水そうに水は24Lまでしか入らないので，yは24以下（$y \leqq 24$）です。

下の問題では，水そうに最初から水が8L入っていることに注意しましょう。

4分で満水になってしまうので，xの変域は$0 \leqq x \leqq 4$です。また，yの値は8からはじまるので，yの変域は$8 \leqq y \leqq 24$です。

POINT

1次関数の変域を考えるときには，$y=ax+b$のbにあたる値に着目しましょう。

1次関数(3) 1次関数かどうかを見分ける

次の□にあてはまることばを入れましょう。 → 関 STEP 27

yがxの関数で，yがxの□で表されるとき，
yはxの1次関数であるといいます。

答 1次式

次のア～カの式のうち，yがxの1次関数であるものをすべて選び，記号で答えましょう。

ア $y=3x-4$　　イ $y=-\frac{3}{4}x-4$

ウ $y=3x$　　エ $y=3x^2$

オ $x+y=3$　　カ $xy=3$

答 ア，イ，ウ，オ

$3x$のように，文字が1個だけの項を1次の項といい，1次の項だけか，1次の項と数の項の和で表すことのできる式を1次式といいます。
下の問題は，次のように考えます。

ア，イ…$y=ax+b$の形なので1次関数。

ウ　…$y=ax+b$のbが0の場合なので1次関数。比例は1次関数の特別な場合。

エ　…x^2は文字の種類は1つですが，$x^2=x\times x$で文字は2個と考えます。したがって，$3x^2$は2次式なので1次関数ではありません。

オ　…xを移項すると，$y=-x+3$となるので1次関数。

カ　…両辺をxでわると，$y=\frac{3}{x}$。反比例は1次関数ではありません。

POINT

$y=ax+b$の形になっていなくても，式を整理して，$y=ax+b$の形になるものは1次関数といえます。

STEP 30

③章 1次関数

1次関数(4) 1次関数の値の変化

1次関数 $y=3x-1$ について，下の表の空欄をうめ，x と y の対応表を完成させましょう。

→ 関 STEP 7・27

x	-3	-2	-1	0	1	2	3
y							

答

x	-3	-2	-1	0	1	2	3
y	-10	-7	-4	-1	2	5	8

上の問題のつづきです。次の□にあてはまる数を入れましょう。

**x の値が1から3まで増加するとき，x の値の増加量は (1) です。
このとき，y の値は2から (2) まで (3) 増加するので，
y の値の増加量は (4) です。**

答 (1) 2 (2) 8 (3) 6 (4) 6

下の問題では，

$x=1$ のとき……… $y=2$

$x=3$ のとき……… $y=8$

なので，x の値が1から3まで増加するとき，

x の値の増加量（x の増加量）$=2$

y の値の増加量（y の増加量）$=6$

となります。

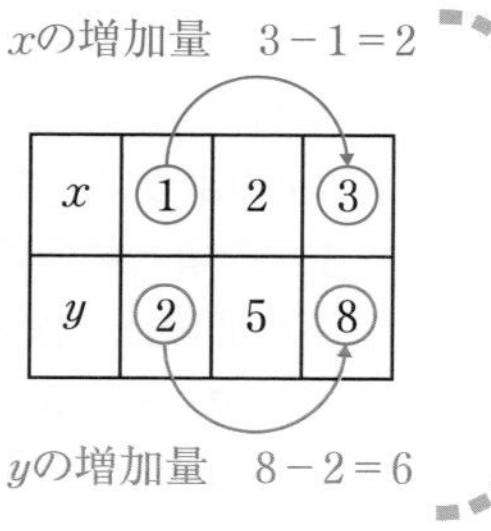

**x の値がある大きさだけ増加するときの
　x の値の増加量を，x の増加量
　y の値の増加量を，y の増加量
といいます。**

例題で確認! 1次関数 $y=-2x+3$ で，x の値が1から3まで増加するときの，y の増加量を求めましょう。

答 -4

考え方 $x=1$ のとき $y=1$

$x=3$ のとき $y=-3$

y の増加量は，

$(-3)-1=-4$

1次関数(5) 1次関数の変化の割合

次の□にあてはまる数を入れましょう。 → 関 STEP 30

1次関数 $y=3x-2$ で，xの値が1から3まで増加するときの

xの増加量は (1)

yの増加量は (2)

です。

答 (1) xの増加量は 2

(2) yの増加量は 6

上の問題のつづきです。次の□にあてはまる数を入れましょう。

1次関数 $y=3x-2$ で，xの値が1から3まで増加するときの

変化の割合 $=\dfrac{y\text{の増加量}}{x\text{の増加量}}=$ □ です。

答 3

xの増加量に対するyの増加量の割合を，**変化の割合**といいます。右の表の通り，1次関数 $y=3x-2$ の変化の割合は，xの値がいくつからいくつまで増えても3で変わりません。また，**変化の割合は，xが1ずつ増えるときのyの増加量でもあります。**

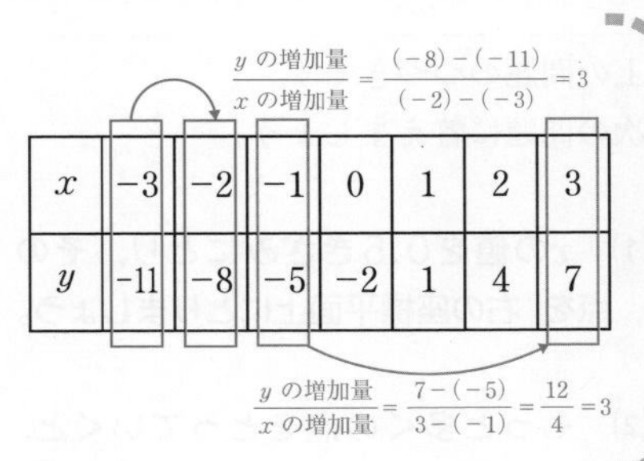

$\dfrac{y\text{の増加量}}{x\text{の増加量}}=\dfrac{(-8)-(-11)}{(-2)-(-3)}=3$

x	-3	-2	-1	0	1	2	3
y	-11	-8	-5	-2	1	4	7

$\dfrac{y\text{の増加量}}{x\text{の増加量}}=\dfrac{7-(-5)}{3-(-1)}=\dfrac{12}{4}=3$

POINT

● 1次関数の変化の割合

1次関数 $y=ax+b$ において，変化の割合 $\left(\dfrac{y\text{の増加量}}{x\text{の増加量}}\right)$ は常に一定で，その値はaになります。

例題で確認! 次の1次関数の変化の割合を答えましょう。

(1) $y=2x-3$ (2) $y=-2x-3$

(3) $y=2x$ (4) $y=\dfrac{2}{3}x-1$

答 (1) 2 (2) -2 (3) 2 (4) $\dfrac{2}{3}$

STEP 32

1次関数のグラフ(1) 1次関数とグラフ

1次関数 $y=2x+1$ について，次の問題に答えましょう。 → 関 STEP 12・27

(1) x と y の対応表を完成させましょう。

x	-3	-2	-1	0	1	2	3
y							

(2) 対応表の x，y の値の組を座標とする点を，右の座標平面上にとりましょう。

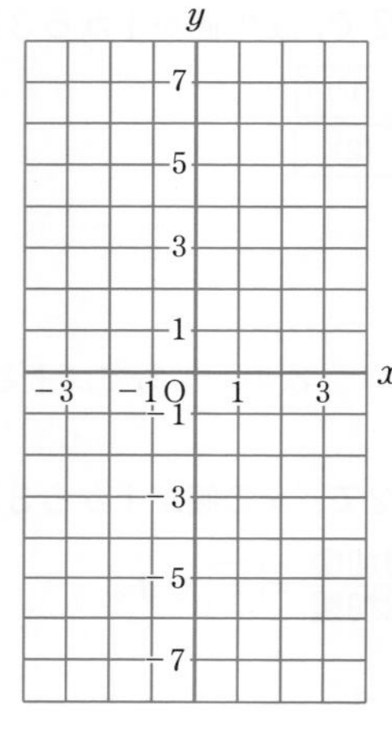

答

(1)（左から）-5，-3，-1，1，3，5，7

(2)

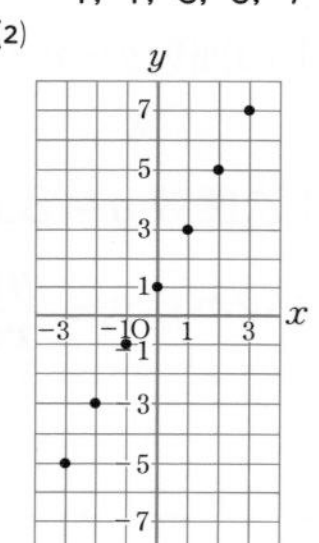

上の問題のつづきです。
次の問題に答えましょう。

(1) x の値を0.5きざみにとり，その点を，右の座標平面上にとりましょう。

(2) もっと多くの点をとっていくと，点はどのように並びますか。

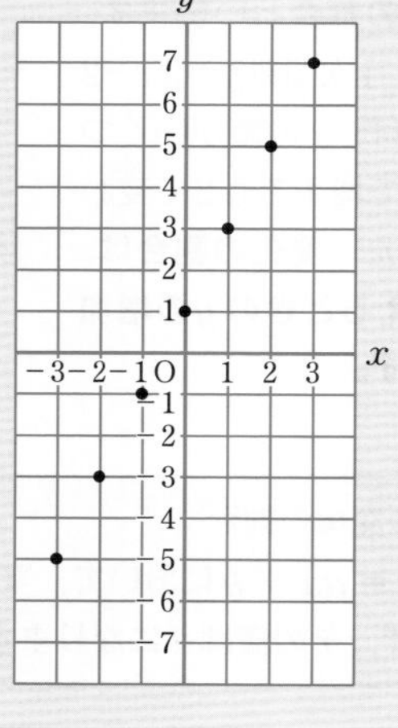

答

(1)

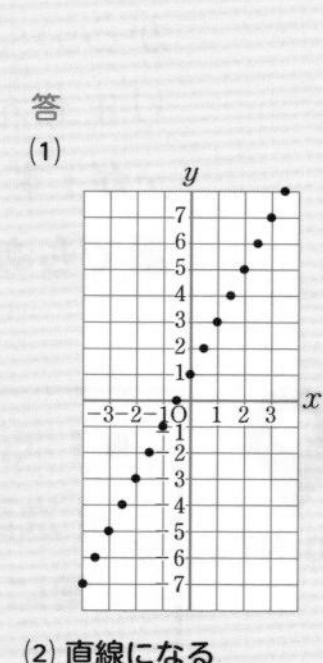

(2) 直線になる

1次関数では，対応する x，y の値の組を座標平面上にたくさんとっていくと，点の集まりは直線になります。

POINT

● 1次関数のグラフ(1)

1次関数 $y=ax+b$ のグラフは，対応する x，y の値の組を座標とする点の集まりで，直線になります。

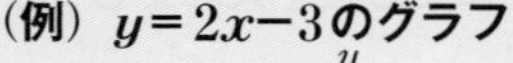

(例)　$y=2x-3$ のグラフ

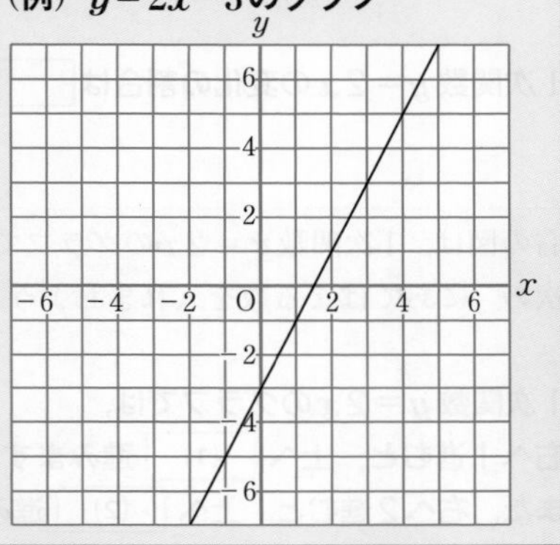

例題で確認!　**1次関数 $y=-2x+1$ について，次の問題に答えましょう。**

(1)　x と y の対応表を完成させましょう。

x	−3	−2	−1	0	1	2	3
y							

(2)　x の値を0.5きざみにとり，その点を，右の座標平面上にとりましょう。

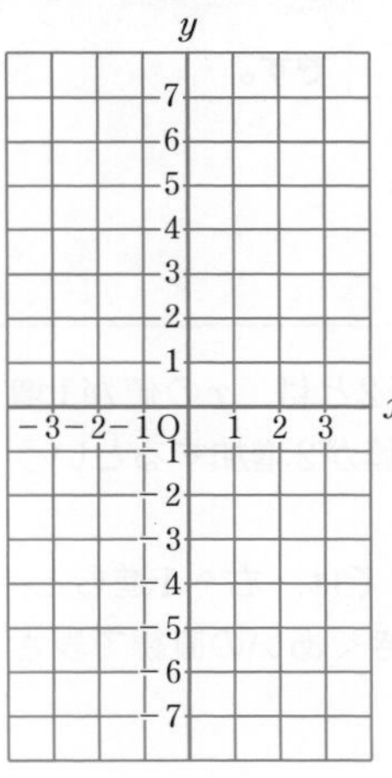

答

(1) (左から)7, 5, 3, 1, −1, −3, −5

(2)

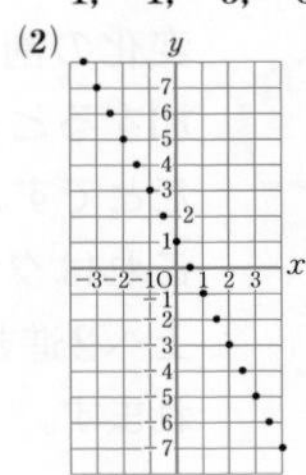

POINT

1次関数 $y=ax+b$ のグラフは，$y=ax+b$ が成り立つような x，y の値の組を座標とする点の集まりです。

例題で確認!　次の点の中から，$y=2x-3$ のグラフ上にある点をすべて選びましょう。

A (2, 1)　　B (4, 8)　　C (4, 5)

D (0, 0)　　E (0, −3)　　F $\left(\frac{1}{2}, -2\right)$

G (−2, −1)　　H (−2, 1)　　I (−3, −9)

答　A, C, E, F, I

考え方　x，y の値を $y=2x-3$ に代入して成り立つものは，グラフ上の点である。点Bは (左辺) $=8$，(右辺) $=2\times4-3=5$ で成り立たない。

STEP 33

③章 1次関数

1次関数のグラフ(2) 傾き

次の□にあてはまる数を入れましょう。

→ 関 STEP 30・31

1次関数 $y=2x$ の変化の割合は □ です。

答 2

右の図は，1次関数 $y=2x$ のグラフです。
次の□にあてはまる数を入れましょう。

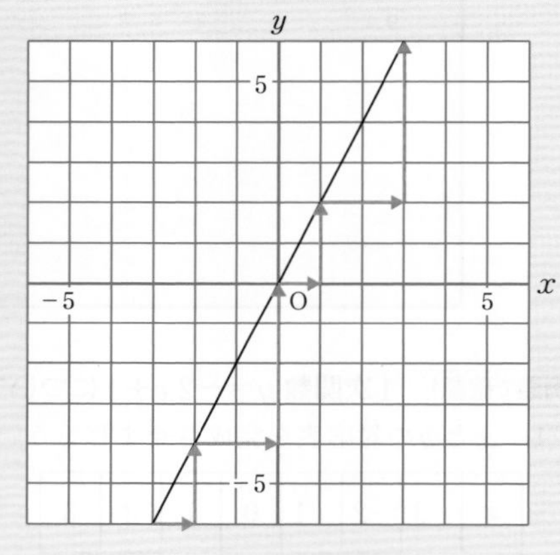

1次関数 $y=2x$ のグラフでは，
右へ1進むと，上へ (1) 進みます。
また，右へ2進むと，上へ (2) 進みます。

1次関数 $y=2x$ の
グラフの傾きは (3) です。

答 (1) 2　(2) 4　(3) 2

変化の割合が2とは，xの値が1増加するとyの値が2増加するということです。
これはグラフでは，右へ1進むと，上へ2進む傾きぐあいの直線で表されます。

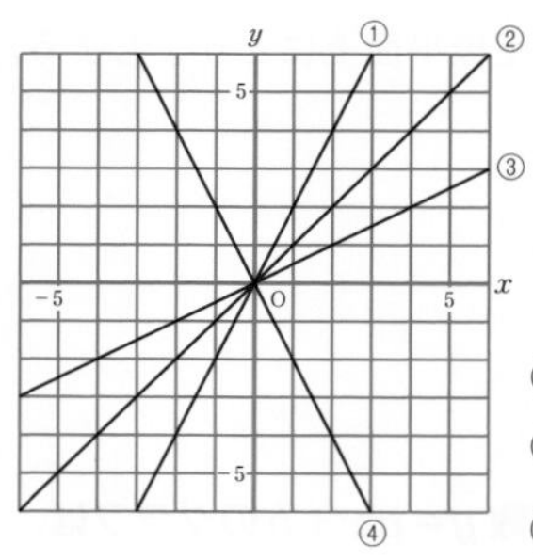

①$y=2x$
②$y=x$
③$y=\frac{1}{2}x$
④$y=-2x$

右の図のように，$y=ax$のグラフの傾きぐあいは，aの値によって決まります。aの値を，このグラフの傾き（かたむ）といいます。

POINT

● **1次関数のグラフの傾き（かたむ）**
$y=ax+b$ のグラフの傾きは，1次関数 $y=ax+b$ の変化の割合 a に等しい。

1次関数のグラフ(3) グラフと傾き

次の□にあてはまる数を入れましょう。 → 関 STEP 33

1次関数 $y=-2x$ のグラフの傾きは□です。

答 −2

次の□に'上''下'のどちらかを入れましょう。

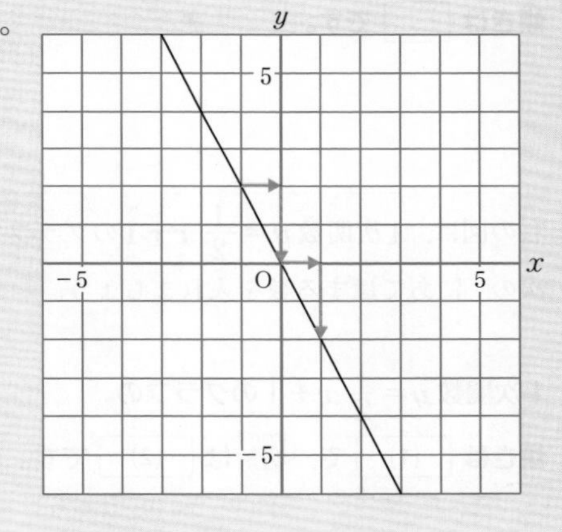

1次関数 $y=-2x$ のグラフでは，
右へ1進むと，□へ2進みます。

答 下

傾きが−2ということは，変化の割合は−2ということです。すなわち，x の値が1増加すると y の値は2減少します。これはグラフでは，右へ1進むと，下へ2（上へ−2）進む傾きぐあいで表されます。

POINT

1次関数 $y=ax+b$ のグラフは，
$a>0$ ならば，右へ1進むと上へ a 進み，
$a<0$ ならば，右へ1進むと下へ a の絶対値だけ進みます。

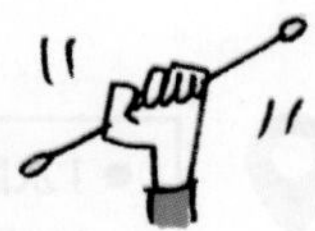

例題で確認! 次の□に'上''下'のどちらかを入れましょう。

(1)

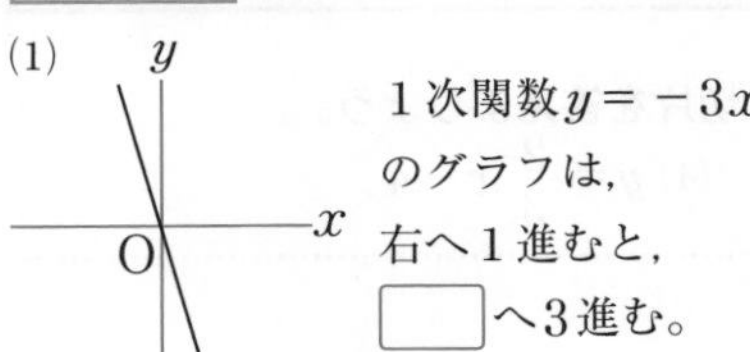

1次関数 $y=-3x$ のグラフは，右へ1進むと，□へ3進む。

(2)

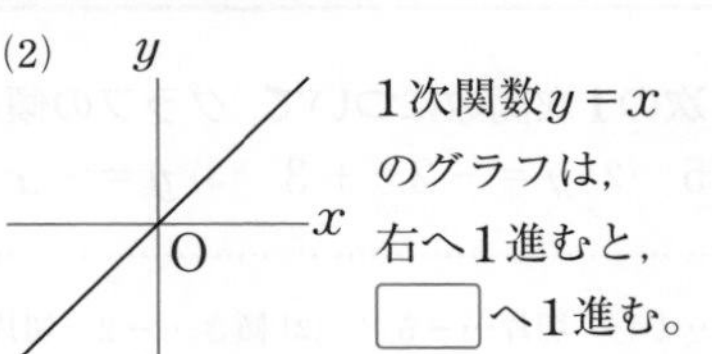

1次関数 $y=x$ のグラフは，右へ1進むと，□へ1進む。

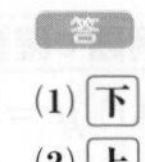

答
(1) 下
(2) 上

1次関数のグラフ(4) 切片

右の図は，1次関数 $y=\frac{1}{2}x$ のグラフです。 → 関 STEP 33

次の□にあてはまる数を入れましょう。

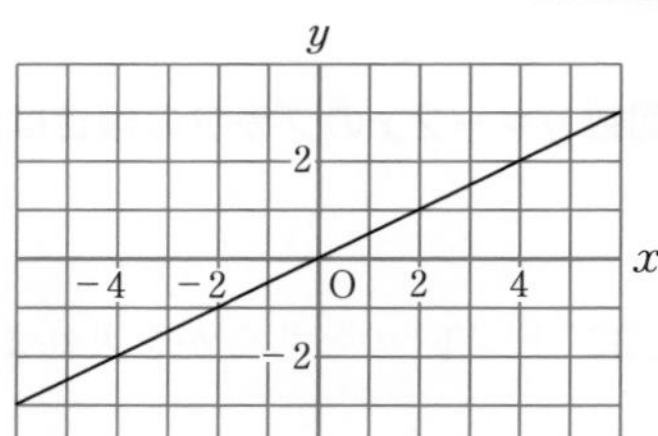

1次関数 $y=\frac{1}{2}x$ のグラフの

傾きは □ です。

答 $\frac{1}{2}$

右の図は，1次関数 $y=\frac{1}{2}x+1$ のグラフです。

次の□にあてはまる数を入れましょう。

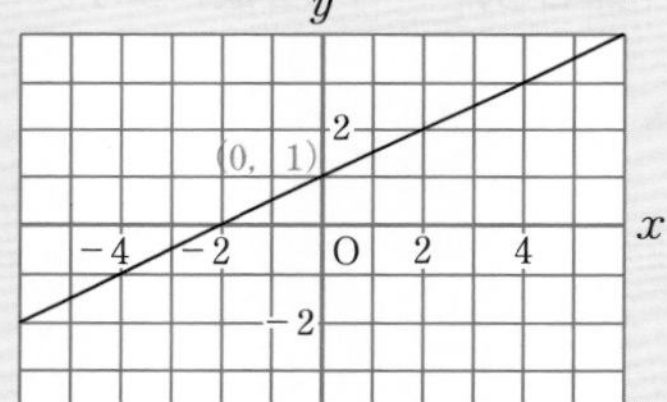

1次関数 $y=\frac{1}{2}x+1$ のグラフの

傾きは (1) で，切片(せっぺん)は (2) です。

答 (1) $\frac{1}{2}$ (2) 1

下の問題の $y=\frac{1}{2}x+1$ のグラフは，$y=\frac{1}{2}x$ のグラフを，上に1だけずらした直線になります。原点(0, 0)ではなく，y 軸上の点(0, 1)を通ります。

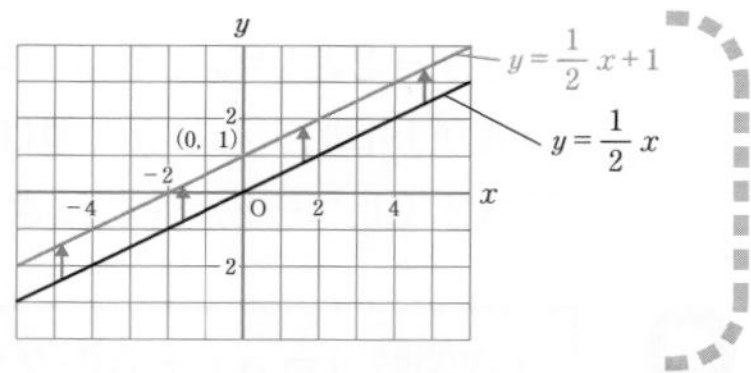

POINT

● 1次関数のグラフの切片(せっぺん)

1次関数 $y=ax+b$ のグラフは，点 (0, b) で y 軸と交わります。

b のことを，このグラフの切片といいます。

例題で確認! 次の1次関数について，グラフの傾きと切片を答えましょう。

(1) $y=x-5$ (2) $y=-2x+3$ (3) $y=-x-2$ (4) $y=\frac{2}{3}x-4$

答 (1) 傾き…1 切片…−5 (2) 傾き…−2 切片…3

(3) 傾き…−1 切片…−2 (4) 傾き…$\frac{2}{3}$ 切片…−4

1次関数のグラフ(5) グラフの傾きと平行

次の1次関数のグラフの傾きと切片を求めましょう。また，そのグラフを右の図の**ア**～**ウ**から選びましょう。

→ 関 STEP 33・35

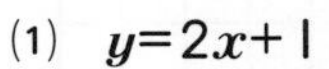

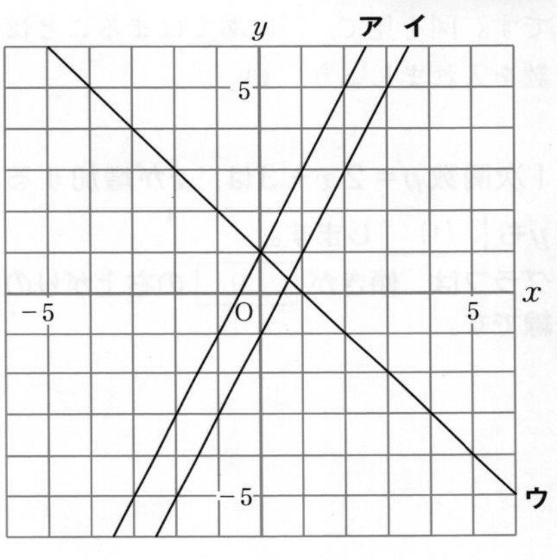

(1) $y=2x+1$ 傾き…□ 切片…□ グラフ…□

(2) $y=-x+1$ 傾き…□ 切片…□ グラフ…□

(3) $y=2x-1$ 傾き…□ 切片…□ グラフ…□

答 (1) 傾き… 2 切片… 1 グラフ… ア
(2) 傾き… −1 切片… 1 グラフ… ウ
(3) 傾き… 2 切片… −1 グラフ… イ

上の問題のつづきです。□にあてはまることばを入れましょう。

ア～ウの3つのグラフのうち，傾きが等しいアとイは□な直線です。

答 平行

3つのグラフのうち，
ア($y=2x+1$)と**ウ**($y=-x+1$)は，
切片は同じですが，傾きは異なります。
ア($y=2x+1$)と**イ**($y=2x-1$)は，
傾きは同じで，切片は異なります。
このとき**ア**と**イ**は平行です。

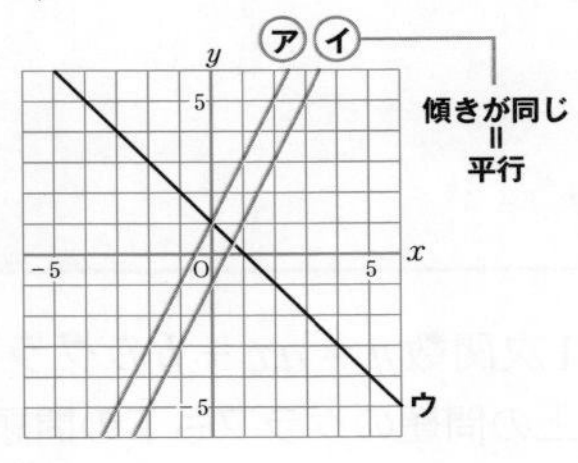

● **1次関数のグラフの平行**
1次関数 $y=ax+b$ と $y=cx+d$ のグラフにおいて，
$a=c$（傾きが等しい）ならば，2つのグラフは平行です。

STEP 37

③章 1次関数

1次関数のグラフ(6) $a>0$，$a<0$

右の図は，**1次関数 $y=2x+3$** のグラフです。図を見て，□にあてはまることばや数を入れましょう。

→ 関 STEP 33・34

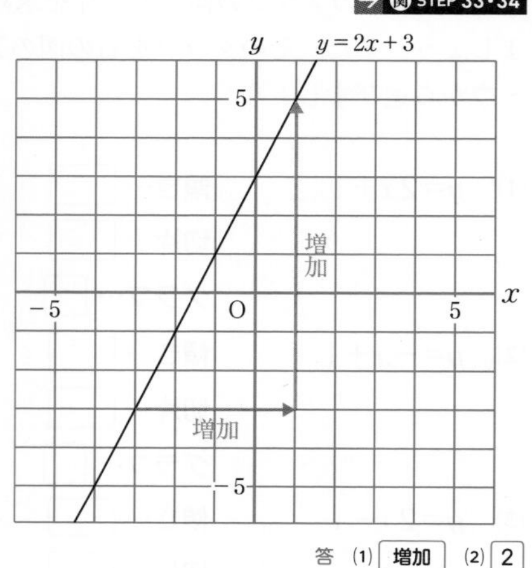

1次関数 $y=2x+3$ は，x が増加すると y も [(1)] します。
グラフは，傾きが [(2)] の右上がりの直線です。

答 (1) 増加 (2) 2

右の図は，**1次関数 $y=-2x+3$** のグラフです。図を見て，□にあてはまることばや数を入れましょう。

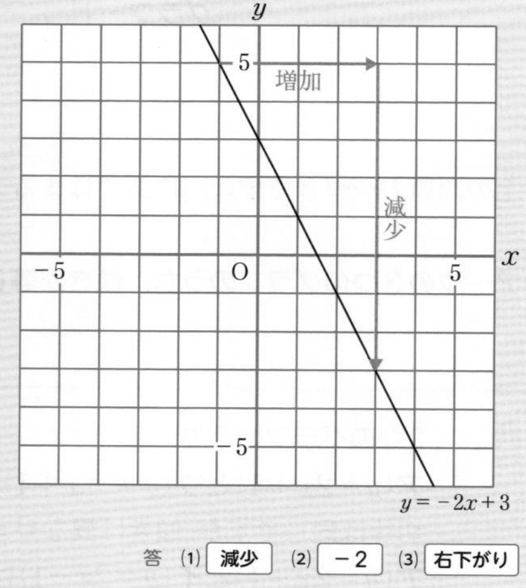

1次関数 $y=-2x+3$ は，x が増加すると y は [(1)] します。
グラフは，傾きが [(2)] の [(3)] の直線です。

答 (1) 減少 (2) −2 (3) 右下がり

1次関数 $y=ax+b$ のグラフは，傾きが a，切片が b の直線になります。上の問題のグラフも下の問題のグラフも，どちらも切片は3ですが，傾きがどのように異なっているかに着目しましょう。

上の問題のように，傾き a が $a>0$ のときグラフは右上がりの直線になります。
下の問題のように，傾き a が $a<0$ のときグラフは右下がりの直線になります。

POINT

● 1次関数のグラフ(2)

1次関数 $y = ax + b$ のグラフは，a の値によって次のようになります。

・$a > 0$ のとき，グラフは右上がりの直線

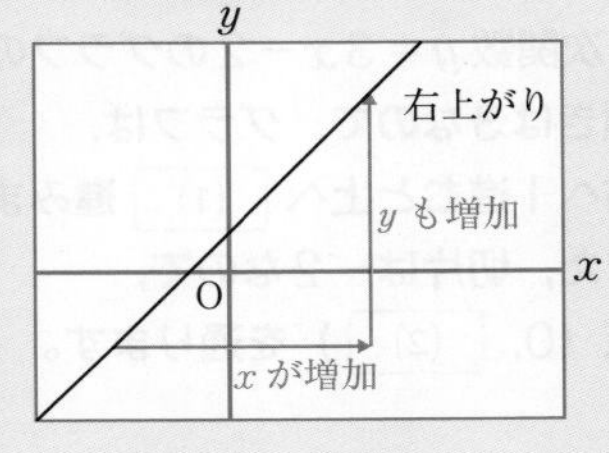

・$a < 0$ のとき，グラフは右下がりの直線

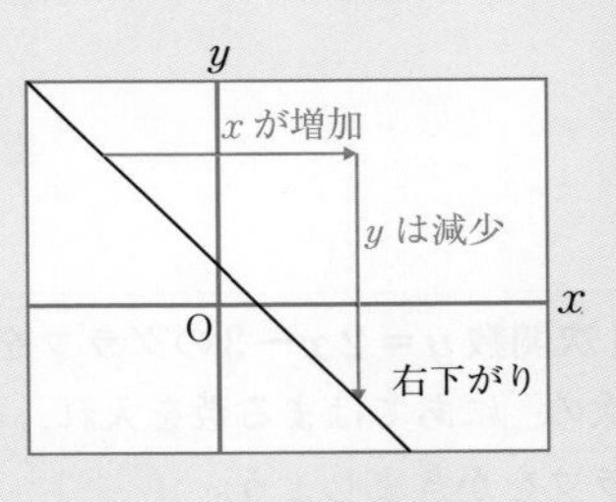

例題で確認!　グラフを見て，□にあてはまることばや数を入れましょう。

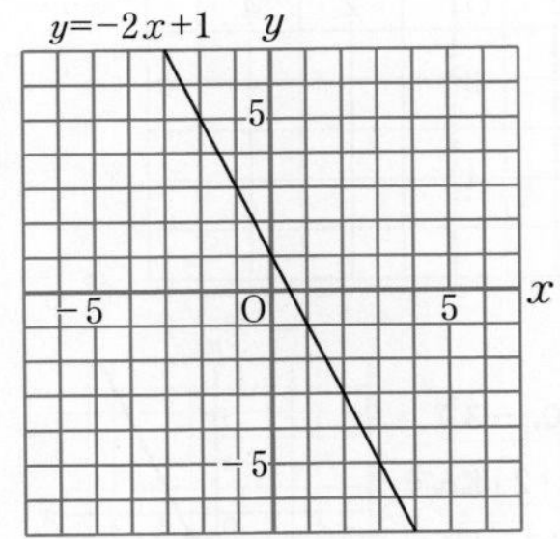

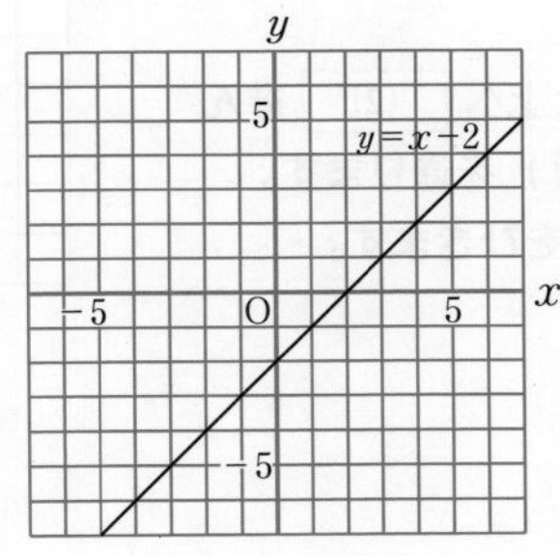

1次関数 $y = -2x + 1$ は，x が増加すると y は [(1)] します。
グラフは，傾きが [(2)] の [(3)] の直線です。

1次関数 $y = x - 2$ は，x が増加すると y も [(4)] します。
グラフは，傾きが [(5)] の [(6)] の直線です。

答

(1) 減少
(2) −2
(3) 右下がり
(4) 増加
(5) 1
(6) 右上がり

考え方

(3)　傾きが−2で負の数なので，グラフは右下がり。
(6)　傾きが1で正の数なので，グラフは右上がり。

STEP 38

③章 1次関数

1次関数のグラフ(7) 1次関数のグラフのかき方

右の図は，1次関数 $y=3x-2$ のグラフです。次の□にあてはまる数を入れましょう。

→ 関 STEP 33・35

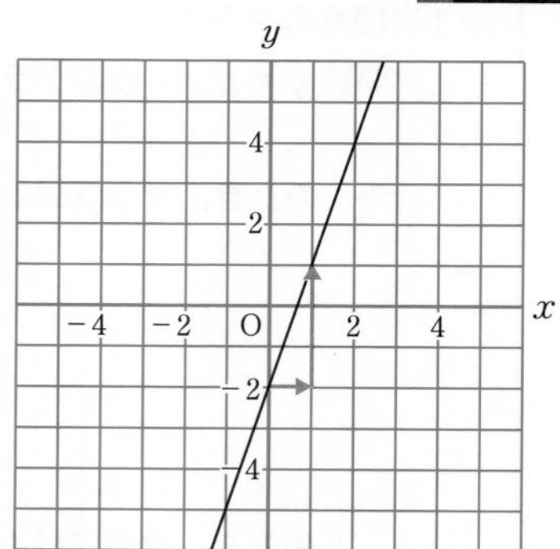

1次関数 $y=3x-2$ のグラフの傾きは3なので，グラフは，右へ1進むと上へ (1) 進みます。また，切片は－2なので，点（0, (2) ）を通ります。

答 (1) 3 (2) (0, －2)

1次関数 $y=2x-3$ のグラフをかきます。次の□にあてはまる数を入れ，右の図にグラフをかきましょう。

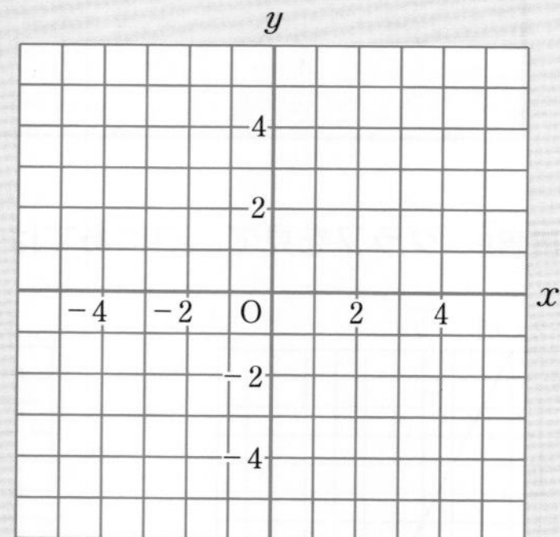

①切片が－3なので，
点A（0, (1) ）を通ります。

②傾きが2なので
点Aから右へ1進むと上へ (2) 進んで，点B（1, (3) ）を通ります。

③2点A，Bを通る直線をひきます。

答 (1) A（0, －3）
(2) 上へ 2 進んで
(3) B（1, －1）

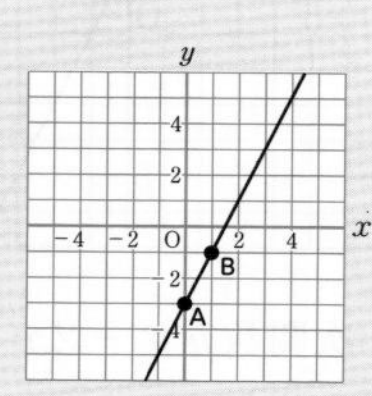

下の問題のように，1次関数のグラフは，切片と傾きをもとにして，かくことができます。

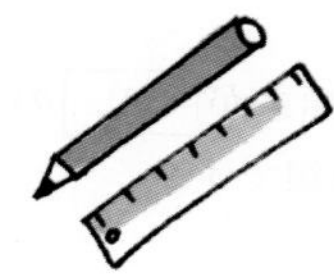

POINT

- **1次関数のグラフのかき方**
  グラフ上にある2点を求め，その2点を通る直線をひく。
  ・切片→ y 軸上の1点がわかる
  ・傾き→「y 軸上の1点」をもとに，もう1点がわかる。

例題で確認! 次の1次関数について，グラフをかきましょう。

(1) $y=2x+1$　　(2) $y=-x-2$　　(3) $y=-2x+3$

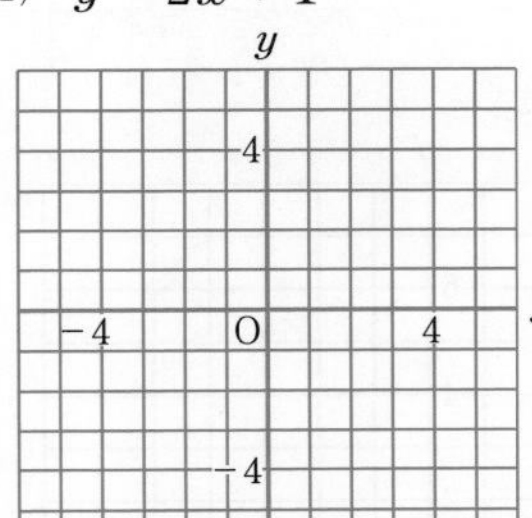

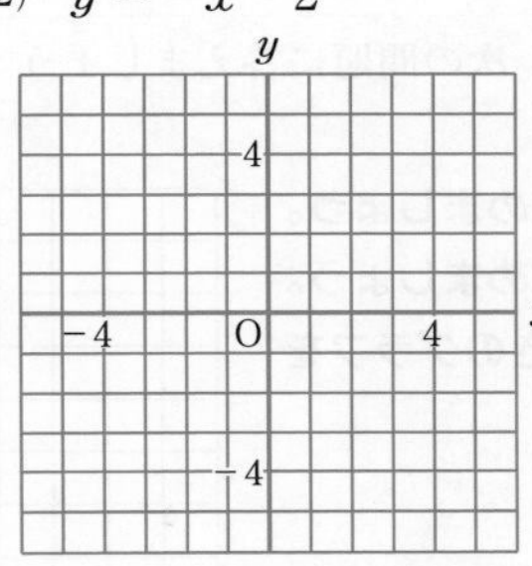

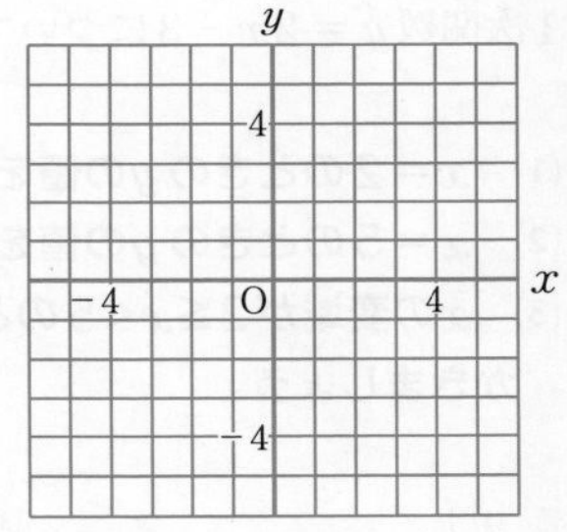

答

(1)

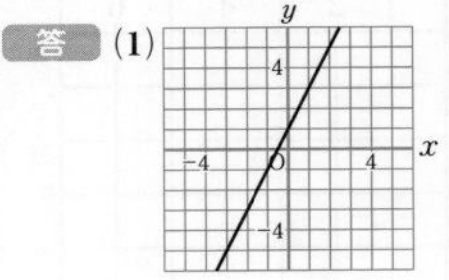

(2)

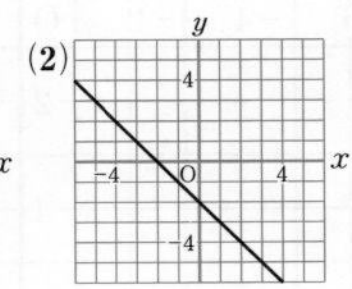

(3)

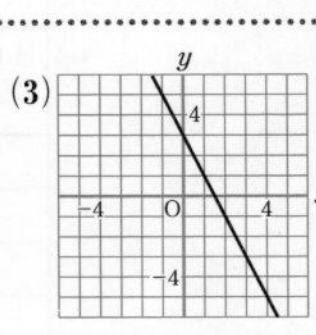

考え方 (1) 切片が1なので，y 軸上の(0, 1)と，そこから右へ1進んで上へ2進んだ(1, 3)を通る。

(2) 切片が -2 なので，y 軸上の(0, -2)と，そこから右へ1進んで下へ1進んだ(1, -3)を通る。

POINT

傾きが $\dfrac{\triangle}{\bigcirc}$ のとき→右へ○進むと上へ△進む。

傾きが $-\dfrac{\triangle}{\bigcirc}$ のとき→右へ○進むと下へ△進む。

例題で確認! 次の1次関数について，グラフをかきましょう。

(1) $y=\dfrac{2}{3}x-2$

(2) $y=-\dfrac{3}{2}x+1$

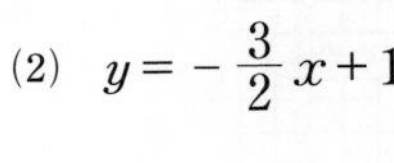

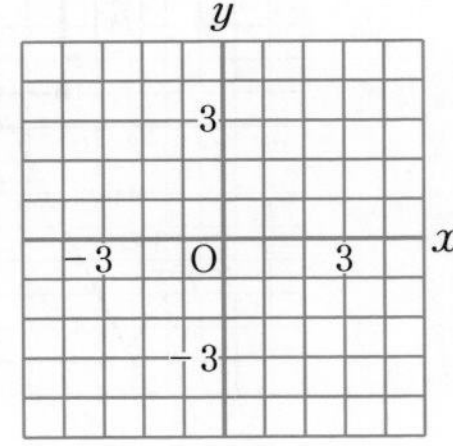

答

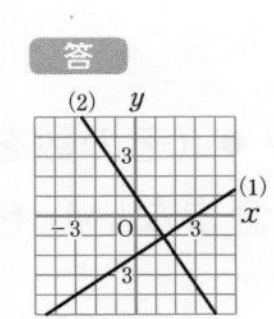

考え方

(1) 切片が -2 なので，y 軸上の(0, -2)と，そこから右へ3進んで上へ2進んだ(3, 0)を通る。

(2) 切片が1なので，y 軸上の(0, 1)と，そこから右へ2進んで下へ3進んだ(2, -2)を通る。

STEP 39

③章 1次関数

1次関数のグラフ(8) 変域とグラフ

次の変数がとりうる変域を，不等号を使って表しましょう。 → 関 STEP 3・4

(1) xは2以上，7以下

(2) xは-3以上，7未満

(3) xは2より大きく，7より小さい

答 (1) $2 \leqq x \leqq 7$

(2) $-3 \leqq x < 7$

(3) $2 < x < 7$

1次関数$y=2x-3$について，次の問題に答えましょう。

(1) $x=2$のときのyの値を求めましょう。

(2) $x=5$のときのyの値を求めましょう。

(3) xの変域が$2 \leqq x < 5$のときのグラフをかきましょう。

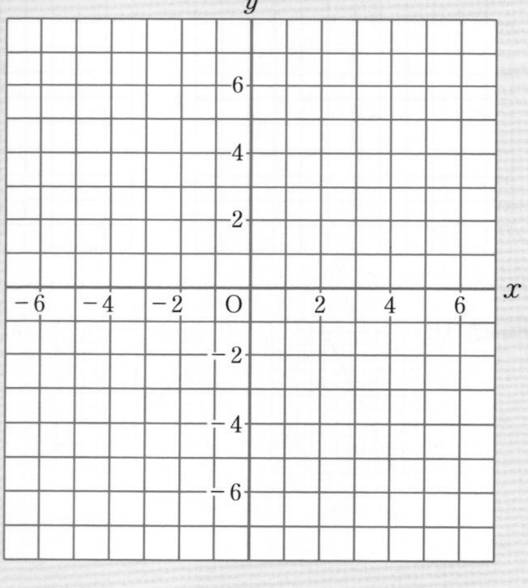

答 (1) 1

(2) 7

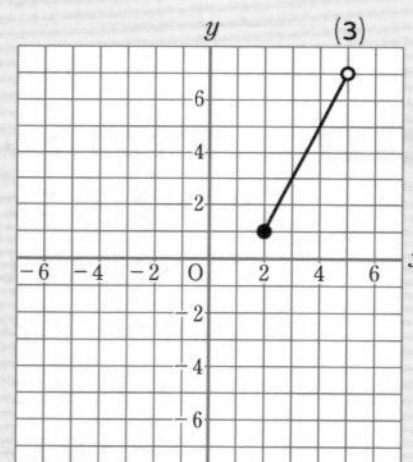

変域とは，変数がとることのできる値の範囲のことで，「以上」「以下」のときは≧，≦を使って表し，「未満（ある数そのものは含まず，それより小さい数であること）」のときや，「より大きい」「より小さい」のときは，>，<を使って表します。

数直線やグラフでは，●（その数を含む），○（その数を含まない）を使って表します。

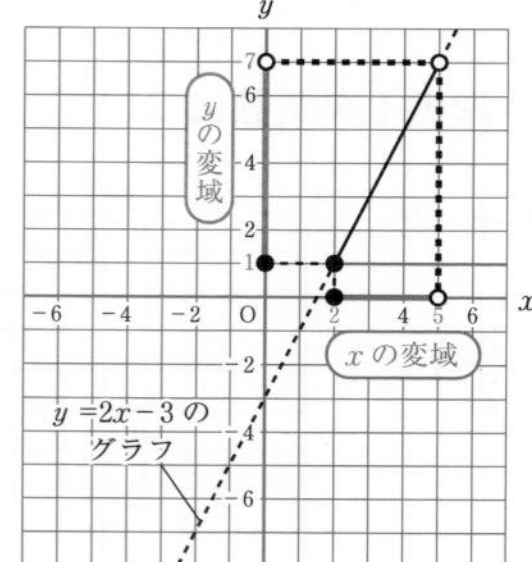

xの変域がかぎられたグラフは，半直線や線分になります。≦と＜のちがいは，半直線や線分の端(はし)を●にするか○にするかで表します。

POINT

例題で確認! 1次関数 $y=-\frac{1}{2}x+1$ について，グラフを破線で表しています。xの変域が次のときのグラフを，破線を利用してかきましょう。また，yの変域を答えましょう。

(1) $-2<x\leqq 4$

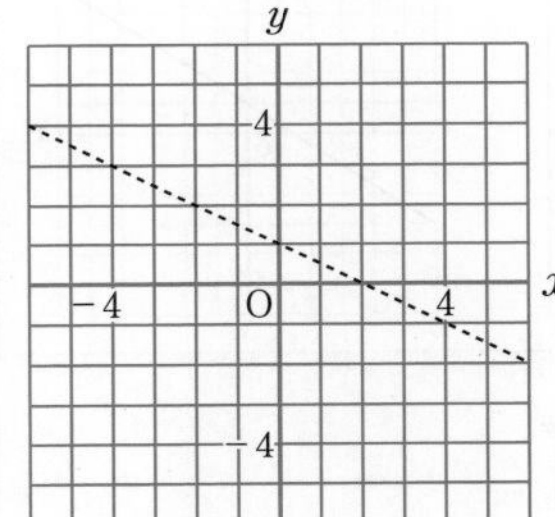

(2) $-4\leqq x<-2$

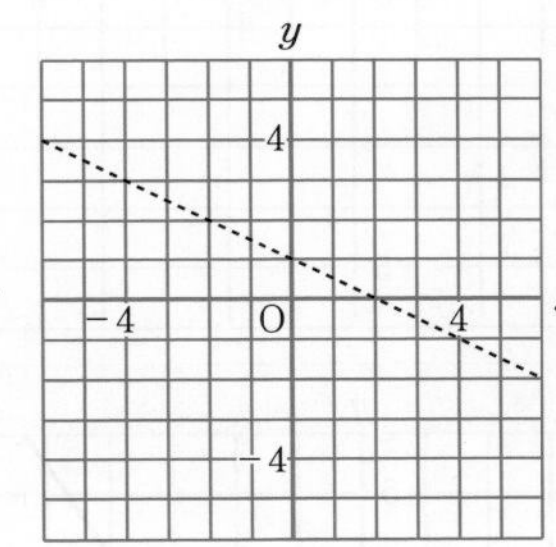

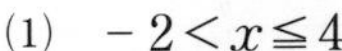

答

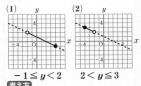

(1) $-1\leqq y<2$ (2) $2<y\leqq 3$

考え方

(1) $-2<x\leqq 4$の範囲を直線にする。グラフの両端は$(-2,\ 2)$，$(4,\ -1)$ なので，yの変域は $-1\leqq y<2$

1次関数のグラフは，y軸上の1点の座標がわからなくても，グラフ上にある2点の座標がわかればかくことができます。

POINT

例題で確認! 次の問題に答えましょう。

(1) 1次関数 $y=-x+2$ で，xの変域が $1<x\leqq 5$ のときのグラフをかきましょう。また，yの変域を求めましょう。

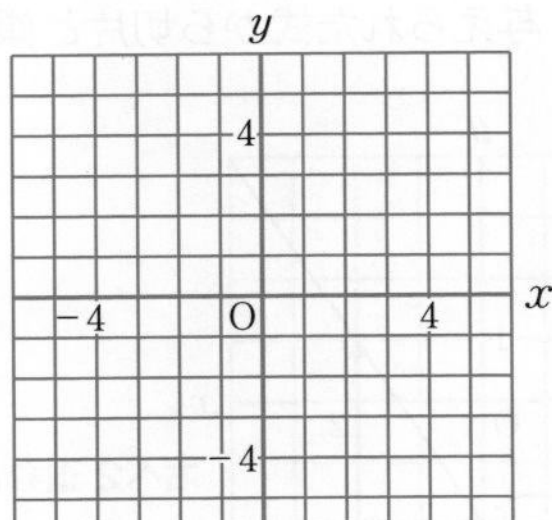

(2) 1次関数 $y=\frac{2}{3}x-1$ で，xの変域が $-3\leqq x<3$ のときのグラフをかきましょう。また，yの変域を求めましょう。

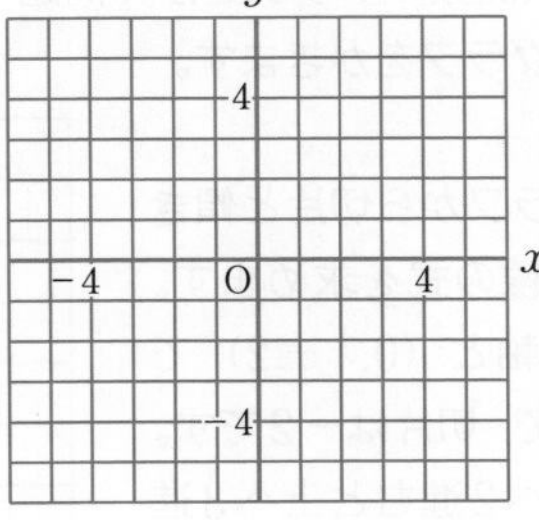

答

(1)

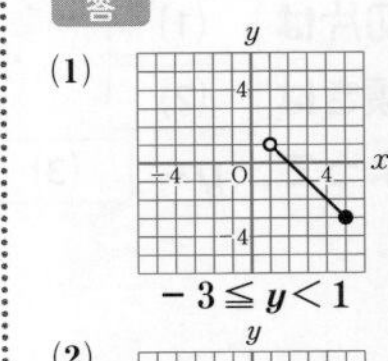

$-3\leqq y<1$

(2)

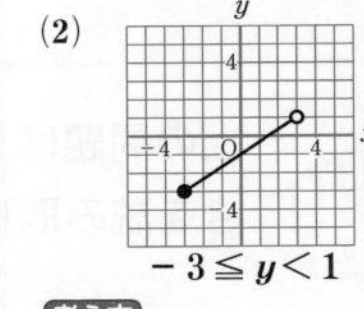

$-3\leqq y<1$

考え方

(1) $x=1$のとき$y=1$，$x=5$のとき$y=-3$ $(1,\ 1)$は○，$(5,\ -3)$を●にして直線でつなぐ。

(2) $x=-3$のとき$y=-3$，$x=3$のとき$y=1$，$(-3,\ -3)$は●，$(3,\ 1)$は○にして直線でつなぐ。

STEP 40

3章 1次関数

1次関数の式の求め方(1) 傾きと切片から

次の1次関数のグラフをかきましょう。

→ 関 STEP 38

$y=\frac{2}{3}x+1$

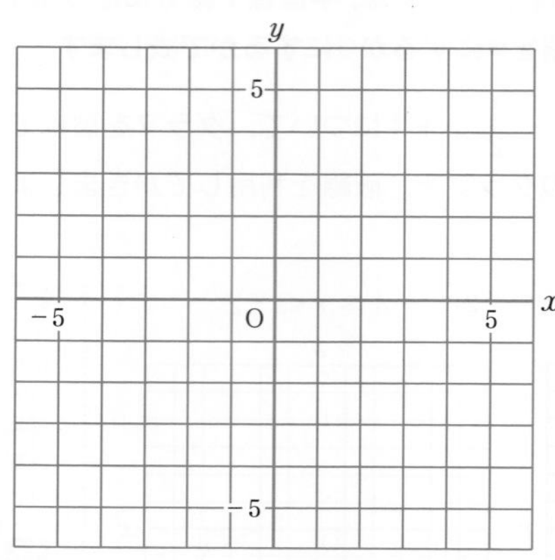

答

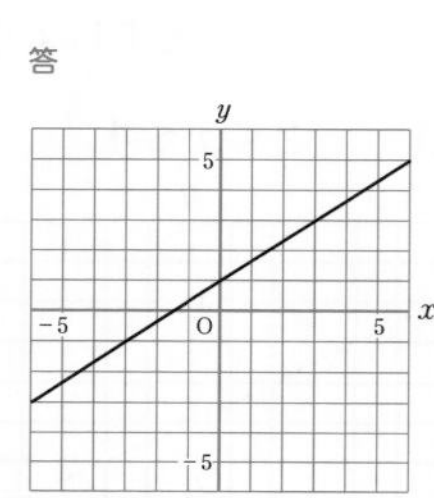

右の図の，直線の式を求めます。次の□にあてはまる数や式を入れましょう。

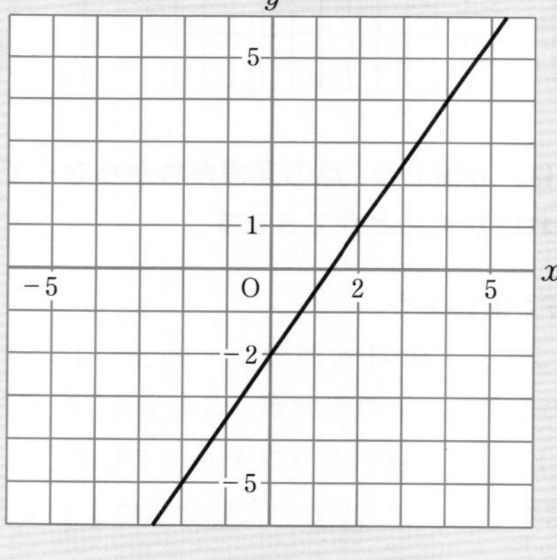

グラフより

切片は (1)

傾きは (2)

よって，$y=$ (3)

答

(1) -2

(2) $\frac{3}{2}$

(3) $y=\frac{3}{2}x-2$

上の問題は，1次関数のグラフをかく問題です。与えられた式から切片と傾きを読み取り，グラフをかきます。

下の問題は，グラフから切片と傾きを読み取り，直線の式を求めます。まず，直線がy軸と（0，-2）で交わっているので，切片は-2です。また直線は，右へ2進むと上へ3進んでいるので，傾きは$\frac{3}{2}$です。

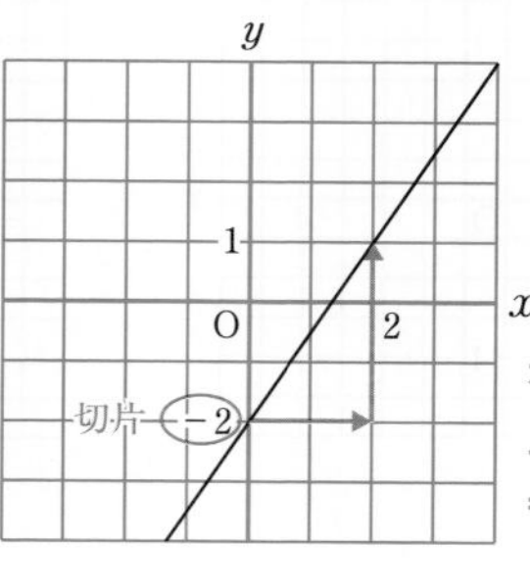

POINT

- **1次関数の式の求め方(1)**
  グラフの傾きがa，切片がbである1次関数の式
  $$y = ax + b$$
  ※1次関数の式を求めることを，「1次関数を求める」という場合もあります。

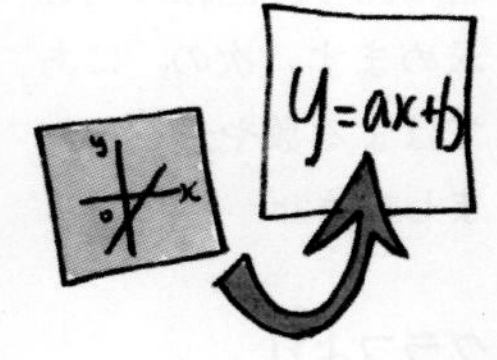

例題で確認! 1次関数のグラフの傾きと切片が次のように与えられているとき，それぞれの1次関数の式を求めましょう。

(1) 傾きが$\frac{1}{3}$，切片が2

(2) 傾きが$-\frac{2}{3}$，切片が-3

(3) 傾きが-4，切片が0

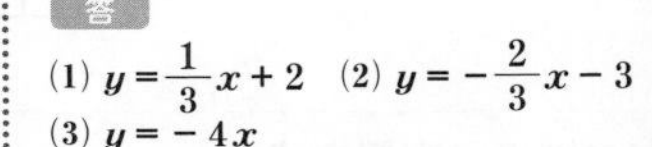

答

(1) $y = \frac{1}{3}x + 2$　(2) $y = -\frac{2}{3}x - 3$
(3) $y = -4x$

考え方

(3) 切片が0とは，原点を通る直線。

POINT

- **グラフの傾きを求める**
  ・右へ◎進むと上へ●進む → 傾きは$\frac{●}{◎}$
  ・右へ◎進むと下へ●進む → 傾きは$-\frac{●}{◎}$

例題で確認! 下の図で，それぞれの直線の式を求めましょう。

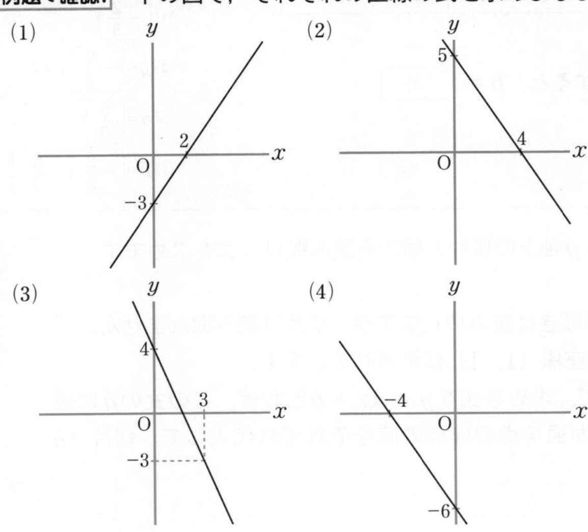

答

(1) $y = \frac{3}{2}x - 3$

(2) $y = -\frac{5}{4}x + 5$

(3) $y = -\frac{7}{3}x + 4$

(4) $y = -\frac{3}{2}x - 6$

考え方

(1) 切片は-3
右へ2進むと上へ3進むので，傾きは$\frac{3}{2}$

(3) 右へ3進むと下へ7進むので，傾きは$-\frac{7}{3}$

(4) 右へ4進むと下へ6進むので，傾きは$-\frac{6}{4} = -\frac{3}{2}$

STEP 41

3章 1次関数

1次関数の式の求め方(2) 1点の座標と傾きから

→ 関 STEP 40

右の図の，直線の式を求めます。次の□にあてはまる数や式を入れましょう。

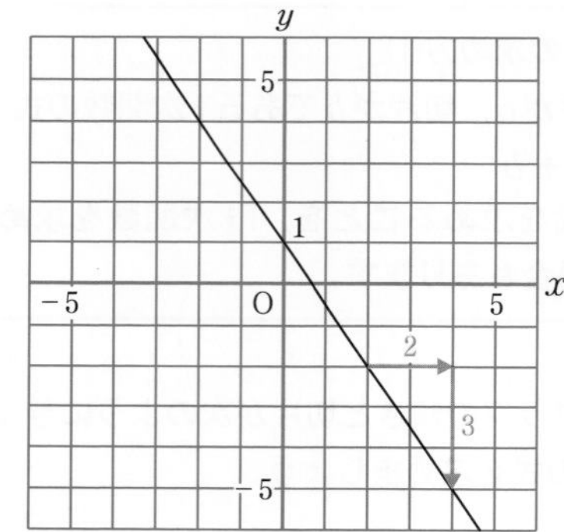

グラフより

切片は (1)

傾きは (2)

よって，$y=$ (3)

答

(1) 1

(2) $-\frac{3}{2}$

(3) $y=-\frac{3}{2}x+1$

右の図の，直線の式を求めます。次の□にあてはまる数や式を入れましょう。

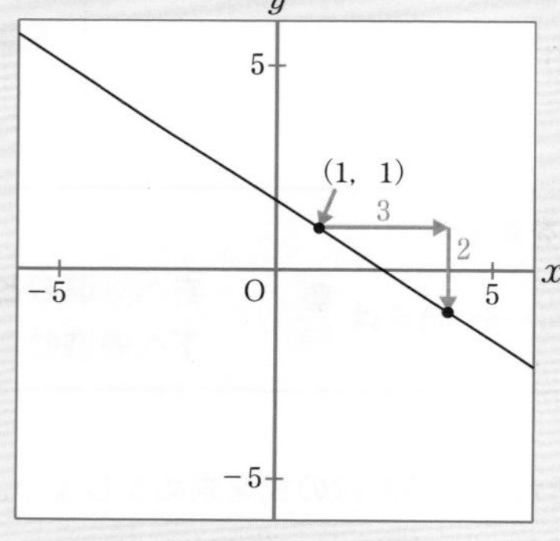

グラフより

傾きは (1) なので，

求める直線の式は

$y=$ (2) $x+b$とおける。

点（1，1）を通るから，

この式に$x=1$，$y=1$を代入すると，$b=$ (3)

したがって，$y=$ (4)

答

(1) $-\frac{2}{3}$

(2) $y=-\frac{2}{3}x+b$

(3) $b=\frac{5}{3}$

(4) $y=-\frac{2}{3}x+\frac{5}{3}$

上の問題は，グラフからy軸上の切片と傾きを読み取り，式を求めます。

下の問題は，グラフから傾きは読み取れますが，切片は読み取れません。ただし，直線上の1点の座標（1，1）は示されています。

このような場合は，まず，求める式を$y=ax+b$とおき，この式のaに傾きを，x，yにはグラフが通る点の座標の値をそれぞれ代入して，切片（bの値）を求めます。

POINT

● **1次関数の式の求め方(2)**

——切片はわからないが，
直線が通る1点の座標と傾きがわかるとき——

(例) 点 (3, −2) を通り，傾きが−2の直線の式を求める。

解答 傾きが−2なので，
求める直線の式は $y = -2x + b$
とおける。
　→ $y = ax + b$ の a に傾きを代入する。

点 (3, −2) を通るから，
この式に $x = 3$，$y = -2$ を代入すると，
$-2 = -2 \times 3 + b$
$b = 4$
　→ 上で表した $y = -2x + b$ に，直線が通る点の座標の値を代入して，b の値を求める。

したがって，$y = -2x + 4$

例題で確認! 次の直線の式を求めましょう。

(1) 点 (−2, 3) を通り，傾きが2の直線

(2) 点 (3, −3) を通り，傾きが $-\dfrac{2}{3}$ の直線

(3) 点 (3, −2) を通り，傾きが $-\dfrac{3}{2}$ の直線

答

(1) $y=2x+7$　(2) $y=-\dfrac{2}{3}x-1$

(3) $y=-\dfrac{3}{2}x+\dfrac{5}{2}$

考え方

(1) 傾きが2なので，$y=2x+b$ とおき，$x=-2$，$y=3$ を代入すると $b=7$

POINT

平行な直線は傾きが等しい。

例題で確認! 次の直線の式を求めましょう。

(1) 点 (−1, 4) を通り，直線 $y = 2x + 3$ に平行な直線

(2) 点 (6, 6) を通り，$y = -\dfrac{2}{3}x + 2$ に平行な直線

答

(1) $y=2x+6$

(2) $y=-\dfrac{2}{3}x+10$

考え方

(1)は傾き2　(2)は傾き $-\dfrac{2}{3}$

STEP 42

3章 1次関数

1次関数の式の求め方(3) 2点の座標から

→ 関 STEP 41

右の図の，直線の式を求めます。次の□にあてはまる数や式を入れましょう。

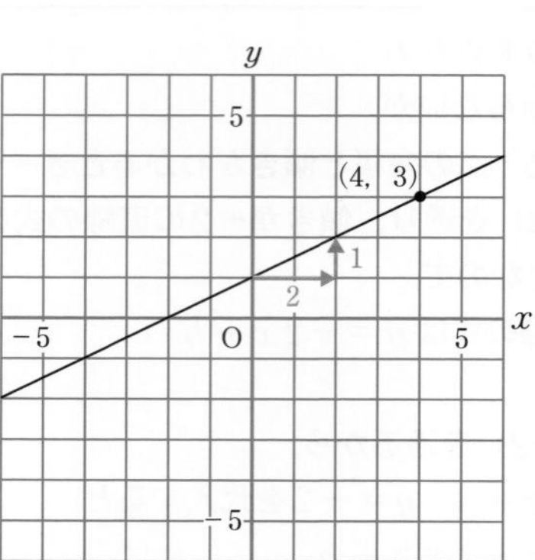

グラフより
傾きは (1) なので，
求める直線の式は
$y=$ (2) $x+b$ とおける。
点（4，3）を通るから，
この式に $x=4$，$y=3$ を代入すると，$b=$ (3)
したがって，$y=$ (4)

答
(1) $\frac{1}{2}$
(2) $y=\frac{1}{2}x+b$
(3) $b=1$
(4) $y=\frac{1}{2}x+1$

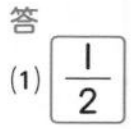

右の図の，直線の式を求めます。次の□にあてはまる数や式を入れましょう。

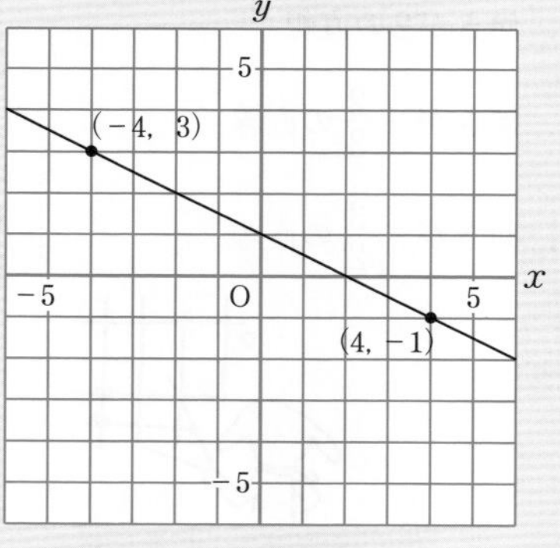

2点(−4, 3), (4, −1)を通るから，傾きは，

$$\frac{-1-(1)}{4-(2)}=\frac{-4}{8}=(3)$$

求める直線の式は
$y=$ (4) $x+b$ とおける。点(−4，3)を通るから，
$3=-\frac{1}{2}\times(-4)+b$，$b=1$　したがって，$y=$ (5)

答
(1)(2) $\frac{-1-3}{4-(-4)}$
(3) $-\frac{1}{2}$
(4) $y=-\frac{1}{2}x+b$
(5) $y=-\frac{1}{2}x+1$

下の問題は，グラフ上の2点の座標から直線の式を求めます。
このとき，まず，$\frac{y\text{の増加量}}{x\text{の増加量}}$ から変化の割合（傾き）を求めます。

POINT

● 1次関数の式の求め方(3)
――切片も傾きもわからないが，
直線が通る2点の座標がわかるとき――

（例）2点（−2，6），（3，−4）を通る直線の式を求める。

解答① 2点（−2，6），（3，−4）を通るから，

傾きは，$\dfrac{-4-6}{3-(-2)}=\dfrac{-10}{5}=-2$

求める直線の式を$y=-2x+b$とおくと，
点（−2，6）を通るから，

$6=-2\times(-2)+b$，$b=2$

したがって，$y=-2x+2$

傾き（変化の割合）$=\dfrac{y\text{の増加量}}{x\text{の増加量}}$
⇓
2点の座標から，まず，傾きを求める。

例題で確認! 次の直線の式を求めましょう。（先に傾きを求めましょう。）

(1) 2点（3，6），（5，2）を通る直線
(2) 2点（4，−3），（−6，2）を通る直線

答 (1) $y=-2x+12$ (2) $y=-\dfrac{1}{2}x-1$

考え方 (1) 傾きは，$\dfrac{2-6}{5-3}=\dfrac{-4}{2}=-2$

(2) 傾きは，$\dfrac{2-(-3)}{-6-4}=\dfrac{5}{-10}=-\dfrac{1}{2}$

POINT

（例）2点（−2，6），（3，−4）を通る直線の式を求める。

解答② 求める直線の式を$y=ax+b$とおくと，
点（−2，6）を通るから，$6=-2a+b$…①
点（3，−4）を通るから，$-4=3a+b$…②
①−② $10=-5a$，$a=-2$
$a=-2$を①に代入，$6=4+b$，$b=2$
したがって，$y=-2x+2$

2点の座標を$y=ax+b$に代入する。
⇓
連立方程式として解く。

※連立方程式の解き方は 関 STEP 50 を見てみましょう。

例題で確認! 次の直線の式を求めましょう。

(1) 2点（−1，6），（3，10）を通る直線
(2) 2点（−2，4），（1，2）を通る直線

答 (1) $y=x+7$ (2) $y=-\dfrac{2}{3}x+\dfrac{8}{3}$

考え方 (2) $4=-2a+b$…①
$2=a+b$ …②
①，②を連立方程式として解く。

基本をチェック！(3)　3章　1次関数

答は748ページ。できた問題は，□をぬりつぶしましょう。

□**1**　次のア～エの式のうち，yがxの1次関数であるものをすべて選び，記号で答えましょう。

→ 関 STEP 27, 29

ア　$y = -2x + 5$　　　　イ　$y = \pi x^2$

ウ　$xy = 10$　　　　エ　$x = 3y - 1$

2　1次関数$y = 4x - 2$について，xの値が-1から3まで増加するとき，次の問題に答えましょう。

→ 関 STEP 30・31

□(1)　yの増加量を求めましょう。

□(2)　変化の割合を求めましょう。

3　次の1次関数について，グラフをかきましょう。

→ 関 STEP 38

□(1)　$y = 2x - 2$

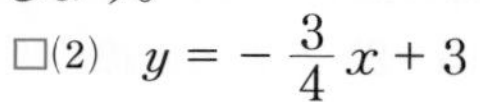

□(2)　$y = -\frac{3}{4}x + 3$

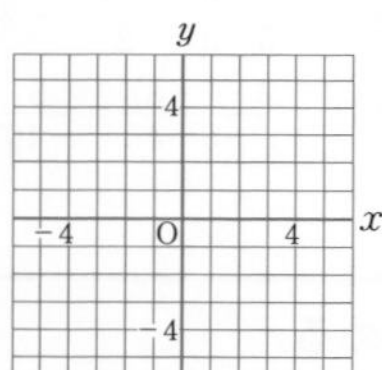

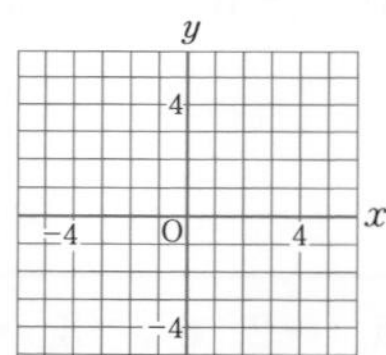

4　次の1次関数の式を求めましょう。

→ 関 STEP 40

□(1)　傾きが$\frac{1}{2}$，切片が5　　　□(2)　傾きが$-\frac{5}{3}$，切片が$-\frac{1}{2}$

5　次の直線の式を求めましょう。

→ 関 STEP 41・42

□(1)　点$(-4,\ -1)$を通り，傾きが2の直線

□(2)　点$(3,\ 2)$を通り，$y = -\frac{1}{2}x + 6$に平行な直線

□(3)　2点$(-1,\ 3)$，$(2,\ 0)$を通る直線

4 1次関数と方程式 2年

STEP 43

④章 1次関数と方程式

2元1次方程式とグラフ(1) 2元1次方程式

次の方程式を解きましょう。

$x+2=4$

答 $x=2$

次の方程式について，xの値に対応するyの値を求め，下の表の空欄にあてはまる数を入れましょう。

$x+2y=4$

x	-4	-2	0	2	4	6
y						

答 （左から）4，3，2，1，0，−1

方程式で，まだわかっていない数を表す文字がいくつあるかを，元(げん)で表します。上の問題の$x+2=4$は，まだわかっていない数はx1個の1次方程式なので，**1元1次方程式**といいます。

$$x+2=4$$
$$x=4-2$$
$$=2$$

下の問題の$x+2y=4$は，まだわかっていない数はx，yの2個あります。したがって，このような式を**2元1次方程式**といいます。

・$x=-4$のとき…$-4+2y=4$，$2y=8$，$y=4$

・$x=-2$のとき…$-2+2y=4$，$2y=6$，$y=3$

このように，2元1次方程式では，あてはまるx，yの値の組は1つだけではありません。

● 2元1次方程式

2つの文字を含む1次方程式を2元1次方程式といい，これを成り立たせる文字の値の組を，その方程式の解(かい)といいます。

例題で確認! 次の2元1次方程式について，xの値に対応するyの値を求め，下の表のあいている欄に数を入れ，表を完成させましょう。

(1)　$2x - y = 4$

x	-3	-2	-1	0	1	2	3
y							

(2)　$-2x + y = -2$

x	-3	-2	-1	0	1	2	3
y							

(3)　$2x + 3y - 6 = 0$

x	-6	-3	0	3	6	9
y						

(4)　$3x = -2y + 19$

x	-5	-3	-1	0	1	3	5
y							

答　(1) (左から)　-10，-8，-6，-4，-2，0，2

(2) (左から)　-8，-6，-4，-2，0，2，4

(3) (左から)　6，4，2，0，-2，-4

(4) (左から)　17，14，11，$\frac{19}{2}$，8，5，2

考え方　(3)　式を$2x + 3y = 6$の形に変えると考えやすい。

(4)　式を$3x + 2y = 19$の形に変えると考えやすい。

STEP 44

④章 1次関数と方程式

2元1次方程式とグラフ(2) 2元1次方程式を1次関数とみる

次の問題に答えましょう。 → 関 STEP 43

2元1次方程式 $4x-2y+2=0$ について，x の値に対応する y の値を求め，右の表のあいている欄に数を入れ，表を完成させましょう。

x	…	-3	-2	-1	0	1	2	3	…
y	…								…

答 (左から) －5，－3，－1，1，3，5，7

上の問題のつづきです。次の問題に答えましょう。

(1) 2元1次方程式 $4x-2y+2=0$ を，y について解きます。□にあてはまる式を入れましょう。

$$4x-2y+2=0$$
$$-2y=\square-2$$
$$y=\square$$

(2) (1)でできた式について，右の x と y の対応表を完成させましょう。

x	…	-3	-2	-1	0	1	2	3	…
y	…								…

答 (1) $-2y=\boxed{-4x}-2$，$y=\boxed{2x+1}$
(2) (左から) －5，－3，－1，1，3，5，7

上の問題のように，2元1次方程式 $4x-2y+2=0$ の解は無数にあります。それらの点をすべて座標平面上にとると直線になります。これが2元1次方程式 $4x-2y+2=0$ のグラフです。

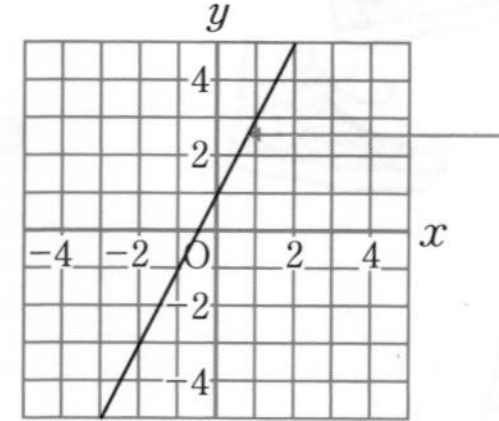

下の問題のように，2元1次方程式 $4x-2y+2=0$ のグラフは，その方程式を y について解いた1次関数 $y=2x+1$ のグラフと一致します。

POINT

2元1次方程式$ax+by+c=0$のグラフは，その方程式をyについて解いた1次関数のグラフと一致するので，yはxの1次関数とみることができます。（ただし，$a \fallingdotseq 0$）

例題で確認! 次の2元1次方程式を，yについて解きます。□にあてはまる式を入れましょう。

(1) $3x-y+2=0$
$-y=$ □
$y=$ □

(2) $x+3y-9=0$
$3y=$ □
$y=$ □

(3) $-3x+2y+7=0$
$2y=$ □
$y=$ □

答 (1) $-y=\boxed{-3x-2}$
$y=\boxed{3x+2}$
(2) $3y=\boxed{-x+9}$
$y=\boxed{-\frac{1}{3}x+3}$
(3) $2y=\boxed{3x-7}$
$y=\boxed{\frac{3}{2}x-\frac{7}{2}}$

考え方 まず，y以外の項を右辺に移項し，両辺をyの係数でわる。

POINT

2元1次方程式$ax+by+c=0$のグラフは直線です。

例題で確認! 2元1次方程式$3x-y+2=0$について，次の問題に答えましょう。

(1) 右のxとyの対応表を完成させましょう。

x	-3	-2	-1	0	1	2	3
y							

(2) 右の**ア**～**ウ**のグラフのうち，2元1次方程式$3x-y+2=0$のグラフを選んで，記号で答えましょう。

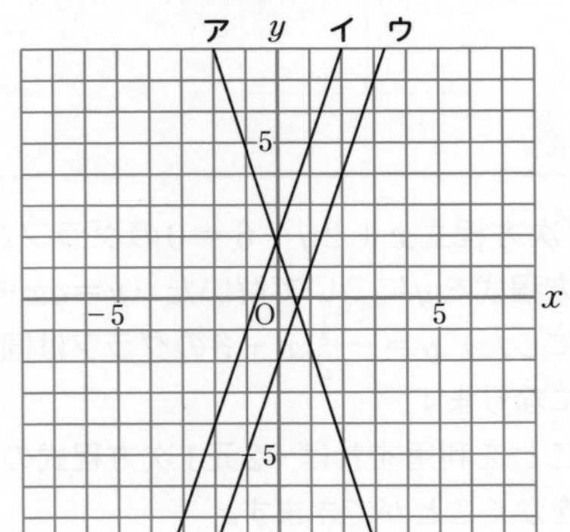

答 (1)（左から）$-7, -4, -1, 2, 5, 8, 11$
(2) **イ**

考え方 対応表のxとyの値の組の座標を通っているのは，**イ**のグラフである。

2元1次方程式とグラフ(3) グラフをかく

2元1次方程式$x+2y-6=0$について，
次の問題に答えましょう。

→ 関 STEP 44

(1) **右のxとyの対応表を完成させましょう。**

x	-3	-2	-1	0	1	2	3
y							

(2) **この方程式をyについて解きましょう。**

答 (1) (左から) 4.5$\left(\frac{9}{2}\right)$, 4, 3.5$\left(\frac{7}{2}\right)$, 3, 2.5$\left(\frac{5}{2}\right)$, 2, 1.5$\left(\frac{3}{2}\right)$
(2) $y=-\frac{1}{2}x+3$

上の問題のつづきです。次の問題に答えましょう。

(1) **2元1次方程式$x+2y-6=0$のグラフの傾きと切片を答えましょう。**

(2) **この方程式のグラフをかきましょう。**

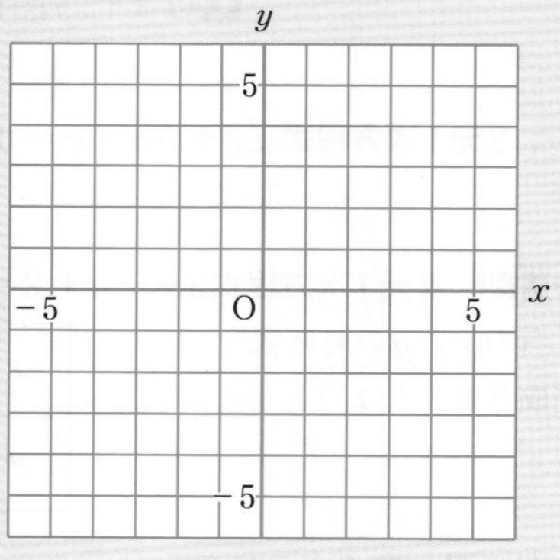

答

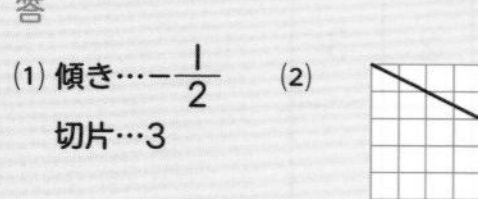
(1) 傾き…$-\frac{1}{2}$
切片…3

(2)

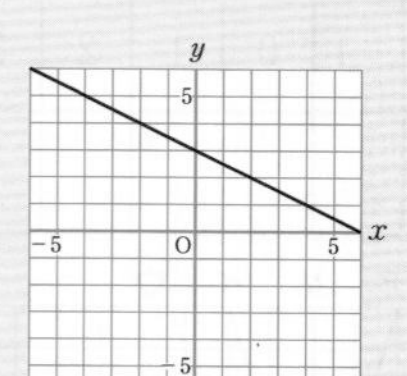

2元1次方程式$x+2y-6=0$のグラフと，この方程式をyについて解いた（$y=ax+b$の形にした）$y=-\frac{1}{2}x+3$のグラフは同じ直線になります。
このことを利用すれば，2元1次方程式のグラフをかくことができます。

POINT

● 2元1次方程式$ax+by+c=0$のグラフのかき方(1)
方程式をyについて解き，傾きと切片を求めてかく。

→ 関 STEP 40

例題で確認! 2元1次方程式$3x-2y-2=0$について，次の問題に答えましょう。

(1) この方程式をyについて解きましょう。

(2) この方程式のグラフの傾きと切片を求めましょう。

(3) この方程式のグラフをかきましょう。

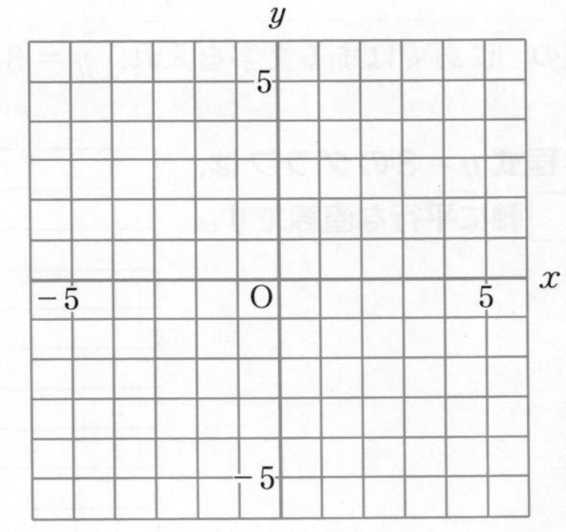

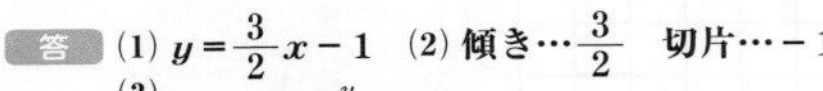

答 (1) $y=\frac{3}{2}x-1$ (2) 傾き…$\frac{3}{2}$ 切片…-1

(3)

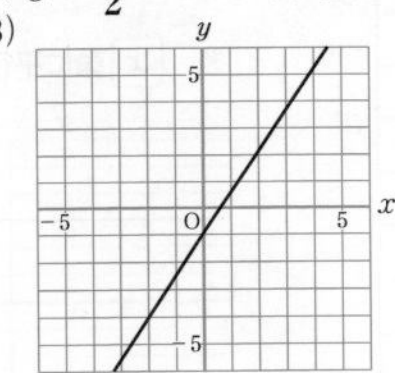

POINT

● 2元1次方程式$ax+by+c=0$のグラフのかき方(2)
グラフがy軸と交わる点（$x=0$のとき）と，
x軸と交わる点（$y=0$のとき）を求め，
この2点を通る直線をひく。

例題で確認! 2元1次方程式$3x+2y-6=0$について，次の問題に答えましょう。

(1) この方程式のグラフは，
2点（0, □），（□, 0）を通ります。
□にあてはまる数を入れましょう。

(2) この方程式のグラフをかきましょう。

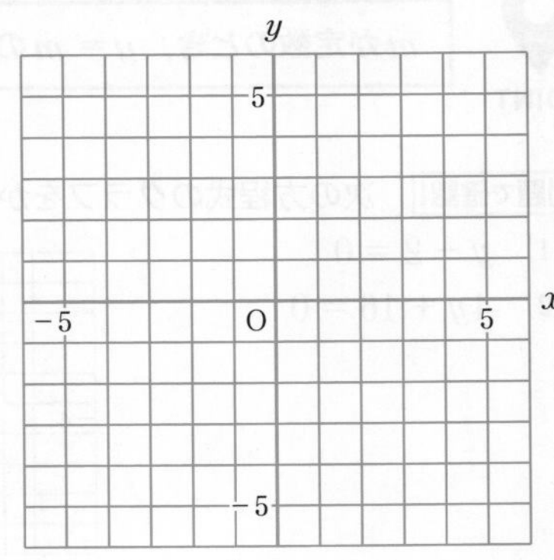

答 (1)（0, 3），（2, 0）

(2)

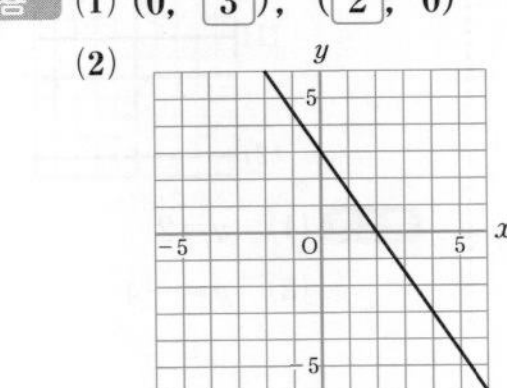

考え方 (1) $3x+2y-6=0$に$x=0$を代入して$y=3$，$y=0$を代入して$x=2$，したがって，2点（0, 3），（2, 0）を通る。

STEP 46

4章 1次関数と方程式

2元1次方程式とグラフ(4) x軸に平行な直線

次の□にあてはまる数を入れましょう。

方程式 $y=3$ は，x がどんな値をとっても，いつでも $y=$ □ です。

答 $y=$ 3

次の□にあてはまる文字を入れ，$y=3$ のグラフをかきましょう。

方程式 $y=3$ のグラフは，□軸に平行な直線です。

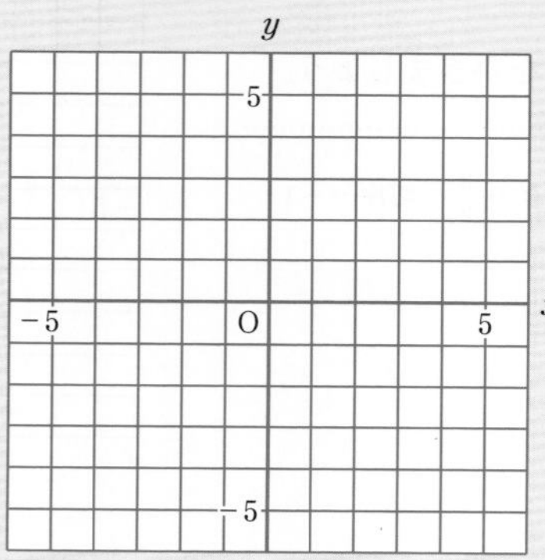

答 x 軸に平行

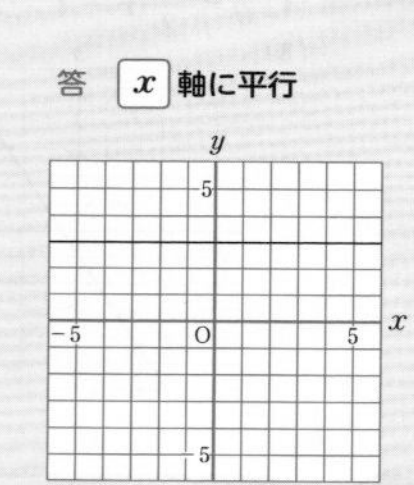

2元1次方程式 $ax+by+c=0$ の，a が0の場合を考えます。
方程式 $y=3$ は，x がどんな値をとっても，y の値はいつでも3です。
グラフは，$(-3,\ 3)$，$(0,\ 3)$，$(1,\ 3)$，$(2,\ 3)$，…などの点の集まりで，
x 軸に平行な直線になります。

POINT

m が定数のとき，$y=m$ のグラフは x 軸に平行な直線になります。

例題で確認! 次の方程式のグラフをかきましょう。

(1) $y-2=0$

(2) $4y+16=0$

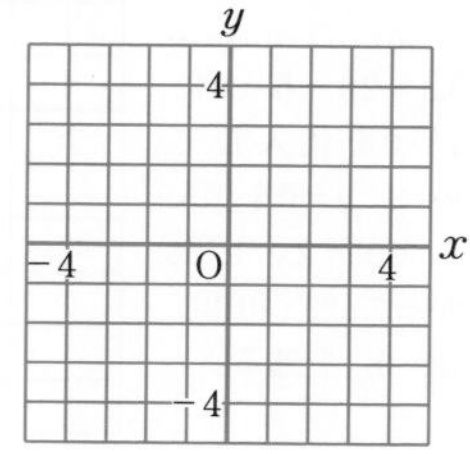

答

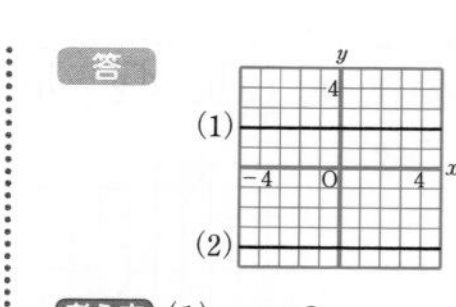

考え方 (1) $y=2$

(2) $y=-4$

2元1次方程式とグラフ(5) y軸に平行な直線

次の□にあてはまる数を入れましょう。

方程式$x=2$は，yがどんな値をとっても，いつでも$x=$□です。

答 $x=$ 2

次の□にあてはまる文字を入れ，$x=2$のグラフをかきましょう。

方程式$x=2$のグラフは，
□軸に平行な直線です。

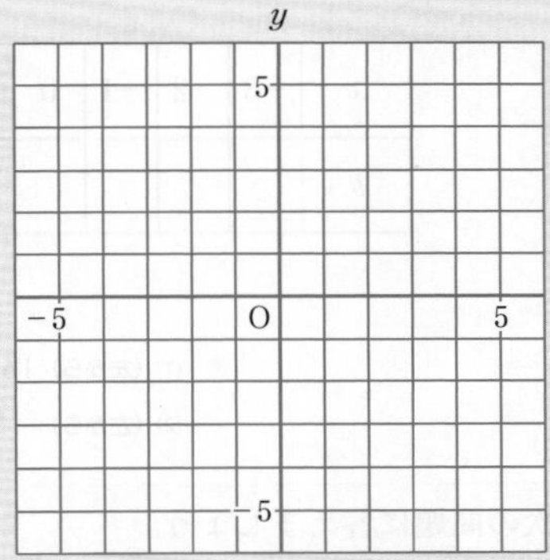

答 y 軸に平行

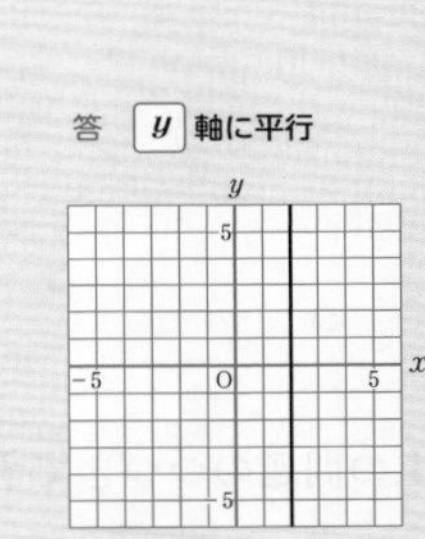

2元1次方程式$ax+by+c=0$の，bが0の場合を考えます。
方程式$x=2$は，yがどんな値をとっても，xの値はいつでも2です。
グラフは，(2, −2)，(2, −1)，(2, 0)，(2, 1)，(2, 2)，…などの点の集まりで，y軸に平行な直線になります。

POINT

nが定数のとき，$x=n$のグラフはy軸に平行な直線になります。

例題で確認! 次の方程式のグラフをかきましょう。

(1) $x=-4$
(2) $x=0$
(3) $2x-6=0$

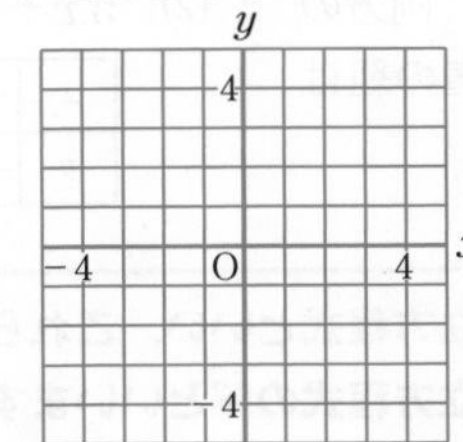

答

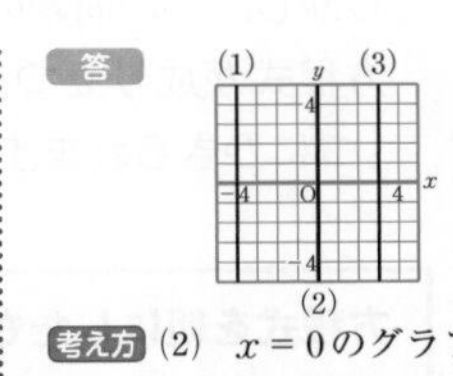

考え方 (2) $x=0$のグラフはy軸と重なる。

STEP 48

④章 1次関数と方程式

連立方程式とグラフ(1) 連立方程式の解

次の方程式について，xの値に対応するyの値を求め，下の表の空欄にあてはまる数を入れましょう。 → 関 STEP 43

(1) $3x+y=7$

x	-3	-2	-1	0	1	2	3
y							

(2) $5x-2y=8$

x	-3	-2	-1	0	1	2	3
y							

答 (1) (左から) 16, 13, 10, 7, 4, 1, -2

(2) (左から) $-\frac{23}{2}$, -9, $-\frac{13}{2}$, -4, $-\frac{3}{2}$, 1, $\frac{7}{2}$

上の問題のつづきです。次の問題に答えましょう。

(1)と(2)の両方の方程式を成り立たせるx，yの値の組を答えましょう。

答 $x=2$，$y=1$

方程式を組にしたものを**連立方程式**（れんりつほうていしき）といいます。
上の問題のように，2元1次方程式の解は1つだけではありません。
しかし，下の問題のように，両方の方程式が成り立つx，yの値の組は1つにかぎられます。

(1) $3x+y=7$の解

x	-3	-2	-1	0	1	**2**	3
y	16	13	10	7	4	**1**	-2

(2) $5x-2y=8$の解

x	-3	-2	-1	0	1	**2**	3
y	$-\frac{23}{2}$	-9	$-\frac{13}{2}$	-4	$-\frac{3}{2}$	**1**	$\frac{7}{2}$

POINT

方程式を組にしたものを連立方程式といい，これらの方程式のいずれも成り立たせる文字の値を，その連立方程式の解（かい）といいます。

連立方程式とグラフ(2) 連立方程式を解く

次の連立方程式について，それぞれの方程式を成り立たせるx，yの値の組を表にまとめましょう。また，この連立方程式の解を求めましょう。 → 関 STEP 48

$$\begin{cases} 3x+2y=7 \\ x-2y=5 \end{cases}$$

・$3x+2y=7$の解

x	−3	−2	−1	0	1	2	3
y							

・$x-2y=5$の解

x	−3	−2	−1	0	1	2	3
y							

答

・$3x+2y=7$の解

(左から)8，$\frac{13}{2}$，5，$\frac{7}{2}$，2，$\frac{1}{2}$，−1

・$x-2y=5$の解

(左から)−4，$-\frac{7}{2}$，−3，$-\frac{5}{2}$，−2，$-\frac{3}{2}$，−1

・連立方程式の解…$x=3$，$y=-1$

次のア～ウのうち，連立方程式 $\begin{cases} 3x+y=7 & \cdots① \\ 5x-2y=8 & \cdots② \end{cases}$ の解を選び，記号で答えましょう。

ア　$x=1$，$y=4$　　イ　$x=2$，$y=1$　　ウ　$x=4$，$y=6$

答　イ

下の問題は，x，yの値の組をそれぞれの式に代入して，どちらの式も成り立つものが，連立方程式の解です。

ア　①（左辺）$3\times1+4=$ 7　②（左辺）$5\times1-2\times4=$ −3

（右辺）7 (左辺)=(右辺)で成り立つ　（右辺）8 成り立たない

イ　①（左辺）$3\times2+1=$ 7　②（左辺）$5\times2-2\times1=$ 8

（右辺）7 (左辺)=(右辺)で成り立つ　（右辺）8 (左辺)=(右辺)で成り立つ

ウ　①（左辺）$3\times4+6=$ 18　②（左辺）$5\times4-2\times6=$ 8

（右辺）7 成り立たない　（右辺）8 (左辺)=(右辺)で成り立つ

POINT

連立方程式の解を求めることを，連立方程式を解く(と)といいます。

STEP 50

④章 1次関数と方程式

連立方程式とグラフ(3) 連立方程式の解き方

次の□に，「たす」か「ひく」のどちらかを入れましょう。

$2y$と$2y$は□と0になります。

答 ひく

次の連立方程式を解きます。□にあてはまる数を入れましょう。

$$\begin{cases} 5x+2y=11 & \cdots① \\ 3x+2y=5 & \cdots② \end{cases}$$

①－②

$$\begin{array}{rr} & 5x+2y=11 \\ -) & 3x+2y=5 \\ \hline & \boxed{(1)}x \quad = 6 \\ & x=\boxed{(2)} \end{array}$$

$x=3$を①に代入して，

$$\boxed{(3)}+2y=11$$
$$2y=-4$$
$$y=\boxed{(4)}$$

答　$x=\boxed{(5)}$，$y=\boxed{(6)}$

答

(1) $\boxed{2}\,x=6$

(2) $x=\boxed{3}$

(3) $\boxed{15}+2y=11$

(4) $y=\boxed{-2}$

(5) $x=\boxed{3}$

(6) $y=\boxed{-2}$

連立方程式を解くときには，まず，文字を1つだけ含む方程式をつくります。
ここでは，①，②の両方に$2y$があることから，yを**消去**（しょうきょ）**する**ことをめざします。

①－②

$$\begin{array}{rr} & 5x+2y=11 \\ -) & 3x+2y=5 \\ \hline & 2x \quad = 6 \end{array} \longrightarrow \quad x=3$$

求めたxの値を①の式に代入し，yの値を求めます。

POINT

●連立方程式の解き方(1)

左辺どうし，右辺どうしを，それぞれたしたりひいたりして，1つの文字を消去して解く方法を加減法（かげんほう）といいます。

例題で確認! 次の連立方程式を加減法で解きましょう。

(1) $\begin{cases} 3x+2y=7 \\ x-2y=5 \end{cases}$

(2) $\begin{cases} 3x+y=7 \\ 5x-2y=8 \end{cases}$

答

(1) $x=3,\ y=-1$

(2) $x=2,\ y=1$

考え方

(1) $\begin{cases} 3x+2y=7 \cdots ① \\ x-2y=5 \cdots ② \end{cases}$

①＋② $3x+2y=7$

$+)\ x-2y=5$

$4x \quad =12$

$x=3$

$x=3$を①か②に代入。

(2) $\begin{cases} 3x+\ y=7 \cdots ① \\ 5x-2y=8 \cdots ② \end{cases}$

yの係数の絶対値をそろえるために，①×2

$6x+2y=14 \cdots ③$

②＋③ $11x=22$

$x=2$

POINT

●連立方程式の解き方(2)

一方の式を他方の式に代入することで，文字を消去して解く方法を代入法（だいにゅうほう）といいます。

例題で確認! 次の連立方程式を代入法で解きましょう。

(1) $\begin{cases} y=3x-1 \cdots ① \\ 5x-y=5 \cdots ② \end{cases}$

(2) $\begin{cases} x=y+1 \\ 5x-3y=9 \end{cases}$

①を②に代入して

$5x-(\boxed{})=5$

$5x-3x+1=5$

$2x=4$

$x=\boxed{}$

$x=2$を①に代入して

$y=3\times2-1$

$=\boxed{}$

答 $x=\boxed{}$，$y=\boxed{}$

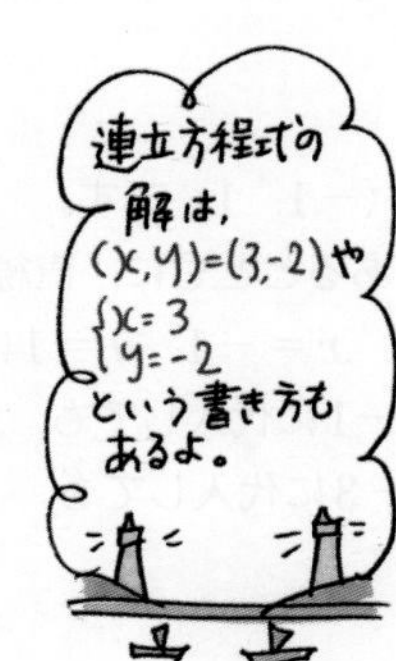

答 (1) $x=2,\ y=5$

(2) $x=3,\ y=2$

考え方

(1) ①を②に代入して

$5x-(\boxed{3x-1})=5$

$5x-3x+1=5$

$2x=4$

$x=\boxed{2}$

$x=2$を①に代入して

$y=3\times2-1$

$=\boxed{5}$

(2) $\begin{cases} x=y+1 \cdots ① \\ 5x-3y=9 \cdots ② \end{cases}$

①を②に代入して

$5(y+1)-3y=9$

$2y=4$

$y=2$

$y=2$を①に代入して

$x=2+1$

$=3$

STEP 51

④章 1次関数と方程式

連立方程式とグラフ(4) グラフの交点

次の2つのグラフをかきましょう。 → 関 STEP 45

ア　$2x+y=-1$

イ　$2x-y=-3$

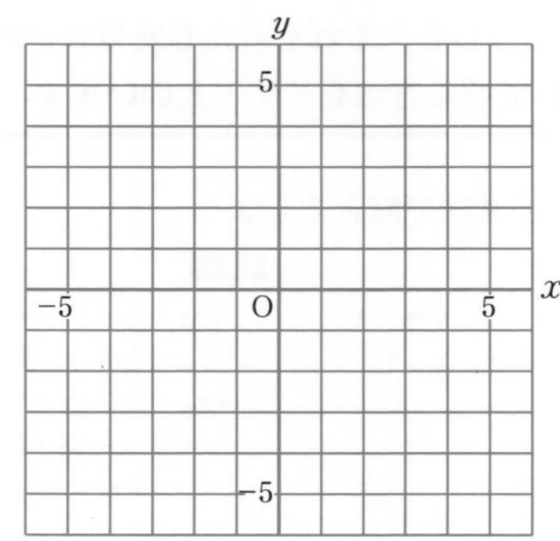

答

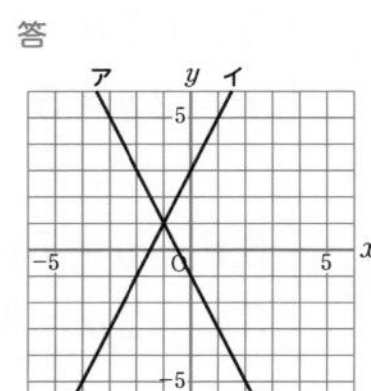

次の問題に答えましょう。

上の問題のグラフをみて，交点の座標を答えましょう。

答　(−1，1)

上の問題の**ア**は，$2x+y=-1$を$y=-2x-1$と変形できるので，グラフは傾き-2，切片-1の直線です。

イは，$2x-y=-3$を$y=2x+3$と変形できるので，グラフは傾き2，切片3の直線です。

2直線の交点の座標は（-1，1）です。

交点は直線**ア**上の点であるとともに，直線**イ**上の点でもあります。したがって，$x=-1$，$y=1$は，

アの方程式$2x+y=-1$に代入しても，

イの方程式$2x-y=-3$に代入しても

成り立つ値です。

POINT

2つのグラフの交点の座標は，それぞれの方程式に共通な解です。

連立方程式とグラフ(5) 連立方程式の解とグラフの交点

次の2つのグラフをかき，
交点の座標を答えましょう。

→ 関 STEP 51

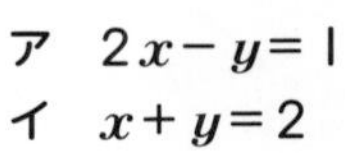

ア　$2x-y=1$
イ　$x+y=2$

交点の座標（□，□）

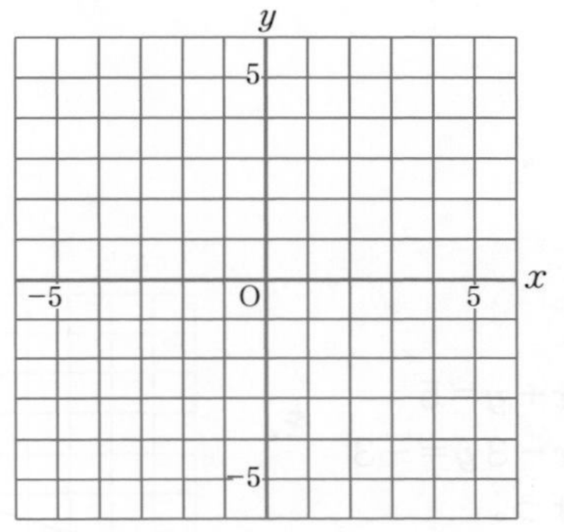

答

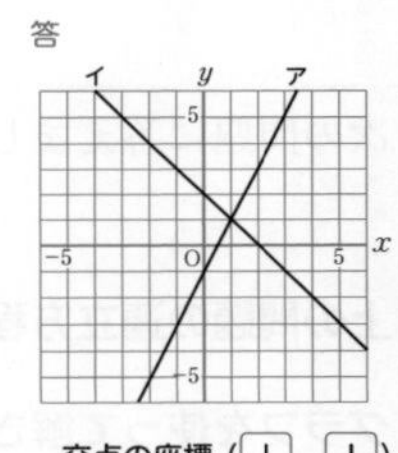

交点の座標（1，1）

次の問題に答えましょう。

上の問題の交点の座標を，アとイを組み合わせた

連立方程式 $\begin{cases} 2x-y=1 \\ x+y=2 \end{cases}$ を解いて求めましょう。

答　(1，1)

2つのグラフの交点の座標は，それぞれの方程式に共通な解です。
したがって，2つの方程式を組み合わせた連立方程式を解けば，グラフをかかなくても，交点の座標を求めることができます。

$$\begin{cases} 2x-y=1 & \cdots① \\ x+y=2 & \cdots② \end{cases}$$

①＋②　$3x=3$，$x=1$

$x=1$を①に代入して，$2-y=1$，$y=1$

よって，連立方程式の解は，$x=1$，$y=1$

したがって，交点の座標は（1，1）

POINT

2つのグラフの交点の座標は，
2つの式を連立方程式として解いた解です。

STEP 53

4章 1次関数と方程式

連立方程式とグラフ(6) グラフから連立方程式の解を求める

次の連立方程式を解きましょう。

→ 関 STEP 50

$$\begin{cases} x+y=5 \\ x-3y=-3 \end{cases}$$

答　$x=3$, $y=2$

次の問題に答えましょう。

上の問題の連立方程式 $\begin{cases} x+y=5 \\ x-3y=-3 \end{cases}$ **を，グラフを使って解きましょう。**

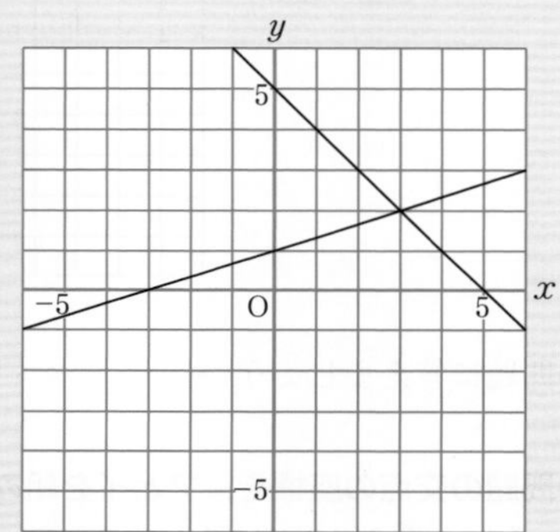

答　$x=3$, $y=2$

上の問題は，連立方程式の解を，計算によって求めます。

$$\begin{cases} x+y=5 & \cdots ① \\ x-3y=-3 & \cdots ② \end{cases}$$

①−②　　$4y=8$, $y=2$

$y=2$を①に代入して，$x+2=5$, $x=3$　　答　$x=3$, $y=2$

下の問題は，同じ連立方程式の解を，2つの方程式のグラフをかき，その交点の座標を読み取って求めます。

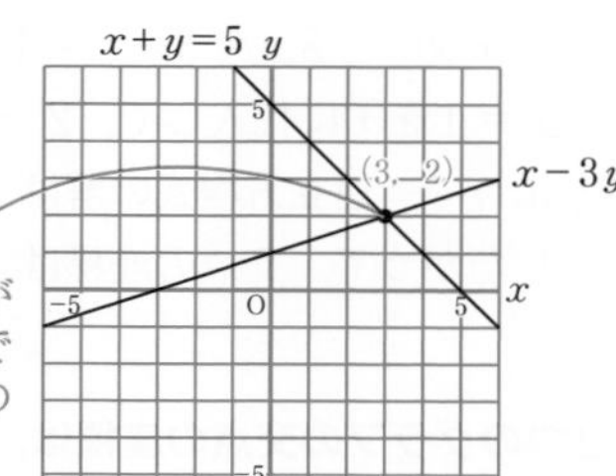

交点の座標が(3, 2)なので連立方程式の解は$x=3$, $y=2$

POINT

連立方程式の解は，グラフの交点の座標から求めることができます。

例題で確認! 次の連立方程式を，グラフを使って解きましょう。

(1) $\begin{cases} 2x-y=1 \\ x+2y=8 \end{cases}$

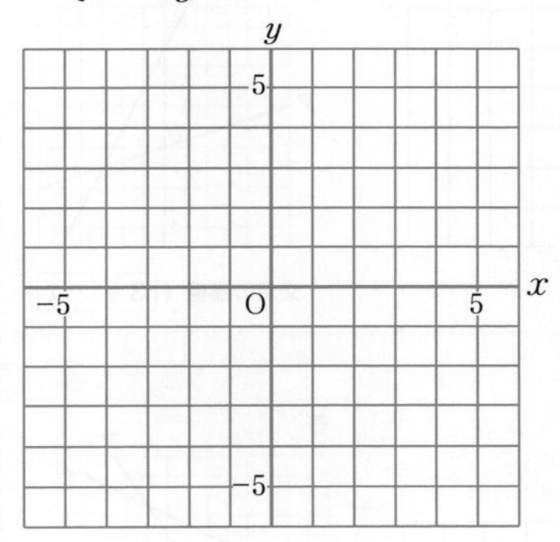

(2) $\begin{cases} x+3y=-3 \\ x+y=1 \end{cases}$

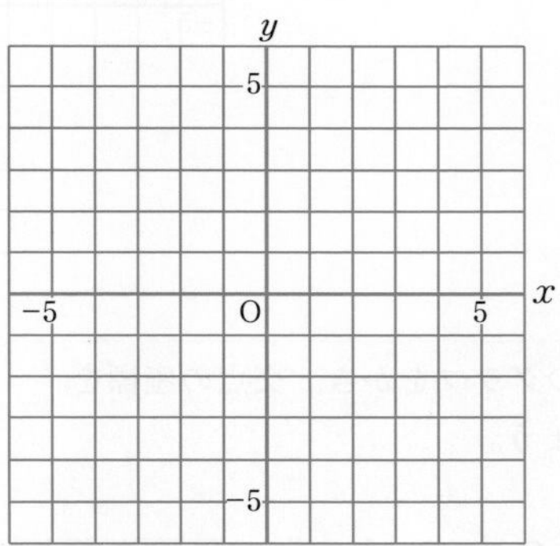

(3) $\begin{cases} 2x-y=-4 \\ x-y=-1 \end{cases}$

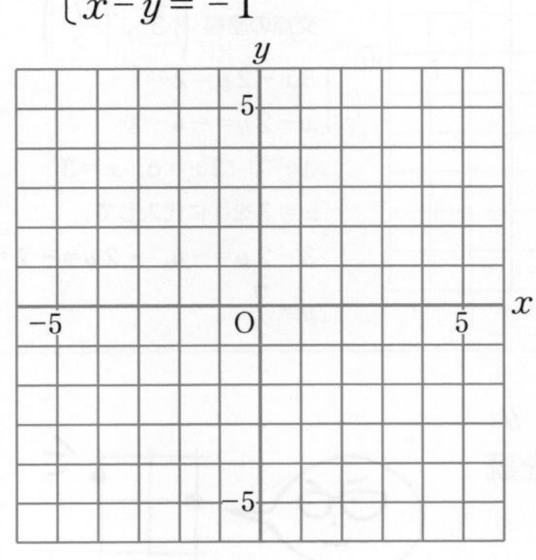

答 (1) $x=2,\ y=3$ (2) $x=3,\ y=-2$
(3) $x=-3,\ y=-2$

考え方

(1)

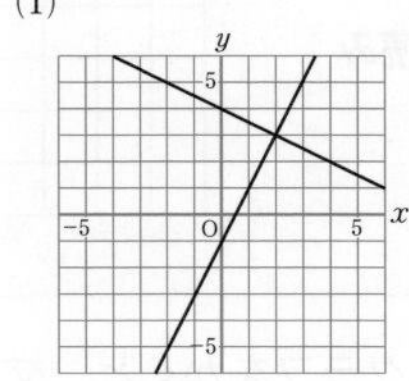

(2)

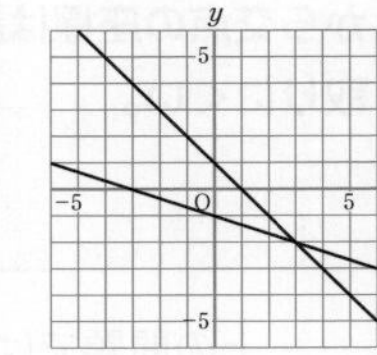

(3)

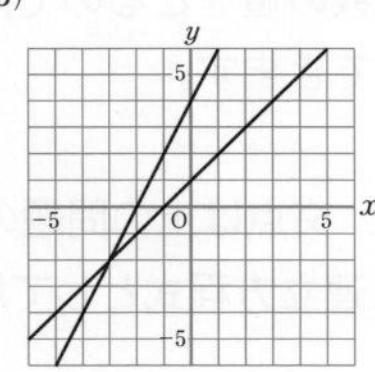

STEP 54

④章 1次関数と方程式

連立方程式とグラフ(7) 交点の座標を計算で求める

次の2つのグラフをかき，交点の座標を答えましょう。

→ 関 STEP 51・52

ア　$x+3y=-3$
イ　$2x+y=4$

交点の座標（ ， ）

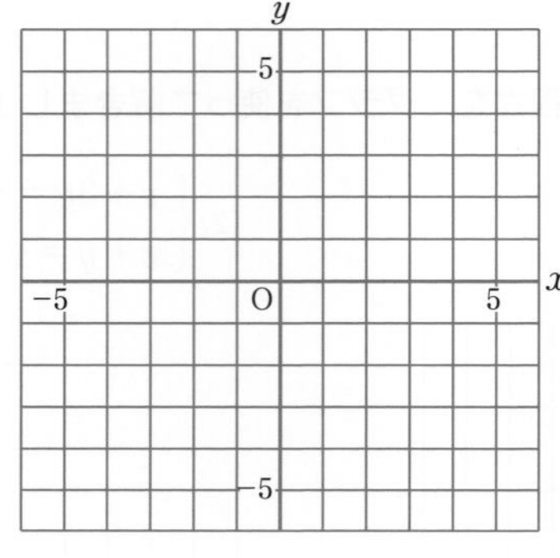

答

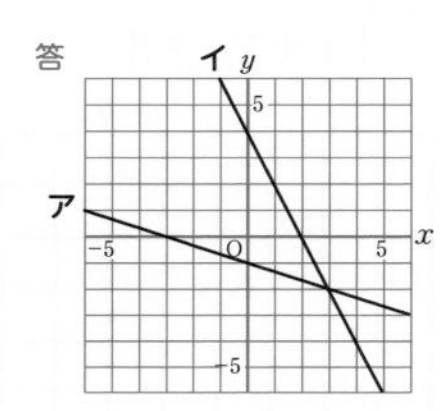

交点の座標（3，−2）

次の2つのグラフをかき，交点の座標を答えましょう。

ア　$3x-2y=2$
イ　$x-2y=-4$

交点の座標（ ， ）

※この問題では，グラフから交点の座標は読み取りにくい。

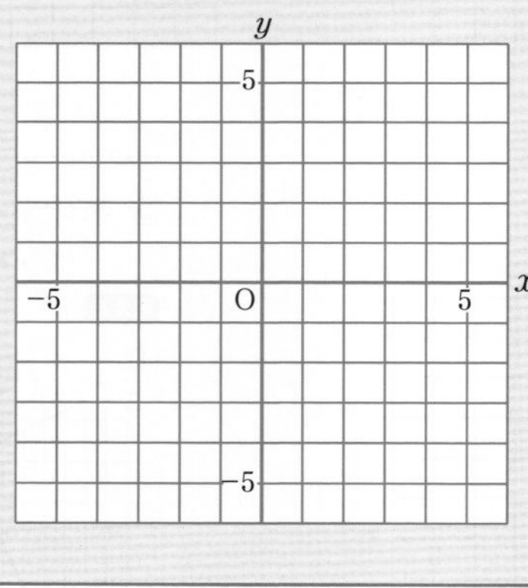

答

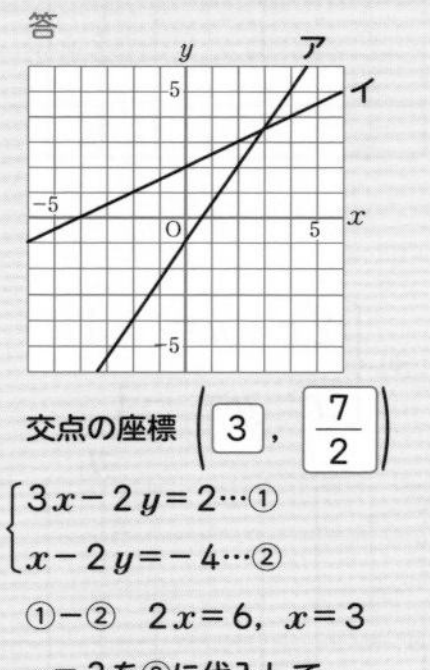

交点の座標 $\left(3,\ \dfrac{7}{2}\right)$

$$\begin{cases} 3x-2y=2 \cdots ① \\ x-2y=-4 \cdots ② \end{cases}$$

①−②　$2x=6$，$x=3$

$x=3$ を②に代入して，

$3-2y=-4$，$-2y=-7$

$y=\dfrac{7}{2}$

上の問題ではグラフをかくと，交点はx座標，y座標ともに整数の値をとるので，正確に座標を読み取ることができます。

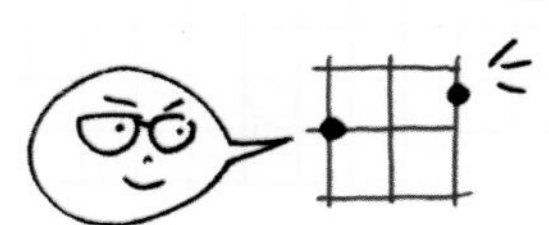

下の問題では，交点は上の問題のようには読み取れません。このような場合は，2つの式を連立方程式として解けば，交点の座標を求めることができます。

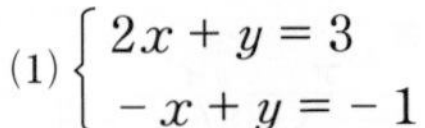

2つのグラフが交わるとき，交点の座標を正確に読み取れないときは，2つの式を連立方程式として解けば，その交点の座標を求められます。

例題で確認! 次の直線をかき，2つの直線の交点の座標を求めましょう。

(1) $\begin{cases} 2x + y = 3 \\ -x + y = -1 \end{cases}$

(2) $\begin{cases} 3x + y = 5 \\ -2x + y = 2 \end{cases}$

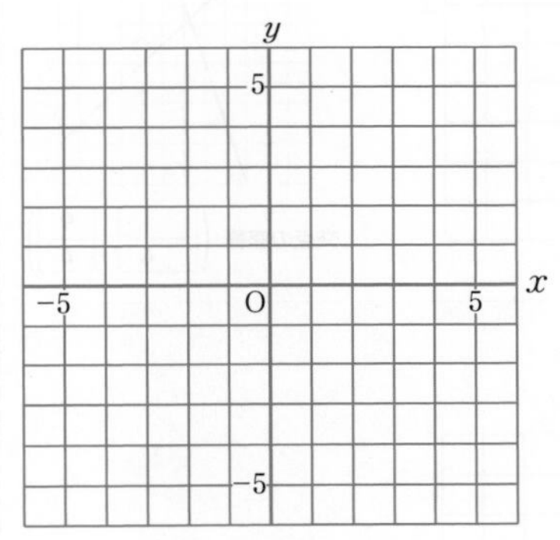

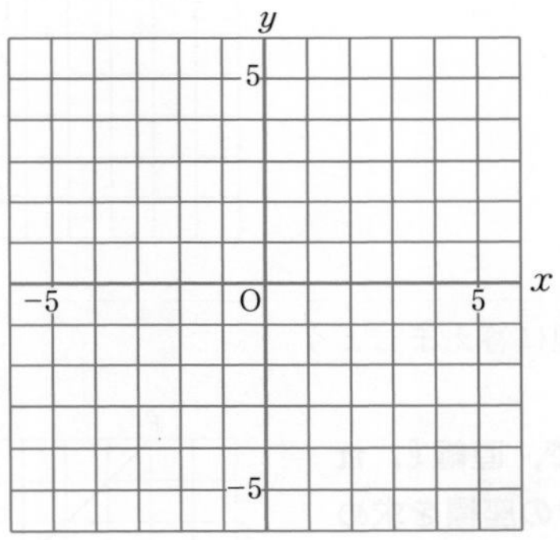

答 (1)

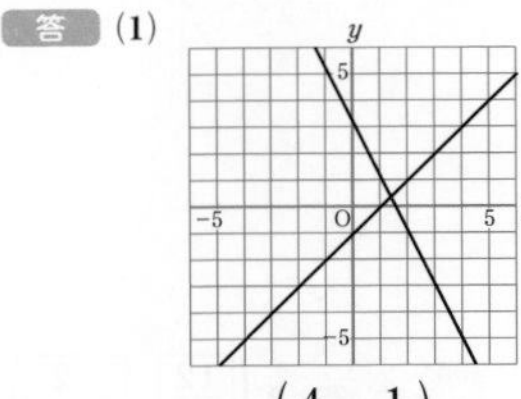

$\left(\frac{4}{3}, \frac{1}{3}\right)$

(2)

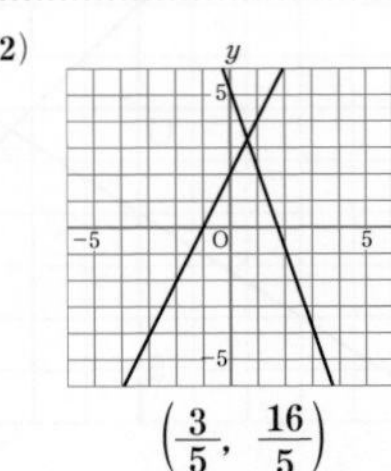

$\left(\frac{3}{5}, \frac{16}{5}\right)$

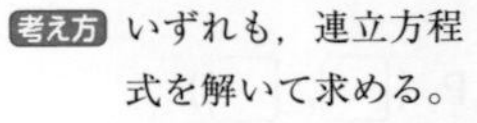

考え方 いずれも，連立方程式を解いて求める。

2つの直線の交点の座標は，グラフをかかなくても，直線を表す2つの式を連立方程式として解けば，求めることができます。

例題で確認! 次の2つの直線の交点の座標を求めましょう。

(1) $3x - 2y = -10$, $x - 2y = -6$

(2) $-2x + 3y = -5$, $5x - 3y = 11$

答

(1) $(-2,\ 2)$

(2) $\left(2,\ -\frac{1}{3}\right)$

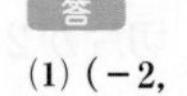

考え方

(2) $\begin{cases} -2x + 3y = -5 \cdots ① \\ 5x - 3y = 11 \quad \cdots ② \end{cases}$

①＋② $3x = 6$, $x = 2$

$x = 2$ を①に代入して，

$3y = -1$, $y = -\frac{1}{3}$

連立方程式とグラフ(8)　直線の式を求め，交点の座標を求める

次の2つのグラフをかき，交点の座標を答えましょう。

→ 関 STEP 54

ア　$y=-x+2$

イ　$y=3x+3$

交点の座標（□，□）

答

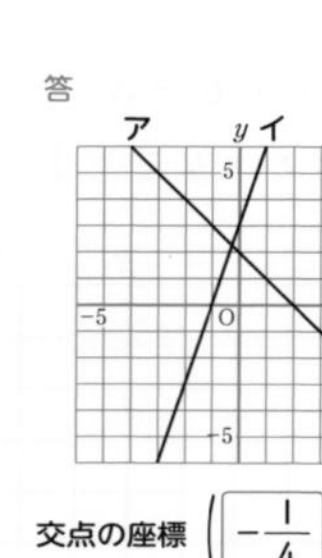

交点の座標 $\left(-\frac{1}{4}, \frac{9}{4}\right)$

次の問題に答えましょう。

右の図で，直線ℓ，mの交点Pの座標を求めましょう。

P（□，□）

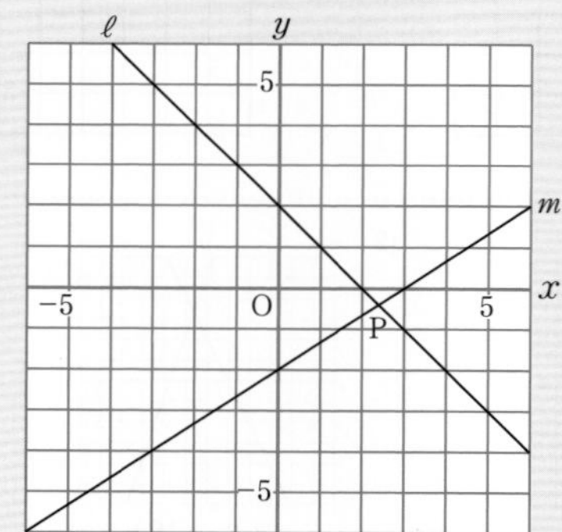

答　P $\left(\frac{12}{5}, -\frac{2}{5}\right)$

上の問題も下の問題も，2直線の交点の座標を求めます。上の問題では直線の式がそれぞれ示されていますが，下の問題では示されていません。

このような場合は，まず，グラフから直線の式を求めてから，連立方程式を解いて求めます。

直線ℓ…傾きが-1，切片が2→$y=-x+2$　…①

直線m…傾きが$\frac{2}{3}$，切片が-2→$y=\frac{2}{3}x-2$…②

①，②を連立方程式として解くと，$x=\frac{12}{5}$，$y=-\frac{2}{5}$

2直線の交点の座標を求める問題では，まず，それぞれの直線の式を求めてから解く場合があります。

例題で確認! 次の(1)～(3)について，2つの直線の交点の座標を求めましょう。

(1)

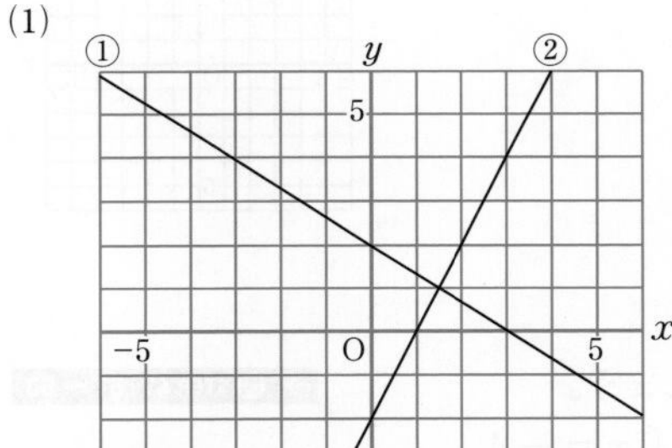

(2)

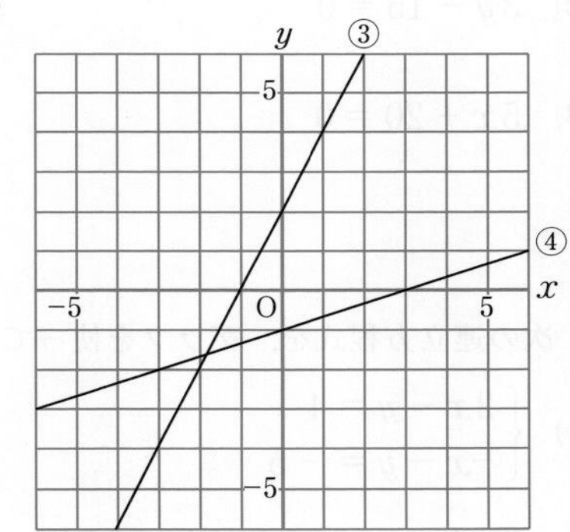

(3)

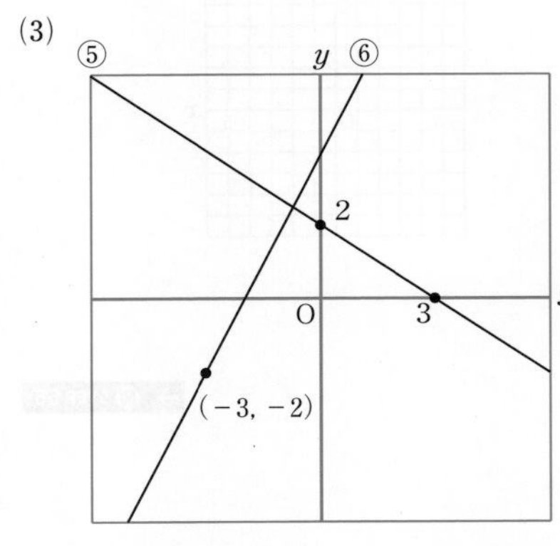

・直線⑤は，2点（0, 2），（3, 0）を通る。
・直線⑥は，点（−3, −2）を通り，傾き2の直線である。

(3)の考え方

直線⑤は，点（0, 2）を通るので切片は2。
$y=ax+2$とおく。これに$x=3$, $y=0$を代入する。
直線⑥は，傾き2の直線なので，$y=2x+b$とおく。
これに$x=-3$, $y=-2$を代入する。

答

(1) $\left(\frac{3}{2}, 1\right)$

(2) $\left(-\frac{9}{5}, -\frac{8}{5}\right)$

(3) $\left(-\frac{3}{4}, \frac{5}{2}\right)$

考え方

(1) ①の傾きは$-\frac{2}{3}$で，
切片は2→$y=-\frac{2}{3}x+2$
②の傾きは2で，
切片は−2→$y=2x-2$
①, ②の連立方程式を解く。

(2) ③の傾きは2で，
切片は2→$y=2x+2$
④の傾きは$\frac{1}{3}$で，
切片は−1→$y=\frac{1}{3}x-1$
③, ④の連立方程式を解く。

(3) ⑤の式は
$y=-\frac{2}{3}x+2$
⑥の式は
$y=2x+4$

基本をチェック！(4)　4章　1次関数と方程式

答は749ページ。できた問題は，□をぬりつぶしましょう。

1 次の2元1次方程式を，yについて解きましょう。 → 関 STEP 43・44

□(1) $4x + y - 9 = 0$　□(2) $2x + 3y + 15 = 0$　□(3) $6x = 2y - 7$

2 次の方程式のグラフをかきましょう。 → 関 STEP 45 ～ 47

□(1) $-2x + 3y - 6 = 0$

□(2) $3y - 15 = 0$

□(3) $5x + 20 = 0$

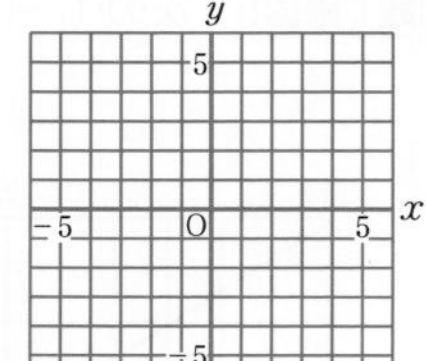

3 次の連立方程式を，グラフを使って解きましょう。 → 関 STEP 47・51 ～ 53

□(1) $\begin{cases} 2x - y = 4 \\ -x - y = -5 \end{cases}$　□(2) $\begin{cases} x = -4 \\ \dfrac{x}{2} + \dfrac{y}{3} = -1 \end{cases}$

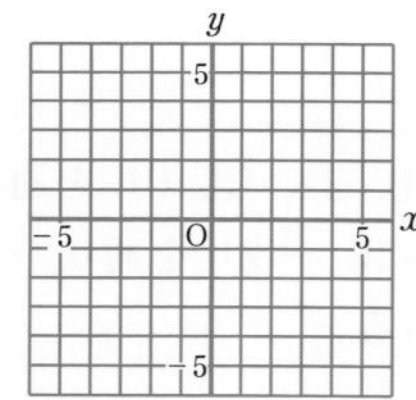

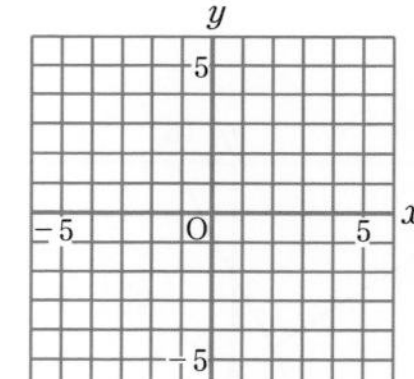

4 下のグラフを見て，次の問題に答えましょう。 → 関 STEP 55

□(1) 直線ℓ，mの式を求めましょう。

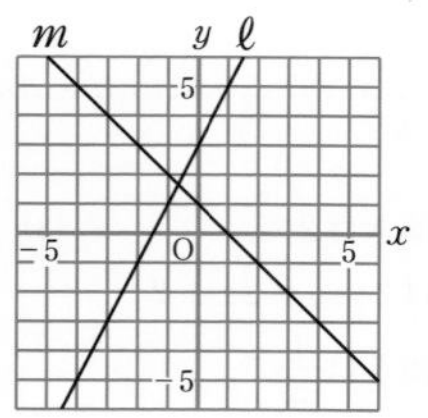

□(2) 2つの直線の交点の座標を求めましょう。

5 1次関数の利用 2年

1次関数の利用(1) 道のり・速さ・時間の問題(1)

次の問題に答えましょう。

→ 関 STEP 3・6・12・22

Aさんは家から12km離れた公園まで歩いて行きました。右のグラフは，そのときの時間xと道のりyの関係を表しています。
グラフから，Aさんの歩く速さを求めましょう。

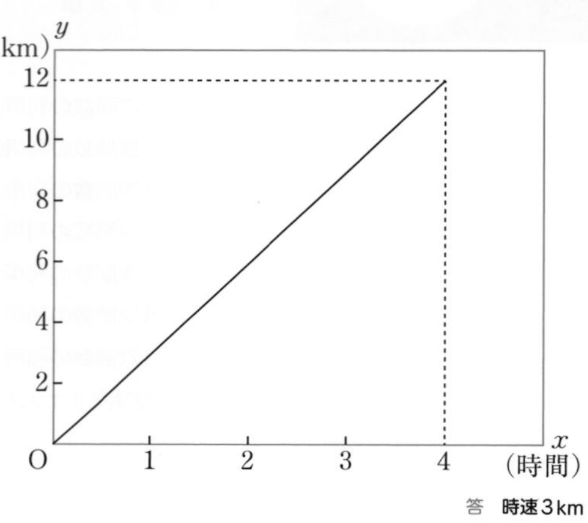

答　時速3km

次の問題に答えましょう。

Aさんは家から12km離れた公園まで歩いて行きました。途中で1回休けいをとりました。右のグラフは，そのときの時間xと道のりyの関係を表しています。
グラフから，Aさんの歩く速さは，休けいの前とあとで，どちらが速かったか答えましょう。

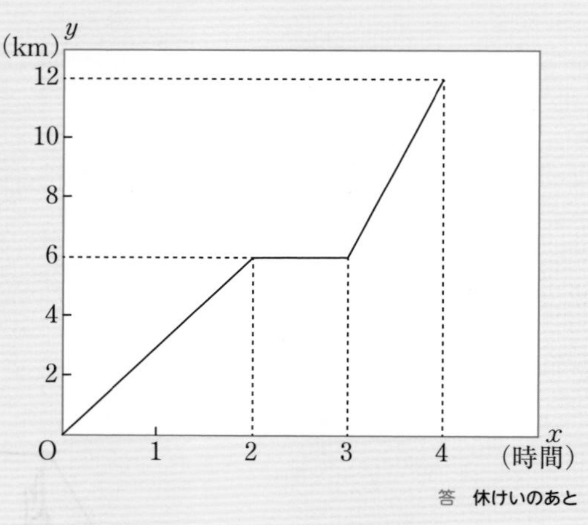

答　休けいのあと

下の問題で，休けいをとっている間は道のりは増えないので，グラフはx軸に平行になります。休けいの前（$0 \leqq x \leqq 2$）の速さは，$6 \div 2 = 3$，時速3km。休けいのあと（$3 \leqq x \leqq 4$）に進んだ道のりは6km，かかった時間は1時間なので，$6 \div 1 = 6$，時速6km。

POINT

●道のり・速さ・時間の問題（グラフから読み取る）

時間と道のりの関係を表したグラフでは，次の点に注意しましょう。

■速さは直線の傾きで表される。

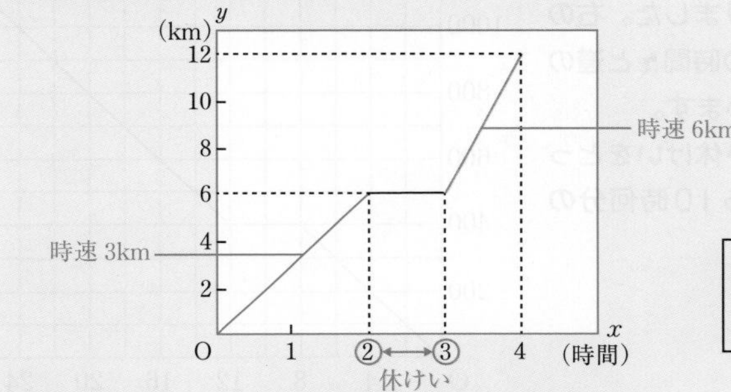

速さが速いほうが直線の傾きは急

■進んでいないときは，直線はx軸に平行になる。

例題で確認! 次の問題に答えましょう。

Aさんは家から1000m離れた図書館まで行くとき，途中の親せきの家まで自転車で行き，そこから歩いて図書館まで行きました。右のグラフは，そのときの時間xと道のりyの関係を表しています。

(1) $0 \leqq x \leqq 2$のとき，yをxの式で表しましょう。

(2) Aさんが親せきの家にいた時間を求めましょう。

(3) $5 \leqq x \leqq 13$のとき，yをxの式で表しましょう。

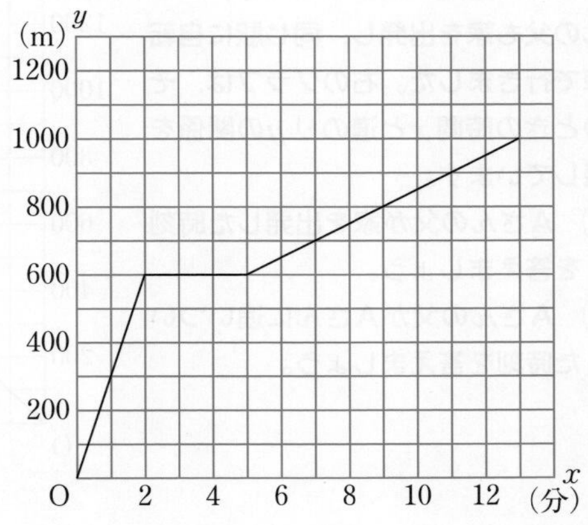

答 (1) $y = 300x$

(2) 3分間

(3) $y = 50x + 350$

考え方 (1) 原点(0, 0)と(2, 600)を通る。(関 STEP 42)

(2) 直線がx軸に平行な部分が親せきの家にいた時間。$2 \leqq x \leqq 5$で，$5 - 2 = 3$，3分間。

(3) 2点(5, 600)と(13, 1000)を通る。

1次関数の利用(2) 道のり・速さ・時間の問題(2)

次の問題に答えましょう。

→ 関 STEP 56

Aさんは10時に家を出発し，1200m離れた駅まで歩いて行きました。途中で1回休けいをとりました。右のグラフは，そのときの時間 x と道のり y の関係を表しています。
グラフから，Aさんが休けいをとったのは10時何分から10時何分の間か答えましょう。

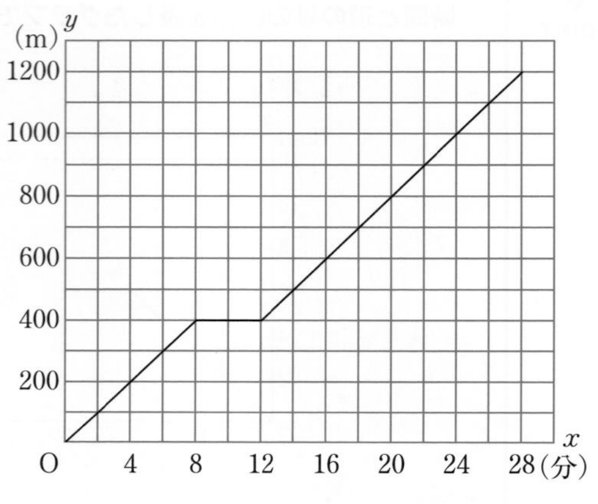

答　10時8分から10時12分の間

上の問題のつづきです。次の問題に答えましょう。

Aさんが出発した少しあとに，Aさんの父も家を出発し，同じ駅に自転車で行きました。右のグラフは，そのときの時間 x と道のり y の関係を表しています。

(1)　Aさんの父が家を出発した時刻を答えましょう。

(2)　Aさんの父がAさんに追いついた時刻を答えましょう。

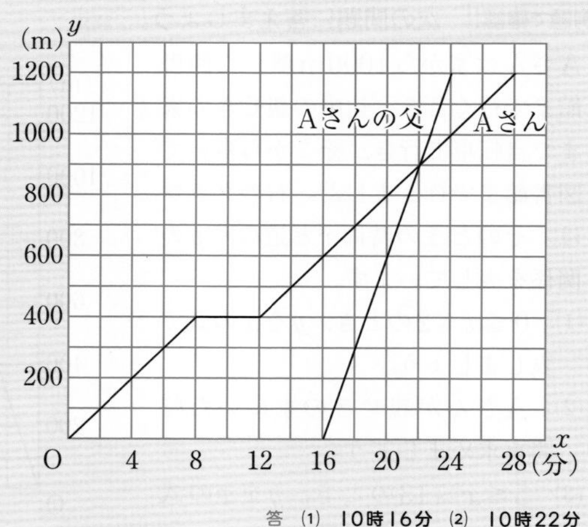

答　(1)　10時16分　(2)　10時22分

下の問題の(1)は，Aさんの父のグラフが16分からはじまっていることに着目しましょう。10時に出発したAさんの16分後に出発したのですから，時刻は10時16分です。(2)で「追いつく」とは，2人の道のりが等しくなるということなので，2つのグラフの交点に着目し，その時間を読み取ります。

POINT

●道のり・速さ・時間の問題（追いつく・追いこす）

時間と道のりの関係を表したグラフで，2人の状況が表されているものでは，次の点に注意しましょう。

■出発した場所が同じとき，グラフの交点が，あとから出発した人が追いついた（追いこした）ことを示す。

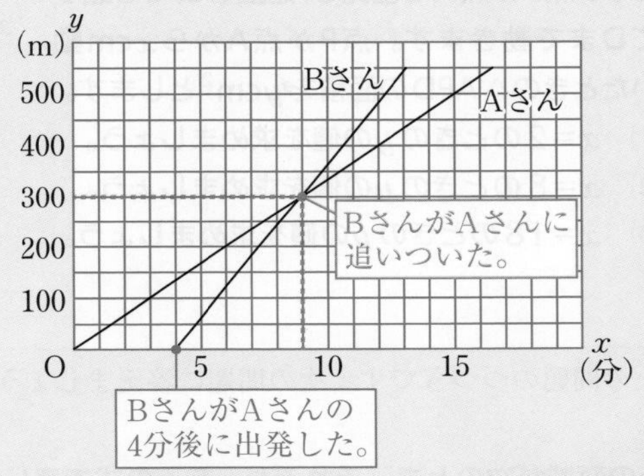

例題で確認! 次の問題に答えましょう。

1800 m離れたP地点とQ地点の間で，Aさんは P地点を出発してQ地点に向かい，BさんはAさんと同時にQ地点を出発してP地点に向かいます。

右の図は，Aさんが出発してからx分後に，P地点からymの地点にいるものとして，xとyの関係をグラフで表したものです。

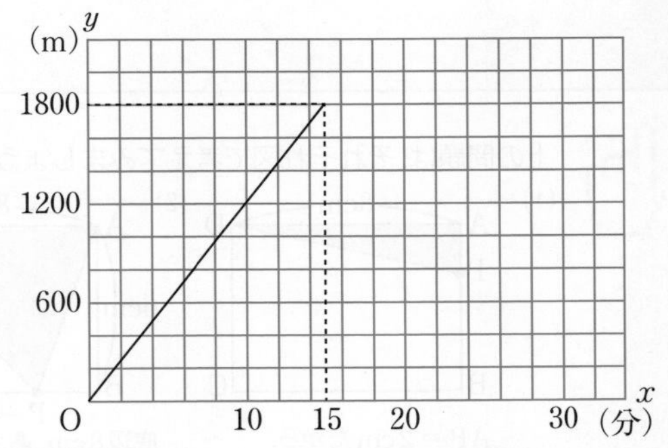

(1) Bさんは一定の速さで休むことなく進み，出発してから30分後にP地点に着きました。Bさんのグラフを図にかき入れましょう。

(2) 2人が出会ったのは出発してから何分後で，P地点から何mのところか求めましょう。

答 (1)

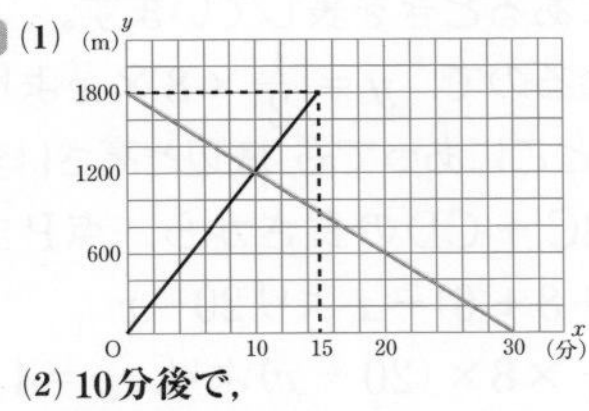

(2) 10分後で，P地点から1200 mのところ

考え方

(1) BさんはP地点から1800mの地点をスタートする。P地点へ向けて進むということはyの値は減少していくので，グラフは右下がり。

(2) 交点の座標を読み取る。

1次関数の利用(3) 動く点と面積の問題

次の問題に答えましょう。

右の図は，縦6cm，横8cmの長方形ABCDです。点Pは点Aを出発し，辺上をB, Cを通ってDまで動きます。点Pが点Aから$x$cm動いたときの△APDの面積を$y$cm^{2}とします。

(1) $x=2$のときのyの値を求めましょう。

(2) $x=8$のときのyの値を求めましょう。

(3) $x=18$のときのyの値を求めましょう。

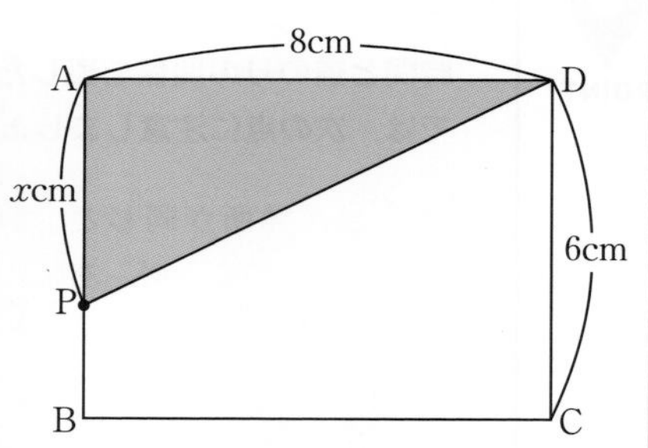

答 (1) $y=8$ (2) $y=24$ (3) $y=8$

上の問題のつづきです。次の問題に答えましょう。

xの変域が次のとき，それぞれyをxの式で表しましょう。

(1) $0 \leqq x \leqq 6$ (2) $6 \leqq x \leqq 14$ (3) $14 \leqq x \leqq 20$

答

(1) $y=4x$

(2) $y=24$

(3) $y=-4x+80$

上の問題は，それぞれ図で考えてみましょう。(三角形の面積＝$\frac{1}{2}$×底辺×高さ)

(1)

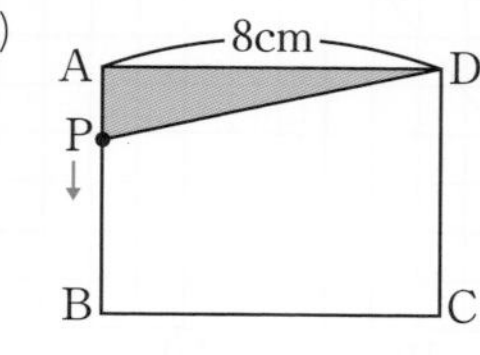

AP＝2cmだから，

$y=\frac{1}{2}\times 8\times 2=8$

(2)

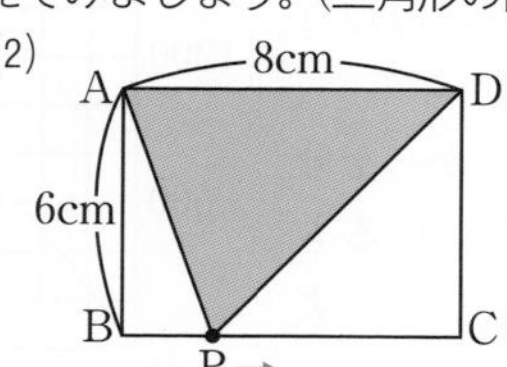

底辺8cm，高さ6cmだから，

$y=\frac{1}{2}\times 8\times 6=24$

(3)

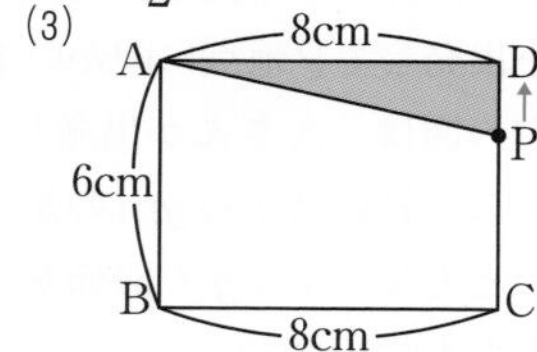

AB＋BC＋CP＝18cmより

PD＝2cmだから，

$y=\frac{1}{2}\times 8\times 2=8$

下の問題の変域は，(1)は点Pが辺AB上にある，(2)は点Pが辺BC上にある，(3)は点Pが辺CD上にあるときを表しています。

(1)はxの値が高さになるので，$y=\frac{1}{2}\times 8\times x$より，$y=4x$

(2)は点Pが辺BC上のどこにあっても，底辺と高さは変わらず，面積は一定です。

(3)でPDは，AB＋BC＋CDの長さから，点Pまでの長さ($x$cm)をひいたものなので，$(6+8+6)-x$より$20-x$

したがって，$y=\frac{1}{2}\times 8\times(20-x)$より，$y=4\times(20-x)=-4x+80$

●動く点と面積の問題

■動く点がどの辺にあるかに着目し，辺ごと（変域）に分けて考える。

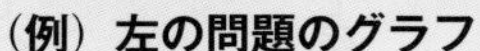

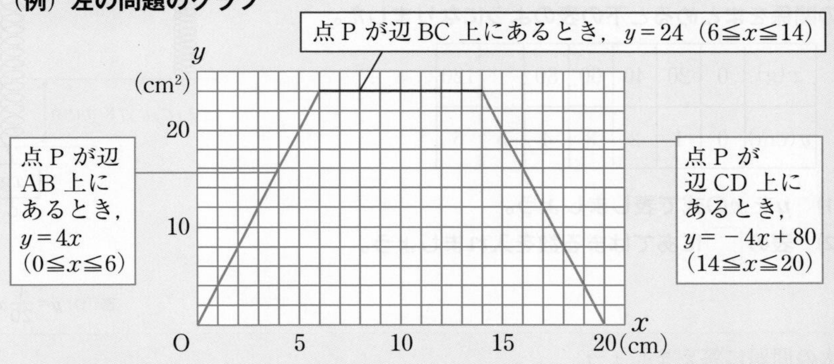

例題で確認!　次の問題に答えましょう。

右の図は，$\angle C = 90°$ の直角三角形ABCです。点Pは点Bを出発し，辺上を毎秒2cmの速さで，Cを通ってAまで動きます。点Pが点Bを出発してからx秒後の△ABPの面積を$y$cm²とします。

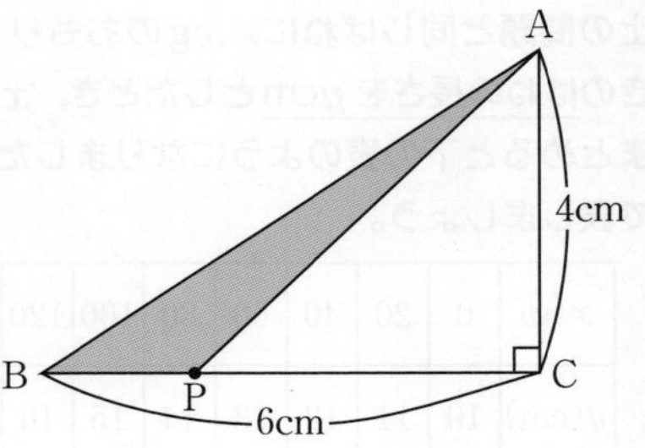

(1)　下の図に，xとyの関係を表すグラフをかきましょう。

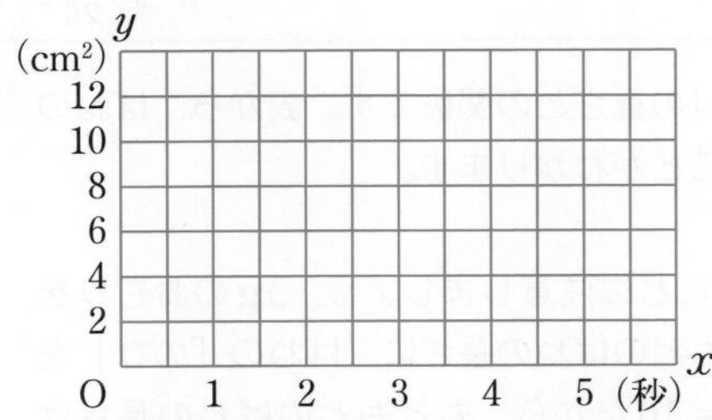

(2)　△ABPの面積が6cm²になるのは，点Pが点Bを出発した何秒後か求めましょう。

答　(1)

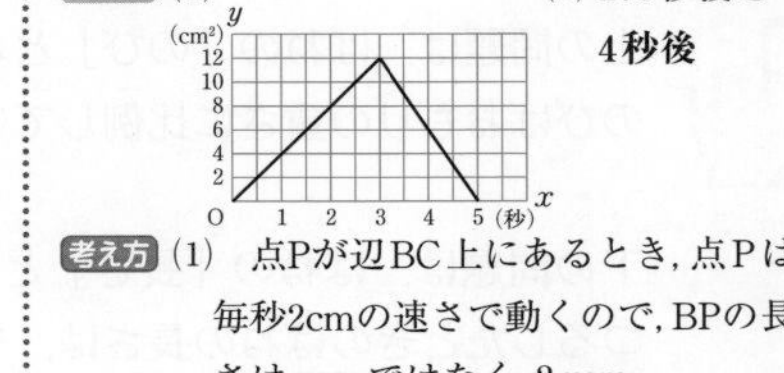

(2) **1.5秒後と4秒後**

考え方　(1)　点Pが辺BC上にあるとき，点Pは毎秒2cmの速さで動くので，BPの長さは$x$cmではなく，$2x$cm。
式は$y=\frac{1}{2} \times 2x \times 4 = 4x$

(2)　グラフより，$y=6$になるのは2回ある。

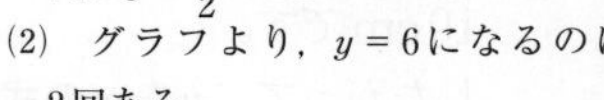

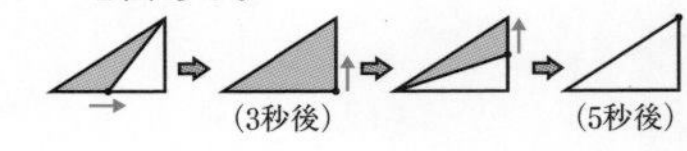

STEP 59

5章 1次関数の利用

1次関数の利用(4) ばねののびと長さの問題

次の問題に答えましょう。

→ 関 STEP 24

右の図のように，あるばねに，xgのおもりをつるしたときのばねののびを$y$cmとしたとき，xとyの関係をまとめると下の表のようになりました。

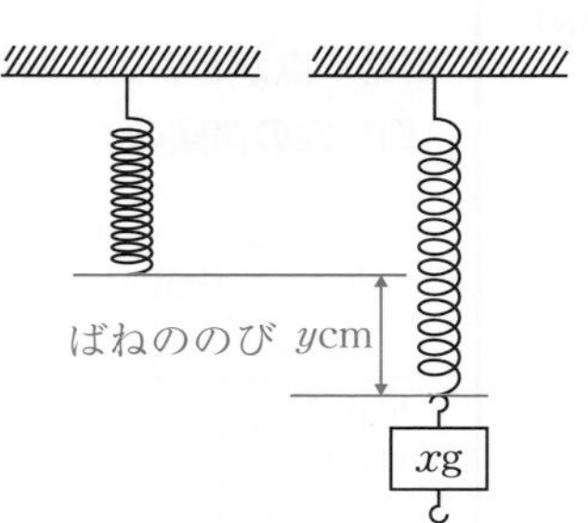

x(g)	0	20	40	60	80		120
y(cm)	0	1	2	3	4	5	6

(1) yをxの式で表しましょう。

(2) 表の□にあてはまる数を入れましょう。

答 (1) $y=\frac{1}{20}x$ (2) 100

次の問題に答えましょう。

上の問題と同じばねに，xgのおもりをつるしたときのばねの長さを$y$cmとしたとき，xとyの関係をまとめると下の表のようになりました。yをxの式で表しましょう。

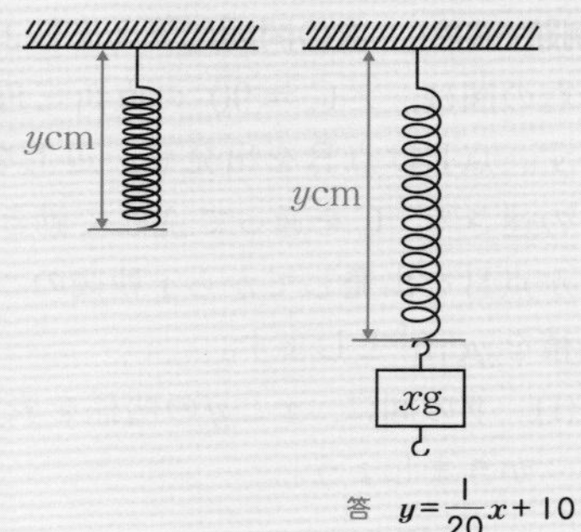

x(g)	0	20	40	60	80	100	120
y(cm)	10	11	12	13	14	15	16

答 $y=\frac{1}{20}x+10$

上の問題は，ばねの「のび」とおもりの重さとの関係です。表から，ばねののびはおもりの重さに比例していることがわかります。

下の問題は，ばねの「長さ」とあることに注意しましょう。xgのおもりをつるしたときのばねの長さは，もともとのばねの長さに，ばねの「のび」を加えたものです。$x=0$のとき，$y=10$だから，もともとのばねの長さは10cmです。

したがって，yをxの式で表すと，$y=\boxed{\frac{1}{20}x}+\boxed{10}$

（$\frac{1}{20}x$：ばねの「のび」，10：もともとのばねの長さ）

●ばねののびと長さの問題

■（ばねの長さ）＝（ばねののび）＋（もともとのばねの長さ）

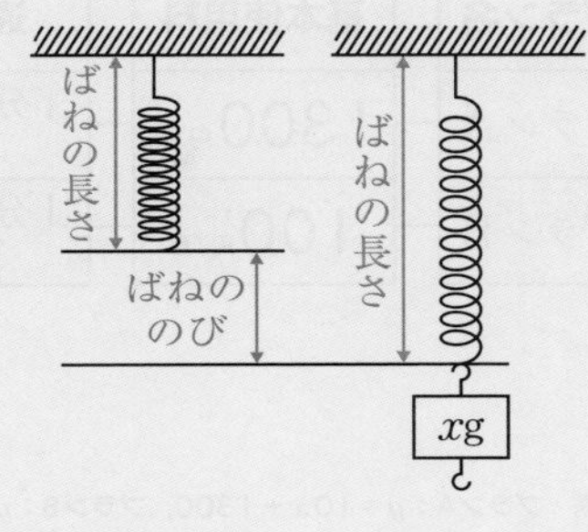

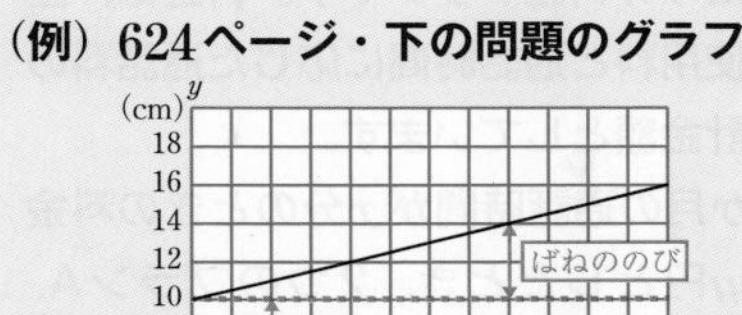

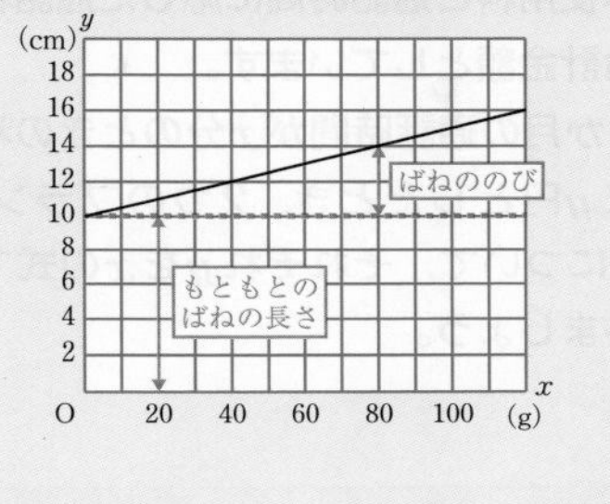

例題で確認! 次の問題に答えましょう。

下の表と右のグラフは，あるばねに，xgのおもりをつるしたときのばねの長さを$y$cmとしたときの，xとyの関係をまとめたものです。

x(g)	…	20	…	80	…
y(cm)	…	11	…	20	…

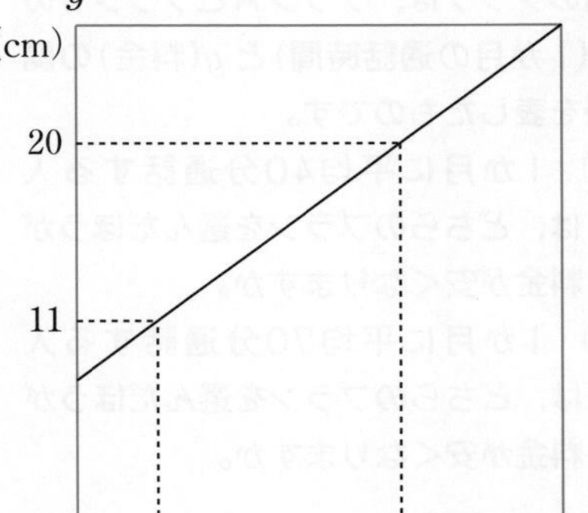

$0 \leqq x \leqq 120$の範囲で，yはxの1次関数であるとき，

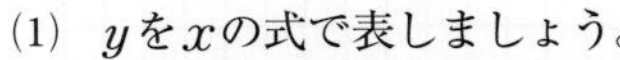

(1) yをxの式で表しましょう。

(2) おもりをつるさないときの，もともとのばねの長さを求めましょう。

(3) ばねの長さが15.5cmのときの，おもりの重さを求めましょう。

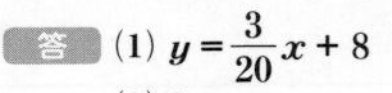

答 (1) $y=\frac{3}{20}x+8$

(2) 8cm

(3) 50g

考え方 (1) 2点の座標から式を求める。（→ 関 STEP 42）

2点(20, 11), (80, 20)を通るから，傾きは

$\frac{20-11}{80-20}=\frac{9}{60}=\frac{3}{20}$

(2) 「おもりをつるさない」は$x=0$のときだから，(1)で求めた式に$x=0$を代入する。

(3) (1)で求めた式に$y=15.5$を代入する。

$15.5=\frac{3}{20}x+8$, $15.5\times20=3x+8\times20$, $x=50$

1次関数の利用(5) 時間と料金の問題

次の問題に答えましょう。

右の図は，ある携帯(けいたい)電話会社の1か月あたりの料金プランです。料金は，基本使用料と通話時間に応じた通話料の合計金額としています。
1か月の通話時間がx分のときの料金をy円としたとき，2つのプランA，Bについて，それぞれyをxの式で表しましょう。

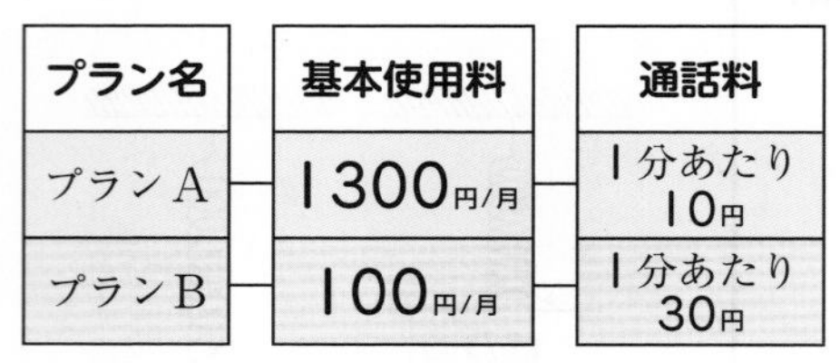

プラン名	基本使用料	通話料
プランA	1300円/月	1分あたり10円
プランB	100円/月	1分あたり30円

答　プランA：$y=10x+1300$，プランB：$y=30x+100$

上の問題のつづきです。次の問題に答えましょう。

右のグラフは，プランAとプランBのx(1か月の通話時間)とy(料金)の関係を表したものです。

(1)　1か月に平均40分通話する人は，どちらのプランを選んだほうが料金が安くなりますか。

(2)　1か月に平均70分通話する人は，どちらのプランを選んだほうが料金が安くなりますか。

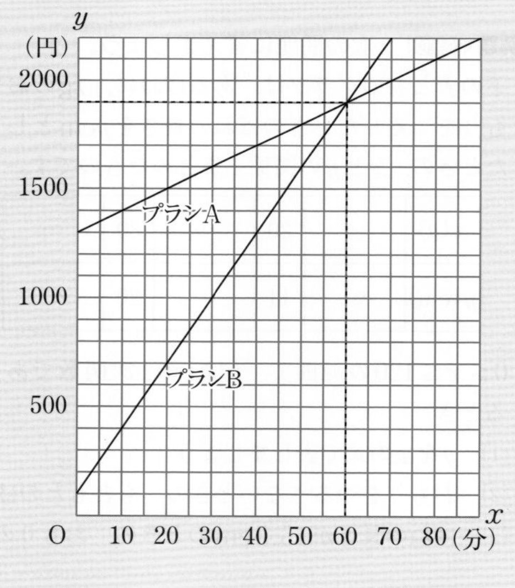

答　(1)　プランB　(2)　プランA

2つのプランを見比べると，基本使用料がとても安いので，プランBのほうがおトクに思えます。ただ，グラフが交わる60分よりも通話時間が長くなると，逆にプランBのほうが料金が高くなります。

POINT

●時間と料金の問題

携帯電話やインターネットの料金プランの問題では，利用する時間に対して，どのプランを選ぶとよいかを考える問題が多い。

■料金が等しくなる利用時間を求めるには，グラフの交点を読み取るか，それぞれの式を連立方程式として解く。

（例）626ページの問題で，プランAとプランBの料金が等しくなるのは

$$\begin{cases} y = 10x + 1300 & \cdots① \\ y = 30x + 100 & \cdots② \end{cases}$$

を解くと，$x=60$, $y=1900$
60分で，料金は1900円です。

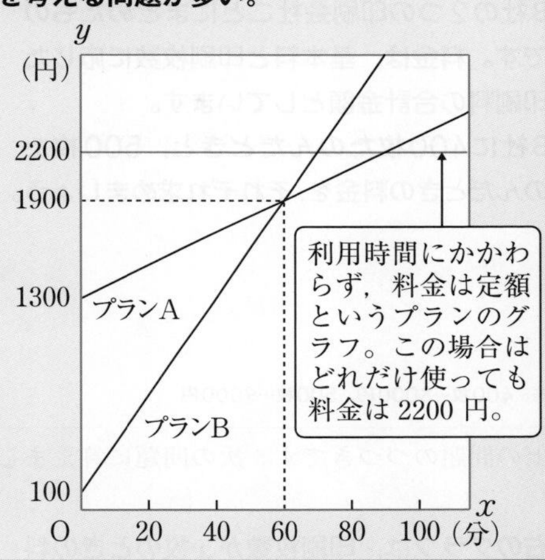

例題で確認! 次の問題に答えましょう。

右の図は，1か月あたりのインターネットの料金プランです。料金は，基本使用料と通信料の合計金額としています。
1か月の通信時間がx分のときの料金をy円としたとき，

(1) 2つのプランについて，それぞれyをxの式で表しましょう。

(2) プランBのほうがプランAよりも料金が安くなるのは，通信時間が何分をこえてからですか。

プラン名	プランA	プランB
基本使用料	700円/月	0円/月
通信料	1分あたり5円	定額2600円で使い放題

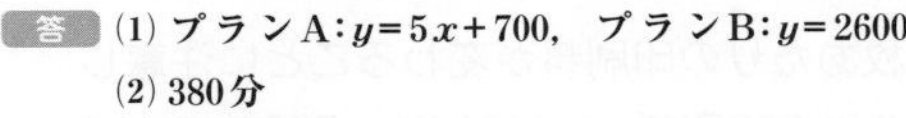

答 (1) プランA：$y=5x+700$，プランB：$y=2600$
(2) 380分

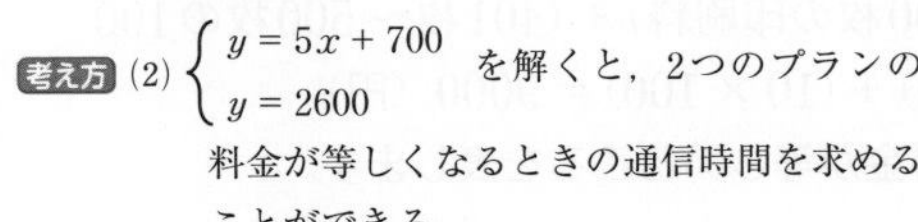

考え方 (2) $\begin{cases} y = 5x + 700 \\ y = 2600 \end{cases}$ を解くと，2つのプランの料金が等しくなるときの通信時間を求めることができる。

STEP 61

⑤章 1次関数の利用

1次関数の利用(6) 枚数と料金の問題

次の問題に答えましょう。

→ 関 STEP 60

右の表は，チラシを印刷する料金を，A社，B社の2つの印刷会社ごとにまとめたものです。料金は，基本料と印刷枚数に応じた印刷料の合計金額としています。
B社に400枚たのんだときと，500枚たのんだときの料金を，それぞれ求めましょう。

印刷会社	料金
A社	・基本料… 10000円 ・印刷料… 1枚あたり4円
B社	・基本料… 0円 ・印刷料… 1枚～400枚までは 1枚20円 400枚をこえた分は 1枚10円

答 400枚…8000円，500枚…9000円

上の問題のつづきです。次の問題に答えましょう。

右のグラフは，印刷枚数がx枚のときの料金をy円としたとき，xとyの関係をA社，B社それぞれについて表したものです。

(1) A社とB社の料金が等しくなるのは，印刷枚数が何枚のときですか。

(2) 1300枚印刷するときは，どちらの会社にたのんだほうが，料金は安くなりますか。

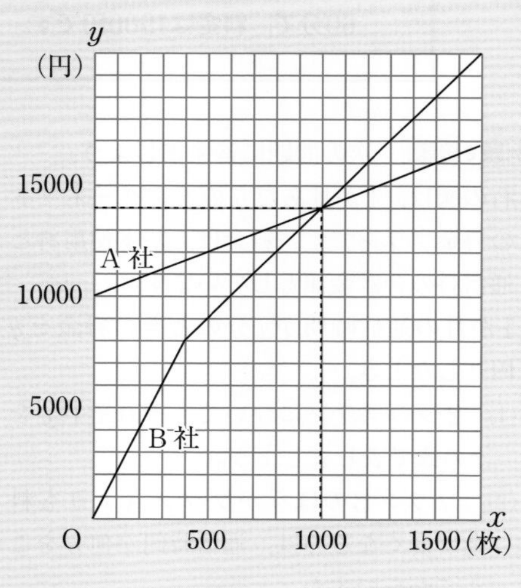

答 (1) 1000枚
(2) A社

上の問題は，400枚をこえると，1枚あたりの印刷料が変わることに注意しましょう。500枚の印刷料は，(400枚の印刷料)＋(401枚～500枚の100枚分の印刷料) なので，$(20 \times 400) + (10 \times 100) = 9000$ (円)。
下の問題(1)は，グラフの交点が，料金が等しいところを表します。

POINT

●枚数と料金の問題（途中で条件が変わるとき）

■途中で1枚あたりの料金が変わる場合，傾きが変わるので，グラフは折れ線になる。

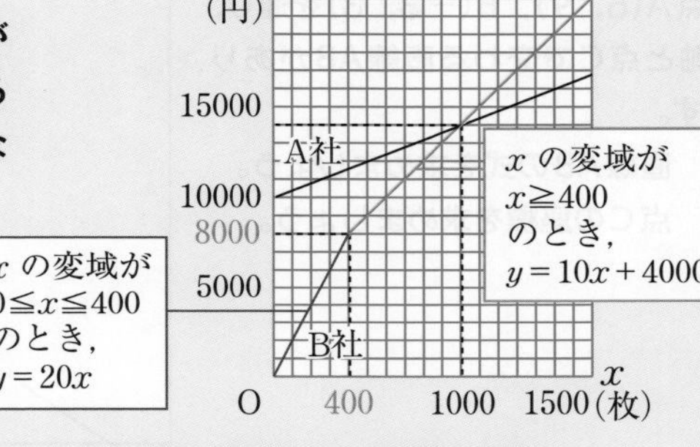

〔$x \geqq 400$ のグラフの式の求め方〕
1枚あたり10円だから，$y=10x+b$とおく。
点(400，8000)を通るから，この式に
$x=400$，$y=8000$を代入して，
$8000=10\times400+b$，$b=4000$
したがって，$y=10x+4000$

例題で確認! 次の問題に答えましょう。

右の表は，チラシを印刷する料金を，C社，D社の2つの印刷会社ごとにまとめたものです。料金は，基本料と印刷枚数に応じた印刷料の合計金額としています。
このとき，印刷枚数が何枚になると，C社の料金がD社の料金より安くなるか求めましょう。

印刷会社	料金
C社	・基本料…10000円 ・印刷料…1枚あたり2円
D社	・基本料…0円 ・印刷料…1枚～500枚までは 1枚18円 500枚をこえた分は 1枚4円

答 1501枚

考え方

印刷枚数がx枚のときの料金をy円としたときの，2社のグラフは右の通り。

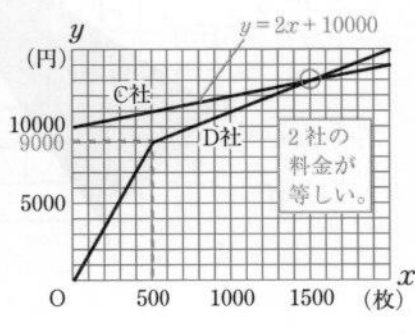

$x \geqq 500$のとき，D社のグラフの式は，$y=4x+7000$

$\begin{cases} y=2x+10000 \\ y=4x+7000 \end{cases}$ を解くと，$x=1500$，$y=13000$

1500枚で料金は等しくなるから，1501枚から，C社の料金がD社の料金より安くなる。

1次関数の利用(7) グラフと面積の問題

次の問題に答えましょう。 → 関 STEP 42

2点A(6, 9), B(−3, 3)を通り, y軸と点Cで交わる直線ABがあります。

(1) 直線ABの式を求めましょう。

(2) 点Cの座標を求めましょう。

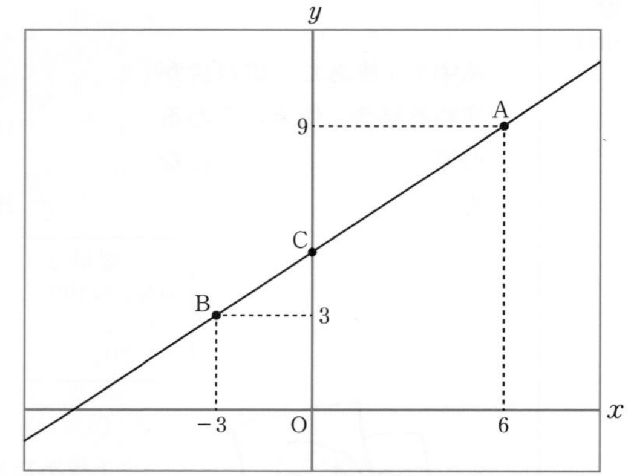

答 (1) $y=\frac{2}{3}x+5$ (2) (0, 5)

上の問題のつづきです。次の問題に答えましょう。

△OABの面積を求めましょう。

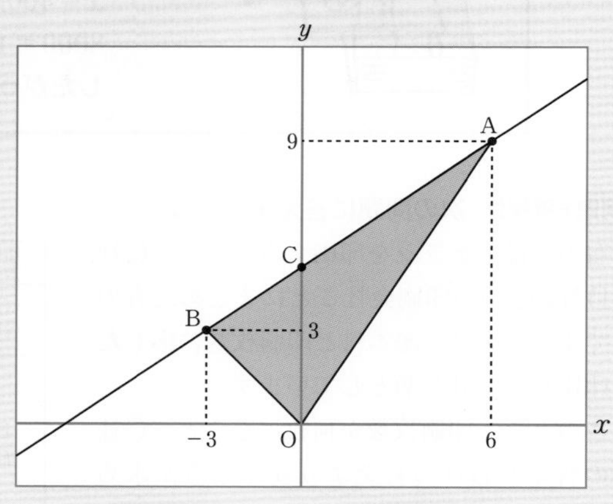

答 $\frac{45}{2}$

上の問題の(2)は, 点Cは直線ABの切片なので, (1)で求めた直線ABの式から求められます。

下の問題は, △OABを, △OACと△OBCの2つに分け, どちらもOCを底辺として考えます。

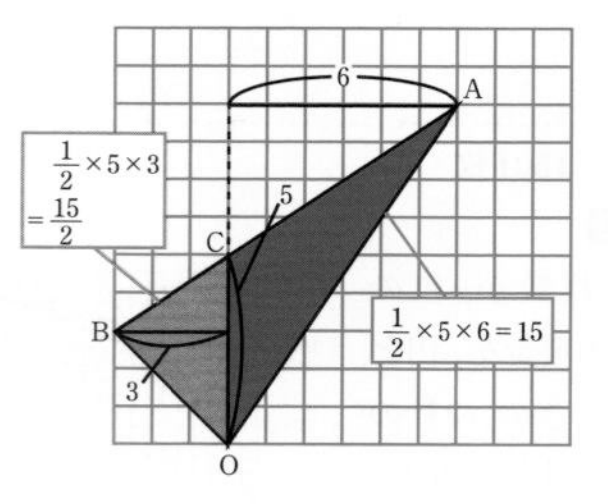

POINT

●グラフと面積の問題

■原点と直線上の2点とでできる三角形の面積を求めるときは，y軸で2つの三角形に分けて考えるとよい。

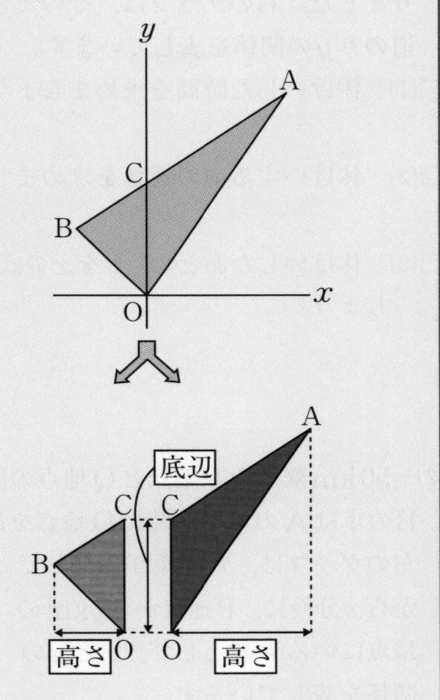

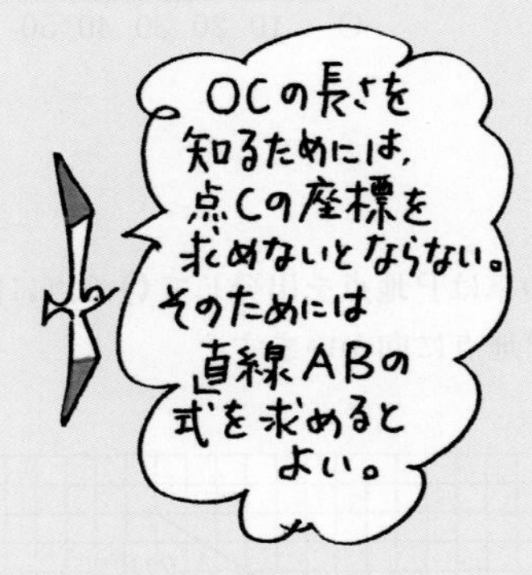

OCの長さを知るためには，点Cの座標を求めないとならない。そのためには直線ABの式を求めるとよい。

例題で確認! 次の問題に答えましょう。

2点A(2，3)，B(−4，12)を通り，y軸と点Cで交わる直線ABがあります。△OABの面積を求めましょう。

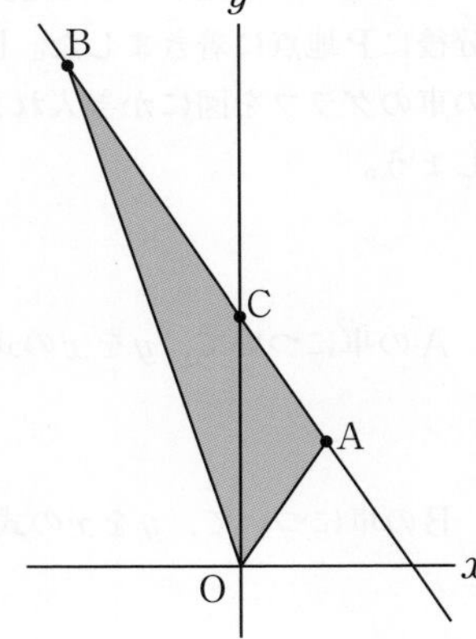

答 18

考え方 まず，直線ABの式を求め，その切片から点Cの座標を求める。

直線ABの式を$y = ax + b$とおく。

点(2，3)，(−4，12)を通るから，

$\begin{cases} 3 = 2a + b \\ 12 = -4a + b \end{cases}$ を解くと，$a = -\dfrac{3}{2}$，$b = 6$

したがって，切片6よりOCの長さは6。

$\triangle \mathrm{OAC} = \dfrac{1}{2} \times 6 \times 2 = 6$

$\triangle \mathrm{OBC} = \dfrac{1}{2} \times 6 \times 4 = 12$

よって，$\triangle \mathrm{OAB} = 6 + 12 = 18$

基本をチェック！(5)　5章　1次関数の利用

答は749・750ページ。できた問題は，□をぬりつぶしましょう。

1　Aさんは家から2200m離れた公園まで歩いて行きました。途中で1回休けいをとりました。右のグラフは，そのときの時間xと道のりyの関係を表しています。 → 関 STEP 56

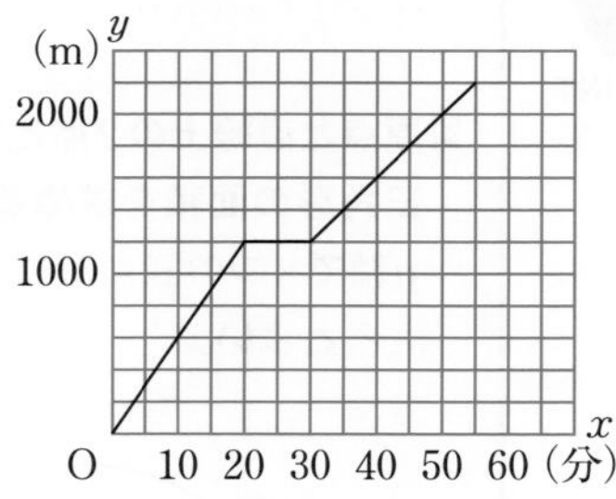

□(1)　休けいした時間を求めましょう。

□(2)　休けいする前の速さを求めましょう。

□(3)　休けいしたあとの，yをxの式で表しましょう。

2　50km離れたP地点とQ地点の間で，Aの車はP地点を出発してQ地点に向かい，Bの車はAの車と同時にQ地点を出発してP地点に向かいます。

右のグラフは，Aの車が出発してからx分後に，P地点から$y$kmの地点にいるものとして，xとyの関係を表しています。

→ 関 STEP 54・57

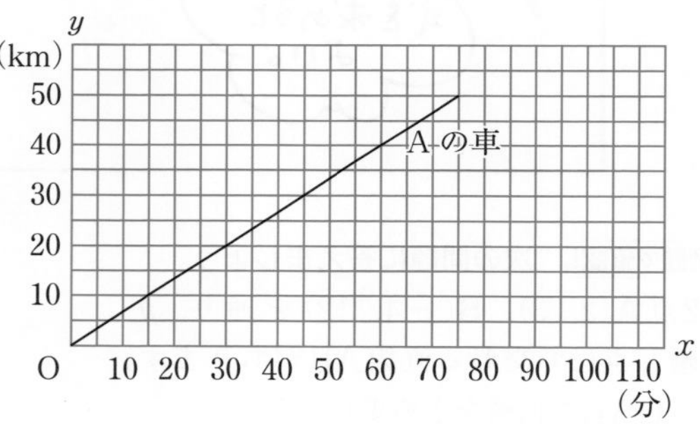

□(1)　Bの車は一定の速さで休むことなく進み，出発してから100分後にP地点に着きました。Bの車のグラフを図にかき入れましょう。

□(2)　Aの車について，yをxの式で表しましょう。

□(3)　Bの車について，yをxの式で表しましょう。

□(4)　AとBの車は出発してから何分後に出会うか，連立方程式を解いて求めましょう。

3 右の図は，縦10cm，横6cmの長方形ABCDです。点Pは点Bを出発し，辺上を毎秒1cmでB，Cを通ってDまで動きます。点Pが点Bから$x$cm動いたときの，線分APが通ったあとの面積を$y$cm^{2}とします。

→ 関 STEP 58

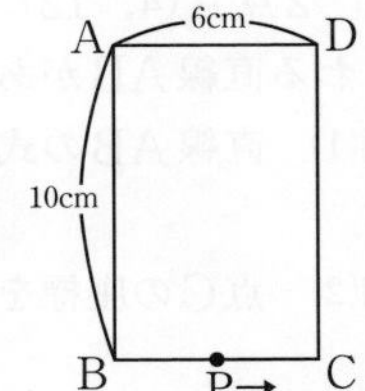

□(1) xの変域が次のとき，yをxの式で表しましょう。

① $0 \leqq x \leqq 6$　　② $6 \leqq x \leqq 16$

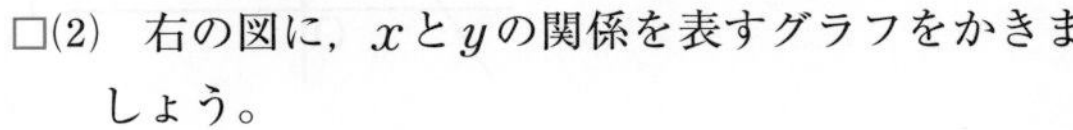

□(2) 右の図に，xとyの関係を表すグラフをかきましょう。

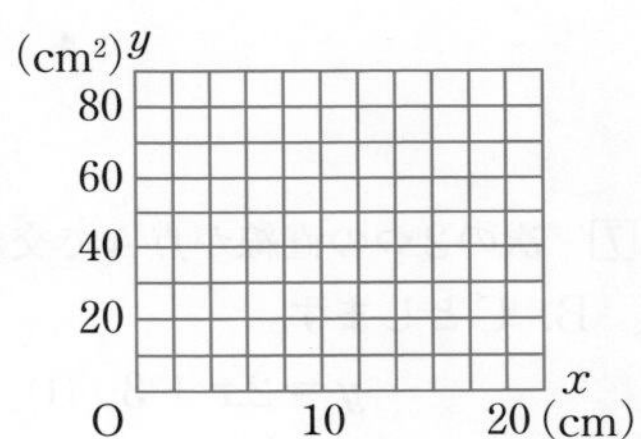

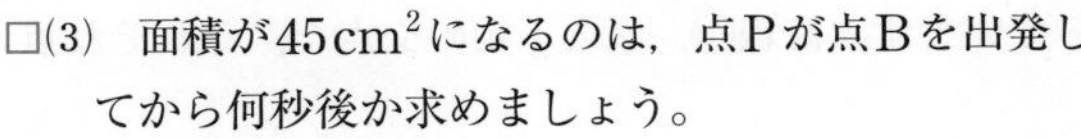

□(3) 面積が45cm^{2}になるのは，点Pが点Bを出発してから何秒後か求めましょう。

4 右の表は，あるばねに，xgのおもりをつるしたときのばねの長さを$y$cmとしたときの，xとyの関係をまとめたものです。$0 \leqq x \leqq 300$の範囲で，yはxの1次関数です。

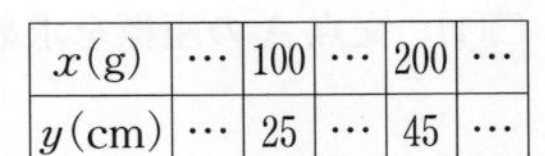

x(g)	…	100	…	200	…
y(cm)	…	25	…	45	…

→ 関 STEP 59

□(1) yをxの式で表しましょう。

□(2) おもりをつるさないときの，もとのばねの長さを求めましょう。

□(3) ばねの長さが40cmのときの，おもりの重さを求めましょう。

5 右の表は，チラシを印刷する料金をまとめたものです。料金は，基本料と印刷枚数に応じた印刷料の合計金額です。

→ 関 STEP 61

印刷会社	料金
A社	基本料…10000円 印刷料 ・1枚あたり3円
B社	基本料…0円 印刷料 ・1枚～500枚までは，1枚17円 ・500枚をこえた分は，1枚5円

□(1) A社とB社の料金が等しくなるのは，印刷枚数が何枚のときですか。

□(2) 1800枚印刷するとき，料金が安くなるのはA社，B社のどちらですか。

6 2点A(4, 12), B(−2, 3)を通り，y軸で点Cと交わる直線ABがあります。 → 関 STEP 62

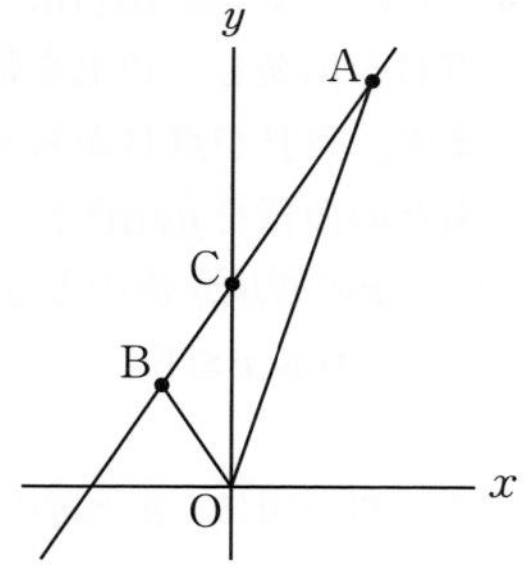

□(1) 直線ABの式を求めましょう。

□(2) 点Cの座標を求めましょう。

□(3) △OABの面積を求めましょう。

7 次の2つの直線が点Aで交わっています。直線①，②とy軸の交点を，それぞれ点B，Cとします。

$$y = 2x + 3 \cdots ① \qquad y = \frac{1}{3}x - 2 \cdots ②$$

→ 関 STEP 54・62

□(1) 交点Aの座標を求めましょう。

□(2) BCの長さを求めましょう。

□(3) △ABCの面積を求めましょう。

8 右の図のように，2つの直線①，②が交わっています。

$x + y = 4 \quad \cdots ①$

$y = 2x + a \cdots ②$ → 関 STEP 45・62

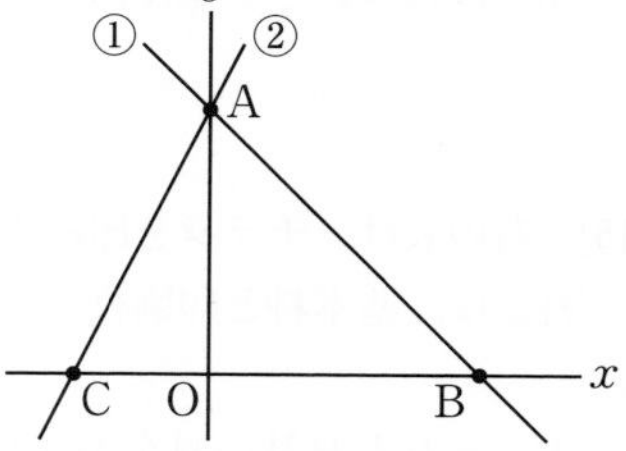

□(1) aの値を求めましょう。

□(2) 2つの直線とx軸の交点の座標を，それぞれ点B，Cとするとき，点B，Cの座標を求めましょう。

□(3) △ABCの面積を求めましょう。

6 関数$y=ax^2$ 3年

STEP 63

⑥章 関数 $y=ax^2$

関数 $y=ax^2$ (1) 2乗に比例する関数

縦が$x$cm，横が2cmの長方形の面積を$y\text{cm}^2$とするとき，次の問題に答えましょう。

→ 関 STEP 6

(1) **yをxの式で表しましょう。**

(2) **次のxとyの対応表を完成させましょう。**

縦x(cm)	1	2	3	4	5	6
面積y(cm^2)						

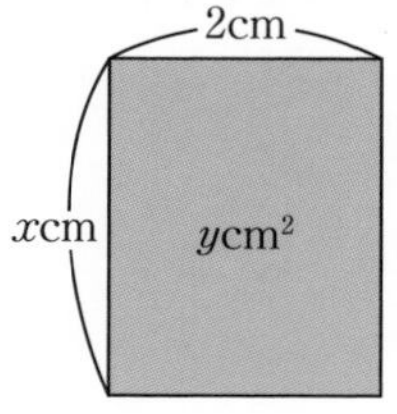

答 (1) $y=2x$

(2) (左から) 2，4，6，8，10，12

縦が$x$cm，横が$2x$cmの長方形の面積を$y\text{cm}^2$とするとき，次の問題に答えましょう。

(1) **yをxの式で表しましょう。**

(2) **次のxとyの対応表を完成させましょう。**

縦x(cm)	1	2	3	4	5	6
面積y(cm^2)						

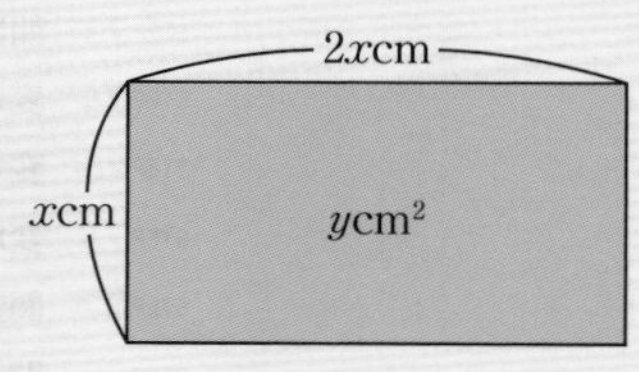

答 (1) $y=2x^2$

(2) (左から) 2，8，18，32，50，72

(長方形の面積) = (縦) × (横) なので，上の問題の(1)は，$y=x\times 2=2x$となり，yはxに比例する関数です。

下の問題の(1)は，$y=x\times 2x=2x^2$となります。このとき，yはxの2乗に比例する関数といいます。
また，xの値が2倍，3倍，4倍，…になると，yの値は2^2倍，3^2倍，4^2倍，…と変わります。

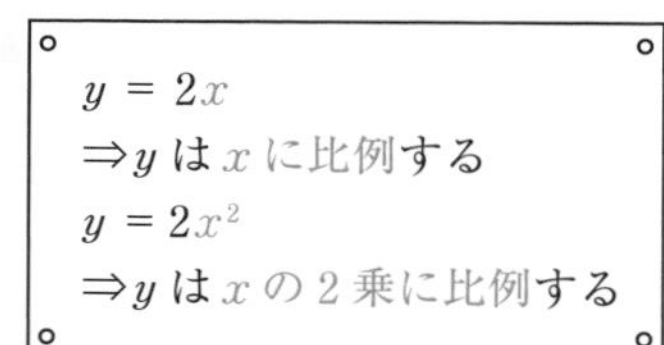

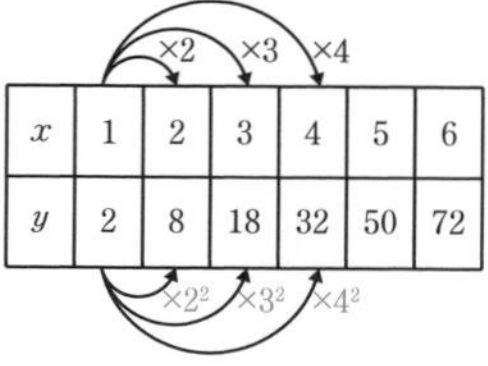

x	1	2	3	4	5	6
y	2	8	18	32	50	72

POINT

● **2乗に比例する関数**
yがxの関数で，xとyの関係が，
$y=ax^2$（aは定数）の形で表されるとき，
yはxの2乗に比例するといいます。

例題で確認! 次の問題に答えましょう。

ボールを高いところから自然に落とすとき，ボールが落ちはじめてからの時間をx秒，その間に落ちる距離をymとします。このときのxとyの関係を表にすると，右のようになりました。

時間x(秒)	0	1	2	3	4	5
距離y(m)	0	5	20	45	80	125

(1)　下の表のx^2の値の欄をうめましょう。

時間x(秒)	0	1	2	3	4	5
x^2						
距離y(m)	0	5	20	45	80	125

(2)　yをxの式で表しましょう。

(3)　ボールが落ちはじめてから8秒間に落ちる距離は何mか求めましょう。

答 (1)（左から）0，1，4，9，16，25
(2) $y=5x^2$
(3) 320 m

考え方 (2)　(1)で完成させた表より，yの値は常にx^2の値の5倍になっている。
(3)　$y=5x^2$に$x=8$を代入する。
$y=5\times 8^2=5\times 64=320$

例題で確認! 次の問題に答えましょう。

次の関数の中で，yがxの2乗に比例するものをすべて選び，記号で答えましょう。

ア　$y=2x$　　**イ**　$y=2x^2$　　**ウ**　$y=-3x^2$

エ　$y=\dfrac{1}{2}x^2$　　**オ**　$y=\dfrac{1}{2x^2}$　　**カ**　$y=\dfrac{x^2}{2}$

答 イ，ウ，エ，カ

考え方 カは，$y=\dfrac{1}{2}x^2$と同じ。

STEP 64

関数 $y=ax^2$ (2) 2乗に比例する関数の式を求める

→ 関 STEP 9

yはxに比例し，$x=3$のとき$y=6$です。このとき，次のようにyをxの式で表しました。□にあてはまる数や式を入れましょう。

yはxに比例するので，$y=$ (1) …①とおく。
①に$x=3$，$y=6$を代入すると，
6＝ (2)
よって，$a=$ (3)
したがって，$y=$ (4)

答 (1) $y=ax$
(2) $6=3a$
(3) $a=2$
(4) $y=2x$

yはxの2乗に比例し，$x=3$のとき$y=18$です。このとき，次のようにyをxの式で表しました。□にあてはまる数や式を入れましょう。

yはxの2乗に比例するので，$y=$ (1) …①とおく。
①に$x=3$，$y=18$を代入すると，
18＝ (2)
よって，$a=$ (3)
したがって，$y=$ (4)

答 (1) $y=ax^2$
(2) $18=9a$
(3) $a=2$
(4) $y=2x^2$

比例の式では，$y=ax$のaを比例定数といいました。
同様に，$y=ax^2$のaも**比例定数**といいます。
与えられた条件から，xとyの関係を式に表すとき，yがxの2乗に比例する関数であれば，まず最初に，$y=ax^2$とおいて考えます。

POINT

- **yがxの2乗に比例する関数の式の求め方**
  - ①　**$y = ax^2$とおく。**
  - ②　**x，yの値を代入して，aの値を求める。**

例題で確認!　次の問題に答えましょう。

(1)　yはxの2乗に比例し，$x = 2$のとき$y = 12$です。yをxの式で表しましょう。

(2)　yはxの2乗に比例し，$x = 3$のとき$y = 3$です。yをxの式で表しましょう。

(3)　yはxの2乗に比例し，$x = 2$のとき$y = -12$です。yをxの式で表しましょう。

(4)　yはxの2乗に比例し，$x = -2$のとき$y = 12$です。yをxの式で表しましょう。

答

(1) $y = 3x^2$

(2) $y = \frac{1}{3}x^2$

(3) $y = -3x^2$

(4) $y = 3x^2$

考え方

$y = ax^2$とおき，x，yの値を代入してaの値を求める。

POINT

1組のxとyの値から，式を求めることができます。

例題で確認!　次の問題に答えましょう。

関数$y = ax^2$で，xとyの関係が右の表のようになるとき，

(1)　yをxの式で表しましょう。

(2)　表の□の欄をうめましょう。

x	-2	-1	0	1	2	3	4
y			0		12		

答 (1) $y = 3x^2$

(2) (左から) 12, 3, (0), 3, (12), 27, 48

考え方 (1)　$x = 2$，$y = 12$の組に着目する。

例題で確認!　次の問題に答えましょう。

関数$y = ax^2$で，xとyの関係が右の表のようになるとき，

(1)　yをxの式で表しましょう。

(2)　表の□の欄をうめましょう。

x	…	-3	…	1	…	イ	…
y	…	ア	…	-2	…	-18	…

答 (1) $y = -2x^2$　(2) ア…-18　イ…3

考え方 (2)　$y = -18$になるのは，$x = -3$と$x = 3$のとき。

関数 $y=ax^2$(3) 2乗に比例する関数の特徴

関数 $y=2x$ について，次の問題に答えましょう。 → 関 STEP 5

(1) 右の x と y の対応表を完成させましょう。

(2) x の値が2倍になると，y の値は何倍になりますか。

(3) x の値が3倍になると，y の値は何倍になりますか。

(4) x の値が4倍になると，y の値は何倍になりますか。

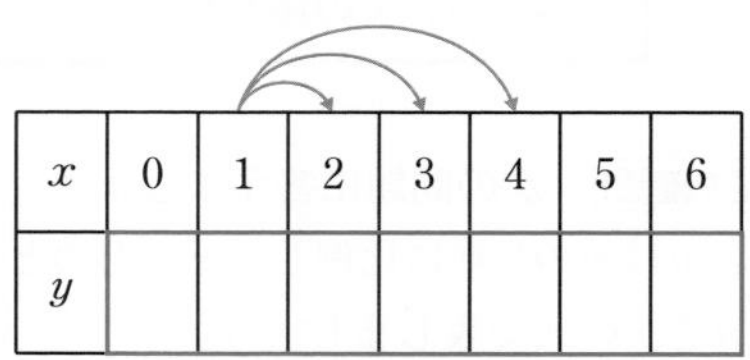

x	0	1	2	3	4	5	6
y							

答 (1) (左から) 0，2，4，6，8，10，12
(2) 2倍 (3) 3倍 (4) 4倍

関数 $y=2x^2$ について，次の問題に答えましょう。

(1) 右の x と y の対応表を完成させましょう。

(2) x の値が2倍になると，y の値は何倍になりますか。

(3) x の値が3倍になると，y の値は何倍になりますか。

(4) x の値が4倍になると，y の値は何倍になりますか。

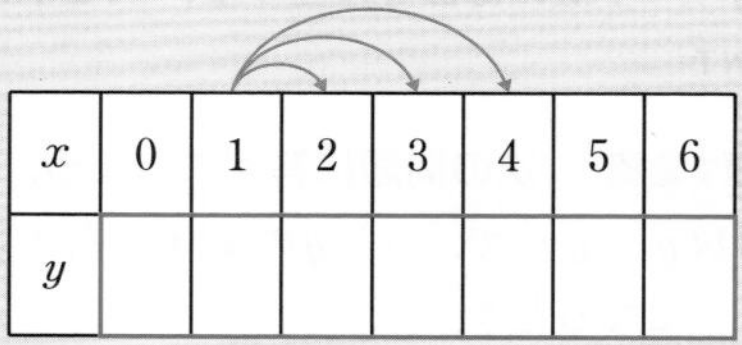

x	0	1	2	3	4	5	6
y							

答 (1) (左から) 0，2，8，18，32，50，72
(2) 4倍 (3) 9倍 (4) 16倍

上の問題は，x の値が2倍，3倍，4倍，…になると，y の値も2倍，3倍，4倍，…と変わる比例の関係です。

下の問題は，x の値が2倍，3倍，4倍，…になると，y の値は4倍（2^2 倍），9倍（3^2 倍），16倍（4^2 倍），…と変わります。

×2 ×3 ×4

x	1	2	3	4
y	2	8	18	32

$\times 2^2$ $\times 3^2$ $\times 4^2$

POINT

- **$y=ax^2$の特徴（とくちょう）**
  xの値が2倍，3倍，4倍，…，n倍になると，
  yの値は2^2倍，3^2倍，4^2倍，…，n^2倍になります。

例題で確認! 次の問題に答えましょう。

関数$y=-2x^2$について，次の問題に答えましょう。

(1) 右のxとyの対応表を完成させましょう。

(2) xの値が2倍になると，yの値は何倍になりますか。

(3) xの値が3倍になると，yの値は何倍になりますか。

(4) xの値が4倍になると，yの値は何倍になりますか。

x	0	1	2	3	4	5	6
y							

答 (1)（左から）0，−2，−8，−18，−32，−50，−72
(2) 4倍　(3) 9倍　(4) 16倍

考え方 $y=ax^2$の特徴は，aが負の数でもあてはまる。

例題で確認! 次の問題に答えましょう。

1辺が$x$cmの正方形があり，その面積を$y\text{cm}^2$とします。

(1) 下のxとyの対応表を完成させましょう。

x(cm)	1	2	3	4	5	6
y(cm²)						

1cm　$y\text{cm}^2$
2cm　$y\text{cm}^2$
3cm　$y\text{cm}^2$
…

(2) yをxの式で表しましょう。

(3) xの値が4倍になると，yの値は何倍になりますか。

(4) $x=10$のときのyの値を求めましょう。

答 (1)（左から）1，4，9，16，25，36
(2) $y=x^2$
(3) 16倍
(4) 100

STEP 66

⑥章 関数 $y=ax^2$

$y=x^2$ のグラフ(1) $y=x^2$ のグラフ

関数 $y=x^2$ について，次の問題に答えましょう。

下の x と y の対応表をもとに，x，y の値の組を座標とする点を，右の座標平面上にとりましょう。

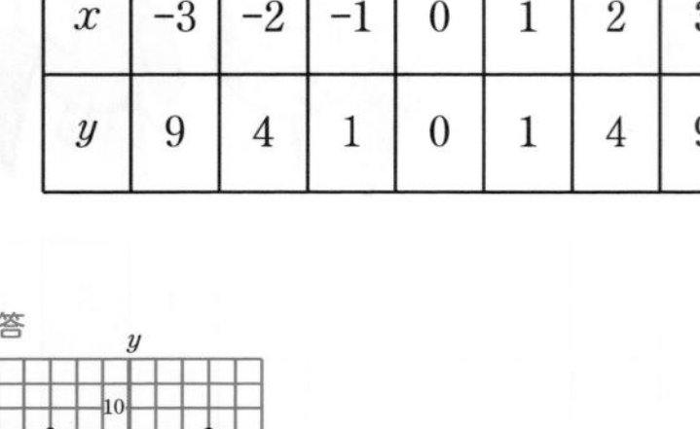

x	−3	−2	−1	0	1	2	3
y	9	4	1	0	1	4	9

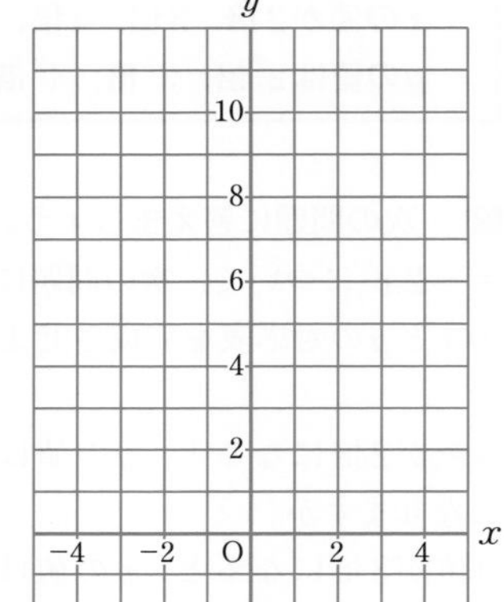

答

上の問題のつづきです。次の□に‘直線’か‘曲線’のどちらかを入れましょう。

対応する x，y の値の組を座標とする点をたくさんとっていくと，右の図のような，なめらかな □ になります。

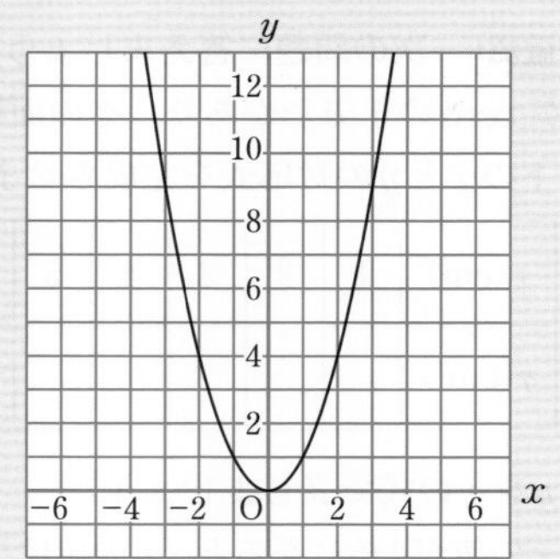

答 曲線

$y=x^2$ のグラフは，直線ではなく，なめらかな曲線になります。

POINT $y=x^2$ のグラフは，なめらかな曲線になります。

例題で確認! 次の問題に答えましょう。

$-1 \leqq x \leqq 1$ の範囲で，$y=x^2$ のグラフをかきます。

(1) 下の x と y の対応表を完成させましょう。

x	−1	−0.8	−0.6	−0.4	−0.2	0	0.2	0.4	0.6	0.8	1
y	1	0.64				0		0.16	0.36		1

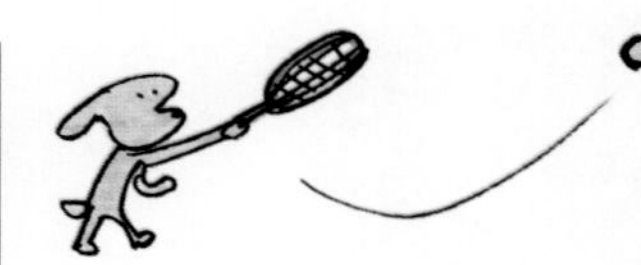

(2) (1)で求めた x，y の値の組を座標とする点を，右の座標平面上にとり，その点をなめらかな曲線でむすんで $y=x^2$ のグラフをかきましょう。

答

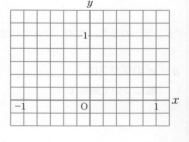

(1) (左から) (1)，(0.64)，0.36，0.16，0.04，(0)，0.04，(0.16)，(0.36)，0.64，(1)

(2)

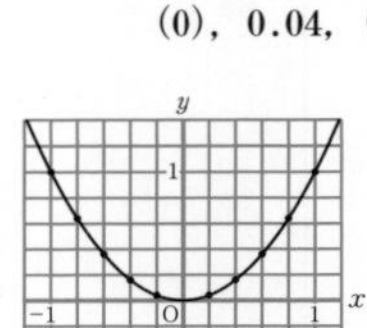

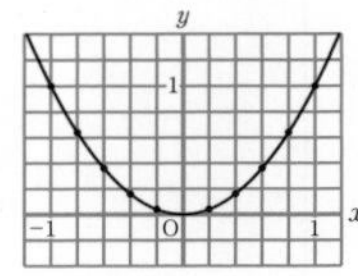

例題で確認! 次の問題に答えましょう。

下の図に，$y=x^2$ のグラフをかきましょう。

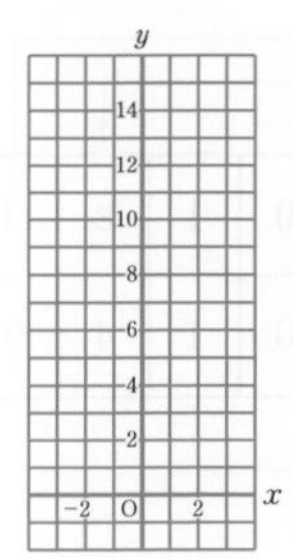

答

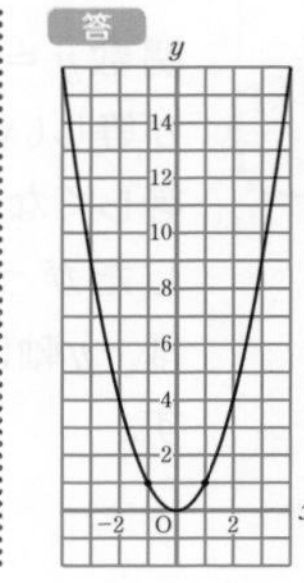

STEP 67

⑥章 関数 $y=ax^2$

$y=x^2$ のグラフ(2)　$y=x^2$ のグラフの特徴

次の□に'直線'か'曲線'のどちらかを入れましょう。

→ 関 STEP 66

$y=x^2$ のグラフは,
なめらかな □ になります。

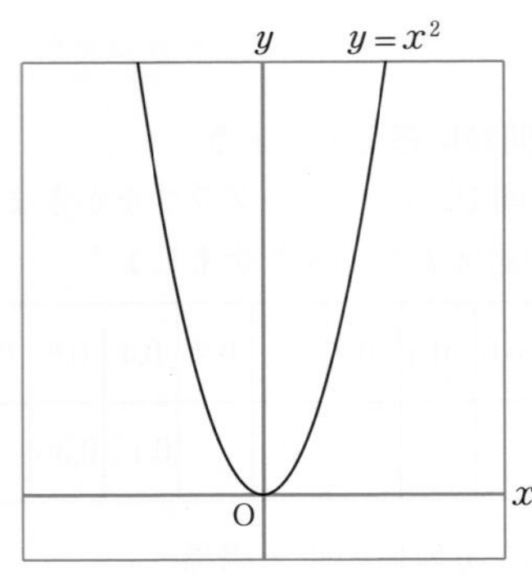

答　なめらかな 曲線

'x', 'y' のうち, 次の□にあてはまるほうを入れましょう。

$y=x^2$ のグラフは,
□ 軸について対称です。

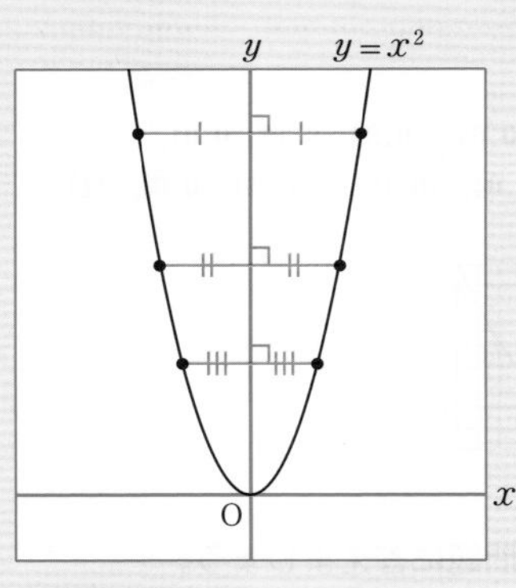

答　y 軸について対称

関数 $y=x^2$ では, x の絶対値が等しいときの y の値は, 常に等しくなります。
したがって, $y=x^2$ のグラフは, y 軸について対称になります。

x	−3	−2	−1	0	1	2	3
y	9	4	1	0	1	4	9

- $y = x^2$ のグラフの特徴
  - ・原点を通る。
  - ・放物線(ほうぶつせん)とよばれるなめらかな曲線である。
  - ・y 軸について対称である。
  - ・常に，$y \geqq 0$ である。

例題で確認! 次の文は，$y = x^2$ のグラフの特徴について述べたものです。□にあてはまることばを入れましょう。

(1) □とよばれるなめらかな曲線です。

(2) □を通り，□について対称です。

(3) $x < 0$ の範囲では，x の値が増加すると y の値は□します。
$x > 0$ の範囲では，x の値が増加すると y の値は□します。

(1) 放物線

(2) 原点 を通り，y 軸 について対称

(3) 減少
増加

例題で確認! 次の問題に答えましょう。

次の式のグラフを，右の**ア〜エ**から選びましょう。

(1) $y = -x$

(2) $y = \dfrac{1}{x}$

(3) $y = -\dfrac{1}{x}$

(4) $y = x^2$

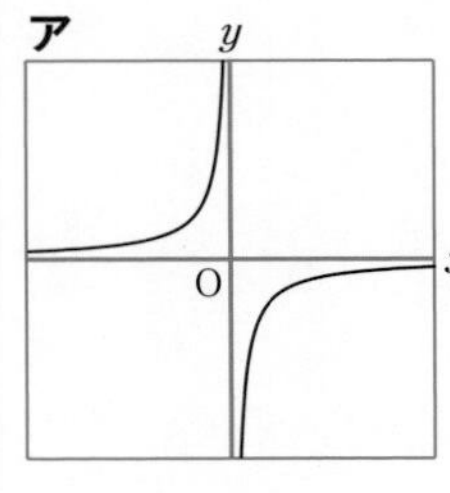

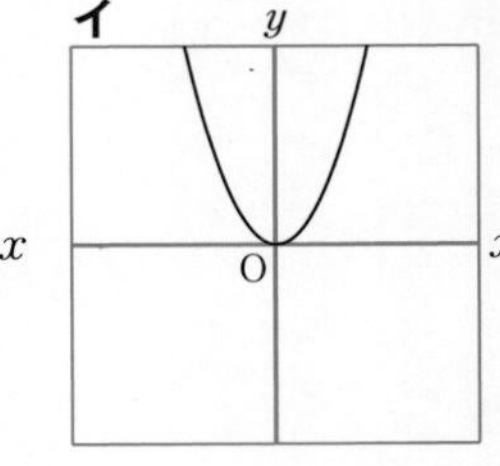

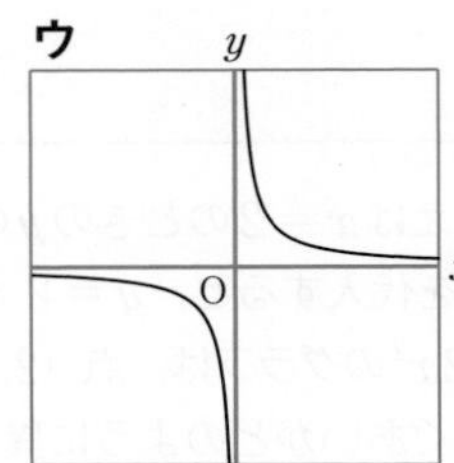

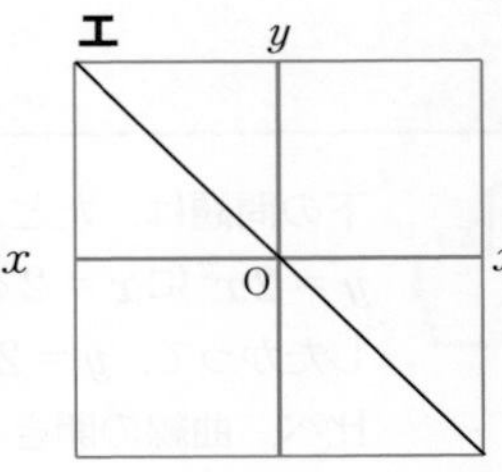

(1) エ

(2) ウ

(3) ア

(4) イ

STEP 68

⑥章 関数 $y=ax^2$

$y=ax^2$のグラフ(1)　$y=ax^2$のグラフ

次の問題に答えましょう。

→ 関 STEP 63

関数 $y=2x^2$ の，x と y の対応表を完成させましょう。

x	−3	−2	−1	0	1	2	3
y							

答　（左から）18，8，2，0，2，8，18

次の問題に答えましょう。

右の図のア，イのうち，関数 $y=2x^2$ のグラフはどちらですか。

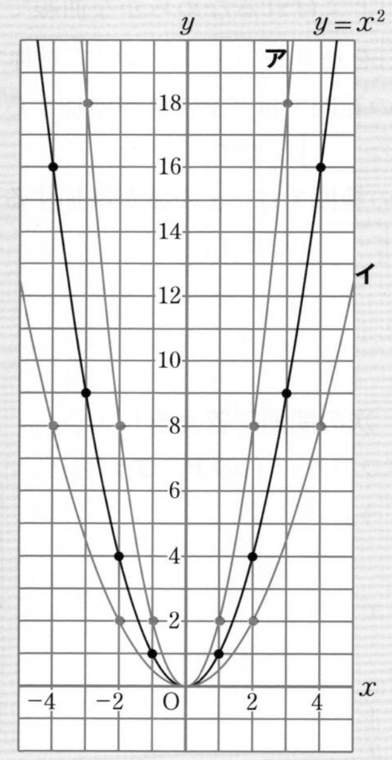

答　ア

下の問題は，たとえば $x=2$ のときの y の値を比べてみましょう。
$y=2x^2$ に $x=2$ を代入すると，$y=2\times2^2=8$
したがって，$y=2x^2$ のグラフは，点（2，8）を通ります。$y=x^2$ のグラフと比べ，曲線の開きぐあいがどのように異なっているかにも注意しましょう。
イのグラフは，点（2，2）を通っているので，あてはまりません。

POINT

$y=ax^2$ のグラフは，a の値によって，$y=x^2$ のグラフと曲線の開きぐあいが異なってきます。

例題で確認! 次の問題に答えましょう。

(1) 関数 $y=\frac{1}{2}x^2$ について，下の x と y の対応表を完成させましょう。

x	-4	-3	-2	-1	0	1	2	3	4
y									

(2) 右の図に，$y=x^2$ のグラフを参考に，$y=\frac{1}{2}x^2$ のグラフをかきましょう。

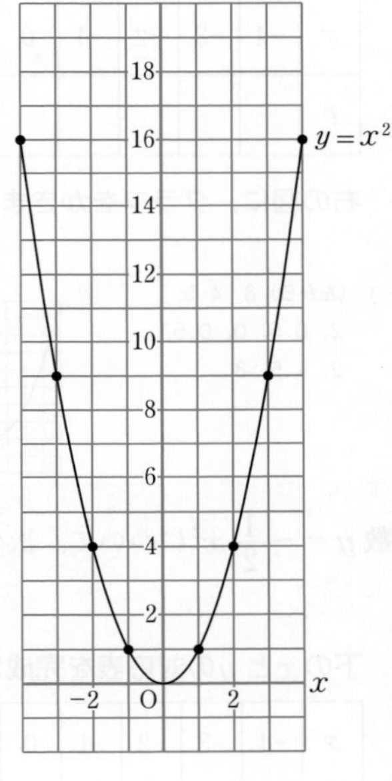

答 (1) (左から) 8，4.5，2，0.5，0，0.5，2，4.5，8

(2)

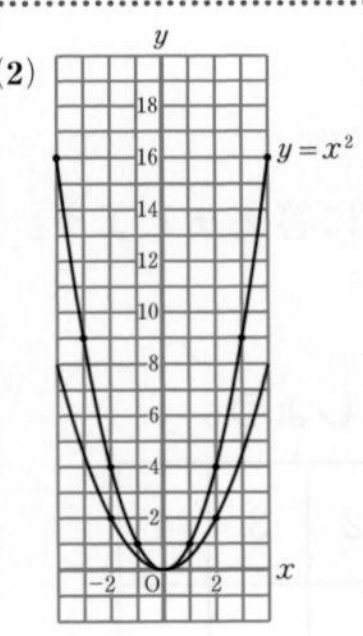

例題で確認! 下の図の(1)～(3)は，y が x の2乗に比例する関数のグラフです。それぞれのグラフの式を求めましょう。

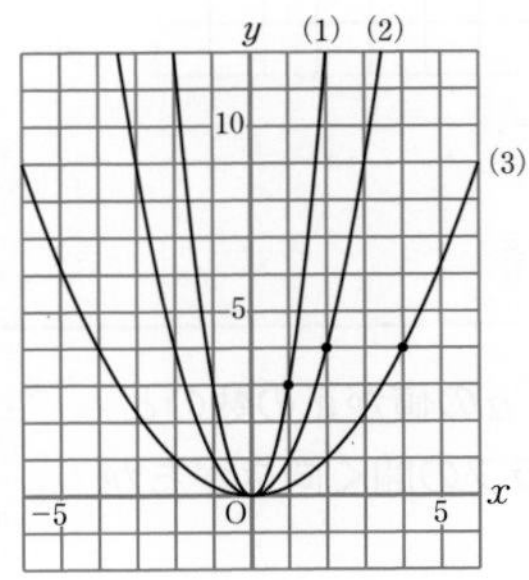

(1) ヒント 点（1，3）を通る。
(2) ヒント 点（2，4）を通る。
(3) ヒント 点（4，4）を通る。

(1) $y=3x^2$
(2) $y=x^2$
(3) $y=\frac{1}{4}x^2$

考え方

(1) $y=ax^2$ … ①とおく。点(1, 3)を通るので，①に $x=1$, $y=3$ を代入して $a=3$ したがって，$y=3x^2$

STEP 69

6章 関数 $y=ax^2$

$y=ax^2$ のグラフ(2) $y=ax^2$ のグラフの特徴(1)

→ 関 STEP 68

関数 $y=\frac{1}{2}x^2$ について，次の問題に答えましょう。

(1) 下の x と y の対応表を完成させましょう。

x	−4	−3	−2	−1	0	1	2	3	4
y									

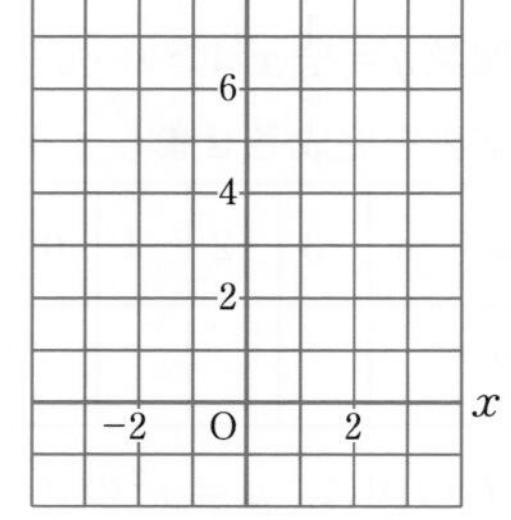

(2) 右の図に，グラフをかきましょう。

答 (1) (左から) 8，4.5，2，0.5，0，0.5，2，4.5，8

(2)

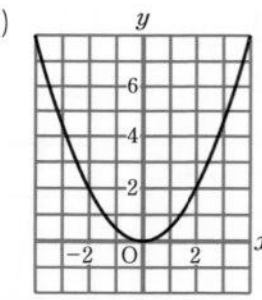

関数 $y=-\frac{1}{2}x^2$ について，次の問題に答えましょう。

(1) 下の x と y の対応表を完成させましょう。

x	−4	−3	−2	−1	0	1	2	3	4
y									

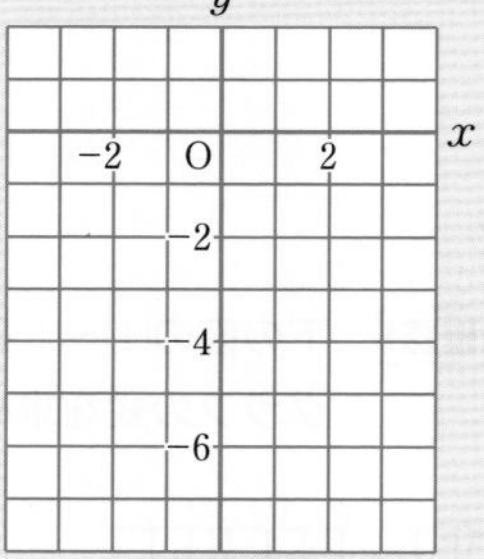

(2) 右の図に，グラフをかきましょう。

答 (1) (左から) −8，−4.5，−2，−0.5，0，−0.5，−2，−4.5，−8

(2)

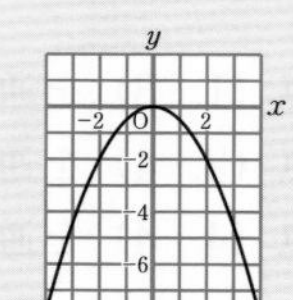

ここでは，$y=ax^2$ のグラフの特徴について考えます。a の値が正の数のとき（上の問題）と負の数のとき（下の問題）では，グラフの開く向きがちがうことに注意しましょう。

● $y = ax^2$ のグラフの特徴

・原点を通る放物線である。
・$a > 0$のとき，上に開いた形。
　$a < 0$のとき，下に開いた形。

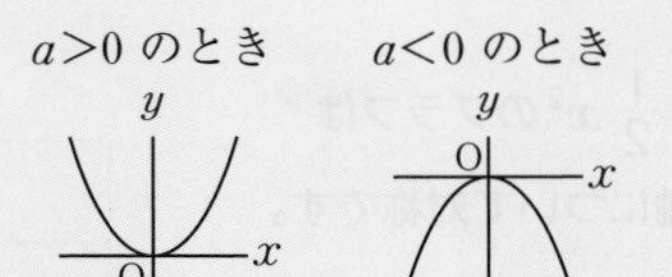

例題で確認! 次の問題に答えましょう。

右の図の(1)，(2)は，下の**ア**，**イ**の関数のグラフをそれぞれ示したものです。
(1)，(2)はそれぞれどちらの関数のグラフか記号で答えましょう。

ア　$y = x^2$
イ　$y = -x^2$

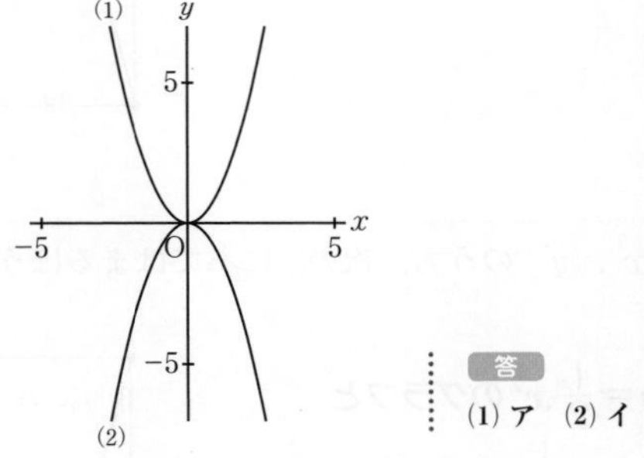

答
(1) ア　(2) イ

● $y = ax^2$ のグラフの特徴
・y軸について対称である。

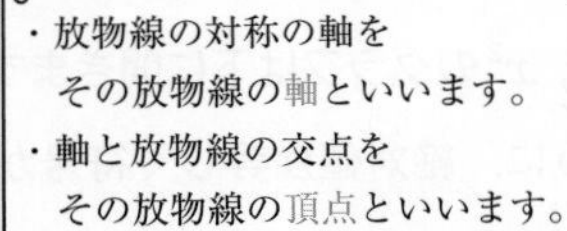
・放物線の対称の軸をその放物線の軸といいます。
・軸と放物線の交点をその放物線の頂点といいます。

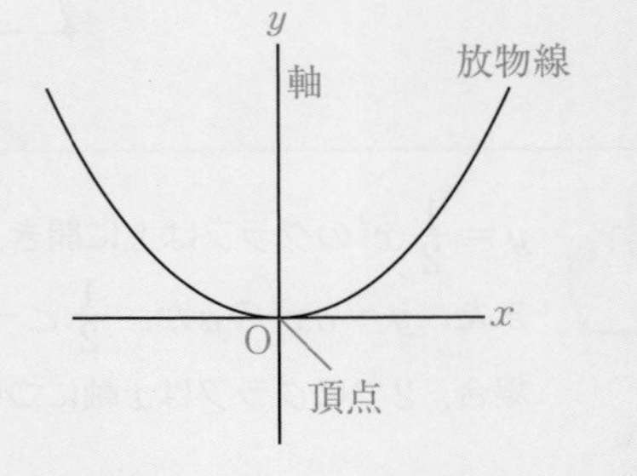

STEP 70

6章 関数 $y=ax^2$

$y=ax^2$ のグラフ(3) $y=ax^2$ のグラフの特徴(2)

'x', 'y' のうち, 次の□にあてはまるほうを入れましょう。

→ 関 STEP 67・69

$y=-\frac{1}{2}x^2$ のグラフは

□軸について対称です。

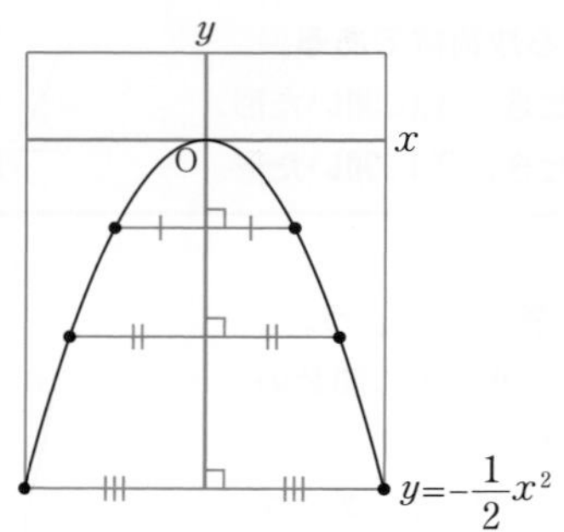

答 y 軸について対称

'x', 'y' のうち, 次の□にあてはまるほうを入れましょう。

$y=\frac{1}{2}x^2$ のグラフと

$y=-\frac{1}{2}x^2$ のグラフは

□軸について対称です。

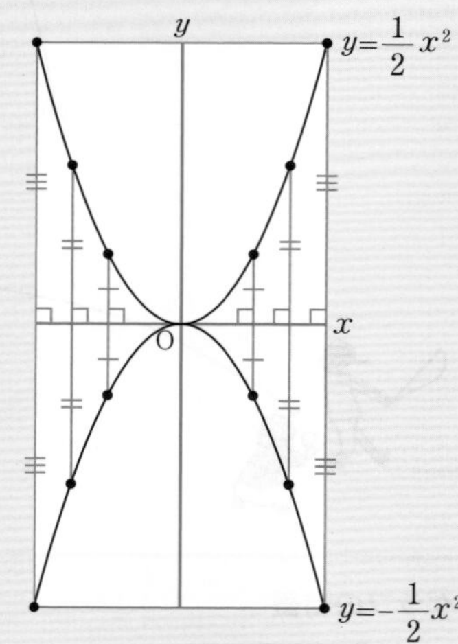

答 x 軸について対称

$y=\frac{1}{2}x^2$ のグラフは上に開き, $y=-\frac{1}{2}x^2$ のグラフは下に開きます。
また, $y=ax^2$ の a が, $\frac{1}{2}$ と $-\frac{1}{2}$ のように, 絶対値が等しく符号が異なる場合, 2つのグラフは x 軸について対称になります。

POINT

● **$y = ax^2$ のグラフの特徴**

・**$y = ax^2$ の a の絶対値が等しく符号が異なる2つのグラフは，x 軸について対称である。**

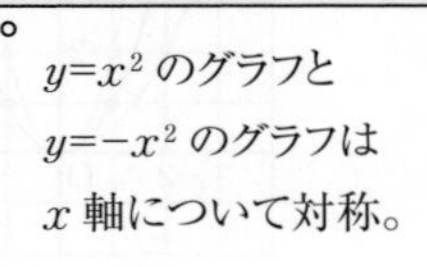
$y=x^2$ のグラフと
$y=-x^2$ のグラフは
x 軸について対称。
$y=\frac{1}{2}x^2$ のグラフと
$y=-\frac{1}{2}x^2$ のグラフも
x 軸について対称。

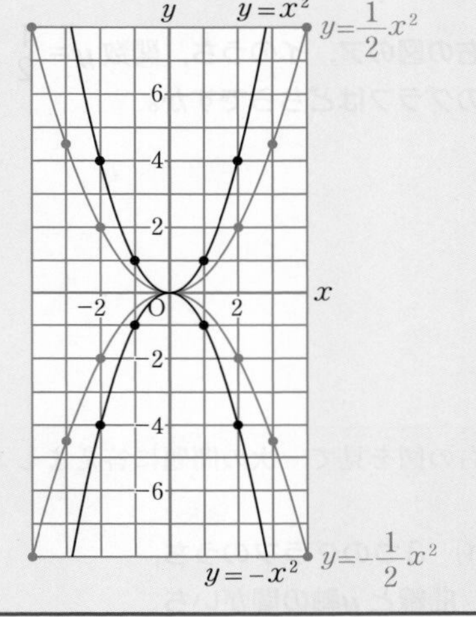
y
$y=x^2$
$y=\frac{1}{2}x^2$
6
4
2
x
−2
O
2
−2
−4
−6
$y=-x^2$
$y=-\frac{1}{2}x^2$

例題で確認! 次の問題に答えましょう。

(1) x 軸について，関数 $y = -3x^2$ と対称なグラフの式を求めましょう。

(2) x 軸について，関数 $y = \frac{2}{3}x^2$ と対称なグラフの式を求めましょう。

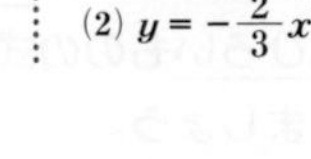
答
(1) $y = 3x^2$
(2) $y = -\frac{2}{3}x^2$

例題で確認! 次の(1)～(3)にあてはまるものを，下のア～カの中から選び，記号で答えましょう。

(1) グラフが上に開く
(2) グラフが下に開く
(3) x 軸について対称なグラフの組

ア $y = -\frac{2}{3}x^2$　**イ** $y = 3x^2$　**ウ** $y = \frac{3}{2}x^2$

エ $y = -3x^2$　**オ** $y = \frac{2}{3}x^2$　**カ** $y = -2x^2$

答
(1) イ，ウ，オ
(2) ア，エ，カ
(3) アとオ，イとエ

考え方
アとウは a の絶対値が異なる。

STEP 71

⑥章 関数 $y=ax^2$

$y=ax^2$ のグラフ(4)　$y=ax^2$ のグラフの特徴(3)

次の問題に答えましょう。

→ 関 STEP 68

右の図のア，イのうち，関数 $y=\frac{1}{2}x^2$ のグラフはどちらですか。

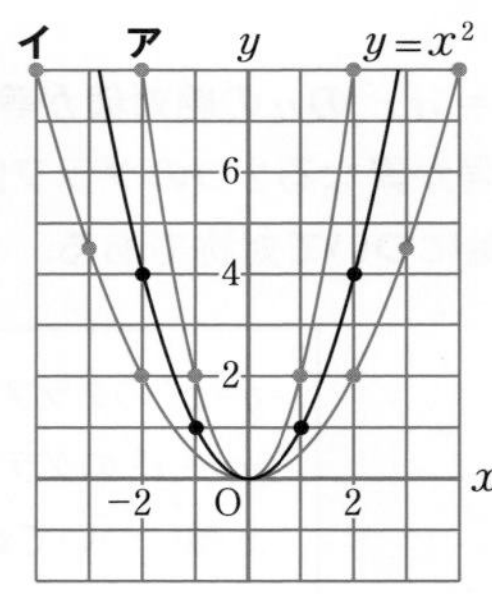

答　イ

右の図を見て，次の問題に答えましょう。

(1)　3つのグラフのうち，曲線と y 軸の間がいちばんせまいものの式を答えましょう。

(2)　3つのグラフのうち，曲線と y 軸の間がいちばんひろいものの式を答えましょう。

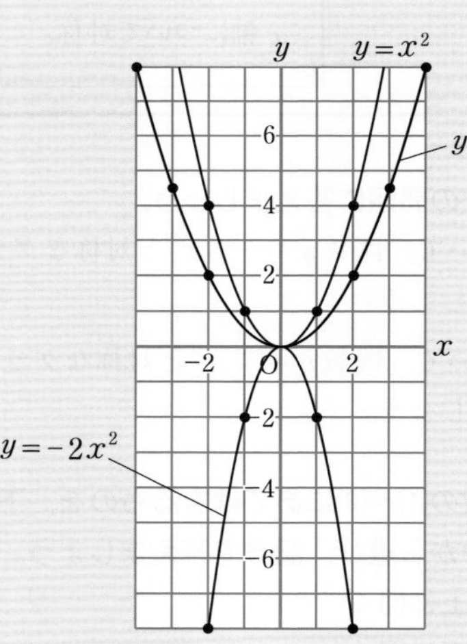

答 (1) $y=-2x^2$

(2) $y=\frac{1}{2}x^2$

上の問題の**ア**は $y=2x^2$ のグラフです。$y=\frac{1}{2}x^2 \rightarrow y=x^2 \rightarrow y=2x^2$ の順に，曲線が y 軸に近づいていくことに着目しましょう。

下の問題は，$y=\frac{1}{2}x^2 \rightarrow y=x^2 \rightarrow y=-2x^2$ の順に，曲線が y 軸に近づいていきます。

● $y = ax^2$のグラフの特徴

・aの絶対値が大きくなるほど，グラフの開き方は小さい。

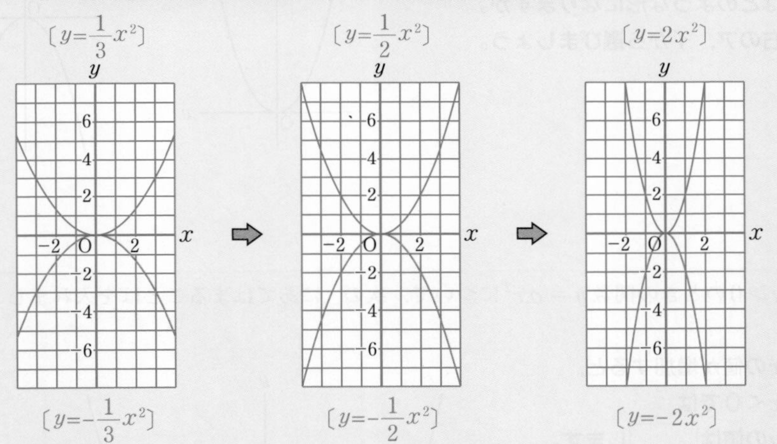

例題で確認! 次の問題に答えましょう。

右の図の(1)～(4)は，下の**ア～エ**の関数のグラフをそれぞれ表したものです。(1)～(4)はそれぞれどの関数のグラフか記号で答えましょう。

ア $y = x^2$ **イ** $y = -2x^2$

ウ $y = \frac{1}{3}x^2$ **エ** $y = 2x^2$

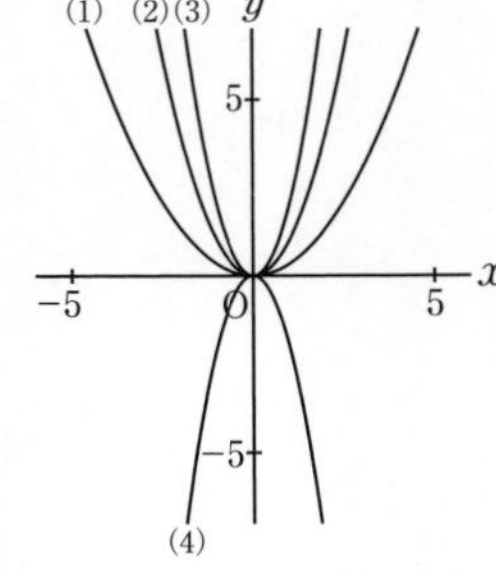

答 (1) ウ (2) ア (3) エ (4) イ

POINT

● $y = ax^2$のグラフの特徴（まとめ）

・原点を通る放物線である。

・y軸について対称である。

・$a > 0$のとき，上に開いた形。 $a < 0$のとき，下に開いた形。

・aの絶対値が等しく符号が異なる2つのグラフは，x軸について対称。

・aの絶対値が大きくなるほど，グラフの開き方は小さい。

STEP 72

関数 $y=ax^2$ の値の増減(1) $a>0$ のとき

次の問題に答えましょう。

→ 関 STEP 69

$a>0$ のとき，関数 $y=ax^2$ のグラフはどのような形になりますか。右のア，イから選びましょう。

ア
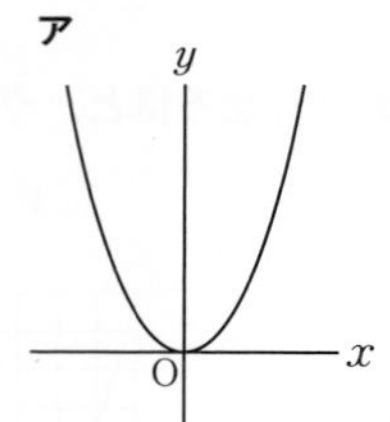

イ
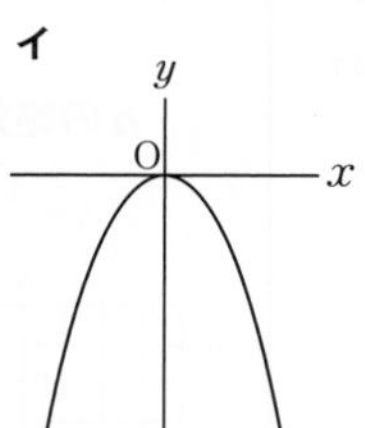

答 ア

$a>0$ のときの関数 $y=ax^2$ について，次の□にあてはまることばを入れましょう。

x の値が増加すると，
$x<0$ では
y の値は□します。

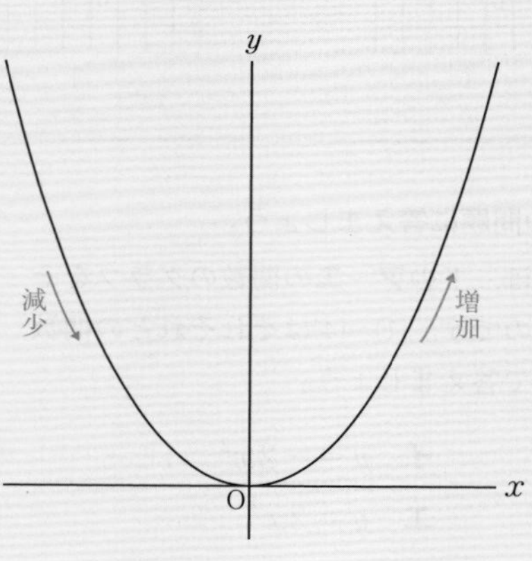

答 減少

関数 $y=ax^2$ のグラフは，$a>0$ のとき上に開いた形になります。

また下の問題では，y の値の変化が，$x=0$ を境にして減少から増加に変わることに着目しましょう。

POINT

● 関数 $y = ax^2$ の値の増減（$a > 0$ のとき）

・x の値が増加すると，
　$x < 0$ では，y の値は減少し，
　$x > 0$ では，y の値は増加します。

・$x = 0$ のとき，y は最小の値をとり，
　その値は 0 です。

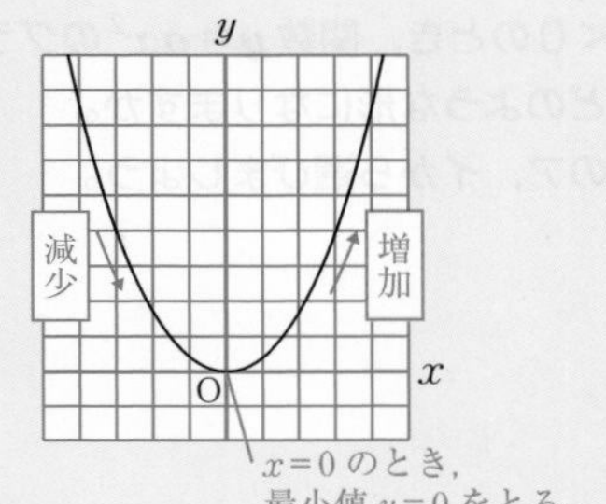

・関数がとる最小の値を，**最小値**（さいしょうち）といいます。

例題で確認! 次の問題に答えましょう。

右の x と y の対応表**ア**，**イ** のうち，関数 $y = 2x^2$ の対応表を選びましょう。

ア

x	−4	−3	−2	−1	0	1	2	3	4
y	−32	−18	−8	−2	0	−2	−8	−18	−32

y の値は増加　y の値は減少

イ

x	−4	−3	−2	−1	0	1	2	3	4
y	32	18	8	2	0	2	8	18	32

y の値は減少　y の値は増加

答　イ

例題で確認! 次の問題に答えましょう。

1次関数 $y = ax + b$ と関数 $y = ax^2$ の性質を比べます。
右の□にあてはまることばを入れましょう。

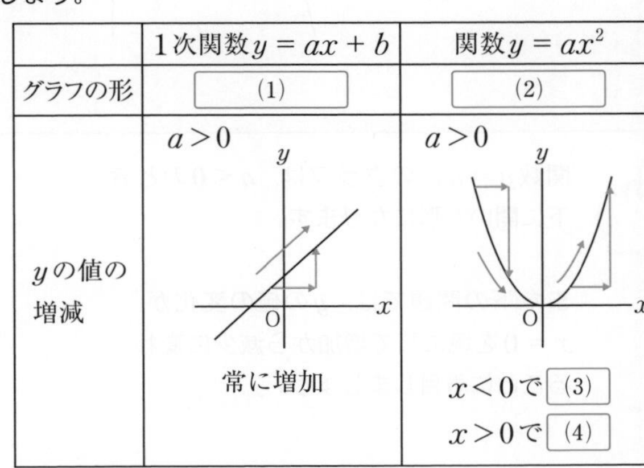

	1次関数 $y = ax + b$	関数 $y = ax^2$
グラフの形	(1)	(2)
y の値の増減	$a > 0$ 常に増加	$a > 0$ $x < 0$ で (3) $x > 0$ で (4)

答　(1) 直線
　　(2) 放物線
　　(3) 減少
　　(4) 増加

STEP 73

6章 関数$y=ax^2$

関数$y=ax^2$の値の増減(2) $a<0$のとき

次の問題に答えましょう。

→ 関 STEP 69

$a<0$のとき，関数$y=ax^2$のグラフはどのような形になりますか。右のア，イから選びましょう。

ア

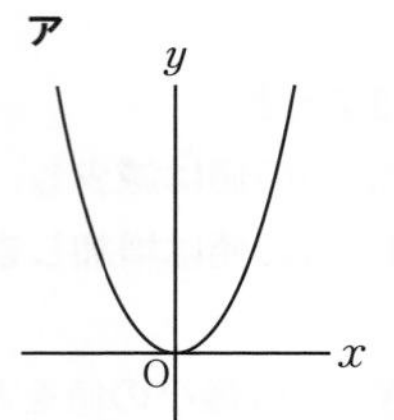

イ

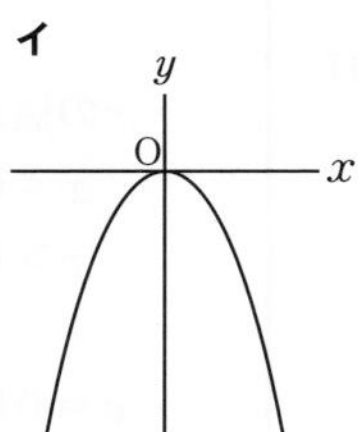

答　イ

$a<0$のときの関数$y=ax^2$について，次の□にあてはまることばを入れましょう。

xの値が増加すると，$x<0$ではyの値は□します。

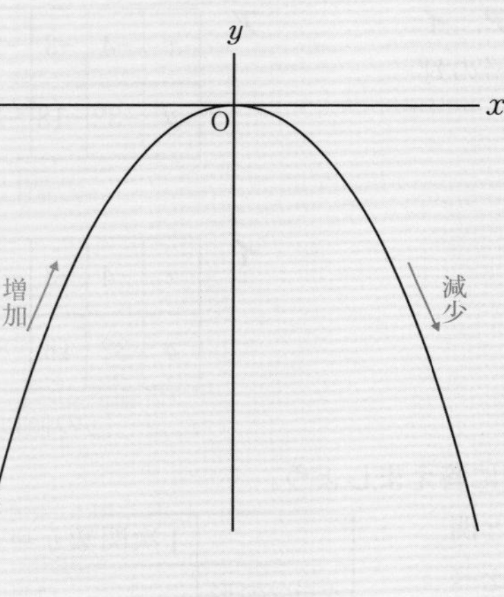

答　増加

関数$y=ax^2$のグラフは，$a<0$のとき下に開いた形になります。

また下の問題では，yの値の変化が，$x=0$を境にして増加から減少に変わることに着目しましょう。

POINT

● **関数 $y=ax^2$ の値の増減（$a<0$ のとき）**

・**xの値が増加すると，**
　$x<0$では，yの値は増加し，
　$x>0$では，yの値は減少します。

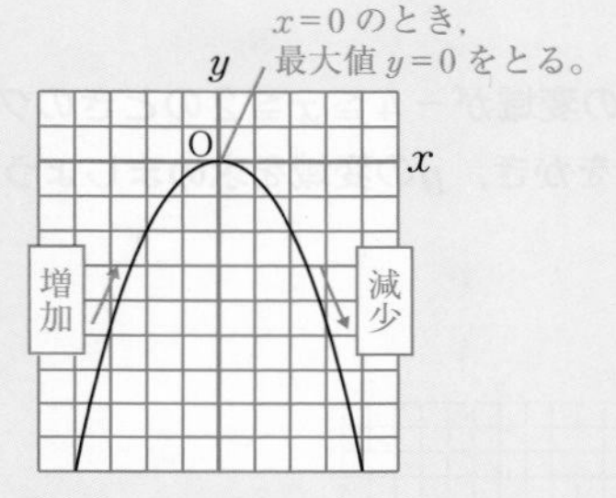

・**$x=0$のとき，yは最大の値をとり，その値は0です。**

・**関数がとる最大の値を，最大値（さいだいち）といいます。**

例題で確認! 次の問題に答えましょう。

1次関数$y=ax+b$と関数$y=ax^2$の性質を比べます。
右の□にあてはまることばを入れましょう。

	1次関数$y=ax+b$	関数$y=ax^2$
グラフの形	直線	放物線
yの値の増減	$a>0$ 常に増加	$a>0$ $x<0$で減少 $x>0$で増加
	$a<0$ 常に減少	$a<0$ $x<0$で (1) $x>0$で (2)

答 (1) 増加
(2) 減少

変域とグラフ(1) $a>0$のとき

→ 関 STEP 39

1次関数 $y=\frac{1}{2}x-1$ について，次の問題に答えましょう。

xの変域が $-4 \leqq x \leqq 2$ のときのグラフをかき，yの変域を求めましょう。

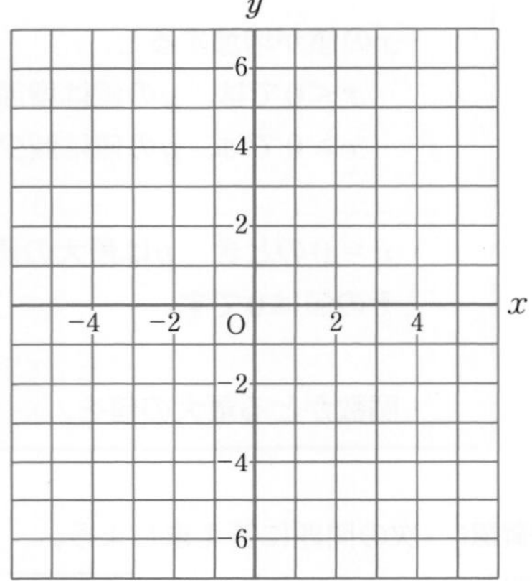

答

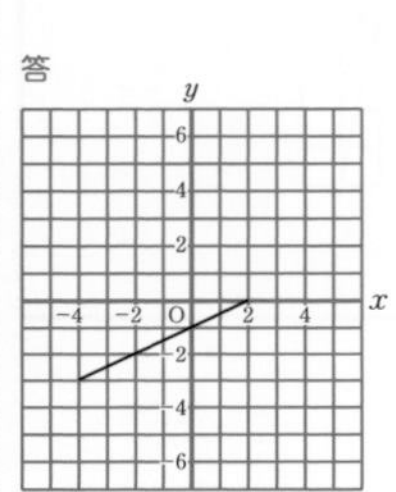

yの変域…

$-3 \leqq y \leqq 0$

関数 $y=\frac{1}{2}x^2$ について，次の問題に答えましょう。

xの変域が $-2 \leqq x \leqq 4$ のときのグラフをかき，yの変域を求めましょう。
(うすい線を利用しましょう。)

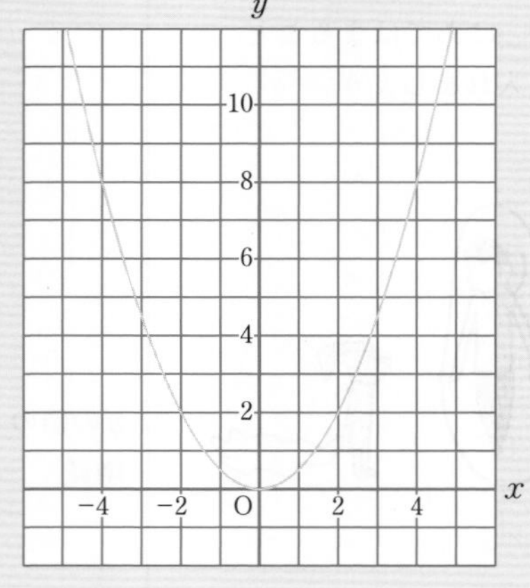

答

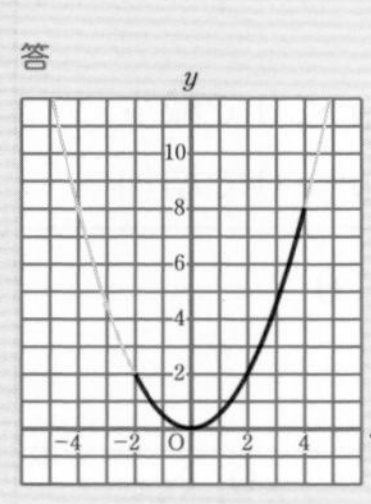

yの変域…

$0 \leqq y \leqq 8$

xの変域がかぎられたグラフで，yの変域について考えてみましょう。
上の問題では，yの変域は $-3 \leqq y \leqq 0$ です。
下の問題では，yの変域は $2 \leqq y \leqq 8$ とはなりません。xの変域に0を含むときは，グラフの頂点が最小値をとるので，$0 \leqq y \leqq 8$ となります。

POINT

●変域とグラフ（$a>0$のとき）

xの変域によって，yの変域のとらえ方が変わるので注意しましょう。

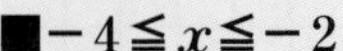

（例）関数 $y=\frac{1}{2}x^2$

■$-4 \leqq x \leqq -2$　　**■$-2 \leqq x \leqq 4$**　　**■$2 \leqq x \leqq 4$**

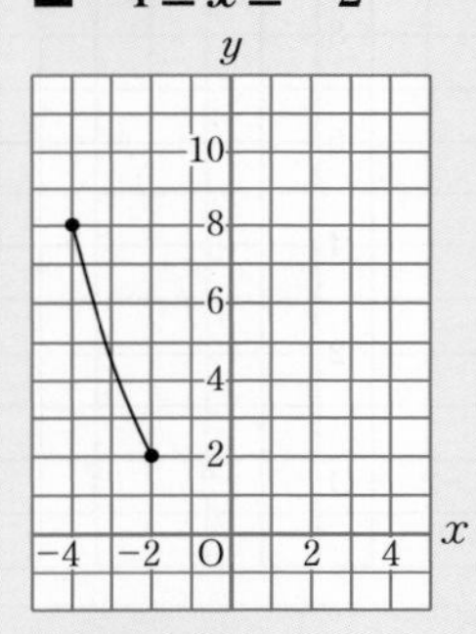

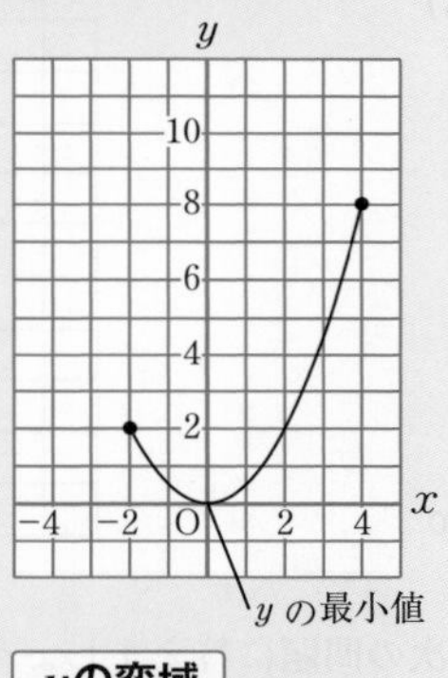

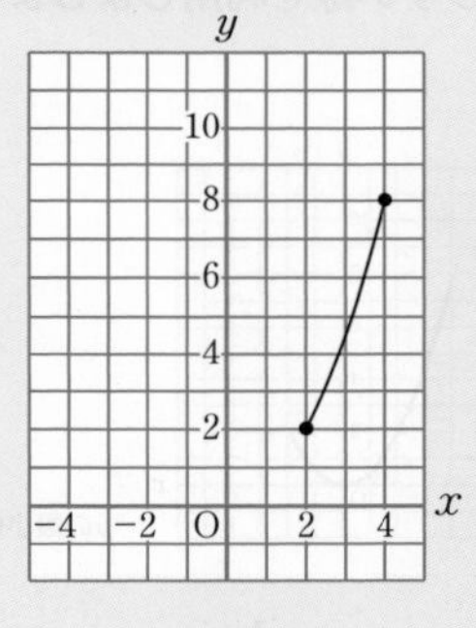

yの変域	**yの変域**	**yの変域**
$2 \leqq y \leqq 8$	$0 \leqq y \leqq 8$	$2 \leqq y \leqq 8$

例題で確認!　次の問題に答えましょう。

右の図は，関数 $y=x^2$ のグラフです。

(1)　xの変域が$-3 \leqq x \leqq -1$ のときのyの変域を求めましょう。

(2)　xの変域が$-4 \leqq x \leqq 2$ のときのyの変域を求めましょう。

(3)　xの変域が$1 \leqq x \leqq 4$ のときのyの変域を求めましょう。

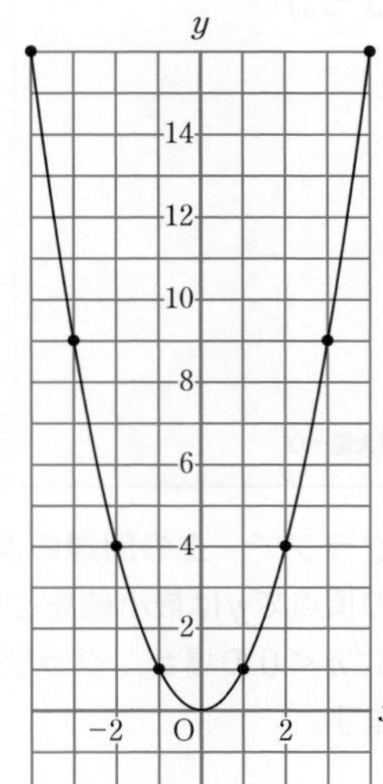

答

(1) $1 \leqq y \leqq 9$

(2) $0 \leqq y \leqq 16$

(3) $1 \leqq y \leqq 16$

考え方

(1)　yは$x=-3$のとき最大値9

(2)　$a>0$の場合，放物線の頂点でyは最小値をとる。

変域とグラフ(2) $a<0$のとき

→ 関 STEP 74

関数$y=\frac{1}{2}x^2$について，次の問題に答えましょう。

xの変域が$-4 \leqq x \leqq 2$のときのグラフをかき，yの最小値を求めましょう。（うすい線を利用しましょう。）

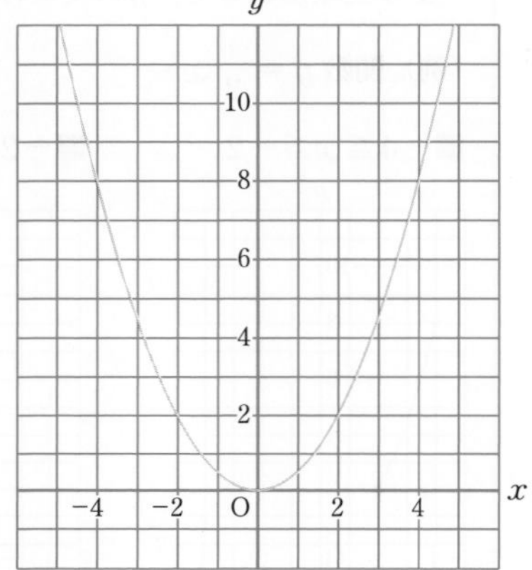

答

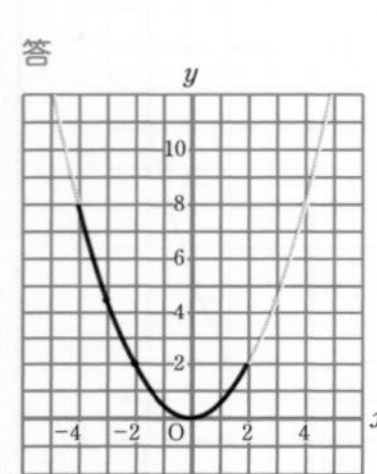

yの最小値…0

関数$y=-\frac{1}{2}x^2$について，次の問題に答えましょう。

xの変域が$-4 \leqq x \leqq 2$のときのグラフをかき，yの最大値を求めましょう。（うすい線を利用しましょう。）

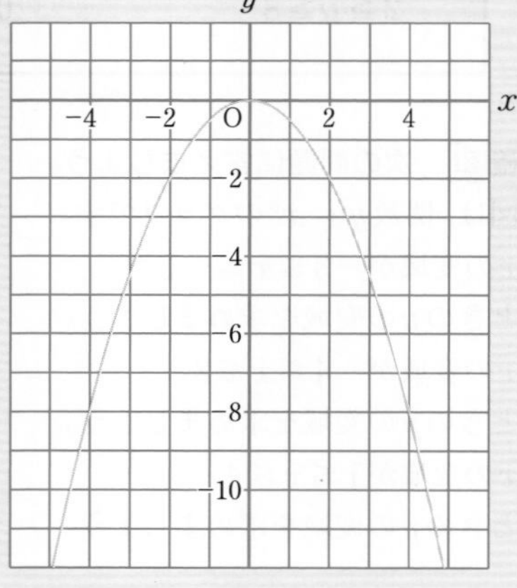

答

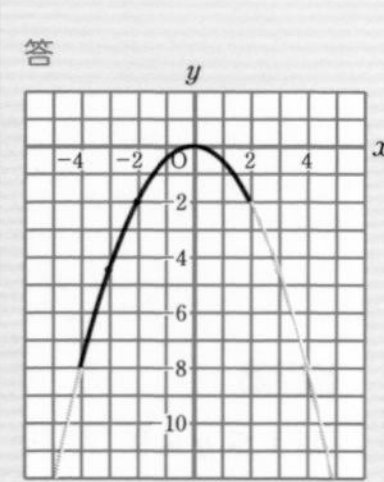

yの最大値…0

関数$y=ax^2$のグラフで，上の問題のように$a>0$の場合，グラフの頂点でyは最小値をとります。下の問題のように$a<0$の場合，グラフの頂点でyは最大値をとります。

POINT

●変域とグラフ（$a<0$のとき）

xの変域によって，yの変域のとらえ方が変わるので注意しましょう。

（例）関数 $y=-\frac{1}{2}x^2$

■$-4 \leqq x \leqq -2$

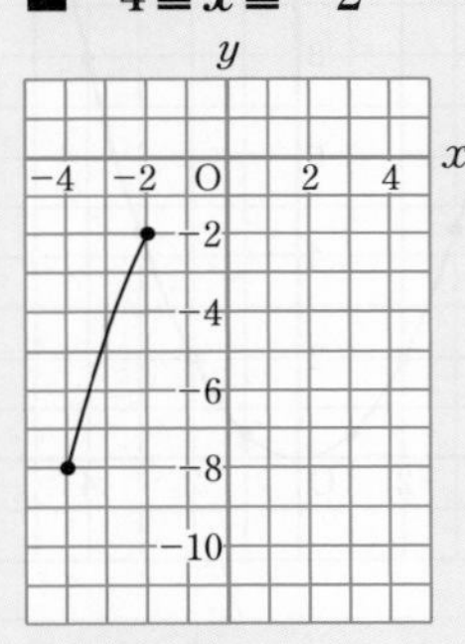

yの変域

$-8 \leqq y \leqq -2$

■$-2 \leqq x \leqq 4$

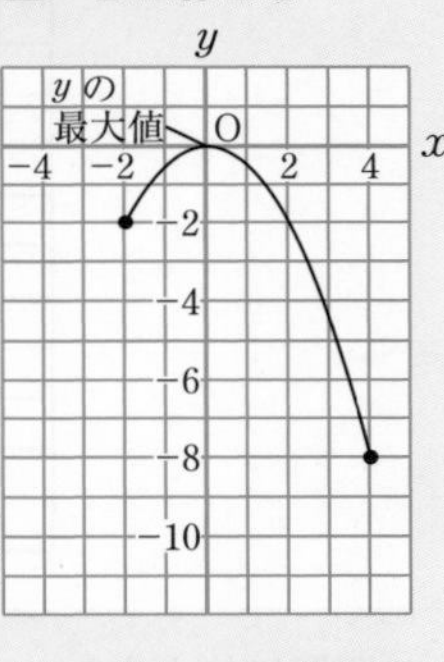

yの変域

$-8 \leqq y \leqq 0$

■$2 \leqq x \leqq 4$

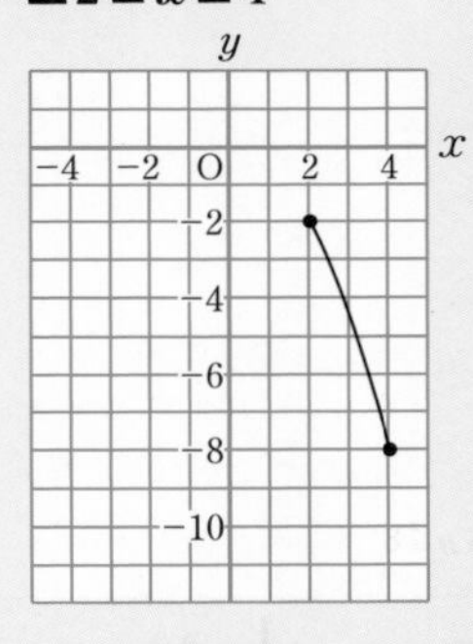

yの変域

$-8 \leqq y \leqq -2$

例題で確認! 次の問題に答えましょう。

右の図は，関数$y=-x^2$のグラフです。

(1) xの変域が$-3 \leqq x \leqq -1$のときのyの変域を求めましょう。

(2) xの変域が$-4 \leqq x \leqq 2$のときのyの変域を求めましょう。

(3) xの変域が$1 \leqq x \leqq 4$のときのyの変域を求めましょう。

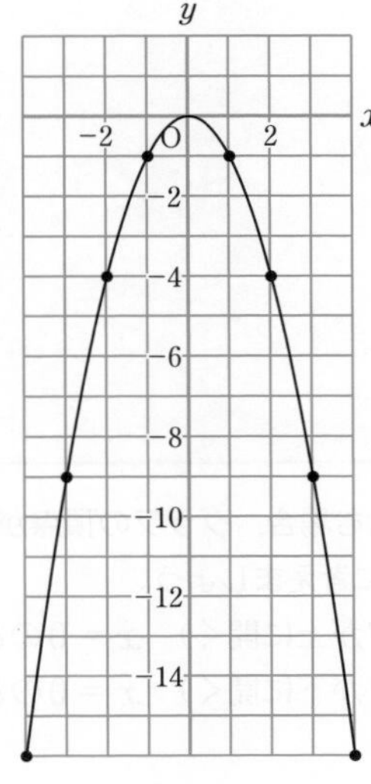

答

(1) $-9 \leqq y \leqq -1$

(2) $-16 \leqq y \leqq 0$

(3) $-16 \leqq y \leqq -1$

考え方

(1) yは$x=-1$のとき最大値-1

(2) $a<0$の場合，放物線の頂点でyは最大値をとる。

変域とグラフ(3) まとめ

関数$y=\frac{1}{2}x^2$について，次の問題に答えましょう。 → 関 STEP 74・75

xの変域が$-2 \leqq x \leqq 4$のときのyの変域を求めましょう。

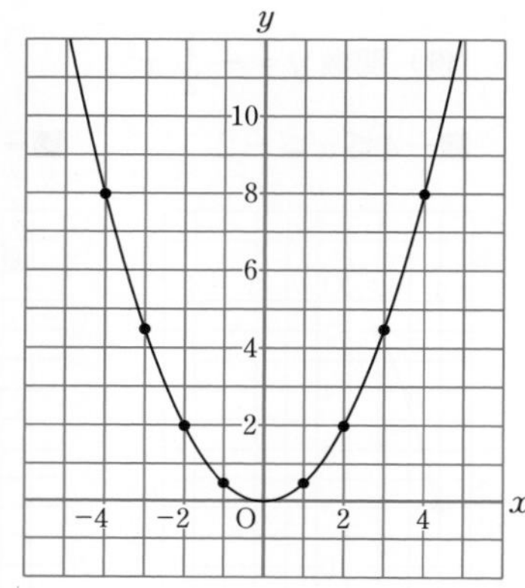

答

$0 \leqq y \leqq 8$

関数$y=-\frac{1}{2}x^2$について，次の問題に答えましょう。

xの変域が$-2 \leqq x \leqq 4$のときのyの変域を求めましょう。

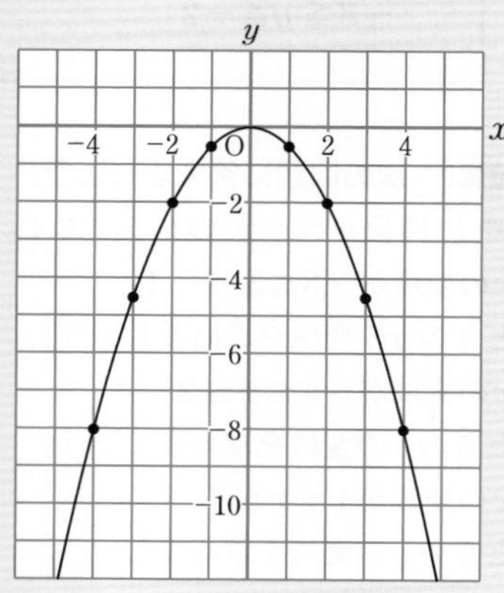

答

$-8 \leqq y \leqq 0$

xの変域に0を含む場合，グラフの頂点がyの最大値にあたるのか最小値にあたるのか，慎重(しんちょう)に考えましょう。

$a>0$（グラフが上に開く） $x=0$のときyは最小値0→$y \geqq 0$

$a<0$（グラフが下に開く） $x=0$のときyは最大値0→$y \leqq 0$

POINT

yの変域を求める問題では，グラフを使って考えるとよいです。
計算だけで求めようとすると，ミスしやすくなります。

例題で確認! 次の問題に答えましょう。

(1) 関数$y=2x^2$について，xの変域が$-3 \leqq x \leqq -1$のときの，yの変域を求めましょう。

(2) 関数$y=-x^2$について，xの変域が$-3 \leqq x \leqq -1$のときの，yの変域を求めましょう。

(3) 関数$y=x^2$について，xの変域が$-3 \leqq x \leqq -1$のときの，yの変域を求めましょう。

答

(1) $2 \leqq y \leqq 18$

(2) $-9 \leqq y \leqq -1$

(3) $1 \leqq y \leqq 9$

例題で確認! 次の問題に答えましょう。

(1) 関数$y=2x^2$について，xの変域が$-3 \leqq x \leqq 1$のときの，yの変域を求めましょう。

(2) 関数$y=-2x^2$について，xの変域が$-3 \leqq x \leqq 1$のときの，yの変域を求めましょう。

(3) 関数$y=-x^2$について，xの変域が$-3 \leqq x \leqq 1$のときの，yの変域を求めましょう。

答

(1) $0 \leqq y \leqq 18$

(2) $-18 \leqq y \leqq 0$

(3) $-9 \leqq y \leqq 0$

例題で確認! 次の問題に答えましょう。

(1) 関数$y=-2x^2$について，xの変域が$1 \leqq x \leqq 3$のときの，yの変域を求めましょう。

(2) 関数$y=2x^2$について，xの変域が$1 \leqq x \leqq 3$のときの，yの変域を求めましょう。

(3) 関数$y=-x^2$について，xの変域が$1 \leqq x \leqq 3$のときの，yの変域を求めましょう。

答

(1) $-18 \leqq y \leqq -2$

(2) $2 \leqq y \leqq 18$

(3) $-9 \leqq y \leqq -1$

関数 $y=ax^2$ の変化の割合⑴

1次関数 $y=2x-3$ について，次の問題に答えましょう。 → 関 STEP 31

⑴ 右の x と y の対応表を完成させましょう。

⑵ x の値が -3 から -1 まで増加するときの変化の割合を求めましょう。

⑶ x の値が -3 から 4 まで増加するときの変化の割合を求めましょう。

x	-3	-2	-1	0	1	2	3	4
y								

答

⑴（左から）-9，-7，-5，-3，-1，1，3，5

⑵ 2 ⑶ 2

関数 $y=2x^2$ について，次の問題に答えましょう。

⑴ 右の x と y の対応表を完成させましょう。

⑵ x の値が -3 から -1 まで増加するときの変化の割合を求めましょう。

⑶ x の値が 2 から 4 まで増加するときの変化の割合を求めましょう。

x	-3	-2	-1	0	1	2	3	4
y								

答

⑴（左から）18，8，2，0，2，8，18，32

⑵ -8 ⑶ 12

変化の割合 $=\dfrac{y\text{の増加量}}{x\text{の増加量}}$ です。

上の問題のような1次関数 $y=ax+b$ においては，変化の割合は常に一定で，その値は a に等しくなります。

下の問題のような関数 $y=ax^2$ においては，x がどの値からどの値まで増加するかによって，変化の割合は異なり，一定ではありません。

POINT

関数 $y = ax^2$ では，変化の割合は一定ではありません。

例題で確認! 関数 $y = x^2$ について，次の問題に答えましょう。

(1) xの値が2から3まで増加するときの変化の割合を求めましょう。

(2) xの値が3から4まで増加するときの変化の割合を求めましょう。

(3) xの値が-4から-3まで増加するときの変化の割合を求めましょう。

(4) xの値が-3から-2まで増加するときの変化の割合を求めましょう。

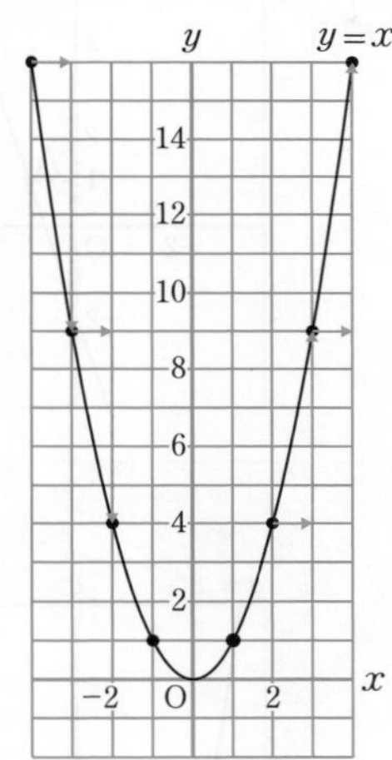

答

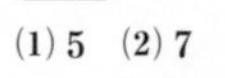

(1) 5　(2) 7

(3) -7　(4) -5

考え方

(1) $x = 2$のとき$y = 4$，
$x = 3$のとき$y = 9$
$\frac{9-4}{3-2} = 5$

(3) $x = -4$のとき$y = 16$，
$x = -3$のとき$y = 9$
$\frac{9-16}{-3-(-4)} = -7$

例題で確認! 次の関数について，xの値が2から4まで増加するときの変化の割合を求めましょう。

(1) $y = \frac{1}{2}x^2$

(2) $y = -\frac{1}{2}x^2$

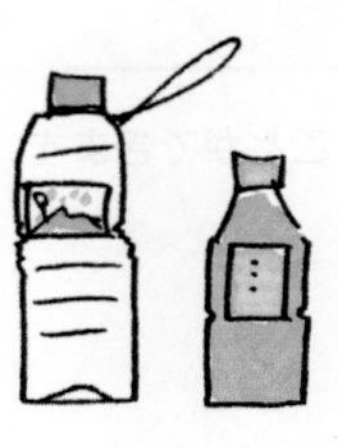

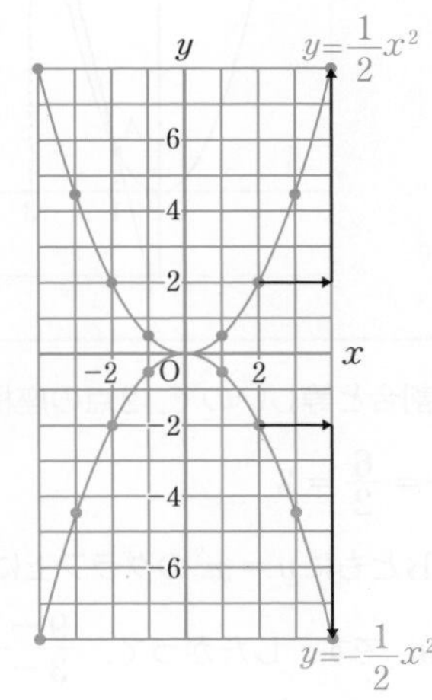

答

(1) 3　(2) -3

考え方

(1) $x = 2$のとき$y = 2$

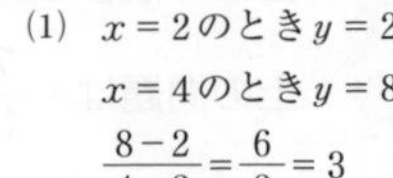

$x = 4$のとき$y = 8$
$\frac{8-2}{4-2} = \frac{6}{2} = 3$

(2) $x = 2$のとき$y = -2$
$x = 4$のとき$y = -8$
$\frac{-8-(-2)}{4-2} = \frac{-6}{2} = -3$

関数 $y=ax^2$ の変化の割合(2)

次の問題に答えましょう。

→ 関 STEP 42

右の図の点A（1，1），点B（3，7）をむすぶ直線ABの傾きを求めましょう。

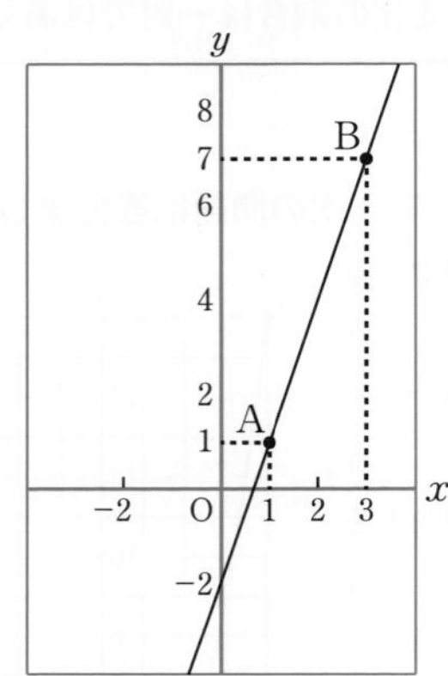

答　3

次の問題に答えましょう。

右の図で，直線ABの傾きを求めましょう。

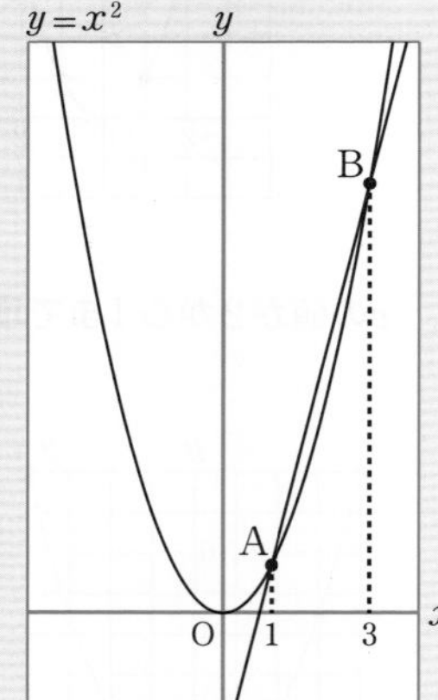

答　4

直線の傾きは変化の割合と等しいので，2点の座標から求めることができます。

上の問題は，$\dfrac{7-1}{3-1}=\dfrac{6}{2}=3$

下の問題は，点A，Bともに $y=x^2$ のグラフ上にあるので，

A（1，1），B（3，9）です。したがって，$\dfrac{9-1}{3-1}=\dfrac{8}{2}=4$

POINT

●変化の割合と直線の傾き

関数 $y=ax^2$ において，グラフ上の2点間の変化の割合は，その2点をむすぶ直線の傾きに等しくなります。

(例) $y=\dfrac{1}{4}x^2$

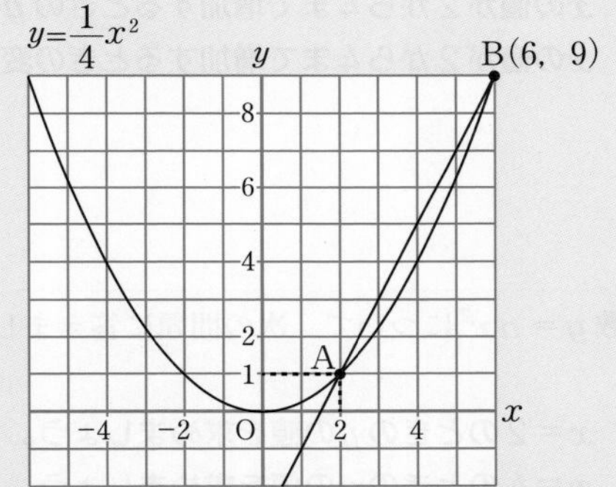

・xの値が2から6まで増加するときの変化の割合

$$\Rightarrow \frac{9-1}{6-2}=\frac{8}{4}=2$$

・直線ABの傾き

$$\Rightarrow \frac{9-1}{6-2}=\frac{8}{4}=2$$

例題で確認! 次の問題に答えましょう。

(1) 直線ABの傾きを求めましょう。

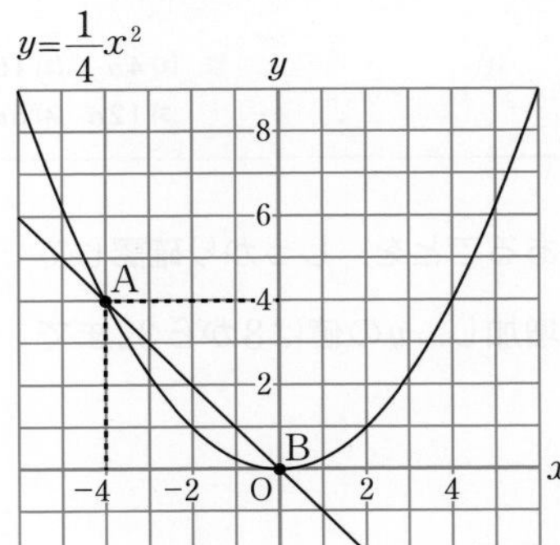

(2) 直線CDの傾きを求めましょう。

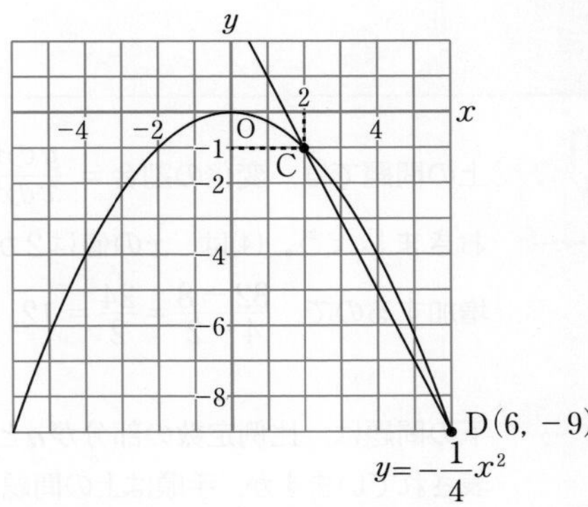

答 (1) −1　(2) −2

考え方 (1) A $(-4,\ 4)$，B $(0,\ 0)$ だから

$$\frac{0-4}{0-(-4)}=\frac{-4}{4}=-1$$

(2) C $(2,\ -1)$，D $(6,\ -9)$ だから

$$\frac{-9-(-1)}{6-2}=\frac{-8}{4}=-2$$

STEP 79

関数 $y=ax^2$ の変化の割合(3) aの値を求める

関数 $y=2x^2$ について，次の問題に答えましょう。

→ 関 STEP 77

(1) $x=2$のときのyの値を求めましょう。
(2) $x=4$のときのyの値を求めましょう。
(3) xの値が2から4まで増加するときのyの増加量を求めましょう。
(4) xの値が2から4まで増加するときの変化の割合を求めましょう。

答 (1) 8 (2) 32
(3) 24 (4) 12

関数 $y=ax^2$ について，次の問題に答えましょう。

(1) $x=2$のときのyの値を求めましょう。
(2) $x=4$のときのyの値を求めましょう。
(3) xの値が2から4まで増加するときのyの増加量を求めましょう。
(4) xの値が2から4まで増加するときの変化の割合を求めましょう。

答 (1) $4a$ (2) $16a$
(3) $12a$ (4) $6a$

上の問題では，変化の割合$=\dfrac{y\text{の増加量}}{x\text{の増加量}}$であることを，しっかり確認しておきましょう。(4)は，xの値は2から4まで増加し，yの値は8から32まで増加するので，$\dfrac{32-8}{4-2}=\dfrac{24}{2}=12$

下の問題は，比例定数の部分がaという文字で表されていますが，手順は上の問題と同じです。(4)は，xの値は2から4まで増加し，yの値は$4a$から$16a$まで増加するので，

$$\frac{16a-4a}{4-2}=\frac{12a}{2}=6a$$

関数$y = ax^2$についてaの値を求めるとき，変化の割合をもとに考える場合があります。

POINT

例題で確認! 関数$y = ax^2$について，次の問題に答えましょう。

(1) $x = 3$のときのyの値をaを使って表しましょう。

(2) $x = 9$のときのyの値をaを使って表しましょう。

(3) xの値が3から9まで増加するときのyの増加量をaを使って表しましょう。

(4) xの値が3から9まで増加するときの変化の割合をaを使って表しましょう。

(5) xの値が3から9まで増加するときの変化の割合が4であるとき，aの値を求めましょう。

答

(1) $9a$ (2) $81a$

(3) $72a$ (4) $12a$

(5) $\frac{1}{3}$

考え方

(4) $\frac{72a}{9-3} = 12a$

(5) $12a = 4$, $a = \frac{1}{3}$

例題で確認! 関数$y = ax^2$について，xの値が0から3まで増加するときの変化の割合が-3です。次の問題に答えましょう。

(1) xの値が0から3まで増加するときの変化の割合をaを使って表しましょう。

(2) aの値を求めましょう。

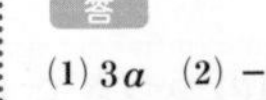

答

(1) $3a$ (2) -1

考え方

(1) $\frac{9a-0}{3-0} = 3a$

例題で確認! 次の問題に答えましょう。

(1) 関数$y = ax^2$について，xの値が3から5まで増加するときの変化の割合は8です。aの値を求めましょう。

(2) 関数$y = ax^2$について，xの値が-4から-2まで増加するときの変化の割合は-12です。aの値を求めましょう。

(3) 関数$y = ax^2$について，xの値が3から5まで増加するときの変化の割合は-16です。aの値を求めましょう。

答 (1) 1

(2) 2

(3) -2

考え方 (1) yの増加量は$a \times 5^2 - a \times 3^2 = 25a - 9a = 16a$,

変化の割合は$\frac{16a}{5-3} = 8a$, したがって，$8a = 8$, $a = 1$

(2) yの増加量は$a \times (-2)^2 - a \times (-4)^2 = 4a - 16a = -12a$,

変化の割合は$\frac{-12a}{-2-(-4)} = -6a$, したがって，$-6a = -12$, $a = 2$

STEP 80

関数 $y=ax^2$ の変化の割合(4) 平均の速さ

次の問題に答えましょう。

ある斜面上をボールが転がるとき，ボールが転がりはじめてからx秒間に転がる距離をymとすると，xとyの間には，$y=2x^2$という関係があるとします。

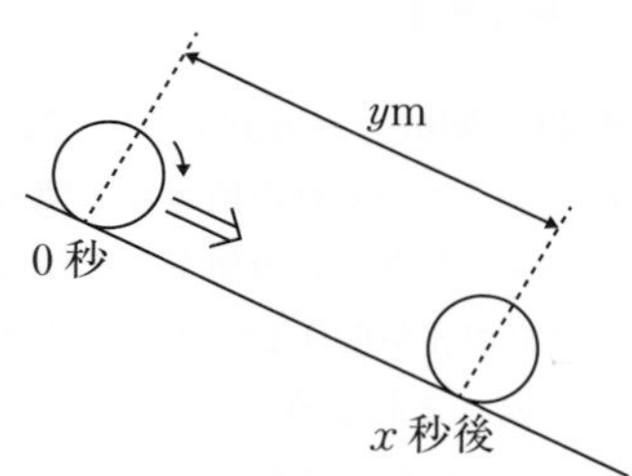

(1) 下のxとyの対応表を完成させましょう。

x(秒)	1	2	3	4	5	6	7
y(m)							

(2) ボールが転がりはじめて２秒後から４秒後までの間に転がる距離を求めましょう。

答 (1)（左から）2，8，18，32，50，72，98
(2) 24m

上の問題のつづきです。次の問題に答えましょう。

ボールが転がりはじめて２秒後から４秒後までの間の，平均の速さを求めましょう。

答 秒速12m

上の問題の(2)は，$x=4$のときのyの値から，$x=2$のときのyの値をひいて求めることができます。

下の問題の「平均の速さ」は，

$\frac{\text{(移動した距離)}}{\text{(移動した時間)}}$ で求めます。

（移動した距離）は24m，（移動した時間）は2秒，したがって，平均の速さは秒速12mです。

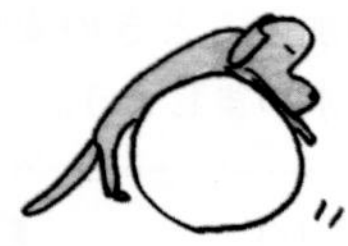

POINT

$$(\text{平均の速さ}) = \frac{(\text{移動した距離})}{(\text{移動した時間})}$$

例題で確認! 次の問題に答えましょう。

ジェットコースターが斜面をおりるとき，斜面をおりはじめてからx秒間に進む距離をymとすると，xとyの間には$y=2x^2$という関係があるとします。

(1) おりはじめてから3秒後までの，1秒ごとの平均の速さを求めましょう。

(2) (1)の結果から，ジェットコースターの速さはどのように変化するか答えましょう。

(3) おりはじめて1秒後から6秒後までの，平均の速さを求めましょう。

ヒント xとyの対応表

x(秒)	1	2	3	4	5	6
y(m)	2	8	18	32	50	72

答 (1) **おりはじめてから，**
1秒後まで…秒速2m
1秒後から2秒後まで…秒速6m
2秒後から3秒後まで…秒速10m

(2) **〈例〉だんだん速くなる。**

(3) **秒速14m**

考え方 (1) 最初の1秒で進んだ距離は2m。
次の1秒で$8-2=6$(m)，
次の1秒で$18-8=10$(m)

(3) $\frac{72-2}{6-1}=\frac{70}{5}=14$

例題で確認! 次の問題に答えましょう。

空中で物が自然に落下したとき，落下しはじめてからx秒間に落下する距離をymとすると，xとyの間には，$y=5x^2$という関係があるとします。

(1) 落下しはじめて1秒後から3秒後までの平均の速さを求めましょう。

(2) 落下しはじめてから6秒間の，平均の速さを求めましょう。

答 (1) **秒速20m**
(2) **秒速30m**

考え方 (1) $x=1$のとき$y=5$
$x=3$のとき$y=45$
$\frac{45-5}{3-1}=\frac{40}{2}=20$

(2) $x=0$のとき$y=0$
$x=6$のとき$y=180$
$\frac{180-0}{6-0}=30$

STEP 81

1次関数と関数 $y=ax^2$ の比較

次の□にあてはまる文字を入れましょう。

→ 関 STEP 32 ~ 35

関数 $y=ax+b$ のグラフは,

傾きが (1) で,

切片が (2) の直線です。

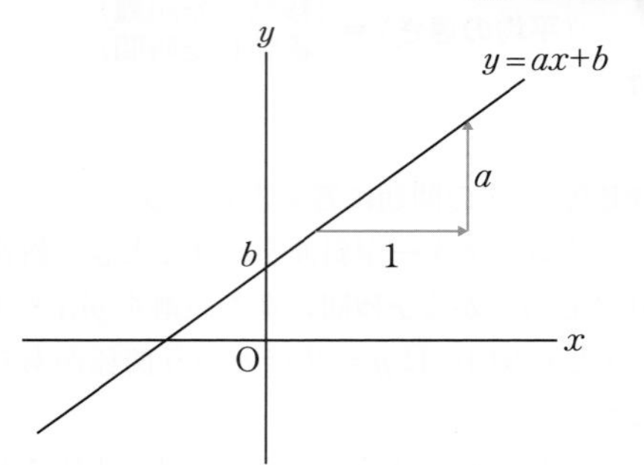

答 (1) a (2) b

次の□にあてはまる文字やことばを入れましょう。

関数 $y=ax^2$ のグラフは,

(1) 軸について対称な (2) です。

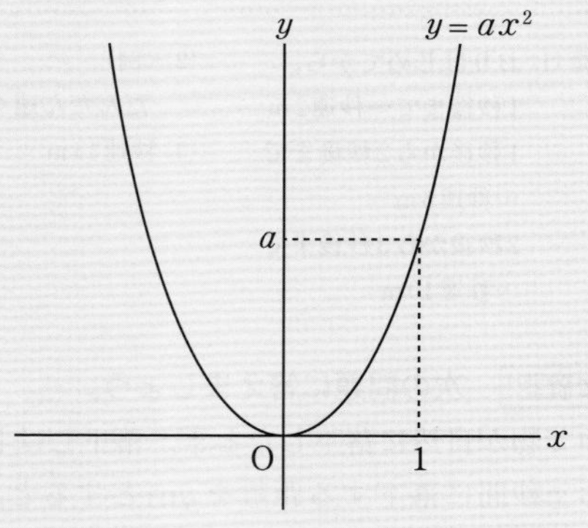

答 (1) y 軸 (2) 放物線

このSTEPでは，3章で学習した1次関数（$y=ax+b$）と，6章で学習してきた関数 $y=ax^2$ について，「グラフの形」「y の値の変化」「変化の割合」の3つのポイントごとに比べながら，大切なことをもう一度整理してみましょう。

● グラフの形 → 関 STEP 32 ～ 35 ／ → 関 STEP 69

〈関数 $y = ax + b$〉

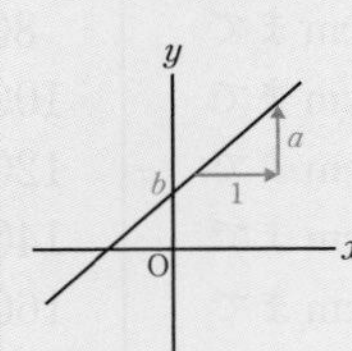

・傾きがa，切片がbの直線

〈関数 $y = ax^2$〉

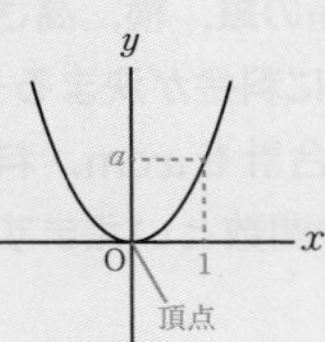

・y軸について対称な放物線

● yの値の変化 → 関 STEP 37 ／ → 関 STEP 72・73

〈関数 $y = ax + b$〉

$a > 0$

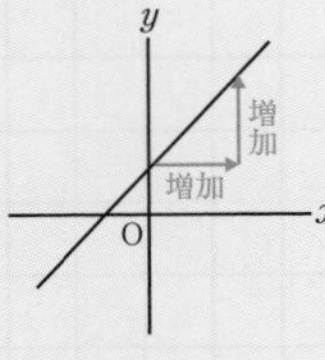

・yの値は常に増加する。

$a < 0$

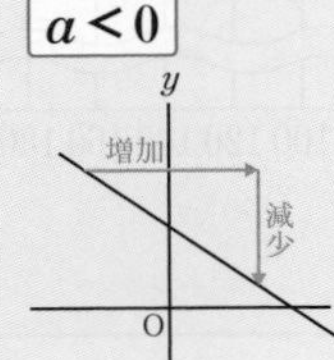

・yの値は常に減少する。

〈関数 $y = ax^2$〉

$a > 0$

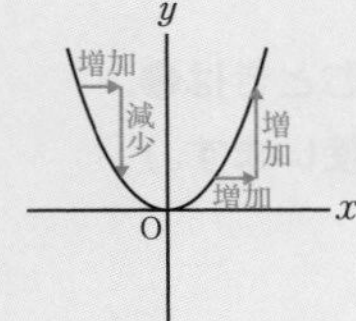

・$x = 0$を境にyの値は減少→増加に変わる。

$a < 0$

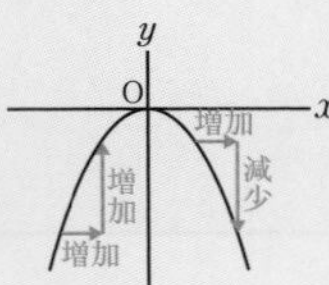

・$x = 0$を境にyの値は増加→減少に変わる。

● 変化の割合 → 関 STEP 31 ／ → 関 STEP 77・78

〈関数 $y = ax + b$〉

一定でaに等しい。

〈関数 $y = ax^2$〉

一定ではない。

STEP 82

⑥章 関数 $y=ax^2$

いろいろな関数

次の問題に答えましょう。

ある地域内で，品物を箱に入れて発送するとき，ある運送会社では，箱の縦，横，高さの合計によって，右の表のように料金が決まるそうです。箱の縦，横，高さの合計を$x$cm，料金をy円としたとき，yはxの関数といえますか，いえませんか。

長さの合計	料金
60cmまで	800円
80cmまで	1000円
100cmまで	1200円
120cmまで	1400円
140cmまで	1600円
160cmまで	1800円
180cmまで	2000円

答　関数といえる。

上の問題のつづきです。次の問題に答えましょう。

右の図に，xとyの関係をグラフに表しましょう。
（グラフで端の点を含むときは●，含まないときは○を使います。）

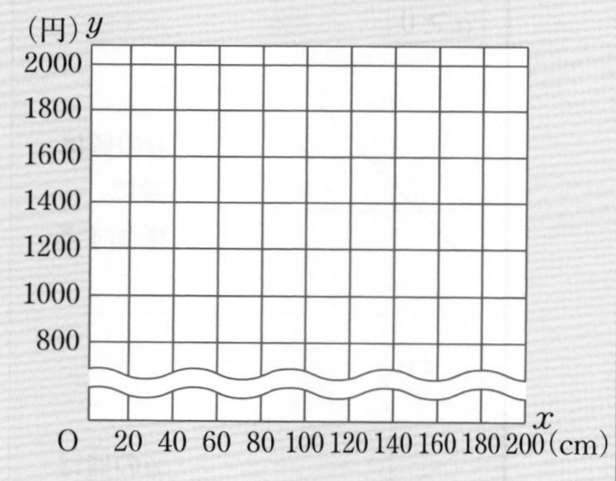

答

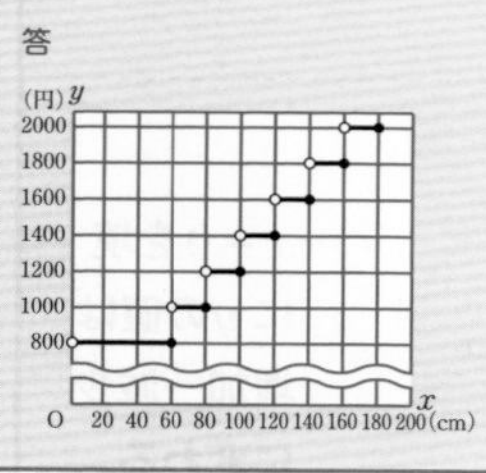

上の問題は，xの値を決めると，それに対応するyの値がただ1つ決まるので，yはxの関数といえます。

関数の中には，下の問題のように，グラフがつながらないものもあります。

POINT **グラフがつながっていなくても，xの値を決めるとyの値がただ1つ決まる場合は，yはxの関数です。**

例題で確認! 次の問題に答えましょう。

下の表は，ある鉄道の乗車距離と運賃の関係を表しています。乗車距離を$x$km，運賃をy円とすると，yはxの関数になります。

乗車距離	運賃
3kmまで	150円
6kmまで	180円
10kmまで	210円
15kmまで	260円
20kmまで	300円

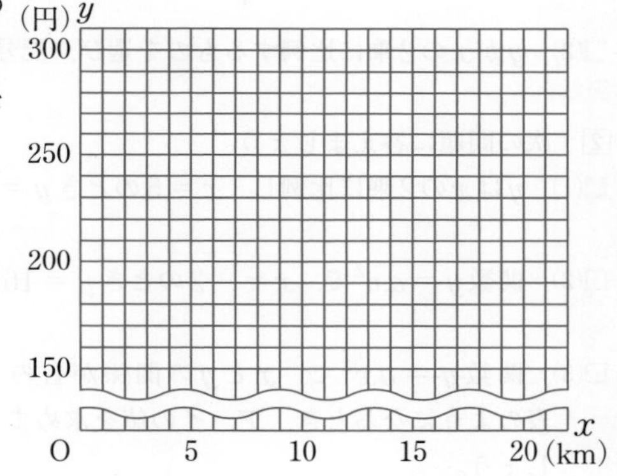

(1) 乗車距離が13kmのとき，運賃はいくらですか。

(2) 右の図に，xとyの関係をグラフに表しましょう。

答 (1) 260円 (2)

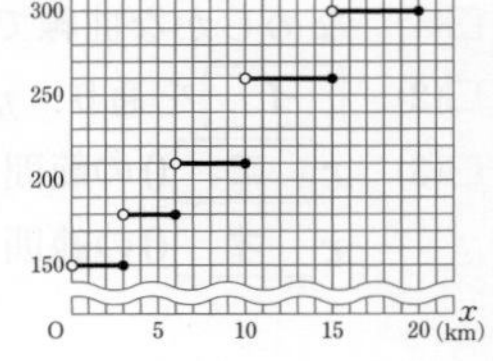

例題で確認! 次の問題に答えましょう。

xの小数部分を切り捨てた数をyとすると，yはxの関数になります。$0 \leqq x < 5$におけるこの関数のグラフをかきましょう。

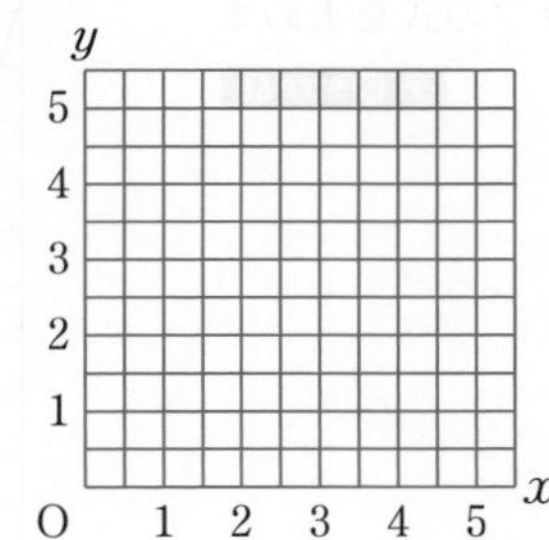

答

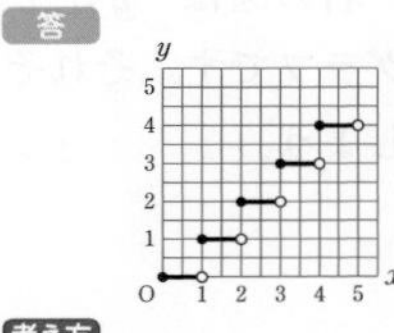

考え方

$0 \leqq x < 1$の範囲では，yはすべて0になる。

$1 \leqq x < 2$の範囲では，yはすべて1になる。

答は751ページ。できた問題は，□をぬりつぶしましょう。

1 下のア～ウについて，次の問題に答えましょう。 → 関 STEP 63

ア　1辺の長さが$x$cmの正五角形の周の長さは$y$cmである。

イ　底面が1辺$x$cmの正方形で，高さが9cmの直方体の体積は$y$cm^{3}である。

ウ　半径$x$cmの円の面積は$y$cm^{2}である。

□(1)　それぞれyをxの式で表しましょう。

□(2)　yがxの2乗に比例するものを選び，記号で答えましょう。

2 次の問題に答えましょう。 → 関 STEP 64

□(1)　yはxの2乗に比例し，$x=5$のとき$y=75$です。yをxの式で表しましょう。

□(2)　関数$y=ax^2$で，$x=-2$のとき$y=16$です。aの値を求めましょう。

□(3)　関数$y=ax^2$で，xとyの関係が右の表のようになるとき，ア，イの値を求めましょう。

x	…	ア	…	1	…	3	…
y	…	−27	…	−3	…	イ	…

3 関数$y=x^2$のグラフについて，次のア～オにあてはまることばや不等号を入れましょう。 → 関 STEP 66・67

□(1)　なめらかな曲線で［ア］といいます。

□(2)　［イ］を通り，y軸について［ウ］です。

□(3)　x［エ］0の範囲では，xの値が増加するとyの値は減少し，
x［オ］0の範囲では，xの値が増加するとyの値は増加します。

□**4** 右の図は，yがxの2乗に比例する関数のグラフです。それぞれのグラフの式を求めましょう。 → 関 STEP 68

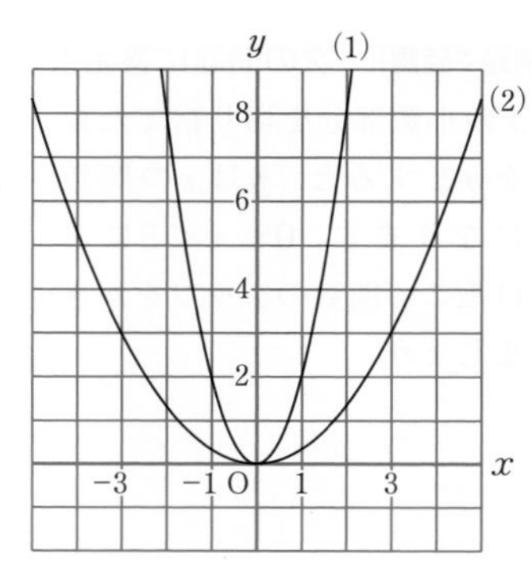

□**5** 右の図の(1)~(4)は，次のア~エの関数のグラフを表したものです。

(1)~(4)は，それぞれどの関数のグラフか記号で答えましょう。

→ 関 STEP 69 ~ 71

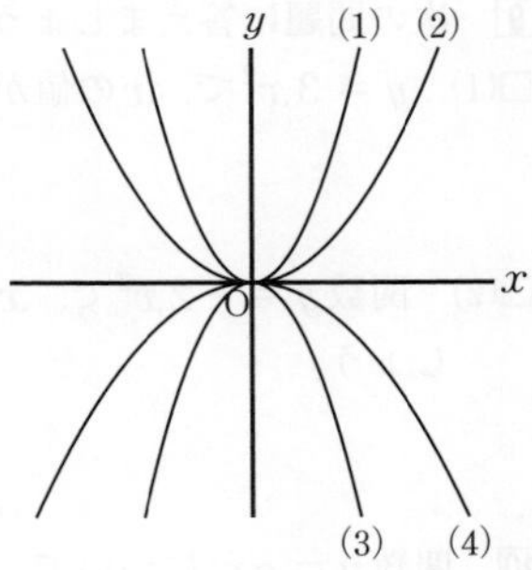

ア　$y=x^2$　　　イ　$y=-x^2$

ウ　$y=-\frac{1}{4}x^2$　　　エ　$y=\frac{1}{3}x^2$

6 関数$y=ax^2$のグラフについて，次のア~カにあてはまることばを入れましょう。

→ 関 STEP 72・73

□(1)　$a>0$のとき，xの値が増加すると，$x<0$では，yの値は［ア］し，$x>0$では，yの値は［イ］する。$x=0$のとき，関数の［ウ］は$y=0$である。

□(2)　$a<0$のとき，xの値が増加すると，$x<0$では，yの値は［エ］し，$x>0$では，yの値は［オ］する。$x=0$のとき，関数の［カ］は$y=0$である。

7 関数$y=x^2$について，xの変域が次のときの，yの変域を求めましょう。

→ 関 STEP 74・76

□(1)　$-4 \leqq x \leqq -1$

□(2)　$-2 \leqq x \leqq 1$

8 関数$y=-\frac{1}{3}x^2$について，xの変域が次のときの，yの変域を求めましょう。

→ 関 STEP 75・76

□(1)　$-1 \leqq x \leqq 2$

□(2)　$1 \leqq x \leqq 3$

9 次の問題に答えましょう。 → 関 STEP 77

□(1) $y=3x^2$で，xの値が1から4まで増加するときの変化の割合を求めましょう。

□(2) 関数$y=-2x^2$で，xの値が-2から0まで増加するときの変化の割合を求めましょう。

10 関数$y=ax^2$について，xの値が2から6まで増加するときの変化の割合は-4です。次の問題に答えましょう。 → 関 STEP 79

□(1) xの値が2から6まで増加するときの変化の割合を，aを使って表しましょう。

□(2) aの値を求めましょう。

11 右の図は，ある運送会社で荷物を発送するときの荷物の重さ$x$kgと，料金y円の関係を表したグラフです。yはxの関数になります。 → 関 STEP 82

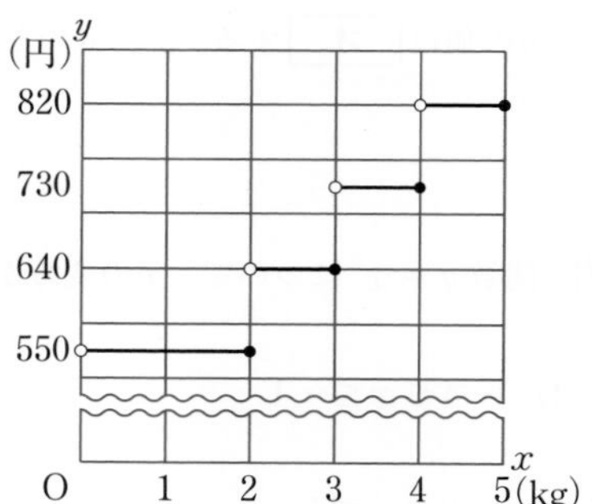

□(1) 荷物の重さが2.8kgのとき，料金はいくらですか。

□(2) 荷物の重さが4kgのとき，料金はいくらですか。

7 関数 $y=ax^2$ の利用 3年

関数 $y=ax^2$ の利用(1) 速さの問題

次の問題に答えましょう。

→ 関 STEP 22

Aさんが歩いていました。Aさんが地点Pを通過してからx秒間に進んだ道のりをymとしたとき，xとyの間には$y=x$の関係があったといいます。右のグラフは，そのときの時間と道のりの関係を表したものです。
このとき，Aさんが進む速さは一定でしたか，それとも一定ではありませんでしたか。

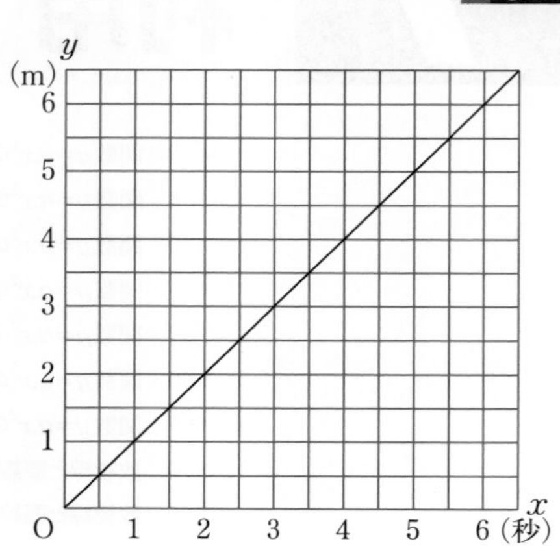

答　一定。

次の問題に答えましょう。

Bさんが地点Pから自転車で走り出しました。走りはじめてからx秒間に進んだ道のりをymとしたとき，最初の6秒間（$0 \leqq x \leqq 6$）では，$y=\frac{1}{2}x^2$の関係があったといいます。右のグラフは，そのときの時間と道のりの関係を表したものです。
このとき，Bさんが自転車で進む速さは一定でしたか，それとも一定ではありませんでしたか。

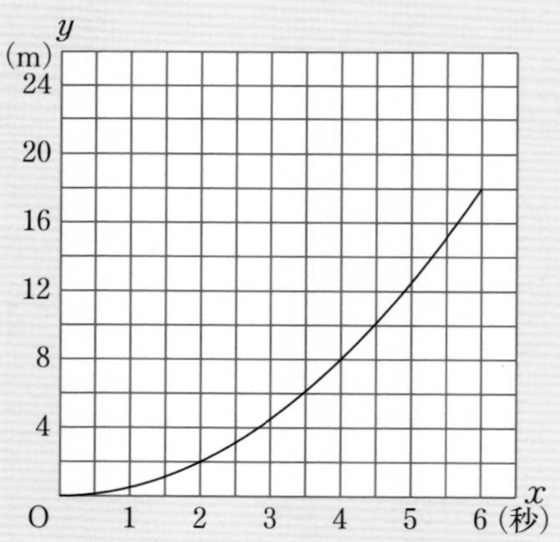

答　一定ではない。

上の問題では速さ$\left(\frac{\text{道のり}}{\text{時間}}\right)$が，下の問題では平均の速さ（→ 関 STEP 80）が変化の割合に等しいことに着目しましょう。

POINT

$y=ax^2$ の変化の割合は一定ではありません。

◆680ページ・下の問題で，xの変域ごとに平均の速さを考えてみましょう。（→ 関 STEP 80）

〔$0 \leqq x \leqq 2$のとき〕

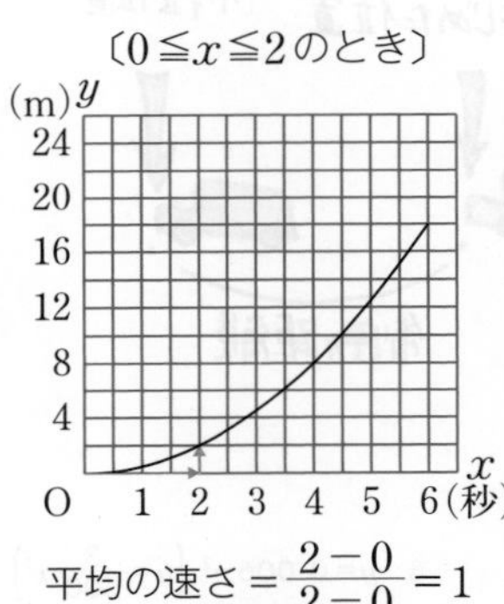

平均の速さ $=\dfrac{2-0}{2-0}=1$

⇒秒速1m

〔$2 \leqq x \leqq 4$のとき〕

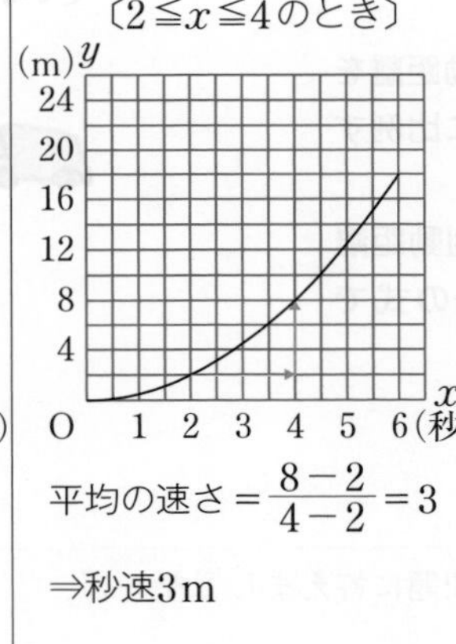

平均の速さ $=\dfrac{8-2}{4-2}=3$

⇒秒速3m

〔$4 \leqq x \leqq 6$のとき〕

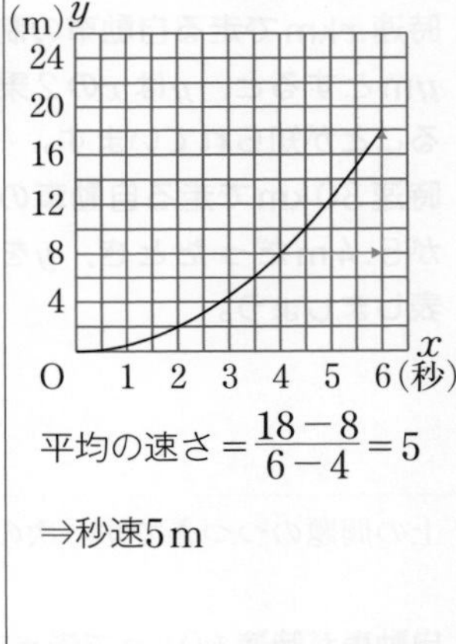

平均の速さ $=\dfrac{18-8}{6-4}=5$

⇒秒速5m

関数 $y=ax^2$ の利用(2) 速さと制動距離の問題

次の問題に答えましょう。

走っている自動車がブレーキをかけたとき，ブレーキがききはじめてから停止するまでに自動車が動く距離を，制動距離といいます。
時速 x kmで走る自動車の制動距離を y mとすると，y は x の２乗に比例することが知られています。
時速30kmで走る自動車の制動距離が5.4mだったとき，y を x の式で表しましょう。

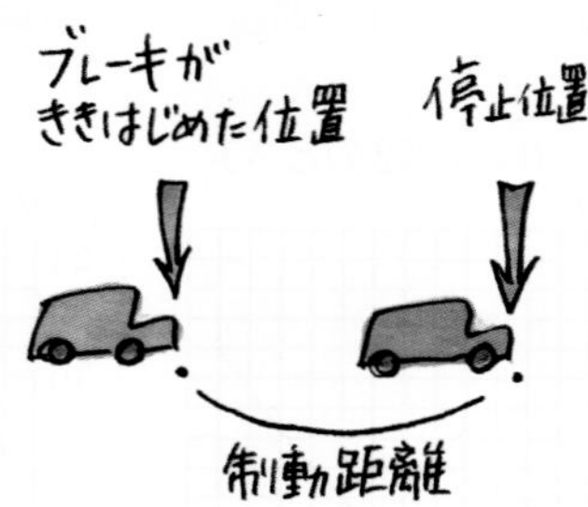

答　$y=0.006x^2$ $\left(y=\frac{3}{500}x^2\right)$

上の問題のつづきです。次の問題に答えましょう。

自動車が時速40kmで走っているときの制動距離を求めましょう。

答　9.6m

身のまわりには，関数 $y=ax^2$（2乗に比例する関数）で表される事象がたくさんあります。この問題の「制動距離」は，その代表的なものの1つです。

y は x の2乗に比例するので，上の問題は，求める式を $y=ax^2$ とおき，$x=30$，$y=5.4$ を代入して，a の値を求めます。

$5.4=a\times30^2$，$5.4=900a$，$a=0.006$　　よって，$y=0.006x^2$

下の問題は，求めた式 $y=0.006x^2$ に $x=40$ を代入すると，

$y=0.006\times40^2=9.6$

POINT

● 身近にある，2乗に比例する関数(1) ―― 速さと制動距離

■時速 $x$km で走る自動車の制動距離（ブレーキがききはじめてから停止するまでに自動車が動く距離）を ym とすると，y は x の2乗に比例する。

・空走距離…自動車を運転する人が危険を感じてからブレーキがききはじめるまでの間に自動車が進む距離のこと。時速 $x$km で走る自動車の空走距離を ym とすると，y は x に比例します。

・停止距離…空走距離と制動距離の和

例題で確認! 次の問題に答えましょう。

時速30km で走る自動車の空走距離は10m，制動距離は5.4m でした。

(1) 時速 $x$km で走る自動車の空走距離を ym としたとき，y は x に比例します。y を x の式で表し，時速60km で走るときの空走距離を求めましょう。

(2) 時速 $x$km で走る自動車の制動距離を ym としたとき，y は x の2乗に比例します。y を x の式で表し，時速60km で走るときの制動距離を求めましょう。

(3) 時速30km から時速60km に速さをあげたとき，空走距離，制動距離，停止距離の関係はどのように変わりますか。

答 (1) $y = \frac{1}{3}x$，20m
(2) $y = 0.006x^2$，21.6m
(3)〈例〉停止距離は長くなり，制動距離のほうが空走距離より長くなる。

STEP 85

関数 $y=ax^2$ の利用(3) 落下時間と落下距離の問題

次の問題に答えましょう。

地球上で物が自然に落ちるとき，空気の抵抗(ていこう)がないものとすると，落下する距離は，落下しはじめてからの時間の2乗に比例することが知られています。物が落下しはじめてから3秒間に落下する距離は，約44.1mです。落下しはじめてから x 秒間に落下する距離を y mとして，y を x の式で表しましょう。

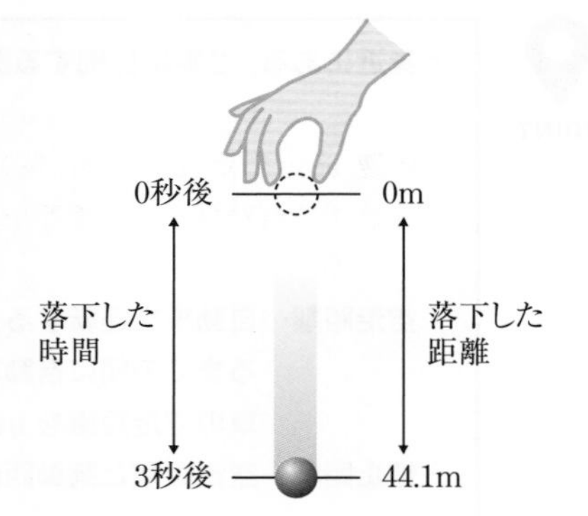

答　$y=4.9x^2$

上の問題のつづきです。次の問題に答えましょう。

物が落下しはじめてから7秒間に落下する距離は，約何mか求めましょう。($\frac{1}{10}$ の位まで求めましょう。)

答　約240.1m

上の問題は，「2乗に比例する」の部分に着目しましょう。

求める式を $y=ax^2$ とおくと，$x=3$ のとき $y=44.1$ だから，

$$44.1=a\times 3^2$$
$$44.1=9a$$
$$a=4.9$$

したがって，$y=4.9x^2$

下の問題は，上の問題で求めた式に $x=7$ を代入します。

$$y=4.9\times 7^2$$
$$=4.9\times 49=240.1$$

POINT

- **身近にある，2乗に比例する関数(2)**
  —— 落下時間と落下距離

■物が落下しはじめてからx秒間に落下する距離をymとすると，yはxの2乗に比例し，およそ

$$y = 4.9x^2$$

の関係があります。

・この関係は，落下する物の重さに関係なく成り立ちます。

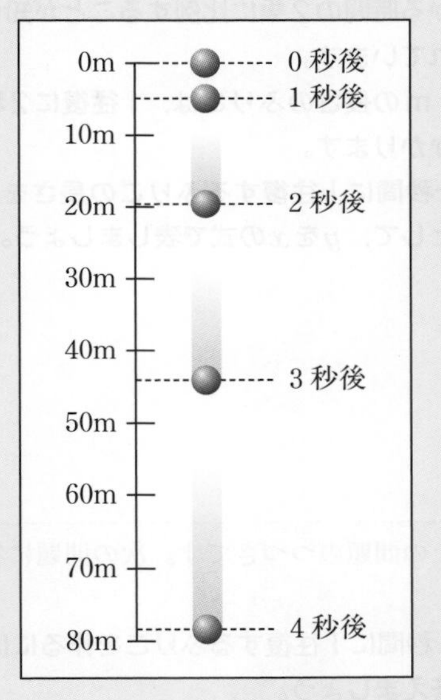

例題で確認! 次の問題に答えましょう。

物が自然に落ちるとき，空気の抵抗がないものとすると，落下する距離は，落下しはじめてからの時間の2乗に比例することが知られています。
落下しはじめてからx秒間に落下する距離をymとすると，$y = 4.9x^2$の関係があります。

(1) 物が落下しはじめてから8秒間に落下する距離を求めましょう。

(2) 高さ490mのところから物が落下したとすると，地面に落ちるまでにかかる時間を求めましょう。

答

(1) 313.6m

(2) 10秒間

考え方

(1) $y = 4.9x^2$に$x = 8$を代入する。

(2) $y = 4.9x^2$に$y = 490$を代入する。

$490 = 4.9x^2$

$x^2 = 100$

$x = \pm 10$

$x \geqq 0$だから$x = 10$

関数 $y=ax^2$ の利用(4) ふりこの長さと周期の問題

次の問題に答えましょう。

ふりこの長さは，ふりこが1往復にかかる時間の2乗に比例することが知られています。
1mの長さのふりこは，1往復に2秒かかります。
x秒間に1往復するふりこの長さをymとして，yをxの式で表しましょう。

答　$y=\frac{1}{4}x^2$

上の問題のつづきです。次の問題に答えましょう。

4秒間に1往復するふりこを作るには，ふりこの長さを何mにすればよいか答えましょう。

答　4m

上の問題は，長さは時間の2乗に比例するので，
求める式を$y=ax^2$とおくと，$x=2$のとき$y=1$だから，

$$1=a\times 2^2$$
$$1=a\times 4$$
$$a=\frac{1}{4}$$

したがって，$y=\frac{1}{4}x^2$

下の問題は，上の問題で求めた式に$x=4$を代入します。

$$y=\frac{1}{4}\times 4^2=4$$

したがって，4m

POINT

● **身近にある，2乗に比例する関数(3) —— ふりこの長さと周期**

■**ふりこが1往復にかかる時間を周期といいます。**

周期がx秒間のふりこの長さをymとすると，yはxの2乗に比例し，およそ　$y=\frac{1}{4}x^2$ の関係があります。

・**この関係は，おもりの重さやふれ幅に関係なく成り立ちます。**

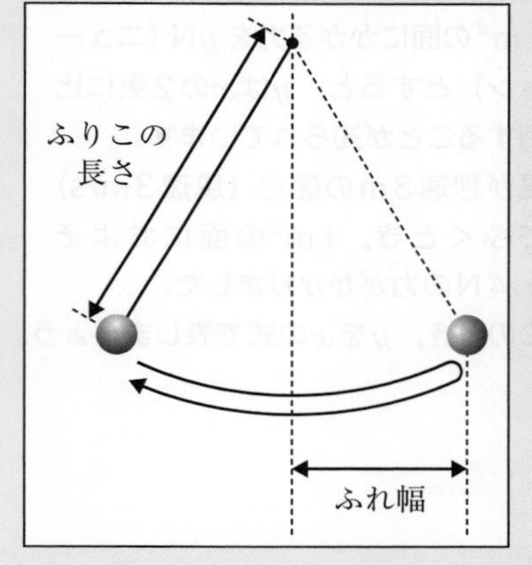

例題で確認!　次の問題に答えましょう。

ふりこの長さは，ふりこが1往復にかかる時間（周期）の2乗に比例することが知られています。

x秒間に1往復するふりこの長さをymとすると，xとyの間には，およそ

$y=\frac{1}{4}x^2$の関係があります。

(1)　1秒間に1往復する（周期が1秒の）ふりこを作るには，ふりこの長さを何mにすればよいか答えましょう。

(2)　9mの長さのふりこが1往復にかかる時間（周期）を求めましょう。

(3)　$\frac{1}{16}$mの長さのふりこは，1秒間に何往復するか求めましょう。

答

(1) $\frac{1}{4}$m〔0.25m〕

(2) 6秒間

(3) 2往復

考え方

(1)　$y=\frac{1}{4}x^2$に$x=1$を代入する。

$y=\frac{1}{4}\times1^2=\frac{1}{4}$

(2)　$y=\frac{1}{4}x^2$に$y=9$を代入する。

$9=\frac{1}{4}x^2$，$x^2=36$，$x=\pm6$

$x\geqq0$だから$x=6$

(3)　$y=\frac{1}{4}x^2$に$y=\frac{1}{16}$を代入する。

$\frac{1}{16}=\frac{1}{4}x^2$，$x^2=\frac{1}{4}$，$x=\pm\frac{1}{2}$

$x\geqq0$だから$x=\frac{1}{2}$

$\frac{1}{2}$秒で1往復するから，

$1\div\frac{1}{2}=2$

1秒間に2往復する。

STEP
87

関数 $y=ax^2$ の利用(5) 風の速さと力の問題

次の問題に答えましょう。

風が秒速 x mの速さでふくときに，1 m^2 の面にかかる力を y N（ニュートン）とすると，y は x の2乗に比例することが知られています。
風が秒速3mの速さ（風速3m/s）でふくとき，1 m^2 の面におよそ5.4Nの力がかかりました。
このとき，y を x の式で表しましょう。

答　$y=0.6x^2$ $\left(y=\frac{3}{5}x^2\right)$

上の問題のつづきです。次の問題に答えましょう。

風が秒速10mの速さでふくとき，1 m^2 の面におよそ何Nの力がかかるか求めましょう。

答　60N

上の問題は，$1m^2$ の面にかかる力は，風がふく速さの2乗に比例するので，求める式を $y=ax^2$ とおくと，$x=3$ のとき $y=5.4$ だから，

$$5.4=a\times 3^2$$
$$5.4=a\times 9$$
$$a=0.6$$ 　したがって，$y=0.6x^2$

下の問題は，上の問題で求めた式に $x=10$ を代入します。

$$y=0.6\times 10^2$$
$$=0.6\times 100=60$$

したがって，60N

POINT

● 身近にある，2乗に比例する関数(4) —— 風の速さと力

■秒速xmの風がふくとき，1m^2の面にかかる力をyNとすると，yはxの2乗に比例します。

風の速さが
3倍になると
面にかかる力は
3²倍＝9倍
になるね。

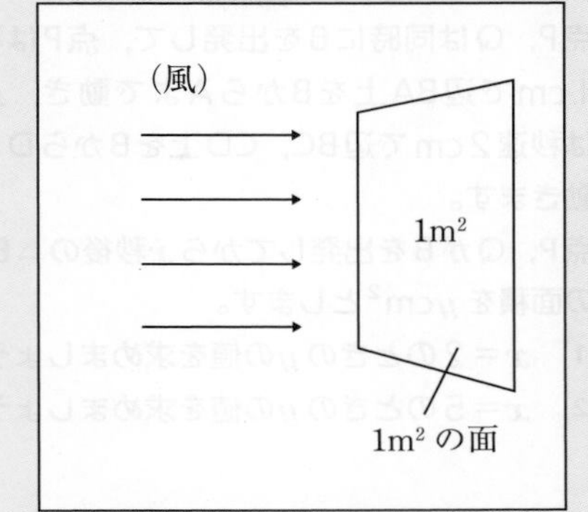

(風)
1m²
1m² の面

例題で確認! 次の問題に答えましょう。

風が1m^2の面にかける力は，風の速さの2乗に比例することが知られています。
秒速xmの風がふくときに，1m^2の面にかかる力をyNとしたとき，xとyの間に$y=0.6x^2$の関係がある場合，

(1) 秒速5mでふく風は，1m^2の面にどれだけの力をかけるか答えましょう。

(2) 1m^2の面に240Nの力がかかっているとき，風は秒速何mでふいているか求めましょう。

答

(1) 15N

(2) 秒速20m

考え方

(1) $y=0.6x^2$に$x=5$を代入する。
$y=0.6\times5^2=15$

(2) $y=0.6x^2$に$y=240$を代入する。
$240=0.6x^2$，$x^2=400$
$x=\pm20$，$x\geqq0$だから$x=20$

例題で確認! 次の問題に答えましょう。

1m^2の面に135N以上の力をかける風がふくと，人は風に向かって歩けなくなるそうです。秒速xmの風がふくときに1m^2の面にかかる力をyNとしたとき，xとyの間に$y=0.6x^2$の関係がある場合，秒速何m以上の風がふくと人は風に向かって歩けなくなるか求めましょう。

答

秒速15m以上

考え方

$y=0.6x^2$に$y=135$を代入する。
$135=0.6x^2$，$x^2=225$
$x=\pm15$，$x\geqq0$だから$x=15$

関数 $y=ax^2$ の利用(6) 動く点と面積の問題

次の問題に答えましょう。

→ 関 STEP 58

右の図は，1辺が6cmの正方形ABCDです。点P，Qは同時にBを出発して，点Pは秒速1cmで辺BA上をBからAまで動き，点Qは秒速2cmで辺BC，CD上をBからDまで動きます。
点P，QがBを出発してからx秒後の△BQPの面積を$y$cm^{2}とします。

(1) $x=2$のときのyの値を求めましょう。
(2) $x=5$のときのyの値を求めましょう。

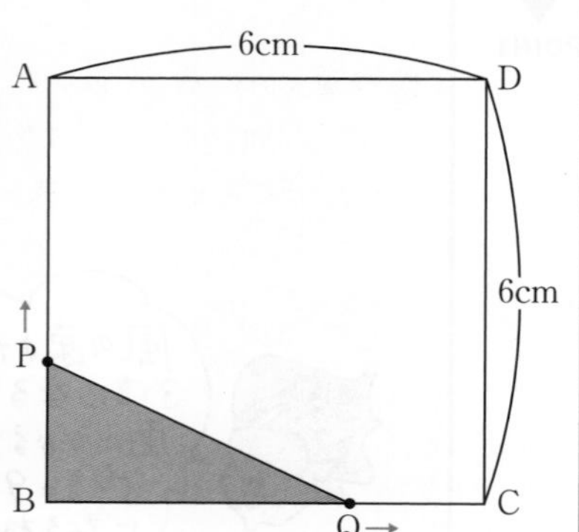

答 (1) 4 (2) 15

上の問題のつづきです。次の問題に答えましょう。

xの変域が次のとき，それぞれ，yをxの式で表しましょう。

(1) $0 \leqq x \leqq 3$　(2) $3 \leqq x \leqq 6$

答 (1) $y=x^2$
(2) $y=3x$

点Qは秒速2cmの速さでBを出発し，6cm離れたCに着くのは，
$6\div 2=3$より，3秒後です。同様にしてCからDに着くのは3秒後だから，
Bを出発してからDに着くのは6秒後です。

下の問題の変域は，(1)は点Qが辺BC上にあるとき，(2)は辺CD上にあるときです。

(1) $0 \leqq x \leqq 3$

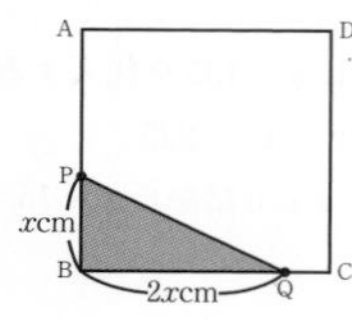

(底辺)BP＝$x$cm
(高さ)BQ＝$2x$cm
だから，
$y=\frac{1}{2}\times x\times 2x$
よって，$y=x^2$

(2) $3 \leqq x \leqq 6$

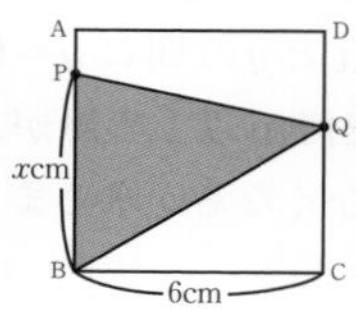

(底辺)BP＝$x$cm
(高さ)6cm
だから，
$y=\frac{1}{2}\times x\times 6$
よって，$y=3x$

POINT

●動く点と面積の問題

■動く点がどの辺にあるかに着目し，辺ごと（変域）に分けて考える。

（例） 690ページの問題のグラフ

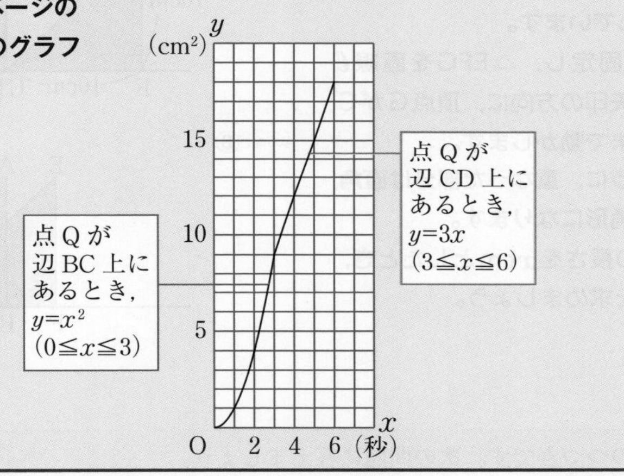

例題で確認! 次の問題に答えましょう。

右の図は，AB＝9cm，BC＝18cmの長方形ABCDです。点P，Qは同時にBを出発して，点Pは秒速3cmで辺BA，AD上をBからDまで動きます。点Qは秒速2cmで辺BC上をBからCまで動きます。

点P, QがBを出発してからx秒後の△BQPの面積を$y$cm^{2}とします。

(1) 点Pが辺BA上にあるときの，xの変域を求めましょう。また，yをxの式で表しましょう。

(2) 点Pが辺AD上にあるときの，xの変域を求めましょう。また，yをxの式で表しましょう。

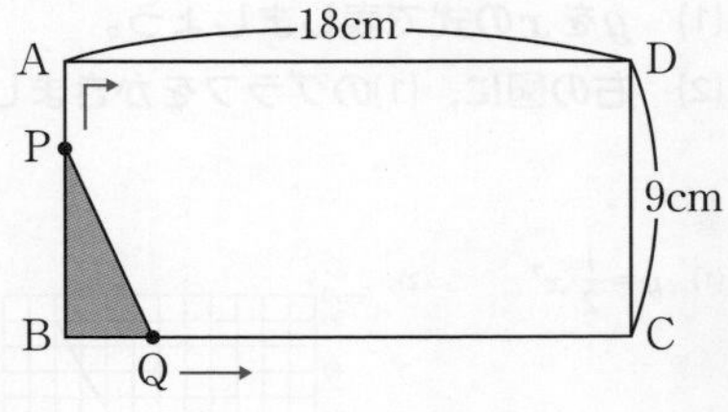

答

(1) $0 \leqq x \leqq 3$　　$y = 3x^2$

(2) $3 \leqq x \leqq 9$　　$y = 9x$

考え方

(1) BQ＝$2x$（底辺），BP＝$3x$（高さ）

$y = \frac{1}{2} \times 2x \times 3x$, $y = 3x^2$

(2) BQ＝$2x$（底辺），高さは常に9cm

$y = \frac{1}{2} \times 2x \times 9$, $y = 9x$

関数 $y=ax^2$ の利用⑺ 重なる図形の面積の問題

次の問題に答えましょう。

右の図Ⓐのように，正方形ABCDと直角二等辺三角形EFGが，直線 ℓ 上に並んでいます。
正方形を固定し，△EFGを直線 ℓ にそって矢印の方向に，頂点GがCに重なるまで動かします。
図Ⓑのように，重なった部分は直角二等辺三角形になります。
線分BGの長さを x cmとしたとき，x の変域を求めましょう。

Ⓐ

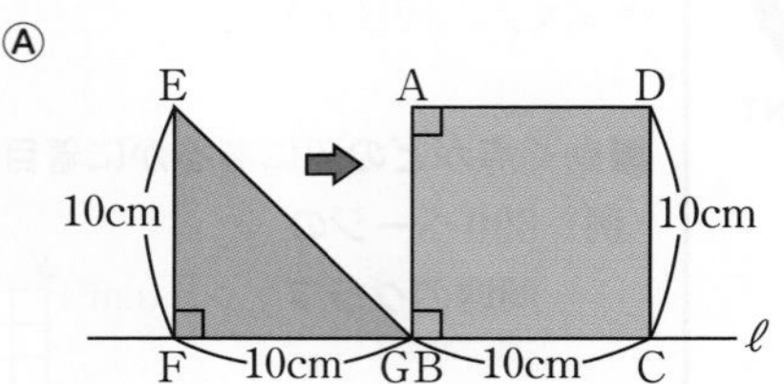

Ⓑ

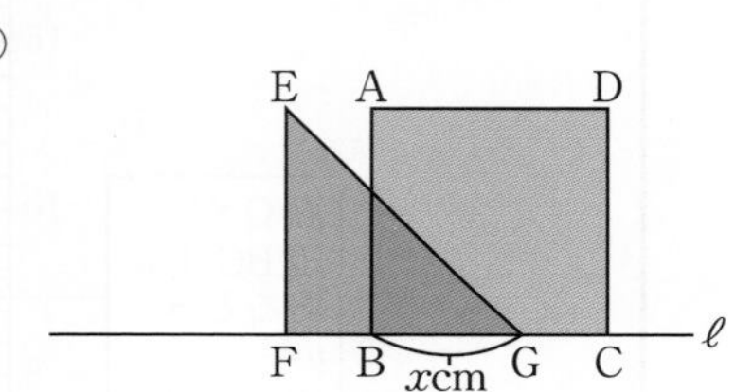

答　$0 \leqq x \leqq 10$

上の問題のつづきです。次の問題に答えましょう。

重なった部分の面積を y cm^2 とするとき，

(1)　y を x の式で表しましょう。

(2)　右の図に，(1)のグラフをかきましょう。

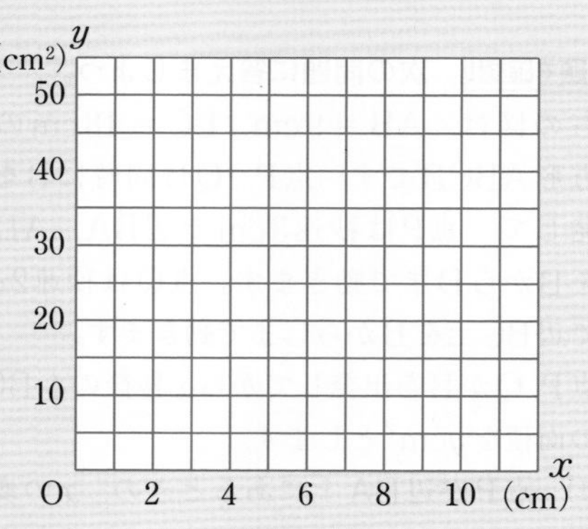

答

(1)　$y=\frac{1}{2}x^2$

(2)

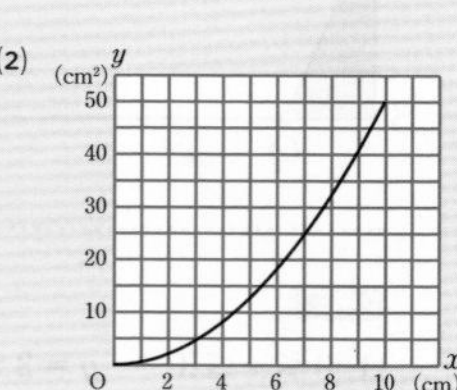

重なった部分は直角二等辺三角形なので，底辺も高さも x cmになります。したがって，下の問題の(1)は，$y=\frac{1}{2}\times x\times x=\frac{1}{2}x^2$
(2)は，変域に注意しましょう。

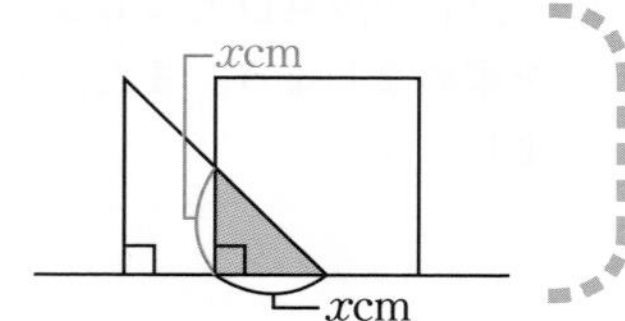

●重なる図形の面積の問題

■重なる部分の形に着目し，面積を式で表そう。

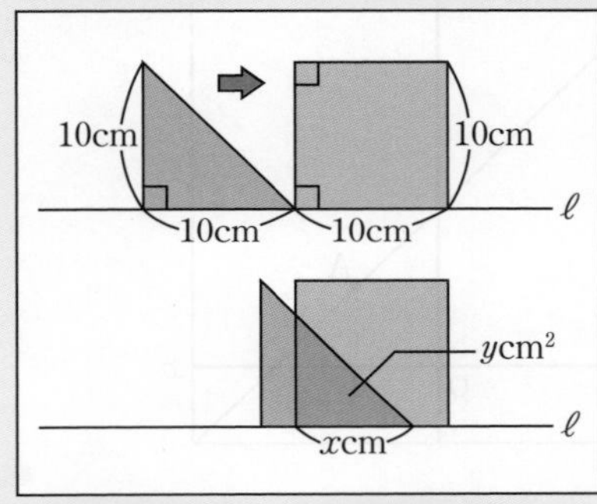

重なる部分…直角二等辺三角形

$y=\dfrac{1}{2}x^2$ 〔関数 $y=ax^2$〕

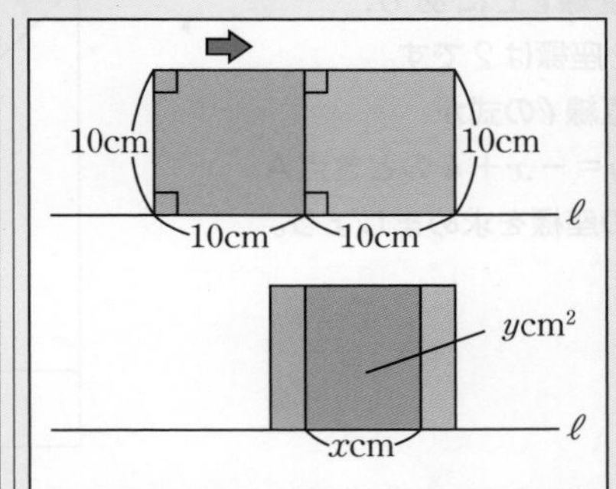

重なる部分…長方形（正方形）

$y=10x$ 〔1次関数〕

例題で確認! 次の問題に答えましょう。

右の図Ⓐのように，長方形ABCDと台形EFGHが，直線ℓ上に並んでいます。長方形を固定し，台形を直線ℓにそって矢印の方向に，頂点GがCに重なるまで動かします（図Ⓑ）。

線分BGの長さを$x$cm，重なった部分の面積を$y$cm²とするとき，xとyの関係をグラフに表すと，下の**ア**，**イ**のどちらの形になりますか。

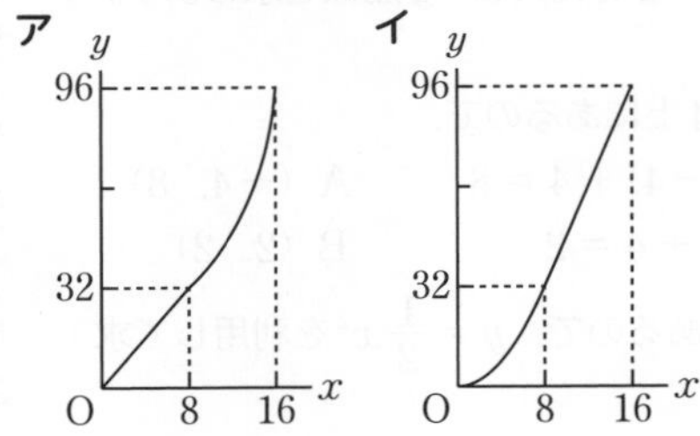

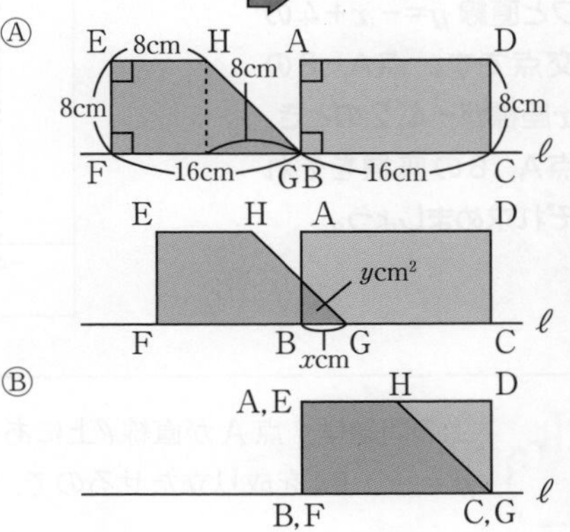

答 イ

考え方 $0\leqq x\leqq 8$では，$y=\dfrac{1}{2}x^2$（放物線）

$8\leqq x\leqq 16$では，重なる部分は台形。

上底$(x-8)$cm，下底$x$cm，

高さ8cmだから

$y=\dfrac{1}{2}\times\{(x-8)+x\}\times 8$

$=8x-32$（直線）

放物線と直線(1) 交点の座標を求める問題

次の問題に答えましょう。

→ 関 STEP 32

右の図で，点Aは直線ℓ上にあり，x座標は2です。直線ℓの式が$y=-x+4$のとき点Aの座標を求めましょう。

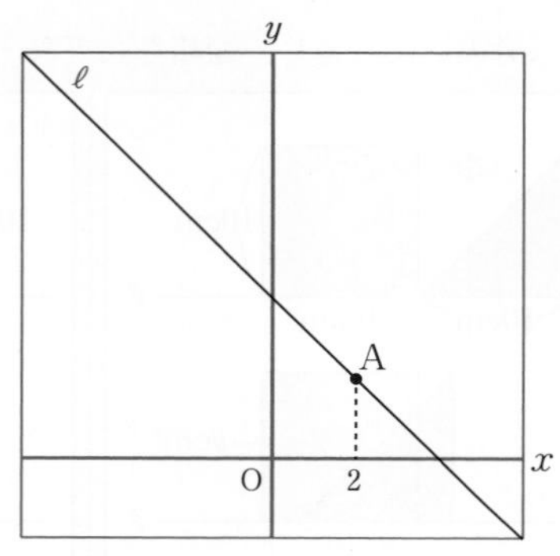

答　A (2, 2)

次の問題に答えましょう。

右の図で，点A，Bは関数$y=\frac{1}{2}x^2$のグラフと直線$y=-x+4$の交点です。点A，Bのx座標が-4, 2のとき，点A，Bの座標をそれぞれ求めましょう。

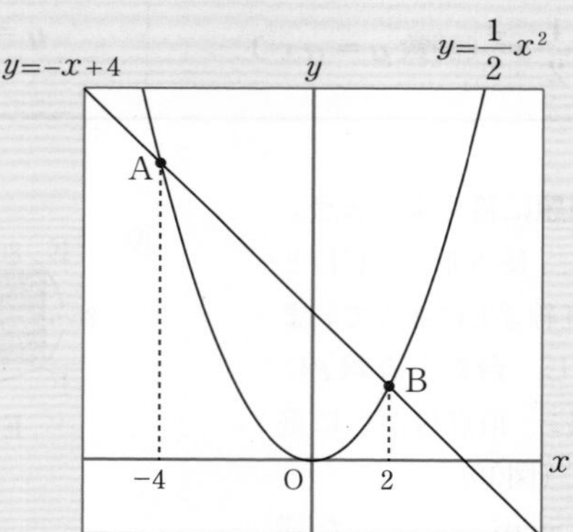

答　A (−4, 8)
B (2, 2)

上の問題は，点Aが直線ℓ上にあることに着目します。点Aの座標は$y=-x+4$を成り立たせるので，式に$x=2$を代入し，y座標を求めます。

下の問題は，点A，Bが直線$y=-x+4$上にあるので，

$y=-x+4$に$x=-4$を代入→$y=-(-4)+4=8$　　A (−4, 8)

$y=-x+4$に$x=2$を代入　→$y=-2+4=2$　　B (2, 2)

またA，Bは，$y=\frac{1}{2}x^2$のグラフ上にもあるので，$y=\frac{1}{2}x^2$を利用して求めることもできます。

POINT **放物線と直線の交点の座標は，放物線の式も直線の式も，どちらも成り立たせるx，yの値の組です。**

例題で確認! 次の問題に答えましょう。

右の図で，点A，Bは，関数$y=\dfrac{1}{2}x^2$のグラフと直線ℓとの交点です。
直線ℓの式はわかりませんが，点A，Bのx座標は-2，4です。
点A，Bの座標を求めましょう。

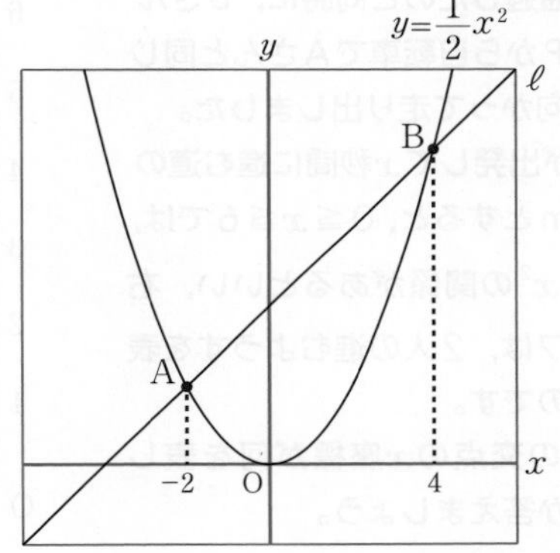

答
A（-2，2）
B（4，8）

考え方
$y=\dfrac{1}{2}x^2$に$x=-2$，$x=4$をそれぞれ代入する。

■連立方程式と交点の座標

グラフの交点の座標は，2つのグラフの式を組とした連立方程式の解と一致する。

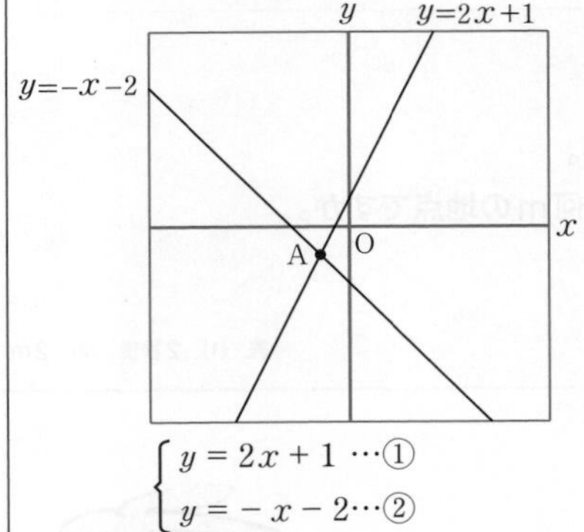

$$\begin{cases} y=2x+1 \cdots ① \\ y=-x-2 \cdots ② \end{cases}$$

②を①に代入して　$-x-2=2x+1$

$x=-1$

$x=-1$を①に代入して，$y=-1$

したがって，　A（-1，-1）

発展

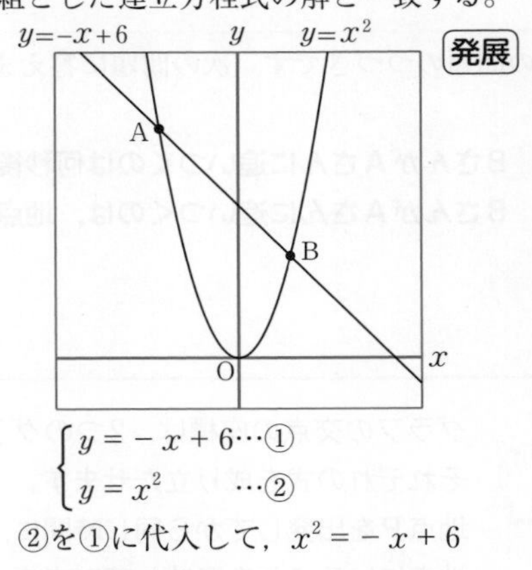

$$\begin{cases} y=-x+6 \cdots ① \\ y=x^2 \quad\ \cdots ② \end{cases}$$

②を①に代入して，$x^2=-x+6$

これを解くと，$x=-3$，2

これらを②に代入して，

$x=-3$のとき　$y=9$

$x=2$のとき　$y=4$

したがって，　A（-3，9），B（2，4）

STEP 91

7章 関数 $y=ax^2$ の利用

放物線と直線(2) 追いつかれるまでの時間を求める問題

次の問題に答えましょう。 → 関 STEP 83

秒速1mの速さで歩くAさんが地点Pを通過したのと同時に，Bさんは地点Pから自転車でAさんと同じ方向に向かって走り出しました。
Bさんが出発して x 秒間に進む道のりを y mとすると，$0 \leqq x \leqq 6$ では，$y=\frac{1}{2}x^2$ の関係があるといい，右のグラフは，2人の進むようすを表したものです。
グラフの交点の x 座標が何を表しているか答えましょう。

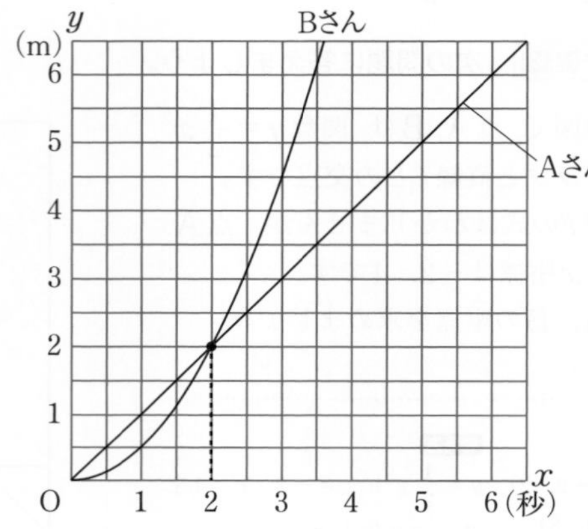

答　地点Pを出発してからBさんがAさんに追いつくまでの時間。
(地点Pを通過してからAさんがBさんに追いつかれるまでの時間)

上の問題のつづきです。次の問題に答えましょう。

(1) BさんがAさんに追いつくのは何秒後ですか。

(2) BさんがAさんに追いつくのは，地点Pから何mの地点ですか。

答　(1)　2秒後　(2)　2m

グラフの交点の座標は，2つのグラフのそれぞれの式を成り立たせます。
地点Pを出発してから同じ時間に，同じ地点にいることを意味しています。

下の問題の(1)は交点の x 座標，(2)は交点の y 座標に着目します。

● 追いつく（追いつかれる）までの時間を求める問題

■ 2つのグラフの交点に着目

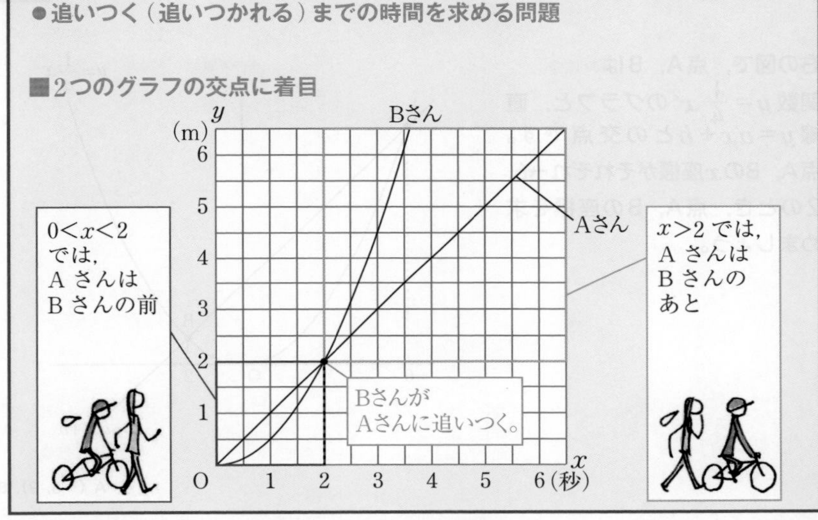

例題で確認! 次の問題に答えましょう。

電車が走るまっすぐな線路と，それに平行な道路があります。

電車が駅を出発してからx秒間に進む距離をymとしたとき，$0 \leqq x \leqq 60$では，

$y=\dfrac{1}{5}x^2$の関係があるとします。

電車が駅を出発すると同時に，電車と同じ方向に秒速10mで走っている自動車が駅の横を通過しました。

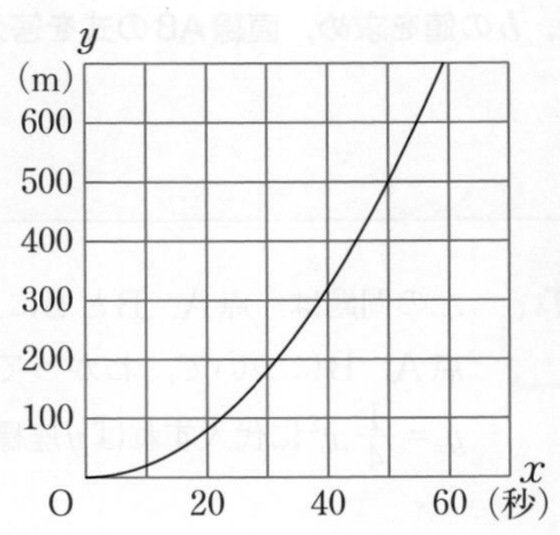

(1) 右の図は，電車のようすを表したものです。自動車が駅の横を通過してからx秒間に進む距離をymとして，xとyの関係を表すグラフをかきましょう。

(2) 電車が自動車に追いつくのは何秒後か求めましょう。

答 (1)

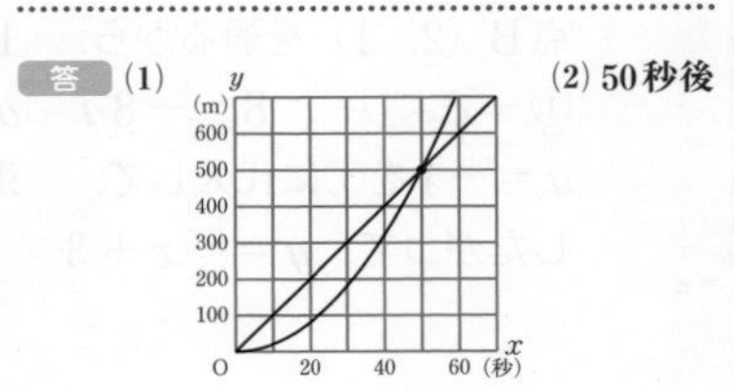

(2) 50秒後

STEP 92

⑦章 関数$y=ax^2$の利用

放物線と直線(3) 直線の式を求める問題

次の問題に答えましょう。 → 関 STEP 90

右の図で，点A，Bは関数$y=\frac{1}{4}x^2$のグラフと，直線$y=ax+b$との交点です。点A，Bのx座標がそれぞれ−6，2のとき，点A，Bの座標を求めましょう。

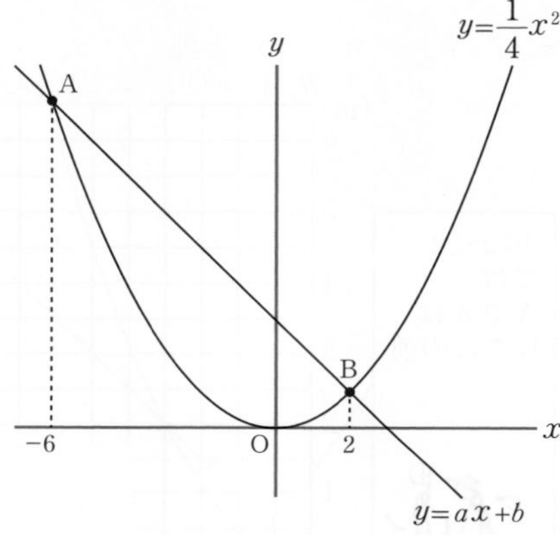

答　A (−6, 9), B (2, 1)

上の問題のつづきです。次の問題に答えましょう。

a，bの値を求め，直線ABの式を答えましょう。

答　$y=-x+3$

上の問題は，点A，Bともに，$y=\frac{1}{4}x^2$のグラフ上にあります。
点A，Bについて，わかっているのはそれぞれのx座標なので，xの値を$y=\frac{1}{4}x^2$に代入すればy座標がわかります。

下の問題は，2点の座標から直線の式を求めます。(→ 関 STEP 42)
点A (−6, 9) を通るから，　$9=-6a+b$…①
点B (2, 1) を通るから，　$1=2a+b$…②
①−②より　　$8=-8a$，$a=-1$
$a=-1$を①に代入して，　$9=6+b$，$b=3$
したがって，$y=-x+3$

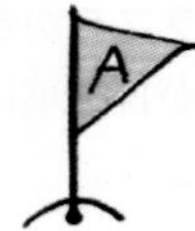

直線上の2点の座標がわかれば，直線の式を求めることができます。
直線の式がわかれば，切片や直線とx軸との交点の座標もわかります。

POINT

例題で確認! 次の問題に答えましょう。

右の図で，点A，Bは，放物線$y=\dfrac{1}{2}x^2$と，直線$y=ax+b$の交点です。点A，Bのx座標がそれぞれ-2, 4のとき，aとbの値を求め，直線ABの式を答えましょう。

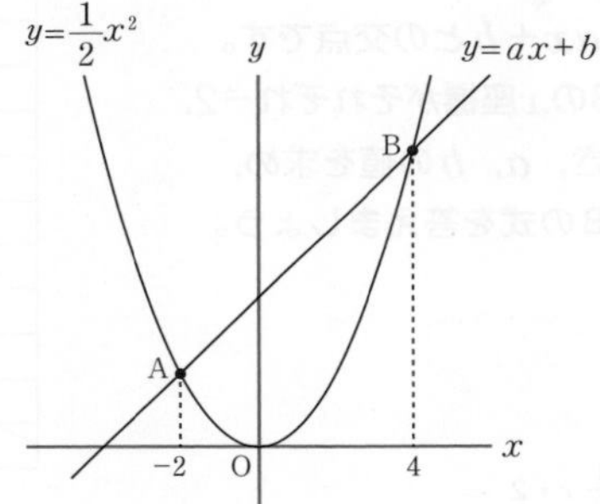

答
$y=x+4$

例題で確認! 次の問題に答えましょう。

右の図のように，関数$y=x^2$のグラフ上に2点A，Bをとります。
点A，Bのx座標がそれぞれ-1，3であるとき，点Cと点Dの座標を求めましょう。

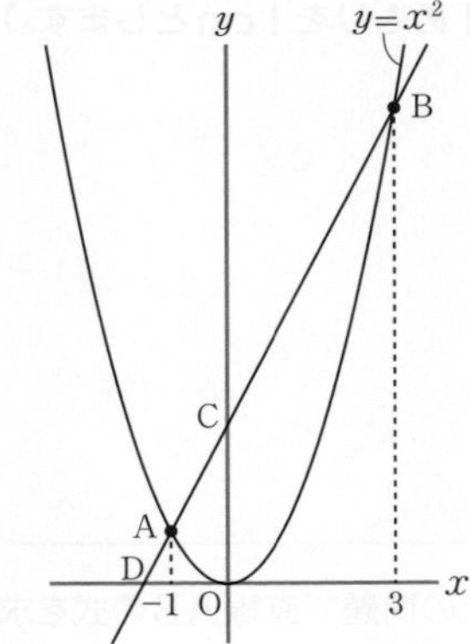

点Cは直線ABの切片だから，まず直線ABの式を求めよう。
点Dの座標も直線の式を利用して考えてみよう。

答 C(0, 3)，点D$\left(-\dfrac{3}{2},\ 0\right)$

考え方 $y=x^2$に，$x=-1$，$x=3$を代入して，
A（-1, 1），B（3, 9）
2点A，Bを通る直線の式を求めると，
$y=2x+3$　　よって，C（0, 3）
点Dの座標は，y座標が0のときだからこの式に$y=0$を代入してx座標を求める。

STEP 93

7章 関数 $y=ax^2$ の利用

放物線と直線(4) 図形の面積を求める問題

次の問題に答えましょう。

→ 関 STEP 92

右の図で，点A，Bは関数 $y=\frac{1}{4}x^2$ のグラフと，直線 $y=ax+b$ との交点です。点A，Bの x 座標がそれぞれ−2，4のとき，a，b の値を求め，直線ABの式を答えましょう。

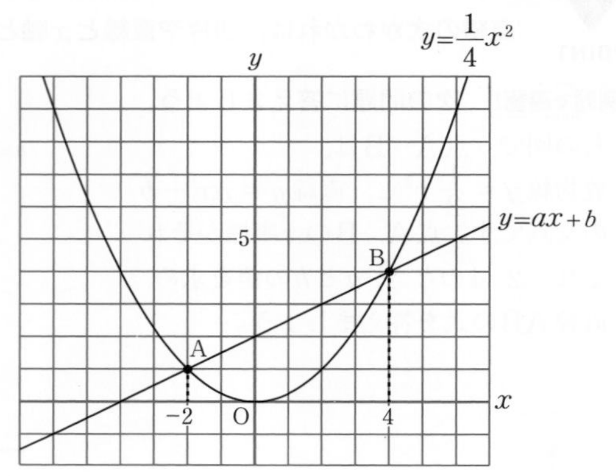

答　$y=\frac{1}{2}x+2$

上の問題のつづきです。次の問題に答えましょう

△AOBの面積を求めましょう。（座標の1めもりを1cmとします。）

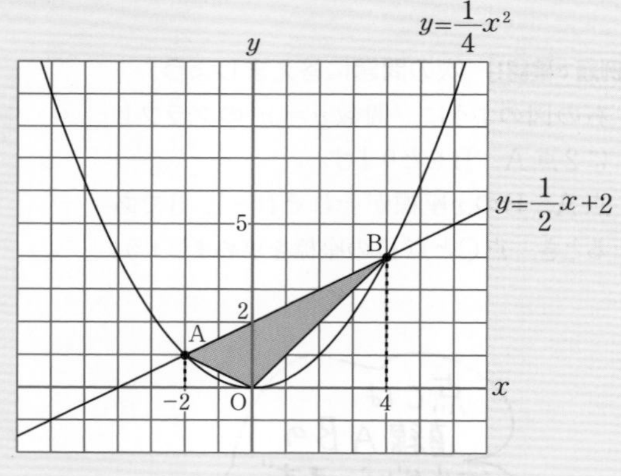

答　6cm²

上の問題で直線ABの式を求めると，直線ABの切片の座標が（0，2）であるとわかります。

下の問題は，△AOBを，右のような共通の底辺をもつ2つの三角形に分けて考えます。

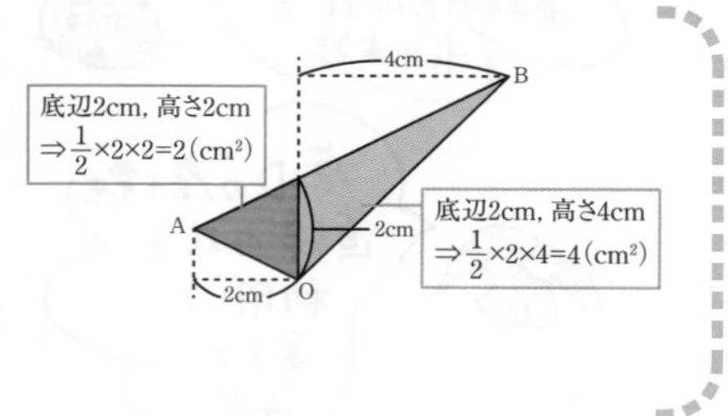

●座標平面上の図形の面積を求める問題

■放物線や直線の式を求めると，面積を求めるのに必要な情報を得られる場合が多くあります。

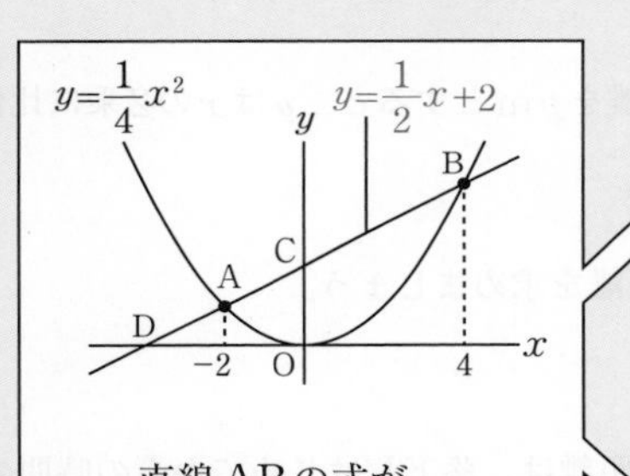

直線ABの式が
$y = \dfrac{1}{2}x + 2$と
わかると……，

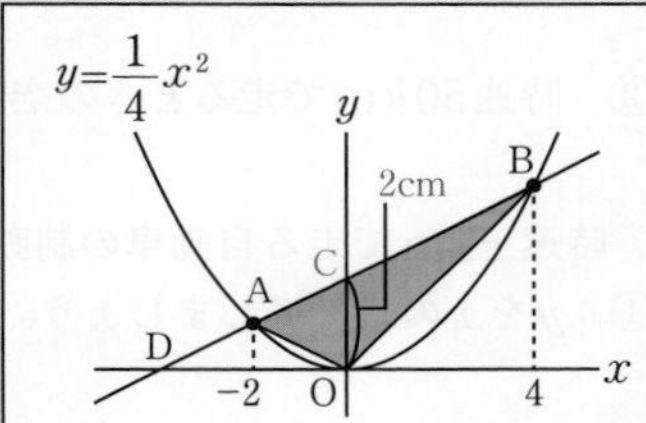

点C（0，2）より，OCの長さをもとに△AOBの面積を求めることができる。

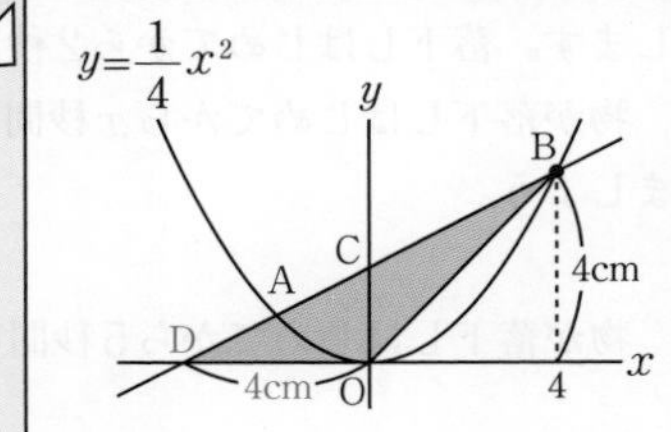

点D(−4，0)より，ODの長さをもとに△DOBの面積を求めることができる。

例題で確認! 次の問題に答えましょう。

右の図で，関数$y=-x^2$のグラフ上に2点A，Bがあります。点A，Bのx座標がそれぞれ−1，2のとき，△OABの面積を求めましょう。
（座標の1めもりを1cmとします。）

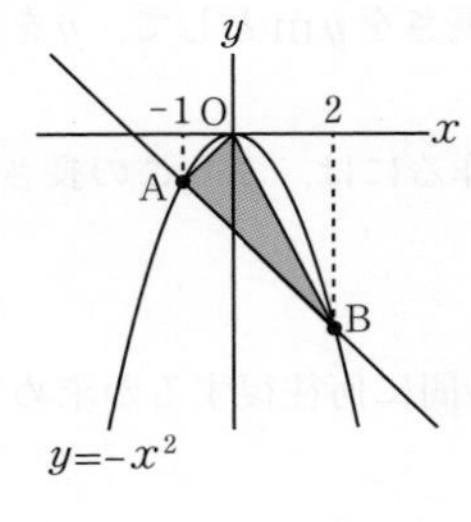

答 3cm²

考え方 直線ABの式を求めると，
$y=-x-2$
したがって，切片は−2で，
共通な底辺の長さは2cm

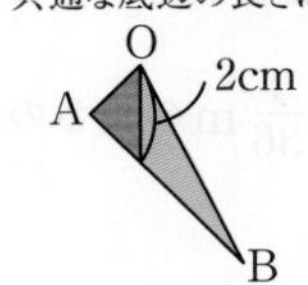

7章 関数 $y=ax^2$ の利用

答は752ページ。できた問題は，□をぬりつぶしましょう。

1 時速40kmで走る自動車の空走距離は10m，制動距離は11.2mでした。

→ 関 STEP 84

□(1) 時速 x kmで走る自動車の空走距離を y mとすると，y は x に比例します。

① y を x の式で表しましょう。

② 時速50kmで走るときの空走距離を求めましょう。

□(2) 時速 x kmで走る自動車の制動距離を y mとすると，y は x の2乗に比例します。

① y を x の式で表しましょう。

② 時速60kmで走るときの制動距離を求めましょう。

2 物が自然に落下するとき，落下する距離は，落下しはじめてからの時間の2乗に比例します。落下しはじめてから2秒間に落下する距離は19.6mです。 → 関 STEP 85

□(1) 物が落下しはじめてから x 秒間に落下する距離を y mとして，y を x の式で表しましょう。

□(2) 物が落下しはじめてから5秒間に落下する距離を求めましょう。

□(3) 高さ360mのところから物が落下すると，地面に落ちるまで何秒かかるか求めましょう。

3 ふりこの長さは，ふりこが1往復するのにかかる時間の2乗に比例します。1mの長さのふりこは，2秒間に1往復します。 → 関 STEP 86

□(1) x 秒間に1往復するふりこの長さを y mとして，y を x の式で表しましょう。

□(2) 6秒間に1往復するふりこを作るには，ふりこの長さを何mにすればよいか求めましょう。

□(3) $\frac{1}{36}$ mの長さのふりこは，1秒間に何往復するか求めましょう。

4 右の図は，1辺が6cmの正方形ABCDです。点P，Qは同時にBを出発して，点Pは秒速1cmで辺BA，AD，DC上をBからCまで動き，点Qは秒速1cmで辺BC上をBからCまで動きます。点P，QがBを出発してからx秒後の△BPQの面積を$y$cm^{2}とします。 → 関 STEP 88

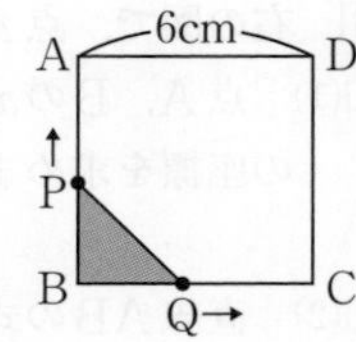

□(1) xの変域が次のとき，それぞれyをxの式で表しましょう。

① $0 \leqq x \leqq 6$　　② $6 \leqq x \leqq 12$　　③ $12 \leqq x \leqq 18$

□(2) 右の図は，(1)のグラフを表したものです。つづきをかいて完成させましょう。

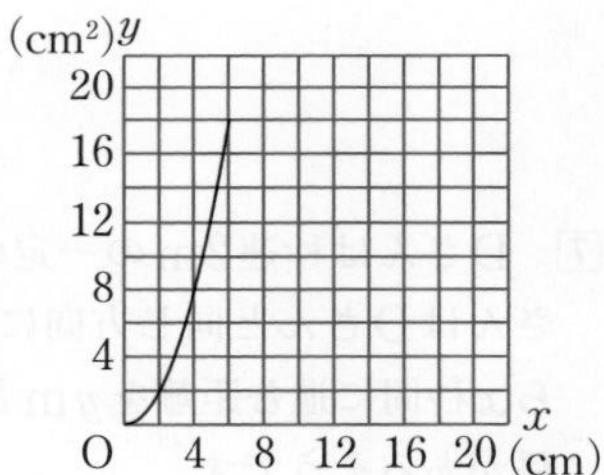

□(3) △BPQの面積が8cm^{2}になるときのxの値を求めましょう。

5 右の図Ⓐのように，正方形ABCDと直角二等辺三角形EFGが，直線ℓ上にならんでいます。三角形を固定し，正方形を直線ℓにそって矢印の方向に，頂点CがFに重なるまで動かします。図Ⓑのように，重なった部分は直角二等辺三角形になります。線分ECの長さを$x$cm，重なった部分の面積を$y$cm^{2}とします。 → 関 STEP 89

Ⓐ
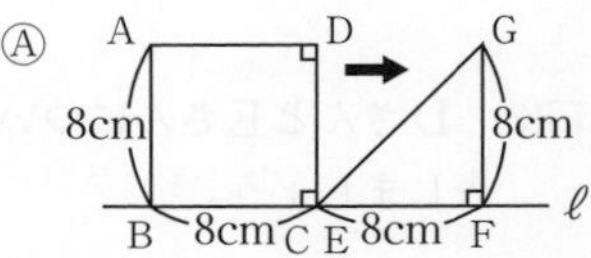

Ⓑ
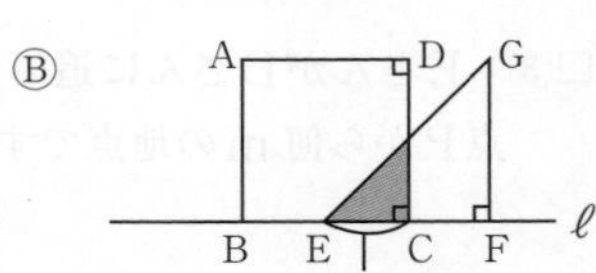

□(1) xの変域を求めましょう。

□(2) yをxの式で表しましょう。

□(3) 右の図に，(2)のグラフをかきましょう。

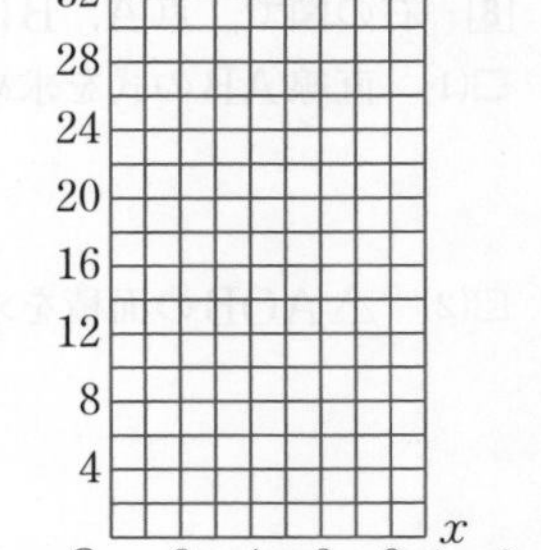

□(4) 重なった部分の面積が14cm^{2}になるときのxの値を求めましょう。

6 右の図で，点A，Bは関数$y=\frac{1}{2}x^2$と直線との交点です。 → 関 STEP 90・92

□(1) 点A，Bのx座標がそれぞれ-6，4のとき，点A，Bの座標を求めましょう。

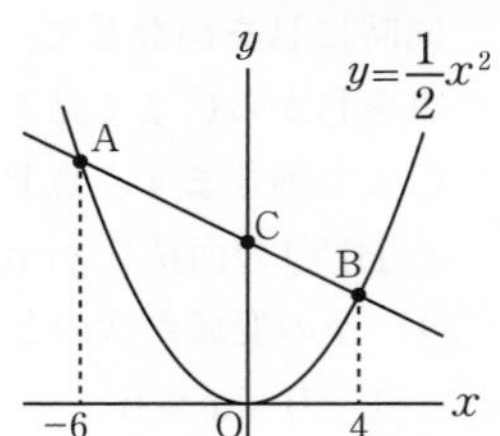

□(2) 直線ABの式を求めましょう。

□(3) 点Cの座標を求めましょう。

7 Dさんは秒速2mの一定の速さで走っています。地点Pを通過したのと同時に，EさんはDさんと同じ方向に向かって走り出しました。DさんとEさんが出発してからx秒間に進む距離をymとします。$0 \leqq x \leqq 6$では，Eさんについて，$y=\frac{1}{2}x^2$の関係があるそうです。 → 関 STEP 91

□(1) Dさんについて，yをxの式で表しましょう。

□(2) DさんとEさんについて，xとyの関係をグラフに表しましょう。

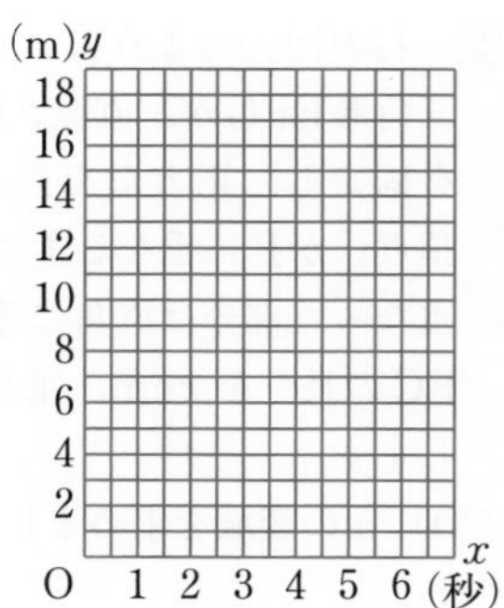

□(3) EさんがDさんに追いつくのは何秒後で，それは地点Pから何mの地点ですか。

8 右の図で，点A，Bは関数$y=x^2$のグラフと直線との交点です。 

□(1) 直線ABの式を求めましょう。

□(2) △AOBの面積を求めましょう。

8 データの活用 1年 2年

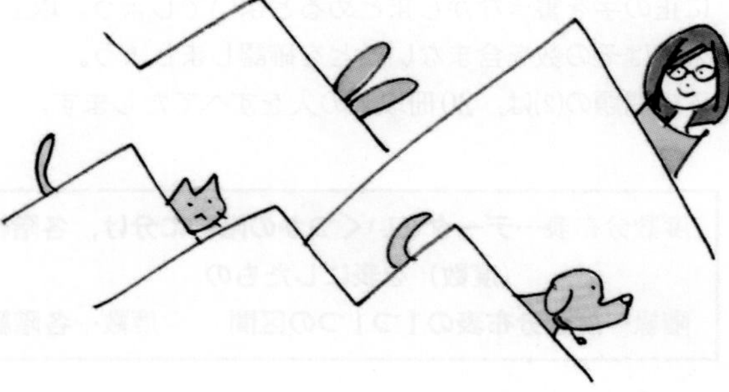

STEP 94

⑧章 データの活用

度数分布(1) 度数分布表

次の問題に答えましょう。

あるクラスで，1年間に読んだ本の冊数を調べました。下の左の表は，その冊数を一覧にまとめたものです。階級(かいきゅう)の幅を10冊にして，階級ごとの度数(どすう)を右の表にまとめましょう。

25	20	32	20	12
28	30	26	22	48
32	18	38	42	36
10	20	25	30	28
22	36	6	30	8
30	47	32	16	28
12	28	22	26	38

冊数(冊)	度数(人)
0以上 ～ 10未満	
10 ～ 20	
20 ～ 30	
30 ～ 40	
40 ～ 50	
計	35

答 (上から) 2，5，14，11，3

上の問題のつづきです。次の問題に答えましょう。

(1) 20冊以上30冊未満の人数を答えましょう。
(2) 20冊以上の人数を答えましょう。
(3) もっとも度数が多い階級を答えましょう。

答 (1) 14人 (2) 28人
(3) 20冊以上30冊未満

上の問題の右の表を度数分布表(どすうぶんぷひょう)といいます。度数を数えるときには，表の横に正の字を書きながらまとめるとよいでしょう。以上･以下はその数を含み，未満はその数を含まないことを確認しましょう。
下の問題の(2)は，20冊以上の人をすべてたします。

POINT

度数分布表…データをいくつかの階級に分け，各階級ごとのデータの個数（度数）を表にしたもの
階級…度数分布表の1つ1つの区間　度数…各階級のデータの個数

STEP 95

8章 データの活用

度数分布(2) 階級値

次の問題に答えましょう。

→ 関 STEP 94

あるクラスで，1人が1年間に読んだ本の冊数を調べました。右の表は，1年間に読んだ本の冊数の度数分布表です。

(1) このクラスの人数を求めましょう。

(2) 度数がもっとも多い階級と，その度数を答えましょう。

冊数(冊)	度数(人)
0以上 〜 10未満	3
10 〜 20	0
20 〜 30	12
30 〜 40	15
40 〜 50	7
計	

答 (1)37人

(2)30冊以上40冊未満，15人

上の問題のつづきです。次の問題に答えましょう。

(1) 冊数の多いほうから数えて25番目の人は，どの階級に入っているか答えましょう。

(2) 度数がもっとも多い階級の階級値（かいきゅうち）を求めましょう。

答 (1) 20冊以上30冊未満

(2) 35冊

上の問題の(1)は，各階級の度数の合計を求めます。$3+0+12+15+7=37$
したがって，このクラスの人数は37人です。

下の問題の(1)は，

40冊以上50冊未満…（多いほうから）1番目〜7番目

30冊以上40冊未満… 8番目〜22番目

20冊以上30冊未満…23番目〜34番目 ←25番目の人はここに入る。

(2)の**階級値**は，階級のまん中の値のことです。

POINT

階級値…階級のまん中の値

※30冊以上40冊未満の階級の階級値… $\frac{30+40}{2}=35$(冊)

STEP 96

⑧章 データの活用

度数分布(3) ヒストグラム

次の問題に答えましょう。 → 関 STEP 95

右の表は，あるクラスのソフトボール投げの記録の度数分布表です。

(1) 距離の長いほうから数えて10番目の人が入っている階級の，階級値を求めましょう。

(2) x の値を求めましょう。

距離(m)	度数(人)
20以上 ～25未満	2
25 ～30	1
30 ～35	7
35 ～40	x
40 ～45	9
45 ～50	5
50 ～55	2
計	35

答

(1)42.5m (2)9

上の問題のつづきです。次の問題に答えましょう。

上の問題の度数分布表をもとに，ヒストグラムを右の図にかきましょう。（うすい線はなぞりましょう。）

答

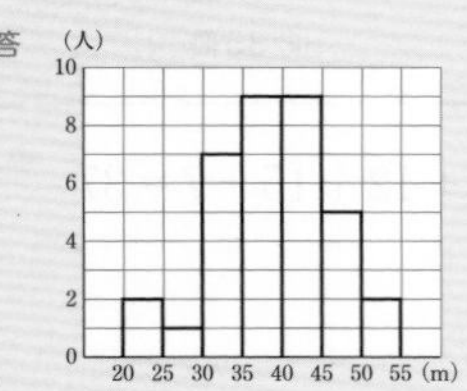

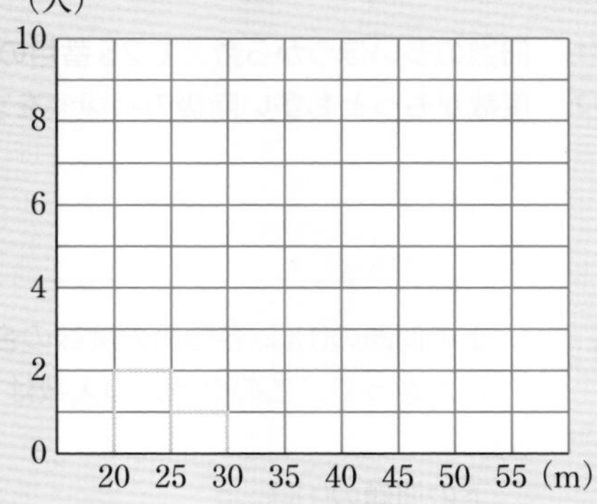

下の問題の柱状グラフのことを**ヒストグラム**ともいいます。データをヒストグラムに表すと，度数の分布のようすが見やすくなります。

POINT

ヒストグラム…階級の幅を底辺，度数を高さとする長方形をかいて度数の分布を柱状グラフとして表したもの

STEP 97

8章 データの活用

度数分布(4) 度数折れ線(度数分布多角形)

次の問題に答えましょう。

→ 関 STEP 96

下の表は，あるクラスのソフトボール投げの記録の度数分布表で，右の図は，そのヒストグラムです。左の度数分布表を完成させましょう。

距離(m)	度数(人)
20以上 ～ 25未満	
25 ～ 30	
30 ～ 35	
35 ～ 40	
40 ～ 45	
45 ～ 50	
計	

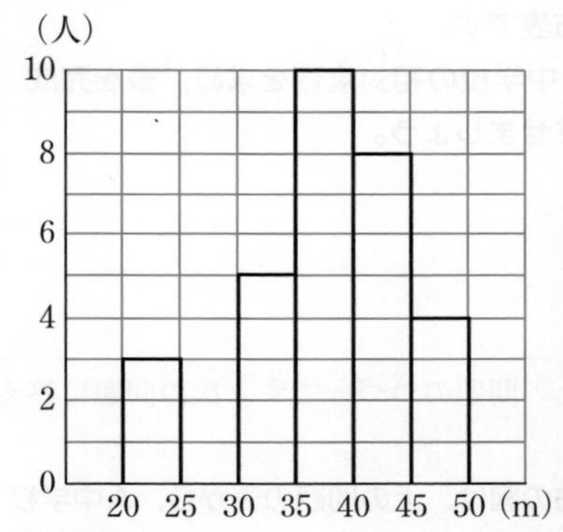

答

(上から) 3，0，5，10，8，4，30

上の問題のつづきです。次の問題に答えましょう。

上の問題のヒストグラムをもとに，度数折れ線を右の図にかきましょう。
(うすい線はなぞりましょう。)

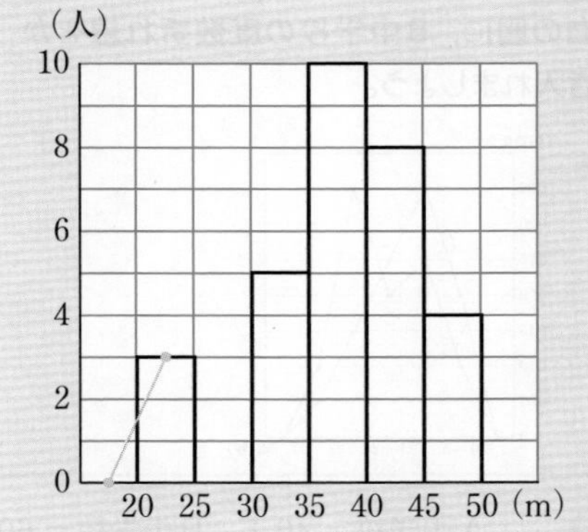

答

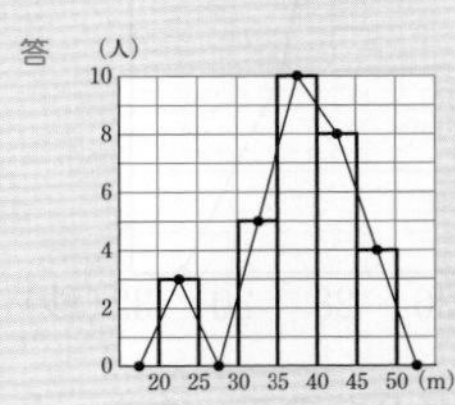

下の問題では，グラフの両端には，度数0の階級があるものと考えます。

ヒストグラムや**度数折れ線**（**度数分布多角形**ともいう。）を用いると，データの分布のようすがわかりやすくなります。

POINT

度数折れ線（度数分布多角形）…ヒストグラムにおいて，1つ1つの長方形の上の辺の中点をむすんだもの

STEP 98

8章 データの活用

度数分布(5) 相対度数

次の問題に答えましょう。

右の表は，A中学校とB中学校の男子生徒の，25m平泳ぎの記録の度数分布表です。
B中学校の相対度数を求め，表を完成させましょう。

記録(秒)	A中学校 度数(人)	A中学校 相対度数	B中学校 度数(人)	B中学校 相対度数
20以上 ～ 22未満	4	0.10	12	
22 ～ 24	10	0.25	21	
24 ～ 26	8	0.20	15	
26 ～ 28	14	0.35	9	
28 ～ 30	4	0.10	3	
計	40	1.00	60	

答 (上から) 0.20，0.35，0.25，0.15，0.05，1.00

上の問題のつづきです。次の問題に答えましょう。

右の図は，上の問題の表から，A中学校の相対度数を度数折れ線 (→ 関 STEP 97) にまとめたものです。
右の図に，B中学校の度数折れ線をかき入れましょう。

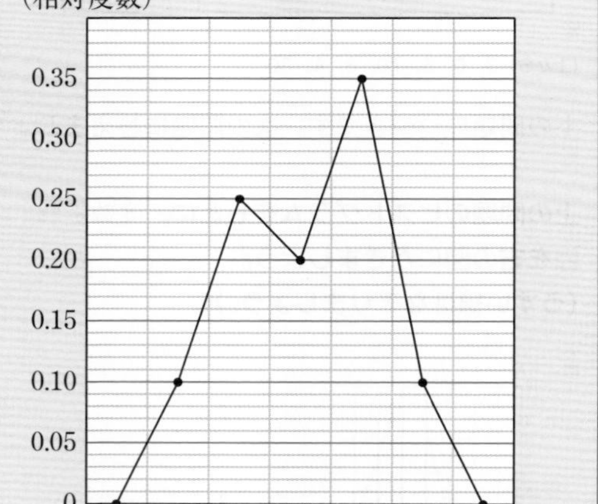

答

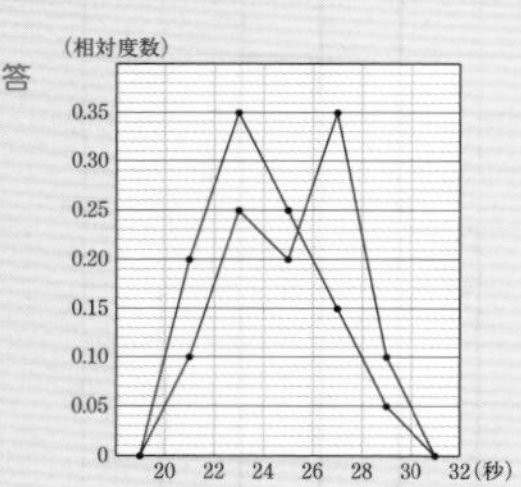

A中学校＝40人，B中学校＝60人と，度数の合計が異なる2つのデータを比べるときには，**相対度数**を用いると便利です。
この問題では，度数折れ線の形のちがいから，B中学校のほうが速い記録の生徒が多いということが読み取れます。

POINT

$$相対度数 = \frac{(その階級の度数)}{(度数の合計)}$$

8章 データの活用

度数分布(6) 累積度数

次の問題に答えましょう。 → 関 STEP 94

あるクラスの生徒30人の通学時間を調べました。下の表は，その通学時間の一覧です。この結果を整理して，右の度数分布表の度数にあてはまる数を書きましょう。

(単位：分)

12,	18,	9,	16,	11,	17,
13,	10,	19,	24,	14,	18,
15,	4,	28,	20,	12,	7,
18,	13,	22,	19,	16,	14,
18,	15,	12,	17,	16,	16

通学時間(分)	度数(人)	累積度数(人)
0以上 ～ 5未満		
5 ～10		
10 ～15		
15 ～20		
20 ～25		
25 ～30		
計		

答 (上から) 1，2，9，14，3，1，30

上の問題のつづきです。次の問題に答えましょう。

(1) 上の度数分布表の累積度数(るいせきどすう)にあてはまる数を書きましょう。

(2) 通学時間が15分未満の人数を答えましょう。

(3) 通学時間が短いほうから数えて15番目の生徒は，どの階級に入っているか答えましょう。

答

(1) (上から) 1，3，12，26，29，30

(2) 12人

(3) 15分以上20分未満の階級

上の問題では，10分は10分以上15分未満の階級，15分は15分以上20分未満の階級，20分は20分以上25分未満の階級に入ることに注意します。

下の問題の(1)の**累積度数**は，上から，1，$1+2=3$，$3+9=12$，$12+14=26$，…と順に計算していきます。

(2)は，累積度数を見て答えます。

(3)は，累積度数から，$12<15<26$より，15番目の生徒は15分以上20分未満の階級に入ると判断します。

POINT

累積度数…小さいほうからある階級までの度数の総和

度数分布(7) 累積相対度数

次の問題に答えましょう。 → 関 STEP 98・99

右の表は，ある中学校の1年生50人の走り幅跳びの記録を調べ，度数分布表に整理したものです。
相対度数を求め，表に書きましょう。

記録(cm)	度数(人)	相対度数	累積度数(人)	累積相対度数
200以上 ～250未満	2		2	
250 ～300	13		15	
300 ～350	23		38	
350 ～400	7		45	
400 ～450	5		50	
計	50			

答 (上から) 0.04，0.26，0.46，0.14，0.10，1.00

上の問題のつづきです。次の問題に答えましょう。

(1) 上の度数分布表の累積相対度数(るいせきそうたいどすう)にあてはまる数を書きましょう。
(2) 全体の76%の生徒は，何cm未満の記録であるといえるか答えましょう。

答 (1) (上から) 0.04，0.30，0.76，0.90，1.00 (2) 350cm未満の記録

上の問題で，相対度数は次のように求めます。

$$(\text{相対度数}) = \frac{(\text{その階級の度数})}{(\text{度数の合計})}$$

下の問題で，**累積相対度数**は2つの方法で求められます。

①各階級の相対度数を，小さいほうから求める階級まで順に加えます。

(例) $0.04,\ 0.04 + 0.26 = 0.30,\ 0.30 + 0.46 = 0.76,\ \cdots$

② $(\text{累積相対度数}) = \frac{(\text{その階級の累積度数})}{(\text{度数の合計})}$

(例) $\frac{2}{50} = 0.04,\ \frac{15}{50} = 0.30,\ \frac{38}{50} = 0.76,\ \cdots$

(2)で，累積相対度数を100倍すると，百分率になります。

POINT

累積相対度数…小さいほうからある階級までの相対度数の総和

STEP 101

8章 データの活用

代表値と散らばり(1) 平均値

次の問題に答えましょう。

→ 関 STEP 95

右の表は，あるクラスで，1人が1年間に読んだ本の冊数を度数分布表にまとめたものです。
階級値を入れて，表を完成させましょう。

冊数(冊)	階級値	度数(人)
0以上～10未満		2
10～20		6
20～30		11
30～40		9
40～50		2
計		30

答 (上から) 5，15，25，35，45

上の問題のつづきです。次の問題に答えましょう。

(1) (階級値)×(度数) を各階級ごとに求めましょう。

(2) (階級値)×(度数) の合計を求めましょう。

(3) (2)の結果を (度数の合計) でわり，平均値(へいきんち)を求めましょう。

冊数(冊)	階級値	度数(人)	(階級値)×(度数)
0以上～10未満	5	2	
10～20	15	6	
20～30	25	11	
30～40	35	9	
40～50	45	2	
計		30	

答 (1) (上から) 10，90，275，315，90 (2) 780 (3) 26冊

このクラス全体で1年間に読んだ本の特徴を表す値があれば，たとえば，となりのクラスとこのクラスでは，どちらがたくさん本を読んだかを比べて判断することができます。このような，データの値全体を代表する値を**代表値**(だいひょうち)といい，その1つに**平均値**(へいきんち)があります。

POINT

$$平均値 = \frac{(階級値) \times (度数)\ の合計}{(度数の合計)}$$

代表値と散らばり(2) 中央値

次の問題に答えましょう。

→ 関 STEP 101

**下のデータは，ある中学校のA組とB組の生徒の通学時間を調べたものです。単位は分です。
A組とB組について，それぞれの通学時間の平均値を求めましょう。**

A組							
12,	14,	10,	12,	15,	8,	23,	10,
7,	12,	14,	8,	14,	18,	18	

B組							
8,	6,	14,	8,	60,	9,	11,	18,
28,	7,	8,	14,	4,	15		

答
A組…13分
B組…15分

上の問題のつづきです。次の問題に答えましょう。

A組とB組の中央値（ちゅうおうち）を，それぞれ求めましょう。

答
A組…12分
B組…10分

下の問題は，通学時間の短い順に並べ，中央にくる値を求めます。

A組…7，8，8，10，10，12，12，[12，] 14，14，14，15，18，18，23
└→**データの総数が奇数**　　—**中央値**（8番目の値）

B組…4，6，7，8，8，8，[9，11，] 14，14，15，18，28，60
└→**データの総数が偶数**　　—$(9+11)\div2=$ [10]　**中央値**（7番目と8番目の値の平均値）

60分という，ひときわ長い人の影響で，B組のほうが平均値は長いですが，中央値で比べると，B組のほうが短いことがわかります。

POINT

中央値（メジアン）…データの値を大きさの順に並べたとき，その中央の値

代表値と散らばり(3) 最頻値

次の問題に答えましょう。

→ 関 STEP 102

下のデータは，ある中学校1年生19人のくつのサイズ（cm）を調べたものです。
中央値を求めましょう。

25,	24,	24,	23,	25,	25,	23,
25,	23,	27,	24,	25,	26,	24,
25,	24,	23,	25,	24		

答　24 cm

上の問題のつづきです。次の問題に答えましょう。

最頻値（さいひんち）を求めましょう。

答　25 cm

上の問題は，サイズの小さい順に並べ，中央にくる値を調べます。

23, 23, 23, 23, 24, 24, 24, 24, 24, [24,] 25, 25, 25, 25,
25, 25, 25, 26, 27

[24] ―中央値（10番目の値）

下の問題は，各サイズごとに，現れる数を調べます。

サイズ(cm)	数(人)
23	4
24	6
25	7
26	1
27	1

25 cm が7人で最多
⇒最頻値は25 cm

POINT

最頻値（モード）…データの値の中で，度数がもっとも多い値

STEP 104

⑧章 データの活用

代表値と散らばり(4) 散らばり

次の問題に答えましょう。

→ 関 STEP 101

下のデータは，ある班のソフトボール投げの記録を調べたものです。
単位はmです。
平均値を求めましょう。

34,　38,　23,　25,　50,　22,　25,　37,　30,　32

答　31.6m

上の問題のつづきです。次の問題に答えましょう。

(1)　**記録の最大値を答えましょう。**
(2)　**記録の最小値を答えましょう。**
(3)　**記録の範囲(はんい)を求めましょう。**

答　(1) 50m　(2) 22m　(3) 28m

上の問題は，データの値の合計を，データの個数でわります。
$(34+38+23+25+50+22+25+37+30+32) \div 10 = 31.6$

下の問題の(1)は，データの値の中で，最大の値を探します。
(2)は，データの値の中で，最小の値を探します。
(3)の**範囲**は**レンジ**ともいい，(最大値)－(最小値)で求めます。データの散らばりぐあいをはかるときに便利です。

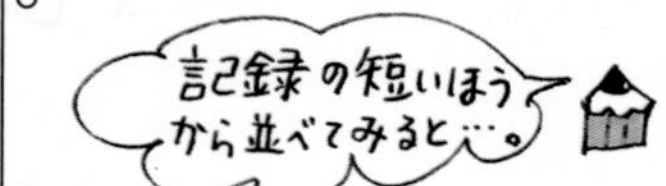

(22), 23, ………… 37, 38, (50)
最小値 ←→ 最大値
範囲は 28m

POINT

範囲（レンジ）＝最大値－最小値

例題で確認! 次の問題に答えましょう。

下の表は，A班とB班のソフトボール投げの記録をそれぞれ調べたものです。

〔A班〕

距離(m)	階級値	度数(人)
20以上 ～ 25未満	22.5	0
25 ～ 30	27.5	0
30 ～ 35	32.5	2
35 ～ 40	37.5	5
40 ～ 45	42.5	3
45 ～ 50	47.5	0
50 ～ 55	52.5	0
計		10

〔B班〕

距離(m)	階級値	度数(人)
20以上 ～ 25未満	22.5	1
25 ～ 30	27.5	1
30 ～ 35	32.5	2
35 ～ 40	37.5	2
40 ～ 45	42.5	1
45 ～ 50	47.5	2
50 ～ 55	52.5	1
計		10

(1) A班とB班の記録の平均値を，それぞれ求めましょう。

(2) A班とB班の記録の中央値を，それぞれ求めましょう。

(3) 下の図に，A班とB班の記録のヒストグラムを，それぞれかきましょう。

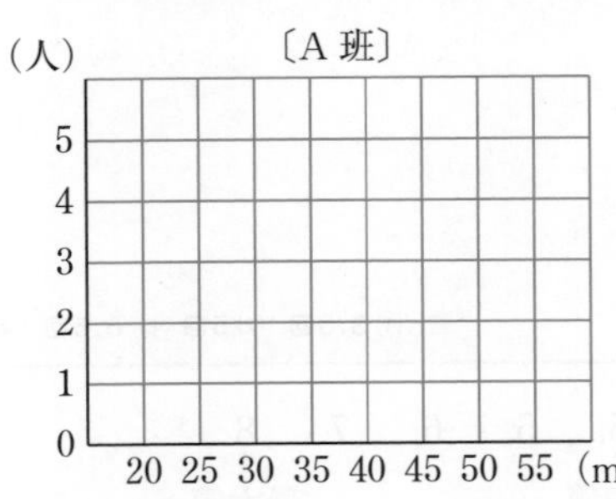

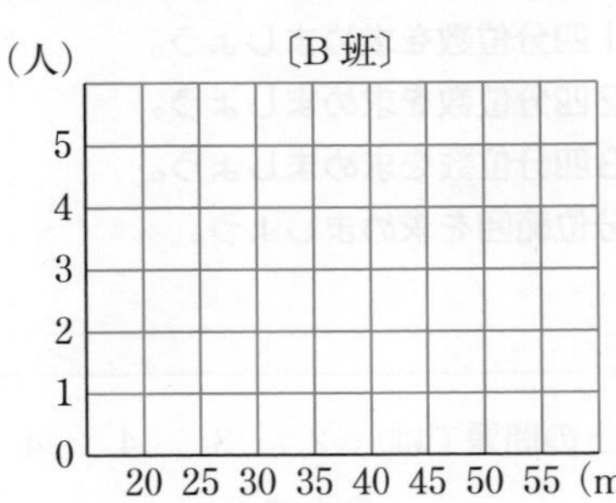

答 (1) A班…38 m　B班…38 m

(2) A班…37.5 m　B班…37.5 m

(3)

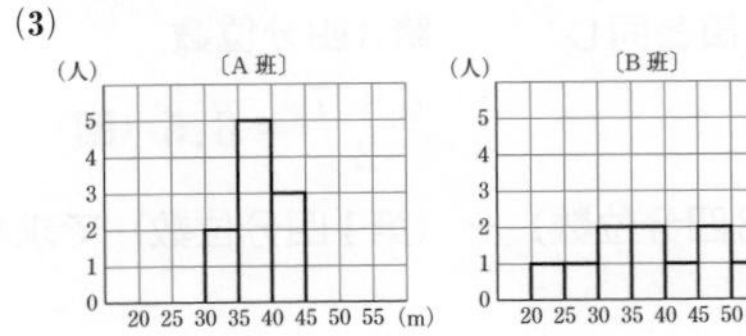

平均値と中央値が同じでも，散らばりぐあいはずいぶんちがうね。

STEP 105 ⑧章 データの活用

代表値と散らばり(5) 四分位数

次の問題に答えましょう。 → 関 STEP 102・104

下の記録は，ある中学校の生徒９人が，バスケットボールの練習で，１人10回ずつシュートをして入った回数を調べたものです。

（単位：回）

6,	3,	5,	7,	5,	4,	2,	8,	4

(1) シュートの入った回数を少ない順に並べかえましょう。
(2) 最大値を答えましょう。
(3) 最小値を答えましょう。
(4) 範囲を求めましょう。
(5) 中央値を答えましょう。

答
(1) 2，3，4，4，5，5，6，7，8
(2) 8回　(3) 2回　(4) 6回　(5) 5回

上の問題のつづきです。次の問題に答えましょう。

(1) 第１四分位数を求めましょう。
(2) 第２四分位数を求めましょう。
(3) 第３四分位数を求めましょう。
(4) 四分位範囲を求めましょう。

答　(1) 3.5回　(2) 5回　(3) 6.5回　(4) 3回

上の問題では，2，　3，　4，　4，　5，　5，　6，　7，　8

最小値（2）　中央値（5）　最大値（8）

範囲は，（範囲）＝（最大値）－（最小値）で求めます。

下の問題では，2，　3，　4，　4，　5，　5，　6，　7，　8

データの前半の中央値が第１四分位数（しぶんいすう）

$\frac{3+4}{2}=3.5$（回）

第２四分位数（中央値と同じ）

データの後半の中央値が第３四分位数

$\frac{6+7}{2}=6.5$（回）

四分位範囲（しぶんいはんい）は，（四分位範囲）＝（第３四分位数）－（第１四分位数）で求めます。

代表値と散らばり(6) 箱ひげ図

次の問題に答えましょう。 → 関 STEP 105

下の記録は，ある中学校の生徒10人のハンドボール投げの結果です。

（単位：m）

14,	17,	18,	20,	20,	21,	22,	22,	27,	28

(1) 最小値を答えましょう。

(2) 第1四分位数を求めましょう。

(3) 第2四分位数（中央値）を求めましょう。

(4) 第3四分位数を求めましょう。

(5) 最大値を答えましょう。

答

(1) 14m (2) 18m (3) 20.5m

(4) 22m (5) 28m

上の問題のつづきです。ハンドボール投げの結果を箱ひげ図に表しましょう。

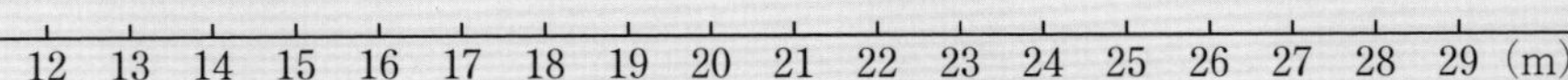

答

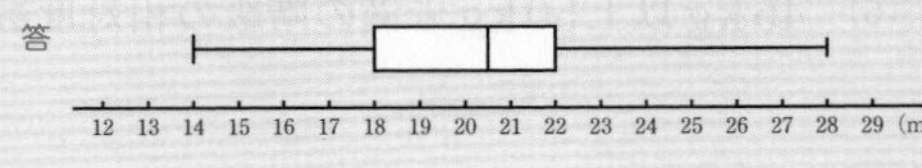

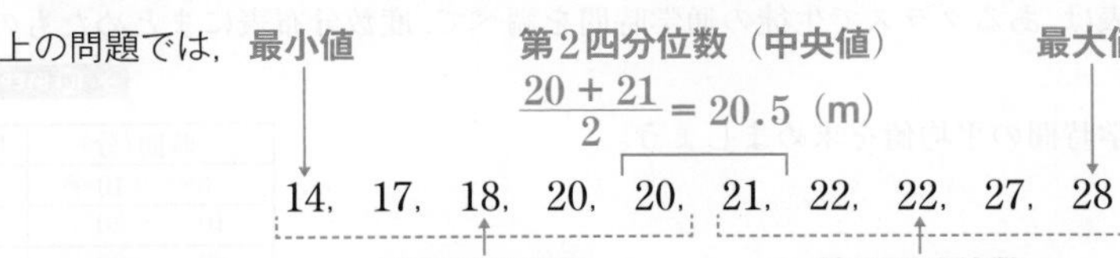

下の問題で，箱ひげ図は次のようなしくみになっています。

基本をチェック！(8)　8章　データの活用

答は753・754ページ。できた問題は，□をぬりつぶしましょう。

1　右の表は，S中学1年生の生徒100人の体重測定の結果をまとめた度数分布表です。

→ 関 STEP 94～98

体重(kg)	度数(人)
25以上～30未満	5
30　～35	20
35　～40	25
40　～45	x
45　～50	15
50　～55	10
計	100

□(1)　xの値を求めましょう。

□(2)　40kg未満の人数を求めましょう。

□(3)　体重が軽いほうから数えて30番目の人が入っている階級の階級値を求めましょう。

□(4)　度数分布表をもとに，ヒストグラムを右の図にかきましょう。

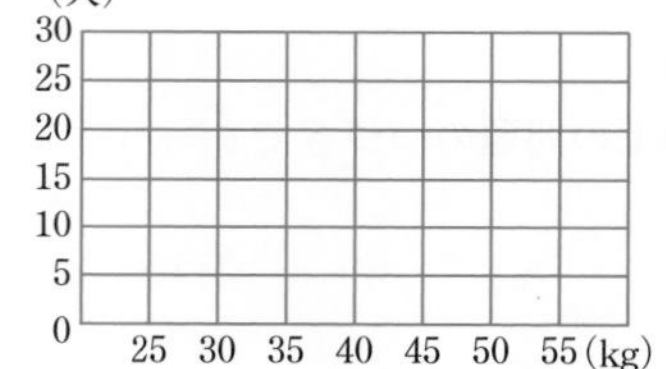

□(5)　(4)のヒストグラムをもとに，右の図に度数折れ線をかきましょう。

□(6)　45kg以上50kg未満の階級の相対度数を求めましょう。

2　右の表は，あるクラスで生徒の通学時間を調べて，度数分布表にまとめたものです。

→ 関 STEP 101～103

時間(分)	度数(人)
0以上～10未満	3
10　～20	7
20　～30	12
30　～40	6
40　～50	2
計	30

□(1)　通学時間の平均値を求めましょう。

□(2)　通学時間の中央値を求めましょう。

□(3)　通学時間の最頻値を求めましょう。

3 下のデータは，A中学校1年生の1組20人と2組20人に対しての，「1か月の読書時間」について調べた結果です。 → 関 STEP 99・100

1組 (単位：時間)

10, 19, 0, 12, 7, 23, 10,
4, 17, 13, 11, 5, 3, 15,
11, 0, 12, 9, 6, 10

2組 (単位：時間)

15, 12, 5, 19, 7, 13, 15,
11, 3, 14, 4, 13, 16, 9,
15, 5, 12, 6, 13, 7

□(1) 1組の度数分布表を完成させましょう。

読書時間(時間)	度数(人)	相対度数	累積度数(人)	累積相対度数
0以上～4未満				
4 ～ 8				
8 ～12				
12 ～16				
16 ～20				
20 ～24				
計				

□(2) 2組の度数分布表を完成させましょう。

読書時間(時間)	度数(人)	相対度数	累積度数(人)	累積相対度数
0以上～4未満				
4 ～ 8				
8 ～12				
12 ～16				
16 ～20				
20 ～24				
計				

4 **3**でつくった度数分布表を見て答えましょう。 → 関 STEP 99・100

□(1) 1組の読書時間が8時間未満の生徒は，全体の何%か求めましょう。

□(2) 2組の読書時間が12時間以上の生徒は，全体の何%か求めましょう。

□(3) 1組で，読書時間が短いほうから数えて10番目の生徒は，どの階級に入っているか答えましょう。

□(4) 2組で，読書時間が短いほうから数えて10番目の生徒は，どの階級に入っているか答えましょう。

□5 右の表は，Aさんが10点満点の計算テストを，10回行ったときの成績を表しています。これを箱ひげ図に表しましょう。 → 関 STEP 105・106

回	1	2	3	4	5	6	7	8	9	10
得点(点)	6	8	4	7	10	8	5	9	8	10

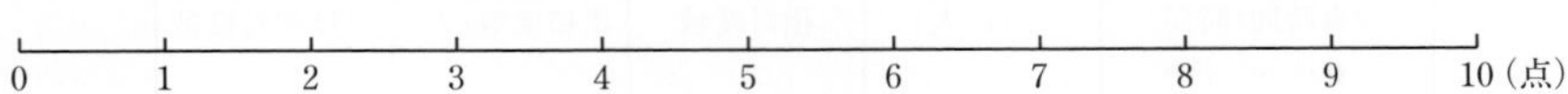

□6 次のヒストグラム①～③について，同じデータを使ってかいた箱ひげ図を，それぞれ㋐～㋒の中から選びましょう。 → 関 STEP 105・106

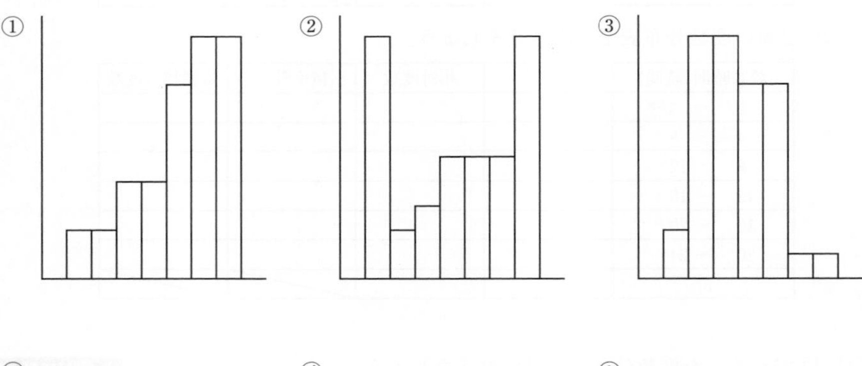

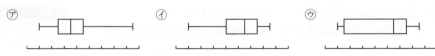

9 確率 1年 2年

確率 確率とは

次の問題に答えましょう。

下の表は，1枚の硬貨を投げたときの，投げた回数と，表が出た回数をまとめたものです。
$(表が出た相対度数)=\frac{(表が出た回数)}{(投げた回数)}$ の式をもとに，
□にあてはまる数を入れましょう。

投げた回数	100	200	400	600	800	1000
表が出た回数	60	90	210	297	408	500
相対度数	0.600		0.525			

答　(左から) 0.450，0.495，0.510，0.500

上の問題のつづきです。次の問題に答えましょう。

投げた回数を多くしていくと，表が出た相対度数はある一定の値に近づいていきます。このある一定の値を求めましょう。

答　0.500

この問題では，1枚の硬貨を投げる回数を，100回→200回→…→800回→1000回と，くり返していきます。そうすることで，表が出る相対度数はある一定の値（ここでは0.500）に近づいていきます。
このように，あることがらの起こることが期待される程度を表す数を，そのことがらの起こる**確率**(かくりつ)といいます。
一般に，確率は分数で表します。$\left(0.500\to\frac{1}{2}\right)$

POINT

$確率=\frac{(あることがらが起こる場合の数)}{(起こりうるすべての場合の数)}$

確率の求め方(1) 樹形図

次の問題に答えましょう。

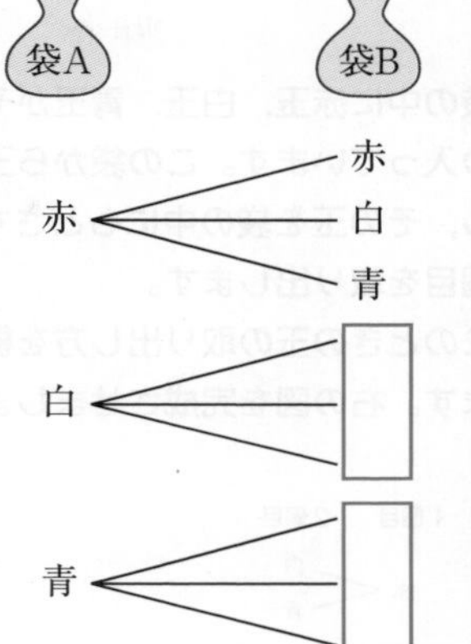

赤玉，白玉，青玉がそれぞれ１個ずつ入った２つの袋A，Bがあります。この２つの袋からそれぞれ玉を１個ずつ取り出すとき，

(1)　右の樹形図を完成させましょう。

(2)　２個の玉の取り出し方は，全部で何通りあるか求めましょう。

答 (1) 白＜赤・白・青　青＜赤・白・青　(2) ９通り

上の問題のつづきです。次の問題に答えましょう。

(1)　２個とも赤玉が出る場合は何通りあるか求めましょう。

(2)　２個とも赤玉が出る確率を求めましょう。

(3)　赤玉と青玉が１個ずつ出る場合は何通りあるか求めましょう。

(4)　赤玉と青玉が１個ずつ出る確率を求めましょう。

答 (1) １通り (2) $\frac{1}{9}$ (3) ２通り (4) $\frac{2}{9}$

上の問題のような図（**樹形図**）をかくと，起こりうるすべての場合をあげることができます。下の問題の(1)の場合は◯，(3)の場合は◯です。

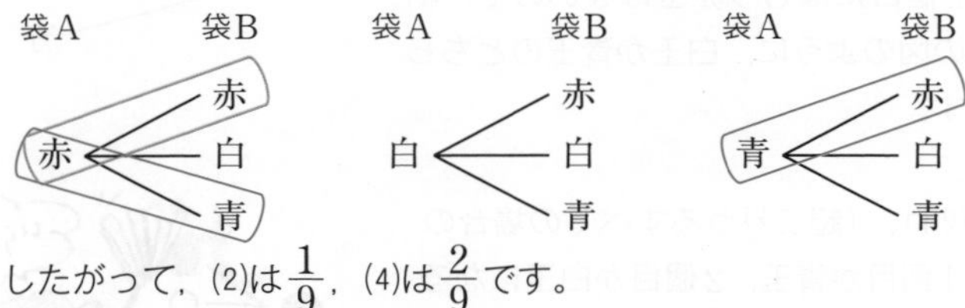

したがって，(2)は$\frac{1}{9}$，(4)は$\frac{2}{9}$です。

POINT

確率を求めるときは，樹形図をかくとわかりやすくなります。

STEP 109

9章 確率

確率の求め方(2) 玉をつづけて取り出す場合

次の問題に答えましょう。

→ 関 STEP 108

袋の中に赤玉，白玉，青玉がそれぞれ１個ずつ入っています。この袋から玉を１個取り出し，その玉を袋の中にもどさずにつづけて２個目を取り出します。
このときの玉の取り出し方を樹形図にまとめます。右の図を完成させましょう。

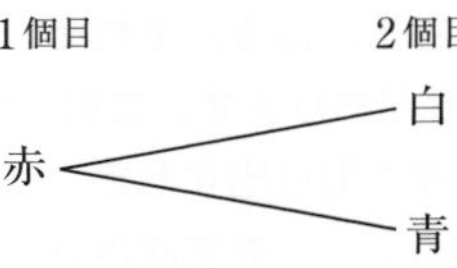

白

青

答　１個目　２個目

上の問題のつづきです。次の問題に答えましょう。

(1)　玉の取り出し方は，全部で何通りあるか求めましょう。
(2)　１個目に青玉，２個目に白玉を取り出す確率を求めましょう。

答　(1) 6通り　(2) $\frac{1}{6}$

この問題では，1個目で取り出した玉を袋の中にもどしません。したがって，最初に赤玉を取り出すと，2個目にはもう赤玉はないので，樹形図は，右の図のように，白玉か青玉のどちらかになります。

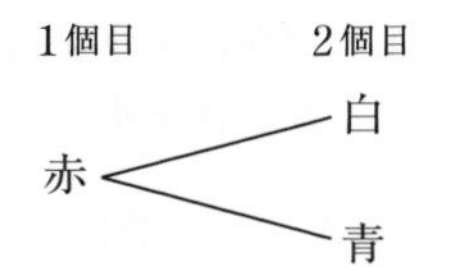

下の問題の(2)は，（起こりうるすべての場合の数）は6，（1個目が青玉，2個目が白玉になる場合の数）は1なので，$\frac{1}{6}$ です。

POINT

「つづけて取り出す」ときは，1個目に取り出したものは，2個目にはもうないことに注意しましょう。

例題で確認! 次の問題に答えましょう。

袋の中に赤玉，白玉，黒玉，青玉がそれぞれ1個ずつ入っています。この袋から玉を1個ずつ3個取り出します。右の図は，1個目に赤玉を取り出したときの樹形図です。

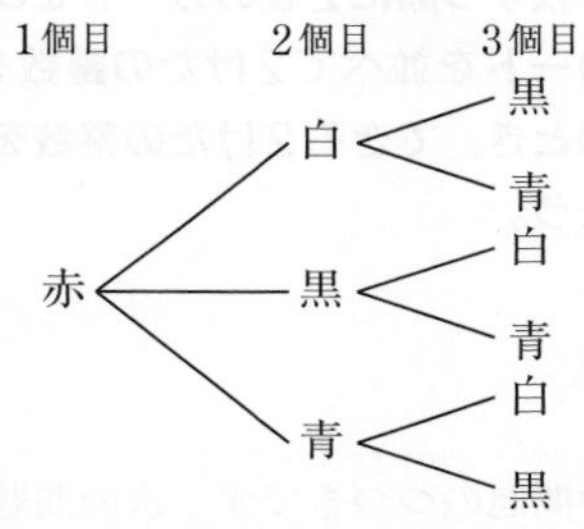

(1) 右の図と同様に，1個目に取り出したのが白玉のとき，黒玉のとき，青玉のときの樹形図を，それぞれ完成させましょう。

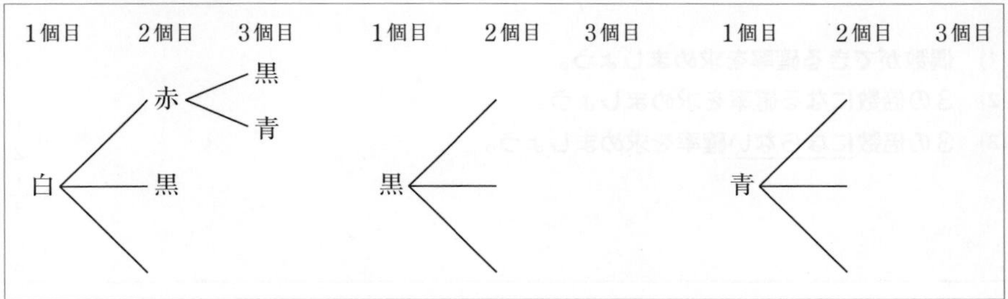

(2) 起こりうるすべての玉の取り出し方を，計算で求めます。□にあてはまる数を入れましょう。

(起こりうるすべての玉の取り出し方)

$=\begin{pmatrix}\text{1個目の玉の}\\\text{取り出し方}\end{pmatrix}\times\begin{pmatrix}\text{2個目の玉の}\\\text{取り出し方}\end{pmatrix}\times\begin{pmatrix}\text{3個目の玉の}\\\text{取り出し方}\end{pmatrix}$

$=4\times\square\times\square=\square$ (通り)

(3) 取り出した玉が，赤玉，白玉，黒玉である取り出し方は何通りあるか求めましょう。

(4) 取り出した玉が，赤玉，白玉，黒玉である確率を求めましょう。

(5) 赤玉→白玉→黒玉の順に取り出す確率を求めましょう。

答

(1)
白 ― 赤 ＜ 黒・青，黒 ＜ 赤・青，青 ＜ 赤・黒
黒 ― 赤 ＜ 白・青，白 ＜ 赤・青，青 ＜ 赤・白
青 ― 赤 ＜ 白・黒，白 ＜ 赤・黒，黒 ＜ 赤・白

(2) $4\times\boxed{3}\times\boxed{2}=\boxed{24}$ (通り)

(3) 6通り　(4) $\frac{1}{4}$　(5) $\frac{1}{24}$

考え方

(3) 赤－白－黒，赤－黒－白，白－赤－黒，白－黒－赤，黒－赤－白，黒－白－赤の6通り。順番は関係ない。

(5) 赤→白→黒の順は1通りだけ。

STEP 110

9章 確率

確率の求め方(3) カードを並べる場合

次の問題に答えましょう。

→ 関 STEP 108

1から4までの数字が1つずつ書かれた4枚のカードがあります。このカードをよくきってから1枚ずつ順に2枚のカードをひき，ひいた順にカードを並べて2けたの整数をつくります。このとき，できる2けたの整数をすべて書きましょう。

答 12，13，14，21，23，24，31，32，34，41，42，43

上の問題のつづきです。次の問題に答えましょう。

(1) 偶数ができる確率を求めましょう。

(2) 3の倍数になる確率を求めましょう。

(3) 3の倍数にならない確率を求めましょう。

答 (1) $\frac{1}{2}$ (2) $\frac{1}{3}$ (3) $\frac{2}{3}$

上の問題は，樹形図をかいて考えると，もれを防げます。

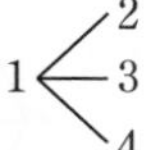

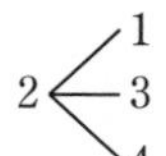

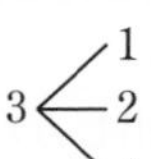

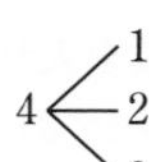

〔12，13，14〕〔21，23，24〕〔31，32，34〕〔41，42，43〕→12通り

下の問題の(1)は，偶数は12，14，24，32，34，42の6通りです。
したがって，$\frac{6}{12}=\frac{1}{2}$です。
(2)は，3の倍数は12，21，24，42の4通りなので，$\frac{4}{12}=\frac{1}{3}$です。

また，確率のとりうる値の範囲は0以上1以下で，あることがらが必ず起こるときの確率は1です。したがって(3)は，
(3の倍数にならない確率)＝1－(3の倍数になる確率) で考えます。

POINT

●カードを並べて数をつくる問題

■何けたの数をつくるのか，に注意しましょう。
⇒「012」は3けたの整数ではありません。
■できるすべての数を，最初に書き出すと，
わかりやすくなります。

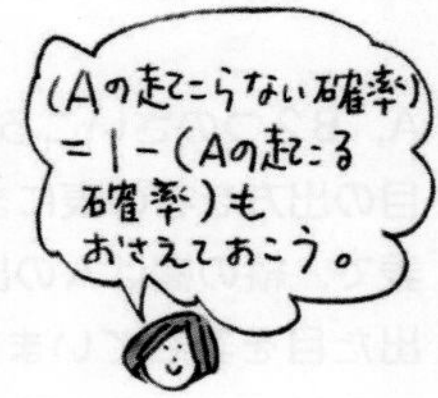

例題で確認! 次の問題に答えましょう。

0から3までの数字が1つずつ書かれたカードが4枚あります。このカードをよくきってから1枚ずつ順に3枚のカードをひき，ひいた順にカードを並べて3けたの整数をつくります。

(1) このときできる3けたの整数をすべて書き出します。□にあてはまる数を入れましょう。

〔百の位が1〕
102，103，
120，123，
ア，132

〔百の位が2〕
201，203，
210，イ，
230，231

〔百の位が3〕
ウ，302，
310，312，
320，321

(2) 3けたの整数は全部で何通りできますか。

(3) 奇数ができる確率を求めましょう。

(4) できる3けたの整数が120より小さくなる確率を求めましょう。

(5) できる3けたの整数が320より小さくなる確率を求めましょう。

答

(1) ア 130 イ 213
ウ 301

(2) 18通り

(3) $\frac{4}{9}$ (4) $\frac{1}{9}$ (5) $\frac{8}{9}$

考え方 百の位が0はない。

(3) 103，123，201，203，213，231，301，321の8通りなので，$\frac{8}{18}=\frac{4}{9}$

(5) 320より小さい数を数えてもよいが，320以上の数は2つなので，$1-\frac{2}{18}=\frac{16}{18}=\frac{8}{9}$と求めてもよい。

STEP 111

9章 確率

確率の求め方(4) さいころの目の出方

次の問題に答えましょう。

A，B2つのさいころを同時に投げるとき，目の出方を右の表にまとめました。表で，縦の欄はAの出た目，横の欄はBの出た目を表しています。（たとえば，☆のマスは，Aが4の目，Bは2の目が出たことを表しています。）目の出方は，全部で何通りあるか求めましょう。

A＼B	⚀	⚁	⚂	⚃	⚄	⚅
⚀						
⚁						
⚂						
⚃		☆				
⚄						
⚅						

答　36通り

上の問題のつづきです。次の問題に答えましょう。

(1)　同じ目が出る場合は何通りあるか求めましょう。
(2)　同じ目が出る確率を求めましょう。
(3)　ちがう目が出る確率を求めましょう。

答　(1)6通り　(2) $\frac{1}{6}$　(3) $\frac{5}{6}$

上の問題は，マスの数が目の出方になるので，36通りです。

下の問題の「同じ目が出る場合」は，右の表の○のマスなので，全部で6通りあります。
(3)の「ちがう目が出る確率」は，1－（同じ目が出る確率）で求めることができるので，
$1-\frac{1}{6}=\frac{5}{6}$です。

A＼B	⚀	⚁	⚂	⚃	⚄	⚅
⚀	○					
⚁		○				
⚂			○			
⚃				○		
⚄					○	
⚅						○

さいころの目の出方は，表を使って考えるとわかりやすいです。

POINT

例題で確認! 次の問題に答えましょう。

1つのさいころを2回投げるとき，次の確率を求めましょう。（右の表を利用しましょう。）

(1)　目の和が5になる確率

(2)　目の和が10になる確率

(3)　目の和が4以下になる確率

	⚀	⚁	⚂	⚃	⚄	⚅
⚀						
⚁						
⚂						
⚃						
⚄						
⚅						

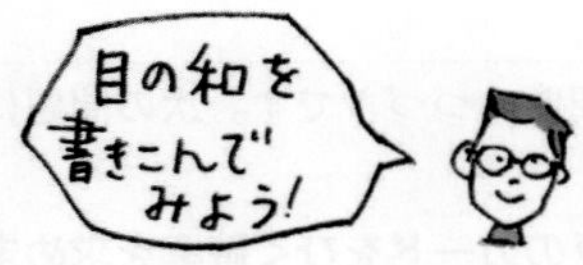

答

(1) $\frac{1}{9}$

(2) $\frac{1}{12}$

(3) $\frac{1}{6}$

考え方（目の和を書きこんだ表）

	⚀	⚁	⚂	⚃	⚄	⚅
⚀	2	3	4	5	6	7
⚁	3	4	5	6	7	8
⚂	4	5	6	7	8	9
⚃	5	6	7	8	9	10
⚄	6	7	8	9	10	11
⚅	7	8	9	10	11	12

2つのさいころを同時に投げる場合も，1つのさいころを2回投げる場合も，起こりうる場合の数は同じです。

POINT

例題で確認! 次の問題に答えましょう。

A，B2つのさいころを同時に投げるとき，次の確率を求めましょう。

(1)　3の目がまったく出ない確率

(2)　目の数の差が4になる確率

(3)　目の数の和が15以上になる確率

答

(1) $\frac{25}{36}$

(2) $\frac{1}{9}$

(3) 0

考え方（目の差を書きこんだ表）

(1) 逆に「3の目が出る確率」を考えると，右の表の11通り。

$1-\frac{11}{36}=\frac{25}{36}$

(3) けっして起こらないことがらの確率は0。

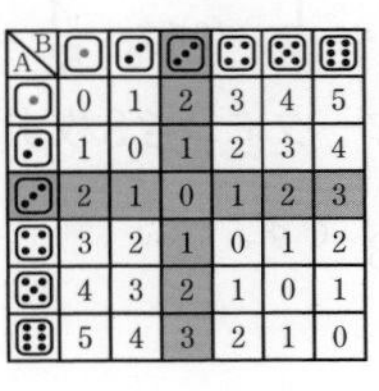

A＼B	⚀	⚁	⚂	⚃	⚄	⚅
⚀	0	1	2	3	4	5
⚁	1	0	1	2	3	4
⚂	2	1	0	1	2	3
⚃	3	2	1	0	1	2
⚄	4	3	2	1	0	1
⚅	5	4	3	2	1	0

STEP 112 ⑨章 確率

確率の求め方(5) トランプのカードを取り出す場合

次の問題に答えましょう。

トランプのマークには♥，♦，♠，♣の４種類あり，それぞれ１３枚ずつあります。ジョーカー以外の52枚のトランプをよくきり，その中から１枚をひくとき，

(1) 起こりうるすべての場合は何通りか求めましょう。

(2) ♥のカードをひく場合は何通りか求めましょう。

(3) ３のカードをひく場合は何通りか求めましょう。

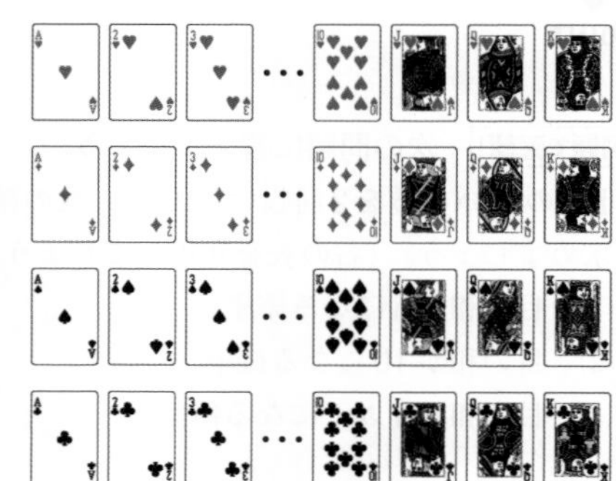

答 (1) 52通り (2) 13通り (3) 4通り

上の問題のつづきです。次の問題に答えましょう。

(1) ♥のカードをひく確率を求めましょう。

(2) ３のカードをひく確率を求めましょう。

(3) 絵札（J，Q，K）をひく確率を求めましょう。

答 (1) $\frac{1}{4}$ (2) $\frac{1}{13}$ (3) $\frac{3}{13}$

上の問題の(1)は，52種類のトランプから1枚をひくので，起こりうる場合は，全部で52通りです。

(2)は，♥は13枚あるので13通り。(3)は，♥3，♦3，♠3，♣3の4枚あるので4通りです。

下の問題の(1)は，$\frac{13}{52}=\frac{1}{4}$，(2)は，$\frac{4}{52}=\frac{1}{13}$です。

(3)は，絵札は1つのマークにつき3枚ずつあるので，全部で12枚です。

したがって，$\frac{12}{52}=\frac{3}{13}$ です。

トランプのカードを取り出す問題では，マークの種類と数字に着目して考えましょう。

POINT

例題で確認! 次の問題に答えましょう。

ジョーカー以外の52枚のトランプをよくきり，その中から1枚をひくとき，

(1) ひいたカードが♥か♦か♠か♣のどれかである確率を求めましょう。

(2) ひいたカードがジョーカーである確率を求めましょう。

答 (1) 1

(2) 0

考え方

(1) 起こりうる場合の数は52なので，$\frac{52}{52}=1$

(2) けっして起こらないことがらの確率は0。

例題で確認! 次の問題に答えましょう。

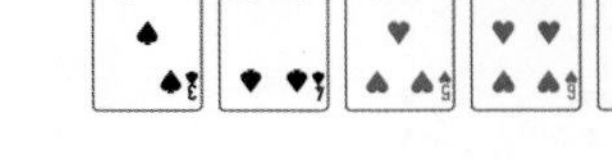

右のように，トランプのカードが5枚あります。これらのカードを箱に入れ，そこから同時に2枚取り出すとき，

(1) 起こりうるすべての場合（組み合わせ）は何通りか求めましょう。

(2) 2枚ともハート（♥）である確率を求めましょう。

答

(1) 10通り　(2) $\frac{3}{10}$

考え方

(1) 同時に2枚取り出したときの「組み合わせ」なので，たとえば,「♠3と♥5」と「♥5と♠3」は同じと考える。したがって，これは2通りではなく1通り。樹形図で考えると，同じ組み合わせの一方を消すと，残りは10通り。

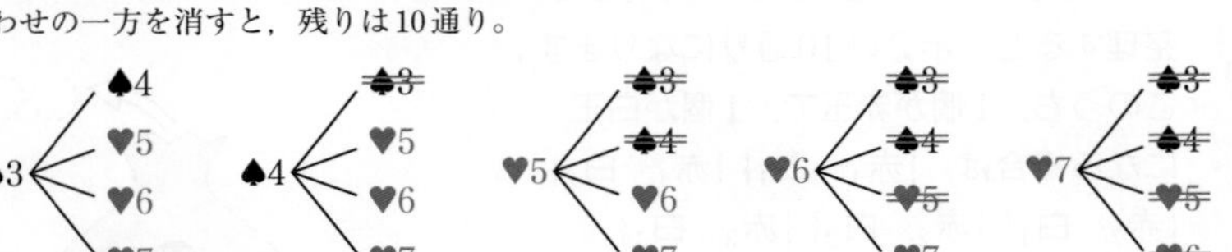

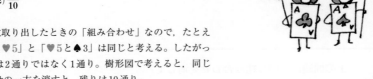

「組み合わせ」を考えるときは，同じ組み合わせを消して整理しましょう。

POINT

確率の求め方(6) 同時に2個の玉を取り出す場合

次の問題に答えましょう。

→ 関 STEP 112

袋の中に,赤玉3個と白玉2個が入っています。この袋から,同時に2個の玉を取り出します。このときの玉の取り出し方を,赤玉を「赤$_1$」「赤$_2$」「赤$_3$」,白玉を「白$_1$」「白$_2$」として樹形図にまとめます。「赤$_1$と赤$_2$」「赤$_2$と赤$_1$」は同じことと考え,右の樹形図で,同じ組み合わせの一方を＝で消し,起こりうるすべての場合の数（組み合わせ）が何通りか求めましょう。

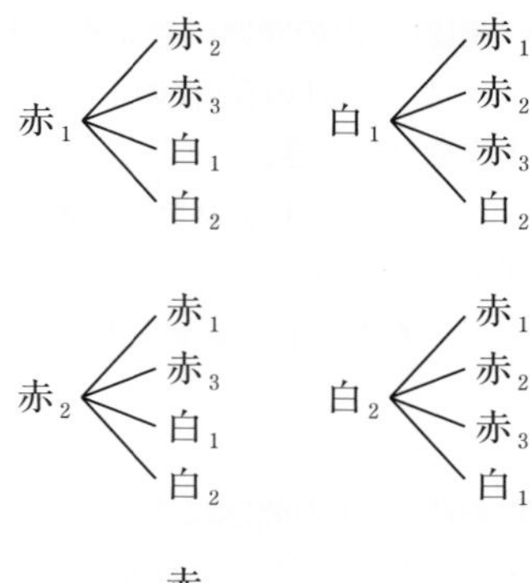

答

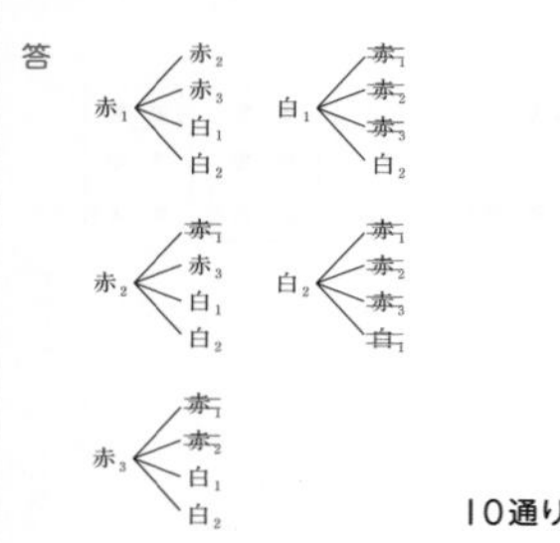

10通り

上の問題のつづきです。次の問題に答えましょう。

1個が赤玉で,1個が白玉になる確率を求めましょう。

答 $\frac{3}{5}$

上の問題は,同じ組み合わせを消して整理すると,半分の10通りになります。このうち,1個が赤玉で,1個が白玉になる場合は,{赤$_1$,白$_1$}{赤$_1$,白$_2$}{赤$_2$,白$_1$}{赤$_2$,白$_2$}{赤$_3$,白$_1$}{赤$_3$,白$_2$}の6通りなので,下の問題は,$\frac{6}{10}=\frac{3}{5}$です。

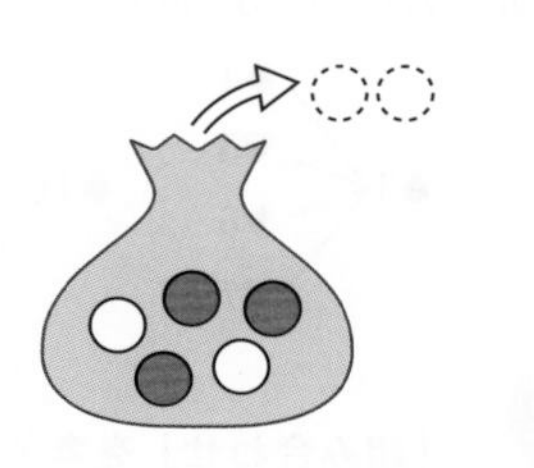

POINT **同時に2個の玉を取り出す問題では，すべての玉を区別して考えてから，同じ組み合わせを整理し，起こりうるすべての場合を考えます。**

例題で確認! 次の問題に答えましょう。

袋の中に，赤玉3個と白玉1個，青玉1個が入っています。この袋から，同時に2個の玉を取り出すとき，赤玉と青玉が1個ずつになる確率を求めましょう。

答 $\frac{3}{10}$

考え方 赤玉を「赤$_1$」「赤$_2$」「赤$_3$」，白玉を「白」，青玉を「青」とすると，

赤$_1$ ＜ 赤$_2$，赤$_3$，白，青
赤$_2$ ＜ 赤$_3$，白，青
赤$_3$ ＜ 白，青
白 ― 青

{赤$_1$, 青} {赤$_2$, 青} {赤$_3$, 青} の3通り。

例題で確認! 次の問題に答えましょう。

袋の中に，赤玉3個と白玉2個が入っています。

(1) この袋から，同時に2個の玉を取り出すとき，2個とも赤玉である確率を求めましょう。

(2) この袋から玉を1個取り出し，色を確かめてから袋にもどします。それから，また，玉を1個取り出し，色を確かめます。このとき，1回目も2回目も赤玉である確率を求めましょう。

答

(1) $\frac{3}{10}$

(2) $\frac{9}{25}$

考え方 **赤玉を「赤$_1$」「赤$_2$」「赤$_3$」，白玉を「白$_1$」「白$_2$」として樹形図を考える。**

(1) 組み合わせを考える。

赤$_1$ ＜ 赤$_2$●，赤$_3$●，白$_1$，白$_2$
赤$_2$ ＜ 赤$_3$●，白$_1$，白$_2$
赤$_3$ ＜ 白$_1$，白$_2$
白$_1$ ― 白$_2$

(2) 1回目と2回目を区別して考える。1回目の玉をもどすので，2回目は1回目の玉も含める。

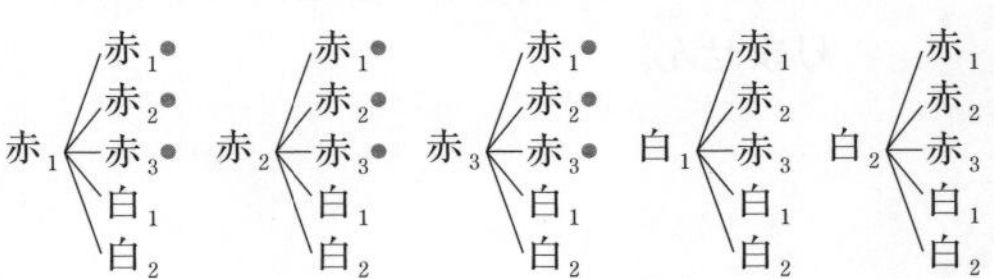

STEP 114

⑨章 確率

確率の求め方(7) くじの確率

次の問題に答えましょう。 → 関 STEP 109・113

3本のくじがあり，このうち1本だけが当たりくじです。Aさん，Bさんの2人が，この順にくじをひきます。
右の図は，当たりくじを「あ」，はずれくじを「$は_1$」「$は_2$」として樹形図にまとめたものです。このとき，
(1) Aさんが当たりくじをひく確率を求めましょう。
(2) Bさんが当たりくじをひく確率を求めましょう。

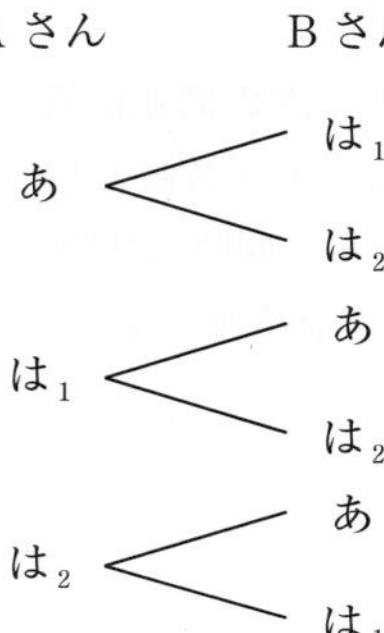

答 (1) $\frac{1}{3}$ (2) $\frac{1}{3}$

上の問題のつづきです。次の問題に答えましょう。

2人のどちらのほうが，当たりやすいですか。
当たりやすさにちがいがない場合は，「ない」と答えましょう。

答 ない

上の問題は，樹形図をもとに考えます。
(1)は$\frac{1}{3}$，(2)は$\frac{2}{6}=\frac{1}{3}$
となり，2人とも当たる確率は，同じになります。
したがって，当たりやすさにちがいはありません。

POINT **くじを順番にひくとき，先にひくかあとにひくかで，当たりやすさにちがいが出ることはありません。**

例題で確認! 次の問題に答えましょう。

3本のくじがあり，このうち2本が当たりくじです。Aさん，Bさん，Cさんの3人が，この順にくじをひきます。

(1) 当たりくじを「$あ_1$」「$あ_2$」，はずれくじを「は」と区別して，右の樹形図を完成させましょう。

(2) 3人のくじのひき方は，全部で何通りあるか求めましょう。

(3) 3人の中で，もっとも当たりやすい人はだれですか。当たりやすさにちがいがない場合は，「ない」と答えましょう。

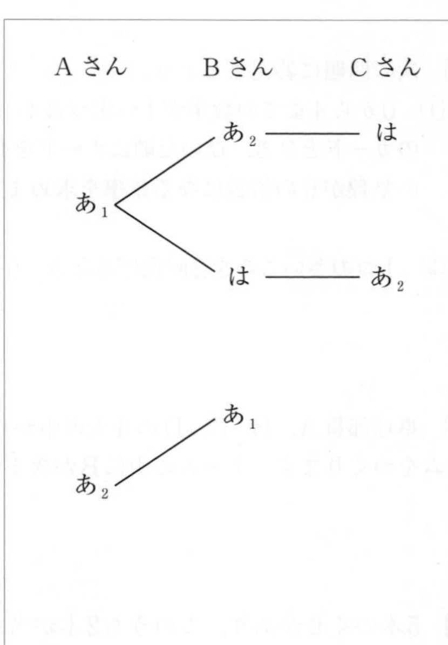

答

(1)

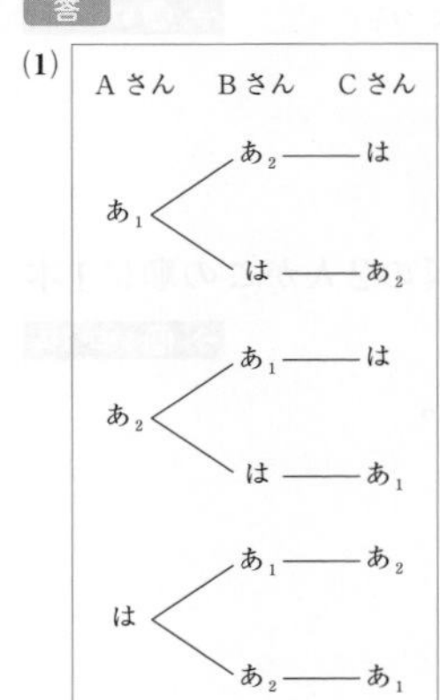

(2) 6通り

(3) ない

考え方

(3)一人ひとりの当たりくじをひく確率は，

Aさん$\frac{2}{3}$

Bさん$\frac{4}{6}=\frac{2}{3}$

Cさん$\frac{4}{6}=\frac{2}{3}$

したがって，ひく順番にかかわらず，当たりくじをひく確率は，全員が$\frac{2}{3}$です。

基本をチェック！(9)　9章　確率

答は754ページ。できた問題は，□をぬりつぶしましょう。

1 袋の中に黒玉が2個，赤玉が3個入っています。この袋の中から玉を2個取り出します。次の問題に答えましょう。　→ 関 STEP 109・113

□(1) 玉を1個取り出し，その玉を袋にもどしてから2個目を取り出すとき，2個とも黒玉が出る確率を求めましょう。

□(2) 玉を1個取り出し，その玉を袋にもどさずにつづけて2個目を取り出すとき，2個とも黒玉が出る確率を求めましょう。

□(3) 同時に2個の玉を取り出すとき，2個とも黒玉が出る確率を求めましょう。

2 次の問題に答えましょう。　→ 関 STEP 110・111

□(1) 0から4までの数字が1つずつ書かれたカードが5枚あります。1枚ずつ順に2枚のカードをひき，ひいた順にカードを並べて2けたの整数をつくります。この2けたの整数が6の倍数になる確率を求めましょう。

□(2) 1つのさいころを2回投げるとき，5の目がまったく出ない確率を求めましょう。

□**3** 卓球部員A，B，C，Dの4人の中から，くじびきで2人を選んでダブルスのチームをつくります。チームの中にBが含まれる確率を求めましょう。　→ 関 STEP 113

4 5本のくじがあり，このうち2本が当たりくじです。M，Nの2人がこの順に1本ずつくじをひきます。　→ 関 STEP 114

□(1) 2人のくじのひき方は，全部で何通りあるか求めましょう。

□(2) M，Nの当たる確率をそれぞれ求めましょう。

10 標本調査 3年

STEP 115

⑩章 標本調査

標本調査(1) 全数調査と標本調査

次の問題に答えましょう。

次の(1)，(2)のことがらを調べるとき，それぞれ，全部のものについて調べたほうがよいですか，それとも，一部を取り出して調べたほうがよいですか。

(1) 学校で行う健康診断

(2) かんジュースの中身の品質調査

答

(1) 全部のもの（人）について調べたほうがよい。

(2) 一部を取り出して調べたほうがよい。

次の□にあてはまることばを入れましょう。

・上の問題の(1)のように，全部のものについて調査することを (1) 調査といいます。

・上の問題の(2)のように，一部を取り出して調査することを (2) 調査といいます。

答

(1) 全数 調査

(2) 標本 調査

上の問題(1)の健康診断は，生徒一人ひとりの健康管理が目的なので，全員を調査する必要があります。

逆に(2)は，かんをあけて調査してしまうと，そのかんジュースは商品として販売（はんばい）することができなくなってしまいます。このような場合は，いくつかのかんジュースだけを取り出して調査するほうが適しています。

このように，ある集団の持っている性質を調べるには，2通りの方法があることをおさえておきましょう。

POINT

●集団全部のものについて調査することを，全数調査（ぜんすうちょうさ）といいます。

●全体を推測するために，集団の一部を調査することを標本調査（ひょうほんちょうさ）といいます。

STEP 116

10章 標本調査

標本調査(2) 母集団と標本

次の問題に答えましょう。

→ 関 STEP 115

全世帯数が23142のA町で，1000世帯を選んでよく見るテレビ番組の調査を行いました。この調査は全数調査ですか，それとも標本調査ですか。

答　**標本調査**

上の問題のつづきです。次の問題に答えましょう。

(1) **この調査の母集団(ぼしゅうだん)は何世帯か答えましょう。**

(2) **この調査の標本(ひょうほん)は何世帯か答えましょう。**

答

(1)23142世帯

(2)1000世帯

上の問題は，調査を行ったのは，全世帯の一部である1000世帯だけです。したがって，この調査は標本調査です。

下の問題は，用語をしっかりおさえましょう。
また，標本を選ぶときに，たとえば「子どもがいない世帯だけ」とか「小学生の子どもがいる世帯だけ」のようにかたよりが出てしまうと，全体の傾向を正しく推測できません。標本をかたよりなく公平に選ぶことも大切です。

- **標本調査を行うとき，ようすを知りたい集団全体を母集団(ぼしゅうだん)といいます。母集団の一部分として実際に調べたものを標本(ひょうほん)といい，標本となった人やものの数を標本の大きさといいます。**
- **標本をかたよりなく選ぶことを無作為(むさくい)に抽出(ちゅうしゅつ)するといいます。**

例題で確認!　次の問題に答えましょう。

あるかんづめ工場では，1日に製造するかんづめのうち，毎日200個を選んで不良品がないか調査します。この調査の標本を答えましょう。

答

あるかんづめ工場で1日に製造しているかんづめから選ばれた200個のかんづめ。

STEP 117

10章 標本調査

標本調査(3) 標本調査の活用(1)

次の問題に答えましょう。

→ 関 STEP 116

箱の中に白玉と赤玉が，合わせて2000個入っています。この中から20個の玉を取り出し，白玉と赤玉の数を数えて箱にもどします。よくかき混ぜてから，また20個の玉を取り出し，白玉と赤玉の数を数えて箱にもどします。
この作業を５回試みて，下の表の結果を得ました。

回数	1	2	3	4	5	計
白玉の数	15	16	16	17	16	
赤玉の数	5	4	4	3	4	

(1) □に合計の数を入れましょう。
(2) ５回の標本調査の結果から，白玉と赤玉の数の比をもっとも簡単な１けたの整数の比で表しましょう。

答
(1) (上から) 80，20
(2) 4：1

上の問題のつづきです。次の問題に答えましょう。

この箱に入っている白玉の数を推定しましょう。

答　1600個

この問題では，母集団は箱の中に入っている合わせて2000個の白玉と赤玉です。
上の問題では，標本調査の結果で，白玉と赤玉の数の比は4：1となりました。
母集団においても，白玉：赤玉＝4：1と考えられるので，

$$2000 \times \frac{4}{4+1} = 2000 \times \frac{4}{5} = 1600$$

1600個

標本の割合
(白玉)　(赤玉)
4　：　1

⇩

母集団でも
(白玉)　(赤玉)
4　：　1

POINT **標本調査で得られた割合は，母集団でもあてはまると考えられます。**

例題で確認! 次の問題に答えましょう。

池に白色と黒色のコイが3000匹(ぴき)放流されています。あみを使って20匹のコイを標本としてつかまえ，白色と黒色のコイの数を数えて池にもどすという作業を10回試みて，下の表の結果を得ました。

回数	1	2	3	4	5	6	7	8	9	10	計
白色のコイの数	13	16	14	15	14	12	13	14	15	14	
黒色のコイの数	7	4	6	5	6	8	7	6	5	6	

(1) 1回の調査で，白色のコイと黒色のコイを，平均何匹ずつつかまえましたか。それぞれ求めましょう。

(2) 白色のコイの数と黒色のコイの数の比を，もっとも簡単な1けたの整数の比で求めましょう。

(3) この池の黒色のコイの数を推定しましょう。

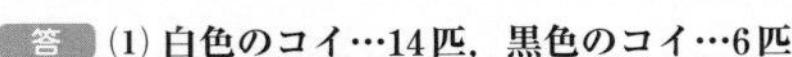

答 (1) **白色のコイ…14匹，黒色のコイ…6匹**
(2) **7：3** (3) **900匹**

考え方 (1) 白色は $(13+16+14+15+14+12+13+14+15+14)\div 10=14$ 同様にして黒色は6

(3) $3000\times\frac{3}{7+3}=3000\times\frac{3}{10}=900$

例題で確認! 次の問題に答えましょう。

全世帯数が30000のB町で，200世帯を選び，ある番組の視聴率(しちょうりつ)を調査しました。
その結果，視聴率は12%でした。
B町ではこの番組を何世帯が視聴していたか，推定しましょう。

答 **3600世帯**

考え方 $30000\times\frac{12}{100}=3600$

標本調査(4) 標本調査の活用(2)

次の問題に答えましょう。 → 関 STEP 116

ある地域でイノシシの生息数を調べるために，いろいろな場所で20頭のイノシシをつかまえ，すべてに印をつけてもどしました。
半月後に，同じ場所で30頭のイノシシをつかまえたら，印がついたイノシシが2頭いました。
この調査結果から，この地域のイノシシの生息数を推定できますか，できませんか。

答　**推定できる。**

上の問題のつづきです。次の問題に答えましょう。

この地域のイノシシの生息数を求めましょう。

答　300頭

この調査の標本は，半月後に同じ場所でつかまえた30頭のイノシシです。
最初につかまえて印をつけた20頭は標本ではないので，注意しましょう。
標本のイノシシに対する印のついたイノシシの割合は，

$\frac{2}{30}=\frac{1}{15}$　となります。

この割合は，この地域に生息するすべてのイノシシにもあてはまるので，
下の問題は，この地域のイノシシの生息数をx頭とすると，

$$\frac{1}{15}x=20$$

└この地域にいる印のついたイノシシのすべては，最初につかまえた20頭

これを解いて，$x=300$　　300頭

POINT

標本の割合をもとに，母集団の大きさを求めることができます。

例題で確認! 次の問題に答えましょう。

ある容器に米が入っています。この中から200粒の米粒（こめつぶ）を取り出し，赤色に染めてもとの容器にもどし，よくかき混ぜました。さらに，この中からひとつかみの米粒を取り出したところ800粒あり，その中に赤色の米粒が10粒入っていました。
もとの容器に入っていた米粒の数を推定しましょう。

答 16000粒

考え方 標本中の米粒に対する赤色の米粒の割合は，
$\frac{10}{800}=\frac{1}{80}$
もとの容器に入っていた米粒の数をx粒とすると，
$\frac{1}{80}x=200$，$x=16000$

例題で確認! 次の問題に答えましょう。

ある池にいるコイの総数を調べるために，あみを使って23匹のコイをつかまえ，そのすべてに印をつけて池にもどしました。1週間後，ふたたび同じあみですくうと25匹のコイがとれ，そのうち，印のついたコイが3匹いました。
このことから，池にいるコイの総数を推定し，十の位までのおよその数で答えましょう。

答 およそ190匹

考え方
池にいるコイの総数をx匹とすると，
$\frac{3}{25}x=23$
$x=191.66\cdots$
一の位を四捨五入して
190

例題で確認! 次の問題に答えましょう。

1.2kgの米の中から300粒を取り出し，赤色に染めてもとにもどし，よくかき混ぜました。さらに，この中からひとつかみの米粒を取り出したところ，1532粒の中に赤い米粒が9粒含まれていました。このとき，米1.2kgには約何粒の米粒があると考えられますか。千の位までのおよその数で答えましょう。

答 およそ51000粒

考え方
米1.2kgの米粒の数をx粒とすると，
$\frac{9}{1532}x=300$
$x=51066.6\cdots$
百の位を四捨五入して
51000

10章 標本調査

答は755ページ。できた問題は，□をぬりつぶしましょう。

□1 次のア～エの調査は，全数調査か標本調査か答えましょう。 → 関 STEP 115

ア 国勢調査　　　イ ある新聞社の世論調査

ウ びんづめのジャムの品質検査　　　エ 高校の入学試験

2 W中学校の3年生は216人です。この中から130人を選んでアンケート調査を行いました。 → 関 STEP 116

□(1) この調査の母集団を答えましょう。

□(2) 母集団の大きさを求めましょう。

□(3) この調査の標本を答えましょう。

□(4) 標本の大きさを求めましょう。

3 袋の中に，ピンクとグレーのビーズがたくさん入っています。この中から無作為に20個を取り出し，ピンクとグレーの数を調べて袋にもどします。この作業を5回試みて，下の表の結果を得ました。 → 関 STEP 117

回数	1	2	3	4	5
ピンクの数	11	13	12	11	13
グレーの数	9	7	8	9	7

□(1) ピンクとグレーのビーズの数の比を，もっとも簡単な1けたの整数の比で表しましょう。

□(2) 袋の中にビーズが110個入っているとすれば，ピンクとグレーの数はそれぞれ何個ずつか推定しましょう。

□4 容器の中に米が入っています。この中から90粒の米を取り出し，青色に染めてからもとの容器にもどしました。よくかき混ぜてから，ひとつかみの米粒を取り出したら1020粒あり，その中に青色の米が15粒入っていました。もとの容器に入っていた米粒の数を推定しましょう。 → 関 STEP 118

基本をチェック！(1)～(10)の解答・考え方

基本をチェック！(1)(552ページ)

1 ア，ウ

2 (1) (左から)27，36，45

式は，$y=9x$

(2) (左から)4，0，-4，-8

式は，$y=-4x$

3 (1) A(2，3)，B(-4，-3)

(2)

(3)

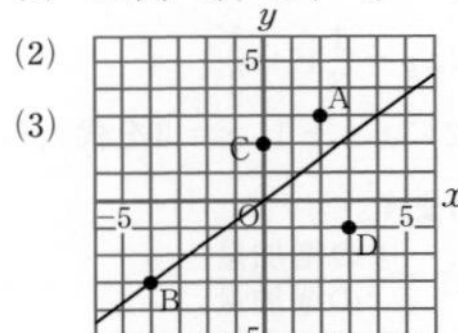

4 (1) (左から)15，10，6，5

式は，$y=\frac{30}{x}$

(2) (左から)2，3，-6，-3，-2

式は，$y=-\frac{6}{x}$

5 (1) $y=3x$

(2) $y=-\frac{45}{x}$

6 (1) $y=\frac{5}{x}$

(2) $y=-\frac{3}{x}$

(3) $y=-\frac{1}{3}$

考え方

1 xの値を決めると，対応するyの値がただ1つに決まるとき，yはxの関数であるといいます。エは，たとえば，自然数5の倍数は，5，10，15，…と1つに決まりません。

2 (1) yはxに比例するから，$y=ax$

$x=1$のとき$y=9$だから，

$9=a\times1$より，$a=9$

したがって，$y=9x$

3 (3) 原点と点(4，3)を通る直線です。

4 (1) yはxに反比例するから，$y=\frac{a}{x}$

$x=1$のとき$y=30$だから，

$30=\frac{a}{1}$より，$a=30$

したがって，$y=\frac{30}{x}$

5 比例の式は$y=ax$，反比例の式は$y=\frac{a}{x}$です。

6 (1) yはxに反比例するから，$y=\frac{a}{x}$

グラフは，点(1，5)を通るから，

$x=1, y=5$を代入して，aの値を求めます。

(2) グラフは，点(1，-3)を通ります。

(3) (2)で求めた式に，$x=9$を代入します。

基本をチェック！(2)(568ページ)

1 250枚

2 (1) $y=\frac{700}{x}$

(2) 25g

3 (1) 16回転

(2) 96回転

考え方

1 枚数は重さに比例するので，枚数をx枚，重さをygとして，$y=ax$に$x=150$，$y=600$を代入する。$600=150a$，$a=4$　1kg=1000gだから，$y=4x$に$y=1000$を代入します。

2 (1) xyは常に700なので，yはxに反比例します。

(2) $y=\frac{700}{x}$に$y=28$を代入します。

3 (1) かみあう歯の数は，$52\times4=208$(個)，歯車Bの歯数をx個，回転数をy回転とすると，$y=\frac{208}{x}$　これに$x=13$を代入します。

4 (1) $0 \leqq x \leqq 6$

(2) $y = 6x$

(3) $0 \leqq y \leqq 36$

(2) (1)より，$16 \times 6 = 96$

4 (1) 秒速2cmだから，点PがBからCまで動くのにかかる時間は，

$12 \div 2 = 6$(秒)

(2) x秒後は，$BP = 2x$(cm)だから，

$y = \frac{1}{2} \times 2x \times 6$

(3) (2)より，$x = 6$のとき$y = 6 \times 6 = 36$

基本をチェック！(3)(594ページ)

1 ア，エ

2 (1) 16

(2) 4

3 (1)

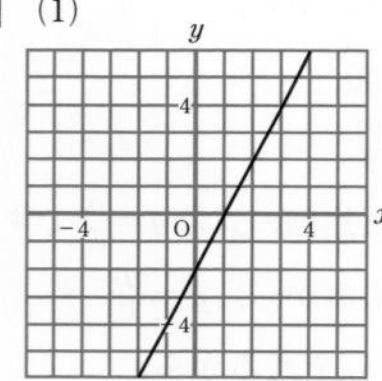

(2)

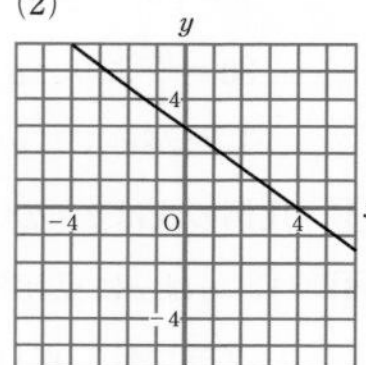

4 (1) $y = \frac{1}{2}x + 5$

(2) $y = -\frac{5}{3}x - \frac{1}{2}$

5 (1) $y = 2x + 7$

(2) $y = -\frac{1}{2}x + \frac{7}{2}$

(3) $y = -x + 2$

考え方

1 yがxの1次関数の式は，$y = ax + b$の形になります。

ウは$y = \frac{10}{x}$，エは$y = \frac{1}{3}x + \frac{1}{3}$

2 (1) $y = 4x - 2$に$x = -1$，$x = 3$を代入して，yの値を求めます。

(2) 変化の割合$= \frac{y\text{の増加量}}{x\text{の増加量}}$

3 (1) 切片が-2なので，$(0,\ -2)$と$(1,\ 0)$を通る直線をひきます。

(2) 切片が3なので，$(0,\ 3)$と$(4,\ 0)$を通る直線をひきます。

4 グラフの傾きがa，切片がbの1次関数の式は，$y = ax + b$です。

5 (1) 傾きが2だから，$y = 2x + b$に$x = -4$，$y = -1$を代入します。

(2) 傾きは$-\frac{1}{2}$になるから，

$y = -\frac{1}{2}x + b$に$x = 3$，$y = 2$を代入します。

(3) 傾きは，$\frac{0 - 3}{2 - (-1)} = -1$

$y = -x + b$に$x = 2$，$y = 0$を代入します。

基本をチェック！(4)(616ページ)

1 (1) $y = -4x + 9$

(2) $y = -\dfrac{2}{3}x - 5$

(3) $y = 3x + \dfrac{7}{2}$

2

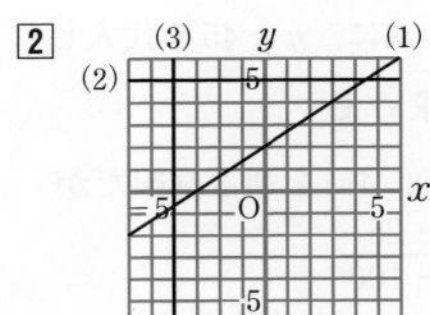

3 (1) $x = 3,\ y = 2$

(2) $x = -4,\ y = 3$

4 (1) 直線ℓ…$y = 2x + 3$

直線m…$y = -x + 1$

(2) $\left(-\dfrac{2}{3},\ \dfrac{5}{3}\right)$

考え方

1 yの項を左辺に，y以外の項を右辺に移項します。そして，yの係数で両辺をわりましょう。

2 (1) $y = ax + b$の形に表して，グラフをかきます。

(2) $y = m$のグラフは，x軸に平行な直線です。

(3) $x = n$のグラフは，y軸に平行な直線です。

3 それぞれの方程式のグラフをかき，交点の座標を読み取ります。

(1)

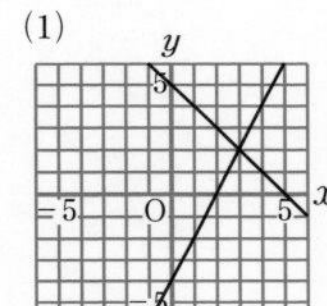

(2)

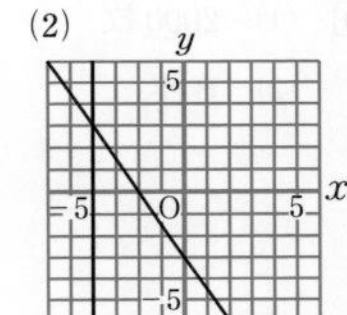

4 (1) 直線ℓは，点(0, 3)，(−3, −3)を通るので，傾きが2，切片が3です。直線mは，点(0, 1)，(1, 0)を通るので，傾きが−1，切片が1です。

(2) (1)で求めた式を連立方程式として解きます。

基本をチェック！(5)(632～634ページ)

1 (1) 10分(間)

(2) 分速60m

(3) $y = 40x$

2 (1)

(2) $y = \dfrac{2}{3}x$

(3) $y = -\dfrac{1}{2}x + 50$

(4) $42\dfrac{6}{7}$分後

考え方

1 (2) 家を出てから20分間に1200m進んだので，$1200 \div 20 = 60$

(3) (30, 1200)，(55, 2200)を通る直線だから，$y = ax+b$にx，yの値を代入して，連立方程式を解きます。

2 (3) (0, 50)，(100, 0)を通る直線です。

(4) (2)，(3)で求めた式を連立方程式として解きます。

$$\begin{cases} y = \dfrac{2}{3}x \\ y = -\dfrac{1}{2}x + 50 \end{cases}$$ を解くと，

$x = \dfrac{300}{7} = 42\dfrac{6}{7}$

3 (1) ① $y = 5x$

② $y = 3x + 12$

(2)

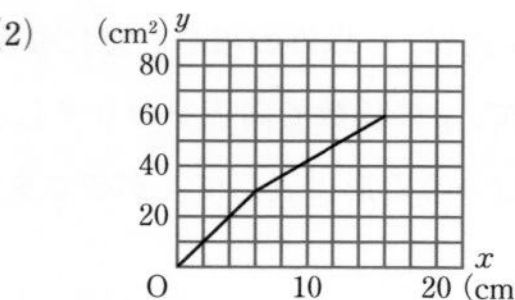

(3) 11秒後

4 (1) $y = \frac{1}{5}x + 5$

(2) 5 cm

(3) 175 g

5 (1) 2000枚

(2) B社

6 (1) $y = \frac{3}{2}x + 6$

(2) (0, 6)

(3) 18

7 (1) (−3, −3)

(2) 5

(3) $\frac{15}{2}$

8 (1) $a = 4$

(2) B(4, 0)

C(−2, 0)

(3) 12

3 (1) ① 線分APが通ったあとは，△ABPです。

② 線分APが通ったあとは，台形ABCPです。

(3) (1)で求めた，$6 \leqq x \leqq 16$のときの$y = 3x + 12$の式に，$y = 45$を代入して，xの値を求めます。

4 (1) (100, 25), (200, 45)を通る直線だから，傾きは，$\frac{45 - 25}{200 - 100}$

(2) (1)で求めた式に$x = 0$を代入します。

(3) (1)で求めた式に$y = 40$を代入します。

5 印刷枚数がx枚のときの料金をy円として，A社，B社についての式を考えます。

B社はxの変域に注意しましょう。

A社…$y = 3x + 10000$

B社 $\begin{cases} y = 17x \ (0 \leqq x \leqq 500) \\ y = 5x + 6000 \ (x \geqq 500) \end{cases}$

6 (1) 2点の座標の値を$y = ax + b$に代入して，連立方程式を解きます。

(2) (1)で求めた式の切片が，点Cのy座標です。

(3) △OAB = △OAC + △OBC

7 (1) $\begin{cases} y = 2x + 3 \\ y = \frac{1}{3}x - 2 \end{cases}$ の連立方程式を解きます。

(2) 点B，Cはそれぞれの直線とy軸の交点だから，B(0, 3)，C(0, −2)です。

(3) △ABC = $\frac{1}{2} \times 5 \times 3$

8 (1) 直線①の式は，$y = -x + 4$

直線①と②の切片は等しいです。

(2) ①，②の式に，$y = 0$を代入してxの値を求めます。

(3) BCの長さは，$4 - (-2) = 6$

基本をチェック！(6)(676 ～ 678ページ)

1 (1) ア $y=5x$

イ $y=9x^2$

ウ $y=\pi x^2$

(2) イ，ウ

2 (1) $y=3x^2$

(2) $a=4$

(3) ア -3

イ -27

3 ア 放物線　イ 原点

ウ 対称　エ $<$

オ $>$

4 (1) $y=2x^2$

(2) $y=\frac{1}{3}x^2$

5 (1) ア

(2) エ

(3) イ

(4) ウ

6 ア 減少　イ 増加

ウ 最小値　エ 増加

オ 減少　カ 最大値

7 (1) $1\leqq y\leqq 16$

(2) $0\leqq y\leqq 4$

8 (1) $-\frac{4}{3}\leqq y\leqq 0$

(2) $-3\leqq y\leqq -\frac{1}{3}$

9 (1) 15

(2) 4

10 (1) $8a$

(2) $a=-\frac{1}{2}$

11 (1) 640円

(2) 730円

考え方

1 (2) $y=ax^2$の形で表される式です。

2 (2)$y=ax^2$の式に，x，yの値を代入して求めます。

4 $y=ax^2$の式に，x, yの値を代入して求めます。

5 $y=ax^2$のグラフは，原点を通る放物線で，$a>0$のとき上に開いた形，$a<0$のとき下に開いた形です。また，aの絶対値が等しく符号が異なるとき，x軸について対称になります。

7 $y=x^2$にxの値を代入します。最小値に気をつけましょう。

8 $y=-\frac{1}{3}x^2$のグラフは，下に開いた形なので，$x=0$のときyの値は最大になります。

9 (1) $x=1$のとき$y=3$，$x=4$のとき$y=48$だから，変化の割合は，$\frac{48-3}{4-1}=\frac{45}{3}$

10 (1) xの増加量は，$6-2=4$

yの増加量は，

$a\times 6^2-a\times 2^2=32a$　だから，

変化の割合は，$\frac{32a}{4}=8a$

(2) $8a=-4$　$a=\frac{-4}{8}=-\frac{1}{2}$

11 グラフの端の点を含まないときは○，含むときは●で表します。

1 (1) ① $y=\frac{1}{4}x$

② 12.5m〔$\frac{25}{2}$m〕

(2) ① $y=0.007x^2$〔$y=\frac{7}{1000}x^2$〕

② 25.2m

2 (1) $y=4.9x^2$

(2) 122.5m

(3) $\frac{60}{7}$秒

3 (1) $y=\frac{1}{4}x^2$

(2) 9m

(3) 3往復

4 (1) ① $y=\frac{1}{2}x^2$

② $y=18$

③ $y=-3x+54$

(2) 右の図

(3) $x=4$, $x=\frac{46}{3}$

5 (1) $0 \leqq x \leqq 8$

(2) $y=\frac{1}{2}x^2$

(3) 右の図

(4) $x=2\sqrt{7}$

6 (1) A$(-6,\ 18)$

B$(4,\ 8)$

(2) $y=-x+12$

(3) C$(0,\ 12)$

7 (1) $y=2x$

(2) 右の図

(3) 4秒後，8m

8 (1) $y=x+2$

(2) 3

考え方

1 (1) ①yはxに比例するので，$y=ax$

(2) ①yはxの2乗に比例するので，

$y=ax^2$とおいて考えます。

2 (1) $y=ax^2$とおくと，

$19.6=a\times2^2$より，$a=4.9$

(2) $y=4.9x^2$に$x=5$を代入します。

(3) 時間は正の数になります。

3 (1) $y=ax^2$とおいて，aの値を求めます。

(2) (1)で求めた$y=\frac{1}{4}x^2$に$x=6$を代入します。

(3) (1)で求めた$y=\frac{1}{4}x^2$にyの値を代入すると，$\frac{1}{36}=\frac{1}{4}x^2$

$x\geqq0$だから，$x=\frac{1}{3}$ $\frac{1}{3}$秒間に1往復するので，$1\div\frac{1}{3}=3$

4 (2)

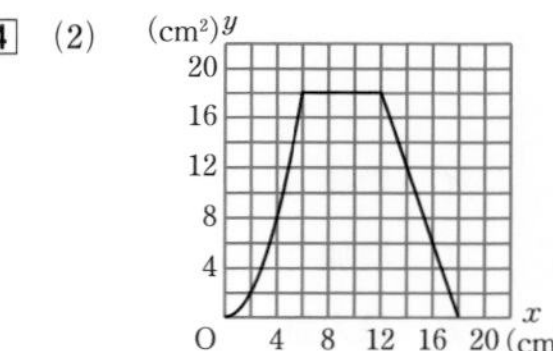

5 (3)

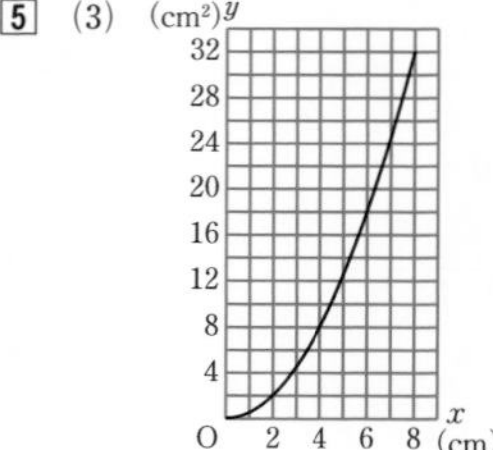

6 (2) 直線の式は$y=ax+b$だから，それぞれx，yの値を代入し，連立方程式を解きます。

7 (2)

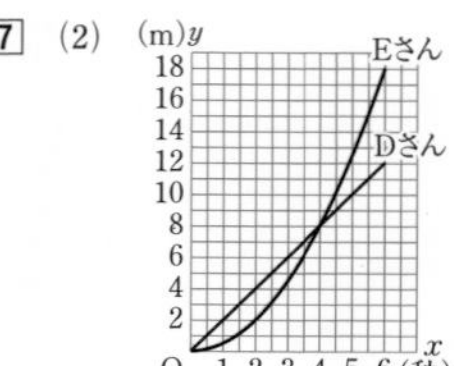

8 (2) 2つの三角形に分けて考えます。

1 (1) 25

(2) 50人

(3) 37.5kg

(4)

(5)

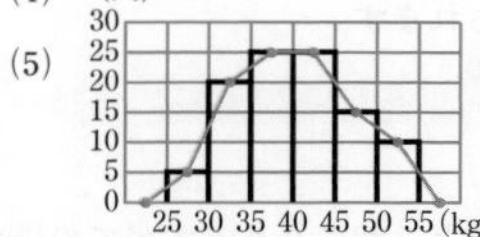

(6) 0.15

2 (1) 24分

(2) 25分

(3) 25分

3 (1)

読書時間(時間)	度数(人)	相対度数	累積度数(人)	累積相対度数
0以上～ 4未満	3	0.15	3	0.15
4 ～ 8	4	0.20	7	0.35
8 ～ 12	6	0.30	13	0.65
12 ～ 16	4	0.20	17	0.85
16 ～ 20	2	0.10	19	0.95
20 ～ 24	1	0.05	20	1.00
計	20	1.00		

(2)

読書時間(時間)	度数(人)	相対度数	累積度数(人)	累積相対度数
0以上～ 4未満	1	0.05	1	0.05
4 ～ 8	6	0.30	7	0.35
8 ～ 12	2	0.10	9	0.45
12 ～ 16	9	0.45	18	0.90
16 ～ 20	2	0.10	20	1.00
20 ～ 24	0	0.00	20	1.00
計	20	1.00		

4 (1) 35%

(2) 55%

(3) 8時間以上12時間未満の階級

(4) 12時間以上16時間未満の階級

5

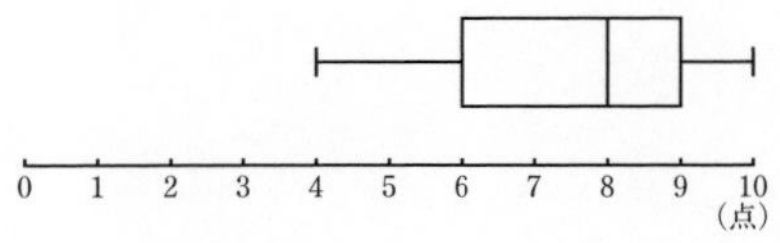

考え方

1 (1) $100-(5+20+25+15+10)=25$

(2) $5+20+25=50$

(3) 体重が軽いほうから数えて30番目の人は，35kg以上40kg未満の階級に入っています。階級値は，階級のまん中の値です。

(6) $\dfrac{15}{100}=0.15$

2 (1) 平均値$=\dfrac{(\text{階級値})\times(\text{度数})\text{の合計}}{(\text{度数の合計})}$

だから，$\dfrac{720}{30}$

(2) 人数が30人だから，通学時間の短いほうから数えて，15番目と16番目の値の平均値です。

3 度数では，4時間は4時間以上8時間未満の階級，12時間は12時間以上16時間未満の階級，16時間は16時間以上20時間未満の階級に入ることに気をつけます。

また，$(\text{相対度数})=\dfrac{(\text{その階級の度数})}{(\text{度数の合計})}$

$(\text{累積相対度数})=\dfrac{(\text{その階級の累積度数})}{(\text{度数の合計})}$

なお，累積相対度数は，各階級の相対度数を小さいほうから求める階級まで順に加えても求められます。

4 (1) 累積相対度数を100倍すると，百分率が求められます。

$0.35\times100=35(\%)$

(2) 累積相対度数から，2組の読書時間が12時間以上の生徒は，$1.00-0.45=0.55$

よって，$0.55\times100=55(\%)$

(3) 累積度数から，$7<10<13$だから，8時間以上12時間未満の階級に入ります。

(4) 累積度数から，$9<10<18$だから，12時間以上16時間未満の階級に入ります。

5 得点を小さい順に並べかえると，

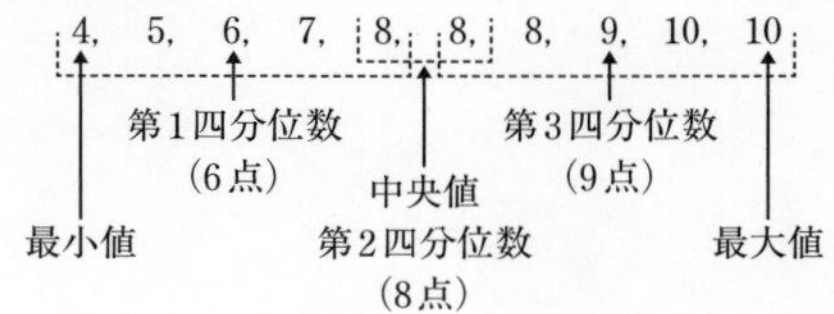

6 ① ㋑
② ㋒
③ ㋐

6 ヒストグラムの山の高い位置と，箱ひげ図の箱の位置がだいたい対応します。①は，分布が右のほうにかたよっているので，箱ひげ図も箱が右によっている㋑になります。逆に③は左のほうにかたよっているので，箱ひげ図は㋐が対応すると考えられます。

基本をチェック！(9)(738ページ)

1 (1) $\frac{4}{25}$
(2) $\frac{1}{10}$
(3) $\frac{1}{10}$

2 (1) $\frac{1}{4}$
(2) $\frac{25}{36}$

3 $\frac{1}{2}$

4 (1) 20通り
(2) Mの確率は$\frac{2}{5}$ Nの確率は$\frac{2}{5}$

考え方

1 樹形図をかくと，起こりうるすべての場合の数が理解しやすいでしょう。

(1) 起こりうるすべての場合の数は，
$5 \times 5 = 25$(通り)

(2) 起こりうるすべての場合の数は，
$5 \times 4 = 20$(通り)
2個とも黒玉になるのは2通りだから，
確率は$\frac{2}{20}=\frac{1}{10}$

(3) 黒玉を黒$_1$，黒$_2$，赤玉を赤$_1$，赤$_2$，赤$_3$として樹形図をかき，同じ組み合わせを消すと，起こりうるすべての場合の数は，10通りです。

2 (1) 十の位に0はきません。

1 ＜ 0, 2, 3, 4　2 ＜ 0, 1, 3, 4　3 ＜ 0, 1, 2, 4　4 ＜ 0, 1, 2, 3

12，24，30，42が6の倍数です。

(2) $1-$(5の目が出る確率)を考えます。
$1-\frac{11}{36}$で求められます。

3 すべての組み合わせは6通り，Bが含まれる組み合わせは3通りです。

4 Mの確率は$\frac{2}{5}$，Nの確率は$\frac{8}{20}$

基本をチェック！⑽(746ページ)

1 全数調査…ア，エ

標本調査…イ，ウ

2 (1) W中学校の3年生216人

(2) 216人

(3) 選ばれた130人の中学3年生

(4) 130人

3 (1) 3：2

(2) ピンク…66個

グレー…44個

4 6120粒

考え方

1 全数調査は，全部のものについて調査します。調本調査は，集団の一部を調査します。

2 (3)，(4) 3年生の中から選ばれた130人。

3 5回の作業で取り出した，ピンクとグレーのビーズの数の和から考えます。

(1) ピンク：グレー＝60：40

(2) $110 \times \frac{3}{5}$，$110 \times \frac{2}{5}$を計算します。

4 1020粒の米に対する青色の米粒の割合は，$\frac{15}{1020}$です。この割合は，もとの容器に入っていたすべての米粒の数にもあてはまります。

比例と反比例・比例と反比例の利用・データの活用

答は762ページ

1 次の(1)〜(4)について，yをxの式で表し，yがxに比例するものに○，反比例するものに×をかきましょう。〔各5点〕

(1) 面積が24cm^2の長方形の縦の長さは$x$cm，横の長さは$y$cmである。

(2) 1辺が$x$cmの正七角形の周の長さは$y$cmである。

(3) 1個130円のパンをx個買ったときの代金はy円である。

(4) 水が50L入る水そうに1分間にxLずつ水を入れると，y分でいっぱいになる。

2 yはxに比例し，$x=-3$のとき$y=27$である。次の問題に答えましょう。〔各4点〕

(1) yをxの式で表しましょう。

(2) $x=6$のときのyの値を求めましょう。

3 右の図について，(1)と(4)はyがxに比例しているグラフ，(2)と(3)はyがxに反比例しているグラフです。それぞれのグラフの式を求めましょう。

〔各5点〕

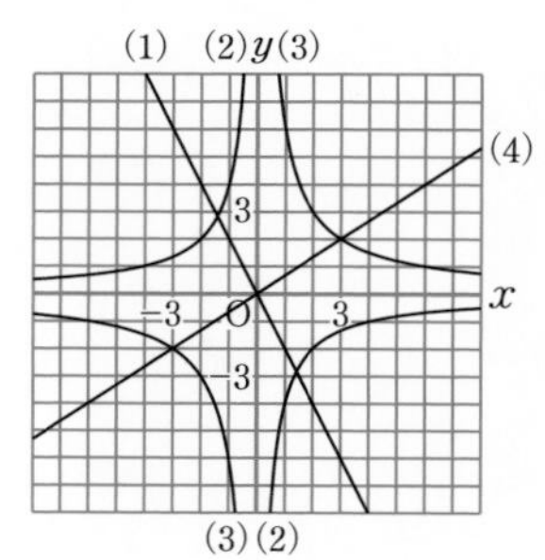

4 次の図のように，yがxに比例しているグラフ①と，yがxに反比例しているグラフ②が，点Aで交わっています。次の問題に答えましょう。〔各4点〕

(1) ①のグラフの式を求めましょう。

(2) ②のグラフの式を求めましょう。

(3) 点Bのy座標を求めましょう。

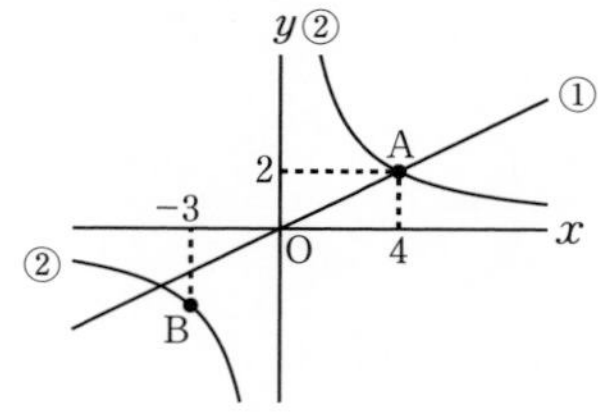

5 2つの歯車A，Bがかみあっています。歯車Aの歯数は20個で，1分間に12回転しています。歯車Bの歯数がx個で，1分間にy回転するとき，次の問題に答えましょう。

〔各4点〕

(1) yをxの式で表しましょう。

(2) 歯車Bの歯数が16個のとき，歯車Bは1分間に何回転するか求めましょう。

(3) 歯車Bを1分間に40回転させるとき，歯車Bの歯数を求めましょう。

6 右の表は，生徒20人のハンドボール投げの記録を，相対度数の表にまとめたものです。次の問題に答えましょう。〔各4点〕

(1) 表の□にあてはまる数を求めましょう。

(2) 12m以上14m未満の階級の人数を求めましょう。

(3) 16m以上投げた人数を求めましょう。

階級(m)	相対度数
8以上〜10未満	0.05
10 〜12	0.10
12 〜14	0.25
14 〜16	□
16 〜18	0.15
18 〜20	0.15
20 〜22	0.05

7 下の箱ひげ図は，A中学校の2年生20人が，ある週の月曜日から金曜日までに行った家庭での学習時間を表している。次の(1)，(2)の□にあてはまる数を求めましょう。〔各4点〕

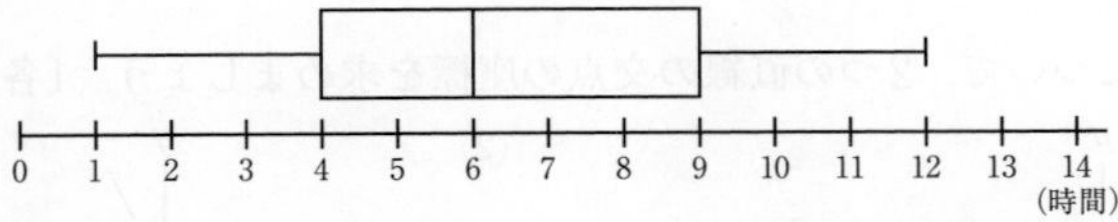

(1) 第1四分位数は□時間，中央値は□時間である。

(2) 範囲は□時間，四分位範囲は□時間である。

実力テスト (2) 1次関数・1次関数と方程式・1次関数の利用

点

答は763・764ページ

1 1次関数$y=-2x+a$について，次の問題に答えましょう。〔各5点〕

(1) xの値が1から5まで増加するときのyの増加量を求めましょう。

(2) xの変域が$-2 \leqq x \leqq 1$のとき，yの変域が$0 \leqq y \leqq 6$になるようにaの値を求めましょう。

2 右の図について，(1)〜(4)は1次関数のグラフです。それぞれのグラフの式を求めましょう。

〔各5点〕

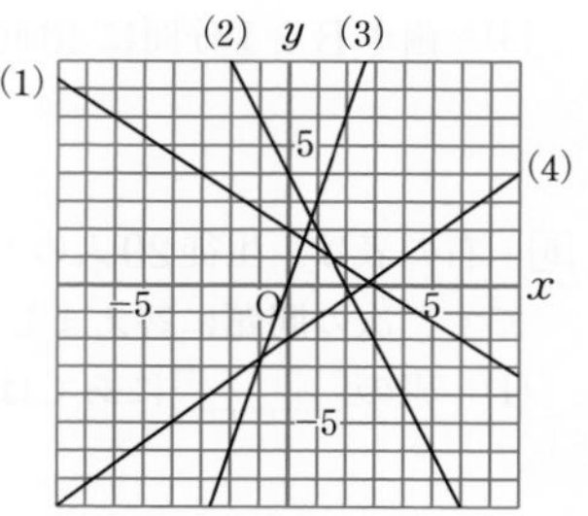

3 次の直線の式を求めましょう。〔各5点〕

(1) 傾きが$-\dfrac{1}{5}$で，切片が2である直線

(2) 切片が1で，点(4, 3)を通る直線

(3) 点(1, −4)を通り，$y=3x+5$に平行な直線

(4) 2点(−3, 6)，(1, 2)を通る直線

4 次のグラフについて，2つの直線の交点の座標を求めましょう。〔各5点〕

(1)

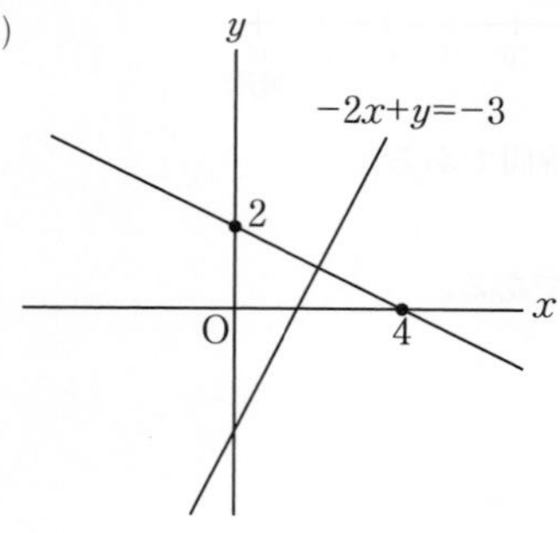

(2)

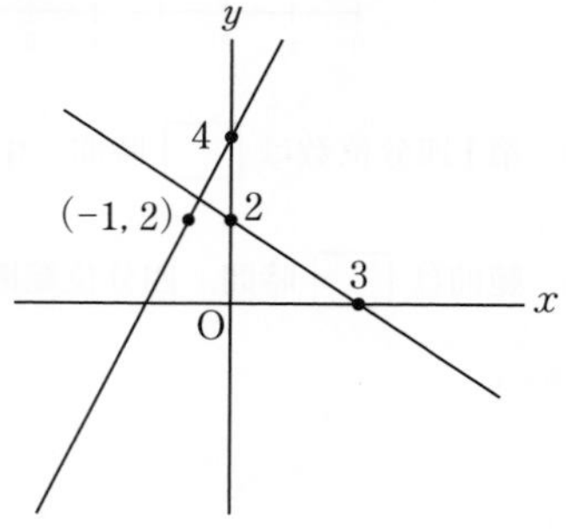

5 3つの直線$y=2x-3$，$y=3x+2$，$y=ax+8$が1点で交わっています。aの値を求めましょう。〔6点〕

6 右の図のように，AB = 9cm，BC = 5cmの直角三角形ABCがあります。点PはAを出発して，秒速1cmで辺AB，BC上をAからCまで動きます。点PがAを出発してからx秒後の△APCの面積を$y$cm^{2}とします。〔各5点〕

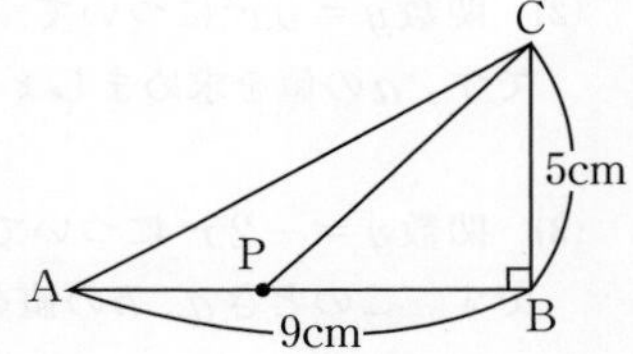

(1) 点PがAを出発してから4秒後のyの値を求めましょう。

(2) 点PがBC上を動くとき，yをxの式で表しましょう。

7 下の図1のように，給水管と排水管（はいすいかん）が閉じている水そうに，水が40L入っています。排水管を開いて，毎分5Lずつ排水します。その間に給水管は，水の量が10Lになると開き，毎分一定の割合で給水し，水そうの水の量が130Lになると閉じます。これをくり返します。排水管を開いて，排水を始めてからx分後の水そうの水の量をyLとしたとき，図2は，xとyの関係を表したグラフの一部です。〔各6点〕

(図1)

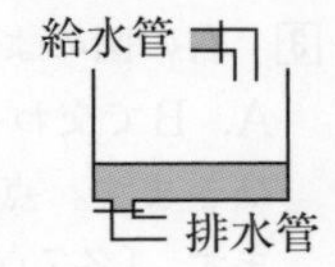

(図2)

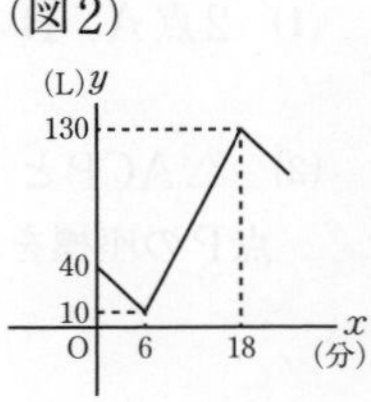

(1) 排水し始めてから4分後には，水そうに何Lの水が残っていますか。

(2) 排水し始めて6分後から18分後までのxとyの関係を式で表しましょう。

(3) 排水し始めてから100分後までに，給水管は何回開きますか。

(4) 排水し始めてから120分後に排水管を閉じました。その後も給水はつづいているとすると，水そうの水の量が130Lになるのは，排水管を閉じてから何分後ですか。

実力テスト (3) 関数$y=ax^2$・関数$y=ax^2$の利用・確率・標本調査

点

答は764・765ページ

1 次の問題に答えましょう。〔各6点〕

(1) $y=3x^2$について，xが-4から-2まで増加するときの変化の割合を求めましょう。

(2) 関数$y=ax^2$について，xの値が1から3まで増加するとき，変化の割合が-8です。aの値を求めましょう。

(3) 関数$y=-2x^2$について，xの変域が$-1 \leqq x \leqq 2$のとき，yの変域は$a \leqq y \leqq b$です。このときa，bの値を求めましょう。

2 右の図のように，関数$y=ax^2 (a>0)$のグラフと直線ℓが2点A，Bで交わっています。点Aの座標は$(-2, 1)$，点Bのx座標は4です。〔各6点〕

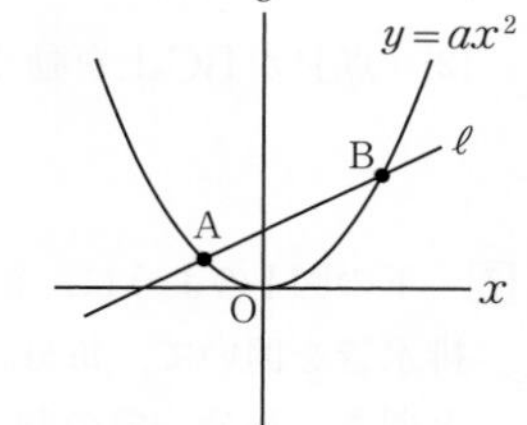

(1) aの値を求めましょう。

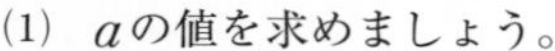

(2) 直線ℓの式を求めましょう。

(3) △AOBの面積を求めましょう。

3 右の図のように，関数$y=x^2$と直線$y=16$が2点A，Bで交わっています。点Aからx軸に垂線ACをひきます。点Pは，関数$y=x^2$をOからBまで動きます。〔各7点〕

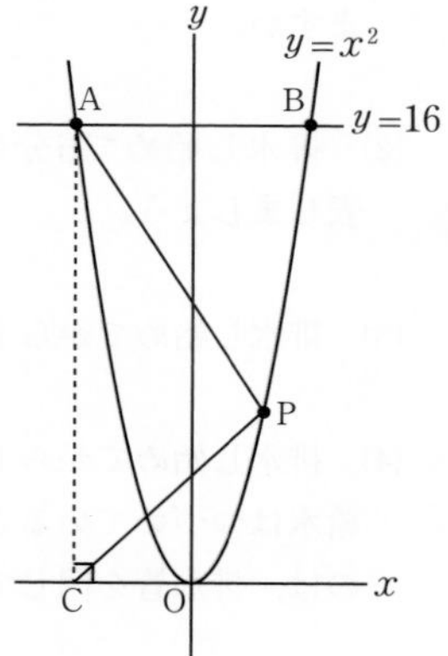

(1) 2点A，Bの座標を求めましょう。

(2) △ACPと△APBの面積が等しくなるとき，点Pの座標を求めましょう。

4 右の図は，AB＝8cm，AD＝16cmの長方形ABCDです。点P，Qは同時にAを出発して，点Pは辺AB，BC上を秒速3cmでAからCまで動き，点Qは辺AD上を秒速2cmでAからDまで動きます。点P，QがAを出発してからx秒後の△APQの面積を$y$cm^{2}とします。〔各6点〕

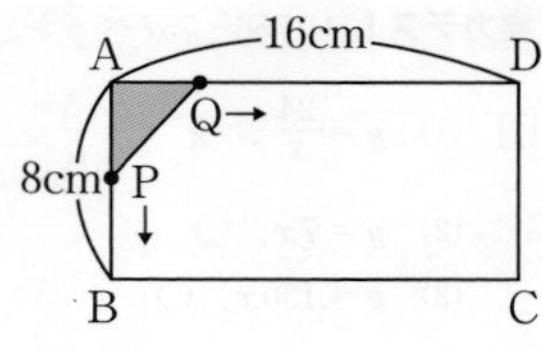

(1) xの変域を求めましょう。

(2) yをxの式で表しましょう。そのときのxの変域も書きましょう。

(3) △APQの面積が40cm^{2}になるときの，xの値を求めましょう。

5 1枚の100円玉を3回投げるとき，次の問題に答えましょう。〔各6点〕

(1) 100円玉の表・裏の出方は，全部で何通りあるか求めましょう。

(2) 3回とも裏が出る確率を求めましょう。

(3) 表が2回，裏が1回出る確率を求めましょう。

6 1から6までの数字を1つずつ書いた6枚のカードがあります。このカードの中から同時に3枚のカードを取り出すとき，取り出したカードに書いてある数の和が奇数になる確率を求めましょう。どのカードが取り出されることも同様に確からしいものとします。〔7点〕

7 袋の中に白色のおはじきがたくさん入っています。この袋の中に，同じ大きさで青色のおはじきを40個入れて，よくかき混ぜてから，無作為に30個のおはじきを取り出しました。その中に青色のおはじきが6個含まれていました。袋の中に，白色のおはじきはおよそ何個あるか求めましょう。〔7点〕

実力テスト(1)〜(3)の解答・考え方

実力テスト(1)(756・757ページ)

1 (1) $y=\frac{24}{x}$, ×

(2) $y=7x$, ○

(3) $y=130x$, ○

(4) $y=\frac{50}{x}$, ×

2 (1) $y=-9x$

(2) $y=-54$

3 (1) $y=-2x$

(2) $y=-\frac{4}{x}$

(3) $y=\frac{6}{x}$

(4) $y=\frac{2}{3}x$

4 (1) $y=\frac{1}{2}x$

(2) $y=\frac{8}{x}$

(3) $-\frac{8}{3}$

5 (1) $y=\frac{240}{x}$

(2) 15回転

(3) 6個

6 (1) 0.25

(2) 5人

(3) 7人

7 (1) 4，6

(2) 11，5

考え方

1 yがxに比例するときは$y=ax$，反比例するときは$y=\frac{a}{x}$と表せます。

(2) 正七角形は，等しい辺が7つです。

2 (1) $y=ax$にx，yの値を代入して，aの値を求めます。

3 (1)(4)は，yがxに比例するグラフ，(2)(3)は，yがxに反比例するグラフです。式を求めるには，グラフがどの点を通っているかを調べます。

反比例$y=\frac{a}{x}$のグラフは双曲線で，$a>0$か$a<0$で，グラフの位置がちがいます。

4 (1)(2) 点Aの座標は(4，2)だから，

①$y=ax$，②$y=\frac{a}{x}$に$x=4$，$y=2$を代入します。

(3) (2)で求めた式に$x=-3$を代入して，yの値を求めます。

5 2つの歯車がかみあうとき，1分間にかみあう歯数は等しく，歯数×回転数で求められます。

6 (1) $0.05+0.10+0.25+\boxed{}+0.15+0.15+0.05=1.00$

(2) 12m以上14m未満の相対度数は0.25，度数の合計は20人だから，

20×0.25＝5(人)

(3) 20×(0.15＋0.15＋0.05)＝7(人)

7 (2) (範囲)＝(最大値)－(最小値)なので，

12－1＝11(時間)

また，(四分位範囲)＝(第3四分位数)－(第1四分位数)なので，

9－4＝5(時間)

実力テスト(2)(758・759ページ)

1 (1) -8

(2) $a=2$

2 (1) $y=-\frac{2}{3}x+2$

(2) $y=-2x+4$

(3) $y=3x$

(4) $y=\frac{3}{4}x-2$

3 (1) $y=-\frac{1}{5}x+2$

(2) $y=\frac{1}{2}x+1$

(3) $y=3x-7$

(4) $y=-x+3$

4 (1) (2, 1)

(2) $\left(-\frac{3}{4}, \frac{5}{2}\right)$

5 $a=\frac{21}{5}$

6 (1) $y=10$

(2) $y=-\frac{9}{2}x+63$

7 (1) 20L

(2) $y=10x-50$

(3) 3回

(4) 4分後

考え方

1 (1) $x=1$のとき$y=-2+a$,
$x=5$のとき$y=-10+a$だから,
$(-10+a)-(-2+a)=-8$

(2) 変化の割合が負の数だから,
$x=-2$のとき$y=6$です。
$6=-2\times(-2)+a$だから, $a=2$

2 1次関数の式は, $y=ax+b$と表されるので, 傾きa, 切片b, 通る点に着目しましょう。

3 (2) 切片が1だから, $y=ax+1$に$x=4$, $y=3$を代入します。

(3) 平行な2つの直線は傾きが等しいです。

(4) 傾きは, $\frac{2-6}{1-(-3)}=\frac{-4}{4}=-1$だから,
$y=-x+b$に$x=1$, $y=2$を代入すると,
$b=3$
　または, 2点の座標を$y=ax+b$に代入して, 連立方程式を解いて求めることもできます。

4 まず, それぞれの直線の式を求めてから, それらを連立方程式として解いて, 交点の座標を求めます。

5 $y=2x-3$と$y=3x+2$を連立方程式として解くと, 交点の座標は$(-5, -13)$, $y=ax+8$の直線もこの点を通るので,
$-13=-5a+8$より, $a=\frac{21}{5}$

6 (1) △APCの底辺は4cm, 高さは5cmです。

(2) 点PがBC上にあるとき, PC$=(14-x)$cmだから, △APCの底辺をPCとすると, 高さは9cmです。

7 (2) (6, 10), (18, 130)を通る直線だから,
傾きは, $\frac{130-10}{18-6}=\frac{120}{12}=10$
$y=10x+b$に$x=6$, $y=10$を代入して,
$b=-50$

(3) 18分後に給水管が閉じてから, 次に給水管が開くまでの時間は,
$(130-10)\div5=24$(分)

よって，12＋24＝36(分)ごとに給水管は開きます。排水し始めてから100分後までに給水管が開くのは，6分後，42分後，78分後です。

(4) 78＋36＝114で，114分後に水の量は10Lです。その後は毎分10Lずつ水が増えるので，120分後の水の量は，
10＋10×(120－114)＝70(L)
排水管を閉じると，10+5=15より，毎分15Lずつ水が増えるので，水そうの水の量が130Lになるのは，(130－70)÷15＝4(分後)

実力テスト(3)(760・761ページ)

1 (1) －18
(2) $a=-2$
(3) $a=-8$
$b=0$

2 (1) $a=\frac{1}{4}$
(2) $y=\frac{1}{2}x+2$
(3) 6

3 (1) A(－4，16)
B(4，16)
(2) P(2，4)

4 (1) $0 \leqq x \leqq 8$
(2) $y=3x^2\left(0 \leqq x \leqq \frac{8}{3}\right)$
$y=8x\ \left(\frac{8}{3} \leqq x \leqq 8\right)$
(3) $x=5$

考え方

1 (3) $y=-2x^2$は下に開いたグラフで，
$x=2$のとき$y=-8$，$x=0$のとき$y=0$だから，yの変域は，$-8 \leqq y \leqq 0$

2 (2) (1)で求めた値を使い，$y=ax^2$の式に$x=4$を代入して，点Bの座標を求めます。

(3) 直線ℓとy軸との交点をCとすると，
△AOB＝△AOC＋△BOC

3 (2) P(t，t^2)とすると，
C(－4，0)，AC=16，AB=8だから，
△ACP＝8(t＋4)
△APB＝$4(16-t^2)$
$8(t+4)=4(16-t^2)$
$8t+32=64-4t^2$
$t^2+2t-8=0$
$(t+4)(t-2)=0$
$t=-4$，$t=2$　$t>0$だから$t=2$
よってP(2，4)

4 (2) 点PがAB上のとき，点PがBC上のときを考えましょう。

5 (1) 8通り

(2) $\frac{1}{8}$

(3) $\frac{3}{8}$

6 $\frac{1}{2}$

7 およそ160個

5 樹形図をかくと考えやすいです。

表<表<表・裏／裏<表・裏

裏<表<表・裏／裏<表・裏

6 3枚のカードの組み合わせは，

1—2<3, 4•, 5, 6•　2—3<4•, 5, 6•　3—4<5, 6•

1—3<4, 5•, 6　2—4<5•, 6　3—5—6

1—4<5, 6•　2—5—6•　4—5—6•

1—5—6

すべての組み合わせは20通り，
和が奇数になるのは•の10通りです。

7 取り出したおはじき30個のうち，白色は
30－6＝24(個)だから，
青色：白色＝6：24＝1：4
袋の中の白色のおはじきをx個とすると，
$\frac{1}{4}x=40$だから，$x=160$

ここがPOINT 要点のまとめ

1章・2章　比例と反比例

関数とは　関 STEP 2

xの値を決めると，それに対応してyの値がただ1つに決まるとき，yはxの関数であるという。

変域の表し方　関 STEP 4

・$0 \leqq x \leqq 6$…xは0以上，6以下（xは0と6を含む）
・$x>0$…xは0より大きい（xは0を含まない）
・$x<6$…xは6より小さい／xは6未満（xは6を含まない）
・数直線上では，●はその数を含み，○はその数を含まないことを表す。

比例　関 STEP 5～14

・yがxの関数で，xとyの関係が，$y=ax$（aは0ではない定数）で表されるとき，yはxに比例するという。
・文字aを比例定数という。

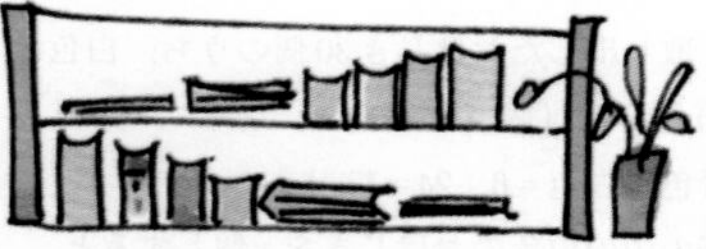

・比例のグラフ

$a>0$

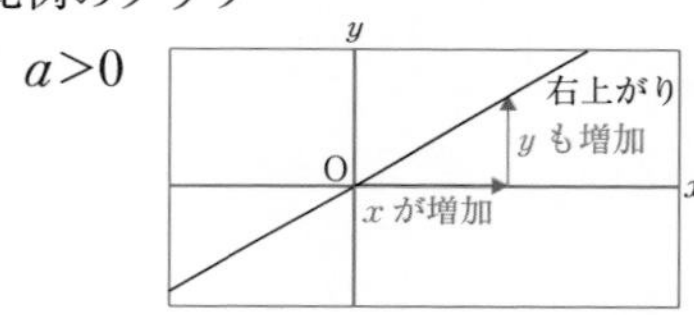

$a<0$

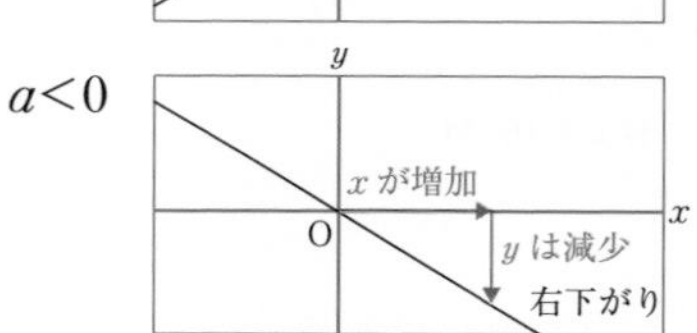

反比例　関 STEP 15～19

・yがxの関数で，xとyの関係が，$y=\dfrac{a}{x}$（aは0ではない定数）で表されるとき，yはxに反比例するという。
・反比例のグラフは，双曲線である。

・文字aを比例定数という。

$a>0$

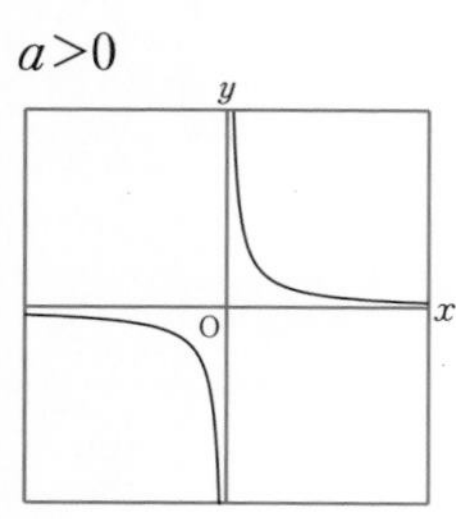

$x>0$のときも，
$x<0$のときも，
xの値が増加すると
yの値は減少する。

$a<0$

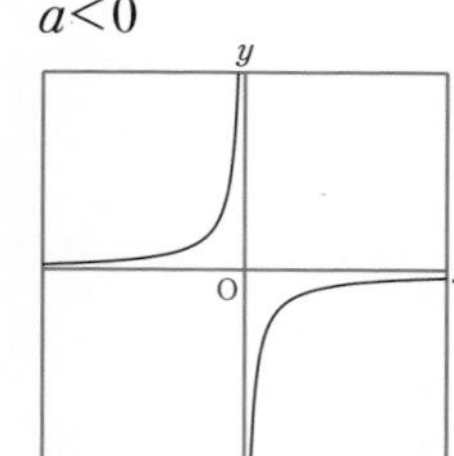

$x>0$のときも，
$x<0$のときも，
xの値が増加すると
yの値も増加する。

3章～5章　1次関数

1次関数　関 STEP 27

・yがxの関数で，yがxの1次式で表されるとき，yはxの1次関数であるという。
一般に，$y=ax+b$で表される。（a，bは定数，ただし$a \neq 0$）

1次関数の変化の割合　関 STEP 31

・1次関数$y=ax+b$において，
変化の割合 $\left(\dfrac{y\text{の増加量}}{x\text{の増加量}}\right)$ は常に一定で，その値はaになる。

1次関数のグラフ　関 STEP 32～39

・1次関数$y=ax+b$のグラフは，傾きa，切片bの直線である。

$a>0$

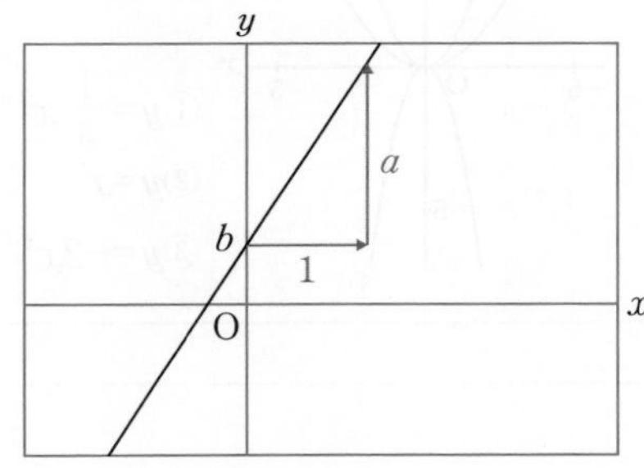

グラフは
右上がりの直線

$a<0$

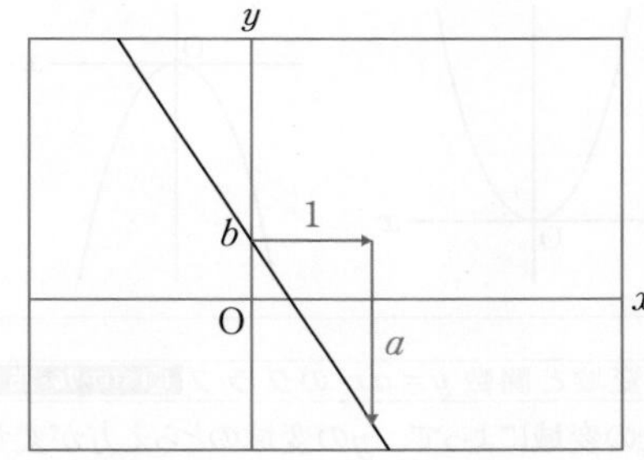

グラフは
右下がりの直線

2元1次方程式とグラフ　関 STEP 43～47

・2元1次方程式$ax+by+c=0$のグラフは，その方程式をyについて解いた1次関数のグラフと一致するので，yはxの1次関数とみることができる。

（例）

$4x-2y+2=0$
↓
$y=2x+1$

グラフは一致する。

・$y=m$，$x=n$のグラフ

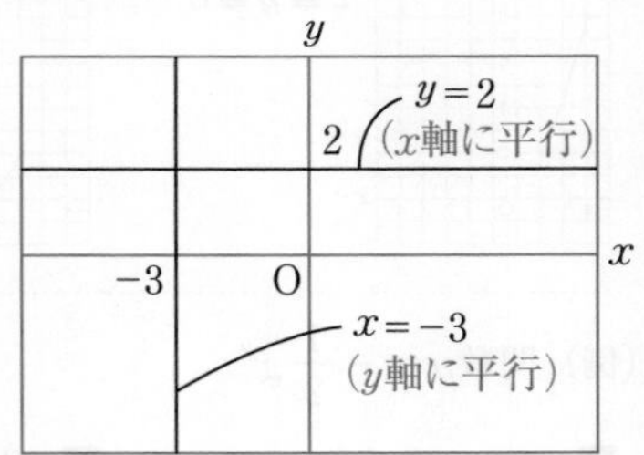

連立方程式の解とグラフの交点　関 STEP 54・55

・2つの直線の交点の座標は，グラフをかかなくても，直線を表す2つの式を連立方程式として解けば，求めることができる。

6章・7章　関数 $y=ax^2$

関数 $y=ax^2$ のグラフ　関 STEP 69～71

$y=ax^2$ のグラフの特徴

・原点を通る放物線である。

・y軸について対称である。

・$a>0$のとき，上に開いた形。
　$a<0$のとき，下に開いた形。

・aの絶対値が大きくなるほど，
　グラフの開き方は小さくなる。

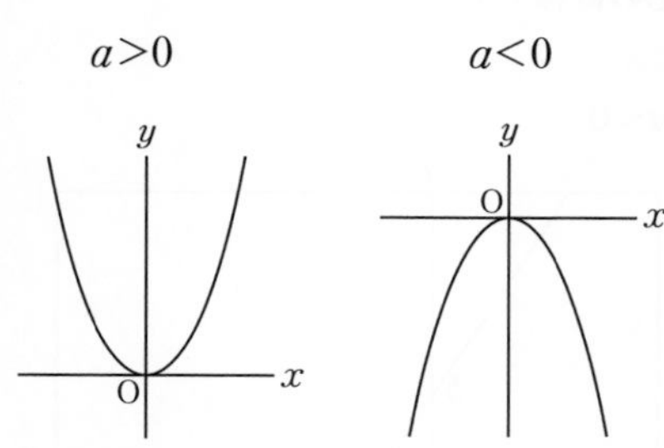

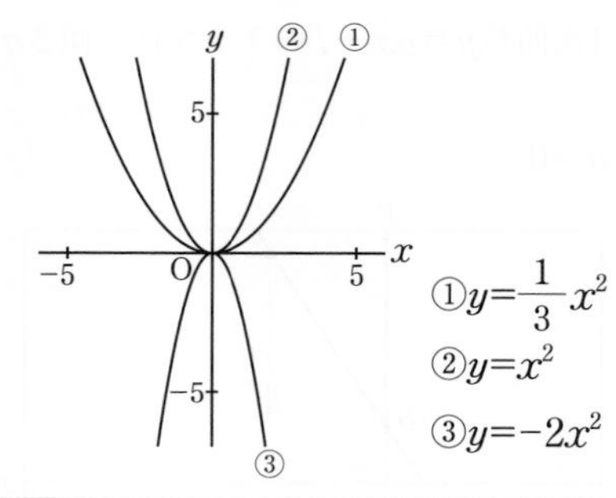

変域と関数 $y=ax^2$ のグラフ　関 STEP 74・75

・xの変域によって，yの変域のとらえ方が変わる。

（例）関数$y=\frac{1}{2}x^2$

■ $-4\leqq x\leqq -2$

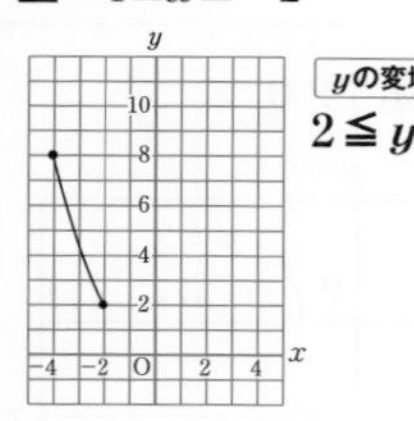

yの変域
$2\leqq y\leqq 8$

■ $-2\leqq x\leqq 4$

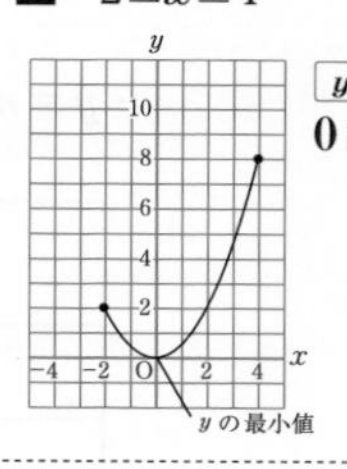

yの変域
$0\leqq y\leqq 8$

■ $2\leqq x\leqq 4$

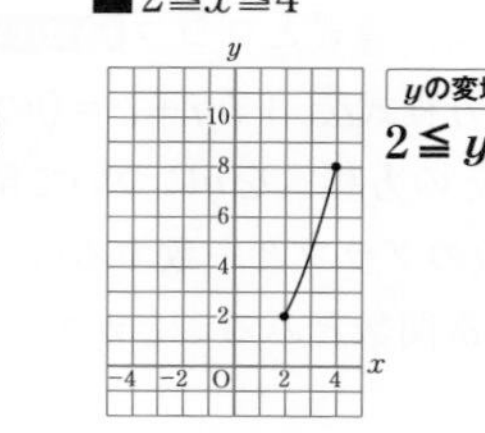

yの変域
$2\leqq y\leqq 8$

（例）関数$y=-\frac{1}{2}x^2$

■ $-4\leqq x\leqq -2$

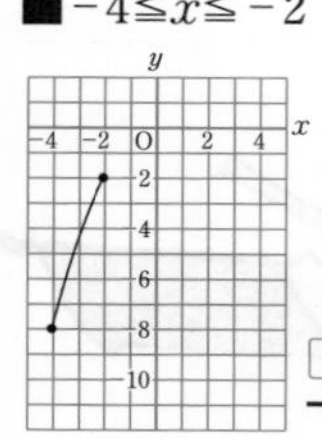

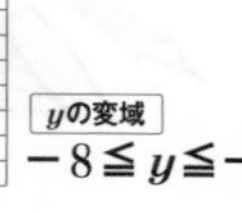

yの変域
$-8\leqq y\leqq -2$

■ $-2\leqq x\leqq 4$

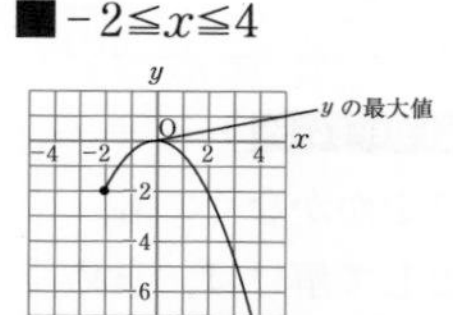

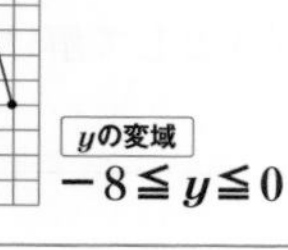

yの変域
$-8\leqq y\leqq 0$

■ $2\leqq x\leqq 4$

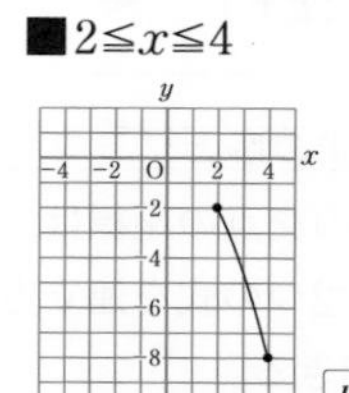

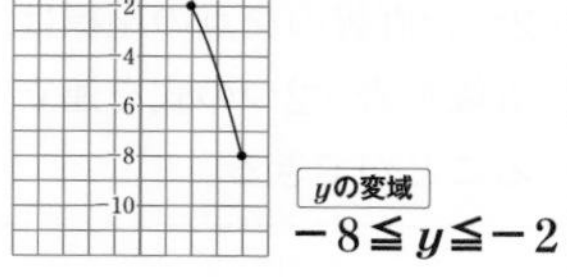

yの変域
$-8\leqq y\leqq -2$

8章　データの活用

度数分布　関 STEP 94～100

・度数分布表

ボールを投げた距離(m)	度数(人)
20以上～25未満	3
25　～30	0
30　～35	5
35　～40	10
40　～45	8
45　～50	4
計	30

・階級…度数分布表の1つ1つの区間

・度数…各階級のデータの個数

・階級値…階級のまん中の値

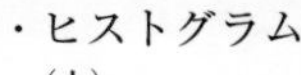

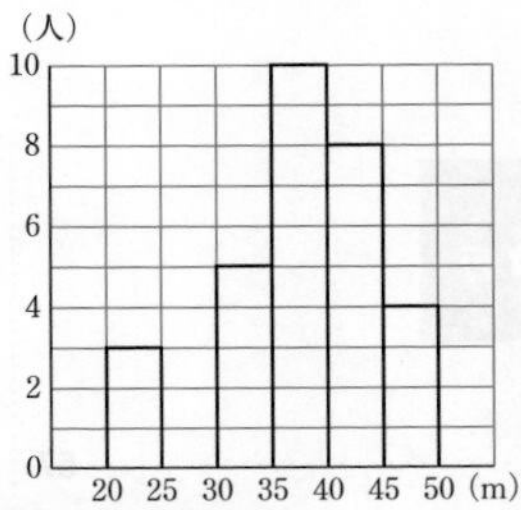

・相対度数＝$\dfrac{(その階級の度数)}{(度数の合計)}$　・累積相対度数＝$\dfrac{(その階級の累積度数)}{(度数の合計)}$

代表値と散らばり　関 STEP 101～106

・平均値＝$\dfrac{(階級値)\times(度数)の合計}{(度数の合計)}$

・中央値（メジアン）…データの値を大きさの順に並べたとき，その中央の値

・最頻値（モード）…データの値の中で，度数がもっとも多い値

・範囲（レンジ）＝(最大値)－(最小値)

・第1四分位数…データの前半の中央値

・第2四分位数…中央値と同じ

・第3四分位数…データの後半の中央値

・（四分位範囲）＝（第3四分位数）－（第1四分位数）

9章　確率

確率　関 STEP 107～114

・確率＝$\dfrac{(あることがらが起こる場合の数)}{(起こりうるすべての場合の数)}$

・樹形図

（例）袋の中に赤玉，青玉，白玉がそれぞれ1個ずつ入っています。この袋から玉を1個取り出し，その玉を袋の中にもどさずに，つづけて2個目を取り出すときの取り出し方。

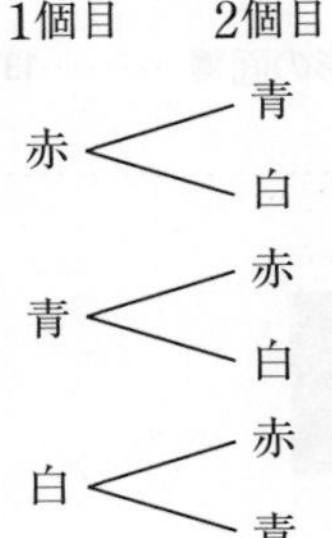

10章　標本調査

標本調査　関 STEP 115～118

・全数調査…集団全部のものについて調査すること。

・標本調査…全体を推測するために，集団の一部を調査すること。

・標本調査の集団全体を母集団という。

母集団の一部分として実際に調べたものを標本という。

さくいん

あ行

か行

さ行

さくいん

た行

な行

さくいん

スーパーステップ中学数学

2021年2月　第1版第1刷発行

編集協力　出井秀幸・井村とし子
カバーイラスト　小幡彩貴
本文イラスト　大沢純子・TIC TOC
装丁・デザイン　佐々木一博（ＧＬＩＰ）
デザイン・DTP　タクトシステム株式会社

発 行 人　志村 直人
発 行 所　株式会社くもん出版
〒108-8617 東京都港区高輪4-10-18 京急第1ビル13F
電話　代表 03 (6836) 0301
編集 03 (6836) 0317
営業 03 (6836) 0305
ホームページ　https://www.kumonshuppan.com/
印刷・製本　図書印刷株式会社

ISBN978-4-7743-3135-5

※本書は，スーパーステップくもんの中学数学『式の計算と方程式』『図形』『関数・資料の活用』の3冊を1冊にして改題し，新しい内容を加えて編集しました。

公文式教室では、
随時入会を受けつけています。

KUMONは、一人ひとりの力に合わせた教材で、
日本を含めた世界50を超える国と地域に「学び」を届けています。
自学自習の学習法で「自分でできた!」の自信を育みます。

**公文式独自の教材と、経験豊かな指導者の適切な指導で、
お子さまの学力・能力をさらに伸ばします。**

お近くの教室や公文式についてのお問い合わせは **0120-372-100**（ミンナニ ヒャクテン）
受付時間 9:30～17:30 月～金（祝日除く）

**都合で教室に通えないお子様のために、
通信学習制度を設けています。**

通信学習の資料のご希望や通信学習についてのお問い合わせは **0120-393-373**
受付時間 9:30～17:30 月～金（祝日除く）

お近くの教室を検索できます　公文式 検索

公文式教室の先生になることについてのお問い合わせは
0120-834-414
くもんの先生

公文教育研究会

公文教育研究会ホームページアドレス
https://www.kumon.ne.jp/